Festschrift für Eike Wolgast zum 65. Geburtstag

ZWISCHEN WISSENSCHAFT UND POLITIK

Studien zur deutschen Universitätsgeschichte

Festschrift für Eike Wolgast
zum 65. Geburtstag

Herausgegeben von
Armin Kohnle und Frank Engehausen

Franz Steiner Verlag Stuttgart
2001

Die Deutsche Bibliothek - CIP-Einheitsaufnahme

Zwischen Wissenschaft und Politik : Studien zur deutschen
Universitätsgeschichte ; Festschrift für Eike Wolgast zum 65. Geburtstag /
hrsg. von Armin Kohnle und Frank Engehausen. - Stuttgart : Steiner, 2001
    ISBN 3-515-07546-1

ISO 9706

INHALT

2. 19. UND 20. JAHRHUNDERT

3. AUSSENBEZIEHUNGEN

6. AUSBLICK

VORWORT

ALS EINES DER HAUPTKENNZEICHEN der wissenschaftlichen Arbeit Eike
Wolgasts, dem der vorliegende Band aus Anlaß seines 65. Geburtstags gewidmet ist, darf wohl die Breite seiner fachlichen Interessen gelten, die in Zeiten
der fortschreitenden Spezialisierung der Geschichtswissenschaft außergewöhnlich, in den Augen mancher, die sich ganz in ihren Subdisziplinen vergraben
haben, vielleicht sogar anachronistisch anmutet. Während inzwischen an fast
allen historischen Universitätsinstituten in Deutschland neben der traditionellen Trennung von Mittlerer und Neuerer Geschichte auch die Segmentierung
der letzteren erfolgt ist, hat Eike Wolgast sich seit der Übernahme seines Lehrstuhls für Neuere Geschichte in Heidelberg im Jahre 1975 verpflichtet gefühlt,
über die Epochengrenzen von Früher Neuzeit, Neuer und Neuester Geschichte hinweg das 16. bis 20. Jahrhundert im europäischen Rahmen zumindest in
der Lehre zu behandeln und auch bei der Anregung und Betreuung akademischer Qualifikationsschriften den Titel seines Lehrstuhls ernst zu nehmen.

Was die Forschungen Eike Wolgasts betrifft, bildete die Reformationsgeschichte zunächst den eindeutigen Schwerpunkt und hat auch unter seinen
jüngeren Publikationen einen hohen Stellenwert behalten. Zu nennen sind in
diesem Zusammenhang die Arbeiten am Briefwechsel der Weimarer Luther-
ausgabe, die Habilitationsschrift über die Wittenberger Theologie und die Politik der evangelischen Stände, die vielbeachtete Biographie Thomas Müntzers
und in jüngerer Zeit die umfassende Studie über Hochstift und Reformation.
Den reformationsgeschichtlichen Arbeiten zur Seite sind allerdings in den vergangenen 20 Jahren Themen aus anderen Epochen und Arbeitsfeldern getreten: die kurpfälzische, badische und mecklenburgische Landesgeschichte; nationale und demokratische Opposition im 19. Jahrhundert; Antisemitismus; Widerstand im Dritten Reich; zuletzt in einer Monographie die Wahrnehmung
des Nationalsozialismus in der unmittelbaren Nachkriegszeit.

Eine Festschrift zu konzipieren, die in den Arbeiten seiner Schüler, Kollegen
und Freunde die Breite der Forschungsinteressen von Eike Wolgast spiegelt,
wäre ein reizvolles Unterfangen gewesen, zu dem sich die Herausgeber indes
nicht entschließen konnten, weil sie die Gefahr scheuten, daß dem Band möglicherweise das Etikett einer disparaten Aufsatzsammlung angeheftet werden
könnte. Statt dessen konzentriert sich die Festschrift auf ein engeres Themen-
feld, das der Jubilar schon in seinen älteren reformationsgeschichtlichen Arbeiten berührt und dem er sich später immer häufiger in seinen Publikationen zu-
gewendet hat: der Universitätsgeschichte. Auf der Grundlage dieser themati-
schen Beschränkung schien es dann vertretbar, den Pfaden Eike Wolgasts in
chronologischer Hinsicht zu folgen und die Epochengrenzen zu überschreiten:

Die 34 Aufsätze behandeln Aspekte der Geschichte der deutschen Universitäten vom Spätmittelalter bis zur Gegenwart, wobei sich neben Spezialstudien auch mehrere Beiträge finden, die sich mit übergreifenden universitätsgeschichtlichen Problemen befassen. Die Schwerpunkte resultieren in erster Linie aus den Interessen der Beiträger, decken sich aber weitgehend mit den Themen, die Eike Wolgast bei seinen universitätsgeschichtlichen Forschungen selbst in den Blick genommen hat: die Universitätsgeschichte des Reformationszeitalters; die Rolle der Intellektuellen in der Politik des 20. Jahrhunderts; und nicht zuletzt die Geschichte der Ruperto-Carola.

Die Herausgeber danken den Beiträgerinnen und Beiträgern für ihre Bereitschaft, sich auf die konzeptionellen Vorgaben einzulassen, auch wenn dies in manchen Fällen bedeutete, daß das heimische Forschungsterrain für einen Ausflug in die Universitätsgeschichte verlassen werden mußte. Bei der Bewältigung logistischer Probleme des Festschrift-Projektes haben Erika Lokotsch, Thorsten Fuchs und Markus Lotzenburger sehr geholfen. Ihnen ist ebenso herzlich zu danken wie Kilian Schultes für technische Unterstützung und Dr. Harald Drös, der die Zeichnungen für den Buchumschlag angefertigt hat. Die Figuren der Minerva und des in den Jahren des Nationalsozialismus an ihrer Stelle über dem Haupteingang der Neuen Universität in Heidelberg angebrachten Adlers stehen für das, was die folgenden Beiträge verbindet: das Spannungsverhältnis zwischen Wissenschaft und Politik.

Heidelberg, im August 2001

Armin Kohnle
Frank Engehausen

TABULA GRATULATORIA

GÉZA ALFÖLDY, Heidelberg

LLOYD AMBROSIUS, Lincoln, Nebraska

KURT ANDERMANN, Stutensee

HEINZ ANGERMEIER, Regensburg

MARTIN ANTON, Mannheim

KARL OTMAR FRHR. VON ARETIN, München

BIRGIT ARNOLD, Schriesheim

MATTHIAS ASCHE, Tübingen

ROSEMARIE AULINGER, Wien

KURT BALDINGER, Heidelberg

WINFRIED BAUMGART, Mainz

WINFRIED BECKER, Passau

ELISABETH BEHLE, Heidelberg

HELGE BEI DER WIEDEN, Bückeburg

DIETER BERG, Hannover

KLAUS BERGER, Heidelberg

GEORG CHRISTOPH BERGER WALDENEGG, Heidelberg

WALTER BERSCHIN, Heidelberg

GERHARD BESIER, Heidelberg

ALBRECHT BEUTEL, Münster

KLAUS VON BEYME, Heidelberg

KARLHEINZ BLASCHKE, Friedewald

PETER BLICKLE, Bern

PETER BLUM, Heidelberg

LAETITIA BOEHM, München

WERNER BOMM, Heidelberg

ARNO BORST, Konstanz

FRANZ BOSBACH, Bayreuth

SIEGFRIED BRÄUER, Berlin

REINHARD BRANDT, Weißenburg i. Bay.

BERND BRAUN, Heidelberg

FRANZ BRENDLE, Tübingen

RÜDIGER BUBNER, Heidelberg

ARNOLD BÜHLER, Bammental

CHRISTIAN BUNNERS, Berlin

CHRISTOPH BURCHARD, Heidelberg

HORST CARL, Tübingen

SUSANNE CASPAR, Wiesbaden

JÜRGEN CHARNITZKY, Lampertheim

MECHTHILD CLASSEN, Heidelberg

ANDREAS CSER, Schönau

JOACHIM DAHLHAUS, Heidelberg

EBERHARD DEMM, Pontcharra sur Turdine

IRENE DINGEL, Mainz

MARTIN DÖRING, Erfurt

HERMANN JOSEPH DÖRPINGHAUS, Heidelberg

HARALD DRÖS, Heidelberg

DAGMAR DRÜLL-ZIMMERMANN, Heidelberg

HEINZ DUCHHARDT, Mainz

REINHARD DÜCHTING, Sandhausen

STIFTUNG REICHSPRÄSIDENT-FRIEDRICH-EBERT-GEDENK-STÄTTE, Heidelberg

WOLFGANG UWE ECKART, Heidelberg

ULRICH ENGELHARDT, Heidelberg

MICHAEL EPKENHANS, Friedrichsruh

MICHAEL ERBE, Mannheim

LUDWIG FINSCHER, Wolfenbüttel

KARL-HEINZ FIX, Augsburg

BRIGITTE FLICKINGER, Heidelberg

TILMAN FRASCH, Heidelberg

MARION FREERK, Schriesheim

ROBERT VON FRIEDEBURG, Rotterdam

ANSELM FRIEDERICH, Heidelberg

EVYATAR FRIESEL, Jerusalem

JOHANN MICHAEL FRITZ, Münster

THORSTEN FUCHS, Wiesenbach

JOCHEN FÜHNER, Heidelberg

HORST FUHRMANN, München

LOTHAR GALL, Wiesbaden

PHILIPP GASSERT, Heidelberg

GIUSEPPE GIARRIZZO, Catania

WERNER GIESSELMANN, Heidelberg

ANDREAS GÖßNER, München/Leipzig

JOCHEN GOETZE, Heidelberg

CHRISTOPH GRADMANN, Frankfurt/Main

MICHAEL GRAETZ, Heidelberg

FRITZ GSCHNITZER, Neckargemünd

VOLKER GUMMELT, Greifswald

JOHANNES HAHN, Münster

JENS HALFWASSEN, Heidelberg

NOTKER HAMMERSTEIN, Frankfurt/Main

MARTINA HARTMANN, Tübingen

PETER CLAUS HARTMANN, Mainz

HANS-PETER HASSE, Dresden

HARALD HAUPTMANN, Heidelberg

ULRICH VON HEHL, Leipzig

MARTIN HENGEL, Tübingen

ARTHUR H. F. HENKEL, Heidelberg

WALTER HENß, Heidelberg

FRIEDER HEPP, Heidelberg

MICHAEL HESSE, Heidelberg und Bochum

KLAUS HILDEBRAND, Bonn

WOLFGANG VON HIPPEL, Heidelberg

HISTORISCHE KOMMISSION FÜR MECKLENBURG

HOCHSCHULE FÜR JÜDISCHE STUDIEN, Heidelberg

TONIO HÖLSCHER, Heidelberg

ELMA HÖRDLER, Heidelberg

IRMGARD HÖß, Nürnberg

HEIMO HOFMEISTER, Heidelberg

MARION HOLLERBACH, Dossenheim

PETER HOMMELHOFF, Heidelberg

WOLFGANG HUBER, Berlin

MICHAEL JACOB, Berlin

EBERHARD JÄCKEL, Stuttgart

SIGRID JAHNS, München/Bad Homburg

HERMANN JAKOBS, Heidelberg

NIELS JOERES, Heidelberg

KLAUS-FRÉDÉRIC JOHANNES, Heidelberg

RAINER JOOß, Esslingen

EBERHARD JÜNGEL, Tübingen

HELMAR JUNGHANS, Leipzig

DETLEF JUNKER, Heidelberg

MARTIN KAUFHOLD, Heidelberg

KLAUS KEMPTER, Heidelberg

PETER GRAF KIELMANSEGG, Laudenbach

BERNHARD KIRCHGÄSSNER, Mannheim

PAUL KIRCHHOF, Heidelberg

SABINE KLINGEL, Plankstadt

NIKLOT KLÜßENDORF, Marburg

HARM KLUETING, Münster/Köln/Zürich

HELMUTH KLUGER, Heidelberg

ERNST KOCH, Leipzig

THEO KÖLZER, Bonn

EBERHARD KOLB, Bad Kreuznach

DIETRICH KORSCH, Marburg

HEIDRUN KORTE, Heidelberg

REINHART KOSELLECK, Bielefeld

SIEGFRIED KRAFT, Heidelberg

ANDREAS KRAUS, Schondorf-München

ROBERT KRETZSCHMAR, Stuttgart

KARL-FRIEDRICH KRIEGER, Mannheim

KONRAD KRIMM, Karlsruhe

WILHELM KÜHLMANN, Heidelberg

HERMANN KULKE, Kiel

JOHANNES KUNISCH, Köln

DIETER LANGEWIESCHE, Tübingen

MAXIMILIAN LANZINNER, Freising

ADOLF LAUFS, Heidelberg

LOTHAR LEDDEROSE, Heidelberg

HARTMUT LEHMANN, Göttingen

CATHARINA LEIST, Heidelberg

JÖRN LEONHARD, Oxford

SILKE LEOPOLD, Heidelberg

VOLKER LEPPIN, Jena

MARC LIENHARD, Strasbourg

JOHANNA LOEHR, Heidelberg/Kiel

FRANCISCA LOETZ, Heidelberg

HEINZ-DIETRICH LÖWE, Heidelberg

ERIKA LOKOTSCH, Heidelberg

SÖNKE LORENZ, Tübingen

MARKUS LOTZENBURGER, Heidelberg

CLAUDIA-YVONNE LUDWIG, Heidelberg

JÜRGEN LÜTT, Berlin

ALBRECHT P. LUTTENBERGER, Regensburg

URSULA MACHOCZEK, Leimen

MARKUS A. MAESEL, Ludwigshafen

KLAUS MALETTKE, Marburg

BARBARA MAURER, Eppelheim

HANS-MARTIN MAURER, Stuttgart

WILFRIED MAUSBACH, Heidelberg

WOLFGANG MERKEL, Heidelberg

DIETER MERTENS, Freiburg

ERICH MEUTHEN, Köln

KLAUS-PETER MEYER ZU HELLIGEN, Bielefeld

JÜRGEN MIETHKE, Heidelberg

KARLHEINZ MISERA, Heidelberg

ELMAR MITTLER, Göttingen

BERND MOELLER, Göttingen

HORST MÖLLER, München

OLAF MÖRKE, Kiel

INGUN MONTGOMERY, Oslo

PETER MORAW, Gießen

HUBERT MORDEK, Freiburg

WERNER MORITZ, Heidelberg

CHRISTIAN MÜLLER, Heidelberg

GERHARD MÜLLER, Erlangen

PETER-CHRISTIAN MÜLLER-GRAFF, Heidelberg

DIETMAR MÜLLER-PRAEFCKE, Leimen

DOROTHEE MUßGNUG, Heidelberg

REINHARD MUßGNUG, Heidelberg

DIETER NEUER, Heidelberg

HELMUT NEUHAUS, Erlangen

RENATE NEUMÜLLERS-KLAUSER, Heidelberg

STEFANIE NEU-ZUBER, Eberbach

GOTTFRIED NIEDHART, Mannheim

DIETER NOHLEN, Heidelberg

ULRICH NONN, Bonn

PIA NORDBLOM, Jockgrim

KURT NOWAK, Leipzig

HARRY OELKE, Kiel

MANFRED OEMING, Heidelberg

HUGO OTT, Merzhausen

BERND OTTNAD, Freiburg

CHRISTIAN PETERS, Münster

WOLFGANG PETKE, Göttingen

FRANK R. PFETSCH, Heidelberg

PAUL PHILIPPI, Nussloch

DIETMAR PREIßLER, Bonn

GISBERT GANS EDLER HERR ZU PUTLITZ, Heidelberg

HAIDE GANS EDLE HERRIN ZU PUTLITZ, Heidelberg

FRANZ QUARTHAL, Stuttgart

DIETHER RAFF, Heidelberg

GERHARD RAU, Heidelberg

DOROTHEA REDEPENNING, Neckarsteinach

FOLKER REICHERT, Stuttgart

OSKAR REICHMANN, Heidelberg

WOLFGANG REINHARD, Freiburg

KONRAD REPGEN, Bonn

PETER ANSELM RIEDL, Heidelberg

DIETRICH RITSCHL, Reigoldswil BL

ADOLF MARTIN RITTER, Neckargemünd

GERHARD A. RITTER, Berg

VOLKER RÖDEL, Karlsruhe

DIETMAR ROTHERMUND, Dossenheim

MANFRED RUDERSDORF, Leipzig

HEINZ SARKOWSKI, Dossenheim

JÖRG SCHADT, Heidelberg

JÖRG SCHÄFER, Heidelberg

PETRA SCHAFFRODT, Heidelberg

HEINZ SCHEIBLE, Sandhausen

GABRIELE SCHENK, Heidelberg

RUDOLF SCHIEFFER, München

HEINZ SCHILLING, Berlin

JOHANNES SCHILLING, Kiel

ANTON SCHINDLING, Tübingen

HEINRICH SCHIPPERGES, Dossenheim

ERNST A. SCHMIDT, Tübingen

GEORG SCHMIDT, Jena

MANFRED G. SCHMIDT, Heidelberg

TILMANN SCHMIDT, Rostock

EBERHARD SCHMIDT-AßMANN, Heidelberg

EBERHARD SCHMITT, Bamberg

HELGA SCHNABEL-SCHÜLE, Trier

MICHAEL SCHNEIDER, Dossenheim

GÜNTHER SCHNURR, Heidelberg

WILFRIED SCHÖNTAG, Stuttgart

LUISE SCHORN-SCHÜTTE, Frankfurt/Main

ECKART SCHREMMER, Neckargemünd

DIETRICH SCHUBERT, Heidelberg

GÜNTER SCHUCHARDT, Eisenach

VOLKER SCHÜTTERLE, Neckarsulm

ERNST SCHULIN, Freiburg

KILIAN SCHULTES, Heidelberg

WINFRIED SCHULZE, München

REINHARD SCHWARZ, Germering

MARTIN SCHWARZ LAUSTEN, Kopenhagen

HANSMARTIN SCHWARZMAIER, Karlsruhe

SILVIA SCHWEINZER, Wien

RAINER CHRISTOPH SCHWINGES, Bern

BORIS SCHWITZER, Heidelberg

GOTTFRIED SEEBAß, Heidelberg

KURT-VIKTOR SELGE, Berlin

VOLKER SELLIN, Heidelberg

SIEBENPFEIFFER-STIFTUNG, Homburg (Saar)

STEPHAN SKALWEIT, Bonn

HERIBERT SMOLINSKY, Freiburg

HARTMUT SOELL, Heidelberg

REINHART STAATS, Kronshagen

PETER STADLER, Zürich

PÄPSTLICHE UNIVERSITÄTSGRÜNDUNGSPRIVILEGIEN UND DER BEGRIFF EINES *STUDIUM GENERALE* IM RÖMISCH-DEUTSCHEN REICH DES 14. JAHRHUNDERTS

Von Jürgen MIETHKE

... *AD LAUDEM DIVINI NOMINIS et fidei propugnationem orthodoxe auctoritate aposto-lica statuimus et etiam ordinamus, ut in dicta villa decetero sit studium generale ad instar Parisiensis illudque perpetuis temporibus inibi vigeat tam in theologia et iuris canonici quam alia qualibet licita facultate.* Mit diesem Satz leitet das päpstliche Gründungsprivi-leg Papst Urbans VI. die rechtserheblichen Verfügungen ein, die die Universi-tätsgründung in Heidelberg ermöglichen sollten[1]. Heidelberg ist heute zwar die älteste Universität der Bundesrepublik Deutschland, als Universitätsgründun-gen im Römischen Reich nördlich der Alpen gingen ihr aber Prag (1347) und Wien (1365) voraus[2]. Außer dieser „Einrichtung" eines „Generalstudiums" setzt der Papst in seiner Rechtsverfügung weiter fest, daß die in Heidelberg Lehrenden und Lernenden „sich aller Vorrechte, Freiheiten und Privilegien er-freuen und diese brauchen sollen, welche den Magistern der Theologie und den Doktoren (des Kanonischen Rechts) sowie den Studierenden der Univer-sität Paris verliehen worden sind"[3]. Schließlich folgen drittens noch ausführli-che Bestimmungen über die Graduierungen an der neuen Einrichtung, die sich auch hier deutlich, aber diesmal unausgesprochen, nach dem Pariser Graduie-rungsprofil richten: Auch in der künftigen Universität Heidelberg sollte es da-nach am Ende der Studien eine Graduierung durch die *licentia docendi* geben (was heute in etwa der „Habilitation" entspräche, damals aber eine Vorstufe der Graduierung zum Magister oder Doktor war). Dieses Recht auf Verleihung der Lehrlizenz war mit dem Grad eines „Magisters" (der Theologie und der Artes) beziehungsweise eines Doktors (des Kanonischen Rechts) also noch nicht identisch, denn die Verleihung dieser Titel wird der Neugründung eigens noch zugestanden, allerdings sollte der Grad nur denjenigen erteilt werden, die

---

1 Urkundenbuch der Universität Heidelberg, hg. v. E. WINKELMANN, Bd. 1, Heidelberg 1886, S. 3f. (Nr. 2); auch (nach Kollation mit dem im Universitätsarchiv verwahrten Original durch J. Miethke) in: Charters of Foundation and Early Documents of the Universities of the Coimbra-Group, hg. v. J. M. M. HERMANS u. M. NELISSEN, Groningen 1994, S. 99b-100b. Zusammenfassend zur Heidelber-ger Gründung vor allem E. WOLGAST, Die Universität Heidelberg, 1386-1986, Berlin u. a. 1986, S. 1-23.

2 Vgl. dazu etwa J. MIETHKE, Ruprecht I., der Gründer der Universität Heidelberg, in: Die Sechs-hundertjahrfeier der Ruprecht-Karls-Universität Heidelberg, Eine Dokumentation, hg. v. E. WOLGAST, Heidelberg 1987, S. 147-156, bes. 148-150.

3 A.a.O.: *quodque legentes et studentes ibidem omnibus privilegiis, libertalibus et immunitatibus concessis magistris in theologia ac doctoribus legentibus et studentibus commorantibus in studio generali Parisiensi gaudeant et utantur.*

sich der *examinatio* ihrer Fakultät gestellt hatten. Diese *licentia docendi* soll (wie in Paris vom Kanzler des Bischofs) vom Dompropst von Worms verliehen werden[4], der freilich hier nicht namentlich genannt wird, sondern nur gewissermaßen als Amtsperson auftaucht, und dessen Vertretung bei der Lizenzvergabe vom Papst umständlich auch für den Fall einer Vakanz des Amtes ausdrücklich geregelt wird. Schließlich wird im letzten Teil der Verfügungen zur Verleihung der *licentia docendi* festgehalten, daß die dergestalt geregelten Heidelberger Graduierungen wirklich *ubique* gelten sollten: *Illi vero qui in eodem studio licentiam et honorem huiusmodi obtinuerint, ut est dictum, extunc absque examine et approbatione alia legendi et docendi tam in villa predicta quam in singulis aliis generalibus studiis, in quibus voluerint legere et docere, statutis et consuetudinibus contrariis apostolica vel quacumque firmitate alia roboratis nequaquam obstantibus, plenam et liberam habeant facultatem*[5].

Dies ist schon der gesamte als rechtsverbindlich gedachte Inhalt dieses Privilegs. Die Universität war damit, wie man sieht, noch keineswegs „gegründet". Dazu bedurfte es, wie wir es bei Heidelberg zufällig genau wissen, noch eines eigenen Beschlusses der Pfalzgrafen, denen das päpstliche Privileg durch einen „*Auditor*" (das heißt einen Richter) der Kurie Papst Urbans VI. namens Petrus de Coppa[6] ein halbes Jahr später eigens überbracht worden war. Am 24. Juni 1386 war das Pergament am pfälzischen Hof eingetroffen. Am übernächsten Tag bereits, am 26. Juni 1386, wurde bei Hofe in einer offenbar eilig einberufenen Sitzung in Anwesenheit der drei Kurfürsten und des gesamten Rates aller drei Pfalzgrafen auf Schloß Wersau (bei Mannheim, heute nicht mehr existierend) der Beschluß gefaßt, die Universität Heidelberg jetzt wirklich zu gründen[7]. Das stand also zuvor noch keineswegs fest, auch wenn die Ausfertigung der päpstlichen Bulle nach Ausweis der Kanzleivermerke auf dem noch heute vorhandenen Pergament eine nicht gerade niedrige Schreibertaxe von nicht weniger als 100 Groschen von Tours gekostet hatte[8] und gewiß in Genua

---

4   Bekanntlich war Amtsträger damals Konrad von Gelnhausen († 1390); zusammenfassend zu ihm vgl. K. COLBERG, in: Lex MA 5 (1991) 1358. Seine (recht erhebliche) Hinterlassenschaft an *sermones* hat identifiziert und behandelt D. WALZ, Konrad von Gelnhausen, Dompropst von Worms und erster Kanzler der Universität Heidelberg (ca. 1320-1390), Neuentdeckte Autographe und Predigten, Phil. Habil.-Schrift Heidelberg 1996 [masch., Druck in Vorbereitung].

5   Muß betont werden, daß solche Bestimmung auch in Heidelberg eher theoretischen als praktischen Wert hatte? Sie unterstrich die Gleichberechtigung mit allen anderen Universitäten, ohne doch die feierliche receptio eines Heidelberger Magisters durch eine fremde Fakultät überflüssig zu machen, die der heutigen „Umhabilitation" entspricht.

6   F. REXROTH, Deutsche Universitätsstiftungen von Prag bis Köln (Beihefte zum Archiv für Kulturgeschichte, 34) Köln/Weimar/Wien 1992, S. 174 mit Anm. 6, und S. 189, hat aus einem Kopialbuch (GLA Karlsruhe, Abt. 67 Nr. 807) den Namen des kurialen Auditors ermittelt.

7   Acta Universitatis Heidelbergensis, Bd. 1, hg. v. J. MIETHKE, bearb. v. H. WEISERT, H. LUTZMANN u. a., Heidelberg 1986-1999, S. 146-148 (Nr. 72), hier Zl. 21-24.

8   REXROTH, Universitätsstiftungen (wie Anm. 6), etwa S. 187. Vgl. auch Charters of Foundation (wie Anm. 1), S. 100b, die Notizen auf der inneren Plica, links: *C*<entum> *com*<putavi>. Der Betrag wird in *grossi Turonenses* („Groschen"), nicht in *livres Tournois* („Pfund") vermerkt (wie Rexroth durchgängig irrig liest), vgl. TH. FRENZ, Papsturkunden des Mittelalters und der Neuzeit, Stuttgart 1986, S. 76.

auch die Trinkgelder, die üblichen Handsalben und Türöffner für die kurialen Bediensteten einen weiteren sicherlich erklecklichen Betrag ausgemacht haben müssen. Berichtet hat über die zeitliche Folge der Ereignisse später der Beauftragte des Pfalzgrafen, der für alle mit der Universitätsgründung zusammenhängenden Fragen verantwortlich war und später der erste Rektor der Universität werden sollte, Marsilius von Inghen[9], der dementsprechend auch drei Tage nach diesem Beschluß, am 29. Juni 1386, in den pfalzgräflichen Rat „eingeschworen" und mit entsprechenden Einkünften versehen wurde[10]. Anscheinend hatte er an der Sitzung, die über die Universitätsgründung zu entscheiden hatte, teilgenommen und berichtet somit aus eigener Anschauung, wenn er auch leider keinerlei Aussagen über die Motive macht, die damals in der Diskussion und für den Kurfürsten den Ausschlag zugunsten der Universitätsgründung gegeben haben.

Die päpstliche Urkunde, die sozusagen grünes Licht für den Gründungsplan gegeben hatte, war unter schwierigen Umständen in Genua an der Kurie impetriert worden[11]. Der Heidelberger Plan beschäftigte gewiß Papst Urban VI. nicht vordinglich, der vielmehr damals mit seinem erbitterten Konflikt mit seinem Kardinalskollegium vollauf zu tun hatte. Urban VI. hat in etwa derselben Zeit, als er in Genua die Heidelberger Urkunde durch seine Signatur eine Supplik des Pfalzgrafen (die nicht erhalten blieb[12]) genehmigte, sein gerade 1384 erst erneut von ihm kreiertes Kardinalskolleg voller Mißtrauen verfolgt, die Kardinäle ins Gefängnis werfen, foltern, ja teilweise hinrichten lassen – eine schaurige Begleitmusik zur Heidelberger Gründungserlaubnis. Die von der päpstlichen Kanzlei ausgefertigte Urkunde war dann freilich Routinesache: Ein Textvergleich mit der Bulle, die sich der 1346 zum *rex Roma-norum* gewählte Karl IV. 1347 in Avignon von Papst Clemens VI. vor der Gründung des Prager Studiums geholt hatte[13], und auch mit den Gründungs-privilegien, welche

---

Demnach belief sich die Bullentaxe auf 5, nicht 100 Pfund; das war aber immer noch doppelt soviel, wie die 50 Groschen, die Rudolf IV. für das Wiener Universitätspriveleg (1364) hatte zahlen müssen!

9 REXROTH, Universitätsstiftungen (wie Anm. 6), S. 195, weist zu Recht darauf hin, daß Marsilius dabei dem Rat nicht aller drei Kurfürsten, sondern in besonders enger Weise dem (jedenfalls verbal unterschiedenen) Rat Ruprechts I. zugeordnet worden ist. Zu Marsilius und seiner Tätigkeit ebenda, S. 189ff., vgl. auch J. MIETHKE, Marsilius von Inghen als Rektor der Universität Heidelberg, in: Marsilius of Inghen, Acts of the International Marsilius von Inghen Symposium, hg. v. H. A. G. BRAAKHUIS u. M. J. M. HOENEN (Artistarium, Supplementa 7), Nijmegen 1992, S. 13-37 (zuvor in: Ruperto Carola 76, 1987, 110-120). Zum „Rat" als Hofinstitution und zu dem Titel eines *consiliarius* in der Kurpfalz vgl. bes. P. MORAW, Beamtentum und Rat König Ruprechts, in: ZGO 116 (1968), S. 59-126; allgemein zusammenfassend D. WILLOWEIT, in: Deutsche Verwaltungsgeschichte, hg. v. K. G. A. JESERICH, H. POHL, G.-CHR. VON UNRUH, Bd. 1, Stuttgart 1983, S. 109-112.

10 Urkundenbuch (wie Anm. 1), S. 4f. (Nr. 3).

11 Vgl. A. ESCH, Zeitalter und Menschenalter, München 1994, S. 159f.

12 Bezeugt wiederum im Bericht des Marsilius von Inghen, in: Acta (wie Anm. 7) S. 147 (Nr. 72), Zl. 15-18.

13 (26. 1. 1347): Monumenta Historica Universitatis Pragensis, Bd. II.2: Codex diplomaticus, Prag o. J., S. 219f. Zur Vorgeschichte des für die Prager Urkunde benutzten Formulars vgl. REXROTH,

sich der polnische König Kasimir der Große 1364 für seine geplante Universität Krakau oder die Habsburger Herzöge Rudolf IV. (1365) und Albrecht III. (1384) für ihre jeweiligen Wiener Pläne besorgt hatten[14], zeigt, daß diese Texte gerade in den dispositiven Teilen fast wörtlich mit der Heidelberger Urkunde identisch sind. Das könnte einen Hinweis darauf geben, daß jene Flucht der Kardinäle, die zusammen mit fast der gesamten Kurie 1378 zu Beginn des Großen Schismas Urban VI. verlassen hatten, um sich zu Clemens VII. zu begeben, keineswegs sämtliche Kanzleibehelfe dem späteren „avignonesischen Papst" zugespielt hatte, so schmerzlich der Verlust gerade der Finanzunterlagen auch für die „römische Oboedienz" bleiben mochte[15], wenn nicht die andere Vermutung bei der Erklärung dieser text-lichen Übereinstimmung den Vorzug verdient, daß nämlich der österreichische Supplikant Albrecht III. den Urkundentext der Prager Gründung durch den verwandtschaftlich mit ihm verbundenen Luxemburger Karl IV. von 1447 etwa vorsorglich an die Kurie mitgeschickt haben sollte, so daß die päpstliche Kanzlei sich fortan daran orientieren konnte[16]. Wie immer sich das verhalten haben mag, wie ein päpstliches Gründungsprivileg aussehen mußte und was es rechtlich bestimmen konnte, das wußte man jedenfalls auch noch in der durch Italien wandernden Kurie Urbans VI. im Genua des Jahres 1385. Die päpstliche Kanzlei hat dann noch Jahrzehnte hindurch das nämliche Urkundenformular auch etwa für Köln (1388), Erfurt (1389), Würzburg (1409), Leipzig (1409), Rostock (1419), Löwen (1425), Basel (1459), Tübingen (1476) benutzt und mit wenigen Varianten[17] den gleichsam gestanzten Text immer wieder verwendet, also weit über das Ende der Schismazeit hinaus.

Universitätsgründungen (wie Anm. 6), S. 60-66, der die Formularzusammenhänge bis 1289 (Gründungsprivileg für Lissabon) zurück verfolgt hat. (S. 64-66 auch ein durch diakritische Zeichen erschlossener Text der päpstlichen Bulle für Prag).

14   Krakau (1364): University Cracow, Documents Concerning its Origins, hg. v. L. KOCZY, Dundee 1966, S. 42f. (Nr. 5).Wien (1365): R. KINK, Geschichte der kaiserlichen Universität zu Wien, Wien 1854 [Neudruck Frankfurt a. M. 1969], Bd. 2, Nr. 3 (S. 26-28); Wien (1384): ebd., Nr. 8 (S. 47f.).

15   J. FAVIER, Les finances pontificales à l'époque du grand schisme d'Occident, 1378-1409 (Bibliothèque de l'Ecole Française d'Athènes et de Rome, 211), Paris 1966, S. 136f.

16   Diese dramatisierende Erklärung kann freilich nicht leicht plausibel machen, daß die Kurie Papst Clemens' VII. sich bei der Privilegierung des Erfurter Gründungswunsches in dem Privileg vom 18. September 1379 eines sehr ähnlichen Formulars bediente: Acten der Erfurter Universität, bearb. v. J. C. H. WEISSENBORN, Bd. 1 (Geschichtsquellen der Provinz Sachsen und angrenzender Gebiete, 8.1), Halle 1881, S. 1-3 (Nr. I.1).

17   So ist etwa in Heidelberg die Betonung des Pariser Vorbilds (wie oben bei Anm. 1) etwas Besonderes. Sie geht wohl auf die Initiative des Pariser Magisters Marsilius von Inghen zurück. Später wird es dann oft nur heißen , die der Neugründung Angehörenden sollten sich aller Vorrechte derer erfreuen, die „an anderen *studia generalia* weilen" (*omnibus privilegiis, libertatibus et immunitatibus concessis docentibus et studentibus in eisdem facultatibus in aliis studiis generalibus ac commorantibus quibuscumque gaudeant et utantur,* so heißt es – leicht verwirrt – etwa im Privileg Urbans VI. für Erfurt 1389). Die Urkunde für Kulm (wie folgende Anm., d. h. fast gleichzeitig mit der Heidelberger Urkunde) wird demgegenüber

Welche rechtliche Bedeutung hatte die päpstliche Gründungsbulle? Ohne Zweifel wurde damit nicht die Gründung selbst vollzogen. Das kann man im Heidelberger Fall allein schon an dem auch nach dem Eintreffen der päpstlichen Bulle immer noch nötigen (oder doch vom pfalzgräflichen Hof für nötig gehaltenen) Entschluß des pfalzgräflichen Rates auf Schloß Wersau ersehen, nun mit der Gründung einer Universität auch wirklich Ernst zu machen. Das wird auch andernorts klar, wenn wir die päpstlichen Privilegierungen für später nicht ins Leben getretene Gründungen berücksichtigen. Am 9. Februar 1386, nur ein gutes Vierteljahr nach der Signatur der Supplik des Pfalzgrafen, ist eine mit der Heidelberger Urkunde „nahezu textidentische" Bulle Urbans VI. datiert, in der der Papst ein „Generalstudium" in Kulm im Deutschordensland anerkennt[18]. Doch eine Universität ist in Kulm niemals entstanden[19]. Schon 1295 hatte Bonifaz VIII. für Pamiers ein fernerhin fruchtloses Gründungsprivileg erteilt[20]. Auch später, im 15. Jahrhundert noch, wird es solche im Ansatz bereits gescheiterten Gründungsversuche geben, bei denen ein päpstliches Privileg vor allem die ursprüngliche Ernsthaftigkeit der Absichten bezeugt, so etwa in Pforzheim (1459), Mainz (1469), Lüneburg (1479) und in Regensburg (1487)[21]. Auch die Gründung einer Universität in Nantes[22] ist durch Privilegien von nicht weniger als drei Päpsten vorbereitet worden (1414, 1423, 1449), bevor die Hochschule dann 1461 wirklich ins Leben trat. Man wird kaum davon sprechen können, daß diese lange Frist in der ursprünglichen Absicht des Herzogs der Bretagne, des Impetranten der Papsturkunden, gelegen haben könnte. In Barcelona ist trotz mancher Versuche zwischen 1377 und 1450 eine Universitätsgründung nicht etwa an dem Fehlen eines päpstlichen Gründungsprivilegs gescheitert[23], ihre Universität erhielt die Stadt dann tatsächlich jedoch erst ein Jahrhundert später im Jahre 1533. Man konnte sich offensichtlich die für

das Vorbild Bolognas monopolisieren. Später (z. B. 1459 für Basel) wird der Papst auch die Kompetenz der künftigen Universität zum Erlaß eigener Statuten bestätigen.

18　Urkundenbuch des Bistums Culm, hg. v. C. P. WOELKY (Neues Preussisches Urkundenbuch, Westpreussischer Theil, Abth. II,1.1) Danzig 1884-1887, S. 289f. (Nr. 369).

19　Vgl. zusammenfassend REXROTH, Universitätsstiftungen (wie Anm. 6), S. 147-172.

20　(18. Dez. 1295): Les Registres de Boniface VIII, hg. v. G. DIGARD, M. FAUCON u. A. THOMAS, Bd. 1, Paris 1884, Nr. 658 (S. 227a); gedruckt in: Les statuts et privilèges des universités Françaises depuis leur fondation jusqu'en 1789, hg. v. M. FOURNIER, Bd. 2, Paris 1891, S. 743. Vgl. H. DENIFLE, Die Entstehung der Universitäten des Mittelalters bis 1400, Berlin 1885 [Neudruck Graz 1956], S. 638f.

21　Vgl. die Einzelnachweise bei J. MIETHKE, Die mittelalterliche Universität und die Gesellschaft, in: Erfurt, Geschichte und Gegenwart, hg. v. U. WEISS (Schriften des Vereins für die Geschichte und Altertumskunde von Erfurt, 2), Weimar 1995, S. 169-188, hier S. 174.

22　H. DIENER, Zur Geschichte der Universitätsgründungen in Alt-Ofen (1395) und Nantes (1423), in: QFIAB 42/43 (1963), S. 265-285.

23　C. CARRIERE, Refus d'une création universitaire et niveaux de culture de Barcelone, Hypothèse d'explication, in: Moyen Âge 85 (1979), S. 245-273.

ein kuriales Privileg nötigen Auslagen[24] eben leisten, auch wenn dann schließlich die übrigen Kosten oder andere Umstände insgesamt einer Realisierung am Ort doch auf die Dauer oder zunächst noch im Wege standen.

Wenn aber das päpstliche Privileg keine Gründungsurkunde war, was hatte es sonst zu bewirken? Schließlich hat sich seit der Mitte des 13. Jahrhunderts bis weit in die Neuzeit hinein fast jeder Gründungsversuch einer „Universität" mit einer solchen päpstlichen Urkunde ausgestattet. Es gehörte gewissermaßen zum guten Ton, eine päpstliche Privilegierung vorweisen zu können[25]. Der Inhalt der Privilegien selbst muß uns eine Antwort auf die Frage geben, warum diese Urkunden so fleißig nachgesucht wurden.

Es geht ersichtlich um den Charakter eines *studium generale*[26], einer, wie zu übersetzen ist, allgemein anerkannten Einrichtung, deren Anerkennung sich darin ausdrückte, daß man an ihr „schließlich die *licentia ubique docendi*" erwerben konnte[27]. Stets wird als erster und wichtigster Punkt in der Reihe der päpstlichen Dispositionen festgehalten, daß die geplante Gründung solch ein *studium generale* auch wirklich sein sollte und als solches vom Papst auch anerkannt werde. Der zweite Punkt leitet sich aus diesem ersten gewissermaßen nur ab: Die Privilegien der einer solchen Hochschule als Lehrende oder Lernende Angehörigen ergeben sich aus dieser ersten Anerkennung sozusagen von selbst und werden hier auch ausdrücklich zuerkannt[28], freilich übergeht

---

24 Vgl. oben Anm. 8. Etwas genauer sind die Kosten für die Gründung Basels bekannt, vgl. E. BONJOUR, Die Universität Basel von den Anfängen bis zur Gegenwart, 1460-1960, Basel 1960, S. 21-38; J. ROSEN, Die Universität Basel im Staatshaushalt 1460-1530, in: Basler Zeitschrift für Geschichte und Altertumskunde 72 (1972), S. 137-219.

25 Nur wenige Universitätsgründungen in Italien, die aber ausschließlich Juristen-Universitäten betrafen, gaben sich – nach dem Vorbild Bolognas und seines angeblichen Privilegs des Kaisers Theodosius II. (dazu vor allem G. FASOLI/G. B. PIGHI, Il privilegio teodosiano, in: Studi e memorie per la storia dell'Università di Bologna, n.s. 2, 1961, S. 55-94; vgl. A. BORST, Barbaren, Ketzer und Artisten, Welten des Mittelalters, München/Zürich 1988, S. 187ff.) – mit einem kaiserlichen Privileg zufrieden, vgl. dazu M. MEYHÖFER, Die kaiserlichen Stiftungsprivilegien für Universitäten, in: Archiv für Urkundenforschung 4 (1912) S. 291-418. Erst die protestantischen Gründungen des 16. Jahrhunderts holten sich dann auch in Deutschland ersatzweise für die päpstliche Privilegierung kaiserliche Privilegien (des katholischen Monarchen), wie etwa Marburg (erst 1540, 13 Jahre nach der Begründung 1527), Jena (1557; nach der Gründung einer „Akademie" 1548) oder Helmstedt (1575). Das katholische Würzburg dagegen machte es gewissermaßen doppelt und besorgte sich Privilegien von Papst Gregor XIII. (28. 3. 1575) und von Kaiser Maximilian II. (datiert nur sechs Wochen später unter dem 11.5.1575).

26 Zusammenfassend zur Forschungsdiskussion über diesen Begriff für die Frühzeit der Universitäten seit dem 19. Jh. O. WEIJERS, Terminologie des universités au XIIIe siecle (Lessico intellettuale Europeo, 39) Rom 1987, S. 34-45.

27 So definierte P. CLASSEN, Studium und Gesellschaft im Mittelalter, hg. v. J. FRIED (Schriften der MGH, 29) Hannover 1983, S. 1f. mit Anm. 2 (den Weijers nicht berücksichtigt hat). Vgl. auch die brillante Zusammenfassung von E. MEUTHEN, Die Alte Universität (Kölner Universitätsgeschichte, 1), Köln 1988, S. 10f.

28 Man kann fragen, ob das 1224 von Kaiser Friedrich II. in Neapel gegründete *Studium* (das keine päpstliche Privilegierung erhielt, aber von einem Kaiser begründet worden war – vgl. die Gründungsurkunde, am besten gedruckt bei Richard von San Germano, Chronica, hg. v. C. A. GARUFI,

der päpstliche Aussteller großzügig sowohl eine auch nur annähernde Aufzählung der solcherart zugesicherten Vorrechte, als er sich auch davor hütet, seine Kompetenz zur Verleihung derartiger Rechte irgendwie zu belegen. Die Urkunde verbleibt vielmehr in dem damals in päpstlichen Urkunden seit langem schon gebräuchlichen Rahmen der vollmundigen Rechtsbestätigung, unangesehen der Frage der Herkunft der bestätigten Rechte. Das zu gründende *studium generale* sollte also, das wird hiermit ganz deutlich, eine Einrichtung sein, die sich mit den etablierten Hochschulen vergleichen ließ, es sollte sich nach dem mehr oder minder deutlich benannten Vorbild eines bereits existierenden Musters richten, dieses Muster mit päpstlicher Billigung abbilden und somit auch über die nötigen Freiheiten und Vorrechte für seine Angehörigen verfügen.

Freilich, trotz der allgemeinen Formulierung umfaßte diese Rechtsverleihung offenbar keineswegs sämtliche Sonderrechte, auch nicht sämtliche wichtigen Sonderrechte, die die Angehörigen der bereits existierenden Hochschulen besaßen. So hat es der Papst nicht versäumt, den neuen Gründungen das sogenannte „Residenzprivileg", das heißt eine ausdrückliche, kirchenrechtlich bindende Erlaubnis für die Klerikerstudenten, ihre Einkünfte aus ihren Pfründen zu Hause auch ohne eigene Anwesenheit am Orte für eine längere Frist (in der Regel für fünf bis zehn Jahre) während ihres Aufenthalts am päpstlich anerkannten Studienort gleichwohl entgegen allen kirchenrechtlichen Festsetzungen (die naturgemäß immer die Anwesenheit des Pfründeninhabers am Ort seiner kirchlichen Pflichten durchzusetzen bestrebt waren[29]) in Anspruch nehmen zu dürfen, immer eigens und gesondert zu erteilen und sich natürlich dieses Privileg auch bezahlen zu lassen[30]. Gar nicht zu reden ist hier von jenen

---

in: Rerum Italicarum Scriptores VII/2, Bologna 1938, S. 113-116[a] – wirklich eine „Universität" im Vollsinne des mittelalterlichen Verständnisses war, so etwa O. G. OEXLE, Alteuropäische Voraussetzungen des Bildungsbürgertums – Universitäten, Gelehrte und Studierte, in: Bildungsbürgertum im 19. Jahrhundert, hg. v. W. CONZE und J. KOCKA (Industrielle Welt, 38), Stuttgart 1985, S. 29-79, bes. S. 31f., 49. Dagegen aber bereits CLASSEN, Studium und Gesellschaft (wie vorige Anm.), S. 194 mit Anm. 88. Allgemein zu Neapel jetzt M. BELLOMO, Federico II, lo „*studium*" a Napoli e il diritto comune nel „*regnum*", in: Rivista internazionale di diritto comune 2 (1991), S. 135-151. Zusammenfassend: J. VERGER in: LexMA VI (1993) 1075f. Unter Karl von Anjou bereits erhielt dann die Universität das übliche päpstliche Privileg (1266).

29 Dazu vgl. nur z. B. H. E. FEINE, Kirchliche Rechtsgeschichte, Bd. 1: Die katholische Kirche (hier zitiert nach der dritten Aufl., Weimar 1955), S. 349.

30 Für Heidelberg etwa wurde es von Urban VI. in Lucca am 2. August 1387, also mehr als anderthalb Jahre nach dem Gründungsprivileg, gesondert erteilt: Acta (wie Anm. 7), S. 107f. und 109f. (Nr. 54 und 55). Für beide Urkunden waren natürlich auch wieder die Taxen fällig (nach Urkundenbuch, wie Anm. 1, S. 45, Nachbemerkung zu Nr. 24 – das Original ist seit 1945 verschollen. Das erste Privileg ist, wie schon das Urkundenbuch feststellte, „fast wörtlich" identisch mit der entsprechenden Urkunde für Wien von 1365, KINK, Geschichte, wie Anm. 14, Bd. 2, Nr. 4, S. 29-32). Zur Frühgeschichte des Residenzprivilegs vgl. P. KIBRE, Scholarly Privileges in the Middle Ages (Medieval Academy of America Publications, 72), London 1961, ad indicem (s. v. *Benefices*, S. 426b); für die deutschen Universitäten bes. K. WRIEDT, Kurie, Konzil und Landeskirche als Problem der deut-

Rechten, die der Papst gar nicht verleihen konnte, etwa besonderen Zollbe-
freiungen, verbilligten oder taxierten Mietsätzen und dergleichen, die er freilich
mit seinem Privileg bei den dafür Zuständigen (die häufig mit den gründungs-
willigen Impetranten identisch waren) sozusagen einforderte.

Auch der dritte Punkt der päpstlichen Privilegien, die (Selbst-) Ergänzung
des Personalbestandes durch eine allgemein geltende Graduierung der Studenten, gehört noch zu den Minimalbedingungen der Existenz eines *studium generale*, das den allgemeinen Erwartungen entsprechen wollte und das deshalb
auch von allen anerkannt werden konnte, sollte und wurde, weil das ja gerade
das Ziel des Besuches dieser Einrichtungen war. Hier freilich war die päpstliche Verleihung in der Tat eine hochwillkommene Erwerbung, sicherte sie der
neuen Gründung doch vorweg und formell die allgemeine Anerkennung, die
sich die älteren europäischen Universitäten mühsam in jahrzehntelanger
gleichsam osmotischer Wirkungsdurchsetzung hatten international erringen
müssen[31].

Es geht also bei den päpstlichen Universitätsgründungsprivilegien weniger
um die Verleihung eines Rechts, denn die betroffene Einrichtung war ja noch
gar nicht existent, sollte erst errichtet werden, war deutlich auf Zukunft gestellt, wie es in den *narrationes* der Urkunde auch klar mitgeteilt wird. Vielmehr
sollte die künftige Bildungseinrichtung als vom Papste anerkannt sozusagen
vorweg allgemeine Akzeptanz finden. Es ging demnach um die programmatische Anerkennung einer noch ins Leben zurufenden Einrichtung als in ein
vorgegebenes Muster passend, als gleichberechtigt mit schon bestehenden erfolgreichen anderen Einrichtungen der gleichen Art. Der Papst verlieh in seinem Privileg der geplanten Gründung sofort die rechtliche Gleichrangigkeit
mit den bestehenden Universitäten Europas. Darum konnte er auch in seinen
Urkunden so blumig über Zweck und Sinn von Universitäten, über den Vorteil
ihrer Vermehrung und über den Gewinn für die Gesellschaft raisonnieren, den
ihre Einrichtung abwerfen würde[32].

Immerhin geschah dies alles eben durch die Erteilung eines Privilegs und
damit in Form einer Rechtsverleihung[33]. Die ältesten Universitäten sind bekanntlich ohne solche Vorwegprivilegierung ausgekommen. Die spätmittelal-

---

schen Universitäten im Spätmittelalter, in: Kyrkohistorisk Årsskrift 77 (1977), S. 203-207, hier
S. 205f.

31 Weder Paris, noch Bologna oder Oxford hatten von Anfang an ein solches päpstliches Privileg erhalten, wenn sie sich dann später auch darum bemühen mochten.

32 Vgl. dazu etwa – am Beispiel Erfurts – J. MIETHKE, Universität in der Gesellschaft (wie Anm. 17).

33 H. KRAUSE definiert in: HRG 3 (1984) Sp. 1999-2005, hier 1999: „Man kann das Privileg in
seiner ursprünglichen Gestalt in Deutschland als einen begünstigenden Herrschaftsakt für einen
Einzelempfänger bezeichnen." Bezeichnenderweise ließ aber der Dekan der Juristenfakultät Johannes von Noet und vielleicht bereits Marsilius von Inghen das Gründungsprivileg Urbans VI.
für Heidelberg nicht in sein jeweiliges Amtsbuch aufnehmen, vgl. Acta (wie Anm. 7), vgl. dort
bes. die Aufstellungen von M. NUDING, S. 605f.

terlichen Juristen unterschieden die Universitäten danach, ob sie *ex consuetudine* oder ob sie *ex privilegio* entstanden waren[34]. Doch hat diese Unterscheidung diese Beobachter keineswegs zu irgendeiner Abwertung der einen oder der anderen Art von Hochschulen veranlaßt. Noch Heinrich Denifle hat im ersten Band seiner groß geplanten europäischen Universitätsgeschichte seine Gliederung ganz nach diesem Schema vorgenommen[35], wenn er auf die „Hochschulen ohne Errichtungsbriefe" dann die „Hochschulen mit nur päpstlichen Errichtungsbriefen" und dann die „Hochschulen mit [außer päpstlichen auch] kaiserlichen oder landesherrlichen Gründungsurkunden" folgen läßt. Die Einteilung mag als Festlegung einer Reihenfolge in der Behandlung von Universitätsgründungen brauchbar sein, eine Differenzierung der Hochschulen kann sie schon allein deshalb nicht begründen, weil die Privilegien ja gerade die Identität der künftig zu gründenden Einrichtung in ihrer Außenwirkung mit den bestehenden Einrichtungen als Rechtsverleihung bewerkstelligen wollten.

Die päpstlichen Gründungsprivilegien sind demnach gewissermaßen autoritative Identifikationen, die der künftigen Einrichtung ihre grundsätzliche Eignung für den erstrebten Zweck zuerkannten. Aus dieser Sachlage ergibt sich einmal, daß sie selbst keineswegs beanspruchen, die künftige Einrichtung selber ins Leben zu rufen, so wichtig diese päpstliche Anerkennung auch real für die neue Hochschule werden mochte, auch und gerade hinsichtlich der Attraktivität auf künftige Studenten, und damit für fundamentale materielle Interessen der neuen Einrichtung. Zum anderen ergibt sich auch eine gewisse präformative Einschränkung von Neuerungen, die der eigentliche Universitätsgründer beabsichtigen mochte: er durfte sich niemals so weit von dem Grundmuster eines „herkömmlichen" *studium generale* mit seinen Gründungsabsichten und seinem „Stifterwillen"[36] entfernen, daß er es hätte riskieren müssen, die päpstliche Anerkennung eben nicht erteilt zu erhalten, so daß die neue

---

34 Vgl. dazu etwa G. ERMINI, Concetto di „studium generale", in: Archivio giuridico „Filippo Serafini" 127 [ser. V.7] (1942) 3-24; auch W. ULLMANN, The Medieval Interpretation of Frederick I's Authentic „Habita" [¹1954], jetzt in: DERS., Scholarship and Politics in the Middle Ages (Collected Studies Series, CS 72), London 1978, nr. xi.

35 DENIFLE, Entstehung der Universitäten (wie Anm. 20), etwa S. 220, oder das Inhaltsverzeichnis, S. XXXI-XLV.

36 Michael Borgolte und seine Schüler haben in der letzten Zeit mehrfach versucht, aus dem „Stifterwillen", etwa dem des die Unversität begründenden Landesherrn, spezifische Rahmenbedingungen der Gestaltung konkreter Universitäten abzuleiten und abzulesen. Vgl. etwa REXROTH, Universitätsstiftungen (wie Anm. 6), oder W. E. WAGNER, Universitätsstift und Kollegium in Prag, Wien und Heidelberg, Eine vergleichende Untersuchung spätmittelalterlicher Stiftungen im Spannungsfeld von Herrschaft und Genossenschaft (Europa im Mittelalter, 2) Berlin 1999; vgl. auch die Arbeiten von M. Borgolte, aufgeführt etwa in: Stiftungen und Stiftungswirklichkeiten, Vom Mittelalter bis zur Gegenwart, hg. v. M. BORGOLTE (Stiftungsgeschichten, 1), Berlin 2000, S. 323f. Ich halte diese Versuche für eher irreführend, zumindest für nicht weiterführend, da sie mit einem unklaren Stiftungsbegriff die Absichten der Universitätsgründer nicht klären, sondern eher verdunkeln. Vgl. dazu auch etwa J. MIETHKE, in: Mittellateinisches Jahrbuch 30/2 (1995) 164-166; D. WILLOWEIT, in: ZRG germ. 113 (1996) 562f. Ich gedenke darauf anderwärts ausführlicher zurückzukommen.

Gründung als „Universität" im Kreis der bestehenden Universitäten keine sichere Anerkennung finden würde[37]. Die Gründung der Universität Neapel mit ihren (in der Zukunft nicht anschlußfähigen) Sonderformen[38] war eben nur durch den Idealkonkurrenten des Papstes, den Kaiser möglich.

Damit wird auch die Funktion (nicht die Absicht) solcher päpstlichen Gründungsprivilegien deutlich. Sie konnten das Modell der mittelalterlichen Universtät bei seiner Proliferation gewissermaßen schützen und vor allzu starker Abwandlung bewahren[39]. Das mag eine fortschrittsoptimistische Bewertung enttäuschen, es macht aber erneut deutlich, daß auch im Mittelalter neue Formen auf die Dauer nur dann Erfolg verbuchen konnten, wenn sie sich allgemein durchsetzen konnten. Doch das wäre thematisch nur in einem weiteren Untersuchungsgang beträchtlichen Umfangs zu verfolgen.

37 Einen Versuch, die Situation von Schulen ohne päpstliches Privileg systematisch durch eine Unterscheidung zu fassen, machte Konrad von Megenberg um 1350 in seiner Yconomica, III.1.3, hg. v. S. KRÜGER, Bd. 3 (MGH, Staatsschriften, 3.3), Stuttgart 1984, S. 23, der von der *scola autentica* (der päpstlich oder kaiserlich privilegierten Universität; ausdrücklich aufgezählt werden: Paris, Bologna, Padua, Oxford) eine *scola levinoma* unterscheidet (*sicut in Teutonia scole sunt Erfordensis, Viennensis et huiusmodi*); in ihnen werde zwar auch wissenschaftlicher Unterricht erteilt, es seien aber keine allgemein anerkannten Graduierungen möglich und die Magister müßten *privilegiata titulacione* entbehren. Eine Gründung ohne Privileg hätte demnach nach Konrads Meinung nur zu solch einer *scola levinoma* führen können, „lohnte" also für die betroffenen Dozenten und Studenten wohl kaum und wäre als „Universitätsgründung" nicht zu werten.

38 Siehe oben Anm. 28.

39 Das erklärt, so meine ich, warum die Kurie bisweilen so eifrig nach den näheren Umständen der Gründungsabsichten fragte, wie es etwa bei der Wiener Gründung klar verfolgbar ist. Freilich hat sich die Kurie durchaus nicht immer so verhalten: durch die schlichte Verfügung, die neue Einrichtung solle „wie die bestehenden" Studien eingerichtet werden, schien eine hinreichende Schranke vor allzu starker Abwandlung des Modells geschaffen und gesichert. Verständlich wird aber auch, daß die Privilegierung im Laufe der Zeit mehr und mehr zu einer bloßen Formalität verblaßte.

BILDUNGSREFORMEN IM REICH
DER FRÜHEN NEUZEIT –
VOM HUMANISMUS ZUR AUFKLÄRUNG

Von ANTON SCHINDLING

AM BEGINN DER DEUTSCHEN Aufklärung im frühen 18. Jahrhundert hat in Halle an der Saale der Universitätsprofessor Christoph Cellarius in seinem Geschichtslehrbuch das seither kanonisch gewordene Periodisierungsschema der drei historischen Großepochen Altertum, Mittelalter und Neuzeit eingeführt. Für Christoph Cellarius und seine Zeitgenossen stand dabei fest, daß der Beginn der eigenen, optimistisch gesehenen Geschichtsepoche circa 200 Jahre zuvor in der humanistischen Wiedergeburt der Literatur und der Wissenschaften nach dem Muster des klassischen Altertums zu suchen sei[1]. Was die Aufklärung als den Beginn ihres Kampfes gegen das angeblich „finstere Mittelalter" ansah, wurde später vom Historismus des 19. Jahrhunderts als die Morgendämmerung der eigenen Kulturepoche gefeiert, als die „Entdeckung der Welt und des Menschen" in der Renaissance, wie Jacob Burckhardt einprägsam formuliert hat[2].

Es ist in der Historiographie weitgehend akzeptiert, daß Humanismus und Aufklärung Schlüsselepochen der Kulturgeschichte waren, allerdings in Deutschland mit sehr differierenden Gewichtungen, die sich einerseits aus der spezifischen Rolle der Reformation und andererseits aus der lange Zeit kontroversen Beurteilung der Aufklärung ergaben. Die ältere Geschichtsschreibung bevorzugte dabei eine geistesgeschichtliche Betrachtung mit Gratwanderungen in der Gipfelhöhe geistiger Größen, während die konkreten Bildungsinstitutionen und die Sozialgeschichte der Bildung eine geringere Beachtung fanden. Erst die neuere Forschung hat andere Akzente gesetzt. Im folgenden soll versucht werden, im Überblick über die drei Jahrhunderte der Frühen Neuzeit für den Raum der deutschen Geschichte eine Bilanz zu geben und einige wichtige Forschungsperspektiven zu skizzieren.

Die Feststellung, daß der deutsche Humanismus eine wirksame Bildungsreform brachte, und zwar eine sehr erfolgreiche, klingt zunächst nach bloßem Handbuchwissen, ist es jedoch nicht. Die nach Wissenschaftsdisziplinen getrennten Wege der Humanismusforschung durchqueren hier das Blickfeld. Li-

---

1   F. X. VON WEGELE, Geschichte der deutschen Historiographie seit dem Auftreten des Humanismus, München 1885 (ND New York 1965), S. 481-489. U. MUHLACK, Geschichtswissenschaft im Humanismus und in der Aufklärung. Die Vorgeschichte des Historismus, München 1991.

2   J. BURCKHARDT, Die Kultur der Renaissance in Italien. Ein Versuch. Neudruck der Uraugabe, Stuttgart 1985, S. 191.

teraturgeschichte, Philosophiegeschichte, Rechtsgeschichte und Theologiegeschichte haben ihre jeweils sehr fachspezifischen Humanismusbilder entworfen. Von maßgebenden Autoren wurde die geschichtliche Bedeutung des
deutschen Humanismus auf eine Art Wegbereiterrolle für Martin Luther und
die Reformation verkürzt, eine Auffassung, die sich bis auf den heutigen Tag
in der ungleichgewichtigen Erforschung des vorreformatorischen und des
nachreformatorischen Humanismus niederschlägt. Die elsässischen, schwäbischen und fränkischen Humanisten galten als die großen Impulsgeber, von
dem nun tatsächlich alle anderen überragenden Erasmus von Rotterdam ganz
zu schweigen. Die späteren Humanisten dagegen erschienen als schulmäßig
und konfessionell verengt, als Pedanten und religiöse Dogmatiker[3]. War der
deutsche Humanismus also nur ein kurzer Geistesfrühling, ein Aufbruch, auf
den der lange Herbst des Konfessionellen Zeitalters folgte mit einer Rückkehr
des Mittelalters und seiner schon überwunden geglaubten Scholastik?

Ein Universitäts- und Schulhistoriker kann eine solche Frage nur nach-
drücklich verneinen. Denn so sehr die Generation der vorreformatorischen
Humanisten in Deutschland mit gedanklichem und literarischem Reichtum
brillierte, so wenig gelang es ihr, Strukturen von Dauer zu begründen. Die
Umsetzung der humanistischen Programme im schulischen Alltag und deren
Verstetigung wurden nur punktuell erreicht. Der aus Italien einströmende
Humanismus blieb zunächst auf vagierende Humanisten, Klöster, Fürstenhöfe
und städtische Patrizierzirkel begrenzt. Er sickerte freilich allmählich in Universitäten und Schulen sowie in die fürstlichen und städtischen Kanzleien ein
und ließ eine an der Antike geschulte Bildung mehr und mehr als ein prestige-
trächtiges Erkennungsmerkmal des Mannes in einflußreichen Entscheidungs-
positionen erscheinen.

Humanistische Bildung wurde zum Kriterium sozialer Statusbestimmung
und Abgrenzung, sie ging ein in die Standeskonkurrenz zwischen Bürgertum
und Adel, und zwar einerseits als ein Element der Absicherung sozialen Aufstiegs von Bürgern und andererseits als ein Element nachholender Bildungsbemühungen beim Adel[4]. Eine von der Antike, aber nicht durch den Geburts-
stand geadelte „nobilitas literaria" trat neben eine durch die aristokratische
Herkunft bevorzugte, studierende „nobilitas literata". Es ergab sich ein span-
nungsreicher Prozeß, der mit der Verdrängung des Bildungsmonopols von

---

3   P. JOACHIMSEN, Geschichtsauffassung und Geschichtsschreibung in Deutschland unter dem Einfluß
    des Humanismus, Leipzig 1910 (ND Aalen 1968). DERS., Gesammelte Aufsätze. Beiträge zu Renais-
    sance, Humanismus und Reformation; zur Historiographie und zum deutschen Staatsdenken,
    2 Bde., 1.-2. Aufl., Aalen 1983. W. KAEGI, Humanistische Kontinuität im konfessionellen Zeitalter.
    Ein Vortrag, Basel 1954. G. RITTER, Die geschichtliche Bedeutung des deutschen Humanismus,
    2. Aufl., Darmstadt 1963.

4   C. HOFFMANN, Ritterschaftlicher Adel im geistlichen Fürstentum. Die Familie von Bar und das
    Hochstift Osnabrück. Landständewesen, Kirche und Fürstenhof als Komponenten der adeligen Le-
    benswelt im Zeitalter der Reformation und Konfessionalisierung 1500-1651, Osnabrück 1996.

Klerikern durch den Aufstieg von gebildeten Laien korrelierte, seien diese aus dem Adel oder aus dem Bürgertum. Wenngleich auch Mönche und Weltkleriker als Humanisten auftraten, so hatte der Humanismus doch eine Tendenz zur Laienbildung ebenso wie zur Ablösung der religiösen Bildungsinhalte durch säkulare Motive, was in der Antike-Rezeption naturgemäß angelegt und für Adelige und Bürgerliche gleichermaßen akzeptabel war. Die Synthese einer christlich gedeuteten Antike, wie Erasmus sie vertrat, hob mögliche grundsätzliche Widersprüche in der Wahrnehmung der Zeitgenossen auf und wirkte prägend als christlicher Humanismus[5].

Die Breitenwirksamkeit des deutschen Humanismus wird mit der schlagwortartigen Formulierung des Kirchenhistorikers Bernd Moeller charakterisiert: „Ohne Humanismus keine Reformation"[6]. Jedoch muß diese Formel auch umgedreht werden: „Ohne Reformation keine institutionalisierte und verstetigte Wirkung des Humanismus". Die beiden ungleichen Bewegungen des Humanismus und der Reformation sind überall in Europa verwoben gewesen. Ganz besonders gilt dies für die Stammländer der Reformation, Deutschland und die Schweiz, später auch für die Niederlande. Die Reformation nahm gerade in den Städten, die als frühe Ausbreitungszentren eine Schlüsselstellung hatten, auch Motive einer bürgerlichen Bildungsbewegung in sich auf. Die Neugestaltung der Kirche und die Neugründung von Schulen gingen Hand in Hand: Hierbei exponierten sich die Reichsstädte Nürnberg und Straßburg sowie das schweizerische Zürich[7]. Aber ebenso betonten die evangelischen Territorialfürsten den Zusammenhang von reformatorischem Glauben und neuer Bildung. In der Landgrafschaft Hessen, im Herzogtum Preußen und im Herzogtum Braunschweig-Wolfenbüttel wurde das Reformationswerk mit der Gründung neuer Universitäten in Marburg, Königsberg und

5 N. HAMMERSTEIN, Bildungsgeschichtliche Traditionszusammenhänge zwischen Mittelalter und früher Neuzeit, in: Der Übergang zur Neuzeit und die Wirkung von Traditionen, Göttingen 1978, S. 32-54. DERS., Zur Geschichte und Bedeutung der Universitäten im Heiligen Römischen Reich Deutscher Nation, in: HZ 241 (1985), S. 287-328.

6 B. MOELLER, Die deutschen Humanisten und die Anfänge der Reformation, in: ZKG 70 (1959), S. 46-61, hier S. 59. DERS., Deutschland im Zeitalter der Reformation, 3. Aufl., Göttingen 1988.

7 A. SCHINDLING, Humanistische Hochschule und Freie Reichsstadt. Gymnasium und Akademie in Straßburg 1538-1621, Wiesbaden 1977. DERS., Straßburg und Altdorf. Zwei humanistische Hochschulgründungen von evangelischen freien Reichsstädten, in: Beiträge zu Problemen deutscher Universitätsgründungen der frühen Neuzeit , hg. v. P. BAUMGART und N. HAMMERSTEIN, Nendeln 1978, S. 149-189. DERS., Die humanistische Bildungsreform in den Reichsstädten Straßburg, Nürnberg und Augsburg, in: Humanismus im Bildungswesen des 15. und 16. Jahrhunderts, hg. v. W. REINHARD, Weinheim 1984, S. 107-120. W. MÄHRLE, Academia Norica. Wissenschaft und Bildung an der Nürnberger Hohen Schule in Altdorf (1575-1623), Stuttgart 2000. Zahlreiche Hinweise auf die Universitäten, Hohen Schulen und Gymnasien des 16. und 17. Jahrhunderts und ihre Träger bietet das Sammelwerk: Die Territorien des Reichs im Zeitalter der Reformation und Konfessionalisierung. Land und Konfession 1500-1650, hg. v. A. SCHINDLING und W. ZIEGLER, 7 Bde., 1.-3. Aufl., Münster 1989-97; zu Nürnberg, Straßburg und den Schweizer Städten vgl. die einschlägigen Artikel in Bd. 1 und 5.

Helmstedt abgeschlossen[8]. Diese neuen Universitäten waren zugleich evangelisch und humanistisch geprägt. Zudem wurden ältere Universitäten im Sinne
des Humanismus reformiert und in den Dienst des Konfessionsstaates gestellt.
Durch die reformatorischen Klostersäkularisationen erhielt das neue evangelische Bildungswesen eine großzügige finanzielle Basis – exemplarisch können
Hessen, das albertinische Sachsen, Württemberg und Straßburg genannt werden. Mit der These, daß Klöster und Stifte ursprünglich einmal Schulen gewesen seien, gab Martin Luther hierfür die Begründung und löste so für die
Evangelischen das Problem der Finanzierung von Bildungsreformen, an dem
der vorreformatorische Humanismus gescheitert war[9].

Für die programmatische Synthese von Reformation und humanistischer
Bildungsreform in Universitäten und Schulen standen in Deutschland vor allem zwei Persönlichkeiten: Philipp Melanchthon, der die Universität Wittenberg mit starker Nachfolgewirkung reformierte, und der Schulrektor Johann
Sturm in Straßburg. Melanchthon und Sturm formulierten die Maßstäbe für
eine „sapiens atque eloquens pietas", die zugleich auf evangelische Frömmigkeit wie auf antike Gelehrsamkeit und Beredsamkeit bezogen war. Die Rhetorik als die neue Leitwissenschaft unter den philosophischen Fächern kam dabei auch den Ausbildungsbedürfnissen des frühmodernen Staates entgegen: In
den Kanzleien der fürstlichen Territorialstaaten wie der unabhängigen Städte
wurden wortgewandte Räte und Beamte benötigt, die Kenntnis des aus Italien
rezipierten Römischen Rechts mit Fertigkeiten wirkungsvoller, adressatenori-
entierter Argumentation verbanden.

Ebenso wie die Reformation den Ausbau der Staatlichkeit in Territorien
und Reichsstädten beschleunigte, so waren die neuen Schulen und Universitäten auch in den Funktionszusammenhang weltlich-obrigkeitlicher und kirch-
lich-religiöser Interessen eingebunden. Die deutschen Humanisten als Protagonisten einer „religiösen Renaissance", wie formuliert worden ist, waren bereit, diesem doppelten Anspruch Genüge zu tun. Gott in der Kirche und Cicero in der Schule zu verehren, so beschrieb Johann Sturm in Straßburg sein
Programm. Antike und Christentum sollten für die drei Jahrhunderte der Frühen Neuzeit die beiden Pole bleiben, um die herum sich schulisch und universitär vermittelte Bildung entfaltete. Die Reformationsfürsten und die evangelischen Stadtmagistrate im Verein mit humanistischen Bildungsreformern wie
Melanchthon und Sturm waren – im Sinne einer Typologie historischer Persönlichkeiten – genuine Strukturbegründer. Als Folge der Reformation ent-

---

8   I. GUNDERMANN, Herzogtum Preußen, in: Ebd., Bd. 2, 3. Aufl. 1993, S. 220-233. W. ZIEGLER,
    Braunschweig-Lüneburg, Hildesheim, in: Ebd., Bd. 3, 2. Aufl. 1995, S. 8-43. M. RUDERSDORF, Hes-
    sen, in: Ebd., Bd. 4, 1992, S. 254-288.

9   M. LUTHER, An die Ratherren aller Städte deutsches Lands, daß sie christliche Schulen aufrichten
    und erhalten sollen, in: DERS., Werke. Kritische Gesammtausgabe, Bd. 15, Weimar 1899, S. 9-53.

standen Unterrichtsinstitutionen, die dauerhaft die Träger der deutschen Bildungsgeschichte bis in das 19. Jahrhundert hinein blieben[10].

Das religionspolitische „cuius regio, eius religio" der Reichsverfassung bedeutete dabei für die Zeitgenossen ganz selbstverständlich und unbestritten auch ein „cuius regio, eius instructio", also die Konfessionalisierung von Schulen und Universitäten. Analog zum trikonfessionellen Reich entstanden drei Bildungslandschaften. Wie wichtig der Rahmen der Reichsverfassung war, zeigt die Tatsache, daß bis zum Ende des Alten Reiches die Neugründung von Universitäten an Privilegien des Kaisers gebunden blieb, weil durch diese die verliehenen akademischen Grade ihre Rechtsgültigkeit erhielten. Für die Protestanten ergaben sich hierdurch bis zum Westfälischen Frieden manche Schwierigkeiten. So durften die reformierten Hochschulneugründungen in Herborn, Hanau, Burgsteinfurt und Zerbst nicht auf Universitätsprivilegien hoffen, während die katholischen Reichsstände demgegenüber für neue Jesuitenuniversitäten, vor allem in geistlichen Fürstentümern, im Vorteil waren[11]. Die Bindung an die kaiserlichen Privilegien bewirkte auch eine Universitätsstruktur mit im Regelfalle vier Fakultäten, mit den überlieferten Graduierungsrechten und einer korporativen Verfassung. Die Struktur der deutschen territorialen oder städtischen Universität, die sich vor der Reformation im Reich herausgebildet hatte, blieb bis hin zu den Reformuniversitäten der Aufklärung verbindlich[12].

Für die sich auseinander entwickelnden konfessionellen Bildungssysteme war der Zwang zur kaiserlichen Privilegierung eine verbindende Brücke. Da die Organisationsformen der spätmittelalterlichen Universitäten weiterhin galten, fiel es den Katholiken leichter, den bildungsreformerischen Vorsprung, den die Evangelischen in der ersten Hälfte des 16. Jahrhunderts erzielt hatten, in dessen zweiter Hälfte annähernd aufzuholen. Träger der katholischen Bildungsreform waren jetzt vor allem die Jesuiten, die den Humanismus in ihre

---

10 A. SCHINDLING, Bildung und Wissenschaft in der Frühen Neuzeit 1650-1800, 2. Aufl., München 1999.

11 P. BAUMGART, Die kaiserlichen Privilegien von 1575 für die Universitäten Würzburg und Helmstedt, in: WDGB 35/36 (1974), S. 319-329. DERS., Die Julius-Universität zu Würzburg als Typus einer Hochschulgründung im konfessionellen Zeitalter, in: Vierhundert Jahre Universität Würzburg. Eine Festschrift, hg. v. DEMS., Neustadt 1982, S. 3-29. G. MENK, Die Hohe Schule Herborn in ihrer Frühzeit (1584-1660). Ein Beitrag zum Hochschulwesen des deutschen Kalvinismus im Zeitalter der Gegenreformation, Wiesbaden 1981. A. SCHINDLING, Die katholische Bildungsreform zwischen Humanismus und Barock. Dillingen, Dole, Freiburg, Molsheim und Salzburg: Die Vorlande und die benachbarten Universitäten, in: Vorderösterreich in der frühen Neuzeit, hg. v. H. MAIER und V. PRESS, Sigmaringen 1989, S. 137-176. J. CASTAN, Hochschulwesen und reformierte Konfessionalisierung. Das Gymnasium Illustre des Fürstentums Anhalt in Zerbst 1582-1652, Halle 1999.

12 P. BAUMGART, Die deutsche Universität des 16. Jahrhunderts. Das Beispiel Marburg, in: HJLG 28 (1978), S. 50-79. M. RUDERSDORF, Der Weg zur Universitätsgründung in Gießen. Das geistige und politische Erbe Landgraf Ludwigs IV. von Hessen-Marburg, in: Academia Gissensis. Beiträge zur älteren Gießener Universitätsgeschichte, hg. v. P. MORAW und V. PRESS, Marburg 1982, S. 83-113. A. SCHINDLING, Die Universität Gießen als Typus einer Hochschulgründung, in: Ebd., S. 45-82.

Pädagogik und Didaktik integrierten und mit ihren Gymnasien und Universitäten den protestantischen Neugründungen nachhaltig Konkurrenz machten. Dafür ist in Würzburg die Universitätsgründung Fürstbischof Julius Echters von Mespelbrunn ein besonders erfolgreiches Beispiel[13]. Die neue „Academia Julia" krönte das Werk der katholischen Reform im Hochstift Würzburg in einer offenkundigen Parallele zu den Universitätsgründungen von Reformationsfürsten, etwa der gleichzeitigen des Welfenherzogs Julius in Helmstedt[14]. Nach dem Muster der Jesuiten gab es später auch Bildungsinitiativen der alten Orden – hier ist vor allem die Benediktiner-Universität in Salzburg zu nennen, ebenso manches Klostergymnasium.

Es gab konfessionsübergreifend einen wichtigen Neubeginn: Das Gymnasium, vor allem in der anspruchsvollen Form des akademischen Gymnasiums, des „gymnasium illustre", wurde zum Erfolgsmodell des 16. Jahrhunderts[15]. Neben der durch die kaiserlichen Privilegien traditionsgeleiteten Form der Universitäten öffnete sich hier ein Tor für institutionelle Innovationen. Die neu gegründeten Gymnasien und Universitäten brachten einen Schub an Verbreitung gelehrter Bildung, an Akademisierung in der Gesellschaft. Um 1600 gab es im Reich deutlich mehr Schüler und Studenten an Universitäten und Gymnasien als um 1500. Bildungschancen verdichteten sich in den neuen Unterrichtsinstitutionen und bei führenden Gruppen des Adels und des Bürgertums sowie in den sich jetzt, vor allem im protestantischen Raum, ausbildenden Pfarrer-, Gelehrten- und Beamtenfamilien. Die protestantische Familienuniversität und das protestantische Pfarrhaus konnten so zu sozialen Trägern von Bildungstraditionen werden[16]. Über eventuelle Entsprechungen auf katho-

---

13 H.-W. BERGERHAUSEN, Zwei Universitäten im konfessionellen Zeitalter im Vergleich: Würzburg und Köln, in: Universität Würzburg und Wissenschaft in der Neuzeit. Beiträge zur Bildungsgeschichte. FS P. Baumgart, hg. v. P. HERDE und A. SCHINDLING, Würzburg 1998, S. 75-94. M. RUDERSDORF, Konfessionalisierung und Reichskirche. Der Würzburger Universitätsgründer Julius Echter von Mespelbrunn als Typus eines geistlichen Fürsten im Reich (1545-1617), in: Ebd., S. 37-61.

14 P. BAUMGART, Universitäten im konfessionellen Zeitalter: Würzburg und Helmstedt, in: DERS./HAMMERSTEIN (wie Anm. 7), S. 191-215. DERS., Die Gründung der Universität Helmstedt, in: Ebd., 217-241. U. ALSCHNER, Universitätsbesuch in Helmstedt 1576-1810. Modell einer Matrikelanalyse am Beispiel einer norddeutschen Universität, Wolfenbüttel 1998.

15 A. SCHINDLING, Schulen und Universitäten im 16. und 17. Jahrhundert. Zehn Thesen zu Bildungsexpansion, Laienbildung und Konfessionalisierung nach der Reformation, in: Ecclesia militans. Studien zur Konzilien- und Reformationsgeschichte. FS R. Bäumer, hg. v. W. BRANDMÜLLER u. a., Bd. 2, Paderborn 1988, S. 561-570. DERS., Institutionen gelehrter Bildung im Zeitalter des Späthumanismus. Bildungsexpansion, Laienbildung, Konfessionalisierung und Antike-Rezeption nach der Reformation, in: Nicodemus Frischlin (1547-1590). Poetische und prosaische Praxis unter den Bedingungen des konfessionellen Zeitalters, hg. v. S. HOLTZ und D. MERTENS, Bad Cannstatt 1999, S. 81-104.

16 M. ASCHE, Über den Nutzen von Landesuniversitäten in der Frühen Neuzeit. Leistung und Grenzen der protestantischen „Familienuniversität", in: HERDE/SCHINDLING (wie Anm. 13), S. 133-149. DERS., Von der reichen hansischen Bürgeruniversität zur armen mecklenburgischen Landeshoch-

lischer Seite, wie die Bildungswerbung seitens des Seelsorgeklerus und die charakteristische Onkel-Neffen-Protegierung, ist bislang nur wenig bekannt.

Territorialstaaten und Reichsstädte organisierten eine effektive Studienförderung mit Hörgeldfreiheit, Stipendien, Mensen und Konvikten, vor allem für die Heranbildung der Pfarrerschaft – hier können die Fürstenschulen in Kursachsen, die Klosterschulen in Württemberg und das Tübinger Stift ebenso angeführt werden wie die zielstrebige Begabtenförderung der Jesuiten[17]. Für diesen wichtigen Bereich der Studienförderung sind noch zahlreiche Einzeluntersuchungen notwendig. Sie erst werden ermöglichen, differenziert zu beurteilen, inwieweit Schulen und Universitäten durch Bildung einen Aufstiegskanal in der konfessionalisierten Ständegesellschaft eröffneten, was ein Korrektiv zu dem sich ausbreitenden Adelsstudium gewesen wäre.

Die Konfessionalisierung wird heute in der Forschung als ein fundamentaler Prozeß der Frühen Neuzeit begriffen[18]. Jedoch legt es gerade die Bildungsgeschichte nahe, auch über die Grenzen der Konfessionalisierung und der Konfessionalisierbarkeit nachzudenken[19]. Das Gymnasium wurde die Konfessionen übergreifend zum neuen Schulmodell für den der Universität vorgeschalteten propädeutischen Unterricht. In den Wissenschaftsinhalten gab es gleichfalls Konfessionen übergreifende Gemeinsamkeiten, vor allem durch die grundlegende humanistische Antike-Rezeption. Aristoteles erlebte in der Neuscholastik um 1600 seine letzte große Geltungsepoche an den deutschen Universitäten, Cicero war für alle das Maß der zu imitierenden Beredsamkeit. Die Geschichtswissenschaft schließlich blieb geprägt von den antiken Historikern und der gerade aus der Beschäftigung mit diesen entwickelten textkritischen philologischen Methode. Es gab einen harten Kern humanistischer Antike-Rezeption und wissenschaftlicher Philologie, welcher sich der Konfessionalisierbarkeit entzog und ein säkulares Wissen und Denken begründete. Hier ent-

schule. Das regionale und soziale Besucherprofil der Universitäten Rostock und Bützow in der Frühen Neuzeit (1500-1800), Stuttgart 2000.

17 V. PRESS, Korbinian von Prielmair (1643-1707). Bedingungen, Möglichkeiten und Grenzen sozialen Aufstiegs im barocken Bayern, Ottenhofen 1978. J. HAHN/H. MAYER, Das Evangelische Stift in Tübingen. Geschichte und Gegenwart – zwischen Weltgeist und Frömmigkeit, Stuttgart 1985.

18 H. SCHILLING, Die Konfessionalisierung im Reich. Religiöser und gesellschaftlicher Wandel in Deutschland zwischen 1555 und 1620, in: HZ 246 (1988), S. 1-45. DERS., Die Konfessionalisierung von Kirche, Staat und Gesellschaft. Profil, Leistung, Defizite und Perspektiven eines geschichtswissenschaftlichen Paradigmas, in: Die katholische Konfessionalisierung, hg. v. W. REINHARD und H. SCHILLING, Münster 1995, S. 1-49; W. REINHARD, Was ist katholische Konfessionalisierung?, in: Ebd., S. 419-452.

19 A. SCHINDLING, Konfessionalisierung und Grenzen von Konfessionalisierbarkeit, in: DERS./ZIEGLER (wie Anm. 7), Bd. 7, 1997, S. 9-44. DERS., Andersgläubige Nachbarn. Mehrkonfessionalität und Parität in Territorien und Städten des Reichs, in: 1648. Krieg und Frieden in Europa, hg. v. K. BUSSMANN und H. SCHILLING, Bd. 1, Münster 1998, S. 465-473. DERS., Verspätete Konfessionalisierungen im Reich der Frühen Neuzeit. Retardierende Kräfte und religiöse Minderheiten in den deutschen Territorien 1555-1648, in: Forschungen zur Reichs-, Papst- und Landesgeschichte. FS P. Herde, hg. v. K. BORCHARDT und E. BÜNZ, T. 2, Stuttgart 1998, S. 845-861.

faltete sich eine säkulare Bildungswelt neben, ja selbst im Konfessionalismus, hier lag eine Grenze für die Konfessionalisierbarkeit in der Kultur der gebildeten Führungsschichten aus Adel und Bürgertum. In Verbindung vor allem mit der konfessionsneutralen Rezeption des Römischen Rechts konstituierte die humanistische Bildungsvermittlung an Gymnasien und Universitäten eine profane Wissens- und Denktradition, die von dem vorreformatorischen Renaissancehumanismus zu der Aufklärung hinüberreichte[20].

Auf dem Höhepunkt des Konfessionellen Zeitalters um 1600 bekam diese säkulare Strömung kräftige Impulse durch den Späthumanismus mit seinen Tendenzen des Lipsianismus, Neustoizismus und der Tacitus-Rezeption, wie sie von den neu gegründeten niederländischen Universitäten, vor allem aus Leiden, in das Reich ausstrahlten[21]. Die reformierten Territorien, die bisher – abgesehen von Heidelberg – ohne Volluniversität waren, erhielten in den nördlichen Niederlanden einen kraftvollen intellektuellen Rückhalt[22]. Während des Dreißigjährigen Krieges entwickelte sich andererseits die Lehre vom „ius publicum" des Heiligen Römischen Reiches, die zwar an protestantischen Universitäten beheimatet, jedoch konfessionell neutral war. An den Höfen, in fürstlichen Räten und Kanzleien und im sich entwickelnden europäischen Gesandtschaftswesen wurden solche Ansätze eines profanen Wissens rezipiert. Die erfolgreiche Etablierung des säkularen Völkerrechts und Reichsrechts in der Friedensordnung des Westfälischen Friedens von 1648 wurde so zu einem Eckdatum auch für die deutsche Bildungsgeschichte[23].

Wenn jetzt anschließend die Rede auf die aufgeklärten Bildungsreformen kommen soll, so sei vorweg als Ergebnis gesagt, daß diese im institutionellen Bereich keine ebenso formativen und strukturbegründenden Gestaltungskräfte freisetzten wie zuvor Humanismus und Reformation. Die Aufklärung erschloß neue Denkhorizonte – aber sie entfaltete sich in bestehenden Institutionen, die nicht grundsätzlich in Frage gestellt wurden. Sie goß, mit einem Bibelwort, neuen Wein in alte Schläuche.

Nach dem Dreißigjährigen Krieg und dem Westfälischen Frieden kamen neuartige Tendenzen auf, die mit dem bildungsgeschichtlich eher unscharfen Begriff des Barock verbunden werden können. Nicht mehr die Bürgerstadt, wie im Reformationszeitalter, sondern der barocke Fürstenhof des Absolutismus wurde jetzt das Kraftzentrum auch der Bildungsgeschichte. Der Hofgelehrte überstrahlte in seinem Prestige den Universitätsprofessor, wie die Kar-

---

20 F. WIEACKER, Privatrechtsgeschichte der Neuzeit. Unter besonderer Berücksichtigung der deutschen Entwicklung, 2. Aufl., Göttingen 1967 (ND Göttingen 1996).

21 H. L. CLOTZ, Hochschule für Holland. Die Universität Leiden im Spannungsfeld zwischen Provinz, Stadt und Kirche, 1575-1619, Stuttgart 1998.

22 E. WOLGAST, Die Universität Heidelberg 1386-1986, Berlin 1986.

23 F. H. SCHUBERT, Die deutschen Reichstage in der Staatslehre der frühen Neuzeit, Göttingen 1966. M. STOLLEIS, Geschichte des öffentlichen Rechts in Deutschland, Bd. 1, Münster 1988.

rieren eines Samuel Pufendorf in Berlin und eines Gottfried Wilhelm Leibniz in Hannover demonstrierten[24].

Es war dennoch für die deutsche Geschichte überaus folgenschwer, daß nicht die von den Universitäten abgekoppelten Residenzakademien als Gelehrtensozietäten am Fürstensitz, sondern weiterhin die Universitäten maßgebend als Institutionen der geistigen Bewegung wirkten. Hierin unterschied sich die Entwicklung in den deutschen Ländern des 18. Jahrhunderts von derjenigen in Frankreich und England, wo die Universitäten ihre geistig führende Rolle an die Wissenschaftsakademien verloren. In Brandenburg-Preußen war es nicht die Akademie in der Residenz Berlin, sondern die Friedrichs-Universität in Halle, von der die stärkeren Impulse ausgingen. Die Reformuniversität Halle verband die traditionelle Universitätsstruktur mit der deutschen Frühaufklärung. Als Modell setzte sich dies in der Folgezeit durch, glanzvoll verbessert noch durch die zweite Reformuniversität der deutschen Aufklärung, die kurhannoversche Georgia Augusta in Göttingen. Halle und Göttingen wurden bei Universitätsneugründungen und bei Universitätsreformen in protestantischen und in katholischen Territorien vielfach nachgeahmt[25]. Dies galt auch für Würzburg: Hier orientierten sich die Universitätsreformen unter den Fürstbischöfen Friedrich Karl von Schönborn sowie Adam Friedrich von Seinsheim und Franz Ludwig von Erthal an dem Muster der erfolgreichen protestantischen Modellhochschulen[26].

Die in Deutschland nach der Berliner Akademie noch gegründeten staatlichen Gelehrtensozietäten, u. a. die Akademien in Göttingen, München und Mannheim, stellten keine wirkliche Alternative zu den Universitäten dar[27]. In

---

24 D. DÖRING, Pufendorf-Studien. Beiträge zur Biographie Samuel von Pufendorfs und zu seiner Entwicklung als Historiker und theologischer Schriftsteller, Berlin 1992. N. HAMMERSTEIN, Samuel Pufendorf, in: Staatsdenker in der frühen Neuzeit, hg. v. M. STOLLEIS, 3. Aufl., München 1995, S. 172-196. R. FINSTER/G. VAN DEN HEUVEL, Gottfried Wilhelm Leibniz. Mit Selbstzeugnissen und Bilddokumenten, 3. Aufl., Reinbek 1997.

25 N. HAMMERSTEIN, Jus und Historie. Ein Beitrag zur Geschichte des historischen Denkens an deutschen Universitäten im späten 17. und frühen 18. Jahrhundert, Göttingen 1972. DERS., Aufklärung und katholisches Reich. Untersuchungen zur Universitätsreform und Politik katholischer Territorien des Heiligen Römischen Reichs deutscher Nation im 18. Jahrhundert, Berlin 1977.

26 A. SCHINDLING, Die Julius-Universität im Zeitalter der Aufklärung, in: BAUMGART, Vierhundert (wie Anm. 11), S. 77-127. DERS., Die Julius-Universität im Zeichen der Aufklärung. Jurisprudenz, Medizin, Philosophie, in: Michael Ignaz Schmidt (1736-1794) in seiner Zeit. Der aufgeklärte Theologe, Bildungsreformer und „Historiker der Deutschen" aus Franken in neuer Sicht, hg. v. P. BAUMGART, Neustadt 1996, S. 3-24.

27 A. VON HARNACK, Geschichte der Königlich Preußischen Akademie der Wissenschaften zu Berlin, 3 Bde., Berlin 1900 (ND Hildesheim 1970). A. KRAUS, Vernunft und Geschichte. Die Bedeutung der deutschen Akademien für die Entwicklung der Geschichtswissenschaft im späten 18. Jahrhundert, Freiburg 1963. P. FUCHS, Palatinatus Illustratus. Die historische Forschung an der kurpfälzischen Akademie der Wissenschaften, Mannheim 1963. J. VOSS, Universität, Geschichtswissenschaft und Diplomatie im Zeitalter der Aufklärung. Johann Daniel Schöpflin (1694-1771), München 1979. L. HAMMERMAYER, Geschichte der Bayerischen Akademie der Wissenschaften 1759-1807, 3 Bde., München 1983-98.

den Natur- und Geschichtswissenschaften propagierten die Akademien allerdings die empirische, werturteilsfreie und konfessionsneutrale Forschung und
beförderten die Durchsetzung dieses Wissenschaftsdenkens auch an den Universitäten. In Göttingen unterschied Albrecht von Haller, der „letzte Univer-
salgelehrte", die beiden Institutionstypen als die „Akademie zum Erfinden"
und die „Akademie zum Belehren" – letzteres meint die Universität –, wobei
an der Georgia Augusta sich beide Funktionen praktisch verschränkten[28].

Auch für die Geschichtswissenschaft behielten die Universitäten ihre Führungsrolle. Die Historisierung des Wissenschaftsbetriebs wurde sogar seit der
Universitätsreform in Halle zu einem zentralen Neuansatz – allerdings noch
nicht im Sinne einer Eigenständigkeit des Faches Geschichte, wie im Historismus des 19. Jahrhunderts, sondern durch die Etablierung der Geschichte als
grundlegender Hilfswissenschaft vor allem für die neue Leitwissenschaft der
Universität, die Jurisprudenz. Der Jurist Christian Thomasius und seine Schule
des Reichsstaatsrechts in Halle setzten hierfür die Maßstäbe. Die deutsche
Sprache als Unterrichtssprache brachte ein neues Selbstverständnis der aufgeklärten akademischen Öffentlichkeit zum Ausdruck[29].

Die deutsche Aufklärung hatte – neben der Jurisprudenz – natürlich auch
ihre weniger von der Geschichte geprägte Seite im Studium der Philosophie
und Theologie. Aber gerade die bekannten Namen wie Christian Wolff und
Immanuel Kant, die philosophischen Schulströmungen von Wolffianismus
und Kantianismus sowie in der Literatur die beiden Leipziger Professoren
Gottsched und Gellert bezeugen, wie sehr die Universitäten der zentrale Ort
des geistigen Lebens blieben. Durch die Reformbewegung an den katholischen Universitäten seit den 1730er Jahren erfolgte jetzt auch wieder eine
deutliche Annäherung der konfessionell getrennten Bildungssysteme in den
Ländern des Reiches, die sich freilich erst nach Auflösung des Jesuitenordens
voll durchsetzen konnte. Der Julius-Universität in Würzburg kam dabei eine
Vorreiterrolle zu, die nicht nur in Jurisprudenz und Theologie, sondern auch
in der Philosophie und Medizin die Lehre und das Studium belebte. Nach der
Polarisierung des 17. Jahrhunderts kann von konvergierenden Bildungsreformen der protestantischen und der katholischen Aufklärung in zahlreichen Territorien gesprochen werden.

Die strukturbewahrende Wirkung der aufgeklärten Studienreformen zeigte
sich in der Einbeziehung der Kameralistik als einem neuen Fach in das Fä-
cherspektrum der Universitäten, wodurch die Versuche von Alternativgrün-
dungen chancenlos blieben. In Württemberg erhielt die Hohe Karlsschule in
Stuttgart – eine Schöpfung Herzog Karl Eugens für nützliche Wissenschaften

---

28 R. TOELLNER, Albrecht von Haller. Über die Einheit im Denken des letzten Universalgelehrten,
     Wiesbaden 1971.

29 N. HAMMERSTEIN, Thomasius und die Rechtsgelehrsamkeit, in: StLeib 11 (1979), S. 22-44.

– zunächst Universitätsrang, zog dann aber doch gegenüber der traditionellen Landesuniversität Tübingen den kürzeren. Polytechnische Lehranstalten, wie die Hohe Karlsschule, sowie höhere Fachschulen, vor allem im kameralistischen, militärtechnischen und medizinischen Bereich, wurden von der Aufklärung zwar mehrfach ins Leben gerufen. Aber die wenigsten dieser utilitarischen Neugründungen hatten Bestand, so das Collegium Carolinum in Braunschweig, die spätere Technische Hochschule. Der aufgeklärte Absolutismus betonte die Professionalisierung des Studiums zum Zwecke der Ausbildung von künftigen Staatsdienern. Vor allem die beiden deutschen Großmächte, Österreich und Preußen, reorganisierten ihre Universitäten und Gymnasien funktional als Institute für die Beamtenrekrutierung. Dem diente die Etablierung des aufgeklärten Naturrechtsdenkens ebenso wie die der Policey- und Kameralwissenschaft im Lehrangebot. Durch die Ausbildungsfunktion für das Beamtentum und die Fortentwicklung dessen professionellen Selbstverständnisses vom Fürstendiener zum Staatsdiener wurde die bereits traditionelle Rolle der Universitäten in den deutschen Ländern bekräftigt[30].

Die Synthese einer Forschungshochschule wie in Göttingen mit der sonst üblichen Ausbildungsstätte für Staatsbeamte sollte dann in Preußen im frühen 19. Jahrhundert mit Humboldts Berliner Reformuniversität weitergeführt werden. Wichtig war, daß die traditionelle Struktur der Vier-Fakultäten-Universität in dem mit kaiserlichen Privilegien gegründeten Göttingen ebenso selbstverständlich blieb wie nach dem Ende des Alten Reiches auch für die Berliner Friedrich-Wilhelms-Universität. Einen Neuansatz brachte um 1800 das neue Staats- und Weltverständnis nach der Erfahrung der Französischen Revolution – eine Zäsur, die das vorrevolutionäre 18. Jahrhundert vom 19. Jahrhundert, Göttingen von Berlin, trennte. Die Aufklärung war zwar der Aufbruch zur Moderne, aber sie blieb doch auch die letzte Epoche vor der Zeitenwende um 1800. Neuhumanismus und deutscher Idealismus markierten den Neubeginn[31].

Die neue bildungspolitische Situation des frühen 19. Jahrhunderts war nicht zuletzt durch eine Strukturzerstörung großen Ausmaßes geprägt, die weite Teile Deutschlands betraf, vor allem die Kerngebiete des Alten Reiches im Westen und Süden. Die Aufhebung von Universitäten und Gymnasien als Folge von französischer Okkupation, Säkularisation und Auflösung des Reiches dünnte das Netz von Bildungseinrichtungen vor allem in den katholischen Reichsteilen aus, mit der doppelten Folge einerseits der überaus sogkräftigen protestantisch-preußischen Kulturhegemonie und andererseits eines „katholi-

---

30 SCHINDLING, Bildung (wie Anm. 10).

31 U. MUHLACK, Die Universitäten im Zeichen von Neuhumanismus und Idealismus: Berlin, in: BAUMGART/HAMMERSTEIN (wie Anm. 7), S. 299-340. G. WALTHER, Friedrich August Wolf und die Hallenser Philologie – ein aufklärerisches Phänomen?, in: Universitäten und Aufklärung, hg. v. N. HAMMERSTEIN, Göttingen 1995, S. 125-136.

schen Bildungsdefizits". Dieser Einbruch, der für manche Regionen eine „Reduktionskatastrophe" war, hat eine neue Gesamtkonstellation in Deutschland geschaffen und die Rahmenbedingungen für die Vermittlung von Bildung drastisch verändert[32].

Die Schwerpunktverschiebung weg vom österreichisch-süddeutsch-katholischen und hin zum mitteldeutsch-norddeutsch-protestantischen Bildungsraum hatte sich bereits im 18. Jahrhundert in geschichtsmächtigen Entwicklungen angekündigt. Auf den Erfolg der Reformuniversitäten Halle und Göttingen ist hier ebenso hinzuweisen wie auf die Entfaltung einer deutschen Nationalliteratur. In den katholischen Reichsteilen war das lateinischsprachige Studiensystem der Jesuiten zunehmend als eine hemmende Fessel empfunden worden. Die Chance einer grundsätzlichen Neuorientierung nach der Aufhebung des Jesuitenordens 1773 wurde zwar genutzt – so in den geistlichen Kurfürstentümern am Rhein und den fränkischen Fürstbistümern Würzburg, Bamberg und Eichstätt[33]. Aber sie wurde vor allem in Österreich, dem führenden katholischen Staat, durch den ausgeprägten Etatismus der josephinischen Reformpolitik eingeengt. Der Josephinismus sah in den Universitäten nur eng funktionale Staatsanstalten. Eine durch die Kameralisten angestoßene Diskussion über die drohende Akademikerschwemme und die Notwendigkeit der Drosselung von Studentenzahlen war in der deutschen Aufklärung verbreitet[34]. Nirgendwo wurden aber härtere Konsequenzen gezogen als in der Habsburgermonarchie, wo Kaiser Joseph II. mehrere Universitäten zu Lyzeen herabstufte und durch hohe Schulgeldforderungen die Zahl der Studierwilligen reduzierte, um den Beamtennachwuchs zu kanalisieren. Zwar gab es auch in Preußen parallele Tendenzen – die Einführung des Abiturs gehört in diesen Zusammenhang –, aber für Österreich wirkte sich doch die etatistische Politik des Josephinismus langfristig sehr nachteilig aus, da sie Österreich in der kulturpolitischen Konkurrenz mit dem protestantischen Norden, vor allem mit Preußen, strukturell zurückfallen ließ[35].

---

32 K. ERLINGHAGEN, Katholisches Bildungsdefizit in Deutschland, Freiburg 1965.

33 M. BRAUBACH, Die erste Bonner Hochschule. Maxische Akademie und kurfürstliche Universität 1774/77 bis 1798, Bonn 1966. H. MATHY, Die Universität Mainz 1477-1977, Mainz 1977. E. HEGEL, Das Erzbistum Köln zwischen Barock und Aufklärung vom Pfälzischen Krieg bis zum Ende der französischen Zeit 1688-1814, Köln 1979. Vgl. die beiden Aufsätze von SCHINDLING (wie Anm. 26).

34 G. KLINGENSTEIN, Akademikerüberschuß als soziales Problem im aufgeklärten Absolutismus. Bemerkungen über eine Rede Joseph von Sonnenfels' aus dem Jahre 1771, in: Bildung, Politik und Gesellschaft. Studien zur Geschichte des europäischen Bildungswesens vom 16. bis zum 20. Jahrhundert, hg. v. DERS. u. a., München 1978, S. 165-204. F. QUARTHAL, Öffentliche Armut, Akademikerschwemme und Massenarbeitslosigkeit im Zeitalter des Barock, in: Barock am Oberrhein, hg. v. V. PRESS u. a., Karlsruhe 1985, S. 153-188.

35 A. SCHINDLING, Theresianismus, Josephinismus, katholische Aufklärung, in: WDGB 50 (1988), S. 215-224.

Für den aufgeklärten Reformabsolutismus der preußischen Könige und der Habsburger standen die Universitäten nicht so im Vordergrund wie zwei Jahrhunderte zuvor für die Territorialfürsten im Zeitalter der Reformation und Konfessionalisierung. Demgegenüber gewann jetzt ein Bildungsbereich Gewicht, von dem bislang noch nicht die Rede war, nämlich die elementare Bildung, das Volksschulwesen. Reformation und Konfessionelles Zeitalter hatten zwar bereits Initiativen zur elementaren Volksbildung in deutschen Schulen entfaltet. Aber erst im 18. Jahrhundert ist das Volksschulwesen zu einem Feld breiter Reformtätigkeit geworden. Religiöse Impulse waren auch hierbei wirksam, nämlich im Halleschen Pietismus und in der katholischen Aufklärung. Hinzu traten säkulare Nützlichkeitserwägungen der utilitaristischen Aufklärung, wie sie vor allem von den Kameralisten propagiert wurden. Die Ausbildung der Bevölkerung in den grundlegenden Kulturtechniken des Lesens, Schreibens und Rechnens und Erziehung zur Arbeit, zur Industriosität, erschienen jetzt als wichtig für den Wohlstand und die Macht der Staaten[36]. Die beiden deutschen Großmächte Preußen und Österreich haben denn auch in einem besonderen Maße solche Konzepte aufgegriffen. Die preußisch-pietistischen und die österreichisch-josephinischen Volksschulreformen haben stark auf die mittleren und kleineren Reichsterritorien gewirkt – auf weltliche ebenso wie auf geistliche Staaten. Die Reformen führten zu einem Ausbau des Schulnetzes, zur beginnenden Professionalisierung der Lehrerbildung in Seminaren und Normalschulen sowie zu einer über den Katechismus hinausgehenden Schulbuchliteratur. Hier lag eines der bemerkenswertesten Felder der Reformtätigkeit des aufgeklärten Absolutismus – ein Feld, auf dem weitere historische Forschungen wünschenswert sind.

* * *

Das 18. Jahrhundert hat eine einzigartige kulturelle Entfaltung der deutschen Länder gebracht – auf der Ebene der aufgeklärten Reformuniversitäten ebenso wie durch Volksschulreformen, in der Ausbildung einer deutschen Nationalliteratur und in einer neuen Antike-Rezeption im Zeichen von Winckelmann und Weimar. Die aufgeklärten Bildungsreformen standen jedoch ihrerseits in einer älteren Tradition, die zurückreicht bis an den Beginn der Neuzeit, zum Humanismus und zur Reformation. Nicht nur die Institutionen des Bildungswesens in den deutschen Ländern und Städten waren über die drei Jahrhunderte der Frühen Neuzeit hinweg konstant. Dies gilt auch für die Bildungsinhalte und die Wissensgebiete – trotz aller konfessionellen Differenzierungen.

---

36 J. V. H. MELTON, Absolutism and the eighteenth-century origins of compulsory schooling in Prussia and Austria, Cambridge 1988. J. BRUNING, Das pädagogische Jahrhundert in der Praxis. Schulwandel in Stadt und Land in den preußischen Westprovinzen Minden und Ravensberg 1648-1816, Berlin 1998.

Es gab die Kontinuität eines christlichen Humanismus, eine Synthese von humanistischer Antike-Rezeption und konfessionell akzentuierter christlicher Theologie, wie sie sich an den Schulen und Universitäten des 16. Jahrhunderts ausgebildet hatte. Dies blieb die Folie auch für die individuellen und kollektiven Bildungserfahrungen im 18. Jahrhundert, von hier waren Themen vorgegeben, etwa die intensive Auseinandersetzung der deutschen Aufklärung mit theologischen Fragen. Die Antike-Rezeption der Weimarer Klassik und des Neuhumanismus setzte dann zwar andere Akzente, konnte aber auf eine breite humanistische Bildungstradition aufbauen.

Der Übergang vom Humanismus zur Aufklärung im Verlaufe des 17. Jahrhunderts stellte eine Zäsur in der Bildungsgeschichte dar. Dennoch waren die durchlaufenden Kontinuitätsstränge vom 16. zum 18. Jahrhundert vorrangig prägend. In der Wissenschaftsmethode basierte auch das Reformkonzept von Thomasius in Halle auf den quellenkritischen philologischen Errungenschaften des Humanismus. Einen Kontrapunkt konnte zwar das aus Westeuropa einströmende naturwissenschaftliche Denken bieten, aber dies stand im deutschen 18. Jahrhundert eindeutig hinter dem humanistisch-philologischen „Hauptstrom" der Bildung zurück, vor allem an den Universitäten[37]. Daß die Universitäten stets im Zentrum des geistigen Lebens blieben und diese Führungsrolle nie an die Gelehrtensozietäten der Akademien verloren, ist ein besonderes Kennzeichen der deutschen Geschichte. Die zählebige Legende von der Überlegenheit der Akademien sollte endlich aus Überblicksdarstellungen zum 18. Jahrhundert verschwinden. Die strukturelle Schlüsselstellung der Universitäten und Gymnasien in den deutschen Ländern war eine Folge der Reformation und einer humanistischen Bildungsreform, die sich nur in der Verbindung mit den konfessionellen Kräften strukturbegründend durchsetzen konnte. Die Aufklärung wirkte zugleich strukturerneuernd und strukturbewahrend. Eine bemerkenswerte Kontinuität demonstrierten auch die gesellschaftlichen Trägerschichten von Bildung, wobei in den deutschen Ländern das staatliche Beamtentum, die Gelehrtenfamilien und im protestantischen Raum die Pfarrerdynastien zu nennen sind[38].

Die Frühe Neuzeit muß bildungsgeschichtlich als eine Einheit gesehen werden, vom frühen 16. bis zum späten 18. Jahrhundert. Der eingangs erwähnte Professor Christoph Cellarius hat als Zeitgenosse der Aufklärung eine überzeugende Periodisierung vorgeschlagen. Es gab eine „lange Dauer" in der Kontinuität einer humanistischen Antike-Rezeption. Die wirklich tiefgreifen-

---

37 N. HAMMERSTEIN, The Modern World, Sciences, Medicine and Universities, in: HistUniv 8 (1989), S. 151-178.

38 Beamtentum und Pfarrerstand 1400-1800, hg. v. G. FRANZ, Limburg 1972. L. SCHORN-SCHÜTTE, Evangelische Geistlichkeit in der Frühneuzeit. Deren Anteil an der Entfaltung frühmoderner Staatlichkeit und Gesellschaft. Dargestellt am Beispiel des Fürstentums Braunschweig-Wolfenbüttel, der Landgrafschaft Hessen-Kassel und der Stadt Braunschweig, Heidelberg 1996.

den und gesellschaftlich wirksamen bildungsgeschichtlichen Zäsuren liegen n a c h 1 5 0 0 und dann n a c h 1 8 0 0 und nicht dazwischen. In diesem Periodisierungshorizont müssen die Fragen für die Forschung formuliert und Ergebnisse diskutiert werden, um die Bildungsentwicklung in ihrem geschichtlichen Zusammenhang zu erfassen. Daß dies konsequenter geschieht, und zwar auch diachron im Dialog zwischen Frühneuzeithistorikern einerseits sowie Historikern anderer Epochen und Vertretern der Nachbarfächer andererseits, dafür will dieser Essay ein Plädoyer sein. Im neuen Bild der Frühen Neuzeit, im neuen Bild vom Alten Reich[39], das die Forschung erarbeitet, darf das zentral wichtige Thema der Bildungsgeschichte nicht fehlen.

---

39 V. PRESS, Das Alte Reich. Ausgewählte Aufsätze, 2. Aufl. Berlin 2000. DERS., Adel im Alten Reich. Gesammelte Vorträge und Aufsätze, hg. v. F. BRENDLE und A. SCHINDLING, Tübingen 1998.

ZUR UNIVERSITÄTSPOLITIK
DER BAYERISCHEN HERZÖGE
IN DER ZWEITEN HÄLFTE DES 16. JAHRHUNDERTS

Von Albrecht P. Luttenberger

Im Rahmen des vielfältigen und tiefgreifenden Wandlungsprozesses, der das 16. Jahrhundert kennzeichnet, konfrontierten vor allem zwei Faktoren die hohen Bildungsanstalten in Deutschland mit neuen, qualitativ gesteigerten Anforderungen: die fortschreitende Ausformung frühmoderner Staatlichkeit, deren Funktionsfähigkeit nicht zuletzt von der Effizienz einer Elite optimal ausgebildeter Juristen abhing, und die seit dem Auftreten Martin Luthers in hoher Brisanz aktualisierte Notwendigkeit kirchlicher Reform und Erneuerung, die ein höheres Qualifikationsniveau des Klerus voraussetzte. Wegen der besonderen ordnungspolitischen Bedeutung beider Aufgabenfelder konnten Territorialobrigkeiten, die ihr weltliches und kirchliches Personal aus eigenen Hochschulen rekrutieren konnten, die Frage, ob das überkommene, seit dem ausgehenden 15. Jahrhundert zunehmend humanistisch geprägte Studiensystem den veränderten Erfordernissen quantitativ und qualitativ gerecht werden konnte, auf Dauer nicht gleichgültig bleiben. Denn wenn die akademischen Instanzen etwa notwendige Maßnahmen inhaltlicher und/oder struktureller Anpassung nicht zu leisten imstande waren bzw. versäumten, fiel die Reforminitiative zur Bewältigung des festgestellten Handlungsbedarfes der Obrigkeit zu. Soweit es dabei um Fragen der katholischen Klerusausbildung ging, waren weltliche Obrigkeiten gehalten, die Autorität kirchlicher Kräfte angemessen zu berücksichtigen. Zugleich verlangte die korporative Autonomie einer privilegierten Hochschule gebührende Beachtung.

In diesen Kontext ordnet sich der Versuch ein, die Universitätspolitik Herzog Albrechts V. und Herzog Wilhelms V. von Bayern zu analysieren. Die leitenden Gesichtspunkte ergeben sich aus dem landesherrlichen Gestaltungsanspruch, der das Problem der staatlichen Kontrolle des Studienbetriebes und der Disziplinierung des akademischen Lehrkörpers aufwarf, und aus der Rolle, die die Jesuiten an der Universität Ingolstadt ausfüllten. Dabei interessiert vor allem die transformatorische Reichweite der Entfaltung frühmoderner Staatlichkeit und der Konfessionalisierung in der Entwicklung der Landesuniversität eines katholischen Territoriums.

In den vierziger Jahren, als die Universität Ingolstadt nach einer längeren Phase der Stagnation in eine bedrohliche Krise geriet, gelang es Wilhelm IV. und Leonhard von Eck, durch eine anspruchsvolle, umsichtige Berufungspolitik eine zweite Blütezeit der studia humanitatis, deren Stellenwert offenbar nach wie vor hoch eingeschätzt wurde, vorzubereiten und der juristischen Fakultät zu hohem, überregionalem Ansehen zu verhelfen, das dank kontinuierlicher und gezielter herzoglicher Förderung langfristig Bestand hatte. Ihre intensive Bemühung, den seit dem Tod Leonhard Marstallers drastischen Niedergang der theologischen Fakultät aufzuhalten, stieß allerdings auf erhebliche Schwierigkeiten. Eine Lösung zeichnete sich erst ab, als Ignatius von Loyola sich um die Jahreswende 1548/49 bereitfand, drei seiner Patres, Claudius Jajus, Alfons Salmerón und Petrus Canisius, nach Ingolstadt abzuordnen, wo sie im Spätjahr 1549 auftragsgemäß zwei Theologieprofessuren übernahmen[1]. Die herzogliche Regierung, der zunächst einmal vorrangig an einer qualitativ angemessenen Vervollständigung des theologischen Lehrbetriebes gelegen war, konnte diesen Erfolg ihrer Berufungspolitik allerdings nicht dauerhaft sichern, weil Ignatius schon nach zweijährigem Gastspiel die Patres im Januar 1552 wieder aus Ingolstadt abberief. Der Grund für diese Entscheidung lag in den zwischenzeitlich aufgetretenen konzeptionellen Differenzen zwischen dem Jesuitenorden und der bayerischen Regierung. Zwar ließ sich Herzog Albrecht 1550/1551, obwohl die Modalitäten der Finanzierung keineswegs zuverlässig geklärt waren, auf Verhandlungen über die kostspielige, von Ignatius dringend gewünschte Gründung eines Jesuitenkollegs ein, suchte aber zugleich nach einem Weg, der eine organisatorische Kombination und eine praktikable Koordination dieses Projektes mit seinen eigenen Plänen für die Einrichtung eines theologischen Kollegs für die Ausbildung des Pfarrklerus erlaubte. Eine solche Lösung lehnte der Jesuitengeneral damals noch strikt ab, weil sich sein Orden nach seiner Ansicht ausschließlich auf die pädagogische Betreuung des eigenen Nachwuchses konzentrieren und sich nicht mit der Verantwortung für externe Alumnen belasten sollte. Als Alternative zu den herzoglichen Überlegungen schlug Ignatius schon im September 1551 eine systematische Neuordnung des Gesamtstudiums vor, die eine gründliche Vermittlung der Humaniora, also der sprachlichen und literarischen Kenntnisse auf der Stufe eines effektiv organisierten, propädeutischen Gymnasiums vorsah, in der zweiten Stufe die philosophischen Disziplinen in der Artistenfakultät erfassen und schließlich durch die Optimierung der theologischen Studien gekrönt werden sollte. Eine solche umfassende Reform setzte im Urteil Loyolas ein leistungsfähiges Jesuitenkolleg voraus[2]. Dies war im Grundzug eben jene Konzeption, die erst Jahrzehnte später unter Wilhelm V. realisiert werden konnte.

---

1 C. PRANTL, Geschichte der Ludwig-Maximilians Universität in Ingolstadt, Landshut, München, 2 Bde., München 1872, S. 196; H. HRADIL, Der Humanismus an der Universität Ingolstadt (1477-1585), in: L. BOEHM/J. SPÖRL (Hg.), Die Ludwig-Maximilians-Universität und ihre Fakultäten, 2 Bde., München 1972, Bd. 2, S. 37-63, hier S. 54ff. und G. SCHWAIGER, Die Theologische Fakultät der Universität Ingolstadt (1472-1800), in: Ebd., Bd. I, S. 13-126, hier S. 54-55.

2 A. SEIFERT, Weltlicher Staat und Kirchenreform. Die Seminarpolitik Bayerns im 16. Jahrhundert, Münster 1978 (RGST H. 115), S. 36-40 und SCHWAIGER, Die Theologische Fakultät (wie Anm. 1), S. 60.

Nach ihrer Rückkehr nach Ingolstadt (1556) waren die Jesuiten als Gegenleistung für die Einrichtung und Ausstattung ihres Kollegs nur verpflichtet, zwei Theologieprofessuren zu besetzen und eine öffentliche Schule zu unterhalten. Sie mussten allerdings die Jurisdiktion der Universität anerkennen. Ihre kolleginternen Vorlesungen in artistischen Fächern sollten interessierten Studenten der Universität offenstehen, doch unter dem bezeichnenden organisatorischen Vorbehalt, dass durch dieses ergänzende Angebot der reguläre akademische Lehrbetrieb, der in der Hand weltlicher Professoren blieb, nicht beeinträchtigt wurde und ordnungsgemäß absolviert werden konnte[3]. Die jesuitischen Veranstaltungen sollten also nicht als konkurrierende Alternative zum offiziellen Studiengang fungieren.

Die Patres kümmerten sich im übrigen intensiv um die konsequente Ausübung der Zensur und sahen zweifellos in der Abwehr des Protestantismus eine ihrer vordringlichsten Aufgaben[4]. Umso bemerkenswerter scheint, dass sie sich religionspolitisch keineswegs uneingeschränkt durchsetzen konnten. Als sie 1561 unter anderem die Einführung eines obligatorischen Religionseides für alle Lehrpersonen verlangten, mochte sich die herzogliche Regierung diese Forderung nicht zu eigen machen und verzichtete sogar noch nach 1564 darauf, die von Papst Pius IV. vorgeschriebene Professio fidei für Professoren und Promovenden verbindlich zu machen. Denn sie teilte ganz offenbar die Befürchtung der Universität, ein obligatorischer Eid auf das Tridentinum könne promotionswillige evangelische Studenten abschrecken, selbst altgläubige Studenten irritieren und das Ansehen vor allem der juristischen Fakultät im protestantischen Raum beeinträchtigen, mithin der Universität beträchtlichen Schaden verursachen. Erst 1568 schien es dem Herzog unumgänglich, den Lehrkörper und die Doktoranden der Universität Ingolstadt auf das Tridentinum eidlich zu verpflichten[5]. Die Immatrikulation stand protestantischen Studenten allerdings weiterhin frei.

Auch hatten die Jesuiten an der Reformdiskussion, die noch in den letzten Regierungsjahren Wilhelms IV. in Gang kam und unter Albrecht V. fortgesetzt wurde, von vereinzelten Äußerungen abgesehen, keinen nennenswerten Anteil. Der Schwerpunkt lag dabei auf den Konsultationen zwischen der Regierung und den zuständigen Gremien der Universität, deren nachhaltige Mitwirkung allerdings zur Folge hatte, dass in der Überarbeitung der Universitätsstatuten,

---

3   Seifert, Weltlicher Staat (wie Anm. 2), S. 48-53 und Herzog Albrecht V. an Rektor und Senat der Universität Ingolstadt, 19. August 1556, A. Seifert (Hg.), Die Universität Ingolstadt im 15. und 16. Jahrhundert. Texte und Regesten, Berlin 1973 (Ludovico Maximilianea Quellen Bd. 1), Nr. 47, S. 185-188, hier S. 186-187.

4   W. Kausch, Geschichte der Theologischen Fakultät Ingolstadt im 15. und 16. Jahrhundert (1472-1605), Berlin 1977 (Ludovico Maximilianea Forschungen Bd. 9), S. 149-150.

5   Prantl, Geschichte (wie Anm. 1), Bd. 1, S. 229 und S. 270-273, A. Seifert, Statuten- und Verfassungsgeschichte der Universität Ingolstadt (1472-1586), Berlin 1971 (Ludovico Maximilianea Forschungen Bd. 1), S. 125 und Kausch, Geschichte (wie Anm. 4), S. 151-152.

die 1556 bestätigt wurde, ein dezidiert konservativer Grundzug dominierte, der aus dem ausgeprägten Interesse an der Wahrung der hergebrachten Privilegien und Freiheiten resultierte. Als notwendig erachtete ergänzende Regelungen, die dem Wandel der Verhältnisse Rechnung trugen, blieben der landesherrlichen Gesetzgebung in der sogenannten „Reformation" vorbehalten, die mit punktuellen Eingriffen und ohne substantielle Neuerungen die angestrebte Konsolidierung der Universität und einen wohlgeordneten Studienbetrieb gewährleisten sollte[6].

Bei diesem Entwicklungsstand beließ es auch die landesherrliche „Reformatio" von 1562 im wesentlichen, bis auf einen sehr wichtigen Punkt, nämlich bis auf die statuarische Verankerung der neuen Institution der Superintendenz, die im Mai 1560 mit der Berufung des Konvertiten Friedrich Staphylus nach dem Vorbild der Universität Wien, auf das Canisius 1555 aufmerksam gemacht hatte, geschaffen worden war. Aufgrund seiner Amtsinstruktion vom Januar 1561 hatte der Superintendent das Recht bzw. die Aufgabe, im Senat Anträge zu stellen und Stellungnahmen abzugeben, für die Einhaltung der Statuten und sonstigen Vorschriften Sorge zu tragen und bei Verstößen die Regierung zu informieren, die Erfüllung der Lehrverpflichtungen der Professoren zu überwachen und sich dabei gegebenenfalls zweier besoldeter Spitzel aus dem Kreis der Studenten zu bedienen, die inhaltliche Qualität der Vorlesungen persönlich und durch entsprechende Recherchen zu überprüfen, die streng leistungsbezogene Bezahlung der Professoren sicherzustellen, an der Rechnungslegung der Universität mitzuwirken und über etwaige Neuerungen und Unregelmäßigkeiten den Herzog zu unterrichten[7]. Der Superintendent sollte also als dazu eigens vereidigter Vertrauensmann der landesherrlichen Obrigkeit zur Sicherung der optimalen Funktionsfähigkeit der Hochschule eine umfassende Kontrolle über den gesamten akademischen Betrieb ausüben. Gegen diese Strategie, durch die Einschaltung der staatlichen Ordnungskompetenz und deren Institutionalisierung die immer wieder angeprangerten Defizite der akademischen Selbstverwaltung zu beheben[8], protestierte die Universität vehement, erklärte sie kurzerhand für höchst überflüssig und suchte sie durch den Hinweis auf ihren klerikalen Charakter, der einen verheirateten Laien in führender Position nicht zulasse, formal zu torpedieren. Für das dezidierte Urteil der Universität

---

6   SEIFERT, Statuten- und Verfassungsgeschichte (wie Anm. 5), S. 118-123 und die Reformvorstellungen Herzog Albrechts V., 19. Dezember 1555; PRANTL, Geschichte (wie Anm. 1), Bd. II, Nr. 71, S. 198-212.

7   SEIFERT, Statuten- und Verfassungsgeschichte (wie Anm. 5), S. 299-301 und die herzogliche Instruktion für Friedrich Staphylus, 20. Januar 1561; PRANTL, Geschichte (wie Anm. 1), Bd. II, Nr. 74, S. 232-234, außerdem die zusätzlichen Anweisungen Herzog Albrechts V. an Friedrich Staphylus, 10. Januar 1564, ebd. Nr. 80, S. 245-248.

8   Vgl. z. B. auch den Bericht Wolfgang Zettels über Vorhaltungen der Universitätspatrone, Januar 1561, SEIFERT, Die Universität (wie Anm. 3), Nr. 55b, S. 210-211 und den Erhebungsbogen für eine Umfrage in der Universität von 1564, PRANTL, Geschichte (wie Anm. 1), Bd. II, Nr. 82, S. 250-251.

war vor allem ihre berechtigte Befürchtung ausschlaggebend, dass die weitreichenden Befugnisse des nicht einmal eidlich auf Geheimhaltung verpflichteten
Superintendenten das Rektorat und die akademischen Gremien zugunsten der
staatlichen Einflussnahme entscheidend schwächten und die freie Meinungs-
äußerung, mithin die Autonomie der Hochschule empfindlich beschränkten,
weil *alles ex arbitrio unius gehandlet müesst werden*[9]. Diese Einwände der Universität
blieben ohne Erfolg. Sie musste es auch hinnehmen, dass, als das Amt, jetzt als
Inspektur bezeichnet, nach sechsjähriger Vakanz 1570 wiederbesetzt wurde,
seine Kompetenzen erheblich ausgeweitet wurden. Der Inspektor Martin Eisengrein erhielt über seine Kontrollbefugnisse hinaus unter anderem das
Recht, selbständig Anordnungen zu treffen und Professoren und Dekane aus
gegebenem Anlass zu sich zu zitieren. Damit bot sich die Möglichkeit, außer-
und oberhalb der akademischen Gremien und Instanzen eine staatlich gesteu-
erte Administration aufzubauen. Eisengrein und sein Nachfolger Albrecht
Hunger nutzten freilich diese Chance nicht konsequent, so dass die Universität, jedenfalls formal, ihre korporative Struktur bewahren konnte[10].

Während die herzogliche Regierung in ausgeprägtem Interesse an der Effizienz der Ingolstädter Hochschule vorab auf institutionelle Lösungen baute,
um ihre Intentionen durch verschärfte Kontrolle und zielstrebige Intervention
durchzusetzen, konfrontierten die Aktivitäten der Jesuiten die Universität mit
qualitativ ganz anders ausgerichteten Reformvorstellungen, die aus dem Wissenschaftsverständnis und der Studienkonzeption der Patres resultierten und
substantielle Konsequenzen für den akademischen Betrieb zeitigen mussten.
Der entscheidende Punkt lag darin, dass sich die Wertigkeit der etablierten artistischen Disziplinen in jesuitischer Sicht nicht nach ihrer Bedeutung für die
Humanitas, sondern nach ihrer Funktion zur Optimierung der theologischen
Studien bestimmte, so dass differenziert werden konnte zwischen denjenigen
Fächern, die weiterhin besondere Aufmerksamkeit verdienten, und solchen,
die zurücktreten bzw. vernachlässigt werden durften. Daraus ergab sich ein
unverhohlenes Interesse an einer Umstrukturierung des Studienganges in der
Artistenfakultät, die der strikt postulierten Priorität der Theologie gebührend
Rechnung trug. Hinzu kam eine entschiedene Bevorzugung des Thomismus in
Philosophie und Theologie. Jurisprudenz und Medizin fanden in diesem Programm keinen profilierten Platz[11]. Außerhalb der Theologie konzentrierte sich
der reformerische Elan der Jesuiten ausschließlich auf die in ihrem Urteil rele-
vanten artistisch-humanistischen Disziplinen. Zur Überwindung der über-

---

9　Die Universität Ingolstadt an Herzog Albrecht V., 4. Februar 1561, PRANTL, Geschichte (wie Anm.
　　1), Bd. II, Nr. 75, S. 234-236, das Zitat hier S. 235.

10　SEIFERT, Statuten- und Verfassungsgeschichte (wie Anm. 5), S. 301-303.

11　K. HENGST, Jesuiten an Universitäten und Jesuitenuniversitäten. Zur Geschichte der Universitäten
　　in der Oberdeutschen und Rheinischen Provinz der Gesellschaft Jesu im Zeitalter der konfessionel-
　　len Auseinandersetzung, Paderborn u. a. 1981 (QFG NF H.2), S. 55-79.

kommenen Strukturen brauchte es eine innovatorische, expansive Energie, die sich auf der Basis eines gesicherten rechtlichen Status in der Universität und ihren Gremien in einer erfolgsorientierten, zielbewussten Einflussnahme manifestieren musste. Es stand zur Probe, nicht nur wie die Universität, deren humanistische Komponente 1564 durch die Einrichtung einer zweiten Professur für Griechisch und 1569 durch die Aufnahme dieses Faches in den obligatorischen Prüfungskanon noch einmal akzentuiert wurde, sondern auch wie die herzogliche Regierung sich dazu stellen würde.

Schon bei der Gründung des Jesuitenkollegs bestand offenbar die Absicht, zwei Jesuiten, wenn der Orden dies wünschte, in die Artistenfakultät aufnehmen zu lassen. 1557 erhielt Theodor Peltanus auf Weisung des Herzogs eine Lektur für Griechisch und Hebräisch. 1561 wurde den Patres eine Professur für Logik, 1564 eine weitere für Physik anvertraut[12]. Es zeigte sich freilich bald, dass die Integration der Jesuiten in die Universität eine Reihe konkreter Schwierigkeiten aufwarf. Das allmählich aufgestaute Spannungspotential entlud sich dann 1564 im Konflikt um den Universitätskarzer, den die Jesuiten gegen den Widerstand des Rektors und des Senats eigenmächtig zur Einrichtung von Gäste- und Krankenzimmern für sich requirierten. Ihre Empörung darüber und über das allgemeine Gebaren der Jesuiten artikulierte die Universität in scharfer Form in einem Katalog rhetorischer Fragen, die der Jurist Nikolaus Everard den Universitätspatronen in München vortragen sollte. Unter dem Eindruck des akuten Konfliktes wollte man unter anderem wissen, ob man jeder Forderung der Jesuiten ohne weiteres willfahren müsse, ob die jetzt jesuitisch besetzten Lehrstühle als dauerhafter Besitzstand der Societas anzusehen seien, ob den Patres im Senat die Majorität oder zumindest gleiche Stimmenzahl eingeräumt werden müsse, *quod quidem, nisi toto erramus coelo, nihil aliud esset, quam perpetuae liti fomentum praebere*. Die Universität wollte zudem geklärt sehen, ob Rektor und Senat in Universitätsangelegenheiten alle Kompetenz zugunsten der Jesuiten verlieren sollten, ob es sich nicht empfehle, die Patres als Diener Gottes von allen Senatsgeschäften, Religionsfragen ausgenommen, künftig zu entlasten, ob die Jesuiten ihre kirchlichen und kultischen Aktivitäten nach eigener Willkür gestalten durften, ob sie nicht wegen nachweisbarer Vernachlässigung der ihnen anbefohlenen Jugendlichen ermahnt werden müssten und ob ihnen nicht untersagt werden müsse, ihren Schülern die Teilnahme an Universitätsvorlesungen zu verbieten. Außerdem wünschte man Aufschluss darüber, ob die Jesuiten von der akademischen Jurisdiktion exemt seien und ihnen erlaubt sei *ad se omnia rapere, in gymnasio regnare omnibusque dominari* und die Universität all dem schweigend zusehen müsse, ob die Patres die

---

12 Herzog Albrecht V. an Rektor und Senat der Universität Ingolstadt, 19. August 1556, SEIFERT, Die Universität (wie Anm. 3), Nr. 47, S. 185-188, hier S. 186 und A. SEIFERT, Die jesuitische Reform. Geschichte der Artistenfakultät im Zeitraum 1570-1650, in: BOEHM/SPÖRL, Die Ludwig-Maximilians-Universität (wie Anm. 1), Bd. II, S. 65-89, hier S. 66.

von ihnen beanspruchten Lehrstühle nach Belieben besetzen oder vakant lassen dürften und ob nicht auch von ihnen der Nachweis legitimer Herkunft und vollzogener Graduierung zu verlangen sei[13]. Die Kernthese dieses Katalogs, dass die Jesuiten *facultatem artium totam sibi subiiciant* und es darüber hinaus darauf anlegten, eine beherrschende Position in der Gesamtuniversität zu usurpieren[14], ließ die herzogliche Regierung nicht unbeeindruckt. Ihre Resolution, mit der Everard am 22. Dezember nach Ingolstadt zurückkehrte, stellte der Universität nicht nur Ersatz für die an die Jesuiten übergehenden Räumlichkeiten in Aussicht, sondern hielt auch ausdrücklich fest, dass die Universität den Jesuiten nur bei Vorlage eines entsprechenden schriftlichen Befehls des Herzogs Glauben schenken solle und Widerstand leisten dürfe, wenn sie in lästiger Weise behelligt werde. Klargestellt wurde auch, dass den Patres die vollständige Übernahme der theologischen und der artistischen Fakultät nicht gestattet sei, dass die Wahlen zum Senat nach dem Senioratsprinzip durchzuführen seien und dass die jesuitischen Senatoren an Kammer- und Kriminalsachen nicht mitwirken sollten[15]. Die herzogliche Regierung war offenkundig bestrebt, sich keiner der beiden Konfliktparteien unwiderruflich und auf Dauer zu entfremden und mit jeder Seite ein konstruktives Auskommen zu suchen, das berechtigte Anliegen respektierte. Diese Linie revidierte auch die herzogliche Konzession vom März 1565, dass die Jesuiten als Qualifikationsnachweis nur ein glaubwürdiges Zeugnis des Ordensgenerals oder ihres Provinzials beibringen mussten, *quod idonei professores esse declarentur, neque enim aliud a religiosis viris expeti solet*, nicht grundsätzlich[16]. Vielmehr setzte die herzogliche Regierung ihren vermittelnden, konsensorientierten Kurs fort, als im Juli 1567 in der Artistenfakultät, die eben erst – am 30. Juni – in einem internen Ausgleich die Rechte ihrer jesuitischen Professoren und ihre Vertretung im Senat geklärt hatte, eine heftige Kontroverse um die Mitwirkung der Patres an der Kontrolle ihrer Rechnungslegung ausbrach[17]. Erstaunt darüber, dass die Jesuiten *sich so sehr in die weltlichen Dinge schlagen*[18], leiteten die herzoglichen Räte in München die Beschwerde der artistischen Fakultät an den Universitätssenat zur unparteiischen Stellungnahme weiter. Der Senat beschränkte sich im wesentlichen darauf, die beiderseits vorgetragenen Argumente einander gegenüberzustellen, und beließ es ansonsten bei einem eher zurückhaltenden Votum, das keine

---

13 Instruktion der Universität für Dr. Nikolaus Everard, 16. Dezember 1564, PRANTL, Geschichte (wie Anm. 1), Bd. II, Nr. 83, S. 251-254, die Zitate hier S. 252 und S. 253.

14 Wie Anm. 13, hier S. 252.

15 PRANTL, Geschichte (wie Anm. 1), Bd. I, S. 230-231.

16 Herzogliches Mandat über den rechtlichen Status der jesuitischen Professoren, 20. März 1565, SEIFERT, Die Universität (wie Anm. 3), Nr. 67, S. 231.

17 Protokoll der Artistenfakultät, 30. Juni-6. Juli 1567, SEIFERT, Die Universität (wie Anm. 3), Nr. 69a, S. 234-237.

18 Zitiert nach PRANTL, Geschichte (wie Anm. 1), Bd. I, S. 231.

eindeutige Entscheidungshilfe bot. Eisengrein und Canisius, daraufhin offiziell als Schiedsrichter bestellt, fanden schließlich einen Ausweg in der Vereinbarung, dass die Jesuiten Heinrich Aboreus und Karl Ursinus auf ihre Sitze im Senat und im Fakultätskonzil verzichteten und sich aus allen ihren sonstigen Funktionen mit Ausnahme ihrer Vorlesungstätigkeit zurückzogen. Der Herzog akzeptierte diesen Kompromiss, allerdings mit der Modifikation, dass die beiden Professoren auch weiterhin an Disputationen, Prüfungen und Promotionen teilnehmen sollten, damit nicht der reputationsschädigende Eindruck entstünde, als seien sie vollständig aus der Fakultät ausgegliedert[19].

Das Problem der Integration der Jesuiten stellte sich in neuer Qualität, als die herzogliche Regierung 1570 daran ging, den Studiengang in der artistischen Fakultät inhaltlich grundlegend zu reformieren. Schon in der Reformdiskussion des Spätjahres 1564 war man offenbar übereingekommen, das Philosophiestudium in Anlehnung an die Studienkonzeption der Societas in einem dreiteiligen Kurs zu organisieren, an dem auch der weltliche Professor für Dialektik mitwirken sollte. Im Herbst 1570 stand in München wohl vorübergehend der Plan zur Diskussion, die Artistenfakultät ganz in die Verantwortung der Patres zu geben. Zu einer solchen Extremlösung mochte sich die herzogliche Regierung freilich am Ende doch nicht entschließen. Ihr Reformkonzept sah schließlich nur vor, für ein Probejahr den Philosophiekurs ganz den Jesuiten zu übertragen und ihn für die herzoglichen Stipendiaten, die jungen Domherrn und alle, die in der Artistenfakultät promovieren wollten, verbindlich zu machen. Das jesuitische Pädagogium, das bislang in die Studienordnung der Universität nicht integriert war, sollte als Propädeutikum für diejenigen Jugendlichen fungieren, deren Kenntnisstand für ein Studium in den höheren Fakultäten noch nicht hinreichte[20]. Diese Studienreform provozierte den geschlossenen Widerstand der Universität, auch derjenigen Professoren, die ansonsten den Jesuiten sehr nahestanden. Der Inspektor Martin Eisengrein hielt es für seine Amtspflicht, für ein ausgewogenes Verhältnis zwischen den Patres und ihren weltlichen Kollegen in gleichberechtigter Koexistenz zu sorgen, und brachte zur Entschärfung mancher Beschwerden der Universität Kompromisse in Vorschlag, deren Tragfähigkeit er in einem informellen Gespräch mit dem Jesuitenprovinzial auslotete[21]. In ihrem Rezess vom 30. Januar 1571 übernahm die herzogliche Regierung manche der Anregungen Eisengreins, anderen trug sie in modifizierter Form Rechnung und zeigte sich ansonsten bemüht,

19 PRANTL, Geschichte (wie Anm. 1), Bd. I, S. 231-232 und Herzog Albrecht V. an die Artistenfakultät der Universität Ingolstadt, 19. September 1567, SEIFERT, Die Universität (wie Anm. 3), Nr. 69b, S. 237-238.

20 Memorial über die Einrichtung des Philosophiekurses vom Spätjahr 1570, PRANTL, Geschichte (wie Anm. 1), Bd. II, Nr. 88, S. 265-267.

21 Martin Eisengrein an Kanzler Simon Eck, 13. Januar 1571, SEIFERT, Die Universität (wie Anm. 3), Nr. 73, S. 244-249.

die Vorbehalte, die eine Gesandtschaft der Universität in der zweiten Januar-
hälfte in München vortrug, wenn nicht auszuräumen, so doch zumindest abzuschwächen. Sensibilisiert durch die Warnung, dass es *nit das ansechen gewinne,
als ob die jugent von einer freyen hochenschuel in ein lautter paedagogium gedrungen werden
wolte*[22], trat sie explizit für die ungehinderte Entfaltung der nicht zum cursus
philosophicus zählenden, durch weltliche Professoren vertretenen Disziplinen
ein, so dass der Fortbestand der Professuren für Ethik, Mathematik, Poetik,
Griechisch und Hebräisch vorab als gesichert gelten durfte, während die Rhe-
toriklektur an die Jesuiten fiel und die Professur für Dialektik vorläufig aufgehoben wurde. Die Regierung entzog darüber hinaus den Jesuiten die alleinige
Kontrolle über die Aufnahmeprüfungen und über die Zulassung zum Studium
und betraute damit den Rektor, den Vizekanzler und die vier Dekane zusammen mit einem Jesuiten, eine Korrektur, die den Hinweis Eisengreins auf die
evangelischen und *nit jesuitisch catholischen* Studenten, die nicht dem Einfluss der
Patres ausgesetzt sein wollten[23], ernstnahm. Der Rezess sicherte der Universität auch die Jurisdiktion und Kontrolle über das jesuitische Pädagogium und
den Philosophiekurs. Er stellte zudem eindeutig klar, dass bestimmte Studen-
tengruppen nicht verpflichtet waren, das dreijährige Philosophiestudium zu
absolvieren. Im übrigen wurden die Rechte der Präzeptoren und der Eltern
ausdrücklich geschützt. Die Vertretung der jesuitischen Professoren im Fakultätskonzil wurde auf zwei Mitglieder beschränkt. Der Furcht vor diversen Ei-
genmächtigkeiten der Patres suchte die Regierung mit beruhigenden Erklärungen über deren Bereitschaft zu konstruktiver Kooperation und verantwor-
tungsbewusster Amtsführung entgegenzuwirken[24]. Diese Zuversicht gründete
in der Überzeugung, dass die Ordensdisziplin der Societas die verlässliche Gewähr dafür biete, dass sich ihre Mitglieder in Erfüllung ihrer Gelübde selbstlos
und nachhaltig in den Dienst der bayerischen Landesinteressen stellten. Deshalb glaubte der Herzog, die Patres vom üblichen akademischen Professoren-
eid ohne Risiko befreien zu können. Dies schien zudem den Vorteil zu bieten,
*das sich dieselben ire leuth in weltlichen und anderer faculteten sachen desto weniger einschla-
gen möchten, dartzue sy ietzt mit dem jurament gleichsam gedrungen zesein vermeinen*[25].
Demnach durfte den Jesuiten ein limitierter Sonderstatus eingeräumt werden.
Dies lag durchaus in der Logik der Option, die Effizienz des Ordens um den
Preis sachdienlicher Konzessionen, die man, wie der Rezess vom 30. Januar
1571 belegt, mit der überkommenen Struktur und den berechtigten Anliegen

---

22 Vgl. die wieder gestrichene Marginalnotiz des herzoglichen Rates Erasmus Fend im Rezess vom 30.
   Januar 1571, SEIFERT, Die Universität (wie Anm. 3), S. 247, Anm. 4.

23 Vgl. das in Anm. 21 angezogene Schreiben Eisengreins, hier S. 248.

24 Zum herzoglichen Rezess vom 30. Januar 1571, PRANTL, Geschichte (wie Anm. 1), Bd. I,
   S. 234-236.

25 Herzog Albrecht V. an Martin Eisengrein, 29. Januar 1571, SEIFERT, Die Universität (wie Anm. 3),
   Nr. 74, S. 249-251, hier S. 250.

der Universität, soweit möglich, abzugleichen suchte, zur inhaltlichen Optimierung des philosophischen und damit auch des theologischen Lehrbetriebes, die innovatorische Konzepte voraussetzte, zu nutzen. Diese Strategie sollte allerdings vorab nur in einem einjährigen Experiment erprobt werden.

In der äußerst skeptischen Perspektive der Universität nahmen sich die Dinge freilich anders aus. Als sich die Vakanz der Poetikprofessur abzeichnete, beeilte sich die Universität, Magister Valentin Rotmar als Nachfolger Philipp Menzels zu empfehlen, um erklärtermaßen zu verhindern, dass auch diese Lektur mit einem Jesuiten besetzt und *allso verner ainziger weis die ganntz facultas artistica durch diesen einigen orden occupirt und dardurch die gewünschte befürderung unnd auffnehmung der hochenschuel gehindert werde*. Diese unverhohlene Kritik an der Förderung der Patres und der damit verbundenen Reformstrategie verstärkten die weltlichen Professoren noch durch die selbstbewusste Betonung ihrer eigenen, zumindest gleichwertigen, hohen Qualifikation und ihrer pflichtbewussten Leistungsfähigkeit im Dienst der Universität[26]. Zugleich wehrten sie sich entschieden gegen den Versuch der Jesuiten, ihren beiden Vertretern im Konzil der artistischen Fakultät auch Sitze im Senat zu verschaffen und ihre Stimmen auf vier zu erhöhen. Dies wurde strikt abgelehnt, weil *sy nit wie die andern professorn vota libera seyen*[27]. Im übrigen musste gegenüber den Studenten jeder Anschein vermieden werden, als ob die Jesuiten *potissima pars universitatis weren*, wenn nicht das überkommene Autoritätsgefüge untergraben werden sollte. Auf das Angebot der Patres, dass von ihren vier Senatoren immer nur zwei tatsächlich ihr Amt ausüben sollten, mochte sich die Universität, obwohl sie in der Sache einverstanden war, aus Furcht vor taktischen Finessen und Fallstricken ohne Rückendeckung des Herzogs, der dann im Sinne dieses Kompromisses entschied, nicht einlassen[28].

Martin Eisengrein, der die konfliktträchtige Erregung in Ingolstadt als landesherrlicher Inspektor hautnah miterlebte, wollte zweifellos in seiner Rede, mit der er die neue Studienordnung an der Universität publizierte, das Kernproblem der Kontroverse bereinigen, indem er versuchte nachzuweisen, dass die Neuregelung keinen Bruch mit der akademischen Tradition bedeute und die Freiheit des Studiums nicht tangiere[29]. Denn im Urteil der opponierenden Kräfte negierte der vom Herzog favorisierte Neuansatz ohne Not die Qualität im Herkommen bewährter Studienmodalitäten und bedrohte die humanistischen Errungenschaften in der Entwicklung des Wissenschaftsverständnisses. Die herzogliche Regierung indes wollte einen mittleren Kurs erproben, der die

---

26 Universität Ingolstadt an Kanzler Simon Eck, 9. Februar 1571, SEIFERT, Die Universität (wie Anm. 3), Nr. 75, S. 251-253, das Zitat hier S. 251.

27 Ebd. S. 252.

28 Ebd. S. 252-253, das Zitat S. 252.

29 Rede Martin Eisengreins zur Einführung der artistischen Fakultätsreform, 19. Februar 1571, SEIFERT, Die Universität (wie Anm. 3), Nr. 76, S. 253-256.

innovatorischen Elemente des jesuitischen Programms in den akademischen Lehrbetrieb einzubauen suchte, ohne mit den Postulaten des Humanismus radikal und unwiderruflich zu brechen.

Die Universität ließ sich freilich durch Eisengreins Argumente offenbar nicht sonderlich beeindrucken. Sie beharrte vielmehr auf ihrer These, dass eine uneingeschränkte Bevorzugung der Patres nach dem Beispiel Dillingens sich schädlich auswirken müsse, verlangte die Berufung eines nicht-jesuitischen Professors für Rhetorik, betonte die Unentbehrlichkeit der weltlichen Senatsmitglieder aus der Artistenfakultät und glaubte den Herzog für den Fall, dass *die patres Societatis villeicht abermaln weitter umb sich greiffen wollten*, bitten zu müssen, bei der Durchführung der Reform dafür zu sorgen, *das wir nit vel a patribus istis expulsi, vel manentes Iesuitarum mancipia geachtet werden*. Denn in beiden Fällen müsse die Universität, deren hohe Reputation sich ihrer bisherigen Lehrtätigkeit verdanke, Schaden nehmen[30].

Auch auf der Gegenseite bestanden nicht unerhebliche Vorbehalte im Hinblick auf die gegebenen Verhältnisse. Noch vor Ablauf des Probejahres für den Philosophiekurs fasste sie der Ordensprovinzial Paul Hoffaeus in einem Katalog von zwanzig rhetorischen Fragen bzw. Forderungen, von deren Beantwortung das weitere Engagement der Jesuiten abhängig gemacht werden sollte, zusammen. Diese Eingabe zielte auf eine möglichst weitgehende Autonomie und Absicherung der in der Universität tätigen Jesuiten. In ihrer ersten Stellungnahme verfolgten die Universitätspatrone ganz offenkundig die Absicht, die Brisanz dieses Anspruches zu neutralisieren, ohne die Societas zu verprellen. Den Patres den akademischen Eid zu erlassen, lehnten sie aus grundsätzlichen Erwägungen ab, hielten aber die Einfügung einer Vorbehaltsklausel, die die Respektierung der Gelübde, Rechte und Freiheiten des Ordens sicherte, für zulässig. Später boten die Patrone eine Modifikation der Eidesformel an. Ihr Votum zum zweiten Punkt der Vorlage verrät eine gewisse Verlegenheit. Die geforderte umfassende Kompetenz, das Pädagogium und den Philosophiekurs nach den Vorschriften der Societas ungehindert und ohne jede fremde Einmischung zu leiten, mochten sie nicht expressis verbis einräumen und beließen es dabei, ihr Interesse an der Förderung der Studien und der Religiosität zu bekunden, ohne die beiden Einrichtungen eigens zu nennen. Sie trugen offensichtlich Bedenken, die strikte Anwendung der strengen Disziplinarbestimmungen des Ordens *in libera schola* zuzulassen, mochten nur eine moderierte Strafpraxis akzeptieren, die kein Aufsehen erregte, und verlangten in der Sorge um die jurisdiktionelle Einheit der Hochschule für gravierende Fälle die Einschaltung des Senats. Zur Frage, ob die Jesuiten mit der Gefahr rechnen müssten, gegen ihren Willen durch weltliche Professoren ersetzt zu

---

30 Universität Ingolstadt an Herzog Albrecht V., 23. Februar 1571, SEIFERT, Die Universität (wie Anm. 3), Nr. 77, S. 256-258, die Zitate S. 257 und S. 258.

werden, obwohl sie sich bewährten, gaben die Patrone nur eine beruhigende Erklärung ab, behielten aber ausdrücklich dem Herzog das Recht vor, nach den jeweiligen Umständen in zweckmäßiger Weise zu disponieren. Die folgenden Punkte 4 bis 7 boten keinerlei Schwierigkeiten. Die Räte versprachen, dass die religiösen Freiheiten und die Privilegien des Ordens geschützt würden, und erklärten sich auch damit einverstanden, dass die Societas in ihrer Personalpolitik freie Hand behielt, nur sollten Versetzungen nicht zu ungünstigen Zeitpunkten vorgenommen werden. Gegen die Jesuiten sollte die Strafjustiz nur durch Organe des Ordens ausgeübt werden, gegebenenfalls sollte die Universität Exekutionshilfe leisten. Auch für Disziplinarstrafen gegen Schüler wurde die Assistenz der Universität in Aussicht gestellt. Dagegen schränkten die Patrone die geforderte iurisdictio coercitiva ein. Die Verhängung üblicher Erziehungsstrafen, einschließlich der Prügelstrafe, sollte den Patres erlaubt sein, auch der Ausschluss von Schülern aus ihren Lehrveranstaltungen. Verweisung aus der Stadt und Relegation von der Universität sollten aber dem Senat vorbehalten bleiben, damit nicht der Anschein einer Spaltung der Universitätsjurisdiktion entstand. Dass die Jesuiten von der Universität geschützt und verteidigt werden wollten, schien nur recht und billig. Auch ihrem Anspruch auf zwei Senatssitze für ihre Professoren aus der artistischen Fakultät wurde stattgegeben. Dagegen blieb ihnen die angestrebte Majorität im Konzil der Artistenfakultät vorläufig noch verwehrt, weil man den Widerstand der weltlichen Professoren nicht provozieren wollte. Die Beschickung des Senats blieb dem Ermessen des Ordensoberen überlassen, der allerdings nur vereidigte Professoren wählen durfte. Auch die Forderung, dass den Jesuiten erlaubt sein müsse, die Wahl zum Rektorat oder zum Amt des Vizekanzlers abzulehnen, dass sie von allen Aufgaben in der Finanzverwaltung entbunden sein sollten und keine Geldstrafen gegen sie verhängt werden dürften, ließen die Patrone durchgehen. Die Bestellung eines Vermittlers für etwaige Konflikte zwischen den Patres und der Universität bzw. der Regierung hielten sie allerdings für überflüssig, wollten die Entscheidung aber der Societas freistellen. Zur Aufnahmeprüfung bei den Immatrikulationen dem Rektor, den der Herzog Ende Januar 1571 an Stelle der zunächst amtierenden Kommission dazu bevollmächtigt hatte, einen Jesuiten beizuordnen, schien den Räten nicht ratsam, weil die bestehende Regelung zufriedenstellend funktioniere und der Ruf der Universität, besonders bei den Protestanten, auf dem Spiel stehe. In der Amtsgewalt des Eichstätter Bischofs als Kanzler sah man keine Gefahr für die Jesuiten. Die Präzeptoren sollten zwar bei Geldstrafe verpflichtet sein, ihre Schüler in die öffentlichen Vorlesungen zu schicken, aber nur soweit dies dem ausdrücklichen Willen der Eltern nicht widersprach. Diese Klausel galt als unverzichtbar, weil sonst nicht nur die evangelischen, sondern auch sehr viele katholische Studenten, die sich *scholae celebritate et libertate* für Ingolstadt durchaus interessierten, durch die Aussicht abgeschreckt würden, sich einer allzu unflexiblen Studienordnung, z. B. im jesuitischen Pädagogium, unterwerfen zu müssen. Zur Klage über die Disziplinlosigkeit der Jurastudenten und deren negativen Einfluss auf ihre Kommilitonen in der theologischen und in der artistischen Fakultät, der den guten Ruf der Societas gefährde, empfahlen die Patrone, dass die Jesuiten mit ihren weltlichen Kollegen darüber beraten sollten, wie Zucht und Ordnung *citra liberae scholae infamiam* gewährleistet werden könnten. Hoffaeus sah in dieser Formulierung zu Recht einen unmissverständlichen Vorbehalt gegen die Einführung des jesuitischen Disziplinarsystems, dessen Effektivität und Zulässigkeit er denn auch vehement verteidigte, während er zugleich kritisierte, dass die Ingolstädter Statuten die Relegation zur Bestrafung von Studenten nicht vorsahen. Zur verlangten Überarbeitung und Korrektur der Universitätsstatuten mussten nach Auffassung der Räte die weltlichen Professoren zugezogen werden. Die Installation von Heizungen in den Hörsälen des Philosophiekurses und des Pädagogiums wurde zugesagt. Das Angebot weiterer Informationen über die Einrichtungen der Jesuiten nahm man wohlwollend zur Kenntnis[31].

Die Intention der herzoglichen Regierung, bei aller Bereitschaft zu zweckdienlichen Konzessionen die Wunschvorstellungen der Societas so zu regulieren, dass die jurisdiktionelle Einheit der Universität nicht zerbrach und trotz der durchaus erwünschten Straffung der propädeutischen Ausbildung und der philosophischen Studien das Prinzip der Studienfreiheit in Geltung blieb und angemessene Beachtung fand, ist unverkennbar. Der Provinzial Hoffaeus, der die Studienordnung und die pädagogische Konzeption seines Ordens konsequent umgesetzt sehen wollte, reagierte denn auch mit freimütiger Kritik. Im Laufe der weiteren Verhandlungen gelang es ihm, in einigen wichtigen Punkten seine Forderungen doch noch durchzusetzen oder zumindest Regelungen zu erreichen, die seinen Standpunkt stärker berücksichtigten. So wurde schließlich die Leitung des Pädagogiums und des Philosophiekurses den Jesuiten einschließlich der *iurisdictio coercitiva* und des Exklusionsrechtes, bei dessen Ausübung allerdings dem Rektor eine Mitverantwortung zugewiesen wurde, *expressis verbis* übertragen. Die Möglichkeit der definitiven Relegation wurde zwar eingeräumt, aber von genau definierten, gravierenden, von der Universität zu prüfenden Voraussetzungen abhängig gemacht. Dass Hoffaeus sich gehalten fühlte, ein moderates Disziplinarregiment, das sich an rein pädagogischen Motiven orientierte, zu versprechen und in wortreichen Ausführungen die Autorität des Rektors und des Senats und ihr Aufsichtsrecht über die jesuitisch geführten Einrichtungen ausdrücklich anzuerkennen, dürfte darauf hindeuten, dass die Verhandlungen über die für Gymnasium und Kurs geltenden Modalitäten nicht ohne Komplikationen verliefen. Leichter fiel es offenbar,

---

31 Erwiderung der Universitätspatrone auf die 20 Punkte des Provinzials Paul Hoffaeus, Januar/Februar 1572, SEIFERT, Die Universität (wie Anm. 3), Nr. 81, S. 281-293, die Zitate S. 283, 291 und S. 292.

den Widerstand gegen eine jesuitische Majorität im Konzil der Artistenfakultät und gegen die Mitwirkung eines Ordesmitgliedes an den Aufnahmeprüfungen, an denen auch der Vizekanzler und der Dekan, unter Umständen auch der Rektor, beteiligt sein sollten und deren Ergebnissen strikte Verbindlichkeit zukommen sollte, zu überwinden. Zudem wurde den Patres das Recht zugestanden, ihren Studierenden den Besuch bestimmter Vorlesungen zu verbieten. Der Philosophiekurs sollte allerdings nicht für alle Studenten verpflichtend sein[32].

Diese zweite Fassung der herzoglichen Stellungnahme zu den Forderungen des Ordensprovinzials versetzte die Universität, die von ihr über Eisengrein, der offenbar zunächst nur das Gutachten einiger weniger vertrauenswürdiger Professoren einholen sollte,[33] Kenntnis erhielt, in helle Empörung. Ihr Widerstand richtete sich vor allem gegen die vorgesehenen Eingriffe in die Jurisdiktion und Disziplinargewalt der korporativen Organe. Man sah darin einen Beweis für die Absichten der Jesuiten, sich selbst im eigensüchtigen Interesse an der Optimierung ihrer Arbeitsbedingungen und an der Durchsetzung ihrer fachlichen und pädagogischen Vorstellungen eine weitgehende Autonomie und Handlungsfreiheit zu sichern und Rektor und Senat zu ihren Exekutivorganen, zum *pes executivus* zu degradieren[34]. In dieser Strategie offenbarte sich der verderbliche Plan der Patres, im Widerspruch zu allem Recht und Gesetz und zu den geltenden Ordungsprinzipien die Hochschule vollständig ihrer Herrschaft zu unterwerfen. Der Jurist Nikolaus Everard hielt es deshalb für geboten, den Herzog zu bitten, dass er nicht immer *credat, ad gloriam dei pertinere, quae isti* [die Jesuiten] *petunt, sed aliquos ipsis praescribat certissimos fines*[35]. Und seine Kollegen fassten ihre scharfe Polemik in der Forderung zusammen, *das man nit gestatte, das ex libra universitate ein iesuiticum collegium werde*[36]. Diese Position wurde mit allem Nachdruck durch das energische Votum des Inspektors Eisengrein unterstützt, der durch die einseitige Verschiebung der Gewichte zugunsten der Societas ebenfalls die akademische Freiheit empfindlich bedroht sah und eine *tyrannidem* der Jesuiten vorhersagte, die nicht nur evangelische Interessenten, sondern auch viele Katholiken von der Immatrikulation in Ingolstadt ab-

---

32 Vgl. die Teile der zweiten Stellungnahme der Patrone, die eingearbeitet sind in dem Abdruck der ersten Stellungnahme zu den 20 Punkten des Ordensprovinzials bei Seifert, Die Universität (wie Anm. 3), Nr. 81, S. 281-293. Vgl. außerdem die dortigen einschlägigen Anmerkungen und Prantl, Geschichte (wie Anm. 1), Bd. I, S. 240-241.

33 Kanzler Simon Eck an Martin Eisengrein, 22. Februar 1572, Seifert, Die Universität (wie Anm. 3), Nr. 86, S. 305-306, hier S. 305.

34 Universität Ingolstadt an die Patrone Eck, Hund und Berbinger, 10. Februar 1572, Seifert, Die Universität (wie Anm. 3), Nr. 82, S. 293-299, das Zitat S. 298.

35 Gutachten Dr. Nikolaus Everards zur Stellungnahme der herzoglichen Räte zu den 20 Punkten des Ordensprovinzials Hoffaeus, ohne Datum, Prantl, Geschichte (wie Anm. 1), Bd. II, Nr. 90, S. 271-276, hier S. 275.

36 Wie Anm. 34, hier S. 299.

schrecken müsse[37]. Die Universität bestritt im übrigen die Befähigung der Jesuiten zu erfolgreicher Lehre massiv und machte sie für den neuerlichen Niedergang der Ingolstädter Studien verantwortlich. Zudem warf sie den Patres vor, anderen Professoren die Hörer abspenstig zu machen. Umso mehr musste daran gelegen sein, ein Gegengewicht und eine konzeptionelle Alternative zum jesuitischen Lehrbetrieb zu schaffen. Deshalb schlug die Universität die Berufung eines weltlichen Professors, der im Philosophiekurs gewissermaßen als Korrektiv eingesetzt werden sollte, und eines Professors für Dialektik vor, der interessierte Studenten vor allem der Jurisprudenz und der Medizin, aber auch der Philosophie versorgen könne, die *von den patribus Societatis, etiam ex iussu parentum suorum et, quod plus est, catholicorum (so hefftig machen sie sich mit ihrer ambition unnd andern haimlichen practicen) nit hören wöllen oder dürfen*. Zugleich warnte sie unter Hinweis auf das notorische pädagogische Versagen der Jesuiten in ihrem Konvikt davor, der Societas die Leitung des neuen theologischen Kollegiums anzuvertrauen, *dann dise leudt wöllen nur lautter thomistas und scholasticos theologos haben*, seien aber an der praktischen Priesterausbildung nicht interessiert[38].

Die Regierung hatte demnach allen Grund, die Aktivitäten der Jesuiten verstärkt zu kontrollieren und zu überwachen und ihnen keinesfalls freie Hand zu lassen, zumal man mit ihnen nicht wie mit den anderen Professoren verfahren könne, denen *als underthannen* Weisungen gegeben werden könnten, die sich gegebenenfalls *mit freier wilkhur* wieder abändern und revidieren ließen. Denn die Jesuiten legten es darauf an, *das man mit ihren (!) oder, das noch lüstiger, mit ihrem general oder gantzen orden per viam contractus et obligationis verbintlich und onwiderruffig handle*[39]. Damit war auf die grundlegende Problematik verwiesen, die in der Spannung zwischen dem vom Herzog akzeptierten Selbstverständnis des Ordens und seiner daraus resultierenden Struktur einerseits und dem Status der Universität als landesherrlicher Anstalt andererseits angelegt war.

Dieser unverkennbare strukturelle Antagonismus konfrontierte die herzogliche Regierung mit der Schwierigkeit, zur Durchsetzung von Reformen einen hinreichenden Handlungsraum zu gewinnen, um im Interesse einer dezidiert katholischen Religionspolitik die Leistungsfähigkeit der Universität auf dem Sektor der Klerusausbildung zu steigern. Nach den entmutigenden Erfahrungen, die er über Jahre hinweg mit der Universität gemacht hatte, fühlte sich der Herzog nicht nur berechtigt, sondern geradezu darauf angewiesen, das erkannte Reformproblem in Kooperation mit den Jesuiten zu lösen. Dass die Universität diese Bemühungen durch ihren vehementen Einspruch und durch ihre intransigente Polemik zu stören und zu unterbinden suchte, stellte sich in seiner

37 Vgl. Eisengreins Votum in der Wiedergabe bei SEIFERT, Die Universität (wie Anm. 3), Nr. 81, S. 286-287, das Zitat hier S. 287.

38 Universität Ingolstadt an die Patrone Eck, Hund und Berbinger, 21. Februar 1572, SEIFERT, Die Universität (wie Anm. 3), Nr. 84, S. 300-303, die Zitate hier S. 302 und S. 301.

39 Wie Anm. 34, hier S. 296.

Perspektive als unbotmäßige, zudem voreilige Widersetzlichkeit dar, die dem Gemeinwohl abträglich war. Zugleich war ihm durchaus bewusst, dass es nicht opportun sein konnte, sich etwa auf Antrag der Jesuiten auf *gefarliche neuerungen* einzulassen oder einschneidende Veränderungen ohne Anhörung aller Beteiligten zu verfügen. Dementsprechend forderte er, durch deren scharfen Protest in Zugzwang gebracht, die Universität auf, ohne emotionale Ressentiments ihre Kritik an der Lehrtätigkeit der Jesuiten sachlich zu formulieren und seine Stellungnahme zum Forderungskatalog des Ordensprovinzials in konstruktiver Weise zu begutachten[40]. Um die Kommunikation mit der Universität zu entlasten, beteuerte der Herzog einige Wochen später, dass die Frage der Leitung des neuen theologischen Kollegs noch durchaus offen sei, und zeigte sich geneigt, für den Philosophiekurs einen weltlichen Professor als *concurrenten* zu berufen, der dann auch die Dialektik übernehmen könne[41]. Am gleichen Tag bat er Hoffaeus, die Ingolstädter Jesuiten zu größerer Zurückhaltung zu ermahnen[42].

Erst im Juni 1572 lieferte die Universität das von ihr gewünschte Gutachten ab, dessen Tenor, ungeachtet der Mahnungen des Herzogs, eine hemmungslose, stellenweise geradezu sarkastische Polemik gegen die Machtambitionen der Jesuiten prägte. Vor allem mit drei Sachverhalten tat sich die Universität enorm schwer: erstens mit dem innovatorischen Studienprogamm der Societas und der ihm zugeordneten pädagogischen Konzeption, zweitens mit der organisatorischen und institutionellen Selbständigkeit des Ordens und der strikten Konzentration aller Führungskompetenz in der Hand des nur dem Papst verpflichteten Ordensgenerals, auf dessen Vorrang sich die Jesuiten stets berufen konnten, wenn sie mit dem konkurrierenden Autoritätsanspruch sonstiger obrigkeitlicher Instanzen konfrontiert wurden, und drittens mit dem ausgeprägten Interesse der Patres, ihre Lehrtätigkeit in eigener Regie konsequent nach den Vorschriften ihrer Societas zu gestalten und sich den dazu erforderlichen Freiraum energisch zu sichern. Das pauschale Verdikt, das das Streben der Jesuiten nach pädagogisch-didaktischer Perfektion als utopisches, fehlgeleitetes Unterfangen abqualifizierte, fasst die bestehenden grundsätzlichen Vorbehalte pointiert zusammen[43]. Im einzelnen beklagte die Universität die massive Gefährdung der Studienfreiheit, konstatierte bedenkliche pädagogische Fehlleistungen im Gymnasium und im Philosophiekurs und versuchte der Regierung

---

40 Herzog Albrecht V. an Martin Eisengrein, 22. Februar 1572, SEIFERT, Die Universität (wie Anm. 3), Nr. 85, S. 303-305, das Zitat hier S. 305.

41 Herzog Albrecht V. an die Universität Ingolstadt, 13. März 1572, SEIFERT, Die Universität (wie Anm. 3), Nr. 88, S. 307-308, das Zitat S. 308.

42 Herzog Albrecht V. an den Provinzial Paul Hoffaeus, 13. März 1572, SEIFERT, Die Universität (wie Anm. 3), Nr. 87, S. 307.

43 Schriftsatz weltlicher Universitätsangehöriger gegen den jesuitischen Philosophiekurs, 1572, SEIFERT, Die Universität (wie Anm. 3), Nr. 89, S. 309-310, hier S. 310: *Scholam ita institui, ut omnes probi doctique inde fiant, est idaeam platonicae reipublicae vel utopiam Mori imaginari.*

klar zu machen, dass sie, wenn sie den Jesuiten nachgab, nicht nur die Diskriminierung der weltlichen Professoren in Kauf nahm, sondern auch selbst durch die selbstbewusste Eigenmächtigkeit der Patres und deren Drang zur Autonomie erheblichen Einfluss einbüßte und in manchem sogar ihre Handlungsfreiheit ganz verlor. Zugleich gab die Universität wiederholt zu verstehen, wie sehr sie die innovatorische Dynamik der jesuitischen Aktivitäten beunruhigte. Grundsätzlich galt deshalb: *Nobis vero ob jesuitarum solitum innovandi studium omnia sunt suspecta.* Nicht minder gefährlich, ja geradezu verheerend in seinen Auswirkungen schien der Zugewinn an jurisdiktioneller und disziplinarischer Kompetenz und an bedeutsamen Ermessensspielräumen, den Hoffaeus ausgehandelt hatte. In der Sicht der Universität manifestierte sich darin die folgenschwere Tendenz zur Verselbständigung jenes Teilbereiches, der die Jesuiten interessierte, nämlich der theologischen und der artistischen Fakultät. Damit stand nicht nur ihre korporative Einheit auf dem Spiel, sondern auch die in der akademischen Autonomie verbürgte Dignität ihrer Organe, die die Jesuiten zu bloßen, ihrer Regie gefügigen Handlangern degradieren und deren Autorität sie durch den von ihnen angestrebten Sonderstatus unterminieren wollten. Dabei hatte man es, wie die Universität immer wieder betonte, vor allem auf die Entmachtung des Rektors abgesehen, der bei öffentlichen Akten nur noch *zum schauessen dasitzen und stüel und benckh druckhen* sollte und den man offenbar wie den *sesselkhönig Hilpericus* aus der Merowingerzeit behandeln wollte, *das er beschorn von khönigs stull in ein closter vom pabst gestossen, also letzlich unsere rectoria als titularis tantum dignitas abgethon und ausgelescht werden, wie zu Dillingen und Meintz beschechen ...*[44]. Der Kern der Kontroverse bestand in der Sicht der Universität in der Frage, ob den Jesuiten nach ihren Bedürfnissen ein privilegierter, letztlich vom Konsens des Ordensgenerals abhängiger, quasi „privater" Status eingeräumt werden durfte, der ihre korporative Kohärenz und Autonomie als landesherrliche Anstalt, die der Hoheit des Herzogs unterstand, bedrohte bzw. paralysierte.

In dieser extrem polarisierten Auseinandersetzung, die im Problemverständnis der Universität nur als reiner Machtkonflikt von grundsätzlicher Bedeutung beschrieben werden konnte, behielt in der Politik der Regierung das Reformpostulat Priorität. Da der Herzog von der Leistungsfähigkeit des jesuitischen Studiensystems überzeugt blieb, beließ er es, von wenigen, punktuellen, eher kosmetischen Korrekturen abgesehen, im abschließenden Rezess vom 16. Dezember 1572 im wesentlichen bei der Resolution vom 28. Februar 1572[45]. Da-

---

44 Universität Ingolstadt an die Universitätspatrone, 11. Juni 1572, PRANTL, Geschichte (wie Anm. 1), Bd. II, Nr. 93, S. 281-289, die Zitate hier S. 283 und S. 284. Vgl. außerdem den Schriftsatz weltlicher Universitätsangehöriger gegen den jesuitischen Philosophiekurs, ebd. Nr. 89, S. 309-311.

45 PRANTL, Geschichte (wie Anm. 1), Bd. I, S. 246-247 und 254-256. Die Resolution vom 28. Februar 1572 ist hier irrtümlich auf den 18. Februar 1572 datiert. Vgl. dazu SEIFERT, Die Universität (wie Anm. 3), S. 282.

mit war allerdings der Meinungsbildungsprozess der herzoglichen Räte noch immer nicht definitiv abgeschlossen, ein Indiz dafür, dass in diesem Kreis nach wie vor unterschiedlich akzentuierte Positionen vertreten wurden. Jedenfalls hielt man es im Februar 1573 für angebracht, die Aufnahme- und Immatrikulationsmodalitäten und die Vorschriften über den Pflichtbesuch des Philosophiekurses wieder zu lockern und die eidliche Verpflichtung der jesuitischen Senatsmitglieder auf Geheimhaltung präzise zu regeln, während die übrigen Patres vom akademischen Eid befreit blieben. Man glaubte zwar, den Jesuiten für ihre Lehrveranstaltungen die alleinige Entscheidung über die Anwendung des Exklusionsrechtes überlassen zu können, brachte aber zugleich auch das Oberaufsichtsrecht des akademischen Magistrats in Erinnerung[46]. Aber auch damit waren die gravierenden Spannungen zwischen den Patres und der Universität nicht definitiv behoben. Sie eskalierten erneut, als im Sommer 1573 die Berufung eines weltlichen Professors für Dialektik, dessen Konkurrenz die Jesuiten nicht dulden mochten, anstand[47]. Unter dem Eindruck der aussichtslos scheinenden Situation machte sich der Herzog den von Hoffaeus gebilligten, von der Universität begrüßten Vorschlag Simon Ecks zu eigen, mit Ausnahme der beiden Theologen die jesuitischen Professoren und das Pädagogium nach München abzuziehen, also die Aktionssphären beider Konfliktparteien organisatorisch voneinander zu trennen und so die Jesuiten in die Lage zu versetzen, in eigener Zuständigkeit durch ihre gymnasiale Lehre die Basis für ein späteres erfolgreiches Studium ihrer Zöglinge in Ingolstadt zu schaffen. Eck versprach sich davon *ein seer nutzliche emulation zwischen den hiegen und den artisten zu Ingolstat*[48].

Diese Konzeption erwies sich freilich schon bald als wenig realistisch, weil die Universität für die vakant gewordenen Professuren keine geeigneten Kandidaten finden konnte und weil es ihr trotz gutwilliger Bemühungen nicht gelang, im Bereich der propädeutischen Ausbildung einen vollwertigen Ersatz für das Pädagogium der Patres zu organisieren[49] und auf der Basis ihres Programms, d. h. *durch ein merer freyhayt der studien und die sonderbare lection des compendij dialectici* den einsetzenden Niedergang aufzuhalten[50]. Sie ließ sich aber parti-

46 Rezess herzoglicher Räte, 10. Februar 1573, SEIFERT, Die Universität (wie Anm. 3), Nr. 91, S. 312-316.

47 Protokoll der Artistenfakultät, 26. Juni 1573–11. August 1573, PRANTL, Geschichte (wie Anm. 1), Bd. II, Nr. 95, S. 290-292 und ebd. Bd. I, S. 256-257.

48 Kanzler Simon Eck an Herzog Albrecht V., 15. August 1573, SEIFERT, Die Universität (wie Anm. 3), Nr. 94, S. 320-322, das Zitat hier S. 321.

49 SEIFERT, Die jesuitische Reform (wie Anm. 12), S. 70 und Martin Eisengrein an die Patrone Wiguleus Hund, Onuphrius Berbinger und Erasmus Fend, 31. März 1574, SEIFERT, Die Universität (wie Anm. 3), Nr. 96a, S. 327-331.

50 Dass dies nicht gelang, kritisierte der Herzog in der Visitationsinstruktion für die Räte Georg Lauther, Onuphrius Berbinger und Erasmus Fend, 14. April 1574, SEIFERT, Die Universität (wie Anm. 3), Nr. 97, S. 332-338, das Zitat hier S. 333.

ell in die Neuordnung übernehmen, die notwendig wurde, als sich die Jesuiten
nach längerem Widerstreben schließlich doch zur Rückkehr nach Ingolstadt
bewegen ließen. Diese neue Lösungsstrategie setzte nämlich statt auf Integration, mit der man an der Unvereinbarkeit der beiderseitigen Vorstellungen von
Wissenschaft, Studium und akademischer Autorität gescheitert war, auf das
Prinzip der Konkurrenz. Damit schien, nachdem der herzogliche Plan, durch
organisatorische und personalpolitische Maßnahmen Abhilfe zu schaffen,
fehlgeschlagen war[51], ein Ausweg gefunden, der dem von der Regierung immer
wieder konstatierten Reformbedarf, den neuen gesellschaftlichen Anforderungen, die das Lehrangebot der Jesuiten geweckt hatte, und dem Interesse an der
Attraktivität und Reputation der Hochschule zu genügen versprach. In der
Einsicht, *das es sich bey vorsteenden zeitten aus merlay ungelegenhait auf die alte academi-
sche mainung allein nit wellen richten lassen*[52], übertrug der Herzog 1576 den Jesuiten
die erneute Einrichtung des Pädagogiums und des Philosophiekurses. Zugleich
stellte er den weltlichen Professoren frei, als Alternativangebot zur freien Wahl
der Studenten einen eigenen dreijährigen ähnlich strukturierten Philosophiekurs aufzubauen, dessen Absolvierung ebenfalls als Voraussetzung für die
Promotion in der Artistenfakultät anerkannt werden sollte. Unter der Bedingung, dass sich die friedliche Konkurrenz zwischen beiden Philosophiekursen
einspielte, sollte den Patres erlaubt sein, in ihrem Kolleg auch Vorlesungen in
anderen artistischen Disziplinen zu veranstalten. Auch hier sollte dann den
Studenten die Wahl freistehen. Die Vorlesungen der weltlichen Professoren
für Ethik und Mathematik sollten ihren Charakter als Pflichtveranstaltungen
verlieren, wenn die Jesuiten ihr Lehrangebot auch auf diese Fächer ausdehnten.
Sachliche Kritik an der Lehrtätigkeit der Jesuiten und ihrer weltlichen Kollegen
war als wünschenswerter Anreiz zu Verbesserungen zulässig. Beiden Seiten
wurde das Exklusionsrecht zugestanden, das unter Aufsicht des akademischen
Magistrats ausgeübt werden sollte. Die Sorge um gute Disziplin und um die
Förderung der Religiosität war allen Professoren in gleicher Weise aufgegeben[53]. Diese Neuregelungen waren in ihrer Gesamtheit darauf angelegt, sowohl
den innovatorischen Kräften als auch den Vertretern humanistischer Vorstellungen den erforderlichen Freiraum zu schaffen zur Selbstbehauptung in sti-
mulierender Konkurrenz oder in einer genau festgelegten Aufgabenteilung, die
die Jesuiten auf den Philosophiekurs beschränkte und den weltlichen Professoren die übrigen artistischen Disziplinen vorbehielt. Die Einhaltung der Spielregeln und die Beobachtung der Statuten und herzoglichen Weisungen zu überwachen, blieb Aufgabe des landesherrlichen Inspektors. Diese Konzeption

51 Visitationsinstruktion für die Räte Georg Lauther, Onuphrius Berbinger und Erasmus Fend, 14.
    April 1574, SEIFERT, Die Universität (wie Anm. 3), Nr. 97, S. 332-338, besonders Anm. 23 S. 338.
52 Herzogliche Resolution über die Reform der Artistenfakultät, 26. November 1576, PRANTL, Ge-
    schichte (wie Anm. 1), Bd. II, Nr. 98, S. 296-303, hier S. 296-297.
53 Ebd. S. 297-300.

wurde in der Folgezeit nicht konsequent verwirklicht, da freiwerdende Stellen weltlicher Professoren – wohl aus Kostengründen – nicht wiederbesetzt wurden. Im Februar 1585 wurde sie schließlich durch ein möglicherweise vom Herzog in Auftrag gegebenes Gutachten aus dem Kreis der herzoglichen Räte grundsätzlich in Frage gestellt. Der Autor schlug nämlich vor, die unentbehrlichen Professuren für Ethik und Mathematik künftig den Jesuiten zu übertragen, Poetik, Grammatik und Griechisch nur noch in deren Gymnasium und die Dialektik im Rahmen des dreijährigen Philosophiekurses lehren zu lassen. Er ging dabei von der These aus, dass die drei sprachlich-literarischen Fächer *mer ad paedagogium unnd trivial schuel alß ad academiam* gehörten, also nicht wie im humanistischen Wissenschaftsverständnis den Rang akademischer Disziplinen einnahmen. Er stützte seine Empfehlung darüber hinaus mit der Feststellung, dass die 1576 ganz bewusst vorgesehene Konkurrenz in diesen Fächern sich auf die Disziplin nachteilig auswirke, weil die Schüler beim geringsten Anlass dazu neigten, dem Pädagogium den Rücken zu kehren und *der universitet alß der freyhait* zuzulaufen[54].

Erasmus Fend, dessen Stellungnahme Herzog Wilhelm einholte, zeigte sich zwar für die Leistungen der Jesuiten durchaus aufgeschlossen, ohne freilich gewisse Fehlentwicklungen in ihrer Lehrtätigkeit zu übersehen, wehrte sich aber entschieden gegen die offenbar angestrebte *vertilgung facultatis artisticae*[55]. In seinem Universitätsverständnis kam der Artistenfakultät und den in ihr vertretenen *studia humaniora* ein gleichberechtigter Rang unter den akademischen Disziplinen zu. Die Erhaltung ihrer überkommenen Struktur war unverzichtbar, wenn die Universität als *ein ganzes volkhomen corpus liberi ac universalis studij under einem algemeinem haubt, under gleichem gehorsam rectoris et senatus academici* und unter der Hoheit des Landesherrn Bestand haben sollte[56]. Auf der Basis dieser Definition waren einige strukturelle Probleme sorgsam zu beachten. Ihre straffe Unterordnung unter den Ordensgeneral und ihre Privilegien entzogen die Societas Jesu weitgehend der Weisungsbefugnis der landesherrlichen Obrigkeit. Unter diesen Umständen musste eine Übertragung der Artistenfakultät an die Jesuiten zur Folge haben, dass der Herzog seine Autorität nur noch in einer Teiluniversität, nämlich in der juristischen und der medizinischen Fakultät im Vollsinne zur Geltung bringen konnte. Im Interesse an der Funktionsfähigkeit der Universität zog Fend dem rückhaltlosen Vertrauen auf die Leistungsfähigkeit und das Verantwortungsbewusstsein der Patres eine Struktur vor, in der der Fürst *her bleibe und die oberhende behalte*[57]. Wenn nach dem Rat des vorgeleg-

---

54 Anonymes Gutachten, Februar 1585, SEIFERT, Die Universität (wie Anm. 3), Nr. 112a, S. 376-379, die Zitate hier S. 377.

55 Gutachten des herzoglichen Rates Erasmus Fend, 21. Februar 1585, SEIFERT, Die Universität (wie Anm. 3), Nr. 112b, S. 380-389, hier S. 385.

56 Ebd. S. 386.

57 Ebd. S. 387.

ten Gutachtens verfahren wurde, dann entfiel für die evangelischen und katholischen Studenten, die die Veranstaltungen der Patres nicht besuchen wollten oder nach dem Willen ihrer Eltern nicht durften, das frei wählbare Alternativangebot. Dies wäre dann *khein freye und nach notturft besetzte hoche schuel mer, sonder ein privatum collegium Societatis wie zu München, Inspruckh, Grätz etc.*[58]. Damit war dann das *universale et privilegiatum studium* aufgehoben[59], dessen Gewährleistung zu den vornehmsten Aufgaben einer Universität zu rechnen war. Auch ließ sich die von den Patres beanspruchte, durchgehende iurisdictio coercitiva mit den Ordnungsprinzipien und dem Selbstverständnis einer *libera et privilegiata academia* nicht vereinbaren[60]. Überhaupt durfte die Attraktivität der Hochschule, die letztlich auch der katholischen Religion und dem Reichsfrieden zugute komme, nicht aufs Spiel gesetzt werden, denn *iren vil von irthumben und khetzereyen bekhert, auffs wenigst etwas mitsamer und den catholischen näcker zuegethan, verwarth und anhengig gemacht worden, wie bej gemeinen reichsversamblungen und sondern commissionen täglich zespüren*[61]. Im übrigen warnte Fend wiederholt vor übereilten Innovationen, die mit überkommenen, bewährten Strukturen ohne triftigen Grund, ohne sorgfältige Prüfung und ohne Orientierung an überzeugenden *exempla* brachen. Solche *grosse sorgliche wagnus* widerriet er entschieden und plädierte statt dessen für das Modell von 1576, für *ein solche herliche concurrenz*, von der der erwünschte Aufschwung der Universität erwartet werden durfte[62].

Die grundlegenden Differenzen zwischen den beiden konträren Universitätskonzeptionen, die im Frühjahr 1585 in München zur Diskussion standen, gewinnen noch schärferes Profil, wenn man die beiden Gegengutachten zur Stellungnahme Fends, die den jesuitischen Standpunkt vertraten, mit berücksichtigt. Die angeregte Reform galt dort als begrüßenswerte und sachdienliche Umstrukturierung der Artistenfakultät. Von einer ordnungsgemäß besetzten Universität durfte dann gesprochen werden, wenn in allen notwendigen Fächern Veranstaltungen angeboten wurden. Dazu zählten die Humaniora als *minutiores lectiones* nicht mehr[63]. Auch die didaktische Überlegenheit des jesuitischen Gymnasialunterrichts in diesen Fächern legte ihre Ausgliederung aus dem Lehrkanon der Universität nahe. Eine wissenschaftliche Konkurrenz in diesen Disziplinen schien sachlich unerheblich, weil bei den Schülern das nötige Urteilsvermögen nicht vorausgesetzt werden konnte. Das Postulat der Studienfreiheit tat einer der beiden Autoren mit der Bemerkung ab, *so wehr zue win-*

---

58 Ebd. S. 381.
59 Ebd. S. 382.
60 Ebd. S. 384.
61 Ebd. S. 388.
62 Ebd. S. 388.
63 SEIFERT, Die Universität (wie Anm. 3), S. 381 Anm. 21; das Zitat S. 382 Anm. 30 S. 382-383.

schen, die guett from iugent hette dise so schöttliche libertet nie gesehen[64]. Zu besonderer Rücksichtnahme auf die evangelischen Studenten sah man keinen Anlass. Die Vorbehalte Fends gegen zu weitreichende innovatorische Veränderungen sollte der Hinweis auf die Notwendigkeit struktureller Anpassung an veränderte Gegebenheiten entkräften[65]. In der Gegenargumentation gegen die Position Fends artikulierte sich im Gesamttenor ein energischer Umgestaltungswille, der dem Prinzip der rational und zielbewusst kalkulierten Effektivität hochrangige Priorität einräumte und für den die Studienfreiheit, die Bikonfessionalität der Studentenschaft, der humanistische Wissenschaftsbegriff und das Herkommen überholter Statuten keine maßgeblichen Kategorien mehr sein konnten.

Den hier greifbaren konzeptionellen Wandel vollzog Herzog Wilhelm V. mit. Als er sich im Sommer 1585 entschloss, die von den Patres heftig angefochtene Promotion des jesuitischen Apostaten Johannes Bovius zum Anlass zu nehmen, um die drei noch amtierenden weltlichen Professoren der Artistenfakultät zu entlassen und ihre Lekturen an die Jesuiten zu geben, und schließlich 1588 die Verwaltung der Fakultät der Societas in aller Form ganz übertrug, spielten wohl finanzielle Gründe eine nicht geringe Rolle, weil die freiwerdenden Mittel unter anderem zur geplanten Förderung der juristischen Fakultät verwendet werden konnten[66]. Ins Gewicht fiel aber zweifellos auch die persönliche Überzeugung des Herzogs, dass das Studienprogramm der Societas Jesu außerhalb der medizinischen und der juristischen Fakultät das Spektrum wünschenswerter Kenntnis optimal abdecke[67]. Daneben ist freilich auch der attraktive Vorteil zu beachten, den die straffe Organisation klar gegliederter Studiengänge für die artistischen Fächer und die Theologie unter der Autorität der Societas Jesu bot, auf deren unverbrüchliche Loyalität der Herzog aus konfessioneller Solidarität glaubte bauen zu können. Damit war für die dringend gewünschte Verbesserung der Priesterausbildung eine verlässliche Lösung gefunden, die geeignet schien, das jahrzehntelang geplante bayerische Priesterseminar, für dessen nachhaltige Unterstützung die Bischöfe der Region nicht gewonnen werden konnten und dessen Finanzierung aus landesherrlichen Mitteln nach der aufwendigen Ausstattung der Jesuitenkollegien in München und Ingolstadt kaum mehr zu bewerkstelligen war, qualitativ angemessen zu ersetzen und so der von einer kirchlich legitimierten Kraft getragenen und verantworteten bayerischen Klerusausbildung die erwünschte Unabhängigkeit von den Bischöfen der Region zu sichern. Während die herzogliche Initiative vom

---

64 Ebd. S. 382 Anm. 28 und Anm. 29; S. 383 Anm. 31; das Zitat S. 384 Anm. 38. Vgl. auch S. 381 Anm. 21.

65 Ebd. S. 385 Anm. 39.

66 SEIFERT, Die jesuitische Reform (wie Anm. 12), S. 71.

67 Ebd. S. 77.

Sommer 1585 somit die Sorge um die Funktionsfähigkeit der einen Hälfte der Universität vertrauensvoll der verantwortungsbewussten Selbstkontrolle der Gesellschaft Jesu überließ, sollte der staatliche Einfluss auf die beiden weltlich gebliebenen Fakultäten für Jurisprudenz und Medizin durch die Rektoratsreform von 1585/1586, die die unter Albrecht Hunger wenig effektive Inspektur aufhob, im Rahmen des landesherrlichen Dienstaufsichtsrechtes verstärkt werden, ohne die korporativen Verfassungsstrukturen der Hochschule aufzulösen[68]. So basierte die Reform Herzog Wilhelms, auf die die Universität bezeichnenderweise anders als bei früheren Gelegenheiten nicht mehr Einfluss nehmen konnte, im Ganzen auf einer in der Logik ihrer Prämissen in sich geschlossenen, rational sorgsam austarierten Konzeption, die nach einer Reihe unbefriedigender Lösungsversuche innovatorischen Impulsen Raum schuf und damit den Anpassungsdruck, der aus der dezidiert katholischen Konfessionspolitik Bayerns resultierte, abzufangen suchte, dabei aber das berechtigt und vertretbar scheinende Maß konservierender Ordnungselemente nicht negierte.

---

68 SEIFERT, Statuten- und Verfassungsgeschichte (wie Anm. 5), S. 234-236 und S. 303-305. Zu der Ende der neunziger Jahre wieder aufgeflackerten, in den Jahren 1609-1613 heftig geführten Kontroverse über das Studienprogramm und die dominante Position der Jesuiten sowie über die Frage einer Resäkularisierung der artistischen Fakultät vgl. SEIFERT, Die jesuitische Reform (wie Anm. 12), S. 76-80; außerdem SEIFERT, Die Universität (wie Anm. 3), Nr. 143, S. 500-503; Nr. 144, S. 503-507, hier S. 506; Nr. 145, S. 507-509, hier S. 508 und PRANTL, Geschichte (wie Anm. 1), Bd. II, Nr. 119, S. 343-346; Nr. 123, S. 351-355, hier S. 355; Nr. 127-128, S. 361-363 und Nr. 130-133, S. 364-382.

POLITIKBERATUNG IM 16. JAHRHUNDERT.
ZUR BEDEUTUNG VON THEOLOGISCHER UND JURISTISCHER BILDUNG FÜR DIE PROZESSE POLITISCHER ENTSCHEIDUNGSFINDUNG IM PROTESTANTISMUS

Von Luise SCHORN-SCHÜTTE

I. Einleitung

ES IST SEIT LANGEM UNBESTRITTEN, daß die reformatorische Bewegung keineswegs zu einer Entflechtung von Religion und Politik geführt hat. Im Gegenteil: die Verzahnung beider Bereiche erfuhr eine Intensivierung, die nicht zuletzt auf die Polarisierung der christlichen Konfessionen im Europa des 16. Jahrhunderts zurückzuführen ist. Angesichts dieser Beobachtung ist es erstaunlich, daß zur politikberatenden Rolle der protestantischen Geistlichkeit im Reformationsjahrhundert nur wenige übergreifende Forschungen existieren. Dies verwundert um so mehr, als große Teile der ersten beiden Generationen der Reformatoren sehr klare Vorstellungen vom Verhältnis des geistlichen zum Stand der Obrigkeit beziehungsweise zum Stand der Hausväter hatten. Die Drei-Stände-Lehre diente solchen Überlegungen bis weit ins 17. Jahrhundert hinein als selbstverständliche politiktheoretische Orientierung[1].

Einer der wenigen Forscher, der den Bedingungen politischer Ordnung und politischer Diskussion im Reformationsjahrhundert in immer neuen Variationen nachgegangen ist, ist Eike Wolgast. Sein grundlegendes Werk über die Zusammenhänge von ständischer und reformatorischer Politik in den dreißiger Jahren des 16. Jahrhunderts hat die Forschung geprägt[2]. Auch die nachfolgenden Ausführungen profitieren von jenen profunden Untersuchungen, sie sind ein Zeichen akademischer Verbundenheit mit dem hier Geehrten.

Politikberatung im 16. Jahrhundert erfolgte auf der Grundlage gelehrter juristischer Bildung, die sich konfessionellen Bindungen zu entziehen suchte, einerseits, auf der Grundlage der neu begründeten reformatorischen Theologie,

---

1   Die bisherigen Kenntnisse über die Bedeutung der wiederbelebten Drei-Stände-Lehre für die theologisch-politischen Diskussionen seit den fünfziger Jahren des 16. Jahrhunderts sind skizziert in: L. SCHORN-SCHÜTTE, Evangelische Geistlichkeit in der Frühneuzeit. Deren Anteil an der Entfaltung frühmoderner Staatlichkeit und Gesellschaft. Dargestellt am Beispiel des Fürstentums Braunschweig-Wolfenbüttel, der Landgrafschaft Hessen-Kassel und der Stadt Braunschweig (16.-18. Jahrhundert), Gütersloh 1996; die Anfänge in der reformatorischen Umbruchsphase werden erörtert in: DIES., Die Drei-Stände-Lehre im reformatorischen Umbruch, in: B. MOELLER (Hg.), Die Reformation als Umbruch, Gütersloh 1998, S. 435-461. Der hier vorgelegte Beitrag wird diese Debatten weiter ausleuchten.

2   E. WOLGAST, Die Wittenberger Theologie und die Politik der evangelischen Stände. Studien zu Luthers Gutachten in politischen Fragen, Gütersloh 1977.

die im Gegensatz dazu sehr bewußt die Abgrenzung gegenüber der anderen Konfession formulierte, andererseits. Das Anliegen der Theologen war kein tagespolitisches, vielmehr ein orientierendes Suchen nach den geistlichen Begründungen legitimer Herrschaft. Die Auseinandersetzungen seit dem Wormser Reichstag, insbesondere aber diejenigen um die Legitimität reichsständischen Widerstandes gegen den Kaiser, konfrontierten diese theologisch keineswegs einmütige Gruppe protestantischer Seelsorger mit der Forderung der Landesherren beziehungsweise der Stadträte, ihre geistliche Beraterrolle zu erfüllen. Diese Anforderung setzte sich für die zweite Theologengeneration fort, sie verdichtete sich im Zusammenhang mit den Konfrontationen um das Interim und im konfessionell gespaltenen Europa der zweiten Hälfte des 16. Jahrhunderts erneut.

Wie gingen die protestantischen Geistlichen jener Jahre mit dieser Herausforderung um? Gab es Maßstäbe, mit deren Hilfe sie ihre Beratungsfunktion wahrnehmen konnten? Oder mußten diese für die protestantische Seite gänzlich neu formuliert werden? Welche Rolle spielte dabei die theologische Bildung der Geistlichkeit? Und schließlich: waren sich Geistlichkeit und weltliche Obrigkeit einig in der Bestimmung des Umfanges dieses geistlichen Aufgabenfeldes[3]?

Mit diesen Fragen betreten wir das Problemfeld des Verhältnisses von gelehrtem Wissen und weltlicher Herrschaftsübung, von Bildung und Politik in der Frühen Neuzeit[4]. Dieses war in den vorreformatorischen Ordnungen durchaus nicht unproblematisch, aber es gab Kategorien, mit deren Hilfe auftretende Probleme einer Lösung zugeführt werden konnten. Im Zuge der Reformation wurden die vorhandenen Lösungsmuster zunächst einmal ausgesetzt; denn die Legitimität von Herrschaft, von weltlicher Obrigkeit und deren Verhältnis zu ständischem Rat beziehungsweise gelehrter Beratung mußte neu bedacht und begründet werden. Dabei handelte es sich um einen längerfristigen Prozeß, in dessen Verlauf Struktur und Inhalt des theologischen Wissens selbständig zu begründen und gegen die alte Kirche abzusetzen waren[5]; es ging um die Begründung eigener Wissenstraditionen. Auch die Wissensträger: ge-

---

3 Die Rolle Luthers als politischer Berater seines Landesherrn ist gelegentlich thematisiert worden, nicht aber die Bedeutung dieser Aufgabe für die ganze Gruppe von Theologen und Juristen, die in den Jahrzehnten zwischen 1530 und 1550 im Umkreis Wittenbergs tätig waren. Vgl. dazu knapp M. STOLLEIS, Geschichte des öffentlichen Rechts in Deutschland, Bd.1: 1600-1800, München 1988, S. 70-71.

4 Dazu natürlich immer wieder N. HAMMERSTEIN, dann aber systematisch R. STICHWEH, Der frühmoderne Staat und die europäische Universität, Frankfurt/Main 1991.

5 Diese Art des Wissens ist im Sinne der wissenstheoretischen Überlegungen von Ulrich Oevermann als „externes Wissen" zu bezeichnen; vgl. dazu ausführlich U. OEVERMANN, Die Struktur sozialer Deutungsmuster. Versuch einer Aktualisierung, Mskr. Frankfurt/Main 2000. Damit sind für den hier untersuchten Fall der Grundlegung einer protestantischen Theologie Vorgaben in Gestalt von Dogmatik und Ethik angesprochen, die als Fachwissen den angehenden Geistlichen an den Universitäten vermittelt wurden.

lehrte Theologen und Juristen, erhielten aufgrund dieser Veränderungen neue und/oder veränderte Aufgaben.

Politikberatung allerdings blieb eine wichtige Aufgabe auch im Protestantismus. Denn der Anspruch auf Wirkung in die Welt gehörte zum Selbstverständnis evangelischer Geistlichkeit ebenso hinzu wie zum Selbstverständnis des katholischen (Welt-)Klerus. Die theologische Begründung allerdings unterschied sich für beide Konfessionen im Kern, war doch damit das jeweilige geistliche Amtsverständnis ebenso angesprochen wie der voneinander abweichende Kirchenbegriff[6]. Insofern die Theologen an dieser Nahtstelle von Politik und Religion, von Kirche und Welt als Vermittler auftraten, hatten sie die Aufgabe, konfessionsspezifische Deutungsmuster zur Bewältigung von (individuellen) Lebenskrisen beziehungsweise sozialen und politischen Konflikten vorzulegen. Ihr Anteil an der Formulierung und Verbreitung dessen, was im Sinne einer Theorie des Wissens als „internes Wissen" bezeichnet wird[7], war demnach erheblich.

Am Beispiel einiger Persönlichkeiten jener Jahre soll im folgenden skizziert werden, wie sich diese Teilhabe an der Differenzierung und Ausgestaltung der frühneuzeitlichen protestantischen Wissenskultur gestaltete, wie sich jene Wissensbestände zusammensetzten, an welche Traditionen sie anknüpften und wie sie in der Politikberatung wirksam wurden.

Dazu gliedern sich die Überlegungen in drei Teile: Auf der Basis des aktuellen Forschungsstandes geht es im ersten Abschnitt um eine Skizze der vorreformatorischen Ausgangslage (II). Dem folgt im zweiten Teil die Beschreibung der Praxis geistlicher Politikberatung in der zweiten Hälfte des 16. Jahrhunderts (III), die in Beziehung gesetzt werden soll zur zeitgleichen Politikberatung durch einige Juristen. Eine geeignete Textgruppe für diese Analyse sind unter anderem die Gutachten, Regentenspiegel und Druckschriften seit der Diskussion um die Annahme des Augsburger Interim[8]. Dem dritten Teil ist die Systematisierung (IV) der Befunde vorbehalten.

---

6 Da hier der Platz fehlt, um dies auszuführen, vgl. L. SCHORN-SCHÜTTE, The Christian Clergy in the Early Modern Holy Roman Empire: A Comparative Social Study, in: 16th Century Journal XXIX/1998, S. 717–731, dort zum unterschiedlichen Amtsverständnis. Daß der Begriff von Kirche sich unterschied, ist eine Grundtatsache, die die Reformationsgeschichtsschreibung insbesondere im Blick auf die theologischen Fundierungen herausgearbeitet hat. Für die ersten beiden Generationen der Reformatoren war dies der Hintergrund, vor dem die praktisch-politische Beratung und die Entfaltung theologischer Ratschläge stattfinden hatte. Sehr aufschlußreich in dieser Richtung ist jüngst H. SMOLINSKY, Politik in der Kontroverse. Philipp Melanchthon und seine altgläubigen literarischen Gegner, in: G. WARTENBERG/M. ZENTNER (Hg.), Philipp Melanchthon als Politiker zwischen Reich, Reichsständen und Konfessionsparteien, Wittenberg 1998, S. 37-52.

7 Vgl. Nachweis bei OEVERMANN, Deutungsmuster (wie Anm. 5).

8 Vgl. dazu ausführlich unten S. 60ff.

II. Voraussetzungen

Mit dem neuzeitlichen Begriff der „Politikberatung" wird ein breites Feld politischen Handelns bezeichnet, zu dem insbesondere auch die vielfältigen Formen der politischen Kommunikation gehören. Sprache und symbolisches Handeln sind Teil dieses Praxisfeldes; um es zu aktivieren, müssen bestimmte Wissensbestände externer und interner Art vorhanden und abrufbar sein[9].

Einen akzeptierten, Legitimität schaffenden Rahmen für „politisches Raten" durch die (hohe) Geistlichkeit ebenso wie durch den Adel stellte seit dem Mittelalter die Drei-Stände-Lehre bereit, deren Aussagen in enger Verbindung gesehen werden müssen mit dem Recht zur „correctio principis", das insbesondere durch die Geistlichkeit beansprucht und geübt wurde[10]. In den großen Kontroversen über das Schema der funktionalen Dreiteilung der Gesellschaft, die bereits das ausgehende 11. Jahrhundert prägten, wurde deutlich, daß „alle drei ordines ... einander wechselseitig" bedürfen; die Erfüllung der jeweiligen Aufgabe sei „den drei ordines nur durch die Tätigkeit des jeweils anderen möglich"[11]. Darin liegt der Anspruch und das Recht, den jeweils anderen Stand einerseits von Eingriffen in die eigenen Aufgaben abzuhalten und ihn andererseits maßvoll an die Einhaltung seiner eigenen Aufgaben zu erinnern.

Demnach beanspruchte der geistliche Stand im ausgehenden Mittelalter nicht nur eine politische Aufgabe, er nahm sie in der Form der „Beratung und Mahnung" auch wahr. Das hatte Tradition und diente der Herrschaftsbegrenzung durch Teilung der Zuständigkeiten. Die Aufgabe der Beratung war konstitutiver Bestandteil des ständischen Selbstverständnisses: Rat und Hilfe gewährten jene im Gegenzug zur Gewährung von Schutz und Schirm durch den Landesherrn. Herrscherkritik galt deshalb auch in der politischen Theorie des späten Mittelalters als eine legitime Vorstufe für das letzte Mittel gegenüber einem „tyrannischen Herrscher": den passiven und aktiven Widerstand. Die spätmittelalterlichen Theoretiker der Politik knüpften an Bedeutungen des Be-

---

9   Zum Begriff der politischen Kommunikation vgl. Q. SKINNER, A Reply to my Critics, in: J. TULLY (Hg.), Meaning and Context. Quentin Skinner and his Critics, Princeton 1988; J. G. A. POCOCK, The Concept of Language and the métier d'historien: Some Considerations on Practice, in: A. PAGDEN (Hg.), The Languages of Political Theory in Early-Modern Europe, Cambridge 1987, S. 19-38. Zur Debatte um das Konzept der politischen Kommunikation vgl. H. ROSA, Ideengeschichte und Gesellschaftstheorie: Der Beitrag der 'Cambridge School' zur Metatheorie, in: Politische Vierteljahresschriften 35 (1994), S. 197-223 und E. HELLMUTH/CHR. VON EHRENSTEIN, Intellectual History Made in Britain: Die Cambridge School und ihre Kritiker, in: Geschichte und Gesellschaft 27 (2001), S. 149-172. Vgl. auch N. LUHMANN, Die Politik der Gesellschaft, Frankfurt/Main 2000.

10 Vgl. dazu K. SCHREINER, „Correctio principis". Gedankliche Begründung und geschichtliche Praxis spätmittelalterlicher Herrscherkritik, in: F. GRAUS (Hg.), Mentalitäten im Mittelalter. Methodische und inhaltliche Probleme, Sigmaringen 1997, S. 203-256, sowie O. G. OEXLE, Deutungsschemata der sozialen Wirklichkeit im frühen und hohen Mittelalter. Ein Beitrag zur Geschichte des Wissens, in: Ebd., S. 65-117.

11 OEXLE (wie Anm. 10), S. 101-102.

griffes *correctio* an, „die er bei Aristoteles schon einmal gehabt hatte"[12]. Als Träger solcher Kritik galten bei Wilhelm v. Ockham ebenso wie bei Marsilius v. Padua „Rats- und Entscheidungsgremien, … Korporationen und Stände, die zur Mitherrschaft berechtigt sind und denen es zukommt, 'principantes corrigere per iudicium et potentiam coactivam'"[13]. Tatsächlich praktiziert wurde solche Kritik in der Funktion politischen Ratschlags durch die Geistlichkeit in der Nähe des Herrschers, durch juristisch gebildete (gelehrte) Räte im Umkreis auch der städtischen Obrigkeiten, durch Reichs- und Landstände, schließlich durch städtische Ratskollegien, das heißt auch durch das städtische Bürgertum[14]. Politikberatung ruhte auf einer ständischen Traditionslinie (die funktionale Dreiteilung in der Verwendung auch als Deutungsmuster sozialer und politischer Wirklichkeiten)[15] einerseits, auf einer Traditionslinie, die als fachliche Qualität in Gestalt von gelehrter Bildung bezeichnet werden kann[16], andererseits. Politikberatung hatte, so ist zu resümieren, im Spätmittelalter eine doppelte Dimension: Sie war politischer Partizipationsbegriff und sie war „ideale Formel für die 'Intersystembeziehung' von Gelehrsamkeit/Erziehung und Politik"[17], das heißt für Wissen, von dem Macht und Legitimität der Politik abhing.

Die Reformatoren der ersten beiden Generation standen in diesen Traditionen. Im Sinne frühneuzeitlichen Politikverständnisses, wonach politisches Handeln der Wahrung von Kontinuität zu dienen habe, der Bewahrung von Tradition und der Sicherung der Machtbalance[18], knüpften sie an bestimmte Elemente vorhandener Theorien und Traditionen an und führten diese weiter. Nicht zuletzt die Drei-Stände-Lehre gehörte dazu[19].

III. Geistliche Politikberatung im 16. Jahrhundert

1. Martin Luther

Über Luthers Verhältnis zur politischen Theorie und Praxis seiner Zeit sind Bibliotheken geschrieben worden; seine Einbindung in die spätmittelalterliche theologische Tradition der Herrschaftslehre ist in der jüngeren Lutherfor-

---

12 SCHREINER, „Correctio principis" (wie Anm. 10), S. 212.

13 Ebd.; das lateinische Zitat aus Marsilius von Padua, Der Verteidiger des Friedens. Defensor pacis. Lateinisch-deutsch. Auf Grund der Übersetzung v. W. KUNZMANN bearbeitet und eingeleitet v. H. KUSCH, 2 Bde., Darmstadt 1958, S. 220.

14 SCHREINER, „Correctio principis" (wie Anm. 10), S. 214-215 mit weiteren Nachweisen.

15 Damit ist diese Dimension charakterisierbar als „internes Wissen" im Sinne von OEVERMANN (wie Anm. 5).

16 Diese Form des Wissens fällt im Sinne der Oevermannschen Kategorien unter „externes Wissen".

17 STICHWEH, Der frühmoderne Staat (wie Anm. 4), S. 155.

18 Vgl. dazu G. BURGESS, The Politics of the Ancient Constitution, London 1992, S. 4.

19 Vgl. dazu SCHORN-SCHÜTTE, Drei-Stände-Lehre (wie Anm. 1).

schung so präzise wie möglich herausgearbeitet worden[20]. Demnach ist die besondere Stellung einer christlichen Obrigkeit im Rahmen der Zwei-Reiche-Lehre für Luther unbestritten. Zugleich formulierte Luther Grundzüge einer Lehre von den weltlichen Ständen als Bestandteil seines Obrigkeitsverständnisses[21].

Drei Bereiche, Hierarchien, Ämter unterscheidet Luther[22]: die Oeconomia, die Politia und die Ecclesia. Die *politia*, das heißt die weltliche Obrigkeit, nimmt eine Mittlerstellung zwischen den beiden anderen Ständen ein; eine eindeutige Über- und Unterordnung ist damit zwar nicht ausgeschlossen, zunächst aber kommt es auch Luther auf die Charakterisierung der wechselseitigen Abhängigkeiten zwischen den Ämtern an.

Die weltliche Obrigkeit entstammt der *oeconomia*, dem Bereich des alltäglichen Wirtschaftens, des Hauses also: *Gleych wie eyn haußvatter*[23] muß der Fürst die Herrschaftmacht über seine Untertanen und Berater behalten. Damit wird die „väterliche Gewalt in den politischen Raum hinein" verlängert[24], weltliche Obrigkeit hat die patriarchalische Fürsorgepflicht im großen, die der Hausvater im kleinen hat.

Andererseits ermöglicht und garantiert die weltliche Obrigkeit den Bestand und die Ausübung von Predigt und Seelsorge, also die Existenz der *ecclesia*, gerade auch als Institution. Diese Fürsorge wird beantwortet durch die Pflicht der *ecclesia* beziehungsweise derjenigen, die ein Amt in ihr führen, die weltliche Obrigkeit an ihre Aufgaben zu erinnern. *Denn daselbst* [in der Gemeinde, L. S.-S.] *hat er seine Priester und Prediger bestellet, welchen er das ampt befohlen hat, das sie leren, vermanen, straffen, trösten und summa das Wort Gottes treiben sollen. ... Merck aber, das ein solcher prediger, durch welchen Gott die Götter* [= weltliche Obrigkeit L. S.-S.] *strafft, sol Stehen in der Gemeine. ... das ist, fest und getrost sein, auffrichtig und redlich widder sie handeln, das ist öffentlich frey für Gott und den menschen*[25].

Die besondere Rolle, die Luther mit dieser Charakterisierung dem Predigtamt zuschreibt, steht in der Tradition der spätmittelalterlichen *correctio principis*, auf die oben verwiesen wurde. In seiner Interpretation des 82. Psalms, die 1530 veröffentlicht wurde, zu einem Zeitpunkt also, an dem die Frage nach der Legitimität von Widerstand gegen weltliche Obrigkeit im Reich intensiv diskutiert wurde, definiert Luther die Aufgaben des Mahneramtes der Geist-

---

20 Etwa von M. BRECHT, Martin Luther, 3 Bde., Stuttgart 1981-87 und von B. LOHSE, Luthers Theologie in ihrer historischen Entwicklung und in ihrem systematischen Zusammenhang, Göttingen 1995.

21 Vgl. dazu W. GÜNTER, Martin Luthers Vorstellung von der Reichsverfassung, Münster 1976, S. 22ff.

22 Zum Gebrauch der Begriffe durch Luther, der wenig systematisch erfolgt, vgl. W. MAURER, Luthers Lehre von den drei Hierarchien und ihr mittelalterlicher Hintergrund, München 1970.

23 Martin Luther, Werke, Bd. 11 (=WA 11), Weimar 1900, S. 272,17f.

24 GÜNTER (wie Anm. 21), S. 23.

25 Luther, WA. 31, S. 196, 5 ff.

lichkeit sogar in ausdrücklicher Abgrenzung von den Vorwürfen, die Geistlichkeit schaffe durch ihr Strafamt Unruhe: *Wolan, so gibt dieser erste vers, das nicht auffrhürissch ist die öberkeit straffen, wo es geschicht nach der weise, die hie berurt stehet, nemlich das es durch Göttlich befohlen ampt und durch Gotts wort geschehe offentlich frey und redlich. ... Das were viel mehr auffrhürissch, wo ein prediger die laster der öberkeit nicht straffet*[26].

Diese Charakterisierung nimmt zudem Bezug auf die spätmittelalterliche Drei-Stände-Lehre[27]. Da es Luther aber gerade nicht um die Festigung ständischer Abgrenzungen im Sinne politisch-sozialer Ordnung, vielmehr um deren Aufhebung unter anderem in Gestalt der Entsakralisierung des geistlichen „Standes" ging, hatte die ausdrückliche Anknüpfung an die zweifache Tradition genau den entgegengesetzten Sinn. Die Wechselseitigkeit der Verbindung symbolisierte die Einheit der christlichen Lebensordnung. Eben deshalb bedurfte es keiner ständischen Legitimation mehr für die Mahnerfunktion der Geistlichkeit, sie war genuiner Teil des Amtes.

Mit dieser Bestimmung hatte Luther das geistliche Amt erneut als ein besonderes innerhalb der Gemeinde hervorgehoben; dessen Akzeptanz allerdings beruhte sehr viel stärker als in der spätmittelalterlichen Ständeordnung auf geistlich-theologischer Kompetenz einerseits, auf lebenspraktischer, sittlich-ethischer Vorbildlichkeit andererseits. Das entsprach Luthers Absicht, die Mahnerfunktion der Geistlichkeit einer ausschließlich politischen Bindung zu entziehen.

Damit allerdings wurde sie schwerer handhabbar. Für Luther, Melanchthon, Bugenhagen, Maior, Amsdorff und andere Wittenberger Theologen wurde diese Problematik greifbar in den schwierigen Beratungen, die Theologen und Juristen um die Legitimität eines reichsständischen Widerstands gegen den Kaiser in den dreißiger und – nach Luthers Tod – erneut in den späten vierziger Jahren des 16. Jahrhunderts geführt haben[28]. Eine schlüssige, eigenständige Linie der Theologen gab es nicht; insbesondere Luther mußte von der Legitimität juristischer Argumentationen erst überzeugt werden.

---

26 Ebd., S. 197,29f.

27 MAURER (wie Anm. 22); R. SCHWARZ, Luthers Lehre von den drei Ständen und die drei Dimensionen der Ethik, in: Luther-Jahrbuch 45 (1978), S. 15-34, hier S. 19f. Vgl. DERS., Ecclesia, oeconomia, politia. Sozialgeschichtliche und fundamentalethische Aspekte der protestantischen Drei-Stände-Theorie, in: H. RENZ/F. W. GRAF (Hg.), Protestantismus und Neuzeit, Gütersloh 1984, S. 78-88.

28 Dazu WOLGAST, Die Wittenberger Theologie (wie Anm. 2), ferner aus jüngerer Zeit W. SCHULZE, Zwingli, lutherisches Widerstandsdenken, monarchomachischer Widerstand, in: P. BLICKLE u. a. (Hg.), Zwingli und Europa, Zürich 1985, S. 199-216; R. VON FRIEDEBURG, Widerstandsrecht und Konfessionskonflikt. Notwehr und gemeiner Mann im deutsch-britischen Vergleich 1530-1669, Berlin 1999; sowie demnächst L. SCHORN-SCHÜTTE, Obrigkeitskritik in der frühen Neuzeit.

2. Johannes Bugenhagen (1485-1558)

Anderes gilt für Bugenhagen. Bereits in seiner frühen Theologie, die in den Kirchenordnungen für die großen norddeutschen Städte auch ihre kirchen-ordnende Umsetzung fand[29], hat der Wittenberger Stadtpfarrer und spätere Reformator Pommerns und Nordeuropas dem Predigtamt eine eigenständige Rolle zwischen weltlicher Obrigkeit und Gemeinde zugewiesen, die dessen Mahner- und Beraterfunktion ins Zentrum rückte. Und diese Rolle betrachtete Bugenhagen auch für sich selbst als verbindlich, wie seine Gutachtertätigkeit für den Schmalkaldischen Bund und in den Krisenjahren um den Schmalkaldi-schen Krieg belegen.

Im Sendbrief an den Rat der Stadt Hamburg (1526) und im Psalmenkom-mentar von 1528 charakterisierte Bugenhagen die drei Teile, aus denen sich die christliche Gemeinde zusammensetzte: weltliche Obrigkeit, geistliche Lehrer, Gemeinde. Letztere ist die *haußmutter die das hauß mit vil lieben kindern zieret; ... Also die christliche gemeyn ist ein braut Christi, die ... das hauß Christi zieret*[30]. Inner-halb dieser christlichen Gemeinde existiert zwar die Gleichheit aller Gläubigen, dennoch gibt es notwendigerweise Seelsorger, die ihr vorgesetzt sind[31]. Diese sind im Verständnis Bugenhagens – und wieder bleibt er im Bild des Hauses, das er bereits für die Charakterisierung der Gemeinde genutzt hatte, – *haushal-ter und schaffner*[32]. Gute Prediger sind selten, sie können entweder von Gott ge-sandt oder aber auch gewählt werden[33]; letzteres sollte aber stets nach dem vorhandenen und praktizierten Rechtsbrauch geschehen. Ein Prediger sollte *ge-schickt* sein, das heißt er soll das Wort Gottes nicht nur verständlich predigen, sondern auch wissen, in welchem Umfang und an wen gewendet. Ein Prediger *weys/ wie/ wenn/ und mit welchem er handeln sol/ nemlich das er etliche leren mus/ etliche vermanen/ etliche trösten/ etliche strafen/ etliche loben*[34].

Diese Art des Lehr- und Wächteramtes hat Bugenhagen selbst bereits in den frühen zwanziger Jahren ausfüllen müssen. Sowohl in seinem Gutachten für Kurfürst Friedrich von Sachsen von 1523 als auch in demjenigen für Kurfürst Johann von Sachsen von 1529 bezog der Wittenberger Stadtpfarrer eine deut-licherere Position in der aktuellen Widerstandsdebatte, als Luther sie zeitgleich

---

29 Dazu ausführlich L. SCHORN-SCHÜTTE, „Papocaesarismus" der Theologen? Vom Amt des evangeli-schen Pfarrers in der frühneuzeitlichen Stadtgesellschaft bei Bugenhagen, in: Archiv für Reformati-onsgeschichte 79 (1988), S. 230-261.

30 Bugenhagen, Psalmenkommentar fol. XCVIIv, D. Weitere Nachweise in SCHORN-SCHÜTTE (wie Anm. 29), hier S. 237-239.

31 Ebd., fol. CXCIIIr, F/G.

32 Sendbrief (Exemplar Herzog-August-Bibliothek Wolfenbüttel, künftig: HAB) fol. Q 5r, Sign. 1164.24 Theol (2).

33 Ebd., fol Q 6r: *Etliche sendet Gott auch/ aber durch die erwelung der menschen/ den solchs ym namen der gemeyne befolen ist/ doch nicht one willen der gemeine/ die Gottes wort begeret.*

34 Ebd., fol. Q IIIr.

formulierte. Bugenhagens Äußerungen erhielten auch deshalb den Charakter theologischer Politikberatung, weil er eine im Vergleich mit den Argumenten der juristischen Berater der sächsischen Kurfürsten und des hessischen Landgrafen eigenständige Argumentationslinie entwickelte. Während sich jene auf die lehnsrechtliche Argumentationsfigur beriefen, wonach für das Alte Reich eine doppelte Souveränität gelte: diejenige der Reichsstände und diejenige des Kaisers, argumentierte Bugenhagen mit den Traditionen des Alten Testamentes. Alle Gewalt ist von Gott; diejenigen, die sie ausüben, haben demnach eine besondere Verpflichtung gegenüber denjenigen, für die sie die Gewalt wahrnehmen sollen. Unter Verweis auf 1 Samuel 15, Vers 26 benannte Bugenhagen die Folgen eines gottlosen, das heißt gegen das Wort Gottes gerichteten Umganges der Obrigkeit mit der Gewalt: Sie verliert ihre Legitimation, sie hört auf Obrigkeit zu sein[35].

Mit der theologischen Fundierung verband Bugenhagen einen weitreichenden politischen Rat für seinen Landesherren in der ganz konkreten Situation des Jahres 1529: Nicht irgendwelche Individuen haben das Recht, sich einer so beschriebenen unchristlichen Obrigkeit zu widersetzen. Dieses Recht, gar die Pflicht haben allein die sogenannten „Unterherren" gegenüber ihrem „Oberherren", und das heißt bezogen auf die Verfassungsstruktur des Alten Reiches: die Landesherren beziehungsweise die Räte der Reichsstädte gegenüber dem Kaiser[36].

Bemerkenswert ist die Schlußformulierung Bugenhagens, in der er eine Parallele der Amtshandlungen formuliert. Ebenso wie ein Unterherr den unchristlichen Oberherrn mit dem Schwert strafen darf und soll, hat dies die Geistlichkeit gegenüber einer solchen Obrigkeit zu tun. Allerdings haben beide Amtsträger unterschiedliche Waffen: *Ich hab Gots wort, der hat Gots schwerd, beydes wehret dem bösen nach gots befehle und ordenung*, schreibt Bugenhagen zum Ende seines gutachterlichen Ratschlages[37]. Das Mahneramt der Geistlichkeit steht gleich wirksam und gleichrangig neben dem Schutzauftrag landesherrlicher beziehungsweise reichsstädtischer Obrigkeit in ihrer Eigenschaft als Unterherr.

Diese Verbindung von spätmittelalterlicher Notwehrtradition weltlicher Obrigkeit mit dem gleichfalls dem Mittelalter wohlvertrauten Recht der *correctio principis* auf seiten der Geistlichkeit und den Ordnungsmodellen der Drei-Stände-Lehre, deren Aktualisierung durch Luther eingangs skizziert wurde,

---

35 *Weil du nu des Hern wort verworffen hast, hat er dich auch verworffen, das du nicht konig seyest.* Gutachten von Bugenhagen aus dem Jahr 1529, abgedruckt bei H. SCHEIBLE (Hg.), Das Widerstandsrecht als Problem der deutschen Protestanten 1523-1546, 2. Aufl. Gütersloh 1982, S. 25-29, hier S. 27. Vgl. dazu auch D. BÖTTCHER, Ungehorsam oder Widerstand? Zum Fortleben des mittelalterlichen Widerstandsrechtes in der Reformationszeit (1529-1530), Berlin 1991, S. 23ff.

36 Bugenhagen, Gutachten (wie Anm. 35), S. 28; entsprechend dazu BÖTTCHER, Ungehorsam (wie Anm. 35), S. 23.

37 Bugenhagen, Gutachten (wie Anm. 35), S. 29.

findet sich nicht allein bei Bugenhagen. Sie ist vielmehr der sachliche Kern der politisch-theologischen Kommunikation im Alten Reich seit den dreißiger Jahren des 16. Jahrhunderts, an der neben den Theologen gelehrte Juristen und politische Entscheidungsträger beteiligt waren. Das Netz dieser Kommunikation ist bislang nur in Ansätzen ausgeleuchtet, die Forschungen dazu stehen erst in den Anfängen. Auch in diesem Rahmen kann keine vollständige Analyse gegeben werden, aber ein Ausschnitt, der einige Theologen und Juristen in den Blick nimmt[38].

3. Justus Menius (1499-1558)

Zwei Schriften des kursächsisch-thüringischen Reformators und späteren Superintendenten in Eisenach und Gotha sind für die angesprochenen Verzahnungen der Traditionsstränge besonders signifikant.

1528 erschien die „Oeconomia Christiana, das ist von christlicher Haushaltung"[39], eine der frühesten sogenannten Hausväterlehren, die insbesondere im Luthertum der folgenden Jahrzehnte große Bedeutung erhielten. Menius hat mit dieser, von Luther eingeleiteten Schrift aus Anlaß der Eheschließung der Herzogin Sybille, Herzogin von Sachsen, die Drei-Stände-Lehre in die zeitgenössisch aktuelle Diskussion um die Ordnung der Ehe eingeführt. Damit war der kleine Text eine sehr praktische Stellungnahme in turbulenten Zeiten, er war politische Beratung auf der Ebene der Hausstandsethik. Mit seinen Ausführungen knüpfte Menius an die aristotelische Tradition der Gleichordnung von politischer und Hausstandsethik an, führte diese Tradition aber eigenständig weiter. Zunächst ging Menius von der Teilung der Schöpfungsordnung aus: einem *geistlichen* steht ein *leiblicher* Teil gegenüber. Im geistlichen herrscht Gott allein; durch die Predigt des Wortes wird er von der Geistlichkeit unterstützt. Das weltliche, leibliche Reich besteht aus der *oeconomia* und der *politia*: *Oeconomia/ das ist haushaltung und Politia/ das ist landregirung/ Inn der oeconomia odder haushaltung ist verfasset/ wie ein jegliches haus Christlich und recht wol sol regiret werden/ . . . denn daran ist kein zweiffel/ aus der oeconomia odder haushaltung muß die politia odder landregirung als aus einem brunequel/ entspringen und herkomen*[40].

Mit dieser Beschreibung hat Menius einerseits die Dreiteilung der Stände umrissen, sie andererseits in die Doppelung der Schöpfungsordnung eingebettet. Die Wurzel der Legitimität von Herrschaft, sei sie im Stand der *politia* oder im Stand der *oeconomia*, ist der Dekalog, das heißt das vierte Gebot. Diese Ord-

---

38 Eine neuere Untersuchung zur Bedeutung des reformatorischen Naturrechtsdenkens sowohl für Juristen als auch für Theologen gibt: M. SCATTOLA, Das Naturrecht vor dem Naturrecht. Zur Geschichte des ius naturae im 16. Jahrhundert, Tübingen 1999; dort auch Nachweise weiterer Literatur.

39 Justus Menius, An die Hochgeborne Fürstin/ Fraw Sibilla Hertzogin zu Sachsen/ Oeconomia Christiana/ das ist/ von christlicher Haushaltung . . . , Wittenberg 1528.

40 Ebd., fol. A IIIv.

nung ist diejenige der göttlichen Schöpfung, *So sind sie auch ynn der schepffung der naturen also eingewircket*[41]. Eine „Politik aus der Bibel" ist das Programm des Menius, es entspricht dem, was auch bei Luther als „Verlängerung der väterlichen Gewalt in die Politik"[42] bezeichnet worden ist.

In der zweiten Schrift, die für die Verzahnung der Traditionslinien bedeutsam ist, der Arbeit von 1547 „Von der Notwehr Unterricht"[43] nämlich, wird die Hausstandsethik mit der Notwehrdebatte verbunden. Zunächst beschreibt Menius das geistliche Regiment etwas deutlicher: *Denn das geistliche Regiment ist eigentlich das Predigampt/ dadurch das heilig Euangelium vom Son Gottes rein verkündiget wird/ ... und tüchtige Personen zu pflantzung der Lere geordnet*[44]. Auch in dieser Schrift wird die Doppelung der Regimente mit der Dreigliederung der Stände verbunden: *status politicus* und *status oeconomicus* bilden zusammen das weltliche Regiment, das geistliche Regiment ist verkörpert im *status ecclesiasticus*. Die Bedeutung des geistlichen Amtes ist derjenigen der beiden weltlichen Ämter/Stände gleichgestellt, alle drei zusammen dienen der Verwirklichung des Wortes Gottes in der Welt[45].

Auf dieser Basis kann die aktuelle zeitgenössische Frage aufgenommen werden: Wie ist Obrigkeit zu charakterisieren, und welche Grenzen des Gehorsams sind ihr gegenüber, wenn überhaupt, benennbar? Die Schrift von 1547, entstanden in den zeitgenössischen Polemiken um Luthers Position zum Notwehrrecht[46], tut dies in charakteristischer Doppelung. Einerseits wird der Auftrag an die Geistlichkeit, ihr Mahneramt zu üben, formuliert, andererseits werden die Situationen benannt, in denen ein „Notwehrrecht" in Anspruch genommen werden kann. *Weltliche Oberkeit hat befehl auch eigne Gebot und Verbot in solchen mittel wercken zu machen/ doch also/ das sie vernünfftige ursach haben/ und zu haltung Göttlicher gebot dienen/ und nicht wider Göttliche gebot streiten*[47]. Für den Fall aber, daß die Gebote Gottes Wort widersprechen, müsse die Obrigkeit als „Tyrann" bezeichnet werden, gegen die ein Gehorsamsgebot nicht gelte. *In solchen fellen sol man keiner Oberkeit/ un keiner creatur gehorsam sein/ ... darumb auch die Aposteln hernach sprechen/ man müsse Gott mehr gehorsam sein/ denn den Menschen*[48].

Damit steht Menius in der Interpretationstradition des Johannes Bugenhagen, ohne allerdings die Träger solchen Notwehrhandelns ebenso präzise zu differenzieren wie der pommersche Reformator.

---

41 Ebd.
42 S. o. Anm. 24.
43 Justus Menius, Von der Notwehr unterricht. Nützlich zu lesen, Wittenberg 1547.
44 Ebd., fol. B IVr.
45 Ebd., fol. D IIIr.
46 Luthers Haltung zum Widerstandsrecht war uneindeutig. Um sie gegen Angriffe von katholischer Seite in Schutz zu nehmen, wurden seine Stellungnahmen aus den dreißiger Jahren mit einem Kommentar von Melanchthon veröffentlicht. Dazu BÖTTCHER (wie Anm. 35) u. a.
47 Menius (wie Anm. 43), fol. C IIIr.
48 Ebd., fol. C IVr.

In der politisch-theologischen Diskussion blieb sowohl die Notwehrdebatte als auch die Charakterisierung der Drei-Stände-Lehre als Herrschaftsbegrenzung dominant. Die Magdeburger Theologen führten die Verzahnung beider Argumentationslinien in ihrer „Confessio" von 1550 auf einen vorläufigen Höhepunkt.

4. Die „Confessio" der Magdeburger Theologen 1550

Die Diskussionen um die Einführung des kaiserlichen Interim im Jahre 1548 verschärften die skizzierten Debatten um die Herrschaftsordnung im Alten Reich. Das gilt vor allem deshalb, weil hier nicht allein eine Diskussion zwischen den altgläubigen, dem Kaiser nahe stehenden und den protestantischen, den Anspruch des Kaisers abwehrenden Reichsständen geführt wurde, sondern weil sich auch innerhalb des protestantischen Lagers gegensätzliche Positionen abzuzeichnen begannen. Gegen die eher vermittelnde Haltung Melanchthons formierte sich eine kompromißlos ablehnende Position, die ihren Ausdruck in einer dichten Flugschriftenproduktion fand; eine der wichtigsten davon ist das „Bekenntnis Unterricht und Vermanung der Pfarrherrn und Prediger der Christlichen Kirchen zu Magdeburg" von 1550 („Magdeburger Confessio")[49]. Die Schrift dokumentiert die Kooperation der Geistlichkeit mit dem Magdeburger Stadtrat: Die Pfarrer hatten den Text in Abstimmung mit der Ratsobrigkeit, in ihrer politischen Beraterrolle, verfaßt. In den politischen Kämpfen jener Tage wurde er ausdrücklich als gemeinsame Position beider Gruppen veröffentlicht. Politikberatung fand also auch für städtische Ratsobrigkeit statt.

In der Schrift werden in breiter Argumentation erneut die beiden Diskussionsstränge zusammengeführt, deren Verbindungen bereits bei Menius sichtbar geworden waren: Notwehrdebatte einerseits, Drei-Stände-Ordnung als Herrschaftsmodell andererseits. Als ihr Verfasser wird Nikolaus von Amsdorff (1483-1565) vermutet, Luthers Weggefährte in Wittenberg, seit 1524 Superintendent in Magdeburg und 1542-1547 erster evangelischer Bischof von Naumburg[50]. Nach seiner Vertreibung von dort floh er in die Stadt Magdeburg, der neben Bremen einzigen (Reichs)Stadt, die sich der Annahme des Interims kompromißlos verweigerte. Mitunterzeichner der Schrift war unter an-

---

49 Nikolaus Amsdorff, Bekentnis, Unterricht und vermanung, der Pfarrhern und Prediger, der christlichen Kirchen zu Magdeburgk. Anno 1550. Den 13. Aprilis, Magdeburg 1550 (HAB: zahlreiche Exemplare, hier benutzt: H: YT 5. Helmst. 40 (21)).

50 Vgl. dazu R. KOLB, Nikolaus von Amsdorf (1483-1565). Popular Polemics in the Preservation of Luther's legacy, Nieuwkoop 1978; DERS., Luther's Heirs Define his Legacy. Studies on Lutheran Confessionalization, Aldershot 1996. Zu Amsdorff s. a. H. STILLE, Nikolaus von Amsdorf. Sein Leben bis zu seiner Einweisung als Bischof von Naumburg (1483-1542), Zeulenroda 1937 und P. BRUNNER, Nikolaus von Amsdorf als Bischof von Naumburg. Eine Untersuchung zur Gestalt des evangelischen Bischofsamtes in der Reformationszeit, Gütersloh 1961.

deren Matthias Flaccius Illyricus (1520-1575), wie von Amsdorff nach Magdeburg geflüchtet, weil er sein Professorenamt in Wittenberg 1549 aufgrund seiner ablehnenden Haltung zum Interim hatte aufgeben müssen. Auch wenn beide in späteren Jahren über theologische Grundfragen in Gegensatz gerieten, 1548/1550 verband sie eine gemeinsame Argumentationslinie und Erfahrung. Diese bestand in zwei Hauptfragen, deren Beantwortung den Inhalt der „Confessio" ausmacht: Wer kann wann das Notwehrrecht für sich in Anspruch nehmen? Und: wieweit geht das Schutzrecht der weltlichen Obrigkeit gegenüber der Kirche?

Zur Beantwortung der zweiten Frage bediente sich der Verfasser des „Bekenntnisses" ausdrücklich der Drei-Stände-Lehre. In Fortführung der schon bekannten Traditionen ging er von der parallelen Existenz einer Ordnung der Kirche und einer Ordnung des „weltlichen und Hausregiments"[51] aus. Alle drei Ordnungen seien Gottes Ordnungen, ihre innere Struktur sei vergleichbar. Während es in der Kirche Prediger und Zuhörer gebe, gebe es im weltlichen und im Hausregiment Obrigkeiten und Untertanen. *Er hatt auch alle drei Regiment/ der Kirchen odder das Geistliche/ Weltliche unnd Hausregiment also von einnander gescheiden/ das er einem jedern sein sonderlich ampt und werck/ auch seine sonderliche weyse zu straffen gegeben hatt*[52].

Die drei Ordnungen sollten zwar nicht wechselseitig in ihre Aufgaben eingreifen, aber jedes Regiment solle dem anderen dienen. Das weltliche Regiment habe deshalb in erster Linie die Aufgabe, den Bestand der Kirche, also des geistlichen Regiments, zu schützen. Da es deren Aufgabe sei, das Wort Gottes zu lehren und den Gebrauch der Sakramente zu sichern, ferner die Zuhörer zum rechten Leben anzuhalten, müsse es dem weltlichen Regiment auch um den Schutz dieser Inhalte gehen.

Mit dieser Zuordnung wird innerhalb der „Confessio" die nahtlose Verbindung zwischen Drei-Stände-Ordnung und Notwehrdiskussion hergestellt. Denn gegenüber einer weltlichen Obrigkeit ebenso wie gegenüber einem Hausvater, die diesen Schutz nicht sicherstellen, vielmehr Untertanen beziehungsweise Hausgesinde vom Gotteswort wegführen oder zu gottlosem Handeln verpflichten wollen, ist das Recht des Widerstehens, der Notwehr gegeben[53]. Die Begründung ist diejenige, die bereits Bugenhagen formuliert hatte: Angesichts solcher Pflichtverletzung ist die Obrigkeit nicht mehr Obrigkeit. *Wenn sie aber auch in dem fürhaben sind/ das sie ausrottung der religion und guter sitten suchen/ unnd die ware Religion unnd erbarkeit verfolgen/ so entsetzen sie sich ihrer selbst/*

---

51 Confessio (wie Anm. 49), fol. G IIIr.
52 Ebd., fol. G IIIr.
53 Ebd.

*das sie nicht mehr für Obrigkeit oder Eltern inn dem selben können gehalten werden/ wider
für Gott noch für den gewissen ihrer unterthanen*[54].

Angesichts der Verschärfung der Gegensätze innerhalb des protestantischen
Lagers hatte diese Position der „Confessio" durchaus eine doppelte Stoßrichtung: Sie rechtfertigte Notwehr gegenüber dem unchristlichen Kaiser ebenso
wie gegenüber einer unter Umständen auch protestantischen Obrigkeit, sofern
diese auf die „Ausrottung der Religion" ziele. Ausdrücklich nämlich wird hervorgehoben, daß es ein Irrtum aller zeitgenössischer Obrigkeiten sei, zu behaupten, sie *sey gar unstrefflich*[55]. Angesichts der zentralen Schutzfunktion des
weltlichen für den geistlichen Stand gehe die größte Gefahr einerseits von der
Mißachtung dieser Aufgabe, andererseits von der Überschreitung der Grenze
zwischen beiden Ordnungen aus. In dieser Konstellation komme der Geistlichkeit, den Trägern des geistlichen Regimentes also, eine besondere Bedeutung zu, die die „Confessio" in der Betonung der Gleichrangigkeit der drei
Ordnungen unterstreicht.

Die Verfasser der „Confessio" waren sich durchaus der Gefahren bewußt[56],
die durch die Beschreibung von Notwehrrechten für die politische Ordnung
ausgingen. Um diesem „Schein einer Notwehr" vorzubeugen, legten sie vier
Grade unrechter Gewaltausübung fest, innerhalb derer eine Rangfolge der
Rechtmäßigkeit des Notwehrrechtes formuliert wurde.

Ausgangspunkt sei stets die unrechtmäßige Behandlung einer niederen
durch eine höhere Obrigkeit, womit *ein Fürst gegenüber einer Stadt* oder *der Keyser
gegenüber einem Fürsten*[57] gemeint war. Damit folgten die Verfasser der „Confessio" einer Differenzierung, die bereits bei Bugenhagen benutzt worden war,
präzisierten sie aber insofern, als auch der Rat einer Stadt als „niedere Obrigkeit" anerkannt wurde. In Fällen unrechtmäßiger Beschwerung, die allein
durch menschliche Lasterhaftigkeit entstehe, habe die niedere Obrigkeit noch
kein Recht der Notwehr; erst mit dem Fall, daß der Oberherr einen Unterherren mit Krieg überziehe, beginne die Rechtmäßigkeit; sie steigere sich bis zu
dem Fall, daß offensichtliche Sünden verlangt und schließlich tyrannisches
Verhalten zutage trete, das sich in Vernichtung aller Untertanen zeige. Dieser
extreme Fall lasse es zu, nicht nur von einem Tyrannen, sondern gar von einem *teufflischen Regiment* zu sprechen[58].

Die Argumente der Theologen wurden, das ist bekannt, von den Juristen
nur zum Teil aufgenommen, in manchen Positionen auch deutlich verstärkt.
Sichtbar wurde dies in den von Wolgast detailliert nachvollzogenen Argumen-

---

54 Ebd., fol. G IIIv.
55 Ebd., fol. G IVv.
56 Ebd., fol I IVr.
57 Ebd., fol. K IIIr.
58 Ebd., fol K IVr.

tationen im Zusammenhang mit dem Notwehrrecht, die aufgrund der fürstlichen Bitten um Gutachten 1530, 1536 und wiederum 1548 zu Papier gebracht wurden[59]. Ebenso wie die Theologen argumentierten auch die Juristen auf einer politisch offenen Ebene, in der die Beteiligten sich einerseits auf Traditionen berufen wollten, um dem Vorwurf der Rebellion zu begegnen, und in der sie andererseits zugleich die Legitimität ihrer Positionen nachzuweisen hatten. Diese doppelte Funktion übernahm die Drei-Stände-Lehre bei den Theologen, bei den Juristen erschien sie sehr viel blasser oder wurde durch die Verstärkung anderer Rechtsinstitute ergänzt beziehungsweise verstärkt. Zu diesen zählte zunächst das auch bei den Theologen starke Notwehrargument, das auf der Annahme einer doppelten Obrigkeit im Reich fußte; es kam hinzu die Stützung des Notwehrrechtes durch das Lehnsrecht, das bei den Theologen keine besondere Rolle spielte. Schließlich wurde die private Notwehrsituation stark gemacht (der unrechte gewaltsame Angriff des Vaters auf den Sohn), die auch bei den Theologen ernst genommen wurde[60].

5. Basilius Monner (~1500-1566)

Mit Basilius Monner tritt ein Jurist ins Blickfeld, der nach einem Studium an der Artistenfakultät in Weimar sein Jurastudium in Wittenberg 1535 aufnahm – zu Zeiten also, in denen an deutschen Universitäten ein geordnetes Studium unter protestantischen Vorzeichen noch kaum möglich war[61]. In Wittenberg schloß er sich eng an Luther und Melanchthon an und trat anschließend als Fürstenerzieher und juristischer Berater in die Dienste des sächsischen Landesherrn Friedrich des Größmütigen. Mit der Erweiterung der Hohen Schule in Jena zur Universität 1554 wurde Monner zum ersten juristischen Professor dorthin berufen[62].

Noch während seiner Tätigkeit als Fürstenerzieher und politischer Ratgeber am sächsischen Hof publizierte er – vermutlich mit Unterstützung des sächsischen Landesherrn gleichwohl anonym – eine Stellungnahme zum Recht der Notwehr gegenüber einer tyrannischen Obrigkeit[63]; sie erschien 1546 in einer Zeit also, in der das Verhältnis zwischen Kaiser und protestantischen Reichsständen auf höchste gespannt war und die Frage des Notwehrrechtes gegenüber dem Kaiser innerhalb des protestantischen Lagers von seiten der Juristen und Theologen gleichermaßen heftig diskutiert wurde.

59 WOLGAST, Die Wittenberger Theologie (wie Anm. 2), S. 165ff.

60 Vgl. zu dieser Charakterisierung: Ebd., S. 168ff.

61 Zu dieser „Zwischenzeit" ganz knapp STOLLEIS (wie Anm. 3), Bd. 1, S. 73-74.

62 Zum Biographischen vgl. Geschichte der Universität Jena, Bd. I, Jena 1958, S. 46.

63 Basilius Monner (Ps. Regius Selinus), Rechtliches Bedenken von der Defension und Gegenwehr, ob es nemblich von göttlichem, weltlichem und natürlichem Rechten zugelassen sey, wider die Tyranney, und unrechten Gewalt der Obrigkeit sich zu widersetzen, und Gewalt mit Gewalt zu vertreiben, 1546 (Signatur HAB 229.1 Quod (3).

Monners Argumente bewegen sich auf der Linie der sächsischen Rechtsgutachten, die bereits in den dreißiger Jahren zum Recht der Notwehr der Unterherren gegenüber dem kaiserlichen Oberherrn erstellt wurden und sich vornehmlich auf das Lehnsrecht stützten. Monner argumentiert in seiner Schrift wie der spätmittelalterliche Rechtsgelehrte Bartolus, der die Schutzpflicht des Vaters gegenüber seinem Sohn mit derjenigen des Lehnsherrn gegenüber seinen Lehnsuntertanen gleichsetzt. In dem Augenblick, in dem er seine Pflicht als Obrigkeit nicht mehr wahrnehme, nämlich Sünde und Bosheit öffentlich zu strafen und seine gehorsamen Lehnsleute zu schützen und zu schirmen, verwirke der Kaiser sein obrigkeitliches Amt. Verschärfend komme hinzu, daß er dieses Unrecht tue, um dem Antichrist, dem Papst, zu dienen. Gegenüber einer Obrigkeit, die ihr Amt nicht mehr innehat, gebe es keine Gehorsamspflicht[64].

Monner verstärkt seine Beweisführung durch den Verweis auf das gelehrte römische Recht, das für das Reich gerade deshalb verbindlich sei, weil Kaiser Karl V. die entsprechenden Auffassungen in die Normierungen der „peinlichen Hals- und Gerichtsordnung" aufgenommen habe. Gegenüber einem Richter nämlich, der öffentlich gegen Recht und Gerechtigkeit verstößt, sei niemand zu Gehorsam verpflichtet[65]. Es bestehe zudem das Recht, sich gegen den dadurch entstehenden Schaden an den eigenen Rechten zu wehren, ebenso wie es erlaubt sei, einen Straßenräuber oder Mörder zu töten, der fremdes Gut und Eigentum antaste. *Derselbe wird nicht davor angesehen noch geachtet/ als hette er ihn mit unrecht getötet*[66]. Da die Normierungen des römischen Rechts ebenso wie die Reichsordnungen niemanden aus diesen Grundsätzen ausnehmen, gelte das Prinzip der Übertragbarkeit auch auf das Verhältnis zwischen Obrigkeit und Untertanen: *Auß welchem klar und offenbar ist ... daß auch die Obrigkeit/ so wieder recht jemande überweltiget / dafür nicht gefreyet/ noch außgenommen sey/ sondern handelt als ein Privat-Person/ und außerhalb ihre Amptes/ ja wieder ihren Befehl/ da ist einem jeglichen erläubet/ sein Leib und Leben/ deßgleichen dere/ so ihm befohlen sind/ wider unrechtmessige gewalt/ rechtmessiger Weise zu schützen/ wider eine jeglichen/ er sey wer er wolle/ Sindemal die Gegen- und Notwehr ist natürliches Rechtens/ und in allen beschriebenen Rechten zugelassen/ ohn underscheid der personen*[67]. Mit der Charakterisierung dieser Normierung als eines natürlichen Rechts bezieht sich Monner nachdrücklich auf eine innerhalb der protestantischen Diskussionen jener Jahre unbestrittene Tradition: die Existenz einer göttlichen Schöpfungsordnung, die sich in den Normen des Naturrechts artikuliert. Da die Obrigkeit Teil dieser allgemeinen Ordnung ist, darf sie sich nicht in Widerspruch zu jener *lex naturae*

---

64 Ebd., fol. 15.
65 Ebd., fol. 16.
66 Ebd., fol. 17.
67 Ebd.

setzen. Während aber der Jurist Monner die Verzahnung von natürlichen Rechten und der römischen Rechtstradition herausstellt, betonen die Theologen die Verflechtung von *lex naturae* und der göttlichen Schöpfungsordnung. Sehr zu Recht hat Scattola darauf hingewiesen, daß sich hier sehr anschaulich die „Gliederung des Wissens" in der frühneuzeitlichen (protestantischen) Diskussion zeige[68]. In einer Grundlagendebatte um die Legitimität weltlicher Herrschaft und deren innere Struktur argumentierten Juristen und Theologen nicht immer miteinander, aber auch nicht gegeneinander. Der genaue Blick auf die Argumentationslinien der politischen Kommunikation belegt vielmehr, daß unterschiedliche „Kammern der Tradition" zur Verfügung standen, um die als gemeinsame Herausforderung verstandene Frage nach der Herrschaftslegitimation reformatorischer Ordnungen zu beantworten.

IV. Ergebnisse

Der Gang durch die gelehrte Praxis theologischer wie juristischer Politikberatung hat den Charakter frühneuzeitlicher politischer Kommunikation sichtbar werden lassen: Weder ging es um einen Bruch mit allem Vorhandenen, noch um eine lediglich selektive Übernahme lang gepflegter Traditionen. Einerseits standen die Ratgeber in Traditionen gelehrter Bildung, deren Kern keineswegs als falsch verstanden wurde; erklärtermaßen ging es vielmehr um die Wiederherstellung der als richtig befundenen Wissens- als Werteordnung, was sich aus der Perspektive der Theologen als Wiederherstellung des Schriftprinzips, aus der Perspektive der Juristen als Konzentration auf das Reichsrecht darstellte[69]. Andererseits standen Ratgeber ebenso wie die um Rat bittenden weltlichen Obrigkeiten keineswegs im politikfreien Raum. Mit den sehr konkreten Konfliktfällen, innerhalb derer die Normen politischen Handelns kommuniziert wurden, waren die Handlungsspielräume für die Verlagerung von Wertigkeiten eng gezogen.

Angesichts dieser Bedingungen hat die Forschung immer wieder auf den statischen Charakter des protestantischen Politikbegriffes hingewiesen: Gänzlich neue Inhalte der Herrschaftslegitimation habe es gerade im Protestantismus nicht gegeben. Diesem Urteil allerdings liegt ein Maßstab für historischen Wandel zugrunde, der seinerseits seine Zeitbindung nicht verleugnen kann, den es deshalb zu differenzieren gilt. Sowohl der Blick der staatskonzentrierten Geschichtsschreibung des 19. und frühen 20. Jahrhunderts, als auch derjenige der historischen Forschung im ausgehenden 20. Jahrhundert, der Entwicklungen regelmäßig mit der Elle des Modernerwerdens von Gesellschaften maß, ist

---

68 SCATTOLA, Naturrecht (wie Anm. 38), S. 59 mit Anm. 133.

69 Sehr zutreffend hat Friedrich Hermann SCHUBERT von der „Ehrfurcht" der Protestanten vor dem Reichsrecht gesprochen; vgl.: Die deutschen Reichstage in der Staatslehre der frühen Neuzeit, Göttingen 1966, Einleitung.

selektiv. Es erscheint deshalb hilfreich, sich auf die Anforderungen zu konzentrieren, die an die jungen politischen Ordnungen im Protestantismus in der Mitte des 16. Jahrhunderts gestellt wurden. In thesenhafter Konzentration können sie als Fähigkeit bezeichnet werden, soziales Handeln zu erweitern[70], was sich zum Beispiel in der Notwendigkeit zeigte, kirchliche Ordnungsaufgaben in die Obhut weltlicher Obrigkeit zu nehmen, zugleich aber auch einen autonomen Bereich des Religiösen zu akzeptieren, dessen Grenze dementsprechend hart umstritten blieb.

Mit Hilfe dieses veränderten Maßstabes zur Charakterisierung historischen Wandels wird die Bedeutung der Umgewichtung beziehungsweise Wiederbelebung von Wissenstraditionen theologischer und/oder juristischer Natur wieder deutlicher. Nicht die Ablösung des Alten durch das Neue prägte das 16. Jahrhundert, sondern die neuartige Zusammenführung von Ordnungsmodellen, die unter anderen Bedingungen ihre Funktionstüchtigkeit bereits erwiesen hatten. Damit wird verständlich, warum die Drei-Stände-Lehre eine – wie skizziert – weitreichende Wiederbelebung erfuhr, die sich mit der Intensivierung der Notwehrargumentation verband. Denn in einer Phase politischer Konflikte, innerhalb derer Herrschaftsbegrenzung zu verbinden war mit Herrschaftsintensivierung (in der Abgrenzung gegen die Altgläubigen zum Beispiel), erwiesen sich theologische und/oder juristische Ordnungsmodelle wie diejenige der Körpermetapher beziehungsweise des Organismusgedankens als sehr funktionstüchtig. Diejenigen, die über solche Wissensbestände verfügten, wurden zu Fachleuten in einem sehr praktischen Sinne. Daß diese Aufgabenzuordnung den Keim des neuerlichen Konfliktes zwischen weltlicher Obrigkeit und gelehrter Geistlichkeit in sich trug, ist offensichtlich. Mit Blick auf die längerfristigen Veränderungen der folgenden Jahrzehnten kann der Historiker festhalten, daß diese Konflikte sehr verschiedene Motive hatten. Für die hier diskutierte Fragestellung aber ist hervorzuheben: Nicht eine theologisch-zänkische oder rechthaberische Geistlichkeit allein bot den Reibungspunkt für weltliche Obrigkeit, so daß aus der Gemeinsamkeit in der Politikberatung der Dauerkonflikt seit dem Ende des 16. Jahrhunderts wurde. Vielmehr zeigte sich nun eine gegensätzliche Bestimmung dessen, was als theologische Kompetenz in den politischen Konflikten seit den zwanziger Jahren noch erbeten wurde. Die Übereinstimmung in der Aufgabenbeschreibung weltlicher Obrigkeit als Teil ständischer Ordnung, eines politischen Körpers oder anderer Metaphern der politischen Sprache der Zeitgenossen führte nicht zugleich zur Übereinstimmung bei der Beschreibung der Grenzen zwischen den Teilen.

---

70 Der Begriff wird wiederholt verwendet von N. STEHR, Die Zerbrechlichkeit moderner Gesellschaften, Weilerswist 2000, S. 47ff. Ich folge diesem Sprachgebrauch, weil mit ihm die schroffe Grenze zwischen modernen und traditionalen Gesellschaften überwindbar erscheint.

TÜBINGEN ALS MODELL?
DIE BEDEUTUNG WÜRTTEMBERGS FÜR DIE VORGESCHICHTE DER KURSÄCHSISCHEN UNIVERSITÄTSREFORM VON 1580

Von Manfred RUDERSDORF

UNIVERSITÄTEN UND AKADEMISCHES STUDIUM sind zu einem wesentlichen Bestandteil der modernen Signatur der neuzeitlichen deutschen Territorialstaaten geworden. Das 16. Jahrhundert in seiner Scharnierfunktion zwischen Mittelalter und beginnender Neuzeit hat dabei für die Neugestaltung von Landesstaat, Kirche und frühneuzeitlicher Ständegesellschaft eine besonders wichtige und aufschlußreiche Rolle eingenommen. Die Herausbildung von neuen frühmodernen Strukturen in Staat und Kirche einerseits, die Prägung von Mentalitäten, Verhaltensweisen und Denkmustern der Menschen andererseits sind ganz entscheidend durch die Reformation und deren territoriale Konsolidierungsprozesse im konfessionellen Zeitalter mitbestimmt und mitgestaltet worden[1]. Gerade die strukturelle Gestaltwerdung des konfessionellen deutschen Landesfürstentums umfaßte als epochale Grundströmung das gesamte lange Reformationsjahrhundert bis an die Schwelle des Dreißigjährigen Krieges und trug unzweifelhaft dazu bei, die Erneuerung und Verfestigung der Territorialverfassung des Alten Reiches im Zeichen des Kernkonflikts zwischen habsburgischem Kaisertum und evangelischer Ständeopposition weiter zu beschleunigen. Das damit einhergehende Spannungsgefüge zwischen territorialstaatlichem Integrationsbedürfnis, dem Streben nach religiöser Bekenntniseinheit und der Dynamik landeskirchlicher Abgrenzung führte in der zweiten Hälfte des 16. Jahrhunderts zu Formen der Polarisierung und politischen Auseinandersetzung, die vor allem von den Fürsten als den maßgebenden Akteuren des Geschehens konsequent zum Ausbau ihrer gestärkten Landesherrschaft und zur privilegierten Statussicherung im ständischen Gefüge des Reiches genutzt wurden. Insbesondere die prominenten protestantischen Protagonisten des Reichsfürstenstandes in der Mitte des Jahrhunderts – Kursachsen in Mitteldeutschland und Württemberg im deutschen Südwesten – profilierten sich als entschiedene Vorreiter einer bewußt herbeigeführten und zielstrebig durchgeführten Neugestaltung des noch jungen frühneuzeitlichen Fürstenstaa-

1   Dazu eine Fülle komparatistischer Einsichten und exemplarischer Belegfälle: A. SCHINDLING u. W. ZIEGLER (Hg.), Die Territorien des Reichs im Zeitalter der Reformation und Konfessionalisierung. Land und Konfession 1500-1650, Bde. 1-7, Münster 1989-1997; DIES., Das deutsche Kaisertum in der Neuzeit. Gedanken zu Wesen und Wandlungen, in: DIES. (Hg.), Die Kaiser der Neuzeit 1519-1918. Heiliges Römisches Reich, Österreich, Deutschland, München 1990, S. 11-30. Für die Mithilfe bei den Korrekturarbeiten danke ich Frau Ulrike Ludwig M. A. sowie Frau Katja Wöhner (Sekr.).

tes in Deutschland, der unter dem Eindruck von Reformation und konfessionellem Dualismus sehr bald zu einer dominierenden politischen Kraft neben dem Kaiser als dem Reichsoberhaupt und den zentralen Reichsinstitutionen wurde[2].

Die Universitäten, die älteren wie die im Gefolge von Wittenberg, Frankfurt an der Oder und Marburg an der Lahn neugegründeten Hohen Schulen des 16. Jahrhunderts, verstärkten als wirkungsvolle instrumenta dominationis in der Hand der Fürsten die landesherrliche Durchdringung der Territorien ungleich nachhaltiger, als dies noch um 1500 in der Generation der vorreformatorischen Landesherren der Fall war. Die Gründung einer Universität wurde in der Folge immer mehr zu einem signifikanten Attribut der erstarkenden neuzeitlichen Fürstenherrschaft, zu einem ebenso faktischen wie symbolischen überterritorial wirkenden Prestigeobjekt, das unabdingbar notwendig war als Ausweis für eine funktionierende „moderne" Infrastruktur im Mit- und Gegeneinander der konkurrierenden größeren und kleineren Herrschaftsträger im Reich[3]. Bildeten in der ersten Hälfte des Jahrhunderts der Humanismus und die Reformation die entscheidenden Antriebsfaktoren für eine tiefgreifende geistige und organisatorische Reform des Schul- und Bildungswesens in den deutschen Städten und Ländern, so war in der zweiten Hälfte des Jahrhunderts im Zeichen des Augsburger Religionsfriedens der territorialstaatliche Konfessionalismus die beherrschende signatur- und identitätsstiftende Ordnungskraft, die die deutsche Konfessions-Landkarte in vielem bis heute bestimmt und geprägt hat. Aber nicht nur die kirchlich-konfessionelle Ausrichtung als geistiger Orientierungsrahmen war für die deutschen Universitäten in der Frühen Neuzeit kennzeichnend, sondern zunehmend auch ihr Charakter als privilegierte öffentliche Ausbildungsstätten für den landesherrlichen Beamtennachwuchs in Staat, Kirche und Justiz sowie im Bildungswesen[4]. Die enge personelle und institutionelle Verflechtung von Staat und Kirche in der damaligen

---

2 Weitere Gesichtspunkte im übergeordneten Zusammenhang: M. RUDERSDORF, Die Generation der lutherischen Landesväter im Reich. Bausteine zu einer Typologie des deutschen Reformationsfürsten, in: SCHINDLING u. ZIEGLER, Territorien, Bd. 7, 1997 (wie Anm. 1), S. 137-170; DERS., Patriarchalisches Fürstenregiment und Reichsfriede. Zur Rolle des neuen lutherischen Regententyps im Zeitalter der Konfessionalisierung, in: H. DUCHHARDT u. M. SCHNETTGER (Hg.), Reichsständische Libertät und habsburgisches Kaisertum, Mainz 1999, S. 309-327.

3 Vgl. insbesondere hierzu: P. BAUMGART u. N. HAMMERSTEIN (Hg.), Beiträge zu Problemen deutscher Universitätsgründungen der frühen Neuzeit, Nendeln/Liechtenstein 1978. An einem Einzelbeispiel demonstriert: A. SCHINDLING, Die Universität Gießen als Typus einer Hochschulgründung, in: P. MORAW u. V. PRESS (Hg.), Academia Gissensis. Beiträge zur älteren Gießener Universitätsgeschichte, Marburg 1982, S. 83-113.

4 Ein ausgezeichneter komprimierter Überblick bei: P. BAUMGART, Humanistische Bildungsreform an deutschen Universitäten des 16. Jahrhunderts, in: W. REINHARD (Hg.), Humanismus im Bildungswesen des 15. und 16. Jahrhunderts, Weinheim 1984, S. 171-197. Vgl. ebenso in langfristiger historischer Perspektive: R. A. MÜLLER, Geschichte der Universität. Von der mittelalterlichen Universitas zur deutschen Hochschule, München 1990.

Zeit begünstigte in konfessionellem Geist ohne jede Einschränkung die Entwicklung hin zu einem territorialisierten Schul- und Ausbildungssystem, das dem Bedürfnis der jeweiligen Obrigkeit nach Rekrutierung qualifizierter studierter Anwärter aus dem eigenen Land zum Zwecke der Herrschaftssicherung weit entgegenkam. Es wäre aber verkürzt, die Universitäten des konfessionellen Zeitalters vor der Folie des grenzüberschreitenden mittelalterlichen Universalismus in der Folge nur noch als herrschafts- und elitenzentrierte Landesanstalten der deutschen Territorialstaaten zu verstehen und zu definieren. So ist Peter Baumgart zuzustimmen, der zuletzt mit Nachdruck einen eigenen Typus der deutschen Universität im konfessionellen Zeitalter postuliert hat, dessen Rahmen einerseits der sich ausbildende frühmoderne Staat und zum anderen der konfessionelle Antagonismus bei der Formierung und Etablierung der verschiedenen Bekenntnisse bildete[5].

Ohne Zweifel stellte der Konfessionalismus mit seinem wirkungsmächtigen veränderungsdynamischen Potential auch und gerade für den universitären akademischen Bereich eine bestimmende geistige Kraft dar, die auf bekenntnismäßige Homogenität und politische Uniformität innerhalb des Territoriums ausgerichtet war[6]. Extensiv möglich – weil nunmehr ungehindert von Kaiser und Papst – wurde diese Qualität der neuen landesherrlichen Konsolidierungspolitik erst im Schutz der reichsrechtlichen Legalität und juristischen Bindekraft der Augsburger Friedensordnung von 1555, nicht zufällig zu einem Zeitpunkt also, in dem die letzten Barrieren wegfielen, die dem entschlossenen Zugriff der reformationsgeneigten oder schon lutherischen Territorialherren noch immer im Wege gestanden hatten. Das lutherische Glaubensbekenntnis als authentisches Zeugnis der Reformation war nach 1555 zwar in den meisten evangelischen Territorien als konfessionelle Norm gesichert und hatte dazu beigetragen, neben der staatlichen und der kirchlichen Konsolidierung auch das Verständnis für die gesellschaftliche Identifikation mit der neuen Religion zu fördern. Aber der Weg des erneuerten Luthertums in Abgrenzung zum Re-

---

5   Mit dieser Typologiebildung greift Baumgart ältere Überlegungen von Ludwig Petry auf und spitzt sie auf der Grundlage neuerer Forschungsergebnisse pointiert zu: P. BAUMGART, Die deutschen Universitäten im Zeichen des Konfessionalismus, in: A. PATSCHOVSKY u. H. RABE (Hg.), Die Universität in Alteuropa, Konstanz 1994, S. 147-168; L. PETRY, Die Reformation als Epoche der deutschen Universitätsgeschichte. Eine Zwischenbilanz, in: E. ISERLOH u. P. MANNS (Hg.), Glaube und Geschichte. Festgabe für Joseph Lortz, Bd. 2, Baden-Baden 1958, S. 317-353; G. A. BENRATH, Die Universität der Reformationszeit, in: ARG 57 (1966), S. 32-51; N. HAMMERSTEIN, Universitäten und Reformation, in: HZ 258 (1994), S. 339-356.

6   Vgl. dazu vor allem: A. SCHINDLING, Schulen und Universitäten im 16. und 17. Jahrhundert. Zehn Thesen zu Bildungsexpansion, Laienbildung und Konfessionalisierung nach der Reformation, in: W. BRANDMÜLLER (Hg.), Ecclesia militans. Festschrift für Remigius Bäumer, Bd. 2, Paderborn/München 1988, S. 561-570. Im Wechsel der konfessionellen Verhältnisse innerhalb des Territoriums sehr aufschlußreich: E. WOLGAST, Die Universität Heidelberg 1386-1986, Berlin/Heidelberg 1986, S. 24-55; DERS., Reformierte Konfession und Politik im 16. Jahrhundert. Studien zur Geschichte der Kurpfalz im Reformationszeitalter, Heidelberg 1998.

formiertentum und zum tridentinischen Katholizismus verlief bekanntlich nicht ohne Brüche und ohne Rückschläge, ehe dieser 1580 nach einer kontrovers geführten großen Kraftanstrengung in den Abschluß des Konkordienbuches einmündete. Es waren vorrangig die diffizilen innerprotestantischen Auseinandersetzungen um die rechte Lehre und die Reinheit des Glaubens, die das Zeitalter der Orthodoxie im Zeichen der konkurrierenden Konfessionalisierungsprozesse im Reich in der zweiten Hälfte des 16. Jahrhunderts charakterisierten[7]. Die Repräsentanten des strengen Luthertums in Kirche und Staat pochten in den konfessionellen Streitigkeiten nach 1555 konsequent auf die originär theologischen und lehrmäßigen Anfänge der Wittenberger Reformation, und sie ließen es trotz heftiger Polemiken und Kontroversdebatten nicht zu, Zweifel an der Substanz ihrer evangelischen Glaubensüberzeugung und praktizierten Bekenntnistreue als Augsburger Konfessionsverwandte aufkommen zu lassen. Im Zentrum der Auseinandersetzungen um Landeskirche und Dogma stand in der Regel stets die Wahrheitsfrage. Einen Kompromiß in Glaubenswahrheiten konnte es für den engagierten und vom Wort des Evangeliums überzeugten Theologen aus der Schule Martin Luthers schwerlich geben. So galt der Wittenberger Reformator für die strengen Lutheraner als eine unverbrüchliche Autorität, seine Theologie und seine Schriften als ein authentisches Glaubenszeugnis, zumal für eine Generation von evangelischen Kirchenmännern, deren theologisches Selbstverständnis auf das engste mit dem exklusiven Nimbus der Wittenberger Universität auch nach dem Tode Luthers (1546) und seines Mitstreiters Philipp Melanchthon (1560) verknüpft war[8].

Kursachsen, das Ursprungsland der Reformation, blieb von dem innerprotestantischen Konfliktaustrag um Lehre und Dogma nicht verschont, sondern übernahm spätestens seit 1574, dem Jahr der Krise des Philippismus in Mitteldeutschland, die Führungsrolle für eine energisch vorangetriebene Renaissance des erneuerten Luthertums im Reich. Obwohl Melanchthon und seine Anhänger am Dresdner Hof zunächst noch zu den echten Bewahrern der Reformation Luthers gezählt wurden, traten die theologischen Differenzen insbesondere im Verständnis der Abendmahlsfrage nach seinem Tod immer deutlicher

7 Dazu im Überblick die problemorientierte, vergleichende Diskussion bei: V. PRESS, Die Territorialstruktur des Reiches und die Reformation, in: R. POSTEL u. F. KOPITZSCH (Hg.), Reformation und Revolution. Festschrift für Rainer Wohlfeil, Stuttgart 1989, S. 239-268; H. SCHILLING, Die Konfessionalisierung im Reich. Religiöser und gesellschaftlicher Wandel in Deutschland zwischen 1555 und 1620, in: HZ 246 (1988), S. 1-45; DERS., Die Konfessionalisierung von Kirche, Staat und Gesellschaft – Profil, Leistung, Defizite und Perspektiven eines geschichtswissenschaftlichen Paradigmas, in: W. REINHARD u. H. SCHILLING (Hg.), Die katholische Konfessionalisierung, Gütersloh 1995, S. 1-49; G. SCHMIDT, Geschichte des Alten Reiches. Staat und Nation in der frühen Neuzeit 1495-1806, München 1999, S. 75-131.

8 Vgl. B. LOHSE, Dogma und Bekenntnis in der Reformation: Von Luther bis zum Konkordienbuch, in: C. ANDRESEN (Hg.), Handbuch der Dogmen - und Theologiegeschichte, Bd. 2: Die Lehrentwicklung im Rahmen der Konfessionalität, Göttingen 1980, S. 102-164. Speziell zum Wittenberger Hintergrund: H. JUNGHANS, Martin Luther und Wittenberg, München/Berlin 1996.

hervor. Viele seiner Schüler wurden von den strengen Lutheranern der Sympathien zum Reformiertentum bezichtigt und als vermeintliche Kryptocalvinisten mit dem Odium der Untreue und der Unzuverlässigkeit konfrontiert. Die kompromißlose Entfernung führender Vertreter der Philippisten aus ihren Ämtern an der Universität Wittenberg und am Dresdner Kurfürstenhof, darunter der Hofprediger Christian Schütz, der Leibarzt des Kurfürsten Kaspar Peucer und der Geheime Rat Georg Cracow, bewirkte nach 1574 eine qualitative Veränderung in der Form und in der Praxis der landesherrlichen Religionspolitik, die nunmehr ungleich stärker geprägt war als zuvor von der planenden und intervenierenden Hand der Regierung in Dresden und des Kurfürsten August selbst[9]. Die Zielrichtung dabei war eine doppelte: Man war der Meinung, vor dem Hintergrund der überwunden geglaubten Ambivalenz der Ereignisse von 1574 zum einen den Konsolidierungs- und Einigungsprozeß des originären Luthertums in Deutschland mit Konsequenz und Zielstrebigkeit zu einem Abschluß zu bringen, zum anderen dafür die innenpolitischen Voraussetzungen durch eine kompromißlose und offensive territorial verankerte Kirchen- und Konfessionspolitik im Geiste des unverfälschten Augsburger Bekenntnisses zu schaffen. Beide Aktionsebenen, die innenpolitisch-kurstaatliche wie die überregional-reichspolitische, waren naturgemäß eng miteinander verschränkt und in der kurfürstlichen Administration auf eine doppelte Aufgabenstellung eingestellt: Stabilisierung und dogmatische Abschließung des Luthertums im Territorium, Bündnis- und Einigungsfähigkeit des erneuerten Konkordienluthertums im Reich[10].

Kursachsen hatte sich auf diese Weise für die krisenhaften Jahre zwischen 1574 und 1580 im evangelischen Reich insgesamt wichtige politische Ziele gesetzt, die aufgrund des Personal- und Kompetenzverlustes durch den philippistischen Aderlaß und auch wegen des anhaltenden konfessionell bedingten Mißtrauens Kurfürst Augusts gegenüber seiner Umgebung am Dresdner Hof nur mit einem erheblichen Kraftaufwand in die Tat umzusetzen waren. In dieser schwierigen Situation, in der ein politischer Handlungsdruck im lutherischen Teil des paritätisch gewordenen Reiches ohne Zweifel angesagt war, gingen entscheidende Signale von Dresden nach Stuttgart aus, in ein Territori-

---

9   Zum Hintergrund im einzelnen: E. KOCH, Der kursächsische Philippismus und seine Krise in den 1560er und 1570er Jahren, in: H. SCHILLING (Hg.), Die reformierte Konfessionalisierung in Deutschland – Das Problem der „Zweiten Reformation", Gütersloh 1986, S. 60-77; DERS., Ausbau, Gefährdung und Festigung der lutherischen Landeskirche von 1553 bis 1601, in: H. JUNGHANS (Hg.), Das Jahrhundert der Reformation in Sachsen. Festgabe zum 450jährigen Bestehen der Evangelisch-Lutherischen Landeskirche Sachsens, Berlin 1989, S. 195-223.

10 Vgl. zu diesem Kontext insbesondere: I. MAGER, Aufnahme und Ablehnung des Konkordienbuches in Nord-, Mittel - und Ostdeutschland, in: M. BRECHT u. R. SCHWARZ (Hg.), Bekenntnis und Einheit der Kirche. Studien zum Konkordienbuch, Stuttgart 1980, S. 271-302, und neuerdings: I. DINGEL, Concordia controversa. Die öffentlichen Diskussionen um das lutherische Konkordienwerk am Ende des 16. Jahrhunderts, Gütersloh 1996.

um, das sich inzwischen als anerkannte lutherische Vormacht im deutschen
Südwesten fest etabliert hatte. Die Politik der Herzöge Christoph und Ludwig
war im Geiste der Augsburger Friedensordnung streng lutherisch ausgerichtet,
ebenso wie das Profil der württembergischen Landeskirche und der Landesuniversität in Tübingen. Die engen Kontakte zwischen den konfessionsverwandten Höfen in Dresden und in Stuttgart wurden ergänzt durch die immer
dichter werdende Mobilität von Magistern und Studierenden zwischen den
beiden albertinischen Universitäten Leipzig und Wittenberg sowie dem süddeutschen Vorort der lutherischen Theologie in Tübingen. So war es kein Zufall, daß gerade die Württemberger mit ihrem breiten Reservoir an studierten
Theologen und Juristen sowie in der Praxis geschulten Kirchenmännern zu
den Hauptpromotoren der Erneuerung im Zuge der lutherischen Konfessionalisierung im Reich wurden[11]. Zwischen 1576 und 1580 galt dies durch das
Wirken des Tübinger Universitätskanzlers Jakob Andreä insbesondere auch
für das Kurfürstentum Sachsen. Das aufstrebende süddeutsche Herzogtum
mit den Herrschaftszentren Stuttgart und Tübingen verkörperte in der zweiten
Hälfte des 16. Jahrhunderts modellhaft den neuen Typ des in sich geschlossenen und gefestigten Konfessionsstaates und trug entscheidend dazu bei, die
personelle Vernetzung der lutherischen Gravitationszentren im Reich im
Schutz der normierenden Spielregeln der Reichsverfassung von 1555 voranzu-
treiben und zu stabilisieren.

Daß bei diesem epochalen territorienübergreifenden konfessionellen Formierungsprozeß die Reformfähigkeit und die Effizienz gerade der Universitäten als Ausbildungsstätten für die Funktionseliten in Staat und Kirche eine besondere Rolle spielten, wird durch den Vorbildcharakter der Tübinger Universität mit ihrer straff organisierten und glanzvoll besetzten Theologischen Fakultät unterstrichen, deren Ausstrahlung auch die Reform der kursächsischen
Universitäten in Leipzig und in Wittenberg im Vorfeld der neuen Ordnung
von 1580 erfaßte[12]. Während die württembergische Kirchen- und Konfessi-
onsbildung zu dieser Zeit bereits weitgehend abgeschlossen war, verharrte die
sächsische angesichts des konfessionellen Differenzierungs- und Verdich-

---

11 Zum Hintergrund im einzelnen: M. BRECHT u. H. EHMER, Südwestdeutsche Reformationsgeschich-
    te, Stuttgart 1984, S. 293-442; H. EHMER, Württemberg, in: SCHINDLING/ZIEGLER, Territorien, Bd.
    5, 1993 (wie Anm. 1), S. 168-193; V. PRESS, Die territoriale Welt Südwestdeutschlands 1450-1650,
    in: Die Renaissance im deutschen Südwesten zwischen Reformation und Dreißigjährigem Krieg,
    Ausstellungskatalog des Badischen Landesmuseums, Karlsruhe 1986, S. 17-61.

12 Zur Bedeutung Württembergs für den Prozeß der lutherischen Konfessionalisierung im Reich vgl.
    ferner: M. RUDERSDORF, Lutherische Erneuerung oder Zweite Reformation? Die Beispiele Würt-
    temberg und Hessen, in: H. SCHILLING, Reformierte Konfessionalisierung (wie Anm. 9), S. 130-153;
    DERS., Herzog Ludwig (1568-1593), in: R. UHLAND (Hg.), 900 Jahre Haus Württemberg, 3. Aufl.,
    Stuttgart 1985, S. 163-173; DERS., Orthodoxie, Renaissancekultur und Späthumanismus. Zu Hof und
    Regierung Herzog Ludwigs von Württemberg (1568-1593), in: S. HOLTZ u. D. MERTENS (Hg.), Ni-
    codemus Frischlin (1547-1590). Poetische und prosaische Praxis unter den Bedingungen des konfes-
    sionellen Zeitalters, Stuttgart-Bad Cannstadt 1999, S. 49-80.

tungsprozesses nach 1574 noch in einem Stadium der Erneuerung und der schließlichen Vollendung der geistigen und organisatorischen Gestaltwerdung. Es drängt sich daher hier die Frage auf nach der Besonderheit der württembergischen Verhältnisse, nach der Durchschlagskraft des konfessionellen schwäbischen Luthertums und seiner wichtigen politischen Brückenfunktion zu anderen evangelischen Territorien im Reich, von der auch die vornehmere Dignität des Kurstaates Sachsen nach der Krise des Philippismus bei der Reform der neuen Kirchen- und Schulordnung profitierte, die gleichzeitig die Reform der beiden albertinischen Universitäten miteinschloß. Was also waren die spezifischen profilbildenden Voraussetzungen, die den partiellen Einfluß Württembergs auf den inneren Erneuerungsprozeß in Kursachsen, auf Landeskirche und Universitäten, für eine gewisse Zeit möglich werden ließen?

*

Württemberg repräsentierte in der zweiten Hälfte des 16. Jahrhunderts in besonderer Weise den Typus eines deutschen Reformationslandes, dessen konfessionelle Homogenität im Zeichen des erneuerten Luthertums auf Dauer fest gesichert schien und vom Herzogshof in Stuttgart programmatisch gefördert und personell gestützt wurde. Die große überregionale Bedeutung Württembergs für die Konsolidierung des deutschen Luthertums im Reich nach 1555 wäre freilich ohne den bleibenden Erfolg der innerterritorialen Landesreformen nicht denkbar gewesen. Es stand außer Frage, daß sich gerade im Falle Württembergs das Integrationsbedürfnis des frühmodernen normierenden Territorialstaates auf enge Weise mit einem breiten, auch nach außen gerichteten Reformschub verband, der das württembergische Luthertum bei den schwierigen Einigungsversuchen im deutschen Protestantismus zu einer konfessionell und politisch gestärkten, zeitweise sogar führenden Kraft machte[13]. Das sogenannte „Zeitalter der Orthodoxie", die Dominanz des Konfessionellen in Staat und Politik, wurde maßgeblich von der zeitweiligen Vorherrschaft der württembergischen Theologie – und damit nicht nur von den mittel- und den norddeutschen Reformationszentren her – mitgeprägt und bestimmt. Daß sich ein kraftvoller Schwerpunkt der lutherischen Konfessionalisierung im Südwesten Deutschlands herausgebildet hatte, war freilich kein Zufall. Die Initiative zur Führung und Gestaltung dieser Entwicklung war das Ergebnis einer konsequenten Reformations- und Territorialstaatspolitik, deren Haupt und Inspirator Herzog Christoph (1550-1568) ein Prototyp der patriarchalischen Fürstenherrschaft in seiner Zeit war. Ihm war es gelungen, ein festes Funda-

---

13 Hierzu der konzentrierte Überblick bei: V. PRESS, Die Herzöge von Württemberg, der Kaiser und das Reich, in: UHLAND, Haus Württemberg (wie Anm. 12), S. 412-433; DERS., Schwaben zwischen Bayern, Österreich und dem Reich 1486-1805, in: P. FRIED (Hg.), Probleme der Integration Ostschwabens in den bayerischen Staat, Sigmaringen 1982, S. 17-78.

ment für den neuzeitlichen evangelischen Fürstenstaat in Württemberg zu legen[14].

Denn Herzog Christoph hatte es dank seiner reichsloyalen Politik und seiner Autorität im Reichsverband verstanden, nach dem Tod seines Vaters Ulrich 1550 das Land aus der Gefahrenzone herauszuführen, in die es durch die Niederlage der Protestanten im Schmalkaldischen Krieg, durch Felonieprozeß und Aufzwingung des kaiserlichen Interims geraten war. Die seit 1534 bestehende Afterlehensbindung an das Erzhaus Österreich zwang den Herzog auf Dauer zu einem behutsamen territorialen und reichspolitischen Kurs, der jedes Experiment vermied, das dem Kaiser und der habsburgischen Seite einen Anlaß zur Intervention oder zur Mitregierung geboten hätte. In der zentralen Frage der Religion versuchte Christoph frühzeitig den Schutz der reichsrechtlichen Legalität zu erlangen, indem er sich ohne Vorbehalte entschieden zum Augsburger Religionsfrieden und dessen konfessions- und verfassungspolitischen Normsetzungen bekannte. Die Hinwendung zum originären Luthertum der Wittenberger Anfänge bedeutete vor dem Hintergrund des Lehensnexus zugleich auch eine gewisse konfessionelle Gegenposition zur Katholizität der habsburgischen Lehensherren, ohne freilich deren Druck- und Eingriffsmöglichkeiten gänzlich beseitigen oder schmälern zu können[15].

Dem württembergischen Herzog war es am Ende seiner Regentschaft gelungen, die schmale Gratwanderung zwischen lutherischer Bekenntnistreue, der Loyalität zu Kaiser und Reich sowie dem Umgang mit der aufgezwungenen Afterlehenschaft zum Vorteil seines Landes auszubalancieren und politisch erfolgreich zu bestehen. Als ein Hauptverfechter des Augsburger Religionsfriedens zählte Württemberg zur Gruppe der kaisertreuen Reichsfürsten um Kursachsen und um Bayern, die jenseits der konfessionellen Barrieren den status quo im Reich zu wahren und den Friedenszustand gegen innere und äußere Gefahren zu verteidigen suchten[16]. Der reichsrechtliche Kompromiß von 1555 bedeutete somit auch eine wichtige Rechtsgarantie für die lutherischen

---

14 Zu Person und Politik Herzog Christophs: V. ERNST (Hg.), Briefwechsel des Herzogs Christoph von Württemberg, Bde. 1-4, Stuttgart 1899-1907; B. KUGLER, Christoph Herzog zu Württemberg, Bde. 1-2, Stuttgart 1868-1872; H.-M. MAURER, Herzog Christoph als Landesherr, in: Blätter für württembergische Kirchengeschichte 68/69 (1968/69), S. 112-138; DERS., Herzog Christoph 1550-1568, in: UHLAND, Haus Württemberg (wie Anm. 12), S. 136-162; H. EHMER, Christoph von Württemberg, in: TRE 8 (1981), S. 68-71. Neuerdings vor allem: F. BRENDLE, Dynastie, Reich und Reformation. Die württembergischen Herzöge Ulrich und Christoph, die Habsburger und Frankreich, Stuttgart 1998.

15 Zur Rolle Württembergs im Reformations- und Reichsgeschehen vgl. besonders: V. PRESS, Der Kaiser und Württemberg im 16. Jahrhundert, in: Protokoll der 51. Sitzung des Arbeitskreises für Landes- und Heimatgeschichte im Verband der württembergischen Geschichts- und Altertumsvereine vom 18. Februar 1978, S. 14-36; DERS., 1534 – Ein Epochenjahr der württembergischen Geschichte. Herzog Ulrich und die Reformation, in: Beiträge zur Landeskunde 5 (1984), S. 1-12.

16 Dazu M. RUDERSDORF, Maximilian II. (1564-1576), in: SCHINDLING/ZIEGLER, Kaiser der Neuzeit (wie Anm. 1), S. 78-97, 474f.

Obrigkeiten im Reich, die der legalistisch denkende Stuttgarter Herzog konsequent für sein Land nutzte, um seine Kirche auf eine feste dogmatische und institutionelle Grundlage zu stellen. Der Kirchenrat, das 1553 begründete zentrale Leitungs- und Aufsichtsgremium aus Juristen und Theologen an der Spitze der kirchlichen Ämterhierarchie, wurde zu einem entscheidenden Instrument der herzoglichen Kirchen- und Konfessionspolitik. Indem Christoph es durchsetzte, neben der landesherrlichen Beamtenschaft und der Geistlichkeit auch die bürgerliche Landschaft, die tonangebende einflußreiche „Ehrbarkeit", in die Politik der lutherischen Bekenntnissicherung einzubinden, erhielt die evangelische Kirchenverfassung Württembergs ihre abschließende kodifikatorische Gestalt, die Große Kirchenordnung von 1559 faßte noch einmal alle Einzelordnungen der letzten Jahre zu einem umfangreichen Kompendium zusammen[17]. Mit dieser überregional beachteten, überaus erfolgreichen Stabilisierung der landesfürstlichen Herrschaft in Staat und Kirche waren somit langfristig die Weichen für die württembergische Politik im konfessionellen Zeitalter im Innern wie im Äußeren gestellt. Die Nachfolger Herzog Christophs konnten ohne Zweifel auf dieser funktionierenden gefestigten Legitimationsbasis aufbauen und den strukturellen Wandel ohne große Brüche von Generation zu Generation behutsam weiterführen und ihn den neuen Herausforderungen anpassen[18].

Die schrittweise erfolgte enge Synchronisation der staatlichen, der kirchlichen und der ständischen Ordnung war der Schlüssel für das Gelingen der Reformen im alten Württemberg, die freilich ohne die straffe Koordination durch die Hand des fürstlichen Landesherrn nicht das Ausmaß der Wirksamkeit erreicht hätten, wie dies dann bei dem Nachfolger Christophs, Herzog Ludwig (1568-93), tatsächlich der Fall war. Dieser war, wie man weiß, mit den aktuellen theologischen Streitfragen seiner Zeit bestens vertraut. Seine Kenntnisse verdankte er der strengen Schule der Stuttgarter Hofprädikanten, Balthasar Bidembach und Lucas Osiander, die später einen ebenso großen Einfluß auf sein Denken ausübten wie der altgewordene Johannes Brenz, der Lutherverehrer und Reformator Württembergs, der zum geistigen Mentor einer gan-

---

17 Vgl. insbesondere: M. BRECHT, Kirchenordnung und Kirchenzucht in Württemberg vom 16. bis zum 18. Jahrhundert, Stuttgart 1967, S. 9-52; BRECHT/EHMER, Reformationsgeschichte (wie Anm. 11), S. 316-343; H.-W. KRUMWIEDE, Reformation und Kirchenregiment in Württemberg, in: Blätter für württembergische Kirchengeschichte 68/69 (1968/69), S. 81-111. Neuerdings mit vergleichender Perspektive: E. WOLGAST, Reformation und Gegenreformation, in: Handbuch der Baden-Württembergischen Geschichte I, Teil 2: Vom Spätmittelalter bis zum Ende des Alten Reiches, Stuttgart 2000, S. 145-306, hier S. 223-235.

18 Zum Hintergrund: H. HERMELINK, Geschichte der evangelischen Kirche in Württemberg von der Reformation bis zur Gegenwart, Tübingen 1949; G. SCHÄFER, Zu erbauen und zu erhalten das rechte Heil der Kirche. Eine Geschichte der Evangelischen Landeskirche in Württemberg, Stuttgart 1984; BRECHT/EHMER, Reformationsgeschichte (wie Anm. 11); H. EHMER, Valentin Vannius und die Reformation in Württemberg, Stuttgart 1976.

zen Theologengeneration über Schwaben hinaus geworden war[19]. So verband sich bei Herzog Ludwig eine ausgeprägte Form persönlicher Religiosität und ernster Gottgläubigkeit mit einem wachen Interesse für die Förderung von Kirche und Schule und nicht zuletzt der Wissenschaft und Universitätsbildung an der materiell gut fundierten und angesehenen Tübinger Hochschule. Dabei kam dem risikoscheuen Fürsten überdies zugute, daß er jedes Experiment vermied, das dazu beigetragen hätte, den deutschen Konfessionskonflikt mit unkalkulierbaren Folgen zu internationalisieren. Er praktizierte mit seiner Politik das Gegenteil davon und unterstrich wiederholt sein Bekenntnis zum reichsrechtlich geschützten territorialisierten Luthertum seiner schwäbischen Heimat, in dem er und seine Räte letztlich den sichersten Weg zur konfessionellen Selbstbehauptung der Landesreligion sahen – einerseits als ein Mittel der Distanz zum benachbarten habsburgischen Erzhaus, andererseits als ein Aktivposten bei der lutherischen Integrations- und Einigungspolitik im Reich, die an den Höfen in Stuttgart und in Dresden ihre politischen Hauptstützen und Garanten hatte[20].

Bei all dem konnte Herzog Ludwig mit Nachdruck, vor allem aber mit dem Anspruch auf Glaubwürdigkeit nach außen, auf die bemerkenswerte Dynamik in seiner Landeskirche und an der Tübinger Landesuniversität, dem intellektuellen Zentrum des alten Württemberg, hinweisen. In scharfer Abgrenzung zum reformierten Bekenntnis förderte der in den theologischen Schriften belesene Fürst die Erneuerung des Luthertums mit persönlichem Nachdruck. Schon bald wurde sein Land in der konfessionellen Polemik der Gegner als „lutherisches Spanien" denunziert, als ein Hort der Orthodoxie und der Engstirnigkeit, dogmatisch fixiert und kirchenpolitisch nur wenig kompromißbereit und flexibel[21]. Vor allem die Theologische Fakultät in Tübingen gewann als Folge der 1561 und 1562 durchgeführten Universitätsreform einen beträchtlichen Grad an Ausstrahlung und an Effektivität: Sie wurde zu einem wirkungsvollen Instrument der obrigkeitlichen lutherischen Konfessionalisierung und bildete die Basis für die glanzvolle Position des schwäbischen Luthertums im Reich am Ende des Reformationsjahrhunderts[22].

---

19 Zu Brenz: J. HARTMANN u. K. JÄGER, Johann Brenz, Bde. 1-2, Hamburg 1840/42; H.-M. MAURER u. K. ULSHÖFER, Johannes Brenz und die Reformation in Württemberg, Stuttgart 1974; M. BRECHT, Johannes Brenz, in: M. GRESCHAT (Hg.), Gestalten der Kirchengeschichte, Bd. 6, Stuttgart 1981, S. 103-117; DERS., Herkunft und Ausbildung der protestantischen Geistlichen im Herzogtum Württemberg im 16. Jahrhundert, in: ZKG 80 (1969), S. 163-175.

20 Eine moderne politische Biographie über Herzog Ludwig fehlt noch immer. Vgl. Ch. F. V. STÄLIN, Wirtembergische Geschichte, Bd. 4, Stuttgart 1975 (Nachdruck von 1873), S. 776-828; E. SCHNEIDER, Württembergische Geschichte, Stuttgart 1986 (Nachdruck von 1896), S. 189-199; D. WENDEBOURG, Reformation und Orthodoxie, Göttingen 1986, S. 108-111; RUDERSDORF, Herzog Ludwig (wie Anm. 12), S. 163-173.

21 Vgl. HERMELINK, Evangelische Kirche (wie Anm. 18), S. 184ff.; MAURER/ULSHÖFER, Brenz (wie Anm. 19), S. 187-196.

22 Vgl. K. KLÜPFEL, Die Universität Tübingen in ihrer Vergangenheit und Gegenwart, Leipzig 1877;

In Württemberg hatte man durchaus schon frühzeitig erkannt, daß die Stabilität des Luthertums im eigenen Territorium in hohem Maße von einem institutionell gefestigten und funktionsfähigen Bildungssystem abhing, ja daß Schulen und Hochschulen die am besten geeigneten Medien für die Vermittlung und die Popularisierung der evangelischen Lehre innerhalb der territorialen Ständegesellschaft darstellten. Eine gründliche Unterrichtung in der Religion sollte auf Dauer das Bekenntnis der evangelischen Landeskirche garantieren und die Identifikation der studierwilligen begabten Landeskinder mit dem Luthertum fördern. Schule, Religion und Konfession wurden somit programmatisch in einen inneren Sinnzusammenhang gerückt, der für die Geschlossenheit des württembergischen Territorialstaates kontinuitätsbildend werden sollte[23].

Mit einer einengenden „Provinzialisierung" der Ausbildung hatte dies indessen nur wenig zu tun, im Gegenteil: Die zunehmende Regionalisierung des Studiums im Zeichen der konfessionellen Homogenität, kombiniert mit der Vermehrung neuer Schul- und Bildungsanstalten, förderte immer mehr das Identifikationsbewußtsein der Studenten mit ihrem eigenen Land und ihrer eigenen „Landesschule", gerade auch in der Konkurrenz zur politischen Infrastruktur der anderen Territorien, einer Konkurrenzsituation übrigens, die neben dem Gedanken des Wettbewerbs und der erhöhten Chancengleichheit auch den Vorteil der kulturellen und der geistigen Vielfalt im System des partikularistischen Reiches bot. Die Räson des sich entwickelnden frühmodernen Fürstenstaates verlangte nach allgemeingültigen Formen der gesellschaftlichen Konsenssicherung, die ein Abweichen von der politischen und der religiösen Landesnorm unter Sanktionszwang stellten, ja dieses geradezu verhinderten und verboten. Württemberg war somit ein einschlägiges Beispiel dafür, wie rasch und wie strukturbildend die Disziplinierungsmaßnahmen des konfessionellen Obrigkeitsstaates zu greifen und zu wirken vermochten[24].

So hatte bereits unter Christoph eine Reformgruppe um den Reformator Brenz damit begonnen, die Neuorganisation des Schulwesens einzuleiten, von

---

M. BRECHT (Hg.), Theologen und Theologie an der Universität Tübingen. Beiträge zur Geschichte der Evangelisch-Theologischen Fakultät, Tübingen 1977; H.-M. DECKER-HAUFF u. W. SETZLER (Hg.), Beiträge zur Geschichte der Universität Tübingen 1477-1977, Tübingen 1977; N. HOFMANN, Die Artistenfakultät an der Universität Tübingen 1534-1601, Tübingen 1982.

23 Eine Fülle von Hinweisen hierzu: BRECHT, Herkunft und Ausbildung (wie Anm. 19), S. 163-175; H. EHMER, Bildungsideale des 16. Jahrhunderts und die Bildungspolitik von Herzog Christoph in Württemberg, in: Blätter für württembergische Kirchengeschichte 77 (1977), S. 5-24; BRECHT/ EHMER, Reformationsgeschichte (wie Anm. 11), S. 331-337.

24 Vgl. dazu auch die Kritik von Klaus Schreiner, der m. E. zu einseitig negativ die Rolle und die Wirkung der lutherischen Orthodoxie beurteilt: K. SCHREINER, Disziplinierte Wissenschaftsfreiheit. Gedankliche Begründung und geschichtliche Praxis freien Forschens, Lehrens und Lernens an der Universität Tübingen (1477-1945), Tübingen 1981, S. 4-44. Grundsätzlich: P. MORAW, Aspekte und Dimensionen älterer deutscher Universitätsgeschichte, in: MORAW/PRESS, Academia Gissensis (wie Anm. 3), S. 1-43.

deren Durchschlagskraft dann Herzog Ludwig in besonderem Maße profitierte. Der Anspruch, unter dem Dach der Kirche eine einheitliche effiziente
Ausbildung sicherzustellen, verband sich mit dem längerfristigen Ziel, den allgemeinen Bildungsstand der Bevölkerung auf der Grundlage eines durchge-
gliederten Schulsystems langsam anzuheben. In vielen Dörfern waren neue
Elementarschulen, in den größeren Städten Partikular- oder Lateinschulen errichtet worden, die über die Pädagogien in Stuttgart und in Tübingen das Tor
zum Studium an der Landesuniversität öffneten[25].

Die Einrichtung von 13 Klosterschulen in den alten, durch die Reformation
funktionslos gewordenen Männerklöstern – zweifellos wirksame Instrumente
nicht nur der sozialen Kontrolle und der Protektion, sondern mehr noch der
mentalen und der geistigen Erziehung des Theologen- und Pfarrernachwuchses – bedeutete ein weiteres wichtiges Stück Verdichtung für das territoriale
Bildungssystem im Herzogtum Württemberg. Der Weg der Kandidaten führte
vom Klosterinternat direkt in das von Herzog Christoph 1557 erneuerte und
um ein Konvikt ergänzte Tübinger Stift, um von dort aus an der nahen Universität zu studieren[26].

Die große überregionale Bedeutung der Tübinger Universität im konfessionellen Zeitalter wäre ohne den Erfolg dieser auf Effizienz und Uniformität
ausgerichteten Schulreformen kaum denkbar gewesen. Der Weg der Erneuerung über Klosterschule, Stift und Universität in die Ämter der Landeskirche
bedeutete für den Pfarrerstand in Württemberg eine einzigartige Aufstiegs-
chance und eine beträchtliche soziale Stärkung seiner Position in Staat und
Gesellschaft. Für die konfessionell inspirierte Mentalität vieler Amtsträger im
Land war dieser sozialgeschichtliche Hintergrund, der gleichzeitig einen beachtlichen Bildungsstand gewährleistete, wesentlich.

Die hierarchische Spitze des Bildungssystems bildete jedoch nicht das Stift,
sondern die vornehmste, die Theologische Fakultät, die im Zuge der Universitätsreform von 1561 ungleich stärker in das Stellengefüge der evangelischen
Landeskirche integriert worden war. Die Ämter des Propstes, des Dekans und
des Pfarrers an der Tübinger Stiftskirche wurden mit den drei Ordinariaten
der Theologischen Fakultät verbunden, womit nunmehr eine festgefügte
Rangordnung unter den Lehrstühlen eingeführt war. Eine vierte außerordentliche Professur kam neu hinzu, deren Inhaber gleichzeitig Superintendent an

---

25 Vgl. Geschichte des humanistischen Schulwesens in Württemberg, hg. v. der Württembergischen
    Kommission für Landesgeschichte, Bde. 1-3, Stuttgart 1912-1927.

26 Vgl. D. STIEVERMANN, Das Haus Württemberg und die Klöster vor der Reformation, in: UHLAND,
    Haus Württemberg (wie Anm. 12), S. 459-481; G. LANG, Geschichte der württembergischen Klo-
    sterschulen, Stuttgart 1938; H. EHMER, Der Humanismus an den evangelischen Klosterschulen in
    Württemberg, in: REINHARD, Humanismus im Bildungswesen (wie Anm. 4), S. 121-133. Zum Tü-
    binger Stift: M. LEUBE, Geschichte des Tübinger Stifts, Bd. 1, Stuttgart 1921; J. HAHN u. H. MAYER,
    Das Evangelische Stift in Tübingen, Stuttgart 1985.

der Stipendiatenanstalt war[27].

Die legalisierte Verknüpfung von theologischer Professur und kirchlichem Amt – ganz gewiß eine der bemerkenswerten Wegmarken des württembergischen Erfolgskurses – steigerte nicht nur das Ansehen der Fakultät, sondern ebenso die Verantwortung des einzelnen theologischen Lehrers über den engeren Raum des Hörsaals hinaus. In Anbetracht ihrer exponierten Stellung konnte der rechtgläubige Herzog von seinen Professoren ein besonderes Maß an Loyalität und kirchlicher Bekenntnistreue verlangen. Vor allem aber hatte sich der Landesfürst mit dem Präsentationsrecht für die drei Stiftsdignitäten einen bedeutenden Einfluß auf die Besetzung der theologischen Lehrstühle gesichert, hatte er ein wirksames Disziplinierungsinstrument in der Hand, um durch eine gezielte Berufungspolitik das lutherische Bekenntnis auch personell dauerhaft zu garantieren. Da das Amt des Universitätskanzlers an die Erste Theologische Professur gebunden war, schien ein Abweichen vom Kurs angesichts des dichten Kommunikations- und Kontrollsystems zwischen Hof, Zentralbehörden und Universität kaum mehr möglich, das Interventionsrecht des Herzogs hatte das Selbstergänzungsrecht der Theologischen Fakultät faktisch außer Kraft gesetzt – von modernen Vorstellungen der Wissenschaftsfreiheit und der autonomen Meinungsbildung war dies natürlich weit entfernt[28].

Den eigentlichen Durchbruch, der die neue Struktur der Fakultät zwischen universitärer Korporation und kirchlichem Amt erst funktionsfähig werden ließ, brachte schließlich die personelle Besetzung der Professuren: Mit Jakob Andreä, Jakob Heerbrand, Dietrich Schnepf und dem jungen Johannes Brenz, den Vertretern verschiedener Generationen mit unterschiedlichen Begabungen und Erfahrungen, fand sich 1562 in Tübingen eine Theologengruppe zusammen, die in dieser Konstellation fast ein Vierteljahrhundert lang mit bemerkenswertem wissenschaftlichen Erfolg in der Fakultät wirkte. Dies war nicht nur die große Zeit des Tübinger Luthertums, sondern auch die Phase, in der anderswo im Reich angesichts der dogmatischen Differenzen der Protestantismus in eine schwere Krise geraten war. Erst 1586 und 1590, nach dem Tode Schnepfs und Andreäs, gab es einen personellen Wechsel in den Ämtern, aber an der Grundkonstellation des eingespielten Systems in Tübingen änderte sich lange Zeit nichts[29].

---

27 Vgl. C. V. WEIZSÄCKER, Lehrer und Unterricht an der evangelisch-theologischen Fakultät der Universität Tübingen von der Reformation bis zur Gegenwart, Tübingen 1877, S. 1-172, hier S. 22ff.

28 Vgl. R. RAU, Herzog Christophs Universitätsreform, in: Attempto 31/32 (1969), S. 98-106; W. ANGERBAUER, Das Kanzleramt an der Universität Tübingen, ebd. 33/34 (1969), S. 105-119; K. PLIENINGER, Jakob Andreä als Kanzler an der Universität Tübingen 1562-1590. Studien über die Beziehungen Staat-Universität im 16. Jahrhundert, Tübingen 1956 (Ms.). Grundsätzlich: P. BAUMGART, Universitätsautonomie und landesherrliche Gewalt im späten 16. Jahrhundert, in: ZHF 1 (1974), S. 23-53.

29 Zum Hintergrund: WEIZSÄCKER, Lehrer und Unterricht (wie Anm. 27), S. 22-38; HERMELINK,

Trotz der unbezweifelbaren Härten, die dieses System durchaus kannte, und trotz der sich anbahnenden innerprotestantischen Eskalation im Reich muß die Leistung Württembergs in ihrer historischen Perspektive angemessen gewürdigt werden: In der entscheidenden Phase der konfessionellen Weichenstellung in Deutschland gingen die Impulse der lutherischen Erneuerung nicht mehr allein von Kursachsen, sondern ebenso von dem gefestigten Württemberg aus. Als ein besonders wirksames Instrument der lutherischen Konfessionalisierung erwies sich dabei die Tübinger Universität, deren Theologen als Verfechter eines orthodoxen Luthertums für längere Zeit zu Meinungsführern der Auseinandersetzung im evangelischen Deutschland wurden. Tübingen hatte Wittenberg in seiner exklusiven Rolle als vornehmster evangelischer Theologenschule im 16. Jahrhundert phasenweise den Rang streitig gemacht und von Schwaben aus den Impetus der lutherischen Erneuerung ins protestantische Reich getragen. Vielerorts verkündeten württembergische Pfarrer das Evangelium, nahmen Tübinger Professoren das Examen ab, bildeten die Stuttgarter Ordnungen das Modell für andere Kirchen und andere evangelische Schulen und höhere Bildungseinrichtungen. Die schwäbischen Theologen haben auf diese Weise unbestritten einen wichtigen Beitrag zur konfessionellen Identitätsfindung und zum geistigen Profil des deutschen Luthertums geleistet[30].

Ihr herausragendster und bekanntester Protagonist war ohne Zweifel Jakob Andreä, seit 1562 Tübinger Kanzler, Stiftspropst und Professor an der Universität. Andreä war im Grunde keine intellektuelle Gelehrtenfigur, sondern ein politisch ambitionierter Mann der kirchlichen Praxis, ein scharfzüngiger Kontroverstheologe und Polemiker, diplomatisch versiert und organisatorisch begabt, ein Kirchenpolitiker, der seine orthodoxe Einstellung nie verleugnete und dennoch flexibel genug war, neben der konfessionellen die politische Dimension des lutherischen Einigungsprozesses fest im Kalkül zu behalten. Sein Name stand gleichsam synonym für den Aufstieg der Tübinger Frühorthodoxie, für eine kämpferische Epoche württembergischer Kirchlichkeit, schließlich wurde er zu einem Symbol für die Ausstrahlung des konfessionellen Luthertums in Deutschland[31].

Evangelische Kirche (wie Anm. 18), S. 115ff., 184ff.; ANGERBAUER, Kanzleramt (wie Anm. 28), S. 105-119.

30 Vgl. vor allem die Beiträge in: H.-Ch. RUBLACK (Hg.), Die lutherische Konfessionalisierung in Deutschland, Gütersloh 1992; SCHILLING, Konfessionalisierung im Reich (wie Anm. 7), S. 19-28; SCHINDLING/ZIEGLER, Territorien, Bde. 1-7, 1989-1997 (wie Anm. 1).

31 Eine quellenorientierte moderne Biographie Andreäs fehlt noch immer. Vgl. M. BRECHT, Jakob Andreae, in: TRE 2 (1978), S. 672-680. Ferner: H. GÜRSCHING, Jakob Andreae und seine Zeit, in: Blätter für württembergische Kirchengeschichte 54 (1954), S. 123-156; R. MÜLLER-STREISAND, Theologie und Kirchenpolitik bei Jakob Andreä bis zum Jahre 1568, ebd. 60/61 (1960/61), S. 224-395; J. EBEL, Jakob Andreae (1528-1590) als Verfasser der Konkordienformel, in: ZKG 89 (1978), S. 78-119.

Ausgehend von dem württembergischen Vorbild versuchte Andreä mit Nachdruck, einen einheitlichen konfessionellen Status der lutherischen Territorien mit verbindlicher Lehrnorm und fester institutioneller Ordnung sicherzustellen. Das Ausmaß seines Einflusses erfaßte in den dichten Jahren zwischen 1576 und 1580 in besonderer Weise den Reformprozeß in der sächsischen Landeskirche, der aufs engste mit dem Werk der Einigung unter den Anhängern der „Augsburgischen Konfession" im evangelischen Reich verknüpft war. Die Einigungsformel des Konkordienbuches von 1580 war erreicht worden auf dem Höhepunkt der allgemeinen Konfessionalisierungswelle in Deutschland, in einem aufgeregten Klima der Abgrenzung und der territorialen Konkurrenz, freilich ohne viel Rücksicht auf die konfessionsverwandten reformierten Kirchen zu nehmen, die anders als das Luthertum außerhalb des normativen Schutzes des Augsburger Religionsfriedens standen[32].

Der Sturz des kryptocalvinistischen Philippismus gab 1574 das entscheidende Signal zur sukzessiven Neuordnung von Kirche, Schulen und Universitäten im albertinischen Kursachsen. Was folgte, war eine Anhäufung von durchgreifenden obrigkeitlichen Visitationsvorgängen, die erstmals zu einer strukturellen Bestandsaufnahme der Zustände in der Landeskirche sowie in den territorialen Bildungseinrichtungen von der Ebene der Dorf- und Stadtschulen über die drei Fürstenschulen bis hinauf zu den Universitäten in Leipzig und in Wittenberg führten[33]. Der Druck durch die verschärft angewandten Kontroll- und Interventionsmöglichkeiten verstärkte sich noch einmal erheblich, als der machtbewußte Jakob Andreä 1576 in dem wettinischen Kurstaat auftrat und dem Eindringen der württembergischen Ordnungsvorstellungen in Sachsen sowohl bei der Durchführung des Konkordienwerkes als auch bei den innenpolitischen Reformen in teilweise demonstrativer Weise Vorschub leistete[34]. Zweifellos stand dabei das Modell der konfessionellen Tübinger Universität Pate, als es in den Jahren bis 1580 darum ging, auf der Grundlage der verschiedenen Visitationsbefunde und des landesherrlichen Uniformierungskonzepts eine Reform der Universitätsverfassung in Leipzig und in Wittenberg einzuleiten. Die dabei intendierte und zielstrebig durchgeführte Stärkung des landesherrlichen Einflusses manifestierte sich an keiner anderen kontrovers

---

32 Vgl. dazu: W. U. DEETJEN, „damit wir ob diesem Concordi Buch bestendig bleiben". Südwestdeutschland und das Konkordienwerk, in: Blätter für württembergische Kirchengeschichte 79 (1979), S. 28-53; DERS., Concordia Concors – Concordia Discors. Zum Ringen um das Konkordienwerk im Süden und mittleren Westen Deutschlands, in: BRECHT/SCHWARZ, Bekenntnis und Einheit (wie Anm. 10), S. 303-349.

33 Vgl. KOCH, Philippismus und seine Krise (wie Anm. 9), S. 60-77; DERS., Lutherische Landeskirche (wie Anm. 9), S. 195-223. Neuerdings mit einer anderen Fragestellung zum Kurswechsel von 1574: H.-P. HASSE, Zensur theologischer Bücher in Kursachsen im konfessionellen Zeitalter. Studien zur kursächsischen Literatur- und Religionspolitik in den Jahren 1569 bis 1575, Leipzig 2000.

34 Vgl. BRECHT, Andreae (wie Anm. 31), S. 677-680; WOLGAST, Reformation und Gegenreformation (wie Anm. 17), S. 207f.

diskutierten Frage so sehr wie bei der Einrichtung eines neu institutionalisierten Kanzleramtes, das als „Zwischenglied" zwischen kurfürstlicher Regierung und autonomer Universitätskorporation fungieren sollte[35]. Da Andreä sich in seinem eigenen Kanzlerverständnis selbst mehr als ein Organ des Fürsten denn der Universität verstand, wurde schon bald deutlich, daß es auch in Sachsen nunmehr darum ging, die Autorität und die obrigkeitlichen Eingriffsrechte des Landesherrn strukturell auszuweiten und somit im Gegenzug die ohnehin schon relativ eingeschränkte Autonomie und Selbstverwaltung der beiden Universitäten noch weiter auszuhöhlen und zu reduzieren[36].

Der damit involvierte, obrigkeitlich gelenkte Kontroll- und Disziplinierungsdruck, der dem autokratischen Herrschaftsverständnis Kurfürst Augusts in vielem entsprach, führte zu heftigen Disputationen und konträren polemischen Stellungnahmen und förderte gerade in Leipzig die Konfliktbereitschaft besonders, der Etablierung des ungeliebten Kanzleramtes als landesherrlichem Dresdner „Wächteramt" über Studium, Lehre und Rechtgläubigkeit mit einigem Erfolg zu trotzen[37]. Dennoch konnte die von Jakob Andreä maßgeblich mitgestaltete und am 1. Januar 1580 als landesherrliches Gesetz erlassene Kirchen- und Schulordnung Kurfürst Augusts, die auch die reformierte Universitätsordnung mit ihrer streng lutherischen Bekenntnisnorm miteinschloß, in ihrer staats- und obrigkeitsfixierten Ausrichtung nicht entscheidend abgeschwächt werden[38]. Die Reglementierungs- und Zentralisierungstendenzen, die dem konfessionellen Zeitalter insgesamt durchaus gemäß waren, hatten sich auch in Kursachsen unter dem Eindruck eines konsequenten Krisenmanagements im Zusammenspiel von höfischen, staatlichen und kirchlichen Reformkräften durchgesetzt, zwar nicht ohne politischen Widerstand, aber letztlich doch mit der Protektion des Kurfürsten selbst, der seinen Hauptakteur, den landfremden Reformator Andreä, lange Zeit gewähren ließ, bis das Konsolidierungs- und Reformwerk im Kulminationsjahr 1580 sowohl innenpolitisch als auch reichs- und konfessionspolitisch zu einem gewissen normativen Abschluß gebracht worden war. Die kursächsische Universitätsordnung von

---

35 Zur Situation in Wittenberg und Leipzig: W. FRIEDENSBURG, Geschichte der Universität Wittenberg, Halle a. S. 1917, S. 250-345; H. HELBIG, Die Reformation der Universität Leipzig im 16. Jahrhundert, Gütersloh 1953, S. 108-133; G. WARTENBERG, Die kursächsische Landesuniversität bis zur Frühaufklärung 1540 bis 1680, in: L. RATHMANN (Hg.), Alma mater Lipsiensis. Geschichte der Karl-Marx-Universität Leipzig, Leipzig 1984, S. 55-75.

36 Vgl. auch R. THOMAS, Die Neuordnung der Schulen und der Universität Leipzig, in: JUNGHANS, Jahrhundert der Reformation (wie Anm. 9), S. 113-131.

37 Vgl. P. WEINHOLD, Die Stellung des Kurfürsten August zur Universität Leipzig, Diss. phil. Leipzig 1901, S. 52-94. Nach langen Auseinandersetzungen kam es 1580 in Leipzig schließlich zur Ernennung eines „Vicekanzlers", neben der Einrichtung eines landesherrlichen Kommissariats für Universitätsangelegenheiten.

38 Die Schul- und Universitätsordnung Kurfürst Augusts von Sachsen, aus der Kursächsischen Kirchenordnung vom Jahre 1580, hg. v. L. WATTENDORFF, Paderborn 1890, S. 113-188.

1580, die ihrerseits die weichenstellenden Reformen der 1540er Jahre unter Herzog (Kurfürst) Moritz vollendete[39], war von einer bemerkenswert langen Dauer geprägt und wurde erst 1830 erneut revidiert, um sie danach den moderneren Ansprüchen der konstitutionellen königlich-sächsischen Hochschul- und Wissenschaftspolitik des 19. Jahrhunderts anzupassen[40].

*

In diesem Beitrag ging es nicht darum, im einzelnen den Reformprozeß in Kursachsen zwischen 1574 und 1580 im Zeichen der philippistischen Krisenbewältigung nachzuzeichnen, sondern darum, pointiert den politischen Hintergrund, die soziale Basis und den konfessionellen Orientierungsrahmen herauszuarbeiten, Faktoren also, die entscheidend die Herkunft, das Denken und das Handeln jenes württembergischen Hauptakteurs bestimmten, der das konfessionelle Luthertum Tübinger Prägung institutionell und personell auch in Kursachsen zu verankern suchte. Es ging darum, die historische Folie zu rekonstruieren, die den „Mandatar württembergischer Theologie, Kirchenpolitik und Kirchenordnung"[41] in seinem Auftreten bis an sein Lebensende entscheidend beeinflussen sollte. Das Wirken Andreäs brachte in der Tat eine neue, wenn auch nicht von allen gleichermaßen erwartete Dynamik nach Sachsen, da manche staatliche Funktionsträger den wachsenden Einfluß der Superintendenten und der Theologen im gesellschaftlichen Machtgefüge mit Argwohn betrachteten. Die territoriale Tradition des süddeutschen Württemberg stieß mit der Person Andreäs unvermittelt auf die andersgeartete territoriale Tradition und Identitätsbefindlichkeit des mitteldeutschen Kursachsen, das als Reformationsland der ersten Stunde anders als alle anderen Territorien im Reich mit der Aura der protestantischen Exklusivität und Authentizität ausgestattet war. Darauf in der Krise des sächsischen Philippismus solidarische Rücksicht im Geiste der gemeinsamen Bekenntnisgrundlagen zu nehmen, war die Sache des agilen schwäbischen Kirchenpolitikers nicht. Weder bei der Übertragung des württembergischen Visitationswesens auf Kursachsen noch bei der Implantierung des ungewünschten Kanzleramtes an der Leipziger Universität bewies Andreä kollegiale Sensibilität und politisches Augenmaß, da er sich der Rückendeckung durch den Kurfürsten in Dresden lange Zeit sicher war.

---

39 Vgl. G. WARTENBERG, Melanchthon und die reformatorisch-humanistische Reform der Leipziger Universität, in: Humanismus und Wittenberger Reformation, Festgabe anläßlich des 500. Geburtstages des Praeceptor Germaniae Philipp Melanchthon am 16. Februar 1997, Helmar Junghans gewidmet, hg. v. M. BEYER u. G. WARTENBERG unter Mitwirkung von H.-P. HASSE, Leipzig 1996, S. 409-415; DERS., Moritz von Sachsen (1521-1553), in: TRE 23 (1994), S. 302-311.

40 Dazu im einzelnen: H. ZWAHR, Von der zweiten Universitätsreform bis zur Reichsgründung 1830 bis 1871, in: RATHMANN, Alma mater Lipsiensis (wie Anm. 35), S. 141-190.

41 So treffend: BRECHT, Andreae (wie Anm. 31), S. 679.

Der exemplarische, nicht einfach zu bewältigende Formierungsprozeß in Kursachsen legt freilich Einsichten frei, die von allgemeiner Bedeutung für die Signatur des konfessionellen Zeitalters sind, das bekanntlich von einem evidenten Ineinandergreifen von Politik, Religion und Macht gekennzeichnet war. Territorialisierung und Konfessionalisierung waren die prägenden Leitmuster, die den Wandlungsprozeß dieser Epoche bestimmt haben. So führte die auf breiter Ebene programmatisch durchgesetzte Territorialisierung der Kirche und des Bildungswesens dazu, daß auch die Universitäten, zumal die älteren spätmittelalterlichen, ihres universalistischen Charakters entkleidet und als territorial verankerte landesherrliche Bildungsanstalten auf eine neue Grundlage gestellt wurden. Das Reformationsjahrhundert förderte diesen spezifisch landesherrlichen Charakter der meisten deutschen Universitäten besonders nachhaltig, da er dem Ausbau der territorialen Landesherrschaft und der damit einhergehenden Intensivierung der frühmodernen Staatlichkeit im Zeichen der erneuerten Kirchenorganisation entsprach. Die konkurrierenden Konfessionalisierungsprozesse im Reich verstärkten diese Entwicklung noch einmal, indem sie die territorialisierten Universitäten und höheren Bildungsanstalten zu wirksamen Instrumenten einer neuen und dynamischen landesherrlichen Infrastrukturpolitik zwischen Augsburger Religionsfrieden und Dreißigjährigem Krieg ausbauten. Das konfessionelle Zeitalter sah in diesem Kontext die konfessionelle Rechtgläubigkeit oder anders gesagt: den Konsens über die monokonfessionelle Bekenntnisnorm als einen wesentlichen Staatszweck an. Für die langfristige Prägewirkung des einheitlichen Konfessionsstatus im frühneuzeitlichen Territorialstaat waren daher die Universitäten in ihrer Rolle als zentrale Ausbildungsstätten des Theologennachwuchses von einer geradezu konstitutiven identitätsstiftenden Bedeutung.

Ein Universitätspolitiker wie der Theologe Jakob Andreä aus Tübingen war sich dessen wohl bewußt, als es darum ging, vor und nach 1580 der lutherischen Obrigkeitskirche in den deutschen Territorien Gestalt und geistige Form zu geben und damit die gesellschaftlichen Verhältnisse konfessionell und kulturell zu fixieren. Die Rolle, die dieser ungewöhnlich mobile Mann zwischen Tübingen und Stuttgart einerseits, zwischen Dresden, Leipzig und Wittenberg andererseits zeitweise sehr dominant gespielt hat, zeigt erneut beispielhaft, wie wichtig es ist, das Zusammenspiel von „Figuren" und „Strukturen" sachlich und methodisch in den Blick zu nehmen, das heißt hier: das enge Ineinandergreifen von „Personenverband" und „institutionellem Flächenstaat" gerade für das weichenstellende Reformationsjahrhundert am Beginn der Neuzeit zur Darstellung zu bringen. Die lutherischen Modellstaaten Kursachsen und Württemberg stehen dabei repräsentativ für viele gemeinsame, aber auch für manche unterschiedliche kulturelle und politische Parameter und Prozesse bei der territorialstaatlichen Profilbildung im Alten Reich.

Jakob Andreä (1528-1590)
Universitätskanzler. Stiftspropst
und Professor in Tübingen

VOM RANG DER WISSENSCHAFTEN.
ZUM AUFSTIEG DER PHILOSOPHISCHEN FAKULTÄT

Von Notker HAMMERSTEIN

ALSBALD NACH DEM ENTSTEHEN der Universitäten gab es die höheren Fakultäten (facultates superiores) – drei an der Zahl – und eine, die ihnen zuarbeitete[1]. Danach war ein Studium in Theologie, Jurisprudenz und Medizin theoretisch nur möglich, wenn zuvor eine mehr oder weniger vollständige Ausbildung in den artes liberales stattgefunden hatte. Diese Voraussetzung, wonach ein artistisches Magisterium vorgewiesen werden mußte, um in den übergeordneten Wissenschaften zu studieren, änderte sich freilich bereits während des Spätmittelalters. Allein von Theologiestudenten wurde weiterhin und förmlich verlangt, das Magisterium nachzuweisen[2]. Würde und Spitzenstellung der Theologie, die sie innerhalb der Universität einnahm, sie dem Range nach als erste und wichtigste begreifen ließ, drückten sich darin aus. Immerhin handelte es sich um die rechte Erkenntnis Gottes, die seiner Offenbarung, ein Theologiestudium war gleichsam der Königsweg, den man auf einer solchen „Hohen Schule" einschlagen konnte. Die Artisten ihrerseits fanden es durchaus ehrenvoll, einer solchen Wissenschaft zuarbeiten zu können, als ancilla theologiae zu firmieren[3]. Sie stellten damit schließlich die Voraussetzungen bereit, die es erst ermöglichten, der wahren rationalen Erkenntnis Gottes und seiner Schöpfung näher zu kommen.

Jurisprudenz und Medizin hatten daneben ihren durchaus eigenen Wert, sie waren nützlich und hilfreich auch für die Welt, verschoben aber nicht diese selbstverständliche Rangordnung der Wissenschaften oder stellten sie gar in Frage. Die Werthierarchie war unbestritten, durfte als gleichsam von Gott gesetzte Ordnung des Wissens gelten, war akzeptiert.

Daran sollte sich, wenn auch nicht grundlegend so doch immerhin bemerkbar, im Zeichen des vordringenden Humanismus etwas ändern. Die Humanisten, die zwar kein eigenes, völlig anderes oder gar neues Wissenschaftssystem vertraten, bewerteten aber als Literaten, als Verehrer von Sprache und Texten, Wert, Nutzen und Erkenntnisgehalt einiger Disziplinen unterschiedlich ge-

---

1   Insges. W. RÜEGG (Hg.), Geschichte der Universitäten Europas, I, 2, München 1993/96.

2   A. SEIFERT, Das höhere Schulwesen. Universitäten und Gymnasien, in: N. HAMMERSTEIN (Hg.), Handbuch der deutschen Bildungsgeschichte I, 15.-17. Jahrhundert, München 1996, S. 196-374.

3   J. KOCH (Hg.), Artes liberales. Von der antiken Bildung zur Wissenschaft des Mittelalters, Leiden/Köln 1959.

genüber den tradierten Vorstellungen[4]. Insbesondere die Wertigkeit innerhalb der artes stand zur Diskussion. Deutlich wurden die Fächer des Triviums gegenüber denen des Quadriviums aufgewertet. Diese 'Disputa delle arti' fand vorab in Italien statt. Naturwissenschaften und auch die Medizin wurden als weniger wichtig erklärt als die studia humanitatis. Die handelten vom Menschen als ethischem Subjekt, hätten es mit seiner Seele, nicht nur mit seinem Körper, zu tun, wie bereits Petrarca argumentierte[5].

Daß solchen Behauptungen Mediziner und Vertreter naturwissenschaftlicher Disziplinen entgegentraten, eine umgekehrte Rangordnung postulierten und mit Argumenten zu unterlegen wußten, liegt eigentlich auf der Hand. Eine Art früher Diskussion über Rang und Stellung der Geistes- und Naturwissenschaften fand damals also in Italien statt, ohne daß sie dauerhafte, ja tiefgreifende Veränderungen der traditionellen Hierarchie der Wissenschaften gebracht hätte[6]. Was sie brachte, war ein besserer, am klassischen Latein geschulter Sprachgebrauch, eine elegantere und damit wirkungsvollere Argumentationsweise. Von ihnen profitierten alle Wissenschaften.

Die Reformation und damit die neuerliche Konfessionalisierung der Universitäten und Wissenschaften rückten andere Gesichtspunkte in den Vordergrund und ließen die humanistische Diskussion fast in Vergessenheit geraten. Die herausragende Bedeutung der je eigenen Theologie band die Artisten neuerlich eng an die Theologische Fakultät. Wenn dies dem einen oder anderen Vertreter der artes nicht behagte, änderte das nichts daran, daß diese scheinbar natürliche Ordnung uneingeschränkt galt. Indem ein Magister artium zumeist als Fortsetzung das Studium der Theologie wählte – Juristen und Mediziner vermieden gerne das zeitraubende Vorstudium, suchten und fanden andere Wege, die notwendigen Vorkenntnisse zu erwerben, sie nachweisen zu können – dokumentierte sich darin gleichsam auch äußerlich diese Ordnung. In einer – humanstische Forderungen mitaufnehmenden – sapiens et eloquens pietas bestimmte sie auf lange hinaus Selbstverständnis und Praxis der Universitäten[7].

Das Brüchigwerden der theologisch bestimmten Weltsicht, wie sie sich in den Konfessionskriegen, auf dem Boden des Reichs spätestens während des Dreißigjährigen Krieges, einstellte, hatte begreiflicherweise auch Rückwirkun-

---

4   Insgesamt immer noch die Abhandlungen von Paul JOACHIMSEN, jetzt: Gesammelte Aufsätze. Beiträge zur Renaissance, Humanismus und Reformation; zur Historiographie und zum deutschen Staatsgedanken, Aalen 1970.

5   A. BUCK, Die humanistische Polemik gegen die Naturwissenschaften, in: DERS., Die humanistische Tradition in der Romania, Bad Homburg/Berlin/Zürich 1968, S. 150-165; sowie DERS., Der italienische Humanismus, in: HAMMERSTEIN, Handbuch (wie Anm. 2), S. 10ff.

6   A. BUCK (wie Anm. 5), passim.

7   E. WOLGAST, Die Universität Heidelberg 1386-1986, Berlin/Heidelberg 1986, S. 34ff.; SEIFERT (wie Anm. 2), S. 253ff.; N. HAMMERSTEIN, Universitäten und Reformation, in: HZ 258 (1994), S. 339-357.

gen auf die Wissenschaften und Universitäten. Das selbst mit Gewalt und Krieg nicht zu beseitigende Dilemma, daß unterschiedliche christliche Konfessionen auf dem nach wie vor akzeptierten gemeinsamen Boden des Heiligen Römischen Reichs deutscher Nation nebeneinander existierten, eigentlich friedlich miteinander auskommen mußten, zwang zu Überlegungen, welche Bedeutung, welchen Wert theologische Argumente beanspruchen durften. So lag es nahe, die auch in anderen Streitpunkten bewährte Kunst friedlichen Ausgleichs nicht nur im zwischenmenschlichen Bereich, sondern auch im territorialstaatlichen und reichischen Umfeld fruchtbar werden zu lassen. Theoretisch war das schon länger erörtert worden[8]. Die Ergänzung beziehungsweise Erweiterung der vorab privatrechtlich sich definierenden Jurisprudenz hin zu einer zwischenstaatlichen, öffentlich-rechtlichen (modern gesprochen) Sphäre verwies auf solche Möglichkeiten[9]. Das Entstehen des Jus publicum Romano-Germanicum, die Entwicklung eines Natur- und Völkerrechts, die Konstruktion einer Vertragstheorie und anderes bezeichneten den Vorgang, der in der Ablösung der argumentativen Führungsstellung der Theologie durch die Jurisprudenz seinen Ausdruck fand. Es entsprach das zugleich der vordringenden aufklärerischen Überzeugung, Vernunft, nicht Offenbarung, habe das Leitseil zu sein, Rationalität, Rechenhaftigkeit, vernünftiger Interessenausgleich hätten eine allgemeine Glückseligkeit zu erstreben, die eine innerweltlich mundane, zugleich friedliche sein solle.

Mit der Gründung Halles – ein wenig idealtypisch gesprochen – setzten sich solche Vorstellungen stilbildend zunächst an protestantischen, dann an katholischen Universitäten durch[10]. Die Jurisprudenz galt nun als die neue, die führende Wissenschaft. Rein äußerlich war dies an den Gehältern abzulesen. Die Juristen rangierten nunmehr an erster Stelle, gefolgt von den Theologen und/oder Medizinern, die Artisten verharrten wie zuvor auf letzter Stelle. Sie hatten nun der Jurisprudenz zuzuarbeiten. Die dortigen Methoden und Bedürfnisse ließen folgerichtig neue, juristisch relevante artistische Disziplinen entstehen und gewichteten einzelne Materien neu[11]. Einen Eigenwert stellte diese Fakultät aber nach wie vor nicht dar, was in Halle an der Fridericiana Christoph Cellarius stöhnen ließ: *Ius, ius et nihil plus*.

Die Theologie blieb zwar auch unter aufgeklärten Vorzeichen weiterhin im Reigen der Fakultäten der deutschen Universitäten erhalten. Sie wandelte sich jedoch, blieb weniger in den traditionellen Bemühungen dogmatischer Abgrenzung, in polemischen Zuspitzungen gegenüber den anderen Konfessionen

---

8   N. HAMMERSTEIN, Jus und Historie, Göttingen 1972, passim.

9   M. STOLLEIS, Geschichte des öffentlichen Rechts in Deutschland I, 1600-1800, München 1989.

10   A. SCHINDLING, Bildung und Wissenschaft in der Frühen Neuzeit 1650-1800, München 1994 (Enzyklopädie dt. Gesch. 30).

11   N. HAMMERSTEIN, Thomasius und die Rechtsgelehrsamkeit, in: Studia Leibnitiana XI (1979), S. 22-44.

verhaftet. In einer verträglicheren, auf die Bedürfnisse einer gewandelten Welt zugeschnittenen Argumentation suchte sie ihren hohen Rang[12] – von dem sie intern nach wie vor überzeugt war – zu untermauern und möglichst zu stabilisieren. Methodisch lernte sie von den Juristen, öffnete sich ihrerseits deren frühhistorischer Ableitung und Absicherung ihrer Wissenschaft. Kirchenhistorie, theologische historia litteraria, Rückblick auf das Frühchristentum und die Kirchenväter, förderten indirekt – und neben der erneuerten Jurisprudenz – Altertumswissenschaften und Philologien. Die Abkehr von Autoritäten und autoritativen Schriften – außer der Bibel natürlich – ermöglichte neue Fragestellungen und modifizierende Auslegung der Glaubensinhalte und der eigenen Konfession. Daß die Universitäten und Wissenschaften auf diesem Weg insgesamt gewannen, zeigt die deutsche Universitätsgeschichte des 18. Jahrhunderts zur Genüge, braucht nicht umständlicher ausgeführt zu werden[13].

Die Artistischen Fakultäten, die sich ab der 2. Hälfte des 17. Jahrhunderts zunehmend gern als Philosophische bezeichneten, gewannen ihrerseits durch diese neuen methodischen Anforderungen. Nicht mehr nur als Zuarbeit zu den höheren Fakultäten wollten sie ihre Tätigkeiten verstehen, sie sprachen sich durchaus Eigenständigkeit und selbständigen Erkenntniswert zu. Auch wich die frühere polyhistorische Vielzuständigkeit der Professoren häufig einer klaren Fachorientierung, die zeitlebens allein ein eigenes Feld beackern ließ und für sich beanspruchte. Man ging, wie in Göttingen, davon aus:

Auf einer guten Universität, wo Freyheit zu denken herrscht, hat man nicht allein Gelegenheit, sondern ist auch gewissermaßen gezwungen, mehrere geschickte, und durch ihren Vortrag einnehmende Lehrer zu hören, die gewiß in ihren Meinungen nicht vollkommen übereinstimmen, und deren jeder die seinige mit Gründen bestätiget. Wer Theologie oder Jura studirt, kann doch, wenn er auch nur der Mode folgen will, kaum unterlassen, den Philosophen zu hören, der nicht in allen Stücken so denkt als der Lehrer der Gottes- oder Rechtsgelahrtheit. Irret der Philosophe, so wird der Theologe oder Juriste die sectirische Anhänglichkeit an dessen Philosophie durch Widerlegungen mässigen: und wenn der Irrthum bey den sogenannten oberen, das ist Brodtfacultäten, ist, so wird der Philosophe die Modeirrthümer der Theologie und Rechtsgelehrsamkeit doch einigermaßen wankend machen[14].

Johann David Michaelis ist dann auch in seinem „Räsonnement über die protestantischen Universitäten in Deutschland" der Meinung: *Das Hauptfeld eines zu seinem Vergnügen und Cultur studierenden Herrn vom Stande müßten immer die Wissenschaften seyn, die man zur Philosophischen Facultät rechnet, obgleich die meisten nicht im strengen Verstande Philosophie sind*[15]. Neben der Philosophie nannte er Natur- und Völkerrecht, historischen Unterricht und Politik, Mathematik, lebende Sprachen, also Französisch, Englisch, Italienisch, aber auch Latein. Die Entwicklung von Geschmack, Kenntnis der Antiquitäten und des Schönen,

---

12 E. HIRSCH, Geschichte der neueren evangelischen Theologie, Gütersloh 1960.

13 N. HAMMERSTEIN (Hg.), Universitäten und Aufklärung, Göttingen 1985.

14 J. D. MICHAELIS, Räsonnement über die protestantischen Universitäten in Deutschland, Frankfurt/Leipzig 1768 (Reprint Aalen 1973) I, S. 104ff.

15 Ebd. S. 234.

Entwicklung ästhetischen Sinns neben Naturgeschichte und Oeconomie
zeichneten einen gebildeten Mann von Kultur aus. Das blieben zunächst zwar
Forderungen und Behauptungen, aber die fanden Resonanz, entsprachen
nicht zuletzt dem Zeitgeschmack der jüngeren Generation.

Indem die Aufklärung die Abkehr von Autoritäten, die Allzuständigkeit der
Vernunft und ihre Gleichheit postulierte – es konnte schließlich nicht unterschiedliche Vernünfte geben! – und indem sie das Welt- und Wissenschaftser-
klärungsmonopol (zum mindesten im Anspruch) jeglicher Theologie und
dogmatisierenden Wissenschaften in Frage stellte, ja leugnete, schuf sie den
Gelehrten neuen Freiraum. Jeder konnte sich seiner Vernunft bedienen und
hatte dadurch seinen Wert in sich, als Individuum. Er war verantwortlich für
seinen Geschmack, seine Kultur, hatte seine eigene Sphäre zu entwickeln.
Entsprechend wurden „Kunst und Wissenschaft ... aus festen Funktionen in
der ständischen Gesellschaft herausgelöst und grundsätzlich allgemein zugänglich"[16]. An die Stelle von Traditionen trat Reflexion des Einzelnen in allen nur
denkbaren Sphären, auch den Wissenschaften, sowie das Recht auf eigenen
Vernunftgebrauch. Ihn hatte möglichst jeder zum Fortschritt der allgemeinen
Glückseligkeit, der Emanzipation des Menschengeschlechts, zu üben. So wichtig und unabdingbar die oberen, inzwischen gern als brotgelehrt bezeichneten
Wissenschaften blieben: Die neuen, nunmehr umzusetzenden, veredelnden
und versittlichenden Materien waren vorab bei den Philosophen beheimatet.
In mancher Hinsicht gemahnte das durchaus an die ältere disputa delle arti. All
das mußte begreiflicherweise Folgen für die Vertreter und Garanten dieser artes haben. Nicht mehr dienend, führend wollten sie ihre Rolle begreifen, nicht
mehr entsagungsvoll und mühsam als Praeceptoren, Schulmeister und Schreiber ihr Dasein bis zum Antritt unter Umständen einer Pastorenstelle fristen:
Sie forderten Eigenwert und sogar Führungsanspruch.

Bereits Christian Wolff hatte behauptet – und erfolgreich vorgelebt –, der
Philosoph sei der eigentliche Gelehrte, ihm komme es zu, die Welt und die
Wissenschaften, Himmel und Hölle, angemessen zu ordnen, zu erklären und
zu bestimmen[17]. Gewiß entsprach dies einer seit dem Altertum topisch immer
wieder einmal erhobenen Behauptung und Forderung des philosophischen
Kopfs. Vor Wolff hatte zuletzt Leibniz auf ähnliche Anerkennung gehofft, die
wurde aber erst dem Hallenser Aufklärer zuteil, von dem Kant zu Recht urteilte, er habe den Deutschen den Gebrauch der Vernunft und der rechten Begriffe gelehrt.

Und es war wiederum Kant, der die während des 18. Jahrhunderts zunehmend stärker vorgetragenen Argumente artistischer Professoren bündelte und

16 TH. NIPPERDEY, Deutsche Geschichte 1800-1866, München 1983, S. 267.
17 W. SCHNEIDERS (Hg.), Christian Wolff 1679-1754, Hamburg 1983.

in seinem ‚Streit der Facultäten' auf einen wirkungsvollen, weithin stilbilden-
den Begriff brachte.

> *Es muß zum Gelehrten gemeinen Wesen durchaus auf der Universität noch eine Facultät geben, die,*
> *in Anlehnung ihrer Lehren vom Befehle der Regierung unabhängig, keine Befehle zu geben, aber doch*
> *alle zu beurteilen, die Freiheit habe, die mit dem wissenschaftlichen Interesse, d. i. mit dem der Wahr-*
> *heit, zu tun hat, wo die Vernunft öffentlich zu sprechen berechtigt sein muß; weil ohne eine solche die*
> *Wahrheit (zum Schaden der Regierung selbst) nicht an den Tag kommen würde, die Vernunft aber*
> *ihrer Natur nach frei ist, und keine Befehle, etwas für wahr zu halten (kein crede, sondern nur ein*
> *freies credo), annimmt — daß aber eine solche Facultät ungeachtet des großen Vorzugs (der Freiheit)*
> *dennoch die untere genannt wird, davon ist die Ursache in der Natur des Menschen anzutreffen: daß*
> *nämlich der, welcher befehlen kann, obgleich er ein demütiger Diener eines anderen ist, sich doch vor-*
> *nehmer dünkt, als ein anderer, der zwar frei ist, aber niemand zu befehlen hat*[18].

Die Einteilung in obere und dienende Fakultäten führte Kant auf die Historie, insbesondere auf die Interessen der Regierungen zurück. *Nach der Vernunft*
(d. i. objektiv) würden die Triebfedern, welche die Regierung zu ihrem Zweck (auf das Volk
Einfluß zu haben) benützen kann, die folgende Ordnung stehen: zuerst eines jeden e w i -
g e s Wohl, dann das b ü r g e r l i c h e als Glied der Gesellschaft, endlich das L e i b e s -
w o h l (lange leben und gesund sein)[19]. Das sei sogar vernünftig. Letztlich jedoch sei
es nicht sachangemessen, da es mehr auf praktischen Überlegungen und Bedürfnisse aufbaue denn auf wissenschaftlichen. Dafür stehe nun einmal die
philosophische Fakultät, die allein für die *Wahrheit der Lehren* stehe. Allein *der*
Gesetzgebung der Vernunft, nicht der der Regierung unterstehend, diene sie *in Anse-*
hung der drei oberen ... dazu, sie zu kontrollieren und ihnen eben dadurch nützlich zu
werden, weil auf Wahrheit (der wesentlichen und ersten Bedingung der Gelehrsamkeit über-
haupt) alles ankommt; die Nützlichkeit aber, welche die oberen Fakultäten zum Behuf der
Regierung versprechen, nur ein Moment vom zweiten Range ist[20].
Unmißverständlich und unzweideutig war damit der Anspruch der Philosophischen Fakultät angemeldet, die erste, die letztlich entscheidende zu sein.
Die große Resonanz, die Kant so rasch im Reich gewonnen hatte, sicherte seinen Argumenten bei der jungen, nachkommenden Generation begeisterte Zustimmung. Fichte wie Schleiermacher, Steffen und Schelling, Humboldt und
Hegel und viele mehr fanden im Grunde ihre eigenen Überzeugungen verbindlich vorformuliert. Von da aus dachten sie weiter und bereiteten indirekt
nicht nur die Gründung der Universität Berlin, sondern überhaupt eine neue
Universitätsidee vor. In vielem war zunächst der weit hinwirkende Aufschwung Jenas in den Jahrzehnten nach 1780 vorbildlich und stilbildend, um
dann in Berlin noch vor 1810 mit weiteren wichtigen, die Jenaer Erfahrungen
und Diskussionen fortführenden Ideen aufzuwarten. Die in Jena einmalige,
zum Teil auch zufällige Symbiose von neuer, kantianischer Philosophie, neuer

---

18 I. Kant, Der Streit der Facultäten in drey Abschnit-ten, in: Ausgabe in sechs Bänden, hg. v. W.
    Weichedel, Darmstadt 1964, 4 VI, S. 282.
19 Ebd. S. 283.
20 Ebd. S. 290.

Naturphilosophie und Medizin sowie neuer, nicht zuletzt von Weimar gespei-
ster Ästhetik brachte die in Schleiermacher und Humboldt sich darstellende
neue Universitätsidee hervor[21]. Der Forscher, nicht mehr der Gelehrte, die
Philosophische Fakultät als diejenige, die die wissenschaftlichen Leitbilder
formulierte, die Grundlagen des Wissens zu formulieren bestrebt war, die Studierenden als Teilhaber am Forschungsprozeß, die Universität als freie und autonome in ihrer gelehrten Kompetenz – nicht zwar gegenüber dem Staat, oder
besser der Bürokratie – als freiwilliger Selbstakt, die Selbstverwirklichung des
Wissenschaftlers und anderes mehr umschreiben den neuen Inhalt[22]. Dabei
war immer unterstellt, daß die neue Philosophie diese gewandelte Universität
und ihre Wissenschaften durchdrungen habe und bestimme. In den sogenannten „Grundschriften"[23] der idealistischen, neuhumanistischen Universität wird
dies überaus deutlich ausgesprochen. In diesen Schriften, die insbesondere in
der 2. Hälfte des 19. Jahrhunderts gern und immer wieder herangezogen wurden, galt es, das universitäre Selbstverständnis zu umschreiben[24].

Auch in ihnen wird der emphatische Anspruch, die neue Wertigkeit der Philosophischen Fakultät wortreich beschrieben. Kaum einer der damals führenden Köpfe fehlte unter den Autoren, die sich alle und unbeschadet vieler weiterer Schriften niederer Geistesgrößen diesen Fragen widmeten. Die Erregt-
heit der Zeit, die Aufbruchstimmung, die revolutionären Umbrüche – alle ja
auch mit höchst realen Entsprechungen in der politischen Wirklichkeit –
kommen darin zum Ausdruck und können den erstaunlichen Erfolg dieser
Überlegungen mit erklären.

So schlug Schelling in seiner frühen Jenenser Vorlesung über die Methode
des akademischen Studiums einen weiteren, den neuen Ton, an, der schon bei
Kant angeklungen war und hinfort sich topisch durch alle Äußerungen hin-
durchzog. Danach galt es, den Zweck der allgemeinen universitären Ausbildung nicht aus dem Auge zu verlieren, *über dem Bestreben, ein vorzüglicher Rechtsgelehrter oder Arzt zu werden, die weit höhere Bestimmung des Gelehrten überhaupt, des
durch Wissenschaft veredelten Geistes* zu erkennen und zu realisieren. Neben dem
besonderen des Einzelfaches müsse *die Erkenntnis des organischen Ganzen der Wissenschaften vorangehen.* Die von Schelling seinen zahlreichen jugendlichen Hörern
vorgetragene *Methodenlehre des akademischen Studiums* könne *nur aus der wirklichen
und wahren Erkenntnis des lebendigen Zusammenhangs aller Wissenschaften hervorgehen*

21 Hierzu G. MÜLLER u. a. (Hg.), Tradition – Innovation – Reform. Die Universität Jena um 1800,
    Stuttgart 2000 (JHB f. Universitätsgesch., Beih.).
22 F. PAULSEN, Deutsche Universitäten und das Universitätsstudium, Berlin 1902, S. 4ff.; P. MORAW,
    Aspekte und Dimension älterer deutscher Universitätsgeschichte, in: DERS./V. PRESS (Hg.), Acade-
    mia Gissensis, Marburg 1982, S. 1-44.
23 E. ANRICH (Hg.), Die Idee der Deutschen Universität. Die fünf Grundschriften aus der Zeit ihrer
    Neubegründung durch klassischen Idealismus und romantischen Realismus, Darmstadt 1956.
24 R. C. SCHWINGES (Hg.), Humboldt International. Der Export des deutschen Universitätsmodells im
    19. und 20. Jahrhundert, Basel 2001.

..., *daß ohne diese jede Anweisung tot, geistlos, einseitig, selbstbeschränkt sein müsse.* Dieses organische Ganze der Wissenschaft – Schelling bezeichnet sie als Anschauung – *sei überhaupt und im allgemeinen nur von der Wissenschaft aller Wissenschaft, der Philosophie, im besondern also nur von den Philosophen zu erwarten...*[25].

In ähnlicher Weise hatte sich ebenfalls in Jena Fichte bereits geäußert. Seine Wissenschaftslehre, seine Vorstellung vom Gelehrten als dem wahren Erzieher des Menschengeschlechts, der Philosophie – seiner eigenen, naturgemäß – als der einzig wahren Vermittlerin angemessener Erkenntnis, Einsicht und Wahrheit, ging dazu parallel. In seinem 1807 beschriebenen, im Grunde aber bereits in Jena entwickelten „Deduzierten Plan einer zu Berlin zu errichtenden höheren Lehranstalt" tauchen neben vielen eher kleinlich anmutenden institutionellen Vorschriften und Vorschlägen immer auch wieder diese genuinen Wissenschafts- und Universitätsvorstellungen auf. *Dem Gelehrten aber muß die Wissenschaft nicht Mittel zu irgendeinem Zweck, sondern sie muß ihm Selbstzweck werden; er wird einst, als vollendeter Gelehrter, in welcher Weise er auch künftig seine wissenschaftliche Bildung im Leben anwende, in jedem Falle allein in der Idee die Wurzeln seines Lebens haben, und nur von ihr aus die Wirklichkeit erblicken, und nach ihr sie gestalten und fügen, keinesweges aber zugeben, daß die Idee nach der Wirklichkeit sich füge*[26].

Erneut erscheint die Philosophische Fakultät, speziell der philosophische Kopf, als der eigentlicher Interpret und Garant des wahren Wissens. Keineswegs die oberen Fakultäten stehen dafür, sie können das gar nicht. *Die drei sogenannten höhern Fakultäten würden schon früher wohlgetan haben, wenn sie sich, in Absicht ihres wahren Wesens, in dem ganzen Zusammenhang des Wissens deutlich erkannt und sich darum nicht, hoffend auf ihre praktische Unentbehrlichkeit und ihre Gültigkeit beim Haufen, auf ein abgesondertes und vornehmeres Wesen hingestellt, sondern lieber jenem Zuammenhange sich untergeordnet und mit schuldiger Demut ihre Abhängigkeit erkannt hätten*[27].

Für Friedrich Schleiermacher – gleichermaßen in gedanklicher Reaktion und Auseinandersetzung mit den umwälzenden Erfahrungen infolge der Französischen Revolution – war es 1808 in seinen „Gelegentlichen Gedanken über Universitäten in deutschem Sinn" einsichtig, daß alles genau zusammenhänge und ineinandergreife *auf dem Gebiet des Wissens, so daß man sagen kann, je mehr etwas für sich allein dargestellt wird, desto mehr erscheine es unverständlich und verworren, indem strenggenommen jedes einzelne nur in Verbindung mit allen übrigen ganz kann durchschaut werden, und daher auch die Ausbildung jedes Teils von daher auch aller übrigen abhängig ist. Diese notwendige und innere Einheit aller Wissenschaft wird auch gefühlt überall, wo sich bestimmte Bestrebungen dieser Art zeigen* – wo sich wissenschaftliches

25 F. W. J. SCHELLING, Vorlesungen über die Methoden des akademischen Studiums, in: ANRICH (wie Anm. 23), S. 4-6.

26 J. G. FICHTE, Deduzierter Plan, in: ANRICH (wie Anm. 23), S. 127-217, hier S. 138.

27 Ebd. S. 157.

Tun umsetze. Von daher komme den einzelnen Disziplinen beziehungsweise Fakultäten eine bestimmte Stellung im Gesamten zu. Schleiermacher teilte selbstverständlich die bei den Artisten inzwischen selbstgewisse Zuordnung. Es möge zwar sein, so argumentiert er in dieser Schrift, daß die Einteilung in vier Fakultäten *den Universitäten ein gar grotesdes Ansehen* gäbe. Das sei unleugbar, aber es sei genauso problematisch, sich *dieser Formen* [zu] *entledigen und bessere dafür einführen* zu wollen. Die Gefahr, daß sich etwas *Willkürliches an die Stelle dessen setze, das sich auf eine natürliche Art gebildet und seiner Natürlichkeit lange erhalten hat,* sei groß.

Er löst dann das Problem mit einem entwaffnenden Argument. *Offenbar nämlich ist die eigentliche Universität ... lediglich in der Philosophischen Fakultät enthalten, und die drei anderen dagegen sind die Spezialschulen, welche der Staat entweder gestiftet, oder wenigstens, weil sie sich unmittelbar auf seine wesentlichen Bedürfnisse beziehen, früher und vorzüglicher in seinen Schutz genommen hat*[28]. Natürlich kann er das erklären und tut es auch ausführlich. Mit Kant, Schelling und Fichte ist auch er der Meinung: *Jene drei Fakultäten ... haben ihre Einheit nicht in der Erkenntnis unmittelbar, sondern in einem äußeren Geschäft, und verbinden, was von diesem erfordert wird, aus den verschiedenen Disziplinen. Allein in der Philosophischen Fakultät ist daher ... die ganze natürliche Organisation der Wissenschaft enthalten*[29].

Humboldt, nicht wenig von Schleiermacher inspiriert, kann dann schließlich in seinen Plänen, Entwürfen und während seiner kurzfristigen Verantwortung für die Universitäten Preußens die entscheidenden Grundlagen für die mit der Gründung Berlins 1810 verwirklichten neuen Universitätsidee geben. Wenn das auch bekannt ist, sei dennoch im hiesigen Zusammenhang auf den sich in die geschilderte längerfristige Diskussion einfügenden Sachverhalt neuerlich verwiesen. Bei ihm wird zudem manches anschaulicher und konkreter, da die praktische Verantwortung, der Zwang der Wirklichkeit unmittelbarer vorhanden waren. So beschreibt er am deutlichsten, was den neuen Gelehrten, die neue Universität, den Forschenden ausmache.

Den Universitäten war danach aufgegeben, *die Wissenschaften im tiefsten und weitesten Sinne des Wortes zu bearbeiten, und als einen nicht absichtlich, aber von selbst zweckmäßig vorbereiteten Stoff der geistigen und sittlichen Bildung zu seiner Benutzung hinzugeben.* Dementsprechend sei es eine *Eigenthümlichkeit der höheren wissenschaftlichen Anstalten* – wie Humboldt sie nennt – *daß sie die Wissenschaft immer als ein noch nicht ganz aufgelöstes Problem behandeln und daher immer im Forschen bleiben, da die Schule es nur mit fertigen und abgemachten Kenntnissen zu thun hat und lernt* – also die frühere voraufgeklärte Universität, könnte hinzugefügt werden. Von daher beschreibt Humboldt in seiner Schrift „Über die innere und äußere Organisation der höheren Wissenschaftlichen Anstalten in Berlin" aus dem Jahre 1810, *so*

---

28 SCHLEIERMACHER, in: ANRICH (wie Anm. 23), S. 257.
29 Ebd. S. 259.

sind Einsamkeit und Freiheit, die in ihrem Kreise vorwaltenden Principien[30]. Im litaui-
schen Schulplan von 1809 hatte es dazu geheißen: *Der Universität ist vorbehalten,
daß nur der Mensch durch und in sich selbst finden kann, die Einsicht in die reine Wissenschaft. Zu diesem SelbstActus den eigentlichsten Verstand ist nothwendig, Freiheit, und
hülfereich Einsamkeit, und aus diesen beiden Punkten fliesst zugleich die ganze äußere Organisation der Universitäten*[31]. Daß Humboldt gleichermaßen von der Einheit der
Wissenschaften spricht, wo *jeder einzelne Punkt mit allen und künftigen in Contact,*
stehe, davon, daß der Zweck allen Unterrichts und gelehrten Anstrengungen
die allgemeine Menschenbildung sei, entspricht den bekannten idealistischen
Grundüberzeugungen, wonach der sich bildende auch der sich sittigende
Mensch ist. Gewiß gemahnt er an den älteren Humanismus, aber dieser Vorstellung liegt doch ein neuer Menschheitsbegriff und auch ein anderer des Individuums zugrunde, so wie Goethe das einmal formulierte:

> Wer Kunst und Wissenschaft besitzt,
> der hat auch Religion.
> Wer diese beiden nicht besitzt,
> Der habe Religion.

Die so lange dienende Fakultät konnte sich seit Berlin einer herausgehobe-
nen Stellung erfreuen. In ihr waren die Wissenschaften vorhanden, die sich
mit den Grundbedingungen des menschlichen Daseins, Erkennens und Wirkens beschäftigten. Die Philosophie, nicht zuletzt auch als Naturphilosophie,
die Altertumswissenschaften und die Historie, auch die Philologie: sie alle
zweckten auf mehr und höheres ab als die praktischen, für Staat und Kirche
nützlichen früheren oberen Fakultäten. Das war durchaus etwas Neues. Von
daher und in einem neuen systematischen Ansatz wurden denn auch die Universitäten und Wissenschaften hinfort zu ordnen und zu verstehen gesucht.
Das ging nicht unbedingt rasch, sozusagen schlagartig und unangefochten vor
sich[32], trug aber doch bis zum Ende des Jahrhunderts vielfältige Früchte.

Diese während der Spätaufklärung nachhaltig formulierten Vorstellungen,
die in Idealismus und Neuhumanismus, Klassik und Romantik modifiziert
fortgeführt und verfeinert wurden, entsprangen nicht, um das abschließend
nochmals hervorzuheben, reiner Idee, abstrakten Schlußfolgerungen. Die er-
regenden Ereignisse der Französischen Revolution, die auch im Heiligen Römischen Reich wach und lebhaft aufgenommen und erörtert wurden, zu seinem Untergang schließlich beitrugen, sind gar nicht hoch genug zu veran-
schlagen. Was dort als politische Revolution ins Leben trat, wurde diesseits
des Rheins zu einem nachhaltigen Bildungsereignis. Eine innere Revolution,

---

30 W. VON HUMBOLDT, Ueber die innere und äußere Organisation der höheren wissenschaftlichen An-
     stalten in Berlin, in: DERS., Werke in fünf Bänden, Darmstadt 1964, IV, S. 255-266, hier S. 255f.

31 Ebd. S. 191.

32 P. MORAW, Humboldt in Gießen. Zur Professorenberufung an einer deutschen Universität des 19.
     Jahrhunderts, in: GuG. 10 (1984), S. 47-71.

bei der der Mensch gemeint war, nicht der Staat interessierte, das freie Individuum, nicht das freie Gemeinwesen die Geister bewegte, ließ auch nach neuer Einschätzung der Welt, der Wissenschaften, des Denkens und Handelns suchen[33]. Von diesen mannigfaltigen Antworten betrafen einige eben auch die Universitäten und die Organisation der Wissenschaften. Wie bereits in den früheren Jahrhunderten wurden sie in der Erneuerung und Reform dieser bewährten und geistig bestimmenden Institutionen als weiterführende Antworten gefunden, die die deutsche Wissenschaftslandschaft in vielfältiger Weise bis zum heutigen Tage mitprägten.

---

33   N. BOYLE, Goethe. Der Dichter in seiner Zeit, I, 1749-1790, München 1995, S. 35ff., 384ff.

WISSENSCHAFT IM ÜBERGANG.
DIE FREIBURGER THEOLOGISCHE FAKULTÄT
AM ENDE DES 18. UND ZU BEGINN DES 19. JAHRHUNDERTS

Von Heribert SMOLINSKY

IM AUSGEHENDEN 18. JAHRHUNDERT kündigten sich in der Freiburger Universität Änderungen an, die verschiedene Bereiche berührten. Sie betrafen die Organisationsform, aber auch die personellen und inhaltlich wissenschaftlichen Aspekte der Hochschule und schufen langfristig eine Übergangssituation, bis 1806 das Großherzogtum Baden an die Stelle Vorderösterreichs trat, die Universitätspolitik nicht mehr in Wien, sondern in Karlsruhe gemacht wurde und neben Freiburg eine zweite Landesuniversität in Heidelberg vorhanden war.

Die Theologische Fakultät, von der Universitätsgründung 1457 an etabliert, blieb von den vorderösterreichischen, als Reformen und Verbesserungen gedachten Erneuerungsschüben nicht verschont. Schon unter Kaiserin Maria Theresia, die in Studienfragen von ihrem Leibarzt Gerard van Swieten beeinflußt wurde, war 1752 eine neue Studienordnung erschienen, welche die Staatsbestimmung wesentlich förderte und für die Theologie zum Beispiel die biblischen Sprachen betonte, in Freiburg aber lange Zeit wegen des Widerstandes der Universität nicht umgesetzt wurde[1]. Zugleich war in diesem Zusammenhang personalpolitisch das Bemühen vorhanden, mehr Nichtjesuiten in die Theologische Fakultät aufzunehmen. So berief die Wiener Regierung 1767 für die Dogmatik den Augustiner Engelbert Klüpfel sowie den Dominikaner Franz Würth, die den jesuitischen Unterricht ergänzten, und Trudpert Neugart, ein Benediktiner aus Sankt Blasien, lehrte von 1767-1770 erstmals umfassend biblische Sprachen[2]. Seit 1772 gab Matthias Dannenmayer provisorisch Vorlesungen über Kirchengeschichte; die feste Etablierung erfolgte 1774[3].

Für die Universität und die Fakultät bedeutete aber vor allem die Aufhebung des Jesuitenordens eine entscheidende Weichenstellung, war doch hiermit nicht nur personell und materiell ein Wendepunkt erreicht, sondern auch für die inhaltliche Seite des Studiums mit dem Wegfall der jesuitischen Ratio

---

1 Vgl. W. VOMSTEIN, Trudpert Neugart und die Einführung der biblischen Sprachen in das Theologiestudium an der Universität Freiburg i. Br., Freiburg 1958 (Beiträge zur Freiburger Wissenschafts- und Universitätsgeschichte 23), S. 17-21.

2 Vgl. VOMSTEIN, Trudpert Neugart (wie Anm. 1).

3 E. SÄGER, Die Vertretung der Kirchengeschichte in Freiburg. Von den Anfängen bis zur Mitte des 19. Jh., Freiburg 1952, S. 41-44.

studiorum und deren Vorschriften für den Studienbetrieb eine weitergehende Änderung als bisher möglich.

1. Die Aufhebung des Jesuitenordens und seine Folgen für die Freiburger Theologische Fakultät

An der Freiburger Universität hatten die Jesuiten seit 1620 eine bedeutende Rolle gespielt, ohne daß von einer wirklichen „Jesuitenuniversität" und „Jesuitenfakultät" gesprochen werden kann. In der Theologie besetzten sie die meisten Lehrstühle, wenn auch niemals die ganze Fakultät[4]; in der Philosophie dominierten sie den Lehrbetrieb. Als am 21. Juli 1773 Papst Clemens XIV. mit dem Breve „Dominus ac Redemptor" den Orden aufhob, beendete er damit eine für Freiburg über 150jährige Tradition und öffnete den Weg für neue Strukturen. Die Umsetzung der Auflösung, die in den jeweiligen Staaten verschieden war, erfolgte in Freiburg durch eine Kommission, gebildet aus kirchlichen und staatlichen Mitgliedern, und nach deren Tätigkeit hörte am 18. November 1773 das Freiburger Jesuitenkolleg auf zu existieren, dessen Räumlichkeiten langfristig der Universität zugute kamen. Aus der Theologischen Fakultät mußten die etablierten Patres völlig verschwinden, was nicht ausschloß, daß jüngere Mitglieder des Ordens wie Joseph Schinzinger und Christoph Zwergern[5] dort weiter avancierten, während in anderen Fakultäten wie der Philosophischen Exesuiten ohnehin bleiben konnten[6].

Die oben angedeutete Veränderung bezüglich der Theologischen Lehre ging, nachdem der Einfluß der für die katholische Kirche lange Zeit auf dem Felde der Bildung und Wissenschaft höchst bedeutenden Societas Jesu verschwunden war, in verschiedene Richtungen weiter. Personell waren wegen des Ausfalls der Jesuitenprofessoren neue Lehrkräfte zu gewinnen. Da ein entsprechendes Potential nicht innerhalb der Fakultät selbst bereitstand, kamen sie zunächst hauptsächlich aus den Orden. Benediktiner wie Stefan Hayd oder der Franziskaner Augustin Goriup, beide Exegeten, sind Namen, die hier beispielhaft aufgezählt werden können. Im Jahr 1778 waren an der Freiburger Theologischen Fakultät nur der Kirchengeschichtler Matthias Dannenmayer und der Exeget Nikolaus Will Weltpriester; alle übrigen Mitglieder des Lehrkörpers gehörten Ordens- oder Chorherrngemeinschaften an. Diese Zentrierung erreichte eine Art krisenhaften Höhepunkt, als zu Beginn der neunziger

---

4   Vgl. T. KURRUS, Die Jesuiten an der Universität Freiburg i. Br., 1620-1773, 2. Bd., Freiburg 1977 (Beiträge zur Freiburger Wissenschafts- und Universitätsgeschichte 37), S. 302-315 zur Besetzung der Lehrstühle in der Theologischen Fakultät von 1620-1773; S. 202-212 zur Aufhebung des Kollegs.

5   Zu beiden KURRUS, Die Jesuiten (wie Anm. 4), S. 211f.

6   KURRUS, Die Jesuiten (wie Anm. 4), S. 225: Die Jesuiten Johann Wilhelm Sturm und Ignaz Zanger durften ihre Lehrstühle für Physik und Mathematik behalten.

Jahre die Benediktiner, mit Schulen und einer Universität wie Salzburg traditionell vertraut, in die von den Jesuiten hinterlassene Lücke eintreten wollten,
nachdem sie das früher ebenfalls von der Gesellschaft Jesu geleitete Gymnasium in Freiburg ohnehin übernehmen sollten; ein Verfahren, das Parallelitäten
an der Universität in Ingolstadt hatte, wo sie 1794 mit Erfolg sämtliche bisher
von Religiosen besetzte Lehrstühle erlangen konnten[7]. In einem Geheimbe-
schluß am 17. Mai 1793 auf einer Versammlung anläßlich der Einführung des
neuen Abtes von Sankt Blasien, Mauritius von Ripple, beschlossen die Präla-
ten in Krotzingen, beim Kaiser vorstellig zu werden, um auch Lehrstühle an
der Universität zu erlangen und die Theologische Fakultät nach Konstanz zu
verlegen, wo die Kontrolle des Bischofs intensiver gewesen wäre. Den Freiburger Theologen warf man in diesem Kontext „Neuerungssucht" und „fran-
zösierende Denkungsart" vor[8]. Die Theologische Fakultät beriet darüber am 4.
Juli[9], und die Gesamtuniversität protestierte mit Erfolg gegen diese unfreund-
liche Maßnahme in Wien. Ein Brief des Fakultätsmitgliedes Carl Schwarzel an
seinen Kollegen Johann Leonhard Hug vom 3. Dezember 1794 griff das
Thema der benediktinischen Bemühungen am Wiener Hofe noch einmal auf.
Die Benediktiner hatten scheinbar zu diesem Zeitpunkt ihre Pläne nicht ganz
vergessen und stellten aus der Sicht des Freiburger Pastoraltheologen noch
immer für die Fakultät eine Gefahr dar[10].

Neben den Neubesetzungen bedeutete eine Neuorganisation des Studiums
die wesentlichste Änderung in der Fakultätsgeschichte dieser Zeit. Sie entfaltete sich in eine doppelte Richtung. Erstens inhaltlich in bezug auf den Studien-
plan, den 1774/76 der Benediktinerabt Stefan Rautenstrauch als *Entwurf zur
Einrichtung der theologischen Schulen in den k. k. Erblanden*[11] vorlegte, und der für
die Theologie ein entscheidender Wendepunkt war, von dem der Verfasser
selbst sagte: *Die Epoche der Jesuitenaufhebung in den k. k. Erblanden ist die Epoche der
neueren Studienreforme[!] daselbst*[12]. Er führte Pastoraltheologie und Kirchenge-

---

7   Vgl. W. MÜLLER, Universität und Orden. Die bayerische Landesuniversität Ingolstadt zwischen der
    Aufhebung des Jesuitenordens und der Säkularisation 1773-1803, Berlin 1986, S. 308.

8   Vgl. H. SCHREIBER, Geschichte der Albert-Ludwigs-Universität zu Freiburg i. Br., 3. Teil, Freiburg
    1868, S. 63-69; E. KELLER, Benediktinische Bemühungen um die theologische Fakultät in Freiburg
    und um Pfarrseelsorge im Breisgau im Jahr 1794. Nach einer Darstellung Karl Schwarzels, in: FDA
    92 (1972), S. 190-200, hier S. 197f.

9   Acta Facultatis Theologicae, im Folgenden Fakultätsbuch genannt, Universitätsarchiv Freiburg B
    35/33, S. 149: *Die 4 Julii habitum fuit consilium ordinarium in causa Benedictinorum . . .* Am 18. Juli berich-
    tete Schinzinger, der Rektor war, nochmals über die Vorgänge: Fakultätsbuch S. 149.

10 KELLER, Benediktinische Bemühungen (wie Anm. 8). Schwarzel war den Ordensleuten wenig wohl-
    gesonnen, wie auch ein Vorfall im Oktober 1797 zeigt, als die Prälaten sich über ihn offiziell be-
    schweren wollten (U. ENGELMANN (Hg.), Das Tagebuch von Ignaz Speckle, Abt von St. Peter im
    Schwarzwald, 1. Teil 1795-1802, Stuttgart 1966, S. 185).

11 Der Druck Wien 1776. Eine andere, leicht veränderte Ausgabe: Wien 1782. Vgl. J. MÜLLER, Rauten-
    strauch, in: LThK[3] 8 (1999) S. 857f.

12 Ausgabe Wien 1782, Vorrede.

schichte verpflichtend ein, legte bei der Dogmatik das Schwergewicht auf die Geschichte, nahm den systematischen Teil der Moraltheologie aus der Dogmatik weg und integrierte ihn in die Morallehre, strukturierte das Studium für eine Zeitdauer von fünf Jahren und betonte die biblischen Sprachen als eine der Grundlagen jeder Theologie. Die Durchführung dieses Plans stellte einen langen Prozeß dar und reihte sich in das auch in Freiburg generell vorhandene Interesse an Studienreformen ein, wie zum Beispiel die Freiburger theologische Dissertation von Josef Anton Labhart 1779 zeigte, welche die wechselnden Reformen bis hin zu Rautenstrauch darstellte[13]. Es lag auf der Linie einer Stoßrichtung gegen die Jesuiten und war im Sinne des Rautenstrauchschen Planes, daß 1785 bis in das neue Doktorgelöbnis hinein die Scholastik, die in der jesuitischen Ratio studiorum ein zentraler Studienpunkt war, abgelehnt wurde[14].

Zweitens sorgte Kaiser Joseph II. neben seinen zahlreichen anderen Dekreten und Eingriffen in die Universitäten, ihre Selbstverwaltung und Organisation, von denen auch die Akten der Theologischen Fakultät Zeugnis geben, bezüglich der Theologenausbildung für einen entscheidenden, wenn auch kurzlebigen Einschnitt im gesamten österreichischen Einflußbereich. Auf seine Initiative hin existierte von 1783 bis 1790 in Freiburg im ehemaligen Jesuitenkolleg ein Generalseminar für die Ausbildung aller Theologiestudierenden, das heißt auch der Ordensleute, deren kurz vorher immer weiter ausgebaute eigene Ausbildungstätten in den Klöstern aufzugeben waren[15]. Damit gehörte die Freiburger Institution zu den acht kleineren Generalseminarien der josephinischen Zeit[16], während sich die vier großen in Wien, Budapest, Pavia und Löwen befanden[17]. Die Dauer des geplanten Studiums wechselte und reduzierte sich im Laufe der Jahre von sechs auf vier Jahre, wobei die eigentliche Wissenschaft drei Jahre dauerte[18]. Auf die ständig neuen Vorschriften bezüglich des Seminars, das einer Egalisierung und Verbesserung des Theologiestudiums dienen sollte, ist hier nicht einzugehen; ebensowenig auf die Kritik, welche zum Beispiel der bischöfliche Kommissar, der Freiburger Münsterpfarrer und ehemalige Jesuit Wilhelm Sturm[19] und der Stadtpfarrer an Sankt Martin, Jo-

---

13 Dissertatio historico-theologica de vicissitudinibus Theologiae . . . Theses . . . J. A. LABHART, 1779.

14 SCHREIBER, Die Geschichte der Albert-Ludwigs-Universität (wie Anm. 8), S. 59.

15 Vgl. E. WILL, Aus dem letzten Jahr des Freiburger Generalseminars, in: FDA 100 (1980), S. 412-450.

16 Die übrigen Generalseminarien waren Olmütz, Prag, zwei in Lemberg, Graz, Innsbruck und Luxemburg.

17 Vgl. R. ZINNHOBLER, Generalseminarien, in: LThK³ 4 (1995), S. 448.

18 Mit Hofdekret vom 26. August 1788 wurde der: . . . *theologische[n] Studiengang, welcher bisher vier Jahre gedauert hat, auf drei, und den ganzen zur sittlichen und wissenschaftlichen Bildung der geistlichen Zöglinge in den Generalseminarien vorgeschriebenen Zeitraum von fünf auf vier Jahre* festgelegt (zit. J. KÖNIG, Beiträge zur Geschichte der theologischen Fakultät Freiburg, Freiburg 1876, S. 263).

19 WILL, Aus dem letzten Jahr (wie Anm. 15), S. 428-435; zur Person siehe auch KURRUS, Die Jesuiten

hann Baptist Ignaz Häberle, äußerten, womit sie der Position der bischöflichen Kurie in Meersburg entgegenkamen[20]. Für die Situation der Fakultät und ihre Freiheit in der Theologie ist es von Bedeutung, daß auf derselben Linie wie das vom Einfluß der Kirche unabhängige Generalseminar ab 1785 nicht mehr der Bischof von Basel als Kanzler der Universität fungierte und Joseph II. die Professio fidei Tridentina als Glaubensbekenntnis sowie den Gehorsamseid gegen den Römischen Stuhl, die bisher zu schwören waren, abschaffte. Folgerichtig wies die Formel bei der Doktorpromotion, die der Promotor zu sprechen hatte, jetzt nicht auf die Autorität des Basler Bischofs, sondern auf die des Kaisers hin[21].

Unter diesen Voraussetzungen einer Theologie im Übergang, die durch solche Veränderungen in Gang gekommen war und deren Konturen komparatistisch für die katholische Seite in der Universitätsgeschichte noch längst nicht deutlich genug erarbeitet sind, besaß am Ende des 18. Jahrhunderts die Theologische Fakultät Freiburg vier herausragende Professoren, wobei auffällt, daß ein noch kurze Zeit vorher vorhandenes Übergewicht der Orden jetzt fehlte: den Augustiner Engelbert Klüpfel als Dogmatiker; Johann Leonhard Hug als Exeget; Carl Schwarzel als Pastoraltheologen sowie Ferdinand Wanker als Moraltheologen. Die Kirchengeschichte vertrat als fünfter, weniger bedeutender Professor Joseph Schinzinger und das Kirchenrecht, angesiedelt in der Juristischen Fakultät, Joseph Petzek, der zugleich als Bücherzensor tätig war.

Unter ihnen dürfte Hug[22], der Jüngste von den Genannten[23], wissenschaftsgeschichtlich der Wirksamste gewesen sein und eine Theologie vertreten haben, deren Folgen weit in das 19. Jahrhundert hineinreichte. Als bahnbrechender Exeget, Professor für orientalische Sprachen und Altes Testament seit 1791 in Freiburg, inspirierte er vor allem die biblische Einleitungswissenschaft sowie die Text- und Sprachgeschichte der Bibel[24] und setzte sich intensiv mit

---

(wie Anm. 4), S. 225, Anm. 889.

20 WILL, Aus dem letzten Jahr (wie Anm. 15), S. 442-444. Häberle nahm später eine völlig konträre kirchenpolitische Haltung ein, indem er liberal wurde.

21 SCHREIBER, Die Geschichte der Albert-Ludwigs-Universität (wie Anm. 8), S. 58f.; Fakultätsbuch, 3. Juni 1785, S. 67: *Accepimus decretum, quo hactenus consueta formula promotionis ad doctoratum mutatur, et huiusque usitato juramento sponsio sollennis substituitur. Formula promotionis nova, quae praescribitur, sic sonat: Pro autoritate muneri meo ab Augusto collata . . .* Eintrag 10. März 1785, S. 67: Die Professio fidei und der Gehorsamseid gegen den Römischen Stuhl, der bei Erlangen eines akademischen Grades oder der Lehrbeauftragung nötig ist, wird abgeschafft.

22 Vgl. E. KELLER, Johann Leonhard Hug. Beiträge zu seiner Biographie, in: FDA 93 (1973), S. 5-233; DERS., Johann Leonhard Hug (1765-1846), in: Katholische Theologen Deutschlands im 19. Jh. Bd. 1, hg. v. H. FRIES/G. SCHWAIGER, München 1975, S. 253-273; G. MÜLLER, Johann Leonhard Hug. Seine Zeit, sein Leben und seine Bedeutung für die neutestamentliche Wissenschaft, Erlangen 1990 (Erlanger Studien 85); DERS., Hug, in: LThK³ 5 (1996), S. 300.

23 Geb. 1765. Wanker 1758, Schwarzel 1746, Klüpfel 1733.

24 Zu seinen Handschriften, die auch arabische Texte umfaßten, vgl. W. HAGENMAIER, Johann Leonhard Hug (1765-1846) als Handschriftensammler. Die von ihm erworbenen und der Universitätsbi-

der protestantischen Exegese auseinander. Wanker rezipierte in einer zwischen Offenbarungspositivismus und reinem Rationalismus vermittelnden Form die Kantsche Philosophie für die Moraltheologie und stellte somit ein Exempel der spätaufgeklärten katholischen Theologie dar[25].

Klüpfel und Schwarzel sind, wenn auch in je verschiedener Weise, Beispiele einer Theologie in Freiburg, die neben den persönlich gefärbten Eigenarten typische Strömungen in Vorderösterreich zum Ende des Alten Reiches widerspiegeln, von denen im Folgenden noch zu sprechen sein wird. Klüpfel[26], an der augustinischen Theologie interessiert, gemäßigt aufgeklärt und im Sinne der Alten Reichskirche episkopalistisch eingestellt, wobei er das Staatskirchentum eines Joseph II. durchaus akzeptierte[27], war der Meinung, nur die Gesamtkirche, nicht der Papst sei unfehlbar. Das Ideal seiner Ekklesiologie stellte für ihn die Alte Kirche dar, und die Edition plus Kommentierung des Commonitorium des Vinzenz von Lerins, die er 1809 herausgab, dürfte ein Signum dafür sein, daß er dessen Traditionsprinzip akzeptierte und damit auch seine eigene, gegen radikale Aufklärung und zuviel Neuerung kritische Position dokumentierte sowie seine Schüler, an die er einen langen Brief in dieser Edition voranstellte, gegen allzu viel Wandel immunisieren wollte[28]. Dementsprechend war seine 1789 erstmals erschienene zweibändige Dogmatik, die das für den österreichischen Einflußbereich maßgebende Lehrbuch bis 1856 darstellte[29], unscholastisch und wenig spekulativ. Klüpfels historisches Interesse drückte sich ebenso in der Gründung einer über die Anfänge nicht hinausgekommene, also letztlich unwirksamen Zeitschrift, der „Vetus Bibliotheca ecclesiastica",

bliothek Freiburg i. Br. vermachten Handschriften im Spiegel seiner Forschungs- und Interessengebiete, in: FDA 100 (1980), S. 487-500.

25 Vgl. H. J. MÜNK, Der Freiburger Moraltheologe Ferdinand Geminian Wanker (1758-1824) und Immanuel Kant. Historisch-vergleichende Studie unter Berücksichtigung weiterer philosophisch-theologischen Gedankenguts der Spätaufklärung, Düsseldorf 1985 (Moraltheologische Studien. Historische Abteilung 10). Dort S. 294 zur Entwicklung Wankers: „Von jener Strömung der deutschen Aufklärung, die durch Namen wie G. Leß, J. G. H. Feder, K. A. von Martini u. a. gekennzeichnet ist, ausgehend, schloß er sich in seiner mittleren Schaffensperiode in den aufgezeigten Themenfeldern der bereits über die Aufklärung hinausweisenden praktischen Philosophie Kants an; schließlich wandte er sich zunehmend Geistesströmungen und Denkern (insbesondere J. M. Sailer und F. H. Jacobi) zu, die Entscheidendes zur Überwindung der Aufklärung in ihrer historischen Begrenztheit und zum Erstarken der nachfolgenden Romantik beitrugen"; zur „Vermittlung", S. 298f.

26 Vgl. W. MÜLLER, Engelbert Klüpfel (1733-1811), in: FRIES/SCHWAIGER, Katholische Theologen (wie Anm. 22), S. 35-54; L. HELL, Klüpfel, in: LThK³ 6 (1997), S. 153.

27 1777 hielt er anläßlich des Besuches des Kaisers in Freiburg einen Panegyricus auf diesen, der 1778 im Druck erschien: Panegyricus Iosepho II Rom. Imperatori nomine Musarum Friburgensium Anno MDCCLXXVII dictus ab Engelberto Klupfelio, Freiburg 1778. 1781 hatte er eine Rede über die verstorbene Kaiserin Maria Theresia gehalten.

28 Commonitorium S. Vincentii Lerinensis. Praemisit epistolam et prolegomena ac notis illustravit Engelb. Klüpfel, Wien 1809, z. B. S. 2: . . . . *id genus scriptum, quod, secluso errandi periculo, certam et expeditam viam monstrat, qua facilius itur, ac pervenitur ad sacrorum dogmatum veracem intelligentiam.*

29 Institutiones theologiae dogmaticae. 2 Bde., Wien 1789. Die weiteren Auflagen bei W. RAUCH, Engelbert Klüpfel, ein führender Theologe der Aufklärungszeit, Freiburg 1922, S. 11f.

aus. Mehr Erfolg hatte er mit der Publikation der „Nova Bibliotheca ecclesiastica Friburgensis", die von 1775 bis 1790 erschien[30]. Diese Zeitschrift setzte sich in Rezensionen mit der theologischen Literatur aller Konfessionen auseinander und vermittelte zusammen mit zahlreichen Informationen, etwa zu Dissertationen in den verschiedenen Hochschulen, Klüpfels theologische Sicht in einer literarischen Öffentlichkeit. Seine dort veröffentlichten Briefe, die sich kritisch mit dem Protestanten und einem der Begründer der historisch kritischen Theologie, Johann Samuel Semler, auseinandersetzten, belegen nochmals, daß er eine radikalere Aufklärung ablehnte. Auf einer anderen Ebene läßt sich sein konservativer Zug daran ablesen, daß Klüpfel so gut wie nur in Latein publizierte und auf diese Weise sich einem breiteren Publikum nicht öffnete, sondern die Theologie elitär weiterbetrieb.

In seinem Kirchenbild wies der Pastoraltheologe Schwarzel ähnliche Züge wie sein Kollege in der Dogmatik auf[31]. Auch für ihn stellte die Alte Kirche die Leitidee dar und war das österreichische Staatskirchentum akzeptiert. Eingebunden in spätjansenistische Kreise, die er etwa als Kooperator des Spätjansenisten Marx Anton Wittola hatte kennenlernen können, und ausgestattet mit Kontakten zu Jansenisten, von denen unter anderem ein in Utrecht deponierter Briefwechsel mit über 100 Stücken und der Bezug der jansenistischen Zeitschrift „Nouvelles ecclésiastiques" durch den Freiburger Theologen zeugen[32], vertrat Schwarzel einen „jansenistisch gefärbten Reformkatholizismus"[33]. Er war dementsprechend ein Gegner der Mönche und der Scholastik[34], aber zumindest seit Beginn des 19. Jahrhunderts, als generell die Kritik an der Aufklärung zunahm, stand er auch einer theologischen Linie, die den Dogmenbestand der römisch-katholischen Kirche in Frage stellte, sehr kritisch gegenüber[35]. Seine dreibändige „Anleitung zu einer vollständigen Pastoraltheologie",

---

30 Vgl. E. KELLER, Der Freiburger Theologe Engelbert Klüpfel in seiner Zeitschrift Nova Bibliotheca Ecclesiastica Friburgensis (1775-1790), in: FDA 103 (1983), S. 13-137.

31 Vgl. E. KELLER, Zum theologischen Standort des Freiburger Pastoraltheologen Karl Schwarzel (1746-1809). Erläutert aus Briefen an Wessenberg, in: FDA 92 (1972), S. 177-189; J. MÜLLER, Carl Schwarzel, in: LThK³ 9 (2000), S. 328; Ders., Der Freiburger Pastoraltheologe Carl Schwarzel (1746-1809) unter besonderer Berücksichtigung seiner Stellung zu Jansenismus und Aufklärung. Diss theol. masch. Freiburg 1959.

32 Zu den Briefen vgl. J. BRUGGEMAN-A. J. VAN DE VEN, Hgg., Inventaire des pièces d'archives françaises se rapportant à l'abbaye de Port-Royal des Champs et son cercle et à la résistance contre la Bulle Unigenitus et à l'appel (Ancien fonds d'Amersfoort), La Haye 1972, Nr. 2524.3572.

33 P. HERSCHE, Der Spätjansenismus in Österreich, Wien 1977, S. 209.

34 Interessant ist, daß Schwarzel die Akten der Florentiner Synode von 1787, die Reformen wollte, sich aber von der Synode von Pistoia absetzte, edierte. Die Edition: Acta congregationis archiepiscoporum et episcoporum Hetruriae Florentiae anno 1787 celebratae ex italico in latinum translata. 6 Bde., Bamberg-Würzburg 1790-1794.

35 Vgl. KELLER, Zum theologischen Standort des Freiburger Pastoraltheologen Karl Schwarzel (wie Anm. 31). Der erste Brief an Wessenberg datiert vom 14. Januar 1803.

die er anders als die Publikationen Klüpfels erstmals 1799-1800 in Deutsch herausgab, gewann großen Einfluß auf dieses neugegründete Universitätsfach.

2. Das Responsum Facultatis Theologicae Friburgensis von 1798 als Dokument einer Theologie im Übergang und seine publizistische Wirkung

Die theologische Position an der Fakultät in Freiburg, in diesem Falle vor allem repräsentiert durch Klüpfel und Schwarzel, war gefordert und wirkte sich aus, als 1798 bedingt durch die Entwicklungen im französisch-republikanischen Elsaß und dessen Nähe zu Vorderösterreich und zum Bistum Konstanz ein Anliegen, von dem weiter unten genauer die Rede sein wird, auftauchte, das nicht nur eine Entscheidung schwerwiegender Natur hervorrief, sondern auch langfristig massive Querelen nach sich zog. Um den Hintergrund zu verstehen, ist zunächst auf die Situation im revolutionären Frankreich einzugehen[36]. Den Ausgangspunkt für die Entwicklung innerhalb der Kirche bildete dort die „Zivilkonstitution für den Klerus" (Constitution civile du clergé) vom 12. Juli 1790, die ein weitgehendes Staatskirchentum und einschneidende Änderungen wie die Vorschrift der Bischofswahl unter Beteiligung von weltlichen Deputierten sowie in einem Ausführungsdekret vom 27. November 1790 von den geistlichen Amtsträgern den Eid auf die Verfassung forderte. Einige Monate später, am 10. März 1791, verurteilte Papst Pius VI. den Eid und die Zivilkonstitution[37]. Prinzipiell wandte er sich vor allem gegen die Proklamation von Freiheit und Gleichheit in der französischen revolutionären Verfassung sowie gegen die daraus folgende Religionsfreiheit, die für ihn eine *wahre Ungeheuerlichkeit* darstellte[38]. In zwei weiteren Breven vom 13. April 1791 und 19. März 1792 verurteilte der Papst solche Priester, die den Eid schworen, als suspendiert, als Schismatiker und als Eindringlinge[39]. Weniger als ein Drittel der französischen Priester und ca. 73% der Bischöfe emigrierten[40]. Es folgte eine Spaltung der französischen Kirche in Eidleistende (assermentés) und Eidverweigernde (refractaires), wodurch eine konstitutionelle offizielle Kirche und eine starke geheime Untergrundkirche, die Kontakte zu den Emigranten

---

36 Vgl. D. VARRY/C. MULLER, Hommes de dieu et révolution en Alsace, Turnhout 1993, S. 243.

37 Breve Quod aliquantum, in: A. UTZ u. a. (Hg.), Die katholische Sozialdoktrin in ihrer geschichtlichen Entfaltung. Eine Sammlung päpstlicher Dokumente vom 15. Jh. bis in die Gegenwart, Aachen 1976, S. 2652-2729.

38 Ebd. S. 2663.

39 H. AMANN, Gutachten der theologischen Fakultät von Freiburg über die Amtsverrrichtungen der französischen katholischen Geistlichen, die den Verfassungseid leisteten. Mit Einleitung, ungedruckten Aktenstücken, Übersetzungen und Anmerkungen, Freiburg 1832, S. 82-84.

40 B. PLONGERON, Eine Revolutionsregierung gegen das Christentum (1793-1795), in: Die Geschichte des Christentums, hg. v. B. PLONGERON, Bd. 10, Freiburg u. a. 2000, S. 416ff.

besaß, entstanden[41]. Die Situation für die katholische Kirche in Frankreich, die damit einer schweren Belastung ausgesetzt war, blieb in den folgenden Jahren nicht gleichförmig, sondern wechselte mit den politischen Ereignissen. Nicht nur betraf die Phase der revolutionären grand terreur mit ihren Morden an Priestern und Ordensleuten und der gezielten Dechristianisierung von 1793/94 die Eidleistenden ebenso wie die Eidverweigerer, sondern seit 1795 sammelte sich auch die konstitutionelle Kirche im „Ausschuß der Vereinigten Bischöfe" unter Abbé Henri Grégoire, der als ihr fähigster Kopf anzusehen ist, und begann, sich solide zu formieren[42]. Das Rundschreiben der „Vereinigten Bischöfe" vom 15. März 1795 bezog sich bewußt auf das Konzil von Trient, womit man die Kontinuität mit der römisch-katholischen Kirche betonte[43]. Vom 15. August bis zum 12. November 1797 tagte in Paris ein konstitutionelles Nationalkonzil, welches ebenfalls konservative Züge etwa im Priesterbild zeigte, das Glaubensbekenntnis (Professio fidei Tridentina) beschwor und mit Hilfe publizistischer Aktionen Einfluß auf die Öffentlichkeit zu nehmen suchte[44]. Die Synode schrieb nicht nur zu Beginn einen Brief an den Papst, sondern informierte ihn auch in einem zweiten Schreiben über ihr Ende und ihre Beschlüsse, unter denen sich auch die Eheproblematik in der Französischen Republik befand, mit der Bitte, endlich mit ihnen zu sprechen und die Einheit in der Kirche herzustellen sowie ein Generalkonzil einzuberufen. Ebenso nahm sie in einem längeren Schreiben und einer Instruktion zum geforderten Eid von 1797 Stellung, der den Haß gegen das Königtum und die Anarchie, die Treue zur Republik sowie zur neuen Konstitution dieses Jahres gefordert und bei den emigrierten Bischöfen Empörung ausgelöst hatte[45]. Das Ergebnis der Synode lautete, der Eid könne geschworen werden. Ein zweites konstitutionelles Nationalkonzil folgte 1801[46]. Im Umfeld der letzteren Synode

---

41 Vgl. T. TACKET, La revolution, l'église, la France. Le serment de 1791, Paris 1986; C. LANGLOIS, Le serment révolutionnaire, archaisme et modernité, in: J.-C. MARTIN (Hg.), Religion et révolution, Paris 1994, S. 25-39.

42 Vgl. zu ihm B. PLONGERON, L'Abbé Grégoire (1750-1831) ou l'Arche de la Fraternité, Paris 1989; H. MAIER, Grégoire, in: LThK³ 4 (1995), S. 996f. Eine Sammlung von Texten bei F. P. BOWMAN (Hg.), L'abbé Grégoire, évêque des lumières, Paris 1988.

43 B. PLONGERON, Am Kreuzungspunkt der Wege eines wiedererwachenden Christentums, in: Die Geschichte des Christentums (wie Anm. 40), S. 457.

44 Ebd.

45 Vgl. B. PLONGERON, Die „Religionspolitik" unter dem Direktorium?, in: Die Geschichte des Christentums (wie Anm. 40), S. 435. Die Beschlüsse in: Canons et décrets du Concile National de France. Tenue, à Paris, en l'an de l'ère Chrétienne 1797, Paris 1798. Dort S. 1-17 der Brief an den Papst in lateinischer und französischer Fassung. Das Dekret über die Ehe S. 144-148: Der Vertrag läßt eine gültige Ehe entstehen. Da der Staat für die Verträge zuständig ist, muß sie nach den Staatsgesetzen geschlossen werden. Zum Sakrament wird sie vor zwei Zeugen und dem Priester. Eine Scheidung wird abgelehnt. Der Synodenbrief zum Eid S. 294-317; der zweite Brief an den Papst S. 328-331 (die französische Fassung).

46 Vom 29. Juni bis 15. August; vgl. PLONGERON (wie Anm. 43), S. 459.

erschien mit Blick auf das Freiburger Gutachten, von dem im Folgenden zu sprechen sein wird, und seiner Hochschätzung der französischen Synode von 1797 im Jahre 1801 wohl aus Emigrantenkreisen eine gefälschte Schrift in Französisch, die der Universität in Freiburg eine enge Verbindung zu dieser zweiten Synode unterstellte[47]. Mit dem Napoleonischen Konkordat vom 15. Juli 1801 endete die Phase der konstitutionellen Kirche in Frankreich[48].

Auf dem Hintergrund dieser gespaltenen französischen Kirche und der Frage, wieweit die Sakramentenspendung und Katechese der eidleistenden Priester rechtmäßig seien, entstand ein Dokument, das als „Responsum Facultatis Theologicae Friburgensis" in die Geschichte eingegangen ist. Der konkrete Anlaß stellte sich folgendermaßen dar: Elsässer waren nach dem Frieden zu Campoformio vom 17. Oktober 1797 zwischen Österreich und Frankreich in das Gebiet der Diözese Konstanz gekommen, um die Sakramente zu empfangen, da sie der konstitutionellen Kirche mißtrauten und deren Amtsverrichtungen für ungültig hielten. In diesem Zusammenhang bildete neben der Beichte, die eine gültige Jurisdiktion des beichthörenden Priesters voraussetzte, welche man bei den Eidleistenden nicht annahm, die Eheschließung nochmals ein verschärftes Problem, da sie in Frankreich als Zivilehe im Sinne eines Zivilkontraktes zwingend notwendig war und damit die Qualität, das heißt die Gültigkeit dieser Ehen theologisch beurteilt werden mußte beziehungsweise man nach dem sakramentalen Charakter der Ehe und dessen zusätzlichen Erwerb vor dem Priester und zwei Zeugen fragte[49]. Ohne auf die komplexe Situation näher einzugehen – es wäre das Problem der zum Beispiel in Konstanz zahlreichen Emigrantenpriester und deren Einfluß zu diskutieren[50] –, entstand daraus eine schwierige Situation, deren Problematik der Dekan des wegen seiner Nähe zum Elsaß besonders betroffenen Breisacher Landkapitels, Josef Thomas Ferdinand Müller, zunächst der bischöflichen Kurie in Meersburg vorlegte, um eine einheitliche seelsorgliche Praxis in bezug auf die hilfesuchenden Elsässer in seinen Pfarreien zu erreichen. Die Behörde nahm völlig negativ zu den konstitutionellen Priestern Stellung und berief sich auf die

---

47 Adhésion de l'université de Fribourg en Brisgau au S. Concile Nationale de la nouvelle Église Gallicane, Paris 1801. Der Autor dürfte ein Emigrantenpriester gewesen sein.

48 Das Konkordat bei A. MERCATI (Hg.), Raccolta di concordati su materie ecclesiastiche tra la Santa Sede e la Autorità Civili, Bd. 1, Città del Vaticano 1954, S. 561-565.

49 Zur Ehereform durch die Französische Revolution vgl. B. STOCKER, Die Eherechtskompetenz in regalistischen Theorien, Diss. Theol. Masch., Freiburg 2000, S. 178-186.

50 A. MOSER, Die französische Emigrantenkolonie in Konstanz während der Revolution (1792-1799), Sigmaringen 1975. Der Abt von Sankt Peter bei Freiburg, Ignaz Speckle, beurteilt am 28. März 1798 die Emigranten sehr negativ in seinem Tagebuch S. 229 (Freiburg hat 1798 zahlreiche Emigranten, die schlechte Sitten zeigen); S. 233 am 25. April 1798: *In Freiburg wimmelts von Emigranten, geistlich und weltlich ... Die Geistlichen sind Müßiggänger und meist leichtsinnige Windmacher, tragen sich meist weltlich, auch emigrierte Religiosen.*

päpstlichen Verurteilungen[51]. In einem zweiten Schritt bat Müller die Theologische Fakultät in Freiburg um ein Gutachten, da er wohl mit der bischöflichen Entscheidung nicht zufrieden war. Nachdem das Fakultätsresponsum in Druck gegangen und öffentlich zugänglich war, entwickelte sich ein juristischer und publizistischer Streit, der die Freiburger Theologen in große Schwierigkeiten brachte.

In den Akten der Theologischen Fakultät taucht die Bitte des Breisacher Dekans und die Erwähnung eines ersten Entwurfes einer Antwort von dem Pastoraltheologen Schwarzel, der an alle Theologieprofessoren verschickt worden war, in der Sitzung am 22. Februar 1798 auf[52]. Weitere Beratungen folgten, die wesentliche Änderungen der Vorlage brachten, wobei Klüpfel sich als Hauptverfasser der endgültigen Fassung profilierte. Nach mehreren Sitzungen nahm die Fakultät das Responsum an[53]. Folgende Professoren gaben ihre Unterschrift: der Dekan Wanker, Schwarzel, Hug, Klüpfel, Schinzinger und der nicht der Fakultät angehörende Petzek[54]. Am 2. April sandte Schwarzel ein Exemplar des Responsum nach Merzhausen zu Landdekan Müller. Dieser wollte die gedruckte Publikation verhindern und scheint alle Exemplare der ersten Auflage aufgekauft zu haben. Eine zweite, korrigierte Edition ist am 25. Mai 1798 erwähnt[55], und vermutlich gab es noch eine dritte Ausgabe.

Die Theologische Fakultät kam in ihrem Gutachten zu einer völlig konträren Position im Vergleich mit der des Konstanzer Ordinariates. Ihre Antwort auf die zentrale Frage, *Ob die Priester, welche sich eidlich auf die Gesetze der französischen Republik verpflichtet haben, und deren einige verehelicht sind, als rechtmäßige Seelenhirten anzuerkennen seien*[56], lautete: *Nachdem wir aber alles genau und unparteiisch erwogen, haben wir die Ansicht, die wir hiermit aussprechen, daß jene Priester wahre und rechtmäßige Seelenhirten sind, und daß von ihnen die Gläubigen in Frankreichs kirchlichen Gemeinden zu jeder Zeit, auch wenn sie kein Notfall dazu zwingt, die Sakramente verlan-*

---

51 Das Gutachten in Universitätsarchiv Freiburg B 35/326. Eine Übersetzung bei AMANN, Gutachten der theologischen Facultät von Freiburg (wie Anm. 39), S. 59-68.

52 Fakultätsbuch S. 230: *Decanus Capituli ruralis Brisacensis plures Curiae Constantiensi proposuit quaestiones in eo sitas, quid cum Alsatis religionis, maxime poenitentiae et matrimonii sacramenti recipiendi causa saepius ad terras nostras pervenientibus agendum sit. Missis a Curia responsis supradictus Decanus ratione eiusdem materiae Consilium a facultate Theologica expetiit, quem in rem acta singula, et ea, quae a Clarissimo Professore Schwarzel hac in re Doctissime jam elaborata fuere, ad omnes Theologiae Professores transmissa sunt.*

53 Vgl. Fakultätsbuch 20.03.1798, 22.03.1798 und 27.03.1798, S. 231f.

54 Responsum Facultatis Theologicae Friburgensis de veritate sacramentorum etc. quae jurati sacerdotes in Alsatia ministant. o. O. 1798. AMANN, Gutachten der theologischen Facultät von Freiburg (wie Anm. 39), hat seiner Übersetzung auch den lateinischen Text des Responsum beigedruckt.

55 Fakultätsbuch 25.05.1798, S. 236.

56 AMANN, Gutachten der theologischen Facultät von Freiburg (wie Anm. 39), S. 2.

*gen und empfangen können; da jene einmal weder Häretiker, noch Schismatiker oder Ein-
gedrungene sind*[57].

Es ist für das Vorhaben, die das Responsum bestimmende Theologie zu
eruieren und sich ihren Übergangscharakter mit Blick auf das folgende 19.
Jahrhundert klarzumachen, nicht notwendig, sämtliche Argumente der Freiburger Theologen darzustellen. Einige Aspekte mögen genügen. Das ist einmal ganz in der Linie der Ansichten von Schwarzel und Klüpfel der Rückgriff
auf die Praxis und das Vorbild der Alten Kirche[58] sowie deren Umgang mit
Abweichlern, etwa bei den Novatianern, wobei man die Gültigkeit von deren
Sakramentenspendung auch nicht angezweifelt habe[59]. In dieses Kirchenbild
paßt eine Art Relativierung der päpstlichen Aussagen und die Akzentuierung,
daß der Papst in seinem Amt dem Aufbau der Kirche dienen müsse. An eine
Zerstörung des kirchlichen Lebens in Frankreich, das die Folge einer absoluten Eidverweigerung des Klerus gewesen wäre, hätte der Römische Pontifex
darum nicht denken können. Wichtig und für die genaue Beobachtung der
Vorgänge in Frankreich durch die Freiburger Fakultät kennzeichnend sind die
Ausführungen, daß seit 1790 sich die Verhältnisse wesentlich geändert hätten
und mit der von den Freiburgern deutlich betonten Synode 1797 die französische Kirche einen konservativen, keineswegs häretischen und schismatischen,
sondern durchaus mit Rom im Konnex sein wollenden Kurs eingeschlagen
habe. In einer fiktiven Rede läßt das Responsum den Papst diese Gedanken
eines Primates der Seelsorge gegenüber Verurteilungen, die er ohnehin nie direkt auf einzelne Personen bezogen habe, und der Veränderungen beziehungsweise positiven Entwicklungen in der Ecclesia Gallicana entwickeln.
Ohne die geschworenen Priester und deren Seelsorge, die man auf andere
Weise nicht habe garantieren können, wäre das Christentum in Frankreich
zugrunde gegangen. Das Gutachten legt dem Römischen Pontifex deutlich die
Perspektive der Freiburger Theologen in den Mund, läßt ihn sich an der Praxis
der Alten Kirche orientieren und die Freiburger Antwort somit stützen[60]. Interessant ist die Ehelehre. Gemäß dem Responsum ist jede vor der Zivilbe-
hörde geschlossene Ehe eine wirkliche und gültige Ehe, da die Gültigkeit eines
Vertrages von den Staatsgesetzen abhängt. Wenn sie dann von einem Priester
eingesegnet wird, ist sie auch ein Sakrament[61]. Damit folgt das Gutachten der
regalistischen Ehelehre mit ihrer Trennung von Vertrag und Sakrament, die in

---

57 Ebd. S. 14. Siehe auch S. 28: . . . , *daß die geschwornen Priester in Frankreich als wahre und rechtmäßige Seelen-
    hirten anerkannt werden müssen, und daß die christliche Gemeinde berechtigt ist, mit ihnen in religiösen Dingen Ge-
    meinschaft zu haben.*

58 Ebd.: . . . *sed ostendere ecclesiae primitivae factis . . .* (S. 13); S. 12: *sanctior illa antiquae ecclesiae praxis.*

59 Ebd. S. 8f.

60 Ebd. S. 21–25.

61 Ebd. S. 29f.

Österreich durchaus üblich war[62]. Die Trienter Eheregelung gelte nicht absolut, sondern sei relativ nach den Umständen zu verstehen, könne also auch geändert werden[63].

Die bei all dem vorhandene Frage nach dem Verhältnis von Kirche und Staat, eine Art Schlüsselproblem im Kontext des Eides auf die Zivilkonstitution des Klerus, ist im Sinne des Josephinismus beantwortet; das heißt ein relatives Staatskirchentum wird akzeptiert und dem Staat ein ius circa sacra zugestanden. Der Eid sei rein bürgerlicher Natur und könne darum nicht eine Glaubensfrage tangieren, was bedeutet, daß er auch nicht die Qualität der geschworenen Priester bezüglich ihrer Sakramentenspendung und Verkündigung berührt. Den Staatsgesetzen sei zu gehorchen, und sie binden auch die Gewissen, wie die gängigen Lehrbücher für das Kirchenrecht und die Moraltheologie zeigen könnten[64].

Mit dem Responsum hatte sich die Fakultät auf ein Feld begeben, auf dem mehrere Faktoren zusammentrafen: die Reaktion der konstitutionellen Kirche in Frankreich auf das Freiburger Gutachten; eine politische österreichische Dimension einschließlich des Einflusses der französischen Emigranten etwa in Konstanz oder am Wiener Hof; eine kirchenpolitische im Bistum Konstanz und eine theologische im Streit um Argumente sowie Prinzipien.

Es ist verständlich, daß die konstitutionelle französische Kirche das Responsum positiv wertete. Abbé Grégoire, der konstitutionelle Bischof von Blois, der es über den konstitutionellen Straßburger Bischof Berdolet erhalten hatte, übersetzte es eventuell selbst ins Französische und publizierte den Text in den „Annales de la Religion"[65]. Er hatte auch Kontakte mit Schwarzel und sah auch später das Fakultätsgutachten als bedeutenden Akt, der in der Sichtweise seiner eigenen Ekklesiologie lag, an[66]. Ein geschworener Priester übersetzte die „Antwort" ins Deutsche, um sie im Elsaß zugänglich zu machen[67]. Das konstitutionelle französische Nationalkonzil von 1801 lobte in seiner „Lettre des évêques réunis à Paris, composant la commission intermédiaire du

---

62 Vgl. STOCKER, Die Eherechtskompetenz in regalistischen Theorien (wie Anm. 49), S. 192-276, zu Petzek S. 202-209. Zur Kritik durch Papst Pius VI. ebd. S. 277-281.

63 AMANN, Gutachten der theologischen Facultät von Freiburg (wie Anm. 39), S. 31.

64 Ebd. S. 33f. Zu den zeitgenössischen Lehrbüchern vgl. E. HOSP, Die josephinischen Lehrbücher der Theologie in Österreich, in: Theologisch-Praktische Quartalschrift 105 (1957), S. 195-214.

65 VARRY/MULLER, Hommes de dieu et révolution en Alsace (wie Anm. 36), S. 243. In der Fakultät wurde Grégoire als Übersetzer genannt; AMANN, Gutachten der theologischen Fakultät von Freiburg (wie Anm. 39), S. 49.

66 Vgl. Henri Grégoire, Essai historique sur les libertés de l'église gallicane et des autres églises de la catholicité, Paris ²1826, S. 311-313 zu Schwarzel und zu dem Gutachten. Grégoire urteilt: *La consultation de ces théologiens, étrangers à la France, étrangers à l'ésprit de parti, est dictée par une raison lumineuse et une charité sincère* (S. 312). Er machte auch auf die politische Seite in Wien aufmerksam, wo man angeblich ein Interesse daran hatte, die Franzosen 1798 als atheistisch erscheinen zu lassen, so daß das Gutachten nicht in das Kalkül einer solchen Sicht paßte (S. 313).

67 Siehe die Auflistung der Titel am Ende dieses Beitrags.

Concile national de France, aux évêques des autres églises catholiques, donnée à Paris le 8. Mars 1801" ausdrücklich die Freiburger Theologische Fakultät[68].

Was die Politik betrifft, so erwähnte das Fakultätsbuch am 22. Juni eine erste Kritik an ihrem Gutachten durch den vorderösterreichischen Regierungspräsidenten Joseph Thaddäus von Summerau[69] und vermutete französische Exulanten als die treibende Kraft. Petzek antwortete darauf mit einem politischen Argument: Eine anderslautende Auskunft hätte Streit mit den Franzosen gebracht[70]. Der Wiener Hof schaltete sich bald ein und zeigte sich im Unterschied zur Theologischen Fakultät Wien und dem Wiener Studienconsess wenig erfreut[71]; eine Verteidigungsschrift als Eingabe hatte keinen Erfolg[72], und schließlich verbot Wien eine schon in Angriff genommene öffentliche Verteidigung des Gutachtens[73] und warnte davor, in Zukunft ohne Rücksprache Aktionen dieser Art durchzuführen. Kirchenpolitisch wurde der Konstanzer Generalvikar durch ein Tadeln der Fakultät und die bischöfliche Kurie durch das Vorladen des Landdekans Müller sowie erneuten Plänen zur Verlegung der Fakultät aktiv[74].

Wenn wir über das zum Responsum schon Gesagte hinaus die Theologie dieser Kontroverse nochmals analysieren, so lassen sich mehrere Aspekte erkennen. Beginnen wir mit der Fakultät, dann ergeben sich im wesentlichen zwei Punkte: Erstens die Tendenz zu einem Staatskirchentum, das man auch auf das Frankreich von 1798 anwenden zu können glaubt; zweitens eine Sicht der Kirche, die deren pastoralen Auftrag als oberste Leitlinie ernst nimmt. Diese Kirche darf nicht mit abstrakten Prinzipien operieren, mit denen sie zum Beispiel das christliche Leben in Frankreich durch die Ablehnung jeden Eides zerstört, sondern muß das Christentum den Gegebenheiten der Menschen anpassen und im Rahmen dieser jeweiligen Situation agieren, um die Werte des Christentums nicht untergehen zu lassen. Das Responsum hat diese

---

68 Fakultätsbuch 22. April 1801, S. 318. Der Text bezüglich der Fakultät ist abgedruckt bei AMANN, Gutachten der theologischen Facultät Freiburg (wie Anm. 39), S. 99. Siehe auch oben die Adhésion (wie Anm. 47).

69 Fakultätsbuch S. 237. Das Datum ist verschrieben und könnte auch 24. heißen, aber der 22. Juni ist wahrscheinlicher. Zu den politischen Verhältnissen im Breisgau vgl. F. QUARTAL, Vorderösterreich, in: M. SCHAAB/H. SCHWARZMAIER (Hg)., Handbuch der Baden-Württembergischen Geschichte Bd. 1 Teil 2: Vom Spätmittelalter bis zum Ende des Alten Reiches, Stuttgart 2000, S. 765-770. Summerau ließ die von Joseph II. gemilderte Zensur wieder verschärfen und unterstützte die französischen Emmigranten.

70 Fakultätsbuch S. 237f.

71 Vgl. AMANN, Gutachten der theologischen Facultät Freiburg (wie Anm. 39), S. 54

72 Gedruckt ebd. S. 69-76.

73 Nach dem Fakultätsbuch vom 24. November 1798, S. 249. Am 7. Mai 1799, S. 293f., war Klüpfel schon an der Arbeit. Als Iudicium Facultatis theologicae Friburgensis de Epistola anonymi Doctoris Parisiensis sollte diese Schrift publiziert werden, was dann unterblieb.

74 Fakultätsbuch 6. August 1798, S. 241 zum Konstanzer Generalvikar; 2. September 1798, S. 243 Vorladung des Landdekans.

Strategie deutlich verfolgt, und die genannte fiktive Papstrede formulierte im Grunde nichts anderes als eine solche Sicht[75].

Wie sah es bezüglich der Argumentation und Theologie bei den zahlreichen Gegenschriften aus[76]? Es ist nicht möglich, sie auf eine gemeinsame theologischen Lehre oder Strategie festzulegen, denn ihre Perspektiven waren nicht einheitlich. Dennoch sind einige grundlegende Argumente herauszulesen. Das ist einmal der durchgängige Bezug auf die päpstlichen Dokumente, deren Existenz als nicht widerlegbare Grundlage der Beurteilung der geschworenen Priester gilt. So argumentierte schon die „Konstanzer Kurie" mit ihrer Stellungnahme gegen den Landdekan, aber auch die „Antwort auf das Gutachten" oder die „Animadversiones" und der „doctor Parisiensis". Weiterhin ist der Bezug zu Beschlüssen des Trienter Konzils deutlich zu erkennen, das als Maßstab gilt, womit die Orientierung an der Alten Kirche, wie sie die Freiburger vornahmen, überholt erschien. Damit ist auch die Strategie der Gegenschriften klar: Die Freiburger Fakultät sei nicht mehr orthodox, und damit brauche man sich nicht wirklich mit ihr auseinanderzusetzen. Schließlich stellen die Gegenschriften das Staatskirchentum der Freiburger in Frage, was auf der Linie der beiden zuerst genannten Größen liegt, welche die kirchliche Autorität als unantastbaren Maßstab betonten. Hatte die Fakultät mehrfach, zum Beispiel in ihrer Sitzung vom 16. Juli 1798 und bei der Verteidigung gegenüber dem Wiener Hof[77], auf das placitum regium hingewiesen, das für päpstliche Erlasse zur Erlangung der Rechtskraft notwendig sei, was bei der Verurteilung der Eidleistenden nicht erfolgte, so galt ein solches Argument denjenigen nichts, welche die absolute päpstliche Autorität betonten und deren Äußerungen für nicht hinterfragbar hielten. Ihre Ekklesiologie zeigt eine Richtung, die im 19. Jahrhundert als konsequent ultramontan gelten würde. Das große Problem dieses Jahrhunderts, nämlich die Frage nach dem Verhältnis von Kirche und Staat sowie der Stellung des Papstes in der Kirche und dem Gehorsam ihm gegenüber, hat sich im Streit um das Responsum bereits angekündigt. Im Ganzen bewegte sich die Auseinandersetzung auf unterschiedlichem Niveau. Sie reichte von einer oberflächlichen Ablehnung, verbunden mit den genannten Autoritätsbezügen[78], bis zur ausführlicheren, wissenschaftlich durchaus ernst zu nehmenden Argumentation[79].

---

75 Siehe oben Anm. 60.

76 Siehe die Auflistung im Anhang.

77 Fakultätsbuch, 16. Juli 1798, S. 239. Die Verteidigung, von dem damaligen Dekan Hug verfaßt, bei AMANN, Gutachten der theologischen Facultät Freiburg (wie Anm. 39), S. 69-76. Hug bezieht sich auf das Konstanzer Gutachten, das kein königliches Plazet besaß und daher für ihn eine Art Privatqualität hatte, aber auch auf die päpstlichen Breven. Er betont das österreichische Staatskirchenrecht als maßgebend, während die französischen Emigranten ultramontan dachten.

78 Z. B. Antwort auf das Gutachten der Theologischen Fakultät zu Freyburg in Breisgau, wo eine Auseinandersetzung mit Argumenten im Grunde fehlt. Ähnlich oberflächlich ist die Widerlegung bei dem aus dem Kloster Einsiedeln stammenden Benediktiner Placidus SARTORE, Die Constitutionelle

3. Die Spätwirkung im 19. Jahrhundert

Wieweit die Auskunft der Theologischen Fakultät Freiburg bezüglich einer Wirkung für die pastorale Praxis in der Diözese Konstanz einen Wert besaß, ist einstweilen offen. Es ist zu vermuten, daß die Ablehnung durch die Bischöfliche Kurie und das kaiserliche Verhalten eine Effizienz verhinderten. Immerhin regelte das Napoleonische Konkordat auf eine Weise die Frage der konstitutionellen Priester, daß die Freiburger keineswegs im völligen Unrecht erschienen; ja, daß sie sich bestätigt fühlten, wie die Auskunft des Fakultätsprotokolls zeigt[80].

Für die Übergangssituation in der Theologie und der Kirchenpolitik in den ersten Jahrzehnten des 19. Jahrhunderts ist es aber ein deutliches Indiz, daß dieses Freiburger Responsum im Jahre 1832 noch einmal kurzfristig an Aktualität gewann. Hier geriet das 34 Jahre alte Gutachten in einen Streit, der die Weichenstellungen klarmachen kann, die für eine zukünftige Theologie gestellt werden würden.

Den Hintergrund für die neugewonnene Bedeutung bildeten die Streitigkeiten in Baden um den Zölibat der Geistlichen und die Ekklesiologie. Ersteres drückte sich in einer Antizölibatsbewegung aus, letzteres in der Synodenbewegung[81]. Für das ekklesiologische Anliegen, das in Baden dezidiert vorgetragen wurde, kann bereits Schwarzel stehen, der 1807 in einer Publikation eindringlich Synoden forderte, das Vorbild der Alten Kirche und deren Kirchenversammlungen als Leitbild reklamierte und die seit den Pseudoisidorischen Dekretalen überzogene Papstgewalt als eine der Ursachen für das Fehlen der Kirchenversammlungen und damit für den Verfall der Kirche geltend machte[82]. In dieser Linie lag die Bewegung der folgenden Jahrzehnte, die letztlich scheiterte. Bezüglich des Zölibates war es der Professor für Kirchenrecht und Pandekten an der Juristischen Fakultät der Universität Freiburg, Heinrich

---

Kirche sammt den neufränkischen Staatsverfassungen und Eidesformeln in und außer Frankreich oder Unterrichte in Fragen und Antworten über die einzig wahre Kirche Jesu; als ein sicheres Verwahrungsmittel wider die Spaltung, den Unglauben, und Abfall jetziger Zeiten für Hirten und Volk, Augsburg 1800, S. 361-375.

79   Z. B. Catholicae in Friburgense Responsum animadversiones; Examen et confutatio opusculi (Titel siehe Anhang).

80   MERCATI, Raccolta di concordati (wie Anm. 48), S. 563; Fakultätsbuch 14. Mai 1802, S. 339.

81   Vgl. O. BECHTOLD, Der „Ruf nach Synoden" als kirchenpolitische Erscheinung im jungen Erzbistum Freiburg (1827-1860), Diss. Theol. Masch. 1958.

82   SCHWARZEL, Ueber die Nothwendigkeit der Catholischen Kirchenversammlungen. Sammt einem Anhang von den päpstlichen Condordaten, Augsburg 1807. Er widmete das Werk Kaiser Napoleon und dem Konstanzer Bischof und Fürstprimas Carl Theodor von Dalberg. Z. B. S. 3: *Die Quelle des Übels liegt darin: Weil man keine neuen Kirchenversammlungen mehr hält und die alten nicht mehr liest*; S. 47 die *Unwissenheit des Altertums* als eine der Gründe für die Vernachlässigung; S. 66: *Die dritte, und zwar die Hauptursache dieser Unterlassung waren die falschen Dekretalen*; S. 71: *Die vierte Ursache: die Anmaßungen der Päpste.*

Amann[83], der im Kontext einer entsprechenden Bewegung zusammen mit seinem für den Text im wesentlichen verantwortlichen Kollegen Karl Zell[84] 1827 eine Denkschrift mit dem Ziel der Aufhebung des Zölibats an die Badischen Landstände, den Großherzog und den Freiburger Bischof verfaßt hatte[85]. Damit war klar, daß Amann dem Staat weitgehende Rechte gegenüber der Kirche zugestand und ein dezidiertes Staatskirchenrecht vertrat. Für ihn mußte das Responsum ein klassisches Beispiel solchen Kirchenrechtes und eine derartige Kirchensicht sein, die seine eigene Linie stützten, aber auch ein wichtiger Beleg für ein richtiges Christentum und für den Mut der Fakultät, ihre Erkenntnisse in einer derart heiklen Sache zu publizieren und damit einen öffentlichen Konflikt mit der kirchlichen Autorität zu riskieren[86]. Amann, der mit seiner Kirchenrechtsposition in einer Linie mit seinen der Aufklärung verpflichteten Vorgängern Josef Anton Sauter und Johann Caspar Adam Ruef stand, veröffentlichte 1832 ein eigene deutsche Übersetzung des Responsum zusammen mit dem lateinischen Text und mit mehreren Aktenstücken sowie einer ausführlichen Kommentierung. Im Vorwort machte er den Bezug zur Ekklesiologie deutlich, denn er schrieb, daß die zweite Badische Kammer am 16. Dezember 1831 eine Diözesansynode zur Kirchenreform forderte. Somit war der für ihn unaufgebbare Zusammenhang zwischen Kirche und Staat auch auf diesem Felde klar, den er auch im Responsum mit dessen Verteidigung der geschworenen Priester sah. Interessant ist, daß Amann entweder wirklich glaubte oder strategisch formulierte, der erste Freiburger Erzbischof Bernhard Boll denke ähnlich. So schrieb er: *Doch von dem ehrwürdigen Greise, den wir auf unserm Erzbischöflichen Stuhl erblicken, und von unsrer hochwürdigsten Curie sind wir, ... berechtigt anzunehmen, daß sie in Erkennung des Geistes des Christenthums nicht hinter jenen zurückbleiben werden, denen ihn aufzuschließen ihres Amtsberufes ist. Insbesondere müssen wir sie schon mit Vorbereitungen zu der kirchengesetzlichen Diöcesan-Synode beschäftigt uns denken, auf deren thunlichst baldige Einleitung die hochverehrte zweite Kammer der Landstände, durch Beschluß vom 16. Dec. v. J. bei höchstem Staatsministerium dringend empfehlend angetragen, und von welcher die wichtigeren, den Zeitumständen und der fortschreitenden Kultur entsprechenderen Verbesserungen erwartet werden*[87].

---

83 Vgl. W. BEHAGHEL, Heinrich Amann, in: Badische Biographien 1, Heidelberg 1875, S. 4f. Insgesamt zu den Kirchenrechtlern vgl. A. HOLLERBACH, Zur Geschichte der Vertretung des Kirchenrechts an der Universität Freiburg im Breisgau im 19. Jahrhundert, in: ZSRG.K 90 (1973), S. 343-382.

84 Zumindest spricht vieles dafür, daß der Philologe Karl Zell der Mitverfasser war. Allerdings agierte Zell später als Ultramontaner. Vgl. F. L. DAMMERT, Karl Zell, in: Badische Biographien 2. Teil, Heidelberg 1875, S. 534-537.

85 Anonym, Denkschrift für die Aufhebung des den katholischen Geistlichen vorgeschriebenen Cölibates, Freiburg 1828. Vgl. P. PICARD, Zölibatsdiskussion im katholischen Deutschland der Aufklärungszeit, Düsseldorf 1975, S. 326-331.

86 Vgl. AMANN, Gutachten der theologischen Facultät von Freiburg (wie Anm. 39), S. XII-XV.

87 Ebd. S. XI. Vgl. BECHTOLD, Der „Ruf nach Synoden" (wie Anm. 81), S. 67-73.

Eine Synode solcher Art kam nicht. Im Gegenteil: Das kirchenpolitische Klima und damit die Theologie wandelten sich. 1840 verlor Amann auf Betreiben des Erzbischofs Ignaz Anton Demeter seinen Lehrstuhl. Er starb am 23. Novemver 1849. Die Theologie, welche im Responsum greifbar war und die Amann als Motivation für die eigene Zeit präsent machen wollte, hatte zu dieser Zeit keine Konjunktur mehr und war im Verschwinden oder machte Mutationen durch. Der Übergang war fortgeschritten. Professoren wie der Moraltheologe Heinrich Schreiber und der Kirchenhistoriker Carl Alexander von Reichlin-Meldegg verließen die Fakultät; ersterer 1836 wegen kirchlicher Kritik an seiner Lehre, letzterer 1832 mit dem Übertritt zum Protestantismus. Sie gingen ihren eigenen Weg. Namen wie Johann Baptist Hirscher oder Franz Anton Staudenmaier charakterisierten eine Generation, die neue theologische Entwürfe lieferten, welche der Gesamtlage angemessener waren als die zwar sehr respektable, aber durch das geistige Klima nicht mehr voll aktuelle Sicht von Klüpfel oder Schwarzel[88]. Das Thema Kirche – Staat, im Responsum ein zentraler Aspekt und zum Beispiel von Ignaz Heinrich von Wessenberg 1848 noch zu Gunsten einer Art Staatskirchentum ebenfalls in einer späten Umbruchszeit thematisiert[89], hatte sich zunehmend als Dauerkonflikt im Großherzogtum Baden etabliert und provozierte 1854 eine Art ersten Badischen Kirchenstreit, dem weitere folgen würden[90]. Allerdings hatte Hirscher die Anliegen der Synoden und deren Reformfunktion noch weitergetragen und 1849 in einer Denkschrift wiederum publizistisch einer breiteren Öffentlichkeit vorgetragen. Aber seine Konzeption, die auch Laien bei einer Synode einschloß, war nicht mehr völlig dieselbe wie etwa bei Klüpfel, sondern ist im Kontext seiner Theologie mit der Reich-Gottes-Idee und der entsprechenden Positionierung von Christinnen und Christen in diesem Konzept zu sehen. Hirscher und Staudenmaier setzten sich auf neue Weise mit den geistigen Strömungen ihrer Zeit auseinander und überstiegen damit die älteren Konzeptionen. Ohnehin mußte Hirscher nach einer Indizierung seine Vorstellungen, die durchaus in einer Kontinuität zu der älteren Freiburger Theologie – etwa auch be-

---

88 Vgl. W. Fürst, Hirscher, in: LThK³ 5 (1996), S. 153f.; P. Hünermann, Staudenmaier, in: LThK³ 9 (2000), S. 936f. Allerdings ist bei Hirscher, der z. B. in der Synodenfrage bis 1848/49 eher auf der Linie Schwarzels lag, nach der Indizierung seiner Schrift Die kirchlichen Zustände der Gegenwart, Tübingen 1849, eine Kehrtwendung zu beobachten. Damit wäre der frühe Hirscher durchaus noch Ideen dieser Theologie um 1800 verbunden gewesen.

89 I. H. von Wessenberg, Die wahre Freiheit der Kirche und ihr Verhältnis zum Staat, o. O. 1848. Zu Wessenberg vgl. K.-H. Braun (Hg.), Kirche und Aufklärung – Ignaz Heinrich von Wessenberg (1774-1860), München/Zürich 1989. Wessenberg hatte auch Kontakte mit Abbé Grégoire; vgl. A. Moser, Wessenberg, Abbé Grégoire und die Französische Revolution, in: FDA 111 (1991), S. 229-248.

90 Vgl. H. Smolinsky, Freiheit für die katholische Kirche? Ein Streit um die Mitte des 19. Jh., in: H. Ammerich – J. Gut (Hg.), Zwischen „Staatsanstalt" und Selbstbestimmung. Kirche und Staat in Südwestdeutschland vom Ausgang des Alten Reiches bis 1870 (Oberrheinische Studien 17), Stuttgart 2000, S. 123-140.

züglich des Zölibates – standen, zurücknehmen und widerrufen. Ekklesiologisch sollte 1871 mit der Unfehlbarkeitsdefinition des Ersten Vatikanischen Konzils eine völlig andere Kirchensicht dogmatisiert werden, als sie ein Klüpfel und das Responsum vertreten hatten. Der Übergang war vorüber, aber neue sollten bald nötig werden, und manche Denkanstöße des ausgehenden 18. Jahrhunderts konnten trotz aller Antiquiertheit später wieder in modifizierter Form aufscheinen[91].

Anhang

Schriften, die gegen das Gutachten der Theologischen Fakultät gerichtet sind:

Examen et confutatio opusculi, cui titulus: Responsum Facultatis Theologicae Friburgensis, de veritate sacramentorum, quae jurati sacerdotes in Alsatia ministrant. Anno 1798. Accedunt synopsis rationum contra juramentum de odio regiae potestatis; et Dissertatio theologica circa juramentum civicum Helveticum, de libertate et aequalitate, in praetensis juribus hominis et civis immutabilibus fucatae fundata. A doctore et professore theologo, sacrae Facultatis Nannetensis [aus Nantes], o. O. 1799

Quis sit de responso Facultatis Friburgensis de veritate sacramentorum etc., quae jurati sacerdotes in Alsatia ministrant ... Opus dedicatum Celsissimo et Reverendissimo in Christo Patri, ac Domino Domino Maximiliano Christophoro Episcopo Constantiensi S. R. I. Principi ... a sacerdote Henrico Domenjoud S. F. Th. Doctore, ethices olim explanatore in R. P. P. C. Taurinensi, Locarni 1798 [Widmung an den Konstanzer Fürstbischof Maximilian Christoph von Rodt, 1775-1800, eine eher konservative Persönlichkeit]

Antwort auf das Gutachten der Theologischen Fakultät zu Freiburg in Breisgau in Betreff der beeideten Priester im Elsaß 1798. Reponse à la decision de la Faculté de Theologie de Fribourg en Brisgau relativement aux prêtres assermentes en Alsace, o. O. 1798

Epistola doctoris sacrae Facultatis Parisiensis ad Doctores Facultatis Theologicae Friburgensis de responso ab ipsis dato parocho cuidam cisrhenano, o. O. 1798

Catholicae in Friburgense Responsum animadversiones, Florentiae Tuscorum 1798

Kritische Prüfung einer gedruckten Schrift unter dem Titel Responsum facultatis theologicae Friburgensis de veritate sacramentorum etc., das ist: Antwort der theologischen Fakultät von Freyburg über die Gültigkeit der Sakramente, welche geschworne Priester im Elsaß ertheilen, Augsburg 1800 [mit Erlaubnis der Obern] [nach Amann war Sautier, der in Ettenheim Theologie lehrte, der Verfasser]

Das Gutachten selbst:

Responsum Facultatis Theologicae Friburgensis de veritate sacramentorum etc., quae jurati sacerdotes in Alsatia ministrant, o.O. 1798

Gutachten der theologischen Facultät von Freiburg über die Amtsverrichtungen der französischen katholischen Geistlichen, die den Verfassungseid leisteten. Mit Einleitung, ungedruckten Aktenstücken, Uebersetzungen und Anmerkungen, hg. v. Heinrich AMANN, Freiburg 1832

Im Fakultätsbuch vom 12. September 1798 ist noch auf eine deutsche Übersetzung hingewiesen, die ein geschworener Priester anfertigte:

Antwort der hohen Schule von Freiburg im Breisgau auf einige Fragen über die Wahrhaftigkeit der Sakramente, welche die geschwornen Priester im Elsaß ertheilen. Aus dem Latein. Ins Deutsche übers. Durch A. G. u. J. R. mit einer Vorrede und Noten, Sierenz [1798].

---

91 Das betrifft etwa die Frage nach der Stellung der Bischöfe oder der Synoden, die allerdings erst im Zweiten Vatikanischen Konzil deutlicher reflektiert wurde.

DIE WIENER AKADEMISCHE LEGION
WÄHREND DER REVOLUTION VON 1848
AUS SICHT DES MINISTERRATES

Von Georg Christoph BERGER WALDENEGG

Studenten, die nicht studieren,
Garden, die nicht bewachen,
Regierungen, die nicht regieren,
Das sind mir schöne Sachen![1]

IN MANCHEN DARSTELLUNGEN zur deutschen Geschichte des 19. Jahrhunderts sucht man Erörterungen über Österreich vergeblich. Anderswo findet es nur am Rande Berücksichtigung. Dieser Befund gilt auch für Untersuchungen zur Universitätsgeschichte[2]. Dabei wird die enge Verknüpfung deutscher und österreichischer Geschichte wenigstens bis 1866 übersehen[3]. Da die vorliegende Festschrift der Geschichte der deutschen Universitäten gewidmet ist, erscheint es legitim, ihr einen Beitrag über einen Aspekt deutsch-österreichischer Universitätsgeschichte zuzueignen, zumal als österreichischer Staatsbürger. Konkret geht es um ein Kapitel politischer universitär-studentischer Geschichte aus der Zeit der Revolution von 1848/49.

Hierzu erschien 1924 eine einschlägige Monographie. Ihr Titel „Die Wiener Akademische Legion und ihr Anteil an den Verfassungskämpfen des Jahres 1848" trifft den Kern des Problems. Denn der politisch aktive Teil der Studenten war damals in einer bewaffneten Legion organisiert, und insofern läßt sich die damalige „Geschichte der Wiener Studentenschaft" auch mit der Geschichte dieser Vereinigung gleichsetzen[4]. Ihren Mitgliedern ging es nicht zu-

---

1   Franz GRILLPARZER, Sämtliche Werke, Bd. 2, Leipzig 1909, S. 126.

2   Vgl. etwa: R. VOM BRUCH, Die Universitäten in der Revolution 1848/49. Revolution ohne Universität – Universität ohne Revolution?, in: Revolution in Deutschland und Europa 1848/49, hg. v. W. HARDTWIG, Göttingen 1998, S. 133-160; H. THIELBEER, Universität und Politik in der Deutschen Revolution von 1848, Bonn 1983 (die Autorin begründet dies mit dem „andersartigen Verlauf" der Revolution in Wien (S. 17). Doch gerade deshalb kann ein Vergleich aufschlußreich sein.

3   Dennoch erscheint die These K. D. ERDMANNS problematisch (Drei Staaten – zwei Nationen – ein Volk? Überlegungen zu einer deutschen Geschichte seit der Teilung, in: GWU 36 (1985), S. 671-683). Vgl. DERS., Die Spur Österreichs in der deutschen Geschichte, in: GWU 38 (1987), S. 597-626.

4   P. MOLISCH, Die Wiener Akademische Legion und ihr Anteil an den Verfassungskämpfen des Jahres 1848 nebst einer Besprechung der übrigen 1848er Studentenlegionen, Wien/Leipzig 1924 (Archiv f. Öst. Gesch. 110, 1. Hälfte), Zitat S. 4. Im folgenden ist zuweilen wechselweise von Studenten bzw. Legion die Rede. Vgl. im übrigen DERS., Politische Geschichte der deutschen Hochschulen in Österreich von 1848 bis 1918, 2., sehr erw. Aufl., Wien/Leipzig 1939, S. 4-17. Zum Forschungsstand bis 1924 vgl. DERS., Legion, S. 4f. Allgemein zum Forschungsstand über Studenten während der Revolution in Europa D. LANGEWIESCHE, Studenten in den europäischen Revolutionen von 1848, in: Jb. f. Universitätsgesch. 2 (1999), S. 38-57, speziell S. 44, Anm. 18.

letzt um den *Kampf um eine Verfassung*[5]. Hierin erblickten sie wohl sogar ihre „größte Aufgabe"[6], obgleich sie vielleicht „eher die Partizipation an der Macht meinten, wenn sie von Konstitution sprachen", und weniger „an der Veränderung von Staat und Gesellschaft interessiert waren"[7]. Noch heute müssen Interessierte auf Molischs Werk zurückgreifen, das auf breiter Quellenauswertung basiert und eher deskriptiv als deutend angelegt ist. Probleme wirft es weniger infolge möglicher antijüdischer Äußerungen auf, bedenklich erscheinen vielmehr offenkundige Sympathien für die studentische Sache sowie deutschnationale Standpunkte[8]. Zudem wechselt Molisch zwischen chronologischer und systematischer Darstellungsweise hin und her, analysiert die Akten nur unvollständig und zitiert des öfteren inkorrekt, wenn auch nicht sinnentstellend. Schon all dies legitimiert eine erneute Beschäftigung mit der Thematik, zumal sich Molisch auf die studentische Perspektive konzentriert, während ich das Problem speziell aus Sicht des am 20. März gebildeten Ministerrates erörtere, unter zeitlicher Beschränkung auf die Phase vom Ausbruch der Revolution bis zu den Oktobertagen[9]. Hauptsächlich geht es um die Haltung des Kabinetts gegenüber der Akademischen Legion.

Die kaiserliche Regierung sah sich schon früh mit der Beteiligung von Studenten an der Wiener Revolution konfrontiert. Setzt man ihren Ausbruch nicht, wie üblich, erst mit dem 13. März an, so wurde sie sogar durch Studenten „eröffnet"[10]. Denn schon am Tag vor dem Rücktritt des „noch vor wenig

---

5   So ähnlich lautet der Titel eines Werks von I. SEIPEL (Der Kampf um die oesterreichische Verfassung, Wien/Leipzig 1930).

6   MOLISCH, Legion (wie Anm. 4), S. 84.

7   So fragend W. HEINDL, Staatliches System, Bildungsbürgertum und die Wiener Revolution von 1848, in: 1848/49. Revolutionen in Ostmitteleuropa. Vorträge der Tagung des Collegium Carolinum in Bad Wiessee v. 30.11. bis 1.12.1990, hg. v. R. JAWORSKI/R. LUFT, München 1996 (Bad Wiesseer Tagungen d. Collegium Carolinum, 18), S. 197-206, Zitat S. 206.

8   Antijüdische Äußerungen kommen nur vereinzelt vor und tangieren seine Gesamtdeutung nicht (MOLISCH, Legion (wie Anm. 4), S. 60f.). Zu offenkundigen Sympathien für die studentische Sache passim (v. a. S. 192). Immerhin betont er auch „begangene Fehler" (ebd., S. 70). Zu deutschnationalen Standpunkten ebd., S. 39f.; vgl. tendenziell S. 57-59.

9   Hinweise zur Forschung sind aus Platzgründen knapp gehalten. Allgemein zum Verlauf der Revolution: R. J. Rath, The Viennese Revolution of 1848, Austin 1957; W. HÄUSLER, Von der Massenarmut zur Arbeiterbewegung. Demokratie und soziale Frage in der Wiener Revolution von 1848, Wien/München 1979; E. RESCHAUER/M. SMETS, Das Jahr 1848. Geschichte der Wiener Revolution, 2 Bde., Wien 1872 (mit zahlreich abgedruckten Dokumenten); M. BACH, Geschichte der Wiener Revolution im Jahre 1848, Wien 1989; speziell zum Verlauf bis Ende Mai 1848 J. A. Helfert, Geschichte der österreichischen Revolution im Zusammenhange mit der mitteleuropäischen Bewegung der Jahre 1848-1849, 2 Bde., Freiburg/Wien 1907/1909. Als Quellenbasis dient v. a. die 1996 erfolgte Publikation der österreichischen Ministerratsprotokolle für die Zeit vom 20. 3. bis 21. 11. 1848 (Die Protokolle des Österreichischen Ministerrates 1848-1867 (im folgenden abgekürzt als *MRP*), I. Abt.: Die Ministerien des Revolutionsjahres 1848: 20.3.1848 – 21.11.1848 (im folgenden abgekürzt als *ÖMP*), bearb. u. eingel. v. T. KLETECKA, Wien 1996).

10 So indirekt H. RUMPLER, Eine Chance für Mitteleuropa. Bürgerliche Emanzipation und Staatsverfall in der Habsburgermonarchie, hg. v. H. WOLFRAM, Wien 1997, S. 277. P. ROBERTSON geht noch weiter (Students on the Barricades: Germany and Austria, 1848, in: Political Science Quarterly 84

Stunden allmächtigen Staatskanzlers"[11] Clemens W. L. Fürst Metternich-Winneburg legte eine „Anzahl Studenten" Kaiser Ferdinand I. eine Bittschrift mit so klassischen Märzforderungen wie jener nach *Preß- und Redefreiheit* und nach einer *allgemeinen Volksvertretung* vor[12]. Hier hatte sich ein numerisch beträchtliches[13], nicht zuletzt durch eine materiell oftmals „verzweifelte" Lage hervorgerufenes und wohl „erstmals politisch aktiv" gewordenes[14] Potential demokratischer Orientierung nicht zuletzt kleinbürgerlicher[15] Provenienz angesammelt. Von nur *schwer zu erklärender Bedeutsamkeit*[16], bestimmte es den Verlauf der Revolution in Wien teilweise erheblich mit. Man beurteilt die Universität sogar als lokales „Zentrum der revolutionären Bewegung" und hierbei als Ausnahme im Vergleich zur Situation in anderen Universitätsstädten des Deutschen Bundes[17].

Nicht umsonst schenkte das Kabinett dem studentischen Verhalten von Anfang an große Beachtung, auch wenn sein Hauptaugenmerk zunächst der Lage in anderen Reichsteilen – neben Ungarn vor allem Böhmen und Lombardo-Venetien – sowie der traditionellen *Achillesferse*, der *traurigen Lage der Staatsfinanzen*[18], galt. Konstatierte der konservativ gesinnte provisorische Ministerpräsident Franz A. Graf v. Kolowrat-Liebsteinsky bereits in der ersten Kabinettssitzung vom 1. April 1848 *jeden Tag ... neue Gefahren*[19], so dürfte er auch an die Studenten gedacht haben. Denn eine *Horde solcher Buben*[20] hatte unter

---

(1969), S. 367-379, Zitat S. 375). Mit *Regierung* ist hier im übrigen ausschließlich das Kabinett im Sinne seiner „Leitungsfunktion" der staatlichen Angelegenheiten gemeint (V. SELLIN, Regierung, Regime, Obrigkeit, in: Geschichtliche Grundbegriffe. Historisches Lexikon zur politisch-sozialen Sprache in Deutschland, Bd. 5, hg. v. O. BRUNNER/W. CONZE/R. KOSELLECK, Stuttgart 1978, S. 361-421, Zitat S. 361). Im folgenden ist aus Platzgründen zuweilen undifferenziert von Regierung, Kabinett u.s.w. die Rede.

11 So E. VIOLAND, Die soziale Geschichte der Revolution in Österreich 1848, hg. v. W. HÄUSLER, Wien 1984, S. 94.

12 MOLISCH, Legion (wie Anm. 4), S. 38, S. 40. Abgedruckt in: Ebd., S. 41.

13 Im Juli waren nach offiziellen Angaben 4665 Studenten in der Legion, in der Nationalgarde inklusive der Studenten 42.354 (MOLISCH, Legion (wie Anm. 4), S. 55.

14 In der Reihenfolge der Zitate: W. HEINDL, System (wie Anm. 7), S. 205 (vgl. HÄUSLER, Massenarmut (wie Anm. 9), S. 174f.); D. LANGEWIESCHE, Studenten (wie Anm. 4), S. 48.

15 E. BRUCKMÜLLER, Sozialgeschichte Österreichs, Wien/München 1985, S. 361.

16 Handschriftlicher Nachlaß des Freiherrn von Pillersdorff, Wien 1863, S. 129.

17 Vgl. etwa THIELBEER, Universität (wie Anm. 2), S. 17. Vgl. LANGEWIESCHE, Studenten (wie Anm. 4), S. 44.

18 Zum ersten Zitat siehe Tagebucheintrag Karl Graf v. Hohenwarts (Die Zustände Ende Dezember 1853, in: AVA Wien, NL Hohenwart, Krt. 14b, f. Weingarten, Mannigfaltiges ..., *1854*, Bog. Q). Allgemein dazu H.-H. BRANDT, Der österreichische Neoabsolutismus: Staatsfinanzen und Politik 1848-1860, 2 Bde., Göttingen 1978 (Schr.rh. d. Hist. Komm. bei d. Bayerischen Akad. d. Wiss., 15). Zum zweiten Zitat siehe MRP, 9.4., in: ÖMP, Nr. 8, S. 47. Zur Lage in anderen Reichsteilen vgl. zahlreiche Stellen in den Ministerratsprotokollen.

19 MRP, 1.4.1848, in: Ebd., Nr. 1, S. 3.

20 So abschätzig der später unter Innenminister Alexander v. Bach dienende hohe österreichische Beamte Bernhard Ritter v. Meyer (Erlebnisse des B. RITTER V. MEYER, hg. v. dessen Sohn B. RITTER

Manifestation einer gewissen Gewaltbereitschaft auf angeblich „unkritischste Weise"[21] maßgeblich den „zündenden Funken der Revolution" mit verursacht[22] und somit das Ende des schon brüchigen[23] sogenannten System Metternichs gefördert. Besonders bedrohlich mochte der kurz darauf vom Kaiser sanktionierte Beschluß einer „Bewaffnung der Studenten" erscheinen[24], führte er doch zur Entstehung der am 14. März proklamierten Akademischen Legion.

Schon bald sah Innenminister Franz Freiherr v. Pillersdorf mit Mißfallen, daß Studenten an *Aufläufen* in der Stadt teilnahmen. Nicht umsonst betonte er am 10. April unter Anspielung auch auf studentische Tätigkeiten die *Notwendigkeit*, dem *Unfuge der sich hier fast täglich erneuernden Unruhen ... ein Ende zu machen*[25]. Dennoch brachte man der Legion anfänglich tendenziell noch ebenso eine gewisse Sympathie entgegen wie der ebenfalls neu entstandenen Nationalgarde. Davon zeugt die ministerielle Unterstützung des Ansuchens der *Zöglinge* der Josephsakademie um *Einverleibung* in die Legion, wovon man sich eine *bedeutende Verminderung* ihrer *Hindernisse in Fortsetzung der Studien* erhoffte[26]. Das prinzipielle Wohlwollen belegt auch die Aufforderung an die Studenten, in Kooperation mit dem Kabinett sie betreffende Gegenstände zu bearbeiten[27]. Joseph A. Helfert konstatiert in dieser Phase eine „Verhätschelung", während Karl Griewank zufolge die „schwache Regierung" die Legion „selbst in eine politische Tätigkeit hinein(trieb)", weil sie ihr „Gesetzentwürfe vorlegte" und „zur Bildung eines Beratungsgremiums aufforderte"[28]. Doch war man damals eben noch auf Zusammenarbeit aus, was neben dem zunächst eher moderaten Wirken der Legion den politischen Anschauungen mancher Minister zuzuschreiben ist.

Seit ungefähr Ende April widmeten sich die Minister verstärkt studentischen Fragen, zunächst im Zusammenhang mit vermeintlichen *Hauptwühlereien für die*

v. MEYER, Wien 1875, S. 287).

21 So sehr problematisch A. SKED, Der Fall des Hauses Habsburg. Der unzeitige Tod eines Kaiserreichs, Berlin 1993 (Orig. 1989), S. 125.

22 W. HÄUSLER, Einleitung, in: VIOLAND, Geschichte (wie Anm. 11), S. 16 (S. 7-46). So „verbrannten" Studenten am 1.4.1848 „einige Exemplare" des soeben publizierten Pressegesetzes (KLETECKA, in: ÖMP, S. 14, Anm. 27).

23 Originell entgegengesetzt, aber ungenügend begründet SKED, Fall (wie Anm. 21), S. 84f.

24 MOLISCH, Legion (wie Anm. 4), S. 49-52 (Zit. auf S. 49).

25 Zum ersten Zitat siehe MRP, 6.4., in: ÖMP, Nr. 5, S. 29. Zum zweiten Zitat siehe MRP, 10.4., in: Ebd., Nr. 9, S. 52.

26 Und zwar infolge einer dann *gehörigen Dienstregelung bei der komplettierten* Legion (so Pillersdorf, MRP, 14.4., in: Ebd., Nr. 12, S. 67). Der Kaiser stimmte dem zu (KLETECKA, in: Ebd., Anm. 27). Die Josephsakademie bildete Militärärzte aus.

27 MOLISCH, Legion (wie Anm. 4), S. 72.

28 HELFERT, Geschichte (wie Anm. 9), Bd. 1, S. 316; K. GRIEWANK, Deutsche Studenten und Universitäten in der Revolution von 1848, Weimar 1949, S. 23.

Sache des Polentums[29]. Pillersdorf machte dafür auf nur bedingt verläßlicher Basis[30] vor allem *in Wien befindliche Polen*[31] verantwortlich. Sie sowie weitere *Fremde*[32] und *Emissäre*[33], die teilweise Eingang in die Legion gefunden hatten[34], *verbreiteten* demnach unter anderem mittels der Studenten *ihre Grundsätze*, wie er am 26. des Monats erklärte[35]. Dies behauptete er für um so bedenklicher, als Studenten *von aufreizenden Einwirkungen ... so leicht entflammt* würden[36]. Daß er hiermit auf ihre Jugendlichkeit anspielte, belegt seine Äußerung, das *bewegliche Gemüth der Jugend* sei damals *vielfältigen Lockungen verfallen*[37]. Er nannte es *gewiß*, daß Studenten *ein bedeutendes Element der Gärung* darstellten[38]. Vielleicht schätzte er sie sogar als Hauptgefahr für die *Aufrechthaltung der öffentlichen Ordnung, Ruhe und Sicherheit* Wiens ein[39].

Grund dazu hatte Kolowrats Nachfolger Karl L. Graf v. Ficquelmont: War schon sein Kollege von der Justiz Ludwig Graf v. Taaffe im April Opfer der *Erstürmung seines Haustores*, des *Einwerfens der Fenster* sowie einer *Katzenmusik* geworden[40], wurde vor der Wohnung dieses „durch und durch aristokratisch" gesinnten Mannes[41] am Abend des 2. Mai ein *charivari*[42] unter studentischer Mitwirkung veranstaltet. Am folgenden Abend zog eine *wirklich große Menge Studenten* zu seinem Domizil, wobei *10-12* davon auf *ungestümste, verletzendste Weise* seinen Rücktritt verlangten[43]. Bei einer insgesamt stabilen Lage hätte

29 MRP, 26.4., in: ÖMP, Nr. 20, S. 108.

30 Allgemein zum damaligen „Spitzeltum" MOLISCH, Legion (wie Anm. 4), S. 67f.

31 Es hatte sich ein „Organ zur Vertretung polnischer Interessen ... gebildet" (KLETECKA, in: Ebd., S. 124, Anm. 27). Vgl. Pillersdorf, MRP v. 3.5.1848, in: Ebd., Nr. 26, S. 148f.

32 Ebd.; vgl. etwa MRP, 18.5., I, in: Ebd., Nr. 41, S. 247.

33 Konkret nannte Kriegsminister Latour *italienische, polnische und französische* (MRP, 20.5., II, in: Ebd., Nr. 46, S. 277), Ficquelmont nachträglich auch noch *Emissäre* aus Ungarn (Aufklärungen über die Zeit vom 20.3. bis zum 4.5.1848 von L. Grafen Ficquelmont, 2. Aufl., Leipzig 1850, S. 97).

34 MOLISCH, Legion (wie Anm. 4), S. 82-84.

35 MRP, 26.4., in: Ebd., Nr. 20, S. 108. Vgl. MRP, 3.5., in: Ebd., Nr. 26, S. 149. Seine Kollegen teilten diese Auffassung. So etwa Ficquelmont sowohl indirekt (ebd., S. 149f.) als auch MRP, 4.5., in: Ebd., Nr. 27, S. 153.

36 MRP, 3.5., in: Ebd., Nr. 26, S. 149.

37 F. FRH. V. PILLERSDORF, Rückblicke auf die politische Bewegung in Oesterreich in den Jahren 1848 und 1849, Wien 1849, S. 50.

38 MRP, 3.5., in: ÖMP, Nr. 26, S. 149.

39 MRP, 9.5., in: Ebd., Nr. 32, S. 186. Im Rückblick sprach er gar vom *gefährlichsten Element* (Nachlaß (wie Anm. 16), S. 129, S. 132) Vgl. den Titel der Studie W. SIEMANNS: 'Deutschlands Ruhe, Sicherheit und Ordnung'. Die Anfänge der politischen Polizei 1806-1866, Tübingen 1985 (Stud. u. Texte z. Sozialgesch. der Literatur, 14).

40 MRP, 19.4., in: ÖMP, Nr. 15, S. 85.

41 T. KLETECKA, Einleitung, in: ÖMP (wie Anm. 9), S. IX-XLVIII, Zitat S. XII.

42 So seine Frau Dorothée (Brief an die Gräfin Thiesenhausen, Wien, 4.5.1848, in: Lettres du Comte et de la Comtesse de Ficquelmont a la Comtesse Tiesenhausen, hg. v. F. DE SONIS, Paris 1911, S. 162).

43 So Ficquelmont selbst, MRP, 4.5., in: ÖMP, Nr. 27, S. 152f.

man ein solches Vorkommnis wohl gegebenenfalls gewaltsam unterdrückt. Doch der *Krieg in Italien dauerte fort*, die *Revolution in Galizien nahte* überhaupt erst und in Ungarn herrschte *Anarchie*. Also galt es, die *schwachen Seiten des hiesigen Zustandes* zu berücksichtigen: So war die *Polizei ohnmächtig*, während die *öffentliche Meinung deren Einschreiten ... keineswegs unterstützte*[44]. Insofern erscheint es begreiflich, daß sowohl Taaffe als auch Ficquelmont demissionierten[45]. Hinzu kam die Sorge um das eigene und um das Wohlergehen von Mitgliedern des Kaiserhauses[46]. Und so befürworteten Ficquelmonts Kollegen dessen Gesuch um *Enthebung ... einhellig zur Sicherung der Ruhe für den heutigen Abend*[47].

Mit welchen anderen Mitteln trachtete man, der „wachsenden" studentischen „Radikalität"[48] Einhalt zu gebieten, beruhigend auf sie *einzuwirken*[49]? Darüber kursierten offenbar *Gerüchte der sonderbarsten Art*[50]. Von einer *Schließung der Universität* sah man ab, zumindest vorerst noch. Zu sehr gefürchtet wurde sich dagegen erhebender *Widerstand* sowie eine noch stärkere Verlagerung der *Bewegung* von der Universitätsaula, dem „politischen Kraftzentrum"[51] der Studenten, *auf die Gasse*[52]. Dagegen fanden zwei Vorschläge von Unterrichtsminister Franz Freiherr v. Sommaruga das allgemeine Plazet: Die Aula durfte nur noch *drei Stunden täglich* geöffnet sein, und dies nur im Beisein eines *Direktors oder Professors*[53]. Zudem sollte ein Führer der Studentenbewegung, Karl Giskra, der als Supplent an der juristischen Fakultät lehrte, infolge *aufreizender Vorträge zur Verantwortung gezogen* und möglichst *von der Lehrkanzel ... entfernt werden*. Auch hatten die Studenten zugesagt, *den Zugang zur Aula für Fremde zu sperren und zu bewachen*[54].

---

44 In der Reihenfolge der Zitate: Pillersdorf, MRP, 20.4., in: Ebd., Nr. 16, S. 93; Pillersdorf, MRP, 4.5.1848, in: Ebd., S. 154 (vgl. ders. MRP, 9.5., in: Ebd., Nr. 32, S. 186 (*Desorganisation der Polizeibehörde*)).

45 Vgl. dazu KLETECKA, in: Ebd., S. 85, Anm. 12, S. 154, Anm. 9.

46 Darauf wird immer wieder verwiesen (vgl. etwa MRP, 15.5., in: Ebd., Nr. 38, S. 229.

47 MRP, 4.5.1848, in: Ebd., Nr. 27, S. 154. Der Kaiser nahm das Gesuch am 7.5. an (KLETECKA, in: Ebd., Anm. 9). Ficquelmont zufolge hatte ihn die *Regierung Preis gegeben* (Aufklärungen (wie Anm. 33), S. 117).

48 F. SEIBT sieht in Radikalisierungsprozessen eine Art Gesetzmäßigkeit für den Verlauf von Revolutionen (Das Jahr 1848 in der europäischen Revolutionsgeschichte, in: 1848/49 (wie Anm. 7), S. 13-28, Zitat S. 19).

49 MRP, 10.4., in: ÖMP, Nr. 9, S. 52.

50 So der angehende Jurist Hans Kudlich in einer Tagebuchnotiz von Ende April, zit. nach F. PRINZ, Hans Kudlich (1823-1917). Versuch einer historisch-politischen Biographie, München 1962 (Veröff. d. Collegium Carolinum, 11), S. 25. Zu seiner gesamten Bewertung des Revolutionsverlaufs vgl. Hans Kudlich, Rückblicke und Erinnerungen, Bd. 2, Wien/Pest/Leipzig 1873, passim.

51 PRINZ, Kudlich (wie Anm. 50), S. 9.

52 So ohne Widerspruch seiner Kollegen Krauß, MRP, 4.5., in: ÖMP, Nr. 27, S. 154.

53 MRP, 4. 5., in: Ebd., Nr. 27, S. 154. Zum Plazet seiner Kollegen ebd., S. 155. Zur Umsetzung des Beschlusses vgl. Sommaruga, MRP, 5.5., in: Ebd., Nr. 28, S. 159. *Direktor* ist ein anderer Ausdruck für *Dekan*.

54 In der Reihenfolge der Zitate Sommaruga, in: Ebd.; Sommaruga, MRP, 12.5., in: Ebd., Nr. 35,

Taktisch motiviert war die versuchte *Trennung der gärenden Massen* durch *Verlegung der Hauptwache der Techniker von der Universität weg ... ins polytechnische Institut*[55]. Gleiches gilt für die den Studenten gebotene Möglichkeit, *von dem bedeutend früheren Eintritte der Ferien zur Entfernung von Wien Gebrauch zu machen*, und zwar durch *alle möglichen Erleichterungen (bei den Prüfungen)*[56]. Diese auch für Gymnasiasten zur Anwendung gelangte Maßregel lief faktisch ebenfalls auf eine frühere Schließung der Universität hinaus, aber gleichsam ohne Anwendung irgendeiner Art von Zwang[57]. Infolge der dadurch erreichten *Verringerung der Masse des zündbaren Stoffes*, so Pillersdorf, würde der Rest in seinem *Wirken ... leichter zu beschränken* sein, selbst bei einem Verbleiben der vermeintlichen *Hauptagitatoren*, der *Doktoren*[58]. Einen Rückgang der Studenten erhoffte man sich auch durch die Entsendung eines *Freikorps* zur Unterstützung der Armee nach Italien[59]. Was hingegen die besagte *Beschränkung* anbelangt, so schwebte dem Innenminister offenbar der Einsatz unterschiedlicher Propaganda-, vielleicht auch Repressivmethoden vor. Weiter mußte das *schädliche Treiben des ... geheimen Polenkomitees* beendet werden, am besten durch *Wegweisung* desselben, wie Finanzminister Philipp Freiherr v. Krauß hinzufügte[60]. Beschwichtigen sollte die Studenten ihre *möglichste Schonung ... bei der bevorstehenden Rekrutierung*[61].

Eine weitere Maßnahme betraf das Verhältnis von Legion und Nationalgarde. Wenigstens formell bildete die an eine „military unit" erinnernde[62] Legion deren *integrirenden Bestandteil*[63]. Ursprünglich erhoffte man sich davon eine Disziplinierung der Studenten[64]. Später aber erkannte man, daß diese Einrichtung oft als eine *gegen die Regierung dargebotene Waffe* agierte: Sie *müsse fast immer zur*

S. 209. Nach seiner Wahl in die Paulskirche erreichte Giskra die Enthebung von seiner Stelle (KLETECKA, in: Ebd., Anm. 18).

55 Sommaruga, MRP, 8.5., in: ÖMP, Nr. 31, S. 180f. (*über Aufforderung des Ministers des Inneren*); vgl. MOLISCH, Legion (wie Anm. 4), S. 102-104.

56 Auf Anregung des Innenministers (MRP, 3.5., in: ÖMP, S. 149. Vgl. Sommaruga, MRP, 5.5., in: Ebd., Nr. 28, S. 159).

57 Unter den Gymnasiasten *herrschte* nämlich ebenfalls *große Aufregung* (Sommaruga, MRP, 10 4., in: Ebd., Nr. 9, S. 54). Zur früheren Schließung der Universität vgl. Sommaruga, MRP, 12.5., in: Ebd., Nr. 35, S. 209.

58 Pillersdorf, MRP, 3.5., in: Ebd., Nr. 26, S. 149.

59 Dadurch sollten *Studierende* und *Arbeiter ... angelockt* werden (Pillersdorf, MRP, 12.5., in: Ebd., Nr. 35, S. 212).

60 Ficquelmont, in: Ebd., S. 150.

61 Vorschlag Sommarugas, der auf die „Suspendierung" hinauslief (KLETECKA, in: Ebd., S. 155, Anm. 11).

62 So richtig Rath, Revolution (wie Anm. 9), S. 123.

63 Vgl. dazu Art. 1 der *Grundlinien zur Organisation der akademischen Legion*, abgedruckt in: MOLISCH, Legion (wie Anm. 4), S. 53. Allerdings verstanden sich ihre Mitglieder als ein davon „abgesondertes Corps" (KLETECKA, in: ÖMP, S. 208, Anm. 10).

64 MRP, 10.4., in: ÖMP, Nr. 9, S. 52.

Verhütung von Manifestationen aufgeboten werden, denen *sie selbst ihre Sympathien nicht versagt.* Außerdem besorgte man die *Ausbildung der Assoziation der Studenten mit den Deputierten der Nationalgarde zu einer dauernden gefährlichen Macht*[65]. Schon an der „Katzenmusik"[66] vor Ficquelmonts Wohnung hatten offenbar *etwa zwei Nationalgarden* teilgenommen[67]. Zur Sorge bestand Anlaß, da die Legion eine Art „Elitetruppe" der Nationalgarde bildete[68]. Also strebte man nun die Ausscheidung dieser *Avantgarde*[69] an.

Bewirkten solche Maßnahmen den erwünschten Effekt? Das *Polenkomitee* konnte wegen des bestehenden *freien Assoziationsrechtes* weiterhin recht *ungestört agitieren,* solange einzelnen seiner Mitglieder keine Gesetzverstöße nachzuweisen waren[70]. Ungeachtet der räumlichen Trennung der Mediziner und Techniker fanden sich Studenten aller Fakultäten in der Legion *wieder vereiniget*[71]. Und der Antrag, dem durch Abspaltung des *Medizinstudiums von den übrigen Studienzweigen* vorzubeugen, wurde zwar *einstimmig* gebilligt. Der Kaiser sanktionierte ihn aber erst im Oktober[72]. Weitere Maßnahmen konnten bestenfalls allmählich greifen, wieder andere wirkten kontraproduktiv. Kriegsminister Theodor Graf v. Baillet de Latour etwa wollte aufgrund der militärischen Gesamtlage *eine stärkere Rekrutierung* unter Einbeziehung der *Legionäre*[73]. Dies hätte sie aus Wien entfernt, mit möglichem *Gewinn* für dessen *innere Ruhe*[74]. Die Schließung der Universität alleine genügte hierzu nicht: Manche Studenten kamen aus Wien selbst, andere wären vielleicht dort verblieben, um weiterhin für ihre Sache zu kämpfen. Doch blieb der Plan des im Oktober der Lynchjustiz zum Opfer gefallenen Latour Makulatur. Die Studenten wurden von der Rekrutierung suspendiert. Ebenso scheiterte die anvisierte Bildung von *Freikorps*[75].

Außerdem war die Zielsetzung mancher Maßnahmen leicht zu durchschauen. Sommaruga regte *ein Gesuch der Professoren selbst* an, *um frühere Vornahme der Prüfungen zu provozieren.* Dies sollte ein *Hervortreten* der dahinterstehenden *Ab-*

---

65 In der Reihenfolge der Zitate: Anonymer Autor 1851 (Nachtgedanken des Publicisten Gotthelf Zurecht im Februar 1851, Leipzig 1851, S. 21); Ministerrat, MRP, 6.5., in: ÖMP, Nr. 29, S. 165; vgl. Pillersdorf, MRP, 3.5., in: Ebd., Nr. 26, S. 150; Ficquelmont, MRP, 4.5., in: Ebd., Nr. 27, S. 154.

66 W. HÄUSLER, Soziale Protestbewegungen in der bürgerlich-demokratischen Revolution der Habsburgermonarchie 1848, in: 1848/49 (wie Anm. 7), S. 173-195, Zitat S. 189.

67 Ficquelmont, MRP, 4.5., in: ÖMP, Nr. 27, S. 153.

68 L. HÖBELT, 1848 und die deutsche Revolution, Wien/München 1998, S. 68.

69 FICQUELMONT, Aufklärungen (wie Anm. 33), S. 100.

70 Pillersdorf, MRP, 12.5., in: ÖMP, Nr. 35, S. 210f. Vgl. Pillersdorf, MRP, 29.4., in: Ebd., Nr. 22, S. 124. Für einen erneuten vergeblichen Verbotsvorstoß vgl. MRP, 18.5., II, in: Ebd., Nr. 42, S. 250.

71 Pillersdorf, MRP v. 13.5. 1848, in: Ebd., Nr. 36, S. 221.

72 Vgl. dazu KLETECKA, in: Ebd., Anm. 32 u. 33.

73 MRP, 7.5., in: Ebd., Nr. 30, S. 175. Schon zuvor hatte Peter v. Zanini, damals noch amtierender Kriegsminister, eine Rekrutierung allgemein *unerläßlich* genannt (MRP, 9.4., in: Ebd., Nr. 8, S. 48).

74 So Latour, in: MRP, 7.5., in: Ebd., Nr. 30, S. 175.

75 Zu beiden Vorgängen vgl. KLETECKA, in: Ebd., S. 155, Anm. 11; S. 315, Anm. 33.

sicht nach *früherer Schließung der Universität* verhindern[76]. Die Studenten dürften auf diese sowie andere „Komödien"[77] mehr kaum hereingefallen sein. Problematisch wirkte sich schließlich das revolutionäre Potential der Legion aus. So *herrschte* nur einen Tag nach einigen im Ministerrat beschlossenen Maßnahmen *große Aufregung in der Aula*, die im Verlangen nach dem Vorantreiben der politischen Reformen kulminierte[78].

Wurden dennoch *Fortschritte* beim Versuch zur *Behebung des aufgeregten Zustandes* erzielt, wie Sommaruga am 8. Mai behauptete? Laut ihm war die *Epurierung* der Legion *im Zuge*; auch nannte er *einen großen Teil* ihrer Mitglieder *vom besten Geiste der Ordnung beseelt, namentlich* das schon damals „stets als konservativ"[79] geltende *Korps der Juristen*[80]. Außerdem wurde ein beinahe permanentes Problem für die Regierung in dieser Zeit *gänzlich abgestellt*, nämlich die *Zusammenrottungen in den an die Universität grenzenden Straßen*[81]. Doch waren *wohl noch ernstere Maßregeln* vonnöten. Denn bereits am 12. Mai monierte Pillersdorf eine *besonders tätige* und als *Vertreterin aller Bevölkerungsklassen* auftretende Studentenschaft[82]. Tags darauf nannte er es *bekannt*, daß sie *der fortwährende Anlaß zu Unruhen* sei, unter *vorzüglichem* Hinweis auf die „progressiven"[83] und *verführenden Mediziner* und *Techniker*[84]. Außerdem wollte er eine *besondere Verfügung*, damit *das in der Nationalgarde bekämpfte Element* nicht *noch tiefere Wurzeln auf der Universität schlage*, regte dabei aber immerhin eine *gütliche Überredung* der Studenten an[85]. Offenbar strebte dieses laut einem konservativen Kritiker *im Sumpfe des Radica-*

---

76   MRP, 5.5., in: Ebd., Nr. 28, S. 159f.

77   So MOLISCH in anderer Hinsicht (Legion (wie Anm. 4), S. 103).

78   Pillersdorf, MRP, 5.5., in: ÖMP, Nr. 28, S. 157; vgl. MRP, 6.5., in: Ebd., Nr. 29, S. 162.

79   HÖBELT, 1848 (wie Anm. 68), S. 69. Vgl. dazu Anfang 1859 symptomatisch Ignaz Ritter v. Czapka: *Die Hörer der Rechte sind ihrem künftigen Berufe nach . . . einer konservativen Richtung zugewiesen. Die größere Anzahl . . . weiß(,) daß sie einst dem Beamtenstande angehören werde und beobachtet daher keine regierungsfeindliche Haltung* (an Johann Freiherr Kempen v. Fichtenstamm, Wien, 12.3.1859, in: HHStA, IB, BM.-Akten, Krt. 128, Nr. 487/BM., fol. 5).

80   Sommaruga, MRP, 8.5., in: ÖMP, Nr. 31, S. 180.

81   Ebd. (siehe dazu auch folgende). Allgemein dazu M. GAILUS, Die Straße, in: 1848. Revolution in Deutschland, hg. v. C. DIPPER/U. SPECK, Frankfurt am Main/Leipzig 1998: Er spricht für Wien – und Berlin – von einer „Art Straßenbesetzung in Permanenz" (S. 155-169, Zitat S. 159).

82   In der Reihenfolge der Zitate: Ficquelmont bereits am 3.5.1848 (MRP, in: ÖMP, Nr. 26, S. 149); MRP, 12.5., in: Ebd., Nr. 35, S. 208.

83   HÖBELT, 1848 (wie Anm. 68), S. 69.

84   In der Reihenfolge der Zitate: *Geheimbericht* aus Prag für Bach v. 10.1.1851, in: F. PRINZ, Prag und Wien 1848. Probleme der nationalen und sozialen Revolution im Spiegel der Wiener Ministerratsprotokolle, München 1968 (Veröff. d. Collegium Carolinum, 21), Aktenanhang, Nr. XVII, S. 159-169, Zitat S. 160; MRP, 13.5., in: ÖMP, Nr. 36, S. 221.

85   Zugleich wurde er erneut *wegen möglichster Beschleunigung des Schlusses des heurigen Schuljahres* vorstellig (MRP, 12.5., in: Ebd., S. 209).

lismus aufgeschossene, schwankende Rohr[86] also noch ein Arrangement mit ihnen an. Andere Maßnahmen aber konterkarierten dieses Bestreben. So sollte laut einem Erlaß das *Kommando* der Legion in Zukunft nicht mehr an *politischen Debatten, Beschlüssen und Demonstrationen* teilnehmen[87]. Doch blieben diese Worte auf dem Papier stehen. Denn ein entsprechender *Tagesbefehl* an die Nationalgarde, der die „Auflösung" ihres „politischen Zentralkomitees" anordnete, machte sie „hinfällig"[88]. Die zunächst *noch beschwichtigte Aufregung*[89] wurde dadurch aber noch angeheizt.

Die insgesamt verfolgte Doppelstrategie von Zuckerbrot und Peitsche bezeugt ein „unsicheres Schwanken": Molisch macht dies den Ministern zum „Vorwurf"[90], wobei er übersieht, daß dahinter häufig das Bemühen zur *Vermeidung einer Spaltung in den höchsten Regierungsorganen* stand[91]. Doch erwies sich deren Vorgehen als zwiespältig, da bei den *zur Regierungskritik stets geneigten Gemüthern der Jugend*[92] die Unzufriedenheit über bestimmte politische Regierungsmaßnahmen dennoch weiter anstieg. Insbesondere das *hart getadelte* Pressegesetz und das Wahlgesetz für den verfassunggebenden Reichstag stießen auf Kritik[93]. Noch herrschte einigermaßen Ruhe. Doch kündigte sich der „Sturm" der kommenden „Mairevolution" bereits an[94].

Erstmals wehte ein heftiger Wind am 15. Mai, als eine *größtenteils aus Studenten* bestehende Abordnung um die *Zurücknahme des Tagesbefehls* an die Nationalgarde *bat*, und zwar auf *heftigste* Weise[95]. Die Minister lehnten dies ab, wobei „erhebliche" — wenn auch leicht erklärliche — „Meinungsverschiedenheiten"

---

86 So sein konservativer Kritiker Franz de Paula Graf v. Hartig, Brief an Metternich, Wien, 2.2.1849, in: Metternich-Hartig. Ein Briefwechsel des Staatskanzlers aus dem Exil 1848-1851, hg. u. eingel. v. F. HARTIG, Wien/Leipzig 1923, S. 25.

87 Sommaruga, MRP v. 14.5.1848, in: ÖMP, Nr. 37, S. 224.

88 In der Reihenfolge der Zitate: KLETECKA, in: Ebd., Anm. 2; KLETECKA, in: Ebd., Anm. 3. Vgl. MRP, 15.5., in: Ebd., Nr. 38, S. 228.

89 Pillersdorf, in: Ebd.

90 So aber MOLISCH, Legion (wie Anm. 4), S. 91.

91 So Pillersdorf, in: MRP, 4.5.1848, in: ÖMP, Nr. 27, S. 154; vgl. ders. MRP, 9.5., in: Ebd., Nr. 32, S. 186 (*Desorganisation der Polizeibehörde*). So Krauß, MRP, 22.4., in: Ebd., Nr. 18, S. 103.

92 So symptomatisch eine Dekade danach Graf Leo v. Thun (Vortrag an den Kaiser, 9.1.1858, in: HHStA, KK, Vorträge, 1858, Krt. 1, MCZ 164/58).

93 Zum Zitat PILLERSDORF, Rückblicke (wie Anm. 37), S. 21. Vgl. Handelsminister Anton Freiherr v. Doblhoff-Dier (MRP, 17.5., in: ÖMP, Nr. 40, S. 236). Zur Kritik am Wahlgesetz Pillersdorf, in: MRP, 15.5., in: ÖMP, Nr. 38, S. 228 (vgl. dazu das folgende Zitat). Vgl. bereits MRP, 12.5., in: Ebd., Nr. 35, S. 211.

94 In der Reihenfolge der Zitate: H. FRIEDJUNG, Österreich von 1848 bis 1860, Bd. 1, Stuttgart/Berlin 1908, S. 27; BACH, Geschichte (wie Anm. 9), S. 366.

95 In der Reihenfolge der Zitate: MRP, 15.5., in: ÖMP, Nr. 38, S. 229; Marie Freifrau v. Pillersdorf in einem Brief an ihre Tante Marie K. Gräfin v. Chorinsky, Wien, 16.5.1848, in: HELFERT, Geschichte (wie Anm. 9), Bd. 2, Anhang, Nr. 2, S. 311.

über das weitere zweckmäßige Vorgehen zutage traten[96]. Die Mehrheit plädierte sogar für einen Rücktritt[97]. Der eigenen politischen Schwäche wurde man sich spätestens bewußt, als der herbeigerufene Befehlshaber der Nationalgarde kundgab, mit derselben *sei nicht zu rechnen*, weil *ein großer Teil* von ihr *mit den Studenten sympathisiere und einige uniformierte Bürgerkorps bereits förmlich* zu ihnen *übergegangen seien*[98]. Damit hatte sich der Wind innerhalb weniger Stunden in einen Sturm verwandelt: Denn die *mißbrauchte Jugend* hatte *scharf geladen*, während *Arbeiter mit Werkzeug aller Art versehen in Masse vorhanden* waren und *Barrikaden errichtet* wurden[99]. In dieser Situation, die der *beinahe* fehlende *Einfluß des Universitätsvorstands auf die Studierenden* noch verschärfte, gab das Kabinett *mit Rücksicht auf die nun ernsthaft bedrohte … Sicherheit der Ah. Personen und auf die Folgen einer so hoch gesteigerten Gärung*[100], welche die Gefahr eines *förmlichen Bürgerkrieges* in sich zu bergen schien, nach und *gewährte alles*[101]. Außerdem blieb es lediglich auf Wunsch des Zentralkomitees der Nationalgarde bis zur für den 22. Juli vorgesehenen Eröffnung des Reichstags interimistisch im Amt[102]. Die Macht der Regierung war deutlich erschüttert worden.

Immerhin schien der Sturm abzuflauen. Am 18. Mai lesen wir sogar von der *guten Stimmung* der Legion *für Erhaltung der Ruhe*. Zudem war sie demnach bereit, mit der Nationalgarde unter einem *Kommando … zu stehen* und mit ihr *oder den Bürgerkorps Dienst zu leisten*[103]. Zugleich aber ertappte man einen in der Hofburg *Wache* schiebenden Studenten mit *Nägeln* für die *Pulverladung* seines Gewehrs. Auch ein *genaues Verständnis zwischen Arbeitern und Studenten* wurde vermutet[104]. Und lautete der *Polizeirapport* vom 19. Mai auch *beruhigend*, so herrschte dafür in der Aula *wie immer reges Treiben*[105].

---

96 So in anderer Beziehung richtig MOLISCH, Legion (wie Anm. 4), S. 105. Pillersdorf charakterisierte nachträglich sich und seine Kollegen als *Männer, die früher nie ihre Grundsätze ausgetauscht, sich nicht über ein politisches System vereiniget hatten*, und den daraus *allmälig* resultierenden *Verschiedenartigkeiten in der Auffassung* (DERS., Rückblicke (wie Anm. 37), S. 17). Vgl. Ficquelmont (Aufklärungen (wie Anm. 33), S. 98).

97 MRP, 15.5., in: ÖMP, Nr. 38, S. 230.

98 Johann E. Graf v. Hoyos-Sprinzenstein, in: Ebd.

99 In der Reihenfolge der Zitate: Sophie Gräfin Scharnhorst an Eveline Gräfin Sickingen-Hohenberg, Wien, 22.5.1848, in: Hofdamenbriefe. Sammlung von Briefen an und von Wiener Hofdamen aus dem 19. Jahrhundert, hg. v. B. v. S., Zürich 1903, S. 88; Hoyos, MRP, 15.5., in: ÖMP, Nr. 38, S. 230.

100 Sommaruga, MRP, 14.5., in: ÖMP, Nr. 37, S. 224. Zugleich dürften sie um das eigene Wohlergehen gefürchtet haben. Vgl. v. a. auch MRP, 15.5., in: Ebd., Nr. 38, S. 230.

101 Tagebucheintrag des Schülers Adolph Kohn v. 19.5.1848, in: Denkwürdige Jahre 1848-1851, A. KOHN, Politische Tagebücher 1848-1851, bearb. v. G. RICHTER, Köln/Wien 1978 (Veröff. aus den Archiven Preussischer Kulturbesitz, 13), S. 125.

102 MRP, 17.5., in: ÖMP, Nr. 40, S. 235; vgl. MRP, 15.5., in: Ebd., Nr. 38, S. 230.

103 MRP, 18.5., I, in: Ebd., Nr. 41, S. 245.

104 Man ließ ihn freilich entwischen (Latour, MRP, 19.5., II, in: Ebd., Nr. 44, S. 265).

105 Ebd., S. 267.

Nicht umsonst wurde nach wie vor überlegt, wie man der *terroristischen Partei der Aula*[106] Herr werden könne. Andreas Freiherr v. Baumgartner, Minister für öffentliche Arbeiten, wollte die Legion von *allen* fremden *Individuen* – als da waren *zahlreiche Barbiersubjekte, Musiker und Schauspieler* – epurieren und sie *nochmals auf die Gefahr aufmerksam machen, welcher sie sich durch ihr Verharren bei ihrem bisherigen Benehmen aussetzt*[107]. Andere forderten gar die *Auflösung der für die öffentliche Ruhe so gefährlichen* Vereinigung[108]; einen solchen Schritt erachtete man aber damals für noch zu riskant, weshalb er nach *reiflicher Beratung ajourniert* wurde. Auch mußten die angewandten *Mittel* den *beabsichtigten Erfolg sichern*, was bereits früher bezweifelt worden war[109]. Zudem widersprach ein Verbot wenigstens den politischen Grundsätzen des „reformnahen"[110] und *von der öffentlichen Meinung getragenen* Ministers für Landeskultur, Anton Freiherr v. Doblhoff-Dier[111]. Man rang sich noch nicht einmal zu einer *ernsten Mahnung* an die Legion durch, wie ursprünglich geplant[112]. Vielleicht *hoffte* man noch, die Legion würde zur *wahren Erkenntnis ihrer Bestimmung* gelangen, wie das Protokoll vom 21. Mai vermerkt[113]. Doch Tags darauf wurde die *energisch durchgesetzte Schließung der Universität* prophezeit, sollte *binnen zwei Tagen … nichts geschehen,* was über das *Benehmen* der Studenten *beruhigen könnte. Spätestens* sollte die Sperrung ohnehin am Monatsende nach Abschluß der *Studien* erfolgen[114]. Offenbar wähnte man sich allmählich wieder in einer stärkeren Position.

Nunmehr überschlugen sich die Ereignisse. Ebenfalls noch am 22. Mai gab Krauß eine *ausschweifende* studentische *Sturmpetition* bekannt, in der die Ablösung des Kabinetts durch *ein Ministerium aus dem Volksstande* verlangt wurde. Darüber hinaus forderte man die „kosmopolitisch"[115] anmutende *Freigebung*

---

106 So Kempen, Tagebucheintrag, 18.8.1848, in: Das Tagebuch des Polizeiministers Kempen von 1848 bis 1859, eingel. u. hg. v. J. K. MAYR, Wien/Leipzig 1931, S. 93. Vgl. Tagebucheintrag des Freiherrn Karl F. Kübeck v. Kübau, 6. 8. 1848, in: Tagebücher des Carl Friedrich Freiherrn Kübeck v. Kübau, hg. v. M. KÜBECK, Wien 1909, S. 17.

107 In der Reihenfolge der Zitate: MRP, 20.5., I, in: ÖMP, Nr. 45, S. 272f. Vgl. bereits MRP, 19.5., I, in: Ebd., Nr. 43, S. 261f.; MRP, 20.5., II, in: Ebd., Nr. 46, S. 278.

108 So der den Kabinettssitzungen fallweise hinzugezogene provisorische Leiter der niederösterreichischen Landesregierung, Albert Graf v. Montecuccoli-Laderchi (MRP, 20.5., I, in: Ebd., Nr. 45, S. 272. Vgl. ders. MRP, 20.5., II, in: Ebd., Nr. 46, S. 277).

109 In der Reihenfolge der Zitate; MRP, 20.5., I, in: Ebd., Nr. 45, S. 272; MRP, 20.5., II, in: Ebd., Nr. 46, S. 279; Pillersdorf, in: Ebd. Zu früher geäußerten Zweifeln vgl. MRP, 4.5., in: Ebd., Nr. 27, S. 154.

110 P. M. JUDSON, Wien brennt! Die Revolution von 1848 und ihr liberales Erbe, Wien/Köln/Weimar 1998, S. 42.

111 MRP, 9.5., in: Ebd., Nr. 32, S. 185. Vgl. v. a. MRP, 20.5. 1848, in: ÖMP, Nr. 46, S. 277-279.

112 Ebd., S. 279. Vgl. dazu KLETECKA, in: Ebd., Anm. 9.

113 MRP, 21.5., in: Ebd., Nr. 47, S. 289.

114 MRP, 22.5., in: Ebd., Nr. 48, S. 294.

115 MOLISCH, Legion (wie Anm. 4), S. 17.

Italiens und Polens[116]. Besonders bedrohlich mochte der Verweis auf die *Verbindung* der Studenten mit *15.000 Arbeitern* in Wien wirken. Zugleich aber berichtete Krauß, daß anscheinend eine jedenfalls nennenswerte Zahl von Studenten mit der Petition unzufrieden war und *sich politischer Verhandlungen* künftig *enthalten wollte*[117]. Angeblich wollten sogar *etwa 200 Studenten* nach Ende der Prüfungen Wien in Richtung ihrer Heimatorte verlassen[118].

Jetzt schien die „günstige Gelegenheit" gekommen, um angesichts einer „gewissen Revolutionsmüdigkeit"[119] die *Aula völlig zu sperren* und die Legion *aufzulösen*, obwohl am 24. Mai *wieder Bewegung* an der Universität konstatiert wurde[120]. Schließlich realisierte man diesen Doppelschlag gleichzeitig, und dies „in schärfstem Tone"[121]. Die Minister meinten oder hofften wenigstens, das Gesetz des Handelns wiedergewonnen zu haben[122]. Nur wenig später mußten sie erkennen, die Lage „völlig falsch eingeschätzt" und durch ihr wenigstens „formell zulässiges" Handeln „eine neue, schwere Krise" evoziert zu haben[123]. Vielleicht hatten sie mit *großer Aufregung* unter den Studenten gerechnet, zumal aufgrund der *getroffenen militärischen Maßregeln*; daß sich aber auch *andere Klassen der Bevölkerung* empörten, überraschte sie offenbar ebenso wie ein *blutiger Konflikt* zwischen Militär und Nationalgarde, die *in großer Anzahl* für die Legion *Partei* ergriff[124].

Damit war der Sturm voll ausgebrochen, der „Höhepunkt"[125] der wochenlangen Auseinandersetzung zwischen Studenten und Kabinett erreicht. Trotz der kaiserlichen Flucht „kapitulierte" es zwar nicht „endgültig"[126], und das Reich wurde in diesen Tagen nicht „von der ... Aula aus regiert"[127]. Auch erscheint das Diktum vom „Abstieg der Regierung einer europäischen Groß-

---

116 MRP, 22.5., in: ÖMP, Nr. 48, S. 299. Von ihrer Existenz und ihrem Inhalt erfuhr er offensichtlich während der Sitzung.

117 Im Protokoll ist unspezifisch von einer *großen Versammlung* die Rede (ebd.).

118 So Baumgartner, MRP, 24.5., in: Ebd., Nr. 50, S. 313.

119 In der Reihenfolge der Zitate: KLETECKA, Einleitung, S. XX (wie Anm. 9); HÄUSLER, Massenarmut (wie Anm. 9), S. 233.

120 In der Reihenfolge der Zitate: MRP, 23.5., in: ÖMP, Nr. 49, S. 304; Sommaruga, MRP, 24.5., in: Ebd., Nr. 50, S. 312. Tags darauf erklärte Pillersdorf die *Schließung der Universität, des Polytechnikums etc.* und die *Auflösung* der Legion *als abgesonderter Bestandteil der Nationalgarde* für *unerläßlich* (MRP, 25.5., in: Ebd., Nr. 51, S. 320).

121 HELFERT, Geschichte, Bd. 2 (wie Anm. 9), S. 252. Vgl. Sommaruga, MRP, 25.5., in: ÖMP, Nr. 51, S. 320; vgl. dazu ebd., S. 320-323.

122 Ähnlich MOLISCH, Akademische Legion (wie Anm. 4), S. 104-110.

123 In der Reihenfolge der Zitate: KLETECKA, Einleitung (wie Anm. 9), S. XX; MOLISCH, Legion (wie Anm. 4), S. 111; PRINZ, Prag (wie Anm. 84), S. 49. Vgl. MOLISCH (wie Anm. 4), S. 108f.

124 Auch die *uniformierte Bürgerschaft sprach ihre Sympathie laut aus* (MRP, 26.5., in: ÖMP, Nr. 52, S. 327). Vgl. hierzu PILLERSDORF, Rückblicke (wie Anm. 37), S. 52 (in den *gehegten Erwartungen völlig getäuscht*).

125 BRUCKMÜLLER, Sozialgeschichte (wie Anm. 15), S. 354.

126 So aber HÖBELT, 1848 (wie Anm. 68), S. 85.

127 So aber MOLISCH, Legion (wie Anm. 4), S. 3; anders liest es sich später (S. 117, 120).

macht zur 4. Instanz des Wiener Magistrats" nicht mehr als eine rhetorisch gelungene Formulierung[128]. Doch von einem wenigstens vorübergehenden *Sieg der Wiener akademischen Legion*[129], einer Art beinahe „kampflos"[130] errungenen *kleinen Nebenregierung* darf gesprochen werden[131]. Dies offenbarte sich unter anderem in der mittels eines *Act moralischen Zwanges gegen die Minister* durchgesetzten *sofortigen* Zurücknahme des Auflösungsbeschlusses[132], ohne daß daraus ein echter „Gesinnungswandel" des Kabinetts abzuleiten wäre[133].

Bezeichnend für die veränderten Machtverhältnisse erscheint die Reaktion der Minister auf ein *Machwerk*, das ihnen unter *aufreizendsten Schmähungen* die *versuchte Auflösung* der Legion als *'Bubenstück, Verrat am Vaterlande etc.'* ankreidete. Zu Sommarugas Vorschlag zur Publikation einer amtlichen Gegendarstellung gab Pillersdorf unter anderem zu erwägen, ob es *acht Tage, nachdem der Sturm sich gelegt, angemessen sei, ihn wieder aufzuregen*[134]. Ebenfalls aufschlußreich ist, mit welchem Argument die *Bitte* des am 26. Mai gebildeten *(Sicherheits)ausschusses der Bürger, der Nationalgarde und der Studenten* (für Ordnung und Sicherheit) *um schleunige Ausfolgung* einiger Waffen zur Abwendung einer politischen *Reaktion* zumindest partiell genehmigt wurde[135]. Im Falle einer *absoluten Verweigerung* dieses Ansinnens würde man *nachgeben oder Blut vergießen* müssen, so das Protokoll[136]. Entschied man sich also lediglich aus humanitären Motiven für die zweite Option? Abgesehen davon, daß noch zusätzliche Erwägungen eine Rolle gespielt haben dürften[137], ist nicht nur hier zu bedenken, daß diese Worte für den Monarchen und seine Berater gedacht waren. Gegenüber ihnen wollte man wohl den Anschein eigener Autorität und Entscheidungsfreiheit wahren[138].

Nur in drei Punkten vermochte die Regierung ihren Standpunkt wenigstens teilweise zu behaupten und verharrte nicht auf *passivem Gewähren*, wie Pillersdorf selbst rückblickend meinte. Denn das Verlangen nach *Verlegung des gesam-*

---

128 HÖBELT, 1848 (wie Anm. 68), S. 78.

129 So der anonyme Verfasser des Buches *Genesis der Revolution in Oesterreich im Jahre 1848*, 2. Aufl., Leipzig 1850, S. XI.

130 HÄUSLER, Massenarmut (wie Anm. 9), S. 238.

131 So Kudlich im Rückblick (zit. nach PRINZ, Kudlich (wie Anm. 50), S. 21).

132 Zitat: PILLERSDORF, Rückblicke (wie Anm. 37), S. 42f. Beschluß des Ministerrates, MRP, 26.5., in: ÖMP, Nr. 52, S. 327. Ihre Begründung u. a. mit der *Sorge* vor *jeden Augenblick* möglichen *blutigsten Konflikten, Plünderungen* belegt klar, wie gespannt die Situation war.

133 So richtig MOLISCH, Legion (wie Anm. 4), S. 115.

134 Sommaruga, MRP, 2.6., in: ÖMP, Nr. 59, S. 364.

135 MRP, 28.5., in: Ebd., Nr. 54, S. 339. Zur Genehmigung vgl. MRP, 29.5., in: Ebd., Nr. 55, S. 343. Zum Sicherheitsausschuß vgl. KLETECKA, in: Ebd., S. 186, Anm. 20.

136 MRP, 29.5., in: Ebd., Nr. 55, S. 342.

137 Vgl. dazu ebd., S. 342f.

138 Vgl. hierzu Überlegungen von Pillersdorf (DERS., Rückblicke (wie Anm. 37), S. 44-46, S. 53. Vgl. Überlegungen MOLISCHS (Legion (wie Anm. 4), S. 114f.).

ten k. k. Militärs außerhalb der Stadt wurde erfolgreich abgewehrt[139]. Überdies gab man weniger Waffen an die Nationalgarde und damit auch an Studenten aus als verlangt[140]. Schließlich widersetzte man sich der *Forderung*, daß *ausschließend* die Nationalgarde die *Wache an den Stadttoren besorge*, wenn auch mit nur vorläufigem Erfolg[141].

Den Protokollen ist also die Verlagerung des Machtgewichts vom Ministerium hin zur *usurpatorischen Korporation* des Sicherheitsausschusses und damit auch zu den Studenten deutlich zu entnehmen[142]. Doch ab etwa Anfang Juni beschäftigte deren Tätigkeit das Kabinett zunehmend weniger. Dies erklärt sich zunächst mit bestimmten Hoffnungen der Studenten. Sie richteten sich auf die Ergebnisse der bevorstehenden Wahlen und auf die Tätigkeit des aus ihnen hervorgehenden Reichstags. Damit einher ging ein neues Selbstbewußtsein der Regierung. Man widersetzte sich wieder vehementen Forderungen des Sicherheitsausschusses[143] beziehungsweise der Legion, so etwa dem Begehren *um Eisenbahnfreikarten für 1800 angeblich zur Sicherung des Reichstags einzuberufende Urlauber* der Legion. Bedeutsamer erscheint die Ablehnung der *beanspruchten studentischen Vertretung* im Parlament[144].

Aber noch fühlte man sich nicht ganz sicher im Sattel. Sonst hätte der Justizminister wohl kaum ein *Substrat der Verteidigung* über die *Ministerialbeschlüsse ... vom 25. und 26. Mai* ausarbeiten lassen, sollte die Regierung *über jene Vorgänge zur Verantwortung gezogen werden*[145]. Dies schien nicht völlig unmöglich, wollte doch der Sicherheitsausschuß gegen Ende Juni den Gouverneur von Böhmen wegen seines Verhaltens während des Prager Pfingstaufstandes *anklagen*[146]. Auch mußte man *neueste in der Aula stattgefundene Versammlungen* und überdies zur Kenntnis nehmen, daß die Legion *bei der letzten Revue des Kaisers nur dem Reichstage Vivat brachte, sich aber sonst ganz still verhielt*[147]. Scheinbar vermerkte

139 In der Reihenfolge der Zitate: PILLERSDORF, Rückblicke (wie Anm. 37), S. 57; MRP, 26.5., in: ÖMP, Nr. 52, S. 327. Die *Deputationen* gaben sich mit dem *Abzug des Militärs von den öffentlichen Plätzen und vom Glacis ... in die Kasernen* zufrieden (ebd., S. 329).

140 Vgl. dazu etwa MRP, 29.5., in: Ebd., Nr. 55, S. 342f.

141 Die Wache sollten *gemeinschaftlich Nationalgarden, Akademiker und Militär in gleicher Stärke* besorgen (MRP, 27.5., in: Ebd., Nr 53, S. 329); vgl. dazu MRP, 28.5., in: Ebd., Nr. 54, S. 335.

142 Zitat bei Kempen, Tagebucheintrag, 18.8.1848, in: Kempen (wie Anm. 106), S. 105. Zum Sicherheitsausschuß R. TILL, Der Sicherheitsausschuß des Jahres 1848, in: Fschr. zur Feier des zweihundertjährigen Bestandes des Haus-, Hof- und Staatsarchivs, Bd. 2, hg. v. L. SANTIFALLER (Mitt. d. Öst. Staatsarchivs, Ergbd. 3), Wien 1951, S. 111-123.

143 Vgl. als ein Beispiel MRP, 3.7., in: ÖMP, Nr. 91, S. 518.

144 In der Reihenfolge der Zitate: MRP, 10.8., in: Ebd., Nr. 100, S. 555; Pillersdorf, MRP, 8.6., in: Ebd., Nr. 65, S. 391. Vgl. dazu KLETECKA, in: Ebd., Anm. 14.

145 Justizminister Sommaruga, MRP, 16.6., in: Ebd., Nr. 74, S. 437; vgl. ders., MRP, 19.6., in: Ebd., Nr. 77, S. 447.

146 MRP, 25.6., in: Ebd., Nr. 83, S. 479. Anders MOLISCH, Legion (wie Anm. 4), S. 116. Es handelt sich um Leo Graf v. Thun.

147 Doblhoff, MRP, 20.8., in: ÖMP, Nr. 108, S. 583.

Karl F. Freiherr Kübeck v. Kübau in diesem Zusammenhang also zurecht *steigende Wirren und Gefahren*[148].

Doch wurde die studentische Sache durch mehrere Faktoren geschwächt. Dabei kann dieser „Niedergang"[149] wohl nicht nur auf die vermeintliche *Charakterlosigkeit* beziehungsweise die angeblich *veränderlich weibische* Natur des *östreichischen Volkes* zurückgeführt werden[150]. Da war zunächst die Spaltung der bislang eher miteinander kooperierenden Arbeiter und Studenten, wobei der *Einfluß* der letzteren *auf die Arbeit* nach Ansicht Baumgartners *ein sehr großer* war[151], auch im Sinne eines „mediator" zwischen Arbeitern und der Regierung[152]. So wandte sich der Sicherheitsausschuß gegen *überspannte Forderungen der hiesigen Arbeiter*, was das Kabinett kaum zufällig *befriedigte*[153]. Bereits im Juni standen die Studenten parat, *um notfalls mit Gewalt gegen die Arbeiter einzuschreiten*, während sie diese zugleich *zu Fleiß und Ordnung anhalten* wollten[154]. Vollends offenbarte sich die studentische Angst vor der *Pöbelherrschaft* spätestens am 23. August. Damals sahen Studenten und „bürgerliche Radikale untätig zu, wie Arbeiter, die gegen Armut und mangelnde Reformen protestierten, brutal auseinandergetrieben wurden"[155].

Als schwächend erwies sich zudem der Konflikt „zwischen Liberalismus und Demokratie"[156]. Der moderatere Teil des bürgerlichen Lagers beziehungsweise die *Gutgesinnten* – also vor allem jene, *welche durch Besitz an das wahre Intereße des Staates gekettet sind*, sowie jene, *deren Bildung die Unfruchtbarkeit des radikalen Strebens erkennt*[157] – wandten sich von den Studenten ab und suchten den Kompromiß mit den Konservativen. Damit hingen schließlich Spaltungs-

148 Tagebucheintrag, 19.8.1848, in: Kübeck (wie Anm. 106), S. 19. Vgl. Tagebucheintrag Kempens, 18.8.1848, in: Kempen (wie Anm. 106), S. 105.

149 K.-W. FREY, Die bürgerliche Revolution des Jahres 1848 an den Universitäten Wien, Graz und Innsbruck unter dem Einfluß der freiheitlich-burschenschaftlichen Bewegung, Phil. Diss., Würzburg 1983, S. 140.

150 Tagebucheintrag Kohns, 12.10.1848, in: Jahre (wie Anm. 110), S. 150.

151 Baumgartner, MRP, 1.6., in: ÖMP, Nr. 58, S. 360. Vgl. MRP, 16.5., in: Ebd., Nr. 39, S. 323.

152 Rath, Revolution (wie Anm. 9), S. 130. Vgl. MOLISCH, Legion (wie Anm. 4), S. 121.

153 Konkret war von der *Erhöhung des Taglohns* sowie der *Auszahlung der Sonn-, Feier- und Regentage* die Rede (MRP, 17.6., in: ÖMP, Nr. 75, S. 441f.).

154 In der Reihenfolge der Zitate: Marie Freifrau v. Biegeleben an ihren Gemahl Ludwig, o. O. (Mauer bei Wien), 20.6.1848, in: Ludwig Freiherr von Biegeleben. Ein Vorkämpfer des großdeutschen Gedankens. Lebensbild darg. v. seinem Sohne R. FREIHERR VON BIEGELEBEN, Zürich/Leipzig/Wien 1930, S. 170; Baumgartner, MRP, 1.6., in: ÖMP, Nr. 58, S. 360.

155 R. PRICE, 'Der heilige Kampf gegen die Anarchie'. Die Entwicklung der Gegenrevolution, in: Europa 1848. Revolution und Reform, hg. v. D. DOWE/H.-G. HAUPT/D. LANGEWIESCHE, Bonn 1998 (Forsch.inst. der Friedrich-Ebert-Stiftung, Rh. Pol.- u. Ges.geschichte, 48), S. 43-80, Zitat S. 62.

156 A. NOVOTNY, 1848. Österreichs Ringen um Freiheit und Völkerfrieden vor hundert Jahren, Graz/Wien 1948, S. 68f.

157 So der Wiener Stadthauptmann Noé v. Nordberg am 1.5.1849 an Bach, Wien, in: AVA, Inneres, Präs., Krt. 873, f. 22/2, Nr. 3191/49.

tendenzen im Sicherheitsausschuß und damit auch in der Studentenschaft zusammen. Schon Anfang Juni *klagten ... Bürger über die vielen zu leistenden Wachen*[158], während sich zugleich die „gemäßigt-liberalen Studierenden mehrheitlich ... von der studentischen Politik zurückzogen" und offensichtlich in größerer Zahl aus Wien abreisten[159]. Die sich hier indirekt artikulierende *Bereitschaft* des Sicherheitsausschusses zur Selbstauflösung mag es den Ministern erleichtert haben, seine *Aufhebung* in der zweiten Augusthälfte zu riskieren[160]. Die Behauptung des inzwischen zum Innenminister avancierten Doblhoff, er sei *für die gegenwärtigen Verhältnisse nicht mehr passend*, erscheint vielsagend[161]. Die Akademische Legion blieb allerdings weiterhin bestehen.

Aber auch ihr Ende nahte. Dabei profitierte die Regierung von der *konterrevolutionären* Entwicklung vor allem in Böhmen und Oberitalien. Wann aber bereitete sie der *schändlichen Wühlerei der Studenten* und *Bubenherrschaft* ein „Ende"[162], wann geriet den Studenten der *Mißgriff* der Bildung eines *bewaffneten Körpers* zum *Verderben*[163]? Entsprechende „Gerüchte", die man erfolglos zu entkräften suchte[164], waren mindestens seit Mitte August im Umlauf[165]. Sie wurden wohl auch durch das zunehmend kompromißlosere Auftreten von Regierungsmitgliedern im Reichstag genährt[166]. Nachdem sich bereits im September die Situation deutlich zugespitzt hatte[167], griff man endgültig während der Oktobertage durch, als der Völkerfrühling in Wien seine große und entscheidende „Krise"[168] erlebte. Allerdings schlug genau genommen nicht das Kabinett unter dem neuen Ministerpräsidenten Johann Ph. Freiherr v. Wessenberg, sondern das Militär die „von kleinbürgerlichen Vorstadtgarden, Arbeitern, Studenten und Demokraten getragene Erhebung"[169] nieder. Die endgültige Nie-

---

158 Laut einem Bericht der Wiener Polizeidirektion (MRP, 3.6., in: ÖMP, Nr. 60, S. 369).

159 HÄUSLER, Massenarmut (wie Anm. 9), S. 177. Zur Abreise aus Wien vgl. MOLISCH, Legion (wie Anm. 4), S. 124.

160 Doblhoff, MRP, 17.8., in: ÖMP, Nr. 106, S. 577. Vgl. Theodor Ritter v. Hornbostel, MRP, 20.8., in: Ebd., Nr. 108, S. 584; MRP, 23.8., in: Ebd., Nr. 110, S. 592-594.

161 MRP, 17.8., in: Ebd., Nr. 106, S. 577. Vgl. Doblhoff diplomatischer im Reichstag am 24.8.1848, in: Verhandlungen des österreichischen Reichstages nach der stenographischen Aufnahme, Bd. 2, Wien 1848, 29. Sitzung, S. 36f. MOLISCH machte dafür die „fortgesetzte Untergrabung ... durch verschiedene Staatsbehörden" verantwortlich (Legion (wie Anm. 4), S. 117).

162 Tagebucheintrag, 23.8.1848, in: Kempen (wie Anm. 106), S. 107.

163 PILLERSDORF, Rückblicke (wie Anm. 37), S. 50.

164 Doblhoff, 30. Reichstagssitzung, 25.8.1848, in: Verhandlungen (wie Anm. 210), S. 68.

165 MOLISCH, Legion (wie Anm. 4), S. 122.

166 Vgl. etwa Latour, 41. Reichstagssitzung, 13.9.1848, in: Verhandlungen (wie Anm. 210), S. 369f.; vgl. ebd., S. 381. Franz Schuselka zufolge hätte die Regierung ab Juni mäßigend auf die Legion einwirken müssen, um sie politisch einzubinden (Das Revolutionsjahr März 1848 – März 1949, 2. Aufl., Wien 1950, S. 169). Doch wollte sie wohl eher das ganze Problem ein für allemal beenden.

167 Vgl. dazu 42. Reichstagssitzung, 14.9.1848, in: Ebd., S. 432f.

168 MOLISCH, Politische Geschichte (wie Anm. 4), S. 15.

169 HÄUSLER, Protestbewegungen (wie Anm. 81), S. 189.

derlage der Bewegung der *sozialen Demokratie*[170], deren Agieren sich angeblich insbesondere im „scheußlichen Verbrechen" an Latour offenbarte[171], läßt sich auch an Zahlen ablesen: Ende des Monats zählte die Legion noch maximal 900 Angehörige[172].

Abschließend kann folgendes Fazit gezogen werden: Die Analyse der Ministerratsprotokolle in dem betrachteten Zeitraum zeigt, daß die Haltung des Kabinetts gegenüber den Studenten beziehungsweise gegenüber der Legion nicht zuletzt von der jeweiligen, zeitweise unterschiedlichen Beurteilung der momentanen Lage geprägt war. Zuweilen unterlagen die Minister Fehleinschätzungen, die sich für sie als gefährlich erweisen sollten. Am Ende unseres Betrachtungszeitraums hatten sie freilich gegenüber den Studenten im speziellen wie gegen die Revolutionäre im allgemeinen gesiegt.

Noch geraume Zeit später wünschte sich Wessenberg, daß die *Aula zum ewigen Andenken an die Schandthat* der Ermordung Latours *für immer gesperrt* und die *Universität* in eine *Vorstadt verlegt* würde[173]. Diesen Gefallen tat ihm sein Nachfolger Felix Fürst zu Schwarzenberg zwar nicht, obgleich er das *herausfordernde ... Benehmen* der Studenten sehr kritisch beurteilte[174]: Aber die *Studenten studierten, die Garden bewachten und die Regierung regierte wieder.* Wenigstens während der kommenden neoabsolutistischen Epoche war die Machtposition der Minister vor Anfeindungen der *Straße* und von Studenten gefeit. Diese mußten auf bessere Zeiten hoffen. Doch wuchs allmählich eine neue *Generation* von Studierenden heran. Sie hatte an die ehemaligen *Vorfälle in der Aula* wohl wirklich nur noch *einige unklare Erinnerungen*, die ihr *vielfach unbegreiflich erschienen* sein mögen[175]. Die Akademische Legion blieb eine „Eintagsfliege", wie gemeint worden ist[176]. Viele der von ihren Mitgliedern 1848 im *geheiligten Ort der Aula*[177] vertretenen Gedanken und Forderungen wurden später dennoch Wirklichkeit. Dies mußten sich zu gegebener Zeit auch manche der 1848 Regierungsverantwortung tragenden Minister eingestehen.

---

170 W. HÄUSLER, Wien, in: 1848. Revolution in Deutschland, hg. v. C. DIPPER/U. SPECK, Frankfurt am Main/Leipzig 1998, S. 99-122, Zitat S. 107.

171 MOLISCH, Legion (wie Anm. 4), S. 132; vgl. S. 140.

172 Zumeist ist lediglich von 600 Angehörigen die Rede. Doch macht Molisch plausibel, daß diese Zahl nicht unbedingt zuverlässig ist (ebd., S. 125). Vgl. HÄUSLER, Massenarmut (wie Anm. 9), S. 178f.

173 Brief an Georg v. Isfordink-Kostnitz, Freiburg, 27.3.1849, in: Briefe von Johann Philipp Freiherrn von Wessenberg aus den Jahren 1848-1858 an Isfordink-Kostnitz, Bd. 1, hg. v. DEMS., Leipzig 1877, Nr. 24, S. 27.

174 Ders. an Windischgrätz, Olmütz, 18.2.1849, in: HHStA, KK, GH, Krt. 12, f. VII, ad Nr. 40, fol. 264.

175 Czapka an Kempen, Wien, 12.3.1859, in: HHStA, IB, BM.-Akten, Krt. 128, Nr. 487/BM., fol. 4.

176 TILL, Sicherheitsausschuß (wie Anm. 142), S. 111.

177 SCHUSELKA, Revolutionsjahr (wie Anm. 166), S. 54.

DIE BADISCHEN GROSSHERZÖGE
UND IHRE UNIVERSITÄTEN IM 19. JAHRHUNDERT

Von Hansmartin SCHWARZMAIER

IM JAHR 1906, ALS MAN IN BADEN das 50jährige Regierungsjubiläum Großherzog Friedrichs mit dem Fest der Goldenen Hochzeit des Großherzogspaares verband und beides zum Anlaß nahm, die enge Verbundenheit der Badener
zu ihrem populären Fürsten in einer Vielzahl von Festschriften, von Ergeben-
heitsadressen und Grußbotschaften zum Ausdruck zu bringen, fühlten sich
auch die Hochschulen des Landes aufgerufen, in den Kreis der Gratulanten
einzutreten. Sie taten dies mit der den Professoren eigenen Formulierungs-
kunst, und ihre Texte waren gespickt mit Anspielungen und Erinnerungen an
geschichtliche Beziehungen der Herrscherdynastie zu ihren Hochschulen[1]. Die
von ihnen dargebrachten Festschriften besaßen hohes wissenschaftliches Niveau[2]. Dabei hatte Baden vor 1800 keine eigene Landesuniversität gehabt. Umso mehr erinnerte die Ruperto-Carola in Heidelberg mit ihrem Namen nicht
nur an ihren ersten Gründer, den Pfalzgrafen Rupert I. von 1386, sondern zugleich an Großherzog Karl Friedrich von Baden, der die pfälzische Hochschule in seinem neu constituierten Lande erhalten und erneuert hat, und auch die
Freiburger Albert-Ludwigs-Universität bezog sich nicht allein auf ihren ersten
Gründer von 1456, Herzog Albrecht von Österreich, sondern auch auf Großherzog Ludwig I., der sich dazu durchgerungen hatte, auch die zweite der seinem Land zugefallenen alten Universitäten im neuen Baden weiterzuführen
und zu finanzieren. In ganz besonderem Maße aber hatte die Fridericiana, die
Technische Hochschule in Karlsruhe, Anlaß, an Ludwig, den Gründer der Polytechnischen Schule, an seinen Halbbruder Leopold, der sie weiterführte, und
an dessen Sohn Friedrich, der sie zur Hochschule erhob, zu erinnern und dem
Jubilar von 1906 für seine fortdauernde Förderung zu danken. In feierlichen
und dem Anlaß angemessenen Worten, die man damals keineswegs als über-
zogen ansah, sprachen die beiden alten Universitäten ihren „Rector magnifi-
centissimus" an und widmeten ihm Festschriften und weitere wissenschaftli-

---

1   Kostbare Grüße. Kunsthandwerk vor 100 Jahren in badischen Huldigungsadressen. Katalog des
    Generallandesarchivs Karlsruhe einer Ausstellung 1997 mit zahlreichen Abb. Daraus abgeleitet die
    Sonderausstellung „Großherzog Friedrich I. und die badischen Universitäten", Ausstellung des Ge-
    nerallandesarchivs in Verbindung mit dem Universitätsmuseum Heidelberg, dem Universitätsarchiv
    Freiburg und der Universität Karlsruhe, Katalog, bearb. von H. SCHWARZMAIER , Karlsruhe 1998,
    mit Ergänzungen aus dem Universitätsarchiv Freiburg.

2   Festschriften der Universitäten nachgewiesen bei F. LAUTENSCHLAGER, Bibliographie der badischen
    Geschichte Bd. 1, Karlsruhe 1929, so etwa Nr. 8849: 50jähriges Regierungsjubiläum des Großher-
    zogs Friedrich. Festvortrag und Ansprachen, gehalten zur Jubelfeier in der Aula der Technischen
    Hochschule Fridericiana am 1. Mai 1902, Karlsruhe 1902.

che Publikationen, feierten ihn also zugleich als ein Mitglied der Universität und ihres Senats, und auch in Karlsruhe, wo der Großherzog das Rektoramt nicht für sich in Anspruch genommen hatte, hat man ihm auf diese Weise gehuldigt.

Damit kommt eine Seite der Universitätsgeschichte zum Ausdruck, die in modernen Darstellungen eher in den Hintergrund gerückt oder ganz übergangen wird. Heute geht es eher um die wissenschaftlichen Leistungen der Professoren im Rahmen der deutschen Geistesgeschichte, die den einzelnen Universitäten, an denen sie lehrten und forschten, Rang und Ansehen verliehen. Und in der Tat hat das Verhältnis von Universität und Landesherr etwas Problematisches an sich. Die Freiheit der Universität als einer Gelehrtenrepublik widersprach ja durchaus der Intention des Landesherrn, der sie förderte, um an ihr seine Beamten einschließlich der Pfarrer und Lehrer heranbilden zu lassen, und so ist es kein Zufall, daß die Universitäten in der Regel fernab der Residenz, in einer der kleineren Städte des Landes, ihren Sitz hatten, wo die Studenten ihre scheinbare Freiheit genießen konnten, ohne sich der Bevormundung durch einen Monarchen bewußt zu sein, der sie nach vollendetem Studium im Landesdienst domestizieren würde. Wie es mit der Autonomie der Universität bestellt war, zeigte sich schon im 18. Jahrhundert in Heidelberg, obwohl der Hof inzwischen im benachbarten Mannheim seinen Sitz hatte. Die Organisationsstatuten des Großherzogtums, insbesondere das Edikt von 1803, haben dann vollends mit den alten Privilegien aufgeräumt und haben der Universität ihren Platz im neuen Staat zugewiesen[3]. Und die Neugründungen in Berlin (1810), München (1826) und Dresden (1828) haben dann auch die Zusammenführung von Residenz und Universität in den großen deutschen Monarchien des 19. Jahrhunderts vollzogen, zum selben Zeitpunkt, als auch in Karlsruhe in unmittelbarer Nähe des Schlosses eine polytechnische Schule entstand, die sich in dem im folgenden zu behandelnden Zeitraum zur Technischen Hochschule entwickeln sollte. Diesem Phänomen der „Universität am fürstlichen Hof" gilt ein Teil unseres Fragens. Er schließt jenen anderen Aspekt ein, welchen Anteil der Fürst selbst an der Entwicklung der Hochschulen seines Landes hatte und was ihn dazu bewog, diesen, und so auch den technisch-naturwissenschaftlichen Disziplinen, einen so hohen Stellenwert einzuräumen, wie es in Baden geschah, dem im Verhältnis zu seiner Bevölkerung universitätsreichsten Staat des Deutschen Bundes und Reiches.

Was über die badische Hochschulpolitik in der Ära Großherzog Friedrichs I. zu sagen ist, hat Eike Wolgast in einem vor kurzem erschienenen Beitrag dargelegt; darauf kann verwiesen werden[4]. Hier geht es nun gerade um dieses

3   E. WOLGAST, Die Universität Heidelberg 1386-1986, Berlin u. a. 1986, S. 88f.

4   E. WOLGAST, Die badische Hochschulpolitik in der Ära Friedrichs I. (1852/56 bis 1907), in: ZGO 148 (2000), S. 351-368 (Eröffnungsvortrag der in Anm. 1 genannten Ausstellung).

nicht unproblematische Verhältnis der Universitäten zu ihrem Landesherrn, und insbesondere im Zusammenhang mit Karlsruhe ist auf jene für die Universität fast peinliche und ihrem Wesen widersprechende Situation hinzuweisen, die zu ihrer Gründung führte, einer Schule, die freilich in ihrer Anfangsphase noch keinen Universitätscharakter besaß. Dabei sollte man sich die topographische Situation der Residenz vor Augen halten. Die abgewinkelten Seitenarme des Karlsruher Schlosses finden ihre Fortsetzung rechts im Neubau des nach dem Theaterbrand von 1847 neu errichteten Hoftheaters, hinter dem sich Kunsthalle (1836-45) und Orangerie und die Gewächshäuser des Botanischen Gartens (1853-1857), alles von Heinrich Hübsch, aufbauten. Links des Schlosses standen die Marstallgebäude, und dahinter war militärisches Gelände mit der Kavalleriekaserne der Garde du Corps nebst Stallungen und schließlich, zum Durlacher Tor hin, dem Zeughaus, dem Arsenal[5]. Dort, auf vormaligem Kasernengelände, entstand 1833-35 das von Hübsch entworfene Hauptgebäude der Universität; für die späteren Erweiterungsbauten bis hin zu dem 1898 eingeweihten Aulagebäude stellte der Großherzog Gelände des Fasanengartens zur Verfügung. Der älteste Standort der 1825 gegründeten Polytechnischen Schule bestand übrigens in einem ungenutzten Flügel des Lyzeums, rechts von der Stadtkirche am Marktplatz. Doch ihren endgültigen Standort erhielt die Polytechnische Schule, wie gesagt, im unmittelbaren Schloßbereich, gleichgestellt mit Theater und Kunsthalle, zwischen Marstall und Zeughaus und demnach, wenn man so will, in militärischer Tradition stehend. Nicht viel anders verhielt es sich übrigens in Berlin, wo man über die enge Verbindung der Humboldtschen Universität zur Kaserne der Leibdragoner und wiederum zum Zeughaus spöttelte, die ja alle der Aufrüstung des preußischen Staats dienten – die Universität als geistiges Arsenal des neuen Preußen.

Doch nicht genug der Peinlichkeiten. Die Gründung des Polytechnikums fällt ja in die Zeit jenes Großherzogs, der als der ungeliebteste, am meisten geschmähte um nicht zu sagen gehaßte Fürst in der Reihe der badischen Monarchen gilt: Ludwig I. Zu seinem negativen Image hat nicht zuletzt Goethe beigetragen, der den Prinzen, den zweitgeborenen Sohn Karl Friedrichs aus erster Ehe, bei seinem Besuch in Karlsruhe im Kreis seiner Familie gesehen hat: Er sei *ganz ins Fleisch gebacken*, sagt er spöttisch und meint damit eine völlig ungeistige Person, einen sturen Kommißkopf, und dieses Bild hat Eduard Vehse, der Klatschhistoriograph der deutschen Höfe des 19. Jahrhunderts, zum Zerrbild ausgeweitet. Er zeichnet einen humorlosen Hagestolz, der jahrzehntelang in der Thronfolge übergangen und darüber verbittert wurde, einen stockkonservativen und noch in den Schuhen des Absolutismus steckenden Monarchen, der die Verfassung Badens am liebsten wieder rückgängig gemacht hätte,

5   R. STRATMANN-DÖHLER u. H. SIEBENMORGEN, Das Karlsruher Schloß, Karlsruhe 1996, wo der Universitätsbereich nicht behandelt wird. Zum Universitätscampus fehlt bisher ein Architekturführer; vgl. hierzu Anm. 14.

die sein Neffe Großherzog Karl kurz vor seinem Ende noch in Kraft setzte[6]. Die Badener jedenfalls waren froh, als Ludwig 1830 im Alter von 67 Jahren starb. Für die Musen, für Kunst und Wissenschaft, so meinte man, gab es zu seiner Zeit keine Höhepunkte. Manches von dem, was hier gesagt wird, läßt sich nicht wegdiskutieren, und doch sollte man Ludwig mehr Gerechtigkeit widerfahren lassen. Über das Polytechnikum wird gleich zu reden sein, aber das ist ja nicht alles. Daß er der Freiburger Universität die Mittel zukommen ließ, die ihre Weiterexistenz sicherte, wenn auch zunächst in äußerst bescheidenem Rahmen, führte dazu, daß die Universität seinen Namen mit dem ihres ersten Gründers verband, und an ihn erinnert auch die Freiburger Ludwigskirche, die erste evangelische Kirche in der 1827 zum Bischofsitz erhobenen vorderösterreichischen Stadt. So wie Ludwig in seiner eigenen Konfession, an der er hing, 1821 die Union von lutherischer und reformierter Kirche in Baden zustandebrachte, so lag ihm auch am harmonischen Nebeneinander der beiden christlichen Konfessionen in seinem mehrheitlich katholischen Land, und gerade die Förderung Freiburgs zeigt das Bemühen um Ausgleich in seinen recht heterogenen Landesteilen[7].

Genau dies ist das Thema dieser ersten Jahrzehnte des Großherzogtums: Ludwig hat hier an die Arbeit seines Vaters Karl Friedrich angeknüpft, und vor allem ging es ihm um die Wirtschaft des Landes, um Technik und Verkehr, die in seiner Zeit einen rapiden Aufschwung nahmen. Gleichgültig, was der Großherzog in eigener Person gewollt und bewirkt hat, darf man sich doch vor Augen halten, was alles in den zwölf Jahren seiner Regierung in die Wege geleitet wurde. Auch seine Feinde, und es gab deren viele, haben ihm zugestanden, daß er eisern gespart hat, vielleicht weil er keine Neigung dazu besaß, Geld für überflüssige Dinge, für Luxus und Repräsentation, auszugeben. Er muß ein Spargenie gewesen sein, falls man nicht lieber das Wort „Geiz" für sein finanzielles Verhalten benutzen möchte. Doch er hat die Finanzen seines Landes, die infolge langer Kriegszeit und der Schuldenliquidation zerrüttet waren, in Ordnung gebracht und hat damit die Voraussetzungen geschaffen, seinem Land den Weg in das industrielle Zeitalter zu öffnen. In starker Konkurrenz – selten in Zusammenarbeit – zum benachbarten Königreich Württemberg, mit dem man entlang einer durchaus zufällig zustande gekommenen Grenze aneinander gewachsen war, bildeten sich die wirtschaftspolitischen Grundsätze heraus, die in dieser „Anlaufphase" vor der eigentlichen Industrialisierung in

---

6   H. SCHWARZMAIER, Hof- und Hofgesellschaft Badens in der ersten Hälfte des 19. Jahrhunderts, in: Hof und Hofgesellschaft in den deutschen Staaten im 19. und beginnenden 20. Jahrhundert, hg. v. K. MÖCKL, Boppard a. Rh. 1990, S. 129-156, hier S. 132f., 135. Zu Ludwig vgl. F. GÖTZ u. A. BECK, Schloß und Herrschaft Langenstein im Hegau, Singen 1972, S. 232f.

7   H. ERBACHER (Hg.), 150 Jahre. Vereinigte Evangelische Landeskirche in Baden 1821-1971, Karlsruhe 1971, insbes. S. 49 ff. (G. A. BENRATH); Das Erzbistum Freiburg 1827-1977, hg. vom Erzbischöfl. Ordinariat Freiburg, Freiburg 1977.

der Regierung und, im fortschreitenden Maße, auch in den Kammern des Landtags entwickelt wurden[8].

Zwar stehen die Maßnahmen zur Verbesserung der Agrarprodukte und zur Steigerung der landwirtschaftlichen Erträge noch in der Tradition der physiokratischen Vorstellungen Karl Friedrichs. Doch in der Folgezeit zeigt sich zugleich, daß man die Verkehrslage Badens als Durchgangsland an der Nord-Südachse Mitteleuropas als Vorteil verstand, den man zu nutzen hatte. Die Rheinregulierung, die schon 1815 eingeleitet, beim Tode Ludwigs weitgehend abgeschlossen war, kennzeichnet diesen Vorgang. Er wird begleitet von der Nutzung der Dampfkraft insbesondere für die Schiffahrt: Im Juli 1827 fuhr das erste Dampfschiff auf dem Oberrhein – zwei Jahre nach der Gründung des Polytechnikums –, und bald danach gab es auch auf dem Bodensee badische Dampfschiffe. 1831 hat Baden als Mitglied der Rheinuferstaaten die Rheinschiffahrtsakte mitunterzeichnet, die den Rhein von Basel bis zu seiner Mündung zur frei befahrbaren Wasserstraße erklärte. Bald danach, und damit greifen wir den Ereignissen voraus, wurde in der 1836 gegründeten Lokomotivfabrik Keßler in Karlsruhe die erste Lokomotive gebaut und im Jahr danach der Bau der badischen Staatseisenbahn von Mannheim nach Karlsruhe beschlossen, 1840 mit dem ersten Teilstück eröffnet. 1843 erreichte sie Karlsruhe, 1855 war die Nord-Süd-Trasse abgeschlossen mit dem Bau des Badischen Bahnhofs in Basel. 1835 trat Baden dem preußisch-deutschen Zollverein bei. Der Hafen in Mannheim, der schon 1828 zum Freihafen für den Rhein und 1831 für den Neckar erklärt worden war, wurde 1840 in seiner neuen Gestalt in Betrieb genommen und wurde auf Grund seiner verkehrsgünstigen Lage zum zweitgrößten europäischen Binnenhafen mit Verteilerfunktion auch zu den württembergischen Industriestandorten am mittleren Neckar[9].

Fast möchte man meinen, die Dinge seien nach einem gewissen Automatismus abgelaufen, es habe unter den vorgegebenen Verhältnissen eine Art von Zwang geherrscht, der die Themen vorgab, denen man sich zu widmen hatte: Straßenbau, Wasserstraßen, Eisenbahn, Schiffahrt. Badens Schicksal blieb von ihnen bestimmt. Sieht man sich die Gründung der polytechnischen Schule in Karlsruhe unter diesem Gesichtspunkt an und bedenkt dabei, daß Karlsruhe mit dieser Einrichtung den Vorreiter in Deutschland gespielt hat, so erkennt man nun die Logik dieser Gründung[10]. Mit ihr kam man dem württembergi-

---

8   H. G. ZIER, Die Industrialisierung des Karlsruher Raumes. Ein Beitrag zur Wirtschaftsgeschichte Badens, in: Neue Forschungen zu Grundproblemen der badischen Geschichte im 19. und 20. Jahrhundert, hg. v. A. SCHÄFER, Karlsruhe 1973 (Oberrheinische Studien II), S. 335-372, insbes. S. 340f.; H. SCHWARZMAIER, Großherzogtum Baden und Königreich Württemberg. Zwei Nachbarn in Partnerschaft und Konfrontation, in: Badische Heimat 1998, S. 446-455.

9   Ohne dies im einzelnen ausführen zu wollen, ist zu verweisen auf W. V. HIPPEL, Wirtschafts- und Sozialgeschichte 1800-1918, in: Handbuch der baden-württembergischen Geschichte 3, Stuttgart 1992, S. 534-545.

10   Sie ist mit dem Namen von Karl Friedrich Nebenius verbunden: C. F. NEBENIUS, Ueber technische

schen Nachbarn zuvor, der mit einem Plan eines Stuttgarter Polytechnikums im Jahr 1817 vorgeprescht war, aber dann doch recht zögerlich dem Karlsruher Beispiel folgte[11].

Vor diesem Hintergrund ist es an der Zeit, sich das Gründungsdekret vom 7. Oktober 1825 näher anzusehen, mit dem die polytechnische Schule in Karlsruhe ins Leben gerufen wurde, bekanntlich nach dem Vorbild der Ecole Polytechnique in Paris[12]. Es firmiert, wie jedes Landesgesetz, unter dem Namen des Großherzogs, also Ludwigs I., der in diesem Text persönlich zu sprechen scheint, und es gibt keine Veranlassung zu glauben, die in seinem Namen begründete Schule sei nicht von ihm gewollt und letztlich auch mitkonzipiert worden. In den beiden einleitenden Abschnitten wird die Aufgabe des Staates formuliert, in den verschiedenen Schultypen die den Bedürfnissen des Volkes angemessene Vielfalt von Unterrichtsangeboten wahrzunehmen, unter denen freilich die klassisch- humanistischen Schulen die Grundlage aller Bildung zu legen hatten[13]. Zugleich jedoch, so heißt es in dem Text, habe der Staat Sorge zu tragen für die *Bildung Unseres lieben und getreuen Bürgerstandes,* und die damit verbundenen Wissenschaften auf dem Gebiet der Gewerbstätigkeit verbinden sich zugleich mit einer *Unterrichts-Anstalt für diejenigen, welche sich Mathematische und Naturwissenschaftliche Kenntnisse nicht blos zu ihrer wissenschaftlichen Ausbildung aneignen, sondern diese Wissenschaften zum künftigen Gebrauch in dem Leben und für das Leben studieren wollen, es sey nun zur Baukunst oder zum Wasser- und Straßenbau, oder zum Bergbau, oder zur Forstkunde, oder wie die auf diesen Wissenschaften ruhenden Gegenstände des öffentlichen Dienstes heißen mögen.*

Was hier formuliert wird, erweitert in der Tat den Bildungsbegriff und erhebt die realen Studieninhalte insgesamt in den Bereich von Wissenschaften, wenn auch *zum künftigen Gebrauch für das Leben,* wobei immerhin Wasser- und Straßenbau ausdrücklich erwähnt sind, die ja offenbar eine staatspolitische Bedeutung einnehmen sollten, und für die Architektur gilt dies gleichermaßen. Vieles, ja fast alles knüpft an bereits bestehende Einrichtungen an, und in dieser Hinsicht enthielt die Karlsruher Schule letztlich nichts Neues. Neu war allenfalls die Konzentrierung der Gegenstände. Jene Dinge, die mit Maschinen-

---

Lehranstalten in ihrem Zusammenhange mit dem gesamten Unterrichtswesen und mit besonderer Rücksicht auf die polytechnische Schule zu Karlsruhe, Karlsruhe 1833; ZIER (wie Anm. 8), S. 341; W. ANDREAS, Geschichte der badischen Verwaltungsorganisation und Verfassung in den Jahren 1802-1818, Leipzig 1913, S. 372.

11 V. HIPPEL, Wirtschafts- und Sozialgeschichte (wie Anm. 9), S. 579; P. GEHRING, Pläne eines Stuttgarter Polytechnikums von 1817, in: ZWLG 27 (1968), S. 397-416.

12 F. SCHNABEL, Die Anfänge des technischen Hochschulwesens, in: Festschrift des 100jährigen Bestehen der TH Fridericiana zu Karlsruhe, Karlsruhe 1925, S. 1-44, hier S. 7ff., zum Wiener Polytechnikum (gegründet 1815) S. 15f.

13 Baden. Land – Staat – Volk 1806-1871, hg. v. Generallandesarchiv Karlsruhe, Karlsruhe 1980, S. 165-167, nach Großherzogl. badisches Staats- und Regierungsblatt 23, Carlsruhe 1925, S. 153ff., Beilagen S. 156-164.

kunde und Maschinenbau zusammenhingen, also das Ingenieur-Fach, wurden der von Johann Gottfried Tulla 1807 gegründeten Ingenieur-Schule entnommen, die Architektur, die unter der Bezeichnung „Bürgerliche Baukunst" firmierte, der Bauschule Friedrich Weinbrenners, und auch der Wasser- und Straßenbau existierte in der Praxis samt allen dazu gehörigen material- und bodenkundlichen Grundlagenforschungen, ehe man zur praktischen Ausführung von Brückenbauten und Mühlen, von Schienentrassen, Straßen und Wasserstraßen kam, den eigentlichen Novitäten des technischen Zeitalters. Man hat zudem den Eindruck, daß die opulenten Pläne des Gründungstextes ein Maximalprogramm formulierten, das man jedoch nur stufenweise und mit recht bescheidenen Mitteln sowie den bereits vorhandenen Lehrern in Angriff zu nehmen vermochte, und wenn heute diese Anfangssituation im Lyzeumstrakt am Marktplatz als Beginn der späteren Technischen Hochschule gefeiert wird[14], so mag man dies damals sehr viel nüchterner gesehen haben, einen ohne Eröffnungspomp vorgenommenen Ausbau bestehender Schulen als Antwort auf die Forderungen der Zeit an den badischen Staat und seine Regierung.

In diesem Kontext wurde also der Unterricht im linken Flügel des Lyceums-Gebäudes aufgenommen. Da auch die bisher neben dem Lyceum bestehende Realschule in die allgemeine Abteilung der polytechnischen Schule überging, das Ganze dem Innenministerium zugeordnet wurde (ein Schul- und Kultusministerium gab es damals nicht), tritt der Charakter einer auf gehobenem technischen Niveau stehenden Schule besonders hervor. Franz Schnabel hat diese Vorgänge in aller Tiefgründigkeit des mit der badischen, deutschen und europäischen Geschichte vertrauten Historikers dargelegt[15]. Er hat auf das Dreigestirn des Flußbauingenieurs Tulla, des Architekten Weinbrenner und des Physikers Wucherer hingewiesen, deren Erkenntnisse in Theorie und Praxis der neuen Schule zugute kamen, und hat sie als eine „erweiterte und auf mathematisch-technische Fächer eingestellte Mittelschule" bezeichnet. Im Vorschulprogramm der „Allgemeinen Klasse" kommt dies besonders zum Ausdruck, in dem neben den naturwissenschaftlichen auch die Grundlagenfächer, deutsche und französische Sprache, Geschichte und Religion ausgeworfen sind, Fächer, die mit Pflichtklausuren verbunden waren. So hat man erst

14 Im Mai – Juli 2000 wurde aus Anlaß der 175. Wiederkehr der Gründung des Polytechnikums an der Universität Karlsruhe eine Vortragsreihe abgehalten: Vom Polytechnikum zur Universität. Stationen einer 175jährigen Geschichte. In diesem Zusammenhang entstand der vorliegende Beitrag (in stark veränderter Form). Die in diesem Rahmen abgehaltenen Vorträge (zum Druck vorgesehen) von Gerhard KABIERSKE, 175 Jahre Bauen auf dem Campus, sowie von Rudolf LILL, Das Fach Geschichte an einer Technischen Hochschule, konnten für diesen Beitrag verwertet werden.

15 F. SCHNABEL, Die Anfänge des technischen Hochschulwesens (wie Anm. 12), hier S. 19ff.

die Neuorganisation, die Nebenius 1832 vorgenommen hat, als den eigentlichen Schritt zum Aufbau der Polytechnischen Schule zu sehen[16].

Die Gründungssituation verweist auf eine Ausgangslage, die der Zeit Ludwigs I. entspricht: Ein sparsames Konzept einer noch nicht zu Ende gedachten, ganz in den Kinderschuhen steckenden Institution, von der man annahm, daß sie sich als nützlich erweisen würde. *Im Leben anwendbar* und *auf das Leben bezogen* sollte die Schule sein, an den Realitäten orientiert, mit denen sich Baden konfrontiert sah. Das hier angeschnittene Thema des Hofes und seines um die Realien erweiterten Bildungsprogramms ist in diesem rein pragmatischen Schulplan nicht berührt, aber der nächste Schritt führt zu ihm hin, im ideellen wie im räumlichen Sinne.

*

Die zweite Phase steht im Zeichen Großherzog Leopolds, der 1830 den Thron bestieg. Damit deutet sich zugleich die Krise des badischen Staats an, die ihn schwer belastet und seine monarchische Spitze für Jahrzehnte vor große Probleme gestellt hat, eines Staats, der aber zugleich zum Erfolg verdammt war, wollte er sich unter den deutschen Bundesstaaten des 19. Jahrhunderts behaupten. Leopold, der Halbbruder Großherzog Ludwigs aus der zweiten, als unebenbürtig angesehenen Ehe Großherzog Karl Friedrichs mit Luise Karoline Geyer v. Geyersberg, die er zur Gräfin Hochberg erhob, war 27 Jahre jünger als Ludwig I.[17]. Dies ist eine erstaunliche Situation, wenn man bedenkt, daß Leopold als 40jähriger, aber fast 100 Jahre nach der Thronbesteigung seines Vaters, sein Nachfolger geworden ist. War Karl Friedrich als Enkel des Karlsruher Stadtgründers noch in der Zeit des Absolutismus aufgewachsen und wurde zum Begründer eines frühliberalen Staats, so muß man Leopold eher als eine biedermeierliche Gestalt ansprechen, ein durchaus bürgerlicher Mensch, dem sein hoher Beruf keine erstrebte Würde, sondern in zunehmendem Maße eine Last geworden ist, die er jedoch mit Pflichtbewußtsein, wenn auch mit dem Gefühl der Unzulänglichkeit getragen hat. Leopold war der erste Monarch seines Hauses, der an einer Universität studiert hatte: Von 1809-1811 war er in Heidelberg zum Studium der Staatswissenschaften eingeschrieben, und seine erhaltenen Kolleghefte weisen aus, daß er neben Rechtswissenschaften und Staatswirtschaftslehre auch Dinge wie „Praktische Geometrie", Forstwissenschaft und natürlich Weltgeschichte gehört hat, also jene Dinge, die in Heidelberg im Sinne der „Kameralwissenschaft" von namhaften Vertretern des

---

16 Vgl. Anm. 10. W. E. OEFTERING, Die Technische Hochschule „Fridericiana" Karlsruhe, in: Die Großherzöge Friedrich I. und Friedrich II. und das badische Volk , hg. v. E. FEHRLE, Karlsruhe 1930, S. 191-194, hier S. 191.

17 Zu Leopold A. v. SCHNEIDER, Die Erziehung und geistige Entwicklung Großherzog Leopolds vor seinem Regierungsantritt, in: ZGO 113 (1965), S. 197-211.

Faches dargeboten wurden[18]. Doch war damals noch nicht abzusehen, daß Leopold Landesfürst werden würde – damit auch Rektor der Universität Heidelberg. Sein Studium stand im Zeichen staatswissenschaftlicher Ausbildung eines der Prinzen des badischen Hauses, dem keine militärische Karriere zugedacht war wie seinem jüngeren Bruder Wilhelm[19], wie denn Leopold zeitlebens ein unmilitärischer Mensch blieb, trotz des Generalsrangs, den er bekleidete, und sich selten in Uniform zeigte oder abbilden ließ.

Die Krise Badens, von der die Rede war, kommt zum Ausdruck in der Frage der hochbergischen Thronfolge, also der Sukzession Leopolds, die nach dem Tode Ludwigs zum dynastischen Konfliktfall wurde. In zähen Verhandlungen ist es den Hochbergern, Leopold und seinem Bruder Wilhelm, gelungen, die europäischen Staaten auf ihre Seite zu bringen und schließlich dazu zu bewegen, die jüngere Linie des badischen Hauses anzuerkennen. In noch stärkerem Maße als bisher war Baden zum Erfolg verdammt. In der Zeit Leopolds wurden die gesamten Themen aufgegriffen, die schon in der Diskussion waren. Wir haben sie bereits kennengelernt: Dampfschiffahrt auf Rhein und Bodensee, Straßenbau auch in den Randgebieten, Eisenbahn, Eintritt in die Zoll- und Handelsverträge, also die wirtschaftspolitischen Maßnahmen, die Baden als Durchgangsland an der Nord-Südachse zum wichtigen Partner seiner Nachbarn machen würden. Die Wirtschaftspolitik war zugleich die Außenpolitik des Landes, also die Mitwirkung an den Gemeinschaftsaufgaben in dieser Zeit scheinbarer badischer Souveränität als Mitglied des Deutschen Bundes.

Leopold wurde bei seiner Regierungsübernahme enthusiastisch begrüßt, und seine Befürchtung, etwa in den katholischen Gebieten des Landes und in der ehemaligen Kurpfalz mit Mißtrauen empfangen zu werden, blieb unbegründet. Die Schwierigkeiten, die sich ihm stellten, lagen in seiner Persönlichkeit selbst, der etwas spröden Durchschnittlichkeit an einem Hof, dessen protestantische Nüchternheit noch den Geist Ludwigs atmete[20]. Doch die Schaffung eines eigenen Stils und damit einer echten Repräsentanz Badens im Tableau der deutschen Staaten wollte in der Zeit Leopolds nicht gelingen. Mancherlei Ungeschicklichkeiten haben sich zu politischen Skandalen ausgewachsen, die der Hof nicht verhindert, sondern um zusätzliche Klatschgeschichten erweitert hat, die zum schlechten Image Badens beitrugen[21]. Leopolds Spätzeit ist bestimmt von der Hungersnot der Jahre 1846/47, von Auswanderung und sozia-

---

18 Leopolds Collegienhefte in: GLA Karlsruhe, FA 10 Personalia 3.

19 Vgl. K. OBSER (Hg.), Wilhelm, Markgraf von Baden: Denkwürdigkeiten Bd. 1, Heidelberg 1906; L. SCHWARZMAIER, Das Memoirenwerk des Markgrafen Wilhelm von Baden (1792-1859), in: ZGO 139 (1991), S. 177-198.

20 Vgl. hierzu die Einleitung von K. MÖCKL in dem in Anm. 6 gen. Sammelband, S. 7-15.

21 Zum Fall „Haber" vgl. H. SCHWARZMAIER, Hof und Hofgesellschaft (wie Anm. 6), S. 152 f. Ferner L. SCHWARZMAIER, Der badische Hof unter Großherzog Leopold und die Kaspar-Hauser-Affäre, in: ZGO 134 (1986), S. 245-262.

len Problemen, der Dreifabrikenfrage der Jahre 1847/48, Spannungen, die sich in der Revolution des Jahres 1848 entluden: Sein Bild bleibt von diesen Ereignissen seiner letzten Jahre belastet[22]. Ein Ereignis ist symptomatisch und hat fast Symbolcharakter: Das Hoftheater, das Friedrich Weinbrenner als einen der modernsten Theaterbauten seiner Zeit errichtet hat, ist 1847 niedergebrannt, und die Inbetriebnahme des von Heinrich Hübsch erbauten neuen Theaters hat Leopold nicht mehr erlebt[23]. Er starb im April 1852.

Doch zunächst hatte sich alles gut angelassen. Mit Heinrich Hübsch besaß Leopold einen Architekten, der dem Residenzbau sein Gepräge gab, Kunsthalle, Orangerie und Botanischer Garten, das Hoftheater und natürlich der Neubau des Polytechnikums veränderten das Bild der Fächerstadt und stellten das Schloß in die Umgebung einer Hofarchitektur, die ein durchaus charakteristisches Gesicht trug[24]. Insbesondere Theater und Sammlungen entsprachen einem Bildungsanspruch, der sich dann auch im Programm der Polytechnischen Schule wiederfindet. Dieses trägt die Handschrift von Nebenius, der 1832 ein umfangreiches Erweiterungsprogramm vorlegte, das nun in der Tat auf dem Weg zur Hochschule als markantes Dokument anzusehen ist[25].

Es umfaßt Mathematik und Geometrie sowie Geodäsie, Naturwissenschaften allgemein und Architektur, Wasser- und Straßenbau, Maschinenkunde und Forstwissenschaft, Handelswissenschaft und Technologie, also alles Dinge, die an sich 1825 schon angelegt waren, wenn auch damals noch im rein schulisch-gewerblichen Sinne, also ohne den wissenschaftlichen Anspruch des neuen Unterrichtsprogramms. Auch dieses mutet noch recht diffus an und ist es nach unserer Wissenschaftsystematik auch, vor allem wenn man bedenkt, daß manche dieser Fächer schon bisher im klassischen Universitätsbereich unterrichtet wurden, insbesondere die Mathematik, aber auch die Forstwissenschaften, die in Heidelberg im Fach Kameralistik, also im Bereich der allgemeinen Staatswissenschaften inbegriffen waren[26]. Schließlich hatte der künftige Staatsdiener eine Vorstellung zu haben von den naturwissenschaftlichen Grundlagen der Landkultur, von Bodenkunde, Ertragsberechnung und Marktforschung, und so ist ein Teil der Lehrinhalte am Polytechnikum auch jetzt noch durchaus im herkömmlichen Sinne zu verstehen. Und doch zeigt das neue Programm eine durchgängige Konzeption, die das bisherige erweiterte. Natürlich sollte auch

---

22 W. v. HIPPEL, Revolution im deutschen Südwesten. Das Großherzogtum Baden 1848/49, Stuttgart u. a. 1998, S. 380.

23 M. SALABA, Der Theaterbrand, das Interimtheater und der Neubau von Heinrich Hübsch, in: Karlsruher Theatergeschichte. Vom Hoftheater zum Staatstheater, Karlsruhe 1982, S. 44-60.

24 KABIERSKE (wie Anm. 14).

25 Programm der Großherzoglich badischen Polytechnischen Schule zu Karlsruhe für das Jahr 1832-33 (GLA Karlsruhe Bibl. Cw 8204).

26 Zur Kameralistik in Heidelberg (vormals Kaiserslautern) vgl. E. WOLGAST, Die Universität Heidelberg (wie Anm. 3), S. 74f., 82.

die neue Schule entsprechend der gängigen Bildungsvorstellung sogenannte allgemein bildende Kurse anbieten. Gemeint sind, wie der Lehrplan zeigt, moderne Sprachen und Literatur, Geschichte – worunter man allgemeine Weltgeschichte verstand – sowie philosophische Grundbegriffe in Religion und Ethik. Dies entsprach den bisherigen Vorschulfächern. Zu achten ist auf das Fach Geschichte, das von Anfang an mit den technischen Wissenschaften verbunden war, ein Grundfach, das auch im Rahmen der Ingenieurausbildung einen hohen Stellenwert einnahm.

Doch auch bei der Neuorganisation der polytechnischen Schule bleibt die Idee des allgemeinen Nutzens von Technik und Gewerbe dominant. Fürst, Regierung und die sonstigen Vertreter von Staat und Gesellschaft waren sich in der Zielsetzung einig, nur die Ausweitung des Unterrichts und der Lernangebote werde zur Lösung der gravierenden Probleme im Lande führen. Die Zielstrebigkeit, mit der dies betrieben wurde, ist bemerkenswert. Sie mit dem Großherzog und seiner persönlichen Umgebung in Verbindung zu bringen, ist zumindest vordergründig. Und doch hat dieser und der ihn umgebende Hof auf eine Weise reagiert, die allerdings in Karlsruhe Tradition besaß, seitdem die Markgräfin Karoline Luise, die erste Gemahlin Karl Friedrichs, in den physikalischen und botanischen Fächern über dilettantische Studien hinausgefunden und den Grundstock zu den entsprechenden Sammlungen gelegt hatte[27]. Das Interesse des Hofes für diese Gegenstände ist eher ungewöhnlich, und daß es in Karlsruhe schon im 18. Jahrhundert gepflegt worden war, erklärt vielleicht die dort so früh einsetzende Akademisierung der Realwissenschaften.

Die Spätzeit Leopolds soll in diesem Zusammenhang nicht an den Ereignissen der badischen Revolution der Jahre 1848/49 orientiert werden, sondern an dem Erziehungsprogramm für seine beiden Söhne, für die ein Universitätsstudium vorgesehen war, das auch der ältere, der Thronfolger Ludwig noch aufgenommen hat. Seine Studienzeit war freilich in zunehmendem Maße von der Sorge um seinen Gesundheitszustand bestimmt, als seine Geisteskrankheit offen zutage trat. Hingegen hat Friedrich ein Universitätsstudium absolviert, das zunächst auf den jüngeren Bruder des Thronfolgers zugeschnitten war. Als deutlich wurde, daß er die Nachfolge des Vaters antreten würde, hat er erneut ein Studium aufgenommen, diesmal an der Universität der preußischen Rheinlande in Bonn, wo er 1847 eingeschrieben wurde[28].

Zunächst aber hat er 1843 in Heidelberg, zusammen mit seinem Bruder, sein Studium aufgenommen. Seine Heidelberger Immatrikulation vom 14. Juli 1843 – Urkunde nach Formular – wurde vom Vater als Rektor der Universität beglaubigt[29]. Er studierte alle Bereiche der Staatswissenschaften, also des Faches

---

27 J. LAUTS, Karoline Luise von Baden, Karlsruhe 1980, S. 213-232.

28 O. LORENZ, Friedrich Großherzog von Baden, Karlsruhe 1980, S. 213-232.

29 Immatrikulationsurkunde vom 14.7.1843 in dem Anm. 1 zit. Katalog S. 13.

Kameralistik, mit Geschichte und Philosophie als Kernfächern, Literaturgeschichte als Bildungsfach, dann aber Staatsrecht und Finanzwissenschaften,
Rechtswissenschaft und schließlich auch Physik und Mathematik, Fächer, die
in den klassischen Universitäten ja zum philosophischen Bereich gehörten. In
seinen Jugenderinnerungen beschreibt Friedrich seine Studien, die durch regelmäßig geführte Kolleghefte belegt sind, wobei ein Teil der von ihm besuchten Veranstaltungen öffentlich, andere als Privatissimum ausgesuchter Lehrer
abgehalten wurden[30]. In Dankbarkeit gedenkt er der Staatsrechtler Mittermaier
und Zoepfl, der Historiker Schlosser und Gervinus – Letzterer las eine Geschichte der deutschen Literatur –, vor allem aber des damaligen Privatdozenten und späteren Professors Ludwig Häusser, dessen pfälzische Geschichte
noch heute lesenswert ist[31]. Häusser beeindruckte ihn auch in seiner liberalen
Geisteshaltung, und trotz mancher charakterlicher Schwächen, die man Häusser vorwarf, blieb Friedrich mit ihm zeitlebens in brieflichem und persönlichem Kontakt[32]. Gerne würde man die zahlreichen Briefe, die Friedrich damals
und auch später mit seinen akademischen Lehrern wechselte, von vornherein
als Zeichen enger geistiger Verbundenheit und intimen Gedankenaustausches
werten, wüßte man nicht um die Unverbindlichkeit und Oberflächlichkeit akademischer Prinzenerziehung, die seine Äußerungen, was ja immerhin denkbar
wäre, als nicht ernst zu nehmende Stilübungen erscheinen ließe.

Dabei hält man sich gerne das liebenswürdige wenn auch ironische Bild vor
Augen, das Thomas Mann in seinem Roman „Königliche Hoheit" von dem an
der Landesuniversität studierenden Prinzen Klaus Heinrich, dem jüngeren
Bruder des Thronfolgers, gezeichnet hat[33]. Sein Großherzogtum, das er später
als Regent für seinen linkischen und öffentlichkeitsscheuen Bruder übernehmen wird, ist nicht Baden, eher eine Collage aus den verschiedenen Duodez-
fürstentümern des späten 19. Jahrhunderts[34], aber es hat mit Baden manches

---

30 Jugenderinnerungen Großherzog Friedrichs I. von Baden 1826-1847, hg. v. K. OBSER, Heidelberg
1921, insbes. S. 93ff.

31 In diesem Zusammenhang jedoch auch: L. HÄUSSER, Denkwürdigkeiten zur Geschichte der badischen Revolution, Heidelberg 1851. Zum Werk Häussers vgl. Anm. 58. Zur Person W. ONCKEN,
Erinnerungen an Ludwig Häusser, in: Ruperto-Carola. Illustrierte Fest-Chronik der V. Säkular-Feier
der Universität Heidelberg 1886, S. 123-126.

32 Brief Häussers an den Großherzog von 1866 nachgewiesen in dem Anm. 1 zit. Katalog Nr. 4, S. 14.

33 Thomas Mann, Gesammelte Werke in 13 Bänden (Frankfurt a. M. 1990), hier Bd. 2, S. 9-363, der
Roman aus dem Jahr 1909.

34 J. RICKES, Politiker – Parlamente – Public Relations. Thomas Manns Roman *Königliche Hoheit* als
Spiegel des aktuellen politischen Geschehens, Frankfurt a. M. 1994, führt in der Aktualisierung des
1909 geschriebenen Romans nicht weiter, und auch der Verweis von H. KARASEK, Königliche Hoheit, in: Thomas Mann Jahrbuch 4 (1991), S. 29-44 auf die Fürstenhochzeit von Monaco geht am historischen Bild vorbei, dessen Bezug zu Kaiser Wilhelm II. unverkennbar ist. Es ist sicher überflüssig, die realen Vorbilder aufzuschlüsseln, die Thomas Mann vor Augen standen, wobei Baden möglicherweise keinerlei Rolle gespielt hat. Dies ändert nichts an der Relevanz für unseren Fall. Vgl.
auch G. MANN, Ein Prinz vom Lande Nirgendwo, in: Romane von gestern – heute gelesen, hg. v.
M. REICH-RANICKI , Bd. 1, Frankfurt a. M. 1989, S. 104-111.

gemeinsam, sogar die ungewöhnliche Zahl von zwei Landesuniversitäten, von denen die eine in der Residenz, im unmittelbaren Schloßbereich, gelegen ist, die andere in einer abseitigen Kleinstadt, etwa so wie Heidelberg von Karlsruhe entfernt. Dorthin also begibt sich der Prinz in Begleitung seines Erziehers Dr. Überbein, der seinen Zögling jedoch vor schwerwiegenden wissenschaftlichen Ansprüchen zu schützen weiß, während dieser seine Kollegs in dem Bewußtsein absaß, *daß alle diese Gegenständlichkeit für seinen hohen Beruf unwesentlich und unnötig sei, doch mit einer Miene höflicher Aufmerksamkeit.* Die Gegenstände, die Klaus Heinrich anhörte, werden nicht ausgeführt, abgesehen von einer Episode, die sich in einem Kolleg für Naturkunde abspielte, *denn Klaus Heinrich besuchte 'des Überblicks wegen' auch solche Kollegien.* Und natürlich endet sein Universitätsjahr, ohne daß er eine Prüfung abzulegen hatte, was ja auch nicht der Art seines Studiums entsprochen hätte.

Die hier eingestreute Arabeske erinnert in manchem an Karlsruhe, so auch — eine Generation später – im Hinblick auf Großherzog Friedrichs zweiten Sohn, den Prinzen Ludwig, den man als möglichen Regenten seinem Bruder an die Seite stellte, da dieser, der spätere Großherzog Friedrich II., als kränklich und zudem als etwas spröde und publikumsscheu galt, so daß man auch den Jüngeren auf die Regierungsübernahme vorbereitete[35]. Thomas Mann mag mehrere Beispiele dieser Art vor Augen gehabt haben. Was jedoch Friedrich I. betrifft, so hat er offenbar überaus zielstrebig studiert, so daß es erlaubt sein mag, das eindrucksvolle Bild etwas zu korrigieren, das Thomas Mann von einem Prinzen zeichnet, der nichts gelernt hat und nichts kann, der so ganz in der Scheinwelt einer ausgehenden Monarchie, dazu in einem Operettenstaat eines deutschen Idylls lebt, so daß schließlich sogar das Märchenende glaubhaft wird: Klaus Heinrich heiratet die Tochter des amerikanischen Multimillionärs Samuel Spoelmann – die übrigens bei der einzigen Koryphäe der Landesuniversitäten, dem Mathematiker Geheimrat Klinghammer, Kolleg hört – und vermag dank der aus Amerika einfließenden Millionen sein bankrottes Staatswesen zu sanieren.

Diese Form von Wirtschaftspolitik war den Badenern nicht vergönnt, und wie sich zeigte, haben sie sich auch nicht auf eine Lösung aus dem Märchenbuch verlassen. Dies bedeutete freilich, daß die badischen Prinzen nicht nur ihre Vorlesungen getreulich abgesessen haben, bei denen sie ohne zureichende Begründung nicht fehlen durften. Sie hatten ihre Kolleghefte ihren Lehrern vorzulegen, und diese wiederum waren dem Großherzog selbst über das

---

35 Ludwig hat ab 1886 in Heidelberg und Freiburg studiert, wo er 1888, wie es heißt, an einer Lungenentzündung, die ihm der scharfe Höllentäler Nachtwind eingetragen habe, im Alter von 24 Jahren gestorben ist. Auch von ihm liegen (im GLA Karlsruhe) seine Kolleghefte vor, und die Gutachten seiner Lehrer deuten darauf hin, daß sich der Prinz der Kontrolle bewußt war, die ausgeübt wurde. Zur Ausbildung und Persönlichkeit seines Bruders Friedrichs II. vgl. L. MÜLLER, Friedrich II. als Erbgroßherzog von Baden (1857-1907). Neue Quellen im Generallandesarchiv Karlsruhe, in: ZGO 145 (1997), S. 323-347.

Oberhofmarschallamt Rechenschaft schuldig. Sie wurden so auf die Rolle eines an den Staatsgeschäften beteiligten Fürsten vorbereitet, der sie wenigstens teilweise durchschauen sollte.

Zurück zu Friedrich. Seine Erinnerungen hat er 1881 niedergeschrieben; manches, was er darstellt, mag aus späterer Sicht verklärt, manches auch seinem Gedächtnis entglitten sein[36]. Seine Lehrer erwähnt er oftmals in Liebe, so seinen Erzieher Dr. Rinck, der 1850 seinerseits eine Schrift „Briefe über Fürstenerziehung" veröffentlichte[37]. Darin zeigte er den sittlichen Ernst und die freimütige Gesinnung einer auch vor Fürstenthronen eigenständigen Persönlichkeit, Eigenschaften, die er offenbar auch seinem Zögling nahebrachte. Unter seinen akademischen Lehrern nennt Friedrich erstaunlich viele Naturwissenschaftler, so den Physiker und Ingenieur Wilhelm Eisenlohr, den er ab 1841 gehört habe und den er später oft zu Vorträgen ins Schloß einlud, sowie den Botaniker und Mineralogen Alexander Braun[38]. Er selbst erwähnt zunächst, wie dies seinem Unterrichtsplan entsprach, die juristischen und staatswissenschaftlichen Vorlesungen und natürlich diejenigen Schlossers und Häussers im Fach Geschichte, fügt jedoch an, daß er *bei Professor* [Philipp] *Jolly die Grundzüge der Physik bis zu ihrer neuesten Entwicklung, bei Geh. Hofrat Schweins höhere Mathematik, Statik und angewandte Geometrie, letztere mit trigonometrischen Vermessungen verbunden, gehört habe,* dies alles immerhin im Durchschnitt mit 27 Wochenstunden, über die er dem Vater gewissenhaft Rechenschaft ablegt, ohne dabei auszulassen, welche gesellschaftlichen Veranstaltungen – Einladungen und Besuche – er in Heidelberg wahrnahm. Nach seinem Zeugnis diente beides, Studium und gesellschaftliches Leben, der Erweiterung seines Gesichtskreises, der praktischen Anwendung des Gelernten und der selbständigen Bearbeitung seiner Themen. Dies klingt nun wieder nach Prinz Klaus Heinrich, zumal wir ja nicht wissen, wie tiefgreifend dies alles von dem fürstlichen Schüler angenommen und verarbeitet wurde. Bemerkenswert bleibt jedoch das von ihm hervorgehobene Interesse und Verständnis für Physik und Mathematik, Fächer, die nicht von ihm gefordert waren und die er offenbar aus eigenem Antrieb studierte. Andererseits ist keine Rede davon, daß Friedrich etwa in Karlsruhe seine naturwissenschaftlichen Studien planmäßig hätte fortsetzen wollen oder dürfen.

Zu beenden ist dieser die Regierungszeit Leopolds behandelnde Abschnitt mit einer Episode aus Bonn, jener Universität, in der sich Friedrich im Oktober 1847 einschreiben ließ, als sich abzeichnete, daß er die Regierungsgeschäfte würde übernehmen müssen. Bonn, die rheinische Landesuniversität Preußens,

---

36 Wie Anm. 30.

37 Zu Karl Friedrich Rinck vgl. Badische Biographien 2, Karlsruhe 1875, S. 186f.

38 Zu Eisenlohr vgl. G. W. A. KAHLBAUM, Wilhelm Eisenlohr, in: Karlsruher Zeitung, 19.-24.2.1899 in Fortsetzungen, überliefert in GLA Karlsruhe, Bibl. Cb 181 S. 74-78.

fernab von Berlin, war gerade wegen der bedeutenden Juristen und Staatswissenschaftler berühmt, und so studierten dort zahlreiche Fürstensöhne, auf die sich die Universität einstellte – ungeachtet des liberalen Geistes der Professoren, die ihr das Gepräge gaben. Beides, Fürstenerziehung und liberale Geisteshaltung, ließ sich, wie sich zeigen wird, miteinander auf eine wenn auch eigenartige Weise verbinden[39] und ist charakteristisch für den akademischen Unterricht, den vor allem Dahlmann in der Form eines zusätzlichen Privatissimum für seine fürstlichen Zöglinge abhielt. Friedrich begegnete dort Prinzen aus Hessen und Mecklenburg-Schwerin, vor allem aber Albert von Sachsen[40], dem späteren König, und Friedrich Karl von Preußen, der im Geleit Roons in Bonn weilte[41]. Im Jahr nach der Revolution hat dort auch Friedrich Wilhelm von Preußen, der spätere König und Kaiser Friedrich III., mit dem Studium begonnen[42]. Als Mitstudent ist etwa der Historiker Otto Abel zu nennen, der sich 1851 in Berlin habilitierte, vor allem aber Franz von Roggenbach, der spätere Minister und enge Mitarbeiter des badischen Großherzogs[43].

Unter den Lehrern Friedrichs wird man in erster Linie Friedrich Christoph Dahlmann zu nennen haben, der nach seiner Entlassung aus Göttingen 1842 nach Bonn berufen worden war[44]. Seine Vorlesung über „Politik", die wiederum von den Prinzen besucht wurde, verschaffte Bonn den Ruf einer eigentlich staatswissenschaftlichen Lehranstalt. Ganz anders war der Unterricht bei dem Juristen Clemens Theodor Perthes, bei dem Friedrich deutsches Staatsrecht hörte[45]. Er gehörte der romantisch-historischen Schule an, war streng konservativ und stand Neuerungen jeder Art ablehnend gegenüber, was sich in seiner

---

39 A. DOVE, Großherzog Friedrich von Baden als Landesherr und deutscher Fürst, Heidelberg 1902, S. 25. Vgl. F. V. BEZOLD, Geschichte der Rhein. Friedrich-Wilhelm-Universität von der Gründung bis zum Jahr 1870, Bonn 1920, S. 457: „Seit der Aufnahme der beiden koburgischen Prinzen unter die Zahl der akademischen Bürger (1837) hatte sich bei den nord- und mitteldeutschen Dynastien die Sitte eingebürgert, ihre Söhne, die am deutschen Universitätsleben teilnehmen sollten, für einige Semester nach Bonn zu schicken". Gemeint ist v. a. Albert von Sachsen-Coburg-Gotha, der spätere Gemahl der Königin Viktoria von England, der in der Tat 1837 in Bonn eingeschrieben wurde.

40 P. HASSEL, Aus dem Leben des Königs Albert von Sachsen, Bd. 1, Berlin u. Leipzig 1898, S. 141.

41 Zu Friedrich Karl vgl. F. V. BEZOLD, Geschichte (wie Anm. 39), S. 457. Danach hat Friedrich Karl, ebenso wie Friedrich von Baden, sein Studium im März 1848 abgebrochen.

42 P. LINDENBERG, Kaiser Friedrich als Student, Berlin 1896, S. 9ff.

43 Zu Otto Abel, einem württembergischen Pfarrerssohn, gestorben 1854, vgl. O.-H. STORZ, Otto Abel, in: Lebensbilder aus Baden und Württemberg XIX (1998), S. 318-332. Zu Roggenbach W. P. FUCHS, Franz von Roggenbach, Karlsruhe 1954.

44 K. D. BRACHER, Friedrich Christoph Dahlmann, in: Bonner Gelehrte. Beiträge zur Geschichte der Wissenschaften in Bonn Bd. 3: Geschichtswissenschaften, Bonn 1968, S. 115-128. Bracher zitiert (S. 117) ein Gutachten zur Berufung Dahlmanns: *Hinzu kömmt, daß gerade die königl. Rhein-Universität seit einer Reihe von Semestern ununterbrochen das Glück gehabt und wider Verhoffen selbst bis jetzt behalten hat, von Prinzen fürstlicher Häuser als Bildungsschule gewählt zu werden, so daß sich in dieser Beziehung in der That eine Art von Tradition gebildet zu haben scheint, welche auf das Aufblühen der Universität nicht anders als günstig einwirken kann.*

45 Zu Perthes (1809-1867) M. BRAUBACH, Bonner Professoren und Studenten in den Revolutionsjahren 1848/49, Köln 1967, S. 15 mit Anm. 25; vgl. auch HASSEL (wie Anm. 40), S. 135ff.

Haltung als Bundestagsgesandter des Jahres 1848 niederschlug[46]. Hingegen scheinen die Vorlesungen des altehrwürdigen Ernst Moritz Arndt in ihrer absonderlichen Lebhaftigkeit auf dem Katheder eher erheiternd gewirkt zu haben[47]. Das Klima, das der Prinz in Bonn antraf, war bestimmt von den lebhaften Debatten in der deutschen Verfassungsfrage, die im März 1848 ihren Höhepunkt fanden. Dahlmann habe, so wird behauptet, weniger mit seinen Professorenkollegen darüber beraten, als mit den Bonner Prinzen (Albert von Sachsen, Friedrich Karl von Preußen und Friedrich von Baden), mit denen er sich, als die Nachricht vom Ausbruch der Revolution in Paris eintraf, im Gasthof zum Stern am Bonner Marktplatz getroffen habe, wo auch Prinz Friedrich wohnte. Dieser wurde am 6. März 1848, also noch vor Semesterschluß, vom Vater nach Hause zurückgerufen; verständlicherweise, da er ja militärischen Rang bekleidete. Seine Bonner Lehrer überreichten und signierten ihm beim Abschied eine Grußmappe, die vom selben 6. März datiert[48]. Dahlmann schreibt darin: *In diesen Tagen, da Alles was den Deutschen werth ist, aufs Neue in Frage gestellt scheint, denke ich öfter noch als sonst eines Spruchs aus dem Alterthum. Er lautet: „Man muß die menschlichen Dinge nicht belachen, nicht beweinen, man soll sie zu verstehen trachten!" Ew. Hoheit stehen in der Blüthe der Jahre, da Sie hoffen dürfen, das Ende dieses Kampfes zwischen Ordnung und Freiheit zu erleben. Es wird uns die Versöhnung beider bringen. Kömmt es dahin, so gedenken Sie einen Augenblick eines Mannes, von dem ich nichts Anderes zu rühmen weiß, als daß er Deutschlands Wohl und Wehe stets im treuen Herzen getragen hat. Mit den aufrichtigsten Wünschen für die Zukunft Eurer Hoheit und mit warmer Anhänglichkeit. Dahlmann.*

Perthes wählt folgenden Sinnspruch: *Auf stiller See fährt jeder Bootsmann ungefährdet hin/ Und kleine Noth trägt jeder Mensch mit ungeirrtem Sinn./ Die großen Zeiten aber sind ein Prüfstein der Gemüther./ Den Herrn im Himmel nimm zu Deinem Hüther. Ein herzlich Lebewohl; frisch auf; Muth in der jungen Brust,/ dem deutschen Vaterland noch lange eine Lust.* Und schließlich Ernst Moritz Arndt „aus der Insel Rügen": *Wirf einem Zwerge dich zu Fuß,/ wächst er nicht plötzlich auf zum Riesen?/ Besteige den Mont Blanc, und Grimsel und Schreckhorn muß/ Sich gleichen mit des Thales Wiesen.*

46 O. PERTHES, Bundestag und deutsche Nationalversammlung im Jahre 1848 nach Frankfurter Berichten des Bundestagsgesandten Clemens Theodor Perthes, 1913, mit einer Einführung von G. KÜNTZEL über Cl. T. Perthes als Politiker.

47 F. v.BEZOLD, Geschichte (wie Anm. 39), S. 430, 457. Eine neuere Biographie von G. SICHELSCHMIDT, Ernst Moritz Arndt, Berlin 1981, hier insbes. S. 95ff., ist allerdings ohne wissenschaftlichen Apparat. Vgl. auch E. ENNEN, Ernst Moritz Arndt, in: Bonner Gelehrte (wie Anm. 44), S. 9-35.

48 GLA 69 Baden Sammlung 1995 D/6. Den Hinweis auf diese Mappe verdanke ich Frau Dr. Jutta Krimm-Beumann. Prinz Friedrich als Adressat läßt sich nur aus dem Inhalt erschließen. Der schnelle Abschied Friedrichs läßt die vorliegende Adresse als ein improvisiertes Stammbuch erkennen; ganz ähnlich das Stammbuch des Prinzen Friedrich Wilhelm von Preußen vom März 1852, ebenfalls mit Eintragungen von Arndt und Perthes; vgl. LINDENBERG, Kaiser Friedrich als Student (wie Anm. 42), S. 74-84.

Wolle Gott Ihnen, theuerster Fürst, den hellen und heitern Blick von der Höhe auf die menschlichen Dinge bewahren!

Beim Abschied wird aus dem Studenten, mit dem man vor kurzem noch akademisch diskutieren konnte, der Fürst, und der Abstand zwischen Professor und Schüler verkehrt sich in den fast unwürdigen Versen Arndts, des Bonner Patriarchen. Alle drei haben dann das monarchische Prinzip im Sinne des preußischen Führungsanspruches in Frankfurt vertreten, wie es Dahlmann formulierte[49]: *Durch ganz Deutschland geht die Sehnsucht in Preußens König künftighin den höchsten Leiter und Gewährleister der deutschen Angelegenheiten zu verehren und so Preußen zu einer Höhe der Bedeutung steigen zu sehen, die selbst das Adlerauge des großen Friedrich nicht erreichen konnte.* Der badische Prinz hingegen mußte in dieser Phase in den Kampf gegen die Revolution eintreten, dem er sich nicht entziehen konnte. So bleibt die Frage, was die Begegnung mit den Heidelberger und Bonner Professoren für ihn gebracht, wie stark sie ihn geprägt hat. Ihnen und den Universitäten, an denen sie lehrten, ist er zeitlebens verbunden geblieben, und die Universität, so scheint es, blieb der geistige Mittelpunkt seines Lebens, aus dem heraus er die Organisation seines Landes betrieben hat.

*

Friedrich hat 1852 den badischen Thron an Stelle seines älteren Bruders bestiegen, zunächst als Regent, 1856 als Großherzog. Das halbe Jahrhundert seiner Regierung kennzeichnet die erfolgreichste und wenn man so will glücklichste Zeit Badens, das unter ihm zu einem wirtschaftlich prosperierenden, politisch angesehenen Staat wurde, auch als dieser im Verband des Deutschen Reichs seine Außen- und Militärpolitik an Berlin abtrat. Mit Preußen verband Friedrich die Ehe mit Luise, der Tochter des späteren Kaisers Wilhelm I., die, wie ihr Ehemann, zur populären Integrationsfigur in Baden werden sollte. Der Karlsruher Hof in der zweiten Hälfte des 19. Jahrhunderts entspricht den politischen und geistigen und damit auch den moralischen Grundsätzen des Großherzogspaares. Traditionalistisches Denken verband sich bei Friedrich mit dem schon bei Leopold anzutreffenden, im Grunde konservativen, jedoch an höchste Pflichterfüllung und hohe Arbeitsmoral gebundenen Staatsethos, das zugleich die liberalen Kräfte des zur Führung drängenden Bürgertums anerkannte und in sein Weltbild einbezog[50]. Das Musterland Baden ist von dieser Harmonisierung konservativer und liberaler Ideen seines Fürsten geprägt, der sich der Bedeutung der öffentlichen Meinung und ihrer Beeinflussung in den

---

49 Bezold (wie Anm. 39), S. 428.

50 L. Gall, Der Liberalismus als regierende Partei. Das Großherzogtum Baden zwischen Restauration und Reichsgründung, Wiesbaden 1968.

modernen Medien ebenso bewußt war wie der Dominanz von Volkswirtschaft und Technik im beginnenden industriellen Zeitalter[51].

Mit der Übernahme der Regierung wurde die Verbindung Friedrichs zu seinen beiden Landesuniversitäten, deren Rektor er wurde, sowie der Polytechnischen Schule noch intensiver. Seine Korrespondenz und seine zahlreichen persönlichen Kontakte mit den Universitätsprofessoren seines Landes zeigen dies. Zu nennen sind vor allem die Historiker, die schon genannten Häusser und Schlosser in Heidelberg, Dahlmann und Perthes in Bonn, Heinrich von Sybel in München, Heinrich von Treitschke, der Theologe Richard Rothe und der Kunsthistoriker Marc Rosenberg, den er persönlich nach Karlsruhe holte, in Freiburg der Kirchenhistoriker Franz Xaver Kraus. Welches Gewicht er dem Wort des Historikers für das praktische politische Handeln beimaß, zeigt seine Korrespondenz mit Sybel von 1861, in der er den eben nach Bonn berufenen Professor bittet, so bald wie möglich in Berlin bei König Wilhelm im Sinn der deutschen Frage einzuwirken, ihm Aufgaben und Pflicht Preußens gegenüber einem künftigen deutschen Staat darzulegen[52]. Immerhin traute er dem Historiker zu, ein maßgebliches Wort zum König sagen zu können. Eine besonders enge Beziehung aber entwickelte der Großherzog in diesen Jahren zu dem Basler Professor, Theologen und Historiker Heinrich Gelzer, der ihm, wie zuvor Häusser, zum Freund und Vertrauten wurde, so daß er ihm später auch die Leitung in der schulischen Erziehung des Erbprinzen anvertraute[53]. Gelzer bestärkte den badischen Fürsten darin, daß die nationale Einheit nur auf dem Fundament geistiger und sittlicher Erziehung des Volks und seiner Führungsschicht gelingen könne und gründete mit ihm die nach dem Freiherrn vom Stein benannte Stiftung, die im Sinne einer solchen nationalen Erziehung wirken sollte als Akademie für Fürstensöhne und die hohe Beamtenschaft, also die geistige Elite des Landes. Auch wenn aus dem Projekt nur ein temporäres Erziehungsinstitut für die Schulzeit der beiden badischen Prinzen Friedrich und Ludwig geworden ist, die sogenannte Friedrichschule, neben die als weibliches Pendant das Viktoria-Pensionat trat, so läßt sich der Grundgedanke der Stiftung doch in der gesamten Kulturpolitik des Großherzogs wiederfinden, der Vorstellung also, daß Prinzenerziehung den vorbildhaften Auftakt zur allgemeinen Volkserziehung auf dem Weg zu einer Hebung der Sittlichkeit und des Gemeinsinns bilden sollte. Sinnfällig wird dieser Gedanke auch in der Einrichtung eines Ordinariats für Geschichte an der Karlsruher Technischen

---

51 W. P. Fuchs, Studien zu Großherzog Friedrich von Baden, Karlsruhe 1995, S. 150 ff., auf der Basis des Briefwechsels des Großherzogs, den Fuchs hg. hat.

52 Katalog (wie Anm. 1) Nr. 3, S. 14 mit drei Briefen aus dem Jahr 1861.

53 W. P. Fuchs, (wie Anm. 51), S. 37 ff.

Hochschule, jenes Kernfachs also, das der Großherzog in den Mittelpunkt seiner gesamten Erziehungspolitik zu stellen beabsichtigte[54].

Die Bedeutung, die Friedrich dem beimaß, läßt sich ja an der Höhe der finanziellen Aufwendungen ablesen, die dem Bildungswesen zukam. Von allen Bundesstaaten des Deutschen Reichs hat Baden im Verhältnis zu seinem Gesamtetat am meisten Geld für die Wissenschaft ausgegeben, in den Jahren 1890-1900 etwa viermal so viel wie Preußen[55]. Ebenso hat sich Friedrich auch persönlich bemüht, berühmte und fähige Professoren auf die Lehrstühle seiner Universitäten zu berufen und hat darüber ausführlich mit ihm vertrauten Persönlichkeiten in Regierung und an den Universitäten korrespondiert, so bei der Demissionierung Treitschkes aus Freiburg 1866[56] und dem Versuch, ihn nach Heidelberg zu berufen, oder der Berufung des Philosophen Kuno Fischer aus Jena nach Heidelberg[57]. Doch sollte an dieser Stelle der Versuchung widerstanden werden, in den Bereich der badischen Hochschulpolitik hinüberzuwechseln, müßten doch sonst die zuständigen Minister in das Bild eingefügt werden, Persönlichkeiten wie Julius Jolly und später vor allem Wilhelm Nokk und Franz Böhm, die den Großherzog beraten und vielleicht auch geführt haben[58].

Statt dessen ist noch einmal auf den Hof zurückzukommen und wenigstens kurz auf die Vorträge und Vorlesungen einzugehen, die der Großherzog in Karlsruhe für den Hof abhalten ließ und selbst regelmäßig besuchte. So hat Ludwig Häusser 1857 eine Vorlesungsreihe über Friedrich den Großen im Foyer des Hoftheaters gehalten – bezeichnend diese Verbindung von Theater und Universität –, an der das Fürstenpaar, die Hofgesellschaft und das interessierte Karlsruher Publikum in riesiger Zahl teilnahmen[59]. Ebenso geschah dies durch Wilhelm Eisenlohr im selben Jahr im Lyceumssaal, wo dieser die physikalischen Apparate zur Verfügung hatte, als er über Probleme der Physik las;

---

54 Zu Baumgarten, dem ersten Historiker auf dem Lehrstuhl für Geschichte in Karlsruhe vgl. NDB 1 (1953), S. 658f.; Badische Biographien 5 (1906), S. 39-50. Zu erwähnen seine von E. MARCKS hg. Aufsatzsammlung: Historische und politische Aufsätze und Reden, Straßburg 1894, ferner der in Anm. 14 genannte Vortrag von R. LILL.

55 E. WOLGAST, Hochschulpolitik (wie Anm. 3), S. 364.

56 K. OBSER, Treitschkes Entlassungsgesuch vom Juni 1866, in: ZGO 74 (1920), S. 222-224; C. NEUMANN, Die Vorgeschichte der Berufung Treitschkes nach Heidelberg (1867), in: HZ 139 (1929), S. 534-556.

57 Zu K. Fischer in Heidelberg LAUTENSCHLAGER-SCHULZ, Badische Bibliographie 6, S. 154f. (u. a. Berufungsfragen, Briefwechsel mit L. Häusser).

58 Belege bei E. WOLGAST, Hochschulpolitik (wie Anm. 3), S. 360f. Zu Jolly vgl. H. BAUMGARTEN u. L. JOLLY, Staatsminister Jolly. Ein Lebensbild, Tübingen 1897, ferner LAUTENSCHLAGER-SCHULZ, Badische Bibliographie Bd. 6, S. 300. Zu Nokk ebd., S. 429f.

59 Zu Ludwig Häussers Werk vgl. F. LAUTENSCHLAGER, Bibliographie (wie Anm. 2) I,2, Nrn. 5072, 5074, 5112. Seine Vorlesungen entsprechen wohl seiner „Geschichte des Zeitalters der Reformation" (LAUTENSCHLAGER I,1 Nr. 22765) und seiner „Deutschen Geschichte vom Tode Friedrichs d. Gr. bis zur Gründung des deutschen Bundes" (LAUTENSCHLAGER I,1 Nr. 3695).

offenbar war der Umzug in das neue Gebäude des Polytechnikums noch nicht vollzogen[60]. 1859 wurden diese Vorlesungen im Karlsruher Museumssaal fortgeführt (der heutigen Kaiserstraße im Gebäude der jetzigen Deutschen Bank). Erneut sprachen Häusser, diesmal über die Kaiserin Maria Theresia, und Eisenlohr, der im Januar über Fixsterne vortrug. Im Februar redete der Karlsruher Mineraloge Fridolin v. Sandberger über die Entstehung und Umbildung der Erdrinde, im März Helmholtz über musikalische Töne und Tonempfindungen, im selben Monat der Botaniker Moritz August Seubert über Verbreitung der Pflanzen an der Erdoberfläche, und Hofrat Weltzien, der Chemiker, hielt seine Vorlesungen wohl im neuen Polytechnikum ab, da er offenbar experimentell arbeitete. Der Basler Professor Schönbein sprach über den Sauerstoff und seine Bedeutung für den Haushalt der Erde, und 1860 führte Seubert erneut einen Vorlesungszyklus zur Geschichte der Pflanzenwelt durch, während der Heidelberger Julius Jolly, als Lehrer des Prinzen Friedrich schon genannt, über die geschichtliche Entwicklung der Stände in Deutschland las. Zu erwähnen ist schließlich der Medizinalrat Robert Volz, der Baden dann bei der Begründung des Roten Kreuzes vertreten sollte, mit Vorträgen über die Armen- und Krankenpflege in ihrer geschichtlichen Entwicklung[61]. Das ganze gemischte Programm, das natürlich auch Vorlesungen über klassische Wissenschaftsthemen enthielt, so als Häusser erneut 1861 über den Briefwechsel der Liselotte von der Pfalz referierte oder Jakob Burkhardt 1862 über „Die Geschichte Altbreisachs" vortrug, wurde säuberlich im Hoftagebuch aufgeführt, das jeweils verzeichnete, wer von den fürstlichen Persönlichkeiten an den Veranstaltungen teilnahm, der Großherzog fast immer, doch meist auch die Großherzogin, manchmal auch ihre Gäste und die Prinzessinnen und Prinzen des Hauses, und dies in den Jahren vor 1860 insbesondere im Frühjahr und Herbst, etwa zehn Veranstaltungen pro Jahr, zunächst im Lyceum, später wohl meist im Museum als „Museumsvorträge", teilweise wohl auch im Polytechni-

---

60 O. Lorenz (wie Anm. 28), S. 146. Dort wird auf die Naturforscher- und Ärzteversammlung 1858 in Karlsruhe hingewiesen, zu der Liebig, Bunsen, Virchow, Helmholtz erschienen und an der das Großherzogspaar „lebhaften Anteil nahm". Dann heißt es: „Das Interesse, das die Großherzogl. Herrschaften an der Versammlung nahmen, war nicht nur ein oberflächliches, sondern entsprang der klaren Erkenntnis von der Wichtigkeit naturwissenschaftlicher Forschung, und so sprach S. K. H. nach der Versammlung Eisenlohr den Wunsch aus, 'es möchten auch in Zukunft in Karlsruhe derartige Vorträge gehalten werden, die einem großen Kreis von Zuhörern die Resultate der wissenschaftlichen Forschung bekannt machen'. Der Wunsch seines Fürsten wurde von Eisenlohr mit Begeisterung aufgenommen, so daß ein Verein für wissenschaftliche Belehrung entstand, und noch im December 1858 kann Eisenlohr an Schönbein schreiben: 'Unterdessen habe ich auf Veranlassung des Großherzogs einen Verein hier zu Stande gebracht, der bereits 15 Mitglieder hat, worunter Redtenbacher, Häusser, von Mohr, Sandberger, Schweig usw. hier und in Heidelberg'". Zu diesem „Naturwissenschaftlichen Verein" vgl. Kahlbaum, Wilhelm Eisenlohr (wie Anm. 38).

61 Nach den Hoftagebüchern, insbes. GLA Karlsruhe 47/2066.

kum[62]. Daß dabei die Naturwissenschaften eine wichtige Rolle spielten, ist bezeichnend. Denn dies hängt sicherlich nicht nur mit den persönlichen Neigungen des Großherzogs zusammen, sondern vor allem damit, daß auch er diesen Fächern eine wichtige Rolle in der universitären und allgemeinen Bildung beimaß, dies, wie gesehen, im Sinne einer besseren wissenschaftlichen Grundlage für die Aufgaben des Staats. 1860 übrigens fand in Karlsruhe der berühmt gewordene internationale Chemikerkongreß statt, auf dem die Molekülgewichte der Elemente verbindlich festgelegt wurden[63].

Ehe diese bisher kaum beachteten Aktivitäten des Karlsruher Hofes ausgedeutet werden sollen, ist eine weitere Quelle aus den Jahren 1895 ff. zu erwähnen, also aus der Spätzeit des Großherzogs. Aus diesen Jahren liegt eine Art von Hoftagebuch vor, ein im Schloß aufbewahrtes Buch, in dem die vortragenden Professoren aus Baden, wohl eigenhändig, die Themen ihrer im Karlsruher Schloß gehaltenen wissenschaftlichen Vorträge eingetragen haben[64]. Einige der Themen seien hier aufgelistet:

7.2.1895 Engelbert Arnold: Fortschritte auf dem Gebiete der Elektrotechnik seit der Frankfurter Ausstellung im Jahr 1891

18.2.1895 Carl Engler: Die industrielle Entwicklung Nordamerikas. Bericht über eine Reise und über den Besuch der Weltausstellung von Chicago 1893

25.2.1895 M. Haid: Über die von den 5 Uferstaaten bearbeitete neue Karte des Bodensees, ferner über die Bewegung der Erdachse im Erdkörper und über Massenverteilung in der Erdkruste mit Berücksichtigung der Verhältnisse in der Rheinebene und im Schwarzwald

4.3.1895 Hans Bunte: Die Bodenschätze Nordamerikas, besonders Gold und Silber, und deren Bedeutung für Europa. Bericht über eine Studienreise durch die Vereinigten Staaten 1893

11.3.1895 Karl Keller: Die Entwicklung des Lokomotivbaues und Eisenbahnwesens unter besonderer Berücksichtigung der Verhältnisse des Großherzogtums Baden

18.3.1895 Carl Schäfer: Über das ältere deutsche Bauernhaus

8.4.1895 Ernst Wagner: Über griechische bemalte Thonfigürchen von Tanagra und anderen Fundorten

24.4.1895 Max Honsell: Wasser und Schiffahrt in der Fabel, in Sprüchwörtern, Gleichnissen und Sentenzen wie in bildlichen Ausdrücken der alten und neuen Sprachen als ein Zeichen der Bedeutung der Gewässer für die materielle und die geistige Kultur der Völker. Begriff der Wasserwirtschaft; ihre neuzeitliche Entwicklung im Großherzogtum Baden.

Dies ein vollständiger Jahrgang. Und noch etwas aus den folgenden Jahren im Ausschnitt:

25.2.1896 Georg Hermann Quincke: Über Kathodenstrahlen

18.3.1896 Otto Lehmann: Erscheinungen der Krystallbildung mit besonderer Rücksicht auf das Wachsthum der Krystalle in festen Körpern und die Bildung flüssiger Krystalle

---

62 Nach KAHLBAUM (wie Anm. 38), der 1863 einen achtteiligen Vortragszyklus von Helmholtz über die „Resultate der Naturwissenschaften" sowie weitere Vorträge von Bunsen und Kirchhoff erwähnt.

63 250 Jahre Karlsruhe. Die Chronik zum Jubiläum der Stadt, Karlsruhe 1965, S. 85. Man darf hinzufügen: 1859 war der Bau der Maxaubahn, 1864 wurde die Eisenbahnschiffsbrücke eingeweiht und die Bahnlinie nach Pforzheim eröffnet.

64 GLA 69 Sammlung Baden 1995 A/ o. S. 32.

26.3.1896 Adolf v.Oechelhaeuser: Romanische Kunstdenkmäler im Tauchergrunde

28.3.1896 Kuno Fischer: Vortrag über das Verhältnis zwischen Willen und Verstand im Menschen

10.4.1896 Bernhard Erdmannsdörffer: Florenz im Zeitalter der Medici

20.4.1896 Marc Rosenberg: Glasmalerei

4.5.1896 Erwin Rohde (im Buch wird angemerkt + am 11.1.1898): Die Romandichtungen der Griechen

12.5.1896 Henry Thode: Giorgione

20.5.1896 Victor Meyer (angemerkt + den 8.8.1897): Über die Chemie des Feuers.

Und schließlich:

24.3.1898 Carl Engler: Bericht über eine Studienreise nach Egypten und in die Korallenriffe des rothen Meeres

18.2. 1899 Theodor Curtius: Spannungsverhältnisse in Molekülen, deren Verwerthung zu einer neuen Art der Schieß- und Explosionstechnik

4.4.1903 Max Wolf (Heidelberg): Die Photographie des gestirnten Himmels (letzter Eintrag).

So viel, wie gesagt, nur als Auschnitt. Vieles wurde weggelassen, die Namen der Historiker Alfred Dove, Heinrich Finke, Dietrich Schäfer, Ernst Troeltsch, Erich Marcks belegen die Vorliebe für historische Themen[65]. Sie kennzeichnen die Gewichtsetzung auch noch in der Spätzeit des Großherzogs, dessen politisches Weltbild von der Erkenntnis des Nutzens der Geschichte für das Leben bestimmt ist. Doch das gleiche gilt für die Physik als Grundlage der Naturwissenschaften und ihre Anwendung in allen Bereichen der technischen Disziplinen. Daß dies für den badischen Staat nützlich, ja unentbehrlich sei, brauchte nicht mehr erwiesen zu werden. Aber es ging um mehr als um Anwendung und Nutzen. Dies alles war ja schon unter Karl Friedrich exerziert worden und wurde in den Jahren danach zu großer Effizienz gesteigert, natürlich nicht nur in Karlsruhe, aber hier in besonderem Maße. Doch was sich in den Hoftagebüchern offenbart, in den Listen über die Vorträge im Schloß und der in den Schloßbereich einbezogenen Hochschule, kennzeichnet einen Bildungsbegriff, der offensichtlich von Friedrich selbst ausging und den er als Großherzog auf den Hof übertragen hat. Inzwischen, im Jahr 1865, war das Polytechnikum in einem neuen Organisationsstatut mit einer vollen Hochschulverfassung ausgestattet worden – München zog erst drei Jahre später nach, während Karlsruhe den Namen einer Technischen Hochschule erst 1885 erhielt, dabei ist etwa Stuttgart vorausgegangen[66].

In der Urkunde vom 15. März 1900, mit der die Technische Hochschule den Großherzog zum Dr. Ing. promovierte, liest sich dies folgendermaßen: *Es gereicht ihr zur unvergänglichen Ehre, die Reihe ihrer Ehrendoctoren mit dem Namen eines Fürsten eröffnen zu dürfen, in welchem sie ein leuchtendes Vorbild für alle Zeiten erblickt,*

---

65 Über einen solchen Vortrag im Jahr 1901 erzählt detailreich der damals nach Heidelberg berufene Staatsrechtler Gerhard ANSCHÜTZ, Aus meinem Leben, hg. von Walter PAULY, Frankfurt/M. 1993, S. 88ff., der betont, der Großherzog habe von jedem neuberufenen Professor einen Vortrag seines Faches in Karlsruhe gewünscht, dem er und ein ausgewähltes Hofpublikum beiwohnte (frdl. Hinweis von Herrn Dr. Engehausen).

66 SCHNABEL, Die Anfänge (wie Anm. 12), S. 41.

und es gewährt ihr eine hohe Befriedigung, in der neuen akademischen Form einen bescheide-
nen Dank ausdrücken zu dürfen für die unablässige Fürsorge Sr. K. H. für das Gedeihen
der Hochschule und die Förderung der technischen Wissenschaften[67]. Karlsruhe würdigte
also in der Laudatio nicht den Mäzen und Wissenschaftspolitiker. Wie auch die
anderen Universitäten, die Friedrich ehrten, sah man in ihm den Mitbegründer
des Deutschen Reiches, hob also seine politische Leistung hervor[68]. Anders
verhielt es sich übrigens bei der Großherzogin, die noch im vorletzten Kriegsjahr 1917 die Ehrendoktorwürde der Universität Freiburg entgegennahm und
die damit für ihre karitative Arbeit in der Krankenpflege und als Begründerin
des badischen Frauenvereins des Roten Kreuzes geehrt wurde[69].

Zu schließen ist mit einem Bild, in dem sich das Gesagte zusammenfassen
läßt. Gemeint ist der Festsaal des 1899 feierlich eingeweihten neuen Aulabaues
der Technischen Hochschule, ein nach dem Vorbild der Heidelberger Aula Joseph Durms von 1886 prunkvoll und reich an Symbolen gestalteter Raum. In
ihm zeigt sich das Selbstbewußtsein der Karlsruher Hochschule gleichermaßen
wie der fürstliche Kontext, um den es hier ging[70]. Leider wurde er im letzten
Krieg zerstört, und die erhaltenen Fotos reichen allenfalls aus, sich ein unge-
fähres Bild davon zu machen[71]. Die Konkurrenz zu Heidelberg, der ältesten
Universität des Landes, ist unverkennbar[72]. An der Westwand, wo in Heidelberg Ferdinand Kellers „Einzug der Pallas Athene in die Stadt Ruprechts I."
als Lünettenbild angebracht ist, fand sich in Karlsruhe ein ähnlich monumen-
tales Bild von Ernst Schurth, eine Apotheose der technischen Wissenschaften,
die als allegorische Frauengestalten mit ihren Wissenschaftssymbolen, den
Vermessungsgeräten, Zahnrad, Zirkel und Glaskolben, gruppiert sind. Wie in
Heidelberg stand hier das Rednerpult unter den Büsten des Großherzogspaares mit den Gemälden ihrer Stammschlösser Hohenbaden und Hohenzollern.

---

67 GLA 69 Baden Sammlung 1995 D 651. Es unterschrieben: E[rnst] *Brauer, Rektor.* C[arl] *Engler, Pro-*
    rektor. [Engelbert] *Arnold.* R[einhard] *Baumeister.* K[arl] *Keller.* L[udwig] *Klein.* A[dolf] *v. Oechelhaeuser.*
    Siefert. Wedekind. Weinbrenner.

68 In Heidelberg, wo Friedrich 1886 zum Ehrendoktor der theologischen Fakultät ernannt wurde, be-
    gründete man dies mit der reformatorischen Tradition seines Hauses und seinem Eintreten für die
    Förderung der evangelischen Konfession in Baden. Urkunde GLA 69 Baden Samml. 1995 A Vorl.
    Nr. 79.

69 GLA 69 Baden Samml. 1995 A Vorl. Nr. 80.

70 Die programmatische Beschreibung Durms (GLA Karlsruhe 235/30399) bei M. WAGNER, Allegorie
    und Geschichte. Ausstattungsprogramme öffentlicher Gebäude des 19. Jahrhunderts in Deutsch-
    land. Von der Cornelius-Schule zur Malerei der wilhelminischen Ära, Tübingen 1989, S. 286ff. J.
    HOTZ, Die ehemalige Aula der Technischen Hochschule Karlsruhe, in: Fridericiana Heft 24 (Juni
    1979), S. 35-53.

71 Der Aulabau, 1944 zerstört, wurde nach dem Krieg völlig abgetragen; Reste stecken noch im heuti-
    gen Nachkriegsgebäude der Architekturgeschichte. Fotos im GLA Karlsruhe (Anm. 74) sowie im
    Baugeschichtlichen Institut der Universität Karlsruhe, Architekturarchiv.

72 Ruperto-Carola. Illustrierte Fest-Chronik zur V. Säkularfeier der Universität Heidelberg, Heidelberg
    1886, insbes. S. 71 f., 128-136 und Abb. S. 129. Vgl. M. KOCH, Ferdinand Keller, Karlsruhe 1978,
    S. 88 f. Nr. 182 und Abb. 28 mit Lit.

Später trat eine zentrale Monumentalbüste des Gründers der Fridericiana hinzu[73]. Vier Marmortafeln erinnerten an die Technischen Schwesteruniversitäten Berlin, München, Stuttgart und Dresden und ihre Gründungsdaten. Die entgegengesetzte Ostwand mit der marmornen Widmungstafel der Spender, die das Aulagebäude finanzierten, zeigt die badischen Universitätsstädte Heidelberg und Freiburg mit Schloß beziehungsweise Münster, weist also erneut auf Vorbild und Konkurrenz der Technischen Hochschule. Hier findet man die Tafeln mit den Namen der Technischen Universitäten Darmstadt, Braunschweig, Aachen und Hannover und die Porträts von Alfred Krupp und Robert Mayer. Von den reich dekorierten Längsseiten sollte man die Gemälde bedeutender abendländischer Bauwerke hervorheben, des ägyptischen Theben, des Konstantinsbogens mit Kollosseum, des Wormser und des Florentiner Domes sowie kleinerer Bilder aus der römischen Campagna mit den römischen Wasserleitungsbogen (von Edmund Kanoldt) und etruskischen Felsgräbern (von Wilhelm Klose). In Kartuschen sind die Hochschulfakultäten vertreten: Architektur, Forstwissenschaft, Maschinenbau, Chemie, Ingenieurwissenschaft und Elektrotechnik. Und in zwölf Medaillons finden sich die Porträts von Eisenlohr und Hübsch, Redtenbacher und Grashof, Tulla und Gerwig, Heyer und Ratzeburg (den Forstleuten), Bunsen und Liebig, Siemens und Hertz, eine Ruhmesliste also, die wiederum an Heidelberg erinnert. Die Oberleitung des Baues hatte, wie in Heidelberg, Joseph Durm[74].

In der Symbolik tritt noch einmal das Selbstbewußtsein der Karlsruher Hochschule in den mit ihr lehrenden und in Verbindung stehenden Professoren in Erscheinung, Gelehrten, welche die Welt des 19. Jahrhunderts verändert haben[75]. Die Bauwerke abendländischer Architektur bilden den Zusammenhang mit dem klassisch-humanistischen Weltbild als Grundlage auch des technischen Zeitalters, das auf der Antike fußt und in der Gegenwart Triumphe des Fortschritts feiert. In dieser Form also drückte sich der badische Staat am Ende des Jahrhunderts aus und feierte sich selbst in seiner geistigen Prägung wie seinen technischen Errungenschaften. Und in diesem Sinne war die Hochschule auch Teil der badischen Monarchie, ihres Fürstenhauses und ihres Hofes, dem sie räumlich und ideell zugeordnet war. Das Selbstbewußtsein, das darin zum Ausdruck kommt, kennzeichnet beide Seiten: Die Universitäten und Professoren waren sich der Förderung durch das Fürstenhaus bewußt und trugen dem Rechnung, zumal sie sich im Klaren darüber waren, daß ihre Unab-

---

73 Heute im Foyer des Gebäudes der Architekturgeschichte.

74 Nach: Die Großherzogliche Technische Hochschule Karlsruhe. Festschrift zur Einweihung der Neubauten im Mai 1899, S. 21 ff. mit Tafeln III-V. Vgl. die Bilder in GLA Karlsruhe, G Karlsruhe/887-889 (Zeichnungen von Entwürfen), ferner GLA 422 K/163-166. Hierzu J. DURM, Der Aula- und Hörsaalbau der Technischen Hochschule in Karlsruhe, in: Zeitschrift für Bauwesen 49 (1899), Sp. 206-208 sowie Atlasband Tafel 24.

75 M. WAGNER (wie Anm. 70), S. 241-245, Abb. 158-161.

hängigkeit einem neuen Status als Landesuniversität gewichen war und ihre althergebrachten Privilegien allenfalls noch darin bestanden, einer allmächtigen Ministerialbürokratie ihre eigenen Vorstellungen entgegenzusetzen[76], was ihnen der Großherzog im Einzelfall auch zugestand. Dieser seinerseits fühlte sich selbst als akademischer Bürger und nahm dabei keinen Anstand, auch seine engste Umgebung einschließlich des Hofes zu akademisieren. Symbolhaft sind Hoftheater und Hochschule, das Residenzschloß flankierend, dem Wohnsitz des Herrschers zugeordnet. Beide dienten Unterhaltung und Bildung zugleich, bildeten jedoch insbesondere einen markanten Bestandteil des Lebens- und Regierungsprogramms Großherzog Friedrichs, der am Ende seiner langen Regierungszeit den Zukunftsoptimismus teilte, den der Erste Weltkrieg und seine Folgen so jäh zerstören sollte. Er selbst mag das Verhältnis von Regierung und Universität, wie er es sah, als eine besonders glückliche Symbiose verstanden haben.

---

76 So schreibt Eberhard Gothein 1898 aus Bonn im Hinblick auf den preußischen „Universitätsdiktator" Friedrich Althoff: *Althoff haßt mich da ich jetzt noch einer der wenigen bin, die vor Baal nicht die Knie gebeugt haben, und in Wort und Schrift als Professor und Dekan immer für die Unabhängigkeit der Universitäten und Professoren eingetreten bin. Dieses Pascharegiment ist entsetzlich.* Vgl. W. ZORN, Eberhard Gothein, in: Bonner Gelehrte, Bd. 3 (wie Anm. 44), S. 267, wobei bezeichnenderweise diese Stimme weniger dem Königshaus als der Ministerialbürokratie gilt.

„PONDERARE NON NUMERARE"?
ÜBERLEGUNGEN ZU DEN FINANZEN
DEUTSCHER UNIVERSITÄTEN
IM „LANGEN" 19. JAHRHUNDERT

Von Hans-Peter ULLMANN

NUR BEI „vorsichtiger Betrachtung und sorgfältiger Wahrung des Grundsatzes ‚ponderare non numerare'" könne man die staatlichen Aufwendungen für die Wissenschaft untersuchen, meinte der Historiker Karl Griewank, als er 1927 eine Bilanz der deutschen Wissenschaftspolitik zog und Mühe hatte, die entsprechenden Ausgaben von Reich, Ländern und Gemeinden in den Jahren des Kaiserreiches und der Weimarer Republik zu ermitteln und zu vergleichen[1]. An ähnlichen Schwierigkeiten mag es liegen, wenn noch immer eine „umfassende Untersuchung der Universitätsfinanzen des 19. Jahrhunderts fehlt"[2]. Merkwürdig ist das aber doch. Denn die finanzielle Ausstattung der Hochschulen spielte vor dem Ersten Weltkrieg keine geringere Rolle als heute und war politisch nicht minder strittig, da der Aufwand für die Universitäten mit anderen staatlichen Ausgaben konkurrierte. Die seit langem überfällige Analyse der Universitätsfinanzen und der öffentlichen Debatte um den staatlichen Beitrag zur Finanzierung der Hochschulen ist hier nicht zu leisten, vielmehr zu überlegen, was die Finanzgeschichte beisteuern kann, um die finanzielle Lage der Universitäten im „langen" 19. Jahrhundert zu erhellen. Dazu sollen zuerst Struktur und Entwicklung der Universitäts- im Rahmen der Wissenschaftsausgaben (I.), dann die Aufwendungen für die Hochschulen in den Budgets einzelner deutscher Staaten, vor allem im Etat Preußens (II.), schließlich die Ausgaben und Einnahmen der Universität anhand der Haushalte ausgewählter Hochschulen (III.) betrachtet werden.

I.

Ein Blick auf die Struktur und Entwicklung der Universitäts- im Rahmen der Wissenschaftsausgaben (der Aufwendungen „für Hochschulen und außeruniversitäre Forschungsanstalten" sowie „sonstige wissenschaftliche Unternehmungen") vermittelt bereits einen groben Eindruck von den Finanzen der Universitäten. Dabei fällt erstens auf, daß die Ausgaben für die Hochschulen zwar einen beträchtlichen Teil der Aufwendungen für Wissenschaft ausmach-

---

1 K. GRIEWANK, Staat und Wissenschaft im Deutschen Reich, Freiburg 1927, S. 91.
2 R. S. TURNER, Universitäten, in: Handbuch der deutschen Bildungsgeschichte, Bd. 3, München 1987, S. 221-249, hier S. 233.

ten, dieser jedoch am Ende des „langen" 19. Jahrhunderts abnahm. Folgt man vorerst den Zahlen, die Frank R. Pfetsch in den 1970er und 1980er Jahren zusammengestellt hat, stiegen die Wissenschaftsausgaben des Deutschen Reiches und der größeren Bundesstaaten (Preußen und Bayern, Sachsen, Württemberg und Baden, für die entsprechende Daten von ihm erhoben wurden) in laufenden Preisen von 5,97 Mio. (1850-59) auf 88,77 Mio. Mark (1905-14), nahmen also um das Vierzehnfache zu. Dabei wuchsen die Aufwendungen des Reiches erheblich stärker als die der Bundesstaaten. Gab das Reich 1870-79 knapp 1,90 Mio. Mark für Wissenschaft aus, waren es 1905-14 gut 27,86 Mio. Mark. Mit dieser Zuwachsrate von über 1.300% konnten die Bundesstaaten nicht mithalten; sie brachten es nur auf rund 260%. So erhöhte sich der Anteil des Reiches an den gesamten Wissenschaftsausgaben von 11% (1870-79) auf 36% (1905-14), und jener der größeren Bundesstaaten sank entsprechend von 89% auf 64%[3].

Da das Reich außer der Universität Straßburg, die nach den hohen Aufwendungen für die Gründung seit 1876 mit konstant 0,4 Mio. Mark zu Buche schlug, keine anderen Hochschulen finanzierte, machten die Universitäts- bei ihm nur einen kleinen und obendrein abnehmenden Teil der Wissenschaftsausgaben aus[4]. Dieser sank von 12% (1870-79) auf 1,9% (1905-14). Im föderalen System des Deutschen Kaiserreichs fielen mithin die Universitäten finanziell fast ausschließlich den Bundesstaaten zur Last. Diese trugen bis zur Reichsgründung die gesamten, seit 1871 zwischen 94,6% (1870-79) und 99,4% (1905-14) aller Universitätsausgaben. In Preußen und Bayern, Sachsen, Württemberg und Baden, die zusammen 13 beziehungsweise 16 von 19, dann 16 von 20 und schließlich 18 von 22 Universitäten finanzierten, stiegen die Aufwendungen für die Hochschulen von 2,73 Mio. (1850-59) auf 31,81 Mio. Mark (1905-14), also um mehr als das Zehnfache. Damit beanspruchten sie einen ansehnlichen Teil aller bundesstaatlichen Ausgaben für die Wissenschaft. Diese erhöhten sich zwischen den fünfziger Jahren (5,97 Mio. Mark) und dem Jahrzehnt vor Ausbruch des Weltkriegs (68,59 Mio. Mark) um etwa das Zehnfache. Davon erhielten die Universitäten kurz nach der Jahrhundertmitte rund 47%. Seit den frühen sechziger Jahren stieg ihr Anteil an und erreichte im Jahrfünft nach der Reichsgründung mit 61% seinen Höchststand. Bis zur Jahrhundertwende pendelte er, die frühen achtziger Jahre mit 49% ausge-

---

3   F. R. PFETSCH, Zur Entwicklung der Wissenschaftspolitik in Deutschland 1750-1914, Berlin 1974 (Zitat S. 43; zur Abgrenzung der Wissenschaftsausgaben S. 43ff.); DERS., Datenhandbuch zur Wissenschaftsentwicklung, Köln 1982. Ob Pfetsch sich der Problematik des Budgetvergleichs, die im zweiten Abschnitt dieses Aufsatzes erörtert wird, bewußt gewesen ist, und wie er die damit verbundenen methodischen Schwierigkeiten gelöst hat, läßt sich seinen Arbeiten nicht klar entnehmen. Da die Zahlenangaben in beiden Publikationen von einander abweichen, stützt sich die Analyse durchgängig auf jene des Datenhandbuchs.

4   PFETSCH, Datenhandbuch (wie Anm. 3), S. 115.

nommen, um 55% und sank in den drei Jahrfünften vor dem Ersten Weltkrieg auf 46%[5]. Sowohl das Reich als auch, in geringerem Umfang, die Bundesstaaten reduzierten also nicht in absoluten, wohl aber in relativen Zahlen ihren Aufwand für die Universitäten zugunsten anderer Wissenschaftsbereiche, zumal der außeruniversitären Forschung[6].

Zweitens zeigt sich, daß die deutschen Staaten im Rahmen ihrer Aufwendungen für Wissenschaft unterschiedlich hohe Summen für die Universitäten bereitstellten und diese Ausgaben ähnlichen, aber doch jeweils eigenen Rhythmen folgten. Preußen mit den Universitäten Berlin und Bonn, Breslau und Greifswald, Halle und Königsberg, seit 1866 auch Göttingen, Kiel und Marburg, schließlich Münster und Frankfurt (seit 1902 beziehungsweise 1914) lag bei den absoluten Zahlen mit weitem Abstand an der Spitze. Es steuerte in den fünfziger Jahren 56% aller Ausgaben der größeren Bundesstaaten für die Universitäten bei. Dieser Wert stieg bis auf 65% (1880-89) und hielt sich, von den neunziger Jahren mit 58% abgesehen, bei leicht zunehmender Tendenz auf dem erreichten Niveau. Bayern trug, mit Ausnahme der sechziger und siebziger Jahre, in denen die Werte niedriger lagen, zwischen 10 und 11% der Universitätsausgaben. In einer ähnlichen Größenordnung, nämlich um 10%, schwankte der Beitrag Sachsens seit etwa 1900; in den fünfziger, sechziger und siebziger Jahren hatte er deutlich höher, in den Achtzigern niedriger gelegen. Baden steuerte zwischen 8 und 9%, in den sechziger Jahren sogar über 10% bei. Württemberg bildete das Schlußlicht; sein Anteil an den Ausgaben der größeren Bundesstaaten für die Universitäten sank von 7,6% nach der Jahrhundertmitte mit Schwankungen auf 3,7% vor dem Ersten Weltkrieg.

Doch interessiert nicht nur, wie sich der Aufwand für die Universitäten auf die einzelnen Bundesstaaten verteilte, sondern auch, welchen Prozentsatz ihrer gesamten Ausgaben sie für die Hochschulen reservierten, denn daran läßt sich ablesen, welches Gewicht Regierung und Parlament den Universitäten beimaßen. So stand Preußen zwar den absoluten Zahlen nach an der Spitze, nicht aber was den Anteil der Universitätsausgaben am Gesamtetat anging. Dieser stieg lediglich von 0,5% um die Jahrhundertmitte auf 1% in den siebziger Jahren und fiel bis zum Weltkrieg wieder auf 0,5% zurück. Bayern steigerte die Aufwendungen für die drei Universitäten Erlangen, München und Würzburg stärker als Preußen, nämlich von 0,5% in den fünfziger Jahren auf 1,3% im Jahrzehnt nach der Reichsgründung; auch hier sanken die Ausgaben für die Universitäten vor der Jahrhundertwende auf 0,5% des Budgets, erhöhten sich aber bis zum Krieg noch einmal auf 1,5%. Ein ähnlich großes Stück am württembergischen Etat sicherte sich die Universität Tübingen. Sie erhielt schon 1850-59 vergleichsweise hohe 0,9%, ein Wert, der langsam aber stetig auf

---

5   Berechnet nach ebd., S. 119ff. (fehlende Jahre interpoliert).
6   Einzelheiten bei PFETSCH, Entwicklung (wie Anm. 3), S. 43ff.

1,4% im ersten Jahrzehnt des 20. Jahrhunderts wuchs, vor 1914 jedoch auf 1,2% fiel. Einen höheren Prozentsatz seines Haushalts billigte das Großherzogtum Baden den beiden Universitäten Freiburg und Heidelberg zu: Dieser stieg von 0,9% (1850-59) auf 2,9% (1870-79) und blieb trotz eines leichten Rückgangs in den beiden Jahrzehnten um 1900 bis zum Weltkrieg recht stabil. Über einen zunehmenden Teil der sächsischen Staatsausgaben konnte schließlich die Universität Leipzig verfügen: 0,6% in den fünfziger, mehr als 1% in den siebziger und achtziger Jahren sowie 3% nach 1910[7].

Leider liegen kaum Informationen über das Verhältnis von Universitätsausgaben und Sozialprodukt im „langen" 19. Jahrhundert vor. Sie erlaubten es, die Wirtschaftskraft der deutschen Staaten und deren Aufwand für die Hochschulen in Beziehung zu setzen. Immerhin läßt sich ermitteln, daß Preußen die Ausgaben für die Universitäten von etwa 0,03% des Sozialprodukts in den fünfziger Jahren auf rund 0,09% am Vorabend des Ersten Weltkriegs steigerte. Dabei fand der entscheidende Sprung im Jahrzehnt nach der Reichsgründung statt. In ähnlichen Dimensionen bewegten sich die Universitätsausgaben Bayerns, Sachsens und Württembergs; auch sie stiegen nach der Jahrhundertwende auf annähernd 0,09%. Nur Baden trieb einen höheren Aufwand für seine Hochschulen. Es gestand ihnen seit den neunziger Jahren an die 0,2% des Sozialprodukts zu; das war von allen größeren Bundesstaaten der höchste Wert[8].

II.

Vermittelt ein Blick auf die Universitäts- im Rahmen der Wissenschaftsausgaben einen ersten Eindruck von Struktur und Entwicklung der Summen, welche die deutschen Staaten für die Universitäten bereitstellten, könnte doch erst eine gründliche Analyse der einzelstaatlichen Budgets die Finanzströme zu den Universitäten sowie deren An- und Abschwellen genauer erfassen.

Etats liegen aber – das ist das erste Problem – weder für das ganze 19. Jahrhundert noch für alle Länder vor. Denn moderne öffentliche Finanzen entstanden nicht vor der Wende vom 18. zum 19. Jahrhundert, und es bedurfte noch einiger Zeit, bis sie sich wirklich eingebürgert hatten. Erst nach der Auflösung des Heiligen Römischen Reichs erlangten die deutschen Territorialstaaten mit der Souveränität auch die uneingeschränkte Finanzhoheit. Jetzt konnten sie die ständischen Gewalten beiseite schieben und die dynastischen Privat- von den Staatsfinanzen trennen. Je mehr die Finanzgewalt zentralisiert

---

7 Berechnet nach PFETSCH, Datenhandbuch (wie Anm. 3), S. 70f. und 119f. (Preußen), 72f. und 123f. (Bayern), 74f. und 131f. (Sachsen), 76f. und 135f. (Baden), 78f. und 138f. (Württemberg).

8 Berechnet nach ebd. sowie W. HOFFMANN u. H. MÜLLER, Das deutsche Volkseinkommen 1851-1957, Tübingen 1959, S. 86f. (Preußen), 99 (Sachsen), 138 (Baden), 147 (Württemberg) und 155 (Bayern). Es handelt sich um das Nettosozialprodukt zu Faktorkosten in laufenden Preisen. Die verläßlicheren Reihen in W. G. HOFFMANN, Das Wachstum der deutschen Wirtschaft seit der Mitte des 19. Jahrhunderts, Berlin 1965, sind nicht nach Bundesstaaten aufgeschlüsselt.

wurde, desto drängender stellte sich die Frage nach Repräsentation und Partizipation der Bürger. Eine Antwort gaben die Verfassungen, indem sie Parlamente mit zwei Kammern an der Ausübung der Finanzgewalt beteiligten. Als wichtigstes Instrument dazu diente das Budget. Nur eine einheitliche, hierarchisch aufgebaute, bürokratisierte, kurzum: leistungsfähige Finanzverwaltung konnte solche öffentlichen Haushaltspläne aufstellen. Diese sollten nicht allein sämtliche Einnahmen und Ausgaben sowie Lasten und Erhebungskosten nachweisen, sondern waren auch als Dreh- und Angelpunkt eines geregelten Budgetkreislaufs gedacht, der in einem feststehenden, ein- oder mehrjährigen Rhythmus Planung, Vollzug und Kontrolle des Etats sicherte. Die Entstehung solcher modernen Budgets, mit deren Hilfe sich die öffentlichen Finanzen effizient bewirtschaften und, was nicht minder wichtig war, von den Parlamenten mitgestalten ließen, kam in der deutschen Staatenwelt unterschiedlich rasch und weit voran. So sind für die Staaten des deutschen Südens seit den Konstitutionen von 1818/19 Etats überliefert, für Preußen dagegen, das bekanntlich erst 1848/50 eine gesamtstaatliche Verfassung erhielt, bis zu diesem Zeitpunkt nur vereinzelt[9].

Eine Analyse der Staatshaushalte birgt – das ist das zweite Problem – manchen methodischen Fallstrick. Etats enthalten Angaben in laufenden Preisen, geltender Währung und für das jeweilige Staatsgebiet. Preisschwankungen inflationärer oder deflationärer Art verzerren das Bild und müssen eliminiert werden, um zu konstanten und damit vergleichbaren Preisen zu kommen. Das ist schwierig, da die Budgets naturalwirtschaftliche Posten enthielten, zudem die Preise für Güter und Dienstleistungen der öffentlichen Hand von jenen für den privaten Verbrauch abwichen. Eine weitere Fehlerquelle liegt in den Änderungen der Währung. Erst die Dresdner Münzkonvention von 1838 schuf im Deutschen Zollverein mit Mittel- und Nord- beziehungsweise Süddeutschland zwei Währungsräume sowie eine feste Relation von Taler und Gulden. Diese wurden nach der Gründung des Deutschen Reiches 1871 durch die Mark als neue Währungseinheit abgelöst. Bleiben noch, zumal für Preußen, territoriale Vergrößerungen und Neugründungen von Universitäten zu berücksichtigen[10].

Sollen Staatshaushaltspläne ihre Funktion erfüllen, müssen sie den Kriterien der Öffentlichkeit und Vollständigkeit, Einheit und Klarheit, Genauigkeit und

---

9   H.-P. ULLMANN, Staatsschulden und Reformpolitik, 2 Bde., Göttingen 1986; DERS., Süddeutsche Finanzreformen in der ersten Hälfte des 19. Jahrhunderts, in: Restaurationssystem und Reformpolitik, hg. v. DEMS. u. C. ZIMMERMANN, München 1996, S. 99-110; A. VON WITZLEBEN, Staatsfinanznot und sozialer Wandel, Stuttgart 1985; E. SCHREMMER, Steuern und Staatsfinanzen während der Industrialisierung Europas, Berlin 1994, S. 110ff.; K. H. FRIAUF, Der Staatshaushaltsplan im Spannungsfeld zwischen Parlament und Regierung, Bad Homburg 1968.

10 So verwechselt C. E. McCLELLAND, State, society, and university in Germany 1700-1914, Cambridge 1980, S. 204, Taler und Mark, wenn er das Budget der Berliner Universität für 1820 mit 0,24 (richtig: 0,08) Mio. Taler angibt.

Vorherigkeit sowie der qualitativen, quantitativen und zeitlichen Spezialität genügen[11]. Die Etats des 19. Jahrhunderts entsprachen – hier liegt ein drittes Problem – diesen „klassischen Budgetgrundsätzen" nur zum Teil. Das galt schon für die Spezialität. Erst nach und nach wurden die Haushaltspläne so weit aufgeschlüsselt, daß man ihnen über den Bedarf einzelner Ministerien hinaus Einzelheiten wie die Ausgaben für Universitäten entnehmen konnte. Dazu mußten, was nur schrittweise geschah und nie vollständig gelang, die Universitäten in das staatliche Finanzsystem einbezogen werden. Auch Einheit und Klarheit der öffentlichen Haushalte ließen zu wünschen übrig. Ein nicht unbeträchtlicher Teil der Ausgaben, bis zu 17% in Preußen oder 15% in Bayern, wurde nämlich nicht in den ordentlichen, sondern in den außerordentlichen Etat eingestellt, bei den Universitäten vor allem der Bedarf für Bauten und Geräte. Diese sogenannten extraordinären Ausgaben schwankten stark. Machten sie etwa im Großherzogtum Baden der fünfziger Jahre kaum 9% der laufenden Ausgaben für die Hochschulen aus, waren es in den Jahrzehnten nach 1870 bis zu 50%[12]. Es lag nicht zuletzt am Auf und Ab solcher einmaligen Ausgaben, daß die Budgets oft ungenau ausfielen. Obwohl die Etats im großen und ganzen recht verläßlich eingehalten wurden, wichen die im Haushalt veranschlagten von den tatsächlich geleisteten Ausgaben immer wieder beträchtlich ab. Solche Unterschiede lassen sich nur aus den Haushaltsrechnungen ermitteln, die von den Rechnungshöfen aufgemacht und den Parlamenten zur Kontrolle vorgelegt wurden. So konnten die sogenannten rechnungsmäßigen Ausgaben die im Etat veranschlagten in Preußen um 137%, in Bayern um 103% und in Württemberg sogar um 346% übersteigen[13].

Nur unter den drei genannten Vorbehalten, die teils mit erheblichem Aufwand, teils überhaupt nicht aus der Welt zu schaffen sind, liefern die Budgets der deutschen Staaten einigermaßen verläßliche Daten über die finanzielle Lage der Universitäten. Sie zeigen erstens, daß die staatlichen Aufwendungen für die Hochschulen seit den sechziger Jahren des 19. Jahrhunderts schneller zu wachsen begannen und sich dabei zwei Phasen besonders starker Expansion abhoben. In Preußen etwa, dem Staat mit den meisten Universitäten (vor 1866: 6 von 19; nach 1866: 9, dann 11 von 19 beziehungsweise 22) nahm die Dotation in laufenden Preisen seit der Mitte des 19. Jahrhunderts um fast das Achteinhalbfache zu[14]: von 1,42 Mio. im Durchschnitt der Jahre 1850-59 auf

11 N. ANDEL, Finanzwissenschaft, Tübingen 1983, S. 65ff.

12 E. MÜLLER, Theorie und Praxis des Staatshaushaltsplans im 19. Jahrhundert, Opladen 1989, S. 233ff.; R. RIESE, Die Hochschule auf dem Weg zum wissenschaftlichen Großbetrieb, Stuttgart 1977, S. 285ff., 372f.; H. W. KUPKA, Die Ausgaben der süddeutschen Länder für die medizinischen und naturwissenschaftlichen Hochschuleinrichtungen 1848-1914, Diss. Bonn 1970.

13 MÜLLER, Theorie (wie Anm. 12), S. 398ff.

14 Über die Haushaltsdebatten informiert N. ANDERNACH, Der Einfluß der Parteien auf das Hochschulwesen in Preußen 1848-1918, Göttingen 1972.

13,38 Mio. Mark im Mittel des Jahrzehnts 1905/06-14/15. Mit 27-61% lagen die höchsten Zuwachsraten in den späten sechziger und in den siebziger Jahren, wobei die Zunahme der späten Sechziger (allein 37% von 1867 auf 1868) wohl vor allem auf jene drei neuen Universitäten zurückzuführen ist, die mit den annektierten Gebieten 1866 an Preußen gefallen waren. Eine zweite, wenn auch schwächere Expansionsphase läßt sich mit Werten von 18-25% in den letzten drei Jahrfünften vor dem Ersten Weltkrieg erkennen. Legt man konstante, also von Schwankungen bereinigte Preise zugrunde, nahmen die Aufwendungen des preußischen Staats für die Universitäten langsamer zu. Zwischen 1850-59 und 1905/06-14/15 wuchsen sie um das Viereinhalbfache (2,58 Mio. auf 14,03 Mio. Mark in Preisen von 1913) wiederum in zwei, gegenüber den nominalen Werten allerdings schwächer ausgeprägten und obendrein zeitverschobenen Schüben: den siebziger und frühen achtziger Jahren (25-45%) beziehungsweise dem ersten Jahrzehnt nach 1900 (14-23%)[15].

Die staatlichen Zuschüsse machten zweitens nur einen, wenn auch gewichtigen Teil der Einnahmen aus, die den Universitäten zuflossen. Eigene Einkünfte, etwa aus dem Vermögen oder dem Lehrbetrieb, sowie Einnahmen der Universitätsinstitute, vor allem der Kliniken, und Stiftungen kamen hinzu. In Preußen, um bei diesem Beispiel zu bleiben, nahmen die Erträge aus Stiftungen zwischen 1850-54 und 1870-74 in laufenden Preisen von 0,18 Mio. auf 0,4 Mio. Mark oder um rund 120% zu. Sie stiegen damit genauso stark wie die staatliche Dotation. Bis 1875 − von diesem Jahr an wurden die Einkünfte aus Stiftungen nicht mehr im Staatshaushalt nachgewiesen − bewegte sich ihr Anteil an den Einnahmen der Universitäten um 8%. Gewichtiger waren die eigenen Einkünfte und jene, die der Universität aus ihren Instituten zuflossen. Sie wuchsen in laufenden Preisen zwischen 1850-59 und 1905/06-14/15 von 0,53 Mio. auf 4,97 Mio. Mark, also um das Achtfache, und nahmen damit kaum weniger stark zu als die staatlichen Zuwendungen. Allerdings folgte ihr Wachstum anderen Rhythmen. So erhöhten sich die eigenen Einkünfte und die aus Instituten in der zweiten Hälfte der sechziger und ersten Hälfte der siebziger Jahre rascher als die Zuschüsse des Staates; und im Unterschied zu ihnen erlebten sie keine zweite Expansionsphase in den Jahren vor dem Weltkrieg, sondern einen stetigen Anstieg seit Anfang der Achtziger. Da sich die eigenen sowie die Einkünfte aus Instituten nicht parallel zur Staatsdotation entwickelten, schwankte ihr Anteil an den gesamten Einnahmen der Universitäten (ohne Stiftungen): Dieser erhöhte sich von 27,6% (1850-54) auf 33,9% in den späten sechziger und frühen siebziger Jahren − wohl weil die universitären Finanzen nunmehr genauer im Budget erfaßt wurden −, fiel dann abrupt auf 27,9% (1874-1879/80) und stieg erneut seit Anfang der achtziger Jahre auf

---

15 Zahlen berechnet nach MÜLLER, Theorie (wie Anm. 12), S. 496ff., und HOFFMANN, Wachstum (wie Anm. 8), S. 598ff. (öffentlicher Verbrauch).

30,7%, so daß die Zuschüsse des Staates bis zur Jahrhundertwende auf 69,3% (1894/95-1899/00) sanken. Da die eigenen Einkünfte und die aus Instituten im folgenden Jahrfünft stagnierten, ging ihr Anteil auf 26,1% zurück, bevor er sich schließlich am Vorabend des Weltkriegs wieder auf 27,6% erhöhte. Es kann also keine Rede davon sein, daß sich die öffentlichen Zuwendungen an die Universitäten stetig vergrößerten. Vielmehr trieben einmal die staatlichen Dotationen und dann wieder die eigenen sowie die Einkünfte aus Instituten das Wachstum der Einnahmen voran[16].

Die Entwicklung der gesamten Einkünfte und damit auch der Ausgaben der Universitäten folgte drittens dem Rhythmus, den staatliche Dotation sowie eigene Universitäts- und Institutseinnahmen vorgaben. In Preußen stiegen die Gesamteinnahmen und -ausgaben (ohne Stiftungen) in laufenden Preisen zwischen 1850-59 und 1905/06-14/15 von 1,97 Mio. auf 18,36 Mio. Mark (833%) beziehungsweise von 3,57 Mio. auf 19,23 Mio. Mark (438%) in konstanten Preisen von 1913. Bei den nominalen Werten heben sich wiederum zwei Expansionsphasen ab: die eine in der zweiten Hälfte der sechziger und in den siebziger Jahren (Steigerungsraten von 26-53%), die andere in den drei Jahrfünften vor dem Ersten Weltkrieg (18-22%). In konstanten Preisen verkürzt sich die erste Expansionsphase auf die siebziger Jahre (34-35%), und die zweite tritt mit 14-15% in der stetigen Aufwärtsbewegung, die seit den achtziger Jahren festzustellen ist, kaum noch hervor. Hierin schlägt sich nicht zuletzt der Anstieg der Preise vor dem Ersten Weltkrieg nieder[17].

Es wäre lohnend, den preußischen Etat mit dem anderer deutscher Staaten zu vergleichen. Das wirft freilich erhebliche Probleme auf. Daß beim Vergleich von öffentlichen Haushalten höchste Vorsicht geboten war, wußten schon die Zeitgenossen. *Denn alle Versuche*, meinte resignierend der Nationalökonom Max von Heckel, *die einzelnen Ziffern, ja womöglich die einzelnen absoluten Zahlen der verschiedenen Budgets auf ein vergleichbares Maß zu reduzieren, müssen als durchaus vergeblich bezeichnet werden*. Ähnliche Zurückhaltung erlegt sich auch die moderne Finanzwissenschaft auf. Der Grund ist vor allem darin zu sehen, daß Einnahmen und Ausgaben der Universitäten in den Budgets der deutschen Staaten unterschiedlich nachgewiesen wurden. Allein der Blick auf Preußen und Sachsen, Bayern und Württemberg fördert bei den sogenannten Universitätsfonds bereits drei verschiedene, weitgehend inkompatible Budgetierungssysteme zu Tage. Man muß also genau wissen, wie die Etats aufgestellt wurden, um sie angemessen vergleichen zu können. Methodisch saubere Vorarbeiten zu einem solchen Unternehmen gibt es kaum. Noch problematischer

---

16 Zu den Budgetierungsgrundsätzen im einzelnen MÜLLER, Theorie (wie Anm. 12), S. 148ff.; Zahlen berechnet nach ebd., S. 496ff.

17 C. NONN, Verbraucherprotest und Parteiensystem im wilhelminischen Deutschland, Düsseldorf 1996.

als eine Gegenüberstellung der öffentlichen Haushalte der deutschen Staaten und ihrer Aufwendungen für die Universitäten sind transnationale Vergleiche. Solche wurden bislang nur punktuell und mit zweifelhaftem Ergebnis unternommen. Denn die unterschiedlichen rechtlichen und institutionellen Bedingungen, unter denen die Etats erstellt wurden, sowie die divergierenden Budgetierungstechniken werfen erhebliche methodische Schwierigkeiten auf[18].

III.

Betrachtet man die Finanzen der Universität nur als Teil der staatlichen Wissenschaftsfinanzierung oder lediglich als einen Posten im öffentlichen Haushalt, kommen weder die Besonderheiten des universitären Finanzwesens noch die Unterschiede zwischen den Hochschulen in den Blick, die es bei allen Ähnlichkeiten gegeben hat. Beides erschließt sich erst, wenn die Etats der Universitäten analysiert werden. Gemeinsam war ihnen eine Expansion von Einnahmen und Ausgaben, die bis in die sechziger Jahre recht langsam, dann aber um so dynamischer wuchsen. Dieses beschleunigte Wachstum der Universitätshaushalte ging bei allen Hochschulen – auch hierin ähnelten sie sich – nicht von der Einnahmen-, sondern von der Ausgabenseite aus[19].

Den Aufwand der Universitäten trieb erstens, zumindest zeitweise, die steigende Frequenz in die Höhe. Bekanntlich fiel die Zahl der Studenten um 1800 auf einen Tiefpunkt, nahm aber nach 1815 rasch zu und verdreifachte sich in den folgenden fünfzehn Jahren. Einem ersten Gipfel, der um 1830 mit fast 16.000 Immatrikulierten erreicht wurde, folgte ein schneller Rückgang um rund 30% und bei Schwankungen um 12.000 eine Phase der Stagnation. Seit den sechziger Jahren, besonders nach 1870 stieg die Zahl der Studenten an, nicht kontinuierlich, sondern in charakteristischen Zehnjahresrhythmen, unterschiedlich auch je nach Universität und Fakultät, insgesamt aber mit enormer Geschwindigkeit. 1914 hatten sich über 60.000 Studierende an den Universitäten eingeschrieben, mehr als viermal so viele wie zur Zeit der Reichs-

---

18 Zitat: M. VON HECKEL, Beiträge zur vergleichenden Finanzstatistik europäischer Großstaaten im Jahre 1898, in: Jahrbücher für Nationalökonomie und Statistik, III/19 (1900), S. 34-61, hier S. 34. Budgetierungssysteme: MÜLLER, Theorie (wie Anm. 12), S. 148ff. Mit Vorsicht sind deshalb die Studien von K. BORCHARD, Staatsverbrauch und öffentliche Investitionen in Deutschland 1780-1850, Diss. Göttingen 1968, und H. MAUERSBERG, Finanzstrukturen deutscher Bundesstaaten zwischen 1820 und 1944, St. Katharinen 1988, zu benutzen; gleiches gilt für O. WEITZEL, Die Entwicklung der Staatsausgaben in Deutschland, Diss. Erlangen 1967, und die auf seinen Zahlen aufbauende Studie von N. LEINEWEBER, Das säkulare Wachstum der Staatsausgaben, Göttingen 1988. Probleme des Vergleichs: G. HEDTKAMP, Internationale Finanz- und Steuerbelastungsvergleiche, in: Handbuch der Finanzwissenschaft, Bd. 1, 3. Aufl., Tübingen 1977, S. 649-683. Problematisches Beispiel für einen internationalen Vergleich: R. KUKULA, Die Universitätsbudgets von Deutschland, Österreich-Ungarn, Frankreich und dem britischen Reich, in: Münchener Hochschulnachrichten 27 (1892), S. 9-11.

19 Als Überblick W. LEXIS, Die Universitäten im Deutschen Reich, Berlin 1904.

gründung. Für diese Expansion gab es viele Gründe: Bevölkerung, Wohlstand und Anziehungskraft der Universitäten wuchsen; die Zahl der Absolventen höherer Schulen stieg; Frauen konnten sich nach der Jahrhundertwende immatrikulieren; Ausländer studierten vermehrt in Deutschland; und es verlängerte sich wohl auch die Studienzeit[20]. Frequenz und Ausgaben der Universitäten entwickelten sich nicht parallel. In Leipzig zum Beispiel stiegen die Aufwendungen von 0,17 Mio. Mark (1833) auf 0,37 Mio. (1862), mithin um 120%, während die Zahl der Studierenden in diesen drei Jahrzehnten um 26% zurückging. So wuchsen die Ausgaben je Student – ein grobes Maß wegen des unterschiedlich hohen Aufwands der Fakultäten – von 264 (1842) auf 400 Mark (1862). Erst der rasche Anstieg der Immatrikulationen seit den späten sechziger Jahren ließ die Ausgaben zunächst langsamer steigen als die Frequenz. So fiel der Aufwand pro Student von 447 (1866) auf 294 Mark (1872) und erreichte erst 1888 (441 Mark) in etwa wieder den Stand von 1866. Seit den späten achtziger Jahren eilte das Wachstum der Ausgaben dann dem Anstieg der Studentenzahlen voraus, so daß die Universität Leipzig 1906/07 pro Kopf 708 Mark aufwendete[21].

Für diese Entwicklung war nicht zuletzt der rasch zunehmende Bedarf der Institute und Laboratorien, Kliniken und Seminare verantwortlich. Das Institutssystem, das von den Seminaren für klassische Philologie seinen Ausgang nahm, sich von dort auf andere Geisteswissenschaften ausdehnte und bald auch in den Naturwissenschaften sowie nicht zuletzt in der Medizin durchsetzte, verursachte hohe, ständig wachsende Kosten. Diese machten den zweiten, zunehmend gewichtigeren Faktor aus, der das Wachstum der Ausgaben vorantrieb. Es war der Preis für eine expandierende, sich verwissenschaftlichende Forschung. Stiegen die Ausgaben der Universität Leipzig zwischen 1856/57 und 1907/08 um das Siebeneinhalbfache (0,36 auf 3,05 Mio. Mark), erhöhte sich der Aufwand für Institute und Lehrmittel im selben Zeitraum um das Zwanzigfache (0,07 auf 1,41 Mio. Mark), und die Ausgaben für den Unterhalt der Gebäude nahmen sogar um das Zweihundertfache (0,002 auf 0,48 Mio. Mark) zu. Dabei handelte es sich aber nur um die laufenden Kosten; Um- und Neubauten von Institutsgebäuden verschlangen weitere Mittel. Diese summierten sich allein im Zeitraum von 1879/80 bis 1905/09 auf 18,3 Mio., betrugen also im Schnitt 0,65 Mio. Mark pro Jahr. Der Löwenanteil da-

---

20 F. EULENBURG, Die Frequenz der deutschen Universitäten, Leipzig 1904, S. 253ff.; H. TITZE, Hochschulstudium in Preußen und Deutschland 1820-1944, Göttingen 1987, S. 27ff.; DERS., Der Akademikerzyklus, Göttingen 1990; K. JARAUSCH, Universität und Hochschule, in: Handbuch (wie Anm. 2), Bd. 3, S. 313-345, hier S. 314ff.

21 F. EULENBURG, Die Entwicklung der Universität Leipzig in den letzten hundert Jahren, Leipzig 1909 (ND Stuttgart 1995), S. 144ff.; H. TITZE, Wachstum und Differenzierung der deutschen Universitäten 1830-1945, Göttingen 1995, S. 411ff.

von floß in die medizinischen Kliniken und die naturwissenschaftlichen Institute[22].

Es ist bezeichnend für die Entwicklung der Universität zum wissenschaftlichen „Großbetrieb" (Adolf Harnack), daß die Personalausgaben längst nicht so stark zunahmen. Sie wuchsen lediglich um 310% (0,23 auf 0,93 Mio. Mark), die Besoldungen der aktiven akademischen Lehrer sogar nur um 280% (0,19 auf 0,72 Mio. Mark). So schichteten sich die Ausgaben um. In den fünfziger Jahren machten die Besoldung des Lehr- und Verwaltungspersonals sowie die Pensionen mit 62,4% noch den größten Posten aus, während die Institute, Gebäude und Lehrmittel bloß 19,3% beanspruchten. 1906/07 sah es genau umgekehrt aus. Jetzt war der Anteil des Personals auf 30,1% zurückgefallen; die Institute fraßen dagegen 61,9% der universitären Mittel auf. Darin spiegelte sich auch die Kosten sparende Personalpolitik von Universität und staatlicher Wissenschaftsverwaltung wider. Sie befriedigte den wachsenden Bedarf an akademischen Lehrern weniger durch gut besoldete Ordinarien, mehr dagegen mit schlechter bezahlten Extraordinarien oder niedrig honorierten Privatdozenten und schob so einen erklecklichen Teil der Mehrkosten auf die Familien ab, welche die wissenschaftlichen Karrieren finanzierten[23].

Die Dynamik, mit der die Ausgaben wuchsen, bereitete den Universitäten erhebliche Probleme. Denn ihre Einnahmen hielten mit dem steigenden Bedarf kaum Schritt. Großzügig finanziert sahen sich die Hochschulen allenfalls in der Zeit des Kaiserreiches. Bei manchem Übergang im einzelnen wird man im „langen" 19. Jahrhundert drei Arten der Finanzierung unterscheiden können[24]:

Da gab es erstens Hochschulen, die noch in der Tradition der „alten" Stiftungsuniversität standen. Diese hatte sich bis ins 18. Jahrhundert vor allem aus ihrem Korporationsvermögen finanziert. Doch reichten dessen Erträge immer weniger aus, um die wachsenden Ausgaben zu bestreiten. Staatliche Zuschüsse wurden deshalb immer wichtiger. Dadurch wandelte sich die Einnahmenstruktur. Das geschah wohl am langsamsten bei der Universität Greifswald, die ihren Finanzbedarf bis 1874 ausschließlich aus eigenen Einkünften und auch 1903 erst zu 47,4% aus staatlichen Zuwendungen bestritt. Bei anderen Hochschulen änderte sich die Relation von Eigen- und Staatsmitteln früher und stärker. Die Universität Leipzig finanzierte sich noch 1856/57 zu 60,9% aus eigenen Einnahmen (Vermögen: 41,3%; Stiftungen: 16,0%; Verwaltung: 3,6%), so daß der Staat nur 39,1% zuschießen mußte. Bei ihr schlug die Eigen-

---

22 H.-D. NÄGELKE, Hochschulbau im Kaiserreich, Kiel 2000.

23 EULENBURG, Entwicklung (wie Anm. 21), S. 150. Lehrkörper: ebd., S. 93ff.; C. V. FERBER, Die Entwicklung des Lehrkörpers der deutschen Universitäten und Hochschulen 1864-1954, Göttingen 1956; M. SCHMEISER, Akademischer Hasard, Stuttgart 1994.

24 Erster Überblick über die Finanzverwaltung bei K. PEYER, Die Vermögens- und Personalverwaltung der deutschen Universitäten, Marburg 1955.

finanzierung in den sechziger und frühen siebziger Jahren, als die Ausgaben mit jährlichen Raten von fast 10% zu expandieren begannen, in die Staatsfinanzierung um. 1906/07 stammten nicht weniger als 79,5% der Einnahmen vom sächsischen Staat; nur noch 20,5% kamen aus eigenen Einkünften (Vermögen: 12,3%; Stiftungen: 2,4%; Verwaltung: 5,8%)[25].

Je weiter die Eigenmittel hinter den öffentlichen zurücktraten, desto mehr näherten sich Universitäten wie die Leipziger dem zweiten Finanzierungstyp an. Dieser war mit der Reorganisation oder Neugründung von Hochschulen in der Zeit der rheinbündischen und preußischen Reformen aufgekommen, und nicht zuletzt das Vorbild von Berlin trug dazu bei, ihn im 19. Jahrhundert rasch zu verbreiten. Das neue Finanzierungsmodell verwies die Universität nicht mehr allein oder zum überwiegenden Teil auf den stark schwankenden Ertrag des eigenen Vermögens; vielmehr stellte der Staat jetzt aus seinem Budget eine feste Summe pro Jahr zur Verfügung. Abgesehen von den Einnahmen, welche die Kliniken erwirtschafteten oder die im Lehrbetrieb anfielen, hatte die staatlich dotierte Hochschule keine eigenen Einkünfte mehr. Die Universität Berlin zum Beispiel bestritt ihre Ausgaben im Jahrzehnt nach der Gründung fast ausschließlich aus Staatsmitteln. Dann wuchsen die eigenen Einkünfte nach und nach von 0,5% (1820) auf 3,3% (1840), stagnierten bis 1870 auf diesem Niveau, begannen erneut langsam, seit den achtziger Jahren schneller zu steigen und erreichten 1910/11 schließlich 17,2% (Vermögen: 0,2%; Stiftungen: 0,2%; eigener Erwerb: 16,8%)[26].

Ein drittes Finanzierungsmodell, die „neue" Stiftungsuniversität, entstand an der Wende vom 19. zum 20. Jahrhundert. Es wuchs aus der Krise heraus, in der sich, obwohl im Zenit ihrer internationalen Reputation, die klassische deutsche Universität befand. Die Krise hatte viele Facetten; eine davon war die Finanzierung. Denn der steigende Bedarf der Hochschulen schien die Staaten an den Rand ihrer finanziellen Leistungsfähigkeit zu bringen. Trotzdem drohte die Gefahr, daß die Universitäten in der immer kostenintensiveren naturwissenschaftlich-technischen Forschung international zurückfielen. Eine Lösung des Problems bestand darin, die Großforschung in staatliche Institutionen, Industrieunternehmen oder staatlich-private Organisationen wie die Kaiser-Wilhelm-Gesellschaft zu verlagern, eine andere, solvente Kommunen und private Vermögen zur Finanzierung der Hochschulen heranzuziehen. Je wohlhabender nämlich das Bürgertum durch die Industrialisierung wurde, desto mehr blühte das bürgerliche Stiftungswesen auf. Hatte Preußen seine Ausgaben für die Wissenschaft von 1890-99 bis 1900-09 verdoppelt, vervierfachten sich die Zuwendungen von Mäzenaten und summierten sich bis 1914 auf

---

25 EULENBURG, Entwicklung (wie Anm. 21), S. 146ff.
26 M. LENZ, Geschichte der Königlichen Friedrich-Wilhelms-Universität zu Berlin, 4 Bde., Halle 1910, hier Bd. 3, S. 529f.

mindestens 53 Mio. Mark. So entstanden – prestigeträchtig für Kommunen wie Stifter – die Akademien für praktische Medizin in Köln und Düsseldorf sowie die Handelshochschulen und Akademien für kommunale Verwaltung in Leipzig und Köln, Frankfurt am Main und Berlin, Mannheim und München zwischen 1898 und 1910, ohne daß staatliche Mittel in Anspruch genommen wurden[27].

Die erste private Stiftungsuniversität Frankfurt am Main bündelte ebenfalls kommunale und mäzenatische Finanzkraft. Sie bestritt ihre Ausgaben nicht aus staatlichen Mitteln, sondern aus Zuschüssen der Stadt, vor allem aber aus dem Ertrag eines Stiftungsvermögens, das die Kommune und finanzkräftige Frankfurter Bürger zusammengebracht hatten. Um die nötigen Neubauten zu finanzieren und die laufenden Ausgaben zu bestreiten, verfügte die neu gegründete Universität in Form ihrer Stiftungen über ein Kapital von mehr als 14,6 Mio. Mark. Dieses hätte zusammen mit dem Zuschuß, den die Stadt Frankfurt für die früher städtischen Kliniken leistete, der Hochschule nach den optimistischen Berechnungen ihrer Initiatoren jährliche Einnahmen von rund 2,1 Mio. Mark erbringen müssen. Die veranschlagte Summe ging im Weltkrieg jedoch nicht ein. Bereits der Haushalt für 1915 schloß bei Ausgaben von nur 1,03 Mio. mit einem Fehlbetrag von 0,14 Mio. Mark. Außerdem zehrte die Inflation an der Substanz des Vermögens, zumal mit einem Teil der Stiftungsgelder Kriegsanleihen gezeichnet worden waren. So spitzte sich die finanzielle Krise der Universität immer mehr zu. Einen Ausweg fand man erst nach dem Ende der Inflation. Die Frankfurter Hochschule blieb zwar Stiftungsuniversität, doch teilten sich Staat und Kommune künftig die Kosten, die nicht durch Stiftungen gedeckt waren[28].

*

Überblickt man abschließend noch einmal die Finanzen der Universitäten, gewinnen diese klarere Konturen: Erstens ging der Anteil der Universitäts- an den Wissenschaftsausgaben seit der Wende vom 19. zum 20. Jahrhundert zurück, und die Staaten ließen sich ihre Hochschulen unterschiedlich viel kosten. Zweitens gaben die Universitäten schubweise mehr aus, vor allem in den sieb-

---

27 Finanzprobleme: H.-P. ULLMANN, Die Bürger als Steuerzahler im deutschen Kaiserreich, in: Nation und Gesellschaft in Deutschland, hg. v. M. HETTLING u. P. NOLTE, München 1996, S. 231-246. Außeruniversitäre Forschung: Formen außerstaatlicher Wissenschaftsförderung im 19. u. 20. Jahrhundert, hg. v. R. VOM BRUCH u. R. A. MÜLLER, Stuttgart 1990; Forschung im Spannungsfeld von Politik und Gesellschaft, hg. v. R. VIERHAUS u. R. VOM BROCKE, Stuttgart 1990. Reichtum: H. BERGHOFF, Vermögenseliten in Deutschland und England vor 1914, in: Pionier oder Nachzügler? hg. v. DEMS. u. D. ZIEGLER, Bochum 1995, S. 281-308. Stiftungswesen: B. VOM BROCKE, Die Kaiser-Wilhelm-Gesellschaft im Kaiserreich, in: Forschung, S. 17-162, hier S. 109ff.

28 R. WASMUTH, Die Gründung der Universität Frankfurt, Frankfurt 1929, S. 61ff. (Zahlenangaben S. 67, 80); P. KLUKE, Die Stiftungsuniversität Frankfurt am Main 1914-1932, Frankfurt 1972, S. 46ff. (Zahlenangaben S. 214).

ziger Jahren und am Vorabend des Weltkriegs. Dabei finanzierten sie sich nicht allein durch höhere staatliche Dotationen, sondern auch, zeitweise sogar stärker, durch die gestiegenen eigenen Einkünfte und jene aus Instituten. Drittens zeichneten zeitweise die wachsende Frequenz, vor allem aber das Institutssystem für die Explosion der Ausgaben im Kaiserreich verantwortlich. An ihr lag es nicht zuletzt, daß sich die staatlich dotierte Hochschule als Finanzierungsmodell durchsetzte. Dagegen scheiterte die „neue" Stiftungsuniversität an Krieg und Inflation. Sie wurde erst am Ende des 20. Jahrhundert in der Bundesrepublik Deutschland unter ganz anderen Bedingungen wieder eine attraktive Alternative zur staatlich finanzierten Hochschule. Wenn diese Befunde auch manchen Aspekt der universitären Finanzen beleuchten, bleibt doch die Geschichte der Universitätsfinanzen im „langen" 19. Jahrhundert noch zu schreiben. Eine solche müßte auf der Analyse der einzelstaatlichen Budgets wie der universitären Haushalte aufbauen. Hier läge der Beitrag, den die Finanzgeschichte zu einem solchen Unternehmen leisten könnte. Wertete man die Etats gründlich und methodenbewußt aus, bestünde zu Karl Griewanks skeptischer Einschätzung – „ponderare non numerare" – bald kein Anlaß mehr.

EINE SOZIALISTISCHE UNIVERSITÄT? –
DIE PARTEIHOCHSCHULE DER SPD 1906 BIS 1914

Von Bernd BRAUN

IN SEINER LETZTEN GROSSEN ANSPRACHE, der Ronsdorfer Rede, hat Ferdinand Lassalle am 22. Mai 1864 auf die bildungspolitischen Errungenschaften des genau ein Jahr zuvor ins Leben gerufenen Allgemeinen Deutschen Arbeitervereins hingewiesen: *Ein anderer höchst wesentlicher Erfolg unserer Tätigkeit ist die Bildung des Volkes. Unsere Gegner sprechen von Bildung, ohne sie zu verbreiten; wir verbreiten sie, ohne davon zu sprechen. Von welchem anderen Verein, kann ich wohl fragen, ist binnen einem Jahre eine solche Reihe von Schriften ausgegangen, die so geeignet waren, wissenschaftliche Einsicht und Bildung unter dem Volke zu verbreiten, und die so tief in die Massen eingedrungen sind*[1]? Bei gerade einmal 4600 eingeschriebenen ADAV-Mitgliedern beim Tode des Parteigründers im August 1864 konnte von einer Massenwirkung sozialdemokratischer Aufklärung allerdings (noch) keine Rede sein.

Aufgegriffen wurde der hohe Anspruch Lassalles von Wilhelm Liebknecht in dessen 1872 auf dem Stiftungsfest des Dresdener Arbeiterbildungsvereins gehaltener Festrede „Wissen ist Macht – Macht ist Wissen". Dieser regelmäßig neu aufgelegte Vortrag, der während des Sozialistengesetzes verboten war, ist das zentrale Dokument sozialdemokratischer Bildungspolitik bis zum Ende der Weimarer Republik[2]. Wie sehr die Parole „Wissen ist Macht" von den einzelnen Gliederungen der Arbeiterbewegung verinnerlicht wurde, veranschaulicht ein Plakat des Arbeiter-Abstinentenbundes von 1910: Es zeigt auf zwei Zeichnungen nebeneinander die „Waffen der Reaktion" und die „Waffen der Arbeiterklasse": einen Tresen in einer Kneipe mit einer Rückwand voller Schnapsflaschen und auf der anderen Seite ein Lesezimmer mit einem wohlgefüllten Bücherregal[3]. „Wissen ist Macht" entwickelte sich über die Zäsur des Ersten Weltkrieges hinaus geradezu zu einem Symbol für die Ziele und den Stil der politischen Auseinandersetzung der deutschen Sozialdemokratie. 1929

---

1   F. LASSALLE, Gesammelte Reden und Schriften, hg. u. eingeleitet v. E. BERNSTEIN, Bd. 4, Berlin 1919, S. 185-229, Zitat S. 224.

2   Vgl. W. LIEBKNECHT, Wissen ist Macht – Macht ist Wissen, Neuauflage Zürich 1888. In der Auflage von 1894, die im Vorwort verändert ist, nachgedruckt in: W. LIEBKNECHT, Wissen ist Macht – Macht ist Wissen, und andere bildungspolitisch-pädagogische Äußerungen, ausgewählt u. erläutert v. H. BRUMME, Berlin 1968. Vgl. auch W. WENDORFF, Schule und Bildung in der Politik von Wilhelm Liebknecht, ein Beitrag zur Geschichte der deutschen Arbeiterbewegung im 19. Jahrhundert, Berlin 1978.

3   Archiv der sozialen Demokratie, Bonn, F 81 0562: Plakat des Arbeiter-Abstinentenbundes, gezeichnet von Georg Wilke um 1910.

brachte der „Vorwärts" die Karikatur „Der Unterschied" zwischen der „Volksbewegung" SPD und der „Truppenbewegung" NSDAP: Während Hitler und Goebbels exerzierenden Nazis in Uniform zusehen, spricht in einer sozialdemokratischen Volksversammlung ein Redner zu einer vielköpfigen Zuhörerschaft vor einem riesigen Transparent mit der Losung „Wissen ist Macht"[4].

Der Wirkungskreis dieses Schlagwortes beschränkte sich aber nicht nur auf die Arbeiterbewegung; vielmehr wurde erst durch Wilhelm Liebknecht das ursprünglich von dem englischen Philosophen Francis Bacon stammende „Wissen ist Macht" in Deutschland populär und erfuhr gleichzeitig einen fundamentalen Bedeutungswandel. Seine ursprünglich rein empirisch-naturwissenschaftliche Intention wurde von der gesellschaftspolitischen Zielrichtung völlig verdrängt: Bildung als Instrument für die Erringung gesellschaftlich-politischer Macht, konkret als Hebel für die politische Emanzipation der Arbeiterklasse. Der Verwirklichung dieses Zieles stand das herrschende Bildungssystem im Wege, das Liebknecht in einem 1888 einer Neuauflage vorangestellten Vorwort mit den Worten geißelte: *Während die Volksschule auch nicht den notdürftigsten Anforderungen genügt und die Erziehung zur Knechtschaft bezweckt, sind die höheren Schulen und namentlich die Hochschulen Schulen der Völlerei, der Roheit und des gemeinsten Strebertums*[5]. Viele Hochschullehrer, darunter Historiker wie Heinrich von Treitschke und Heinrich von Sybel, seien gar keine Männer der Wissenschaft, sondern *elende Scharlatane, die ihren erlernten Kram zur Nasführung ihrer Mitmenschen benutzen*[6].

Aus Sicht der Arbeiterbewegung zeichneten sich die Universitäten im Deutschen Reich durch eine besondere Staatsnähe aus, die sich im Verlauf des Ersten Weltkrieges noch verstärkte[7] und sich nach der Novemberrevolution in eine Staatsferne, ja teilweise Staatsfeindschaft gegenüber der maßgeblich von der SPD aus der Taufe gehobenen Weimarer Republik verwandelte[8]. Die Sozialdemokratie, wo dies möglich war, in Quarantäne zu halten, war Teil der Staatsräson des wilhelminischen Deutschland, seiner Bildungseinrichtungen,

---

4 Vorwärts Nr. 307 vom 2.7.1932, mit der falschen Datumsangabe 2.7.1929 abgedruckt in: G.-J. GLAESSNER, Wissen ist Macht – Macht ist Wissen. Die Kultur- und Bildungsarbeit der Berliner Arbeiterbewegung, in: Studien zur Arbeiterbewegung und Arbeiterkultur in Berlin, hg. v. G.-J. GLAESSNER, D. LEHNERT u. K. SÜHL, Berlin 1989, S. 237-269, hier S. 238.

5 LIEBKNECHT, Wissen ist Macht, 1888, S. 4.

6 Ebd., S. 6.

7 Vgl. etwa W. ZEPLER, Akademiker und Sozialdemokratie, Berlin 1919, S. 5: *Es ist ein hartklingendes, aber durch eine große Reihe literarischer Zeugnisse zu belegendes Urteil, daß von allen Schichten des Volkes die Hochschullehrer während des Krieges das höchste Maß politischer Unklarheit und Gesinnungslosigkeit zeigten.*

8 Vgl. die Einschätzung Friedrich Eberts in einem Brief an den schwedischen Ministerpräsidenten Hjalmar Branting vom 16. April 1920: *Leider ist es richtig, daß unsere Universitäten und höheren Schulen Brutstätten der Reaktion sind.* Abgedruckt in: Friedrich Ebert 1871-1925, mit einem einführenden Aufsatz v. P.-Ch. WITT, Bonn 1980, S. 156-158, Zitat S. 157.

speziell seiner Universitäten. Um die Eliten vor sozialistischer Infizierung zu schützen, setzte der kaiserliche Obrigkeitsstaat auf die Macht seines Repressionsapparates, dessen prominentestes Opfer der Physiker und Privatdozent Leo Arons wurde, der 1900 mittels eines eigens für oder besser gegen ihn geschaffenen Gesetzes, der Lex Arons, von der Berliner Universität entfernt wurde[9].

Die Überwindung des Bildungssystems des Kaiserreiches hatte sich die Sozialdemokratie zur Aufgabe gemacht, laut Wilhelm Liebknecht *im eminentesten Sinne des Worts die Partei der Bildung*[10]. Anspruch und Wirklichkeit dieser Selbsteinschätzung von 1872 und der dahinter stehenden Bildungsstrategie näherten sich in den folgenden Jahrzehnten immer stärker an. Auf allen Ebenen unternahm die Arbeiterbewegung – vor allem nach dem Scheitern des Sozialistengesetzes – immense Bildungsanstrengungen, von der Unterwanderung der von Bürgerlichen initiierten Arbeiterbildungsvereine über die Einrichtung von Agitatorenschulen und Vereinsbibliotheken, die Gründung eigener Parteizeitungen, die Edition wissenschaftlicher Schriften zu erschwinglichen Preisen in der Reihe der „Volksbibliothek", der Ermöglichung günstigen Theaterbesuchs durch die Etablierung der Freien Volksbühne bis hin zur Eröffnung der Arbeiterbildungsschule in Berlin 1891. Chronologisch am Ende und hierarchisch an der Spitze der vielfältigen Bildungsbemühungen der Sozialdemokratie im Kaiserreich erfolgte 1906 die Gründung der Parteihochschule[11]. Statt den zu diesem Thema bereits vorliegenden rein deskriptiven Abhandlungen eine weitere hinzuzufügen, soll unter einem neuen komparatistischen Blickwinkel die Frage untersucht werden, inwieweit diese Bildungseinrichtung mit einer staatlichen Universität verglichen werden kann.

---

9   Wie beabsichtigt, zeitigte der „Fall Arons" abschreckende Wirkung. Der Jurist Gustav Radbruch, sozialdemokratischer Reichsjustizminister in der Weimarer Republik, vermied im Kaiserreich ein offenes Bekenntnis zur SPD, denn dies *war zu jenen Zeiten noch unmöglich, ohne mein Lehramt zu gefährden*. Vgl. G. RADBRUCH, Biographische Schriften, bearbeitet v. G. SPENDEL, Heidelberg 1988, S. 226.

10 LIEBKNECHT, Wissen ist Macht, 1888, S. 42.

11 Vgl. zur Parteihochschule der SPD im Überblick: Handbuch der sozialdemokratischen Parteitage von 1863 bis 1909, bearbeitet v. W. SCHRÖDER, München 1910; Handbuch der sozialdemokratischen Parteitage von 1910 bis 1913, München 1917; D. FRICKE, Handbuch zur Geschichte der deutschen Arbeiterbewegung 1869 bis 1917, Bd. 1, Berlin (Ost) 1987, S. 691-696; DERS., Die sozialdemokratische Parteischule (1906-1914), in: Zeitschrift für Geschichtswissenschaft, Jg. 5, 1957, Heft 1, S. 229-248; H.-J. LIPPERT, Zum 80. Jahrestag der Gründung der ersten zentralen Parteischule der deutschen Arbeiterklasse, in: Archivmitteilungen, Jg. 37, 1987, S. 47-50; H.-A. SCHWARZ, Die Parteischule (1906-1914), in: J. OLBRICH (Hg.), Arbeiterbildung nach dem Fall des Sozialistengesetzes (1890-1914), Konzeption und Praxis, Braunschweig 1982, S. 189-244, S. 247-280 (Dokumentenanhang); G. SCHARFENBERG, Sozialistische Bildungsarbeit im Kaiserreich. Zur Theorie und Praxis der politischen Bildungsarbeit des Reichsbildungsausschusses und der Parteischule der SPD vom Mannheimer Parteitag bis zum Ersten Weltkrieg, Berlin 1989.

1. Gründungsgeschichte

Auf dem Sozialistenkongreß in Gotha im August 1876 beantragte der Delegierte Dr. Albert Dulk die *Gründung einer socialistischen Universität unter dem Namen ‚Genossenschule' zu Leipzig*. Das äußerst knapp gehaltene Protokoll nennt als einzige Reaktion die Ablehnung August Bebels, *weil uns die nötigen Mittel zur Verwirklichung desselben jetzt noch fehlen*[12]. Über den Antrag Dulks wurde zur Tagesordnung übergegangen. Das Vorhaben ruhte 15 Jahre bis zum Parteitag in Erfurt 1891. Dort brachten Dr. Philipp Rüdt und 22 Mitunterzeichner, allerdings ohne Verwendung des Begriffs Universität, den Antrag ein, *daß in Berlin, unter der Leitung und Aufsicht des Parteivorstandes, auf Parteikosten eine Rednerschule zum Zwecke der Heranbildung von Agitatoren geschaffen und unterhalten werde. Die ausgebildeten Agitatoren sollen, mit Rücksicht auf die Hauptdialekte, aus Nord-, Süd- und Mitteldeutschland herangezogen werden*. In einer längeren Begründung gab Rüdt die Zahl der auszubildenden Redner mit 15 pro Jahr an, die täglich acht Stunden die Agitationsschriften der Partei durcharbeiten und dann bis zu zweimal pro Woche in einer Berliner Volksversammlung über die behandelten Themen sprechen sollten. Die aufzuwendenden Parteimittel würden sich *reichlich und mit Zinsen* lohnen, denn die Nachwuchsagitatoren würden der Partei *Tausende von neuen Genossen zuführen*. Auch über den Antrag Rüdts, der wesentliche Elemente der späteren Parteischule skizzierte, wurde zur Tagesordnung übergegangen[13].

Nicht zufällig gingen die beiden ersten Initiativen zur Gründung einer sozialdemokratischen Parteihochschule von zwei Akademikern aus, die ihre politische Überzeugung mit einem Pariastatus innerhalb der deutschen Bildungselite bezahlen mußten. Der Dichter und promovierte Chemiker Albert Dulk hatte seine Habilitationspläne aufgeben müssen, weil seine Dramen „Orla" und „Tschech" seine revolutionär-anarchistische Gesinnung allzu deutlich verrieten. Sein offenes Bekenntnis zur Sozialdemokratie führte dann im Sommer 1878, noch vor Erlaß des Sozialistengesetzes, zu seiner Verhaftung und Verurteilung zu 14 Monaten Haft wegen Verstoßes gegen die öffentliche Ordnung und wegen Religionsschmähung. Philipp Rüdt hatte sein Studium der Rechtswissenschaften und der Philologie 1868 abgebrochen und während des Sozialistengesetzes in weitgehender politischer Enthaltsamkeit gelebt. 1887 war er in Heidelberg promoviert worden und hatte sich erst danach wieder politisch betätigt[14].

---

12 Protokoll des Sozialistenkongresses zu Gotha vom 19. bis 23. August 1876, in: Protokolle der sozialdemokratischen Arbeiterpartei, Bd. 2 (Gotha 1875–St. Gallen 1887), Glashütten im Taunus u. Bonn-Bad Godesberg 1976, S. 92.

13 Protokoll über die Verhandlungen des Parteitags der Sozialdemokratischen Partei Deutschlands, abgehalten zu Erfurt vom 14. bis 20. Oktober 1891, Nachdruck Berlin u. Bonn 1978, S. 304f. (künftig abgekürzt: Protokoll SPD-Parteitag + Stadt + Jahr).

14 Vgl. A. SCHWEIMLER, Albert Friedrich Benno Dulk (1819-1884): Ein Dramatiker als Wegbereiter der gesellschaftlichen Emanzipation, Gießen 1998; Albert Dulk – ein Achtundvierziger, bearbeitet v.

Den eigentlichen Anstoß zur wiederum 15 Jahre später erfolgten Einrichtung der Parteihochschule lieferte dann der Revisionismusstreit, in dessen Verlauf immer wieder auf die mangelnde theoretische Bildung weiter Teile der Arbeiterbewegung hingewiesen wurde. Seinen Höhepunkt fand der Konflikt auf dem Parteitag in Dresden 1903, wo es zu einem heftigen Schlagabtausch zwischen den Revisionisten und ihren Gegnern kam, allen voran August Bebel, in dessen Philippika das berühmte Bekenntnis enthalten ist, er wolle der *Todfeind dieser bürgerlichen Gesellschaft und dieser Staatsordnung bleiben, um sie in ihren Existenzbedingungen zu untergraben und sie, wenn ich kann, beseitigen*[15]. Der Kongreß der Freien Gewerkschaften in Köln im Mai 1905 mit seiner eindeutigen Absage an den politischen Massenstreik hatte die Debatte um die Rolle von Partei und Gewerkschaften, um das Verhältnis von Theorie und Praxis neu entfacht und zu atmosphärischen Verstimmungen zwischen den beiden Trägern der Arbeiterbewegung beigetragen, die erst durch das Mannheimer Abkommen von 1906 beseitigt werden sollten[16]. Auf dem Parteitag im September 1905 in Jena kam es dann, ausgelöst durch spöttische Bemerkungen von Robert Schmidt, Mitglied der Generalkommission der Gewerkschaften, gegen das theoretische Parteiorgan „Die Neue Zeit", zu einem Nachgefecht um die Bedeutung der Parteitheorie und die Vertiefung ihrer Kenntnis in der Parteiöffentlichkeit[17]. Wieder beteiligte sich der Parteivorsitzende August Bebel engagiert und polemisch an der Diskussion: *Eine so vollständige Verwirrung über die Grundanschauungen hat es in der Partei nie gegeben wie jetzt. Ja, wenn es sich um Genossen handelte, die eben erst in die Partei hineingerochen haben, so würde ich mich nicht wundern. Aber es sind zum Teil alte Genossen, die diesen Geist pflegen und so an der Korruption mitarbeiten, die in bezug auf die Grundanschauungen in der Partei entsteht. Daraus folgt, daß es unsere Aufgabe ist, von nun an viel energischer als bisher an der Schulung und der politischen Aufklärung der Genossen zu arbeiten*[18]. Was Bebel nicht erwähnte, war die Tatsache, daß auch die politischen Gegner der Sozialdemokratie ideologisch aufgerüstet hatten. Der „Volksverein für das katholische Deutschland" führte seit 1892 Kurse für Versammlungsredner durch, der „Bund der Landwirte" seit 1904 und der „Reichsverband gegen die Sozialdemokratie" rief 1905 spezielle Rednerschulen ins Leben. Als eine Folge der Bebelschen Absichtserklärung in Jena wurde das Thema „Sozialdemokratie und Volkserzie-

---

J. MEYER, Marbacher Magazin Nr. 48, Marbach 1988. Zu Rüdt: J. SCHADT, Die Sozialdemokratische Partei in Baden von den Anfängen bis zur Jahrhundertwende (1868-1900), Hannover 1971, besonders S. 35f.

15 Protokoll SPD-Parteitag Dresden 1903, S. 313.

16 Vgl. J. EICHLER, Von Köln nach Mannheim. Die Debatten über Maifeier, Massenstreik und das Verhältnis der Freien Gewerkschaften zur deutschen Sozialdemokratie innerhalb der Arbeiterbewegung Deutschlands 1905/06. Zur Entstehung des Mannheimer Abkommens, Münster u. Hamburg 1988.

17 Protokoll SPD-Parteitag Jena 1905, S. 242-257.

18 Ebd., S. 313.

hung" auf die Agenda des kommenden Parteitages in Mannheim gesetzt; als Referenten wurden Heinrich Schulz und Clara Zetkin benannt.

Heinrich Schulz hatte sich maßgeblich an der publizistischen Debatte um die Bildungsthematik beteiligt[19]. Er hatte sich nach dem Tode Wilhelm Liebknechts 1900 den Status eines führenden Bildungsexperten der Partei erarbeitet, den er spätestens seit der Parteispaltung 1917 und dem Parteiaustritt seiner innerparteilichen Konkurrenten auf diesem Politikfeld wie Hermann Duncker, Otto Rühle oder Clara Zetkin mit niemandem mehr in der Mehrheitssozialdemokratie teilen mußte. Auch Heinrich Schulz hatte wie Albert Dulk und Philipp Rüdt die Sanktionen des kaiserlichen Bildungssystems gegen Sozialdemokraten erfahren. 1893 hatte er nach ständigen Konflikten mit seiner vorgesetzten Schulbehörde auf seinen Posten als Volksschullehrer in Bremen verzichtet, hatte 1893 bis 1894 kurze Zeit an der Universität Leipzig studiert und war dann an die Arbeiterbildungsschule in Berlin gewechselt. Bereits 1904 hatte Schulz in einem Artikel in der „Neuen Zeit" die *Errichtung einer völlig aus den Mitteln der Gesamtpartei unterhaltenen Schule in Berlin* zur Sprache gebracht, *auf der eine Anzahl besonders gut veranlagter, zumeist jüngerer Genossen aus den verschiedensten Gegenden Deutschlands eine je nachdem längere oder kürzere Zeit hindurch in den wichtigsten Zweigen der sozialistischen Theorie und Praxis unterwiesen werden*[20]. Diesen wenig präzisen Vorschlag konkretisierte Schulz 1906 wiederum in der „Neuen Zeit", wobei er zum ersten Mal die Formulierung *Kriegsschule* benutzte, die später vielfach synonym für den Begriff „Parteischule" verwandt wurde. Schulz benannte einen Fächerkanon (Nationalökonomie, Theorie des Sozialismus und Geschichte als obligatorische, Literaturgeschichte, Naturwissenschaften, Redeübung, Rechtskunde und schriftlicher Gedankenausdruck als fakultative Unterrichtsgegenstände), machte Vorschläge zur Dauer des Unterrichts und zur Auswahl der Parteischüler, die sich nicht nur aus hauptamtlichen Parteifunktionären, sondern auch aus engagierten Parteimitgliedern rekrutieren sollten[21].

Am 17. Juli 1906 ließ dann der Parteivorstand im „Vorwärts" die Einrichtung der Parteischule ankündigen, wobei der improvisierte Charakter dieses Stiftungsdokumentes auffällt. Sein nüchterner Ton steht in einem eklatanten Gegensatz zu dem üblichen Pathos, das die Sozialdemokratie in ihrer Selbstdarstellung nach außen einsetzte[22]. Am 10. August folgte ein Zirkular mit detaillierten Bestimmungen an die zuständigen Landes- beziehungsweise Pro-

---

19 Zu Heinrich Schulz vgl. F. NEUMANN, Sozialdemokratische Bildungspolitik im wilhelminischen Deutschland. Heinrich Schulz und die Entstehung der „Mannheimer Leitsätze", Bremen 1982.

20 H. SCHULZ, Volksbildung oder Arbeiterbildung?, in: Die Neue Zeit, 22. Jg., Bd. 2, Nr. 42 vom 13.7.1904, S. 522-529, Zitat S. 527.

21 H. SCHULZ, Arbeiterbildung Teil II, in: Die Neue Zeit, 24. Jg., Bd. 2, Nr. 34 vom 17.5.1906, S. 262-269, speziell S. 267ff.

22 Vorwärts Nr. 163 vom 17. 7. 1906 („Ausbildungskurse für Parteifunktionäre").

vinzorganisationen, die Vorschläge für die Parteischüler einreichen sollten[23]. Der Journalist und bisherige Lehrer an der Arbeiterbildungsschule Berlin, Max Maurenbrecher, der anfänglich als Leiter der Parteischule vorgesehen war und bei den Vorbesprechungen mit der Parteiführung zugegen war, erwähnte in einem Artikel in der „Neuen Gesellschaft" die Vorschläge von Schulz und einen parallel dazu eingebrachten, gleichlautenden Antrag der Berliner Arbeiterbildungsschule, betonte aber, daß es dieser Anregungen nicht bedurft hätte, denn der Parteivorstand habe *nicht von dorther die Idee der Parteischule übernommen, sondern aus sich heraus, einfach den Aufgaben der Verwaltung folgend, die die Praxis ihnen aufdrängt, haben die Genossen im Parteivorstand ihren Plan gefaßt*[24]. Die treibende Kraft innerhalb der Parteiführung war August Bebel gewesen, der das Zirkular vom 10. August entworfen hatte[25], zunächst die Zuständigkeit über die Parteischule übernahm[26] und sie am 15. November 1906 auch persönlich eröffnete[27].

Die Gründung der Parteischule wurde somit vom SPD-Parteivorstand ohne einen vorhergehenden Beschluß eines Parteitages vorgenommen, ja sogar ohne daß dieser Schritt 1906 auf dem folgenden Parteitag im nachhinein formal abgesegnet, geschweige denn diskutiert wurde; er wurde vielmehr in Mannheim *stillschweigend gebilligt*[28]. Der eigentliche, in der Literatur nirgendwo genannte Grund für dieses Eilverfahren lag in der Eröffnung der Gewerkschaftsschule am 20. August 1906 begründet, die auf einen Beschluß des Kölner Gewerkschaftskongresses von 1905 zurückging. Die enge zeitliche Nähe zu den Entscheidungen und Verlautbarungen des Parteivorstandes, der erst seit Anfang Juli die Detailfragen der Ausgestaltung der Parteischule erörterte[29] und erst am 10. August die Vorgaben den Landesorganisationen mitteilen ließ, spricht für dieses These. Man wollte den Gewerkschaften, die man ja als einen der maßgeblichen Übeltäter für die theoretische Verflachung der Arbeiterbewegung angeprangert hatte und denen man eine ähnliche Entwicklung wie den

23 Brandenburgisches Landeshauptarchiv Potsdam (künftig abgekürzt BLHA), Pr. Br. Rep. 30, Berlin C, Tit. 95, Sekt. 7, Lit. P, Nr. 4 (lfd. Nummer 15942), fol. 48 und 49, abgedruckt in: OLBRICH (wie Anm. 11), S. 250f.

24 M. MAURENBRECHER, Parteischule, in: Die Neue Gesellschaft, Nr. 30 vom 25.7.1906, abgedruckt in: OLBRICH (wie Anm. 11) S. 252-255, Zitat S. 255.

25 Zur Formulierung des Zirkulars durch Bebel vgl. August Bebels Briefwechsel mit Karl Kautsky, hg. v. K. KAUTSKY jun., Assen 1971, S. 180 (Bebel an Kautsky vom 2.8.1906). Bei der Eröffnung des siebten Kurses der Parteischule am 1. Oktober 1913 sagte Hermann Müller, daß August Bebel deren Errichtung *in erster Linie zu danken sei. Er habe das neue Institut für so wichtig gehalten, daß er trotz seiner vielen sonstigen Arbeiten während der ersten Jahre das Dezernat der Parteischule im Parteivorstande persönlich ausgeübt habe.* Vorwärts Nr. 257 vom 2.10.1913 („Der siebente Kurs der Parteischule").

26 August Bebel leitete das Referat „Parteischule" die ersten drei Kurse lang, danach übernahm es Hermann Müller und ab dem sechsten Kurs Philipp Scheidemann.

27 Vorwärts Nr. 268 vom 16.11.1906 („Eröffnung der Parteischule").

28 Protokoll SPD-Parteitag Essen 1907, S. 90.

29 Vgl. Bebels Briefwechsel mit Kautsky (wie Anm. 25), S. 176-183.

englischen Trade Unions, dem Negativbeispiel für gewerkschaftliche Organisation, prophezeite, nun gerade auf dem Gebiet der theoretischen Fortbildung nicht den Triumph gönnen, der Partei deutlich zuvorgekommen zu sein[30]. Dieses Übergehen des Parteitages, also des Parteiparlamentes, durch den Parteivorstand, also die Parteiregierung, war sicher ein ungewöhnlicher Vorgang angesichts der sozialdemokratischen Parteitradition, aber durchaus üblich für die Geschichte der Universitätsgründungen, die bis dahin generell durch die jeweiligen exekutiven Gewalten erfolgt waren.

2. Der Lehrkörper

Acht Dozenten nahmen am 15. November 1906 ihre Lehrtätigkeit an der Parteischule in der Lindenstraße 3 in Berlin auf: Dr. Hugo Heinemann (Strafrecht, Strafprozeß und Strafvollzug), Dr. Rudolf Hilferding (Wirtschaftsgeschichte, Nationalökonomie), Simon Katzenstein (Gewerkschaftswesen, Genossenschaftswesen, Kommunalpolitik), Dr. Franz Mehring (Geschichte der politischen Parteien), Dr. Anton Pannekoek (Historischer Materialismus, Soziale Theorien), Dr. Kurt Rosenfeld (Bürgerliches Recht), Heinrich Schulz (Mündlicher und Schriftlicher Gedankenausdruck, Zeitungstechnik) und Artur Stadthagen (Arbeiterrecht, Gewerblicher Arbeitsvertrag, Soziale Gesetzgebung, Gesinderecht, Verfassung)[31]. Von den nicht durch den Doktortitel ausgewiesenen Universitätsabsolventen hatte Simon Katzenstein Geschichte, Philosophie, Rechts- und Staatswissenschaften studiert und war 1892 aus politischen Gründen als Rechtsreferendar aus dem hessischen Staatsdienst entlassen worden; im gleichen Jahr war Artur Stadthagen, seit 1890 Mitglied des Reichstages, aus dem Anwaltsstand ausgeschlossen worden. Somit hatten alle Lehrkräfte der ersten Stunde eine Hochschule besucht, bis auf einen (Heinrich Schulz) konnten alle ein abgeschlossenes Studium vorweisen, davon fünf eine Promotion. Sie hätten auch eine Universitätslaufbahn einschlagen können, wenn es im Kaiserreich keine gesinnungspolitische Ausgrenzung der Sozialdemokratie gegeben hätte. Diese formalen Voraussetzungen erfüllten auch die übrigen sieben Dozenten, die bis 1914 an der Parteischule unterrichteten: Dr. Alexander Conrady, der ab 1912 die historischen Fächer von Franz Mehring übernahm, Dr. Heinrich Cunow, seit 1907 Nachfolger von Pannekoek, Dr. Gustav Eckstein und Dr. Hermann Duncker, die im vierten und fünften be-

---

30 Dieses Konkurrenzmotiv klingt in einem Artikel von Heinrich Schulz aus dem Jahre 1911 an. Hätte es 1905/06 bereits so eine gute Kooperation zwischen Partei und Gewerkschaften gegeben, dann wäre die *Errichtung zentraler Bildungsanstalten sicherlich in gemeinsamer Arbeit erledigt worden*. Es erscheine *als der natürliche und zweckmäßige Zustand, wenn nur eine Hochschule . . . für die organisierten Arbeiter in Berlin besteht, als wenn zwei derartige Institute nebeneinander wirken*. H. SCHULZ, Gewerkschaftsschule und Parteischule, in: Vorwärts Nr. 145 vom 24. 6. 1911.

31 Liste der Dozenten und ihrer Fächer in: Vorwärts Nr. 266 vom 14.11.1906 („Aus der Parteischule"). Vgl. auch OLBRICH (wie Anm. 11), S. 200f. (Tabellen „Die Dozenten der Parteihochschule").

ziehungsweise sechsten und siebten Kurs das neu eingeführte beziehungsweise ausgegliederte Fach „Geschichte des Sozialismus" lehrten, Dr. Rosa Luxemburg, seit 1907 Nachfolgerin Hilferdings, Dr. Julian Marchlewski, der im zweiten Kurs als kurzzeitige Vertretung 25 Stunden des Luxemburgschen Kontingents unterrichtete und der studierte Chemiker Emanuel Wurm, seit 1907 Dozent für das neue Fach Naturerkenntnis. Ungewöhnlich war allerdings, daß die eigene Ausbildung mit dem Unterrichtsfach keineswegs übereinstimmen mußte: So lehrte der Astronom Pannekoek „Historischen Materialismus" und „Soziale Theorien", der Mediziner Hilferding „Wirtschaftsgeschichte" und „Nationalökonomie". Andererseits galt Franz Mehring spätestens seit der Veröffentlichung seiner „Geschichte der deutschen Sozialdemokratie" 1898 als renommierter Historiker und Artur Stadthagen, neben Hermann Molkenbuhr sozialpolitischer Experte der SPD-Reichstagsfraktion, war nicht zuletzt durch sein Standardwerk zum Arbeitsrecht ein ausgewiesener Fachmann auf seinem Gebiet.

Vier Kriterien den Lehrkörper betreffend, unterschieden die Parteischule der SPD von jeder staatlichen deutschen Universität: Zum einen die Tatsache, daß ein Viertel der Lehrer, nämlich der Niederländer Pannekoek und der Österreicher Hilferding, Ausländer waren. Dies diente der preußischen Polizei, welche die Parteischule von ihrem Beginn an unter Beobachtung gestellt hatte[32], als Hebel, um die Arbeit der Parteischule zu konterkarieren. Verzichtete sie im Vorfeld der im Januar 1907 stattfindenden Reichstagswahlen noch auf Zwangsmaßnahmen, um der Sozialdemokratie keine Wahlkampfmunition zu liefern[33], so drohte sie beiden Dozenten unmittelbar vor Beginn des zweiten Kursus am 1. Oktober mit der Ausweisung aus Preußen, falls sie den Unterricht aufnehmen sollten. Hilferding erhielt den Bescheid der Behörde am 24. September, Pannekoek wegen einer Urlaubsreise erst am 28. September. Beide legten Berufung ein, von deren Mißerfolg man in der Parteiführung ausging, da Karl Kautsky ebenfalls am 24. September Rosa Luxemburg angeboten hatte, den *schönen Rudolf* zu ersetzen und ihr lediglich einen Tag Bedenkzeit eingeräumt hatte[34]. Rosa Luxemburg sagte ebenso kurzfristig zu wie Heinrich Cu-

---

32 Drei Bände Polizeiakten über die Parteischule mit zusammen rund 475 Blatt sind erhalten im: BLHA Potsdam, Pr. Br. Rep. 30, Berlin C, Polizeipräsidium, Tit. 95, Sekt. 7, Lit. P, Nr. 4 (laufende Nr. 15942), Nr. 4a (lfd. Nr. 15943) und Tit. 94, Lit. P, Nr. 762 (lfd. Nr. 12421).

33 BLHA Potsdam, Nr. 12421, fol. 12 v: handschriftlicher Entwurf eines Berichts des Polizeipräsidenten von Berlin vom 17.12.1906 an den preußischen Minister des Innern zur Ausweisung Hilferdings und Pannekoeks, die *eigentlich erforderlich* sei. Dadurch würde den Sozialdemokraten jedoch *wieder dankbares Agitationsmaterial geboten werden, daß ihnen für die Reichstagswahlkampagne willkommen wäre. Gerade um der bevorstehenden Reichstagswahl willen, wird aber zur Zeit vermieden werden müssen, der Sozialdemokratie irgendwelche Angriffsfläche zu bieten. Wohl aber dürfte es sich empfehlen, sowohl dem Pannekoek wie dem Hilferding unmöglich zu machen, nach Beendigung ihres ersten Lehrkursus noch fernerhin als Lehrer für die Parteischule tätig zu sein.*

34 R. LUXEMBURG, Gesammelte Briefe, Bd. 2, Berlin 1982, S. 306-309 (Luxemburg an Kostja Zetkin 24. und 25.9.1907), Zitat S. 307.

now, der auf den Platz Pannekoeks rückte. Damit ließ sich der Schlag der Obrigkeit gegen die Parteischule glücklich parieren, die auf ihren wunden Punkt gezielt hatte: die dünne Personaldecke geeigneter *u n d* verfügbarer Lehrkräfte, die August Bebel bei der planmäßigen Eröffnung des zweiten Kursus mit seiner Einschätzung nach außen zu kaschieren versuchte, *die Sozialdemokratie verfüge in ausreichendem Maße* über wissenschaftliche Kräfte[35]. 1912 holten die preußischen Behörden erneut die Ausweisungskeule hervor, weshalb der Österreicher Gustav Eckstein ebenfalls seine Lehrtätigkeit aufgeben mußte und durch Hermann Duncker ersetzt wurde. Erwogen, aber nicht realisiert wurde auch das Vorhaben, nichtdeutsche Schüler der Parteischule auszuweisen[36].

Zweitens fällt der niedrige Altersdurchschnitt der Lehrenden ins Auge, der im ersten Kurs 1906/07 bei 39,37 Jahren lag und seinen Höchstwert im fünften Kurs 1910/11 mit 47,12 Jahren erreichte. Dabei standen dem 1846 geborenen Senior Franz Mehring mit den 1877 geborenen Rudolf Hilferding und Kurt Rosenfeld zwei Lehrer zur Seite, die jünger waren als der größere Teil ihrer Studenten; drittens der hohe Anteil von Lehrkräften jüdischer Herkunft, der im ersten Kurs fünf von neun betrug, im zweiten Kurs sogar sechs von neun. Entgegen der durchaus üblichen Praxis wurde dieser Umstand in den betreffenden Akten der preußischen Polizei nicht thematisiert[37]; und viertens die Tatsache, daß mit Rosa Luxemburg von 1907 bis 1914 eine Frau neben sieben beziehungsweise acht männlichen Kollegen lehrte, wobei noch zu berücksichtigen ist, daß die von ihr gegebenen Fächer Wirtschaftsgeschichte und Nationalökonomie mehr als ein Viertel des Stundenkontingents ausmachten.

Nur wenige Dozenten hatten bisher eine Unterrichtstätigkeit ausgeübt, wie etwa Simon Katzenstein oder Rosa Luxemburg an der Arbeiterbildungsschule Berlin, so daß Heinrich Schulz bei der Eröffnungsfeier des ersten Kurses feststellte, *die Mehrzahl der Lehrer werde ihre pädagogischen Erfahrungen noch zu sammeln haben*[38]. Zwei Lehrkräfte wurden fest angestellt und erhielten ein Gehalt von 3000 Mark pro Kurs, zunächst Rudolf Hilferding und Anton Pannekoek, dann ab 1907 Rosa Luxemburg und Heinrich Schulz; den übrigen Dozenten wurden 15 Mark pro Lehrstunde bezahlt. Für die Bewältigung der Verwaltungsaufgaben wurde aus der Mitte des Lehrerkollegiums ein Obmann – stets Heinrich Schulz – gewählt, dessen Arbeit mit 400 Mark abgegolten wurde. 3000 Mark für eine halbjährige Unterrichtsverpflichtung, die eine zusätzliche Anwe-

---

35 Vorwärts Nr. 230 vom 2.10.1907 („Eröffnung der Parteischule").

36 BLHA Potsdam, Nr. 12421 (wie Anm. 32), fol. 75-79. Auf eine anonyme Denunziation hin erwog die preußische Polizei eine Ausweisung der österreichischen Parteischülerin Berta Selinger, Teilnehmerin des zweiten Kurses, kam aber zu dem Ergebnis, daß *die Wellen, die eine solche Androhung wieder schlagen würden*, in *keinem Verhältnis zu der Sache selbst* stünden.

37 Polizeiberichte über Paul Singer oder Artur Stadthagen haben oft einen deutlich antisemitischen Einschlag. Vgl. etwa das Dossier der preußischen Polizei vom 25.7.1908 über einen möglichen Nachfolger August Bebels: BLHA Potsdam, Pr. Br. Rep. 30, Berlin C, Nr. 12995, fol. 84-95.

38 Vorwärts Nr. 268 vom 16.11.1906 („Eröffnung der Parteischule").

senheitspflicht in der Parteischule bis zu täglich zwei Stunden für die Beantwortung von Fragen der Schüler beziehungsweise Hilfestellungen einschloß, kamen hochgerechnet auf ein Jahr in die Nähe der Professorengehälter staatlicher Hochschulen[39]; sie entsprachen exakt der Höhe der Diäten für Reichstagsabgeordnete, die 1906 eingeführt wurden. Die Spitzenlöhne für Facharbeiter in den bestbezahlten Branchen lagen ungefähr bei 1500 Mark pro Jahr. Erst dieser erhebliche materielle Anreiz war es, der Rosa Luxemburg 1907 zur kurzfristigen Übernahme des Lehramtes veranlaßte[40]. Diese vergleichsweise sehr hohe Entlohnung kann als weiteres Indiz für den Mangel potentiell geeigneter Lehrkräfte gelten. Beiden Parteien, dem *Vortragspersonal* wie den Parteivorstand, stand eine vierteljährliche Kündigungsfrist zu. Es gibt keinen Beleg für eine Kündigung durch die Parteiführung. Die auffallende Fluktuation der Lehrenden lag in drei bereits erwähnten Fällen an Repressionen der preußischen Polizei, Kurt Rosenfeld verzichtete 1910 wegen *Arbeitsüberlastung*, Franz Mehring 1911 aus *Gesundheitsgründen* auf eine Fortführung seiner Lehrtätigkeit. Lediglich bei Simon Katzenstein gab es keine offizielle Begründung zur Aufgabe seines Lehramtes nach dem zweiten Kurs, die möglicherweise mit der ideologischen Ausrichtung der Lehrerschaft zusammenhing.

Betrachtet man die innerparteiliche Verortung, dann dominierte im Lehrerkollegium eindeutig der linke bis linksradikale Parteiflügel. Als gemäßigt konnten im ersten Kurs nur Hugo Heinemann und Simon Katzenstein gelten, die zusammen nur ein Siebtel der Stunden bestritten, während fünf ihrer Kollegen – Mehring, Pannekoek, Rosenfeld, Schulz und Stadthagen – *zur deutschen Linken*[41] zu rechnen waren, wohingegen Hilferding als Zentrist galt. Dieses ideologische Ungleichgewicht blieb konstant erhalten und haftete der Parteischule als Image an. Im Vorfeld des Magdeburger Parteitages 1910 drohte eine Karikatur der satirischen Zeitschrift „Der Wahre Jacob" den Revisionisten unter den badischen Sozialdemokraten, die zum Mißfallen der Parteimehrheit dem Landeshaushalt zugestimmt hatten, die Zwangserziehung in der Parteischule an: *Den vereinten Kräften des Lehrerkollegiums dürfte es bald gelingen, die auf eine so harte Strafe nicht gefaßten Sünder zur Reue und Bußfertigkeit zu veranlassen.* Die Karikatur

---

39 So erhielt z. B. der an der Universität Heidelberg lehrende klassische Philologe Fritz Schöll ab dem 1.7.1906 ein Gehalt von 5800 Mark, zusätzlich 1200 Mark Wohnungsgeld. Universitätsarchiv Heidelberg, Personalakten, PA 2239.

40 Über ihre Motive schrieb Rosa Luxemburg am 24.9.1907 an ihren Lebensgefährten Kostja Zetkin: *Ich schwankte und schwanke noch sehr stark. Mein erster Gedanke und mein Gefühl war, nein zu sagen. Die ganze Schule interessiert mich blutwenig, und zum Schulmeister bin ich nicht geboren. . . . Andere Gründe sprechen dafür, nämlich es kam mir plötzlich in den Sinn, daß dies am Ende für mich endlich eine materielle Existenzbasis wäre. Man bekommt 3000 Mark für einen halbjährigen Kursus . . . Das sind eigentlich glänzende Bedingungen, und in einem halben Jahr hätte ich ständig mehr als für ein ganzes Jahr verdient.* Vgl. LUXEMBURG(wie Anm. 34), S. 306f.

41 So die Standard-Definition in der einschlägigen DDR-Literatur.

zeigt vier mit Rohrstöcken bewaffnete Lehrer: Heinrich Schulz, am Katheder über Marx' „Kapital" dozierend, während Rosa Luxemburg Ludwig Frank an den Haaren zieht, Franz Mehring in gleicher Manier die Ohren eines anderen „Sünders" traktiert und Artur Stadthagen einen Abweichler sogar übers Knie legt und ihm eine Tracht Prügel verabreicht[42].

Der überragende Einfluß des linken Parteiflügels auf die Parteischule und deren antirevisionistische Stoßrichtung hatten sich schon im Sommer 1906 gezeigt, als der designierte Leiter der Parteischule Max Maurenbrecher ins Kreuzfeuer der Kritik geraten war. Diese richtete sich zum einen gegen Maurenbrechers kurze Mitgliedschaft in der SPD, der der bisherige Generalsekretär des Nationalsozialen Vereins erst 1903 beigetreten war[43]. Zum anderen stieß seine in der revisionistischen Zeitschrift „Neue Gesellschaft" veröffentlichte Maxime auf Widerstand, die Parteischule wolle *keine fertigen ‚Lehren' oder Systeme übermitteln: Sie will schulen zu eigener Arbeit und eigener Überzeugung*[44]. Dahinter witterten Maurenbrechers Gegner methodische Beliebigkeit und forderten einen Unterricht *nach der wissenschaftlichen Methode des historischen Materialismus*[45]. In den folgenden Wochen wurde Maurenbrecher, der als Lehrer für die Fächer Geschichte und Parteigeschichte vorgesehen war, mit Einverständnis August Bebels publizistisch demontiert, bis er Anfang Oktober 1906 von seinem Posten zurücktrat und durch seinen schärfsten Widersacher Mehring ersetzt wurde[46]. Die Kritik, die in den Jahren nach ihrer Etablierung an der Parteischule laut wurde, stammte zwangsläufig von Exponenten des rechten Parteiflügels. Als 1908 Kurt Eisner, unterstützt von Maurenbrecher, deren Existenz in Frage stellte, bescheinigte ihnen Clara Zetkin auf dem Parteitag in Nürnberg, die Polemik gegen die Parteischule wäre nicht geführt worden, *wenn an Stelle von Luxemburg, Cunow und der übrigen sogenannten Radikalen die sogenannten Revisionisten als Lehrer tätig wären*[47].

3. Die Studenten

An den sieben Kursen der Parteischule von 1906 bis 1914 (auf die Durchführung des 1911 beginnenden Kurses wurde wegen der Reichstagswahl im Januar 1912 verzichtet) nahmen insgesamt 203 Schüler teil. Die Vorgabe der Par-

---

42 Der Wahre Jacob Nr. 630 vom 13.9.1910 (Karikatur „Die Sühne des Disziplinbruchs").

43 Daß dieses Mißtrauen berechtigt war, wurde wenige Jahre später deutlich: Nach seinem Austritt aus der SPD 1913 gehörte Maurenbrecher 1917 zu den Mitbegründern der Vaterlandspartei und trat 1920 in die republikfeindliche Deutschnationale Volkspartei ein.

44 MAURENBRECHER (wie Anm. 24), S. 255.

45 F. MEHRING, Parteischule, in: Leipziger Volkszeitung Nr. 170 vom 26.7.1906.

46 Vorwärts Nr. 233 vom 6.10.1906 („Die Parteischule"). Vgl. Bebels Briefwechsel mit Kautsky (wie Anm. 25), S. 183.

47 Protokoll SPD-Parteitag Nürnberg 1908, S. 239.

teiführung lautete, daß nicht unter 24 und nicht über 30 Personen (*aus besonderen Umständen* sollte die Zahl *gelegentlich um ein geringes (31 oder 32)* überschritten werden dürfen) einen Lehrgang bestreiten sollten, um ein Eingehen der Lehrkräfte auf die Bedürfnisse und Fähigkeiten des einzelnen Schülers zu ermöglichen. Ab dem dritten Kursus wurde den Gewerkschaften ein Kontingent von zehn Plätzen freigehalten, das sie aber zunächst nicht voll ausschöpften, wobei die Ursache der Zurückhaltung in der einseitigen ideologischen Ausrichtung des Lehrkörpers zu suchen sein dürfte. Bei der Auswahl der Teilnehmer sollten die einzelnen Parteiregionen berücksichtigt werden. Aus den Vorschlägen der Landes- beziehungsweise Provinzorganisationen der Partei wählten Parteivorstand und Lehrerschaft gemeinsam die Parteischüler aus, etwa im ersten Kurs 31 aus über 60 Bewerbungen[48]. Da es keine formalisierte Zugangsberechtigung in Form einer Hochschulreife für die Parteischule gab und geben konnte, wurde als Ersatzqualifikation gefordert, daß die Bewerber keine Neulinge in der Partei sein sollten und den *nicht geringen Ansprüchen* an Fleiß, Eifer, Intelligenz und gutem Willen genügen sollten[49].

Die Ursache für dieses zahlenmäßig restriktive, auf regionale Ausgewogenheit angelegte und sehr komplizierte Auswahlverfahren resultierte aus dem Status der Parteihochschule der SPD als einziger Institution ihrer Art und aus ihrer Finanzierung. Wie eine staatliche Hochschule aus dem allgemeinen Haushalt, so wurde die Parteischule aus den Mitteln der Gesamtpartei getragen, die deshalb ein Interesse daran haben mußte, daß nicht bestimmte Regionen, etwa die Parteihochburgen, bevorzugt behandelt wurden. Außerdem wurde allen Parteischülern für ein halbes Jahr ein Vollzeitstipendium gewährt: eine monatliche Zuwendung von 125 Mark und im Bedarfsfall eine zusätzliche Familienunterstützung für Verheiratete. Die Lehrmittel waren ebenso frei wie eine Eisenbahnfahrt dritter Klasse vom Wohnort nach Berlin und zurück jeweils zum Beginn und Ende des Kursus. Die Gesamtkosten der Parteischule beliefen sich für den ersten Kursus auf rund 66.600 Mark oder umgerechnet pro Schüler auf 2.150 Mark. Dies entsprach rund 5,6 Prozent der Parteieinnahmen im Haushaltsjahr 1906/1907. Der Spitzenwert lag 1907/1908 bei 6,85 Prozent; der Anteil sank dann ab 1908 leicht, weil die persönlichen Kosten der von den Gewerkschaften abgeordneten Schüler von den jeweiligen Zentralverbänden und die Familienunterstützung von den Bezirks- oder Landesorganisationen der Partei übernommen wurden und erreichte seinen Tiefstand 1912/1913 mit 2,91 Prozent[50]. Dieser Anteil übertraf um ein vielfaches denjenigen der Ausgaben für die Universitäten an den jeweiligen öffentlichen

---

48 BLHA Potsdam, Nr. 12421 (wie Anm. 32), fol. 11v: Bericht des Berliner Polizeipräsidenten an den preußischen Innenminister vom 29.11.1906.

49 Vorwärts Nr. 163 vom 17.7.1906 („Ausbildungskurse für Parteifunktionäre“).

50 Errechnet auf der Grundlage der Tabellen zu den Einnahmen und Ausgaben der SPD in den jeweiligen Parteitagsprotokollen.

Haushalten[51]. Anders als an den staatlichen Hochschulen, an denen die Zahl der Studenten kontinuierlich zunahm, blieb diejenige an der Parteischule unverändert, obwohl die Zahl der Parteimitglieder in diesem Zeitraum dramatisch zugenommen hatte, von rund 384.000 im Jahre 1906 bis auf rund 1.086.000 im Jahr 1914. Ganz abgesehen von der Frage, ob qualifizierte Lehrkräfte zur Verfügung gestanden hätten, hätte eine Aufstockung der Parteischule, etwa entsprechend dem Mitgliederzuwachs um das 2,8-fache, die finanziellen Ressourcen der Partei überfordert[52]. Die strengen Auswahlkriterien sollten von vornherein eine Fehlinvestition der Parteimittel in unqualifizierte Bewerber ausschließen. Für die sieben Kurse ergab sich folgende Teilnehmerzahl, in Klammern die Frauen: 1906/1907 – 31 (1), 1907/1908 – 33 (2), 1908/1909 – 26 (3), 1909/1910 – 27 (3), 1910/1911 – 24 (2), 1912/1913 – 31 (2), 1913/1914 – 31 (1).

Unter den insgesamt 203 Absolventen der Parteischule befanden sich 14 Frauen, ein Anteil von 6,89 Prozent, der auch nicht über die Jahre kontinuierlich zunahm, sondern schwankte. Bei der Sozialdemokratie, die sich wie keine andere deutsche Partei der rechtlichen und politischen Gleichstellung der Frau verschrieben hatte, hätte man eine vergleichsweise starke Berücksichtigung von Frauen erwarten können. Allerdings überschritt nur bis 1909 der Frauenanteil an den Parteischülern denjenigen der weiblichen Parteimitglieder[53]. Er lag auch nicht wesentlich höher als derjenige der Studentinnen an den deutschen Universitäten insgesamt, der im Wintersemester 1907/1908 bei 4,98 Prozent lag und sich dann langsam, aber stetig auf 7,88 Prozent im Wintersemester 1913/1914 steigerte[54]. Den für statistische Schlußfolgerungen äußerst kleinen Personenkreis einmal außer acht gelassen, lag die Ursache in der Gesetzgebung und im Anforderungsprofil der Parteischule begründet. Einerseits wurde Frauen erst durch die Änderung des Reichsvereinsgesetzes im April 1908 die Mitgliedschaft in politischen Vereinen erlaubt, was zu einem raschen Anstieg der weiblichen SPD-Parteimitglieder führte, andererseits sollten die Parteischüler keine Neulinge in der Bewegung sein. Handelte es sich bei enga-

---

51 Nach Information der preußischen Polizei waren die Wahlvereins-Vorstände Groß-Berlins über die Kosten der Parteischule *sehr enttäuscht*. BLHA Potsdam, Nr. 12421, fol. 36: Polizeibericht vom 26.7.1907.

52 Heinrich Schulz betonte 1911 die ökonomischen Vorteile einer Zusammenlegung der beiden Schulen der Arbeiterbewegung, wodurch *die finanzielle Basis der parteigenössischen Hochschule so verbreitert und befestigt werden würde, daß ihre quantitative Leistungsfähigkeit erheblich erhöht werden könnte*. SCHULZ, Gewerkschaftsschule (wie Anm. 30).

53 Die Vergleichszahlen lauten 1,7 Prozent (1906), 2,1 Prozent (1907), 5,6 Prozent (1908), 9,8 Prozent (1909), 11,5 Prozent (1910), 13,4 Prozent (1912) und 14,4 Prozent (1913). Vgl. W. ALBRECHT u. a., Frauenfrage und deutsche Sozialdemokratie von Ende des 19. Jahrhunderts bis zum Beginn der zwanziger Jahre, in: Archiv für Sozialgeschichte, 19 Jg., 1979, S. 459-510, Tabelle S. 471.

54 Vgl. Statistisches Jahrbuch für das Deutsche Reich 1909ff. (bis 1914), hg. v. Kaiserlichen Statistischen Amte, Berlin 1909ff. Die Bände vor 1909 enthalten zu dieser Fragestellung noch kein Zahlenmaterial.

gierten Sozialdemokratinnen um Ehefrauen und Mütter, dann war eine sechsmonatige Abwesenheit mit der familiären Situation kaum vereinbar. Unabhängig vom Familienstand kollidierte ein so langer Aufenthalt einer Frau in der mit Lastern aller Art lockenden Millionenstadt Berlin zudem mit dem gesellschaftlichen Verhaltenskodex.

Die Forderung, nur bereits bewährte Parteiaktivisten zu den Kursen zuzulassen, führte zu einer Altersgliederung der Schülerschaft, wie sie an keiner andern Hochschule anzutreffen war. 1911 veröffentlichte Heinrich Schulz einen Bericht über die Erfahrungen mit fünf Jahren Parteischule, der detaillierte statistische Angaben enthält[55]. Von den 141 Parteischülern der ersten fünf Kurse gehörten 53 der Altersgruppe der 31 bis 35jährigen an, 41 derjenigen der 26 bis 30jährigen, 18 waren 36 bis 40 Jahre alt, erst dann folgt eine Gruppe von 17 Teilnehmern, die das für die damaligen kurzen Studienzeiten übliche Alter von 21 bis 25 Jahren aufwiesen. Außerdem gab es noch elf Schüler im Alter von 41 bis 45 Jahren und einen 49jährigen. Daraus ergab sich die schon angesprochene erstaunliche Konstellation, daß ein nicht unerheblicher Teil der Schüler älter war als die jüngsten Dozenten, im ersten Kurs 19 von 31.

Streng geachtet bei der Auswahl der Schüler wurde auf eine ausgewogene Berücksichtigung der Parteibezirke, mit dem Ergebnis, *daß aus regionalem Interesse gelegentlich der befähigtere Bewerber zurückgedrängt* wurde[56]. Von den 44 Parteiregionen waren in den ersten fünf Kursen mit ihren 141 Schülern tatsächlich 38 mit mindestens einem Schüler vertreten, wobei die acht Teilnehmerinnen, die von der Frauenbewegung nominiert wurden und die elf Parteischüler, die von den Gewerkschaften kamen, nicht regional aufgeschlüsselt wurden. Allerdings zeigt die Statistik auch, daß die Parteischüler nicht immer in dem Bezirk beruflich tätig blieben, der sie nach Berlin zur Fortbildung entsandt hatte. Das Ziel, Gerechtigkeit zwischen den Parteibezirken herzustellen, stieß in diesem Fall an die Grenzen des Regulierbaren.

4. Der Unterricht

Bis auf das Gründungsjahr 1906 begannen die halbjährigen Kurse an der Parteischule immer am 1. Oktober und endeten meistens am 31. März des Folgejahres, unterbrochen von einer kurzen Weihnachtspause. Die Vorgabe des Parteivorstandes über die *Dauer der Ausbildungszeit* lautete *wöchentlich ungefähr 30 Stunden*[57]. Unterricht war von Montag bis Samstag an sechs Tagen in der Woche. Im ersten Kurs dauerte er vormittags an drei Tagen von 8.00 bis 12.00 Uhr, an den anderen drei Tagen von 8.00 bis 13.00 Uhr. Nach einer einstündi-

---

55 H. SCHULZ, Fünf Jahre Parteischule, in: Die Neue Zeit, 29. Jg., Bd. 2, Nr. 49 vom 8.9.1911, S. 806-813.

56 Ebd., S. 809.

57 Vorwärts Nr. 163 vom 17.7.1906 („Ausbildungskurse für Parteifunktionäre").

gen Mittagspause gab es an vier Tagen jeweils zwei Stunden selbständiges Arbeiten in Anwesenheit eines Lehrers, am Mittwoch *nur*, am Donnerstag *zusätzlich* zwei Unterrichtsstunden, lediglich der Samstagnachmittag war ab 13.00 Uhr frei. Das ergab zusammen 31 Stunden Unterricht und 8 Arbeitsstunden pro Woche. Ab dem zweiten Kurs entfielen die obligatorischen Arbeitsstunden zugunsten des freien Selbststudiums und der Nacharbeit des behandelten Stoffes. Daneben wurden an diesem Curriculum nur marginale Änderungen vorgenommen wie die Festlegung einer verbindlichen halbstündigen Vormittagspause. Die Parteischüler mußten sich völlig an den vorgegebenen Stundenplan halten, eine Kurs- und Dozentenwahl war nicht möglich. Diese sehr verschulte Form des Unterrichts mag dazu geführt haben, daß trotz der auch von den Behörden verwendeten Begrifflichkeiten Parteihochschule oder Semester die Nutznießer der Parteischule, zum Teil Männer und Frauen über 40 Jahre, zumeist als Schüler und nur selten als Studenten bezeichnet wurden.

Der Fächerkanon an der Parteischule bestand aus historischen, ökonomischen, juristischen, sozialpolitischen, rhetorisch-publizistischen und naturwissenschaftlichen Unterrichtseinheiten. Mit der Einführung des Faches „Naturerkenntnis" ab dem zweiten Kurs, gelehrt von dem Chemiker Emanuel Wurm, trat ein naturwissenschaftliches Fach an die Seite der Geisteswissenschaften, womit die Parteihochschule dem Anspruch an eine universale Ausbildung zumindest formal nahe kam. Der Schwerpunkt des Unterrichts lag auf der Vermittlung theoretischen Wissens und nur zum geringeren Teil auf dessen praktischer Anwendbarkeit und folgte damit der Erkenntnis von Heinrich Schulz, daß die sozialistische Theorie *geradezu ein Kompaß auf dem weiten uferlosen Meere der praktischen Tätigkeit* sei[58]. Das bevorzugte Fach war stets die Nationalökonomie, die im ersten Kurs 200 von insgesamt 785 Stunden umfaßte und ihren Anteil über die Jahre behauptete, während etwa der Bereich Arbeitsrecht und soziale Gesetzgebung von anfangs 90 Stunden auf zuletzt 56 Stunden reduziert wurde. Die rhetorisch-publizistischen Fächer von Heinrich Schulz lagen zuerst bei 75 Stunden, stiegen bis zum dritten Kurs auf 149 an und sanken auf zuletzt 56 Stunden ab.

Diese Veränderungen waren das Ergebnis ständiger Konsultationen des Lehrkörpers mit der Parteiführung und den Parteischülern. An den Lehrerkonferenzen (deren Zahl zwischen drei im siebten Kurs und acht im vierten Kurs schwankte) nahmen ein Mitglied des Parteivorstandes und der Obmann der Parteischüler mit beratender Stimme teil. Überhaupt war die Mitbestimmung der Schüler unvergleichlich größer als an jeder staatlichen deutschen Universität. So traf der Parteivorstand am Ende eines Kurses zu einer Konferenz mit den Parteischülern ohne Hinzuziehung der Dozenten zusammen, um sich ein ungeschminktes Meinungsbild über Erfolge und Defizite der Partei-

---

58 Protokoll SPD-Parteitag Nürnberg 1908, S. 221.

hochschule zu verschaffen[59]. Nicht wenige Änderungen, etwa die Verringerung der Stundenzahl in den juristischen Fächern zugunsten der historischen und ökonomischen Fächer oder die Reduktion der Gesamtstundenzahl im siebten Kurs um 7,5 Prozent, um die Aufnahmefähigkeit nicht zu überfordern, gingen auf Anregungen der Schüler zurück[60].

Die Beurteilung der Parteischule durch die Parteischüler war der Parteiführung wichtig. 1908 bat Heinrich Schulz die Absolventen des ersten und zweiten Kurses brieflich um Stellungnahmen über ihre Schulzeit und veröffentlichte Auszüge Anfang September 1908 im „Vorwärts". Einmal abgesehen von der Tatsache, daß von den 64 Parteischülern bis zu diesem Zeitpunkt erst *etwa 50 Antworten* eingegangen waren und man nicht ausschließen kann, daß berufstaktische Überlegungen die eine oder andere Meinung subjektiv beeinflußt hatten, waren die Urteile durchweg positiv, so daß Heinrich Schulz als Unterschied zu vergleichbaren bürgerlichen Institutionen heraussstrich, *daß die ehemaligen Parteischüler nicht etwa ungern an ihre Studentenzeit zurückdenken, daß sie sich nicht freuen, sie endlich hinter sich zu haben, sondern daß sie einig sind in dem Lobe der Parteischule, und daß sie fast alle die kurze Dauer eines Kurses bedauern*[61].

Nach außen hin wurde die Position der Parteischüler dadurch betont, daß bei den schlichten Eröffnungs- und Schlußfeiern der jeweiligen Kurse der Parteischule neben deren Obmann Heinrich Schulz und im Regelfall einem Mitglied des Parteivorstandes zumeist auch ein Parteischüler eine Ansprache hielt. Falls die preußische Polizei korrekt informiert war, soll es im ersten Kurs zu einem Zusammenstoß zwischen dem Parteischüler Hermann Baude und dem wenig beliebten Lehrer Artur Stadthagen gekommen sein, als dessen Folge Stadthagen beim Parteivorstand den Ausschluß Baudes aus der Schule gefordert habe. Diesem Antrag sei nicht stattgegeben worden; Baude sei mit einer Rüge für seine Unbotmäßigkeit davongekommen. Auch dieser Vorgang spräche für die starke Stellung der Parteischüler[62].

In der Veröffentlichung des Parteivorstandes vom 17. Juli 1906 wird als *Zweck des Unterrichts* an der Parteischule lapidar *die Ausbildung von Redakteuren, Parteisekretären und Agitatoren* genannt, also einer parteiinternen Elite. Daneben wird auch das didaktische Ziel definiert: Angesichts der kurzen Dauer der Ausbildung solle *den Teilnehmern so weit als möglich das geistige Rüstzeug gegeben werden, das sie befähigt, den Vorgängen in unserem sozialen und staatlichen Leben mit Verständnis zu folgen und sie kritisch zu beurteilen. Es soll ihnen der Weg gezeigt werden, wie*

---

59 Ebd., S. 207.

60 Vgl. die Jahresberichte über die Parteischule innerhalb des Parteivorstandsberichte, abgedruckt in den SPD-Parteitagsprotokollen der Jahre 1907 bis 1917.

61 H. SCHULZ, Die Parteischüler über die Parteischule I und II, in: Vorwärts Nr. 209 und Nr. 210 vom 6. und 8.9.1908, Zitat aus dem ersten Artikel.

62 BLHA Potsdam, Nr. 12421 (wie Anm. 32), fol. 16 und 22.

sie ihre weitere Ausbildung zweckentsprechend selbst treiben können[63]. Sinngemäß ist hier bereits ausgedrückt, wofür August Bebel in seiner Eröffnungsansprache der Parteischule den noch fehlenden Fachterminus nachlieferte: Angestrebt sei *das Legen eines soliden und methodischen Fundaments*[64]. Und Heinrich Schulz griff diesen Gedanken, der fortan bei ähnlichen Anlässen immer wiederholt werden sollte, auf der Schlußfeier des ersten Kursus auf: *Nicht auf die Quantität, sondern auf die Qualität komme es an, nicht auf die Masse der Gedanken, sondern auf die Methode des Denkens*[65]. Somit entsprach das didaktische Konzept der Parteischule, methodisches Lernen zu vermitteln, dem bürgerlichen Bildungsideal. Ganz anders hingegen sah es mit dem politischen Unterrichtsziel aus. Im ersten, dem Parteitag in Essen 1907 vorgelegten Bericht des Parteivorstandes über die Tätigkeit der Parteischule heißt es dazu: *Nicht systemlosem Vielwissen solle das Institut dienen, sondern der Einführung der Schüler in diejenigen Wissensmaterien, die für den Befreiungskampf der Arbeiterklasse in erster Linie in Frage kämen.* Geschaffen werden solle *eine sichere theoretische Grundlage für die eigene Weiterbildung zum Zwecke besserer Propaganda für den Sozialismus*[66]. Heinrich Schulz hatte schon 1904 gefordert, die Weiterbildung der Arbeiter solle *nicht Selbstzweck* sein und solle *auch nicht in erster Linie individuelle Bedeutung haben,* sie solle vielmehr *bewußt in den Dienst des Klassenkampfes treten: Sonst erziehen wir uns Ästheten, Schöngeister und Schwärmer, die selbstgefällig an ihrem schönen Ich herumbasteln, aber keine Klassenkämpfer*[67].

Dieses verbindliche Konzept der System- und Ideologietreue widersprach in fundamentaler Weise dem zweck- und ideologiefreien Bildungsideal Wilhelm von Humboldts, auf dessen Grundlage sich im 19. Jahrhundert die staatlichen Universitäten erneuert hatten. Dieser Unterschied war Heinrich Schulz durchaus bewußt, er sah ihn allerdings lediglich im nach außen propagierten Selbstverständnis und nicht als realiter gegeben an. Als Beispiel führte er den Antrittsbesuch des sächsischen Königs Friedrich August III. bei der Universität Leipzig 1905 an. Der Rektor der Hochschule begrüßte den Monarchen mit den Worten: *Wir dienen der Wahrheit allein; sie zu erforschen auf allen Gebieten ist die Aufgabe der Wissenschaft. Aber darum kann die Hochschule nur gedeihen in der Luft der Freiheit. Zwei Säulen sind es, die das Gebäude deutscher Hochschulen tragen und ihre Bedeutung bedingen: auf Seiten der Lehrenden die Freiheit der Wissenschaft, die nur durch die erkannte Wahrheit sich binden läßt, auf Seiten der Studierenden die akademische Freiheit, durch die selbständige Charaktere erwachsen sollen, wie ihrer unser Volk und unser Vaterland bedarf.* Der sächsische König erwiderte in seiner Antwort: *Ihre Aufgabe ist es, meine Herren, unsere Jugend nicht bloß wissenschaftlich zu bilden, sondern ihr auch die*

---

63   Vorwärts Nr. 163 vom 17.7.1906 („Ausbildungskurse für Parteifunktionäre").
64   Vorwärts Nr. 268 vom 16.11.1906 („Eröffnung der Parteischule").
65   Vorwärts Nr. 149 vom 29.6.1907 („Die Parteischule ist geschlossen").
66   Protokoll SPD-Parteitag Essen 1907, S. 90-94, Zitate S. 92 und 94.
67   H. Schulz, Volksbildung oder Arbeiterbildung? (wie Anm. 20), S. 528f.

wahren Gefühle der Gottesfurcht, Pflichttreue, Hingabe und Treue für König und Vaterland, Kaiser und Reich einzuflößen. Ja, ich halte diese Seite der Tätigkeit von Hochschulleh-rern für die allerwichtigste[68]. Vorausgesetzt, daß diese Haltung typisch war, wurde also auch von den staatlichen Hochschulen eine Ausbildung zur System- und Ideologietreue erwartet. Der Unterschied zur sozialdemokratischen Partei-hochschule bestand nur darin, daß dort Anspruch, Selbstverständnis und Wirklichkeit keine Gegensätze bildeten.

5. Die Erfolge

Anders als an sämtlichen staatlichen Hochschulen gab es an der Parteihoch-schule der SPD kein meßbares Kriterium für den Erfolg der Ausbildung, oder genauer gesagt, es gab keine Examina. Keiner der Parteischüler brach freiwillig seine Ausbildung ab oder wurde, wie es das Statut als Möglichkeit vorsah, we-gen Überforderung auf Geheiß des Vorstandes aus dem Kursus entlassen. Somit absolvierten alle 203 Parteischüler der sieben Kurse die Parteischule „erfolgreich". Dies spräche für die Qualität der Auswahlkriterien der Schüler wie für die Qualität des Unterrichts, wenn es nicht im Interesse der Lehrer-schaft wie des die Parteischule tragenden linken Parteiflügels gelegen hätte, die Arbeit dieser Institution als besonders ertragreich erscheinen zu lassen. Dar-über hinaus konnte die Gesamtpartei ein Projekt, für daß sie erhebliche finan-zielle Mittel bereitstellte, nicht dem Verdacht der Erfolglosigkeit aussetzen, al-leine schon, um dem politischen Gegner keine Blöße zu geben.

Als Beweis für die Effizienz der Parteischule führen marxistische Historiker wie Dieter Fricke völlig unreflektiert eine Einschätzung von Rosa Luxemburg an, die sie auf dem Parteitag in Nürnberg am 13. September 1908 geäußert hatte: *Wir haben als Lehrer die Erfahrung gemacht, daß die bisherigen Resultate ausge-zeichnet sind, so daß ich mir ein besseres Elitekorps gar nicht wünschen möchte*[69]. Aller-dings verteidigte sie hier coram publico die Parteischule gegen Angriffe des revisionistischen Parteiflügels. Privatim hatte sie sich noch keine acht Wochen vorher in einem Brief an Clara Zetkin sehr negativ über die Ergebnisse der Kurse geäußert, ausgelöst durch einen Artikel einer Parteischülerin, der ledig-lich *ins reine abgeschriebene Notizen* aus ihrem Unterricht enthielte: *Mir wurde schrecklich zumute, als ich sah, wie blaß und platt sich meine Darlegungen in den Notizen der Schüler spiegeln und wie roh sie die neuerworbenen Kenntnisse verwenden wollen ... Die armen Leute wissen offenbar nicht, was sie mit der ihnen verzapften Weisheit anfangen sol-len, und wollen so direkt ‚frisch von der Kuh' weiter dem Volke vermitteln. Eheu, me mise-*

---

68 H. SCHULZ, Arbeiterbildung Teil I, in: Die Neue Zeit, 24. Jg., Bd. 2, Nr. 32 vom 2.5.1906, S. 180-186, Zitat S. 184f.

69 Protokoll SPD-Parteitag Nürnberg 1908, S. 230. Vgl. D. FRICKE, Handbuch (wie Anm. 11), S. 691f.; DERS., Parteischule (wie Anm. 11), S. 239.

rum! Ich habe so etwas schon in der Schule geahnt, und das vermindert bedeutend meine Freude am Lehramt[70].

Um nun nicht den gleichen Fehler zu wiederholen und das negative Luxemburg-Zitat als sakrosankt im Raum stehen zu lassen, dürfte das Ausmaß der Qualifizierung der Parteischüler durch ihren Berliner Studienaufenthalt unterschiedlich ausgefallen sein: Sie alle hatten jedoch ihr Wissen auf den gelehrten Feldern erheblich vermehrt, an Selbstbewußtsein gewonnen[71] und einen Prestige-Gewinn in ihren regionalen Parteigliederungen verzeichnen können. Drei Jahre später konnte Heinrich Schulz in einer statistischen Untersuchung nachweisen, daß die Parteischule zur Elitenbildung zumindest beigetragen hatte. Waren von den 141 Parteischülern der ersten fünf Kurse vor Beginn ihrer Ausbildung in Berlin 52 Angestellte in einem Teilbereich der Arbeiterbewegung gewesen, so waren es im Jahr 1911 mit 101 fast doppelt so viele. Am stärksten hatte die Zahl der Parteiredakteure zugenommen. 49 Parteischüler hatten also nach beziehungsweise durch den Besuch der Parteischule einen beruflichen Aufstieg in der Partei erreichen können, 40 allerdings noch nicht. Als Nachweis für den Charakter der Parteischule als Kaderschmiede wird gerne auf die beiden prominentesten Parteischüler hingewiesen, auf Wilhelm Pieck, den späteren ersten und einzigen Staatspräsidenten der DDR und auf Wilhelm Kaisen, nach dem Zweiten Weltkrieg für zwei Jahrzehnte Bürgermeister von Bremen[72]. Auch wenn nicht ausgeschlossen werden kann, daß beide Politiker auch ohne den Besuch der Parteischule diese Karriere vorzuweisen hätten, so zeigen die so unterschiedlichen Lebensläufe beider Männer, daß die Parteischule nicht in der Form ideologisch prägend war, wie es sich der linke Parteiflügel erhofft hatte und wie es die DDR-Geschichtsschreibung bedauernd feststellte[73]. Allerdings war sich die Parteiführung 1906 bewußt gewesen, daß sich die Wirkung der Parteischule nur allmählich bemerkbar machen werde; erst im Laufe der Zeit werde sie sich *für die Parteitätigkeit als sehr fruchtbringend erweisen*. Zeit, um in die Partei spürbar hineinzuwirken, war der Parteischule nicht vergönnt. Durch den Ausbruch des Ersten Weltkrieges fand ihre Tätigkeit ein abruptes Ende. Nach 1918 wurde sie nicht wiederbegründet, weil die Sozialdemokratie den Staat von Weimar als „ihren" Staat empfand, dessen Bildungseinrichtungen sie zu nutzen und gegebenenfalls zu verändern trachte-

---

70 LUXEMBURG (wie Anm. 34), S. 353.

71 Vgl. K.-L. SOMMER, Wilhelm Kaisen – Eine politische Biographie, Bonn 2000, S. 44: Sommer resümiert den Briefwechsel Kaisens und seiner späteren Frau Helene Schweida, beide Schüler des siebten Kurses, daß sie „mit deutlich gesteigertem Selbstbewußtsein in ihre jeweiligen örtlichen Parteigliederungen zurückkehrten. Sie fühlten sich jetzt als Angehörige einer zu höheren politischen Aufgaben berufenen innerparteilichen Elite".

72 Vgl. H. VOSSKE, G. NITZSCHE, Wilhelm Pieck – Biographischer Abriß, Berlin (Ost) 1975 und SOMMER, Wilhelm Kaisen (wie Anm. 71).

73 Vgl. D. FRICKE, Handbuch (wie Anm. 11), S. 693f.

te[74]. Ein Urteil über die Ergebnisse der Arbeit der Parteischule wäre nur möglich, wenn sie längeren Bestand gehabt hätte und es die politischen wie ideologischen Verwerfungen durch den Ersten Weltkrieg und die Folgejahre nicht gegeben hätte. Ins Phantastische überhöht ist sicher die Behauptung, die Parteischule habe *Ansätze eines politischen Bewußtseins geschaffen, das die – wenn auch kurzlebige – Existenz der ersten deutschen Republik überhaupt erst ermöglichte*[75]. Realistisch bleibt festzuhalten, daß die Parteischule als Erfolg verbuchen kann, Wissen vermehrt, wissenschaftliches Denken gefördert und berufsqualifizierend gewirkt zu haben.

Auf der Abschlußfeier des siebten Kurses der Parteischule am 31. März 1914 zog Philipp Scheidemann für den Parteivorstand ein Fazit über das zurückliegende halbe Jahr, nicht ahnend, daß es ein Abschied für immer werden sollte. Seine Bilanz endete in den Worten, *die Parteischule, die die Teilnehmer an die Quellen der Wissenschaft führe und sie zum Selbstdenken und Weiterforschen erziehe, könne nicht mit Schuleinrichtungen bürgerlicher Parteien verglichen werden, die ihr äußerlich vielleicht ähnelten. Eine weitere Einrichtung dieser Art gebe es nirgends*[76]. Hätte Philipp Scheidemann den komparatistischen Ansatz anders gewählt und die Parteischule dahingehend untersucht, inwieweit sie den Kriterien einer staatlichen Hochschule entsprach, dann wäre er zu einem anderen Urteil gelangt. Er hätte zwar auf einige gewichtige Unterschiede hingewiesen wie etwa die Dauer des Studiums oder die fehlende Bewertung der Studenten, aber er hätte am Ende feststellen müssen, daß es sich bei der Parteihochschule der SPD doch um eine Universität handelte, allerdings um eine *sozialistische* Universität.

---

74 Nach 1945 gründete die SED eine Parteihochschule in Berlin; die SPD rief 1986 eine Schulungseinrichtung ins Leben, die sie in eine sehr bemühte Tradition zur alten Parteihochschule des Kaiserreiches zu stellen versuchte. Vgl. Die Parteischulen der SPD feiern Gründungsjubiläum, 90 + 10, 1906 in Berlin, 1986 in Bonn, hg. v. Vorstand der SPD, Bonn 1996.

75 G. SCHARFENBERG, Sozialistische Bildungsarbeit im Kaiserreich (wie Anm. 11), S. 73.

76 Vorwärts Nr. 92 vom 3.4.1914 („Die Parteischule").

UNIVERSITÄTEN IM „DRITTEN REICH" – EINE HISTORISCHE BETRACHTUNG

Von Klaus Hildebrand

I.

Als die nationalsozialistische „Machtergreifung", abrupt und allmählich zugleich, vom 30. Januar 1933 an das Deutsche Reich in das „Dritte Reich" verwandelte, wurden davon auch die Universitäten ergriffen. Diese Feststellung bezieht sich auf ihre Organisation, auf die universitäre Verwaltung wie auf die akademische Selbstverwaltung.

Umgehend setzte aber auch jene weltanschauliche Indoktrination ein, der beträchtliche Teile der Studierenden schon seit längerem anheimgefallen waren: Denn seit dem Grazer Studententag im Juli 1931 wurde die Deutsche Studentenschaft vom Nationalsozialistischen Deutschen Studentenbund geführt. Wie fast immer warf auch dieses Mal das Kommende seine Schatten voraus. Insofern hatte es mit Thomas Manns düsterer Prophezeiung vom 27. Dezember 1931 mehr auf sich, als man ahnen konnte oder sich eingestehen mochte; der berühmte Autor prognostizierte nämlich, ohne übrigens viel Bedauern für das potentielle Opfer aufzubringen, seinem Freund, dem Kölner Germanisten Ernst Bertram, der sich gleich nach der Zäsur des Jahres 1933 tief in das verbrecherische Treiben der braunen Jakobiner hineinziehen ließ: *Glauben Sie mir, die Tage Ihrer 'Universitäten' sind auch gezählt*[1].

Anders als in anderen Ländern der europäischen Zwischenkriegsära war der Nationalsozialismus kein unmittelbares Produkt universitärer Entwicklung, wie das für ähnliche Bewegungen in Rumänien und Belgien beispielsweise der Fall gewesen ist. Entstehung und Aufstieg des Nationalsozialismus vollzogen sich vielmehr in vergleichsweise großer Entfernung zu den Hochschulen. Selbstverständlich blieb das nicht so, nachdem die marschierende Bewegung den Staat und die Gesellschaft ihrem Regiment unterworfen hatte.

Jetzt wurden die Universitäten durch ein ganz unnatürlich zusammengesetztes Bündnis in die Zange genommen: Dazu gehörten auf der einen Seite die Partei und der Staat und auf der anderen Seite eine kleine Minderheit professoraler Eiferer und eine stattliche Zahl studentischer Aktivisten. Fanatiker aus der Studentenschaft gingen voran: Sie störten Vorlesungen und Seminare politisch oder, wie es in der vom Ungeist der Zeit verformten Sprache des „Dritten Reiches" lautete, rassisch mißliebiger Hochschullehrer; sie forderten, die Universitäten zu revolu-

---

1   Thomas Mann an Ernst Bertram. Briefe aus den Jahren 1910-1955, hg. v. I. Jens, Pfullingen 1960, S. 173 (Brief vom 27. Dezember 1931). – Für seine Hilfe bei der Überprüfung des Manuskripts danke ich Herrn Thomas Wagner (Bonn).

tionieren; sie wollten den Muff der Tradition austreiben; und sie planten, einen neuen Akademikertypus zu schaffen, der sich mit Wissenschaft nur am Rande befaßte, der die Wehrkunde ernst nahm, der sich ganz dem SA-Hochschuldienst zur Verfügung stellte und der beim Sport hingebungsvoll mitmachte.

Unruhe, Verwirrung und einsetzende Anarchie forderten den Eingriff des Staates geradezu heraus. Wie von selbst und dennoch aktiv herbeigeführt, bot sich die willkommene Gelegenheit, das Bestehende, die alte Ordinarienuniversität, als lange überlebt, ja als offensichtlich gescheitert zu verurteilen, um das Neue zu etablieren, das dem Regime willfährig war. Humboldts Universität jedenfalls wurde erst einmal für tot erklärt. An ihre Stelle sollte eine so genannte „völkisch-politische Universität" treten. Mit geradezu gläubigem Pathos wurde diese Forderung von Ernst Krieck erhoben, der ursprünglich Volksschullehrer gewesen war und dann als Professor an der Pädagogischen Akademie Frankfurt am Main gelehrt hatte, 1933 an die dortige Universität berufen und sogleich zum Rektor erhoben wurde, und der nach zeitgenössischem Kollegenurteil nicht viel mehr als *eine programmentwerfende Null*[2] war. Von Stund an würden, wie dem neuen Postulat eines zweifelhaften Realitätsbezugs Ausdruck verliehen wurde, *die Hochschulen ... nicht über, sondern in der Volksgemeinschaft stehen*[3].

Wahrheitsfindung als verpflichtender Auftrag der Universitäten hatte anderen Werten zu weichen, die sich, teilweise unverzüglich, teilweise erst nach und nach, als ausgesprochen unsinnig, letztlich sogar gefährlich, auf jeden Fall aber als niveausenkend erwiesen. In diesem Zusammenhang ist immer wieder das perverse Ansinnen zitiert worden, zu dem sich der zum bayerischen Kultusminister aufgestiegene Parteigenosse Hans Schemm, bereits seit 1923 Mitglied der NSDAP und im Volksmund der *schöne Hanni* genannt, gleich 1933 in einer berühmt-berüchtigten Rede vor Münchener Professoren verstiegen hat: *Von jetzt an kommt es für Sie nicht darauf an festzustellen, ob etwas wahr ist, sondern ob es im Sinne der national-sozialistischen Revolution ist*[4]. Konsequenterweise wurde daher, weil eine nationalsozialistische U n i v e r s i t ä t ein Widerspruch in sich selbst war, auch der hergebrachte Name, zumindest parteioffiziell, durch den Begriff Hochschule ersetzt.

Allein, alle Versuche, aus den alten Universitäten neue Kaderschmieden zu machen, führten, um das Resultat einer zwölf Jahre währenden Auseinandersetzung zu benennen, letztlich nicht zu dem Erfolg, den das Regime gewünscht hatte. Zwar leistete die Ordinarienuniversität keinerlei nennenswerten Widerstand gegen die Diktatur. Doch zum immer wieder lautstark bekundeten Mißfallen der Nationalsozialisten ließ sie sich auch nicht gerade leicht instrumentalisieren und bewahrte sich durchgehend so etwas wie einen Rest von Eigenständigkeit.

---

2   K. REINHARDT, Akademisches aus zwei Epochen, In: DERS., Vermächtnis der Antike. Gesammelte Essays zur Philosophie und Geschichtsschreibung, hg. v. C. BECKER, Göttingen 1960, S. 389.

3   H. PETERS, Hochschulen, in: Die Rechtsentwicklung der Jahre 1933 bis 1935/36, hg. v. E. VOLKMAR, A. ELSTER und G. KÜCHENHOFF, Berlin/Leipzig 1937, S. 268.

4   Zit. nach E. NIEKISCH, Das Reich der niederen Dämonen, Hamburg 1953, S. 197.

Der differenzierte Befund beschreibt alles andere als ein Ruhmesblatt für die Universität, deren Verhalten und Versagen den anderen Einrichtungen und Repräsentanten in Deutschland mit beschämender Ähnlichkeit glich: *Das Erschütterndste von all' den grauenhaften Dingen, die heute in Deutschland vor sich gehen*, schrieb der junge Historiker Karl Dietrich Erdmann unter dem Datum des 27. Februar 1933 an seine Verlobte Silvia Pieh, *ist das absolute Stillschweigen, in das sich die Vertreter der jetzt entrechteten Kulturwelt hüllen*[5]. Die viel später so verzweifelt aufgeworfene Frage, ob Humanismus denn vor gar nichts schütze, wurde von einzelnen durchaus schon damals gestellt. Sie ist bis heute immer wieder laut geworden und hat noch unlängst in der gar nicht zu überhörenden Anklage des Präsidenten der Max-Planck-Gesellschaft eine unmißverständliche Kommentierung erfahren: „Vorzuhalten ist der deutschen wissenschaftlichen Elite nicht", urteilt Hubert Markl, „daß sie unter Terrordrohung und Kriegsrecht nur wenige Märtyrer hervorbrachte, sondern ihre teils bedrückt oder ängstlich schweigende, teils staatshörige oder schlicht bedenken- und mitleidslose Anpassungsbereitschaft zu einer Zeit, als ihr entschiedener Widerspruch gegen das Unrecht vielleicht noch hätte den Weg in den Abgrund beeinflussen können"[6].

Die *schwere Mitschuld der deutschen Universitäten*[7] an den 1933 eingekehrten Verhältnissen, die der Bonner Historiker Paul Egon Hübinger in seinem großen Werk „Thomas Mann, die Universität Bonn und die Zeitgeschichte" bereits vor über zwei Jahrzehnten unterstrichen hat, ist also gar nicht zu bestreiten. Wie es dazu gekommen ist und ob es Alternativen zur vorwaltenden Tendenz der Anpassung gegeben hat, beschäftigt die Wissenschaft, zumal die Öffentlichkeit nach Aufklärung verlangt, immer wieder aufs neue.

Manches, freilich längst nicht alles, erklärt sich aus dem, was mit dem Versuch der nationalsozialistischen „Gleichschaltung" der Universitäten einherging. Die Kollegialverfassung wurde vom „Führerprinzip" abgelöst, das heißt nicht zuletzt: Senate und Fakultäten büßten ihre angestammten Rechte ein und traten sie an Rektoren und Dekane ab, die als „Führer" ihrer Einrichtungen der Befehlsgewalt des Staates unterlagen.

Das nahm sich im universitären Alltag, der oftmals in ganz traditioneller Art und Weise überdauerte, weniger dramatisch aus als im offiziellen Auftrag, der immerhin Gesetzeskraft hatte; das wurde zudem durch ein geradezu wildwüchsiges Chaos institutioneller Verantwortlichkeiten gemildert, deren gegenseitige

---

5   Zit. nach M. KRÖGER/R. THIMME, Karl Dietrich Erdmann: Utopien und Realitäten. Die Kontroverse, in: ZfG 46 (1998), S. 607.

6   H. MARKL, Blick zurück, Blick voraus. Ansprache des Präsidenten Prof. Dr. Hubert Markl auf der Festveranstaltung zum 50jährigen Gründungsjubiläum der Max-Planck-Gesellschaft, in: MPG Spiegel, Sonderausgabe 2/1998, S. 8.

7   Thomas Mann an den Dekan der Philosophischen Fakultät der Universität Bonn am 1. Januar 1937, zit. nach P. E. HÜBINGER, Thomas Mann, die Universität Bonn und die Zeitgeschichte. Drei Kapitel deutscher Vergangenheit aus dem Leben des Dichters 1905-1955, München/Wien 1974, S. 562.

Blockade durchaus Freiräume schuf. Nichtsdestoweniger existierte und wirkte die regimegewollte Tendenz, die Universitäten dem neuen Staat zu unterwerfen und ihre freiheitliche Autonomie zu liquidieren.

Davon wurden nicht zuletzt auch die Promotionsordnungen der Fakultäten beeinflußt, und zwar vor allem im Hinblick auf diejenigen Teile, die den Entzug akademischer Grade regelten. Vor 1933 war dies nur möglich, so hat Paul Egon Hübinger in dem erwähnten Standardwerk den beschämenden Sachverhalt dargestellt, „wenn der Doktorgrad durch Täuschung der Fakultät erschlichen oder sein Inhaber wegen ehrenrühriger Handlungen rechtskräftig verurteilt worden war. Zuständig für die Aberkennung war die Fakultät, die darüber mit Mehrheitsbeschluß entschied. Die Nationalsozialisten führten einen bisher niemals erwogenen Tatbestand in die Promotionsordnung ein, um auch in anderen Fällen den Entzug der Doktorwürde zu ermöglichen. Die Initiative hierzu ging nicht von den Universitäten aus, auch nicht vom Ministerium, sondern von einem Funktionär der Deutschen Studentenschaft"[8]. Der „Kreisleiter Bayern" dieser Organisation forderte am 18. September 1933, die Hochschulen des Landes anzuweisen, grundsätzlich vom Recht der Entziehung der Doktorwürde auch bei solchen Personen Gebrauch zu machen, denen als 'Landesverrätern' die deutsche Staatsbürgerschaft entzogen worden sei. Zugleich beantragte er, die entsprechende Weisung an die bayerischen Universitäten auch den Hochschulreferenten der anderen Länder im Reich zugehen zu lassen, „damit dort gleichartige Maßnahmen getroffen würden. Der Bayerische Kultusminister entsprach diesen Forderungen schon am 3. Oktober 1933. Ihm schloß sich der Preußische Kultusminister am 2. November an"[9].

Die Entwicklung, welche die kleine Schar von Gegnern der *gewollten Bösartigkeit*[10] einfach überließ, während sie der großen Mehrheit von Mitläufern bald schon als die neue Normalität vorkam, durchlief verschiedene Phasen: Auf den revolutionären Umbruch der frühen dreißiger Jahre folgte eine Zeit scheinbarer Beruhigung in der zweiten Hälfte der Dekade. Und weil das Regime im Weltkrieg seine Aufmerksamkeit auf ganz andere Erfordernisse zu richten hatte, konnten die Universitäten, wenn es nicht im engeren Sinne um Politisches ging, sogar einen gewissen Manövrierraum zurückgewinnen und die eine oder andere Überlebensnische ausbilden: Diese dienten einem in sich ganz unterschiedlich gearteten Bedarf, dessen Erfordernisse vom Banalen über das Verzagte bis zum Tapferen reichten.

Insgesamt vollzog sich die „Gleichschaltung", die oberflächlich und durchgreifend in einem wirkte, oftmals existenzzerstörend und in seltenen Fällen sogar tödlich verlief, ohne nennenswerten Widerstand: Die überwiegende Mehrzahl der

---

8   Ebd. S. 108.

9   Ebd. S. 108f.

10 Viktor Klemperer, Ich will Zeugnis ablegen bis zum letzten. Tagebücher 1933-1941, hg. v. W. NOJOWSKI, Berlin 1995, S. 359 (Eintrag vom 11. Juni 1937).

Professoren war ihrer Gesinnung nach unpolitisch und national, nur selten dagegen nationalsozialistisch eingestellt. Allein, das eine genügte, um sich mit dem anderen zu arrangieren und auf abschüssiger Bahn, wie einmal festgestellt worden ist, in eine „erschreckende Normalität der Produktion und des Einsatzes von Wissenschaft unter totalitärer Herrschaft"[11] abzuirren.

Eben dieser Irrweg, den die deutschen Universitäten gemeinsam mit anderen Institutionen und Vertretern gegangen sind, war das Ergebnis von individuellem Versagen und institutioneller Perversion: Totalitäre Regime sind ja nicht zuletzt dadurch gekennzeichnet, daß sie zum Schuldigwerden kaum Alternativen übrig lassen. Denn bekanntlich öffnen sie die Grenzen zwischen gut und böse, erklären letztlich selbst das Gute für böse und das Böse für gut; sie sind, weil sie Geist und Gemüt verwirren, in einem ganz wörtlichen Sinne diabolisch. Daher wird seinem Gewissen zu folgen, ganz anders als unter rechtsstaatlichen Verhältnissen, leicht zu einer existentiellen Probe für das materielle und persönliche Überleben. Sie verlangt über Gebühr oft einen ausnehmend starken Charakter und erfordert je nachdem sogar Heldenmut.

Weil man im totalitären Unrechtsstaat, diametral verschieden vom demokratischen Rechtsstaat, auch nicht annähernd abzusehen vermag, was einen bei abweichendem, oppositionellem, gar widerständigem Verhalten erwartet – unter Umständen nichts Ernstes, aber mit gleicher Ungewißheit auch das Schlimmste –, weil tyrannische Willkür berechenbare Verfahren verdrängt, werden Bürger, weil sie nun einmal Menschen sind, leicht zu *Feiglingen aus Instinkt*[12]. Daher beschreibt Kollaboration eher die Regel des Verhaltens als Widerstand; treibt Angst um Status und Pension zur Anpassung; verführen die verlockenden Gelegenheiten des Regimes zum Mitmachen; gilt alles in allem das, was ist, als das Richtige, das Zeitgemäße und das Überlegene. Gerade Intellektuelle, so altfränkisch sie zuweilen auch daherkommen und so hilflos sie dem Elementaren oftmals begegnen, haben nicht selten einen fatalen Hang zu dem, was ihnen modern erscheint. Mit jeder neuen Bewegung sind sie angestrengt Schritt zu halten bemüht, ungeachtet der dann vernachlässigten Tatsache, daß sich mancher Fortschritt schon unterwegs als Gleichschritt oder sogar als Rückschritt entlarvt. So zu handeln, wirkt vor dem Hintergrund einer durch Meinungsvielfalt charakterisierten Demokratie zwar abstoßend, aber nicht unmittelbar gefährlich; in einer totalitären Diktatur dagegen, die ihre ruchlosen Ziele beständig steigert und selbst den Rückfall in das Atavistische als den Gipfel des Progressiven ausgibt, ist derlei abstoßendes Gebaren geradezu gemeingefährlich.

Im Vergleich mit den wenigen Gläubigen und den vielen Gleichgültigen ist daher die kleine Zahl derjenigen nicht hoch genug zu schätzen, die mutig widerstan-

---

11 U. GEUTER, Die Professionalisierung der deutschen Psychologie im Nationalsozialismus, Frankfurt am Main 1984, S. 15.

12 Vgl. The Arden Edition of the Works of William Shakespeare, The First Part of King Henry IV, ed. by A. R. HUMPHREYS, London/Cambridge (Mass.) 1965, S. 71.

den haben. Der Bonner Mediävist Wilhelm Levison, der 1935 als Ordinarius der Rheinischen Friedrich-Wilhelms-Universität aufgrund der „Nürnberger Gesetze" zwangspensioniert wurde und im Frühjahr 1939 nach England emigrieren mußte, hat sie als diejenigen hervorgehoben, die nicht *das Knie vor Baal beugten, sondern treu blieben*[13]. Daß der jüdische Mathematiker Otto Toeplitz, der gleichfalls in Bonn arbeitete, im Mai 1933 bekannte, die schwierige Zeit habe ihm *mehr Charakter offenbart als Enttäuschungen*[14], verweist mit Gewißheit eher auf einige rühmenswerte Ausnahmen als auf den trüben Durchschnitt jener Zeit. Denn Ehrgeiz, Neid und Mißgunst, Verlogenheit, Heuchelei und Strebertum, die nun einmal zur menschlichen Natur gehören, können in der Despotie beinahe beliebig um sich greifen, während sie im Rechtsstaat letztlich doch auf Grenzen stoßen.

Die nationalsozialistische Attacke auf die deutschen Universitäten endete schließlich in einem „Gemisch aus Durchsetzung und Mißlingen"[15]. Doch wie im allgemeinen Zusammenhang der tyrannischen Zeit, so wird auch auf diesem Feld, zumindest der Tendenz nach, deutlich, daß der einzelne in einer Diktatur kaum Chancen besitzt, wirklich etwas zu verhindern, was die Staatsmacht durchsetzen will. Diese Tatsache festzustellen, entbindet nicht davon, sondern verpflichtet gerade dazu, wenn die Geschichte des „Dritten Reiches" zur Debatte steht, Unrecht beim Namen zu nennen, Verantwortungslosigkeit zu beklagen, Gesinnungsfestigkeit zu preisen und Widerstand zu bewundern. Vor allem aber drängt sie dazu, sich mit dieser nach wie vor gegenwärtigen Vergangenheit auseinanderzusetzen.

II.

Die Wissenschaft, allen voran die Geschichtswissenschaft, hat das durchaus bereits getan. Dieser genuinen Aufgabe hat sie sich zudem, insgesamt jedenfalls, in der Überzeugung genähert, daß Schweigen nicht nützt, sondern vielmehr schadet. Unmittelbar nach der bald so genannten „deutschen Katastrophe"[16], welche die Überlebenden nach dem einsichtsvollen Wort von Theodor Heuss *erlöst und vernichtet*[17] in einem zurückließ, hielt sie auf dem Trümmerfeld Umschau und machte sich an die Aufklärung des Unfaßbaren.

13 W. LEVISON , England and the Continent in the Eighth Century, Oxford 1946, S. VII (deutsche Übersetzung nach P. E. HÜBINGER, Wilhelm Levison 1876-1947, in: Bonner Gelehrte. Beiträge zur Geschichte der Wissenschaften in Bonn. Geschichtswissenschaften, Bonn 1968, S. 327).

14 Zitiert nach H. P. HÖPFNER, Die Universität Bonn im Dritten Reich. Akademische Biographien unter nationalsozialistischer Herrschaft, Bonn 1999, S. 474.

15 H. SEIER, Universität und Hochschulpolitik im nationalsozialistischen Staat, in: Der Nationalsozialismus an der Macht. Aspekte nationalsozialistischer Politik und Herrschaft, hg. v. K. MALETTKE, Göttingen 1984, S. 148.

16 F. MEINECKE, Die deutsche Katastrophe. Betrachtungen und Erinnerungen, Wiesbaden 1946.

17 Verhandlungen des Parlamentarischen Rates. Stenographischer Bericht. Sitzung 1-12. 1948/1949, Bonn 1949, S. 210: Theodor Heuss am 8. Mai 1949 in der 10. Sitzung (Neudruck 1969).

Der schon mehrfach zitierte Paul Egon Hübinger beispielsweise urteilte bei allem Bemühen um ein historisches Verständnis für den widrigen Gegenstand mit
kaum zu verkennender Entschiedenheit, als er das mit der Aberkennung der Ehrendoktorwürde Thomas Mann im Jahr 1936 zugefügte Unrecht untersuchte und
den verhängnisvollen Ursprüngen für die Entscheidung nachging. Denn im rückblickenden Urteil erscheint bereits der 8. November 1933 als 'dies ater' der Philosophischen Fakultät; was sich erst später so unheilvoll entfaltete, wurde schon
früh und bereitwillig eingeleitet. Bereits bei ihrer ersten Sitzung im Wintersemester dieses verhängnisvollen Jahres nahm die Fakultät „ohne erkennbare Regung,
ohne Widerspruch, ja selbst ohne Bedenken zu äußern, den Erlaß des Kultusministers 'zur Vereinfachung der Hochschulverwaltung' vom 28. Oktober zur
Kenntnis, der ihre sonst eifersüchtig gehüteten, unverzichtbar mit dem Wesen einer wissenschaftlichen Korporation zusammenhängenden Fundamentalrechte beseitigte". Indem sie sich so dem 'Führerprinzip' unterwarf, „hatte sie sich ihre
verbrieften Rechte nehmen lassen", stellt Hübinger fest und fährt ganz unmißverständlich fort: „Sie konnte damit aber nicht der moralischen und politischen Verantwortung für alles entschlüpfen, was künftig aufgrund dieser Tatsache in ihrem
Namen geschehen sollte. Darin liegt ihr Teil Verantwortung für den Entzug von
Thomas Manns 'Dr. phil. h.c.' im Dezember 1936"[18]. Daß diese weltweit beachtete causa als einzigartig gelten kann, ist ohne Zweifel so richtig, wie ihre paradig-
matische Bedeutung darüber nicht verkannt werden darf: Sie liegt darin, daß das
damit verbundene Unrecht – ungeachtet aller Differenzen im einzelnen gegenüber den vielen, lange Zeit namenlos gebliebenen Opfern – weit über e i n e Fakultät auf alle anderen, weit über e i n e Universität auf die Gesamtheit der Hohen Schulen verweist.

Die Verantwortlichen der Bonner Universität, um im spezifischen Untersu-
chungszusammenhang zu verbleiben, allen voran ihr Rektor und der Senat, stellten sich, und zwar unmittelbar nach dem Ende des „Dritten Reiches" im Jahre
1945, auf den eindeutigen Standpunkt, *daß wir das Unrecht der Nazi-Zeit als gesetzwid-*
rig und nicht weiter wirkend betrachten[19].

Daß es inzwischen möglich geworden ist, konkreter zu urteilen und dementsprechend zu handeln, hat mit den zugenommenen Erkenntnissen und der ge-
wachsenen Einsicht, mit der vorangeschrittenen Zeit und ihrem gewandelten
Geist zu tun: Jede Zeit kann nun einmal nur „die Sprache sprechen, die sie versteht", die Dinge verwirklichen, „die sie begriffen hat und wünscht und die die
Mehrheit akzeptiert"[20].

---

18 HÜBINGER, Thomas Mann (wie Anm. 7), S. 316.

19 Universitätsarchiv Bonn, PA 3778 (Personalakte Kahle), Brief des Rektors Professor Dr. Heinrich Konen an Professor Dr. Paul E. Kahle vom 5. Dezember 1945.

20 N. HAMMERSTEIN, Die Johann Wolfgang Goethe-Universität Frankfurt am Main. Von der Stiftungsuniversität zur staatlichen Hochschule, Bd. I: 1914 bis 1950, Neuwied/Frankfurt am Main 1989, S. 581.

In der Öffentlichkeit wird dagegen immer wieder behauptet, daß das, was getan worden ist, nicht ausreiche: Zu spät, zu wenig, zu unentschlossen, lautet der bekannte Vorwurf. Er ist in gewisser Hinsicht erklärbar und bis zu einem gewissen Grad sogar richtig, weil es das Wegsehen, Verschweigen und Vertuschen gegeben hat und gibt. Gleichwohl hat sich die Historiographie von 1945 bis heute auf durchaus intensive Art und Weise mit der Geschichte der Universitäten im „Dritten Reich" beschäftigt. Das ist eine Tatsache, die oftmals aus dem Blickfeld gerät, wenn über Halbherzigkeiten geklagt wird. Das dabei zutage tretende Unbehagen hat aber wohl auch damit zu tun, daß es gar nicht einfach ist, wie Thomas Mann einmal sinngemäß geäußert hat, *es zugleich der Wahrheit und den Leuten recht zu machen*[21], mit anderen Worten: Der verdächtigen Selbstgewißheit und moralischen Rigorosität derjenigen, die als scharf richtende Erben der wieder aufgebauten civitas die böse Vergangenheit nur schwarz und weiß zu malen vermögen, kann Geschichtswissenschaft bei aller Eindeutigkeit ihrer Ablehnung der nationalsozialistischen Diktatur einfach nicht genügen, weil sie andernfalls das Bild vom Gesamten verzerren würde. Das ist beileibe kein Plädoyer dafür, in konturenlosem Grau alle, Schuldige und Unschuldige zumal, verschwimmen und verschwinden zu lassen. Dahinter steht vielmehr die Überzeugung, durch eine kritische, also im eigentlichen Sinne des Wortes unterscheidende Darstellung dessen, was zwar nicht immer, aber doch sehr häufig miteinander verbunden, ja ineinander verstrickt war, die ganze Wirklichkeit zu ergründen. Auf diese Art und Weise vorzugehen, vermag allein zu den gesicherten Resultaten zu führen, die es schließlich erlauben, ganz unzweideutig die einen von den anderen, die Missetäter von den Mißhandelten, abzuheben.

Alles in allem: Die zeitgeschichtlichen Erträge zur Lage der Universitäten im „Dritten Reich" sind ansehnlich, wenn man allein die Auseinandersetzung mit dem einschlägigen Forschungsstand Revue passieren läßt, die Manfred Funke vor fünfzehn Jahren dem Publikum in der Beilage zur Wochenzeitschrift „Das Parlament" vor Augen geführt hat[22]. Daß diese Ergebnisse offenbar nicht in vollem Umfang zur Kenntnis genommen worden sind, mag manche Mahnung erklären. Um nicht mißverstanden zu werden: Noch sehr viel an Feldforschung ist zu tun, bis das „ganze Werk" (Fritz Epstein)[23] über die Universitäten im „Dritten Reich" geschrieben werden kann.

Weit über den speziellen Untersuchungsgegenstand hinaus können Darstellungen zur Geschichte der Universitäten und der Wissenschaften im „Dritten Reich" zudem Voraussetzungen dafür schaffen, daß die verfaßten Bedingungen unseres

---

21 Thomas Mann. Briefe 1948-1955 und Nachlese, hg. v. E. MANN, Frankfurt am Main 1965, S. 117 (Brief an G. W. Zimmermann vom 7. Dezember 1949).

22 M. FUNKE, Universität und Zeitgeist im Dritten Reich. Eine Betrachtung zum politischen Verhalten von Gelehrten. Literaturhinweise zum aktuellen Forschungsstand, in: Aus Politik und Zeitgeschichte, Beilage zur Wochenzeitschrift „Das Parlament" B 12/86 vom 22. März 1986, S. 3-14.

23 Zit. nach HÜBINGER, Thomas Mann (wie Anm. 7), S. 103.

Gemeinwesens nicht in Frage gestellt, sondern gefestigt werden. Denn sie sind in erster Linie dazu geeignet, Bürger gegen totalitäre Versuchungen zu schützen, die nun einmal per definitionem zu einer freiheitlichen, pluralistischen Demokratie gehören. Mit anderen Worten: Menschen sind durch Gesetz und Institutionen davor zu bewahren, über die Maßen leicht, ohne die einen mit den anderen gleichzusetzen, entweder Täter oder Opfer zu werden, und selbst noch das „Davonkommen" mit „Schuld"[24] bezahlen zu müssen.

„Die einzige Art, dem Abgrund zu entrinnen", hat Cesare Pavese uns gelehrt, liegt darin, „ihn zu betrachten, zu messen, auszuloten und hinabzusteigen"[25]. Selbst die niederschmetterndsten Wahrheiten zu erforschen und darzustellen, dient nicht zuletzt dem überlebensnotwendigen Zweck, unsere Wachsamkeit für die Tatsache zu schärfen, daß der Teufel die Bühne stets in anderem Gewand und durch eine andere Tür zu betreten pflegt und sich fast immer als das Attraktive, das Moderne, das Fortschrittliche geriert.

Um stets die Grenze vor Augen zu haben, die über Gedeih und Verderb einer Republik entscheidet, die für die Existenz einer Universität ebenso maßgeblich ist wie für die anderen Einrichtungen des Staates, gilt es daher, sich immer wieder die Warnung des Polybios ins Gedächtnis zu rufen: *Und solange noch welche da sind, die die Gewaltherrschaft der Oligarchen ausgekostet haben, sind sie mit dem augenblicklichen Zustand zufrieden und schätzen Gleichheit und Redefreiheit am höchsten. Wenn aber eine neue Generation heranwächst und die Demokratie den Enkeln übergeben wird, schätzen sie die Errungenschaften der Gleichheit und Redefreiheit nicht mehr hoch, da sie ihnen zur Gewohnheit geworden sind*[26]. Ob uns die Worte des antiken Historikers einleuchten können und ob sie beherzigt werden, ist allein unsere Entscheidung.

---

24 F. DÜRRENMATT, Zur Dramaturgie der Schweiz. Fragment 1968/70, in: DERS., Politik. Essays, Gedichte und Reden, hg. in Zusammenarbeit mit dem Autor, Zürich 1980, S. 69.

25 Zit. nach G. BLÖCKER, Die neuen Wirklichkeiten. Linien und Profile der modernen Literatur, Berlin 1957, S. 112.

26 POLYBIOS, Historien VI, 9, 4f. (deutsche Übersetzung nach der Ausgabe von K. F. EISEN, Stuttgart 1973, S. 16).

FILMWISSENSCHAFT IM NATIONALSOZIALISMUS –
ANSPRUCH UND SCHEITERN

Von Clemens ZIMMERMANN

Film und Kino hatten – neben dem Rundfunk und dem „Einsatz von Bildern und Zeichen" in öffentlichen Inszenierungen[1] – überragende propagandistische Bedeutung für den Nationalsozialismus. Das neue System ließ keinen Zweifel daran, dass die modernen Medien als Hauptmittel der Massenintegration unter Aufsicht von Partei und Staat zu stellen seien. Tatsächlich gelang es dem Ministerium für Volksaufklärung und Propaganda, die während der Weimarer Republik schon systematisierte und zentralisierte Zensur zu perfektionieren, auf die Rekrutierung der Filmschaffenden einen immer weitreichenderen Einfluss auszuüben und allmählich fast die gesamte Filmindustrie durch den Erwerb von Beteiligungen und Zentralisierungsmassnahmen zu kontrollieren. Die Filmkritik, seit 1936 offiziell verboten und durch die Filmbetrachtung ersetzt, musste sich auf eine verhaltene Schreibpraxis und auf Andeutungen zwischen den Zeilen zurückziehen[2]. Einen Teil der Filmbesetzungen entschied Goebbels selbst, der die Dreifachrolle eines obersten Filmbeamten, eifrigsten Kinoförderers und kompetentesten Cineasten besetzte. Die intendierte Steuerung[3] von Produktion und Distribution von Berlin aus, das gleichzeitige Agieren auf verschiedenen Handlungsebenen von der Durchsicht eines Skripts bis zur Vorführung im entlegenen Dorf stellte für das Ministerium eine komplexe Aufgabe dar. Es gehört zu den unzähligen Paradoxien des Nationalsozialismus, dass Goebbels und seine engsten Mitarbeiter sie sich selbst zutrauten. Sie mussten ständig über das internationale und nationale Filmgeschehen Bescheid wissen, um die Filmproduktion auch künstlerisch in die richtigen Bahnen zu lenken. Ebenso war eine präzise Kenntnis des natio-

---

1 H.-U. THAMER, Geschichte und Propaganda. Kulturhistorische Ausstellungen in der NS-Zeit, in: Geschichte und Gesellschaft 24 (1998), S. 349-381, hier S. 349.

2 H. J. KLIESCH, Die Film- und Theaterkritik im NS-Staat, phil. Diss. (masch.) Berlin 1957. Es fehlt an einer neueren Untersuchung zum Thema, insbesondere zur etwas ketzerischen Frage, ob die beibehaltene Praxis der Filmkritik etwa in der Frankfurter Zeitung einen Informations- und Interpretationspool darstellte, die akademische Filmforschung teilweise kompensierte.

3 Es ist offensichtlich, dass viele Propagandamaßnahmen ihr Ziel verfehlten. Es war nicht möglich, die deutsche Bevölkerung über den wahren Kriegsverlauf zu täuschen; vgl. u. a. W. V. ARNOLD, The Illusion of Victory: Fascist Propaganda and the Second World War, New York 1998; auch z. B. die zunächst recht erfolgreiche Politik eines Kinos für das Land scheiterte letztlich an kriegsbedingten Schwierigkeiten und der Logik eines autonomen Zuschauerhorizontes, vgl. C. ZIMMERMANN, Bauern im Kino, in: ASozG 41 (2001). Dennoch ist es offensichtlich, dass die Medienpolitik der Nationalsozialisten die Bevölkerung bei zahlreichen Gelegenheiten kurzfristig beeindruckte und NS-Medien nachhaltig das Bild des und die Tradierung von Nationalsozialismus prägten.

nalen und internationalen Publikumsgeschmacks nützlich, um den gewünschten ökonomischen Erfolg realisieren zu können. Das Goebbel´sche Ministerium, in Berlin als Filmhauptstadt mit ihren Kinos und einer einschlägigen Szene gut platziert, war auf kontinuierliche Recherche und Beobachtung insbesondere der Märkte, der amerikanischen Konkurrenzprodukte, vor allem der Publikumsreaktionen und des Publikumsgeschmacks angewiesen; Gespräche mit Fachleuten oder informelle Meinungszonen reichten nicht[4]. Freilich war es fraglich, wie weit dazu eine wissenschaftlich fundierte Begleitforschung, der Aufbau eines Think-Tanks über Film- und Kinopolitik und eine nur an Universitäten zu leistende, systematische Reflexion und Evaluation der Filmpolitik und ihrer Ergebnisse nötig und politisch zweckmäßig waren. Die bisherige Filmpublizistik, die mehr oder minder wild wucherte und im Niveau sehr unterschiedlich Kino, Film und Stars thematisierte, konnte die nötigen Grundlagen nicht bieten und dies legte zumindest eine Professionalisierung der Filmforschung nahe – wo auch immer sie geschehen mochte[5].

Ebenso musste mit der Machtübernahme und angesichts der offenkundigen Relevanz von „massen"wirksamen Medien für das neue System sowie durch die immer ausgeprägtere Wechselbeziehung zwischen deutscher Wissenschaft und nationalsozialistischer Führung[6] die Frage einer systematisierten Film- und Medienwissenschaft auf die universitäre Agenda geraten. Im folgenden soll verfolgt werden, warum die Strömung, die an den Universitäten eine fundierte Film- und Kinoforschung etablieren wollte, letzten Endes scheitern sollte, obwohl ihre Anliegen prinzipiell höchst opportun waren. Insofern geht es hier nicht nur um einen Beitrag zur internen Wissenschaftsgeschichte eines Faches Medien- und Filmwissenschaft, sondern um die Perspektivierung des Verhältnisses von Wissenschaften und Politik im Nationalsozialismus generell.

Die Forderung nach einer als Subdisziplin organisierten „Filmwissenschaft" wurde erstmals 1932 in der Greifswalder Antrittsvorlesung des Medientheoretikers Hans Traub[7] erhoben und von diesem sowohl in der Film-Fachpresse

---

4　Über Foren des Films und die Kontakte zwischen Politik und Kinowelt gibt es keine systematische Studie, vgl. einstweilen F. MOELLER, Der Filmminister. Goebbels und der Film im Dritten Reich, Berlin 1998.

5　H. TRAUB/H. W. LAVIES, Das deutsche Filmschrifttum, Leipzig 1940. Die einschlägige Filmbibliographie von Hans Traub und Hanns Wilhelm Lavies verzeichnet für 1896-1939 2318 Publikationen, darunter etwa 2/5 in den dreißiger Jahren, das entspracht ca. 90 Titeln pro Jahr. In der Mehrzahl handelte es sich um Schriften für den praktischen Gebrauch, zu rechtlichen oder kinopraktischen Materien, dazu kamen Glossen, filmpolitische und –propagandistische Schriften und Veröffentlichungen über Kinotechnik, Schmalfilm und die Eigenheiten verschiedener Genres.

6　Vgl. die Beiträge auf einer Berliner Konferenz über Wissenschaften und Wissenschaftspolitik – Interaktionen, Kontinuitäten und Bruchzonen vom späten Kaiserreich bis zur frühen Bundesrepublik, erscheint Stuttgart 2001; einstweilen http://hsozkult.geschichte.hu-berlin.de/beitrag/tagber/wisspol.htm.

7　Hans Traub hatte Geschichte und Literaturgeschichte studiert und war unter Martin Mohr 1926 an das Deutsche Institut für Zeitungskunde gekommen. Auch unter Emil Dovifat festangestellter Mitarbeiter, war Traub 1934-37 als Kolumnist für Radio und Film in der einschlägigen Fachzeitschrift

wie im einschlägigen akademischen Fachorgan, der „Zeitungswissenschaft", publiziert. In dieselbe Richtung zielte ein Beitrag des Rundfunktheoretikers und -journalisten Gerhard Eckert[8].

Traub war Assistent in Emil Dovifats[9] großem Berliner Zeitungswissenschaftlichen Institut, wo auch Eckert von 1937 bis 1942 eine Anstellung erhielt. Dovifat, der führende Fachwissenschaftler[10], stand hinter diesen Vorschlägen. Dazu kam die Unterstützung durch den evangelischen Publizistikwissenschaftler an der Theologischen Fakultät der Berliner Universität, August Hinderer[11], der Form und Wirkung des Films zentral in der akademischen Lehre behandelt sehen wollte und der bereits in seiner aufs Praktische zielenden Lehrtätigkeit kontinuierlich Film und Filmsoziologie aufgriff[12]. Dazu kam Hinderers offensiv und hartnäckig in Richtung einer „Filmkunde" drängender Assistent Hermann Meyer[13]. Diese artikulationsfähige Gruppe lag allerdings

„Zeitungswissenschaft" zuständig. Mit dem Filmmanager und -publizisten Oskar Kalbus publizierte er zeitgleich mit seiner Programmschrift „Der Film als politisches Machtmittel" (München 1933) die „Wege zum Deutschen Institut für Filmkunde" (Berlin 1933). Erstere Schrift, halb wissenschaftlich-essayistisch, halb programmatisch und politisch-normativ, behandelt vor allem die verschiedenen Filmgenres im Hinblick auf den erzählenden Charakter von Film und dessen stilistische Mittel wie Montage, aber auch den künftig zu erwartenden Konflikt zwischen explizitem *Propaganda-Spielfilm* und *grundlegende(r) Funktion des Kinos . . . : die Unterhaltung* (S. 29). Eine weitere Programmschriften war „Zeitung, Film, Rundfunk. Die Notwendigkeit ihrer einheitlichen Betrachtung" (Berlin 1933), wo Traub insbesondere begründete, warum Medienforschung einerseits auf eine gemeinsame Grundlage gestellt sein müsse, die in der gemeinsamen „Sprache" der Medien wurzele, und andererseits doch nicht Einzelmedienforschung von der „Empfänger"seite her entbehrlich sei. Vgl. außerdem: Sinn und Aufgabe der Zeitungswissenschaft, in: Preußische Jahrbücher 240, H. 1 (1935), S. 44-53. Traubs Energie und außerordentlichen programmatischen Talente hätten ihm eine weitere Karriere sichern können, wenn nicht 1935 „entdeckt" worden wäre, dass er so genannter Vierteljude war. Dies führte dazu, dass er 1937 seine akademischen Ämter in Berlin und Greifswald aufgeben musste. Danach konnte Traub als wissenschaftlicher Leiter der Ufa-Lehrschau nur noch als Privatperson publizieren; vgl. F. BIERMANN, Hans Traub (1901-1943), in: A. KUTSCH (Hg.), Zeitungswissenschaftler im Dritten Reich, Köln 1984, S. 45-80.

8   Dessen bedeutendste Einzelarbeit ist seine literaturgeschichtlich und medienwissenschaftlich orientierte Dissertation über „Die Gestaltung eines literarischen Stoffes in Tonfilm und Hörspiel" (Berlin 1936). Zu Eckerts medientheoretischem Ansatz vgl. F. BIERMANN/D. REUß, Gerhard Eckert (geb. 1912), in: KUTSCH, Zeitungswissenschaftler (wie Anm. 7), S. 245-280.

9   Zu Dovifats Ansatz einer normativen Publizistik vgl. L. HACHMEISTER, Theoretische Publizistik. Studien zur Geschichte der Kommunikationswissenschaft in Deutschland, Berlin 1987, S. 79-129; B. SÖSEMANN (Hg.), Emil Dovifat. Studien und Dokumente zu Leben und Werk, Berlin 1998. Zur Geschichte des Deutschen Instituts für Zeitungskunde vor 1933 und zu den Anfängen der Karriere des an der Friedrich-Wilhelms-Universität Berlin unerwünscht Berufenen und im Institut seit 1928 als Direktor fungierenden Dovifats vgl. J. HEUSER, Zeitungswissenschaft als Standespolitik. Martin Mohr und das „Deutsche Institut für Zeitungskunde" in Berlin, Münster 1991, S. 299.

10   Vgl. E. DOVIFAT, Die Erweiterung der zeitungskundlichen zur allgemein-publizistischen Lehre und Forschung, in: Zeitungswissenschaft 9 (1934), S. 12-20.

11   Vgl. A. HINDERER, Film und Rundfunk als Objekt der Wissenschaft, in: Zeitungswissenschaft 9 (1934), S. 20-23; W. SCHWARZ, August Hinderer, Leben und Werk, Stuttgart 1951, v. a. S. 121-125.

12   Vgl. die Liste seiner Lehrveranstaltungen 1931-35 bei HEUSER, Zeitungswissenschaft als Standespolitik (wie Anm. 9), S. 429.

13   H. MEYER, Grundsätzliche Bemerkungen zur Film-, Rundfunk- und Propagandakunde, in: Zeitungswissenschaft 9 (1934), S. 202-211.

politisch kaum auf Linie: am ehesten noch Traub, den man als Deutsch-Nationalen bezeichnen kann, Hinderer war jedoch ein Vorkämpfer der Bekennenden Kirche, Dovifat, der insgesamt die Bedrängnisse einer akademischen Karriere im NS-System geschickt meisterte und diese nahtlos in der Bundesrepublik fortsetzte, hatte sich zunächst durch seine Zentrumsnähe so suspekt gemacht, dass er 1934 am Rand des Berufsverbots stand[14].

Ihrem Selbstverständnis nach ging es dieser gemäßigten Modernisierergruppe trotz aller Zugeständnisse, man wolle sich am Nutzen der Forschung für die Erhellung der Beeinflussbarkeit der Massen orientieren, um solide akademische Projekte und um die Beibehaltung der autonomen Position der involvierten Institute.

Eine zweite radikal-modernistische Gruppe, federführend der Nationalsozialist Hans A. Münster[15], wollte ebenfalls die „Zeitungswissenschaft" in Richtung der „Publizistik" erweitern, verband dies jedoch mit der emphatischen Bejahung des politisch-instrumentellen Charakters der künftigen Medienwirkungsforschung und mit der Intention, prononcierte empirische Methoden der Feldforschung anzuwenden. Dadurch distanzierte sich diese Gruppe sowohl vom akademischen Selbstverständnis des Faches wie vom Übergewicht schriftlicher Quellenforschung in der Zeitungswissenschaft[16].

Drittens gab es die Angehörigen der bis etwa 1941 dominierenden, fachlich traditionalistischen, politisch bürgerlich-nationalen Gegengruppe, die sich als journalistisch engagierte Historiker verstanden und als Analytiker nur eines Objekts, der Zeitung (und verwandter Printmedien wie den Zeitschriften). Die Traditionalisten wollten die ungefestigte Disziplin „Zeitungswissenschaft" unter diesem Namen weiterführen, bekannten sich zwar ebenfalls zur Wirkungsforschung, machten dazu aber keinerlei Anstalten. Vielmehr öffneten sie ihre Disziplin für berufsbezogene Zwecke insofern, als die Zeitungswissenschaft die Funktion einer speziellen Wissenschaftspropädeutik des nunmehr ebenfalls reglementierten und instrumentalisierten Journalistenberufs übernehmen sollte. Die Traditionalisten arrangierten sich mit dem Reichsverband der Deutschen Zeitungsverleger, für den wiederum die Disziplin als geeigneter, relativ parteiferner Bündnispartner erschien. Diese Mehrheitsgruppe der zeitungswis-

---

14 HEUSER, Zeitungswissenschaft als Standespolitik (wie Anm. 9), S. 306.

15 Hans Amandus Münster war wie Traub 1901 geboren und ein Jahr später als dieser, 1927, ans Berliner Institut gekommen und wurde dort mit „Zeitungsrecht" und „Zeitung und Umwelt" befasst. In dieser Aufgabe deuten sich schon spätere Schwerpunkte an, denn unter „Umwelt" wurde das „Verhältnis der Zeitung zu ihrem Leser, zur Gesellschaft und zum Staat" verstanden. 1934 erhielt er – unhabilitiert – den Leipziger Lehrstuhl für Zeitungswissenschaft. Zur „Leipziger Schule", der dort formulierten zeichentheoretischen, aber zu primitiven „Theorie der Publizistik" und dem Versuch einer Publizistik als „Führungsmittel" vgl. HACHMEISTER, Theoretische Publizistik (wie Anm. 9), S. 42-68, der aber die Forschungspraxis dortselbst unterschätzt.

16 Vgl. generell K. KOSZYK, Zeitungskunde in der Weimarer Republik, in: H. FÜNFGELD/C. MAST (Hg.), Massenkommunikation, Opladen 1997, S. 29-49.

senschaftlichen Professoren in Deutschland, darunter der eher vorsichtig agie-
rende Karl d'Ester in München, wurde durch Walther Heide[17] formiert, repräsentiert und zusammengehalten. Ihm gelang es durch die Gründung eines
Fachverbandes, des „Deutschen Zeitungswissenschaftlichen Verbandes"
(DZV) unter seiner Präsidentschaft, durch taktische Kontakte zum Ministerium und durch Förderung der akademischen Karriere des berüchtigten SS-
Medien-und Gegnerforschers Alfred E. Six sowohl die innovativen medienwissenschaftlichen Methoden abzuwehren als auch die Lehrpläne der einzelnen Institute und deren Forschungsaktivitäten auf das Hauptobjekt Zeitung
einzuengen. Tatsächlich wurde die Zeitungswissenschaft durch ihre im Schrift-
leitergesetz verankerten berufsqualifizierenden oder genauer berufsvorberei-
tenden Aufgaben[18] als Fach bestätigt. Die örtlichen Sektionen des DZV unterstützten den Konnex zwischen „Zeitungskunde" und praktischem Journalis-
mus. Mancher Doktorand mag hier Kontakte zum künftigen Arbeitgeber geknüpft haben. Heide unterhielt engen Kontakt zu alten Kollegen, die im Ministerium saßen und nahm auch Einfluss auf die Vergabe der Zuschüsse aus
Berlin, ohne die insbesondere die kleineren zeitungswissenschaftlichen Institute nicht hätten existieren können[19]. 1937 konnte Heide endlich die *Auseinandersetzung mit den Gegnern unserer Disziplin* als beendet erklären. Gemeint waren
die fachinternen Gegner. Das Bündnis zwischen „Disziplin" und „Pressemann"
schien zu stehen, freilich taten in Wirklichkeit die Zeitungsverleger alles, um
den DZV aus der praktischen Journalistenausbildung, das heißt aus den Redaktionen, herauszuhalten[20].

   Die Vehemenz, mit der die Traditionalisten das Ansinnen ablehnten, die
Zeitungswissenschaft in eine multimediale Publizistikkunde[21] mit besonderem

17 Heide war zunächst hoher Pressefunktionär bei der Reichsregierung und Mitherausgeber der „Zei-
    tungswissenschaft". 1933 wurde er in das Präsidium der Reichspressekammer berufen, in die die
    bisherigen Berufs- und Fachverbände inkorporiert waren, sowie Präsident des von ihm organisierten
    Deutschen Zeitungswissenschaftlichen Verbands. Am 10. Juli 1933 führte Heide bei einem Vortrag
    in Freiburg aus: *Die Zeitungswissenschaft* habe ... *die neue Zeit* ... *mit vorbereitet.* Sie ... *brauche also nur
    fortzusetzen, was sie begonnen habe,* sie betreibe von jeher solide Forschung und Lehre und nun auch Be-
    rufsbildung. Heides Machtstellung ergab sich auch durch seine alten Kontakte zur Ministerialbüro-
    kratie. Unter seinen Kontakten war der mit dem in Heidelberg 1936 habilitierten Zeitungswissen-
    schaftler und SS-"Gegnerforscher" F. A. Six am wichtigsten, vgl. Zeitungswissenschaft 9 (1934),
    S. 378f., 513f.; L. HACHMEISTER, Der Gegnerforscher. Die Karriere des SS-Führers Franz Alfred
    Six, München 1998, S. 169-213.
18 O. GROTH, Die Geschichte der deutschen Zeitungswissenschaft, München 1948, S. 337. Das zei-
    tungswissenschaftliches Studium wurde seit dem 19.12.1933 zu einem halben Jahr auf die formali-
    sierte Ausbildung zum Schriftleiterberuf angerechnet. Eine Doktordissertation in diesem Fach (die
    nicht allzu schwer zu haben war) stellte eine Berufseingangsprüfung dar, selbst wenn dies formal
    nicht zwingend war.
19 Vgl. BIERMANN, Traub (wie Anm. 7), S. 49; HEUSER, Zeitungswissenschaft als Standespolitik (wie
    Anm. 9), S. 341.
20 Zeitungswissenschaft 12 (1937), S. 501.
21 H. MÜNSTER, Die drei Aufgaben der deutschen Zeitungswissenschaft, in: Zeitungswissenschaft 9
    (1934), S. 241-249. Einen guten Überblick zu den Positionen Münsters bietet G. MONTGOMERY,

Akzent auf eine akademisierte Filmwissenschaft umzuwandeln, versteht sich jedoch nicht allein als Konfliktfeld von „Titel und Stelle"[22]. Abwehrhaltung und aggressive Tonlage ergaben sich ebenso aus Verunsicherung der Zeitungswissenschaftler über die eigene fachliche Identität angesichts des ungeklärten Verhältnisses zu anderen akademischen Fächern[23]. Die Zeitungswissenschaft besaß nämlich keine klare theoretische und methodische Grundlage, „die allein den Anspruch auf Anerkennung als selbständige Wissenschaft hätte rechtfertigen können"[24]. Um so prekärer mussten die Versuche sein, über die Etablierung einer „Filmwissenschaft" und einer „Rundfunkwissenschaft"[25] als Subdisziplinen und darüber hinaus gar durch eine multimediale theoretische Fundierung in Richtung strukturalistischer und sprachwissenschaftlicher Ansätze das Fach grundlegend zu transformieren. Ein Eindringen sozialwissenschaftlicher Zugänge, selbst die reichlich abstruse Zeichentheorie Münsters, die Forderung nach einer Forschung, in der Zeitungen nur noch ein Medium unter vielen gewesen wären, und die konsequente Perspektivierung der Erkenntnisinteressen auf die lenkende Einflussnahme von Medien innerhalb eines als „Masse" vorgestellten Publikums[26] mussten die auf individualisierte historische Form- und Inhaltsanalysen fixierten und politisch mühsam lavierenden Fachvertreter verunsichern[27].

Andererseits war die von mehreren Seiten her in Angriff genommene Filmwissenschaft – sei es als eigenes Fach oder als Teil neuer „Publizistik" – doch nicht völlig ohne Voraussetzungen. Seit 1910 hatten sich etwa 100 Dissertationen mit Film und Kino beschäftigt, allerdings mehrheitlich außerhalb der Zeitungswissenschaft. Es handelte sich vor allem um juristische Doktorarbeiten zum Thema Filmrecht, um naturwissenschaftliche Arbeiten zu den Grund-

The Language of All Mass Media: Multi-Media Propaganda Theory in Germany, 1933-1945, in: T. GOEBEL (Hg.), Before Television: Mass Media, Political Cultures, and the Public Sphere in Western Europe and the United States, 1900-1950, erscheint in der Cambridge University Press 2000/1.

22 Vgl. P. BOURDIEU u. a., Titel und Stelle. Über die Reproduktion sozialer Macht, Frankfurt am Main 1981.

23 Dazu H. REIMANN, Die Anfänge der Kommunikationsforschung. Entstehungsbedingungen und gemeinsame europäisch-amerikanische Entwicklungslinien im Spannungsfeld von Soziologie und Zeitungswissenschaft, in: M. KAASE/W. SCHULZ, (Hg.), Massenkommunikation. Theorien, Methoden, Befunde, Opladen 1989, S. 28-45.

24 GROTH, Zeitungswissenschaft (wie Anm. 18), S. 332.

25 A. KUTSCH, Rundfunkwissenschaft im Dritten Reich. Geschichte des Instituts für Rundfunkwissenschaft der Universität Freiburg, München 1985.

26 W. JOUSSEN, Massen und Kommunikation: zur soziologischen Kritik der Wirkungsforschung, Weinheim 1990, S. 71f.

27 Eine solche Öffnung (und eine Abkehr von jeglicher politischer Funktionalisierung von Wissenschaft) forderte anlässlich einer studentischen Vortragsreihe Max Baumann, Hauptschriftleiter des Hamburger Tageblattes, Lehrbeauftragter für Zeitungswissenschaft an der Hamburger Universität (Der Kampf um die Zeitungswissenschaft, Hamburg 1943): *Es muss ihr* [der Zeitungswissenschaft] *ankommen auf historisch und psychologisch erfüllte Begriffe . . . Auch diese Begriffe stehen freilich immer noch in einer historischen und daher nicht umkehrbaren Reihe* (S. 19).

lagen der Filmtechnik und -perzeption und um Schriften wirtschaftswissen-
schaftlicher und ästhetischer Ausrichtung. Auch fanden filmwissenschaftlich
relevante Lehrveranstaltungen statt. Zu nennen sind neben Dovifat und Hinderer der Kunsthistoriker Konrad Lange (Tübingen)[28] sowie die prominenten
Theaterwissenschaftler Karl Niessen[29] (Köln) und Artur Kutscher (München).
Freilich fehlte es, soweit ersichtlich, völlig am Dialog zwischen den beteiligten
Wissenschaftlern. Auffallend ist, dass Film- und Kinogeschichte gegenüber
gegenwartsbezogenen Themen so gut wie nicht betrieben wurden, auch aus
der Prämisse heraus, diese Gegenstände seien zu neuartig dafür. Erst 1944
nannte Hermann Meyer in einem letzten Zukunftsentwurf die Film- und Kinogeschichte als wichtige Bestandteile des Projekts Filmwissenschaft[30].

Bei Hans Traub standen vornehmlich der Mangel an interdisziplinärer Orientierung von Medienstudien wie der Versuch ihrer theoretischen Fundierung
argumentativ im Mittelpunkt. Seine Forderung nach „Filmwissenschaft" geht
von einer Einzelmedientheorie aus, das Medium Film soll aber in Bezug mit
den Elementen und der Struktur anderer Medien behandelt werden. Unter
Anlehnung an die formale Soziologie Georg Simmels und Leopold von Wie-
ses zielt Traubs Filmtheorie auch auf die Figuration Film und Publikum, allerdings auf der Grundlage inhärenter medialer Eigenschaften und nicht mit der
Konsequenz, empirische Zuschauer- und Wirkungsforschung zu betreiben
und auf den Rezeptionsort Kino einzugehen[31]. Im Kern war dies ein kommu-
nikationstheoretisches Modell, bei dem aber die Bedeutung des so genannten
Empfängers vage blieb. Ebenso löste sich Traub nicht vom dinglichen Ansatz
der meisten Zeitungswissenschaftler insofern, als er den sozialen Raum der
Kommunikationsprozesse aussparte, wie ihn Ernst Manheim genau zur gleichen Zeit konzipierte[32]. Disziplinäres Fundament ist für Traub ein zeichen-
theoretischer Ansatz: Der Film sei ein neues globales Medium, eine universelle
„Sprache", die sich fundamental von verschriftlichter Kommunikation unter-
scheide. Deswegen könne nicht allein die Literaturwissenschaft für ihn zu-

28 Vgl. K. LANGE, Nationale Kinoreform, München 1918; Ders., das Kino in Gegenwart und Zukunft,
    Stuttgart 1920. Lange war Ordinarius für Kunstgeschichte in Tübingen und verband kunstästheti-
    sche, medienethische und -politische Interessen, wie sie in der Kinoreformbewegung vor und nach
    dem Ersten Weltkrieg generiert wurden. Diese lief auf ein Programm der Versittlichung des Films
    mit der Utopie der Disziplinierung jugendlicher Filmbesucher zusammen.

29 Verfasser einer obskuren, aber politisch passenden nationalistischen Schrift: Der „Film", eine unab-
    hängige deutsche Erfindung, Emsdetten 1934.

30 Neben der „Lehre vom Gebilde Film" und einer „Soziologie des Filmwesens"; Feldpostbrief
    „Filmwissenschaft, hg. v. H. MEYER (Leiter der Gau-Arbeitsgemeinschaft Filmwissenschaft) und O.
    KRAFT (Gau-Studentenführer), Berlin 1944, S. 2.

31 BIERMANN, Traub (wie Anm. 7), v. a. S. 51f., 59-62.

32 E. MANHEIM, Aufklärung und öffentliche Meinung. Studien zur Soziologie der Öffentlichkeit im 18.
    Jahrhundert, hg. von N. SCHINDLER, Stuttgart 1979 (Originalausgabe u. d. T. Die Träger der öffent-
    lichen Meinung, Brünn 1933). Siehe H. TRAUB, Film und Rundfunk in der Zeitungswissenschaft, in:
    Zeitungswissenschaft 9 (1934), S. 152-159.

ständig sein, sondern auch sprachwissenschaftliche und andere Zugänge sollten einbezogen werden. Traubs Einsicht, dass es sich beim Film um ein globales Medium mit ebenso globalen strukturellen Merkmalen handele, widersprach freilich den zeitgenössischen Bemühungen um eine an „Art" und
„Volk" kreisende Bilddramaturgie; dieses Manko suchte er mit kryptischen
Hinweisen auf die Wiedergewinnung „volkhaften" Filmschaffens zu kompensieren[33].

Für Filmwissenschaft, so die optimistische Deutung des an einem Wendepunkt seiner akademischen Karriere stehenden Traubs, bestehe gesellschaftlicher Bedarf und diese weise bereits eine akademische Tradition auf: *Film und
Universität haben in den letzten Jahren zum erstenmal engere Fühlung genommen. Man
wundert sich nicht mehr darüber, daß in Seminaren, Vorlesungen und Laboratorien*[34] *der
Film eingezogen ist*[35]. Traub wollte die Filmstudien aus den verstreuten disziplinären Zusammenhängen lösen und sie in die Zeitungswissenschaft einoder sie doch dieser als Subdisziplin angliedern. Außerdem plädierte er für die
Schaffung einer Filmakademie, um die berufliche Vor- und Ausbildung sämtlicher Filmschaffender vom Kameramann über den Skriptschreiber bis zum
Regisseur zu professionalisieren, zwar getrennt von der Universität, aber in
engem Bezug zu ihr. Traub wollte gerade die Wissenschaft keineswegs der
Ausbildungsfunktion subsumieren, sie aber ins praktische Feld einbringen.
Traub formulierte sehr offensiv, *die Art, wie Film und Rundfunk in unser Arbeitsgebiet aufgenommen werden, entscheidet über die Lebensberechtigung der Zeitungswissenschaft*[36]. Aber diese Einschätzung lag falsch, denn die Zeitungswissenschaft
prosperierte institutionell auch ohne methodisch-theoretische Innovationen
und Traub selbst wurde als so genannter Vierteljude 1937 kaltgestellt[37].

Gerhard Eckert[38] unterschied sich von Traub insofern, als er in mehreren
Fachpublikationen und ebenfalls in der Filmpresse den Charakter einer institutionell gesonderten interdisziplinären Filmwissenschaft betonte. Dieser Vorschlag minderte zwar einerseits die Konflikte mit den Zeitungswissenschaftlern, andererseits muss man die Frage stellen, wer denn der Träger der neuen
Forschungsaktivitäten hätte sein sollen. *Es fehlt an einer umfassenden Betrachtung,*

---

33 Zu „Volk" und „Volkstum" als historiografische bzw. zeitgenössische Kategorien vgl. W.
    OBERKRONE, Volksgeschichte. Methodische Innovation und völkische Ideologisierung in der deutschen Geschichtswissenschaft 1918-1945, Göttingen 1993; W. SCHULZE/O. G. OEXLE, Deutsche
    Historiker im Nationalsozialismus, Frankfurt am Main 1999.

34 Gemeint waren film- und kinobezogene praktische Forschungsarbeiten an technischen Fakultäten.

35 H. TRAUB, Film und Universität, in: Film-Kurier, 16.5.1935 (Leitartikel).

36 TRAUB, Film und Rundfunk (wie Anm. 32), hier S. 153.

37 H.-J. KUDRAß, Carl Schneider (1905-1940), in: A. KUTSCH (Hg.), Zeitungswissenschaftler im Dritten
    Reich, Köln 1984, S. 81-126, hier S. 103-107, 110-113; Zeitungswissenschaft 9 (1934), S. 265.

38 Vgl. G. ECKERT, Presse und Rundfunk, in: Zeitungswissenschaft 9 (1934), S. 193-202; Ders., Presse
    und Film, in: Ebd., S. 385-392; Ders., Hörspiel und Schmalfilm. Vom Werden, Wesen und Zukunft
    des Hörspiels, Berlin 1939.

die den Film als Zusammenwirken geistiger, wirtschaftlicher und technischer Faktoren untersucht, ihre Beziehungen feststellt und daraus Folgerungen für die Praxis zieht[39]. Ausgangspunkt für einen solchen durch ständige Klärung von „Wechselbeziehungen" zielenden Ansatz war für den gelernten Literaturwissenschaftler Eckert zunächst die Literaturgeschichte, die neben den technischen, sozialen und wirtschaftlichen Bedingungen der Filmproduktion dann zentral auf eine Einzelproduktanalyse zusteuern solle. Eckert interessierten inhaltliche Bezüge etwa zwischen einzelnen Filmen und einzelnen literarischen Vorbildern, insofern nahm er moderne Filmanalyse ein Stück weit voraus, Eckert war außerdem historischer orientiert als der reine Strukturalist Traub. Eine Präzisierung des Stellenwerts von Film- und Kinogeschichte fehlte allerdings, auch heute ist freilich der Stellenwert von Filmgeschichte für Filmanalyse nicht scharf umrissen. Eckert machte sich auch Gedanken über Praxisorientierung: In einem künftigen Universitätsfach „Filmwissenschaft" sollten zwar beispielsweise die Kalkulation und Vermarktung von Filmen behandelt werden, nicht aber künftige Filmemacher und Filmjournalisten ausgebildet werden. Dies lief auf eine Trennung von Akademie- und Universitätsbetrieb hinaus. Die politische Relevanz der künftigen Filmwissenschaft schien durch das Argument gesichert, auch die „Wirkung" des Mediums auf das Publikum solle geklärt werden. Für Film-Wirkungsanalysen war aber kein Grundlagenkonzept erarbeitet – man beachte, dass die US-amerikanische Forschung, die hier am weitesten war, dieses Problem mittels labormäßiger behavioristischer Studien in Angriff nahm, die aber der Komplexität subjektiver Medienwirkung nicht im entferntesten gerecht wurden. Es hätte weitergeführt, an die Praxis der Publikumsbefragungen aus der Weimarer Republik in kontrollierter Form anzuknüpfen. Doch erstens lehnte Eckert demoskopische Methoden ab[40], zweitens fehlte es an Handlungswissen, das emigrierte Soziologen wie Paul Lazarsfeld in den USA erheblich vermehrten, und drittens und vor allem hätte empirische Rezipientenforschung eine öffentliche Befragungspraxis erfordert und womöglich Ergebnisse hervorgebracht, die im nationalsozialistischen Deutschland äußerst unerwünscht und brisant waren. Vergleichsweise trat im Rundfunkbereich 1933 *an die Stelle der empirischen Hörerforschung die sicherheitsdienstliche Erkundung der Hörermeinung,* das heißt die „Technik der teilnehmenden Beobachtung" ersetzte hier innerhalb eines hierarchisch gestuften Systems die Befragungstechnik[41].

August Hinderer schließlich wollte die Charakteristik jedes Mediums und ihre „Wirkungskomponenten" im sozialen Kontext identifizieren. Auch dies hätte die Zeitungswissenschaft zur soziologisch und historisch relativ offenen

39 Film-Kurier, 26.10.1933.

40 G. ECKERT, Der Rundfunk als Führungsmittel, Heidelberg 1941, S. 225.

41 H. BESSLER, Hörer- und Zuschauerforschung, München 1980, S. 34f. Zur Rezipienten- und Wirkungsforschung in den USA JOUSSEN (wie Anm. 26), S. 82-87.

„Publizistik" ausgeweitet[42]. Hinderer hatte aber nur ein winziges Institut zur Verfügung, von der Durchführung eigener Forschungsvorhaben war er praktisch ausgeschlossen.

Insgesamt bot die Argumentation der drei Autoren konstruktive Ansatzpunkte für eine ästhetisch, soziologisch und strukturalistisch orientierte, wenn auch historisch, wissenssoziologisch und kommunikationstheoretisch unterbelichtete Einzel- und Multimedienforschung. Dass das theoretische Problem multidisziplinärer Zugriffe auf den Objektbereich nicht genügend reflektiert war, sollte man nicht allzu kritisch beurteilen, denn dieses Problem – etwa die Frage einer Einigung auf gemeinsame Schlüsselereignisse und -begriffe – harrt auch heute einer Lösung.

Die theoretischen Vorschläge brachen sich insgesamt, wie noch näher auszuführen sein wird, an den Verhältnissen, aber es vermehrten sich in den dreißiger Jahren die filmwissenschaftlichen Einzelveranstaltungen in verschiedenen akademischen Fächern. Im Berliner Institut begann Traub damit, ein Filmarchiv aufzubauen, 1935/6 wurde hier eine neu konzipierte Abteilung für Film und Rundfunk in seiner Verantwortung gegründet, außerdem hielt er, bis 1934 zusammen mit Münster, Mittelkurse für Filmkunde ab, ebenso wie Dovifat Vorlesungen zu Film und Rundfunk.

Die studentische Fachschaftsarbeit trug erheblich dazu bei, das Thema Filmwissenschaft als eine Art Bedrohung der traditionellen Zeitungswissenschaftler präsent sein zu lassen. Immer wieder veranstalteten studentische Arbeitsgruppen Vorträge auf diesem Gebiet – und erhöhten so den Legitimationsdruck für das Fach, wie ja insgesamt die Reichsstudentenführung und der Reichsdozentenbund zu den Kräften gehörten, die die herkömmliche Autonomie nicht nur der zeitungswissenschaftlichen Professuren durch die Lancierung neuer, ideologisierter Leistungskriterien und Projekte praktischer Medienarbeit tatkräftig untergruben[43].

Eine besondere Situation entstand in Leipzig, wo Münster auf Betreiben Heides noch 1936 eine 1934 gegründete Abteilung für Film und Rundfunk hatte schließen müssen, sich jedoch mit den Studenten verbündete: zum ersten durch die Beteiligung einer studentischen Arbeitsgruppe am Reichsberufswettkampf 1937, der zur Erarbeitung einer Medienwirkungsstudie in einem „Grenzdorf" führte, zum zweiten durch die Förderung einer studentischen Filmarbeitsgemeinschaft[44], die zum Beispiel im Januar 1938 zwei Vorträge or-

---

42 A. HINDERER, Film und Rundfunk als Objekt der Wissenschaft. Die Publizistik und die Zeitungswissenschaft vor neuen Aufgaben, in: Zeitungswissenschaft 9 (1934), S. 20-23.

43 Dazu u. a. HACHMEISTER, Theoretische Publizistik (wie Anm. 9), S. 58-60; Film-Kurier, 28.4.1939, 23.5.1939.

44 Film-Kurier, 27.1.1938. Weitere studentische Initiativen bestanden v. a. an der Humboldt-Universität mit Schwerpunkt auf Filmpropaganda, „Filmwissenschaft" und selbständige Schmalfilmproduktion als Übungsfeld. 1939 wurde in der Reichsstudentenführung ein Referat Film unter Ernst Saß eingerichtet, der die Schmalfilmproduktionen der Studenten beaufsichtigen und fördern

ganisierte, einen mit dem Schriftsteller Walter Steinhauer über den „künstlerischen Film", der neue Qualitätsproduktionen wie „Der alte und der junge König" vorstellte, und einen mit J. Wenske von der einschlägig engagierten „Tobis" über das filmpolitisch hoch aktuelle Thema der Vermarktung des abendfüllenden „Kulturfilms"[45]. Im Februar 1938 veranstaltete Münster zusammen mit der Reichsstudentenführung einen so genannten Semesterabschlussappell, bei dem es um die künftige „völkische" Ausrichtung (die nicht definiert wurde) und die methodische Erneuerung einer künftigen Publizistik durchaus in Richtung angewandter Soziologie ging. Beide Seiten hatten das gemeinsame Interesse, eine derart ausgerichtete Forschung an den Universitäten zu halten und nicht etwa an das Propagandaministerium zu verlieren[46].

Allerdings setzte Heide 1937 durch, dass die Medienrubrik Traubs in der „Zeitungswissenschaft" wieder abgeschafft und Film und Rundfunk aus den zentralen Vorlesungen der deutschen zeitungswissenschaftlichen Institute verdrängt wurden (mit Ausnahme Dovifats)[47]. Deshalb sprach der Filmkurier 1938 wieder einmal von einer „kommenden" Filmwissenschaft[48]. Von anderen Fächern war keine Abhilfe zu erwarten: Die Literaturwissenschaftler interessierten sich aufgrund ihrer hochkulturellen Ausrichtung eben nur ausnahmsweise dafür, die Historiker hatten nicht einmal die Wochenschau als Quellengattung erkannt[49], obwohl der Film als Lehrmedium in den Schulen rasch vor-

---

sollte, vgl. H. MEYER, Erstmalig Filmarbeit auf dem Reichsstudententag, in: Film-Kurier, 23.5.1939.

45 Die bedeutende Kulturfilmproduktion stellt ein noch weitgehend unaufgearbeitetes film- und kinogeschichtliches Thema dar. Beim abendfüllenden Kulturfilm ging es um die Entwicklung eines (exportfähigen) spezifisch deutschen Produkts.

46 K. RAU, Studentische Aufgaben in der Zeitungswissenschaft, in: Zeitungswissenschaft und Publizistik, Berlin 1938, S. 5-13, der zum „Vorstoß" in dieser Sache aufrief, allerdings einräumen musste, dass die organisatorischen Voraussetzungen für eine Machtübernahme durch die „Front der nationalsozialistischen Studenten" nicht vorhanden waren.

47 Vgl. die Dokumentation der Berliner Lehrveranstaltungen bei HEUSER, Zeitungswissenschaft als Standespolitik (wie Anm. 9), S. 402-407.

48 Film-Kurier, 27.1.1938. Für das Wintersemester 1934/35 lassen sich u. a. ermitteln: In Berlin am Institut Dovifats dieser und Hans Traub über „Gegenwartsfragen deutscher Filmarbeit"; am Seminar für Publizistik das Seminar von August Hinderer/Hermann Meyer über „Allgemeine Filmkunde. Entstehung, Struktur und Technik des Films mit praktischen Untersuchungen" sowie J. Eggert (Spezialist für Tonfilm) über Reproduktionstechnik; in München am zeitungswissenschaftlichen Institut hielt der Assistent Fischer einen „Lehrkurs Film" ab; in Greifswald las Traub über Photographie und Film und hielt mit PD Dr. Sommer über „Die künstlerischen Möglichkeiten des Films" ein Seminar ab; in Köln bot Carl Niessen ein Seminar über „Theater- und Filmkritik" an; vgl. H. MEYER, Die Film-, Rundfunk- und Propagandakunde in den Disziplinen deutscher Universitäten, in: Zeitungswissenschaft 9 (1934), S. 38ff., 85ff., 230ff.

49 Man beachte, dass noch bei B. A. RUSINEK/V. ACKERMANN/J. ENGELBRECHT (Hg.), Einführung in die Interpretation historischer Quellen, Schwerpunkt: Neuzeit, Paderborn 1992 sowohl dokumentarische wie narrative Filmquellen ausgespart werden. Wie ein Kommentar dazu liest sich die Bemerkung von M. FERRO, Der Film als „Gegenanalyse" der Gesellschaft, in: Schrift und Materie der Geschichte, Frankfurt am Main 1977, S. 247-271, hier 251: „Die Geschichtswissenschaft hat sich gewandelt, aber noch immer ist dem Film der Zutritt zu ihrem Laboratorium verwehrt. Allerdings gehen ... die ‚kultivierten' Leute ins Kino, auch der Historiker, aber er ist ... wie jedermann nur

gedrungen war (insbesondere in Fachschulen und im Geschichts-, Geographie und Biologieunterricht) und auch in die Universitätslehre ein Stück weit Eingang gefunden hatte. An der Berliner „Deutschen Hochschule für Politik" hielt zwar seit 1936/7 Eberhard Fangauf eine Filmvorlesung, vor allem für den Rundfunk- und Filmnachwuchs, doch die Hochschule wurde mit dem Krieg durch das Auslandswissenschaftliche Institut unter Leitung von Six ersetzt, der fortan Analysen der Feindpublizistik durchführen ließ, aber nicht an Filmthemen interessiert sein konnte[50].

Der Vorschlag Traubs, zur Professionalisierung der Filmtätigen[51] eine Filmakademie zu gründen, wurde 1938 realisiert. Die von Goebbels und der Filmkammer betriebene, luxuriös ausgestattete „Deutsche Filmakademie" nahe der Studiogelände in Babelsberg war neben der praktischen Ausbildung als zentrale Kaderschmiede mit historisch-ideologischer Grundschulung[52] konzipiert. Hier sollte später eine – funktionalisierte und politisierte – Filmwissenschaft besonders zur Perfektionierung des Exportgutes „Kulturfilm" unter direkter Aufsicht Goebbels´ und abseits der Universitäten, die ja dem konkurrierenden Reichserziehungsministerium unterstanden, ihren Platz finden. Insofern waren die Sorgen, dass eine professionalisierte und politisierte „Filmkunde" nicht mehr automatisch universitär domiziliert wäre, durchaus berechtigt[53]. Zunächst wollte Goebbels mit der Filmakademie den filmkünstlerischen Nachwuchs fördern, doch musste er sie kriegsbedingt Anfang 1940 einstellen[54].

In der akademischen Lehre blieb Filmwissenschaft zwar vereinzelt, aber doch bis Kriegsende existent. Die technischen Fächer behandelten ihre spezifischen Themen[55] und die drei theaterwissenschaftlichen Seminare in München, Köln und Wien schenkten dem Film einige Aufmerksamkeit. Die zei-

---

Zuschauer". Inzwischen entfaltete sich allerdings ein immenses Feld sozial- und kulturgeschichtlicher Medienanalyse; vgl. J. REQUATE, Öffentlichkeit und Medien als Gegenstände historischer Analyse, in: Geschichte und Gesellschaft 25 (1999), S. 5-32; K. HICKETHIER, Zwischen Gutenberg-Galaxis und Bilder-Universum. Medien als neues Paradigma, Welt zu erklären, in: Ebd., S. 146-171.

50 KUTSCH, Rundfunk (wie Anm. 25), S. 349.

51 Vgl. W. P., Wie steht es mit der Filmkunde?, in: Film-Kurier, 4.11.1938; H. M., Die Filmwissenschaft im Sommersemester 1939, in: Film-Kurier, 28.4.1939.

52 J. WULF (Hg.), Theater und Film im Dritten Reich. Eine Dokumentation, Frankfurt am Main/Berlin/Wien 1983, S. 334ff.

53 W. MÜLLER-SCHEID, Aufgaben und Ziele der Deutschen Filmakademie, in: Jahrbuch der Reichsfilmkammer 1939, Berlin 1939; Deutsche Filmakademie mit dem Arbeitsinstitut für Kulturfilmschaffen, Babelsberg Ufastadt 1938 (mit zahlr. Abb.).

54 Da auch die Jahrbücher der Reichsfilmkammer eingestellt waren, existierte jetzt nur noch die ästhetisch orientierte und gut aufgemachte Filmzeitschrift „Der Deutsche Film", die, obwohl im Besitz des Ministeriums, eine Filmdiskussion simulierte – ohne wissenschaftlichen Anspruch allerdings; Der Deutsche Film. Die künstlerische Fachzeitschrift für Filmkunst, Filmwirtschaft und Filmtechnik, 1. Jahrgang 1936ff.; Jahrbuch der Reichsfilmkammer z. B. 1937, mit Beiträgen über Filmtechnik, Filmdistribution, Exportstrategien und Filmpolitik.

55 Die Technischen Universitäten in Berlin, Dresden, München und Wien und die Universitäten Bonn und Rostock boten filmtechnische Seminare an.

tungswissenschaftlichen Institute beschränkten die Behandlung von Film auf einen Teil der Einführungsvorlesungen und auf Übungen, Traub und Dovifat gingen weiter[56]. Trotz der begrenzten institutionellen Basis für „Filmwissenschaft" kamen an den Universitäten relevante Dissertationen zustande, 1934-1941 sind 104 filmbezogene Promotionsarbeiten zu verzeichnen, was einer Verdoppelung des Interesses gegenüber der Weimarer Republik entspricht, und noch bis zum April 1945 wurde im Fach der Zeitungswissenschaft promoviert. Neben den bekannten Routinearbeiten aus den juristischen Fakultäten handelte es sich vielfach um gut recherchierte Abhandlungen etwa über die Ertragsrechnung der Filmwirtschaft, deren Exportchancen und Konzentrationsbewegung. Einige Studien suchten die ästhetischen Eigengesetzlichkeiten der Kinogenres zu klären. An Münsters Institut entstand mit Alfred Schmidt, Publizistik im Dorf, eine äußerst bemerkenswerte multimediale Rezeptionsstudie[57]. Insgesamt fällt auf, dass weiterhin Film- und Kinogeschichte so gut wie nicht betrieben wurde[58].

Die Machtstellung Heides erodierte etwa 1941. Nach heftigen internen Kämpfen, die bei beklemmenden Dozentenlagern ausbrachen, einigten sich die beiden antagonistischen Gruppen unter Heide und Münster schließlich 1942 auf die Kompromissformel: *Zeitungswissenschaft befaßt sich in Forschung und Lehre mit der gesamten Presse sowie mit der Nachrichtenpublizistik, d. h. mit dem Einsatz der Nachrichten in allen ihren Darbietungsformen*[59]. Eine Umsetzung dieser Formel hätte fortan der Filmwissenschaft erhebliche Spielräume gegeben, wenn jetzt nicht ein zeitungswissenschaftliches Institut nach dem anderen dem Bombenhagel zum Opfer gefallen wäre; einmal abgesehen von dem durch die Vertreibungspolitik verursachten Mangel an innovativen, theoriefähigen Wissen-

---

56 Für das SS 1941 sind im Altreich und im ehemaligen Österreich an elf Hochschulen filmbezogene Lehrveranstaltungen nachzuweisen, meist mit technisch-naturwissenschaftlicher Ausrichtung: für das WS 1942/43 an 17; im SS 1943 an 13, im WS 1943/44 an 16, im SS 1944 noch an 11; vgl. Film-Kurier, 1.7.1941; 9.2.1943; 29.7.1943; 1.2.1944; 21.7.1944.

57 A. SCHMIDT, Publizistik im Dorf, Dresden 1939, zum Film und zum dörflichen Kinobesuch S. 151-187; solche Studien konnten seit Kriegsbeginn nicht mehr durchgeführt werden, nun versuchte man in Leipzig wieder, von den Produkten selbst auszugehen und also von „Inhalten" auf „Wirkungen" zu schließen; nicht ganz niveaulos, aber kategorial unbefriedigend E. RETSCHLAG-ZIMMERMANN, Geschichtliche Entwicklung und Bedeutung des Problemfilms, phil. Diss. (masch.) Leipzig 1944.

58 Sie lassen sich nach folgenden Fachgebieten aufteilen: Juristische Themen: 26; Wirtschaftswissenschaftliche Themen: 14; Naturwissenschaftliche und technische Themen: 29; Publizistische Themen: 17 (darunter historische Arbeiten: 2); Soziologische Themen: 3; Theaterwissenschaftliche Themen: 5; Andere Themen, v. a. filmästhetische und literaturwissenschaftliche: 10. Regionale Schwerpunkte waren die Universitäten Leipzig mit 16, Berlin mit 13, Heidelberg und Breslau mit je 10 Arbeiten, nach: H. MEYER, Die Film-Dissertationen 1934-1941, in: Film-Kurier 16.6.1941. Vgl. auch W. URICCHIO, German University Dissertations with Motion Picture Related Topics: 1910-1945, in: Historical Journal of Film, Radio and Television 7 (1987), S. 175-190. Eine eingehende Analyse des Ertrags der filmwissenschaftlichen Anstrengungen können diese Angaben natürlich nicht ersetzen.

59 B. MAORO/D. NEUGEBAUER, Hubert Max (1909-1945), in: A. KUTSCH, Zeitungswissenschaftler (wie Anm. 7), S. 127-165.

schaftlern. Wie sich zeigte, gab es im Nationalsozialismus filmwissenschaftliche Denkansätze und Publikationen, die trans- und interdisziplinäre Positionen verfochten. Sicherlich, die meisten Filmstudien der Jahre 1933-1945 waren konventionell auf den Begriffs- und Interpretationsrahmen ihrer jeweiligen Fächer festgelegt, ohne kreative Anstöße eines offenen Kinodiskurses verarmten diese wissenschaftlichen Arbeiten. Auffällig ist ferner, dass die zeitgenössische Fachliteratur schwieg von dem, was uns heute als bemerkenswerte Neuerung von Film und Kino im Nationalsozialismus erscheint, ihr avancierter und verallgemeinerter Event- und Unterhaltungscharakter[60]. Einige Male wurden herausragende Ergebnisse erzielt wie Alfred Schmidts Dorfstudie oder Fritz Hipplers Entwurf einer NS-konformen Dokumentarfilmtheorie[61].

Es ging verschiedenen Kräften darum, einerseits Filmwissenschaft als Disziplin zu begründen und andererseits disziplinäre Zuständigkeiten zu überschreiten. Diese Ansätze konnten sich weder entfalten noch wurden sie nach dem Ende des Krieges fortgesetzt, sie gingen für die erst in den siebziger Jahren wirklich einsetzende Neuformierung der Filmwissenschaft verloren. Ein Grund hierfür ist, dass die politisch völlig diskreditierte Zeitungswissenschaft 1945 institutionell abbrach (bis auf Dovifat, der relativ rasch wieder an der FU lehrte), und als sie in den fünfziger Jahren als Publizistik wieder erstand, war Film weiterhin nur ein Randthema für sie[62], während sich in den theaterwissenschaftlichen Instituten offensichtlich die auf Film bezogenen Interessen fortsetzten. Die heutige Film- und Medienwissenschaft entstand dann außerhalb der publizistischen Institute und weiterhin in verstreuter Weise. Nach einem Forschungsbericht von 1991 werden so genannte „Filmanalysen" heute in zahlreichen Institutionen und Fachrichtungen betrieben, in Universitäten und Kunsthochschulen, von Literatur- und Theaterwissenschaftlern, Musik- und Kunstwissenschaftlern, Historikern, Soziologen und Erziehungswissenschaftlern. Keineswegs gibt es ein einheitliches Methodenverständnis, es geht um so unterschiedliche Ansätze wie „Protokoll und Transkript, Rekonstruktion und Dokumentation, Interpretation und Analyse, filmische(n) und kulturelle(n) Code, ... Produktionsästhetik und Filmerlebnis", Konstruktion und Dekonstruktion[63]. Wichtige Neuerung der späten siebziger Jahre war die Aufwertung historischer Dimensionen, danach aber kam es zu einem Übergewicht von Filmtheorie und Filmsemiotik. Man kann sich auch heute nicht entschei-

---

60 Einige Ansätze in den Essays von H. TRAUB, Film als politisches Machtmittel (wie Anm. 7), S. 5f. und bei P. v. WERDER, Trugbild und Wirklichkeit im Film. Aufgaben des Films im Umbruch der Zeit, Leipzig 1941, der aber bezeichnenderweise auf die Gewinnung von Handlungsnormen zielte.

61 H.-J. BRANDT, NS-Filmtheorie und dokumentarische Praxis: Hippler, Noldan, Junghans, Tübingen 1987.

62 H. BOHRMANN, Zur Geschichte des Faches Kommunikationswissenschaft seit 1945, in: FÜNF-GELD/MAST, Massenkommunikation (wie Anm. 16), S. 51-67.

63 H. KREUZER, Vorwort, in: H. KORTE/W. FAULSTICH (Hg.), Filmanalyse interdisziplinär, Göttingen 1991², S. 7f., hier 7.

den, ob man wie schon Traub eher auf eine allgemeine Medienanalyse oder wie Eckert auf spezielle Produktanalyse hinausmöchte, und neben einigen auf Integration der Zugänge orientierten medienwissenschaftlichen Instituten werden doch die meisten Forschungsarbeiten in Nischen größerer Fächer verfasst[64]. Kurzum es besteht ein ausgefächerter Methodenpluralismus und eine hohe Diversität der Erkenntnisinteressen, die Multidisziplinarität und integrative Zugänge zu Film und Kino erschweren, ebenso wie fachlicher Traditionalismus und polykratische Herrschaftsstruktur des Nationalsozialismus die Ausbildung von Interdisziplinarität verunmöglichten. Die materiellen, kommunikativen, kulturellen und politischen Rahmenbedingungen sind heute für die akademische Erforschung von Film und Kino zwar ungleich günstiger als im Nationalsozialismus und in der Nachkriegszeit, jetzt aber hat man es mit einer ausgeprägten Autonomisierung der Erkenntnisinteressen zu tun.

---

64 W. FAULSTICH, Kleine Geschichte der „Filmanalyse" in Deutschland, in: Ebd., S. 9-14.

NEUNZEHNHUNDERTACHTUNDSECHZIG –
IM BILD EINES ZEITGENOSSEN
VON DER ANDEREN SEITE

Von Adolf LAUFS

DAS ZAHLWORT STEHT NICHT für ein Ereignis oder mehrere Begebenheiten eines einzigen Jahres, sondern für einen vielschichtigen kulturgeschichtlichen Prozeß, der hauptsächlich in der Literatur, in Universitäten, auf öffentlichen Straßen und Plätzen stattfand und der durchaus revolutionäre Züge trug[1]: Das Aufbrechen einer großen manifesten Unzufriedenheit mit dem Staat und der Gesellschaft, „das vielleicht merkwürdigste und beunruhigendste Phänomen der letzten Jahrzehnte", wie der Praeceptor Germaniae Theodor Eschenburg urteilte[2]. Die Jahreszahl bezeichnet eine gewaltige Protestbewegung in der westlichen Welt, deren deutsche Wurzeln in die Zeit zwischen Währungsreform (1948) und Auschwitz-Prozeß (1963-1965) zurückreichen: in eine Periode gesellschafts- und kulturgeschichtlichen Umbruchs, gekennzeichnet durch Westernization, Amerikanisierung, Demokratisierung. Peter Schneiders Novelle Lenz (1973)[3] beschreibt die Gemütslage der Protestgeneration, die sich im Wirtschaftswunderland mit seiner zivilisatorischen Modernität fremd fühlt. „Die Modernitätskultur der fünfziger Jahre wie die Protestkultur der späten sechziger Jahre waren die zwei Seiten einer Medaille" (Hermann Glaser)[4]. Viele pragmatisch aufgewachsene, historisch unzulänglich gebildete, in der langen Adenauer-Epoche politisch gelangweilte Jugendliche kämpften an gegen die Konvention, oft genug aggressiv und narzistisch, farbig und chaotisch, in herausfordernd alternativer Kleidung, mitunter auch schamlos und obszön. An Stichwortgebern fehlte es nicht: Die Frankfurter Schule von Horkheimer und Adorno und einzelne Intellektuelle, wie Herbert Marcuse mit seinem „Versuch

---

1   An allgemeiner Literatur vgl. I. GILCHER-HOLTEY (Hg.), 1968 – Vom Ereignis zum Gegenstand der Geschichtswissenschaft, Göttingen 1998; W. KRAUSHAAR, 1968 als Mythos, Chiffre und Zäsur, Hamburg 2000 (mit Literaturbericht und Bibliographie); DERS., 1968. Das Jahr, das alles verändert hat, München u. a. 1998; A. LAUFS, Die Universitäten – Beständigkeit und Wandel, in: M. SCHAAB (Hg.), 40 Jahre Baden-Württemberg. Aufbau und Gestaltung 1952-1992, Stuttgart 1992, S. 529-555; K. MEHNERT, Jugend im Zeitbruch, Stuttgart 1976; R. MOHR/D. COHN-BENDIT, 1968. Die letzte Revolution, die noch nichts vom Ozonloch wußte, Berlin 1988; B. RABEHL, National-revolutionäres Denken im antiautoritären Lager der Radikalopposition von 1961 bis 1980 – Denkverbote, in: Mitteilungen der Gesellschaft für Kulturwissenschaft, Juni 1999, S. 14-22.

2   TH. ESCHENBURG, Letzten Endes meine ich doch. Erinnerungen 1933-1999, Berlin 2000, S. 241.

3   P. SCHNEIDER, Lenz. Eine Erzählung, Berlin 1974, die 1. Aufl. erschien 1973.

4   H. GLASER, Deutsche Kultur. Ein historischer Überblick von 1945 bis zur Gegenwart, Bonn 1997, S. 312.

über die Befreiung" und seinen Studien zur Ideologie der fortgeschrittenen Industriegesellschaft: „Der eindimensionale Mensch", wirkten über Verlage wie Suhrkamp und Rowohlt in die Breite. Das Nachrichtenmagazin „Der Spiegel" und die Zeitschrift „konkret" prangerten Mißstände an und schürten ein allgemeines Mißtrauen gegen die Staatsgewalt. Im Schatten des Vietnam-Kriegs verloren die Bonner Regierung der Großen Koalition (1966-1969), überhaupt das Establishment und die unter Hitler schuldig gewordenen Väter in den Augen vieler junger Leute ihre Glaubwürdigkeit. In den wachsenden Emanzipations- und Partizipationsbedürfnissen steckten durchaus auch die Gewissensnöte junger Leute, die sich nicht in die Ungerechtigkeiten der kapitalistischen Welt verstricken lassen wollten, auch ein gesellschaftlicher Tätigkeitsdrang, wie er sich etwa bei den Rote-Punkt-Aktionen zeigte, mit denen Studenten leuchtenden Auges ihre Straßenbahnblockaden gegen Fahrpreiserhöhungen flankierten.

Die Außerparlamentarische Opposition (APO) war getragen und begleitet von einer Fülle kritischer Literatur. Eine Ausstellung des Deutschen Literaturarchivs in Verbindung mit dem Germanistischen Seminar der Universität Heidelberg und dem Deutschen Rundfunkarchiv im Schiller-Nationalmuseum Marbach am Neckar hat drei Jahrzehnte später die Zusammenhänge zwischen Literatur und Studentenbewegung, aber auch das Spannungsfeld eindrucksvoll dokumentiert: den „Gegensatz zwischen einer ästhetisch eher abstinenten, von politischer Rigidität getragenen Seite und einer ästhetisch üppigeren, auf der sich die Beteiligten Mühe geben, die Grenzen zwischen Aktion und Kunst, etwa im Happening, zwischen Phantasie und Erlebnis, etwa im Drogenrausch, zwischen gegenbürgerlicher Subkultur und den hohen Ansprüchen literarischer Moderne, etwa in Leslie A. Fiedlers ‚case for postmodernism' aufzuheben" (Vorwort des Katalogs)[5]. In Bernward Vespers 1969 bis 1971 geschriebenem, erst 1977 mit großem Erfolg veröffentlichen Romanessay „Die Reise"[6] treten dem Leser die Ereignisse und Stimmungen der Protestjahre in drastischen und träumerischen Szenen, die seelische Zerrissenheit und die durch Drogen gesteigerte Selbsterfahrung des Autors auf beklemmende Weise entgegen. Der Sohn eines nationalsozialistischen Dichters und Lebensgefährte der Pfarrerstochter und späteren Terroristin Gudrun Ensslin endete nach „selbstzerstörerischem Wirbel und Wahn" (Heinrich Böll)[7] 1971 in der totalen Verweigerung im Selbsttode. Ein anderes Zeugnis von gleichfalls literarischem Rang, das die intellektuelle und emotionale Disposition der Achtundsechziger-Generation zwischen dem Erleben suggestiver Demonstration und noch nicht

5   R. BENTZ u. a., Protest. Literatur um 1968. Ausstellung und Katalog, Marbach 1998 (Marbacher Kataloge 51), S. 7.

6   B. VESPER, Die Reise. Romanessay. Ausgabe letzter Hand, Reinbek 1983, 1995.

7   H. BÖLL, in: BENTZ (wie Anm. 5), S. 443 (in „konkret" 1977).

beherrschter Sexualität spiegelt, ist die Erzählung von Friedrich Christian Delius: „Amerikahaus und der Tanz um die Frauen"[8].

Die Studentenbewegung brachte die Neue oder Zweite Frauenbewegung hervor, die in vielem dem Vorbild der amerikanischen „women's lib", deren Organisations- und Aktionsformen folgte. Zahlreiche amerikanische Texte erschienen in deutschen Übersetzungen. Auch auf dem Feld der Frauenemanzipation mit seinen Frauenbuchläden, eigenen Handbüchern, Leitschriften und Flugblättern und seinen antiautoritären Kinderläden erfolgte der Bruch mit überlieferten Konventionen im Kampf gegen die bürgerliche Familie, für die Straffreiheit der Abtreibung, gegen die schwerwiegenden Nebenwirkungen der ersten Serien von Kontrazeptiva. Der Feminismus mit seinen verschiedenen Spielarten hat die Nachkriegsgesellschaft wohl am tiefsten und nachhaltigsten verändert.

Der weltweite enthusiastische Studentenprotest versuchte den Ausbruch aus der überkommenen Welt der Väter, entwarf Gegenbilder und Gegenwerte, verfocht Parlamentarismuskritik und Basisdemokratie: Die Neue Linke widersprach dem Kapitalismus, seiner Konkurrenz, seinem Raubbau an der Natur, seiner Ausbeutung der Dritten Welt, seinen Konsumverlockungen. Letztlich ging es um die Hoffnung, in der Solidarität neuer Gruppen „sich selbst und andere zu befreien", die eigenen „verdrängten Gefühle wiederzuerwecken und in eine möglichst breite Kommunikation mit anderen einzubringen" (Horst E. Richter)[9]. „Die 68er Bewegung hatte nicht von ungefähr eine Affinität zur Psychoanalyse, der Entdeckerin und Auslegerin unbewußter Phantasien. Seit diese Bewegung abgeklungen ist, gibt es kein Unbewußtes mehr, auch die Psychoanalyse siecht dahin. Die Menschen bringen nicht mehr die Kraft auf, sich von einer Utopie, einem Traum ergreifen zu lassen – und aus dieser Ergriffenheit heraus etwas in Bewegung zu bringen" (Günther Bittner)[10]. Die 68er-Bewegung suchte viel mehr nach Emanzipation, Selbstverwirklichung und Partizipation als nach der Befriedigung materieller Bedürfnisse. „Ihre Ziele waren im Gegensatz zu denen klassischer sozialer Bewegungen durch Transmaterialität bestimmt" (Wolfgang Kraushaar)[11].

Aber die Studentenbewegung lebte, wie sich alsbald zeigte, nicht allein von Träumereien und empfindsamer Kommunikation, nicht nur von witzigen Tabubrüchen und Happenings nach Art des von jungen Leuten viel belachten May Spils-Films mit Werner Enke und Uschi Glas „Zur Sache Schätzchen", sondern mehr und mehr von Aktionen, die offene Verletzungen und Rechts-

---

8   F. C. DELIUS, Amerikahaus und der Tanz um die Frauen, Erzählung, Reinbek 1999.

9   H. E. RICHTER, Lernziel Solidarität, Reinbek 1974, S. 18.

10 G. BITTNER, Die Utopie der Befreiung und ihr Scheitern. Ein Rückblick auf die 68er Studentenbewegung, in: Scheidewege. Jahresschrift für skeptisches Denken 28 (1998/99), S. 1-26, hier S. 24.

11 KRAUSHAAR, 1968 als Mythos (wie Anm. 1), S. 341 f.

brüche nicht scheuten. An den Brennpunkten des Geschehens, in Berlin, Frankfurt, Heidelberg, Tübingen, gerieten die Universitäten über die Jahre hin in eine Art von Belagerungszustand mit einer lange nicht abreißenden Serie von Go-ins, Sit-ins, Love-ins, mit Beleidigungen, Körperverletzungen, Nötigungen, Hausfriedensbrüchen zu Lasten der Professoren, anderer Bediensteter und lernwilliger Studierender. In unzähligen Krawallen, die viele Bürger erschreckten, ließen bedenkenlose Gewalttäter den rationalen Diskurs ersticken. Bald steigerten sich die rechtsfeindlichen Aktionen der jungen Leute um Gudrun Ensslin, Andreas Baader und Ulrike Meinhof zum Terrorismus, der nicht nur bei Hilde Domin, der erst 1954 wieder nach Deutschland zurückgekehrten Emigrantin, Assoziationen zum Jahr 1933 weckte, und der die Autorenschaft der Linken spaltete. In einem Brief, den die Marbacher 68er-Ausstellung präsentierte, schrieb die Dichterin 1972 an Jean Améry von der *wild romantischen Verantwortungslosigkeit, Menschen ums Leben zu bringen ...: Ich glaube, unser jüdischer Gerechtigkeitswille sollte hier stoppen. Am Innenhof der Universität Heidelberg steht „zerschlagt dem Frieden die Schnauze". Professoren werden mit „Sie obszönes Stück" angeredet oder auch angeschrien ... Der Weg zur Menschlichkeit führt nicht über die Unmenschlichkeit*[12].

Über die Massenmedien, insbesondere das Fernsehen, erreichten die Wortführer der Studentenbewegung: Rudi Dutschke, der SDS-Vorsitzende Hans-Jürgen Krahl, der französisch-deutsche Studentenfunktionär Daniel Cohn-Bendit, mit ihren Megaphon-Appellen und ihren Aktionen ein breites Publikum, ohne daß sie freilich ein schlüssiges revolutionäres Programm hätten vorlegen können. Die Studentenbewegung trug zwar radikal aufrührerische, auch national-revolutionäre Züge insofern, als sie – im Sinne Thomas S. Kuhns – das Paradigma des parlamentarisch-demokratischen, gewaltenteiligen Rechtsstaats nicht mehr billigte: Es schien ihren Verfechtern, „daß die existierenden Institutionen aufgehört haben, den Problemen, die eine teilweise von ihnen selbst geschaffene Umwelt stellt, gerecht zu werden"[13]. Aber zu einem durchdachten alternativen Entwurf gelangten nicht einmal die erklärten Kommunisten, die sich in unterschiedlichen K-Gruppen wechselseitig das Feld streitig machten. Carl Zuckmayer bekannte seinem Briefpartner Karl Barth, ihm habe „das hektische Soziologen-Rotwelsch des Dutschke wenig bedeutet, noch weniger seine Anwendung des Begriffs ‚Revolution', der bei ihm etwas durchaus Zielloses zu haben schien"[14]. Jenseits der marxistischen Ideologie erwiesen sich die Protestierer in ihrer Masse trotz der Intellektualität ihrer Vordenker als programmatisch unbedarft.

---

12 BENTZ (wie Anm. 5), S. 441f.

13 T. S. KUHN, Die Struktur wissenschaftlicher Revolutionen. Zweite revidierte und um das Postskriptum von 1969 ergänzte Aufl., Frankfurt a. M. 1976, S. 104.

14 BENTZ (wie Anm. 5), S. 307.

Vor allem gingen ihnen geschichtliche Kenntnisse und historische Urteilskraft gänzlich ab. Die Errungenschaften der Aufklärung und der französischen Revolution, die Menschen- und Bürgerrechte fanden in den Kampfschriften keinen Platz. *Toute société dans laquelle la garantie des droits n'est pas assurée, ni la separation des pouvoirs déterminée, n'a point de constitution* – dieser Hauptsatz der „Déclaration des droits de l'homme et du citoyen" blieb unbekannt oder vergessen. Der Blick der Manifestanten richtete sich einseitig auf den „militärischindustriellen Komplex" mit seinen übersteigert empfundenen Gefahren für die freiheitlichen Grundrechte der Verfassung, auf Regierungsbürokratien und Großkonzerne, ohne die Leistungen und Möglichkeiten der Parlamente und Gerichte auch nur im geringsten zu erfassen. Die freiheitsverbürgende Spruchpraxis des Bundesverfassungsgerichts blieb ebenso unbeachtet wie die befriedende und beispiellose Leistung des deutschen Sozialstaats. Das konkurrenzlos leistungsfähige westdeutsche System sozialer Sicherheit, das in seinem Kern auf das Bismarck-Reich zurückgeht, vermittelte der bundesrepublikanischen Rechts- und Gesellschaftsordnung hohe Stabilität und Legitimität, gerade auch im Wettbewerb mit den östlichen Zentralplanungswirtschaften. Die Achtundsechziger haben gar nicht erst versucht, sich daran die Zähne auszubrechen. „Die Wirklichkeitsferne der Ideologie, in der sich die Bewegung mit ebenso blindem wie eloquentem Scharfsinn verfing, hat sie im Grunde politikunfähig gemacht" (Graf Kielmansegg)[15].

So dürftig das geistige Fundament der Achtundsechziger, so durchschlagend und einprägsam die Ereignisse ihres großen Jahres! Am Abend des 2. Juni 1967 hatte ein Polizeibeamter in Berlin am Rand einer Demonstration gegen den Besuch des Schahs von Persien den Studenten Benno Ohnesorg erschossen – ein bestürzendes Ereignis, das in mehreren Universitätsstädten zu bisher nicht gekannten emphatischen Massenkundgebungen führte, nachdem schon im Februar 1966 zu Berlin die erste große Demonstration gegen den VietnamKrieg die Öffentlichkeit erregt hatte. Am 9. November 1967 hatten Studenten die Hamburger Rektoratsfeier gestört, indem sie den in das Auditorium maximum einziehenden Ordinarien das sprichwörtlich gewordene Transparent „Unter den Talaren Muff von tausend Jahren" vorangetragen hatten. Die beiden Geschehnisse signalisierten den Beginn der offensiven Phase des studentischen Protestes. 1968 überschlugen sich die Ereignisse. Am 17. und 18. Februar fand in Berlin (West) der Internationale Vietnam-Kongreß statt, auf dem Rudi Dutschke die Weltrevolution ausrief – mit Angriffen auf das SpringerHochhaus und einer Welle von Straßenschlachten an den Ostertagen im Gefolge, als Studenten die Auslieferung von Springer-Zeitungen zu blockieren suchten. Am 2. April legten Baader, Ensslin und andere Mittäter Brandsätze in

---

15 P. Graf Kielmansegg, Nach der Katastrophe. Eine Geschichte des geteilten Deutschland, Berlin 2000, S. 329.

zwei Frankfurter Kaufhäusern, dazu angestoßen wohl durch ein Flugblatt der Berliner Kommunarden Langhans und Teufel, die nach einem Brüsseler Kaufhausbrand mit Hunderten von Toten ein berüchtigtes Flugblatt mit der provozierenden Frage begonnen hatten: „Wann brennen die Berliner Kaufhäuser?". Am 4. April fiel der Führer der amerikanischen Bürgerrechtsbewegung und Friedensnobelpreisträger Martin Luther King einem Mordanschlag zum Opfer. Eine Woche später, am 11. April, verletzte ein Mordanschlag Rudi Dutschke schwer. Die beiden Attentate lösten massive und gewalttätige Proteste aus, die durch die Notstandsgesetzgebung neue Nahrung erhielten. Betriebliche Warnstreiks und Boykottaktionen in Universitäten und am 11. Mai ein Sternmarsch auf Bonn, dazu die mächtigen Erschütterungen des „Pariser" oder „Französischen Mai" im Nachbarland, hielten das öffentliche Leben in Atem. In der Tschechoslowakei erhob sich der „Prager Frühling". In den USA schwollen die Proteste gegen den Krieg in Vietnam an und erreichten im August zu Chicago mit einer ausgedehnten Hippie-Demonstration gegen einen demokratischen Parteikonvent und einem energischen Polizeieinsatz einen weiteren Höhepunkt. Zu schweren Ausschreitungen und Krawallen junger Linksradikaler kam es im September auf der Internationalen Frankfurter Buchmesse. Eine gewaltige Demonstration richtete sich vor der Paulskirche gegen die Verleihung des Friedenspreises an den Staatspräsidenten der Republik Senegal Senghor. An den Unruhen: Krawallen, Polizeieinsätzen und Verhaftung der Rädelsführer drohte der Börsenverein des deutschen Buchhandels auseinander zu brechen. Am 8. November ohrfeigte die deutsch-französische Journalistin Klarsfeld auf dem CDU-Parteitag in der Berliner Kongreßhalle Bundeskanzler Kiesinger unter Bezug auf dessen Mitgliedschaft in der NSDAP mit dem Anwurf „Faschist". Die Wucht dieser und anderer Provokationen vor aller Augen forderte zum Widerspruch heraus, verbreitete allerdings auch Unsicherheit und die Bereitschaft zum Einlenken. Das zeigte sich in den Universitäten, die bereits in einer Krise ihres inneren Gefüges, ja ihrer Identität steckten.

Ein Hauptübel bestand in dem sich entwickelnden Massenbetrieb. Das rasche Größenwachstum der Universitäten erfuhr kräftige Anstöße vornehmlich aus dem deutschen Südwesten. Den Wissenschaftsrat, das Bindeglied zwischen Staat, Wissenschaft und Wirtschaft, auch zwischen Bund und Ländern, beeinflußten bei seinen Vorschlägen für den Ausbau der Hochschulen maßgebend baden-württembergische Rektoren. Um die Jahreswende 1963/64 alarmierte Georg Picht mit seiner Artikelserie in der Wochenzeitung „Christ und Welt" über „die deutsche Bildungskatastrophe" die Öffentlichkeit. Seine These, der Bildungsnotstand führe zum wirtschaftlichen Notstand, trieb die Expansion der Hochschulen ebenso an wie Ralf Dahrendorfs fast gleichzeitige Parole von der Bildung als Bürgerrecht. Zu den Wortführern gehörte ein weiterer baden-württembergischer Professor, der Heidelberger Theologe Wilhelm

Hahn, der seine ebenso dynamische wie dauerhafte Amtszeit als Stuttgarter
Kultusminister 1964 begann.

Der Anteil der Abiturienten an den Altersjahrgängen stieg in Baden-
Württemberg von 6% im Jahr 1960 schon in den beiden folgenden Dezennien
auf mehr als das Dreifache an. Nicht nur die Zahl der Studenten und der Professoren schnellte empor, auch das nachgeordnete wissenschaftliche, technische und verwaltende Personal vermehrte sich stark. Denn die sich ausbreitende Forschung mit ihren kostspieligen Apparaten benötigte Fachkräfte und
auf ihren vielen arbeitsteiligen Feldern nachwachsende Spezialisten und Assistenten. Es etablierte sich ein vordem unbekannter akademischer Mittelbau,
ohne den der Gesamtprozeß von Wissenschaft und Lehre sich immer weniger
aufrechterhalten ließ, dem die überkommene Universitätsverfassung aber keinen angemessenen Platz in der Selbstverwaltung einräumte.

*Die Selbstbeschränkung der Universität auf eine Stätte der reinen und zweckfreien Wis-
senschaft geriet,* wie das Bundesverfassungsgericht in seinem wegweisenden Urteil zum Vorschaltgesetz für ein Niedersächsisches Gesamthochschulgesetz
1973 feststellte, *in ein Spannungsverhältnis zu den Ansprüchen der zunehmend technolo-
gisch organisierten Industriegesellschaft, zu der wachsenden Bedeutung einer wissenschaftlichen Ausbildung für beruflichen Aufstieg und gesellschaftliche Emanzipation, zu der er-
schwerten Studiensituation in der modernen Massenuniversität und zu dem gesteigerten Bedürfnis, die Wissenschaft in den gesellschaftlichen Bereich zu integrieren*[16].

Die meisten Studentinnen und Studenten konnten die Universität nur noch
als anonymen, ihrem Einfluß weithin entzogenen Großbetrieb, nicht mehr als
Körperschaft, als genossenschaftlichen Verband erfahren. Viele sahen sich der
Vereinzelung im Spezialistentum ausgeliefert. Die großen geistigen und gesellschaftlichen Zusammenhänge schienen ihnen verlorenzugehen. Wie die Vertreter des akademischen Mittelbaus forderten studentischen Gruppen Mitbe-
stimmungsrechte. Die Postulate verbanden sich mit nordamerikanischen und
westeuropäischen Protesten gegen „etablierte Wertmaßstäbe", „autoritäre Ge-
sellschaftsordnungen" und „überholte Herrschaftssysteme". Universitäts- und
Gesellschaftskritik flossen zusammen, die Studienreform erschien als Teil einer vielfach radikal gedachten Gesellschaftsreform. Die antiautoritäre Bewegung und außerparlamentarische Opposition mit ihren symbolzertrümmern-
den Provokationen steigerten sich zum Haß gegen die Institutionen und bis zu
gewaltsamen Aktionen.

Mit der Studentenrevolte ging einher eine Wiedergeburt des Marxismus in
verschiedenen Spielarten, eingehüllt in ein verbreitetes, gesteigertes Bedürfnis
nach Heilslehren. Jugendlicher Protest und studentische Rebellion entzünde-
ten sich nicht allein oder gar primär an den Mängeln des alten Hochschulsy-
stems, so mißlich solche auch erscheinen mochten, sie richteten sich auch

16 BVerfGE 35, 79, 109.

nicht zuerst gegen die Universitäten, sondern gegen die etablierten Gewalten und eingespielten Machtverhältnisse, gegen das Gesellschaftsgefüge und die Wertmaßstäbe der modernen westlichen Industrieländer überhaupt, gegen die sich Ho Chi Minh und Che Guevara als Heroen der Befreiungsbewegungen in der Dritten Welt ins Feld führen ließen. An den Hochschulen trat die Bewegung konzentriert und sichtbar hervor. Hier fand sie ihre Wortführer und ihr intellektuelles Instrumentarium, vor allem aber eine Bühne, auf der sich die Revolution eindrucksvoll und wenig behindert in Szene setzen ließ. Unter den Akteuren fanden sich auch Mitmacher und Verführer aus dem Establishment. Die aufgeführten Stücke unterschieden sich von Ort zu Ort, im Grunde aber blieb das Repertoire stets das nämliche. Es trug teils dramatische und tragische Züge, teils solche komödiantischer und operettenhafter Art. Studentische Flugblätter, Wandzeitungen und Sprühdosenparolen, Augenzeugenberichte über Belagerungsszenen, kämpferische Manifeste der Gesellschaftsveränderer und Abschiedsbriefe resignierter Hochschullehrer traten jahrelang vor die Augen der Zeitgenossen, von denen sich nicht wenige kopfschüttelnd an die Umtriebe gewöhnten.

Zu den vernehmlichsten Rufen gehörte der nach Demokratisierung. Die verfassungsmäßige Ordnung des Grundgesetzes geht primär vom demokratischen Prinzip aus. Allerdings bestehen die verschiedensten Ansichten darüber, was der Grundsatz bedeutet. Schon dieser Umstand legt Unterscheidungen beim Umgang mit dem Wort nahe. Die verfassungsrechtlich maßgebende Bedeutung des Begriffs kann nur anhand der konkreten Ausformung der Demokratie durch das Grundgesetz gewonnen werden. Es versteht unter dem freiheitlich-demokratischen Prinzip eine Ordnung, die – wie das Bundesverfassungsgericht formulierte – *unter Ausschluß jeglicher Gewalt- und Willkürherrschaft eine rechtsstaatliche Herrschaftsordnung auf der Grundlage der Selbstbestimmung des Volkes nach dem Willen der jeweiligen Mehrheit und der Freiheit und Gleichheit darstellt. Zu den grundlegenden Prinzipien dieser Ordnung sind mindestens zu rechnen: die Achtung vor den im Grundgesetz konkretisierten Menschenrechten, vor allem vor dem Recht der Persönlichkeit auf Leben und freie Entfaltung, die Volkssouveränität, die Gewaltenteilung, die Verantwortlichkeit der Regierung, die Gesetzmäßigkeit der Verwaltung, die Unabhängigkeit der Gerichte, das Mehrparteienprinzip und die Chancengleichheit für alle politischen Parteien mit dem Recht auf verfassungsmäßige Bildung und Ausübung einer Opposition*[17].

Diesem Demokratie-Begriff entsprachen die verbreiteten Identitätspostulate mit ihrer Forderung nach imperativem Mandat und Räteverfassung durchaus nicht. Der Gedanke einer Identität von Regierenden und Regierten ist schlechterdings nicht zu verwirklichen. Selbst die unmittelbare Demokratie bedeutet Herrschaft der Mehrheit über die Minderheit, also Herrschaft von Menschen über andere Menschen. Die Identifikation eignet sich lediglich dazu, die ver-

---

17 BVerfGE 2,1.

teufelte Realität der Herrschaft von Menschen über andere Menschen zu verdecken oder hinwegzufingieren. Die mit der Identitätsvorstellung ausgefüllte Demokratie dient darum, wie der Staatsrechtler Konrad Hesse formulierte, als *bevorzugtes Mittel, den Widerspruch zwischen abstrakten und utopischen Staats- und Gesellschaftslehren zu überbrücken*[18].

Der Wunsch nach endlicher Herstellung der Identität von Regierenden und Regierten und das Verlangen nach der Abkehr von Repräsentation und Herrschaftsapparatur sind eine in die Utopie flüchtende Antwort auf die vielfache Mediatisierung des Menschen in der Industrie- und Konsumgesellschaft mit ihren schwer durchschaubaren Zusammenhängen und ihren den einzelnen gefangenhaltenden Sachzwängen. Maschinelle Prozesse und technische Organisation vermitteln auch Gefühle der Ohnmacht; einige phantastische Aspekte des zivilisatorischen Fortschritts provozieren den Protest und wecken den Wunsch nach Ausbruch aus dem System. Die Garantien unserer Verfassungsordnung und ihre Möglichkeiten erscheinen unattraktiv, weil sie – wie der Produktionsapparat und die Güter- und Dienstleistungen, die er hervorbringt – das soziale System als Ganzes mit „verkaufen" oder es durchsetzen.

Das Grundgesetz bot in den Augen der Kritiker des Verfassungsgefüges keine Antwort auf ihre Vorwürfe und Fragen. Damit traten erzieherische Versäumnisse auch der Hochschule zutage. Die Demokratie nach dem Modell des Grundgesetzes will als reales Maximum an Freiheit und Gleichheit in der Gemeinschaft, als Mittel der Rationalisierung des politischen Prozesses, als Form der Begrenzung staatlicher Gewalt und nicht zuletzt als – trotz aller Längen! – bester Weg zu notwendigen Erneuerungen vorgelebt und immer wieder erklärt sein. Das setzt freilich die Geduld zu nüchterner und differenzierter Sehweise voraus und auch den Mut, zu sagen, wo die Grenzen des Prinzips liegen.

Den Gemeinwillen stellen die gewählten Repräsentanten des Volkes in Gestalt des Gesetzes fest. Die unbedingte Geltung des Gesetzes in Regierung, Verwaltung und Rechtsprechung soll die Maßgeblichkeit des Volkswillens gewährleisten. Wo im Zeichen der Demokratisierung Angelegenheiten der Allgemeinheit nicht durch die Allgemeinheit, sondern durch sich verselbständigende Einheiten erledigt werden sollen, verliert das Gesetz als Ausfluß des Volkswillens seinen Sinn. *Ein Ministerium*, so treffend ein inzwischen geflügeltes Wort, *in dem die Beamten demokratisch bestimmen, was es macht, ist nicht ein Ministerium einer demokratischen Regierung*[19].

---

18 K. HESSE, Grundzüge des Verfassungsrechts der Bundesrepublik Deutschland, 20. Aufl., Heidelberg 1995, S. 60f. (Neudruck 1999).

19 Zur verfehlten Verteufelung des „Formaljuristischen" treffend R. SPAEMANN, in: Zeitschrift für Rechtspolitik 1970, S. 189f.

Unter diesem Blickwinkel ist auch ein anderes Schlagwort zu sehen: das „politische Mandat" öffentlicher Körperschaften, insbesondere der Universität und ihrer Organe. Jeder Staatsbürger darf und soll in unserem Land seine Meinung frei äußern und sich politisch betätigen. Das baden-württembergische Hochschulgesetz hat der Universität und ihrer Leitung indes kein allgemein-politisches Mandat eingeräumt. Die Universität ist eine Stätte der wissenschaftlichen Forschung und Lehre sowie der beruflichen Vorbereitung und wissenschaftlichen Fortbildung. Im Dienste dieser Aufgaben steht nach dem Willen des Gesetzgebers die akademische Selbstverwaltung, die zu allgemein-politischen Beschlüssen nicht legitimiert ist. Gerade die demokratische Ordnung verlangt die strenge Einhaltung der Zuständigkeit und Verantwortlichkeiten. Es darf nicht jeder Amtsträger oder jedes Selbstverwaltungsorgan zu politischen Fragen von Amts wegen Stellung nehmen. Denn der Staatsbürger will und soll nicht von amtlicher Stelle bevormundet werden.

Fehl ging auch die unter Achtundsechzigern verbreitete Ansicht, bei den Entscheidungsprozessen innerhalb der Universität handele es sich im wesentlichen um den Austrag politischer Ziel- und Interessenkonflikte ihrer Mitglieder. Anders als der Staat oder die Gemeinde bildet die Hochschule keine Körperschaft, die sich selbst verwaltet mit dem Ziel, die vielfältigen Bedürfnisse eines bestimmten Personenkreises zu befriedigen und über deren Rangfolge zu befinden. Ebensowenig kann die Hochschule als freiwilliger Zusammenschluß ihrer Angehörigen zur Vertretung bestimmter Gesinnungen und Teilinteressen gelten. Sie ist vielmehr eine Institution der staatlichen Gemeinschaft und dient den von dieser Gemeinschaft gesetzten Zwecken durch ihre – vom Grundgesetz in ihrer Freiheit geschützte – wissenschaftliche Forschung und Lehre. Die Eigenart dieser Zwecke erfordert freilich einen verhältnismäßig breiten Spielraum innerer Autonomie.

Entscheidungen eigentlich politischen Charakters betreffen nicht die Gruppen der Hochschulangehörigen allein, sondern die Gesellschaft als Ganzes. Sie bedürfen der demokratischen Legitimation, letztlich also gesetzlicher Fundierung durch das Parlament. Die autonome Satzungsgewalt der Hochschulen, die den Universitäten verliehene Rechtsetzungskompetenz, besteht allein kraft Zulassung oder Übertragung durch den Staat und nur in dem durch die Volksvertreter gezogenen Rahmen.

Ohne unangemessene politische Ansprüche und klassenkämpferische Fehlvorstellungen behält die akademische Selbstverwaltung, wozu sie vielfach erst wieder zurückfinden mußte, sachliche Aufgaben, die schwer genug wiegen: die Ergänzung des Lehrkörpers, die Planung und Organisation des Unterrichts, die Bewirtschaftung der von den Parlamenten zugewiesenen öffentlichen Mittel.

Letztlich stand bei den jahrelangen Kämpfen um die innere und äußere Ordnung der Universität die Geltung des Rechts auf dem Spiel, die Vorausset-

zung für die Freiheit der Wissenschaft. So wie der freiheitliche Verfassungsstaat ohne die Wissenschaft nicht leben kann, bleibt umgekehrt die Wissenschaft auf den freiheitlichen Verfassungsstaat angewiesen. Fehlt die Freiheit,
verdorrt die Wissenschaft. Ohne Unabhängigkeit und Unparteilichkeit des
Geistes muß der akademische Betrieb verkümmern.

Bei den Universitätskonflikten, die nicht selten in Gewaltakte und andere
schlimme Rechtsbrüche ausarteten, wobei vor allem die Ereignisse in Heidelberg die Öffentlichkeit beunruhigten und die Landesregierung beschäftigten,
ging es letztlich um den Bestand des Rechtsstaats und der Wissenschaftsfreiheit. Den Verteidigern der gesetzlichen Ordnung in den Universitäten, Verwaltungen und Gerichten wie im Parlament stand die Gefahr ihres Verlustes
stets vor Augen, auch die Bedrohung, die von dem zu Gewalt und Terror entschlossenen harten Kern der studentischen Protestbewegung ausging.

Den Ernst der Lage bezeichnete ein offener Brief, den der baden-württembergische Kultusminister unter dem 2.6.1972 an Hochschullehrer, Lehrer,
Verleger und kulturell Tätige richtete und der mit den folgenden Sätzen begann: *Viele deutsche Städte stehen unter der Drohung linksextremer Gruppen, die durch
Bombenexplosionen ihrer Ablehnung unserer Gesellschaftsordnung und unseres parlamentarisch-demokratischen Staates Ausdruck geben. Das Leben jedes einzelnen ... kann bedroht sein. Die in diesen Wochen die Öffentlichkeit erschreckenden Explosionen und Drohungen kommen nicht von ungefähr, vielmehr sind sie die Verwirklichung des schon vor Jahren von diesen Gruppen in den Universitäten propagierten Programms, ,viele Vietnams' zu
schaffen und die angeblich repressive Gewalt der staatlichen Sicherheitsorgane durch die angeblich legitime Gegengewalt der revolutionären Aktionsgruppen zu brechen. Dies hat die
Mehrheit der Verantwortlichen durch Jahre heruntergespielt. Heute geht das nicht mehr
...* [20]

Nicht wenige Universitäten gerieten durch fortwährende Drohungen, Nötigungen und Gewalttätigkeiten radikaler Aktivisten in einen Zustand jahrelan-
ger innerer Bedrängnis, die einen guten Teil der akademischen Kräfte band.
Sie fehlten bei der anstehenden und unumgänglichen Aufgabe, dem Massen-
andrang gerecht zu werden, ohne den wissenschaftlichen Anspruch zu verraten, und den Erwartungen einer sich schnell verändernden Berufswelt zu entsprechen, ohne die geistigen Grundlagen und Zusammenhänge preiszugeben.
In der Phase des Niedergangs der hohen Schulen schlug die Stunde der Mini-
sterialbürokratien. Sie können wohl als die eigentlichen Gewinner des Ringens
um Hochschulverfassung und Studienreform gelten.

Wer gewissenhaft, sine ira et studio an die Ereignisse der späten sechziger
und siebziger Jahre zurückdenkt oder sich aus den Quellen unterrichtet und
dabei auch die Dokumentationen des „Bundes Freiheit der Wissenschaft" und
die Akten einer wirksamen Justiz auf sich wirken läßt, wird den Verharmlo-

---

20 Vom Verf. zuerst wiedergegeben in dem in Anm. 1 genannten Beitrag, S. 538.

sungen der Krawalle in apologetischen Erinnerungen von Autoren widersprechen, die als Achtundsechziger den Marsch durch die Institutionen mit Erfolg unternommen haben. Zu ihnen gehört auch der Heidelberger ASTA-Vorsitzende des Sommersemesters 1976, der mit seinem einseitigen Bericht sogar eine Berliner Doktorwürde errang. Eike Wolgast hat den bemerkenswerten Vorgang einer berechtigten Kritik unterzogen[21].

Noch scheint die Zeit nicht reif, die Achtundsechziger-Bewegung als kulturellen Prozeß, die Disparatheit ihrer Strömungen umfassend zu beurteilen, Licht und Schatten angemessen zu verteilen. Geistes-, sozial- und rechtsgeschichtliche Studien werden mit zunehmendem Abstand von den Ereignissen noch lohnende Felder finden. Nur dreißig Jahre später lassen sich freilich schon einige Wirkungen ausmachen. Der jugendliche Protest hat den kritischen Sinn auch beim breiten Publikum geschärft, die politische Mündigkeit wie die Bereitschaft zu Bürgerinitiativen gestärkt und bisher vernachlässigte Themen wie die Geschichte des Nationalsozialismus und den Umweltschutz im öffentlichen Bewußtsein gefördert. Der jugendliche Protest hat auf Schwächen und Versäumnisse der Parteien-Demokratie und des Bildungsystems aufmerksam gemacht und Reformbereitschaft geweckt. Aber mit seinen partizipatorischen Projekten für die Universität ist er gescheitert. Die Universität hat sich von ihrer alten Idee, der Karl Jaspers nach dem Zweiten Weltkrieg gültigen Ausdruck gab[22], in manchem zwar ein Stück weit entfernt, indessen nicht so, wie die Wortführer der Studentenbewegung sich diese Abkehr vorstellten: Die Administrierung der Studiengänge hat stark zugenommen. Unterdessen erkaltete die politische Leidenschaft. Der Slogan des Mai: „Ce n'est qu'un début, continuons le combat!", ging schnell verloren; die solidarische Du-Anrede unter Studenten und die Freiheit zu alternativem Lebensstil aber blieben. In der Studentenschaft fehlt es vielfach an Bereitschaft zu politischen Auseinandersetzungen, auch zur Mitarbeit in der akademischen Selbstverwaltung. Während die Verfassung der Gruppenuniversität an Attraktivität selbst bei ihren Befürwortern verlor, gewinnen die zentrale Verwaltung und Kräfte von außerhalb an Macht und Einfluß. Die Studentenschaft erscheint weniger als Vorhut des Volkes, die sie nach dem Willen der Achtundsechziger hatte sein sollen, sondern vielmehr eher als angepaßter Teil der Gesellschaft.

Der Verfasser, 1968 zum Rechtslehrer habilitiert, bekennt, daß die Erinnerung an die Ereignisse und das Bedenken des komplexen Geschehens ihm einen bitteren Nachgeschmack hinterlassen. Der Andrang antiautoritärer Paro-

---

21   E. WOLGAST, Besprechung von Dietrich Hildebrandt, „. . . und die Studenten freuen sich!". Studentenbewegung in Heidelberg 1967-1973, 1991, in: Ruperto Carola 44. Jg. Nr. 85 (1992), S. 194-195; vgl. ferner P. KUSSMAUL u. G. RESS, Bedrohung und Schutz der Individualrechte an der Universität Heidelberg, in: Ruperto Carola 50 (1972), S. 154-173.

22   K. JASPERS, Die Idee der Universität, Ndr. Berlin/Heidelberg 1980, mit einem Geleitwort von A. LAUFS.

len und die Destruktion überlieferter sittlicher Imperative und Lebensge-
wohnheiten verletzten das Selbstbewußtsein vieler Bürger nachhaltig. Viele
wichen zurück. Die verbreitete Verunsicherung fand ihren sichtbaren Ausdruck darin, daß die deutschen Professoren, anders als etwa die französischen,
im allgemeinen ihre Amtsroben fallen ließen, nachdem zwei Mitglieder des
ASTA bei der Hamburger Rektoratsfeier im Auditorium Maximum die alt-
überlieferte Amtstracht und damit deren Träger auf ungerechtfertigte Weise
verhöhnt hatten. Vor diesem Hintergrund will die Wiederaufnahme der Amts-
robe in unseren Tagen als fragwürdig erscheinen.

Die kulturelle Revolution des späten 20. Jahrhunderts, die Hobsbawm so
eindrucksvoll beschreibt und in ihrem Ergebnis „als den Triumph des Individuums über die Gesellschaft" zusammenfaßt[23], wurde durch die 68er-Bewe-
gung mit in Gang gesetzt und beschleunigt. Der Studentenprotest hat den
Wertewandel durch zersetzende Kritik gefördert, ohne daß der Seminarmar-
xismus konstruktive Zeichen gesetzt und tiefe Spuren hinterlassen hätte. Demokratie und Mitbestimmung im Rechtsstaat sind von den Achtundsechzigern
jedenfalls nicht erfunden und auch nicht vorgelebt worden.

(Der Aufsatz ist zum Abschluß gekommen, bevor sich die Debatte an den Lebensläufen prominenter Politiker jüngst neu entzündete).

---

23 E. HOBSBAWM, Das Zeitalter der Extreme. Weltgeschichte des 20. Jahrhunderts, München 3. Aufl.
    1999, S. 420.

RICHTUNGEN JÜDISCHER STUDIEN AN DEUTSCHEN UNIVERSITÄTEN

Von Evyatar FRIESEL

> Das hier untersuchte Thema lag Prof. Wolgast immer am Herzen,
> und ein Ausdruck seines Interesses war seine Beteiligung
> an der Entwicklung der Hochschule für Jüdische Studien in Heidelberg.
> 1990 hatte ich die Gelegenheit, mit ihm einen gemeinsamen Kurs an der Hochschule zu halten,
> und es entwickelte sich eine andauernde Freundschaft zwischen uns.

EINES DER LEITENDEN MOTIVE des neuen Anfangs bei der Bearbeitung der deutsch-jüdischen Geschichte in den fünfziger Jahren war, zum Verständnis der jüdischen Tragödie in Deutschland beizutragen. Dies war die Aufgabe, die sich das 1955 gegründete Leo Baeck Institut gesetzt hatte. Vom jüdischen Standpunkt gesehen, handelte es sich um ein höchst wichtiges Ziel, auch wenn es thematisch (auf die deutsch-jüdische Geschichte) und zeitlich (auf die Neuzeit) begrenzt war. Die Gründer des Leo Baeck Instituts dachten nicht an jüdische Studien in einem breiteren Sinne, die alle Themen und alle Epochen des jüdischen Lebens und Schaffens umfassen würden, wie es später geschah. Auch dachten sie nicht daran, daß solch ein Forschungsprogramm sich in Deutschland entwickeln könnte oder sollte. Von den älteren Erfahrungen beeinflußt, stellten sie sich auch nicht vor, daß deutsche Nicht-Juden sich in wachsender Zahl an dieser weitreichenden intellektuellen Entfaltung beteiligen würden. Noch 1970 fiel es zum Beispiel Max Kreuzberger, einem der Gründer des Leo Baeck Instituts, überhaupt nicht ein, daß deutsche nicht-jüdische Wissenschaftler an einer neuen Entwicklung der jüdischen Studien teilnehmen würden. Sein Blick war ganz konzentriert auf die Aufgaben jüdischer Wissenschaftler[1]. Zehn Jahre später konnte Ismar Schorsch in einem hervorragenden Aufsatz auf die Bedeutung des Erfolges der jüdisch-deutschen Geschichtsschreibung hinweisen, wie sie im Year Book zum Ausdruck gekommen war: Eine geistige Brücke war entstanden zwischen der jüdisch-deutschen Vergangenheit und der Gegenwart, ein großes, bedeutungsvolles Denkmal, von den Überlebenden gebaut und von einer jüngeren Generation weiterhin bearbeitet[2] – aber, wie gesagt, ein Denkmal.

Als Schorsch dies schrieb, war bereits eine neue Entwicklung im Gang: das Anwachsen jüdischer Studien an Universitäten und anderen Forschungsinsti-

---

1   M. KREUZBERGER, The Significance and Tasks of Contemporary German-Jewish Historiography, in: Perspectives of German-Jewish History in the 19th and 20th Century, Jerusalem 1971, S. 89-105.

2   I. SCHORSCH, The Leo Baeck Institute: Continuity amid Desolation, in: Leo Baeck Institute Year Book [im folgenden LBIYB], 25 (1980), S. IX-XII.

tuten in Deutschland, das allmählich höchst bedeutend wurde. Was die Zahl der Kurse, Forschungsprojekte und wissenschaftlichen Veröffentlichungen betrifft, kommt Deutschland heute an dritter Stelle nach Israel und den Vereinigten Staaten. Bei Berücksichtigung der Zahl der nicht-jüdischen Beteiligten an jüdischen Studien – Studenten, Forscher, Professoren sowie eines engagierten allgemeinen Publikums – nimmt Deutschland sogar die erste Stelle ein. Wichtiger noch ist, daß es sich nicht mehr um ein Denkmal handelt, das einer Vergangenheit gewidmet ist, sondern um einen lebenden Ausdruck einer lebenden Gesellschaft mit all den Möglichkeiten und Problemen, die damit verbunden sind.

Diese Entwicklung war ein allmählicher Prozeß. Der 1990 veröffentlichte Band des Jahrbuchs des Leo Baeck Instituts enthielt einen Teil mit dem Titel „Historiographie", der die Perspektive der vergangenen Jahre widerspiegelte. Hier zeichneten sich neue Richtungen der Forschung schon deutlich ab. Die umfangreiche Einführung Reinhard Rürups wies auf das bedeutende Wachstum jüdischer historischer Studien in Deutschland hin, beschäftigte sich aber nicht mit möglichen Meinungsverschiedenheiten, die als Ergebnis einer solchen Entwicklung entstehen konnten. Diese neuen Töne kamen aber in verschiedenen Artikeln zum Ausdruck. Ein allgemeiner Blick über die veröffentlichten Arbeiten ergab ein Bild, das nicht harmonisch aussah und wo sich die Forschungsergebnisse mit wissenschaftlichen Spannungen mischten. So beschrieb zum Beispiel Moshe Zimmermann auf kritische Weise einige der Richtungen in der deutschen Forschung zu deutsch-jüdischen Themen[3]. Zimmermann bezog sich nicht auf die Historiographie des Holocaust, weil diese zur Zeit schon von Gelehrten wie Otto Dov Kulka und anderen behandelt worden war und weil es hier unterschiedliche Meinungen gab[4].

Diese Lage, die am Anfang der neunziger Jahre klar wurde, war im Vergleich zu dem, was 20 Jahre zuvor zu finden war, so verändert, daß kaum noch eine Ähnlichkeit zwischen der früheren und der späteren Realität besteht. Das wissenschaftliche Interesse an jüdischen Themen ist in Deutschland in den neunziger Jahren mit großer Intensität aufgeblüht. Die 1991 gegründete Wissenschaftliche Arbeitsgemeinschaft des Leo Baeck Instituts in Deutschland organisiert jährliche Seminare, an denen sich junge promovierende deutsche Wissenschaftler beteiligen. Auf dem Seminar des Jahres 1998, das in Jerusalem stattfand, teilte der Vorsitzende (Reinhard Rürup) mit, daß bisher 119 Forschungsprojekte in jüdischer Geschichte und Kultur in Deutschland bei den

---

3   M. ZIMMERMANN, Jewish History and Jewish Historiography. A Challenge to Contemporary German Historiography", in: LBIYB 35(1990), S. 35-36.

4   Siehe die Aufsätze von D. O. KULKA, CHR. R. BROWNING und H. MOMMSEN bei der Yad Vashem historischen Konferenz 1983 (also eine Perspektive der späten siebziger Jahre), abgedruckt in: Y. GUTMAN u. G. GRIEF (Hrsg.), The Historiography of the Holocaust Period. Proceedings of the Fifth Yad Vashem International Historical Conference, March 1983, Jerusalem 1988, S. 1-115.

Seminaren vorgelegt und diskutiert worden seien. 60 dieser Projekte wurden inzwischen abgeschlossen und viele dieser Arbeiten auch veröffentlicht.

Hierbei handelt es sich um eine neue Generation deutscher Historiker, die sich mit den großen und schwierigen Fragen der deutschen Geschichte in den dreißiger und vierziger Jahren befaßt. Die Judenpolitik des nationalsozialistischen Regimes und die Zerstörung des deutschen und des europäischen Judentums ist für diese jüngeren Forscher eines der wichtigsten Themen[5]. Trotz dieser höchst beeindruckenden Entwicklung muß betont werden, daß diese Wissenschaftler nur einen Teil einer noch breiteren Gruppe darstellen. Gleichfalls bemerkenswert ist eine zweite und nicht unähnliche Gruppe derselben Generation, die sich aber anderen Gebieten der jüdischen Geschichte und jüdischen Studien im allgemeinen widmet. Hier beschäftigt man sich mit den klassischen Feldern der Wissenschaft des Judentums, mit Religions- und Literaturforschung, mit dem geistigen Leben des Judentums und seiner Geschichte und dies im Rahmen der breiten Zeitspanne vom Zweiten Tempel bis zur Gegenwart. Anders als die deutschen Forscher der älteren Generation, die, abgesehen von einigen bekannten Ausnahmen, kein Hebräisch beherrschten, sind viele der Wissenschaftler der jüngeren Generation mit der hebräischen Sprache gut vertraut und können auch die schwierigen klassischen Texte bearbeiten. Sie beschäftigen sich nicht nur mit „äußerer" jüdischer Geschichte (das heißt den Beziehungen zwischen Nicht-Juden und Juden oder nichtjüdischen Haltungen zum Judentum), sondern auch mit „inneren" jüdischen Themen, wie der jahrhundertelangen religiösen oder geistigen Entwicklung im Judentum.

Beide Teile dieser Gruppe deutscher Forscher weisen soziologische Ähnlichkeiten auf. Sie sind meistens in den sechziger Jahren geboren und gehören einer Generation an, die allmählich Stellen an deutschen Universitäten besetzt. Diese Generation wird über die nächsten Jahrzehnte hinweg die jüdischen Studien in Deutschland führen und formen.

Einer der Unterschiede zwischen diesen beiden Typen von Wissenschaftlern, die, wie gesagt, derselben Generation angehören, liegt in den Auffassungen, die ihre Forschungsarbeit lenken. Die erste Gruppe, die sich mit den historischen Fragen der nationalsozialistischen Zeit befaßt, ist verbunden mit der älteren Generation deutscher Historiker und führt deren Forschungsthemen weiter, auch wenn die Jüngeren den Älteren in vielen Fällen kritisch gegenüberstehen. Auf diesem Gebiet gibt es in Deutschland klar ausgeprägte Forschungsrichtungen, die auch den Holocaust betreffen. Dieses breite Feld, die wissenschaftliche Bearbeitung der deutschen Geschichte in der nationalsozialistischen Zeit, wird auch von seiten jüdischer Gelehrter intensiv bearbeitet,

---

5   Ein Beispiel sind die Aufsätze des Sammelbandes: U. HERBERT (Hrsg.), Nationalsozialistische Vernichtungspolitik 1939-1945. Neue Forschungen und Kontroversen, Frankfurt a. M. 1998.

und zwischen beiden Seiten, den Juden und den Deutschen, gibt es enge Kontakte und einen ständigen Austausch von Ideen und Arbeitsergebnissen. Zwar haben die Meinungen jeder der beiden Seiten ihre eigenen Nuancierungen, es handelt sich aber nicht um festgebundene Positionen. Eine der großen akademischen Diskussionen über die Entwicklung der nationalsozialistischen Politik gegenüber den Juden wird beispielsweise zwischen „Intentionalisten" (denen zufolge die Ausrottung der Juden ein führendes ideologisches Motiv Hitlers und des Nationalsozialismus war) und „Strukturalisten" (welche die Zerstörung des europäischen Judentums als ein Ergebnis der Entfaltung der inneren Strukturen des Nazi-Regimes ansehen) geführt. Zwar kann man Juden und Nicht-Juden auf beiden Seiten finden, es scheint aber, daß deutsche Holocaust-Forscher eher zur strukturalistischen Position neigen. In der neuesten Forschung wird allerdings schon die These vertreten, daß die beiden Positionen sich angenähert hätten[6]. Es sieht aber wohl eher so aus, daß es zu einer differenzierteren Behandlung der Thematik gekommen ist, in der beide Positionen weiterhin bestehen. Die Forschung der letzten Jahre hat auf andere Motive der nationalsozialistischen Politik hingewiesen (Umsiedlung der Volksdeutschen, wirtschaftliche Fragen), die aber immer noch im breiten Rahmen der Intentionalismus/Strukturalismus-Diskussion gedeutet werden können. Ein anderes Beispiel wäre der „Historiker-Streit" der achtziger Jahre, der unter anderem zeigte, welche zentrale Rolle die Meinungen über die Zerstörung des deutschen und des europäischen Judentums bei den geschichtlichen Auffassungen über die nationalsozialistischen Jahre in Deutschland spielten. Obwohl auch jüdische Gelehrte sich am Historiker-Steit beteiligten, handelte es sich doch im wesentlichen um eine innerdeutsche Diskussion, die nicht nur vom Thema der Juden abhing, sondern auch von anderen, nicht immer klar ausgedrückten Fragen und Spannungen bewegt wurde, wie zum Beispiel von den politischen und geistigen Positionen bestimmter Gelehrter, die in manchen Fällen auch auf die Vergangenheit zurückgreifen, im deutschen Leben. Ein bedeutender Ausdruck dieser Realität war die Debatte zum Thema „Deutsche Historiker und der Nationalsozialismus" auf dem 42. Deutschen Historikertag 1998[7]. Jüdische Historiker haben diese Debatten mit großem Interesse verfolgt. Dennoch handelt es sich hauptsächlich um eine innerdeutsche Diskussion.

Andererseits sind die deutschen Wissenschaftler der zweiten Gruppe, jene, die sich mit den anderen Themen der jüdischen Geschichte, Kultur und Religion befassen, nicht in einer älteren deutschen Tradition jüdischer Studien

---

6 U. HERBERT, Vernichtungspolitik. Neue Antworten und Fragen zur Geschichte des "Holocaust", in: Ebd., S. 22.

7 Schlangen in der Grube, Frankfurter Allgemeine Zeitung, 14.9.1998, S. 49; vgl. auch T. KORENKE, Geschichte als politische Wissenschaft. Über die ausgebliebene Selbstaufklärung der deutschen Geschichtswissenschaft, in: Donnerstagshefte 4 (1999), S. 33-57.

verwurzelt. Fragt man sie, von welcher wissenschaftlichen Richtung ihre Arbeit beeinflußt ist, ist die Reaktion meistens ein verlegenes Schweigen. Die klarste Antwort, die bisher zu bekommen war, ist, daß es sich um „reine" Wissenschaft handeln solle. Dies bedeutet, die Absicht sei, die religiösen, kulturellen oder historischen Quellen des Judentums im klassischen Sinne zu bearbeiten, wie sie sind oder waren, und sie selber „reden" zu lassen. Hier handelt es sich bestimmt um eine ehrliche Absicht, die aber, im Licht der Entwicklungen in jüdischen akademischen Kreisen, auf eine bestimmte Unerfahrenheit hinweist. Es ist doch klar, daß die wissenschaftliche Arbeit dieser zweiten Gruppe deutscher Forscher eng verbunden ist mit der Tätigkeit des älteren und sehr entwickelten Milieus jüdischer Forschung, das schon 200 Jahre ununterbrochener wissenschaftlicher Arbeit hinter sich hat. Jüdische Studien in ihren verschiedenen Feldern werden – wie es auch in Deutschland bei deutschen wissenschaftlichen Themen der Fall ist – von klar definierten Richtungen und Orientierungen beeinflußt. Zum Beispiel gab es während des 20. Jahrhunderts in den jüdischen Studien einen deutlichen Unterschied zwischen der liberal-kulturellen Richtung und der jüdisch-nationalen Deutung. Jede der beiden war verbunden mit unterschiedlichen ideologischen und politischen Meinungen über das jüdische Leben in der Neuzeit und mit Prognosen über die jüdische Zukunft. In der zweiten Hälfte des 20. Jahrhunderts haben sich diese beiden Richtungen angenähert, ein Ergebnis bestimmter innerjüdischer Entwicklungen[8]. Oder: In jüdischen akademischen Kreisen wird seit Jahren über eine „Jerusalemer Schule" in den jüdischen Studien diskutiert, und es gibt unterschiedliche Meinungen (und lebhafte Diskussionen), was die Kennzeichen dieser Forschungsschule eigentlich seien. Näher am jüdisch-deutschen Thema entwickelte sich zuletzt in der jüdischen Geschichtsschreibung eine optimistische Sicht der inneren geistigen Lage des deutschen Judentums während der Weimarer Jahre. Diese Meinung, die älteren Ansichten widerspricht, wird aber nicht von allen gegenwärtigen Forschern akzeptiert[9]. Und es gäbe noch andere Beispiele.

An diesen Debatten, die gelegentlich recht heftig geführt werden, beteiligen sich deutsche Wissenschaftler kaum. Meistens arbeiten sie im Rahmen der existierenden Richtungen in der jüdischen Forschung, ohne geschichtliche Evaluationen zu äußern. Dies kann als ein Ausdruck der engen Verbindungen gesehen werden, die heute zwischen jüdischen und deutschen nicht-jüdischen

---

8 Diese Entwicklung wird beschrieben bei SH. VOLKOV, Reflections on German-Jewish Historiography. A Dead End or a New Beginning?, in: LBIYB 41 (1996), S. 309-320, und E. FRIESEL, Jewish and German-Jewish Historical Views: Problems of a New Synthesis, in: LBIYB 43 (1998), S. 323-336.

9 M. BRENNER, The Renaissance of Jewish Culture in Weimar Germany, New Haven 1996; P. MENDES-FLOR, Einführung, in: M. A. MEYER (Hrsg.), Deutsch-Jüdische Geschichte in der Neuzeit Bd. 4: Aufbruch und Zerstörung 1918-1945, München 1997, S. 9f.

Akademikern bestehen. Viele der deutschen Wissenschaftler der jüngeren Generation haben an israelischen Universitäten oder Forschungsinstitutionen für kurze oder längere Zeit studiert oder gearbeitet und sind dort von den verschiedenen Gedankenrichtungen beeinflußt worden.

In welche Richtung deutet die hier geschilderte Lage? Es ergibt sich ein Forschungsbild mit zwei Ebenen. Auf jener, die sich mit der deutsch-jüdischen Geschichte in der Nazi-Zeit beschäftigt, sind eine deutsche und eine jüdische Position zu erkennen, die sich nahe stehen und doch ihre eigene Nuancen haben. Auf der anderen Ebene, jener, die sich mit jüdischen Studien außerhalb der nationalsozialistischen Geschichte befaßt, sind bisher die deutschen Forscher meistens im Rahmen jüdischer Denkrichtungen tätig. Wäre es auf dieser zweiten Ebene vorauszusehen, daß in den kommenden Jahren zwei unterschiedliche Wege im Feld der deutsch-jüdischen Studien oder sogar der jüdischen Studien im allgemeinen sich entwickeln könnten, ein deutscher und ein jüdischer Weg? Dies könnte sein, wird doch jede Seite von diversen Grundfragen bewegt. Eine Möglichkeit, das Interesse deutscher Historiker an deutsch-jüdischen Themen zu erklären, wäre, es als einen Ausdruck ihres Bestrebens zu sehen, die deutsche kollektive Identität besser zu betrachten und zu verstehen. Dieses klassische Ziel der historischen Arbeit – eine lebende Gesellschaft zur tieferen Selbsterkenntnis durch die Erforschung ihrer Vergangenheit zu bringen – ist hier außerordentlich treffend: Ein besseres Verständnis des jüdischen Schicksals in Deutschland könnte auch eine der dunkelsten Seiten der deutschen Geschichte und der deutschen Identität beleuchten.

Die jüdische Geschichtsschreibung ihrerseits befaßt sich heute mit anderen Fragen. Für das jüdische Volk ist die zweite Hälfte des 20. Jahrhunderts die Post-Holocaust-Zeit. Es gibt Gründe zu zweifeln, ob es den Juden schon gelungen ist, die volle Bedeutung des Holocausts zu verarbeiten. Die Zerstörung des europäischen Judentums beendete ein Beziehungsmodell zwischen Nichtjuden und Juden in Europa, das trotz aller Schwierigkeiten eine jüdische semiautonome Existenz in Europa für fast 2000 Jahre ermöglicht hatte. Die physische Zerstörung des europäischen Judentums wurde zwar von den Nazis durchgeführt, die ideologischen Grundlagen der Katastrophe waren aber nicht nur deutscher, sondern allgemein europäischer Natur. Was bedeutet der Holocaust, vom Standpunkt der Beziehungen zwischen Juden und den anderen Völkern betrachtet? Wieso beeinflußt das Ende des europäischen Judentums die Neubildung einer jüdischen Selbstidentität, die auch mit irgendeinem positiven Verständnis mit der nicht-jüdischen Umwelt verbunden sein muß? Dies sind unvermeidliche Fragen für eine neue jüdische Auffassung des modernen Judentums, Fragen aber, mit denen deutsche oder andere nicht-jüdische Historiker und Wissenschaftler wenig zu tun haben.

Oberflächlich betrachtet, könnte behauptet werden, daß eine neue und „bessere" Realität in den nichtjüdisch-jüdischen Beziehungen sich in der zweiten Hälfte des 20. Jahrhunderts entwickelt hat, hauptsächlich in der westlichen Welt. Auch wenn eine solche neue Realität entstanden ist, von einer jüdischen Perspektive ist sie nicht klar formuliert, und ihre tiefere Bedeutung für ein weitergehendes jüdisches Leben ist ziemlich nebulös. Von einem jüdischen Standpunkt aus betrachtet, leben die Juden weiterhin in dem geistigen Chaos, das vom Holocaust verursacht wurde. Klarheit in der existentiellen Lage der Juden zu schaffen, ist der wichtigste geistige Auftrag, der heute vor nachdenklichen Juden steht, und er beeinflußt jede Überlegung und Forschung über jüdische Identität und jüdisches Selbstbewußtsein. Dies ist eine Aufgabe, die besonnene Nichtjuden vielleicht verstehen, an der sie sich aber letztlich nicht beteiligen können – ebensowenig wie Juden sich an der tieferen Selbstdeutung der Deutschen bezüglich ihrer eigenen Geschichte beteiligen können.

Es könnte also geschehen, daß diese unterschiedlichen geistigen Grundlagen, die die deutsche und die jüdische Geschichtsschreibung bei der Behandlung jüdischer Themen divers beeinflussen, sich mit der Zeit in unterschiedliche intellektuelle Richtungen entwickeln werden. Zeichen einer solchen Tendenz sind schon zu bemerken. Auch in diesem Fall, so könnte man sich vorstellen, wird der Schwerpunkt deutsch-jüdischer Studien weiterhin in der Geschichte der dreißiger und vierziger Jahre in Deutschland liegen, auch wenn es zu einer fruchtvollen Entwicklung auf anderen Feldern kommt.

Die deutsche und die jüdische Geschichte sind auf tragische Weise miteinander verbunden, und die gegenwärtige Zusammenarbeit von Gelehrten beider Seiten kann beiden zu bedeutenden Einsichten verhelfen, auch wenn es sich letzten Endes um zwei verschiedene Geschichten handelt.

DIE BEZIEHUNGEN ZWISCHEN DÄNEMARK UND DER UNIVERSITÄT WITTENBERG IN DER REFORMATIONSZEIT[1]

Von Martin SCHWARZ LAUSTEN

WÄHREND UND NACH DER EINFÜHRUNG der lutherischen Reformation in Dänemark-Norwegen (1536/1537) unter König Christian III. (1536-1559) gab es eine enge Verbindung zwischen Dänemark und Wittenberg. Es war der ausdrückliche Wille des Königs, daß die neue evangelische Kirche und die Universität Kopenhagen in Fragen der Theologie und des gesamten Gesellschaftsverständnisses mit den Professoren in Wittenberg intensiv zusammenarbeiten sollten.

Im folgenden soll zunächst ein Überblick über die Aufenthalte dänischer Studenten an der Universität Wittenberg gegeben werden, ferner über die Verhältnisse zwischen der Universität Wittenberg und der Gründung der Universität Kopenhagen im Jahre 1537; darauf folgt eine Untersuchung der Rolle der wittenbergischen Professoren als Ratgeber und Informanten des dänischen Königs, und schließlich sollen mögliche Einflüsse der wittenbergischen Theologie und des wittenbergischen Gesellschaftsverständnisses in Dänemark untersucht werden.

1. Studienreisen dänischer Studenten nach Wittenberg

Schon bald nach der Gründung der Universität Wittenberg übte dieses neue Zentrum der Gelehrsamkeit große Anziehungskraft auf Dänemark aus und führte die große Tradition der nordischen Studienreisen nach Süden fort, die sich seit dem Hochmittelalter gebildet hatte. Bereits in den Jahren 1285 bis 1300 sollen 23 Dänen in Bologna studiert haben, und einige erwarben den Magistergrad in Paris. Im 14. Jahrhundert studierten gut 60 Dänen in Paris. Im Spätmittelalter und der beginnenden Reformationszeit (1451–1535) studierten mindestens 2000 Dänen an deutschen Universitäten in folgender Verteilung: Rostock 1060, Greifswald 322, Köln 277, Erfurt 145, Leipzig 93, Wittenberg 97, Frankfurt 9, Heidelberg 8. Hinzu kommen Löwen mit 38, Prag mit 77 und andere Universitäten mit 14 dänischen Studenten. Die Zahlen stammen aus einer älteren Aufstellung (1915) und umfassen nur Studenten aus Dänemark – nicht solche aus Norwegen und den Herzogtümern –, und sie muß heute zweifellos als höher betrachtet werden. Rostock und Greifswald waren die bevorzugten Universitäten, sicher wegen ihrer Nähe zu Dänemark. Die zahlrei-

1 Für die Übersetzung ins Deutsche sei Herrn Dr. Jochen Goetze, Heidelberg, herzlicher Dank gesagt.

chen Studienreisen wurden auch weiterhin unternommen, obwohl Dänemark
seit 1479 seine eigene Universität hatte, die in Kopenhagen – die einzige im
Lande bis 1928 –, und trotz der Mahnungen der verschiedenen Herrscher, die
Einführungskurse an der heimischen Universität zu absolvieren, reiste man
weiterhin nach Süden[2]. Nach der Einführung der Reformation in Wittenberg
und in Dänemark entwickelte sich im Reiseverhalten der Studenten selbstverständlich eine Änderung. Abgesehen von Rostock, das seine alte Anziehungskraft aufrechterhielt, wurde Wittenberg nun für lange Zeit das meistbesuchte
Ziel der dänischen Studenten. Seitdem wissen wir Genaueres über deren Anzahl, und dieses kann für einen Vergleich nützlich sein und auch, um einen
Blick auf die Verteilung der dänischen Studenten auf die zehn meistbesuchten
Universitäten in der Zeit von 1536 bis 1600 zu werfen. Das Anfangsjahr der
Matrikeln in Klammern:

Rostock (1419):	866
Wittenberg (1502):	507
Basel (1460):	65
Leipzig (1409):	65
Heidelberg (1386):	57
Helmstedt (1574):	51
Genf (1559):	47
Orléans (1444):	47
Greifswald (1450):	45
Padua (iur., 1546):	43[3]

Die Zahl der Studenten in W i t t e n b e r g aus Dänemark-Norwegen und den
Herzogtümern Schleswig und Holstein, die erstmals seit 1505 registriert wurde, sieht folgendermaßen aus, gegliedert im Zehn-Jahres-Rhythmus:

1505 – 1519:	23
1520 – 1529:	44
1530 – 1539:	46
1540 – 1549:	76
1550 – 1559:	112
Summe:	301[4]

2   E. JØRGENSEN, Nogle Bemærkninger om danske studerende ved Tysklands Universiteter i Middelalderen, in: HT(D) 8. Række, 6. Bd., 1915, S. 201. E. JØRGENSEN, Nordiske Studierejser i Middelalderen, in: HT(D) 8. Række, 5. Bd. 1914–1915, S. 331-382. M. SCHWARZ LAUSTEN, Københavns universitet i middelalderen 1479–ca. 1530, in: Københavns universitet 1479-1979, hg. v. L. GRANE u. S.
ELLEHØJ, Bd. I, Kopenhagen 1991, S. 22-23.

3   Die Zahlen sind entnommen der Aufstellung bei V. HELK, Dansk-Norske Studierejser fra reforma-
tionen til enevælden 1536-1660, Odense University Studies in History and Social Sciences vol. 101,
Odense 1987, S. 42-43. Erst im Jahre 1561 wurden die ersten von insgesamt 57 Studenten dieser Pe-
riode in Heidelberg immatrikuliert. Dies hing sicher mit den konfessionellen Verhältnissen dieser
Universität zusammen, die erst im Dezember 1558 evangelisch wurde, E. WOLGAST, Die Universität
Heidelberg 1386-1986, Berlin u. a. 1986, S. 36-40. E. WOLGAST, Hochschule und Papsttum, in: J.
DAHLHAUS u. A. KOHNLE (Hg.), Papstgeschichte und Landesgeschichte. Festschrift für Hermann
Jakobs zum 65. Geburtstag, Köln u. a. 1995, S. 601-602.

Es ist eine wohlbekannte Tatsache, daß die meisten Studenten sich lediglich eine kürzere oder längere Zeit an den Universitäten aufhielten, ohne ihre Studien mit einem akademischen Grad abzuschließen. Man hat vermutet, daß kaum 3–5% der Immatrikulierten in der untersten Fakultät, der der Artisten, mit dem Magistergrad abgeschlossen haben[5]. Vor diesem Hintergrund kann man berechtigterweise folgende Fragen stellen:

Wie viele der oben genannten 301 Studenten in Wittenberg haben den Grad eines magister artium an der Universität Wittenberg im genannten Zeitraum (bis 1559) erworben? Es waren 44 respektive 14,6%.

Wie viele der oben genannten 301 Studenten in Wittenberg haben später den Grad eines magister artium innerhalb des genannten Zeitraums (bis 1559) an der Universität Kopenhagen erworben? Es waren vier.

Wie viele der oben genannten 301 Studenten in Wittenberg haben den Grad eines magister artium nach ihrem Aufenthalt in Wittenberg an einer anderen Universität in der Zeit nach 1560 erworben? Es waren 21 (Wittenberg: 6, Kopenhagen: 8, andere Universitäten: 7).

Das bedeutet, daß von den 301 Studenten aus Dänemark-Norwegen und Schleswig-Holstein insgesamt 69 Studenten resp. 22,92% den Grad eines magister artium erwarben, und von diesen erreichten ihn 50 (= 16,61%) an der Universität Wittenberg[6].

4   Die Zahlen beruhen auf der Aufstellung bei C. E. FÖRSTEMANN, Album Academiae Vitebergensis ab a. 1502 usque ad a. 1560, Leipzig 1841, auch mitgeteilt in: H. F. RØRDAM, De Danske Studeringer i Vittenberg, in: KHS 2. Række, I, 1857-1859, S. 455-475 und 2. Række, IV, 1867-1868, S. 70-73. Vgl. auch S. THORMODSÆTER, Nordmænd ved Wittenbergs universitet i reformations-aarhundredet, in: NTT 2. Række, III, 1912, S. 171-193; HELK (wie Anm. 3). RØRDAMS Listen sollen „bereinigt" sein, da er auch die Daten für Ausländer mit aufnahm, die sich später in Dänemark-Norwegen ansiedelten; diese sind hier aber nicht eingerechnet. HELKS Untersuchung beginnt erst mit dem Jahre 1536, aber sie enthält viel mehr biographische Darstellungen über die einzelnen Studenten. HELK hat auch noch andere Quellen als die Matrikel herangezogen, und er kann 12 Studenten mehr als RØRDAM anführen. Die oben genannte Aufstellung beginnt den Vergleich mit der ersten Immatrikulation eines Dänen (1505), nennt das Jahr, in dem Wittenberg „lutherisch" wurde und geht bis zum Jahr 1559, als der dänische König Christian III. starb. Seit 1536 hatte Norwegen die Stellung einer Provinz unter der dänischen Krone, und seit demselben Jahr wurde nur ein norwegischer Student immatrikuliert (1521). Die Herzogtümer Schleswig und Holstein sind hier mitgerechnet, da der König ihr Oberhaupt war, was bedeutet, daß der König sich gelegentlich auch für die Studenten aus diesen Ländern verantwortlich fühlte. Dem muß hinzugefügt werden, daß die hier genannte Zahl aufgrund der Unsicherheit des Quellenmaterials nur annäherungsweise gelten kann. Trotz dieser Umstände ist die Tendenz erkennbar.

5   M. SCHWARZ LAUSTEN, Københavns universitet (wie Anm. 2), S. 24. WOLGAST, Universität Heidelberg (wie Anm. 3), S. 13. Jan PINBORG hat darauf hingewiesen, daß die Zahl der Graduierungen in den höheren Fakultäten (Jura, Medizin, Theologie), die von den 1648 dänischen Studenten im Ausland in den Jahren 1451 bis 1535 erworben wurden, kaum 60 überstieg, i. e. 3,6%, J. PINBORG, Danish Students 1450-1535 and the University of Copenhagen, in: Cahiers de L'Institut du Moyen-Âge Grec et Latin, Université de Copenhague, Vol. 37, Kopenhagen 1981, S. 72-119.

6   Die Zahlen beruhen auf der Übernahme von J. KÖSTLIN, Die Baccalaurei und Magistri der Wittenberger philosophischen Fakultät 1518-37, 1538-46, 1548-60 (Osterprogramm der Universität Halle), 1888, 1890, 1891, durch H. F. RØRDAM, Danske Studerende graduerede i Vittenberg i Reformationstiden, in: KHS 4. R., III, 1893-1895, S. 814-818. Weiterhin wurde herangezogen HELK (wie

Dies ist eine erstaunlich hohe Zahl.

Hinzu kommt, daß einzelne der 301 Studierenden auch noch den Doktorgrad erwarben:

Dr. theol. in Wittenberg:	2 (1537, 1539)
Dr. theol. in Kopenhagen:	2 (1544, 1557)
Dr. jur. in Orléans:	1 (1566)
Dr. med. in Rostock:	1 (1556)
Dr. med. in Wien:	1 (1564)
Gesamtzahl der Doktoren:	7, resp. 2,32 %[7].

Danach kann man nach dem Karriereverlauf der genannten 301 Studenten an der Universität Wittenberg fragen: Aus der gesamten Zahl gehörten 29 zum Adel; sie wurden in der Regel Gutsherren. Viele aus der Gesamtzahl kann man auch in den unten genannten Gruppen unterbringen, besonders als Mitglieder von Domkapiteln – diese blieben in Dänemark auch nach der Reformation erhalten, selbstverständlich mit neuen Tätigkeitsfeldern – oder in königlichen oder anderen öffentlichen Ämtern. Bemerkenswert jedoch, daß es kaum möglich ist, den Karriereverlauf einer kleineren Zahl zu verfolgen. Höchstwahrscheinlich muß die Zahl der Priester weit höher angesetzt werden, und es kommt hinzu, daß die Nachforschungen für die Studierenden aus den Herzogtümern zu mangelhaften Ergebnissen führen.

Spätere Karrieren:	
Bischof:	10
Mitglied eines Domkapitels:	13
Pfarrer:	34
Universitätsprofessor:	16
Königl. Amt (bes. Kanzler, Kanzleibeamter, Lehnsvogt)	20
Andere öffentliche Ämter (bes. Richter, Bürgermeister, Ratsherren):	8
Unbekannte Beschäftigung:	200
Gesamt:	301[8]

2. Die Universität Wittenberg und die 1537 wiederbegründete Universität Kopenhagen

König Christian III. kam 1536 nach einem Bürgerkrieg an die Macht und wurde im August 1537 gesalbt und gekrönt; er war seit seiner Jugend über-

---

Anm. 3), der sich allerdings nur mit der Zeit nach 1536 beschäftigte und die Studenten aus Schleswig und Holstein nicht mit einbezog. Die wirkliche Zahl kann daher größer angesetzt werden.

7   Dr. theol. in Wittenberg wurden Peder Palladius 1537 und Erasmus Lætus 1559, in København: Jens Sinning 1544 und Niels Hemmingsen 1557. Dr. jur. in Orléans: Paul Cypræus 1566. Dr. med. in Rostock: Jens Skielderup 1556, in Wien: Laurids Cymmerius 1566. Weiteres bei HELK (wie Anm. 3).

8   So nach RØRDAM, De Danske (wie Anm. 3) und HELK (wie Anm. 3).

zeugter Lutheraner. Als ältester Sohn König Friedrichs I. (1523-1533) war er
zunächst Herzog in Hadersleben in Schleswig, und hier führte er die lutherische Reformation ein (1526) und schuf damit die erste lutherische Fürstenkir-
che im Norden, deren gedankliche Grundlage die wittenbergische Theologie
war. Sein Verständnis von der Aufgabe eines Fürsten und der Staatslenkung
lag auf einer Linie mit der humanistisch-reformatorischen Grundeinstellung,
die man gleichermaßen zum Beispiel auch bei Landgraf Philipp von Hessen,
einem engen Freund Christians III., und bei Herzog Albrecht von Preußen,
Christians Schwager, findet. Das Herrscheramt war dem Fürsten von Gott gegeben, die Fürsten waren seine Amtleute und Lehnsmänner. Ihre Hauptaufgabe war landesintern die *publica utilitas, gemeiner Nutz*. Danach bestand die Pflicht
des Fürsten aus der Sorge um die Entwicklung des Handels, Wahrung der Gerechtigkeit und weiter aus der Wahrung der reinen Lehre. Nach außen hin war
die Sicherung des Friedens die erste Forderung an den Fürsten. Als *pater patriae*
sollte der Fürst für die weltliche und geistliche Wohlfahrt seiner Untertanen
sorgen[9]. Bereits 1533, als Christian nach dem Tode seines Vaters Friedrichs I.
als Herzog in Schleswig und Holstein nachfolgte, bat er Landgraf Philipp von
Hessen um Hinweise darauf, wie er seine zukünftige Politik *des evangelii halber*
gestalten solle. In dem Vorschlag, den Landgraf Philipp ihm übersandte, war
auch die Aufforderung enthalten, eine Universität nach dem Muster der von
Philipp in Marburg (1527) gegründeten einzurichten[10]. Die verwirrenden politischen Verhältnisse nach dem Tode König Friedrichs I. und dem Bürgerkrieg,
der kurz danach ausbrach (1534-1536), bedeutete zwar eine Unterbrechung
dieser Gedanken und Pläne, doch Christian verfolgte sie weiter, nachdem er
den Sieg errungen hatte. Hierzu wurde er motiviert auch von den dänischen
evangelischen Predigern, die in den Jahren bis zum Bürgerkrieg die römische
Kirche in Dänemark bekämpft hatten. Unmittelbar nach dem Sieg Christians
im Bürgerkrieg schlugen diese Prediger eine allgemeine Einführung der evangelischen Reformation vor. Dieses Sieben-Punkte-Programm war in Nieder-
deutsch geschrieben, damit der König es originär verstehen konnte; die Priester baten ihn als Erstes, dafür zu sorgen, *dat götliche wort möchte reyn geprediget*
werden awer dat gantze rike ane gewalt. Unter Punkt 2 baten sie darum, *Dat hyr tho*
Kopenhagen odder dar dat ime rike beter gelegen mach syn na J. kon. Mayst. wolgeval möch-
te vpgerichtet werden eyne gode dreplîche vniuersitet vnde studium, dar die götlike vnde hellige
bibelsche gschrifft mit ander mer vrien könsten vnde frömden spröken nemlich grechesch vnde
hebraisch mochten der jügent vörgelesen werden. Weiterhin baten sie darum, daß Gelehrte angestellt und gut besoldet werden sollten. Eine andere Forderung be-

9 M. SCHWARZ LAUSTEN, König und Kirche. Über das Verhältnis der weltlichen Obrigkeit zur Kirche
   bei Johann Bugenhagen und König Christian III von Dänemark, in: H.-G. LEDER (Hg.): Johannes
   Bugenhagen, Berlin 1984, S. 144-167 und M. SCHWARZ LAUSTEN, Christian d. 3. og kirken 1537-
   1559, Kopenhagen 1987, S. 9-27

10 M. SCHWARZ LAUSTEN, Københavns universitet (wie Anm. 2), S. 85.

handelte die Ernennung evangelischer Superintendenten anstelle der abgesetzten katholischen Bischöfe und eine Reform des Schul- und des Armenwesens[11]. Bei nächster Gelegenheit, im Sommer 1536, richtete der führende Kopf der dänischen evangelischen Prediger, Hans Tausen, der selbst in Wittenberg studiert hatte, eine dringende Aufforderung an den König, eine *retskaffen Vniversitet* zu gründen, an der Gelehrte einen entsprechenden Lohn erhielten und wo junge Menschen in Disziplin und Gelehrsamkeit ausgebildet werden könnten. Die Universität sollte mit den üblichen Freiheiten und Privilegien ausgestattet sein, und Hans Tausen fügte mahnend und provozierend hinzu, dergleichen habe man schon in den ältesten Zeiten bei den Juden, bei den Heiden und Christen so gehandhabt. Darüber hinaus hätten Herren und Fürsten in dieser Angelegenheit allzeit Geistliche unterstützt, die in besonderer Weise verpflichtet waren, *bogelige konster* (literarische Künste) zu lehren, und dieses habe Gott selbst so eingerichtet, wie man bei Moses nachlesen könne, fügte Hans Tausen hinzu[12]. Ebenso legte auch die Kommission, die auf Aufforderung des Königs einen Vorschlag für eine evangelische Kirchenordnung erarbeitete, großes Gewicht auf die Gründung einer Universität in Kopenhagen. Während des Bürgerkrieges wurde der Plan nicht weiter verfolgt[13].

Nachdem Christian III. mit Hilfe Landgraf Philipps von Hessen vergeblich versucht hatte, Luther selbst oder Melanchthon zu einem Besuch in Kopenhagen zu bewegen, reiste schließlich Johann Bugenhagen nach Kopenhagen. Sein Aufenthalt dort dauerte von etwa Juli 1537 bis Mai 1539. Zusammen mit dem König und dessen engsten Ratgebern und dem ersten lutherischen Bischof (Superintendent) des Stiftes Seeland mit Sitz in Kopenhagen, Peder Palladius, der gerade eben in Wittenberg zum Dr. theol. promoviert worden war, leitete Bugenhagen die Durchführung der evangelischen Reformation ein. Er salbte und krönte das Königspaar (13. August 1537) und weihte am 2. September 1537 die ersten lutherischen Bischöfe (Superintendenten); am gleichen Tage noch stellte der König die lateinisch gefaßte Kirchenordnung aus und engagierte sich sehr für die Universität Kopenhagen, die er am 9. September 1537 wieder eröffnete.

Bezeichnenderweise sollte die Wiedereröffnung der Universität ein Glied der Reformationsfeierlichkeiten bilden, es ergab sich aber auch deutlich, daß

---

11 Die Anträge der Prediger bei: W. NORVIN, Københavns Universitet i Reformationens og Ortodoxiens Tidsalder II, Kopenhagen 1940, S. 1-3. Der Vorschlag ist unterschrieben von des Königs *getreuen predicanten vnde diener des götliken wordes inn Seeland Schone vnd Jutland.* Ein Name ist nicht genannt, das Schriftstück ist aber eigenhändig niedergeschribn von Hans Tausen, Nachweis bei M. SCHWARZ LAUSTEN, Christian d. 3. (wie Anm. 9), S. 110.

12 Hans Tausen, Postil, I, Vinterdelen, Kopenhagen 1536, Facsimileausgabe hg. v. B. KORNERUP, Kopenhagen 1934, Vorwort S. Aiiij. Hans Tausen wurde am 16. Mai 1523 in Wittenberg immatrikuliert, vgl. RØRDAM, De Danske (wie Anm. 4), S. 462.

13 Kirchenordnung von 1537/39. Textausgabe mit einer Einleitung und Anmerkungen von M. SCHWARZ LAUSTEN, Kopenhagen 1989, S. 90-91.

die Vorbereitungen durchaus noch nicht in Ordnung waren. Unmittelbar nach
der Eröffnung bat der König Bugenhagen, die Privilegien der Universität auszuarbeiten; die Stiftungsurkunde der Universität wurde am 1. Juni 1539 mit
den Siegeln des Königs und des Reichsrates beglaubigt. Es mangelte der Universität immer noch an Lehrern, und es waren bei der Wiedereröffnung nicht
einmal die Probleme der räumlichen Unterbringung gelöst. Schließlich brachte
man sie im Hause der früheren Bischofsresidenz unter, dort, wo das Hauptgebäude der Universität noch heute liegt, gegenüber der Liebfrauenkirche; dem
neuen lutherischen Bischof wurde das Gebäude der früheren Universität am
selben Platz überlassen, das auch heute noch der Amtssitz des Bischofs von
Kopenhagen ist. Es verwundert daher nicht, daß Bugenhagen den König fragte, ob er allen Ernstes meinte, daß die Universität nun ihren Betrieb aufnehmen sollte. Der König antwortete zustimmend, das Geschäftsjahr begann mit
dem 1. September, und die Vorlesungen wurden am 28. Oktober 1537 aufgenommen. Da die Umbauarbeiten sich jedoch hinzogen, mußten Lehrer und
Studenten in die Liebfrauenkirche ausweichen. Bugenhagen stieß auf Widerstand beim Adel und hatte Schwierigkeiten mit dem Aufbau der Universität.
Die beteiligten Parteien schoben sich gegenseitig die Schuld zu, und Bugenhagen klagte beim Bürgermeister und beim König: *Das ist mir ein wunderlich bauen
mit grosser unkost ... Darum wenn E. M. der Universitet mehr wird bauen lassen, wie
denne von nöten, so mus anders bestellet werden. Die arbeiter in diesem Lande bedarfen einen treiber* etc.[14]. In Briefen an seine Freunde im Ausland schlug Bugenhagen,
der sich sonst in enthusiastischen Formulierungen über sein Wirken für das
Evangelium in Dänemark zu ergehen pflegte, düstere Töne an[15].

Am 10. Juni 1539 besiegelten Christian III. und der Reichsrat die lateinische
Fassung der *Fundatio et Ordinatio Vniversalis Schole Haffnienesis*[16]. In der Fundatio
erklärt der König die Universität für wiedereröffnet, umreißt ihren wirtschaftlichen Hintergrund – die Finanzierung wurde von der Kirche getragen –, bestätigt ihre Freiheiten und Privilegien, und er fordert seine jeweiligen Nachfolger auf, die Universität zu schirmen. Ausführlich beleuchtet der König auch
die Vorgeschichte, die Geschichte der Wiedereröffnung und den Zweck der
Universität. Mit aller wünschenswerten Deutlichkeit weist der König in diesem
Dokument auf seinen besonderen Wunsch hin, daß die Kopenhagener Universität in enger Zusammenarbeit mit den Professoren aus Wittenberg wieder-

---

14 SCHWARZ LAUSTEN, Københavns universitet (wie Anm. 2), S. 91-92. Bugenhagen an Christian III.
    Kopenhagen 21. Nov. 1537, in: Dr. Johannes Bugenhagens Briefwechsel, gesammelt und hg. durch
    O. VOGT. Mit einem Vorwort und Nachträgen von E. WOLGAST unter Mitarbeit von H. VOLZ,
    Hildesheim 1966 (=BBW), S. 157.

15 An die Kollegen in Straßburg, Kopenhagen d. 4.2.1538, BBW (wie Anm. 14), S. 168-170 und WABr
    8, S. 193.

16 Druck bei NORVIN (wie Anm. 11), S. 9-70. Es besteht kaum ein Zweifel, daß Bugenhagen der Ver-
    fasser von großen Teilen der *Fundatio et ordinatio* ist. Seine erkennbaren Grundgedanken hat
    SCHWARZ LAUSTEN, Københavns universitet (wie Anm. 2), S. 92 herausgearbeitet.

eröffnet werden sollte. Er betont, daß er sich an Kurfürst Johann Friedrich von Sachsen gewandt habe, auch an *Venerandum in Christo Patrem Doctorem Martinum Lutherum, Dominum Philippum Melanchthonem et totam Scholam Wittenbergensem*, und diese hatte auf seine Aufforderung hin Johann Bugenhagen geschickt. Dieser und andere Gelehrte hätten dem Hof Beistand bei der Wiedereröffnung der Universität und der Errichtung einer Kirchenordnung geleistet.

Die Universität betreffend bedeutete dies, daß an ihr die Ausbildung derart gestaltet werden sollte, daß der König Reich und Kirche mit Hilfe von Gelehrten regieren konnte und daß das erlösende Wort des Evangeliums, das der Vater der Barmherzigkeit gegeben hatte, nicht verloren gehen konnte. Die Ausbildung an der Universität sollte der weltlichen Verwaltung dienen und gleichzeitig den evangelischen Glauben fördern. Indem er auf die besondere Bedeutung der Universitätsgründung hinwies, der er die Kirchenorganisation zugewiesen hatte, erklärte der König, daß er sie gegründet habe *ad gloriam Dei et conseruationem Euangelii Domini nostri Iesu Christi, in commodum Reipublice et Regnorum horum, atque adeo in usum Ecclesie Christi et salutem multorum*[17].

Das soll auch darauf hindeuten, daß der König ein gewisses Verständnis dafür hatte, daß die Universität auch eine Heimstätte für die Pflege der Wissenschaften selbst sein sollte. Es sollte daher auch die Möglichkeit für Studien bestehen, die für Außenstehende nicht unmittelbar einsichtig waren. Es ist überflüssig zu bemerken, daß es sich dabei natürlicherweise nicht um „freie Forschung" handelte, so wie wir das heute auffassen. Diese Gebiete, so heißt es, behandeln intellektuelle Übungen und das Kennenlernen der Werke Gottes: *Nos autem in hac Schola ad hoc fouemus omnes artes, nihil morati, quod multa discuntur, quorum usum uulgus nosse non potest, ad exercendum ingenia, ad cognoscenda Dei opera et ad seruiendum aliis per preclara et singularia Dei dona*[18].

Trotz aller Reden über die gesellschaftsrelevanten Aufgaben und Ansprüche für die Ausbildung im Dienste der Gesellschaft blieb doch die theologische Ausbildung im Hinblick auf Ämter im Kirchen- und Erziehungswesen die wichtigste Aufgabe der Einrichtung. Genauso wie der dänische König das Oberhaupt der evangelischen Kirche war, sollte die Theologische Fakultät ein unentbehrliches Supplement für das Kirchenregiment sein. Die Verkündung des Wortes war das alles Entscheidende, die evangelische Lehre sollte verbreitet werden, die Geistlichen – alle katholischen Priester blieben in ihren Ämtern und sollten nun lutherisch werden – und die Bevölkerung sollten auf ein neues Verständnis des Christentums „umgeschult", Mißverständnisse sollten aus dem Weg geräumt werden, eine wissenschaftliche Ausbildung der Priester wurde lebensnotwendig für die Kirche und die weltliche Gesellschaft. Dazu wurden an der theologischen Fakultät drei Professoren angestellt, während die

---

17 Norvin (wie Anm. 11), S. 10.
18 Norvin (wie Anm. 11), S. 37.

Juristische und die Medizinische sich jeweils mit einem einzigen begnügen mußten. Die Theologieprofessoren erhielten auch höhere Gehälter als die übrigen. Man brauchte inzwischen keine so scharfe Grenze mehr zu ziehen, da nach dem zeitgenössischen Verständnis der Theologieunterricht in allerhöchstem Maße gesellschaftsrelevant war. Sowohl für das tiefere Verständnis der Schrift als auch für die Bekämpfung der gesellschaftsschädigenden Ketzerei und des Irrglaubens waren höchstgebildete Theologen mit Kenntnissen der klassischen Sprachen, der Kunst zu Disputieren und der Homiletik überall gesucht. Doch konnte man bis auf weiteres keine Ansprüche darauf erheben, daß der Besuch der Universität obligatorisch sein sollte. Das änderte sich erst im Jahre 1569. Aber die Betonung der Notwendigkeit philosophischer und theologischer Studien stimmte gänzlich mit Melanchthons oft zitierten Gesichtspunkten überein.

Trotzdem blieb die Theologische Fakultät die wichtigste, so kann man sagen, für das formelle Verhältnis zur Kirche nach der Einführung der Reformation, da sie nun nicht mehr eine kirchliche Lehranstalt war, die der kirchlichen Aufsicht im vorreformatorischen Sinne unterstand. Sie wurde eine „Staatsinstitution", doch bewahrte man eine weitgehende Selbständigkeit. Gleichzeitig bedeutet das, daß die Universität keineswegs ihren konfessionellen Charakter einbüßte, dieser wechselte nur die Konfession. Das wurde deutlich im Vorwort der *Fundatio* des Königs formuliert: Die Universität wird errichtet *ad gloriam Dei et conseruationem Euangelii Domini nostri Iesu Christi*. Die enge Verknüpfung mit der Kirche wird auf verschiedene Weise deutlich, unter anderem in der Vorstellung, daß die akademische Arbeit eine Art religiös-kirchlicher Arbeit ist. So konnten Vorlesungen auch sonntags stattfinden, ohne den Feiertag zu entheiligen. Die Professoren versammelten sich häufig nach dem Gottesdienst im Chor der Liebfrauenkirche, und sie nahmen gerne an den Bischofsversammlungen teil, war doch der Bischof von Seeland gleichzeitig auch Professor für Theologie, und aus den Statuten geht hervor, daß die religiöse Aura, die auf den Professoren ruhte, auch die Studenten und die gesamte Lehranstalt umfaßte[19].

Was nun die Themen der Lehre, die Methode und gesamte Lehrmeinung betrifft, galt – kurz gesagt – das Vorbild der Universität Wittenberg. Die Planung für die Artistenfakultät folgte dem wittenbergischen Vorbild, Melanchthons Lehrbücher sollten hier benutzt werden, und Luthers ursprüngliche Forderung, den „Heiden" Aristoteles nicht zu lesen – außer seiner Logik, der Rhetorik und der Poetik – hatte man in Übereinstimmung mit Melanchthon längst außer acht gelassen. In Kopenhagen sollte nicht nur die Physik des Ari-

---

19 Norvin (wie Anm. 11), S. 10. Schwarz Lausten, Københavns universitet (wie Anm. 2), S. 96-100. Zur Examination der Gemeindepfarrer durch den Superintendenten vgl. Schwarz Lausten (Hg.), Kirkeordinansen (wie Anm. 13), S. 112-115 (latein), S.188-192 (dänisch).

stoteles in acht Büchern benutzt werden, sondern auch das Kompendium dazu samt seiner Dialektik und der Ethik. In einem Hauptpunkt waren sich Kopenhagen und Wittenberg einig: Philosophie galt als unverzichtbare propädeutische Disziplin für die Theologie. In Kopenhagen sollten die Mediziner ebenso wie in Wittenberg über die Araber Avicenna und Rhasis lesen. Am wichtigsten aber war die durchgängige Übereinstimmung im Hinblick auf die Lehre in der Theologischen Fakultät. Abgesehen davon, daß die Professoren die theologische Doktorwürde besitzen sollten, sollte einer von ihnen die führende geistliche Person am Ort sein, eine Notwendigkeit, aus der sich ergab, daß die Professoren sorgfältig den Unterschied zwischen Gesetz und Evangelium lehren sollten, besonders bei der Behandlung von Augustins *De Spiritu et Litera.* Weiter wurde das wittenbergische Vorbild besonders betont durch die intensive Behandlung der literarischen Hilfsmittel: Luthers Kommentar zum Galaterbrief (1535), Luthers *Das fünffte, Sechste vnd Siebende Capitel S. Matthei, gepredigt vnd ausgelegt* (1532), Melanchthons Kommentar zum Römerbrief (1532), seine *Loci communes* (vermutlich die Ausgabe 1535) samt seiner *Apologia* für die *Confessio Augustana.* Endlich legten sich die Kopenhagener Bestimmungen ganz auf die wittenbergischen Statuten in der Erörterung der Disputationen fest, ein Hinweis gilt direkt den *propositionibus Witemberge disputatis et nunc editis.* Ob man nun die Universität Kopenhagen eine Kopie Wittenbergs nennt oder diese als Vorbild betrachtet, ist kaum erheblich. Für den König war es ganz einleuchtend, daß Wittenberg die Mutteruniversität war, die sie in Wirklichkeit auch wurde[20].

3. Wittenberger Professoren als königliche Räte

Im Kreis der Mitarbeiter und Räte, den Christian III. um sich gesammelt hatte, spielten die Professoren aus Wittenberg eine durchaus zentrale Rolle. Kurz nach der dramatischen Einführung der Reformation in Dänemark, während der sämtliche katholische Bischöfe festgenommen wurden, setzte der König Luther davon ins Bild und erhielt dessen Billigung, und nachdem Bugenhagen nach seinem zweijährigen Aufenthalt in Dänemark wieder nach Wittenberg heimgekehrt war, wurde der Kontakt zwischen Wittenberg und dem König

---

20 NORVIN (wie Anm. 11), S. 38. Außer den oben genannten können hier manche andere Vergleichsmomente herangezogen werden. Zu einem Vergleich zwischen den wittenbergischen Statuten von 1533 und den Kopenhagener Statuten vgl. K. B. CHRISTOFFERSEN, Bestemmelserne om Det teologiske Fakultet i ''Fundatio et ordinatio vniuersalis schole haffniensis'', in: DTT 37. Jahrg., 1974, S. 33-57, dort auch nähere Bestimmungen über die Lehrbücher. CHRISTOFFERSEN ist inzwischen der Meinung, daß man die Universität Kopenhagen nicht als eine Kopie von Wittenberg bezeichnen könne, und er erklärt, daß Wittenberg das Vorbild gewesen sei. Freilich ist die Wortwahl hier unwichtig, denn viele sachliche und manchmal wörtliche Übereinstimmungen zeigen ganz deutlich den Willen des Gesetzgebers. Zur Artistenfakultät in Kopenhagen vgl. M. SCHWARZ LAUSTEN, Die Universität Kopenhagen und die Reformation, in: L. GRANE (Hg.), University and Reformation. Lectures from The University of Copenhagen Symposium, Leiden 1981, S. 107-109.

fortgesetzt, indem dieser dringend wünschte, den Aufbau der evangelischen Kirche in Dänemark in ständigem Meinungsaustausch mit diesen Männern durchzuführen. Der König hatte zwar seine dänischen und deutschen Hofprediger, und er verwandte dazu den seeländischen Bischof mit Sitz in Kopenhagen – Peder Palladius – ebenso selbstverständlich wie die Professoren der Universität Kopenhagen. Wenn er aber vor so wichtigen Entscheidungen wie der Einstellung von Hofpredigern, Professoren und in Einzelfällen auch eines Bischofs stand, wandte er sich um Beistand an die Universität Wittenberg. Die Korrespondenz des Königs mit diesen ausländischen Männern hatte mit ungefähr 300 Briefen einen beträchtlichen Umfang, und sie richtete sich in erster Linie an Luther, Melanchthon, Bugenhagen, Jonas und Major. Hinzu kamen Männer wie Gallus Marcellus und Melchior Klinge. Aber auch Männer vom „anderen Flügel" und Männer von anderen Orten wie Johann Aurifaber, Flacius Illyricus und Victor Strigel kamen hinzu. Einige andere schickten unaufgefordert Briefe, teilweise unter Beilage dedizierter Bücher, so Heinrich Bullinger, Lucas Lossius, Johannes Sturm, Johannes Brenz, Johannes Wigand, Tileman Heshusius, Anthon Corvin, David Chytraeus, Æpinus und andere. Da viele von ihnen außer persönlichen Mitteilungen auch zahlreiche Neuigkeiten anfügten, bedeutete dies, daß der König wahrscheinlich auf einem hohen Informationsniveau stand, was die kirchenpolitischen und politischen Bewegungen und Begebenheiten betraf. Der Informationsstrom wurde durch die Korrespondenz, die Melanchthon und Bugenhagen mit führenden Männern in der dänischen Staatsleitung wie zum Beispiel dem königlich dänischen Kanzler Johann Friis und dem leitenden Gesandten und Experten für ausländische Verhältnisse, Peter Suave, unterhielt, noch intensiviert[21].

---

21 Die meisten der herangezogenen Originalbriefe werden im Reichsarchiv in Kopenhagen aufbewahrt (Sign.: TKUA, 3, Nr. 56-59, Breve fra udenlandske universiteter og lærde mænd), größtenteils gedruckt bei A. SCHUMACHER (Hg.), Gelehrter Männer Briefe an die Könige in Dännemarck vom Jahr 1522 bis 1663, I-III, Kopenhagen/Leipzig 1758-1759; die Ausgabe ist jedoch voller Mängel, Inhalt und Formalia betreffend. Zeitgenössische Kopien der vom König an die betreffenden Personen geschickten Briefe werden größtenteils in den Registerbüchern der deutschen Kanzlei des Königs im Reichsarchiv in Kopenhagen verwahrt (Sign.: TKUA, 1, Nr. 19f., Ausländisch Registrant, diverse årgange). Sie sind gedruckt bei C. F. WEGENER (Hg.), Samling af Kong Christian den Tredies Breve, navnlig til anseete tydske Reformatorer, in: Aarsberetninger fra Det Kgl. Gehejmearchiv, Bd. 1, Kopenhagen 1852-1855 (= AG), S. 215-296. Leider ist diese Sammlung nicht vollständig, es wurden Briefe vergessen und ausgelassen, andere hätte man als Regest anstelle eines vollständigen Abdruckes bringen können. Eine Ergänzung findet sich bei M. SCHWARZ LAUSTEN, König Christian III. von Dänemark und die deutschen Reformatoren, in: ARG 66 (1975), S. 151-182. Der gesamte Briefwechsel müßte in einer modernen Edition veröffentlicht werden. J. LUTHER, Martin Luthers Auslegung des 90. Psalms. Ein literarischer Festgruss der Wittenberger Theologen an die Königin Dorothea von Dänemark im Jahre 1548, Berlin 1920, hat auf diesen Briefwechsel aufmerksam gemacht. Darin werden einige persönliche und politische Umstände erwähnt, die den Eifer des Königs beleuchten, deutsche Gelehrte an die Kopenhagener Universität zu ziehen und dänische Studenten zu fördern; J. LUTHER beschäftigt sich besonders mit dem großen Interesse Christians III. an den Büchern, die die Wittenberger ihm zuschickten.

Die zahlreichen Informationen, die der König von den Wittenbergern bezog, waren nicht nur für die notwendige Orientierung in den auswärtigen Verhältnissen eine hilfreiche Ergänzung, die die dänische Regierung beständig beschaffen mußte. Die Themen interessierten den König persönlich im allerhöchsten Maße. Christian III. war ein tief religiöser Mensch und, überzeugt von der Wahrheit des lutherischen Christenverständnisses, führte er ein tätiges Leben in evangelischer Frömmigkeit. Nichts durfte den König morgens stören, bevor er sein Morgengebet in seinen Gemächern nicht vollendet hatte, und es war das Leitschema seines täglichen Lebens, daß er noch am Vormittag in der Bibel las, die er kontinuierlich studierte, und er las in Luthers Schriften „mit hoher und deutlicher Stimme". Danach hörte er gerne eine Predigt, gelegentlich predigte er selbst vor seinem Hof. In besonderer Weise legte der König Wert auf Luthers Kommentar zum Galaterbrief und auf eine Schrift des Gnesiolutheraners Johann Wigand, wahrscheinlich war es seine *Catechismi majoris Sidonii Refutatio* (1550). In seinen Briefen hat der König oft auch auf die Confessio Augustana, die Apologie, die Loci Communes oder auf „Luthers Schriften" hingewiesen und natürlich auf die Bibel. Auch die Schmalkaldischen Artikel kannte er genau. Man kann wohl sagen, daß der König in der Illusion lebte, daß es „die eine, einfache wittenbergische Theologie", eine problemlose Vereinigung von Luthers und Melanchthons Theologie, gäbe. Theologische Auffassungen, die nach Meinung des Königs diesen Schriften widersprachen, waren falsch und sollten daher nicht diskutiert werden. Der König verabscheute theologische Streitereien, verbot Diskussionen dieser Art innerhalb der Landesgrenzen, ebenso wie er selbst unaufgefordert mehrmals in die deutschen Lehrstreitigkeiten eingriff, um diese zu beenden[22]. Mit der Anstellung von Hofpredigern und Universitätsprofessoren, die ihm entweder empfohlen wurden oder den Wittenbergern bekannt waren, meinte der König die „wittenbergische Theologie" in Dänemark absichern zu können. Als er plötzlich ohne Hofprediger war, wandte er sich sowohl an die *gelertenn zu wittembergk* als auch an Anthon Corvin in Hessen und wieder einmal an Bugenhagen und Jonas. Der König wünschte *einen gelerten frommenn Christlichenn vfrichtigenn mann*. Dieser sollte sowohl über große Erfahrung als auch Gelehrsamkeit verfügen, denn er sollte einerseits dem König das Wort verkünden, andererseits Beschlüsse in vielen geistlichen Fragen vorbereiten und formulieren, wenn er den König auf dessen Rundreise durch das Reich begleitete. Es endete damit, daß Bugenhagen Paul Noviomagus vorschlug, der jedoch zunächst noch ein wenig länger in Wittenberg studieren sollte. Der König wünschte, er solle Magister werden, und finanzierte seine Studien bis etwa 1545. Dieselbe Forderung stell-

---

22 M. SCHWARZ LAUSTEN, Religion og politik. Studier i Christian IIIs forhold til det tyske rige i tiden 1544-1559, mit einer Zusammenfassung in deutscher Sprache, Kopenhagen 1977, S. 221-336, (Christian III. und die theologischen Lehrstreitigkeiten und Einheitsbestrebungen, die religiöse Haltung des Königs).

te er später an Henrik Buscoducensis, der ebenfalls nach Erwerb des Magistergrades Hofprediger wurde. In der Zwischenzeit insistierte der König darauf, einen geeigneten Mann zu finden, Luther und Bugenhagen bezog er in die Suche mit ein, und sie endete mit der Anstellung von Nikolaj Krag (1543). Die Hofprediger wurden besonders gut entlohnt, als Angehörige des Hofstaates trugen sie eine besondere Hoftracht, nahmen an der Behandlung wichtiger theologischer Fragen teil, und vor dem Hintergrund ihrer wittenbergischen Ausbildung konnten sie eben deshalb für die Aufrichtung der „wittenbergischen Tradition" in Dänemark wirken. Entsprechend bat Bugenhagen (1554) den König unumwunden darum, er wolle *meinen lieben Freund* – Hofprediger Magister Henrik Buscoducensis – *dazu halten, welchs er doch wird gerne thun, das er uns bei unsern Botten, wen E. K. gnediglich antwortet, auch selbs fur seine Person als zu seinen guten gesellen schreibe. Auch das E. M. dem Magistro mitbefehle, das er wolle acht haben, das unsere Sachen werden ausgericht, wie sie E. K. M. uns gerne gunnet*[23].

Die Anstellung der „reinen wittenbergischen" Theologen als Professoren an der Theologischen Fakultät der Universität Kopenhagen hatte beim König selbstverständlich die allerhöchste Priorität, und er bezog die Professoren aus Wittenberg auch in die Auswahl mit ein: *Dann Jr wissett, wes wir vor leuthe Jnn diesenn vnnsernn lanndenn habenn*, bemerkte er angelegentlich Bugenhagen gegenüber[24]. Zusammen mit diesem hatte er seinerzeit den Dänen Peder Palladius zum ersten lutherischen Bischof in Kopenhagen ernannt und damit zum nicht offiziellen Oberhaupt über die Kirche; gleichzeitig sollte er als Professor für Theologie amtieren. Der König hatte die Kosten seiner Promotion zum Doktor der Theologie getragen (1537), und zum zweiten Professor in der Theologie schlug Bugenhagen den Schotten Johannes Macchabaeus vor. Der König folgte Bugenhagens Vorschlag, da er *vnnser vniversitet zu Coppennhagenn ein sehr nutzlicher vnnd diennstlicher man sein mocht*, aber der König verlangte, *das er Sich erstenn drauszen zu Wittenbergk, Ehr ehr Jnn vnnsere vniversitet komme, doctor Theologie promouiren liessze etc.* Das geschah auch so. Alle wichtigen Universitätsprofessoren und Bischöfe dieser Periode – unter anderen Peder Palladius, Johannes Macchabaeus, Jens Sinning, Niels Hemmingsen, Niels Palladius, Peder Poulsen – waren in Wittenberg ausgebildet. Es kann daher nicht im geringsten überraschen, daß der König – als er einmal mit der Qualität der Universität Kopenhagen unzufrieden war – Bugenhagen um Unterstützung bat: Er möge Gelehrte empfehlen, um sie zur Hebung des intellektuellen Niveaus an der Universität anzustellen. Es *sollten ewer Personn ader aber einen Andernn etwa geschicktenn vnd gelertenn mann, der ein berumbter Scribent were, denn gedachte vnsere vni-*

---

23 Bugenhagen an König Christian III., Wittenberg d. 7.6.1554, BBW (wie Anm. 14), S. 557. M. SCHWARZ LAUSTEN, Christian III. og kirken 1537-1559, mit einer Zusammenfassung in deutscher Sprache, Kopenhagen 1987, S. 95-101.

24 Christian III. an Bugenhagen, Kopenhagen d. 13.3.1541, in: AG (wie Anm. 21), S. 217.

uersitet vor Jr heubt gebrauchen, dieselbe auch dadurch Jnn eynenn beruf vnnd nhamenn kommenn mochte[25]. Darüber hinaus bat der König Bugenhagen auch bei der Besetzung anderer Stellen um Rat, zum Beispiel: Als der König den Juristen Bernhart Wigbolt Friis auf eine Universitätsstelle setzen wollte, protestierten die Professoren dagegen, und Bugenhagen konnte dem König auch hier einen Mann (Autor von Schwalenberg, 1542) für das wichtige Amt als Kanzler vorschlagen, und der König richtete sich danach. Da er aber dennoch das Amt nicht besetzen konnte, ging es an Anders von Barby, der ebenfalls in Wittenberg ausgebildet war und der in der folgenden Zeit in der dänischen Außenpolitik eine maßgebende Rolle spielen sollte[26].

Während der Unruhen des Schmalkaldischen Krieges war der König bereit, Melanchthon, Major, Jonas und Luthers Witwe Katharina mit ihren Familien aufzunehmen, gleichsam wie er zuvor Georg Rörer nach Dänemark eingeladen hatte, als dieser in Schwierigkeiten geraten war. Auch Johannes Brenz wünschte der König anzustellen, selbst Johann Aurifaber aus Weimar lenkte sein Interesse nach Dänemark, als sich die Unruhen näherten[27]. Weiter wünschte der König Tileman Heshusius anzustellen, aber nur, wenn Melanchthon zustimmte. In diesem Falle sollte Melanchthon dafür sorgen, daß Heshusius sein Amt beim Kurfürsten von der Pfalz aufgab – ein politischer Feind Christians III. –, Melanchthon hatte das allerdings schon in die Wege geleitet, denn der König meinte, *das hochgedachter Churfurst sonnst mit furtrefflichenn feinen gelertten leutten gnug versehenn sey*[28].

Trotz allen Vertrauens war der König den Wittenbergern gegenüber nicht unkritisch, und als Johannes Draconites für eine Professur in Kopenhagen vorgeschlagen wurde, lehnte der König ab, da er eben erfahren habe, daß Draconites in einen Lehrstreit verwickelt sei, denn *Wir habenn allerlej bewegen, die jenigen, so nicht sonderlich bekhant oder sonst Jrer lehr vnnd lebenns halbenn verdechtig vormergt, wiewol niemants gantz volkomen zufindenn, anzunemen, dann wir sehen, was durch etzlicher vnnotige vnnd eigensinnig disputaciones beschwerlich erregt vnd eingefurdt*[29]. Trotz

---

25 Christian III. an Bugenhagen, Gottorp d. 6.1.1542, in: AG (wie Anm. 21), S. 223.

26 Christian III. an Bugenhagen, Gottorp d. 6.1.1542, in: AG (wie Anm. 21), S. 222. SCHWARZ LAUSTEN, Københavns universitet (wie Anm. 2), S. 125-127. SCHWARZ LAUSTEN, Christian III. (wie Anm. 23), S. 104-107. M. SCHWARZ LAUSTEN, Peder Palladius og kirken 1537-1559, Kopenhagen 1987, S. 24-26.

27 Melanchthon an Christian III. d. 16.10.1545, MBW 4034. Major an Christian III., Wittenberg d. 29.4.1547, d. 6.1.1549 SCHUMACHER (wie Anm. 21) II, S. 102, 117. Jonas an Christian III., Halle d. 14.6.1549, SCHUMACHER (wie Anm. 21) II, S. 346. Johann Aurifaber an Christian III., Weimar d. 23.11.1550, SCHUMACHER (wie Anm. 21) I, S. 350. M. SCHWARZ LAUSTEN, Zu Georg Rörers Aufenthalt in Dänemark, in: ZBKG 45 (1976), S. 1-6.

28 Christian III. an Melanchthon, Kopenhagen d. 26.2.1558, in: AG (wie Anm. 21), S. 292-293. Hier hatte Christian III. allerdings Recht, denn Tileman Heshusius erwies sich in Heidelberg schnell als *lutherischer Konfessionspolitiker gröbster Art*, weswegen er bereits 1559 verabschiedet wurde. E. WOLGAST, Die Universität (wie Anm. 3), S. 37-38.

29 Christian III. an Bugenhagen, Roskilde d. 20.9.1551, in: AG (wie Anm. 21), S. 258-259.

dieser Ablehnung waren die Wittenberger natürlich begeistert über das Vertrauen des Königs, und es gab von dieser Seite keinen Grund, den König nicht auszunutzen oder zu binden. Als Lehrstreitigkeiten und Personaldiskussionen sich auszuweiten begannen, forderte Bugenhagen deshalb den König ganz direkt und eindringlich auf: *Ich ermane aber und bitte untertenig E. K. M. umb des lieben Evangelii Christi willen, welchs E. M. von Herzen lieb hat (da ist gewisse der heilige Geist) das E. M. fordere keine andere, sondern alleine von den unsern gelerte Menner in die hohe Schule zu Copenhagen und zu leren Gots Wort das in die Lande keine Schwermerei komme*[30].

Eine natürliche Folge des königlichen Wunsches, Dänemark und Wittenberg eng miteinander zu verbinden, war sein großes Interesse, daß hochbegabte junge Männer eine Ausbildung in Wittenberg absolvieren sollten, um danach im Heimatland führende Positionen zu bekleiden. Diese jungen Männer konnten mit der Unterstützung des Königs und namentlich auch der Zusammenarbeit mit Bugenhagen und Melanchthon rechnen. Bugenhagen begründete seinen Vorschlag in aller Kürze und benannte auch, wozu der König den betreffenden gebrauchen konnte. So bat er (17.1.1542) zum Beispiel um weiteres Geld für Petrus Generanus (Peter Genner), der wahrscheinlich bereits Magister war und vom König unterstützt worden war, und man konnte ihn später in Dänemark nach Vorschlag des Königs oder des Superintendenten einsetzen. Einige Jahre später (20.8.1546) konnte Bugenhagen erläutern, daß Generanus ordiniert worden war und *ist ehrlich und herlich im Examen bestanden*. Jacobus Henricus (Jakob Henriksen) und Christiernus Bronno (Christen Madsen Bruun) waren *redelige fromme Jungelinge, die wol studiren* (12.4.1545), Magister Torbetus (Torbjørn Olufsen Bratt) aus Norwegen war *gelert, from, sittig, verstendig, er kann viel gutes thun in Norwegen* – er wurde ein Jahr später der erste evangelische Bischof in Trondheim. Magister Johann von Ribe, der auch unterstützt worden war, aber große Schulden hatte, bat flehentlich um mehr Unterstützung vom König, die Bugenhagen auch empfahl, denn er war *ein frommer reddelicher Gesell und bestehet mit seiner Leren wol* (13.1.1546). Weiter fügte er hinzu, Johann sei *vernunftig und hat zimlich studiret. Er kann wol eine Kirche oder gute Schule furstehen* (16.7.1546). Jacobus Nicolai (Jakob Nielsen) ist *from und hat sich stille im Studio bei uns gehalten* (20.8.1546). Bei einer bestimmten Gelegenheit schlug Bugenhagen vor, daß der König einen von drei dänischen Magistern – Olav Chrysostomus, Jens Sinning, Peder Paulsen – zum Doktor der Theologie promovieren lassen solle. Jeder einzelne von ihnen war nämlich *so geleret, als wir E. M. einen aus Deutschland senden konen* (19.8.1542), offenbar das höchste Lob nach Bugenhagens Auffassung! Bugenhagen konnte in seinen Würdigungen doch auch durchaus kritisch sein. Da er mit Jakob Nielsen, Kopenhagen, nicht zu-

---

30 Bugenhagen an Christian III., Wittenberg d. 23.1.1553, BBW (wie Anm. 14), S. 545-547.

frieden war, hatte er sämtliche dänischen Studenten versammelt und fragte sie über ihn aus, doch alle gaben ihm ein *gute Gezeugnis* (13.1.1546).

In der Regel hielt sich der König an Bugenhagens Beurteilungen, und er überließ ihm auch die Auszahlung der übersandten Gelder (29.1.1544; 25.6.1544), denn der König fühlte sich bezeichnenderweise verpflichtet, auf diesem Wege *zu gottes Ehre vnnd gemeynem pesten* (25.6.1544) voranzuschreiten, und selbstbewußt konnte er sagen, daß er aus Hingebung an das Heilige Evangelium seine Untertanen unterstützte, *Als sich studirens halbenn Nach Wittenberg begebenn*, und es erfreute ihn, daß sie mit *Jren studijs wirckliche frucht geschafft hettenn* (11.1.1546), doch hielt der König die ganze Zeit über ein waches Auge auf jeden einzelnen Studenten. Nur wer seinem Idealbild eines Studenten nachlebte – er sollte fromm und fleißig sein und keine Tendenzen zu abweichenden Auffassungen haben – konnte unterstützt werden (17.5.1545). Als er erfuhr, daß Jørgen Stur von der Theologie zur Rechtswissenschaft gewechselt hatte, bat er Bugenhagen, dafür zu sorgen, daß er zur Theologie zurückkehrte, denn in den Rechtswissenschaften könne er kaum *sunderliche frucht* ernten, meinte der König (11.1.1546). Von einem Studenten aus Ribe, der ihm von Bugenhagen empfohlen war, hatte der König keine sehr hohe Meinung. Vorläufig hatte der König bei ihm *wenig, die was frucht geschafft* gefunden (6.9.1549), und als Melanchthon um Unterstützung für Hans Madsen Høne aus Ribe bat, schlug der König das barsch ab, denn *dem haben wir hieuor gnugsam helffe gethon vnnd verstehen, das ehr viel dorheit treiben soll*. Der König hatte auch erfahren, daß der Student dabei war, Bücher zu schreiben, und meinte, da *der vnnutzen Bucher ohne das gennug* seien, sollte Melanchthon ihm das entweder verbieten oder ihn nach Dänemark zurückschicken, so daß er sich dort nützlich machen könne (8.12.1554). Die Skepsis des Königs gegenüber dem Nutzen dieser Investitionen scheint übrigens mit den Jahren gewachsen zu sein. In einer längeren Erklärung äußerte er Melanchthon gegenüber, daß er immer darauf bedacht gewesen sei, unter seinen Untertanen *leutt finden die gutte Jngenia haben vnnd sich die studia angelegenn sein lassen verstendig, gotsfurchtig, sittig vnnd fromb sein*. Er habe nichts anderes getan, als deren Ausbildung in Wittenberg zu vermitteln, so daß diese später in der dänischen Kirche oder Schule dienen könnten, aber die Furcht vor Täuschung hätte ihn oft ergriffen: *hatt sich doch, do es ad visum kommen, weniger oder gar nichts dauon gefunden* (4.11.1557)[31].

Die Summe der Stipendien Christians III. für die Studenten läßt sich jedoch nur schwer bestimmen. Rechnet man die Zahlen zusammen, die in den Briefen genannt werden, handelt es sich um 950 Taler, doch war die Summe wohl viel höher, da viele Briefe verloren gegangen sind. Das durchschnittliche königliche Stipendium pro Student und Jahr scheint 40 Taler betragen zu haben,

---

31 BBW (wie Anm. 14), S. 232, 236, 327, 347f., 363, 371f. – AG (wie Anm. 21), S. 234, 237, 238, 240, 241, 256. SCHWARZ LAUSTEN, in: ARG (wie Anm. 21), S. 178.

eine hübsche Summe, denn man rechnet etwa 30 Taler pro Jahr für Kopenhagen, doch scheinen die Lebenshaltungskosten in Wittenberg höher gewesen zu sein. Einer solchen Zusammenstellung kann auch dienen, daß ein tüchtiger Handwerker 1545 in Dänemark 150 Taler im Jahr verdienen konnte, die Lektoren der Artistenfakultät in Kopenhagen erhielten 70 Taler jährlich, die theologischen Professoren 150 Taler und darüber hinaus Naturalien[32]. Die große Ehrerbietung gegenüber den Professoren aus Wittenberg blieb die ganze Zeit über gleich, nur gegen Ende der 1550er Jahre geriet Christian III. in Zweifel über Lehrstreitigkeiten, in die Melanchthon und Major ihn verwickelten, aber das hielt ihn nicht von der Aufrechterhaltung der finanziellen Unterstützungen ab, die er in den 1540er Jahren begonnen hatte. Die ersten Sendungen mit Hering und Butter verdarben, daher ging er dazu über, einen Jahresbetrag in Geld anzuweisen. Dieses *Gnadengelt* bestand aus 50 Talern pro Person und Jahr. Auf der Liste des Königs stand als Empfänger seit 1544 Luther und nach dessen Tod seine Witwe Katharina, Melanchthon, Bugenhagen und seit 1549 Georg Major. In unregelmäßigen Abständen wurden Beträge auch an Justus Jonas überwiesen, und hierzu kamen auch noch Gallus Marcellus, Johann Aurifaber, Johann Flinner, Poul Luther sowie Johann Forsters nachgelassene Kinder. Die nachweisbaren Zahlungen beliefen sich in der Zeit von 1544 bis 1558 auf *2690 Taler*, aber die Summe ist bedeutend höher, da noch weitere, unspezifizierte Beträge hinzukommen[33].

4. Die Universität Wittenberg und die Lehre in der dänischen Reformationskirche

In einem Vorwort zu Henrik Smiths Hortulus synonymorum, 1520, das in gut humanistischer Art als Brief abgefaßt ist, berichtete Petrus Parvus Rosæfontanus lobend über die neue Bildungsgestaltung, die Unterweisung in der klassischen Sprache in allen Artistenfakultäten, wie man sie nun an den deutschen humanistischen Universitäten Rostock, Leipzig und Wittenberg erleben konnte, und er erzählte begeistert von Männern wie Erasmus und Petrus Mosellanus, von Johannes Rhagius Ästicampianus, Philipp Melanchthon und Martin Luther aus Wittenberg, *theosophicae veritatis nobilitate insignis doctor Theologus*. In diesem Vorwort, das auf den 5. Dezember 1519 datiert ist, bezeichnet er Wittenberg als die Heimstatt der humanistischen Bildung, aus gutem Grund noch

---

32 Die Höhe der Stipendien des Königs geht aus den Briefen hervor. 1 Taler entsprach einem Rheinischen Gulden. Zum Verhältnis von Lebenshaltungskosten und Löhnen vgl. SCHWARZ LAUSTEN, Københavns universitet (wie Anm. 2), S. 109-121. HELK (wie Anm. 3), S. 17.

33 Zu den Herings- und Buttersendungen und den Neujahrsgaben des Königs an Luthers, Melanchthons und Bugenhagens Frauen vgl. 30.1.1543, AG (wie Anm. 21), S. 230, zur Änderung in Barauszahlungen vgl. 4.9.1543, AG S. 231. Die Gesamtsumme geht aus den vom König abgeschickten Briefen hervor (wie Anm. 21).

nicht als „das heilige", evangelische Wittenberg. Dies ist das früheste in Dänemark bekannte Zeugnis, das auf Luther aufmerksam macht[34].

Die Männer, die in theologischer und kirchlicher Hinsicht die Auseinandersetzung mit der römisch-katholischen Kirche in Dänemark während der 1520er Jahre einleiteten, waren überwiegend von der reformkatholischen, bibelhumanistischen Bewegung geprägt. Das hängt zweifellos damit zusammen, daß die führenden unter ihnen frühere Karmelitermönche waren, die sehr stark von dem Karmeliterprovinzial Paulus Helie (Poul Helgesen) beeinflußt waren. Dieser war der höchstbegabte und führende Theologe in der katholischen Kirche Dänemarks zu Beginn des 16. Jahrhunderts, vertraut mit den Kirchenvätern und der zeitgenössischen Theologie, wortgewaltig, scharf und sarkastisch in der Polemik, ein aufrüttelnder Schriftsteller. Als Lektor an der Kopenhagener Universität und gleichzeitig Leiter des Karmeliterhauses begann er den Bruch mit der scholastischen Theologie und mit der traditionellen Frömmigkeit. Die wichtigste Quelle für den christlichen Glauben sollte die Bibel sein, und darin war die *Auslegung über Christus, über Petrus und Paulus* das wichtigste, und in diesem Zusammenhang forderte er gute Kenntnis der klassischen Sprache. Doch konnte er sich auch auf die mündlich überlieferte apostolische Tradition berufen, auf die Kirchenväter und Konzilien, und besonders scheint er eine Vorliebe für die Visionen der [Heiligen] Birgitta von Vadstena gehabt zu haben, doch all das sollte kritisch behandelt werden. Das wichtigste war ihm das Neue Testament. Darin folgte er seinem großen Vorbild Erasmus von Rotterdam, und dieses galt ihm auch für die Freiheit des Willens, die Erlösungsfrage und das große Interesse an der Ethik des Menschen. Die Erlösung des Menschen ist allein abhängig vom Glauben, lehrte er, aber bezeichnenderweise wies er auch dringend auf die Notwendigkeit der wahren Frömmigkeit und der guten Werke hin. Vor diesem Hintergrund konnte er sowohl harte Urteile über scholastische Spitzfindigkeiten fällen, über die damalige Frömmigkeit als auch über den erheblichen Einfluß der katholischen Bischöfe Dänemarks auf das politische Leben. Er forderte eine Reform der Theologie und der Alltagsfrömmigkeit. Diese sollte allerdings innerhalb des Rahmens der römischen Kirche durchgeführt werden, denn Paulus Helie hielt beständig an seiner Loyalität zum Papst fest. Die Reform sollte allein die rechte römisch-katholische, vom Papst geführte Kirche bewahren, und sie sollte auf theologischen, neutestamentlichen Studien und auf wahrer Frömmigkeit begründet sein. Sein Ideal war *et pia eruditio et erudita pietas*, denn die

---

34 H. SMITH, Hortulus synonymorum (1520), hg. v. I. BOM (Det 16. århundredes danske vokabularier Bd. II), Kopenhagen 1974. SCHWARZ LAUSTEN, Die Universität (wie Anm. 20), S. 99-113. Daß Petrus Parvus Rosæfontanus später in einen wissenschaftlichen Kontakt mit Bugenhagen trat, geht aus seinem Brief an diesen vom 6. Juli 1537 hervor, BBW (wie Anm. 14) 155.

menschliche Voraussetzung für die Durchführung der Reform war eine wahre Exegese, die auf Bildung, Tüchtigkeit und Frömmigkeit begründet war[35].

Paulus Helies Schüler gingen einen Schritt weiter als ihr Meister. Sie brachen mit der römischen Kirche, wurden evangelische Prediger und Reformatoren, und die Auseinandersetzungen zwischen ihnen und ihrem Lehrer gestalteten sich äußerst persönlich und bitter. Es ist aber ganz interessant zu bemerken, daß sie die bibelhumanistische Ausbildung bewahrten, die sie von ihm empfangen hatten, und sie verbanden sie mit der evangelischen Theologie. Untersuchungen haben gezeigt, daß sie in der Lehre der Bibelauslegung, der Abendmahlslehre, in der Christologie, im Verhältnis von weltlicher und geistlicher Obrigkeit, in der Frage der Andachtsbilder und in anderen Punkten entweder Luthers Theologie nicht richtig verstanden hatten oder von ihr abgewichen waren. Man kann sagen, daß sie dem humanistisch-reformatorischen Zweig angehörten, doch muß man hinzufügen, daß das nicht überbetont werden darf. Sie hatten mit der römischen Kirche gebrochen, sie waren evangelische Reformatoren und betrachteten sich selbst als „Lutheraner", und dasselbe tat ihr Gegner Paulus Helie auch[36].

Es besteht inzwischen kein Zweifel mehr daran, daß die Durchführung der Reformation durch König Christian III. (1536/37) auf der Grundlage der wittenbergischen Theologie geschah. Wir haben oben erwähnt, wie häufig der König formulierte, daß „die wittenbergische Theologie" die Autorität in der Lehre darstellte, und dieses spiegelt sich besonders in der grundlegenden *Kirkeordinans* wider. Darin wird ganz bewußt nicht die offizielle Bekenntnisgrundlage formuliert, diese geht vielmehr aus den Büchern hervor, von denen der Gesetzgeber verlangte, daß die Pfarrer sie besitzen sollten: die Bibel, Luthers Kirchenpostille, die Apologien – womit sicher die Confessio Augustana und die Apologie gemeint sind –, die Loci Communes, eine Auslegung von Luthers Kleinem Katechismus und Melanchthons Unterricht der Visitatoren. Das geht auch aus den Predigtanweisungen und den grundlegenden Direktiven für die Lehre hervor, die in den Richtlinien und den Leseplänen für die Theologische Fakultät enthalten sind[37]. In Fragen der *Liturgie* strebte die Regierung bewußt nach einer Beseitigung der Unterschiede, die sich in den verschiedenen Landesteilen entwickelt hatten, um eine Einheitlichkeit nach wittenbergischer Tradition zu schaffen, was jedoch erst im 17. Jahrhundert richtig gelang. Es liegt noch keine Gesamtuntersuchung über die T h e o l o g i e der

---

35 J. O. ANDERSEN, Paulus Helie I, Kopenhagen 1936, S. 50-92. G. SCHWAIGER, Die Reformation in den nordischen Ländern, München 1962, S. 33-34, 38, 59. SCHWARZ LAUSTEN, Die Universität (wie Anm. 20), S. 102-103.

36 N. K. ANDERSEN, Confessio Hafniensis. Den københavnske Bekendelse af 1530, Kopenhagen 1954. Diese Untersuchung über das zentrale Kopenhagener Bekenntnis der evangelischen Prediger enthält auch eine Würdigung der polemischen Schriften Paulus Helies und anderer.

37 SCHWARZ LAUSTEN (Hg.), Kirkeordinansen 1537/39 (wie Anm. 13), S. 158-161, 230-231.

dänischen Reformationskirche vor, doch deuten Forschungen über einzelne Theologen darauf hin, daß man sich allerdings ganz im klaren über die oben beschriebene Einstellung des Königs und seine Forderung war und daß man eine Synthese von Luthers und Melanchthons Theologie anstrebte. Es leuchtet ohne weiteres ein, daß Melanchthon den dominierenden Einfluß auf die Methoden der philosophischen und theologischen Arbeiten ausübte, die theologischen Inhalte betreffend ist der Gesamteindruck etwas schillernder. Im Verhältnis zwischen Theologie und Philosophie wiederholt ein Mann wie Professor Jens Sinning († 1547) in seiner *Oratio de Studiis philosophicis* Melanchthons Position gänzlich, und Bischof Niels Palladius († 1560) folgt ebenfalls Melanchthons Gedanken über die Ansichten von Kirche und Priesteramt, Prädestination und Freiheit des Willens und der guten Werke, während er in der Frage der Abendmahlslehre Luther näher steht. Eine neuere und umfassendere Arbeit über die theologische Einstellung des Peder Palladius († 1560) führt diese These weiter aus und weist nach, daß er seinen Ausgangspunkt bei der Behandlung der Dogmen in Luthers Theologie nehmen wollte. Er glaubte sich selbst auch in Übereinstimmung mit Luther, in Wirklichkeit aber war es Melanchthons Theologie, die ihn so sehr dominierte, daß er „Luther in Melanchthon übersetzte". Nach seiner etwa zehnjährigen Tätigkeit an der Artistenfakultät rückte Niels Hemmingsen († 1560) 1553 in die Theologische Fakultät auf und nahm hier schnell einen Platz als der führende Kopf im dänischen Universitäts- und Kirchenleben ein, gleichzeitig dehnte sich sein Einfluß weit in Europa aus. Das brachte ihn jedoch zu Fall, denn die Theologen in Sachsen erkannten ihm seine Autorität ab, und er wurde von Kurfürst August wegen „calvinisierender" Neigungen angeklagt. 1579 wurde er verabschiedet von der Universität Kopenhagen. Sein *Enchiridion theologicum* (1557) sollte eine Einführung in die Theologie Melanchthons sein; seine Arbeitsleistung als Verfasser war enorm, unter anderem schrieb er große exegetische Werke, und mit seinen wichtigsten Arbeiten *De Lege naturae apodictica Methodus* (1562) und *Postilla* (1561) entwickelte er sich zum „wichtigsten Repräsentanten des Philippismus auf dänischem Boden", und mit Blick auf Melanchthon erhielt er den Ehrennamen „Praeceptor universalis Daniae" (Bj. Kornerup). In der nachreformatorischen Zeit war er der führende Bischof, und alle in Wittenberg ausgebildeten Theologieprofessoren blieben ihm verbunden. Damit wurde das eingeleitet, was man als die „Machtperiode des Philippismus" in Dänemark bezeichnet hat[38].

---

38 K. OTTOSON, Liturgien i Danmark 1540-1510, in: I. BROHED (Hg.), Reformationens konsolidering i de nordiska länderne 1540-1610, Oslo 1990, S. 258-278. Zu Sinning vgl. SCHWARZ LAUSTEN, Die Universität (wie Anm. 20), S. 109. M. SCHWARZ LAUSTEN, Biskop Niels Palladius, Kopenhagen 1968. J. ERTNER, Peder Palladius' lutherske teologi, Kopenhagen 1988. Zu Niels Hemmingsen vgl. B. KORNERUP, Filippismens Magtperiode (1569-1617), in: H. KOCH/ B. KORNERUP (Hg.), Den Danske Kirkes Historie IV, Kopenhagen 1959, S. 136-220.

DIE DEUTSCHE UNIVERSITÄT
ALS MODELL FÜR FRANKREICH –
DER BERICHT VICTOR COUSINS 1831

Von Werner GIESSELMANN

AM 24. MAI 1831 trat der Philosoph Victor Cousin, prominenter Vertreter der geistigen und politischen Elite der neuen Julimonarchie und gleichzeitig einer der besten Kenner der zeitgenössischen deutschen Kultur, eine Reise nach Preußen an, um sich im Auftrag der französischen Regierung über das dortige Bildungswesen zu informieren. Hintergrund dieser offiziellen Erkundungsmission war die Vorbereitung einer umfassenden Bildungsreform in Frankreich, für die man sich nützliche Anregungen von den Institutionen und Erfahrungen des Nachbarlandes erhoffte. Nach Zwischenstationen in Frankfurt, Sachsen-Weimar und Sachsen erreichte er Berlin, wo er mit großer Kooperationsbereitschaft aufgenommen wurde. Kultusminister von Altenstein und sein Ministerialdirektor Schulze vermittelten ihm Kontakte zu den wichtigsten preußischen Bildungsexperten, ermöglichten ihm den Besuch verschiedener Unterrichtsanstalten und versorgten ihn vor allem mit einer Fülle von Materialien, die ihm seine Bestandsaufnahme außerordentlich erleichterten, so daß er seine Mission bereits nach lediglich sechs Wochen abschließen konnte. Sein Erfahrungsbericht über diese sehr eilige Informationsreise, gerichtet an Unterrichtsminister Montalivet, verschwand nun nicht etwa nach flüchtiger Kenntnisnahme in den Archiven des Ministeriums, sondern wurde 1832 unter dem Titel *Rapport sur l'Instruction publique dans quelques pays d'Allemagne et particulièrement en Prusse* mit großem Erfolg veröffentlicht und inspirierte tatsächlich in den folgenden Jahren einige Bildungsreformen in Frankreich.

Durch seinen spezifischen Gegenstand, die Wahrnehmung ausländischer, also „fremder" Bildungseinrichtungen, aber auch durch seine intensive Wirkungsgeschichte weckt der Bericht Cousins die Aufmerksamkeit des kulturgeschichtlich interessierten Historikers, insbesondere dann, wenn er sich auf dem Felde der deutsch-französischen Kulturbeziehungen bewegt. Gerade auf diesem Felde hat sich seit den 1980er Jahren unter dem Etikett des „Kulturtransfers" eine methodologisch-theoretische Neuorientierung der Forschung vollzogen[1], die gegenüber der früheren Fixierung auf die Besonderheiten der

---

1   M. ESPAGNE u. M. WERNER, Deutsch-französischer Kulturtransfer im 18. und 19. Jahrhundert, in: Francia 13 (1985), S. 502-510. M. ESPAGNE u. M. WERNER, La Construction d'une référence culturelle allemande en France. Genèse et histoire, in: Annales ESC 42 (1987), S. 969-992. M. ESPAGNE: Les transfers culturels franco-allemands, Paris 1999. K.-T. KANZ, Nationalismus und internationale Zusammenarbeit in den Naturwissenschaften: die deutsch-französischen Wissenschaftsbeziehungen zwischen Revolution und Restauration 1789-1832, Stuttgart 1997.

Nationalkulturen nun den Blick vorrangig auf die Verflechtungen und Vermischungen sich berührender Kulturräume richtet. Der Kulturtransfer wird dabei verstanden als ein Kommunikationsprozeß, bei dem die von einer kulturellen Einheit ausgesandte Botschaft vom Empfänger in den eigenen Code, das eigene Referenzsystem, übertragen wird – ein von spezifischen Medien und Agenten vermittelter Übersetzungs- und Aneignungsvorgang, welcher sich oft als selektive Neuinterpretation vollzieht, bestimmt von den jeweiligen politisch-kulturellen Konstellationen des Rezipientenlandes und funktionalisiert zu Legitimationszwecken[2]. Für ein derartig orientiertes Forschungsinteresse stellt Victor Cousins Bericht über das preußisch-deutsche Bildungswesen aus dem Jahre 1831 in der Tat ein ideales Studienobjekt dar. Allerdings kann die folgende Untersuchung nur einen Teilaspekt des Berichtes behandeln. Wenn Cousin selbst ganz eindeutig den Schwerpunkt auf das Elementar- und Sekundarschulwesen legte und hier auch die größte Resonanz erzielte, so sollen an dieser Stelle nur seine vergleichsweise knappen Äußerungen über die deutschen Hochschulen berücksichtigt werden, die sich maßgeblich auf die von ihm besuchten Universitäten Jena und Leipzig stützen.

I.

Die Hintergründe der bildungspolitischen Informationsreise Cousins nach Preußen sind zunächst in einigen objektiven Defiziten und Problemen des staatlichen französischen Unterrichtswesens, der Université Royale, zu suchen[3]. Diese Mängel bestanden sowohl auf struktureller wie curricularer, personeller und finanzieller Ebene, und auch wenn kein Zweig des Unterrichtswesens davon frei war, galten die Volksschulen doch als am stärksten betroffen und befanden sich tatsächlich in einem Zustand embryonaler Unterentwicklung und weitgehender Desorganisation. Diese Defizite und Funktionsstörungen waren zwar real, doch reichen sie zur Erklärung der sich nach der Julirevolution manifestierenden Reformbestrebungen nicht aus. Eine wichtige Rolle spielten auch machtpolitisch-ideologische Faktoren. Unter der Restauration war die von Napoleon geschaffene Université Objekt und Schauplatz eines erbitterten Machtkampfes, bei dem royalistisch-klerikale Ultras und laizistische Liberale um die kulturelle Hegemonie, Garantin der politisch-sozialen Herrschaftsverhältnisse, rangen, mit der Folge, daß die Leitungsinstanzen, Institutionen, Inhalte, aber auch das Personal des Unterrichtswesens ständigen

---

2   Vgl. ESPAGNE, Transfers (wie Anm. 1), S. 20ff.

3   Für eine genauere Analyse dieser Hintergründe vgl. die Darstellungen zur Geschichte des französischen Bildungswesens: F. PONTEIL, Histoire de l'enseignement 1789-1965, Paris 1966. A. PROST, L'enseignement en France 1800-1967, Paris 1968. L.-H. PARIAS (Hg.), Histoire générale de l'enseignement et de l'éducation en France, Bd. 3, Paris 1981. L. LIARD, L'enseignement supérieur en France 1789-1893, 2 Bde., Paris 1888, 1894.

Eingriffen und Veränderungen unterlagen. Die Konsequenzen aus diesen Erfahrungen ziehend, machten sich nach der Julirevolution von 1830 die siegreichen Liberalen, insbesondere ihr intellektueller Führungsstab um Guizot,
sogleich daran, ihre neugewonnene Machtstellung kulturell abzusichern, und
leiteten zu diesem Zweck entsprechende Reformen ein, die nicht zuletzt den
Einfluß des Klerus auf das Bildungswesen weitgehend ausschalten sollten. Bei
der Vorbereitung dieser Reformen holten sie den Rat verschiedener Bildungsexperten ein und wollten sich auch von den Erfahrungen des Auslandes anregen lassen, insbesondere von denen Preußens, das nach den Reformen Humboldts im Bereich des Bildungswesens als besonders fortschrittlich galt[4].

Daß gerade Cousin als Kundschafter nach Preußen geschickt wurde, erklärt
sich maßgeblich aus seiner Biographie[5]. Schon 1831 galt er als der wohl ein-
flußreichste Philosoph Frankreichs, Begründer einer neuen Lehre, des „Eklektizismus", der in bewußter Abgrenzung vom Dogmatismus der konkurrierenden Denkschulen aus allen Systemen das auswählte, was plausibel und inte-
grierbar erschien, und dabei intensive Anleihen bei der zeitgenössischen deutschen Philosophie des Idealismus vornahm. Er war es in erster Linie, der über
seine Vorlesungen und Schriften die Ideen Kants, Fichtes, Schellings und vor
allem Hegels in Frankreich bekannt machte, ein zwar verdienstvolles Rezepti-
onswerk, aber gekennzeichnet durch charakteristische Umdeutungen und Verzerrungen[6]. Ein zweiter wichtiger Aspekt der Biographie Cousins ist seine Zugehörigkeit zum Personal der Université, der gegenüber er sich sein Leben
lang solidarisch verbunden fühlte. Seit 1815 lehrte er mit aufsehenerregendem
Publikumserfolg an der Pariser Faculté des Lettres und der Ecole normale supérieure und gleich nach der Julirevolution wurde er zum ordentlichen Professor und Mitglied des höchsten Leitungsgremiums des staatlichen Unterrichtswesens, des Conseil royal de l'Instruction publique, befördert. Dieser Karriereverlauf verweist auf seine prominente Zugehörigkeit zur besitz- und bil-
dungsbürgerlich geprägten Partei der liberalen Orleanisten, deren Strategie eines Juste-Milieu in gewisser Weise die Übertragung der philosophischen Konzepte des Eklektizismus auf den politischen Bereich darstellte. Der im Zusammenhang des Themas wichtigste Aspekt der Biographie Cousins ist jedoch

4   Vgl. K. R. WENGER, Preußen in der öffentlichen Meinung Frankreichs 1815-1870, Göttingen 1979,
     bes. S. 105ff.

5   J. BARTHÉLEMY-SAINT HILAIRE. Victor Cousin. Sa vie et sa correspondance, 3 Bde., Paris 1895. H.
     J. ODY, Victor Cousin. Studien zur Geschichte des französischen Bildungswesens und seiner Bezie-
     hungen zu Deutschland in der ersten Hälfte des 19. Jahrhunderts, 2 Bde., Karlsruhe 1933, 1935. H.
     J. ODY, Victor Cousin. Ein Lebensbild im deutsch-französischen Kulturraum, Saarbrücken 1953. W.
     V. BREWER, Victor Cousin as a comperative educator, New York 1971. P. VERMEREN, Victor
     Cousin. Le jeu de la philosophie et de l'Etat, Paris 1995. E. FAUQUET (Hg.), Victor Cousin. Homo
     théologico-politicus, Paris 1997.

6   ESPAGNE/WERNER, Construction (wie Anm. 1), S. 977ff. M. ESPAGNE u. E. WERNER (Hg.), Lettres
     d'Allemagne. Victor Cousin et les Hégéliens, Tussen 1990. ODY, Lebensbild (wie Anm. 5), S. 68ff.,
     72ff. VERMEREN (wie Anm. 5), S. 25f., 139ff.

seine gute Kenntnis des zeitgenössischen deutschen Kulturlebens, resultierend nicht allein aus intensiver Lektüre, sondern mehr noch aus drei ausgedehnten Deutschlandreisen. Schon auf der ersten, unternommen im Sommer 1817, kam er in Kontakt mit zahlreichen Vertretern der geistigen Elite des Nachbarlandes bis „hinauf" zu Goethe, Begegnungen, die bisweilen zum Ausgangspunkt einer Jahrzehnte währenden Korrespondenz wurden. Dabei sollte sich der Aufenthalt in Heidelberg als die vielleicht fruchtbarste Etappe erweisen[7].

Sein durch Reisen, Schriften und Vorlesungen begründeter Ruf als exzellenter Deutschlandkenner, aber auch seine institutionelle Machtstellung innerhalb des staatlichen Unterrichtswesens erklären, daß Cousin 1831 mit der offiziellen Informationsreise nach Preußen beauftragt wurde, zu der er sich aber auch selbst sehr stark gedrängt hatte. Dieses große Interesse war nicht bloß Ausdruck seiner gerade angesprochenen Germanophilie und seines großen persönlichen Engagements für Bildungsfragen. Wie seine Protektoren Guizot und Royer-Collard sah auch er in der Beschaffenheit des Bildungswesens eine essentielle Voraussetzung für den Bestand der 1830 begründeten politisch-sozialen Verhältnisse in Frankreich[8]. Laizistisch, aber spiritualistisch sollte die Université geprägt sein, wozu es nötig wäre, die Philosophie, am besten seine eigene, zur Königsdisziplin und Metawissenschaft des Sekundar- und Hochschulwesens zu erheben. Im Vorwort zur dritten Auflage seines Berichtes 1840 legte er selbst Ziel und Methode seiner Studienreise dar[9]: *Partout aussi j'ai comparé ce que je voyais en Allemagne avec ce que je laissais derrière moi en France, et cette comparaison me suggérait naturellement des idées de réforme que j'ai exposées avec une entière franchise* (S. III). Es ging ihm also nicht allein um eine möglichst genaue Beschreibung der deutschen Wirklichkeit, sondern auch um einen Vergleich mit Frankreich, vorgenommen in der praktisch-politischen Absicht, daraus Anregungen für Reformen im eigenen Land abzuleiten, so wie es seine Auftraggeber auch von ihm erwarteten.

7   In Heidelberg traf Cousin 1817 den Philologen Creuzer, den Theologen Daub, den Historiker Schlosser und vor allem Hegel, mit dem er eine enge geistige und persönliche Beziehung anknüpfte. Bei langen morgendlichen Spaziergängen auf dem Philosophenweg ließ er sich von Hegels Schüler Carové in das Denken des Meisters einführen. Vgl. V. COUSIN, Souvenirs d'Allemagne, in: Fragments et souvenirs, Paris 1857. BARTHÉLEMY-SAINT HILAIRE (wie Anm. 5), Bd. 1, S. 68ff. ODY, Lebensbild (wie Anm. 5), S. 19ff. VERMEREN (wie Anm. 5), S. 55ff.

8   VERMEREN (wie Anm. 5), S. 17f., 119ff., 151.

9   Für die Analyse des Berichtes waren dem Verfasser nur die 3., überarbeitete Ausgabe des französischen Textes und die deutsche Übersetzung der ersten Auflage zugänglich: De l'Instruction publique dans quelques pays de l'Allemagne et particulièrement en Prusse, 3. Aufl., Paris 1840. Bericht des Herrn M. V. COUSIN, Staatsrathes, Professors der Philosophie, Mitgliedes des Instituts über den Zustand des öffentlichen Unterrichts in einigen Ländern Deutschlands und besonders in Preußen, 3 Bde., Altona 1832, 1833, 1837 (Bd. 1: Frankfurt am Main, Großherzogtum Sachsen-Weimar, Königreich Sachsen. Bd. 2: Elementarschulen in Preußen. Bd. 3: Gymnasien in Preußen). Zitiert wird nach der deutschen Übersetzung und gelegentlich aus dem Vorwort der 3. französischen Auflage. Seitenangaben direkt im Text. Knappe Analyse des Berichts bei ODY, Studien (wie Anm. 5), Bd. 1, S. 45ff., Bd. 2, S. 84ff. ODY, Lebensbild (wie Anm. 5), S. 95ff.

II.

Die Inhaltsanalyse des Cousinschen Berichtes, bezogen auf seine Wahrnehmung der deutschen Universitäten, hat auszugehen von einem sowohl termi-
nologischen wie strukturellen Aspekt, den er zu Recht in den Mittelpunkt stellte. Die Universität Jena sei *wie alle Universitäten Deutschlands, eine Vereinigung verschiedener Fakultäten ... ein Ganzes bildend* (I, S. 107), während die *Universität von
Frankreich* eine Sammelbezeichnung für das *Ganze des öffentlichen Unterrichts* in
seinen verschiedenen Graden darstelle, eine Bedeutungsverschiebung, *welche
üble Folgen ... für die Verfassung der Fakultäten hervorgebracht hat, welche voneinander
getrennt, wie Spezialschulen ohne Verbindung, ohne Gemeingeist und Leben hie und dorthin zerstreut wurden* (II, S. 7f.). Damit war in der Tat der alles beherrschende
Wesensunterschied zwischen den beiden Hochschulsystemen angesprochen
und bereits deutlich gemacht, wo die Präferenzen des Verfassers lagen. In
Frankreich hatte die Revolution die integrierten Universitäten, autonome, privilegierte Korporationen nach alteuropäischem Modell, beseitigt, an deren
Stelle nach und nach neue Institutionen traten: zunächst Ecoles spéciales für
die höhere berufliche Ausbildung, dann große Forschungseinrichtungen wie
das Institut national und schließlich 1808 neue Fakultäten, die allerdings nicht
zu Volluniversitäten verbunden wurden und innerhalb des Gesamtsystems der
napoleonischen Université ohne korporative Sonderrechte und Identität blieben[10]. Während die Fakultäten für Recht, Medizin und Theologie eine Ausbildungsfunktion für bestimmte Professionen wahrnahmen und damit stark den
Spezialschulen ähnelten, waren die geisteswissenschaftlichen und naturwissenschaftlichen Fakultäten im wesentlichen auf die Abhaltung von Prüfungen und
die Verteilung von Graden beschränkt und knüpften damit an die Traditionen
der alten Artisten-Fakultäten und Collèges an. Dieses französische Hoch-
schulmodell, insbesondere das Konzept der Spezialschulen, wurde im Zuge
der napoleonischen Herrschaft über Europa und als Teil eines umfassenden
von Frankreich initiierten Modernisierungsprozesses in vielen Ländern rezipiert, ein Kulturtransfer, der auch die deutschen Rheinbundstaaten in unterschiedlichem Maße erfaßte, während Preußen sich demonstrativ verweigerte.
Dieser preußische „Sonderweg" war allerdings weniger endogen und autonom
bestimmt, als es die deutsche Nationalgeschichtsschreibung lange Zeit behauptete[11]. Denn wichtiger als die innere Krise der alten preußischen Universi-

---

10 Zur Entwicklung der französischen und deutschen Hochschulen nach 1789 vgl. neben den Titeln in
    Anm. 3 den von R. S. TURNER verfaßten Abschnitt in: Handbuch der deutschen Bildungsgeschichte,
    hg. v. K.-E. JEISMANN u. P. LUNDGREN, Bd. 3, München 1987, S. 220-248. H. U. WEHLER, Deut-
    sche Gesellschaftsgeschichte, Bd. 2, München 1987, S. 504ff. G. SCHUBRING, Spezialschulmodell
    versus Universitätsmodell – die Institutionalisierung von Forschung, in: G. SCHUBRING (Hg.), „Ein-
    samkeit und Freiheit" neu besichtigt: Universitätsreform und Disziplinenbildung in Preußen als Mo-
    dell für Wissenschaftspolitik im Europa des 19. Jahrhunderts, Stuttgart 1991, S. 276-326.
11 Vgl. SCHUBRING (wie Anm. 10), S. 278ff.

täten im 18. Jahrhundert und die innovativen Impulse von Neuhumanismus, Idealismus und der von ihnen inspirierten neuen Bildungstheorie erwies sich auch hier die Herausforderung durch das französische Spezialschulmodell und den hinter ihm stehenden Geist der französischen Aufklärung und Revolution. Von diesen Einflüssen grenzte sich Humboldt entschieden ab, indem er bewußt an der Integration der Fakultäten und der Bezeichnung „Universitäten" festhielt und den Hochschulen eine neue Mission, ein neues Ethos, zuwies. Gekennzeichnet war diese „anti-moderne Modernisierung"[12], dieser aus Abgrenzung geborene preußische Sonderweg – in Wahrheit ebenfalls eine Variante des Kulturtransfers – durch eine Reihe berühmt gewordener, in den Rang von Mythen erhobener Prinzipien: Autonomie der Universitäten, Einheit und Freiheit von Forschung und Lehre, Primat der Forschung und nicht zuletzt das Ideal einer umfassenden und harmonischen geistig-sittlichen Persönlichkeitsbildung.

Nach 1815 standen sich das französische und das preußische Hochschulsystem in Europa in offener Konkurrenz gegenüber. Dafür daß in diesem Wettbewerb die „Humboldtsche Universität" allmählich einen Attraktivitätsvorsprung auch in Frankreich gewann, war der Bericht Cousins maßgeblich mitverantwortlich. In der Tat hatte erst die durch ihn vermittelte Begegnung mit den Bildungseinrichtungen des Nachbarlandes den französischen Eliten die Defizite des eigenen Hochschulwesens voll ins Bewußtsein gerückt. Diese Mängel lokalisierte Cousin hauptsächlich in der *Zerstreuung und Isolierung der Fakultäten. Wir haben leider etwa zwanzig armselige, über die ganze Oberfläche Frankreichs verstreute Fakultäten, und nirgends einen wahren Heerd für die Wissenschaft* (I, S. 180). Durch den traditionellen Zentralismus verfügte allein Paris über alle fünf klassischen Fakultäten, während anderswo zum Teil nur eine oder zwei existierten, denen damit das erforderliche Pendant fehlte, mit dem sie sich wechselseitig ergänzen und befruchten konnten. Daher vermittelten sie ein einseitiges Halbwissen, brachten sie *Gelehrte ohne allgemeine Einsichten* (I, S. 179), also beschränkte Fachspezialisten hervor. Wissenschaftliche Forschungsleistungen konnten sie ebenso wenig bieten wie echten wissenschaftlichen Lehrbetrieb. Sie wirkten wohl als effiziente Diplomfabriken, aber kannten im Grunde nur durchreisende Prüflinge und keine dauerhaften Studenten, was die Fakultätsprofessoren entweder zu resignativer Vereinsamung verurteilte oder sie veranlaßte, sich ein Publikum innerhalb der breiten Bildungsschichten zu suchen[13]. Insgesamt ergab sich für Cousin ein jammervolles Bild der französischen Fakultäten, das im krassen Gegensatz zur wissenschaftlichen Blüte und materiellen Prosperität der deutschen Universitäten, wahre Zentren des kulturellen Lebens, stand. Und dieses wichtigste Ergebnis seines Vergleichs veranlaßte

---

12 Ebd., S. 303.
13 LIARD (wie Anm. 3), Bd. 2, S. 109f.

ihn, mit Nachdruck eine entsprechende Reform nach deutschem Vorbild zu fordern: *Laßt uns eilen, Herr Minister, diese armseligen, kraftlosen Provinzial-Fakultäten durch einige große wissenschaftliche Central-Anstalten zu ersetzen, welche ein kräftiges Licht weithin aussenden; einige vollständige Universitäten, wie in Deutschland, d. h. unsre fünf Fakultäten vereint, damit sie sich einander gegenseitig Unterstützung, Kenntnisse und Thätigkeit verleihen* (I, S. 180).

Diese Forderung nach einer Integration der Fakultäten zu Universitäten, welche auch diesen Namen tragen, sollte seit dem Bericht Cousins von 1831 die Hauptforderung aller entschiedenen Hochschulreformer im Frankreich des 19. Jahrhunderts sein. Daß Cousin dennoch kein unkritischer Bewunderer des preußisch-deutschen Modells war, zeigt sein Urteil über die Binnenstruktur der philosophischen Fakultäten. Er kritisierte die Vielzahl, Breite und Gegensätzlichkeit der unter ihrem Dach versammelten Fächer und plädierte für ihre Aufteilung nach französischem Muster, also in eine Fakultät für Mathematik und Naturwissenschaften und eine andere für Philologie und Philosophie (I, S. 108). Mit Zustimmung registrierte er dagegen die noch junge und für die Transformation der deutschen Universitäten zu Forschungsuniversitäten so fruchtbare Einrichtung der wissenschaftlichen Seminare beziehungsweise Institute, deren institutionelle Merkmale, aber auch neue Arbeitsformen, das „forschende Lernen", er gerne nach Frankreich übertragen möchte (I, S. 103ff., 168f.).

Nach der inneren Struktur der deutschen Universitäten, für Cousin eindeutig der faszinierendste Aspekt, galt sein Augenmerk ihrem Verhältnis zum Staat. Hier konstatierte er ein für den französischen Betrachter, gewöhnt an den straffen napoleonischen Zentralismus, auffälliges Maß an Autonomie: *Die Universitäten haben ihre eigenen Gesetze und ihre selbsterwählten Behörden* (II, S. 15) ... *sie regieren sich selbst* (II, S. 22). Die Institutionen und Mechanismen dieser universitären Selbstverwaltung, ausgeübt durch das Kollegium der ordentlichen Professoren im Senat sowie durch gewählte Rektoren und Dekane, wurden von ihm mit demonstrativer, didaktischer Gründlichkeit dargestellt. Indem er diese Autonomie unterstrich, übersah er – hier scharfblickender als mancher deutscher Betrachter – gleichwohl nicht ihre Grenzen und Ambivalenzen. Was die Alltagswirklichkeit der deutschen Universitäten im Vormärz in der Tat mehr kennzeichnete als ihre Autonomie, war ihre starke Außensteuerung und Kontrolle durch den zuständigen Minister, durch Karlsbader Regierungskommissare und Kuratoren, die immer wieder in sämtliche universitären Angelegenheiten eingriffen, in Lehrinhalte, Graduierungsrechte, Disziplinarfragen, Finanzverwaltung und vor allem die Berufungspolitik[14]. Im Gegensatz zur panegyrischen Literatur wollte Humboldt keine wirklich autonomen, staatsunabhängigen Universitäten, sondern unterstellte sie der direkten Kontrolle

14 Vgl. TURNER (wie Anm. 12), S. 236f. SCHUBRING (wie Anm. 10), S. 305, 316.

durch zentrale Leitungsinstanzen. Diese Tatsache wurde von dem kritischen Beobachter Cousin deutlich erkannt, wenn er den großen Einfluß des Ministers, *Mittelpunkt worauf alles hinzielt* (II, S. 4), hervorhob: *So entgeht nichts der ministeriellen Thätigkeit und zu gleicher Zeit genießt der öffentliche Unterricht in jeder Sphäre eine genügende Freiheit.* Der Minister mengt sich nicht unaufhörlich ein, *aber nichts geschieht ohne seine Bestätigung* (II, S. 21f.). Im Ergebnis gelangte Cousin also zu dem realitätsnahen, differenzierenden Befund eines Mittelweges zwischen Zentralismus und Autonomie. Die staatliche Kontrolle über die Hochschulen war zwar erheblich schwächer als in Frankreich, aber noch immer der dominierende Aspekt, während die Autonomie sich auf die inneren Angelegenheiten der Universität beschränkte, jedoch auch hier immer wieder staatlichen Eingriffen unterlag. Diese realen Beschränkungen der Autonomie empfand er als grundsätzlicher Anhänger des napoleonischen Unterrichtswesens sicher nicht als Nachteil, vielmehr erleichterten sie es ihm, für die Übertragung preußischer Selbstverwaltungsstrukturen nach Frankreich einzutreten. In seinem Reformkatalog forderte er die alljährliche Wahl der bisher ernannten Hochschulorgane, insbesondere der Dekane und Rektoren, aber auch eine *stete Beziehung* zum Ministerium (I, S. 122).

Ein dritter Hauptpunkt des Berichtes bezog sich auf den Lehrkörper der deutschen Universitäten, seine Struktur, Rekrutierung und Besoldung: *Das Haupt-Treibrad des Mechanismus einer deutschen Universität ist, nächst der Bezahlung der Vorlesungen, die Unterscheidung der Professoren in drey Klassen* (I, S. 176). Eine besondere Hervorhebung innerhalb dieses straff hierarchisierten Lehrkörpers fand die Gruppe der Privatdozenten, die *Grundlage, die Wurzel des Professorats, die unaufhörlich sich erneuernde Pflanzschule* (I, S. 176) ... *die Kraft und das Leben* (I, S. 109) einer deutschen Universität. Die unbesoldete Privatdozentur, in Frankreich ebenso unbekannt wie ihre Voraussetzung, die Habilitation (I, S. 109), beschrieb Cousin als eine Art Probezeit, die im Falle einer erfolgreichen Bewährung in Forschung und Lehre über die Zwischenetappe eines besoldeten Extraordinariats bis zur Berufung zum ordentlichen Professor führen könne. Diese Berufung geschehe nach einem sehr zweckmäßigen Verfahren, welches das Vorschlagsrecht des Senats mit der Ernennung durch den Minister kombiniere und dadurch gewährleiste, daß nur hochbefähigte und mit einer soliden Reputation ausgestattete Persönlichkeiten berücksichtigt würden. Einmal im Amt befindlich, dürften die Ordinarien, deren klare statusmäßige Abgrenzung von den Gymnasialprofessoren, großes gesellschaftliches Ansehen, hohe Einkommen und materiell-fiskalische Privilegien Cousin nicht ohne Neid registrierte, in ihrem Eifer nicht nachlassen, weil sonst ihre Studenten zu einem außerordentlichen Professor oder zu einem *jungen, eifrigen, oft bis zum Übermaaß neuerungssüchtigen Privat-Docenten* (I, S. 177) überwechseln würden. So waren aus seiner Sicht die dreistufige Differenzierung des Lehrkörpers und insbesondere die Institution der Privatdozenten ein *glücklicher Mechanismus* (I, S. 178), der den

Universitäten eine autonome, leistungsorientierte Rekrutierung ihres wissenschaftlichen Nachwuchses und darüber hinaus einen Leistungswettbewerb unter allen Dozenten, einen *ächten Wettstreit* (I, S. 177) garantierte, auf dem letztlich die Überlegenheit und das Prestige der deutschen Universität beruhten. Einen weiteren Grund dafür sah er in dem ebenfalls den Wettbewerb stimulierenden Besoldungssystem, das bei den Professoren feste Grundgehälter und variable Kolleggelder, als Zulagen und Anreize für besondere Leistungen in der Lehre, kombinierte (I, S. 173f.). Die von den Hörern zu entrichtenden Studiengebühren in der Form von Kolleggeldern würden außerdem dem Staat Geld sparen und hätten den Vorteil, daß die Studenten, die nicht erwarten könnten, die kostenintensive Universitätsausbildung umsonst zu bekommen, *mit mehr Eifer und Ausdauer an den Vorlesungen theil nehmen, welche sie bezahlen* (I, S. 174).

Insgesamt hat Cousin die wesentlichen Merkmale des Lehrkörpers einer deutschen Universität treffend herausgearbeitet. Wenn er die Privatdozenten zu Recht als dynamisches Schlüsselelement identifizierte, Hauptträger wissenschaftlicher Innovationsleistungen und universitärer Disziplinenbildung, dann übersah er allerdings, daß sie an den Hochschulen des katholischen Südens meist noch fehlten und erwähnte auch nicht, daß sie oft in großer materieller Not und persönlicher Abhängigkeit leben mußten[15]. Auch wurde die von ihm gepriesene Leistungsselektion *ohne Ränke* (I, S. 110) in der Praxis durch ein System der Patronage und des Nepotismus verfälscht. Diese vielleicht nicht ungewollten Auslassungen und Idealisierungen ließen die deutschen Verhältnisse im Vergleich zu Frankreich noch vorteilhafter erscheinen. Denn in Frankreich war eine Wissenschaftlerlaufbahn im eigentlichen Sinne noch nicht vorhanden. Eine Vorabbeschränkung auf speziell Graduierte, wie durch die Habilitation, widerspräche dem von der Revolution durchgesetzten egalitären Grundsatz des freien Zugangs zu allen Ämtern, und die erforderlichen Qualifikationsnachweise konnten nur durch einen freien Wettbewerb, den Concours, erbracht werden. Cousin hielt zwar grundsätzlich den Concours für eine *bewunderungswürdige Nationalinstitution* (III, S. 187, 189), welche sich besonders bei der Agrégation, also der Rekrutierung der Collège-Professoren bewährt habe, aber bei der Auswahl der Fakultätsprofessoren sei dieses Selektionsprinzip *absurd* (I, S. 178). Hier trat er für das in Deutschland übliche Rekrutierungsverfahren ein, da, wie er glaubte, dieses die Launen des Zufalls und der Patronage ausschließe. Des weiteren forderte er, unter Hinweis auf die Institution der deutschen Privatdozenten, bei jeder französischen Fakultät eine *reiche Pflanzschule junger Gelehrter* (I, S. 123) zu errichten. Einen gewissen Ersatz sah er in der *trefflichen Einrichtung unserer Agrégés bey der medizinischen Fakultät in Paris* (I, S. 123),

---

15 SCHUBRING (wie Anm. 10), S. 314. Vgl. A. BUSCH, Die Geschichte des Privatdozenten, Stuttgart 1959.

die seit 1823 die Professoren im Krankheitsfall vertraten und auch eigene Vorlesungen halten durften, Neuerungen, die er auf alle Fakultäten übertragen möchte. Schließlich nahm er auch die Einführung von Kolleggeldern in seinen Reformkatalog auf.

Wie die bisher angesprochenen Schwerpunkte des Berichtes und noch einige andere von Cousin zustimmend erwähnte Details (zum Beispiel Antrittsvorlesungen der Professoren, gedruckte Vorlesungsverzeichnisse und alljährliche Fakultätspreise für die besten Dissertationen) belegen, konzentrierte er sich ganz auf die äußeren, strukturellen und organisatorischen Aspekte der deutschen Universitäten, während ihre inneren, geistig-curricularen Merkmale nur sehr knapp erwähnt wurden. Das von Neuhumanismus, Idealismus und Bildungsidee geprägte Ethos der Humboldtschen Reformen blieb recht blaß im Hintergrund und wurde nur an wenigen Stellen konkret greifbar. Bezüglich der Professoren am besten durch den Hinweis auf den neuen Forschungsimperativ: *Die erste Pflicht eines Professors ist die gegen die Wissenschaft, nicht gegen die Studenten; das ist der Grundsatz aller ächten Universitätsprofessoren, und gerade darin unterscheidet sich wesentlich die Universität von den Gymnasien* (I, S. 173). Mit diesen Worten knüpfte Cousin an die von Fichte, Schleiermacher und vor allem Humboldt inspirierte neue, wissenschaftsorientierte Universitätskonzeption an, die in den Hochschulen nicht bloß Lehranstalten zur Weitergabe des vorhandenen, beruflich verwertbaren Wissens, sondern Stätten gelehrter Forschung sah und dementsprechend auch den Professor nicht nur als Fachlehrer, sondern als Forscher verstand – eine Wissenschaftsideologie, die in der Tat den entscheidenden Wesensunterschied zwischen Universitäten, insbesondere den philosophischen Fakultäten, und Gymnasien markierte[16]. Allerdings hat Cousin die Privilegierung der Forschertätigkeit innerhalb des dualistischen Rollenkonzepts des Professors wohl entschiedener formuliert, als es in dieser Zeit in der deutschen, vor allem süddeutschen Wirklichkeit praktiziert wurde. Denn das Eindringen der Universitäten in den zunächst maßgeblich von den Akademien kontrollierten Forschungsbereich vollzog sich als allmählicher usurpatorischer Prozeß, der erst in den 1860er Jahren abgeschlossen war[17]. Aber gewiß erschien der von Cousin formulierte Primat der Forschung noch viel radikaler, bezogen auf Frankreich, wo die Forschung ganz bei den Akademien des Instituts und einigen anderen gelehrten Einrichtungen lag, während die Fakultäten fast ausschließlich als Professionalisierungsinstanzen fungierten und ihre kaum von den Lehrern am Collège unterscheidbaren Professoren ganz davon absorbiert waren, Prüfungen abzunehmen und Vorlesungen zu halten. Vor diesem Hintergrund mußte der neue Forschungsimperativ geradezu revolutionär wirken. Er verletzte vertraute Gewohnheiten und Bequemlichkeiten, er-

16 TURNER (wie Anm. 10), S. 238f.
17 SCHUBRING (wie Anm. 10), S. 309ff.

öffnete den Fakultätsprofessoren aber gleichzeitig eine neue, faszinierende Perspektive: forschende Gelehrsamkeit als Quelle einer autonomen Identität und Reputation.

Das Pendant zum neuen Rollenverständnis des Professors, nämlich ein neues Erziehungsleitbild und eine neue Konzeption des Studiums wird von Cousin ebenfalls nur sehr flüchtig angesprochen, vor allem durch seinen Hinweis auf das von allen Examenskandidaten verlangte Begleitstudium in der Art eines Studium generale und Philosophikums. Jeder deutsche Student müsse *in jedem Semester seiner drey Universitätsjahre einen Cursus der Philosophie, Geschichte, Mathematik oder Philologie durchgemacht haben* (I, S. 117). Als Motiv dieser Vorschrift nannte er die *Furcht, daß die Studenten sich auf ihre Fakultäts-Wissenschaften zu sehr beschränken und dadurch einseitig und unvollständig gebildet werden mögten* (ebd.). Mit dieser Sorge vor einem einseitigen Spezialistentum oder, positiv formuliert, mit dem neuen Erziehungsideal einer umfassenden, sittlich geprägten Persönlichkeitsbildung hat er sich voll identifiziert. Auch für ihn mußte Unterricht zugleich Erziehung heißen und wurde letztere am besten vermittelt durch *classische Studien*, das *unvergängliche Erbgut der Humaniora* (III, S. 171), insbesondere aber durch die Philosophie, die die *Krone der religiösen, sprachlichen und wissenschaftlichen Studien* (III, S. 181) bilden müsse – für den Altphilologen und Philosophen Cousin sicher auch ein Plädoyer in eigener Sache.

Überblickt man das von ihm gezeichnete Bild der preußisch-deutschen Universitäten, dann war es zwar in den groben Zügen relativ realitätsnah, ließ aber im Detail etliche Ungenauigkeiten und Verzerrungen erkennen. Hinzu traten auffällige Akzentuierungen beziehungsweise Unterbelichtungen gewisser Aspekte und einige fragwürdige Verallgemeinerungen (*Wer eine deutsche Universität kennt, kennt fast alle anderen.* I, S.169), welche die große Vielfalt des deutschen Bildungsföderalismus, insbesondere die Unterschiede zwischen den norddeutsch-protestantischen und süddeutsch-katholischen Universitäten, vernachlässigten. Fast ebenso wichtig wie die Frage, ob Cousin das deutsche Hochschulwesen realitätsnah beschrieben und richtig verstanden hat, sind jedoch die Mechanismen seiner Wahrnehmung, also die Bestimmungsfaktoren und Funktionen des gezeichneten Bildes. Dieses war für ihn kein Selbstzweck, sondern diente als Folie für einen Vergleich mit Frankreich, so daß der Leser fast eben so viel über die französischen wie über die deutschen Hochschulen erfuhr: *Es ist Preußen, welches ich studiere, und Frankreich, woran ich denke* (II, S. 3). Der vorgenommene Vergleich erfüllte den Zweck, Anregungen und Rechtfertigungen für eine Hochschulreform im eigenen Land zu gewinnen. Die Beschreibung des preußisch-deutschen Universitätswesens war gedacht als Referenz für die innerfranzösische Reformdebatte und erhob es in den Status eines Modells für Frankreich. Er schlage nichts vor, erklärte er, was er *nicht mit dem größten Erfolg bei derjenigen Nation der Erde ausgeübt gesehen habe, wo der öffentliche Unterricht am meisten blüht* (III, S. 209). Um die autoritative Verbindlichkeit dieses preußisch-deutschen Modells noch zu erhöhen, wurde es in kühner Generalisierung sogar bisweilen als europäische Norm hingestellt. So schloß sein hochschulpolitischer Reformkatalog mit der Feststellung: *das ist die Grundlage aller Universitäten Europas, man muß sie auch zu uns übertragen* (I, S. 123). Damit fällt das entscheidende Stichwort: Cousins Bericht war ein Plädoyer zur „Übertragung", also zum Transfer kultureller, insbesondere universitärer Institutionen und Normen nach Frankreich, mit dem Ziel, eine innerfranzösische Krise im Unterrichtswesen durch den selektiven Rückgriff auf ein auswärtiges Kulturmodell zu überwinden. Der grundsätzlichen Bedeutung, aber auch Problematik eines derartigen Kulturtransfers war sich Cousin durchaus bewußt, wie das folgende, längere Zitat belegt:

Die Erfahrung Deutschlands, besonders Preußens, muß für uns nicht verloren gehen; National-Eifersucht und nationale Empfindlichkeiten würden hier übel angebracht seyn. Die wahre Größe eines Volks beruht nicht darauf, Andern in Nichts nachzuahmen, sondern besteht darin überall, was gut ist, zu entlehnen, und es zu vervollkommnen, indem man es sich aneignet. Ich verwerfe so sehr als irgend Jemand, die gekünstelte Nachahmung; es würde aber zu viel Kleinsinn verrathen, etwas einzig darum zu verwerfen, weil es Andere gut gefunden haben. Mit der Schnelligkeit und der Richtigkeit des Französischen Geistes, mit der unzerstörlichen Einheit unsers National-Karakters können wir uns das Gute, was andere Völker bieten, aneignen, ohne fürchten zu müssen, daß wir aufhören werden, Franzosen zu seyn. Gestellt im Mittelpunkte Europa's, alle Klimate besitzend, an alle gesitteten Völker angrenzend und in beständiger Berührung mit ihnen, ist Frankreich wesentlich weltbürgerlich: gerade daher rührt sein hoher Einfluß, und das gesittete Europa bildet gegenwärtig nur eine und dieselbe Familie. Wir ahmen vielfach England nach in allem, was sich auf das äußere Leben, auf gewerbliche und mechanische Künste bezieht; warum wollten wir denn erröthen, etwas, das dem innern Leben, der Geistesbildung angeht, dem guten, rechtlichen, frommen und gelehrten Deutschland zu entlehnen? Was mich betrifft, Herr Minister, so kann ich mich einer hohen Achtung und einer besonderen Zuneigung gegen die Deutsche Nation nicht erwehren (II, S. 340f.).

Charakteristisch an dieser Äußerung ist der Cousin kennzeichnende methodologische Ansatz: Wie im Bereich der Philosophie und Politik zeigte er sich auch in der praktischen Pädagogik als Eklektiker. Jenseits von egozentrischer Fixierung auf die eigene Bildungstradition oder künstlicher Nachahmungssucht betrachtete er das preußisch-deutsche Bildungswesen unter dem pragmatischen Gesichtspunkt, was gut und zweckmäßig daran war und sich daher für die „Entlehnung" und den Import durch Frankreich eignete. Dieser Rezeptionsvorgang geschah mit einer bemerkenswerten Gelassenheit, frei von nationaler Empfindlichkeit, aber getragen von einem soliden Selbstvertrauen. Der eigenen kulturellen Identität gewiß, könnten es sich die Franzosen erlauben, sich in selektiver Weise die kulturellen Errungenschaften des Nachbarlandes „anzueignen", ohne einen Identitäts- oder Prestigeverlust befürchten zu müssen. Dieser Kulturtransfer erschien Cousin um so selbstverständlicher vor dem Hintergrund der kosmopolitischen Orientierung Frankreichs und seiner Mittellage in Europa, dessen Kulturen sich immer stärker berühren, öffnen und wechselseitig beeinflussen würden, so daß sich allmählich ein Fundament gemeinsamer kultureller Identität der Europäer konstituiere. Als Teil dieses

Austauschprozesses hat der bekennende Germanophile Cousin auch seine Reise und seinen Bericht selbst verstanden.

III.

Gewiß war die Tatsache des Berichtes schon eine Transferleistung per se, indem er den französischen Eliten, die in dieser Zeit nur über geringe Kenntnisse der deutschen Sprache und Kultur verfügten, die Bildungseinrichtungen des Nachbarlandes näher brachte. Die Reichweite dieser Vermittlungsleistung läßt sich aber erst durch einen Blick auf ihre Wirkungsgeschichte voll ermessen, auf die hier nur mit wenigen schlaglichtartigen Feststellungen eingegangen werden kann. Verfolgen läßt sie sich auf zwei Ebenen, der des öffentlichen Diskurses und der der praktischen Reformpolitik. Beide wurden sie entscheidend von der großen institutionellen Machtstellung Cousins im kulturellen und politischen Leben der Julimonarchie bestimmt[18]. Genutzt hat er seine Macht nicht nur, um die Offensive des Klerikalismus gegen das Monopol der Université abzuwehren und den Eklektizismus zur herrschenden Lehre, zur offiziellen Philosophie der Julimonarchie zu erheben, sondern auch, um die in seinem Bericht dargelegten Reformvorschläge in die Praxis umzusetzen. Die dabei erzielten Erfolge liegen jedoch größtenteils außerhalb unseres Themas: das berühmte Volksschulgesetz von 1833, die sogenannte Loi Guizot, wurde in Wahrheit von Cousin entworfen, und zwar maßgeblich nach den aus seiner Deutschlandreise gewonnenen Anregungen[19]. Hinter dieser mit Abstand eindrucksvollsten Transferleistung blieben die Wirkungen seiner Reformvorschläge im Bereich der Hochschulen weit zurück und führten nur zu einigen partiellen Maßnahmen von sehr begrenzter Bedeutung[20]. Um der Isolierung der einzelnen Fakultäten entgegenzuwirken, ließ Cousin an den verschiedenen Standorten zusätzlich neue Fakultäten errichten, die sie ergänzen und bereichern sollten. Unter Berufung auf das Modell der deutschen Privatdozenten wurde die Institution der Agrégés von der medizinischen Fakultät auf die übrigen Fakultäten übertragen bei gleichzeitiger Erweiterung ihrer Lehrbefugnisse. Bei der Ernennung der ordentlichen Professoren erreichte Cousin größere Mitsprachemöglichkeiten für die betroffenen Fakultäten. Unter ausdrücklicher

---

18 Er war Direktor der für die Sekundarschullehrerausbildung zuständigen Ecole normale supérieure, Mitglied der Académie française und der Académie des Sciences morales et politiques, des königlichen Rates für das Unterrichtswesen, wo er den Prüfungsausschuß für die philosophische Agrégation leitete, der Pairskammer, des Staatsrates und gehörte 1840 als Minister für Unterricht und Kultus der kurzlebigen Regierung Thiers an.

19 Vgl. BARTHÉLEMY-SAINT HILAIRE (wie Anm. 5), Bd. 1, S. 378ff. ODY, Studien (wie Anm. 5), Bd.1, S. 72f. ODY, Lebensbild (wie Anm. 5), S. 105f.

20 Zur hochschulreformerischen Praxis Cousins vgl. BARTHÉLEMY-SAINT HILAIRE (wie Anm. 5), Bd. 1, S. 441ff. ODY, Studien (wie Anm. 5), Bd. 2, S. 87ff. F. SCHNEIDER, Geltung und Einfluß der deutschen Pädagogik im Ausland, München 1943, S. 276ff.

Berufung auf das deutsche Beispiel wurden bei den Juristen fachdidaktisch-methodologische Einführungsvorlesungen eingerichtet, das Latein als Prüfungssprache abgeschafft und Fakultätspreise ausgeschrieben. Das Hauptziel von 1831, die Schaffung prosperierender Volluniversitäten mit einer gewissen Autonomie, die als Zentren des wissenschaftlichen und kulturellen Lebens fungieren konnten, vermochte Cousin jedoch nicht zu erreichen.

Viel stärker erwies sich die Wirkung seines Berichtes auf der Ebene des öffentlichen Diskurses[21]. Hier initiierte er eine breite bildungstheoretische und bildungspolitische Debatte, die das „fremde" preußisch-deutsche Schul- und Hochschulwesen in den Mittelpunkt des Interesses rückte und ihm eine geradezu modellhafte Bedeutung zumaß[22]. Diese Debatte beschränkte sich nicht auf Frankreich, sondern griff, gefördert durch die Übersetzungen des Berichts ins Deutsche und Englische und durch eine von Cousin systematisch betriebene Korrepondenz, auch auf Deutschland, Großbritannien, die USA und einige andere Länder über.

Auch nachdem sich 1848 der orleanistische Liberale Cousin weitgehend aus dem öffentlichen Leben zurückgezogen hatte, blieb das von ihm lancierte Thema einer Hochschulreform nach deutschem Modell, gestellt unter die doppelte Devise „unité" und „autonomie", auf der Tagesordnung[23]. Durch die Berufung Victor Duruys zum Unterrichtsminister 1863 und vor allem durch die traumatisierende Niederlage von 1871, interpretiert auch als Folge der Überlegenheit des deutschen Bildungswesens, gewann es eine zusätzliche Aktualität, und in den folgenden zwei Jahrzehnten reisten zahlreiche junge französische Intellektuelle, zum Teil in offizieller Mission, in das Nachbarland, um ähnlich wie Cousin die deutschen Einrichtungen an Ort und Stelle zu studieren. Die „deutsche Universität", die „deutschen Wissenschaften", das „gelehrte Deutschland" wurden zu vielzitierten Topoi und Mythen, die als einzige Alternative zum sklerotischen napoleonischen System erschienen. Im Vergleich zum Beginn des Jahrhunderts hatte sich nun die Richtung des Kulturtransfers umgekehrt, so daß es schließlich 1896 zur Schaffung von integrierten Volluni-

---

21 Zu dieser Debatte und den internationalen Kontakten Cousins vgl. ODY, Studien (wie Anm. 5), Bd. 1, S. 53ff., 62ff. ODY, Lebensbild (wie Anm. 5), S. 97ff., 101ff.

22 Gelegentlich gab es auch kritische Vorbehalte. Ein Heidelberger Beispiel dafür: G. G. GERVINUS, Über deutsches und französisches Unterrichtswesen, 1834, in: G. G. GERVINUS, Gesammelte kleine historische Schriften, Karlsruhe 1838, S. 191-240. Neben der Eile und Oberflächlichkeit des Cousinschen Berichtes kritisierte Gervinus den darin vorgeschlagenen Kulturtransfer, die „Verpflanzung", „Transplantation" deutscher Bildungseinrichtungen nach Frankreich auch von einer grundsätzlichen Warte her, indem er unterstrich, daß Institutionen und Gesetze in den Traditionen und dem „Nationalcharakter" eines Landes verwurzelt sind und daher nicht beliebig übertragen werden können (S. 193, 197, 205).

23 Vgl. M. WERNER, Die Auswirkungen der preußischen Universitätsreform auf das französische Hochschulwesen (1850-1900), unter besonderer Berücksichtigung der Geisteswissenschaften, in: SCHUBRING (wie Anm. 10), S. 214-226. C. CHARLE, La République des universitaires 1870-1940, Paris 1994. Vgl. S. 21ff.

versitäten nach deutschem Vorbild kam. Dies unterstreicht, daß auch in einem Zeitalter wachsender Nationalismen sich beide Kulturräume nicht voneinander abschotteten, sondern in ständigem Austausch standen, und daß insbesondere die beiden Hochschulsysteme sich nicht völlig autonom entfalteten, sondern sich in einer intensiven Wechselbeziehung gegenseitig formten.

Innerhalb dieser das Jahrhundert überspannenden Transferprozesse und insbesondere bei der Konstruktion einer deutschen Referenz für die französische Bildungspolitik kam Victor Cousin eine herausragende Rolle zu. Er erscheint als ein „médiateur paradigmatique"[24], an dem sich exemplarisch die Ursachen, Funktionen, Medien und Auswirkungen des Kulturtransfers studieren lassen. Ohne seine fruchtbare Vermittlungstätigkeit auf den Feldern der klassischen Philologie und Philosophie oder die Bedeutung seiner Deutschlandreisen und Korrespondenzen unterschätzen zu wollen, läßt sich doch feststellen, daß seine größten Transferleistungen mit seinem Bericht von 1831 zusammenhingen. Mit ihm leitete er eine „Übersetzung" deutscher Bildungseinrichtungen und -normen in das Französische ein – allerdings, wie schon bei seiner Hegelrezeption, keine völlig werkgetreue Wiedergabe, sondern eine recht selektive, eklektische Rekonstruktion, bestimmt von den innerfranzösischen Konstellationen des Jahres 1831 und funktionalisiert für politisch-kulturelle Legitimationsbedürfnisse.

---

24 ESPAGNE, Transfers (wie Anm. 1), S. 22.

DIE DEUTSCHE UNIVERSITÄT
IN DER GESCHICHTE ITALIENS[1]

Von Giuseppe GIARRIZZO

ICH VERTRAUE DARAUF, inhaltlich im Rahmen der vorliegenden Festschrift zu Ehren des verehrten Heidelberger Kollegen zu bleiben, wenn ich auf die entscheidende Rolle der Institution der deutschen Universität als bevorzugte Beobachtungsstätte Europas in der zweiten Hälfte des 19. Jahrhunderts zu sprechen komme. Geschehen soll dies an Hand der Erörterung der „institutionellen Spionage", die junge und weniger junge Forscher in diesem Zeitraum betrieben haben, um auf diese Weise zur Modernisierung der eigenen Länder beizutragen. Historiker haben ihr Augenmerk schon seit geraumer Zeit auf die zwar zögernde, aber zumeist doch von Bewunderung getragene Aufmerksamkeit gerichtet, die Politiker und Intellektuelle verschiedener europäischer Staaten jener Institution nach 1866 und besonders nach 1870 gezollt haben, deren Leitfigur und Symbol die Berliner Universität darstellte und die sowohl der Landwehr „den Professor und den Studenten" geliefert als auch insgesamt die Wissenschaft der Kriegstechnik und Kriegskunst entwickelt hat.

Über Mythos und Prestige dieses Modells zirkulieren unzählige Geschichten. Dennoch kenne ich keine gründliche, differenziert wie vergleichend angelegte Untersuchung darüber, wonach nichtdeutsche Studenten dort während ihres akademischen Aufenthalts gesucht haben, über die dabei geschlossenen Verbindungen, darüber, was sie nach Hause mitbrachten. An Material hierzu mangelt es jedenfalls nicht, und der folgende kurze Beitrag möchte einige Daten zu dem schon Bekannten hinzufügen; vor allem aber möchte er sie in den oben erwähnten Deutungsrahmen integrieren.

Da meine Nachforschungen noch nicht beendet sind und bisher nur vorläufige Ergebnisse vorliegen, werde ich mich auf das Italien der Jahre 1870 bis 1890 beschränken. Dabei gehe ich davon aus, daß die auf Preußen und das Reich gerichtete Aufmerksamkeit aus inneren Problemen der einzelnen Staaten resultierte. Bezeichnend für Italien ist die Entwicklung Pasquale Villaris (1829-1917), eines bedeutenden Historikers und aktiven Politikers jener Jahrzehnte, der in den sechziger Jahren seine „lateinisch" ausgerichtete (frankozentrische) Vision der europäischen Kultur zu einer Konzeption Europas umgewandelt hat, charakterisiert durch die Verschmelzung des germanischen mit dem latei-

1 Für die Übersetzung ins Deutsche sei Herrn Dr. Georg Christoph Berger Waldenegg, Heidelberg, herzlicher Dank gesagt, für Hilfen bei der Korrektur Herrn Maurizio Cosentino.

nischen Geist. In einem umfangreichen Aufsatz hat Mauro Moretti[2] Villaris Versuch erläutert, nach 1861 wieder den Gegensatz zwischen „germanischer" und „lateinischer Kultur" aufzugreifen. Dieser Versuch erfolgte angesichts der neuen Aufgaben, vor denen infolge der nationalen Einigung das neue Italien stand, mit dem Ziel einer *idealistischeren, moralischeren, religiöseren Gestaltung der modernen Kultur*[3]. Doch löste sich dieser Gegensatz zwischen Germanen und Lateinern in eine Komplementarität auf, wenn Villari zufolge die lateinische Kultur *manchmal Unterstützung durch die germanische Kultur benötigt, um die eigenen Stärken besser artikulieren und festigen zu können; doch* – so fügte er hinzu – *sie erhält dadurch nichts, was außerhalb ihrer selbst liegt*[4]. In der Folge kam er noch mehrmals auf die Thesen seiner ersten Schrift zurück[5], wobei er einmal die historischen Unterschiede zwischen den beiden Modellen akzentuierte, während er ein andermal – nach 1865 – nach den notwendigen komplementären Elementen suchte. Letzteres war vor allem der Fall, nachdem der Krieg von 1866 die durch die italienische Einigung hervorgerufenen Probleme und die Existenz eines bis dahin unbekannten Italien aufgezeigt hatte, das mittels der positivistischen Wissenschaft Deutschlands und Großbritanniens ergründet und auf moderner Grundlage aufgebaut werden sollte. Dazu aber war es dringend erforderlich, aus dem reichen Patrimonium der deutschen Universitäten zu schöpfen. Das dazu ausgewählte Terrain sollte jenes sein, das in Deutschland besonders gut kultiviert war: die Verwaltungsinstitutionen, die Religionsgeschichte und das Kirchenrecht sowie die soziale Frage. Bei einer Betrachtung des „deutschen Mythos" aus dieser Perspektive begreifen wir, warum die italienische „Spionage" früher als jene aus Frankreich einsetzte, die bekanntlich erst nach dem französisch-preußischen Krieg begann. Camillo Jullian, der Historiker des kaiserlichen Rom, schrieb am 10. Mai 1882 an den „Kelten" Fustel de Coulanges: *Wäre es nicht für die Ordnung all meiner Materialien gut, nach Berlin zu gehen und dort Veranstaltungen über Recht, Paläographie und Philologie zu besuchen, die es in Rom nicht gibt und die ich in Paris nicht finden kann? ... Und wäre nicht eine gründliche Kenntnis der Arbeitsweise und der Unterrichtsprinzipien unserer deutschen Rivalen nützlich? ... Ich gestehe Ihnen, daß ich meinen Beruf als Historiker (die Formulierung stammt aus Italien) als eine patriotische Pflicht auffasse. Es geht nicht darum, nach Deutschland als Bewunderer und Student zu gehen, aber auch – verzeiht mir das Wort – als Spion*[6].

Einige Monate zuvor, am 31. Dezember 1881, hatte er wiederum demselben Lehrmeister geschrieben: *Ich habe zum Gegenstand meiner ersten großen Arbeit deshalb*

2 Abg. in: R. ELZE/P. SCHIERA (Hg.), Das Mittelalter im 19. Jahrhundert in Italien und Deutschland, Bologna/Berlin 1988, S. 299-371.

3 Ebd. S. 301.

4 Ebd. S. 305.

5 P. VILLARI, L'Italia, la civiltà latina e la civiltà germanica. Osservazioni storiche, Florenz 1861.

6 C. JULLIAN, Lettre de jeunesse, Italie-Allemagne 1880-83, Bordeaux 1936, S. 132-138, Zitat S. 135.

das Italien unter den Kaisern auserkoren, weil ich es mit sehr gediegenen und sehr deutschen Konkurrenten zu tun hatte. Ein wenig aus Patriotismus habe ich es mir zur Aufgabe gesetzt, noch einmal alles anzusehen, was die Berliner Epigraphik und Geschichtsschreibung in den letzten 20 Jahren geleistet haben. Meine Arbeit über Italien, meine thèse, wird das Gegenstück zu jener Mommsens sein, für den die Kaiser alles getan haben, um die munizipalen Freiheiten abzuschwächen, zu nivellieren, zu unterdrücken[7]. Erfüllt von diesem Geist ging Jullian für zwei Semester (1882-1883) nach Berlin und verfolgte Mommsens Kurse als „Spion". Nach seiner Rückkehr publizierte er unter anderem *Notizen* über die deutschen historischen und philologischen Seminare[8].

Die italienischen Studenten begaben sich von einem ganz anderen Geist beseelt zur „Spionage" nach Deutschland: 1866 kam Venetien zu Italien, das gegen Österreich verbündet war, aber auf dem Schlachtfeld besiegt wurde; 1870 wurde Rom sogar Hauptstadt. In der Folge zog es das neue Italien vor, vorübergehend über seine stets gerühmten Ursprünge in der Französischen Revolution zu schweigen, um gegen die germanische Kultur den italienischen Primat wieder hervorzukehren. Drei große Fragen standen im Zentrum der politischen Debatte in Italien: erstens die Transformation der Parteien, zweitens die soziale Frage und drittens die römische Frage. Auf der Suche nach einer Lösung für die vitalen Probleme des Überlebens und der (Wieder)Gründung des neuen Italien geriet Deutschland also zum bevorzugten Ort der institutionellen Spionage. Aufgrund der besonderen Stellung der deutschen Universitäten in Preußen und im Reich wurde dabei die Universität (und die Universitätsdozenten, die meistens auch als Ratgeber der Fürsten fungierten,) zum Gegenstand der Beobachtung und Reflexion auserkoren.

Dem italienischen politischen System war durch das ganze 19. Jahrhundert die moderne Form der politischen Partei fremd, wie sie im Reich die Sozialdemokratie und das katholische Zentrum darstellten. Nicht nur Politiker von Marco Minghetti bis Francesco Crispi, sondern vor allem Rechtshistoriker – vom öffentlichen Recht (Zivil- und Kirchenrecht) bis zum privaten Recht – beeilten sich, die deutschen Institutionen und die germanischen Modelle politischer und administrativer Organisation zu erforschen. In Italien dominierte in der Debatte damals der Gegensatz zwischen der „römischen" Schule von Federico Sclopis, der sich eng an die Interpretation Savignys über die Kontinuität der römischen Einrichtungen im Mittelalter anlehnte, und der „germanischen" Schule von Federico Schupfer, der in der Diskontinuität den gehaltvollen Beitrag der germanischen Kultur für die Gründung der juridischen Modernität Italiens erblickte. Genau in diesem Zusammenhang ist die Entscheidung der Generation der achtziger Jahre wichtig, die zur Gänze durch die deutschen Universitäten gegangen ist: Von Pasquale del Giudice bis Augusto Gaudenzi,

---

7   Ebd. S. 133.

8   Ebd. S. 134.

von Francesco Scaduto bis Nino Tamassia, von Giuseppe Salvioli bis Federico
Patetta. Auf den Fall Scaduto werde ich noch zu sprechen kommen, möchte
mich aber einen Moment Gaudenzi und Tamassia zuwenden: Gaudenzi handelte über die „Sprache und das Recht in ihrer parallelen Entwicklung"[9] und
verknüpfte dabei Thesen Savignys, Puchtas und Jehrings: *Die Sprache wie das
Recht sind natürliche Produkte des gesellschaftlichen Miteinanders bestimmter Personengrup-
pen: Produkte, zu deren Bildung das individuelle Belieben oder die individuelle Laune wenig
oder gar nichts beitragen. Denn noch bevor ein Gesetzgeber eine Handlungs- oder Sprachregel
formuliert oder ein Schriftsteller eine solche Regel anwendet, existiert sie immer schon zuvor
in einer Redeweise oder im Volksgebrauch: sonst wäre eine solche Regel Bestandteil der Gesetzgebung oder der Grammatik, aber nicht des Rechts oder der Sprache*[10]. Gaudenzi
nahm also Probleme auf, die erstmals bereits von Grimm und anderen Gelehrten der germanischen Rechtsaltertümer behandelt worden waren[11]. Dabei zeigte er, der Förderer der „Bibliotheca jurudica medii aevi", auf, wieviele römische
Elemente in der Kultur der Barbaren fortgelebt haben[12].

Bedeutsamer ist das Werk Nino Tamassias (1860-1931). Er hat in Pavia mit
del Giudice (1842-1924) studiert und ist Anfang der achtziger Jahre (fast
gleichaltrig mit Amedeo Crivellucci und Scaduto) nach Straßburg gegangen,
um bei Rudolf Sohm zu studieren. Seine 1887 an der Universität Parma gehaltene Antrittsvorlesung „Das germanische Element in der Geschichte des italienischen Rechts" nimmt die Methode und den Inhalt späterer Ausführungen
vorweg: *Wenn man das Recht positivistisch studiert, sieht man, wie es eng mit den sozialen
und moralischen Bedingungen der Gesellschaft verknüpft ist; und weil die sozialen Phäno-
mene unter die Herrschaft eines einzigen Naturgesetzes fallen, ist es ferner notwendig, das
Recht als natürliche, eben diesem Gesetz unterworfene Schöpfung anzusehen.* Und weiter
heißt es: … *die Strenge der historisch-philologischen Methode hat jede vorgefaßte Meinung
gegenüber dem germanischen Recht obsolet gemacht, nachdem sie bewiesen hat, daß das bar-
barische Element auch schon im römischen Recht enthalten war, und daß so wie die lateinische und die deutsche Sprache gemeinsame Wurzeln haben, das gleiche auch für die Rechte
der beiden Völker behauptet werden kann*[13].

Gewöhnlich wird gesagt, daß sich sowohl Tamassia als auch Gaudenzi, der
einen identischen Weg verfolgte, nach ihrer Rückkehr nach Italien von „der

---

9   A. GAUDENZI, Lingua e diritto nel loro sviluppo parallelo, in: Archivio Giuridico 31 (1883), S. 271-
     304.

10   Ebd. S. 274.

11   Vgl. A. GAUDENZI, La misura delle composizioni nelle antiche leggi germaniche, Firenze 1884;
     DERS., La legge salica e gli altri diritti germanici, Bologna 1884; DERS., L'antica procedura germanica
     e le Legis Ctiones del diritto romano, Bologna 1884; DERS., Le vicende del mundio nei territori lan-
     gobardi dell'Italia meridionale, Bologna 1898.

12   Vgl. G. GAUDENZI, Gli editti di Teodorico e di Atalarico e il Diritto Romano nel regno degli Ostro-
     goti, Bologna 1884; DERS., L'opera di Cassiodoro a Ravenna, Modena 1885.

13   G. TAMASSIA, L'elemento germanico nella storia del diritto italiano. Prolusione al corso di storia del
     diritto italiano nella Regia Università di Parma, Bologna 1887, S. 29.

durch Schupfer und die deutsche Wissenschaft dominierten wissenschaftlichen Tradition"[14] abgekehrt hätten: Dabei vergißt man aber, daß Sohm, der in jenen Jahren um den Nachweis der römischen Grundlage der im „Sachsenspiegel" enthaltenen Normen bemüht war, sich wenig später in der Hitze des Methodenstreits auf die Seite von Below gegen Lamprecht schlagen sollte. Auch die Vorbehalte Tamassias und Gaudenzis gegenüber der Soziologie rührten – soweit sie wirksam wurden – von Sohm her, ebenso das Interesse für das „volkstümliche römische Recht", dem sich der späte Tamassia gewidmet hat, nachdem Heinrich Mitteis in einem berühmten Werk das römische Recht in den östlichen Provinzen und die Reaktion der lokalen Rechte untersucht hatte[15], was bald auch in Italien von Besta rezipiert wurde.

Hinter diesem Interesse an dem deutschen Faktor in der juridischen Tradition verbarg sich die völlige Ablehnung des ursprünglich französischen Schemas „germanischer Individualismus/lateinische Geselligkeit"; die deutsch-englische Soziologie förderte diese umwälzende Neuinterpretation, die der germanischen Welt und der Tradition der „barbarischen" Völker die Anwendung der assoziativen Modelle vorgeworfen hat. Dabei handelte es sich um eben jene Modelle, welche die zeitgenössischen Wertauffassungen in Preußen und im Reich – Disziplin, Korpsgeist usw. – hervorgerufen haben. An ihnen mangelte es sowohl Villari als auch Pasquale Turiello zufolge im Italien der siebziger und achtziger Jahre, was aus ihrer Beurteilung des italienischen, vor allem, aber nicht ausschließlich südlichen Individualismus resultierte. Der Individualismus, ein Produkt der politischen Kultur der Restauration, hat also in Italien die Ausbildung (oder die von Marco Minghetti und Giuseppe Zanardelli geforderte Transformation) moderner Interessenvertretungen unmöglich gemacht. Die politische Soziologie kam bald nach der Rechtsgeschichte und hat unerwartete Öffnungen im Kirchenrecht und in der Sozialwissenschaft gefunden, welche die deutsche Universität auf den bekannten Wegen in die politische Kultur Italiens am Ende des Jahrhunderts hineingebracht hat. Wiederum Villari schickte gleich zweimal Crivellucci (1850-1914) und Scaduto (1858-1943) nach Leipzig in die Schule von Paul Friedberg: Crivellucci (1876) fand sowohl im Unterricht des großen Kirchenhistorikers als auch in jenem des Hinschius in Berlin einen Anstoß für die Abfassung seines Lebenswerks „Storia delle relazioni tra lo Stato e la Chiesa"[16]. Sein größter Schüler, Gioacchino Volpe, verkannte diesen Ursprung seines Lehrers, wenn er ihm den Italiener Pietro Giannone zur Seite stellte, *der ebenfalls vollauf von der Leidenschaft ergriffen ist, Grenzen wiederzufinden, verworrene Elemente voneinander zu trennen, den „ungebührlichen gegenseitigen Einmischun-*

14 B. PARADISI, Gli studi di storia del diritto italiano, in: Cinquant' anni di vita intellettuale italiana 1896-1946 Bd. 2, Neapel 1950, S. 368-775, Zitat S. 370.

15 Reichsrecht und Volksrecht in den östlichen Provinzen des römischen Reichs, Leipzig 1901.

16 A. CRIVELLUCCI, Storia delle relazioni tra lo Stato e la Chiesa, 3 Bde., Bologna 1885-1907.

gen" von Staat und Kirche[17] ein Ende zu setzen. Dabei hatte Volpe selbst eine deutsche Ausbildung genossen (Berlin 1903), auf die ich gleich noch zurückkommen werde. Es herrschte das Klima des bevorstehenden Kulturkampfes und der Unzufriedenheit über die italienische Lösung der *Guarentigie*[18]! Und aus eben diesem Grund enthielt Benedetto Croces Urteil einen noch größeren Fehler, nämlich an der Stelle, an der er sich über die Stellungnahme Valeriano Malfattis, den die drängenden Fragen zu seiner Forschung veranlaßten, gegen Crivellucci äußerte, daß er *dazu durch die Vagheit seiner Gelehrtheit und literarischen Kenntnisse veranlaßt* worden sei, *obwohl er heute* [1919] *selbst bemerkt, daß sich endlich in allen Nationen die bereits in einem Kampf befindlichen Kirche und Staat zu einer vollständigen Trennung anschicken, das heißt, daß sein Gegenstand nicht mehr aktuell ist*[19]. Aus diesem Hinweis auf die vollständige Trennung schließt man dann, daß Crivellucci über die Beziehungen zwischen diesen beiden Einrichtungen ein sehr viel oberflächlicheres Konzept hatte als Malfatti, der richtig urteilte, daß der moderne Staat die Kirche in sich aufnimmt. Dagegen tendierte Crivellucci dazu, den Kampf zu neutralisieren, mit dem Allheilmittel der Toleranz und des atheistischen Staates, während er zugleich das Christentum der Intoleranz bezichtigte, aber auch den Rationalismus der Französischen Revolution, da in ihren Adern *der schauerliche Virus der christlichen Intoleranz*[20] eingeimpft sei. Die Verabscheuung der Intoleranz geriet ihm zum Pathos, wenn er schrieb, daß *Traurigkeit den Geist befällt und ihn begleitet . . . , wenn er sieht, daß aus dem göttlichen Wort der Liebe und der Freiheit der grausamste Haß erwächst und schreckliche Werke der Tyrannei und des Bluts hervorgehen, und wenn das menschliche Denken, ein an den Felsen der Theologie gefesselter Prometeus, Jahrhunderte und Jahrhunderte lang an den Ketten des Dogmas diskutiert. Wenn Christus . . . jemals wieder zum Leben erwachen hätte können, um zu sehen, was aus seinem Namen erwachsen ist, hätte er den Vater darum angefleht, aus Gnade wieder an das Kreuz geschlagen zu werden, um es aus der Welt zu schaffen*[21].

Im Verlauf seiner „Storia" war Crivellucci viel objektiver, und zwar führte er die Gründe an, welche die Opposition der Kirche gegen den Staat oder die scheinbaren Anmaßungen gegen ihn erklären und rechtfertigen. Darunter befindet sich die weltliche Gewalt, die nicht aufgrund einer geistlichen Übermacht entsteht, sondern von den Kaisern selbst – und dabei wiederum vor allem von Justinian – begründet wird, um den Staat mit der Autorität der Kirche zu stärken. Sein Fehler war jener der ganzen von ihm vertretenen Denkschule: Sie hatte zwar die Dokumente gelesen und studiert, aber nicht in gleichem

---

17 G. VOLPE, Storici e maestri, Florenz 1967, S. 31-64, S. 35.

18 Dabei handelt es sich um ein staatliches Garantiegesetz, das dem Papst Unverletzlichkeit und Freiheit sicherte. Überdies erhielt er jährlich drei Millionen Lire. Zugleich wurde die Trennung von Kirche und Staat verankert. Der Vatikan erkannte dieses Gesetz nicht an.

19 B. CROCE, Storia della storiografia italiana del secolo Decimonono, Bari 1947, S. 95f.

20 Ebd.

21 Ebd.

Maße über den konzeptuellen Rahmen der darzustellenden Fakten nachgedacht. *Kirche und Staat sind nicht zwei fest stehende Einheiten, die miteinander in Beziehung treten . . . ; und die Geschichte dieser Einrichtungen kann man weder mit Hilfe des Kriteriums des Staates noch mit jenem der Kirche und auch nicht mit jenem der Neutralität zwischen Staat und Kirche erörtern. Je nach den Zeitverhältnissen ist die Kirche manchmal der eigentliche Staat oder der Staat die eigentliche Kirche, und die beiden Einrichtungen empfangen immer neuen Inhalt durch den Wandel der Kultur. Sie ist der eigentliche Träger und der einzige Maßstab ihrer verwickelten Geschichte*[22]. Soweit Croce, aber Volpe erinnerte daran, daß Crivellucci gegenüber Duchesne die historische Überlegenheit der Langobarden über die Franken geltend gemacht hat: Denn er hat in der Aktion der Langobarden den Versuch erblickt, die Kirche von Rom in ihre Schranken zu weisen; und so hat er seine Kritik der päpstlichen Initiative, die aus Machtinteressen die Franken nach Italien gebracht hat, begründet.

Ebenso bedeutsam war die Entscheidung des Crivellucci, zusammen mit Ettore Pais, dem Historiker Roms und Berliner Schüler von Mommsen, 1892 die „Studi Storici" zu gründen, die wichtigste historische Zeitschrift dieser Jahre, die Persönlichkeiten vom Rang eines Gaetano Salvemini und Volpe, eines Arrigo Solmi und Scaduto hervorbringen sollte. Gerade Scaduto, der sich sofort nach Abschluß seiner in Florenz von Villari betreuten Dissertation[23] nach Deutschland begab, um den Kursen von Friedberg und Hinschius zu folgen; und er kehrte als Kirchenrechtler zurück. Und leicht läßt sich sein kluges Augenmerk auf die deutsche Wissenschaft erkennen, die bestrebt war, Einrichtungen wie die Ehe und die Scheidung durch eine historisch komparative Deutung des katholischen und protestantischen Rechts zu interpretieren. Das deutsche Modell sollte bis zu seinem Ende die entscheidende Erfahrung des großen italienischen Meisters bleiben. Dies erhellen schon die Titel seiner größeren Werke[24]. Er ist *der, der sich am entschiedensten von all jenen trennt, die das Erbe der historischen Rechten angetreten haben, in seiner Konzeption eines Staates, der die Kirche als eine freie Vereinigung von Gläubigen ansieht, der aber in anderer Hinsicht ein laizistischer Jurist ist, da der Staat nicht die Realität der (internationalen) kirchlichen Macht übersehen durfte, und der danach trachten mußte, es ihr unmöglich zu machen, ihn zu schädigen,*

---

22 Ebd.

23 F. SCADUTO, Stato e Chiesa negli scritti politici della fine della lotta per le investiture alla morie di Lodovico il Bavaro (1122-1347), Florenz 1882.

24 DERS., Il divorzio e il cristianesimo in Occidente. Studio storico, Florenz 1882; DERS., Guarentigie pontificie e relazioni fra Stato e Chiesa, Turin 1884; DERS., Il concetto moderno di diritto ecclesiastico, Palermo 1885; DERS., Il concenso delle nozze, Neapel 1885; DERS., L'abolizione delle facoltà di teologia in Italia, Turin 1886; DERS., Le confraternite secondo il diritto canonico e la giurispurdenza italiana, Turin 1886; DERS., Stato e Chiesa nelle Due Sicilie dai Normanni ai giorni nostri, Palermo 1887.

wenn sie ihm schlechtes wollte. Dieser laizistische Charakter des Staates sollte ihm zufolge absolut sein[25].

Die deutsche Universität war also nicht nur eine Methodenschmiede, sie war für Europa vor allem der Filter, durch den die Modernisierung der politischen und sozialen Strukturen zu lesen war: Und die italienischen Studenten besuchten die Veranstaltungen und die Dozenten also deshalb, um Antworten zu finden auf die in diesen Jahrzehnten drückenden Probleme, in dem klaren Bewußtsein der eigenen nationalen Verspätung. Es ist hier nicht möglich, die in diesen Jahrzehnten aus dem Deutschen übersetzten Werke aufzulisten (was teilweise auch schon versucht worden ist), Werke des öffentlichen und privaten Rechts, des Kirchenrechts und schon bald auch der politischen Ökonomie.

An dieser Stelle muß auf die 1971 erschienene Studie „Die Anfänge staatlicher Sozialreform im liberalen Italien" von Volker Sellin verwiesen werden[26]. Er wies Fedele Lampertico eine wichtige Rolle zu. Und ein Schüler Lamperticos war jener Vito Cusumano, den sein Lehrer 1871 – also im selben Jahr, als sich Crivellucci in Leipzig befand – nach Berlin in die Schule des Wagner und der Kathedersozialisten schickte: Bei seiner Rückkehr vom maßgebenden Kommentar (einmal mehr) Villaris aus Anlaß der Eisenacher Tagung begrüßt[27], veröffentlichte der junge sizilianische Ökonom im Bologneser „Archivio giuridico" 1873 den berühmten Aufsatz „Sulla condizione attuale degli studi economici in Germania in rapporto alla questione sociale"[28]. Hier braucht nicht der Verlauf einer Polemik zwischen Francesco Ferrara und der „lombardo-venetianischen Schule" Lamperticos und Luigi Cossas wiedergegeben zu werden; ebensowenig muß (wie bereits geschehen) die vollendete Kenntnis und der Scharfsinn des noch jungen Forschers unterstrichen zu werden. Wichtig ist vielmehr, auf die entscheidende Funktion der deutschen Universität bei der Bereitstellung einer breiten Kasuistik und einer energischen Anwendung der Gesetze und Gesetzesvorschläge in Sachen Sozialpolitik für die jungen „Spione" aus Italien zurückzukommen. Sie ermöglichten es ihnen, zum einen im gesellschaftlichen Geflecht Italiens die antizipatorischen Züge der industriellen Entwicklung wahrzunehmen und zum anderen die geeigneten gesetzlichen Instrumente vorzubereiten, um den unvermeidlichen Fortschritt zu lenken und zu beherrschen, wobei sie gegenüber ihren italienischen Zeitgenossen den Vorteil genossen, besser informiert zu sein. Und dieses Szenarium war

---

25 C. A. JEMOLO, Introduzione a F. Scaduto, Stato e Chiesa nelle Due Sicilie, 2. Aufl. Palermo 1969, S. 9-21, hier: S. 13.

26 V. SELLIN, Die Anfänge staatlicher Sozialreform im liberalen Italien, Stuttgart 1971.

27 P. VILLARI, La scuola e la questione sociale in Italia, in: Le lettere meridionali ed altri scritti sulla questione sociale in Italia, Turin 1885 (zuerst 1873).

28 V. CUSUMANO, Sulla condizione attuale degli studi economici in Germania in rapporto alla questione sociale, Bologna 1873.

dem moderaten Villari, der 1875 die berühmten „Lettere meridionali" publizierte[29], gut vertraut.

Wollen wir aus diesen Fällen, welche die Spitzen eines Eisbergs bilden, eine provisorische und doch klare Schlußfolgerung ziehen, so drängt sich die deutsche Universität – und nicht nur jene mythische in Berlin – in den betrachteten Jahrzehnten als Ort sowohl der Ausarbeitung als auch der theoretischen Widerspiegelung der institutionellen Modernität des bismarckschen und wilhelminischen Deutschland auf: Die Italiener gingen in Zeiten entscheidender Veränderungen der Institutionen und des Staates dorthin, um Antworten auf die drängenden politischen und sozialen Probleme zu finden. Leider fehlen Studien über die technischen Aspekte der großen Reformen Crispis in den späten achtziger Jahren: In jeder einzelnen dieser Reformen, angefangen von jener der lokalen Verwaltungen bis hin zu jener der Ausdehnung des Wahlrechts, von jener der Sozialpolitik bis zur Schaffung des Wohlfahrtsstaates, ist die Anlehnung an das deutsche Modell zu erkennen. In Wiederaufnahme des von Sellin vor 30 Jahren begonnenen Weges ist es dringend erforderlich, jenes Geflecht, nämlich die Rolle der deutschen Universität zwischen 1870 und dem Ersten Weltkrieg, nachzuvollziehen, das es den italienischen „Spionen" ermöglichte, vorbereitend diese Vorhaben vorzuzeichnen und zu planen.

Dies trägt auch bei zu dem Verständnis der Rolle und der Mängel der italienischen Universität, die dazu aufgerufen war, in ihren Strukturen und Verwaltungsstatuten den renommiertesten europäischen Modellen zu folgen. Doch sicherlich war es kein Zufall, daß der Senator Salvatore Majorana – vordem bereits Minister für Landwirtschaft, Handel und Industrie im I. und III. Kabinett Depretis – im März 1890 seinen jungen Sohn Giuseppe im Zuge seines Deutschlandaufenthalts als Mitglied der italienischen Delegation bei der Berliner Konferenz über den Schutz der Arbeit dazu anregte, Schmoller und Wagner aufzusuchen, dessen Werk der noch sehr junge Lehrstuhlinhaber gut kannte und bewunderte[30]. Für die Anpassung der politischen und administrativen Strukturen, die soziale sowie die römische Frage wurde in Deutschland eine fortschrittliche Lösung gesucht, im Deutschland der Universitäten, in eben jenem Deutschland, das in Italien über den Weg des Kulturkampfs ein neues Interesse für seine religiöse und kirchliche Historiographie hervorrief: sowohl im laizistischen Bereich (ich denke an den Dialog zwischen Tocco und W. Goetz über Franziskus und die franziskanischen Quellen) als auch im Bereich des Katholizismus, wo als Folge der Kehrtwendung von Papst Leo XIII. die Achse Janssen-Pastor in den historischen Studien dominierte und wo sich bald die historische Soziologie Giuseppe Toniolos durchsetzen sollte, der die Sozialpolitik des Zentrums ebenfalls äußerst aufmerksam verfolgte.

---

29 P. VILLARI, Lettere meridionali, Florenz 1878.

30 Sein Berliner Tagebuch ist soeben von mir herausgegeben worden: Il Gran Tour. Lettere alla famiglia 1890, Palermo 2000.

Die Kathedersozialisten und die soziale Frage in Deutschland bildeten in den achtziger und neunziger Jahren auch die Inkunabeln der italienischen Sozialgeschichte, die Croce in seiner Polemik gegen Achille Loria in die Tradition von Marx einreihte und als „ökonomisch-juridische Schule" klassifizierte. Tatsächlich aber verwiesen die Ausbildung und die Interessen dieser Historiker auf das Deutschland des Methodenstreits: Dies gilt für Gaetano Salvemini, der Schüler Lamprechts wurde (1902); dies gilt für Volpe, der 1903 in Berlin studierte und dessen durch Lektüre und Kontakte (Schmoller, aber auch Gierke, Waitz und v. Maurer sowie schließlich Kurt Breysig) gemachte Erfahrung ihm die Erarbeitung eines sehr originellen sozialen und religiösen Bildes vom Mittelalter ermöglichte. Auch in diesem Fall lehrte die deutsche Universität nicht eine Forschungsmethode (oder eine Seminartechnik); vielmehr begründete sie – vermittelt durch politische und kulturelle Aktivitäten von Professoren und Studenten im sozialen und kulturellen Leben Deutschlands – soziale, religiöse und politische Vorstellungen der italienischen Studenten. Sie gestaltete ihre Weltanschauung. Und diese Vorstellungen brachten sie in die leidvolle nationale Wirklichkeit ein, indem sie zu einer Anwendung des soziologischen und kritischen Instrumentariums aufriefen, um den rechten Zugang zu den Problemen der eigenen Gegenwart zu finden. Diese Vorstellungen legten schließlich auch – auf unterschiedliche Weise und unterschiedlich drängend – jene Problemlösungen nahe, die sie in dem Modellstaat kennengelernt und wirken gesehen hatten.

Wir stehen hier also einem Gegenstand von einer bemerkenswerten Breite und Komplexität gegenüber, wobei ich aus Mangel an Kompetenz den beeindruckenden naturwissenschaftlichen Bereich der deutschen Universität, von der Physik bis zur Chemie, von der Physiologie bis zur Medizin, nicht berührt habe. Auch in dieser Beziehung aber schuldet der Wissenschaftshistoriker Deutschland viel Dank, was die Methodologie und/oder das Lernen anbetrifft: Noch wissen wir nicht, wie weit der italienische Student mittels der Universität – in Laboratorien und Veranstaltungen – eine Konzeption von der Welt und von der Gesellschaft verinnerlicht hat, die er dann in den Kontext der nationalen Naturwissenschaft übertragen wollte. Auch deshalb, weil ich als ihr Schüler Gelegenheit hatte, sie über den Gegenstand des hier angeregten Forschungsprojekts zu befragen, sei es mir jedoch erlaubt, in dieser Hinsicht abschließend drei große Lehrmeister zu zitieren: Giorgio Pasquali, Delio Cantimori und Santo Mazzarino. Pasquali studierte in Göttingen, wo er auch Dozent war, hat aber gelegentlich seiner zahlreichen Stellungnahmen zu einer italienischen Schulreform um den Ersten Weltkrieg herum nicht nur das Schulsystem in Deutschland zum Objekt seiner Forschung gemacht, sondern zugleich über den deutschen Sozialismus in der Weimarer Zeit wichtige Arbeiten verfaßt, die in Italien Aufmerksamkeit erregten; Cantimori arbeitete in den zwanziger und dreißiger Jahren zuerst in der Schweiz, dann in Deutschland über die Häretiker des 16. Jahrhunderts. Von ihm sind sowohl die wichtigen Analysen der Jugendbewegung im pränazistischen Deutschland als auch die Erkenntnisse über neue Gedanken von Carl Schmitt bis Ernst Jünger veröffentlicht worden. Mazzarino schließlich war in den dreißiger Jahren in München Schüler von Rudolph Pfeiffer und Walter Otto und also unmittelbarer Zeuge nicht nur der Auseinandersetzung, die Helmut Berve zu seinem eigenen Lehrer in bezug auf die „Universalgeschichte der Antike" in Gegensatz brachte, sondern auch des symbolischen Duells zwischen Meyer und Treitschke. Viel mehr als Chabod oder Croce durch einen Meinecke hat meine Generation durch die drei genannten Persönlichkeiten Deutschland bewundern gelernt und mit ihm gelitten.

In einer aus dem Bedürfnis entstandenen Schrift, Zeugnis abzulegen von dem neuen Klima, das der Krieg von 1866 geschaffen hatte, hat Pasquale Villari 1868 *more germanico* nach einem Ausweg aus dem Dualismus Lateiner/Germanen gesucht, der bis dahin die Basis seiner Deutung des Mittelalters a là Thierry gewesen ist: Waren in Italien die Adeligen tatsächlich die Erben der germanischen Eroberer und das Volk der unterdrückte Bewahrer der römischen Tradition, dann hatte sich hier etwas anderes ereignet als im England eines Walter Scott oder im Frankreich eines Siéyès und eines Fustel, wo die Besiegten Rache an den Siegern genommen hatten: ... *zwei Völker, zwei Familien, zwei Gesellschaften und, fast möchte ich sagen, zwei nationale Ideen sind sich begegnet, und die einen stellten die notwendige Ergänzung der anderen dar ... Es sind zwei Völker, die miteinander kämpfen, und mit ihnen ihre Institutionen, die Gesetze, die Ideen; ihre Seelen scheinen sich überall dort herauszufordern, wo sie sich treffen, in der Literatur, in der Kunst, in der Politik. Und dennoch ist die eine für die andere notwendig, und beide müssen verschwinden, um einem neuen und weiterem Geist Platz zu machen, welcher der einzige Triumphator dieses Kampfes ist*[31].

Geboren aus der Notlage der gegenwärtigen Politik war dies eine Prophetie, die einem Professor der Geschichtsphilosophie gut anstand: Und in einer Zeit wie der unsrigen, die ebenso ungern Vorläufer wie Nachfolger anerkennt, wäre es nicht wert, an sie zu erinnern, wäre ihr nicht Villari selbst in seiner wissenschaftlichen Praxis treu geblieben? Sie bestand, wie gesehen, darin, in das neue Deutschland junge Menschen zu schicken, um dort das Geheimnis des Erfolgs und des Fortschritts zu entdecken bezüglich jener neuralgischer Punkte der Forschung, welche die deutschen Universitäten, ihre Professoren und Studenten darstellten. Dies sollte helfen, das unbekannte Italien zu entschlüsseln und zugleich als außergewöhnliches Erfahrungsspektrum dienen.

Ich nehme an, daß weitere Forschungen die von mir vorgebrachten Hypothesen und die Überlegungen bestätigen werden. Dann kann hier die Basis für eine neue Geschichte Europas liegen, die nicht mehr die kulturelle europäische

---

31 Wie Anm. 2, S. 251.

Einheit in der bloßen Zirkulation von Ideen sucht, sondern vielmehr in der gespannten Aufmerksamkeit eines jeden Landes, über die eigenen Grenzen in das gut durchpflügte Feld des Nachbarn zu blicken, um dort die reifsten Antworten zu der Befruchtung des eigenen Feldes zu finden. Mittels dieser ununterbrochenen „Spionage" und Übertragung institutioneller und intellektueller Erfahrungen sind jene Bedingungen geschaffen worden, die zu der Hoffnung berechtigen, daß der Triumph jenes neuen und weiteren Geistes Realität werden wird, so wie es sich die Generation des späten 19. Jahrhunderts erhofft hatte.

DIE PARTNERSCHAFTSBEZIEHUNGEN
ZWISCHEN DEN UNIVERSITÄTEN
HEIDELBERGS UND MONTPELLIERS

Von Diether RAFF

IN WÜRDIGUNG DER seit vielen Jahren im Geiste der Verständigung und der Freundschaft bestehenden besonderen Partnerschaftsbeziehungen ... und im Bewußtsein der Bedeutung der wissenschaftlichen und kulturellen Zusammenarbeit beider Länder sowie in der Absicht, den eingetretenen Veränderungen in Struktur und Organisation der Universitäten und den neuen Leitsätzen für die internationale Zusammenarbeit im Hochschulbereich Rechnung zu tragen, vereinbarten die Präsidenten der drei Universitäten Monpelliers, die Professoren Jaques Mirouze, Louis Thaler und André Martel, und der Rektor der Universität Heidelberg, Professor Adolf Laufs, auf der Grundlage des von Charles de Gaulle und Konrad Adenauer am 22. Januar 1963 unterzeichneten Freundschafts- und Konsultationsvertrages die Zusammenarbeit im Bereich der *Medizin, Pharmazie, Zahnmedizin, Rechtswissenschaft, Wirtschafts- und Betriebswissenschaften, der Naturwissenschaften* sowie *im Bereich der Sprachen und Literaturen, der Kunstwissenschaften und der Gesellschaftswissenschaften*[1] fortzusetzen und zu intensivieren. In der feierlichen Zeremonie, die in Montpelliers altehrwürdiger Ecole Médicale am 2. Februar 1980 stattfand und an der hohe Vertreter der universitären und außeruniversitären Öffentlichkeit teilnahmen, beschworen die Vertragschließenden den Auftrag der dem lebendigen Geist verpflichteten Forschungsstätten, die *in unserer heutigen zerrissenen Welt der menschlichen und wissenschaftlichen Impulse so dringend bedürfen* (Laufs).

Diese Feier krönte ein Vierteljahrhundert persönlicher und offizieller Beziehungen, von denen die bewegte Geschichte der Partnerschaft der Hochschulen Montpelliers und der Universität Heidelberg geprägt war.

Das bereits am 23. Oktober 1954 abgeschlossene Deutsch-Französische Kulturabkommen hatte den Studentinnen und Studenten Deutschlands und Frankreichs erste Möglichkeiten des gegenseitigen Kennenlernens eröffnet. Was die jungen Menschen beiderseits des Rheins 1945 nicht für möglich gehalten hatten, wurde Wirklichkeit. Entschlossen, einer leidvollen Vergangenheit gründlich abzuschwören, suchten sie in die Zukunft gerichtet die Aussöhnung zwischen den vormaligen Erbfeinden und hofften auf ein gedeihliches Miteinander in Frieden und Freundschaft.

Warum es jedoch zu den ersten Kontakten der Heidelberger Studentenschaft gerade zu Montpellier kam, ist heute nicht mehr eindeutig auszuma-

---

1   Vereinbarung zwischen den Universitäten Montepellier I, II (U.S.T.L.) und III (Paul Valéry) und der Ruprecht-Karls-Universität, in: Ruperto Carola 64, Heidelberg 1980, S. 17ff.

chen. War es die auf den Studienprospekten des Akademischen Auslandsamtes der Universität Heidelberg ausgewiesene und anschaulich geschilderte
sonnendurchglühte südfranzösische Landschaft, wo sich die Eigenarten des
Languedoc und der Provence begegnen? Waren es die in diesen Prospekten
propagierten Exkursionen zu den Zentren der antiken Römerkultur nach
Nîmes, Pont du Gard, Arles, Orange und Narbonne mit ihren Tempeln, Tri-
umphbögen und Arenen? War es die als reizvoll beschriebene Umgebung
Montpelliers mit ihrem Wechsel von Bergen, Ebenen und Lagunenküste, die
so fremdartig anmutende Camargue oder etwa die Nähe zu dem feinsandigen
Mittelmeerstrand von Palavas? Oder war es ganz einfach der Wunsch, die in
der Schule mühsam angeeigneten Sprachkenntnisse in der Fremde auf die
Probe zu stellen? Jedenfalls entschlossen sich einige wenige bereits im Studienjahr 1954/55, ins ferne Montpellier aufzubrechen, um ihre Studien an einer
der ältesten Universitäten Europas aufzunehmen, die schon im 12. Jahrhundert zu jener Trias gehörte, die Paris und Bologna ergänzten: Bologna als Metropole der Jurisprudenz, Paris als Mittelpunkt der Philosophie, Montpellier
als Hochburg der Medizin.

Noch ungeteilt zählte die Universität 1954 fünf Fakultäten: die Medizinische, die Juristische, die Naturwissenschaftliche, die Philosophische und die
Pharmazeutische Fakultät, sowie die vom Staat unabhängige Fakultät für Protestantische Theologie. Unter diesen Fakultäten ist die Medizinische die älteste.

Wahrscheinlich schon im 11. Jahrhundert, mit Sicherheit aber im 12. Jahrhundert haben Mediziner jüdisch-arabischen Ursprungs aus Spanien in Montpellier gelehrt. Die offizielle Gründung erfolgte dann am 17. August 1220, als
der päpstliche Kardinalslegat Conrad Eguion d`Urach im Auftrage Honorius
III. der Ecole de médecine Statuten gab, die deren Geschicke bis zur Französischen Revolution mit der Kirche verbanden und dem Bischof von Maguelo-
ne wichtige Rechte bei der Berufung der Professoren und des Kanzlers ein-
räumten. Unter den Namen der vielen Mediziner, die an den verschiedenen
Collèges unterrichteten und an den beiden großen Krankenhäusern St. Lazare
und St. Eloi wirkten, ragte der Gui de Chauliacs besonders hervor, dessen
Werk „Große Chirurgie" vier Jahrhunderte lang den Ruf eines Klassikers der
Chirurgie und der Anatomie genoß, sowie der Rabelais', der 1530 nach Montpellier kam, hier den Grad eines Baccalaureus und eines Doktors der Medizin
erwarb und die erste getreue Übersetzung der hippokratischen Bücher lieferte.
Der medizinischen Fakultät angegliedert waren die Lehrstühle für Pharmazie,
Chemie und Botanik sowie der von Heinrich IV. gestiftete „Jardin des Plan-
tes", der erste Frankreichs.

Die Gründung der Ecole de droit erfolgte gleichfalls schon um die Mitte des
12. Jahrhunderts. Sie gilt als die älteste in Frankreich und wurde von dem aus
Bologna kommenden Rechtsgelehrten Placentin ins Leben gerufen. Universel-

le Geltung erlangte die in Montpellier erworbene Rechtslizenz schließlich unter Papst Nikolaus IV., durch dessen Bulle vom 26. Oktober 1289 die damals in Montpellier — jenem *locus, celebris plurimum et famosus, aptus valde pro studio* (cartulaire de la Faculté de Médecine) — vorhandenen Fakultäten des Zivil- und Kirchenrechts, der Geisteswissenschaften und Künste in einem Studium generale zusammengefaßt wurden[2].

Die Stadt selbst, deren Charakter wesentlich von der Universität geprägt wird, wurde in den Glaubenskriegen des 17. Jahrhunderts nahezu völlig zerstört und erst gegen Ende dieses und im Laufe des 18. Jahrhunderts neu aufgebaut. Unter Leitung des Architekten d´Avilier entstanden hinter den engen Gassen der Altstadt stattliche Wohnpaläste mit lichten Innenhöfen, großräumige Grünzonen wie die schattenspendenden Esplanaden und der hochgelegene Platz des Peyrou mit dem Wasserschloß, vor dem das Reiterstandbild Ludwig XIV. auf einen Triumphbogen blickt, der an Ludwigs militärische Erfolge und an den Widerruf des Edikts von Nantes erinnert. Der Opernplatz, der Justizpalast, die Faculté de Médecine oder „Les Arceaux" lassen heute noch die Idylle erahnen, die jene ersten Heidelberger in den 50er Jahren vorfanden: eine ruhige, gleich Heidelberg von den großen Zerstörungen des Krieges verschonte Provinzstadt, in der das Leben in den ererbten Traditionen zu verlaufen schien.

Einmal in der Stadt, begeisterten sich die der Ferne Unkundigen nicht nur an dem *vornehm verschwenderischen Charakter der südfranzösischen Renaissance* (Paepke), sondern suchten über die Sprache den Zugang zu den Menschen, die diese Sprache sprachen, und zu ihrer Kultur, die sich in der Sprache widerspiegelte. Ausgebrannt durch die Erlebnisse des Krieges und der Nachkriegszeit, verhalf der Studienaufenthalt, scheinbar Verlorengegangenes neu zu entdecken und wiederzugewinnen.

Den ersten zaghaft geknüpften Kontakten zu den Kommilitonen des Midi entsprangen bald persönliche Freundschaften, die sich in dem gemeinsamen Wunsch erkannten, Verantwortung zu übernehmen für eine Zukunft des Miteinander in Zuversicht und Hoffnung. Es waren Studenten der Germanistik, der Romanistik und der Medizin, die spontan und mutig, zur Versöhnung stiftenden Tat entschlossen, friedensfestigende und wissenschaftsfördernde Beziehungen zueinander herstellten.

Die ersten Verabredungen offizieller Art trafen dann im Oktober 1956 die Mediziner und erklärten, eine Partnerschaft eingehen zu wollen, die schließlich am 8. Februar 1957 feierlich in Heidelberg vollzogen wurde. Der Text der

---

2 Zur Geschichte der Universität Montpellier vgl. u. a.: K. Brenner, Montpellier. Stadt zwischen Garrigue und Reben, Heidelberg 1981; L. Dulieu, La Faculté des Sciences de Montpellier de ses Origines à nos Jours, Avignon 1981; L. Dulieu, La Médecine à Montpellier, Avignon o. J.; G. Giraud, L'Ecole De Médecine de Montpellier. A travers les Ages, Montpellier 1958; H. Ronzaud, Les Fêtes du VIé Centenaire de l'Université de Montpellier, Paris 1891.

Freundschaftsurkunde der Fachschaft Medizin der Universität Heidelberg und der Corporation des Etudiants en Médecine der Universität Montpellier gibt beredtes Zeugnis von der Aufbruchstimmung, die jene Studenten beseelte, von denen viele noch am Kriegsgeschehen teilgenommen oder zumindest die Härten der Nachkriegszeit erfahren hatten. *Getreu der humanistischen Tradition unserer Alma Mater, der Ruperto Carola, im Bewußtsein unserer menschlichen und ärztlichen Aufgaben, beseelt vom ehrlichen Wollen, zu einer dauerhaften Freundschaft zwischen Frankreich und Deutschland beizutragen,* gelobten die Medizinstudenten, sich *auf immer zu verbinden.* Im gleichen Geiste schlossen dann am 18. Juli des gleichen Jahres die Vertreter der Gesamtstudentenschaft beider Universitäten einen Freundschaftsbund, der *in guten und schweren Zeiten Bestand haben* sollte[3].

Vor dem zweiten Heidelberger Treffen, das bereits als Studienwoche angelegt war, war im Frühjahr 1957 eine Heidelberger Delegation von sieben Professoren und über 60 Studenten in Montpellier mit der gleichen spontanen Herzlichkeit empfangen worden, mit der die Heidelberger Studentenschaft die südfranzösischen Kommilitonen bedacht hatte. Hatten bei der Ankunft auf dem Heidelberger Hauptbahnhof nach Aussage der damaligen ASTA Vorsitzenden Ruth Diehl und des Fachschaftsreferenden der Medizin Wolfgang Rapp *Jubel und lauter Gesang* über eine auf beiden Seiten herrschende erste Beklommenheit hinweggeholfen, so stand das Willkommen im Midi bereits schon im Zeichen einer alle Skepsis überwindenden Freundschaft. Vorurteile und Ressentiments hatten sich im gemeinsamen Erleben und fruchtbaren Gespräch verloren und bei den Studenten und Hochschullehrern beider Nationen eine alle Fremdheit überwindende Zuneigung entstehen lassen.

Dem hochgestimmten Erlebnis des Beginns, dem feierlichen Austausch der Freundschaftsurkunden folgte die praktische Umsetzung der ins Auge gefaßten Zusammenarbeit. Auf Anregung von Professor Angelloz, dem damaligen Rektor der Universität Montpellier, der gleich dem Heidelberger Rektor, dem Pathologen Edmund Randerath, die studentischen Kontakte mit Nachdruck förderte, gründeten die Senate beider Universitäten besondere Kommissionen, die den studentischen Gremien bei der Planung künftiger Studienreisen und der Auswahl von Stipendiaten beratend und mitentscheidend zur Seite standen. Die Jahr um Jahr mit Spannung erwarteten Universitätswochen mit ihren wissenschaftlichen Veranstaltungen führten die Studenten zu nüchterner Arbeit und die Fachkollegen zu klärendem Gespräch. Sie gaben nicht nur Einblick in den Stand der beiderseitigen Forschung, sondern zeigten auch die unterschiedlichen Methoden und das so ganz andere Universitätssystem auf. Ebenso gewährten die stets eingeplanten und durchgeführten Exkursionen

---

3 Beide Urkunden, das Kommunique von Rektor Wilhelm Hahn und die Partnerschaftsurkunde der Städte Heidelberg und Montpellier sind abgedruckt in: Montpellier Heidelbergs Partnerstadt, hg. v. G. HINZ, Heidelberg 1970, S. 7 – 14.

nach Arles, Nîmes, in die Camargue und die Cevennen den Heidelbergern Gelegenheit, das Wesen und die Lebensformen des Midi zu erfahren, und vermittelten umgekehrt den Montpellieranern über die Besuche in die nähere und weitere Umgebung Heidelbergs ein unverstelltes Bild unseres Landes.

Dem Spracherwerb, den man über ganzjährige Studienaufenthalte zu fördern hoffte, galt die besondere Aufmerksamkeit beider Seiten. So setzte schon seit dem WS 1957/58 ein reger Stipendiatenaustausch ein, der sich zunächst auf die alte Medizinische, die Philosophische und die Theologische Fakultät erstreckte und zwei Jahre danach auch die Juristen mit einbezog. Ermöglicht wurde der längerfristige Studienaustausch durch großzügige Zuwendungen privater Gönner sowie durch solche der Vereinigung der Freunde der Studentenschaft der Universität Heidelberg, der Stadt Montpellier und des Conseil Général des Départements Hérault. Untergebracht und verpflegt wurden die Stipendiaten bis in die späten 60er Jahre von den jeweiligen Gastgebern.

Engagierte Hochschullehrer wie die Professoren J. F. Angelloz, Pierre Carabalona, André Castagné, Gaston Giraud, André Gouron, H. F. Metz, J. M. Mousseron, G. H. P. Richard, Fernand Sabon, Günter Bornkamm, Wilhelm Hahn, Arthur Henkel, Max Kantner, Erich Köhler, Fritz Linder, Fritz Paepke, Edmund Wahl und Hermann Weitnauer förderten in dieser ersten Phase der Universitätspartnerschaft nach Kräften diese von jugendlicher Begeisterung erfüllten Unternehmungen.

Zur Festigung der Partnerschaft errichtete dann das Rektorat des Theologen Wilhelm Hahn einen ständigen Ausschuß, dem der Rektor beziehungsweise sein Beauftragter, ein weiteres Mitglied des Lehrkörpers, der leitende Verwaltungsbeamte, der Leiter des Akademischen Auslandsamtes, der ASTA Vorsitzende sowie der studentische Montpellier Referent angehörten. Diesem Ausschuß oblag es, alle Austauschveranstaltungen zu organisieren und zu koordinieren. Auch begrüßte der Rektor in einem im Juli 1960 veröffentlichten Kommuniqué die Bemühungen der Stadtverwaltungen Heidelbergs und Montpelliers, ebenfalls ein Partnerschaftsverhältnis einzugehen, das schließlich am 13. Mai 1961 in Montpellier feierlich besiegelt wurde.

Dem Beispiel der studentischen Vereinbarungen folgend, erklärten die in deutscher und französischer Sprache gehaltenen Urkunden *im Bestreben, den Bürgern unserer Städte ein friedliches und freies Leben in Europa zu sichern, gemeinsam dauerhafte Verbindungen* eingehen zu wollen sowie *das gegenseitige Verständnis für einander zu entwickeln und zu vertiefen und die Freundschaftsbande immer enger zu knüpfen*[4].

Ein weiterer Meilenstein in der Geschichte der Zusammenarbeit der Universitäten Heidelbergs und Montpelliers war dann der Wunsch der Universität Heidelberg, in Montpellier eine Stätte zu schaffen, die der Studentenschaft

---

4   Ebd.

und der Bevölkerung im Midi den Kontakt mit der deutschen Sprache und Kultur erleichtern sollte. Zu diesem Zweck wurde unter dem Rektorat des Juristen Wilhelm Gallas der Verein „Heidelberg-Haus in Montpellier" ins Leben gerufen, der es sich zum Ziel setzte, die wissenschaftlichen, kulturellen und menschlichen Beziehungen zwischen Heidelberg und Montpellier zu institutionalisieren. Die Gründung des Heidelberg-Hauses selbst erfolgte dann am 20. Oktober 1966 und wurde in Anwesenheit des Kultusministers von Baden-Württemberg, Wilhelm Hahn, durch die Rektorin Margot Becke eingeweiht. Dank der glücklichen Integration dieses Kulturinstituts in das städtische und universitäre Leben gewann es unter der phantasievollen, engagierten, vom hohen persönlichen Einsatz geprägten Leitung des Heidelberger Germanisten Kurt Brenner bald Modellcharakter und wurde für seine bi-nationale Kooperation auf wissenschaftlichem, kulturellem und gesellschaftlichem Gebiet und für seinen *glänzenden Beitrag zu Verbesserung der deutsch-französischen Beziehungen* (Verleihungsurkunde) am 12. Dezember 1979 von Alain Poher, dem französischen Senatspräsidenten, als erstes und bisher einziges deutsches Kulturinstitut mit dem „Prix France-Allemagne" ausgezeichnet. Daß das Haus, das – wie der Jurist André Castagné, langjähriger Partnerschaftsbeauftragter der Universität Montpellier und hervorragender Förderer des Projekts Heidelberg-Haus formulierte – *anfangs so zerbrechlich* dastand, *daß es einem Traum gleichkam und eine Wette schien*, in der Lage war und ist, seine vielfältigen Aufgaben zu erfüllen, dankt es neben seinem Direktor den beiden hauptamtlichen Mitarbeiterinnen Ilona Jordan und Veronique Temple sowie den vielen vom Geist der deutsch-französischen und französisch-deutschen Partnerschaft erfüllten Persönlichkeiten aus den Universitäten und den Städten Heidelbergs und Montpelliers. Finanziell getragen vom Land Baden-Württemberg, vom Bund, den Städten und Universitäten Heidelbergs und Montpelliers, dem Deutsch-Französischen Jugendwerk sowie vielen privaten Spendern, rangiert das Heidelberg-Haus heute im „Journal Officiel" des französischen Staates an erster Stelle der deutschen Kulturzentren.

Diese hoffnungsvolle Entwicklung der Partnerschaft wurde nach dem ersten Dezennium jäh unterbrochen. Das explosionsartige Anschwellen der Studentenzahlen und die Strukturprobleme der Universitäten Heidelberg und Montpellier sowie die 1968 einsetzenden Studentenunruhen führten dazu, daß die jährlichen Universitätswochen und der Studentenaustausch zum Erliegen kamen und auch die Gastvorlesungen in Montpellier entfielen. Die Politisierung der Universitäten ließ keinen Raum mehr für eine ideologiefreie, wissenschaftliche und partnerschaftliche Begegnung. Das politische Kampfgetümmel widersprach fundamental den Voraussetzungen, unter denen die Jumelage eingegangen worden war. Und so kam es zur Konsequenz des Verzichts. Bald wurde auch offenbar, daß sich keine kulturrevolutionäre Initiative meldete, die bereit war, es mit einer umfunktionierten Auflage der Partnerschaft zu versuchen. Desgleichen war die reformierte Gruppenuniversität weder hier noch dort fähig zur Fortsetzung. Ja, deren Konflikte lähmten geradezu jegliche Initiative. Lediglich die Theologischen Fakultäten setzten den Stipendiatenaustausch fort, und die Juristischen Fakultäten hielten weiterhin gemeinsam Seminare ab und pflegten ihre Kontakte.

1968 empfahl der Dekan der Rechtswissenschaftlichen Fakultät Montpellier, Professor André Gouron, die zwischen der Juristischen Fachschaft der Universität Heidelberg und der Corporation des Etudiants en Droit in Montpellier bestehenden, jetzt ebenfalls gefährdeten Verbindungen bis zur Konsolidierung der Verhältnisse an den französischen und deutschen Universitäten zunächst auf Fakultätsebene fortzuführen. Auf deutscher Seite waren es die Professoren Hans Schneider und Eduard Wahl, die diesen Vorschlag aufgriffen. Damit war der Grund zu einer Zusammenarbeit gelegt, die nun, ganz besonders dank der Förderung durch Professor Jean Marc Mousseron und Professor Hermann Weitnauer eine feste Form annahm und seit 1969 alljährlich in der Zeit um Pfingsten Professoren, Assistenten und Studenten der beiden Fakultäten eine Woche in Heidelberg und daran anschließend eine Woche in Montpellier zusammenführt. Die bei diesen Seminarveranstaltungen gehaltenen Referate werden sowohl in deutscher als auch in französischer Sprache veröffentlicht und vermitteln nicht nur über den Rahmen der beteiligten Fakultäten hinaus der Rechtswissenschaft in Frankreich und Deutschland Einblick in das Rechtssystem des Nachbarlandes, sondern geben auch im eigenen Land durch Rechtsvergleichung wertvolle Anregungen.

Nach Abklingen der Studentenunruhen wurde von den Germanisten und den Romanisten durch Abhaltung gemeinsamer Seminare die Beziehungen zu Montpellier neu geknüpft. Allerdings hatten sich in der Zwischenzeit die Verhältnisse geändert. In Montpellier war die Universität seit 1971 in drei autonome Universitäten aufgeteilt worden, nämlich in Montpellier I, die die medizinische, juristische und pharmazeutische Fakultät umfaßt, in Montpellier II, die Université des Sciences et Techniques du Languedoc, und in Montpellier III, die Université Paul Valéry, an der die geisteswissenschaftlichen Fächer angesiedelt sind. In Heidelberg waren an Stelle der fünf herkömmlichen Fakultäten zunächst 16, dann 18 Fakultäten getreten.

Diese Umstrukturierung machte eine Neuaufnahme der Beziehungen nicht leichter, um so mehr, als Rektor Hubert Niederländer die Bitte der Universität Montpellier III, mit der Universität Heidelberg einen offiziellen Partnerschaftsvertrag abzuschließen, nur zu akzeptieren bereit war, wenn die beiden anderen Universitäten Montpelliers sich dieser Offerte anschließen würden. Auf Drängen des ehemaligen Präsidenten der Universität Montpellier I und Dekans der Fakultät für Pharmazie Fernand Sabon, der gleichzeitig Président du Comité Actif des Heidelberg-Hauses war, gelang es dann, die Präsidenten der drei autonomen Universitäten zu bewegen, einen alle drei Universitäten

Montpelliers einbeziehenden Partnerschaftsvertrag mit der Ruprecht-Karls-Universität zu unterzeichnen.

Dieser am 2. Februar 1980 abgeschlossene Vertrag, dem im Gegensatz zu den in den 50er Jahren abgegebenen Erklärungen das euphorische Pathos fehlt, spiegelt die Nüchternheit des Universitätsalltags wider und bildete die Grundlage für die erneut auflebenden wissenschaftlichen Aktivitäten. So wurden die einst von Professor Arthur Henkel und Dr. Peter Pfaff initiierten, *auf freundschaftlich gemeinsamen Wollen gegründete und unbeirrt zur Blüte gebrachten Partnerschaftsverhältnisse der germanistischen Seminare beider Universitäten* (Henkel) als einwöchige Seminarreihen im wechselnden Turnus in Heidelberg und Montpellier institutionalisiert. Desgleichen gelang es Professor Arnold Rothe und Professor Jacques Proust, die fachlichen Kontakte der Romanisten auszubauen und sie auf Dauer anzulegen. Auch wurde im Rahmen des ERASMUS-Programms die wechselseitige Anerkennung von Studienleistungen vereinbart.

Auf Initiative von Professor Martin Bopp und Professor Jacques Moret kamen die Botaniker zu gemeinsamen Arbeitssitzungen zusammen. Die Professoren Sabon, Privat und Becker organisierten die ersten Seminare in der Pharmazie. In der Zoologie vereinbarten Professor Robert Zwilling und Professor Aldo Previero langfristig angelegte Forschungsprojekte sowie Vortragsreihen, betreuten Promotionsvorhaben und bildeten eine gemischt besetzte Jury de Thèse. Das Chemische Institut der Universität Montpellier II und das Chemische Institut der Universität Heidelberg traten auf Einladung der Cellule des Relations Internationales der Universität Montpellier II unter der Ägide von Professor Walter Siebert in enge Beziehungen, stellten in regelmäßigen gegenseitigen Besuchen ihre wissenschaftlichen Forschungsergebnisse vor und tauschten ihre wissenschaftlichen Mitarbeiter aus. Und in der Mathematik waren es die Professorin Sigrid Böge und Professor Peter Roquette, die in regelmäßigem Turnus Vorlesungen in der jeweiligen Gastuniversität anboten. Neu geknüpft haben auch die Theologen ihre alten Bande und suchten ihre Beziehungen durch Gastvorlesungen, gemeinsame Seminare und durch den Austausch von Stipendiaten zu vertiefen.

Desgleichen nahmen die Mediziner bereits im WS 1980/81 ihre ehemals so fruchtbaren Kontakte wieder auf. Den Auftakt bildete ein erstes vom 24. bis 26. Oktober 1980 abgehaltenes Arbeitstreffen, bei dem die Professoren Bureau, Carabalona, Demaille, Forcade, Michel, Rabischong und Rochefort bei ihren Kollegen Brossmer, Forssmann, Hardegg, Kommerell, Linder, Müller-Küppers, Rapp, Rother und Ruegg zu Gast waren. Dabei wurden nicht nur die laufenden Forschungsprojekte vorgestellt, sondern auch vereinbart, künftig im Turnus von zwei Jahren jeweils in der zweiten Oktoberwoche in Heidelberg beziehungsweise in Montpellier ein solches Symposium abzuhalten. Zudem wurde Mitte der 80er Jahre dann zwischen Professor Christian Herfarth und Professor Pierre Carabalona im Rahmen des vom DAAD geförderten integrierten Auslandsstudiums für Heidelberger Medizinstudenten höherer Semester ein Studienprogramm verabredet, das den Heidelberger Studenten die Möglichkeit eröffnete, einen Teil ihrer Ausbildung in der praktischen Krankenversorgung in Montpellier zu absolvieren.

Bei den Juristen, wo nach der Emeritierung Professor Weitnauers Professor Gert Reinhart mit großer Energie und Hingabe die partnerschaftliche Verbindung hegte und pflegte, trat neben die zur Tradition gewordenen 14tägigen Seminare, den altbewährten Assistentenaustausch und die gemeinsam abgehaltenen Promotionsprüfungen der Austausch von Magisterkandidaten.

Ergänzt wurde der seit 1980 wieder regelmäßig stattfindende wissenschaftliche Austausch in zunehmendem Maße auch durch Einzelveranstaltungen, die – in Zusammenarbeit mit dem Institut Français oder dem Heidelberg-Haus organisiert – in der universitären und außeruniversitären Öffentlichkeit auf große Resonanz stießen. Hierbei wurden die 1984 von Professor André Martel in Heidelberg über „La Résistance en France" und von Professor Arthur Henkel in Montpellier über die „Wahlverwandschaften Goethes und die problematische Freiheit der Entsagung" gehaltenen Vorträge mit dem gleichen lebhaften Interesse aufgenommen wie die von der Universitätsbibliothek im Heidelberg-Haus in Montpellier organisierte Ausstellung zur Bücherverbrennung in Heidelberg am 17. Mai 1933.

Große Beachtung fand im Herbst 1985 der Vortrag von Professor Eike Wolgast über „La Réforme à Heidelberg et au Palatinat", der die in Montpellier dargebotene Ausstellung zu diesem Thema eröffnete. Die Pfalz als „Terre de refuge" – vom Verfasser dieses Artikels abgehandelt – war Teilgegenstand des von der Universität Paul Valéry und der Theologischen Fakultät Montpelliers ebenfalls 1985 organisierten Kolloquiums „La Révocation de l'Edit de Nantes vue de l'extérieur du royaume". „Preußentum und Pietismus oder Potsdam und Halle" sowie „Das evangelische Pfarrhaus und sein geistiger Einfluß", von Professor Eike Wolgast und mir vorgetragen, standen 1986 im Mittelpunkt der vom Direktor des Heidelberg-Hauses, Kurt Brenner, und dem Inspecteur Régional, Roger Kirscher, durchgeführten und von der Robert-Bosch-Stiftung finanziell unterstützten zweitägigen Fortbildungstagung für Deutschlehrer der Region Languedoc-Roussillion. Zwei Jahre darauf, im März 1988, zum Auftakt seines offiziellen Besuches in Montpellier hielt der Rektor der Universität Heidelberg, Professor Volker Sellin, vor den Präsidenten und Professoren aller drei Partneruniversitäten einen Vortrag über „Démocratie et Nationalisme" und leitete damit eine akademische Festveranstaltung ein, die unter anderem des 25jährigen Bestehens des deutsch-französischen Freundschaftsvertrages gedachte.

Aus Anlaß der zehnten Wiederkehr der Vertragsunterzeichnung der drei Universitäten Montpelliers und der Ruprecht-Karls-Universität lud die Universität dann vom 25. bis 29. Juni 1990 zu „Montpellier-Tagen" ein. Damit wollten die Initiatoren an die einst entweder in Heidelberg oder in Montpellier abgehaltenen Studienwochen anknüpfen, die bis 1968 im jährlichen Turnus Professoren und Studenten aller Fakultäten zusammengeführt hatten. Auf jährliche Wiederkehr angelegt, sollte dieses neuerliche Treffen die sich bei den Medizinern, Juristen, den Natur- und Geisteswissenschaftlern zwischenzeitlich so fruchtbar gestalteten wissenschaftlichen und menschlichen Beziehungen ins allgemeine Bewußtsein rücken und weiter vertiefen. Als „Montpellier-Tage" in Heidelberg und „Heidelberg-Tage" in Montpellier fortgeführt, nehmen diese Treffen seither einen festen Platz im wissenschaftlichen und gesellschaftlichen Leben der Partneruniversitäten ein.

Die hohe gegenseitige Wertschätzung, die sich die befreundeten Universitäten zollten, zeigt sich nicht zuletzt in der stattlichen Anzahl von Ehrungen in den zurückliegenden Jahren. So verlieh die Universität Montpellier die Ehrendoktorwürde den Professoren Gottfried Köthe (1965), Kurt Baldinger (1969), Eduard Wahl (1974), Fritz Linder (1977), Adolf Laufs (1982), Peter Ulmer (1996) und zeichneten die Professoren Diether Raff (1988, 1996), Gert Reinhart (1996) und Walter Siebert (1996) mit den „Palmes Academiques" aus. Die Universität Heidelberg erkannte die Ehrendoktorwürde den Professoren Jacques Proust (1978), Pierre Carabalona (1982), Jacques Mirouze (1982), André Colomer (1986) und Michel Vivant (1993) zu, ernannte J. M. Mousseron zum Honorarprofessor (1977), die Professoren George Richard (1964) und Fernand Sabon (1977) zu Ehrensenatoren, Professor André Castagné (1996) zum Ehrenbürger und verlieh den Verdienstorden an Madame Cave (1997) sowie an die Professoren Jean Lagarrigue (1992), Jules Maurin (1992) und Pierre Vitse (1997).

Blicken wir zurück, so kommen wir nicht umhin festzustellen, daß es die nahezu ein halbes Jahrhundert alte Verbindung zur Hohen Schule Montpelliers war, die der Ruperto Carola half, die geistige Isolierung schon elf Jahre nach der Katastrophe des Zweiten Weltkrieges zu durchbrechen. In dem schmerzlichen, unmittelbar nach 1945 einsetzenden Prozeß der Neubesinnung und Selbstprüfung führte sie zu neuen Standorten.

Der idealistische Schwung, mit dem die Studenten 1954 den Brückenschlag nach Südfrankreich wagten, begründete eine Zusammenarbeit, die im Auf und Ab der jüngeren Geschichte der Universitäten Montpelliers und der Universität Heidelberg Bestand hatte. Fundament dieser Zusammenarbeit aber war das über die wissenschaftliche Arbeit und Zielsetzung hinausgehende persönliche Engagement. *Tout accord, toute promesse et tout traité ne vivent que par la volonté, et par l'esprit dont les partenaires l'inspirent et l'animent.* Entsprechend dieser im Elysée-Vertrag niedergelegten Maxime war es dieses persönliche Engagement, das jene menschliche Beziehung schuf, die ihren Sinn in sich trägt. Nur die *Jumelage du Cœur* vermag die Grundlage der Grundlagen zu legen. So hat es der Präsident der

Universität Paul Valéry, Pierre Vitoux, formuliert, als er den Reigen der Gratulanten zur 600-Jahr-Feier der Ruprecht-Karls-Universität eröffnete.

Tradition pflegen heißt nicht Asche aufbewahren, sondern eine Flamme am Brennen erhalten. Dieses Wort von Jean Jaurès, dessen tragischer Tod nicht zuletzt dem Willen zur Verständigung unserer beiden Völker zuzuordnen ist, scheint mir ein treffendes Leitmotiv für diese Partnerschaft zu sein. Genau in diesem Sinne durften wir Tradition pflegen. Sowohl das erhellende Licht der Wissenschaft als auch die Wärme, deren jede menschliche Gemeinschaft für ihre cordiale Verbundenheit bedarf, hielt jene Flamme, die die Studenten in den fünfziger Jahren entzündet haben, am Brennen. Seither wurde vielen von uns Montpellier und Heidelberg zur gegenseitigen Heimat und die Arbeit an beiden Orten zur Freude.

ADOLF FISCHHOF –
EIN JÜDISCHER AKADEMIKER AN DER SPITZE DER REVOLUTION VON 1848

Von Michael GRAETZ

Das Revolutionsjahr 1848/49 markierte für die Juden einen Wendepunkt. Erstmals nahmen sie aktiven, teilweise geradezu entscheidenden Anteil an den revolutionären Ereignissen. Sogar in Ländern, in denen sie noch keine vollen Bürgerrechte genossen, waren sie in das dramatische Geschehen involviert. Nicht allein in Frankreich, wo sie seit 1791 gleichberechtigte Bürger waren, sondern auch in Deutschland, Italien, Österreich und in Ungarn schlossen sie sich den Nichtjuden im Ringen um die Modernisierung des politischen Systems und der gesellschaftlichen Ordnung an. Während der französischen Revolution waren die Juden noch außen vor geblieben. In der Revolution 1848/49 waren sie hingegen europaweit als handelnde Subjekte mit dabei. Nicht in jedem Land allerdings standen sie an führender Stelle. Dass sie aber gerade in Wien einen bestimmenden Einfluss auf den Lauf der Ereignisse hatten, mag überraschen, denn dort war ihr gedrückter gesetzlicher Status immer noch ein Hindernis für eine Annäherung an die nichtjüdische Mehrheitsgesellschaft. Zudem waren die jüdischen Revolutionäre nicht alteingesessene, sondern vor kurzer Zeit zugewanderte junge Juden aus Böhmen und Mähren, aus Ungarn und Galizien. Dies hätte ein Grund mehr für ihre Marginalisierung im Jahre 1848 sein können.

Zwei junge jüdische Akademiker, Adolf Fischhof (1816-1893) und Joseph Goldmark (1819-1881), die erst gegen Ende der dreißiger Jahre, der eine aus Budapest, der andere aus der Gegend von Warschau, zum Medizinstudium an der Universität Wien zugewandert waren, stellten sich an die Spitze der Revolution. Fischhof wurde zum Vorsitzenden des „Sicherheitsausschusses" gewählt, eines Gremiums, das im Monat Juni, nach dem plötzlichen Abzug des Kaisers und seiner Leute aus dem in Aufruhr befindlichen Wien, de facto die Regierungsgeschäfte in der Metropole führte. Goldmark erfüllte die Funktion eines Stellvertreters von Fischhof.

Fischhofs Familie stammte ursprünglich aus einer mährischen Judengemeinde, die noch fest in der Tradition des normativen Judentums verwurzelt war. Der Vater Josef Fischhof hatte Mähren dann verlassen, um der Last der strengen Judenordnung zu entkommen, und war mit der Familie nach Alt-Ofen übergesiedelt, das sich an den Hängen von Pest befand. Dort wurde Adolf geboren. Sein Bildungsweg wirkte akkulturierend und entfremdete ihn der jüdischen Tradition. Solange es sich die kinderreiche Familie erlauben konnte, wurden Adolf und seine Geschwister von Hauslehrern im Elternhaus unterrichtet. Dies änderte sich, nachdem die Familie infolge geschäftlichen Missgeschicks des Vaters verarmte. Zwischen 1829 und 1834 besuchte Fischhof dann das Piaristengymnasium. Dort wurde dem jungen Juden ein breit angelegtes säkulares Bildungsprogramm, das auch die drei Sprachen: Lateinisch, Ungarisch, Deutsch und deren Literatur umfasste, vermittelt. Gleichzeitig waren die Piaristen besorgt, das ungarische Nationalbewusstsein der Gymnasiasten zu fördern. Die „glorreiche Vergangenheit" der Magyaren wurde im Geschichtsunterricht betont. Gedichte und patriotische Lieder sollten die nationale Begeisterung der jungen Menschen schüren. Kurzum Fischhof wurde für das nationale Moment sensibilisiert, und dies sollte auf seine Haltung in der Nationalitätenfrage Österreichs nachwirken.

Während seines Medizinstudiums in Wien (1837-1845) musste er sich regelrecht durchhungern, bis er schließlich im K. K. Allgemeinen Krankenhaus angestellt wurde. Allerdings befreite ihn auch seine Anstellung als „Sekundararzt" nicht von materiellen Sorgen. Er nützte aber dennoch jeden freien Moment, um sich in Politik- und Staatswissenschaft sowie in Geschichte weiterzubilden, was ihm ermöglichte, sich Kenntnisse anzueignen, die ihm bei seiner späteren politischen Tätigkeit von Nutzen sein sollten.

Gleich am 13. März 1848, also am Tag, an dem die Revolution in Wien ausgebrochen war, stellte Fischhof seine Führungsqualitäten unter Beweis, als er überraschend vor dem Landhaus der niederösterreichischen Stände das Wort ergriff, um zu dem im Protestzug versammelten Volke zu sprechen. Er fand es erbärmlich, wie er sich später erinnerte, dass *in dieser ganzen großen Masse nicht ein Mann den Mut und die Kraft hatte, ein zündendes Wort in dieselbe zu schleudern, der hohen geschichtlichen Bedeutung des Augenblicks enthusiastischen Ausdruck zu geben und diese neugierige Menge zu einer großen Kundgebung hinzureißen*[1]. Fischhof schien instinktiv erfasst zu haben, dass der spontane Volksprotest sehr schnell verpuffen könnte, wenn ihm nicht ein klar umrissenes Ziel gesetzt würde, das heißt es müsste sich jemand erheben, um die Forderungen zu formulieren, die dann den Ständen vorgetragen werden könnten. Dies tat er und demonstrierte damit politische Klugheit in einem kritischen Moment: *Es ist ein großer bedeutungsvoller Tag, an dem wir uns hier zusammenfinden, ein Tag, an dem sich nach langer Zeit die Stände Österreichs da oben versammeln, um die Wünsche des Volkes auszusprechen und den Ideen der Zeit an den Stufen des Thrones Ausdruck zu geben. Damit dieser Tag erfülle, was er zu verheißen scheint, müssen wir auf der Höhe desselben stehen ... Die Zeit drängt, vielleicht nur der Moment gehört uns. So sagen wir denn rasch und kräftig, kurz und gerade, was uns nottut, was wir fordern und wofür wir einstehen.*

---

1   R. CHARMATZ, Adolf Fischhof – das Lebensbild eines österreichischen Politikers, Stuttgart 1910, S. 19.

Unwillkürlich geht Fischhof dazu über, die Grundfreiheiten zu formulieren, die zum liberalen Forderungskatalog der 48er Revolutionen gehörten: *Vor allem verlangen wir Pressefreiheit. Die Wünsche der Individuen, solange sie nur vereinzelt ausgesprochen werden, bleiben unbeachtet; ... Wenn aber die Einzelwünsche in den tausend Rinnsalen der Presse zusammenfliessen, dann werden sie zum mächtigen Strome der öffentlichen Meinung.* Aus welchen Quellen Fischhof seinen Liberalismus schöpfte, entnimmt man den Beispielen, die er anführt, um seinen Forderungen Nachdruck zu verleihen. Bezüglich der Pressefreiheit stützte er sich auf einen englischen Parlamentarier, der sagte: *gebt mir ein feiles Unterhaus, aber lasset mir die freie Presse, und ich will Sie herausfordern, auch nur eine Freiheit Alt-Englands anzutasten.* Fischhof verzichtete auf keine der signifikanten liberalen Forderungen; die Einberufung einer verfassunggebenden Versammlung, die Konstituierung einer bürgerlichen Nationalgarde, die Gewissensfreiheit und nicht zuletzt die Demokratisierung der Justiz durch die Einführung von Schwurgerichten: *Nicht bloss durch den Mund der Presse seine Wünsche auszusprechen, ist des Volkes Recht. Es soll auch durch den Mund der Geschworenen sein Rechtsbewusstsein zur Geltung bringen*[2].

Es ist aber auch bemerkenswert, dass Fischhof in seiner Rede vom 13. März das Nationalitätenproblem erwähnte: *Eine übelberatene Staatskunst hat die Völker Österreichs auseinander gehalten; sie müssen jetzt brüderlich zusammenfinden und ihre Kräfte durch Vereinigung erhöhen*[3]. Einstweilen war es nur ein kurzer Satz und noch kein Konzept einer föderalistischen Struktur, die den nationalen Minderheiten eine weitgehende Autonomie zusichern sollte, aber zumindest war es ein Beweis dafür, dass Fischhof sich der Nationalitätenfrage bewusst war und eine Harmonisierung der Beziehungen zwischen den Völkern und den ethnischen Gruppen der Habsburgermonarchie anstrebte. Es war ein erster Hinweis dafür, dass aus seiner Sicht Liberalismus und Respekt für die nationale Identität der Völker Österreichs nicht zu trennen waren.

Mit seiner Rede, die oft als die „erste freie Rede in Österreich" bezeichnet wurde, war Fischhof die Funktion des Sprechers im Namen des Volkes vor dem Vertreter der Ständeversammlung zugefallen: *Herr Graf* [Monte Cuccoli], *wir sind hier im Namen des Volkes, das unten in dichten Massen versammelt steht, um den Ständen Sympathie zu beweisen und sie durch entschlossene Haltung in ihrem Kampfe zur Erlangung der so lange vorenthaltenen Rechte zu unterstützen. Die Wünsche des Volkes kennen Sie: sie sind in den Petitionen der Studenten und Bürger klar genug ausgesprochen*[4].

Der erste öffentliche Auftritt Fischhofs hatte zwei wesentliche Auswirkungen: 1. Er verlieh dem spontanen Volksaufstand eine programmatische Richtung und ermöglichte einen Dialog zwischen Volk und Ständen. Getragen von der Begeisterung der Massen, verlor der jüdische Arzt aus Ungarn seine An-

---

2 Ebd., S. 20.
3 Ebd., S. 20.
4 Ebd., S. 22.

onymität und wurde zu einer führenden Persönlichkeit der Revolution. 2. Gleichzeitig festigte Fischhof sein Prestige unter den Studenten und Akademikern, die sehr schnell sein politisches Führungstalent erkannten und ihm fortan wichtige Funktionen anvertrauten. Über das Ansehen Fischhofs berichtet sein Bruder in einem Brief an die Eltern am 16. März 1848: *Die in den Annalen der Geschichte Österreichs unerhörten Ereignisse der drei Tage, 13., 14., 15. März, werden Euch bereits aus den Zeitungen bekannt sein. Vielleicht ist auch bereits zu Euern Ohren gedrungen, daß Adolf einer der ersten war, die im Hause der niederösterreichischen Stände begeisternde Reden vor den versammelten Tausenden hielten ..., daß sein Name von Mund zu Mund ging, daß er am 14. morgens von einer Schar Studenten und Doktoren der Medizin unter begeistertem Zurufe zu ihrem Hauptmann ausgerufen wurde und daß er mit seiner Schar ... immer wieder begeistert begrüßt wurde*[5].

Der Aufstieg Fischhofs unter den Studenten war rasch und kontinuierlich. Zuerst wurden er und einige andere jüdische Kollegen ins „Studentenkomitee" gewählt, das seit dem 29. März als politisches Organ der akademischen Bürger fungierte. Nach einer leidenschaftlichen Debatte in der Universität über das von der Regierung am 31. März veröffentlichte Pressegesetz, das keine endgültige Abschaffung der Zensur beinhaltete, wurde Fischhof mit Akklamation an die Spitze einer Delegation gewählt, die beim Minister Pillersdorf über eine Rücknahme der Pressvorschriften verhandeln sollte. Tatsächlich wurde am 18. Mai ein neues Pressegesetz veröffentlicht, das den Forderungen der Studenten und der akademischen Intelligenz Rechnung trug. Fischhof übernahm dann eine weitere Führungsposition, als er mit Stimmenmehrheit zum Kommandanten des Medizinkorps gewählt wurde, in dem Dozenten zusammen mit Studenten dienten und das aus acht Kompanien mit circa 1.500 Mann bestand. Er gehörte zu den bewunderten Anführern der Märzbewegung, deren Bild in den Läden zur Schau gestellt und verkauft wurde. Unter Fischhofs Bild stand der Satz: *Du kamst mit schönen Waffen ins Gefecht: mit freiem Wort, für Freiheit und für Recht*[6].

Zwei Höhepunkte gab es im Laufe der kurzen politischen Karriere Fischhofs: Er wurde Präsident des „Sicherheitsausschusses", der nach dem Abzug des Kaisers und seines Hofes und nach der Niederlage der Regierung im Machtkampf mit der Studentenbewegung, de facto am 1. Juni 1848 die Exekutivgewalt an sich riss. Im Monat Juli 1848 wurde Fischhof im 6. Wiener Vorstadtwahlbezirk Wieden-Matzleinsdorf in den Konstituierenden Reichstag gewählt. Daraufhin verzichtete er auf den Vorsitz des Sicherheitsausschusses[7]. Er vertrat in beiden Ämtern eine gemäßigte politische Linie im Gegensatz zur Mehrheit der radikalen Studenten der Akademischen Legion. Als er die Ver-

---

5   Ebd., S. 30-31.

6   Ebd., S. 38.

7   Ebd., S. 66-67.

handlungen des Sicherheitsausschusses lenkte, mahnte er sie zur Selbstbeherr-
schung und war bemüht, jede Form des Machtmissbrauches zu verhindern.
Im Ausschuss optierte er für Frieden und Selbständigkeit Italiens und gegen
einen Krieg. Damit demonstrierte er sein Verständnis für die nationalen Am-
bitionen der Völker[8]. Als Reichstagsabgeordneter war er zusammen mit
Goldmark Mitglied des Verfassungsausschusses und spielte eine wichtige Rolle, als es darum ging, für Reich, Provinzen und Gemeinden einen Verfassungsentwurf zu erarbeiten. Obwohl letztlich der vom Ausschuss beschlossene Entwurf toter Buchstabe blieb, kann nicht geleugnet werden, dass dort
Pionierarbeit bezüglich der Nationalitätenfrage geleistet wurde, wobei die
scharfen Interessengegensätze und die im Vielvölkerstaat bestehenden Spannungen klar zu Tage traten.

Die Revolution hatte den emanzipatorischen Prozess der Völker und
Volksgruppen in der Habsburgermonarchie vorangebracht und konfrontierte
die deutschsprachige politische Elite mit der Frage, ob und wie die Nationalitäten in einem einzigen Vielvölkerstaat koexistieren könnten. Im Verfassungsausschuss debattierte man die Aufteilung der Kompetenzen zwischen Zentral-
gewalt, Länderregierungen, Kreistagen und Gemeinden. Fischhof formulierte
in diesem Gremium mit allem Nachdruck seine „autonomistische" Konzeption. Der Nationalitätenparagraph, der vom Verfassungsausschuss am 7. März
1849, einige Tage vor der Auflösung des Reichstages, einstimmig angenommen wurde, lautete: *alle Volksstämme des Reiches sind gleichberechtigt*[9], eine Formulierung, die fast unverändert in die österreichische Verfassung von 1867 aufgenommen wurde. Zur praktischen Lösung der Nationalitätenfrage trug sie
allerdings wenig bei. Dies beunruhigte Fischhof, der sich deshalb gezwungen
sah in seinem Buch „Österreich und die Bürgschaften seines Bestandes"
(1869) den Plan einer föderalistischen Organisation des Reiches zu konkreti-
sieren.

Bevor wir das föderalistische Konzept Fischhofs in seinen Grundzügen erläutern, ist es vielleicht sinnvoll, nach einer Erklärung für den relativ hohen
Anteil jüdischer Studenten und Akademiker an der Revolution in Wien zu suchen. Sowohl Fischhof, die herausragende und markanteste Persönlichkeit, als
auch die übrigen Kämpfer der Revolution waren weitgehend akkulturierte Juden, die dem Gesetzesjudentum entfremdet, den Schwerpunkt ihres geistigen
und gesellschaftlichen Beziehungsrahmens außerhalb der Synagoge und der
israelitischen Kultusgemeinde von Wien setzten. Sie suchten und fanden den
gesellschaftlichen und nicht zuletzt den ideologischen Anschluss im Kreise der
Studenten und akademisch Gebildeten.

8   Ebd., S. 58.
9   H. u. S. LEHMMANN (Hg.), Das Nationalitätenproblem in Österreich 1848-1918, Göttingen 1973,
     S. 23. A. SPRINGER (Hg.), Protokolle des Verfassungsausschusses im österreichischen Reichstage
     1848-1849, Leipzig 1885, S. 365-383.

Nicht dass man seine jüdische Herkunft geleugnet hätte, im Gegenteil. Wo immer es notwendig schien, trug man sie stolz zur Schau. Noch während Fischhof in Budapest das Gymnasium besuchte, gab es dort eine „Judenbank", auf welcher er zu sitzen hatte. Als ein Professor einen Mitschüler Fischhofs, den Grafen Bela Wenkheim, zur Strafe auf die Judenbank setzen wollte und Fischhof aufforderte, mit Wenkheim während dessen Strafzeit den Platz zu tauschen, weigerte sich der erstere, der Aufforderung Folge zu leisten: *so lange es noch eine Judenbank gibt, möchte ich mich nicht von meinen jüdischen Mitschülern trennen. Mögen die Grafen sitzen bleiben, wo sie hingehören, wir Juden bleiben beisammen*[10]*;* eine Reaktion, die von einem bürgerlichen Stolz zeugt und weniger von einer engen Bindung an das Judentum. Diese stolze Haltung erinnert an einen Emanzipationskämpfer wie Gabriel Riesser, der allen Anfeindungen zum Trotz während der badischen Emanzipationsdebatte für seine Zeitschrift den Titel „Der Jude" wählte.

Als im Jahre 1881 Rohling, der Verfasser des „Talmudjuden", eine zügellose Hetzkampagne gegen die Juden Österreichs vom Zaune brach, war es ausgerechnet der völlig säkularisierte Jude und Mitstreiter von Fischhof, Theodor Hertzka (1845-1924), der als Chefredakteur der „Wiener Allgemeinen Zeitung" dem Rabbiner Joseph Bloch die Seiten seiner Zeitung öffnete und ihm ermöglichte, zu einem entscheidenden Gegenschlag gegen den Prager Antisemitenprofessor auszuholen[11].

Den jüdischen Achtundvierzigern in Wien, zu denen auch der radikaldemokratische Hermann Jellinek (1823-1848) zählte, hat es nie an Mut und Selbstbewusstsein gemangelt, um zu ihrer jüdischen Herkunft zu stehen. Woran es ihnen mangelte, war die Kenntnis der jüdischen Religion und Kultur beziehungsweise die Identifikationsbereitschaft mit derselben[12]. Dies mag mit ein Grund dafür gewesen sein, dass in deren Reden und Schriften die bürgerliche Gleichstellung der Juden kaum besondere Erwähnung fand. Von größerem Gewicht für diese augenscheinliche Abkehr von den partikularen Interessen war aber die Überzeugung, dass die Emanzipation und die gesellschaftliche Integration der Juden eine selbstverständliche Folge der allgemeinen Freiheitsbewegung und Liberalisierung des politischen Systems in Österreich sein werden. Ausgehend von dieser Sicht der Dinge, räumte Fischhof den grundlegenden Forderungen des liberalen Programms den Vorrang in seiner Rede am 13. März 1848 ein, während er auf die Erwähnung der jüdischen Problematik verzichtete.

---

10   J. S. BLOCH, Erinnerungen aus meinem Leben, Wien 1922, S. 54.

11   Ebd., S. 65, 74-75. Blochs Artikel erschien unter dem Titel: „Prof. Rohling und das Wiener Rabbinat oder die arge Schelmerei".

12   W. HÄUSLER, Hermann Jellinek (1823-1848) – ein Demokrat in der Wiener Revolution, in: Jahrbuch des Instituts für deutsche Geschichte, Tel-Aviv 1976, S. 170-172.

Indifferent für das Schicksal seiner Glaubensbrüder aber war Fischhof
nicht. Das bewies er immer wieder. Während seiner kurzen politischen Karriere im Revolutionsjahr und in seiner Funktion als Ministerialrat im Ministerium
des Innern machte er eine Studienreise durch Galizien. Dabei konnte er sich
von der drückenden Armut und der beruflichen Ausweglosigkeit seiner Glaubensbrüder überzeugen. Er zögerte nicht lange und entwarf noch in demselben Jahr einen Plan zur Gründung von landwirtschaftlichen Musterkolonien,
in denen junge Juden eine berufliche Schulung erhalten und die Chancen ihres
sozialen Aufstiegs verbessern sollten. Natürlich dachte er auch durch diese Initiative, die Aussichten der jungen Generation für eine erfolgreiche Integration
in einem sich liberalisierenden Österreich zu verbessern, und gründete gleichzeitig einen „Israelitischen Ackerbauverein" in Galizien[13].

Was jedoch Fischhof und seine jüdischen Gesinnungsgenossen zu überzeugten Anhängern der liberal-demokratischen revolutionären Bewegung
machte, war die Vision einer neuen Staats- und Gesellschaftsordnung, von deren Verwirklichung sie den Abbau nationaler, ethnisch-religiöser beziehungsweise sozialer Konflikte erhofften. Auf dieser Vision beruhte die Ideenge-
meinschaft mit den nichtjüdischen Studenten und Akademikern, mit denen sie
in den Jahren 1848/49 auch in eine kämpferische Altersgruppe eingebunden
waren[14]. Fischhof und seine jüdischen Mitstreiter hatten gleich zwei Gründe,
um sich für diese Vision zu begeistern: 1. Sie zählten zu einer ethnisch-
religiösen Minderheit, deren Pariastatus noch immer nicht der Vergangenheit
angehörte. Deshalb war ihr Interesse an einer politischen Wende besonders
groß. 2. Die bedingungslose Einbindung in die Ideen- und Kampfgemein-
schaft mit den christlichen Kollegen stärkte ihren Glauben an eine unmittelbar
bevorstehende Wende. Dieser Optimismus rief auch Reaktionen wie die von
Goldmark im Reichstag hervor: *sind wir nicht mehr gedrückt, so brauchen wir keinen
Messias, unsere Hierarchie legen wir gerne auf den Altar des Vaterlandes*[15].

*

Fischhof und seine jüdischen Kollegen erwecken das Staunen des Historikers,
weil sie, wenn auch nur für die kurze Zeit des Revolutionsjahres, als Außenseiter einer diskriminierten Minderheit über Nacht ins Zentrum des politischen
Geschehens gerückt waren. Nicht weniger bemerkenswert aber ist auch die
Tatsache, dass sie die ersten waren, die forderten, den Liberalismus umzuden-
ken, um ihn in den Kontext des Vielvölkerstaates umzusetzen. Diesbezüglich
schrieb Fischhof rückblickend auf das Revolutionsjahr: *Als im Jahre 1848 der*

---

13 CHARMATZ (wie Anm. 1), S. 278-280.
14 Über die sozio-kulturelle Bedeutung der Altersgruppe vgl. K. MANNHEIM, Das Problem der
Generation I und II, in: Kölner Vierteljahresschrift für Soziologie 7 (1928), S. 157-185, 309-330.
15 SPRINGER (wie Anm. 10), S. 89.

mächtige Strom der Zeit Österreich mehr als irgend einen Staat durchflutete und die Natio-
nalitätsidee in dessen entlegendste Länderstriche und zu dessen tiefsten Volksschichten hin-
trug, ward es klar, dass diesem Reiche eine Last aufgebürdet sei, die seine Schultern nicht zu
tragen vermochten[16].

Fischhof hatte bereits in den ersten Wochen und Monaten der Wiener Revolution verstanden, dass Liberalismus im Kontext der Habsburger Vielvölkermonarchie anders gedeutet werden müsste als im nationalstaatlichen Kontext von Frankreich oder England. Hier ging es nicht nur um das Verhältnis von Staat und Einzelpersonen, sondern auch um das Verhältnis der einzelnen ethnischen und nationalen Gruppierungen. In seiner Rede vom 13. März 1848 lenkte Fischhof die Aufmerksamkeit auf diese Problematik. Im Reichstag von Kremsier nützte er dann die Debatten des Verfassungsausschusses, um die Gleichberechtigung aller ethnischen und nationalen Gruppen im Reich zu fordern. Dementsprechend wurde auch eine Formulierung in den Verfassungsentwurf aufgenommen. Fischhofs Gedankengang, den er dann in seinen Schriften der 60er Jahre ausführlich erläuterte, ging dahin, in Österreich das territorial fundierte, zentralistische Modell westlicher Nationalstaaten durch ein dem Vielvölkerstaat angepasstes föderalistisches Modell zu ersetzen: *In einem einheitlichen Nationalstaat ist der nationale Gedanke der leitende. Der Einheit und der Macht der Nation wird daselbst alles Andere schonungslos untergeordnet, und da in Europa kein einziger Großstaat ohne Beimischung fremder Nationalitäten ist, so findet diese Staatsidee ihre Befriedigung nur auf Kosten der Gerechtigkeit gegen die in der Minorität befindlichen Völkerschaften ... Österreich hingegen, wo kein Volksstamm mächtig genug ist, um die anderen zu unterwerfen und dem Staate sein nationales Gepräge aufzudrücken, wo vielmehr die Völker einander das Gleichgewicht halten, und jedes derselben ein wichtiger Faktor des öffentlichen Lebens ist, Österreich, sage ich, wird durch sein eigenstes Interesse darauf hingewiesen, allen Nationalitäten gleich gerecht zu sein[17].*

Diese Erkenntnis hatte sich nur bei wenigen Liberalen durchgesetzt. Die Mehrheit unter ihnen, ob Christen oder Juden, scharten sich um die Verfassungspartei, die zwar das österreichisch-ungarische Übereinkommen basierend auf einer gemeinsamen Verfassung zustande gebracht hatte, aber letztlich für die Etablierung einer deutschen Staatsnation in Österreich eintrat. Davon, dass die Deutschen eine Minderheit im cisleithanischen Gesamtgebiet waren und in Wien selbst nur eine dünne Mehrheit besaßen, ließen sie sich nicht beirren, ebenso wenig wie von der Tatsache, dass in den Kronländern, von denen keines einsprachig war, eine Gemengelage herrschte, die eine reinlich territoriale Abgrenzung von Gruppen auf sprachlicher Basis kaum möglich machte. Juden in den größeren Städten des Reiches, aber vor allem die in Wien ansässigen, jene, die zur akkulturierten Bürgerschicht gehörten, unter-

---

16 A. FISCHHOF, Österreich und die Bürgschaften seines Bestandes, Wien 1869, S. 8.
17 Ebd., S. 6.

stützten die zentralistischen Tendenzen der Verfassungspartei, da sie glaubten, dass eine zentralistische Politik ihre Freiheiten garantieren könne. Das Toleranzpatent Josephs II. (1781) und die in der Verfassung von 1867 verankerten Grundrechte, beides Dokumente einer zentralistischen Politik, bestärkten sie in ihrem Glauben.

Dass der Rabbiner der im Stadtzentrum angesiedelten Kultusgemeinde Wien, Adolf Jellinek (1821-1893), in seiner „Neuzeit" dem zentralistisch orientierten Liberalismus das Wort redete, sollte eigentlich nicht überraschen, denn im Zentrum war die Gemeinde der alteingesessenen, bürgerlich akkulturierten jüdischen Familien. So schreibt denn Jellinek in seiner Zeitung: *Gemäß ihren vitalen Interessen müssen die Juden Österreichs zur Verfassung und zu den Kräften des Liberalismus halten. Was ihre Voraussetzungen, insbesondere ihre Erziehung angeht, neigen sie zur deutschen Nationalität. Sie sympathisieren mit einem großen Österreich, das auf einer starken zentralistischen Regierung basiert. Daher sind ihre natürlichen Feinde, die Ultramontanen, die Klerikalen, alle Feinde des Liberalismus sowie die feudale Aristokratie, welche dem Stand der Kaufleute feindlich gegenüber steht und auch den Föderalisten, für die die Vorherrschaft des deutschen Elements ein Dorn im Auge ist und schließlich auch die in Österreich schwach vertretenen Sozialisten*[18]. Entsprechend dieser Aussage empfiehlt Jellinek den Juden Österreichs, ihre Stimme der germano-zentrischen Verfassungspartei zu geben. Seine Position als Rabbiner der Kultusgemeinde verstellte ihm den Blick für die Problematik des Vielvölkerstaates und für die Gefahren, die die ethnischen und nationalen Spannungen in den Regionen jenseits des cisleithanischen Teils der Monarchie in sich bargen.

Wie stark dieser germano-zentrische Trend in der jüdischen Bürgerschicht war, geht aus einem Verfahren am Reichsgericht in Wien hervor. Dort war eine Klage der Stadtgemeinde Brody gegen den galizischen Landesschulrat anhängig, der sich geweigert hatte in der Stadt Volksschulen mit deutscher Unterrichtssprache zu errichten. Die Kläger beriefen sich auf Art. 19 des Staatsgrundgesetzes, das den Staatsbürgern das Recht auf Wahrung ihrer Nationalität und Sprache zugesteht[19]. Hier muss man aber wissen, dass es sich in diesem Fall um das Anliegen einer jüdischen Einwohnerschaft handelte, denn in Brody waren damals 73 Prozent der 20.000 Einwohner Juden. Sie übergaben dem Vertreter der Stadtgemeinde, dem Rechtsanwalt Dr. Heinrich Jacques, ein Dokument, in dem sie betonten, dass von den 3.500 schulpflichtigen Kindern 2.400 deutsch als Muttersprache sprächen. Jacques, selbst ein Jude, zeitweise auch Abgeordneter der liberalen Verfassungspartei im Reichsrat, wies darauf hin, dass vier Fünftel der Bevölkerung der *mosaischen Confession angehören* und weil sie sich des Deutschen als Muttersprache bedienten, *identifizieren sie sich mit*

---

18 Die Neuzeit, Nr. 23, 6.6.1879.

19 G. STOURZH, Galten die Juden als Nationalität Altösterreichs, in: Studia Judaica Austriaca X (1984), S. 74-79.

der deutschen Nationalität und widersetzen sich einer totalen Polanisierung des Unterrichtssystems.

An Beispielen für diesen germano-zentrischen Trend unter den Juden der Monarchie fehlt es nicht. Bemerkenswert ist jedoch die Tatsache, dass es auch einen entgegengesetzten Trend gab, der von einem kleinen ausgewählten Kreis, von Fischhof und seinen Anhängern ausging. Seit der Revolution von 1848 setzten sie dem zentralistischen das föderalistische Konzept entgegen. Dieses inspirierte dann Vertreter der jüdischen Minderheit, die um die Jahrhundertwende eine kulturelle Autonomie für die jüdische Bevölkerung in der Monarchie forderten[20].

Zumindest in einer Hinsicht unterschied sich Fischhof nicht von den übrigen Anhängern des Liberalismus im Habsburgerreich: Auch er erachtete eine enge Bindung Österreichs an Deutschland als wünschenswert, da er von der Überlegenheit der deutschen Kultur und Gesellschaft überzeugt war. Dennoch lehnte er einen einseitigen Zentralismus aus Gründen politischer Klugheit ab. So schrieb er denn: *Das vorwaltende Element der geistigen Atmosphäre unserer Zeit ist unzweifelhaft die Idee der Nationalität. Eine mächtige Bewegung erfasst die Gemüter, und wie in Folge der französischen Revolution die Stände und Individuen, so raffen sich jetzt die unbeachteten Nationalitäten aus der dumpfen Luft der sozialen und politischen Niederungen mutig empor und streben dahin, als ebenbürtige Mitglieder aufgenommen zu werden in die Völkerfamilie Europas[21].* Was die Mehrheit der jüdischen und christlichen Liberalen in Österreich nicht erfassen konnte oder wollte, das war für Fischhof und seinen Kreis ein unausweichlicher Zwang der historischen Realität: Die Rechte des Individuums! Sie waren durch die Französische Revolution in der Erklärung der Menschenrechte festgeschrieben worden und mussten nun als Rechte der „kollektiven Individualität" deklariert werden: *Die scharfe Ausprägung der nationalen Individualität, wenn auch nicht das Endziel, ist doch eine der Phasen unserer Kulturbewegung, und die Individualität eines Volkes prägt sich nirgends so scharf, als in seiner Sprache aus. . . .Die Sprache ist das äußerlich Auffälligste und zugleich das Tiefinnerste eines Volkes[22].*

Dementsprechend optierte Fischhof für ein „Sprachengesetz" als Kernelement eines Umstrukturierungsplans für Politik und Verwaltung im Vielvölkerstaat. Die sprachliche Eigenständigkeit war aus seiner Sicht das Hauptargument für ein System kultureller Autonomie ethnischer und nationaler Gruppen in der Monarchie: *Jeder österreichische Staatsbürger kann einzeln, oder in Gemeinschaft im mündlichen oder schriftlichen Verkehr mit den weltlichen und kirchlichen Behörden seiner Ortsgemeinde und seines Bezirkes, sowie mit den Zentralbehörden seines Landes sich einer der Sprachen bedienen, welche im respektiven Verwaltungsbezirk heimisch*

---

20 J. CAHNMAN, Adolf Fischhof and his Jewish Followers in: Year Book Leo Baeck 1959, S. 135-138.
21 FISCHHOF (wie Anm. 16), S. 59.
22 Ebd.

sind[23]. Das Sprachengesetz sollte es möglich machen, in Gebieten mit gemischtsprachiger Bevölkerung die Verwaltungsbezirke soweit wie möglich unter Respektierung der ethnischen Grenzen zu konstituieren und den Schulunterricht in der landesüblichen Umgangssprache zu garantieren. Fischhof verstand das Sprachengesetz als Komponente eines umfassenden Reformkonzepts zum „Schutze der nationalen Rechte" auch kleinerer und verstreuter ethnischer Gruppen. Wäre dieser Gesetzesentwurf damals angenommen worden, hätte auch die jüdische Minderheit ihren Anspruch auf Anerkennung ihrer Sprache, also des Jiddisch, geltend machen können.

Es bestand für Fischhof kein Zweifel, dass die Idee der Nationalität und damit die Notwendigkeit, sie in die politische Planung einzubeziehen, ein Gebot der Zeit sei: *Ihr sagt, die Herrschaft der Nationalitäts-Idee sei ein Hindernis des Fortschritts. Nichts kann unrichtiger sein. So wenig der Einzelne dem Gemeinwesen schadet, wenn er sich seiner Naturanlage gemäss entwickelt, und die Familie, indem sie sich im engen Kreise fester aneinander schliesst, ebenso wenig hemmt es die Menschheit, wenn jedes Volk, seinem Genius entsprechend, sich geistig zu entfalten strebt.* Fischhof war sich der Gefahren bewusst, die eine Förderung nationaler Aspirationen und Identität in sich birgt, aber er verstand die „kollektive" Individualität als eine Naturgegebenheit ähnlich wie die Identität des Individuums. Dass die zu fördernden Nationalitäten zu Konflikten neigen und den Fortschritt hemmen können, gestand er unumwunden, aber er betonte, dass Konfliktträchtigkeit kein genügender Grund sein kann weder für die Ablehnung des Prinzips der Menschen- und Bürgerrechte noch für die Aberkennung des Selbstbestimmungsrechts ethnischer und nationaler Kollektive[24].

Was die Volkseinheit für den Nationalstaat, das ist die *Völker-Einigkeit für den Nationalitätenstaat*, diese aber wird nur durch *Dezentralisation*, durch Gewährung von Autonomie gesichert. So soll jeder *Volksstamm in voller Selbständigkeit all jene Angelegenheiten sowohl legislativ als auch administrativ ordnen*, deren gemeinschaftliche Regelung nicht unbedingt geboten ist. Daher brachte Fischhof in den Entwurf seines Nationalitätengesetzes folgenden Passus ein: *vom Vertretungskörper der Ortsgemeinde bis hinauf zum Landtage ist die Gleichberechtigung der Sprache durchzuführen* (Art. 35)[25].

Zur Umsetzung seiner Idee entwarf er einen detaillierten Plan, der auf der Annahme beruhte, dass die Lokalautonomie im Rahmen der Munizipalität und des Bezirkes die beste Garantie biete für die Respektierung des Nationalitätenrechtes auch im Zentrum der Monarchie. Dementsprechend entwarf Fischhof den Plan zur Konstituierung *nationaler Kurien* oder Wahlbezirke, die den Nationalitäten ein kulturelles Selbstbestimmungsrecht einräumen sollten. Das Kuri-

---

23 R. KANN, Das Nationalitätenproblem der Habsburgermonarchie, Graz/Köln 1964, S. 151-153.
24 FISCHHOF (wie Anm. 16), S. 60-61.
25 CHARMATZ (wie Anm. 1), S. 201-205, 447-454.

ensystem sollte der Tatsache Rechnung tragen, dass in den meisten Kronländern verschiedene ethnischen Gruppen auf demselben Territorium lebten; das heißt die historischen Grenzen der Kronländer waren nicht identisch mit den ethnisch-nationalen. Deshalb müssten nationale Kurien eingerichtet werden, die sich mit Schul- und Sprachfragen zu befassen hätten: *In Landtagen, in denen mehrere Völker vertreten sind, hat die nationale Minderheit, wenn sie wenigstens ein Fünftel der Gesamtbevölkerung des Landes repräsentiert, das Recht, bei jedem Vorschlage, der in bezug auf die Sprache in Schule, Amt, Kirche und öffentlichem Leben gestellt wird, eine getrennte Abstimmung nach Kurien zu verlangen. Bei der Abstimmung nach Kurien ist ein Vorschlag nur dann angenommen, wenn sich die Mehrheit jeder Kurie dafür entscheidet*[26].

Fischhof war überzeugt, dass ein Nationalitätenstaat wie Österreich mit *selbstbewußten, an Zahl und Bedeutung einander nahekommenden Völker*[n], der sein Überleben sichern will, jeden Konflikt mit den nationalen Lebensinteressen seiner Völker so weit wie möglich vermeiden muss. Als besonders vorbildlich schätzte er deshalb das föderalistische System der Schweiz: *Die Schweiz ist ein republikanisches Österreich en miniature, wie Österreich eine monarchische Schweiz im großen ist*[27]. *Wie segensreich und schöpferisch in kleinen autonomen Verwaltungskreisen die innige Wechselbeziehung zwischen Volk und Regierung wirke, tritt wohl in keinem Lande so belehrend wie in der Schweiz hervor*[28]. Die Begeisterung Fischhofs für das schweizerische System beruhte auf der Überzeugung, dass hier eine sinnvolle Kombination lokaler Autonomie der Gemeinden und Regionen (Kantone) und der zentralen Bundesregierung gefunden und mit Erfolg praktiziert worden war. Sie schwebte ihm als optimale Lösung für den österreichischen Vielvölkerstaat vor. Die breite Basis des Volkes sollte an den Entscheidungen der Innenpolitik beteiligt werden. Ausgenommen werden sollten außenpolitische, militärische und makroökonomische Fragen, die in den Bereich der Zentralregierung in Wien fallen. Fischhof war überzeugt, dass das Kuriensystem die beste Gewähr für den Erhalt der liberalen und demokratischen Ordnung biete.

Vor dem Ersten Weltkrieg traten dann die Vertreter der Sozialdemokratie in Österreich auf, wie Karl Renner und Otto Bauer, die die Konzepte des Föderalismus und des Autonomismus propagierten, um zur Lösung der ethnischen und nationalen Spannungen im Vielvölkerstaat beizutragen. Im 19. Jahrhundert allerdings blieb Fischhof der einzige Liberale, der diesem Thema durch seine Schriften konsequent das Wort redete. Über Adolf Fischhof schrieb der sozialistische Theoretiker des Föderalismus, Karl Renner (1870-1950): „Von allen österreichischen Politikern deutscher Nationalität hat nur einer, Fischhof, die Lebensbedingungen der österreichischen Deutschen und des Reiches erkannt, und so hart das Urteil auch erscheinen mag, so wahr ist es, daß er in der

---

26 FISCHHOF (wie Anm. 16), S. 186-197. KANN (wie Anm. 23), S. 152.

27 FISCHHOF (wie Anm. 16), S. 89.

28 Ebd., S. 100.

ganzen Franziskojosephinischen Epoche Österreichs fast der einzige politische Kopf des deutschen Bürgertums war. Er allein sah weiter in die Zukunft – alles andere klebte am Augenblick, am Besitzstand"[29].

Renner hat zwar in seiner Schrift klarer zwischen den verschiedenen Typen, der territorialen und der individuell-kulturellen Autonomie, unterschieden, aber es wäre sicher ungerecht, wenn Fischhof das Erstlingsrecht diesbezüglich genommen würde. Er hat drei Jahrzehnte früher das Problem thematisiert und Lösungsmöglichkeiten für die ethnischen und nationalen Spannungen in der Habsburgermonarchie aufgezeigt.

Zwar hat er das Problem der jüdischen Minderheit in seinen Schriften nicht ausdrücklich behandelt, aber von ihm und seinen Ideen haben sich Juden um die Jahrhundertwende inspirieren lassen, als sie die Forderung erhoben, auch der jüdischen Bevölkerung das Recht auf eine autonomistische Selbstbestimmung zuzuerkennen. Es bestand eine Kontinuität der Denktradition in der Nationalitätenfrage, die von dem Fischhofkreis der 48er Revolution bis zu den Gründern der jüdisch-nationalen Partei reichte. Einige ihrer Köpfe, die den Wahlkampf zum Reichstag 1906 führten, hatten Fischhof persönlich noch gekannt und beriefen sich ausdrücklich auf seine Ideen als wichtigste Inspirationsquelle[30].

---

29 K. RENNER, Das Selbstbestimmungsrecht der Nationen, Wien 1918, S. 232.
30 Jüdisches Volksblatt, Wien, IV, 7.3.1902, 14.3.1902: „Jung-Juden und Jung-Österreich".

KARL HEGEL (1813-1901) –
EIN (FAST) VERGESSENER HISTORIKER
DES 19. JAHRHUNDERTS

Von Helmut NEUHAUS

I.

*D*ER *Freund meines elterlichen Hauses, der Maler Köster, verwachsen von Gestalt und humoristisch von Art, von dem ich noch ein schönes Gemälde von Heidelberg besitze, hatte für mich ein Mansardenzimmer neben dem seinigen jenseits des Neckars, im Waldhörnchen bei der munteren Frau Frisch gemietet, von wo ich eine herrliche Aussicht auf die Stadt, den Fluß und den Schloßberg mit seiner malerischen Ruine genoß.* So erinnerte sich der siebenundachtzigjährige Historiker Karl Hegel in seinen im Jahre 1900 publizierten autobiographischen Aufzeichnungen „Leben und Erinnerungen" an die Fortsetzung seines Studiums in Heidelberg[1], das er im Wintersemester 1830/31 an der Königlichen Friedrich-Wilhelms-Universität zu Berlin als Student der Philosophischen Fakultät begonnen hatte[2]. Nachdem er im Herbst 1833 auf einer Reise mit seinem Bruder Immanuel (1814-1891)[3] nach Dresden und Prag *eine neue Welt des Kunstgenusses in den Sculpturen und Gemälden der dortigen Sammlungen* kennengelernt hatte, entwickelte er aus einem immer stärker empfundenen *Zwiespalt der Studien und Neigungen* heraus *eine fast krankhafte Sehnsucht, aus der großen Stadt, ihren viel durchwanderten Straßen und nicht weniger aus ihrem öden Gesellschaftswesen herauszukommen und die schöne Natur und das heitere Leben im deutschen Süden, andere Menschen und Verhältnisse kennen zu lernen*[4].

Dazu hatte er in Heidelberg, wo sein Vater Georg Wilhelm Friedrich Hegel (1770-1831) von 1816 bis 1818 – von Nürnberg kommend[5] – Professor für Philosophie gewesen war[6], vielfältig Gelegenheit. Zwar fand Karl Hegel bei dem Theologen Karl Daub (1765-1836), dem Mediziner Franz Karl Nägele

---

1 K. HEGEL, Leben und Erinnerungen, Leipzig 1900, S. 26. Das Gemälde befindet sich heute im Kurpfälzischen Museum Heidelberg; vgl. Hegel 1770-1970. Leben, Werk, Wirkung, Stuttgart 1970, Nr. 323, S. 172f. (Ausstellungskatalog).

2 Amtliches Verzeichniß des Personals und der Studirenden auf der Königl. Friedrich=Wilhelms Universität zu Berlin. Auf das Winterhalbjahr von Michaelis 1830 bis Ostern 1831, Berlin 1831, S. 14.

3 Auch er hat autobiographische Aufzeichnungen in Form eines kleinen, 56 Seiten umfassenden Büchleins hinterlassen: I. HEGEL, Erinnerungen aus meinem Leben, Berlin 1891.

4 HEGEL, Leben (wie Anm. 1), S. 24, 25.

5 Vgl. dazu den Artikel „Hegel, Georg Wilhelm Friedrich", in: Stadtlexikon Nürnberg, hg. v. M. DIEFENBACHER u. R. ENDRES, Nürnberg 1999, S. 427f.; Hegel in Franken. Im Gedenken an seinen 150. Todestag, Nürnberg 1981.

6 Vgl. dazu den Artikel „Hegel, Georg Wilhelm Friderich", in: D. DRÜLL, Heidelberger Gelehrtenlexikon 1803-1932, Berlin, Heidelberg u. a. 1986, S. 104f.; ferner Briefe von und an Hegel, Bd. II, hg. v. J. HOFFMEISTER, Hamburg ³1969, S. 145-200.

(1778-1851), dem Juristen Anton Friedrich Justus Thibaut (1772-1840), dem Philologen Friedrich Creuzer (1771-1858) und anderen, die zum Freundeskreis seiner Eltern gehört hatten und ihn als Kind kannten, herzliche Aufnahme[7], aber in Heidelberg begegnete er nicht nur der Vergangenheit, sondern auch einer im Umbruch befindlichen Gegenwart[8]. Dem jungen Karl, der beim Verlassen der Berliner Universität *mittelst Handgelöbnisses* hatte versprechen müssen, sich *aller Theilnahme an verbotenen, geheimen besonders auch burschenschaftlichen Verbindungen gänzlich und geflissentlich zu enthalten*[9], trat sie ganz konkret entgegen, als er nicht immatrikuliert werden konnte, denn nach dem Hambacher Fest von 1832, an dem auch 300 Heidelberger Studenten teilgenommen hatten, verbot die Berliner Regierung im folgenden Jahr – bis 1838 – Studenten aus dem Königreich Preußen den Besuch der großherzoglich-badischen Universität Heidelberg, die sich politisch zu indifferent verhielt[10]. Hegels – über den Geheimen Regierungsrat Dr. Johannes Schulze (1786-1869), Freund und Vertrauter seines Vaters[11], dem preußischen Kultusminister Karl Freiherr vom Stein zum Altenstein (1770-1840) vorgetragenen – Bemühungen um eine *Spezialerlaubnis* König Friedrich Wilhelms III. (1770-1840) blieben erfolglos, aber er wollte sich *von niemand einreden lassen, mich in meinem Studiengange, wie bisher, aufs freieste zu bewegen und meine Wege zu einem unbewußten Ziele selbständig zu suchen*[12].

Mit Genehmigung des Heidelberger Rektors, des weltberühmten Chirurgen und Ophthalmologen Maximilian Joseph Chelius (1794-1876), besuchte Karl Hegel gleichwohl die Vorlesungen in den Häusern der Professoren[13] und erinnerte sich in seinen Memoiren insbesondere Daubs, dessen *frei gehaltenem Vortrage schwer zu folgen* war[14], und Thibauts, *eines Meisters des beredten Vortrags*, dessen *Pandektenvorlesungen ... Massen von Studierenden heranzogen*[15]. Er schloß da-

---

7   Sie erwähnt Karl Hegel in seinen Memoiren: HEGEL, Leben (wie Anm. 1), S. 26; vgl. auch E. WOLGAST, Die Universität Heidelberg 1386-1986, Berlin, Heidelberg u. a. 1986, S. 92ff. u. ö.; ferner die Artikel zu den genannten Professoren bei DRÜLL, Heidelberger Gelehrtenlexikon (wie Anm. 6), S. 44, 188, 267, 40f.

8   Vgl. WOLGAST, Universität (wie Anm. 7), S. 98ff.

9   Die von Hegel am 24.3.1834 unterzeichnete Verpflichtungserklärung beim Wechsel an die Universität Heidelberg findet sich in: Archiv der Humboldt-Universität zu Berlin: Acta betr. Abgangszeugnisse, Universität zu Berlin, Litt. H., No. 6, Vol. CXV, 1834, fol. 59aʳ.

10 WOLGAST, Universität (wie Anm. 7), S. 99.

11 Zu Johannes Schulze vgl. das Register in: Briefe von und an Hegel, Bd. IV, Teil 2: Nachträge zum Briefwechsel, Register mit biographischem Kommentar, Zeittafel, hg. v. F. NICOLIN, Hamburg ³1981, S. 271f.

12 HEGEL, Leben (wie Anm. 1), S. 27.

13 HEGEL, Leben (wie Anm. 1), S. 27. In der Matrikel der Universität Heidelberg sucht man vergeblich nach Hegel: Die Matrikel der Universität Heidelberg, Teil 5: 1807-1846, bearb. v. G. TOEPKE, hg. v. P. HINTZELMANN, Heidelberg 1904. Zu Chelius vgl. DRÜLL, Heidelberger Gelehrtenlexikon (wie Anm. 6), S. 38.

14 HEGEL, Leben (wie Anm. 1), S. 27.

15 HEGEL, Leben (wie Anm. 1), S. 27f.; zu Thibaut vgl. G. KLEINHEYER, J. SCHRÖDER, Deutsche Juristen aus fünf Jahrhunderten. Eine biographische Einführung in die Geschichte der Rechtswissen-

mit nach Ausweis des *Anmeldungsbogen*s der *Universität zu Berlin* für die Zeit des Wintersemesters 1830/31 bis zum Wintersemester 1833/34, auf dem er als *Studiosus Theol. F. W. C. Hegel aus Berlin* geführt wurde[16], an seine früheren theologischen, philosophischen und altsprachlichen Studien an, als er Hörer auch zahlreicher Professoren war, die zuvor in Heidelberg gelehrt hatten: der klassische Philologe August Böckh (1785-1867), die Theologen Philipp Konrad Marheineke (1780-1846) und Johann August Neander (1789-1850), der Bibliothekar und Geschichtsforscher Friedrich Wilken (1777-1840) sowie sein Vater[17]. Außerdem gehörten in Berlin der Altphilologe und Germanist Karl Lachmann (1793-1851), noch der Theologe und Philosoph Friedrich Daniel Ernst Schleiermacher (1768-1834) und viele andere zu seinen Lehrern[18]. Geschichtswissenschaftliche Vorlesungen aber hatte er in Berlin noch nicht gehört.

Das änderte sich nach einer *Rheinreise* im Sommer 1834, die ihn bis nach München führte, und nach seinem Umzug innerhalb Heidelbergs, wo er *im Herbst in das Haus des Amtsrevisors Schweikhardt, in der Friedrichstraße gegenüber der früheren elterlichen Wohnung,* einzog[19]. Dort wohnten auch Georg Gottfried Gervinus (1805-1871), Privatdozent der Geschichte an der Universität seit 1830[20], und Georg Beseler (1809-1888), der sich 1833 in der Juristischen Fakultät habilitierte[21]. Beide – *einverstanden im wärmsten deutschen Nationalgefühl, womit sie auch*

---

schaft, 2., neubearb. u. erw. Aufl., Heidelberg 1983, S. 287-290; J. RÜCKERT, Thibaut, Anton Friedrich Justus (1772-1840), in: Juristen. Ein biographisches Lexikon. Von der Antike bis ins 20. Jahrhundert, hg. v. M. STOLLEIS, München 1995, S. 610-612.

16 Vgl. den *Anmeldungsbogen* in: Archiv der Humboldt-Universität zu Berlin: Acta betr. Abgangszeugnisse (wie Anm. 9), fol. 60ʳ-61ᵛ; *Phil.* als Fakultätszugehörigkeit ist ebenso gestrichen wie *Nürnberg* als Herkunfts- bzw. Wohnort. Die vom Vater wenige Tage vor dem Ende seiner Amtszeit als Rektor der Königlichen Friedrich-Wilhelms Universität zu Berlin am 16.10.1830 ausgefertigte Immatrikulationsurkunde ist abgedruckt in: Briefe von und an Hegel, Bd. IV, Teil 1: Dokumente und Materialien zur Biographie, hg. v. F. NICOLIN, Hamburg ³1977, S. 130, Nr. 111; vgl. auch ebd., S. 336f., Nr. 111, die Erläuterungen.

17 Zu Böckh vgl. DRÜLL, Heidelberger Gelehrtenlexikon (wie Anm. 6), S. 24; zu Marheineke ebd., S. 172, zu Neander ebd., S. 189, zu Wilken ebd., S. 298, ferner E. PAUNEL, Die Staatsbibliothek zu Berlin. Ihre Geschichte und Organisation während der ersten zwei Jahrhunderte seit ihrer Eröffnung 1661-1871, Berlin 1965, insbes. S. 160-168 u. ö.

18 Vgl. die Eintragungen im *Anmeldungsbogen* (wie Anm. 16), aus denen auch hervorgeht, daß Hegel als Sohn eines Professors an der Berliner Universität keine Gebühren zu zahlen hatte (*Vermerk des Quästors betreffend das Honorar,* ebd., fol. 60ʳ-61ᵛ); zum Sommersemester 1832 hat Karl Hegel in der Spalte für die Testate eigenhändig vermerkt: *Wegen einer Reise zur Wiederherstellung der Gesundheit habe ich diese Vorlesungen aussetzen müssen. C. Hegel* (ebd., fol. 61ʳ). Vgl. auch HEGEL, Leben (wie Anm. 1), S. 24.

19 HEGEL, Leben (wie Anm. 1), S. 29.

20 Zu ihm vgl. DRÜLL, Heidelberger Gelehrtenlexikon (wie Anm. 6), S. 83. Zum gemeinsamen Wohnsitz vgl. auch: G[eorg] G[ottfried] GERVINUS Leben. Von ihm selbst. 1860, Leipzig 1893, S. 314f.; vgl. ferner ebd., S. 295: *Zu uns beiden stieß dann noch Karl Hegel, an dem wir, nicht für die Xenien, auch nicht für unsere politischen, wohl aber für unsere historischen Tendenzen eine erwünschteste, werthvolle Eroberung machten.*

21 Zu Beseler vgl. KLEINHEYER, SCHRÖDER, Deutsche Juristen (wie Anm. 15), S. 29-32; M. STOLLEIS, Beseler, Georg (1809-1888), in: Juristen (wie Anm. 15), S. 82f.

auf mich, den Preußen, günstig einwirkten[22] – waren miteinander befreundet und sollten auch zu lebenslangen Freunden Karl Hegels werden. Vor allem unter dem Einfluß Gervinus' – mit dem Hegel viel verkehrte, wie sich der Theologe Hans Lassen Martensen (1808-1884) erinnerte[23] –, der damals am ersten Band seiner „Geschichte der poetischen National-Literatur der Deutschen" arbeitete[24] und seine Hausgenossen an seinen Studien teilhaben ließ, begann er, sich mit der Geschichtswissenschaft zu beschäftigen: *Jetzt vollends wandte ich mich von der spekulativen Theologie ab, die mir unfruchtbar für das Leben erschien* – hielt Hegel in „Leben und Erinnerungen" fest –, *und hörte Geschichte bei Schlosser*[25].

In Heidelberg, im Wintersemester 1834/35, im Alter von 21 Jahren begann der Weg des Historikers Karl Hegel, der es in seiner Zeit zu hohem Ansehen brachte. An den Universitäten Rostock, wohin er 1841 berufen worden war, und Erlangen, wo er ab 1856 wirkte, wurde er zum Begründer der kritischen Geschichtswissenschaft. „Mit ihm", hat der Erlanger Kirchenhistoriker Theodor Kolde geurteilt, „erhielt Erlangen den ersten wirklichen Historiker modernen Stils"[26], und in der Rostocker Universitätsgeschichte von 1994 wurde festgestellt: „Die Herausbildung der Geschichtswissenschaft als akademischer Disziplin in Rostock ist aber die Leistung Carl von Hegels"[27]. Er gehörte zu den ersten 18 ordentlichen Mitgliedern der 1858 vom bayerischen König Maximilian II. Joseph (1811-1864) gegründeten *Commission für deutsche Geschichts- und Quellenforschung*, der heutigen Historischen Kommission bei der Bayerischen Akademie der Wissenschaften[28], war Mitglied der Zentraldirektion der Monumenta Germaniae Historica (1876)[29], des Gelehrtenausschusses und

22 HEGEL, Leben (wie Anm. 1), S. 30.

23 Aus meinem Leben. Mittheilungen von Dr. H. MARTENSEN, Bischof von Seeland, 1. Abt.: 1808-1837. Aus dem Dänischen v. A. Michelsen, Karlsruhe, Leipzig 1883, S. 140: *In seinem [Daubs] Hause traf ich häufig mit den Brüdern, Carl und Immanuel Hegel, Söhnen des Philosophen, zusammen ... Der Eine, Carl Hegel, war Historiker und verkehrte viel mit Gervinus, der andere Jurist, beide aber gründlich und ernst in ihren Studien, wie es Söhnen eines solchen Vaters geziemte.*

24 G. G. GERVINUS, Geschichte der Deutschen Dichtung, 5 Bde., Vierte gänzlich umgearbeitete Ausgabe, Leipzig 1853.

25 HEGEL, Leben (wie Anm. 1), S. 30; siehe auch G. G. GERVINUS Leben (wie Anm. 20), S. 295: *Er kam nach Heidelberg, Theologie zu studieren, in Wahrheit aber die Philosophie, in die er unter seines Vaters unmittelbarer Anleitung eingeweiht war, weiter zu pflegen ... Er fand sich in unseren Unterhaltungen von dem Gegensätzlichen in meiner geschichtlichen, in seiner philosophischen Weise Welt und Wissenschaft zu fassen gestoßen, aber angezogen; bald konnte ich merken, wie er anfing Feuer zu fangen, wie hinter seinen Widersprüchen oft die Absicht erkennbar ward, sich seine herkömmlichen Ansichten vom Halse zu schaffen und mit den unsrigen zu tauschen.*

26 T. KOLDE, Die Universität Erlangen unter dem Hause Wittelsbach 1810-1910. Festschrift zur Jahrhundertfeier der Verbindung der Friderico=Alexandrina mit der Krone Bayern, Erlangen, Leipzig 1910, S. 430.

27 575 Jahre Universität Rostock. Mögen viele Lehrmeinungen um die eine Wahrheit ringen, hg. v. Rektor der Universität Rostock, Rostock 1994, S. 113.

28 Vgl. die Liste der ordentlichen Mitglieder in: Historische Kommission bei der Bayerischen Akademie der Wissenschaften 1858-1983, München 1984, S. 73.

29 Neues Archiv der Gesellschaft für ältere deutsche Geschichtskunde zur Beförderung einer Gesammtausgabe der Quellenschriften deutscher Geschichten des Mittelalters 27 (1902), S. 524f.

Verwaltungsrats des Germanischen Nationalmuseums (1855 beziehungsweise 1877)[30] sowie der Königlichen Gesellschaft der Wissenschaften zu Göttingen (1857/1871)[31] und der Akademien der Wissenschaften in München (1859)[32], Berlin (1876)[33] und Wien (1887)[34]. Mit seiner zweibändigen „Geschichte der Städteverfassung von Italien" von 1846/47[35] legte er sein unübertroffenes *opus magnum* vor, mit dem er höchste Anerkennung fand und einen Platz in der ersten Reihe der deutschen Historiker einnahm[36]. Und als verantwortlicher Herausgeber für die Historische Kommission in München präsentierte er von 1862 bis 1899 – über fast vier Jahrzehnte hinweg und bis zwei Jahre vor seinem Tod – 27 Bände des bis 1968 auf 38 Bände angewachsenen Quelleneditionsunternehmens „Die Chroniken der deutschen Städte vom 14. bis ins 16. Jahrhundert"[37], weil für deren Herausgabe – so Heinrich von Sybel 1859 – *in Deutschland und vielleicht in Europa kein besserer Repräsentant dieses Fachs existiere*[38]. Von diesen Chroniken hat er einige seiner Geburtsstadt Nürnberg – er wurde am 7. Juni 1813 in der Amtswohnung des Gymnasiums am Egidienplatz geboren, wo sein Vater von 1808 bis 1816 Rektor des Melanchthon-Gymnasiums war – sowie die Chroniken von Mainz und Straßburg selber bearbeitet[39]. Die Verleihungen des bayerischen Ordens des Heiligen Michael (1872), des König-

---

30 Das Germanische Nationalmuseum Nürnberg 1852-1977. Beiträge zu seiner Geschichte, hg. v. B. DENEKE u. R. KAHSNITZ, München, Berlin 1978, S. 1046f., 1081.

31 F. FRENSDORFF, Karl Hegel, in: Nachrichten von der Königl. Gesellschaft der Wissenschaften zu Göttingen. Geschäftliche Mitteilungen, 1902, Heft 1, Göttingen 1902, S. 52-72.

32 Den Vorschlag *zur Wahl als auswärtiges ordentliches Mitglied* machte Heinrich von Sybel am 18.6.1859: Archiv der Bayerischen Akademie der Wissenschaften München: Wahlakten 1859, 1, Nr. 19: Hegel, Hist. Klasse (unfol.).

33 Kopie des maschinenschriftlichen Konzeptes des Antrages von Johann Gustav Droysen, Maximilian Duncker, Theodor Mommsen, Heinrich von Sybel und Georg Waitz vom 19.1.1876 – zugleich für Theodor Sickel, Wien – findet sich im Universitätsarchiv Rostock: Personalakte Prof. Dr. Carl Hegel, begonnen 26.5.1841, geschlossen 1856, fol. 45ʳ, 44ʳ.

34 Almanach der Kaiserlichen Akademie der Wissenschaften, Jg. 52, 1902, Wien 1902, S. 304f.

35 1964 in einem Nachdruck erschienen: K. v. HEGEL, Geschichte der Städteverfassung von Italien. Seit der Zeit der römischen Herrschaft bis zum Ausgang des 12. Jahrhunderts, 2 Bde., Leipzig 1847.

36 Auf dieses Werk nahm Heinrich von Sybel Bezug, als er Karl Hegel am 18.6.1859 für die Königlich Bayerische Akademie der Wissenschaften vorschlug: *Das Buch zeigt neben der schärfsten und sichersten Kritik eine das gesamte romanisch-germanische Mittelalter umfassende Quellenkunde und eine volle Meisterschaft auf dem Gebiete der mittelalterlichen Verfassungs- und Rechtsgeschichte* (wie Anm. 32); eine Abschrift findet sich in der Rostocker Personalakte Karl Hegels (wie Anm. 33), fol. 37ʳ; von einem *Buch, das nicht nur auf dem Gebiet der Städtegeschichte Epoche gemacht* hat, ist einleitend im Antrag auf Aufnahme in die Königlich Preußische Akademie der Wissenschaften die Rede (wie Anm. 33).

37 Die Chroniken der deutschen Städte vom 14. bis in's 16. Jahrhundert, (27 Bde.), Leipzig, Göttingen 1862-1899; vgl. auch die Übersicht in: Historische Kommission (wie Anm. 28), S. 93-101, insgesamt S. 93-104.

38 Vgl. Sybels Antrag vom 18.6.1859 (wie Anm. 32).

39 Vgl. die Bände 1 und 3 der „Chroniken der fränkischen Städte" (1862, 1864), die Bände 1 und 2 der „Chroniken der oberrheinischen Städte" (1870, 1871) sowie die Bände 1 und 2 der „Chroniken der mittelrheinischen Städte" (1881, 1882); vgl. auch die Übersicht (wie Anm. 37).

lichen Maximilians-Ordens für Wissenschaft und Kunst (1876) sowie des Ritterkreuzes des Verdienstordens der bayerischen Krone (1889) mit Eintragung in die Adelsmatrikel und eigenem Wappen (1891)[40] waren äußere Zeichen seiner Hochachtung, zahlreiche Nachrufe und Würdigungen, nachdem er am 5. Dezember 1901 in Erlangen verstorben war, Ausdruck seiner Wertschätzung durch Fachkollegen[41]. Aber seitdem – sieht man von wenigen Ausnahmen ab – ist er mehr und mehr in Vergessenheit geraten[42]. „Vermißt wird ein Beitrag über Carl Hegel in der Neuen Deutschen Biographie", hat Alfred Wendehorst schon 1977 festgestellt[43]. Hier soll vor allem Karl Hegel als Universitätsprofessor in Rostock und Erlangen im Mittelpunkt stehen.

II.

Heidelberg hat Karl Hegel Ende März 1836 nach vier Semestern wieder verlassen[44], um sein Studium in Berlin abzuschließen. Erstmals an den Ort seiner

---

40 Die Akten in: Hauptstaatsarchiv München: Ordensakten, Nr. 4478 (St. Michaelsorden, Ritter I. Klasse), Nr. 0863 (Maximiliansorden), Nr. 1810 (Kronorden); Adelsmatrikel, Ritter, H. 59.

41 Außer den in den Anm. 31-34 genannten Titeln u. a.: R. FESTER, Karl von Hegel. Gedenkworte im Auftrag der philosophischen Fakultät der Universität Erlangen am Grabe gesprochen, München 1901 (Sonderdruck aus der Beilage zur „Allgemeinen Zeitung", Nr. 285); U. STUTZ, in: ZRG GA 23 (1902), S. XXXIII-XXXIX; T. KOLDE, in: Deutsche Geschichtsblätter 3 (1902), S. 188f.; G. Frhr. v. KRESS, Karl von Hegel†, in: MVGNürnb 15 (1902), S. 175-183; F. FRENSDORFF, Karl Hegel und die Geschichte des deutschen Städtewesens, in: HansGbll, Jg. 1901, (1902), S. 139-156; HZ 88 (1902), S. 384 (unter *Vermischtes*); Biographisches Jahrbuch und deutscher Nekrolog, hg. v. A. BETTELHEIM, Bd. 6, Berlin 1904, Sp. 42*f. Etwas jüngeren Datums ist: H. DANNENBAUER, Hegel, Karl, Professor der Geschichte. 1813-1901, in: Lebensläufe aus Franken, hg. v. A. CHROUST, Bd. 5, Erlangen 1936, S. 142-150.

42 Vgl. aber: W. RIESINGER, H. MARQUARDT-RABIGER, Die Vertretung des Faches Geschichte an der Universität Erlangen von deren Gründung (1743) bis zum Jahre 1933, in: JbFränkLF 40 (1980), S. 177-259, hier S. 211-214; A. WENDEHORST, Geschichte der Friedrich-Alexander-Universität Erlangen-Nürnberg 1743-1993, München 1993, S. 107-110 u. ö.; G. GREWOLLS, Wer war wer in Mecklenburg-Vorpommern? Ein Personenlexikon, Bremen 1995, S. 184f.; N. KLÜSSENDORF, Hegel (Carl von), in: Biographisches Lexikon für Mecklenburg, Bd. 2, hg. v. S. PETTKE, Rostock 1999, S. 120-126. Artikel „Hegel, Karl Ritter von", in: Stadtlexikon Nürnberg (wie Anm. 5), S. 428; Artikel „Dr. phil. (Ritter von) Hegel", in: J. LENGEMANN, Das Deutsche Parlament (Erfurter Unionsparlament) von 1850. Ein Handbuch: Mitglieder, Amtsträger, Lebensdaten, Fraktionen, München, Jena 2000, S. 158f.; H. NEUHAUS, Mit Gadendam fing alles an. Erlanger Geschichtswissenschaft von 1743 bis 1872, in: Geschichtswissenschaft in Erlangen, hg. v. H. NEUHAUS (Erlanger Studien zur Geschichte, Bd. 6), Erlangen, Jena 2000, S. 9-44, insbes. S. 12, 31ff.; vgl. auch die Beiträge von K. HERBERS, Von Venedig nach Nordeuropa, in: Ebd., S. 71-102; A. GOTTHARD, Neue Geschichte 1870-1970, in: Ebd., S. 103-133.

43 H. LIERMANN, Die Friedrich-Alexander-Universität Erlangen 1910-1920. Mit einem Vorwort v. Gerhard Pfeiffer und einem Nachwort v. Alfred Wendehorst (Schriften des Zentralinstituts für fränkische Landeskunde und allgemeine Regionalforschung an der Universität Erlangen-Nürnberg, Bd. 16), Neustadt an der Aisch 1977, S. 92, Anm. 56. Artikel zu Karl Hegel finden sich in: Brockhaus' Conversations=Lexikon. Allgemeine deutsche Real-Encyklopädie, Bd. 9, Leipzig ¹³1884, S. 16; Bosls Bayerische Biographie. 8000 Persönlichkeiten aus 15 Jahrhunderten, hg. v. K. BOSL, Regensburg 1983, S. 316; Deutsche Biographische Enzyklopädie, hg. v. W. KILLY, R. VIERHAUS, Bd. 4, Darmstadt 1996, S. 480.

44 HEGEL, Leben (wie Anm. 1), S. 35f.

Hinwendung zur Geschichte zurückgekehrt ist er zusammen mit den Freunden Beseler und Gervinus im Herbst des Jahres 1846, als er vom ersten Ger-
manistentag als einer Versammlung deutscher Rechtsgelehrter, Sprachforscher
und Historiker in Frankfurt am Main an den Neckar reiste, wo er *Heidelberg*
*nach zehn Jahren verändert wieder*sah[45], aber in seinen Memoiren auch feststellen
konnte: *Den alten Schlosser habe ich noch in frischer Kraft und anregender Lebendigkeit*
gefunden[46]. Inzwischen 70 Jahre alt, hatte Friedrich Christoph Schlosser (1776-
1861) den jungen Karl Hegel offenbar am meisten beeindruckt, dessen univer-
sal-historisch orientiertes Lehrprogramm „sich von der Antike bis zur Gegenwart [erstreckte] und ... neben politischer auch allgemeine Kulturgeschichte"
umfaßte[47]. Allerdings sah er in ihm – rückblickend auf die Studienjahre – auch
bereits *eine vereinsamte Größe, zur Zeit mit der Umarbeitung seines Geschichtswerkes*
über das 18. Jahrhundert beschäftigt. Seine Vorlesungen hatten schon an Anziehungskraft
verloren; die Diktate, die er gab, erinnerten einigermaßen an den Begriff, den Thibaut von
der Geschichte hatte[48]. Eike Wolgast hat denn auch pointierend herausgearbeitet,
daß „Schlossers Arbeitsweise und Methode ... den Ansprüchen der im Verlauf des 19. Jahrhunderts entwickelten kritischen Geschichtswissenschaft ...
nicht genügen", da ihm – was seinen großen Erfolg nicht nur im gebildeten
Bürgertum erklärt – „nicht die Quellenforschung ... wichtig [war], sondern
die eigene Meinung, die er auf seine Lebenserfahrungen stützte"[49]. Hegel lernte bei ihm, dessen wichtigstes, auf sieben Bände angewachsenes Werk „Geschichte des achtzehnten Jahrhunderts und des neunzehnten bis zum Sturz
des französischen Kaiserreichs" in den Jahren 1843 bis 1848 in dritter Auflage
erschien[50] und dessen publikumswirksame „Weltgeschichte für das deutsche
Volk" ab 1844 in 19 Bänden (bis 1857) publiziert wurde[51], wie auch bei seinem
Freund Gervinus, Schlossers *Schüler in der vaterländischen Richtung*[52], jene „Heidelberger Schule" der Geschichtswissenschaft kennen, die der von Leopold
(von) Ranke (1795-1886) maßgeblich geprägten „Berliner Schule" gegenüber-
stand und der er nicht zuletzt als Quelleneditor zugehörte.

---

45 HEGEL, Leben (wie Anm. 1), S. 131.

46 HEGEL, Leben (wie Anm. 1), S. 132.

47 E. WOLGAST, Politische Geschichtsschreibung in Heidelberg. Schlosser, Gervinus, Häusser,
    Treitschke, in: Das Neunzehnte Jahrhundert 1803-1918, hg. v. W. DOERR (Semper Apertus. Sechs-
    hundert Jahre Ruprecht-Karls-Universität Heidelberg 1386-1986, Bd. 2), Berlin, Heidelberg 1985,
    S. 158-196, hier S. 160.

48 HEGEL, Leben (wie Anm. 1), S. 34.

49 WOLGAST, Politische Geschichtsschreibung (wie Anm. 47), S. 162.

50 Vgl. das Werkverzeichnis bei G. GÖLTER, Die Geschichtsauffassung Friedrich Christoph Schlossers,
    Diss. phil. Heidelberg 1966, S. V-IX, hier S. VIf., VIII.

51 HEGEL, Leben (wie Anm. 1), S. 35: *Als Geschichtschreiber* [sic!] *hat er trotz der Formlosigkeit seiner Schreib-*
    weise und der Mängel seiner Darstellung größere Popularität als irgend ein anderer Historiker seiner Zeit erlangt; sei-
    ne Weltgeschichte in der Bearbeitung von Kriegk ist immer wieder aufs neue aufgelegt worden.

52 HEGEL, Leben (wie Anm. 1), S. 35.

In Berlin beendete Karl Hegel im Jahr nach seiner Rückkehr aus Heidelberg sein Studium mit der Promotion zum Doktor der Philosophie an der Friedrich-Wilhelms-Universität während des Rektorats des Juristen August Wilhelm Heffter (1796-1880) und unter Karl Lachmann als Dekan der Philosophischen Fakultät. Im mündlichen Doktorexamen am 5. August 1837 legte Leopold Ranke – nach Ausweis des Protokolls – *dem Candidaten einige Fragen über die mittlere und neuere Geschichte vor und fand ihn bewandert und genügend unterrichtet*[53]. Vergleichbar waren auch die Ergebnisse der von August Böckh, Karl Lachmann und Georg Andreas Gabler (1786-1853), dem Nachfolger von Hegels Vater, durchgeführten Prüfungen, sodaß das Examen insgesamt *als cum laude bestanden* wurde, freilich mit dem Vermerk, daß *die Mannigfaltigkeit* der Studien *des Candi*daten *ihn wohl etwas zerstreut und von manchem abgehalten* hätte[54]. Ob sich dahinter eine Kritik an Karl Hegels Heidelberger Studien verbirgt, ist nicht zu erhärten, aber seine Bemerkung in seinen Memoiren, Minister Altenstein habe zu seinem Ersuchen, in Heidelberg studieren zu dürfen, geäußert, *der junge Hegel verliere viel Zeit ohne Nutzen*[55], läßt einen Zusammenhang nicht ganz unwahrscheinlich sein. Als Inaugural-Dissertation hat Karl Hegel eine 51 Druckseiten umfassende Arbeit „De Aristotele et Alexandro Magno" vorgelegt[56] und seine Thesen am 24. August 1837 in öffentlicher Disputation verteidigt[57]. Im März 1838 bestand er auch noch die Lehramtsprüfung mit Auszeichnung und *erhielt das Zeugnis der unbedingten facultas docendi auf den preußischen Gymnasien*[58]. Gebrauch gemacht davon hat er erst vom Herbst 1839 an, als er sein Probejahr am Cölnischen Gymnasium in Berlin absolvierte und in den oberen Klassen „Deutsch" und „Französisch", in den unteren „Deutsch" und „Latein" unterrichtete[59]. Die daran anschließende Tätigkeit als *Hülfslehrer* am gleichen Gymnasium beendete er schon im Frühjahr 1841[60], noch bevor er im April den Ruf auf eine außerordentliche Professur für Geschichte an der Universität Rostock erhielt, womit sein Leben eine entscheidende Wendung nahm.

Diesen Ruf hatte Karl Hegel wohl nicht zuletzt dem zum Geheimen Oberregierungsrat aufgestiegenen Dr. Johannes Schulze zu verdanken, an den er sich im Jahre 1834 von Heidelberg aus wegen einer Studienerlaubnis an der

---

53 Vgl. das Protokoll vom 5.8.1837 in: Archiv der Humboldt-Universität zu Berlin: Acta der Königl. Friedrich-Wilhelms-Universität zu Berlin, betreffend die Promotionen, Philosophische Facultät, Littr.: P., No. 4, Vol. 7, 216, 26.4.1836-28.9.1838, fol. 371ʳ.

54 Ebd.

55 HEGEL, Leben (wie Anm. 1), S. 27.

56 Archiv der Humboldt-Universität zu Berlin: Acta der Königl. Friedrich-Wilhelms-Universität zu Berlin, betreffend die Promotionen (wie Anm. 53), fol. 373ʳ-399ᵛ; ebd., fol. 400ʳ, auch die Promotionsurkunde.

57 HEGEL, Leben (wie Anm. 1), S. 36.

58 HEGEL, Leben (wie Anm. 1), S. 39.

59 HEGEL, Leben (wie Anm. 1), S. 107.

60 HEGEL, Leben (wie Anm. 1), S. 109f.

großherzoglich-badischen Universität gewandt hatte. Er stammte aus Meck-
lenburg, war als *rechte Hand des Ministers v. Altenstein*[61] (bis 1838) sehr einfluß-
reich und gab im Rahmen der ersten Werkausgabe Georg Wilhelm Friedrich
Hegels die „Phänomenologie des Geistes" heraus[62]. Nachdem die Rostocker
Universität seit 1837 um einen *tüchtigen Historiker* bemüht war, mit dem *hiesiger
Universität am Meisten … gedient sey*[63], hatte Schulze sich in einem Empfehlungs-
schreiben vom 8. März 1841 *für einen hiesigen jungen Gelehrten, den Doktor Carl
Hegel*, eingesetzt, *dessen Bildungsgang ich näher zu beobachten Gelegenheit hatte;* dieser
schien ihm *mit allen den Eigenschaften ausgerüstet, welche einen tüchtigen Lehrer im Fache der Geschichte verheißen*[64]. Ebenfalls – wie Hegels Mutter – in Berlin im *Kupfer-
graben num. 6* wohnhaft, kannte Schulze nicht nur Karl Hegels äußeren Studi-
enweg sehr genau und wußte, daß er in Heidelberg „Geschichte" vor allem bei
Schlosser – *ward ihm besonders lieb* – studiert hatte sowie *näheren Umgang mit dem
Professor Gervinus* pflegte, sondern er war es auch gewesen – *da ich für ihn auf unseren Universitäten keine nahe Aussicht zu einer Anstellung fand* –, der ihm geraten
hatte, zunächst – wie so oft im 19. Jahrhundert – die Gymnasiallehrer-Lauf-
bahn einzuschlagen, zumal er die Prüfungen *auf eine so ausgezeichnete Weise besonders im Fache der Geschichte* bestanden hatte, *daß die Kommission ihm die unbedingte
Facultas docendi ertheilte; diese Censur* – so Schulze – *gehört nach meiner vieljährigen
Erfahrung zu den seltenen Ausnahmen*[65].

Am 24. April 1841 nahm Hegel den an ihn ergangenen Ruf auf eine außerordentliche Professur für Geschichte an der Universität Rostock zum Wintersemester 1841/42 an und versprach die *gewissenhafteste Verwaltung des mir übertra-
genen Lehramts*. Bis dahin wollte er die Zeit nutzen, sich *für die schwierige Aufgabe
meines neuen Berufs noch näher vorzubereiten*[66], nachdem er von seinem Freund Georg Beseler, seit 1837 Mitglied der Juristischen Fakultät in Rostock, erfahren
hatte, *welche geschichtlichen Vorlesungen zunächst etwa Bedürfniß für die dortige Universität*[67] seien. Beseler hatte in Rostock *die Anregung gegeben*, Hegel zu berufen, *da es
die Absicht war, das Interesse für Geschichte unter den Studierenden zu wecken, was dem*

---

61 HEGEL, Leben (wie Anm. 1), S. 10.

62 Schulze gehörte zusammen mit Philipp Konrad Marheineke, Eduard Gans, Leopold von Henning,
    Heinrich Gustav Hotho, Carl Ludwig Michelet und Friedrich Förster zu dem *Verein von Freunden des
    Verewigten*, der in erster Auflage ab 1832, in zweiter Auflage ab 1840 „Georg Wilhelm Friedrich He-
    gel's Werke. Vollständige Ausgabe" herausgab; Bd. 2 dieser Ausgabe ist von Schulze herausgegeben.

63 So heißt es in einem Protokoll vom 10.3.1837: Universitätsarchiv Rostock: Philosophische Fakultät,
    Nr. 98: Lehrstuhl für Staatswissenschaft und Geschichte/Lehrstuhl für Historik 1837-1866, Nr. 3.

64 Landeshauptarchiv Schwerin: Mecklenburg-Schwerinsches Ministerium für Unterricht, Kunst, geist-
    liche und Medizinalangelegenheiten (MfU), Nr. 1272: Universität Rostock, Philosophische Fakultät,
    Besetzung der Professur für Geschichte, Hegel, Pauli, Voigt, 1841-1859, Nr. 1, Anlage A (Ab-
    schrift).

65 Ebd.

66 Ebd., Nr. 2g, Anlage (Abschrift).

67 Ebd.

Vertreter des Faches, Professor Türk, nicht gelungen war[68]. Am 5. November 1841 wurde Hegel vom Rostocker Rektor Professor Dr. Bauermeister vereidigt und in sein Amt eingeführt[69].

Hegels Vorbereitungen im Sommersemester 1841 bestanden darin, daß er – *aus der Schule von Schlosser und Gervinus hervorgegangen*[70] – an der Berliner Universität Leopold Rankes Vorlesungen zur mittelalterlichen Geschichte hörte[71]. In Rostock las er dann selbst *Abschnitte der neueren und neuesten Geschichte, sowie englische und mecklenburgische Geschichte* und *in einem Publikum über die Staatslehren von Machiavelli, Montesquieu und Rousseau. Auch las ich einmal* – erinnerte er sich in seinen Memoiren – *über Nationalökonomie und Finanzwissenschaft, Fächer, in die ich mich selbst erst einarbeiten mußte, um einem dringenden Bedürfnisse der Universität entgegenzukommen*[72]. So ist seinen handschriftlichen Ankündigungen *für den Sommer 1842* zu entnehmen: *D. Carl Hegel, ausserord. Prof. wird öffentlich 1) die Staatslehren des Machiavelli, Montesquieu und Rousseau am Mittwoch von 4-5 Uhr entwickeln*; und es folgt: *in Privatvorlesungen 2) die Geschichte der neuesten Zeit vom Jahr 1492 bis zum Jahr 1763 am Montag, Dienstag, Donnerstag und Freitag von 4-5 Uhr, 3) die alte Geschichte fünfstündig vortragen*[73]. Für das Wintersemester 1842/43 kündigte er *1) Geschichte der neusten Zeit vom Jahr 1789 bis 1815 in öffentlichen Vorlesungen 2 Mal wöchentlich von 4-5 Uhr* an sowie *2) Geschichte des deutschen Volks fünfstündig von 3-4 Uhr privatim, 3) Erklärung der Göttlichen Komödie des Dante aus dem Italiänischen in zwei Stunden wöchentlich*[74].

Dieses Lehrprogramm – wie das der folgenden Semester – entsprach Hegels Ankündigungen in seinem Rufannahme-Schreiben vom 24. April 1841, in dem

---

68 HEGEL, Leben (wie Anm. 1), S. 100; zu Karl Friedrich Emanuel Türk (1800-1887) vgl. GREWOLLS, Wer war wer in Mecklenburg-Vorpommern? (wie Anm. 42), S. 443. Vgl. auch: Universitätsarchiv Rostock: Verzeichniß der Behörden, Lehrer, Institute, Beamten und Studirenden auf der Großherzoglichen Universität Rostock im Sommer-Semester 1836, S. 3f.; ferner dieselben Verzeichnisse bis Sommer-Semester 1856, wo ab Winter-Semester 1841/42 Hegel neben Türk erscheint, ab Winter-Semester 1852/53 Türk nicht mehr.

69 Universitätsarchiv Rostock: Personalakte Karl Hegels (wie Anm. 33), fol. 5ʳ-8ʳ; ebd., fol. 3ʳ, die Mitteilung des Großherzogs Paul Friedrich von Mecklenburg-Schwerin (1800-1842) an Rektor und Concilium über die Berufung als außerordentlicher Professor.

70 HEGEL, Leben (wie Anm. 1), S. 110f.

71 Leopold Ranke hat im Wintersemester 1840/41 eine „Geschichte des Mittelalters" gelesen und im Sommersemester 1841 mit „Neuere Geschichte ab 16. Jahrhundert" fortgesetzt, wozu ein „Überblick über die Geschichte des Mittelalters" gehörte; vgl. Leopold von Ranke, Vorlesungs-Einleitungen, hg. v. V. DOTTERWEICH u. W. P. FUCHS (Leopold von Ranke, Aus Werk und Nachlaß, hg. v. W. P. FUCHS u. T. SCHIEDER, Bd. 4), München, Wien 1975, S. 140-148.

72 HEGEL, Leben (wie Anm. 1), S. 113f. Für das Wintersemester 1852/53 gab Hegel am 27. Juli 1852 die Änderung des Themas der vierstündigen Vorlesung *Deutsche Geschichte* in *Die National-Ökonomie* bekannt: Universitätsarchiv Rostock: Personalakte Karl Hegels (wie Anm. 33), fol. 30ʳ.

73 Vgl. die handschriftlichen Ankündigungen in: Universitätsarchiv Rostock: Personalakte Karl Hegels (wie Anm. 33), fol. 11ʳ.

74 Ebd., fol. 13ʳ. Weitere Ankündigungen haben sich für das Sommersemester 1843, Sommersemester 1844 und Wintersemester 1844/45 erhalten (ebd., fol. 14ʳ, 15ʳ, 12ʳ).

er sich zu seiner besonderen Vorliebe für die deutsche Geschichte bekannt hatte, auf die er alle anderen Vorlesungen beziehen wollte, und in dem er formuliert hatte: *Das in unserer Zeit glücklich wiederbelebte und neu gestärkte Nationalgefühl wird, hoffe ich, auch dem Studium unserer Geschichte ein erhöhtes Interesse verleihen, und kann seinerseits nur aus der gründlichen historischen Kenntniß das richtige Verständniß unserer nationalen Zwecke empfangen*[75]. Zugleich verknüpfte Hegel in Rostock die Themen seiner Lehrveranstaltungen mit seinen Forschungen, denn 1842 legte er sein Antrittsprogramm „Dante über Staat und Kirche" vor[76], *worin die Stellung des Dichters zu den politischen Parteien in Florenz, zu Kaisertum und Papsttum aus seiner Lebensgeschichte, seinen Dichtungen und Briefen geschildert ist*[77]. Seine lebenslange Beschäftigung mit Dante Alighieri verband ihn mit Schlosser, der ihm in Heidelberg den Weg zu diesem bedeutendsten florentinischen Dichter und Politiker gewiesen hatte[78].

Während seiner mehr als einjährigen Italienreise (Juli 1838-September 1839) hatte Hegel seinen Interessen für die Antike, Dante und die spätmittelalterlichen italienischen Städte besonders intensiv nachgehen und auch archivalische Studien zu seiner „Geschichte der Städteverfassung von Italien" treiben können[79]. Auf sein *Gesuch um Gewährung einer Geldhülfe* vom 29. April 1839 aus Florenz hin erhielt er dafür von Staatsminister von Altenstein sogar *eine außerordentliche Unterstützung von 200 Thlr. bewilligt*, um weiter an seiner *wissenschaftlichen Ausbildung zu arbeiten*, sowie *die erforderlichen Materialien sammeln und zu deren Ende* seinen *Aufenthalt in Italien in etwas verlängern* zu *können*[80]. Sein geschichtswissenschaftliches Erstlingswerk erschien dann 1846/47 während der Rostocker Zeit, was er als große Befreiung empfand, trat er damit doch aus dem Schatten seines übergroßen Vaters heraus. *Ich empfand* – schrieb er in Erinnerung an die positiven Aufnahmen seines Werkes durch Heinrich Leo (1799-1878) und Moritz August von Bethmann Hollweg (1795-1877) in seinen Memoiren – *eine lebhafte Genugthuung darüber, daß man mich nicht bloß als den Sohn meines Vaters wollte gelten lassen*[81].

Schon nach Erscheinen des ersten Bandes hatte Großherzog Friedrich Franz II. von Mecklenburg-Schwerin (1823-1883) am 2. Juni 1847 an Hegel geschrieben, daß er seine *bisherige literarische Thätigkeit gerne bemerkt* habe, und

75 Landeshauptarchiv Schwerin: MfU, Nr. 1272 (wie Anm. 64), Nr. 2g, Anlage (Abschrift).
76 K. HEGEL, Dante über Staat und Kirche. Antrittsprogramm, Rostock 1842.
77 HEGEL, Leben (wie Anm. 1), S. 114. Im Jahre 1878 legte er vor: C. HEGEL, Über den historischen Werth der älteren Dante-Commentare. Mit einem Anhang zur Dino-Frage, Leipzig 1878.
78 HEGEL, Leben (wie Anm. 1), S. 34f.; F. C. SCHLOSSER, Über Dante, Heidelberg 1825; DERS., Dante. Studien, Leipzig, Heidelberg 1855.
79 Vgl. dazu HEGEL, Leben (wie Anm. 1), S. 40-106.
80 HEGEL, Leben (wie Anm. 1), S. 105f.; ebd. ist das Bewilligungsschreiben vom 2.7.1839 aus Berlin abgedruckt.
81 HEGEL, Leben (wie Anm. 1), S. 115.

bezeugte ihm *insbesondere über das jüngste Product Unser gnädigstes Wohlgefallen*, was er zudem mit einer außerordentlichen Gratifikation von 200 Talern dokumentierte. Und der Großherzog fuhr fort: *Wir können freilich nur wünschen, daß das vorgedachte Werk nicht unvollendet bleibe, würden es jedoch auch gerne sehen, daß ihr euren Fleiß und eure Talente der vaterländischen Geschichte zuwendet und sowohl in Vorlesungen als in Schriften ein richtiges historisches Verständniß der Zustände Mecklenburgs herbeizuführen euch bemühet*[82]. Nachdem auch der zweite Band der „Geschichte der Städteverfassung von Italien" vorlag, erfuhr Hegel am 19. Mai 1848 erneut die großherzogliche Anerkennung für seine *ausgezeichnete literarische Thätigkeit*, und seine Besoldung wurde auf jährlich 800 Reichstaler Courant auch in der Erwartung erhöht, daß er sich *durch die bedeutungsvollen Zeitverhältnisse ... nur noch kräftiger angeregt finde ..., auch die politischen Verhältnisse der Gegenwart und deren Rückwirkungen auf die Zustände des Landes zur richtigen Erkenntnis zu bringen*[83]. Am 8. September 1848 wurde er von Großherzog Friedrich Franz II. *zum ordentlichen Professor der Geschichte und Politik* mit Sitz und Stimme in der Philosophischen Fakultät der mecklenburgischen Landesuniversität und mit einer jährlichen Besoldung von 1000 Reichstalern Courant berufen, aufgrund der Zeitumstände aber erst am 26. Mai 1849 ins Universitäts-Concilium eingeführt und als Ordinarius vereidigt[84].

Das war die Zeit der Revolution von 1848/49 mit all ihren Erwartungen und Enttäuschungen auch in Mecklenburg, in der sich Karl Hegel von der Schweriner Landesregierung in die Pflicht nehmen ließ und zum 1. Oktober 1848 für fast genau ein Jahr an die Spitze der in der Hauptstadt neu gegründeten „Mecklenburgischen Zeitung" trat, um die sich *die aufrichtigen Freunde der freien constitutionellen Monarchie* scharen sollten[85]. Auch in das Erfurter Unionsparlament ließ er sich 1850 wählen, ohne dort freilich besonders hervorgetreten zu sein[86]. Die in Erfurt erarbeitete *Reichsverfassung* betrachtete er als *totgebo-*

---

82 Landeshauptarchiv Schwerin: MfU, Nr. 1272 (wie Anm. 64), Nr. 5 (unfol.). Seitens der Rostocker Universität war der Schweriner Landesregierung unter dem Datum des 29.5.1847 vorgetragen worden, Hegel habe *einen schönen Beweis gründlicher Studien und guter Darstellungsgabe geliefert* und *dem bescheidenen Manne* solle *von Seiten der hohen Landesregierung eine Aufmunterung zu Theil werden*, wobei an ein Anerkennungsschreiben und ein Honorar in Höhe von 200 Talern gedacht war (ebd.).

83 Landeshauptarchiv Schwerin: MfU, Nr. 1272 (wie Anm. 64), Nr. 6 (unfol.).

84 Landeshauptarchiv Schwerin: MfU, Nr. 1272 (wie Anm. 64), Nr. 7 (Konzept, unfol.), Nr. 9 (unfol.); Universitätsarchiv Rostock: Personalakte Karl Hegels (wie Anm. 33), fol. 26^r (Original der Mitteilung des Großherzogs an Rektor und Concilium vom 8.9.1848), fol. 29^r (Abschrift aus dem Concilium-Protokoll vom 26.5.1849).

85 HEGEL, Leben (wie Anm. 1), S. 137ff., Zitate ebd., S. 144. Auf Hegels Rolle in der 1848er Revolution in Mecklenburg kann hier nicht näher eingegangen werden; vgl. E. SCHNITZLER, Die Universität Rostock im Jahre 1848, in: Modernisierung und Freiheit. Beiträge zur Demokratiegeschichte in Mecklenburg-Vorpommern, Schwerin 1995, S. 421-451; ebd., S. 439f., zu Karl Hegel.

86 Stenographischer Bericht über die Verhandlungen des Deutschen Parlaments zu Erfurt, Bd. 1: Volkshaus, Bd. 2: Staatenhaus, hg. v. W. SCHUBERT, Vaduz 1987 (zuerst 1850). Vgl. ferner LENGEMANN, Das Deutsche Parlament (wie Anm. 42); Die Erfurter Union und das Erfurter Unionsparlament 1850, hg. v. G. MAI, Köln, Weimar, Wien 2000.

renes Kind, wie er *alle Anstrengungen der letzt vergangenen Jahre, Deutschlands Einheit und Volksfreiheit aufzurichten*, als gescheitert erkannte, vom *trostlosen Ausgange* sprach[87] und für sich resümierte: *Auch ich konnte nur mit schmerzlichem Bedauern auf meine verlorene Zeit und Arbeit zurückblicken, wiewohl ich dabei reiche Erfahrungen eingesammelt hatte, die mich belehrten, wie es in der politischen Welt zuzugehen pflegt*[88]. Und den Zusammenhang von beruflicher Beförderung vom Extraordinarius zum Ordinarius und politischer Indienstnahme hat Hegel deutlich angesprochen. Bei der Gelegenheit einer von ihm – vergeblich – vorgetragenen Bitte um Gehaltsverbesserung erinnerte er in einem Schreiben vom 9. Februar 1852 an den Vizekanzler der Universität daran, daß er im September 1848 auf Wunsch des Großherzogs und der Landesregierung *die bedenkliche und schwierige Aufgabe* übernommen habe, *eine neue Zeitung in dem von mir bisher schon öffentlich vertretenen Sinne des Rechts und der Ordnung und der Abwehr gegen umstürzende Tendenzen zu begründen*, und daß ihm *zugleich die ordentliche Professur mit 1000* [Talern] *Courant Gehalt verliehen* worden sei[89].

Die politische Polarisierung innerhalb der Rostocker Professorenschaft, wo Karl Friedrich Emanuel Türk zum Hauptführer der Demokraten geworden war und 1852 entlassen, später wegen Hochverrats zu einer Gefängnisstrafe verurteilt werden sollte[90], und der rasche personelle Wechsel unter den Lehrstuhlinhabern veränderten die Universität und ihr Klima. Auch Karl Hegel, der am 28. Mai 1850 in Nürnberg Susanna von Tucher (1826-1878) geheiratet hatte[91], drängte – nicht zuletzt aus den angesprochenen finanziellen Gründen – weg von Rostock und konnte zum Beispiel Anfang 1852 auf günstige Berufungschancen an der Universität Leipzig verweisen[92]. Er war vielfach im Gespräch, so zwischen Wilhelm Dönniges (1814-1872) und Leopold Ranke, der ihm im November 1852 in der hohen Einschätzung des *Wertes des ruhig forschenden und alles Vertrauens würdigen Karl Hegel* beipflichtete[93]. Auf eine Anfrage des bayerischen Kultusministers Theodor von Zwehl (1800-1875) teilte Ranke diesem am 28. Januar 1854 mit, *Prof. Hegel in Rostock ha*be *einen besonnenen und zu*

87　HEGEL, Leben (wie Anm. 1), S. 159.

88　HEGEL, Leben (wie Anm. 1), S. 161.

89　Landeshauptarchiv Schwerin: MfU, Nr. 1272 (wie Anm. 64), Nr. 11 (unfol.).

90　GREWOLLS, Wer war wer (wie Anm. 42), S. 443; 575 Jahre Universität Rostock (wie Anm. 27), S. 23f.; HEGEL, Leben (wie Anm. 1), S. 165f.

91　HEGEL, Leben (wie Anm. 1), S. 163ff.

92　So Hegel in seinem Schreiben vom 9.2.1852 an den Vizekanzler der Rostocker Universität (wie Anm. 89).

93　Der Brief findet sich in: L. v. RANKE, Neue Briefe, gesammelt und bearb. v. B. HOEFT†, nach seinem Tod hg. v. H. HERZFELD, Hamburg 1949, S. 351f., hier S. 352.

sicheren Resultaten führenden Forschungsgeist[94]. Anfang 1856 eröffnete sich ihm die Perspektive, eine Professur an der Universität Greifswald zu bekommen[95].

Zu dieser Zeit hatte er – seit 1. Juli 1854 das Amt des Rektors der Universität Rostock ausübend[96] – den Höhepunkt seiner akademischen Laufbahn erreicht und genoß höchstes Ansehen. Noch bevor er den Ruf nach Greifswald erhalten hatte, erreichte ihn ein solcher nach Erlangen. Rückblickend betrachtete Hegel seine Rostocker Zeit als *eine Periode meines Lebens, die ich in vieler Hinsicht als die glücklichste zu preisen Ursache habe*, wie er im September 1887 an die Philosophische Fakultät der mecklenburgischen Landesuniversität schrieb, die ihm zu seinem 50jährigen Doktorjubiläum mit einer *tabula gratulatoria* ihre Verbundenheit ausgedrückt hatte[97]. Und in seinen später verfaßten Memoiren sprach er von der *rechten Zeit, von Rostock fortzugehen: Bestimmend war für mich nicht bloß die Nähe meiner Nürnberger Verwandtschaft und der Familie meiner Frau, sondern noch mehr mein eigener sympathischer Zug nach Süddeutschland und das Verlangen, unter neuen Verhältnissen, einen weiteren Wirkungskreis zu gewinnen*[98].

III.

Karl Hegels Berufung nach Erlangen erfolgte in der Zeit, in der der seit 1848 regierende bayerische König Maximilian II. Joseph begonnen hatte, kultur- und wissenschaftspolitisch sein Augenmerk vor allem auf die Förderung der Geschichtswissenschaft in Bayern zu richten. Ihm lag – wegen der *Wichtigkeit* des *Faches der Geschichte* – *die Hebung und Belebung des Geschichtsstudiums besonders am Herzen*, weshalb er nicht nur an den Universitäten in München und Würzburg, sondern auch in Erlangen *einen zweiten ordentlichen Lehrstuhl für Geschichte* einrichtete[99]. Diesen erhielt Hegel, während der 1821 zum *Professor historiarum* in Erlangen berufene Karl Wilhelm Böttiger (1790-1862), „der noch ganz und

---

94　Der Brief findet sich in: L. v. RANKE, Das Briefwerk, eingeleitet und hg. v. W. P. FUCHS, Hamburg 1949, S. 379f., hier S. 380.

95　HEGEL, Leben (wie Anm. 1), S. 169. Ebd. erinnert sich Hegel an eine Berliner Vortragsveranstaltung: C. HEGEL, Ueber die Einführung des Christentums bei den Germanen. Ein Vortrag, auf Veranstaltung des Evangelischen Vereins für kirchliche Zwecke gehalten am 7. Januar 1856, Berlin 1856.

96　HEGEL, Leben (wie Anm. 1), S. 167ff.

97　Universitätsarchiv Rostock: Personalakte Karl Hegels (wie Anm. 33), fol. 16ʳᵛ, hier fol. 16ʳ; vgl. auch ebd., fol. 18ʳ -23ᵛ.

98　HEGEL, Leben (wie Anm. 1), S. 170; vgl. auch Hegels Abschiedsbrief vom 30.3.1856 an seine Rostocker Kollegen: Universitätsarchiv Rostock: Personalakte Karl Hegels (wie Anm. 33), fol. 32ʳ, 33ᵛ.

99　Reskript des Staats-Ministeriums des Innern für Kirchen- und Schul-Angelegenheiten des Königreichs Bayern vom 21.3.1855 in: Universitätsarchiv Erlangen: T.II, Pos. 1, Nr. 41: Karl Hegel (unfol.), Original. Zu Würzburg grundlegend: J. PETERSOHN, Franz Xaver Wegele und die Gründung des Würzburger Historischen Seminars (1857). Mit Quellenbeilagen, in: Vierhundert Jahre Universität Würzburg. Eine Festschrift hg. v. P. BAUMGART, Neustadt an der Aisch 1982, S. 483-537; zu München vgl. u. a. H. DICKERHOF-FRÖHLICH, Das historische Studium an der Universität München im 19. Jahrhundert. Vom Bildungsfach zum Berufsstudium, München 1979, insbes. S. 84-122.

gar einer vorkritischen Geschichtsschreibung verhaftet war und in Erlangen länger als vierzig Jahre kritischen Umgang mit den Quellen blockierte"[100], noch bis zu seinem Tode neben ihm lehrte. Hegel war bewußt, daß er *berufen* war, *ihn, der alt und abgängig war, zu ersetzen*[101].

Allerdings war Karl Hegel keineswegs der Kandidat – oder gar der Wunschkandidat – der Erlanger Philosophischen Fakultät gewesen. Und auch in München hatte man nicht von Anfang an den Rostocker Ordinarius im Auge, denn am Ende des Reskriptes des Staats-Ministeriums des Innern für Kirchen- und Schulangelegenheiten des Königreichs Bayern vom 21. März 1855, das *die Gründung eines neuen Lehrstuhls für Geschichte an der königlichen Universität Erlangen* betraf, stand nicht nur die Aufforderung, *einen oder mehrere tüchtige Geschichtsforscher vorzuschlagen*, sondern auch die, *hiebei auch besonderes Augenmerk auf den Privatgelehrten Dr. Flottow in Harzburg zu richten*[102]. Bei ihm handelte es sich um den Ranke-Schüler Dr. Hartwig Floto, der 1847 an der Berliner Universität promoviert worden war[103], aber für den neuen Erlanger Lehrstuhl kam er aufgrund seiner bisherigen Leistungen und seines kaum ausgeprägten Profils als Lehrer und Forscher nicht in Frage; allein Rankes günstiges Urteil reichte nicht, ihn in die engere Wahl zu ziehen[104]. Vielmehr nahm die Erlanger Philosophische Fakultät den Heidelberger Ordinarius Ludwig Häusser (1818-1867), Schüler Friedrich Christoph Schlossers, an erster Stelle, den Münchener Professor Georg Martin Thomas (1817-1887) an zweiter Stelle und Dr. Reinhold Pauli (1823-1882) aus Bremen/London an dritter Stelle in ihren Berufungsvorschlag vom 22. Mai 1855 auf; außerdem urteilte sie über den Jenenser Professor Hermann höchst positiv, den sie ebenfalls vorgeschlagen hätte, *wenn sie nicht dem gesetzlichen Brauch eines blos dreifachen Vorschlags hätte treu bleiben wollen*[105]. Während in der Fakultätssitzung vom 21. April 1855 auch noch über Maximilian Duncker (1811-1886) in Halle und Heinrich von Sybel (1817-1895) in Marburg gesprochen worden war, von denen der erstere 1857 Lehrstuhlinha-

---

100 WENDEHORST, Geschichte (wie Anm. 42), S. 103; zu Böttiger vgl. RIESINGER, MARQUARD-RABIGER, Die Vertretung des Faches Geschichte (wie Anm. 42), S. 200-203.

101 HEGEL, Leben (wie Anm. 1), S. 174.

102 Vgl. dazu das Reskript vom 21.3.1855 (wie Anm. 99).

103 Vgl. zu ihm die Akten in: Universitätsarchiv Erlangen: B I b 4a: Acta der philosophischen Fakultät zu Erlangen die Besetzung der IIten Professur der Geschichte an hiesiger Universität [betreffend] (unfol.), u. a. gutachterliche Äußerungen und vier Briefe Flotos vom 19.9., 8., 13. und 23.10.1855 aus Stuttgart.

104 Floto wurde 1856 an die Universität Basel berufen. Vgl. RANKE, Neue Briefe (wie Anm. 93), S. 369, Anm. 1; ebd. Brief Rankes an die Philosophische Fakultät der Universität Basel.

105 Der Berufungsvorschlag der Fakultät vom 22.5.1855 in: Universitätsarchiv Erlangen: T. II, Pos. 1, Nr. 41: Karl Hegel (unfol.), Reinschrift für den Universitätssenat; Konzept und weitere Akten in: Universitätsarchiv Erlangen: B I b 4a (wie Anm. 103).

ber in Tübingen, letzterer 1856 in München wurde, war von Hegel bis zu seiner Berufung zu keiner Zeit in Erlangen die Rede[106].

Nachdem Ludwig Häusser – was trotz gegenteiliger Erklärungen des Heidelberger Historikers in der Erlanger Philosophischen Fakultät erwartet worden war[107] – den Ruf an die fränkische Universität abgelehnt hatte, weigerte sich das Münchener Ministerium, den Zweitplazierten Thomas zu berufen, der aufgrund seines politischen Verhaltens in der Revolution von 1848/49 nicht genehm war[108], und überging auch den Drittplazierten Pauli. Statt derer berief König Maximilian II. Joseph gemäß Reskript vom 17. Januar 1856 Karl Hegel, der *durch das in Folge Allerhöchster Entschließung und im Auftrage des Hohen Ministeriums an mich erlassene Berufungsschreiben vom 22. Januar* 1856 *aufs freudigste überrascht* war[109]. Über die Gründe für diese Entscheidung, die in Erlangen ohne Verzögerung umgesetzt wurde, läßt sich aufgrund der lückenhaften Quellenlage nur spekulieren, aber eine Rolle dürfte auch gespielt haben, daß Hegel gleichzeitig auf *einen zweiten, nur wenige Tage später erhaltenen ehrenvollen Ruf an eine nahe gelegene preußische Universität* – es handelte sich um die Greifswalder – verweisen konnte[110]. Da alle Bedingungen Hegels für seinen Wechsel nach Erlangen erfüllt werden konnten, nahm er den Ruf am 19. Februar 1856 zum folgenden Herbst an[111], wurde vom bayerischen König zum 1. September 1856 zum *ordentlichen Professor der Geschichte an der philosophischen Facultät Unserer Hochschule Erlangen* ernannt[112], und am 4. November 1856 – dem Gründungstag der Friderico-Alexandrina – in den akademischen Senat eingeführt[113].

Über seine ersten *Erfahrung*en *sowohl in Beziehung auf die hiesigen akademischen Verhältnisse im Allgemeinen, als den historischen Unterricht insbesondere* berichtete Karl Hegel in einem Schreiben vom 28. Mai 1857 seinem Münchener Kollegen Heinrich von Sybel, den er ebenso wie sich selbst nach Bayern berufen sah – *wir zwei, glaube ich, ganz speciell* –, um des Königs Programm zu realisieren, *den*

106 Ebd. (unfol.).

107 Vgl. Brief Häussers vom 15.5.1855 aus Heidelberg an den Dekan der Erlanger Philosophischen Fakultät ebd. (unfol.) sowie die Fakultätsakten ebd. Zu Häusser vgl. WOLGAST, Politische Geschichtsschreibung (wie Anm. 47), S. 173-181.

108 KOLDE, Die Universität Erlangen (wie Anm. 26), S. 430; zu Thomas vgl. auch die Akten in: Universitätsarchiv Erlangen: B I b 4a (wie Anm. 103).

109 So Karl Hegel in einem Schreiben vom 2.2.1856 aus Rostock an den Prorektor der Universität Erlangen: Universitätsarchiv Erlangen: T. II, Pos. 1, Nr. 41: Karl Hegel (unfol.), Original; ebd. das Reskript vom 17.1.1856 aus München.

110 So Hegel in seinem Schreiben vom 2.2.1856 (wie Anm. 109).

111 Brief Karl Hegels vom 19.2.1856 aus Rostock an den Erlanger Prorektor (wie Anm. 109); weitere Akten ebd. (unfol.).

112 Das entsprechende Schreiben vom 28.5.1856 aus München ebd. (unfol.).

113 Universitätsarchiv Erlangen: T. I, Pos. 3, Nr. 176: 1856/57, Senats-Missive und Protokolle (unfol.), Senatsprotokoll vom 4.11.1856.

historischen Unterricht an den Universitäten und Gymnasien zu heben[114]. Zwar beurteilte er *den Stand der hiesigen Univer*sität *in meinem Fach äußerst mangelhaft und offenbar
vernachlässigt*, aber er hatte zugleich Hoffnung, *daß mit einiger Nachhülfe sich doch
mit der Zeit wenigstens so viel erreichen lassen wird, um das Nöthige für die bloßen Unter-
richtszwecke zu ergänzen*. Er bedauerte, daß *die eigentlichen Philologen, also ... die
künftigen Schulmänner, ... sich am wenigsten bei meinen Vorlesungen betheiligen*, und
sah die Ursachen dafür in der Einschätzung, daß *das historische Studium ... von
ihnen offenbar als etwas bloß Nebensächliches oder auch ganz Überflüssiges angesehen* wird,
als etwas, *worauf es bei ihrer künftigen Prüfung als Schulamtscandidaten wenig oder gar
nicht ankomme*. Hegel zog aus diesem Befund zwei Konsequenzen, indem er
sich hinsichtlich des Gymnasiums für ein eigenständiges Unterrichtsfach „Geschichte" – nach preußischem Vorbild – oder doch zumindest für eine stärkere Gewichtung der *Befähigung für den geschichtlichen Unterricht* in den Prüfungen
einsetzte und hinsichtlich der Universität die Einrichtung historischer Seminare unterstützte[115].

Gleich in seinem ersten Erlanger Semester nahm sich Hegel dieses Themas
an, nachdem ihm Sybel am 30. Januar 1857 im Sinne einer in München verfaßten Denkschrift zur Reform der bayerischen Schulordnung geschrieben und
nahegelegt hatte, an der Friderico-Alexandrina ein historisches Seminar nach
Münchener Vorbild zu errichten, wie es Franz Xaver Wegele auch in Würzburg tun sollte[116]. Hegel ließ in seinem Antwortschreiben vom 8. Februar 1857
keinen Zweifel an seiner Einstellung, *daß durch die Errichtung historischer Seminare
an den drei Landes-Universitäten der Zweck, tüchtige Gymnasiallehrer für den Geschichtsunterricht zu bilden, wesentlich gefördert werden* müsse, ja daß er sie *beinahe für unentbehrlich* halte, und er war überzeugt, daß nur sehr wenige Studenten in der Lage
seien, *ohne Anleitung zu eigener Übung ... sich die richtige Methode des geschichtlichen
Studiums und eine entsprechende Behandlungsweise des Unterrichts anzueignen*[117]. Aber
der Erlanger Ordinarius sah die Realisierungsmöglichkeiten – vor allem aus
finanziellen Gründen – sehr viel düsterer als der Münchener Kollege und sah
folglich seine *Hauptaufgabe* darin, *durch meine Vorlesungen das seit lange darniederlie-
gende Studium der Geschichte an der hiesigen Universität wieder anzuregen*[118]. Auch
wenn Hegel sich in seinem Schreiben vom 28. Mai 1856 als *zu ängstlich für unseren Universitäts Etat besorgt* charakterisierte[119], tatsächlich kam es erst 1872 zur

114 Geheimes Staatsarchiv Preußischer Kulturbesitz Berlin: I. HA Rep. 72, Nachlaß Heinrich von Sybel,
B 1 XVII, Hegel, fol. 102ʳ-103ᵛ, hier fol. 102ʳ.

115 Ebd., fol. 102ʳᵛ.

116 Siehe dazu P. E. HÜBINGER, Das Historische Seminar der Rheinischen Friedrich-Wilhelms-
Universität zu Bonn. Vorläufer – Gründung – Entwicklung. Ein Wegstück deutscher Universitätsgeschichte (Bonner Historische Forschungen, Bd. 20), Bonn 1963, S. 62f., Anm. 47.

117 Der Brief Hegels bei HÜBINGER, Das Historische Seminar (wie Anm. 116), S. 260-262 (Nr. 19), hier
S. 260.

118 Ebd., S. 262.

119 Wie Anm. 114, fol. 103ʳ.

Gründung eines Historischen Seminars an der Universität Erlangen[120]. Sie liegt allerdings weitgehend im Dunkeln, denn den Akten ist unter dem Datum des 17. Oktobers 1872 direkt lediglich zu entnehmen, daß *Vierhundertfuenfzig Gulden zur Herstellung eines historischen Seminars* zur Verfügung standen, von denen 100 Gulden für die Anschaffung von Büchern, 150 Gulden für Stipendien und je 100 Gulden für die Professoren Karl Hegel und Alfred Schöne (1836-1918), Klassischer Philologe und Vertreter der Alten Geschichte, für die Leitung des Seminars bestimmt waren[121].

Auch wenn das Erlanger Historische Seminar, dessen Anfänge und erste Jahrzehnte man sich nicht bescheiden genug vorstellen kann, noch lange keine Institution mit Seminar- und Bibliotheksräumen war und die Übungen für die Studenten – wie andernorts auch – in den Wohnungen der Professoren stattgefunden haben dürften, es ist Karl Hegels universitätsgeschichtlich bedeutsamste Leistung, dieses Seminar begründet zu haben. Indem sie nach den frühesten Seminargründungen in Königsberg (1832) und Breslau (1843) sowie denen in München (1857) und Würzburg (1857) und dann in Bonn (1861), Greifswald (1862), Marburg (1865), Rostock (1865) und Innsbruck (1871) erfolgte, gehört das Erlanger Historische Seminar zu den ältesten an Universitäten der Mitgliedsstaaten des Deutschen Bundes beziehungsweise des Deutschen Reiches[122]. Maßgeblich geprägt wurde es von Karl Hegel, der ihm bis zu seinem Ausscheiden als akademischer Lehrer im Jahre 1886 seinen Stempel aufdrückte[123].

Hegels Erfolg in der Universität, deren Prorektor er unter dem landesherrlichen Rektorat des bayerischen Königs Ludwig II. (1845-1886) im akademischen Jahr 1870/71 war – eingeleitet mit einer ganz unter dem Eindruck der Erfolge im Deutsch-Französischen Krieg stehenden Rede[124] –, korrespondiert mit seinem stetig wachsenden wissenschaftlichen Renommee. Auf Leopold Ranke machte er – seit er ihn als Mitglied der Historischen Kommission bei der Königlich Bayerischen Akademie der Wissenschaften regelmäßig und öfter sah – *einen immer besseren Eindruck ... : durch und durch gelehrt, ein guter Professor und*

---

120 Vgl. dazu NEUHAUS, Mit Gadendam fing alles an (wie Anm. 42), S. 32ff.

121 Bayerisches Hauptstaatsarchiv München: Abt. I, Allgemeines Staatsarchiv, MK 40058: Acta des Staats-Ministeriums des Innern für Kirchen- und Schul-Angelegenheiten. Hohe Schule Erlangen. Historisches Seminar, 1872-1941, Auszug aus dem Budget (unfol.).

122 Vgl. dazu PETERSOHN, Franz Xaver Wegele (wie Anm. 99), S. 483 mit Anm. 1. Die Gründung des Historischen Seminars an der Universität Rostock erfolgte unter Hegels Nachfolger Reinhold Pauli; vgl. 575 Jahre Universität Rostock (wie Anm. 27), S. 109.

123 Vgl. dazu NEUHAUS, Mit Gadendam fing alles an (wie Anm. 42), S. 41f.; vgl. auch die erst jetzt zugänglich gewordenen Akten in dem in Anm. 121 genannten Münchener Archiv-Bestand. Zu Hegels Erlanger Lehrtätigkeit vgl. RIESINGER, MARQUARD-RABIGER, Die Vertretung des Faches Geschichte (wie Anm. 42), S. 214.

124 C. HEGEL, Die deutsche Sache und die deutschen Hochschulen. Rede beim Antritt des Prorektorats der Königlich Bayerischen Friedrich-Alexanders-Universität Erlangen am 4. November 1870 gehalten, Erlangen 1870.

für unsere Arbeiten unschätzbar[125]. Daß er unter *mehreren der jüngeren Historiker* Hegel *eine der ersten Stellen ein*nehmen sah, schrieb er ihm selbst am 8. März 1867 unter dem Eindruck der ersten Bände der „Chroniken der deutschen Städte": *Zu dem Sukzeß unserer Unternehmungen haben Sie durch Ihre meisterhafte Bearbeitung der Stadtchroniken vornehmlich beigetragen*[126]. In Erlangen wurde Karl Hegel – im Laufe der Jahrzehnte vielfach geehrt und in die bedeutendsten Institutionen der Geschichtswissenschaft wie der Wissenschaften überhaupt berufen[127] – zum „Städtehegel", wie ihn Richard Fester in seiner Grabrede glaubte voller Respekt nennen zu dürfen[128]. Nachdem er sich aus Rostock mit einer „Geschichte der mecklenburgischen Landstände bis zum Jahr 1555"[129] verabschiedet hatte, galten seine Forschungen in Erlangen – parallel zu seinen zahlreichen Editionen von Städtechroniken – fast ausschließlich stadtgeschichtlichen Themen: 1891 legte er „Städte und Gilden der germanischen Völker im Mittelalter" in zwei Bänden vor, die er als *Gegenstück* zu seiner ebenfalls zweibändigen „Geschichte der Städteverfassung von Italien" von 1846/47 verstand[130], und 1898 erschien noch seine letzte wissenschaftliche Monographie „Die Entstehung des Deutschen Städtewesens"[131], der im Jahr vor seinem Tod seine Memoiren folgten.

Natürlich blieb er *der Sohn des Philosophen*[132], dessen Briefe er zusammen mit den an ihn gerichteten Schreiben ebenso herausgab[133] wie des Vaters „Vorlesungen über die Philosophie der Geschichte"[134]. Aber von seiner ersten großen Untersuchung an, deren Vorrede Karl Hegel am 27. August, *an dem Geburtstage meines verewigten Vaters*, des Jahres 1846 in Rostock verfaßt hatte[135], war er zu einer eigenständigen Wissenschaftler-Persönlichkeit gereift und zu einem

---

125 So Ranke im Oktober 1863 aus Venedig an seine Frau Clara, in: RANKE, Das Briefwerk (wie Anm. 94), S. 445; der ganze Brief ebd., S. 444f.

126 RANKE, Neue Briefe (wie Anm. 93), S. 489.

127 1867 und 1881 waren Hegel von den Universitäten Halle und Göttingen die Ehrendoktorwürden der Rechtswissenschaftlichen Fakultäten verliehen worden: vgl. die Angaben in: Universitätsarchiv Rostock: Album der Professoren, Nr. 263 (aufgrund brieflicher Mitteilung Hegels); siehe im übrigen oben mit Anm. 28ff.

128 FESTER, Karl von Hegel (wie Anm. 41), S. 4f.

129 1968 in einem Neudruck erschienen: K. HEGEL, Geschichte der mecklenburgischen Landstände bis zum Jahr 1555. Mit Urkunden-Anhang, Rostock 1856.

130 1962 in einem Neudruck erschienen: K. HEGEL, Städte und Gilden der germanischen Völker im Mittelalter, 2 Bde., Leipzig 1891; Zitat im Vorwort zu Bd. 1, ebd., S. V.

131 K. HEGEL, Die Entstehung des Deutschen Städtewesens, Leipzig 1898.

132 So Leopold Ranke in dem in Anm. 125 zitierten Brief, S. 445.

133 Briefe von und an Hegel, hg. v. K. HEGEL, Erster Theil: Mit einem Porträt Hegel's, Zweiter Theil: Mit einem Facsimile Hegel's (Georg Wilhelm Friedrich Hegel's Werke. Vollständige Ausgabe durch einen Verein von Freunden des Verewigten, Bde. 19 und 20), Leipzig 1887.

134 G. W. F. HEGEL, Vorlesungen über die Philosophie der Geschichte, hg. v. K. HEGEL, Berlin ²1840; die erste Auflage hatte E. GANS 1837 herausgegeben.

135 HEGEL, Geschichte der Städteverfassung von Italien (wie Anm. 35), Bd. 1, S. XII.

führenden Vertreter der deutschen Geschichtswissenschaft im 19. Jahrhundert
geworden. Wie er Quellenedition und Geschichtsschreibung miteinander verknüpfte und zum „Monument aus Rankeschen Tagen" wurde, als das der
Fünfundachtzigjährige auf dem Nürnberger Historikertag des Jahres 1898 gefeiert wurde[136], so verband er im Humboldtschen Sinne Forschung und Lehre
im Historischen Seminar, das vor allem Pflanzschule wissenschaftlich ausgebildeter und mit den Methoden der Quellenkritik vertrauter Gymnasiallehrer
im Fach „Geschichte" sein sollte.

---

136 P. SCHUMANN, Die deutschen Historikertage von 1893 bis 1937. Die Geschichte einer fachhistori-
schen Institution im Spiegel der Presse, Diss. phil. Marburg/Lahn 1974, S. 121; vgl. auch: Bericht
über die fünfte Versammlung deutscher Historiker zu Nürnberg 12. bis 15. April 1898, erstattet von
der Leitung des Verbandes deutscher Historiker, Leipzig 1898, S. 51f.; vgl. ferner W. GOETZ, Aus
dem Leben eines deutschen Historikers, in: DERS., Historiker in meiner Zeit. Gesammelte Aufsätze,
Köln, Graz 1957, S. 1-87, hier S. 27; ferner DERS., Die deutsche Geschichtsschreibung des letzten
Jahrhunderts und die Nation, in: Ebd., S. 88-111, hier S. 94, 98, 103; DERS., Die bayerische Geschichtsforschung im 19. Jahrhundert, in: Ebd., S. 112-174, hier S. 141.

MAYER VERSUS MEYER.
GUSTAV MAYERS GESCHEITERTE HABILITATION IN BERLIN 1917/18

Von Gottfried NIEDHART

*A*M 3. *JANUAR FALLE ICH* im *Colloquium in der Universität durch. . . . Meinecke, Hintze, Herkner waren für mich eingetreten. Erich Marcks besucht uns und bietet mir an, mich in München zu habilitieren.* So faßte Gustav Mayer Mitte Januar 1918 in einer Tagebuchnotiz das Scheitern seiner Habilitation an der Philosophischen Fakultät der Friedrich-Wilhelms-Universität in Berlin in knappen Worten zusammen[1]. Das Votum namhafter Wissenschaftler hatte nicht ausgereicht, eine Mehrheit für ihn zu erreichen. Trotz prominenter Unterstützung war es dem Außenseiter, der Mayer nach Herkommen, Bildungsgang und Forschungstätigkeit war, nicht gelungen, Eingang in die Universität zu finden. Allerdings waren Mayers Widersacher in der deutschen Historikerzunft nicht weniger prominent. Zu ihnen gehörte unter anderen der Althistoriker Eduard Meyer, der zusammen mit dem als Hanseforscher hervorgetretenen Dietrich Schäfer die Ablehnungsfront anführte.

Gustav Mayer wurde die Habilitation verweigert, obwohl er zu diesem Zeitpunkt bereits eine Fülle von Arbeiten vorweisen konnte, die in der Fachwissenschaft auf positive Resonanz gestoßen waren[2]. Er hatte sich einen Namen als Historiker der deutschen Sozialdemokratie gemacht. Neben diesen zeitgeschichtlichen Studien standen wichtige Publikationen zu Liberalismus und Demokratie in Deutschland seit dem Vormärz. Noch unveröffentlicht war der erste Band der später zweibändigen Biographie über Friedrich Engels. Entstanden war dieses Oeuvre außerhalb des organisierten Wissenschaftsbetriebs. Mayer lebte als Privatgelehrter, der es freilich verstanden hatte, verschiedene Kontakte zu Universitätshistorikern anzubahnen. Wie dieses Netzwerk ent-

---

1 Tagebucheintrag 22.1.1918. Internationales Institut für Sozialgeschichte (Amsterdam), Nachlaß Gustav Mayer (künftig: Mayer NL).

2 Zu Mayers Werk und Biographie H.-U. WEHLER, Gustav Mayer, in: Deutsche Historiker, hg. v. H.-U. WEHLER, Göttingen 1973, S. 228-240; H. SCHLEIER, Zu Gustav Mayers Wirken und Geschichtsauffassung: Klassenkampf – Sozialreform – Revolution, in: Evolution und Revolution in der Weltgeschichte. Ernst Engelberg zum 65. Geburtstag, hg. v. H. BARTEL u. a., Bd. 1, Berlin 1976, S. 301-326; B. FAULENBACH, Gustav Mayer. Zwischen Historiker-Zunft und Arbeiterbewegung, in: Die geteilte Utopie. Sozialisten in Frankreich und Deutschland. Biographische Vergleiche zur politischen Kultur, hg. v. M. CHRISTADLER, Opladen 1985, S. 183-195; J. PRELLWITZ, Jüdisches Erbe, sozialliberales Ethos, deutsche Nation: Gustav Mayer im Kaiserreich und in der Weimarer Republik, Mannheim 1998. Bei der Arbeit von Prellwitz handelt es sich um eine von mir an der Universität Mannheim betreute Dissertation, auf die ich mich im folgenden wiederholt beziehen werde. Ich danke Jens Prellwitz für die Bereitstellung von Material, das er im Laufe seiner Forschungen zusammengetragen hat.

stand und welchen Umfang es hatte, soll im folgenden beschrieben werden,
denn es läßt erkennen, wie es Mayer möglich war, überhaupt den Anlauf zur
Habilitation zu wagen. Das Scheitern des Habilitationsversuchs wiederum
wirft ein Licht auf die Frontenbildung an der Berliner Universität. Es zeigt das
Ausmaß der wissenschaftlichen und vor allem politischen Gegensätze, die die
Philosophische Fakultät bestimmten. So bemerkenswert Biographie und wissenschaftliche Leistung des Historikers Gustav Mayer für sich genommen
sind, so weist der Fall doch zugleich über sich hinaus und läßt wesentliche Züge der deutschen Geschichtswissenschaft und des Universitätsbetriebs in der
Epoche des Ersten Weltkriegs erkennen.

Gegen Ende seines Lebens hat Mayer im Londoner Exil seine Erinnerungen geschrieben und ihnen den Untertitel *Vom Journalisten zum Historiker der
deutschen Arbeiterbewegung* gegeben[3]. Darin kommt schon zum Ausdruck, daß er
nicht auf eine Wissenschaftlerbiographie im üblichen Sinn zurückblicken
konnte. Auch hat der 1871 in Prenzlau geborene und aus einer jüdischen
Kaufmannsfamilie stammende Mayer nicht das Fach Geschichte studiert.
Vielmehr entschied er sich für das Modestudium jener Jahre, für das Studium
der Nationalökonomie. In Berlin hatte er mit Gustav Schmoller freilich einen
akademischen Lehrer, der als führender Vertreter der historischen Schule der
Nationalökonomie Wirtschafts- und Geschichtswissenschaftler in einer Person war und der Mayer nachhaltig prägte. Das von Schmoller und anderen
Kathedersozialisten geweckte Interesse für die „soziale Frage" hat Mayer fortan ebenso beschäftigt wie das innenpolitische Kardinalproblem seiner Zeit,
auf welchem Weg man zu einer Integration der Sozialdemokratie in Staat und
Gesellschaft kommen könne. Ihren ersten Niederschlag fand diese Thematik
in Mayers Dissertation über „Lassalle als Sozialökonom". Die Anregung dazu
kam von Georg Adler, der Nationalökonomie in Freiburg lehrte. Mayer hatte
es nach Freiburg gezogen, weil er die liberale Luft Badens atmen wollte. Die
Promotion erfolgte schließlich 1893 in Basel, wohin Adler gewechselt war.

Nach dem Abschluß des Studiums erfüllte Mayer zunächst die Erwartungen
seines Vaters und arbeitete für kurze Zeit in der Berliner Verlagsbuchhandlung
Mayer & Müller, deren Mitinhaber ein Onkel Gustav Mayers war und die auch
seine Dissertation herausbrachte. Daneben ergab sich zwar die Gelegenheit, an
Seminaren von Schmoller teilzunehmen und im Rahmen der von diesem betriebenen Untersuchungen über die Lage des Handwerks in Deutschland auch
kleinere Publikationen zu Mayers Heimatstadt Prenzlau anzufertigen, doch
mußte der Wunsch nach wissenschaftlicher Arbeit für das nächste Jahrzehnt

---

3 Die Veröffentlichung seiner Erinnerungen 1949 erlebte der im Jahr zuvor gestorbene Mayer nicht
   mehr. Im folgenden wird auf den mit Erläuterungen und Ergänzungen – darunter eine Bibliographie
   der Schriften Mayers – versehenen Nachdruck zurückgegriffen: G. MAYER, Erinnerungen. Vom
   Journalisten zum Historiker der deutschen Arbeiterbewegung, hg. v. G. NIEDHART, Hildesheim u. a.
   1993.

zurückstehen. Seinen Lebensunterhalt verdiente Mayer als Journalist. Bis 1905
berichtete er für den Wirtschaftsteil der Frankfurter Zeitung aus Amsterdam,
Brüssel und Hamburg. Fand er auch wenig Gefallen an dieser Tätigkeit, so ließ
sie ihm doch in ausreichendem Maß Zeit für seine Neigungen. Alsbald begann
er, auch über Literatur und bildende Kunst Artikel zu schreiben. Nicht zuletzt
wandte er sich wiederholt dem Themenkomplex zu, den er später zum Gegenstand seiner historischen Studien machen sollte, der sozialen Lage der arbeitenden Massen und ihren politischen Organisationen[4].

Für den Entschluß, sich der historischen Forschung zuzuwenden, sind zwei
konkrete Anstöße auszumachen. Zum einen wurde Mayer gebeten, verschiedene Kapitel der Festschrift abzufassen, die zum fünfzigjährigen Bestehen der
Frankfurter Zeitung erscheinen sollte. Mayer schrieb die Abschnitte zur Par-
teienentwicklung, zur Arbeiterbewegung, zum Sozialistengesetz und zur Lage
der SPD nach Bismarcks Entlassung. Zum anderen lernte er 1905 die Frau
kennen, die er bald heiraten sollte. Flora Wolff stammte aus einer wohlhaben-
den Berliner jüdischen Familie und ermöglichte es ihrem Mann, aus dem festen Angestelltenverhältnis auszuscheiden. Sie ermunterte ihn, nur noch als
freier Mitarbeiter für die Zeitung tätig zu sein, im übrigen aber als Privatgelehrter seinen wissenschaftlichen Interessen nachzugehen. Tatsächlich gelang
es, mit der Frankfurter Zeitung ein entsprechendes Arrangement auszuhan-
deln. Dazu gehörte, daß Mayer *in einer der Universitätsstädte in Frankfurts Nähe*
seinen Studien nachgehen sollte: *Wir entschieden uns für Heidelberg*[5]. Dort lebte
das junge Paar seit Oktober 1906 für zwei Jahre, in denen Mayer sein erstes
Buch verfaßte, eine Geschichte der deutschen Sozialdemokratie von 1864 bis
1875, also von Lassalles Tod bis zum Gothaer Vereinigungskongreß und der
Gründung der Sozialistischen Arbeiterpartei Deutschlands[6]. Schon hier traten
alle Merkmale hervor, die Mayers Forschungen auch weiterhin kennzeichnen
sollten. Dazu gehörten der biographische Zugang, das Aufspüren von entlegenen Quellen und die Befragung von Zeitzeugen. In einer Rezension rühmte
Hermann Oncken, der Mayer auch brieflich *bestens* gratulierte[7], den *Spürsinn*
des Autors für nur schwer erreichbare Quellen und sprach von einem *wertvollen*
Beitrag zur deutschen Parteigeschichte überhaupt[8].

Mayer und Oncken kannten sich auch persönlich, denn Mayer hatte den
Kontakt zu dem seit 1907 in Heidelberg lehrenden Oncken ebenso gesucht
wie schon zu dessen Vorgänger Erich Marcks. Mit beiden blieb Mayer, der im

---

4   Genauer dazu PRELLWITZ, Mayer (wie Anm. 1), S. 52ff.

5   MAYER, Erinnerungen (wie Anm. 3), S. 169.

6   G. MAYER, Johann Baptist von Schweitzer und die Sozialdemokratie. Ein Beitrag zur Geschichte
    der deutschen Arbeiterbewegung, Jena 1909 (Nachdruck Glashütten 1970).

7   Oncken an Mayer 22.7.1910. Mayer NL.

8   Rezension in: Archiv für die Geschichte des Sozialismus und der Arbeiterbewegung 1 (1911), S. 371-
    377, hier S. 371. Vgl. auch die Rezension von V. VALENTIN in: HZ 110 (1913), S. 137-146.

Herbst 1908 nach Berlin umzog, weil er dort für seine Forschungen bessere Arbeitsbedingungen vorfand, in dauerhafter Verbindung, und beide spielten eine wichtige Rolle bei Mayers Eintritt in die akademische Welt. Sie waren es auch, die sich bei dem Mann für Mayer verwandten, mit dem dieser später in eine enge, bis in die letzten Lebensjahre Mayers dauernde Beziehung treten sollte, bei Friedrich Meinecke. Als Marcks an Meinecke in dessen Funktion als Herausgeber der Historischen Zeitschrift schrieb, um auf Mayers gerade erschienenes Buch aufmerksam zu machen, fand er zugleich treffende Worte zur Charakterisierung der Person. Er nannte ihn einen *ziemlich einsam stehenden, fleißigen und ehrlichen Mann*[9]. Wenig später legte Marcks dem damals an der Universität Freiburg tätigen Meinecke nahe, Mayers Wunsch nach einer Begegnung nachzukommen. Er sei *ein ruhiger und sachlich strebender Mann von politischen Grundanschauungen, die Dir sympathisch sein werden. ... Ich empfehle ihn Dir angelegentlichst; ich habe ihn, dessen jüdische Art deutlich, aber nicht unangenehm ist, immer anständig und zuverlässig befunden*[10].

Hätte Mayer diese Empfehlungen gelesen, sie hätten ihn nicht nur erfreut, sondern auch geschmerzt. Denn die dort beschriebene Außenseiterstellung begleitete Mayer als existentielles Lebensproblem. Die *jüdische Art*, was immer Marcks damit sagen wollte, war schon dem jungen Mayer als Hemmschuh erschienen, ohne daß er den damit verbundenen Identitätskonflikt hätte lösen können[11]. Seine Selbstwahrnehmung, auch im freundlichen und kollegialen Umgang mit Nichtjuden ausgegrenzt zu sein, fand in den Worten von Marcks ihre Bestätigung. Mayer fühlte sich vereinzelt, aber er hielt sich nicht für stark genug, auf Dauer ein Einzelkämpfer zu bleiben. Könnte die Universität den institutionellen Rahmen bieten, um das Gefühl von Gruppenzugehörigkeit zu erlangen?

Auch Hermann Oncken war bemüht, Mayer den Weg in die universitäre Wissenschaft zu bahnen. In seinen Heidelberger Lehrveranstaltungen empfahl er Mayers Schriften, was eine zusätzliche Note dadurch erhielt, daß Mayers Schwester Gertrud Onckens Vorlesung besuchte[12]. Sie war mit Karl Jaspers

---

9 Marcks an Meinecke 21.7.1910. Geheimes Staatsarchiv – Stiftung Preußischer Kulturbesitz (Berlin), Rep. 92, Nachlaß Friedrich Meinecke (künftig: Meinecke NL).

10 Marcks an Meinecke 29.1.1912. Ebd. Ich verdanke den Hinweis auf diese Briefe Jens Nordalm, der eine Dissertation über Marcks an der Universität Bonn vorbereitet.

11 Mayer nannte es die *zentrale Antinomie* seines Lebens, die er nicht auflösen könne: *meine Stellung in der Welt des Religiösen und Nationalen. Dazu fehlt mir jene Einseitigkeit, die alle anderen Triebe fortschneidet, damit ein einziger kräftig emporschießt*. Leichter hätten es Juden, die als *Lebenskünstler* für sich zu größerer Eindeutigkeit finden könnten. *Wie leicht haben es gar erst jene Menschen, die eindeutig in ihrem Volkstum stehen und in deren Adern nicht das durch tausendjähriges Leid gefilterte Blut fremder Striche fließt.* Mayer an seine Schwester Gertrud 18.12.1915. Mayer NL. Vgl. auch G. NIEDHART, Identitätskonflikte eines deutschen Juden an der Wende vom 19. zum 20. Jahrhundert: Gustav Mayer zwischen jüdischer Herkunft und ungewisser deutscher Zukunft, in: Tel Aviver Jahrbuch für deutsche Geschichte 20 (1991), S. 315-326.

12 Oncken an Mayer 5.2.1913. Mayer NL.

verheiratet, der 1908 sein Medizinstudium in Heidelberg mit der Promotion abgeschlossen hatte, bevor er dort wenig später seine Universitätskarriere als Psychologe und Philosoph begründete. Mayer seinerseits rezensierte die Neuauflage von Onckens Lassalle-Biographie[13], die erstmals 1904 erschienen war. Oncken gehörte damit zu den wenigen Fachhistorikern, die sich überhaupt mit der Geschichte der Arbeiterbewegung befaßten, und hat die *Absperrung der bürgerlichen Historie gegenüber dem Sozialismus als Objekt der Wissenschaft* nachdrücklich kritisiert[14]. Was bei Oncken ein Thema neben anderen war, geriet bei Mayer zum Hauptarbeitsgebiet. Über die Buchpublikation hinaus machte er sich durch größere Aufsätze einen Namen, darunter die „berühmte"[15] Abhandlung über „Die Trennung der proletarischen von der bürgerlichen Demokratie in Deutschland 1863-1870"[16]. Im Sommer 1913 plante er eine zweibändige Geschichte der deutschen Sozialdemokratie, um die ihn ein Verleger gebeten hatte. *Das wird wohl beinahe ein Lebenswerk,* kommentierte sein Schwager Jaspers. *Es muß schön für Dich sein, so gut vorbereitet, als einziger — wenn ich recht urteile —, der, ohne Parteimensch zu sein, intime Kenntnisse hat, ein so interessantes Geschehen darzustellen*[17].

Im selben Jahr erkundigte sich Oncken bei seinem Lehrer Max Lenz, wie die Chancen für eine Habilitation Mayers in Berlin stünden. Oncken kam damit einem Wunsch Mayers nach. Von dessen Arbeiten hatte Lenz *eine sehr günstige Meinung.* Doch sei die Fakultät übereingekommen, nur Bewerber zu akzeptieren, die *nach ihrem Alter und nach ihren Lebensabsichten* eine gewisse Gewähr für eine erfolgreiche akademische Laufbahn boten. Im Einzelfall könne man freilich von diesem Prinzip abweichen. Damit war dem damals schon über vierzigjährigen Mayer deutlich, daß für ihn eine Ausnahme gemacht werden mußte. Auch eine andere mögliche Schwierigkeit deutete Oncken an, wenn er Mayer den Eindruck übermittelte, daß *Lenz von jeder politischen Bedenklichkeit oder Gegensätzlichkeit frei sei, in Ihrem Falle.* Für Mayer mußte sich natürlich sofort die Frage stellen, ob vielleicht andere Mitglieder der Fakultät genau solche Bedenken gegen ihn hegten. Für das weitere Vorgehen empfahl Oncken, der schon

---

13 In: Zeitschrift für Politik 6 (1913), S. 677-684.

14 Schon in der 2. Aufl. der Lassalle-Biographie 1912. Das Zitat entstammt einem unveröffentlichten Text aus dem Jahr 1919. Zit. bei R. VOM BRUCH, Wissenschaft, Politik und öffentliche Meinung. Gelehrtenpolitik im Wilhelminischen Deutschland (1890-1914), Husum 1980, S. 221. Vgl. auch B. FAULENBACH, Ideologie des deutschen Weges. Die deutsche Geschichte in der Historiographie zwischen Kaiserreich und Nationalsozialismus, München 1980, S. 359.

15 So H.-U. WEHLER in seinem Nachwort zu einem Band, der zwei Aufsätze Mayers aus den Jahren 1911 und 1913 erneut veröffentlichte. G. MAYER, Radikalismus, Sozialismus, bürgerliche Demokratie, hg. v. H.-U. WEHLER, Frankfurt 1969, S. 190.

16 Erschienen in: Archiv für die Geschichte des Sozialismus und der Arbeiterbewegung 2 (1912), S. 1-67. Auch als selbständige Schrift publiziert: Leipzig 1911. Dazu die Rezension von G. RITTER in: Zeitschrift für Politik 6 (1913), S. 523-528.

17 Jaspers an Mayer 10.7.1913. Mayer NL.

Mayers Buch über Schweitzer *für eine durchaus und unbedingt ausreichende Habilitationsleistung* hielt, mit einem möglichen Habilitationsverfahren bis zur Fertigstellung des „Engels" zu warten[18].

Damit war die Biographie über den jungen Friedrich Engels gemeint, an der Mayer seit einiger Zeit arbeitete. Sie sollte das Leben von Engels bis 1851 umfassen und Ende 1914 abgeschlossen sein. In der ersten Hälfte dieses Jahres kam Mayer allerdings zu dem Entschluß, damit nicht mehr das Ziel der Habilitation verbinden zu wollen. *In mir hat allmählich das Gefühl die Oberhand gewonnen,* so teilte er Oncken im Mai 1914 mit, *daß ich, wenn ich auf meinen wenig schablonenhaften Lebensweg zurückblicke, eigentlich eine Stillosigkeit beginge, wenn ich mich um irgendetwas bemühte, was nicht ausschließlich von den Leistungen abhängt. Ich hoffe, daß sich die lebendige wissenschaftliche Fühlung, die ich damit erreichen wollte, auch einstellen wird, wenn ich in Büchern mein Bestes zu geben versuche*[19]. Oncken verstand Mayers Haltung durchaus, zumal Lenz Berlin inzwischen in Richtung Hamburg verlassen hatte. Er bot aber zugleich an, den Kontakt mit Meinecke herzustellen, der seine Berliner Professur im Herbst 1914 antreten sollte[20].

Der sich in der Tat problemlos ergebende Meinungs- und Gedankenaustausch mit Meinecke, der auch politische Themen einschloß[21], wurde ebenso unterbrochen wie die Arbeit an der Engelsbiographie, als Mayer im Januar 1915 in den Dienst der deutschen Verwaltung im besetzten Belgien eintrat. Seit seiner langjährigen Korrespondententätigkeit in Brüssel mit Belgien wohl vertraut, sah Mayer hier eine Möglichkeit, seine Außenseiterrolle, die ihn ständig – im Krieg jedoch noch stärker als sonst – bedrückte, hinter sich lassen zu können[22]. Auch in Brüssel ergaben sich am Rande einige Begegnungen mit Universitätshistorikern, und bald sollte sich Mayer wieder mit dem Plan einer Habilitation beschäftigen. In einer für ihn charakteristischen Mischung aus aktivem Interesse und reflektierter Passivität suchte Mayer den Zugang zur Universität und fühlte sich zugleich durch die außerwissenschaftlichen und einer Universitätslaufbahn entgegenstehenden Schwierigkeiten (sein Alter, seine Herkunft, seine westlich orientierte politische Grundposition, seine nur punktuelle Anbindung an die historische Zunft) gelähmt.

Zu den Historikern, die im Herbst 1915 im Zusammenhang mit der belgischen Frage nach Brüssel reisten, gehörte auch Erich Marcks. Grundsätzlich hatte auch er sich bereiterklärt, in der Habilitationsfrage bei Meinecke *anzuklopfen*[23]. Mayer wollte diese *Gefälligkeit* gern *in Anspruch nehmen*, zugleich

---

18 Oncken an Mayer 27.4.1913. Mayer NL.

19 Mayer an Oncken 16.5.1914. Staatsarchiv Oldenburg 271-14, Nachlaß Hermann Oncken (künftig: Oncken NL).

20 Oncken an Mayer 18.5.1914. Mayer NL.

21 Tagebucheintrag Mayers 10.11.1914. Mayer NL.

22 Zu Mayers Tätigkeit in Brüssel 1915 vgl. PRELLWITZ, Mayer (wie Anm. 1), S. 100ff.

23 Marcks an Mayer 3.8.1915: *Ihre persönlichen Zukunftserwägungen verstehe ich gut. Auch mir scheint schade, daß*

Marcks aber bitten, *die Angelegenheit so zu behandeln, daß, wenn Meinecke auf Wider-stände stößt, meine persönlichen Beziehungen zu Meinecke darunter nicht zu leiden brau-chen.* Mayer wollte die Sache nicht *wie eine Schicksalsfrage* einstufen. Schon gar nicht wollte er deswegen seinen Wohnsitz nach München verlegen, wo er sich in der Obhut seines Fürsprechers Marcks hätte habilitieren können[24]. Daß Berlin allerdings als schwieriges Terrain zu betrachten sei, darauf wurde Mayer von dem Heidelberger Historiker Karl Hampe aufmerksam gemacht, der ebenfalls in Brüssel tätig war. Hampe sprach von der ausgeprägten Lagerbil-dung innerhalb der Berliner Philosophischen Fakultät, insbesondere *von den Friktionen zwischen den Berliner Historikern, wo einer immer gegen den Kandidaten des anderen ist*[25].

Bei diesen Fronten, zwischen denen ein Habilitand leicht zerrieben werden konnte, handelte es sich um die unüberbrückbaren Gegensätze zwischen kon-servativen Nationalisten und gemäßigt liberalen Reformern. Erstere hatten in Berlin mit Dietrich Schäfer und Eduard Meyer zwei miteinander befreundete und publizistisch sehr aktive Exponenten in ihren Reihen. Auch der Philosoph Alois Riehl gehörte zu dieser Gruppierung[26]. Sie propagierten nicht nur die „Ideen von 1914" und organisierten die „Erklärung der Hochschullehrer des Deutschen Reiches" vom Oktober 1914, sondern verbanden in einer sich im Laufe des Krieges zunehmend radikalisierenden Intransigenz auch die Vorstel-lung eines Siegfriedens mit dem Festhalten am innenpolitisch-gesellschaft-lichen Status quo[27]. Dem standen liberal orientierte Historiker gegenüber, die in der Fixierung auf innerstaatliche und internationale Konfliktlinien eine Ge-fährdung für den inneren Zusammenhalt der Gesellschaft und für die außen-politische Handlungsfähigkeit sahen.

Zur Gruppe der gemäßigten liberalen Hochschullehrer zählten in der Berli-ner Philosophischen Fakultät unter anderen Friedrich Meinecke oder Hans Delbrück[28]. Auch Gustav Mayer, der nie einer politischen Partei angehörte,

---

Ihre reichen Kräfte nicht noch voller nach außen streben können. Könnte ich irgendwo und -wie dazu helfen, so stehe ich stets zu Ihrer Verfügung. Berliner Dozent? Warum nicht? Wie stehen Sie mit Meinecke? Die Zugänge sind in der Philosophischen Fakultät erschwert worden, und die persönlichen Einflüsse stehen gern widereinander. Aber Sie sind auch nicht der Erste-Beste. Meinecke würde Sie beraten können, ich denke er würde es mit sachlicher Reinheit und persönlicher Geneigtheit tun. Aber vielleicht wäre es Ihnen lieb, wenn ich, früher oder später, einmal anklopfte. Mayer NL. Daß sich Mayer an Marcks gewandt hatte, berichtete er am 28.7.1915 seiner Frau: *Wir wollen abwarten, wie Marcks auf meine Anzapfung reagiert!* Ebd.

24 Mayer an seine Frau 7.8.1915. Mayer NL.

25 Mayer über das Gespräch mit Hampe an seine Frau 13.10.1915. Mayer NL.

26 F. RINGER, Die Gelehrten. Der Niedergang der deutschen Mandarine 1890-1933, München 1983, S. 176f.

27 Vgl. dazu die Fallstudie B. SÖSEMANN, „Der kühnste Entschluß führt am sichersten zum Ziel." Eduard Meyer und die Politik, in: Eduard Meyer. Leben und Leistung eines Universalhistorikers, hg. v. W. M. CALDER III und A. DEMANDT, Leiden u. a. 1990, S. 446-483, hier S. 453ff.

28 Zu Meineckes politischen Vorstellungen vgl. S. MEINEKE, Friedrich Meinecke. Persönlichkeit und politisches Denken bis zum Ende des Ersten Weltkrieges, Berlin/New York 1995. Zu Delbrück und

verstand sich als liberaler Reformer. Wie Meinecke trat er für ein „Reform-
bündnis der linken Mitte"[29] unter Einschluß der SPD und für einen Verständi-
gungsfrieden ein. Insbesondere warnte er vor einer Annexion Belgiens und
jeglicher *Flamenromantik*[30]. Gustav Mayer hatte sich nicht nur – wie Eduard
Meyer – längere Zeit im westlichen Ausland aufgehalten, er war auch zutiefst
von westlichen politischen Vorstellungen geprägt und erhoffte sich – mehr
noch als seine Fürsprecher in der akademischen Welt – eine Öffnung
Deutschlands für die demokratische politische Kultur des Westens. All dies
stigmatisierte ihn in den Augen der politisch rechts stehenden Historiker, die
den Machtkampf in der Philosophischen Fakultät für sich entscheiden sollten.
Auch andernorts mußten die Gemäßigten im Ersten Weltkrieg Niederlagen
hinnehmen. So verlor Veit Valentin seine Dozentur in Freiburg, und Karl
Heldmann, apl. Professor in Halle, wurde suspendiert[31].

Das ganze Bündel politischer Imponderabilien und außerwissenschaftlicher
Faktoren war Mayer durchaus bewußt, so daß er schwankte, ob er sich wirklich auf eine Auseinandersetzung mit ungewissem Ausgang einlassen sollte[32].
Andererseits bestand darin, wie er seiner Schwester anvertraute, die einzige
Chance, seiner Persönlichkeitskrise Herr zu werden, die durch die Brüsseler
Tätigkeit nur mühsam überdeckt wurde: *Nach dem Krieg wird bei mir wohl eine
schleichende Krisis akut werden. Ich möchte weiter Geschichte schreiben und doch nicht gänz-
licher Privatmann bleiben! Was ist da zu tun?*[33] Darüber hinaus war es auch denkbar, daß sich die Zerklüftung in der Berliner Fakultät vielleicht zu seinen Gunsten auswirken würde, hatte er doch Forscher auf seiner Seite, die ausgespro-
chene Schwergewichte in der Fakultät darstellten. Zu ihnen gehörten neben
Meinecke und Delbrück auch Gustav Schmoller und Otto Hintze, wenngleich
letzterer gewisse Bedenken hatte, weil Mayer in Nationalökonomie und nicht
in Geschichte promoviert und sich nicht in mittelalterlicher oder frühneuzeit-

allgemein zu diesem Fragenkomplex RINGER, Die Gelehrten (wie Anm. 26), S. 179; C. E.
MCCLELLAND, Berlin Historians and German Politics, in: Historians in Politics, hg. v. W. LAQUEUR
und G. L. MOSSE, London 1974, S. 191-221, hier S. 200; R. VOM BRUCH, Gelehrtenpolitik und politische Kultur im späten Kaiserreich, in: Gelehrtenpolitik und politische Kultur in Deutschland 1830-
1930, hg. v. G. SCHMIDT und J. RÜSEN, Bochum 1986, S. 77-106, hier S. 94ff.

29 MEINEKE, Meinecke (wie Anm. 28), S. 172.

30 Näher dazu PRELLWITZ, Mayer (wie Anm. 1), S. 184.

31 K. SCHWABE, Wissenschaft und Kriegsmoral. Die deutschen Hochschullehrer und die politischen
Grundfragen des Ersten Weltkriegs, Göttingen 1969, S. 85, 181. Zu den Auswirkungen des Krieges
auf das politische Verhalten deutscher Historiker auch verschiedene Beiträge in W. J. MOMMSEN
(Hg.), Kultur und Krieg: Die Rolle der Intellektuellen, Künstler und Schriftsteller im Ersten Weltkrieg, München 1996, S. 77-142.

32 Mayer an seine Frau 16. und 17.10.1915. Mayer NL.

33 Mayer an Gertrud Jaspers 15.6.1915. Mayer NL. Gertrud Jaspers ermunterte ihren Bruder einige
Monate später vorsichtig: *In der Habilitationsfrage kann ich Dir auch schlecht raten. Ich bin der Meinung, Du
solltest es versuchen und wieder aufgeben, wenn es Dir weniger gibt, als der Zeitaufwand Dich kostet* (4.11.1915).
Ebd.

licher Geschichte betätigt habe[34].

Außerhalb der Berliner Universität konnte Mayer weiterhin auf die Hilfe Onckens bauen, der Delbrück über die Forschungen Mayers ins Bild setzte: *Die Ergebnisse sind alle wertvoll.* Das noch nicht abgeschlossene Werk über den jungen Engels bezeichnete Oncken jetzt schon als das maßgebliche *Buch über den Radikalismus und Sozialismus der vierziger Jahre.* Im übrigen nannte er Mayer *zuverlässig, scharfsinnig, von guter allgemeienr Bildung, auch eine gute und gewandte Form beherrschend. Ich wüßte keinen, der auf einem Gebiete, auf dem ich selbst ziemlich zu Hause bin, als so kenntnisreich und urteilsfähig, über das durchschnittliche Privatdozenten-Niveau hinausgehend, bezeichnet werden kann.* Oncken fügte noch hinzu, daß Mayer die Habilitation in erster Linie aus dem Bedürfnis anstrebe, *eine Einordnung und Mitteilungsmöglichkeit zu finden.* Er erwähnte auch die *jüdische Abstammung,* beruhigte Delbrück aber zugleich mit dem Hinweis: *Vorväter bis heute seit dem Großen Kurfürsten in Prenzlau, also märkisches Gewächs, kein Import*[35]. Delbrück reagierte positiv und wollte sich für Mayer einsetzen. Auch Meinecke war dazu bereit[36]. Es lag nun an Mayer selbst, die wissenschaftliche Voraussetzung für das Habilitationsgesuch zu schaffen: *Ich stehe in der Ausarbeitung des ,Engels', meine ganze Arbeitskraft fließt da hinein,* teilte er Ende August 1916 seiner Schwester mit[37].

Bevor Mayer einen förmlichen Antrag auf Zulassung zur Habilitation stellte, fragte er bei der Fakultät an, ob als Habilitationsfach *Staatenkunde und Parteienkunde* zugelassen werden könne. Damit folgte er einer Anregung von Hintze, der eine entsprechende Ergänzung des Lehrbetriebs für wünschenswert hielt und dabei Mayers Vertrautheit mit Westeuropa im Auge hatte. Mit dieser Einschränkung der Venia legendi, zu der auch Meinecke riet[38], hätte man die Schwierigkeit umgehen können, die im hohen Grad der Spezialisierung Mayers lag[39]. Die von der Fakultät eingesetzte Kommission lehnte diese Lösung allerdings ab[40]. Das Eingangsvotum Schäfers, er wolle *keine Spezialgebiete,* führte zu

---

34 Über das Gespräch mit Hintze berichtet Mayer an Oncken 20.6.1916. Danach hatte Mayer den Eindruck, man wolle ihn *abgraulen.* Oncken NL.

35 Oncken an Delbrück 14.4.1916. Staatsbibliothek Berlin, Nachlaß Hans Delbrück. Den Hinweis darauf verdanke ich Christoph Studt (Bonn), der eine Oncken-Edition vorbereitet.

36 Dankesbrief von Oncken an Delbrück 19.4.1916. Ebd. Vgl. auch PRELLWITZ, Mayer (wie Anm. 1), S. 180.

37 Mayer an Gertrud Jaspers 29.8.1916. Deutsches Literaturarchiv (Marbach), Nachlaß Karl Jaspers.

38 MAYER, Erinnerungen (wie Anm. 3), S. 284.

39 Darüber berichtete Mayer an Oncken 20.6.1916. Hintze habe einerseits die fehlende Breite seiner historischen Forschungen bemängelt, andererseits aber sehr positiv von seinen Kenntnissen über Westeuropa gesprochen. *Auf diesem Boden erblickt er eine mögliche Kompensation für meinen ganz unvorschriftsmäßigen Bildungsgang.* Oncken NL.

40 Als Mitglieder der Kommission sind im Protokoll der Sitzung – in dieser Reihenfolge – aufgeführt: Dietrich Schäfer, Michael Tangl (Geschichtswissenschaft), Alois Riehl (Philosophie), Otto Hintze, Albrecht Penck (Geographie), Heinrich Herkner (Nationalökonomie), Friedrich Meinecke und Eduard Meyer. Den Vorsitz hatte der Dekan Eduard Norden (Klassische Philologie). Archiv der Humboldt-Universität Berlin, Akten der Philosophischen Fakultät (künftig: Phil. Fak.) 1374.

der kontrovers geführten Grundsatzdiskussion, ob man bei Habilitationen vom ganzheitlichen Verständnis der Fächer zugunsten von Teilgebieten abgehen könne. Die Mehrheit hielt an der herkömmlichen Auffassung fest. Geschichte umfaßte demnach Mittelalter und Neuzeit, wenn Schäfer, Meyer und Tangl auch über Mayers *Mängel in mittelalterlicher Geschichte hinwegsehen* wollten. Eine Schlüsselrolle bei der Kommissionssitzung hat Hintze gespielt. Er äußerte sich keineswegs ausschließlich positiv über Mayers wissenschaftliche Qualifikation und stellte schließlich den mehrheitlich unterstützten Antrag, *dem Dr. Mayer zu antworten, die Fakultät sei zur Zeit nicht in der Lage, die prinzipielle Frage zu beantworten.* Meineckes Gegenantrag, *ihm sei zu antworten: Staatenkunde sei als Habilitationsfach grundsätzlich zulässig, aber Parteienkunde nur als Teil der Staatenkunde,* fand nur die Unterstützung durch Herkner und Penck[41]. Die definitive Entscheidung fiel dann in der folgenden Fakultätssitzung, in der Meinecke seinen Antrag wieder fallen ließ. Auch Schmoller griff nun in die Debatte ein, und es ist möglicherweise auf ihn zurückzuführen, daß die Fakultät zu einer Formel fand, die Mayer entgegenkam. Er solle sich *für das Fach Geschichte habilitieren und innerhalb desselben sich besonders seines Spezialgebiets befleißigen*[42]. Mit diesem Bescheid in Händen reichte Mayer am 22. Januar 1917 sein Habilitationsgesuch ein. Beigefügt waren seine *wichtigsten Arbeiten* der letzten zehn Jahre, in denen er sich, wie er in seinem Lebenslauf formulierte, *ausschließlich wissenschaftlich und zwar nur als Historiker* betätigt habe. Daß Mayer in seiner Vita die Konfessionszugehörigkeit verschwieg, blieb nicht unbemerkt und wurde in den Akten der Fakultät festgehalten[43].

Als Gutachter fungierten Meinecke und Herkner. Meineckes Hauptgutachten[44] charakterisierte auf drei handschriftlich eng beschriebenen Seiten zunächst Mayers wissenschaftliche Persönlichkeit, die *auf nicht ganz gewöhnlichem Wege zum Studium der neueren Geschichte gelangt* sei. Meinecke vergaß auch nicht den Mangel an *Vorbildung in mittelalterlicher Geschichte* zu erwähnen. Dies sei zu *bedauern*, doch müsse man der *eigenartigen Entwicklung* Mayers gerecht werden. Meinecke bescheinigte Mayer eine *streng wissenschaftliche Arbeitsweise* und zeigte sich von der Geschlossenheit der vorliegenden Schriften beeindruckt: *Ein ganz einheitliches Interesse verknüpft alle seine Arbeiten.* Jede zeichne sich *durch ein gründliches Quellenstudium, durch den Trieb, unbekannte Materialien ans Licht zu ziehen,* aus. Mayer sei *geradezu ein Quellenfinder ersten Ranges.* Darin sei ihm in seinem Arbeitsgebiet *kein bürgerlicher Historiker* vergleichbar. Er verliere sich aber keineswegs in Einzelheiten, sondern ordne *das Detail in die allgemeinen Zusammenhänge*

---

41 Protokoll der Sitzung vom 7.12.1916. Ebd.

42 Protokoll der Fakultätssitzung vom 14.12.1916. Phil. Fak. 35. Vgl. auch MAYER, Erinnerungen (Anm. 3), S. 284f.

43 Phil. Fak. 1235.

44 Gutachten vom 20.2.1917. Ebd.

ein. Das Erstlingswerk über Schweitzer nannte Meinecke ein *großes Buch*, wenn man es *in der biographisch-historischen Kunst* auch nicht auf die dieselbe Ebene stellen könne wie *Onckens Lassalle. Noch höher* bewertete Meinecke *den wissenschaftlichen Wert der Jugendgeschichte von Engels*, der Arbeit also, die als Habilitationsschrift vorlag. *Sie fesselt von Anfang bis zu Ende durch die klare und durchsichtige Darstellung und die feine, oft geistvolle Charakterisierung der zeitgeschichtlichen Strömungen, die den Werdegang seines Helden berührt haben, der gewaltigen Gährung der Geister um 1840, des Übergangs und Umschlags von blutlosen Ideen in modernen Realismus.*

Im letzten Teil seines Gutachtens hatte Meinecke die Gegner unter seinen Kollegen im Blick und kam auf die politisch-gesellschaftliche Position zu sprechen, von der aus Mayer seine wissenschaftlichen Fragen stellte, auf die Position der *bürgerlichen Linken*. Meinecke bemühte sich, schon an dieser Stelle den erwarteten Einwand der konservativ-nationalistischen Fraktion seiner Fakultät zu entkräften, indem er Mayer als Historiker der *sozialistischen Bewegung* von *Parteihistorikern etwa von der Art Mehrings* abgrenzte. Sicherlich wolle Mayer seinen Gegenstand – im Unterschied zu Oncken – *mit einer gewissen sympathischen Anempfindung und mit der Überzeugung* gerecht werden, *daß hier große geschichtliche Kräfte sich auswirken, die trotz aller Irrtümer und aller Gefahren, die sie dem bestehenden Staate bereitet haben, eine positive Mission haben.* Mayer beziehe seine *Urteilsmaßstäbe* aber nicht nur von der *bürgerlichen Linken, sondern auch aus der Welt des Bismarckschen Realismus und des preußischen und deutschen Staatsgedankens. Man könnte seinen Darstellungen vielleicht vorhalten, daß sie zuweilen zu einseitig den Ansturm der radikalen Bewegungen gegen die historisch erwachsenen alten Lebensmächte, zu wenig diese selbst dabei zur Anschauung bringen. Aber die meisten der bürgerlichen Historiker begehen den umgekehrten Fehler, daß sie die radikalen Bewegungen zu wenig aus ihren eigenen Voraussetzungen heraus beurteilen. Diese Einseitigkeiten werden sich allmählich gegenseitig korrigieren.* Die abschließende Charakterisierung Mayers als Wissenschaftler, der *zwischen bürgerlicher und sozialistischer Geschichtsschreibung* vermitteln wolle, war ebenso treffend wie die Mayer zugeschriebene – und von Meinecke geteilte – Überzeugung, daß es zu einem Ausgleich zwischen *Proletariat und bürgerlicher Gesellschaft* kommen werde und *daß das geschichtliche Leben diese Gegensätze im deutschen Staats- und Volksleben zu überwinden strebt.* Schließlich schlug Meinecke der Fakultät vor, nach §14 der Habilitationsordnung auf Probevortrag und Kolloquium zu verzichten, *da Mayer ein älterer und durch stattliche Leistungen bewährter Forscher ist.*

Dem letzten Punkt stimmte Herkner in seinem kurzen Gutachten[45] ebenso zu wie dem Gesamturteil Meineckes. Die Fakultät wollte aber keine Ausnahmebestimmung gelten lassen, so daß Mayer die restlichen Habilitationsleistungen noch erbringen mußte. In dem zu haltenden Vortrag wollte er die Geschichtsauffassungen Vicos und Montesquieus vergleichen, ein *leichtsinnig ge-*

---

45 Gutachten vom 5.3.1917. Ebd.

wähltes Thema, wie er bald empfand[46]. Die Schwierigkeiten der Einarbeitung erschienen dem psychisch immer nur begrenzt belastbaren Mayer um so größer, als er gleichzeitig von den Kriegsereignissen in Bann geschlagen wurde. *Der gegenwärtige Zeitpunkt ist gar nicht danach, um sich con amore in eine solche ad hoc-Arbeit zu versenken*[47]. So sehr er sich nach einem Platz in der universitären Wissenschaft sehnte, so wenig konnte er die seit seinen Journalistentagen gespielte Rolle als engagierter politischer Beobachter hinter sich lassen. Darin glich er während des Krieges zwar den meisten der damaligen Berliner Historiker. Aber anders als sie war er kein etablierter Wissenschaftler, sondern ein Außenseiter, der aufpassen mußte, daß ihm nicht doch noch die Tür vor der Nase zugeschlagen wurde. Vielleicht vertraute er zu sehr auf Stimmen, die ihm das Gefühl gaben, das Habilitationskolloquium sei nur noch eine Formsache. Schmoller etwa hieß ihn schon als Kollegen willkommen[48]. Auf jeden Fall konzentrierte sich Mayer im Frühjahr 1917, als der Krieg in eine neue Phase trat und die internationalen Ereignisse von der Februarrevolution in Rußland bis zum Kriegseintritt der USA eine dramatische Wende nahmen, nicht auf die Wissenschaft, sondern auf die politische Entwicklung in Deutschland und Europa. Gänzlich absorbiert wurde er davon, als sich abzeichnete, daß die II. Internationale eine Konferenz ihrer Mitgliedsparteien zur Frage der Beendigung des Krieges in Stockholm anstrebte. Auch nach dem Ausscheiden aus der Frankfurter Zeitung hatte Mayer vor dem Krieg wiederholt an den Kongressen der Internationale teilgenommen und darüber berichtet. Wie sonst niemand verfügte er über exzellente Kontakte zu führenden Köpfen sowohl der deutschen als auch der europäischen Sozialdemokratie. In dieser Situation empfahl er sich bei der Reichsregierung, als Beobachter nach Stockholm zu fahren. Tatsächlich erhielt er den Auftrag dazu[49] und erwirkte, daß das Habilitationskolloquium, das eigentlich innerhalb von vier Wochen hätte erfolgen müssen, *bis auf weiteres* verschoben wurde[50].

Nach Beendigung dieser *Mission im vaterländischen Interesse*[51] Ende September 1917 wandte sich Mayer wieder den Vorbereitungen auf das Kolloquium zu, verfaßte vor dem Hintergrund der Oktoberrevolution daneben aber auch im Regierungsauftrag eine Analyse der *Gedankenwelt der Bolschewiki*[52]. Ein schon

---

46 Mayer an Gertrud Jaspers, 12.2.1917. Die Literaturbeschaffung sei schwierig. *Dann aber werde ich in sehr verschiedene Gebiete, sprachliche, philosophische, methodologische, kulturelle, historisch-fachwissenschaftliche, die mir teilweise gar nicht liegen, hineingeholt.* Mayer NL.

47 Ebd.

48 MAYER, Erinnerungen (wie Anm. 3), S. 285.

49 Näher dazu L. HAUPTS, Gustav Mayer und die Stockholmer Konferenz der II. Internationale 1917, in: HZ 247 (1988), S. 551-583 und PRELLWITZ, Mayer (wie Anm. 1), S. 125ff.

50 Tagebucheintrag Mayers vom 30.5.1917. Mayer NL.

51 So Mayer in einem Schreiben an die Philosophische Fakultät 10.1.1918. Mayer NL.

52 MAYER, Erinnerungen (wie Anm. 3), S. 285f.

festgesetzter Termin für das Kolloquium mußte auf Januar 1918 verschoben werden, *weil die Mehrzahl der Kommissionsmitglieder zu Vorträgen an die Westfront* reiste[53]. Kurz vor Weihnachten 1917 machte Mayer auf Anraten Meineckes Besuche bei Mitgliedern der rechtskonservativen Historikergruppe. Diese Kontaktpflege hatte er bisher vernachlässigt, obwohl ihn Hintze schon im Juni 1916 dazu gedrängt hatte. Mayer brauche die *Einwilligung aller hiesigen Historiker, besonders aber die Dietrich Schäfers*[54]. Ende 1917 erschien dies um so dringlicher, als mit Schmoller ein wichtiger Verbündeter Mayers gestorben war. Andererseits war es angesichts der Verhärtung der innenpolitischen Fronten wohl viel zu spät, um persönliche Beziehungen anzuknüpfen und Feindbilder abzubauen. Es trat ein, was Mayer schon im Sommer 1916 befürchtet hatte: der *unglückselige Schäfer*, wie Friedrich Thimme ihn nannte[55], war nicht bereit, sich mit Mayer zu unterhalten[56].

Die Entscheidung fiel dann am 3. Januar 1918, als Mayer seinen Vortrag hielt und das Kolloquium absolvierte. Das Protokoll der Sitzung ist denkbar knapp[57]. Es verzeichnet als Kommissionsmitglieder die Historiker Meinecke, Hintze, Tangl, Schäfer, Meyer und Schiemann sowie die Nationalökonomen Herkner und Sering. Delbrück, der ebenfalls Mitglied der Kommission war, nahm an der Sitzung nicht teil. Als *ferner anwesend* nennt das Protokoll den Germanisten Roethe und den Historiker Wilcken. Unter der Leitung des Dekans, des Physikers Rubens, eröffneten nach dem Vortrag Meinecke und Herkner das Kolloquium. Auch Hintze, Meyer, Schäfer und Schiemann beteiligten sich daran. Zum Schluß verzeichnet das Protokoll: *Dem unbefriedigenden Ergebnis des Kolloquiums entsprechend beschließt die Fakultät mit 6 gegen 4 Stimmen und einer Stimmenthaltung den Kandidaten abzuweisen.*

Eine Woche später hat Mayer in einer dreiseitigen Stellungnahme gegenüber der Fakultät beklagt, das Kolloquium habe *die Gestalt eines richtigen Examens in der Art der Doktorprüfung oder gar des Abituriums* angenommen. Darauf hätte er

---

53 Mayer an Gertrud Jaspers 3.12.1917. Mayer NL. Zur Vortragstätigkeit zahlreicher Professoren im Dezember 1917, um den Zuhörern *Seelenatzung* zu geben, wie Meinecke dies nannte, siehe C. CORNELIßEN, Politische Historiker und deutsche Kultur. Die Schriften und Reden von Georg v. Below, Hermann Oncken und Gerhard Ritter im Ersten Weltkrieg, in: MOMMSEN, Kultur und Krieg (wie Anm. 31), S. 125.

54 Über Hintzes Rat Mayer an Oncken 20.6.1916. Oncken NL. Hintze empfahl, *erst einmal* Schäfer aufzusuchen, *am besten ohne ihn merken zu lassen, daß ich mit Meinecke und ihm, Hintze, bereits eingehend verhandelt hätte.*

55 Thimme an Meinecke 22.5.1917. Friedrich Thimme 1868-1938. Ein politischer Historiker, Publizist und Schriftsteller in seinen Briefen, hg. v. A. THIMME, Boppard 1994, S. 157.

56 Mayer an Gertrud und Karl Jaspers 6.1.1918: *Als ich um Weihnachten auf Meineckens Rat bei Dietrich Schäfer einen Besuch machte, diktierte er gerade einer Stenotypistin. Dennoch empfing er mich, bot mir aber keinen Stuhl an. Er fragte nur: 'Ach Sie werden bei mir ins Doktorexamen kommen?' 'Nein, ins Colloquium.' 'Ach so, Sie sind der; nun ich habe mich gefreut.' Und schon war ich draußen. Ähnlich ging es mir mit Schiemann, der mir auch keinen Stuhl anbot.* Mayer NL.

57 Phil. Fak. 35.

sich, wäre ihm dies vorher deutlich gewesen, angesichts seines Alters und seiner *Stellung in der Wissenschaft* auf keinen Fall eingelassen. Er habe nach den Informationen, die ihm der Dekan zuvor gegeben habe, damit rechnen können, daß die *Singularität* seines Falles berücksichtigt werden und man ihm nicht *mit Maßstäben kommen würde, die für junge Leute passen mögen, welchen noch vor kurzer Zeit in Seminarien und Vorlesungen der historische Wissensstoff zugänglich gemacht wurde*[58].

Aus Mayers Berichten an das Ehepaar Jaspers[59] ist genauer zu ersehen, wodurch er sich brüskiert fühlte. Man sei im Kolloquium *nicht mit einer Frage* auf den Inhalt seines Vortrags eingegangen. Das Spektrum der Fragen erstreckte sich von der französischen Steuergesetzgebung im 18. Jahrhundert über Rousseaus Montesquieu-Rezeption bis zur Verfassung der USA. Als *Eklat* empfand Mayer die Fragen Schäfers nach der mittelalterlichen Stadt und den Bauernkriegen. Mayer war vom Ablauf des Kolloquiums offensichtlich völlig überrascht. Er fühlte sich gedemütigt und empfand die Situation als *unwürdig*. Zugleich war er für seine Gegner ein leichtes Opfer. Vom Verlauf des Verfahrens zunehmend irritiert, gab er nur knappe Antworten und versäumte es auch, die Initiative zu ergreifen, als Herkner *das Examen* auf sein *eigentliches Gebiet* brachte, auf *die Vorläufer des historischen Materialismus und Marx und Engels im Jahr 1848*, also auf Dinge, die Mayer in seiner Habilitationsschrift behandelt hatte. Statt seine *besten Waren aus dem Koffer zu holen und den Herren unter die Nase zu halten*, äußerte er sich nur *kurz und etwas karg*, so daß die Kommissionsmitglieder bemängeln konnten, er habe sich *nicht einmal* auf seinem Spezialgebiet *wirklich ausgiebig* mitteilen können. Offenbar war Mayer auf die Situation, die ihn erwartete, nicht ausreichend eingestellt. Es hatte an Beratung gefehlt, und Mayer selbst hatte in der ihm eigenen zurückhaltenden Art den Rat auch nicht gesucht. Nach dem negativen Ausgang des Verfahrens bekundeten Meinecke, Hintze und Herkner, sie hätten nichts unversucht gelassen. Die vierte Ja-Stimme dürfte von Sering gekommen sein. *Meinecke war durchaus loyal*, empfand Mayer im Abstand von einigen Tagen, *aber nicht sehr geschickt und des hiesigen Bodens, wie Hintze einmal richtig sagte, noch nicht genügend kundig*.

Ob eine geschicktere taktische Einstellung oder ein ausgeprägteres Selbstbewußtsein Mayers etwas am Ausgang des Verfahrens geändert hätten, muß wohl bezweifelt werden. Erich Marcks, der sich gerade für einige Zeit in Berlin aufhielt und auch mit Meinecke gesprochen hatte, betonte die *Spannung innerhalb der Fakultät unter der Einwirkung des Krieges*. Er meinte, *daß die Alldeutschen mit Freude die Gelegenheit ... ergriffen haben, um Meinecke und mit und in ihm den ‚Kühlemännern' ein Bein zu stellen*[60]. Marcks bot eine Habilitation in München an. Auch

---

58 Mayer an die Philosophische Fakultät 10.1.1918. In seiner Antwort vom 23.1.1918 entsprach der Dekan Mayers Wunsch, dessen Stellungnahme zu den Akten zu nehmen. Mayer NL.

59 Briefe vom 6.1.1918 (vollständige Wiedergabe in MAYER, Erinnerungen (wie Anm. 3), S. 390ff.), 7.1.1918 und 10.1.1918. Mayer NL

60 So Mayer an das Ehepaar Jaspers 10.1.1918 nach einem Gespräch mit Marcks v. Vortag. Mayer NL.

Meinecke hätte dies begrüßt, weil dann *eine andere Fakultät die Berliner desavouiere*, doch wollte Mayer darauf nicht eingehen. Auch er führte das Scheitern auf den *Haß der Alldeutschen* zurück, darüber hinaus auf die *Abneigung gegen den Outsider, vielleicht auch den Juden*[61].

Mancherlei Zuspruch kam in diesen Tagen aus Heidelberg. Mayers Schwager Jaspers versuchte, den Vorgang zu relativieren und zog die Objektivität des Verfahrens in Zweifel: *Das Durchfallen im Colloquium ist doch nur eine Technik, wenn vorherige Ablehnung diplomatisch nicht gelang.* Im übrigen sei Mayers *wissenschaftliche Existenz durch solch einen Zwischenfall nicht im geringsten tangiert.* Er werde *den Leuten wie früher so in Zukunft zeigen, was man auch außerhalb der Corporation leisten kann, ja gerade dort*[62]. Naturgemäß schätzte Mayer in diesem Augenblick seine *Daseinschancen als wissenschaftliche Persönlichkeit* pessimistischer ein. Aus seiner Sicht hätte die Habilitation nicht nur *ein kleines Plus* gebracht[63]. Immerhin wird es für ihn ermutigend gewesen sein zu hören, daß Oncken, mit dem das Ehepaar Jaspers in Heidelberg in Verbindung stand, voller Interesse der Publikation des „Engels" entgegensah[64]. Oncken meldete sich auch direkt und zeigte sich *erbittert, als wenn ich selbst in der Kommission zu den Überstimmten gehört hätte.* Er hoffte, Mayer werde sich in seiner wissenschaftlichen Arbeit nicht beirren lassen[65], und in der Tat hat sich Mayer ihr bald wieder zugewandt.

Die Universität bot ihm binnen Jahresfrist eine bessere Perspektive, als er von den neuen politischen Verhältnissen in Preußen nach dem Ende des Krieges profitierte. Im Sommersemester 1919 erhielt er zunächst einen Lehrauftrag, und zwei Jahre später befaßte sich die Philosophische Fakultät erneut mit seiner Person, als es galt, das vom Landtag bewilligte Extraordinariat für die Geschichte der Demokratie und des Sozialismus zu besetzen. Zwar existierten in der Fakultät immer noch die alten Gräben, doch fiel eine knappe

---

61 Mayer an das Ehepaar Jaspers 6.1.1918. Mayer NL.

62 Karl Jaspers an Mayer 5.1.1918. Zum Begriff der *Corporation* führte Jaspers aus: *Wenn man nun darüber nachdenkt, so sieht man wieder, was uns längst bekannt ist. Universitäten sind Staatsinstitute, sind dazu Corporationen, mit den Eigenschaften von Corporationen. Wenn man eine Lücke ausfüllt, die vorher schon als Bedürfnis fühlbar war (wie das mein Dusel war), so geht alles glatt, fehlt das, so kommen alle die ‚Gründe'. Ich möchte mal hören, was so alles verhandelt worden ist; 12 Gründe dagegen und 7 Gründe dafür und Du bist nach reiflicher, ‚objektiver' u.s.w. Erwägung nicht qualifiziert. Kenntnisse in der Geschichte überhaupt als Bedingung für Dein ganz spezielles Lehrfach fordern, das klingt zunächst auch so mächtig ‚objektiv', als aus dem Geist der ‚universitas' geboren, . . . und ist doch in der faktischen Anwendung so sinnlos. Alle ‚Gründe' konnte man übrigens vorher wissen, ich begreife nicht, warum man Dich zuließ. Ist Schmollers Tod dazwischen gekommen?* Mayer NL.

63 So die Einschätzung von Karl Jaspers in einem Brief an Mayer 8.1.1918. Dagegen Mayer an Gertrud Jaspers 7.1.1918: *Mir lag ja bei der Habilitation weniger an dem Halten von Vorlesungen, deren Vorbereitung die Zeit für eigener Arbeiten gefressen hätte, als an den Seminarien, die mir Jugend, und an dem wissenschaftlichen Verkehr, der mir Berührung und Anregung gebracht hätte. Fühle ich mich innerlich auch über das Mißgeschick erhaben, so ist doch der freudige Glaube, der mich in den letzten Monaten beherrschte, daß ich erst jetzt eigentlich in die Zeit meiner vollwertigen Produktion eintrete, gegenwärtig verdunkelt. Ich komme mir beim Ausblick in die Zukunft wie lebendig begraben vor und sehe nach diesem Fehlschlag keinen rechten Weg mehr, das ewige einsame Draußenstehen, dessen Schaden ich seit Jahrzehnten empfinde, zu überwinden.* Mayer NL.

64 Jaspers berichtete in seinem Brief vom 8.1.1918 von Onckens Interesse. Mayer NL.

65 Oncken an Mayer 11.1.1918. Mayer NL.

Mehrheit diesmal zugunsten von Mayer aus[66]. Seine wissenschaftliche Reputation hatte durch das rasche Erscheinen des ersten Bandes der Engels-Biographie eine Bekräftigung erfahren[67]. Wiederum gehörte Oncken zu den Rezensenten. Er würdigte in einem breit angelegten Besprechungsaufsatz Mayers Darstellungskunst, forderte jedoch zugleich, der Biograph müsse stärker, als Mayer dies tue, zur *Distanzierung seines Objekts* in der Lage sein, er müsse seinen Gegenstand *in möglichst objektive und weite Zusammenhänge* stellen[68]. Darum war Mayer sicherlich erst in zweiter Linie bemüht, doch waren seine Kräfte als Pionier, der er als Historiker der Arbeiterbewegung war, natürlicherweise begrenzt. Seine Verdienste lagen nicht zuletzt darin, daß er zur Sicherung eines bisher völlig unzulänglich erfaßten Quellenmaterials beitrug und einen mächtigen Anstoß auf einem Gebiet gab, auf dem eine breitere Forschung in Deutschland erst Jahrzehnte später einsetzen sollte. In der Epoche des Ersten Weltkriegs gehörte Mayer zu den *bei uns leider noch nicht sehr zahlreichen Historikern, die in der Geschichte der letzten Jahrzehnte im allgemeinen und der Wirksamkeit stark links gerichteter Parteien und Persönlichkeiten im besonderen ein zulässiges Objekt gelehrter Forschung erblicken,* wie Heinrich Herkner anläßlich der Publikation des „Engels" über den von dieser kleinen Wissenschaftlergruppe *hochgeschätzten Forscher* Gustav Mayer schrieb[69]. Dessen an der Berliner Friedrich-Wilhelms-Universität bis 1933, als Mayer entlassen wurde, angebotene Themen wurden *für kein Examen benötigt*[70]. Mayer gehörte jetzt der Universität an, war aber nach wie vor ein Außenseiter. Was Willy Andreas nach der Lektüre des „Engels" an Meinecke schrieb, war keineswegs repräsentativ für die deutschen Historiker: *Die Fakultät, die diesen Forscher und Darsteller abgewiesen hat, ... hat sich bis auf die Knochen blamiert.* Andreas kritisierte auch, daß man Mayer zunächst nur einen *bloßen Lehrauftrag* gegeben und ihn damit *in die Reihe der Fecht- und Reitlehrer und anderer ‚freier Künste'* gestellt hatte. Dies wertete er *als ein Zeichen dafür, daß unsere Universitäten einmal gründlich ausgemistet gehören*[71].

---

66 Im einzelnen PRELLWITZ, Mayer (wie Anm. 1), S. 188ff.

67 G. MAYER, Friedrich Engels. Eine Biographie. Bd. 1: Friedrich Engels in seiner Frühzeit 1820-1851, Berlin 1920. Ergänzend dazu gab MAYER einen Quellenband heraus: Friedrich Engels. Schriften der Frühzeit. Aufsätze, Korrespondenzen, Briefe, Dichtungen aus den Jahren 1838-1844 nebst einigen Karikaturen und einem unbekannten Jugendbildnis des Verfassers, Berlin 1920.

68 H. ONCKEN, Friedrich Engels und die Anfänge des deutschen Kommunismus, in: HZ 113 (1921), S. 239-266, Zitate S. 245f. Vgl. auch Marcks an Oncken 20.3.1920. Marcks teilt mit, er habe den *ersten Engelsband genau und mit viel Belehrung und Freude gelesen.* Die *referierende Darstellung Mayers* fand er zwar gelungen, doch vermißte er *die urteilende Auseinandersetzung und damit zugleich die eigentlich bestimmende, ausdrücklich formulierende Charakteristik des Typus, der in Engels lebt.* Oncken NL. Ähnlich auch O. HINTZE in einer Rezension in: Schmollers Jahrbuch für Gesetzgebung, Verwaltung und Volkswirtschaft 49 (1925), S. 206ff.

69 H. HERKNER, Über Engels und Lassalle, in: Preußische Jahrbücher 181 (1920), H. 1, S. 1-21, hier S. 9. Vgl. auch die Besprechung von Erich EYCK in: Die Hilfe, Jg. 1920, Nr. 32, S. 494-496.

70 MAYER, Erinnerungen (wie Anm. 3), S. 330.

71 Andreas an Meinecke 28.1.1920. Meinecke NL. Den Hinweis darauf verdanke ich Stefan Meineke (Freiburg).

„DAS VERHÄLTNIS VON FORSCHUNG UND LEHRE KEHRT SICH UM". EUGEN ROSENSTOCK ALS ERSTER LEITER DER FRANKFURTER AKADEMIE DER ARBEIT 1921/22

Von Hermann JAKOBS

Frankfurt selbst gewinnt nur, wenn es so ein überlokaler Reichsmittelpunkt wird:
E. ROSENSTOCK nach der Niederlegung der Leitung der Akademie (1.4.22) im Sommer 1922[1]

I. Allgemeine Übersicht über einschlägige Archivalien und Archive

1. Geheimes Staatsarchiv Preußischer Kulturbesitz, Berlin-Dahlem; Sign.I.HA Rep. 76 Kultusministerium, Va Sekt.5 Tit. X Nr. 57: Die Akademie der Arbeit in Frankfurt (Main) Bd. 2-6 (1922-1931). – Die Bände sind intern als Blätter durchgezählt (zit.: GStA-AdA). Über den Verbleib des ersten Bandes konnte ich nichts ausmachen.

2. Ebenda; Sign.I.HA Rep. 76 Kultusministerium, Va Sekt.4 Tit. IV Nr. 34 Bd. 7-9: Die Professoren an der Juristischen Fakultät in Breslau, 1920-1934. – Bd. 9 hat außen den Behördenvermerk: „Vorgänge über die Studentenunruhen zum Fall des Prof. Cohn cfr. Act. spez. Br. XII-13". Wenn diese Akten nicht später doch in Bd. 9 eingegliedert worden sind, was mir nicht unmöglich erscheint, sind sie wohl verloren. Die Akten der Staatspolizei Breslau sind verloren, aber ihr Vorgehen gegen Rosenstock-Hüssy ist weitgehend rekonstruierbar aus ihrer Korrespondenz mit dem Kultusministerium und diesem überstellte Unterlagen.

3. Ebenda; Sign.I.HA Rep. 92 Nl Grimme Nr. 2314 und 3026. Die Rosenstock-Briefe im Nachlaß des Preußischen Kultusministers (1930-1932) und Generaldirektors des Nordwestdeutschen Rundfunks (1948-1956) Adolf Grimme (zit. GStA-Nl Grimme) datieren aus den Jahren 1930/31 (3) und aus dem Jahre 1953 (2).

4. Ebenda; Sign.I.HA Rep. 92 Nl C. H. Becker Nr. 3583.

5. Bundesarchiv Koblenz; Sign.N 1228 in Bd. 39. 193. 195 (Nachlaß Rassow). Der spätere Kölner Ordinarius für Mittlere und Neuere Geschichte war Breslauer Kollege Rosenstocks, hat in seinen Arbeitslagern mitgemacht und war in kritischer Zeit (1933/34) Rosenstocks Vermittler in Breslau und Berlin. Eine Kopie der Rosenstock betr. Stücke befindet sich im ERHA (s. 6).

6. Eugen Rosenstock-Huessy-Archiv (ERHA) Bethel. Begründet von Georg Müller. Archiv der ERH-Gesellschaft mit einem aus Breslau geretteten Teilnachlaß Rosenstock-Huessys. Ich konnte nur wenige „Abteilungen" durchsehen: 1.4.1a: Briefe Rosenstocks 1915-1935; 1.4.1b: Briefe seiner Frau Margrit Hüssy an ihn (1928-1935); 1.4.2: alphabetisch nach Absendern geordnete Briefe an Rosenstock; 2.1.2: „Ausreise"; 2.1.4: „Akademie der Arbeit (Ernst Michel, Daimler, ,Werkstatt')": enthält auch die Typoskripte „Ferien 1921. Zur Heimkehr am 25. Oktober 1921 in die Riviera di Francoforde" (eine unveröffentlichte *Entstehungsgeschichte der Akademie der Arbeit und die Geschichte meiner Wiedergeburt* aus den gen. Tagen, 23 S.), sowie des Briefes vom 6. Juni 1964 „Offene Worte Eugen Rosenstock-Huessys zu Konflikten der Weimarer Zeit"; nur der erste Teil des Briefes ist publiziert: Mitteilungen der ERH-Gesellschaft 17. Folge, Februar 1972; vgl. zu beiden VAN DER MOLEN (wie unten Anm. 4) S. 52, 158.

7. Friedrich-Ebert-Stiftung, Bonn (FEST); Sign.: ABI-ADGB NB 414-416. NB 416 enthält Vertragsentwürfe betr. die Akademie der Arbeit und die Originale der Vertragsfassungen für den Allgemeinen Deutschen Gewerkschaftsbund (ADGB). – NB 414 enthält Akten des Verbandsvorsitzenden des ADGB Knoll, später Hessler (Sitz Berlin) und setzt mit dem Vertragsentwurf vom 18. Februar 1922

---

1 Der Sinn der Akademie der Arbeit, in: W. PICHT/E. ROSENSTOCK, Im Kampf um die Erwachsenenbildung 1912-1926 (Schriften für Erwachsenenbildung. Im Auftrage der Deutschen Schule für Volksforschung und Volksbildung hg. v. R. V. ERDBERG. Bd. 1.), Leipzig 1926, S. 133-147, hier 137. – Zum Zitat der Überschrift vgl. Anm. 148.

ein, bringt dann u. a. Sitzungsprotokolle des Verwaltungsausschusses der Akademie; die Protokolle sind aber auch aus GStA (s. 1) bekannt. – NB 415 enthält „Generalia IV" betr. die Akademie der Jahre 1931-1933. Die „Generalia I-III" fehlen und konnten weder im Bundesarchiv Koblenz noch im DGB-Archiv Düsseldorf ermittelt werden. So fehlt auch von gewerkschaftlicher Seite jeder Ersatz für den verschollenen Band 1 im GStA (s. 1).

8. Universitätsarchiv Heidelberg: Unterlagen betr. Rosenstocks Studium 1907-1910 (3. Februar Tag der Promotion zum Dr. iur.; H II 855/1 Fol. 173v) sind erhalten. Promotion zum Dr. phil. am 31. Januar 1923 mit Belegexemplar der Doktor-Urkunde; die Akten der Phil. Fakultät Jahrg. 1923 sind verloren.

9. Für die Rosenstock-Betreffe in Archivalien des Stadtarchivs Frankfurt a. M. (neue Signatur: Magistratsakte S 1605 Bd. 1) verweise ich auf die Auswertung bei KLUKE (wie Anm. 8).

In allen Archiven stieß ich auf große Hilfsbereitschaft, wofür ich den Damen und Herren vor Ort zu großem Dank verpflichtet bin. Herrn Gottfried Hofmann bin ich in besonderer Weise dafür verbunden, daß er mir freien Zugang zum ERHA eröffnete und Rat erteilte. – Der studentischen Hilfskraft Katrin Hammerstein danke ich für zuverlässige Hilfen, vor allem bei der Textherstellung.

II. Detailaufstellung der Überlieferung in GStA-AdA Bd. 2

Februar 1922 bis November 1923: die Aufstellung folgt der im Band vorliegenden Blattfolge. Die Blätter 8-34 sind quasi als Dossier zusammengebunden. Ich zitiere – auch im Aufsatz – in der Regel nur nach dem 1. Blatt eines Vorgangs. Das Zitat ist deshalb im Archiv nicht selten auf einem der Folgeblätter zu suchen. Abkürzungen: AdA = Akademie der Arbeit; KM = Kultusministerium = Preußisches Ministerium für Wissenschaft, Kunst und Volksbildung; R. = Rosenstock; VWA = Verwaltungsausschuß d. AdA

Bl.	Dat.	Sache
2	18.II.22	R. ans KM betr. Finanzen und Verträge
4	9.III.	dto
6	5.III.	Beilage aus Frankfurter Zeitung: Art. des Dozenten Sturmfels und eines Teilnehmers (Georg Dörband)
		*
8		Vertragsentwürfe für die Dozenten mit ihren Begleitschreiben vom 18.II.
16	21.II.	Michel an Geheimrat (Wende) – Rücknahme der Entwürfe vom 18.II.
17	21.II.	Sturmfels (dto)
19	21.II.	Abgeänderter Entwurf mit Unterschrift Sturmfels'
22	24.II.	R. ans KM: Ausscheiden der Dozenten Michel und Sturmfels gefordert – Anl.I. II.
23		Anl.I: Schreiben Michels an VWA für die Sitzung am 27.II. – Vertragsentwürfe in beiden Fassungen
28	(27.II.)	Anl.II: Erklärung R.'s, wie er sie am 27.II. dem VWA vorzulegen gedenkt; das Exemplar ist auf den 27.II. datiert und unterschrieben
31	(22.II.)	Weitere Beilage: R. an Wende betr. Dozentenberufung
32	25.II.	Notiz R.'s zur Lage der AdA – Planung für eine Neuordnung
		*
35	28.II.	Hörer der AdA (Arthur Braun) ans KM
37	28.II.	Erklärung der Dozenten Michel, Schlünz, Sturmfels
40	6.[III.]	R. an (Ministerialrat Prof.) Woldt – privat, aber zur freien Verfügung (Or.)
47	20.III.	Stegerwald, Gesamtverband der Christl. Gewerkschaften an Geheimrat Wrede[2], KM, betr. Neuordnung nach Ausscheiden R.'s
49		Gedruckter Plan für den 2. Lehrgang Mai 1922 – Februar 1923 (von R.)
		*

[2] Stegerwald (Bl. 47) und Michel (Bl. 358) schreiben (fehlerhaft) an Geheimrat Wrede (statt Wende); das läßt vielleicht auf eine gemeinsame Fehlerquelle schließen. Stegerwald erwähnt dann am 10.XI.22 (ERHA 2.1.4) im Text (richtig) Geheimrat Wende; über Erich Wende († 1966) vgl. den Artikel von F. GAUSE in: Altpreußische Biographie II, Marburg 1967, S. 788. Vgl. auch E. WENDE, C. H. Becker. Mensch und Politiker. Ein biographischer Beitrag zur Kulturgeschichte der Weimarer Republik, Stuttgart 1959.

51	7.II.	R. an Wende betr. Finanzen
53	(vor 18.II.)	Schriftwechsel betr. Finanzierung im Vorfeld des neuen Vertrags
62	18.II.	Vertrag Preußen – Verbände über den Status der AdA

*

64	7.IV.	KM an R.: Entlassungsschreiben
	7.IV.	KM an Prof. Pape: Übertragung kommissarischer Leitung
65	7.IV.	KM: Mitteilung an die Verbände
67	7.IV.	Referentenschreiben (Wendes): an Stegerwald in Beantwortung seines Schreibens vom 20. III. (s. Bl. 47)
86		Pape an Wende: neuer *Stoffverteilungsplan* – Aktennotiz Woldt 29.IV.
107	11.IV.	Bericht R.'s *über den zweiten Abschnitt des ersten Lehrgangs der AdA nebst 5 Anlagen*
108		Anl.I. II: Chronologischer und systematischer Überblick über den Lehrgang des ersten Jahres
115		Bericht über den zweiten Teil des ersten Studiengangs der AdA vom 1.XI.21 bis 15.II. (31.III.)22
132		Anl.III: Resolution der Hörerversammlung der AdA vom 1.XII.21
133		Anl.IV: Teilnehmerliste des Seminars R.'s über Staatslehre (44 Teilnehmer)
134		Anl.V: R. an Geheimrat Wende (Or.): Rücktrittsersuchen (vom 22.II.22 datiert, jetzt beigelegt, nicht unter dem Datum abgesandt)
136	23.V.	Wende an R.: Dankschreiben für seinen Bericht vom 11.IV.

*

173	24.VI.	Pape an Wende: betr. *Hörerbefragung* von Seiten ministeriellen Besuchs am 13./14.VI. (vgl. Bl. 224)
218	31.VII.	Pape an Wende: übersendet Protokoll des VWA vom 27.VII. (vgl. Bl. 308)
224		Reisebericht Woldts mit Besuch der AdA am 13./14.VI.
308	27.VII.	Protokoll des VWA
330	31.V.	R. an Staatssekretär (Becker) – mit Schriftenverzeichnis
334	27.XI.	R. ans KM: Forderung nach finanzieller Abfindung – dabei Postkarte vom 12.(II.?)23: Aktenrückforderung
340	undatiert	Graßmann namens des DGB an Geheimrat (Wende): betr. Unterstützung für R.
342	14.XII.	Referentenbrief (Wendes) an R.: Antwort auf sein Schreiben vom 27.XI.
355	20.XII.	R. an Geheimrat (Wende): Antwort
356		Nachträge und Berichtigungen R.'s zu seinen Schreiben vom 27.XI. (Bl. 334) und dem Schreiben Wendes vom 14.XII. (Bl. 342)
358	20.XII.	Michel an Geheimrat Wrede[2] (Or.) – legt dem KM Antrag auf weitere Mitwirkung R.'s in der AdA vor (vgl. Bl. 360)
360		Antrag Michels (vgl. Bl. 358), eingebracht in die Dozentenversammlung am 11.X. und in den VWA am 30.X. (Bl. 523)
361	10.I.23	Referentenbrief (Wendes) an R.: Ankündigung einer Remuneration
368	13.I.	R. an Wende: Antwort auf Brief vom 10.I. (Bl. 361)
372		Abwicklung der Auszahlung
410		Vorlesungsplan 2. Semester des 2. Lehrgangs (R., *Geschichte der modernen Arbeits- und Gesellschaftsordnung*, 11 St.)
452	6.VIII.[22?]	Neues Programm: *Lehrmethode und Lehrgang der AdA* von Sturmfels (nirgends gedruckt)
512	15.III.23	Dr. Friedrich [Klausing?] ans KM: betr. Dozentenvorschläge

*

523	30.X.22	Protokoll VWA
585	14.XI.23	Protokoll VWA

Unter den Publizisten, Lehrern, Professoren der Weimarer Zeit, die eine wie immer begründete Kritik an der Universität ihrer Zeit in Bildungsalternativen umzusetzen versucht haben, war Rosenstock(-Huessy)[3] einer der umtriebigsten. Auf manche seiner Stationen der Jahre 1919 bis 1933 kommt er in seinen „Autobiographischen Fragmenten"[4] zu sprechen: auf die Daimler-Werkzeitung, die Frankfurter Akademie der Arbeit, den Deutschen und den Weltverband für Erwachsenenbildung, die (vor allem) Schlesischen Arbeitslager („Löwenberger Arbeitsgemeinschaft"). Ich stelle für mein Thema eine wahrlich Rosenstocksche Anekdote voran, die in einem „Fragment" von 1959 überliefert wird:

> *Im Monat April 1922 mußte ich nach Berlin zum Preußischen Erziehungsministerium fahren. Als der Gründer der Akademie der Arbeit in Frankfurt hatte ich versucht, meine neuen soziologischen Einblicke in Zeiten und Räume anzuwenden und einen neuen Stab für diese völlig neue Aufgabe zusammenzuschmieden. Die politische Zugehörigkeit der Lehrer erwies sich als zu stark; der eine war ein Kommunist, der andere ein sozialistischer Marxist. Obgleich damit mein naiver Glaube an die unbesiegbaren Kräfte des Patmos-Geistes zugrundeging, zog ich vor zu verzichten, anstatt einer toten und uneinigen Institution vorzustehen. Kein äußerer Grund hatte mich zu diesem Tun getrieben, und ich hatte noch geduldig gewartet im Interesse der Studenten, damit ihnen meine Abdankung nicht schade. Jetzt aber, obwohl wir unser Vermögen in der Inflation verloren hatten und ein kleines Kind angekommen war, mußte ich aussteigen. Es bestanden absolut keine Zukunftspläne für uns, und tatsächlich lebten wir bald darauf in der phantastischsten Unsicherheit, die man sich nur denken kann. Aber in dem riesigen Ministerium Unter den Linden in Berlin muß ich mich doch ziemlich sicher gefühlt haben. Denn, als ich im Gang auf meine Unterredung mit Seiner Excellenz Heinrich Becker wartete, erschien plötzlich sein wahrhaft preußischer Sekretär voller Abscheu und sagte mir: „Seine Excellenz wünscht nicht, daß jemand im Gang mit lauter Stimme singt." Natürlich hatte ich gar nicht gemerkt, daß ich so etwas tat. Es rettete meine Seele.*

Was Rosenstock mit der Akademie bewirken wollte, über seine Konzeption von Erwachsenenbildung, darüber wüßte ich nichts Neues zu sagen. Die Akademie hat einen wichtigen Stellenwert in Rosenstocks Biographie[5] wie in der pädagogischen und andragogischen Literatur[6], aber in der Geschichte der Aka-

---

3 Vademecum durch Rosenstocks Leben und Werk vor allem der Weimarer Jahre war mir die Studie (mit der maßgeblichen Literatur) von H. VOLLRATH, Ein universaler Blick auf Könige und Päpste des Mittelalters: Eugen Rosenstock-Huessys (1888-1973) Buch „Die europäischen Revolutionen und der Charakter der Nationen", in Papstgeschichte und Landesgeschichte. Festschrift für H. Jakobs zum 65. Geburtstag hg. v. J. DAHLHAUS/A. KOHNLE, Köln/Weimar/Wien 1995, S. 629-657; dort S. 639 Überlegungen zur Führung des Doppelnamens (seit 1925, in Schriften und Akten aber nicht vor 1928: GStA, wie oben I.2, Bd. 8 Bl. 60); vor seiner Übersiedlung nach Amerika blieb Rosenstock bei der Schweizer Umlaut-Schreibung (seiner Frau) „Hüssy".

4 Ja und Nein. Autobiographische Fragmente aus Anlaß des 80. Geburtstages des Autors . . . , hg. v. G. MÜLLER, Heidelberg 1968; das folgende Zitat S. 163f.; A Guide to the Works of Eugen Rosenstock-Huessy. Chronological Bibliography by L. VAN DER MOLEN with a Key to the Collected Works on Microfilm, Essex/Vermont 1997, S. 155.

5 VOLLRATH (wie Anm. 3), S. 644-647.

6 E. MICHEL, Art. in: Handwörterbuch des deutschen Volksbildungswesens, hg. v. H. BECKER u. a. 1. Lfg., Breslau 1932, Sp. 20-22; U. JUNG, Eugen Rosenstocks Beitrag zur deutschen Erwachsenenbildung der Weimarer Zeit (Frankfurter Beiträge zur Pädagogik), Frankfurt a. M./Berlin/München 1970; vgl. insbes. S. 13: „Rosenstocks ‚volkswissenschaftlicher' Forschungsansatz" und Kap. IV 1. – *Denn an der Person des Volksbildners geht die entscheidende Wendung vor sich. Es wird aus Jemandem, der das*

demie von Otto Antrick[7] fungiert er, der sich selber als ihr „Gründer" bezeichnete, als Randfigur der Gründerzeit, und das ist merkwürdig, ist mein
Problem. „Mit Gedanken eigener – und eigenartiger – Prägung" habe Rosenstock die Diskussion über die Grundsätze bereichert. Noch das Beste, was wir
über ihn als ersten Leiter bei Antrick erfahren, ist ein Satz über seine „sich
langsam erst in der Pädagogik durchsetzende Auffassung vom Exemplarischen
im Studium und in der Lehre". Er habe jedoch „im 2. Lehrgang" die Leitung
an Prof. Ernst Pape abgetreten und sei „einem Ruf als Ordinarius an die Universität Breslau gefolgt".

Jüngere Darstellungen der Frankfurter Sicht (von Paul Kluke und Notker
Hammerstein)[8] führen – was Rosenstock betrifft – nicht über Antrick hinaus.
Immerhin läßt Kluke den Leser wissen, daß Rosenstock im Streit gegangen sei,
vermerkt aber ausdrücklich: „Gründe für seinen Fortgang sind nicht in schrift-
lichem Zeugnis überliefert"[9]. Kluke kann sich jedoch auf eine persönliche Unterhaltung mit Rosenstock (1962) berufen. Diese scheint inhaltlich dem nicht
ferngestanden zu haben, was in „Ja und Nein" überliefert wird. Zusätzlich fällt
aber der Name Hugo Sinzheimers, und wirklich neu ist der Verdacht Rosenstocks, es sei Anfang 1922 bereits der Einfluß jener Kreise spürbar gewesen,
die zwei Jahre später das Institut für Sozialforschung begründet haben. Kluke
gibt indessen zu bedenken, ob nicht „in der Rückerinnerung die prinzipielle
Frontstellung der Sozialisten überscharf herausgearbeitet" sei.

Im selben Jahr 1972, als Klukes Buch erschien, sind „Offene Worte Eugen
Rosenstock-Huessys zu Konflikten der Weimarer Zeit" publiziert worden[10].
Geschrieben wurden sie allerdings schon 1964:

*Volk an das Bildungsgut der Universität heranführt, ein Bloß-Universitätsgebildeter, der wieder in das Volk zu-
rückgegliedert werden möchte. Deswegen also habe ich damals (1921) das bis dahin stets aktiv gebrauchte Wort
Volksbildung umgedeutet in das passive „Der Bildung zum Volke hin". Diese neue Bedeutung des Wortes hat sich
schnell eingebürgert . . . :* E. ROSENSTOCK, Volksbildung in der Universität, in: Blätter der Volkshochschule Breslau 8. Jg., 1929/30, S. 162-166, hier S. 164 (VAN DER MOLEN, wie Anm. 4, S. 76). In der
Diskussion der 20er Jahre sind organologische und soziologische Positionen in der Argumentation
für „Volk" wohl nie säuberlich auseinandergehalten, aber Rosenstock arbeitete mit einem andragogischen Volksbegriff, der eher an Erziehung zu einer Willensnation denken läßt als an völkische Ideo-
logisierung: *So ist das eigene Wesen der Akademie darin zu erblicken, daß ein der Macht beraubtes Volk der Arbeit sich in ihr ein Spiegelbild seiner ringenden, suchenden, unfertigen Existenz der Arbeit und des Wiederanfangs geschaffen hat* (Der Sinn der AdA, wie Anm. 1, S. 147).

7   Die Akademie der Arbeit in der Universität Frankfurt a. M. Idee Werden Gestalt, Darmstadt 1966;
    die folgenden Zitate S. 26f., 31, 33.

8   P. KLUKE, Die Stiftungsuniversität Frankfurt am Main 1914-1933, Frankfurt a. M. 1972; zum Fol-
    genden Drittes Buch Kap. 8 I., S. 391ff.; N. HAMMERSTEIN, Die Johann Wolfgang Goethe-
    Universität Frankfurt am Main. Von der Stiftungsuniversität zur staatlichen Hochschule Bd. I, 1914-
    1950, Neuwied/Frankfurt 1989; zum Folgenden Erstes Buch Teil II 1, S. 50ff.

9   S. 406 mit Anm. 36f. (S. 412).

10 Ich benutze die Druckvorlage in ERHA (vgl. oben unter I.6).

Gehen wir erst [der 2. Teil der „Offenen Worte" betrifft die Arbeitslager] *nach Frankfurt. Wenn Sie in „Hochzeit des Krieges und der Revolution", 1920, das Kapitel „Arbeitsgemeinschaft"* [11] *nachlesen, so stellte ich da die am 15. November beschlossene Arbeitsgemeinschaft als Grundlage neuen Denkens auf... Die Dozenten, die ich in Frankfurt zusammenbrachte, hatten außer dem politischen Vorurteil auch noch das akademische Minderwertigkeitsgefühl, ohne Anerkennung durch die Universität 'nur' „Akademiedozenten" zu sein. Sie wollten 'auch' Professoren sein. Ich aber kam von der Universität, und mir lag an diesem Rang nichts mehr. Als ich nun bat, wir alle: ich selber, Kriegsteilnehmer, Ernst Michel (katholisch), Sturmfels (SPD), Schlünz (mehr oder weniger Kommunist), sollten in allen den Vorlesungen, die von Universitätsdozenten unseren Arbeiterhörern geboten würden das erste Jahr mit drin sitzen, da empörten sich alle drei gegen diese „unwürdige" (!!) Zumutung, als seien sie etwas schlechteres als die Professoren. Wann hätte je ein Professor einem anderen Professor zugehört??? Alle bis dahin vertagten politischen Angriffe gegen mich kristallisierten an diesem Punkte, wo sich die drei Dozenten trotz ihres so verschiedenen politischen Standpunkts alle drei bedroht wähnten... Die zum Selbstschutz der drei Dozenten gebildete Einheitsfront gegen mich dauerte nur lange genug, um mich zu belehren, im Juli 1921 bereits, daß dieser Lehrkörper wertlos sei. Ich beschloß also, den angefangenen Lehrgang bis 1922 abzuwickeln, dann aber abzutreten. Es war ein mich beinahe das Leben kostender Entschluß, wie ich Ihnen durch Aufzeichnungen von damals belegen könnte.*

Niemand erfuhr damals davon außer meiner Frau. Aber Ernst Michel hat dann, als ich im Frühjahr 1922 meinen Entschluß ausführte, sich auf meine Seite gestellt und hat seine Meuterei ausdrücklich zurückgenommen. Für die schwachsinnigen politici blieb ich natürlich: der Reaktionär (Sturmfels), der gefährliche Romantiker (Sinzheimer), etc. etc. Die lächerliche Unternehmung, die hernach als Akademie der Arbeit weiterging, hat wirklich mit meinem Plan wenig zu tun. 1950 wurde mir angeboten, ihr Leiter zu werden. Der Mann, der mir das anbot, wußte nicht einmal, daß ich das Ding 1921 gegründet hatte...

Die „Offenen Worte" sind deutlicher als die Anekdote vom Sänger auf dem Gang des Staatssekretärs. Dennoch bleibt es unbefriedigend, daß wir so gänzlich von Rosenstocks Schriften und speziell den so viel jüngeren Erinnerungen abhängig sein sollen. Die Gründungsgeschichte der „Akademie der Arbeit in der Universität Frankfurt a. M." (AdA) leidet in der Tat unter Aktenmangel für Details, muß in der Hauptsache nach Denkschriften und Willensäußerungen Beteiligter geschrieben werden[12]. Was den Konflikt mit ihrem ersten Leiter Rosenstock betrifft, gibt es jedoch weit mehr an schriftlicher Überlieferung als bislang geahnt.

In Deutschland einmalig geblieben ist die Einbindung einer solchen Lehranstalt in die Universität, ohne daß Universitätsgremien Rechte der Mitverwaltung gewonnen hätten. Am Anfang stand die Finanznot der „Stiftungsuniversität" Frankfurt nach dem Ersten Weltkrieg, die derart bedrohlich war, daß die nunmehr in Staat, Stadt und Gesellschaft bestimmenden Kräfte die Existenzsicherung an neue Bedingungen knüpfen konnten. Die Staatszuschüsse flossen durchaus um den Preis der AdA. Es gab allerdings ein solides Fundament für sachliche Zusammenarbeit mit der Universität. Diese hatte in der „Akademie

---

11   Patmos-Verlag Würzburg, das Kap. „Arbeitsgemeinschaft" (es betrifft die am 15.XI.1918 vertraglich beschlossene Körperschaft von Industriellen und Arbeiterschaft) S. 253-269; VAN DER MOLEN (wie Anm. 3) S. 49; G. D. FELDMAN/I. STEINISCH, Industrie und Gewerkschaften 1918-1924. Die überforderte Zentralarbeitsgemeinschaft, Stuttgart 1985. – Die Berechtigung der „Arbeitsgemeinschaft" als einer Lehrform erklärte sich Rosenstock aus dem Unterschied zwischen Student und Arbeiter: *der eine kommt aus der Schule, der andere kommt aus dem Leben... die Arbeitsgemeinschaft behandelt (ihre Schüler) als Erwachsene* (Der Sinn der AdA, wie Anm. 1, S. 141).

12   Vgl. die Lit. Anm. 7, 8. Die Nationalsozialisten haben bei der Aufhebung 1933 das in der AdA vorhandene Material vernichtet (ANTRICK, wie Anm. 7, S. 9). Die für die Gründung einschlägigen Bände 1 fehlen aber auch GStA und FEST; vgl. oben I.1.7.

für Sozial- und Handelswissenschaften" von 1901 eine Vorläuferin, und bürgerlicher Stiftungswille sowie jüdisch-demokratischer Geist hatten ihr bei der Gründung 1912 auch zugedacht, an den Universitäten bislang vernachlässigte Bereiche des modernen Lebens, Probleme der Arbeiterschaft eingeschlossen, zu berücksichtigen, was u.a. mit Beratung von Volkshochschulen und Einrichtung von Lehrgängen (seit 1919 für Finanzbeamte und Betriebsräte) eingelöst wurde. Die Projektierung der AdA stand jedoch unter sehr kontroversen Ansprüchen, sie reichten von Forderungen nach Ausweitung der Zulassungsbedingungen zur sozialen Öffnung der Universität bis zu der nach ihrer Umwandlung selber in eine Arbeiterakademie, Forderungen, von denen u.a. der um die Gründung dann durchaus verdiente Berliner SPD-Stadtverordnete Hermann Lüdemann abgebracht werden mußte. So gesehen, ist die AdA ein Kompromiß. Sie sollte etwas Neues in die Universität einbringen, ohne diese über Bedürfnisse der neuen Zeit ihrer eigenen Idee zu entfremden: eine Arbeiterakademie nicht anstelle, sondern in der Universität.

Im Kreis der Frankfurter, die die öffentliche Überzeugungsarbeit für die neue Sache leisteten, ragen zwei Persönlichkeiten heraus: der Vorsitzende des Zentralverbandes der Deutschen Dachdecker und Frankfurter Stadtverordnete Theodor Thomas, der in Berliner Verhandlungen im April 1920 die Fronten aus Universität, Stadt, Staat und Gewerkschaften auf den Kompromiß im Grundsätzlichen zu einigen half, sodann der in Reichs- wie Lokalpolitik und in der Universität wie in einer Kriegs-Volksakademie erfahrene Jurist Hugo Sinzheimer[13]. Neben ihm trat in den Gremien fast immer der Wirtschaftswissenschaftler Ernst Pape[14] auf, und auf der Grundlage einer von den beiden Professoren verfaßten, gedanklich aber wohl von Sinzheimer bestimmten Denkschrift konkretisierte sich das Vorhaben zur Annahme durch die Frankfurter Stadtverordnetenversammlung am 29. Juni 1920[15].

Davon erfuhr Rosenstock *(vor dem 1. August 1920)* aus der Zeitung: *lag die Nacht schlaflos, ... stach mich der Blitz, daß diese Akademie mir zugehöre ... ging ich nach Frankfurt, und ohne daß ich ein Wort sprach – es war nur von meiner Werkzeitung die Rede – schlug mir* [Pape?] *vor, ich solle Akademieleiter werden, so – im Gefühl einer Verbindung von Verschiedenem – hab ich Sinzheimer im ersten Briefe die Paarung von*

---

13 Sinzheimer war in Heidelberg promoviert, seit 1903 Rechtsanwalt, zunächst Mitglied der Nationalsozialen Partei und der Demokratischen Vereinigung, nach 1914 SPD-Mitglied, seit 1917 Stadtverordneter in Frankfurt, Rechtsberater des Deutschen Metallarbeiterverbandes, 1919/20 Mitglied der Weimarer Nationalversammlung und maßgeblich an der verfassungskonformen Verankerung der Arbeiterräte in Art.165 beteiligt, seit 1919 ord. Honorarprofessor für Arbeitsrecht in Frankfurt; vgl. M. SUNNUS in: Biographisches Lexikon zur Weimarer Republik, hg. v. W. BENZ/H. GRAML, München 1988, S. 315f.; betr. „Volksakademie" vgl. JUNG (wie Anm. 6), S. 74f.; sonst HAMMERSTEIN (wie Anm. 8), S. 52f.

14 Vgl. ANTRICK (wie Anm. 7), S. 106, 113, 121, 123.

15 Zu einem Druckfehler in der Datierung der Denkschrift, den ANTRICK (wie Anm. 7), S. 96 übernommen hat, vgl. KLUKE (wie Anm. 8), S. 399 mit Anm. 25 (S. 411).

ihm, dem Sozialisten, dem Zeitgeistmenschen – mit mir, dem Nichtsozialisten, vorgeschlagen. So, als der berufene Empfänger des Akademieplanes muß ich auf [Staatssekretär] *Becker schon im September gewirkt haben.* Damals hat Rosenstock ihm seine *Grundsätze über eine Bildungsstätte für erwachsene Arbeiter* vorgelegt[16]. Zwischen der Sinzheimer-Denkschrift und der Rosenstockschen liegen jedoch *Vorschläge* aus dem August 1920[17], erarbeitet von einem *vorläufigen Arbeitsausschuß*, der vom Reichsfinanzministerium und vom Kuratorium der Universität angeregt worden war. Die *Vorschläge* rekurrieren selbstverständlich auf die Sinzheimer-Denkschrift, apostrophieren sie auch mit wörtlichem Zitat in einem Punkt (betr. die enge Zusammenarbeit von Lehrenden und Lernenden), sie bauen aber gerade mit dem Zitat die wohlmeinende Brücke zu Teil II über *Aufbau des Unterrichts*, der in allen drei Punkten (Allgemeines, Lehrziele, Lehrmethoden) eindeutig neue Töne anschlägt, und zwar die Rosenstockschen, die wir sonst erst aus seiner Septemberdenkschrift kennen. Außerdem ist jetzt schon (also im August) ohne jede Erklärung statt wie bisher von „Arbeiterakademie" von „Akademie der Arbeit" die Rede.

Die Literatur tradiert einmütig, Pape habe die Namensänderung vorgeschlagen. Das mag richtig sein, Pape und Sinzheimer waren Mitglieder des Ausschusses; aber daß auch dahinter Rosenstock steckte, ist nach seiner die *Grundsätze* vom September einleitenden Feststellung nicht zu bezweifeln[18]: *In der Namensänderung der Akademie der Arbeit statt Arbeiterakademie liegt bereits ein Zugeständnis an die tiefere Auffassung.* Eben diese ist jedoch die im gleichen Atemzug formulierte *Auffassung* von der *Bildung des erwachsenen berufstätigen Menschen.* Dem Arbeiter auferlegt Rosenstock zwar die Vorkämpferschaft dieser neuen Bildung und begründet diese Aufgabe damit, daß er unter allen Ständen *an den beiden anderen Sektoren* der Bildung (der religiösen und der akademischen) *den geringsten Anteil* habe. Den heutigen Bildungskampf als einen *Streit zwischen „Oberschicht und Unterschicht" des Volkes* anzusehen, sei indessen zu einfach. *Allen Ständen* sei die *neue Bildung* notwendig, *auch den Akademikern selbst*; und sehr polemisch wird der Ton gegenüber den *Wohlmeinenden*, welche Sozialisten und Akademiker zur *Arbeiterschnellbleiche* zusammen bringen wollten. Er halte nichts

16 Die wörtlichen Zitate aus „Ferien 1921" (ERHA, wie oben I.6, S. 4, 6f.; quellenkritisch dazu unten, bei Anm. 50); die Septemberdenkschrift bei PICHT/ROSENSTOCK (wie Anm. 1) S. 92-98, Ergänzungen zu den Grundsätzen . . . , S. 98-103; auch in: Die Akademie der Arbeit in der Universität Frankfurt a. M. 1921-1931. Zu ihrem zehnjährigen Bestehen im Auftrag des Dozenten-Kollegiums hg. v. E. MICHEL, Frankfurt a. M. 1931, S. 31-37, Ergänzungen S. 38-42; VAN DER MOLEN (wie Anm. 4), S. 80.

17 ANTRICK (wie Anm. 7), S. 105ff.

18 Vgl. zu Kontakten Rosenstocks mit Sinzheimer im August 1920 auch den Brief Rosenstocks vom 6.III.1922 (unten Anm. 33) an Ministerialrat Prof. Richard Woldt: *Ich aber wußte, wie ich schon im August 20 an Herrn S(inzheimer) schrieb, daß heut eine aufrichtige Arbeitsgemeinschaft zwischen Sozialisten und Nichtsozialisten die Vorbedingung jeden Erfolgs auf geistigem Gebiet ist.* Im Sommer 1922 erklärte Rosenstock den Namenswechsel daraus, daß die AdA auch für Angestellte und Beamte offenstehe (Der Sinn der AdA, wie Anm. 1, S. 143).

von der *Addition* des *Wissens* aller Fakultäten mit der *Methode* der Volkshochschulen (den *Arbeitsgemeinschaften*), sie führe nur zu schlechten Universitäten und schlechten Volkshochschulen.

Rosenstocks Konzeption von „Erwachsenenbildung" hier im einzelnen zu analysieren, über ihren Stellenwert in den bildungsgeschichtlichen Turbulenzen der zwanziger Jahre und womöglich über ihren Rang überhaupt zu befinden, überstiege meine Kompetenz[19], aber auch mein primär ereignisgeschichtlich gefaßtes Thema. Auf die *Grundsätze* für Frankfurt brauche ich nur hinzuweisen. Sie sind nicht auf einen Tag entworfen, bringen leidvolle Erfahrungen ein und zeigen Perspektiven auf, die offenbar Rosenstock als den einzig geeigneten Leiter erscheinen ließen[20]. Im Abschnitt über die Lehrwirkung betonte er, daß der Arbeiter *kein Student* sei, er *nicht als einzelnes leeres Individuum zur Akademie komme, sondern als Vertreter des Volkes, als im Volk tätiges Glied* und seine *theoretische Leistung … in dasselbe öffentliche Leben zurückwirken* müsse und *nicht irgendeinem abgezogenen Zweck*[21], *wie dem „Fortschritt der Wissenschaft" dienen* könne. In der Bildungsidee begründet ist auch, daß keine Zeugnisse und Diplome erteilt werden, vielmehr das Mitglied sich von seinem Arbeitsplatz aus, an den es zurückkehrt, seine Stellung im öffentlichen Leben erringen soll. Rosenstock versicherte, daß mit den *Grundsätzen* insgesamt, *d. h. unter grundsätzlicher Verwerfung des Lehrplanes der Universität mit ihrer Fakultätengliederung*, das unmittelbar praktische Lehrziel, *nämlich die Ausbildung von Arbeitern für bestimmte Ämter,* sehr wohl erreicht werden könne.

Der Pragmatismus am Schluß ist gewiß ein Zuruf an die Verbände gewesen, sicherlich auch nach Berlin gesprochen. Wie gut Rosenstock dort mit der Ge-

---

19 Ausführlich dazu im Vergleich der Denkschriften von Sinzheimer und Rosenstock JUNG (wie Anm. 6), S. 74-82.

20 Rosenstocks methodischer Ansatz liegt bei dem, was der Erwachsene mitbringt: die Gestaltung eines Lehrplans *als Arbeits- oder Volkslehre und Lebenslehre* im Ausgang vom Betrieb und vom Lebenslauf des arbeitenden Menschen, der es den berufenen Dozenten gestattet, *zu Lehrern zu werden, … während der bisherige Fakultätsbetrieb das eher verhindert, weil er die Gleichgesinnten nirgends zusammenführt … In dem neuen Lehrhause werden die Dozenten von einander abhängig … Selbständige Forscher müssen diese Dozenten sein, weil nur solche die Verantwortung und den Mut spüren, die zu einem unaufhörlichen Herausbilden der Volkslehre und der Lebenslehre aus dem Rohstoff des Fakultätswissens erfordert werden.* Konzipiert ist die *Volkslehre* als Einheit aus Jurisprudenz, Geschichte, Wirtschafts-, Sprach- und Kunstlehre. Die Lehrwirkung soll mit einer *Akademiezeitung* dokumentiert werden, einerseits weil *Zeitungslektüre und das Zeitungswissen* neben Beruf und Lebenserfahrung der wichtigste Bestandteil der *Arbeitermaturität* seien und das Verhalten in der Zeitungslektüre ob ihres *theoretischen Anteil(s) am Leben … vervollkommnet* werden müsse, anderseits mit der von Dozenten und Hörern verantworteten Zeitung die *Akademie zu einer öffentlichen Angelegenheit* werde, nach außen Rechenschaft ablege, *sich an die Arbeiterschaft im ganzen* wende und Einfluß als Lehrmittel übe. Bis 1931 sind 13 Hefte „Mitteilungen" der AdA erschienen; vgl. MICHEL (wie Anm. 6), Sp. 22.

21 Auch nicht dem Aufstieg des Einzelnen aus seiner sozialen Herkunft: *der Aufstieg der Berufe (ist) wichtiger als der Aufstieg der Menschen aus ihren Berufen*. Werkstattaussiedlung. Untersuchungen über den Lebensraum des Industriearbeiters. In Verbindung mit E. MAY und M. GRÜNBERG von E. ROSENSTOCK (Sozialpsychologische Forschungen, hg. v. W. HELLPACH. 2. Bd.), Berlin 1922, S. 2; VAN DER MOLEN (wie Anm. 4), S. 55.

samtkonzeption seiner *Grundsätze* angekommen ist, läßt sich aus der Eröffnungsrede vom 2. Mai 1921 heraushören, wenn der wenige Tage zuvor zum Kultusminister ernannte (vormalige Staatssekretär) Professor Carl Heinrich Becker vor allem darauf abhebt, daß die AdA ein *wesentlicher Beitrag zur Lösung der Erwachsenenbildung* sei und *Krönung der bisherigen Volksbildungsbestrebungen*[22]. Es blieb damals aber auch manches unausgesprochen, am meisten vielleicht zwischen Rosenstock und Sinzheimer. So fraglos der „elegante Jurist" (Hammerstein über Sinzheimer) ein Ideal allgemeiner Humanbildung ohne Klassenkampfmentalität verfolgte und eher auf allgemeine Förderung Begabter für verantwortliche Tätigkeit in der wirtschaftlichen, sozialen und politischen Selbstverantwortung denn auf pragmatische Ausbildung von Betriebsräten oder Parteifunktionären zielte, er blieb einem Wissenschaftsglauben verbunden, mit dem nun Wissen als Macht an neue, dafür aber nicht hinreichend vorbereitete Verantwortungsträger vermittelt werden sollte. Ein fundamentaler Unterschied zu Rosenstock liegt wohl darin, daß dieser den akademischen Wissenschaftsglauben selber, bemessen am Postulat seiner „Reinheit", für die europäische Katastrophe mit verantwortlich machte[23] und am liebsten die Universität aus dem AdA-Projekt überhaupt herausgehalten hätte.

Mit einem langen Artikel über *Arbeitsrecht und Arbeiterbildung. Die Voraussetzungen der Akademie der Arbeit* in der Frankfurter Zeitung vom 31. Oktober 1920[24] empfahl sich Rosenstock aber noch einmal für seine Aufgabe, sicherlich nicht zum wenigsten bei dem einflußreichen Arbeitsrechtler Sinzheimer. Rosenstock scheint dann die Leitung mit Wirkung vom 7. März 1921 übernommen zu haben, sein Vertrag lief bis zum 1. Mai 1922[25]. Er ist *als Kandidat des Unterrichtsministeriums und auf dringende Empfehlung von Prof. Sinzheimer ernannt worden. Universität und Gewerkschaften bauten auf diese beiden Autoritäten*[26].

---

22 Vgl. KLUKE (wie Anm. 8), S. 404. – Bei WENDE, C. H. Becker (wie Anm. 2) wird die AdA (S. 142) ganz in die Perspektive „Hochschulreform" mit sozialer „Versöhnung von Arbeiter und Student" gerückt, wie sie im Horizont der Ministerialbürokratie lag.

23 Vgl. VOLLRATH (wie Anm. 3), S. 643.

24 Nr. 808 Morgenblatt; VAN DER MOLEN (wie Anm. 4), S. 48; PICHT/ROSENSTOCK (wie Anm. 1), S. 103-113; S. 109: *Nie kann der Arbeiter zu diesem Studenten (des hellenischen Geistes) oder auch nur zu einem Halbstudenten werden. Er kann von den Problemen der modernen Wissenschaft nicht satt werden. Am Handarbeiter scheitert die Übertragbarkeit der akademischen Bildung genau so, wie das bürgerliche Recht an ihm zerbricht, nachdem es erst ihn, den Arbeiter, zerbrochen hatte.*

25 Sein erster „Bericht über die Tätigkeit" der AdA betrifft die Zeit vom 7.III.-1.VI.21: PICHT/ ROSENSTOCK (wie Anm. 1), S. 118-122. – Am 21.I.21 schrieb Th. THOMAS in der „Volksstimme" Nr. 17 (ANTRICK, wie Anm. 7, S. 128), daß die Wahl des Leiters erfolge, *sobald sich die Verbände über ihn schlüssig geworden sind.* Immerhin war auch noch der Vertrag zwischen Preußen und den Verbänden abzuwarten, der erst am 3.III.1921 unterzeichnet wurde (ANTRICK S. 129). – Auf Terminierung seines Vertrages auf den 1. Mai 1922 schließe ich aus der Angabe seiner Erklärung (Liste II, Bl. 28) am Schluß; s. unten, vor Anm. 75.

26 Bericht Rosenstocks vom 11.IV.22 (Liste II, Bl. 128).

Der Gründungsvertrag vom 3. März 1921[27] gab der neuen Institution noch keinen Namen, spricht von *Einrichtungen für eine hochschulmäßige Ausbildung nicht akademisch vorgebildeter Personen* und signalisiert auch damit den experimentellen Charakter des Unternehmens. Solche Offenhaltung lag – wie wir noch sehen werden – auch in Rosenstocks Kalkül. Der *Hochschulunterricht* wird laut Vertrag *zunächst für zwei Semester zu je vier Monaten* eingerichtet. Der Leiter heißt *Akademieleiter*. Ihm stehen *hauptamtliche Lehrer* und *nebenamtliche Lehrkräfte aus den Kreisen der Universitätslehrer und geeigneter sonstiger Persönlichkeiten (Praktiker)* für den Unterricht zur Seite, für den der Akademieleiter der Preußischen Unterrichtsverwaltung verantwortlich ist. Die Mitbestimmung der Hörer gestaltet sich über einen von ihnen gewählten sechsköpfigen *Hörerausschuß*, und zur *Unterstützung des Akademieleiters in der äußeren Verwaltung wird ein Ausschuß von sechs Mitgliedern gebildet*, in der Praxis Verwaltungsausschuß (VWA) genannt, besetzt mit Universitätsprofessoren sowie städtischen und gewerkschaftlichen Persönlichkeiten[28].

Vom Akademieleiter war für das erste Semester *im Einvernehmen mit der Unterrichtsverwaltung und dem VWA ein vorläufiger Lehrplan*[29] zu erstellen, und der Leiter hatte auch die hauptamtlichen Lehrer vorzuschlagen. Als Lehrer berufen wurden die Doctores Ernst Michel, Friedrich Schlünz und Wilhelm Sturmfels[30]. Bereits im ersten Jahr (zwei Semester) war die Zahl der Nebenamtlichen groß: 29 über das Jahr[31]. Sie waren für das erste Semester *von der Unterrichtsverwaltung im Benehmen mit* dem VWA ausgewählt, vom zweiten Semester an sollten sie vom Akademieleiter der Unterrichtsverwaltung vorgeschlagen werden, wobei der Akademieleiter sich nun mit dem Hörerausschuß abzusprechen hatte. Das Deputat der Nebenamtlichen war freilich sehr unterschiedlich bemessen: übers Jahr lag es zwischen vier (so bei sechs Dozenten) und 72 Stunden (Sinzheimer, Arbeitsrecht). Die drei hauptamtlichen Dozenten waren in der Hauptsache – und das ist reinster Rosenstock – als Betreuer eingesetzt: für Gruppenarbeit (*Die Ordnungen des Volkslebens*, zusammen 150 Stunden) und für *Freie Zirkel* (48 St.). Sie boten außerdem an: *Die Revolutionen der Neuzeit* (Schlünz 12 St.), *Die Soziallehren der Kirchen* (Michel 14 St.), *Theorie des Sozialismus* (Sturmfels 14 St.). Für sich selber hatte Rosenstock vorgesehen: *Die Geschichte des Menschen, als Einfüh-*

---

27 Wie Anm. 25.

28 Hugo Sinzheimer findet sich nicht in der Liste, auf die sich die Vertragschließenden geeinigt haben; vgl. zu seiner Ernennung am 16. Juli 1921 unten Anm. 39.

29 Die bekannten *Lehrplanvorschläge* sind gegliedert in: A. Wirtschafts- und Gesellschaftslehre, B. Rechts- und Staatslehre, C. Naturwissenschaft, D. Philosophisch-Pädagogische Bildung; vgl. ANTRICK (wie Anm. 7), S. 133ff.

30 In „Ferien 1921" (wie Anm. 16), S. 10 heißt es über die Lehrer: *Sie alle waren die ersten drei Monate dem Ganzen gegenüber passiv und trugen keinerlei Vision des Ganzen in sich.* Rosenstocks spätere Erinnerung an die Lehrer („Offene Worte") oben bei Anm. 10.

31 Vgl. den Lehrplan bei ANTRICK (wie Anm. 7), S. 138f.

rung in die Wirtschaft (10 St.), *Das Wesen des Rechts* (12 St.), *Lehre vom Staat anhand der Reichsverfassung* (17 St.), *Haupttatsachen der Geschichte* (20 St.). Für den ersten Jahrgang hatten sich 71 Hörer und eine Hörerin angemeldet. Am 1. Juni 1921[32] legte Rosenstock seinen ersten Bericht vor, Spannungen gab er nicht zu erkennen, aber er problematisierte breit die Einstellung der hauptamtlichen Lehrer und die an sie zu stellenden Anforderungen.

Die nun folgende Auswertung der Akten (oben Liste II) und der hochprivaten Aufzeichnung „Ferien 1921" ist zunächst darauf aus, die „Fakten" aus den rückblickenden Berichten festzuhalten. Es läßt sich in der Tat eine sehr sichere Chronologie in die Ereignisse bringen.

Über den experimentellen Charakter des Unternehmens waren sich alle Beteiligten einig, der Sache aber tat es nicht gut, daß die Probleme sich in zwei starken Persönlichkeiten, in Rosenstock und Sinzheimer, personifizierten. Fraglos haben beide versucht, ihren Pragmatismus (der lag ausgeprägter bei Sinzheimer) und ihren Ideenreichtum zusammenzubringen. In Rosenstocks Verteidigung steht der Gegner aber nicht gut da: Sinzheimer habe ihn als *kleinen Napoleon* eingeführt, das habe ihm sehr geschadet, nichtsdestoweniger habe er offen mit ihm gearbeitet. Diese Offenheit konnte allerdings *gelegentlich* sehr sarkastisch werden[33]. Bereits am 21. Juni 1921, also sieben Wochen nach Semesterbeginn, will Rosenstock an Sinzheimer geschrieben haben, sein *Ziel sei schleunigste Einführung eines Turnus in der Leitung und das Ausscheiden aller zu starken Identität zwischen der Sache der Akademie und meiner Person,* allerdings nicht bevor *der Akademie die einheitliche Seele eingehaucht, das heißt wenn sie im Bewußtsein aller Beteiligten zu selbständigem Leben erwacht sei*[34]. Zur Beurteilung hinzunehmen können

---

32 Wie Anm. 25.

33 Brief an Woldt vom 6.III.1922 (Bl. 40): *Sein (Sinzheimers) Vertrauen zerbrach vornehmlich an drei Umständen. Erstens habe ich ihm gelegentlich den Unterschied zwischen ihm und mir scharf dahin gedeutet, daß ich noch den Fehler hätte, vor tausend Hörern so persönlich wie zu einem Einzelnen zu sprechen, er aber den umgekehrten: einem Einzelnen gegenüber so zu reden, als hätte er eine Vollversammlung vor sich. Diese rein sachliche Feststellung des Gegensatzes zwischen seiner an die Masse und meiner an den Einzelnen sich wendenden Sprechweise hat ihn tief geschmerzt, und er hat, wie er am dritten März meinem Beauftragten Herrn Professor Oppenheimer formell versichert hat, den betreffenden Brief zerrissen, um sich von dieser Vorstellung zu befreien.* Das Ereignis liegt vielleicht nicht lange vor dem „dritten März"; denn so weit dürfte Rosenstock doch wohl erst im offenen Streit, der zu seiner Demission führte, gegangen sein.

34 So im Brief an Woldt vom 6.III.22 (Bl. 40); das genannte Datum (21.VI.) findet sich an späterer Stelle des Briefes, vgl. unten Anm. 67. Rosenstock fährt kommentierend fort: *Denn dazu war ich ja eingesetzt, damit sie (die Akademie) weder zu einem bloßen Gewerkschaftskurs noch zu einer populären Universitätsausdehnung herabsinke.* – In „Ferien 1921" (wie Anm. 16), S. 10 findet sich auch ein wörtliches Zitat aus diesem Brief. Im Zusammenhang dachte Rosenstock über die drei Dozenten nach: *Nur zu lange mußte ich sie in meinem Schatten halten, bis die Akademie für sie Heimat oder doch Wirklichkeit war. Im Juni schrieb ich an Sinzheimer: „Es ist das Wesen meines Amts, daß ich mich so schnell wie möglich überflüssig machen muß und die Institution von dem Gift, das jede Individualität darstellt, in diesem Fall die meinige, emanzipiere." Er hat das nicht verstanden. Und niemand; denn sie kennen nur den männlichen Führer, . . . , aber nicht den mütterlichen Geist. . .* – Rosenstocks Rundschreiben vom 13.III.22 (ERHA 2.1.4; vgl. unten Anm. 80) *An die Mitarbeiter der Akademie* erwähnt einen *Briefwechsel* mit Sinzheimer, aus dem dieser herausgerissene Teile verwendet habe, weshalb er, Rosenstock, die Briefe zurückerbeten und dann Sturmfels zugeleitet habe, *um ihm durch diese Schriftstücke den vollen Einblick zu geben in jenen Ihnen bekannten Zeitabschnitt der*

wir aber den Vorwurf, den vorzubringen die Hauptamtlichen im Februar 1922 immer noch Veranlassung zu haben glaubten[35]: Rosenstock habe *entgegen seiner vorausgegangenen Erklärung* ihnen gegenüber *Herrn Prof. Sinzheimer brieflich die gemeinsame geistige Leitung der Akademie angeboten*, und erfahren habe man das *vor der Sitzung mit Herrn Minister Becker und den Spitzenverbänden*. Diese Überrumpelung erkläre ihr (Michels und Sturmfels') scharfes Vorgehen in der Sitzung.

Die Sitzung, auf die sich das bezieht, fand am 16. Juli 1921 statt, Rosenstock nannte sie die *Geburtsstunde der Akademie ... Hier wurde mir das Kind weggenommen, ich wurde von der Verantwortung entbunden*[36]. Die Spannungen, die zu lösen der Minister persönlich nach Frankfurt gekommen war, hatten sich im Innern und nach außen aufgeladen und hatten doch dieselben Ursachen. Im Innern ging es um Leitung und Unterrichtsgestaltung. Interessanterweise verband Rosenstock das Ansehen der Universität mit dem der neuen Einrichtung[37]. Mit von der Partie im Interessenspiel waren stets der Hörerausschuß, über dessen Zusammensetzung im ersten Jahr Rosenstock *vom pädagogischen Standpunkt aus* sehr kritisch urteilte[38], sowie der in seiner Zusammensetzung und in seiner praktischen Wirkung noch einmal von Rosenstock sehr negativ gezeichnete VWA, in den

Arbeitsakademie vom Mai bis zum Juli, bevor ich mich entschloß, statt der inoffiziellen Teilung mit Herrn Sinzheimer die offizielle Teilung mit meinen drei Kollegen durchzuführen und dadurch die Leitung der Akademie auf eine breitere Basis zu stellen. Vielleicht haben meine Kollegen und auch Sie nicht ganz bemerkt, daß die mindere Anteilnahme von Herrn Sinzheimer indirekt gerade auf Ihre und meiner Kollegen Wünsche nach der Einführung des Kollegialsystems zurückzuführen ist, mit dem die Akademie von der persönlichen Leitung in die bürokratisch-demokratische Form eintrat, in die sie ja früher oder später unbedingt übergehen mußte.

35 Erklärung vom 28.II.22 (Bl. 37).

36 „Ferien 1921" (wie Anm. 16), S. 8. Das Datum ergibt sich auch aus dem Antrag Michels vom 20.XII.22 (Bl. 360).

37 Im letzten Rechenschaftsbericht Rosenstocks (vom 11.IV.22, Bl. 115) im Teil *6. Schluß* steht: *Die Verhandlungen des Monats Juli* [1921] *hatten die Schwierigkeiten offenbart, die es macht, erwachsene Gewerkschaftsführer längere Zeit zu einem einheitlichen Lehrgang zu vereinen ... Eine solche Ausbildung dürfte aber in keiner Weise als hochschulmäßig bezeichnet werden. Sie ist das Programm der Wirtschaftsschule. Sie würde eine Minderung des Ansehens des Universität, einen Verzicht auf eigene Forschungsaufgaben und – dies ist der für den Schulbetrieb wohl ausschlaggebende Punkt – ein sehr frühes Auseinanderfallen der Hörer in einzelne Fachabteilungen nötig machen...* Sich selber sah Rosenstock bereits in „Ferien 1921" (wie Anm. 16), S. 8 keineswegs unkritisch: *Je mehr die Monate voranschritten, ..., desto unbelehrbarer wurde ich ... Jedenfalls habe ich niemals in meinem Leben solch eine Unbeeinflußbarkeit gespürt als von Mai bis Juli 1921 ... Das war also das, was die anderen die Diktatur genannt haben; keine freie Wahl aber, kein Gelüsten nach der Diktatur, sondern ein ganz ruhig-festes Sich-Austun und Auftun, das immer bestimmter verlief, je mehr es vorschritt. – Die Akademie war nun ein gegliedertes Ganzes in meinem Kopf und Herzen. Aber noch lebte sie nur in diesen, nicht in der Welt.*

38 Ebd. Im Teil *3. Organisation* unter Punkt c) steht: *Der Hörerrat des ersten Abschnitts wurde zu Beginn des zweiten wiedergewählt. Sosehr man die kollegiale Gesinnung, die in dieser Wiederwahl zum Ausdruck kommt, begrüßen mag, so muß sie doch vom pädagogischen Standpunkt aus als verfehlt bezeichnet werden. Denn es waren begreiflicherweise im Mai mehr taktische und politische Erwägungen als pädagogisch-geistige Rücksichten gewesen, welche die Kandidaten bestimmt hatten. So saßen im Hörerausschuß nicht die führenden, sondern teilweise die bildungsunzugänglichsten Mitarbeiter...; einer habe strenge Einhaltung der Kurzstunden durchgesetzt: Damit trat an die Stelle einer ihr Zeitmaß sich selbst setzenden echten Arbeitsgemeinschaft von Erwachsenen auch hier der veräußerlichte Schulbetrieb mit dem Klingelzeichen ...*

Sinzheimer am 16. Juli oder bald danach berufen wurde[39]. Rosenstock rügte aber auch die Verhaltensformen, die die Juliverhandlungen vergiftet hätten. Durch sie sei das Vertrauen zwischen den *Hauptmitwirkenden* zerstört worden. So habe Sinzheimer *nur mit Rücksicht auf die Stellung des Ministeriums einstweilen auf eine Veränderung in der Leitung nicht bestehen* wollen, *und die Forderung der Dozenten, ihre Stellung schon nach so kurzer Probezeit zu erhöhen, nahmen dem Lehrkörper gegenüber der Hörerschaft die einheitliche Autorität.* So formulierte Rosenstock „offiziell"[40]. Anders sahen es die „Rebellen" Michel, Schlünz und Sturmfels[41]: . . . *Auseinandersetzungen . . . in Anwesenheit des Herrn Ministers Becker, die um des gefährdeten Fortbestandes der Akademie willen dazu führten, die Behandlung der pädagogischen Aufgaben dem Dozentenkollegium zuzuweisen.* Quasi direkt unter dem Eindruck des 16. Juli steht aber die Selbstprüfung in „Ferien 1921" (S. 9): *Ich habe den Tag des 16. in ganz reiner Form verbracht, so sauber und heiter wie meine Rede dieses Tages werde ich schließlich wieder Worte finden, es war kein Tröpflein Gift darin. Am Abend aber sank ich zusammen . . . ohne Macht des Herzens und Geistes. Schon deshalb ließ ich meinen Widersachern das Spiel mit vollem Recht.*

Ergebnis der Auseinandersetzungen war also die Umstellung auf das „Kollegialsystem". *Seitdem lebt die Akademie nicht mehr nur in mir, sondern in ihren Gliedern, Dozenten, Hörern usw. Das Große . . . ist nun, daß nicht nur die Väter „Zeitgeist", Sinzheimer vor allem, eine bloß zusammenorganisierte Ausschußmehrzahl, mir gegenüberstehen, sondern daß Glieder eines Ganzen ins Leben gerufen sind.* Über die Dozenten heißt es: *Nur so lange mußte ich sie in meinem Schatten halten, bis die Akademie für sie Heimat oder doch Wirklichkeit war.* Diese Wertungen Rosenstocks von Ende Oktober fügen sich zu seinem späteren Bekunden, dann konsequent am *Kollegialsystem* nicht nur festgehalten, sondern für es gekämpft zu haben[42], wohingegen die Dozenten *nach Verhalten* Rosenstocks urteilten, er habe sich im zweiten Semester nicht in diesem Sinne voll eingesetzt und eher den Eindruck erweckt, die verlorene Position wiedergewinnen zu wollen[43].

---

39 „Ferien 1921" (wie Anm. 16), S. 9f.; ebd. S. 16 ist Sinzheimer für Rosenstock in seinen Überlegungen (also Ende Oktober) *nicht der berufene Gegenspieler etwa als Präsident* des VWA. – Im Rechenschaftsbericht (wie Anm. 37. 38) heißt es über den VWA unter Punkt d): seine *Tätigkeit litt unter der fast ständigen Abwesenheit des Vertreters der Christlichen Gewerkschaften, der Weihnachten ganz ausschied* (vgl. unten Anm. 103) . . . *Im übrigen bot der Verwaltungsausschuß fast in jeder Sitzung das unerfreuliche Bild persönlicher Angriffe gegen die Leitung seitens eines einzelnen Mitgliedes* [gemeint ist Sinzheimer]. *Es ist keine gedeihliche Arbeit möglich, wenn dem Vorsitzenden seitens eines Mitglieds rundheraus erklärt wird, daß es entschlossen sei, die Person des Leiters der Sache aufzuopfern; vor allem eine so junge Pflanzstätte verträgt derartige Kämpfe nicht. Dadurch daß die hauptamtlichen Dozenten auf Wunsch des Verwaltungsausschusses an seinen Sitzungen teilnahmen, verwandelte er sich aus einer zur Unterstützung des Leiters geschaffenen Einrichtung in eine solche, durch die immer wieder ein Keil zwischen ihn und das übrige Lehrerkollegium getrieben wurde.*

40 Ebd. im Teil *6. Schluß.*

41 In ihrem Protest, den sie am 28.II.22 (Bl. 37) dem Ministerium vorlegten.

42 „Ferien 1921" (wie Anm. 16), S. 9f.; Brief an Wende (ca. 22.II.22) und *Notiz zur Lage der AdA* vom 25.II. (Bl. 31. 32).

43 Erklärung vom 28.II.22 (Bl. 37) gegen Schluß.

Mit den Erfahrungen des ersten Semesters verfaßte Rosenstock den viel bemühten Artikel über *Die Unterrichtsmethode der Akademie der Arbeit in Frankfurt a. M.*, der im August 1921 *einem weiteren pädagogischen Forum* zur Diskussion gestellt wurde[44]. Aus dieser Zeit könnte aber auch der undatierte Brief Rosenstocks an einen Ministerialvertreter stammen, der *Die Stellung der Akademie unter den übrigen Schulen* bestimmt[45]. Beide Schriften ergänzen sich. Zusammengenommen erhalten Recht, Wirtschaft und Sozialpolitik gegenüber den „Grundsätzen" aus der Zeit vor der Gründung einen gewissen pragmatischen Vorrang[46], aber die großen Ideen sind geblieben[47].

Für den weiteren Gang der Ereignisse wurde das Verhältnis Rosenstocks zu Ernst Michel wichtig[48]. Lange nach Rosenstocks Rücktritt warf Michel (im November 1922) sich vor, am Ende des ersten Semesters 1921 an ihm *irre* geworden zu sein: *als ich Sie wanken sah; damals wäre es an mir gewesen, Ihnen zur Seite zu treten. Statt dessen brach ich, verwirrt durch Ihr Schwanken, die Gegentreue, und nun folgte eins auf das andere.* Am 8. August 1921 hatte er Rosenstock noch – wegen Krankheit aus seiner Heimat Überlingen – über seine Vorbereitungen für Frankfurt geschrieben, auch daß er hoffe, *in 2 Jahren vielleicht eine katholische Soziallehre lesen zu können*, die ihn befriedige. Der Brief ist sehr persönlich im Ton, auch in Andeutungen von Nöten. Am 28. September (oder 1. Oktober?) tagte der VWA, vor dem Rosenstock erklärt haben will, daß er *an der Integrität des*

---

44 In: Zentralblatt für die gesamte Unterrichtsverwaltung in Preußen 63 Nr. 397, Berlin 1921, S. 302-304; PICHT/ROSENSTOCK (wie Anm. 1), S. 122-128; VAN DER MOLEN (wie Anm. 4), S. 53.

45 PICHT/ROSENSTOCK (wie Anm. 1), S. 115-118; MICHEL (wie Anm. 16), S. 42-44; VAN DER MOLEN (wie Anm. 4), S. 81.

46 Vgl. JUNG (wie Anm. 6), S. 136f. Anm. 28.

47 Einbau der Arbeiterbildung, repräsentativ für Volksbildung, in das Hochschulwesen unter Gewerkschaftsdruck; Ebenbürtigkeit der AdA als Bildungsstätte, die der Universität die Ausbildung für Staatsberufe und wissenschaftliche Forschung überläßt; Eigenständigkeit der AdA gegenüber allen anderen Schulen (Partei-, Räte-, Hoch-, Volkshochschulen), gegenüber der Universität auch deshalb, weil die AdA die Probleme zeit-, ja jahrgangsbezogen angeht: *Dadurch erhält die Gesellschafts- und Geisteswissenschaft die ihr unerläßliche Front gegen das Leben* (MICHEL, wie Anm. 45, S. 44). Als pädagogisches Zentralanliegen wird nach wie vor die *Muße* für ein Jahr der geistigen Besinnung, zur Sammlung und zur theoretischen Durchdringung der gestellten Lebensaufgaben, in die der Teilnehmer zurückkehre, betont. Die geistige Erziehung durch Literatur, Presse, Theorien der Wissenschaft habe auszugehen von dem, was der Erwachsene mitbringt, der Unterricht verwerte alle *Gemeinschaftsformen* (demokratische, aristokratische, autoritative in Zirkeln, Gruppen, Vorlesungen). Hohe Bedeutung der Begegnungen mit Persönlichkeiten und Einrichtungen in Wissenschaft, Staat, Kultur: *Personen und geistige Qualitäten in Personen unterscheiden und ... geistige Ordnungen überblicken und erfassen können. Dies beides aber ist das Wesen aller Bildung.* Auch der Schluß (im Zentralblatt) ist nicht nur den Politikern zugerufen, vielmehr Substanz Rosenstockscher Motivation: *für das Volksganze ... nicht einige wenige Karrieremacher den anderen Akademikern angleichen, von der ganzen Arbeiterklasse ... aus der Kraft und den Bedürfnissen der Arbeit aufgebaut ... zum Zeichen, daß gerade die leidvollste Katastrophe neue Kräfte zur Heilung in einem Volk entbindet.* Vgl. oben Anm. 6.

48 Zum Folgenden Briefe Michels vom 8.VIII.21 und 20.XI.22 (Abschrift), beide ERHA 2.1.4.

Lehrkörpers festzuhalten bitte, und damit durchaus keinen großen Beifall gefunden habe[49]. „Ferien 1921" verarbeitet und sublimiert dann eine tiefe Erschütterung über den Tod einer ihm geistesverwandten, noch sehr jungen Freundin, der Schriftstellerin Hildegard Deist, deren Lebensgeschichte ihr Mann am 1. Oktober Rosenstock erzählte, der jetzt seine *Berufung* ganz neu annahm: *Mehr wußte ich nicht, als daß ich wieder etwas Unabgegrenztes, eine Möglichkeit für Überraschungen schaffen mußte, 4 Wochen trotziger Abwesenheit mitten aus der Arbeit.* Vom 3. bis 14. Oktober nahm er teil an einer Volkshochschultagung in Wernigerode; es hat im Oktober auch Besprechungen mit Kultusminister Becker gegeben. Vom 14. bis 28. Oktober nahm Rosenstock Erholungsurlaub, sein Vertreter war Sturmfels[50].

Im Oktober – so Rosenstock[51] – seien nun die Hörer mit seiner alten Forderung hervorgetreten, *daß jeder Vortrag* (d. h. der Lehrbeauftragten) *mindestens von einem hauptamtlichen Dozenten mitbesucht werden solle* (eben zur Fundierung der Arbeitsgruppen): *Und wie war mir doch diese Forderung verübelt worden.* Wie die Dinge lagen, ergibt sich genauer aus einem Notbrief Michels, mit dem dieser am 17. Oktober[52] Rosenstock Mitteilung über die während seiner Abwesenheit ausgebrochene Krise in der Hörerschaft machte und über die Ergebnisse einer Sitzung der drei Dozenten mit dem Hörerrat: Rosenstocks Urlaub werde als *schwindendes Interesse* bewertet, man sehe nur *Planlosigkeit*, vermisse jeglichen Zusammenhang in den Vorlesungen, Vorlesungsflucht setze ein[53] und Praxisteile würden als Bummelei bewertet. Michel führte auch Klage über namentlich benannte Lehrbeauftragte und über Verhandlungen mit anderen, die abgesagt hätten. Dann rügte er, daß keine Vorlesungskontrolle – *weder von Seiten der Leitung noch von Seiten des Dozentenkollegiums* – stattfinde. Zwei Mitglieder des Hörerausschusses *(selbst Schlötzer und Weh)* hätten erklärt, sie könnten *in der Bericht-*

---

49 Erwähnt in der *Notiz* zur Lage der AdA vom 25.II.22 (Bl. 32); vgl. den Text unten S. 367 im Zusammenhang. Dort ist als Datum der 1.X. angegeben, in „Ferien 1921" (wie Anm. 40), S. 14 der 28.IX.

50 An das Ende der „Ferien" (Rückkehr am 25.X.) gehört also die mehrfach schon herangezogene (vgl. Anm. 16, 30, 34, 36, 37, 39, 42, 49), literarisch nicht einfach zu qualifizierende Selbstprüfung und Rechenschaftslegung, mit der Rosenstock das eigene Verhalten in die Zeitumstände einordnete. Das Dokument ist sehr persönlich, ist eigentlich nur für seine Frau geschrieben. Dort S. 13ff. eine Reihe von Andeutungen aus dem Oktober, die ich nicht alle interpretieren kann. Über den „Erholungsurlaub" vgl. auch den Bericht Rosenstocks vom 11.IV.22 (Bl. 115) unter *5. Chronik.*

51 Brief an Woldt vom 6.III.22 (Bl. 40).

52 ERHA 2.1.4.

53 Rosenstock formulierte das seinerseits in seinem letzten Bericht vom 11.IV.22 (Bl. 115) unter *1. Unterricht* so: *Vom Oktober ab folgten sich die Themen zunächst ohne wirkliche Systematik, bzw. es gingen die einzelnen Vorlesungen nach der Art des Universitätsbetriebs unverbunden nebeneinander her, da eben die im Juli beschlossenen Vorlesungen und Übungen in jedem Falle abgehalten werden mußten, auch wenn der einzelne Dozent zu spät oder zu früh zur Verfügung stand. Insofern ist der Lehrplan mißglückt.* – Vor diesem Hintergrund wird auch ein Satz aus „Ferien 1921" (wie Anm. 16, S. 12) verständlich: *wie schwer . . . ward mir der erste Schritt zur Ausführung des von mir nicht gebilligten Stundenplanes.* Er war offenbar eine Forderung aus der Sitzung vom 16. Juli.

erstattung an ihre Verbände nicht für Fortdauer der Akademie eintreten ... Eine Vollversammlung findet diese Woche statt. Michel warf Rosenstock weiterhin vor, er hätte nach seinen *Berliner Verhandlungen* (mit Becker; vgl. weiter oben) zur Aussprache *mit uns sowohl wie mit dem Hörerrat* kommen müssen. *Die Entfernung von Cassel* (Aufenthalt in den Ferien?) *ist nicht sehr groß, und schließlich durften wir Sie, als auch von uns delegiert, um einen mündlichen Bericht bitten.* Michel schloß seinen Brief mit der Feststellung, daß er nicht *sehr überrascht* sei *über diese neueste Wendung der Dinge, obwohl auch mir meine Existenzfrage nicht nebensächlich ist.* Auch er habe Interesse daran, daß aus der AdA *keine Räteschule großen Stils wird, (ich) sehe aber in einer Fortdauer von Kompromißzuständen, bei denen auch Sie nur mit halbem Herzen mittun, den Beginn des Zerfalls.*

Wie man sich nach Rosenstocks Rückkehr Ende Oktober arrangiert hat, wissen wir nicht. Wir kennen aus „Ferien 1921" freilich Rosenstocks nun gewonnene Haltung: *Erst jetzt in Berlin ist mir aufgegangen, daß eben Sinzheimer ... nur einer von vielen ist ... jemand, der abnehmen muß, wenn ich zunehmen soll* (S. 16; vgl. Joh. 3, 30). — *Wahrscheinlich, daß die Akademie mich gerade jetzt als Stein unter Steinen gerade braucht, als ihren Kopf oder dergleichen* (S. 19). — *Die Institution steht greifbar neben mir, ich bin entlastet* (S. 21). Aber ging die Institution fortan seinen oder ihren Weg?

Am 26. November, nun wieder Staatssekretär, unterbreitete Becker den Gewerkschaften erstmals seine Vorschläge für den Ende Februar ja auslaufenden ersten Vertrag (vom 3. März 1921)[54]. Diese Vorschläge dürften allen „Fraktionen" bald bekannt geworden sein, sie bringen viel Neues, aber fast in allen Punkten geht es um die Umstellung auf das „Kollegialsystem", wie es in den Verhandlungen mit Becker im Juli vereinbart worden war: das Lehrerkollegium aus Leiter und hauptamtlichen Dozenten macht nun den Lehrplan (§ 2), behandelt die pädagogischen Fragen (§ 3), beruft die nebenamtlichen Lehrkräfte (§ 5). Geschwächt wird die Stellung des Leiters auch mit der Sicherstellung, daß er nicht Vorgesetzter der Dozenten sei (§ 3) und daß er dem VWA jede Information zu erteilen habe, die ein Mitglied des Ausschusses in Angelegenheiten der Akademie verlange. Der VWA, in dem nun sechs von zehn (im ersten Vertrag drei von sieben) Mitgliedern Gewerkschaftler sind, wird außerdem zu einer Art zusätzlicher Appellationsinstanz des Hörerrats gemacht (§ 7), der sich bisher nur an Leiter, Lehrkörper und Minister wenden konnte. Ob die Akademieversammlung, die Rosenstock auf den 1. Dezember einlud, darüber geredet hat, ist fraglich. Rosenstock erinnert sich an ihm Wichtigeres[55]: *Erst ab Dezember hatte ich die Genugtuung, daß Hörer und Dozenten durch Schaden klug geworden selber die Einheit der Aufgabe verantwortlich ins Auge faßten. Wie das sehr schön die*

---

54 FEST NB 416. – Becker war im Kabinett Braun seit November 1921 wieder Staatssekretär (unter Minister Boelitz) bis Februar 1925 (Kabinett Marx).

55 Brief an Woldt vom 6.III.22 (Bl. 40).

Akademieversammlung vom 1. 12. mit der Ihnen (Woldt) *bekannten Resolution*[56] *gezeigt hat.*

Unterdessen mahlten auch die Mühlen im Ministerium für den neuen Vertrag weiter. Die Änderungsvorschläge vom 26. November wurden alle in den Text übernommen, der am 13. Dezember an die Vertragspartner ging mit Einladung zur Besprechung bereits am 19. Dezember[57]. Der Vertragsentwurf hat aber noch einen und einen einzigen Zusatz gegenüber den Vorschlägen vom 26. November erfahren. Er betrifft den Leiter (§ 4): *Das Lehrerkollegium hat das Recht, Vorschläge zu machen,* d. h. die Person des Leiters vorzuschlagen, den das Ministerium ernennt. Von wem die Initiative zu diesem letzten Akt in der Umstellung des Vertrags auf das „Kollegialsystem" kommt, ist unbekannt[58].

Solche Geduld des Pädagogen, wie Rosenstock sie gezeigt hatte, ging Sinzheimer indessen ab, und er stellte Rosenstock in einer Dozentenbesprechung, an der auch die Lehrbeauftragten teilnehmen konnten, am 17. Dezember 1921. Das Protokoll der Dozentenbesprechung, das erhalten ist, weil Ernst Michel es 1931 in die „Zehnjahresschrift" als Dokument aufgenommen hat[59], läßt

---

56 Sie ist überliefert als Beilage zu Rosenstocks Bericht vom 11.IV.22 (Bl. 132): *Die AdA dient dem Bedürfnis fachlicher Schulung und geistiger Ausbildung des arbeitenden Volkes. Sie entspricht damit der neuen politischen Form und den neuen Aufgaben Deutschlands. Denn diese fordern ein neues Bildungsziel und neue Wissenschaftsinhalte. Sie stellt also eine eigene Form der Hochschule dar, die wachsen muß und deshalb auf weite Sicht angelegt ist.*

57 *Es hat sich als notwendig erwiesen, die in der Zuschrift vom 26. November 1921 ... in Aussicht gestellte Besprechung ... noch vor Weihnachten stattfinden zu lassen,* so das Anschreiben des Ministeriums an den ADGB, FEST NB 416.

58 Vgl. unten S. 369f.

59 Wie Anm. 16, S. 46-51. – ANTRICK (wie Anm. 7), S. 31f. und JUNG (wie Anm. 6), S. 82f. nehmen in ihren Interpretationen nicht einseitig Partei, akzentuieren aber jeweils die Argumentation Sinzheimers (Antrick) oder Rosenstocks (Jung). Rosenstock wehrte sich gegen den zunehmenden Druck aus den *Herrenwissenschaften* (Recht, Wirtschaft, Arbeit, Politik) der Universität: *Wir müssen den Arbeiter hier wirklich zu eigener Äußerung zwingen, damit dann allmählich der Wissensstoff auf ihn zugeschnitten werden kann.* Einmal abgesehen von den Konzeptionen im Zusammenhang, lassen solche und andere einzelne Sentenzen den Gegensatz sehr plastisch hervortreten. Rosenstock: *Der Arbeiter bringt viel Wissensoptimismus mit, dem man mit Bildungspessimismus begegnen muß, weil für den Ungebildeten Wissen Ohnmacht ist. Der Arbeiter ist nur gewohnt, griffbereites Wissen zu verwenden, deshalb verlangt er stets nach sofortiger Lösung, er fühlt sich bedrückt durch die Unruhe, die längeres Ringen mit den Problemen mit sich bringt. Er muß nun mit dem ganzen Menschen in einen Bildungsprozeß hineingestellt werden. Das ist weder durch bloße Stoffzufuhr noch allein durch logische Schulung zu erreichen, da der Mensch nicht ein logisches, sondern ein organisches Wesen ist. Es gelingt nur, wenn man den Menschen zwingt, sich zum Kampf zu stellen.* – Sinzheimer: *... leugnet den Gegensatz zwischen Lebens- und Zweckschule. Zum Führertum gehört Wissen und die Fähigkeit, das Wissen zu gestalten. Der Führer darf nicht nur an seinem Platz Spezialist sein, er muß sich verantwortlich fühlen für alles, was in seinem Volk vorgeht ... Der Dozent muß dem Hörer gegenüber sein freies Führertum behaupten.* (Nb.: Eine Rosenstocksche Replik auf dergleichen findet sich in: Die Kreatur, hg. v. Martin BUBER, Joseph WITTIG und Viktor VON WEIZSÄCKER. 1. Jg., Berlin 1926/27, S. 52-68 unter der Überschrift: „Lehrer oder Führer? Zur Polychronie des Menschen"; auch in: PICHT/ROSENSTOCK (wie Anm. 1), S. 219-234). – In allem der Argumentation Sinzheimers entgegengesetzt ist das Resümee, das Rosenstock für den von Sinzheimer namens der Anwesenden formulierten Auftrag, *auf Grund der Anregungen ... einen konkreten Lehrplan mit bestimmten Vorschlägen über die Lehrmethode auszuarbeiten und den einzelnen Dozenten zuzusenden,* am Schluß der Sitzung bereits zog: *1. Man darf beim Aufbau des Lehrplanes nicht von theore-*

durchaus die Argumente aufeinanderprallen, aber wie belastet die Atmosphäre wirklich war, darüber ließ sich Rosenstock drei Monate später[60] aus: Der Angriff Sinzheimers auf ihn sei derart verletzend gewesen, daß Prof. Arthur Salz[61] veranlaßt worden sei, weitere Mitarbeit abzulehnen; dann wörtlich (und sicherlich über die Sitzung vom 17. Dezember hinaus verallgemeinernd): *Nur in der von Herrn S(inzheimer) erzeugten Giftluft hat das Mißtrauen meiner Kollegen so üppig wuchern können, wie es sich Ende Februar offenbart hat. Sie sind bloß Verführte. Es wurde ihm eben allzu leicht gemacht.* Was noch einmal das Protokoll vom 17. Dezember betrifft, ist auffallend, daß von den Hauptamtlichen sich nur Sturmfels und auch er nur ganz kurz zu Wort gemeldet hat, und zwar mit einer Feststellung, von der man nicht recht weiß, ob sie Zweckoptimismus verbreiten oder einfach Rosenstock provozieren oder ihm doch gefallen sollte: *ein einheitlicher Lehrplan (sei) undenkbar ohne einen geschlossenen Lehrkörper. Diesen Lehrkörper zu schaffen, sei die Aufgabe des ersten Jahres gewesen und diese Aufgabe sei nunmehr gelöst.*

Vor Aufnahme der Arbeit zum zweiten Jahrgang hielt sich Rosenstock in Berlin auf, am 7. Februar 1922 schrieb er (übergab er wahrscheinlich persönlich) Geheimrat Wende[62] einen Lagebericht betr. die Finanzierung. Er hielt sie (noch) für das Hauptproblem des kommenden zweiten Jahrgangs. Der Brief zeigt erstaunliche Sicherheit im Jonglieren zwischen Preußen, Reich, Reichspräsidentenfonds und anderen potentiellen Geldgebern und sucht Absicherung gegen die Wirtschaftsschulen, die als Konkurrenz auftauchten. Gleichzeitig *(im Februar)* sicherte er die Zustimmung der *Christlichen Gewerkschaften, die die Nichtbeschickung der Akademie bereits beschlossen hatten,* sowie der *Hirsch-Dunckerschen, die sogar einen Protest gegen das Weiterbestehen der Akademie planten,* zu dem neuen Vertrag[63]. Dieser Vertrag vom 18. Februar war kaum abgeschlossen[64],

---

tisch-systematischen Gesichtspunkten der einzelnen Fächer, sondern von der einheitlichen Persönlichkeit des Arbeiters ausgehen. 2. Die Nacheinanderbehandlung der einzelnen Stoffgebiete ist der Nebeneinanderbehandlung vorzuziehen.

60 Brief an Woldt vom 6.III.22 (Bl. 40).

61 Von der Universität Heidelberg, Lehrbeauftragter für Wirtschaftslehre. Er erscheint tatsächlich erst im 4. Lehrgang wieder unter den Lehrbeauftragten; vgl. ANTRICK (wie Anm. 7), S. 79.

62 Bl. 51, *lose zum letzten Vorgang,* einem Schreiben an den Reichsarbeitsminister im Zusammenhang der Vorbereitung des neuen Vertrags zwischen Preußen und den Verbänden (Anm. 64).

63 Bericht Rosenstocks vom 11.IV.22 (Bl. 115) unter Punkt *4. Die Stellung zu Universität, Behörden, Gewerkschaften;* Rosenstock schrieb: ... *konnten durch Vorträge des Leiters im Februar umgestimmt werden, sodaß jetzt beide geschlossen für die Akademie gewonnen sind. Ebenso hat der Beamtenbund infolge häufiger Einwirkung seine Zurückhaltung gegenüber der Akademie aufgegeben, was schon wegen des soziologischen Praktikums einen großen Gewinn darstellt.*

64 Das Exemplar FEST (wie I.7) NB 414 ist unterschrieben von Minister Boelitz, das im GStA (Bl. 62) ist unterschrieben von Boelitz, K. Graßmann für den ADGB, von Bruno Süß für den Allgemeinen Freien Angestelltenbund, von (Ernst) Haitmann für den Gewerkschaftsring Deutscher Arbeiter-, Angestellten- und Beamtenverbände und von Flügel und Falkenberg für den Deutschen Beamtenbund. Gegenüber dem Vertrag vom 3.III.21 fehlt der Deutsche Gewerkschaftsbund. Auf dem Begleitschreiben des Deutschen Beamtenbundes findet sich der Referentenvermerk *Der Deutsche Gewerkschaftsbund ist übergangen worden.* W[ende] 20[.III.]. Auch zu der Rolle der Gewerkschaften wäre noch einiges aufzuarbeiten.

schrieb Rosenstock erneut wegen Geld[65], aber vor allem standen die neuen Mitarbeiterverträge an.

Die Ereignisse überstürzten sich[66]. Mögen die Ursachen der Krise in weltanschaulich und charakterlich angelegten atmosphärischen Störungen zu suchen sein[67], der Blitz zündete, als zum ersten Mal die Dozentenverträge erneuert werden mußten. Rosenstock hat (am 20. Februar laut Brief Michels vom 21. Februar, Bl. 16) Vertragsentwürfe (Bl. 8) ans Ministerium gesandt, diese zog Michel namens der Dozenten am nächsten Tag mit Brief an Geheimrat Wende (Bl. 16) zurück: Es habe abgeänderte Entwürfe vom 17. Februar gegeben, aber nicht diese, sondern die älteren seien von Rosenstock eingereicht worden. Materiell ändere sich aber nichts. In den Akten des Ministeriums finden sich die drei von Michel, Schlünz und Sturmfels ausgefüllten, aber nicht unterschriebenen „Formulare", terminiert vom 16. Februar 1922 bis 30. April 1924 (Bl. 8) mit Begleitschreiben vom 18. Februar. Ein abgeänderter Entwurf (Bl. 19) mit Unterschrift Sturmfels' ist auf den 21. Februar datiert. Neu daran ist, daß 1.) die Stelle als die *eines hauptamtlichen Dozenten* definiert ist; 2.) die Institution den Namen *Akademie der Arbeit* trägt und nur noch als Zusatz in Klammern die Be-

---

65 Bl. 2, dem sachlich zugeordnet (Bl. 4) ein weiteres vom 9.III.22.

66 Auswertung insbesondere des Dossiers Bl. 8-34.

67 Soweit rückdatierbare Tatbestände entnommen werden konnten, ist die *Erklärung* der drei Dozenten vom 28.II.22 (Bl. 37) oben schon ausgewertet (betr. das Angebot Rosenstocks an Sinzheimer für eine gemeinsame Leitung, Julikrise 1921 und Einführung des Kollegialsystems). Die Dozenten verbanden ihren Protest aber mit verheerenden Aussagn über *persönliches Verhalten des Herrn Dr. R.:* . . . *(er) faßte von Anbeginn an sein Amt als eine persönliche „Berufung" (im Sinne einer religiösen Mission) auf, die er autoritativ zu vertreten habe. Es trat aber alsbald klar hervor, daß Herr Dr. R. diese Autorität nicht besaß, daß er vielmehr eine subjektive Auffassung seiner Aufgabe mit „Berufung" verwechselte, diese aber nicht autoritativ sondern diktatorisch* [unterstrichen] *durchzusetzen versuchte . . . (Diese Tatsache) drängte sich unabhängig von uns Herrn Prof. Sinzheimer, der bis Mitte des ersten Semesters Herrn Dr. R. unbedingtes Vertrauen schenkte, auf Grund einer eingehenden Hörerauasprache auf, sie fand in einer Ablehnung des Herrn Dr. Ros. durch die Mehrzahl der Hörer gegen Ende des ersten Semesters ihren Ausdruck . . .* Ein Hörer habe gefordert, Rosenstock solle sich auf die Leiterfunktion beschränken, im 2. Semester seien auch die Christlichen Gewerkschaften zunehmend skeptisch geworden, im Juli sei dann in Anwesenheit des Ministers das Kollegialsystem eingeführt worden. *Anstelle der Autorität aber hat bei Herrn Dr. R. von Anfang an gegen seine engeren Mitarbeiter eine Art der Behandlung eingesetzt, die jede persönliche Achtung der Selbständigkeit des Einzelnen vermissen ließ u. den Hörern wie den Außenstehenden gegenüber die hauptamtlichen Dozenten in die Stellung von Subalternen drückte. Herr Dr. R. brachte immer wieder in Wort und Haltung zum Ausdruck, daß er uns für unsere Aufgabe zu erziehen habe.* Die Dozenten gingen dann so weit, Rosenstocks Lehrbefähigung überhaupt infrage zu stellen, sprachen von *pädagogisch unzulängliche(n) Vorlesungen.* – Rosenstock wußte seinerseits durchaus über seine Ansprüche und ihre Durchsetzbarkeit Bescheid. Im Brief an Woldt vom 6.III.22 (Bl. 40) steht: *ich habe meine Auffassung der Stoffdurchdringung meinen Kollegen das erste mal notwendig in möglichst reiner und radikaler Form vorführen müssen.* Auch kommt hier die von Sinzheimer *als wilhelminisch gebrandmarkte Forderung des Gehorsams* zur Sprache. Am 21. Juni habe er ihm geschrieben: *Bis auch andere ein klares Bild ihrer (der Akademie) Eigenart in sich trügen, müsse notwendig erst einmal ein Mensch ihr das Gepräge geben; sonst bleibe sie ein mechanisch organisierter Apparat. Das Wort Gehorsam hat Herrn S. verletzt. Ich hätte vermutlich besser Disziplin gesagt.* Rosenstock wies auch die Charakterisierung seines Vortragsstils als *mystisch-romantische Art* zurück.

stimmung als *hochschulmäßige Einrichtung für nicht akademisch vorgebildete Personen*[68];
3.) Bezug genommen wird auf Bestimmungen des zwischen Preußen und den
Verbänden soeben am 18. Februar unterschriebenen Vertrages, und danach
sollen sich die *Verpflichtungen ... auf die kollegiale pädagogische Leitung der Akademie*
erstrecken. Ein Begleitschreiben Sturmfels' (Bl. 17) hielt alles noch einmal
fest[69], aber auch, daß er seine Unterschrift guten Glaubens geleistet habe[70].

In dieser Situation hat Rosenstock am 22. Februar aufgeben wollen. Er
schrieb dies an Wende[71], hat diesen Brief dann doch nicht unter dem Datum
abgeschickt, vielmehr erst im April als Dokumentenbeilage zu seinem letzten
Bericht[72]. Der Brief nimmt Bezug auf einen *in dem selben Augenblick* geschriebenen, aus dem Rosenstock einen Textteil zitierte, weshalb wir ihn identifizieren
und datieren können. Es handelt sich um Überlegungen betr. die Berufung
von Dozenten[73].

68 Der neue Vertrag mit den Verbänden vom 18.II.22 (Anm. 64) kürzt die *Einleitung* des alten Vertra-
    ges vom 3.III.21 (ANTRICK, wie Anm. 7, S. 129), verweist aber auf die Gültigkeit der in der Einlei-
    tung des alten Vertrages gegebenen Richtlinien. Die Kürzung ist dennoch auffallend: *Vertrag über die
    Einrichtung von hochschulmäßigen Lehrgängen zur Ausbildung von Arbeitern, Angestellten und Beamten zur
    Wahrnehmung ihrer Lehrtätigkeit* [bestimmt ein Tippfehler für „Tätigkeit"] *in der wirtschaftlichen, sozialen
    und politischen Selbstverwaltung ...* ; 1921 hieß es: *Einrichtungen für eine hochschulmäßige Ausbildung nicht
    akademisch vorgebildeter Personen aus den Kreisen namentlich der Arbeiter ...*
69 *Ich habe nun ohne genauere Kenntnis der Sachlage den mir von Herrn Dr. Rosenstock vorgelegten Vertragsentwurf
    unterschrieben im Glauben, daß mit diesem Entwurf auch meine Anerkennung als hauptamtlicher Dozent der Aka-
    demie der Arbeit ausgesprochen sei. Nach einer gelegentlichen Äußerung des Herrn Dr. Rosenstock Herrn Dr. Mi-
    chel gegenüber ist das aber nicht der Fall.*
70 Gemeint sein dürfte sein Begleitschreiben; ein solches haben alle drei Dozenten am 18.II. unter-
    schrieben.
71 Bl. 134: *In dem selben Augenblick, in dem ich an Sie schrieb: „ich stehe aber auf dem Standpunkt, daß nun konse-
    quent an dem Kollegialsystem, das heißt zugleich an der Integrität des bisherigen Lehrkörpers festgehalten werden
    muß", sind Umstände in dem Verhalten meiner Kollegen eingetreten, die mir ein Ausscheiden meiner Person aus der
    Akademie nahelegen ... Sie wissen, daß ich bei allen Kämpfen des abgelaufenen Jahres mit diesem Gedanken nie
    [unterstrichen] gespielt habe. Heute ist es anders ... Gleichzeitig den Kampf gegen alle Fronten zu führen, fühle
    ich mich außerstande. Es muß absolut Klarheit geschaffen werden, ob die Akademie ein Tummelplatz der persönlich-
    sten Leidenschaften bleiben soll. Nach reiflicher Überlegung ist das nur zu klären, indem ich mein Amt niederlege.*
72 Der Bericht vom 11.IV.22 gedenkt im Schlußteil (Bl. 128f.) der *Mängel der bisherigen Leitung. Keine
    Fraktion* habe ihn *zu den Ihren gerechnet: Durch den Gruppenaufbau der Akademie geriet er (der Leiter) ins
    Hintertreffen gegenüber den hauptamtlichen Dozenten, sodaß ihn die Schüler zu distanziert sahen und als „Herren"
    empfanden. Seine Kollegen empfanden ihn als zu ministeriell ...*, weil er in die eigentümliche Lage gekommen war,
    die Verantwortung für die Berufung dieser drei Herren in der Hauptsache zu tragen, für die Universität war er ein
    mehr oder weniger radikaler Außenseiter, für die Sozialisten zu reaktionär, für das Zentrum ein Protestant, für das
    Ministerium zu nachgiebig, für den Verwaltungsausschuß zu autokratisch ... *Seit dem Juli war es nur eine Frage
    der Zeit, wann auch das Ministerium dem ständigen Drängen nachgeben und den Leiter fallen lassen müsse. Sobald
    sich das Schauspiel vom Juli wiederholte, daß Differenzen des Lehrkörpers nach außen getragen wurden, wurde die
    Isolierung des Leiters vollständig. In der Anlage wird ein nicht abgesandtes Schreiben* [das ist der Brief vom
    22.II., Bl. 134] *des Leiters an den zuständigen Herrn Referenten überreicht, welches vor der Anwesenheit der Regie-
    rungsvertreter in Frankfurt* [am 28.II., vgl. unten Anm. 76] *liegt und diesen Standpunkt bereits vertrat. Der
    Brief wurde nicht abgesandt, weil es als letzte Pflicht erschien, den übrigen Instanzen ihrerseits erst einmal zu einer
    deutlichen Stellungnahme Veranlassung zu geben ...*
73 Bl. 31: *... und bestände das Kollegialsystem nicht, so wäre es vielleicht noch möglich zu erwägen, ob er* [Prof. Nöl-
    ting aus Detmold] *nicht tatsächlich als Pädagoge hierher paßt ... Diese Personalfrage zeigt recht deutlich, daß je-
    der politische Fehler, hier die verfrühte Einführung des Kollegialsystems sich unerbittlich rächt. Ich stehe aber auf dem*

Um den 17./22. Februar herum ist also die Diskussion über den Status der Dozenten Rosenstock über den Kopf gewachsen. Er mochte geglaubt haben, die Zügel doch noch einmal in die Hand zu bekommen, er legte seine Rücktrittsankündigung in die Schublade, stattdessen unterbreitete er dem Ministerium, mit Anschreiben vom 24. Februar (Bl. 22), nun Materialien, die begründen sollten, daß er mit den Herren Michel und Sturmfels nicht mehr zusammenarbeiten könne. Es handelt sich um einen Brief Michels (Bl. 23) und Rosenstocks Erklärung (Bl. 28), die er, *der Unterzeichnete*, beide dem VWA am 27. Februar *vorzulegen gedenkt*. Im Ministerium hat man außerdem noch den eben zitierten Brief u.a. betr. Nölting (Bl. 31) sowie eine *Notiz* (Bl. 32) zur augenblicklichen Lage der Akademie von Rosenstock zur Verfügung gestellt bekommen, datiert und unterschrieben *Frankfurt a. M. den 25. Februar 1922*.

Das Schreiben Michels an den VWA (Bl. 23) liegt selbstverständlich ganz auf der Linie der uns schon bekannten Ansprüche Michels und Sturmfels' (21. II.; Bl. 16). Michel setzte sich auch mit Gegenargumenten Rosenstocks auseinander, vorweg mit seiner Behauptung, daß es offiziell gar keine AdA gebe und der Name in Dienstschriftstücken gar nicht angewandt werden dürfe. Auf die Verträge Preußens mit den Verbänden geschaut, stimmt das, jedoch konnte Michel darauf hinweisen, daß Rosenstock doch selber als *Leiter der Akademie der Arbeit* korrespondiere. Dann das Entscheidende: Wir erfahren, daß Rosenstock *die Bezeichnung „hauptamtlicher Dozent" im Vertrag widerriet ... mit der Begründung, es sei besser, sich darauf nicht festzulegen, sondern für späterhin eine andere Bezeichnung („Studienleiter") ins Auge zu fassen.* Angesichts des eben zwischen Preußen und den Verbänden erneuerten Vertrags, dessen Text seit dem 13. Dezember vorlag, möchte es in der Tat scheinen, als habe Rosenstock hier Katz und Maus zu spielen versucht. De facto sorgte er für neuen Zündstoff, gleich ob er das „Kollegialsystem" noch einmal unterlaufen wollte, das ja dem Buchstaben nach auf dem Kollegium von Leiter und Hauptamtlichen ruhte, oder ob er glaubte, Verträge mit einfachen Mitarbeitern leichter und bei nächster Gelegenheit lösen zu können. Sturmfels[74] wollte jedenfalls von der Äußerung Rosenstocks gewußt haben, daß mit dem Entwurf dieses Arbeitsvertrags keine Anerkennung als hauptamtlicher Dozent ausgesprochen sei.

Auf der anderen Seite fühlte sich auch Rosenstock hintergangen. Seine *Erklärung* (Bl. 28), *welche gleichzeitig dem Ministerium und den abwesenden Mitgliedern des Verwaltungsausschusses zugeht*, hält fest:

> ... 2.) *Richtig ist, daß dieser Entwurf* [das ist der Arbeitsvertrag, der am 18. II. dem Ministerium zugeleitet wurde] *in beinahe einem Dutzend Sitzungen ... von uns gemeinsam entworfen, geprüft, besprochen und angenommen worden ist ... 5.) Das hier von den beiden Herren dem Verwaltungsausschuß vorgelegte Formular* [also die
>
> *Standpunkt, daß nun konsequent an dem Kollegialsystem, das heißt zugleich an der Integrität des bisherigen Lehrkörpers, festgehalten werden muß; ich betone das, weil die Versuche, Herrn Dr. Nölting hierher zu berufen, sicher noch bis an Sie dringen werden ...*

74 Vgl. Anm. 69 das Zitat aus Bl. 17.

Neufassung entsprechend Bl. 19] *ist mir überhaupt nicht bekannt geworden, obwohl ich bis zum 20. II. abends unbestritten beauftragt war, die Verhandlungen zu führen. Dieses Formular ist vielmehr erst am 21. II. abgefaßt worden, ohne daß ich oder Herr Schlünz es kannten.*

Nach diesen Feststellungen habe ich zu sagen: Ich habe am 1. Oktober im Ausschuß erklärt, daß ich an der Integrität des Lehrkörpers festzuhalten bitte, und damit durchaus keinen großen Beifall gefunden. Ich habe den Gewerkschaften gegenüber diese Integrität verfochten, obschon von Vertretern aller drei Richtungen in Berlin mir warnend vorgestellt worden ist, welche Belastung gerade diese Herren nach allem Vorgefallenen für mich bedeuteten. [Rosenstock gibt weitere Hinweise, daß er für das Kollegialsystem gekämpft habe.] *Ich stehe jetzt nicht mehr auf diesem Standpunkt. Zum Kollegialsystem gehören in erster Linie Kollegen. Obgleich als mildernder Umstand gelten mag, daß die Herren im Hinblick auf ein straffes Direktorialsystem ursprünglich ausgewählt worden sind, so hätten sie doch das ABC des von ihnen selbst mit herbeigeführten Kollegialsystem in dreiviertel Jahren lernen können.*

Weder kann mir persönlich zugemutet werden, mit den Herren Michel und Sturmfels weiter zusammenzuarbeiten, noch würde das die Sache ertragen.

Irgend ein künftiges Zusammenwirken zwischen mir und den genannten Herren kommt nicht in Frage . . . Die Sache liegt nun in Berlin. Ich bin indessen bis zum 1. Mai Leiter dieser Anstalt.

Mit Sicherheit trug Rosenstock hier nicht Fakten vor, die nicht hätten überprüft werden können, aber sein Hinweis, daß der erste (in den Augen der Dozenten der „falsche") Entwurf *in beinahe einem Dutzend Sitzungen* zustande gekommen sei, beweist wohl auch, daß Rosenstock viel Überzeugungsarbeit hatte leisten müssen, um „seinen" Text durchzubringen. Und selbst wenn sein Abrücken vom Kollegialsystem eine überlegte Entscheidung in der nach dem 18. Februar entstandenen Situation ist, motiviert war sie doch lange, so daß auch auf sein Gerangel um den Wortlaut der Dozentenverträge kein gutes Licht fällt[75].

Wie falsch Rosenstock diese Situation einschätzte, offenbarte er schließlich mit der dem Ministerium vorgelegten *Notiz* (Bl. 32 vom 25. II.), wenn er wie selbstverständlich von *dem Ausscheiden der für das Gruppensystem ursprünglich ausgesuchten Herren* ausging. Diese hatten in seinen Augen versagt, seien nicht in ihre Aufgabe hineingewachsen, nämlich nebeneinander drei Gruppen zu leiten, um das von den Lehrbeauftragten vermittelte Fachwissen in Gruppenarbeit zu synthetisieren: *Die für diese Gruppen notwendigen Dozenten gab und gibt es in Deutschland anscheinend zur Zeit noch nicht . . . Unter dem Kollegialsystem haben die Herren den Antrieb zu einer solchen Entfaltung mehr und mehr eingebüßt und sich statt dessen bewußt immer eifriger – ihrer Aufgabe ganz entgegen – fachlich zu spezialisieren begonnen.* Das Experiment unter dem Kollegialsystem zu wiederholen, würde noch einmal mißlingen, jedoch *in Form eines straffen Direktorialsystems vom Zeitgeist nicht ertragen.* Und so entwarf Rosenstock sofort die Neuordnung, in der der Akademieleiter *sozusagen an die Stelle der 3 hauptamtlichen Dozenten* tritt (das ist von ihm dick unterstrichen). Er wollte also die *allgemein-pädagogischen Pflichten der Gruppenarbeit mit* übernehmen zusätzlich zu seiner Lehre in Geschichte, Wirtschaftsgeschichte, Rechts- und Staatslehre und allgemeiner Systematik des Lehrstoffs. Die hauptamtlichen Dozenten hätten sich gewissermaßen selber zu drei Fachdozenten

---

75 Vgl. auch (unten Anm. 116) den Brief Michels an Wende (Bl. 358) vom 20.XII.22, mit dem er wegen der unleugbaren Verdienste Rosenstocks Genugtuung für ihn fordert, jedoch eigens dabei bleibt, daß sein Vorgehen gegen ihn *im Frühjahr* berechtigt gewesen sei (Bl. 360).

degradiert: die zukünftigen sollten eingesetzt werden für Soziologie, praktische Volkswirtschaft und Sozialpolitik. *Das Kollegialsystem wird beibehalten, was unter Fachvertretern keine Schwierigkeiten macht.* Rosenstock erhob noch eine Reihe von Forderungen (betr. Sekretärin, Kontakte der Studenten zu ihren Verbänden, Stundenplan) und kehrte als Positivum seines Entwurfs heraus, daß keine Verfassungsänderung nötig sei. *Verzichtet wird* (handschriftlich überschrieben: *vorläufig*) *bei dieser auf den sofortigen Erfolg abstellenden Organisation bewußt auf die Ausbildung neuer und eigenartiger Lehrkräfte. Einen gewissen Ersatz dafür mag man in der Forschungstätigkeit* (unterstrichen) *der nunmehr tätig werdenden Fachgelehrten erblicken.* Handschriftlicher Nachtrag: *Als Frucht des ersten Jahres bleibt also ein Hochschullehrkörper, wie ihn vor einem Jahr noch niemand erhoffen konnte.* Diese Feststellung kann sich nur auf den Hochschullehrkörper aus Nebenamtlichen und Gastdozenten beziehen, die *Notiz* endet denn auch mit optimistischen Erwartungen für die notwendigen drei Neuberufungen.

Es hat eine Vernehmung der Dozenten in Berlin gegeben (Brief an Woldt vom 6. März, Bl. 40): Rosenstock beanstandete sie. Eine *zweistündige Aussprache am 28. II. zwischen dem Vertreter des Ministeriums und den Professoren Pape, Titze, Sinzheimer und Stein* fand in Frankfurt statt[76]. Vom 28. Februar lag dem Ministerium nun die *Erklärung der Dozenten* vor (Bl. 37; vgl. Anm. 67) ferner der Brief eines Teilnehmers am ersten Jahrgang, des einzigen Landwirts[77]. Eine weitere vom Ministerium ebenfalls wahrgenommene Stellungnahme eines Teilnehmers (Bl. 6) stand in der Frankfurter Zeitung vom 5. März 1922[78], auch sie übte Kritik vor allem an den Dozenten. In derselben Ausgabe meldete sich auch Sturmfels *(Zum Abschluß des ersten Jahres)* zu Wort, beschwor die hehren Ziele: die *Erziehung zur Demokratie*, die *geistige Gefolgschaft des Hörers*, die *große Frage der Neuwertung der Arbeit*, die *sittliche Idee, die diese Akademie geboren hat.* Namentlich wird niemand erwähnt.

76 Rosenstock datierte diese *zweistündige Aussprache* in seinem Rundschreiben vom 13.III. (ERHA 2.1.4; vgl. das Folgende) in die *Goethewoche in Frankfurt.* Im Bericht vom 11.IV. (vgl. oben Anm. 72) legte Rosenstock Wert darauf, daß sein Gedanke an Rücktritt *vor der Anwesenheit der Regierungsvertreter in Frankfurt* niedergeschrieben sei.

77 Er hieß Arthur Braun (Bl. 35). Rosenstock erwähnte den Landwirt lobend in seinem Bericht vom 11.IV., möglicherweise wußte er auch von dem Brief. In diesem heißt es: ... *hatte ich als Hörer ... Gelegenheit den Werdegang der Akademie und den Aufstieg des vierten Standes in das Gebiet der geistigen Arbeit kennenzulernen. – Viele Schwierigkeiten gab es während des Jahres zu überwinden. Meist aus einseitigen Partei- und Klassenmeinungen entstanden, hatten sie oft unzuträgliche Reibungen zwischen Hörern und Dozenten im Gefolge. – Der Leiter der Akademie hatte mit voller Kraft zu kämpfen, daß die Akademie nicht zu einer einseitigen Parteischule innerhalb einer deutschen Universität wurde.* Braun bat darum, daß dem Leiter eine Kraft zur Seite gestellt werde, die sich politisch neutral verhält. *Auch war das Benehmen mancher Dozenten gegenüber der Leitung aus diesen Gründen heraus nicht immer anerkennenswert.*

78 Autor ist Georg Dörband, Berlin; er erklärte die Überforderung der Hörer aus mangelhafter Arbeit der Dozenten: *Hier fehlte es an der so notwendigen vorherigen Verständigung derjenigen Dozenten, die sich gegenseitig ergänzen sollten.* Dörband forderte aber auch eine homogene Hörerschaft durch Verbesserung der Aufnahmekriterien und die Abschaffung der Wahlfächer, Sprachkurse und Volontariate bei Behörden als unnötige Belastungen. Damit bewegte er sich nur teilweise auf der Linie Rosenstocks.

Jetzt erreichen wir die Entstehungszeit der schon einige Male ausgewerteten Schriftstücke, mit denen Rosenstock zum offenen Angriff gegen Sinzheimer überging: seinen Brief an Ministerialrat Woldt vom 6. März (Bl. 40)[79] und sein (gedrucktes) Rundschreiben *An die Mitarbeiter der Akademie* vom 13. März[80]. Beide haben uns viele „Fakten" aus der Geschichte des Konflikts geliefert, nun sind sie auch Zeugnis dafür, daß Rosenstock immer noch hoffte, der Krise Herr werden zu können. Beide nehmen die Besprechung der Professoren mit dem Vertreter des Ministeriums am 28. Februar zum Ausgang.

Gegenüber Woldt führte Rosenstock (mit Unterstreichung) an: *Gewerkschafter waren überhaupt nicht zugegen.* Er bemängelte, daß nicht seine Klage über die Angriffe gegen ihn verhandelt worden sei, vielmehr habe Sinzheimer in einstündiger Rede ihn unter Anklage gestellt. Das erste Jahr wollte Rosenstock dennoch als Erfolg bewertet wissen, möglich geworden *weil ich trotz allen Mißtrauens mit blitzsauberer Weste dastand und weil ich wirklich in jedem Augenblicke dem Ganzen der Akademie meine persönlichen Interessen aufgeopfert habe.* Sachlich glaubte er, alle Vorwürfe Sinzheimers abweisen zu können. Auffallend sind die Hinweise, er habe sich *bei der Auswahl der Universitätsdozenten im Interesse der Akademie ... viele zu Gegnern gemacht,* habe auch auf die ihm *vertraglich zugesicherte Lehrtätigkeit an der Universität verzichtet, weil ein für allemal die innere geistige Selbständigkeit der Akademie und ihrer wissenschaftlichen Forschung gegenüber der Universität dokumentiert werden* müsse. Ein weiteres von ihm gebrachtes Opfer sei sein Verzicht auf Rückhalt in Parteien und Organisationen. Es bleibe nach allem nur *die hartnäckige Verfolgung des Herrn Sinzheimer. Andere Punkte existieren nicht.* Rosenstock erwähnte noch die Denkschrift über *die Akademie der Tausend* – eine ironische Anspielung auf die Entscheidungsgrundlage der sozialdemokratischen Fraktion der Frankfurter Stadtverordnetenversammlung vom Juni 1920[81], in der Sinzheimer allen Ernstes damit gerechnet hatte, man könne mit etwa 1000 Teilnehmern beginnen. Hernach habe das *positive Wirken Sinzheimers überwiegend im Kampf gegen* ihn bestanden. Rosenstock befürchtete, es könne die Tatsache vergessen werden, daß ihm *Unrecht geschehen* und er *Ankläger* sei. *Nach dem geübten Vorgehen von Herrn Sinzheimer habe ich keine Veranlassung, Schritte zu meiner Rechtfertigung beim Ministerium zu unternehmen.* Handschriftlich fügte er am Ende hinzu: *In der heutigen Lage scheint mir der Passus des Vertrages* [d. i. der vom 18. Februar zwischen Preußen und den Verbänden § 4] *sehr wertvoll, wonach der Leiter von den Dozenten vorgeschlagen werden soll. Hieran sollte angeknüpft werden.* Im Grunde ist diese Regelung der nächste Schritt gewesen zu der dann endgültigen im nächsten Vertrag (§ 3) vom 16. Januar 1924[82]: Die Leitung der pädagogischen

---

79 Vgl. Anm. 18, 33, 51, 55, 60.

80 Gedruckt bei Werner u. Winter G.m.b.H. Frankfurt a. M.; ERHA 2.1.4.

81 Vgl. Anm. 15.

82 ANTRICK (wie Anm. 7), S. 145.

Fragen fällt nun dem *Lehrerkollegium* aus haupt- und nebenamtlichen Dozenten zu, die Leiterfunktion wird von einem hauptamtlichen Dozenten ehrenamtlich mit jährlichem Wechsel übernommen. Rosenstock hätte ihr also nicht im Wege gestanden.

Daß Sinzheimer nun Pape, also ein Universitätsmitglied, zum neuen Akademieleiter vorgeschlagen hatte, scheint Rosenstock erst nach dem 6. März bekannt geworden zu sein. Diese Herausforderung bestimmte Inhalt und Ton des in ganz ungewöhnlicher Weise verbreiteten Rundschreibens vom 13. März: in gedruckter Form, aber *Nicht für die Öffentlichkeit bestimmt*; er müsse die *Mitarbeiter*, die nun schon wieder in ihre Dienststellungen zurückgekehrt seien, zu Zeugen eines Streites machen, *der aus einem persönlichen Angriff gegen mich erwachsen, heute das Wesen und die Freiheit des im vergangenen Jahr von uns gemeinsam errichteten Hauses bedroht*. Rosenstock konnte die Ehemaligen mit dem offenbar *harmonischen* Ausklang *trotz allem* ansprechen[83], bezog auch seine Haltung zum Kollegialsystem in der Leitung in das Wir-Gefühl ein: Sinzheimer aber habe das *Prinzip der Freiheit und Selbständigkeit der Akademie der Arbeit in Organisation, Lehrmethode und Lehrziel* nie verstanden oder jetzt verraten. Mit dem Vorschlag, *ein namentlich benanntes Mitglied der wirtschaftswissenschaftlichen Fakultät der Universität* zu seinem (Rosenstocks) Nachfolger zu machen, *opfert (er) die Akademie*[84].

Stellungnahme von gewerkschaftlicher Seite ist nur eine einzige überliefert. Am 20. März schrieb (Ministerpräsident a.D., jetzt Minister für Volkswohlfahrt Adam) Stegerwald namens des General-Sekretariats des Gesamt-Verbandes der Christlichen Gewerkschaften Deutschlands an Geheimrat Wende (Bl. 47): Er schlug nun Modi für das Ausscheiden Rosenstocks vor, es solle menschlich zugehen, auch Sinzheimer müsse aus dem VWA ausscheiden. Mit der Wieder- bzw. Neuberufung von Sturmfels, Michel und (der Name kommt hier erstmals

---

83 Seine *Chronik* (Bl. 115) in seinem letzten Bericht vom 11.IV. hält fest: *Zum Abschluß des Jahres luden die Hörer die Dozenten zu einem Abendessen ein, das sehr harmonisch verlief.*

84 Im einzelnen argumentierte er: (1.) verlege die Ernennung eines ordentlichen Professors der hiesigen Universität zum Leiter *die entscheidenden Beschlüsse für die Leitung der Akademie vollständig in die geheimen Sitzungen seiner Fakultät*, (2.) *die anderen hauptamtlichen Lehrer der Akademie werden dadurch als Privatdozenten bei Seite geschoben*, (3.) *die Mitarbeiter werden zu Studenten gemacht* und (4.) *das ist das allerschwerwiegendste, die Aufstellung des Lehrplans, die Heranziehung der nebenamtlichen Lehrkräfte, die Versuche eigener Forschungsmethoden und Forschungsziele, werden mehr oder weniger abhängig von einer Lehranstalt, die als Schüler nur Jünglinge, als Forschungsziel nur zweck- und zeitloses Wissen kennt.* (5.) *drohe* an eine von der Fakultät geplante Wirtschaftsakademie für künftige Unternehmer eine *Arbeitsakademie für Arbeiterführer* angehängt zu werden. *Solche Vorschläge macht der ursprüngliche Gründer der Akademie . . . Die Bestandskraft alt geübter geistiger Methoden ist auch weiter noch so groß, daß nur innerlich und äußerlich unabhängige Personen, die sich unhalbiert für die Akademie einsetzen, imstande sind, die Anstalt vor all den Wegen zu bewahren, auf die sie bei der Nähe zur Universität sonst gelangen müßte, und die, wie das erste Jahr mannigfach gelehrt hat, für die Arbeitsakademie ebenso unerträgliche Irrwege sind, wie sie für die Universität selbst die notwendigen Wege bilden . . . Er* [Sinzheimer] *steht auch heute dort, wo er ein Jahr vor Beginn der Arbeitsakademie stand; ich aber habe die Anschauungen und Ideen, mit denen ich mein Amt antrat, mit all den Erfahrungen verschmolzen, die ich selber, meine Kollegen und Sie, meine Mitarbeiter, in der Akademie gemacht habe.*

neu ins Spiel) Eucken[85] sei man einverstanden, die Leitung durch Pape werde als Provisorium bewertet, Sorge mache eine *neutrale Neubesetzung* des VWA.

Im Ministerium ist auch ein fraglos noch von Rosenstock aufgestellter, gedruckter Plan für den *Zweiten Lehrgang* vom Mai 1922 bis Februar 1923 eingegangen (Bl. 49 – sonst unbekannt). Der Entwurf verlohnte eine genauere Analyse[86], um zu zeigen, daß im ersten Jahrgang zwar gewaltiges Lehrgeld gezahlt wurde – offenbar aber lohnend für die Zukunft. Diese wurde nun nicht mehr von Rosenstock bestimmt.

Als ich Ende März 1922 ohne Unterstützung seitens des Ministeriums blieb, habe ich mein Amt niedergelegt. (Das Folgende unterstrichen bis/) *Bis heute hat sich kein Nachfolger für mich finden lassen,/ ein genügender Beweis für die Unlösbarkeit einer Aufgabe, deren Wagnis durch mich die Akademie ihre Existenz verdankt wie sie daher auch einstweilen in ihrem Aufbau, Lehrplan usw. von den Resten meines geistigen Eigentums zehrt,* so steht es im Brief Rosenstocks ans Ministerium vom 27. November 1922 (Bl. 334), mit dem er jetzt eine einmalige Abfindung in Höhe seines Halbjahresgehaltes forderte, u.a. mit der Begründung: *Den Herren Sinzheimer, Stein und Titze gegenüber hat der betr. Ministerialrat mündlich, Herrn Stegerwald schriftlich die selbe Zusicherung gegeben, die mir in aller Form am 22. März nachmittags 4 Uhr wiederholt worden ist: zum 1. Okt. spätestens werde für mich gesorgt werden, durch einen angemessenen Posten*[87]. Wo die Besprechung vom 22. März mit den Ministerialbeamten Wende und Woldt stattgefunden hat[88], wissen wir nicht. Ein eigentliches Demissionsschreiben Rosenstocks aus diesen Tagen ist in den Akten des Kultusministeriums nicht überliefert, Kenntnis von der Entscheidung, die also früher liegen muß, hatte Stegerwald schon am 20. März (s. o.), und Oberbürgermeister Vogt erhielt sie von Rosenstock selber am 21. März[89]. Rosenstock datierte seine Amtsniederlegung auf den 31. März (Bl. 115-132; vgl. Anm. 1).

Der Sänger auf dem Gang des Staatssekretärs: der „Vorfall" wird in die Woche vor dem 7. April 1922, einem Freitag, gehören, jedenfalls ergingen an diesem Tage die Anweisungen für die ministeriellen Schreiben zur Abwicklung der Demission Rosenstocks und der Beauftragung Papes mit der Leitung[90], für

---

85　Vgl. unten Anm. 91 f.

86　Er sieht vor allem die Neugliederung des Studienjahres in Trimester (drei mal drei Monate) vor, wobei das erste Trimester der Einführung in den Lehrgang allgemein, in die Wirtschaftswissenschaften und in die Rechtslehre dienen soll. Das zweite Trimester soll Vorlesungen über praktische Volkswirtschaftslehre bringen und mit theoretischen Seminaren wie mit dem soziologischen Praktikum beginnen. Das dritte Trimester soll Politik und Pädagogik thematisieren, den Stoff zusammenfassen unter verstärkter Eigentätigkeit der Mitarbeiter.

87　Vgl. unten Anm. 92, 118.

88　Vgl. unten Anm. 119.

89　Vgl. KLUKE (wie Anm. 8), S. 406 mit Anm. 37 (S. 412).

90　Das Schreiben an Rosenstock (Bl. 64): *Im Ergebnis der mit Ihnen geführten Verhandlungen habe ich von Ihrem Wunsche, von der Leitung der Akademie der Arbeit in Frankfurt entbunden zu werden, Kenntnis genommen ... Dank für die Opferwilligkeit ..., mit der Sie es übernahmen, als Leiter der Akademie die Grundlage dieses pädagogisch und politisch gleich bedeutungsvollen Unternehmens mit zu schaffen und zu festigen. – Ich begrüße Ihren*

die Mitteilungen darüber an den ADGB, den Allgemeinen Freien Angestelltenbund, den DGB, den Gewerkschaftsring der Arbeiter, an die Angestellten- und Beamtenverbände, an den Deutschen Beamtenbund[91], an die hauptamtlichen Dozenten Michel, Sturmfels und Schlünz; ferner liegt der Entwurf für ein Referentenschreiben an Stegerwald als Antwort auf dessen Schreiben vom 20. März vor[92].

Am 11. April (Bl. 107-135) legte Rosenstock den (von uns vielfach ausgewerteten) *vorgeschriebenen Bericht über den zweiten Abschnitt des ersten Lehrgangs* vor. Wende brachte ihn intern am 18. April Woldt zur Kenntnis, fragte, ob man den Bericht nicht auch den Gewerkschaften zugänglich machen sollte. Woldt gab erst am 15. Mai die Sache zurück: *Wir sollten an vergangene Dinge so wenig wie möglich erinnern*, worauf dann Wende Rosenstock (mit einem Satz) dankte (Bl. 136). Daß der Bericht auf Rechtfertigung bedacht war und die ganze Konzeption noch einmal umriß, versteht sich, aber Rosenstock drängte für die Zukunft auf *eine möglichst vielseitig vorgebildete Hörerschaft*, auch sollten mehr *Frauen und Landwirte* aufgenommen werden, überhaupt: *die verschiedenen Berufe und Anschauungen des arbeitenden Volkes in lebendigen Vertretern zusammenbringen, damit die Lehre aus dem Ganzen und für das Ganze der Volksordnung entwickelt werden kann.* Leitung und Nachfolge in seiner Dozentur hielt er auseinander, der neue *Dozent* müsse *neben dem katholischen und den beiden sozialistischen Herren auf protestantischem Boden* stehen, er *sei* wohl *in der Person des Herrn Dr. Eucken bereits gefunden.* Was die Leitung betreffe, müsse das *Provisorium* (Leitung durch ein Universitätsmitglied) durch einen *nur* der AdA *angehörigen Sprecher* überwunden werden. Abschließend wird das schon Errungene apostrophiert: *um der Akademie der*

Entschluß, im ersten Semester des neuen Studienjahres im Kreise der nebenamtlichen Dozenten der Akademie noch teilzunehmen. Weiteres betrifft die Vergütung (bis Ende September), daß Pape mit der Leitung betraut sei; die Geschäftsübergabe wird erbeten.

91 Die Verbände (Bl. 65) werden darüber hinaus informiert, daß im *Bestand des Kollegiums der hauptamtlichen Dozenten ... voraussichtlich ein anderer Wechsel nicht (stattfinde)*, jedoch der *Privatdozent Dr. Eucken von der Philosophischen Fakultät der Universität Breslau ... für das Fach Volkswirtschaftslehre* zusätzlich eintreten werde. *In der Zusammensetzung des nach dem zweiten Vertrag* [das ist der zwischen Preußen und den Verbänden vom 18.II.] *neu zu bildenden Verwaltungsausschusses wird sich voraussichtlich ein Wechsel bei den nach dem Vertrag vorgesehenen Vertretern wissenschaftlicher Institutionen vollziehen.*

92 Der Entwurf des Referentenschreibens an Stegerwald (Bl. 67) berücksichtigt dann noch die von ihm am 20.III. angemahnte menschliche Seite: *(Rosenstock) erhält seine Bezüge bis zum 30. Sept. d. J. Die Unterrichtsverwaltung wird sich bemühen, dann Herrn Rosenstock in eine andere, seiner wissenschaftlichen Befähigung entsprechende Stelle zur Berufung kommen zu lassen. – Über das gleichzeitige Ausscheiden des Herrn Professors Sinzheimer aus dem Verwaltungsausschuß der Akademie ist mit Herrn Sinzheimer und Herrn Prof. Pape Einvernehmen erzielt worden. Die Unterrichtsverwaltung sieht einem entsprechenden Gesuch des Herrn Professors Sinzheimer entgegen.* Es folgt die Mitteilung über den neuen Hauptamtlichen Eucken und die anderen drei, die bleiben; mit Pape sei man sich über den Leiterstatus als vorläufig einig, die Unterrichtsverwaltung suche nach einer geeigneten Persönlichkeit für die hauptamtliche Leitung. (Das neuartige Vorschlagsrecht der Dozenten nach § 4 des Vertrags vom 18.II. wird nicht erwähnt.) Es sei zu erwarten, daß mit Sinzheimer auch Titze aus dem VWA austrete, dafür werde Prof. Klausing von der Juristischen Fakultät eintreten, die Vertretung des Lehrkörpers im VWA sei zweckmäßig Michel zu übertragen.

Arbeit den Rang einer Hochschule und den Ruf eines Bollwerks der neuen demokratischen Volksordnung zu erhalten.

Rosenstock blieb also – aus Antricks Dozentenverzeichnissen (S. 80) ist dies zwar bekannt, situationsbezogen aber doch überraschend (vgl. Anm. 90) – nebenamtlicher Dozent. Sein Gehalt behielt er bis zum September. Das Jahr 1922 ist auch in den Akten von Sorge um die eigene Existenz mit Familie geprägt (in „Ja und Nein" wird der am 15. August 1921 geborene Sohn erwähnt). Vier Tage nachdem er den letzten Bericht abgesandt hatte, am Karsamstag 1922, schrieb er an den Frankfurter Juristen Prof. Friedrich Klausing[93], den er von Anfang an als Lehrbeauftragten der AdA gewonnen hatte und von dem wir bereits wissen[94], daß er nun als Universitätsvertreter in den VWA der AdA nachrücken sollte: *Kein Wort mehr – es schweige; wer vieles erfahren, Der weiß wohl das Echte getreu zu verwahren. Wir grüßen Sie und ihre liebe Frau herzlich zu Ostern. Ich mache eben mit meinem Freunde Baethgen das Papsttumsprogramm.*

Der Brief ist aus zwei Gründen erwähnenswert. Einmal bezeugt er eine gewisse herzliche Nähe Rosenstocks zu Klausing, und diese darf man in Rechnung stellen bei der Lektüre eines viel jüngeren Sitzungsprotokolls des VWA (vom 14. November 1923, Bl. 585), laut dem Klausing sozialistische Intrigen als Grund für Rosenstocks Rücktritt ausschloß[95]. Sodann belegt der Brief, daß Rosenstock bereits in neue Aktivitäten eingetreten war. Mit Friedrich Baethgen war er seit seiner Heidelberger Studienzeit befreundet[96], Baethgen habilitierte sich 1920 in Heidelberg. Das *Papsttumsprojekt* wurde von Rosenstock auch später noch als eine Sache angesehen, für die er irgendwie geartete Unterstützung von Seiten des Kultusministeriums erhoffte. Dies muß sehr bald geschehen sein; denn am 4. Mai erwähnte es Staatssekretär Becker in einem über sein Privatsekretariat gelaufenen Schreiben an Rosenstock, und am 31. Mai machte Rosenstock in seiner Antwort an Becker (Bl. 330) *von der gütigen* (brieflichen) *Erlaubnis* Beckers Gebrauch, sich wieder an ihn wenden zu dürfen. Von *Geschichte des Papsttums* ist jetzt die Rede. In Verbindung damit trug er vor, daß

93 ERHA 1.4.1a.

94 Vgl. Anm. 92.

95 Auch FEST NB 414: [Klausing] *hebt weiter hervor, daß offenbar der Rücktritt Dr. Rosenstocks vom Leiterposten in den Kreisen der christl. Gewerkschaften verstimmt habe, weil Gerüchte sich verbreitet hätten, als sei Dr. R. einer Intrige von sozialistischer Seite zum Opfer gefallen. Prof. Klausing erklärt, daß er die Vorgänge, die zum Rücktritt Dr. Rosenstocks geführt haben, aus nächster Nähe miterlebt hat, und versichert auf das Bestimmteste, daß politische Momente dabei gar keine Rolle gespielt haben. Er bittet, diese Erklärung in den Kreisen der christlichen Gewerkschaften zu verbreiten.* – In der Sache geht es vor allem um die Hörerentsendung bei schlechter Finanzlage der Gewerkschaften. – In den Novembertagen war als Ministerialvertreter Prof. Woldt in Frankfurt. Er erstattete am 22.XI.23 Bericht (GStA – AdA Bd. 3 Bl. 2) und benannte darin Klausing geradezu als Kronzeugen dafür, daß im *Lehrgang* der AdA *wissenschaftliche Objektivität* walte.

96 Vgl. Rosenstocks Vorwort in „Königshaus und Stämme in Deutschland zwischen 911 und 1250", Leipzig 1914, S. VI; VAN DER MOLEN (wie Anm. 4), S. 39. – Zu Baethgen vgl. CH. JANSEN, Professoren und Politik. Politisches Denken und Handeln der Heidelberger Hochschullehrer 1914-1935, Göttingen 1992, S. 41 u. ö.

neue Möglichkeiten, im *Gelehrtenberuf* zu bleiben, *bisher nicht aufgetaucht* seien, und er bat konkret nun um Fürsprache in Frankfurt für den ebenfalls schon im *letzten Brief erwähnten Posten des städtischen Archivdirektors*[97]. Daraus, aber auch aus dem Projekt mit Baethgen ist nichts geworden[98], aber bestimmt hat Baethgen bei der zweiten Heidelberger Promotion Rosenstocks am 31. Januar 1923 eine Rolle gespielt[99].

Diese Steinchen sind insofern von Interesse, als sie als Spuren auf dem Wege zur schließlichen Rückkehr Rosenstocks in die Universität liegen. „Notgedrungen und eher widerwillig nahm er schließlich 1923 den Ruf auf den Lehrstuhl für Deutsche Rechtsgeschichte ... an der Universität Breslau an"[100] – das Urteil ist wahrlich zutreffend, aber es muß mit ungeahnt schrecklicher Anschauung gefüllt werden. Mit den *Aufzeichnungen von damals*, die Rosenstock in „Offene Worte" als Beleg dafür anführte, daß sein Leben bedroht war[101], sind sicherlich die Aufzeichnungen „Ferien 1921" gemeint. Die materielle und seelische Not, die aus Erniedrigungen erwuchs, kulminierte um den Jahreswechsel 1922/23.

Nach September 1922 wurde Rosenstocks Situation von „Arbeitslosigkeit" und galoppierender Geldentwertung sehr belastet. Friedrich Dessauer, Vertreter der Christlichen Gewerkschaften im ersten VWA der AdA, Zentrumsabgeordneter in der Frankfurter Stadtverordnetenversammlung, Honorarprofessor für physikalische Grundlagen der Medizin in der Universität, nahm sich am 13. Oktober – es war zum zweiten Mal – der Lage Rosenstocks an und schrieb an Stegerwald[102]. Dieser antwortete namens der Christlichen Gewerkschaften am 10. November[103]: Er wies die Vorwürfe zurück, gegenüber der AdA versagt

---

97 Schreiben Beckers vom 4.V.22 in seinem Nachlaß (oben I.4): er bittet Rosenstock, *auch Herrn Kollegen Baethgen für seinen freundlichen Brief zu danken. Es versteht sich von selbst, daß Sie mir nach wie vor schreiben können, wie ich Ihnen überhaupt versichern kann, daß trotz Ihres Ausscheidens aus der Leitung der Akademie Ihnen im Ministerium nach wie vor volles Verständnis entgegengebracht wird. Mit freundlichen Grüßen Ihr Ihnen aufrichtig ergebener.* Was Frankfurt betrifft hatte Rosenstock auf Perspektiven für *Rechtswissenschaftliche Forschungen* verwiesen, die sich mit der Überführung des Reichskammergerichtsarchivs nach Frankfurt *(eine einzigartige Basis)* ergeben könnten. Er nannte auch seinen Konkurrenten beim Namen (Dr. Rupprechtsberger).

98 Vgl. unten Anm. 118f.

99 Vgl. die Archivübersicht oben I.9. Als Dissertation wurde von der Fakultät das 1914 bereits gedruckte Buch (vgl. Anm. 96) anerkannt. Referent scheint Karl Hampe gewesen zu sein, an dessen Seminaren Rosenstock – wenngleich in der Juristischen Fakultät eingeschrieben – teilgenommen hatte; eine seiner Seminararbeiten (aus dem Jahr 1908) ist erhalten; vgl. Ja und Nein (wie Anm. 4), S. 66, 152; VAN DER MOLEN (wie Anm. 4), S. 36.

100 VOLLRATH (wie Anm. 3), S. 647.

101 Vgl. oben bei Anm. 10 und unten in Anm. 118.

102 Vgl. über ihn oben nach Anm. 84. Daß Dessauer zum zweiten Mal geschrieben hatte, steht in Stegerwalds Antwort. Beide Briefe sind verloren. – Über Dessauer vgl. H. AUERBACH in: Biogr. Lexikon (wie Anm. 13), S. 59; ANTRICK (wie Anm. 7), S. 42, 128, 131, 150.

103 ERHA 2.1.4. Der Brief ist im Original offensichtlich von Dessauer an Rosenstock gegeben worden, wie Rosenstock das Original (?) eines Briefes Michels an ihn vom 20.XI. (s. unten) Dessauer zur

und Rosenstock im Stich gelassen zu haben, räumte aber ein, daß man durch *fast völliges Fernbleiben von der Akademie dazu beigetragen* habe, *diese in wachsendem Maße der sozialistischen Einflußnahme zu überantworten* ...

Zu Herrn Dr. Rosenstock: Herr Kaiser, unser derzeitiger Vertreter im Verwaltungsausschuß der Akademie, unterrichtete mich, daß zuletzt versucht wurde, Dr. Rosenstock als nebenamtlichen Dozenten an der Akademie weiterzuführen[104]. *Die Vertreter der freien Gewerkschaften lehnten Dr. R. mit Bestimmtheit ab* ... *und es fallen die Stichwörter: zu geringe pädagogische Eignung*[105], ... *Schwarmgeist,* ... *an seinem Mißerfolg persönlich doch auch nicht schuldlos* ... *Die Tatsache, daß der uns gesinnungsgemäß doch mindestens ebenso nahestehende Herr Dr. Michel an der Akademie bestehen kann, spricht zumindest nicht gegen diesen meinen Eindruck. Dr. R. dürfte so gut tun, sich nicht nur als ein Opfer seiner Gesinnung zu betrachten.*

Ich finde diese meine Auffassung auch bestätigt in den Schwierigkeiten, die das Kultusministerium mit der erstrebten anderweitigen Unterbringung Dr. Rosenstock's hat. Kaiser war wegen R. noch letzter Tage bei Geheimrat Wende vorstellig geworden. Wende berichtete Kaiser von der Ergebnislosigkeit aller Bemühungen des Ministeriums, Rosenstock anderweitig unterzubringen. Überall begegne man Ablehnung. So noch zuletzt an der Universität in Königsberg[106]. *Das Kultusministerium könne für Dr. R. gegenwärtig nur insofern etwas tun, als es ihm aus einem Fonds zur Unterstützung notleidender Wissenschaftler Zuweisungen machen könnte* ...

Stegerwald will von Dessauer aber wissen, wie er Rosenstock dennoch helfen könne[107].

Vor Beantwortung dieses Schreibens (vielleicht auch zur Beantwortung) stellte Rosenstock nun einen Brief Michels an ihn vom 20. November[108] Dessauer zur Verfügung, den dieser – mit Bitte, das persönlich zu halten – mit einem Begleitbrief vom 6. Dezember Stegerwald zukommen ließ[109]. Wir kommen auf Michels Brief noch zurück. Dessauer kreidete nun Stegerwald an: *Eben das, was Sie ... darlegen*[110]: *„Bloßes Wissen macht den Arbeiterführer nicht... ", das war, was Dr. Rosenstock richtig gemacht hat und was wir durch unsere Schuld verdorben haben unter Opferung des Menschen, der sich dafür einsetzte. Es ist selbstverständlich,*

Verfügung gestellt hat. Es bestand also ein enges Verhältnis. – Über Abwesenheit des Vertreters der Christlichen Gewerkschaften im VWA klagte auch Rosenstock; vgl. oben Anm. 39.

104 Der Antrag kam von Michel; vgl. weiter unten.

105 Rosenstock kannte solche Vorwürfe; vgl. Anm. 67.

106 Es gibt auch ein undatiertes Schreiben Graßmanns namens des DGB an Wende (Bl. 340), in dem er geradezu Bezug nimmt auf eine Zusage des Ministeriums: *Wenn ich nicht irre, handelt es sich um Königsberg.* Trotz seiner Vorbehalte gegen Rosenstock bitte er, die Berufung zu ermöglichen.

107 Rosenstock stellte seine Ansprüche an die Gewerkschaften gerade um diese Zeit in einer Publikation „Not und Wende in der Arbeiter-Bewegung" zur Diskussion, in: Neuwerk 4. Jg., 1922/23, S. 437-443: Arbeiter- und Jugendbewegung seien erlahmt, um die Jugendbewegung ist es ihm ohnehin nicht schade *(Als ewig Jugendliche sind wir von Lebensuntüchtigkeit bedroht),* jedoch lähme die *Spaltung* in Christliche und Freie Gewerkschaften die Arbeiterbewegung. Die Christlichen, erst nach 1890 gegründet, seien aber ohne Martyrer und sollten ihre Etikette aufopfern und zu Gewerkschaften schlechthin werden. *Ohne eine solche Wiedergeburt (der deutschen Arbeiterbewegung) wird der enttäuschte Arbeiter zu den von der Industrie glänzend bezahlten nationalsozialistischen Radautrupps abschwenken, und dann wird der Fluch, der heut noch auf der Lohnarbeit liegt, durch den Fluch des Knüppelheldentums ergänzt werden* (S. 443). S. 442 hatte er die *maßstablose Lohnpolitik* der Freien Gewerkschaften stark kritisiert: Sozialismus und Kapitalismus versündigten sich in der Lohnpolitik am Volkstum, *berechnen das Leben des arbeitenden Menschen aus Einzelstunden.*

108 ERHA 2.1.4; der Brief liegt hier in Abschrift vor.

109 ERHA 2.1.4, in Kopie für Rosenstock.

110 Es liegt Bezugnahme auf Stegerwalds Brief vor.

daß ein Mann wie R., der als Persönlichkeit aus dem Durchschnitt hervortritt, schwierig un-
terzubringen ist . . .

Wir sahen uns schon einmal veranlaßt, das persönliche und offenbar empfindliche Verhältnis zwischen Rosenstock und Michel zu berücksichtigen. Nun
können wir beobachten, wie im Oktober/November 1922[111] der Grund für die
lebenslange Freundschaft zwischen beiden gelegt worden ist. In einem Reise-
bericht (Bl. 224) mit Besuch der AdA am 13./14. Juni hatte auch (ähnlich wie
Stegerwald im Brief an Dessauer) Woldt noch festgehalten (Bl. 228): *Wenn Dr.*
Michel als ein Mann der christlichen Weltanschauung bei seinen sozialistischen Hörern ein
derartiges Maß von persönlicher Achtung und sachlicher Wertschätzung sich erwerben konn-
te, so ist damit der Beweis erbracht, daß sich in die Lern- und Lehrarbeit hier parteipoliti-
sche Gesichtspunkte nicht hineinschieben... Er wußte außerdem, daß Michel und
Sturmfels sich weigerten, mit Rosenstock gemeinsam an einer von ihm
(Woldt) und Rosenstock geplanten Publikation „Arbeit und Bildung" mitzu-
machen (Bl. 234). Das Protokoll der VWA-Sitzung vom 27. Juli[112] berichtete
schließlich nach Berlin, *daß weitere Vorlesungen Dr. Rosenstocks... nicht in Aussicht*
genommen seien. Er [Pape] *betont, daß Herr Dr. R. seit seinem Rücktritt vom Amt abso-*
lute Zurückhaltung beobachtet habe. Am 11. Oktober aber stellte Michel im Dozentenkollegium den Antrag auf weitere Mitwirkung Rosenstocks, der Antrag kam
am 30. Oktober in den VWA (Bl. 523) – hier mit der Begründung (Bl. 525),
Rosenstock solle *vor einer falschen Deutung seines Ausscheidens* geschützt werden –,
stieß auf den Widerstand der Freien Gewerkschaften[113] und die Unentschlossenheit Papes und Sturmfels'[114], wurde dann am 20. Dezember von Michel direkt ins Ministerium übersandt zusammen mit seiner Begründung (Bl. 358.
360).

Genau einen Monat älter (vom 20. November) war der Brief Michels an Rosenstock, den Dessauer Stegerwald hatte zukommen lassen. Grundtenor des
Michelschen Schreibens ist Versöhnung, eingeleitet aber ganz offenkundig
durch einen (von Michel erwähnten, aber nicht erhaltenen) Brief Rosenstocks:
Insbesondere erhellten Ihre Worte über die Sühnbarkeit der Fehler, wenn sie gemeinsam ge-
tragen werden, mir den tiefsten Grund meines Abfalls von Ihnen (es folgt die schon zitierte Stelle über Rosenstocks *Wanken* und Michels Irrewerden am Ende des
ersten Semesters[115]). Michel fährt fort:

111 In „Offene Worte" (Anm. 10) ist die Zeitangabe *im Frühjahr 1922* für Rosenstocks Entschluß zum
   Rücktritt nicht zugleich auf Michels Umkehr zu beziehen, wie die Formulierung es nahelegen könnte.

112 Bl. 308; das Begleitschreiben Papes Bl. 218. In diese Sitzung hatte Thomas (vgl. über ihn oben vor
   Anm. 13) den Antrag eingebracht, *das Ministerium möge Sinzheimer wieder zum Mitglied des Verwaltungs-*
   ausschusses bestellen... wenigstens mit beratender Stimme. Dies wurde vom Ministerium abgelehnt (Protokoll VWA vom 30.X., Bl. 523).

113 Vgl. den Brief Stegerwalds an Dessauer, oben Anm. 103.

114 Dies erwähnt Michel in seinem Anschreiben vom 20.XII. (Bl. 358).

115 Vgl. Anm. 48.

*Es ist gewiß wahr, was Sie schreiben: ich hatte Gelegenheit, aus der Literatur in die Wirklichkeit selber hineinzu-
kommen. Meine Kleingläubigkeit hat entscheidend dazu beigetragen, eine fruchtbare Entwicklung ... abzubrechen.
Aber glauben Sie nicht, daß die aus der ursprünglichen Gemeinschaft mit Ihnen gezeugte Entwicklung abgestorben sei
... Die „Akademie der Arbeit" als solche freilich ist das geworden, was Sie von ihr sagen: sie absolviert den Lehrplan. Alles wirkliche Leben darin ist abgerückt in die Auseinandersetzung des einzelnen Lehrers mit seinen Hörern,
also in die Arbeitsgemeinschaft und das Seminar ... Ich fühle mich darin als Lehrer, der mit den Hörern in Ihrem
Sinne die entscheidende Wechselwirkung aufsucht und den die Förderung, die ihm hieraus zuteil wird, an diese Stätte
einstweilen noch bindet. Kein Zweifel, daß dies nur eine augenblicklich lokalisierte Wandertätigkeit ist, schmerzlos aus
der Institution herauslösbar, ohne organischen Zusammenhang mit dem Ganzen, bestenfalls die Keimfähigkeit zum
Ganzen bewahrend.*

*Ich habe nicht die Berufung, diesen Torso als Aufgabe zu übernehmen: mir fehlt der Eros dazu. Es ist heute überhaupt
keine Möglichkeit gegeben, sich für oder gegen die A.d.A. zu entscheiden: Die Entscheidung stand vor mir am Ende
des ersten Semesters, und damals habe ich sie nicht erkannt und bin an ihr vorbeigegangen. Was mir aber möglich ist
und was ich tun muß, das ist: mich geistig für Sie zu entscheiden – und das tue ich hiermit. Ihr ergebener gez. Ernst
Michel.*

Michels Antrag auf weitere Mitwirkung Rosenstocks ist damit begründet,
daß er Rosenstock persönlich Genugtuung schulde. Er führte sein Verhalten in
der Sitzung vom 16. Juli 1921 und sein Vorgehen in der Vertragsangelegenheit
im Februar 1922 an[116], sagte aber ausdrücklich:

*Diese Vorgänge selbst sind durch meinen Antrag nicht berührt. Er sei jetzt auf Grund leidenschaftsloser Rückschau
über das 1. Studienjahr und des Studiums von Dr. Rosenstocks neuem Buch „Werkstattaussiedlung"[117] zu dem Ergebnis gekommen, daß der schöpferische und lebendige Kerngedanke der A.d.A., mit dem sie steht und fällt und den sie
unbedingt zur Entfaltung bringen muß, auf Dr. R. zurückgeht und auch heute noch seinen Geist atmet.*

Während Michel Eingaben machte, um Rosenstock der AdA als Lehrer zu
erhalten, hatte sich dieser am 20. November auf den *Rechtsboden* gestellt, er forderte vom Ministerium finanzielle Abfindung mit einem halben Jahresgehalt
(Bl. 334). Die Ansprüche und Rechtsgründe, die er geltend machte[118], waren allerdings nicht so justiziabel, daß sie dem mitfühlenden Meisterstück von Refe-
rentenbrief, mit dem Wende am 14. Dezember dagegen hielt (Bl. 342), hätten

116 Vgl. Anm. 36 und den Text nach Anm. 67.

117 Vgl. Anm. 21.

118 Er sei nicht aus persönlichen Gründen, sondern aus Unsicherheit der AdA ausgeschieden, habe seine *Dozentur* in Leipzig *mit Rücksicht auf die freien Gewerkschaften als Nichtsozialist niedergelegt, wo ich sonst gerade damals Professor werden sollte;* ein Angebot *der Stadt Leipzig* auf die Stelle des *Volksbildungsdirektors*
(beamtet), dann in Frankfurt *aus Sorge für die Arbeiterschaft* die ihm *vertraglich zugesicherte Universitätslehrtä-
tigkeit unter Vorbehalt* nicht angenommen. *Den Herren Sinzheimer, Stein und Titze gegenüber hat der betr.
Ministerialrat mündlich, Herrn Stegerwald schriftlich die selbe Zusicherung gegeben, die mir in aller Form am 22.
März nachmittags vier Uhr wiederholt worden ist: zum 1. Okt. spätestens werde für mich gesorgt werden durch einen
angemessenen Posten* (vgl. oben bei Anm. 87, 92). Rosenstock warf dem Ministerium vor, seiner Sorge-
pflicht nicht gerecht geworden zu sein: *Was auf das Ministerium ankam, hätte ich ab 1. Okt., vermögenslos
wie ich bin, verhungern können.* Das Ministerium habe auch *nicht rechtzeitig zum Umsatteln* geraten, habe
auf seine Bitte um Empfehlung nach Frankfurt nicht geantwortet (vgl. Anm. 97). Wir erfahren sodann, daß Baethgen *im Herbst 1922* Staatssekretär Becker Rosenstocks Rechtsstandpunkt dargelegt
habe, und dem sei nicht widersprochen worden. Zuletzt *(vor einigen Wochen)* sei eine über Vermittlung
Stegerwalds gelaufene Anfrage eines Freundes in beleidigender Weise beantwortet worden. *Die Lage
ist inzwischen insofern verändert, als ich nunmehr entschlossen bin, meine Laufbahn als Historiker und Rechtshistoriker aufzugeben.* Er brauche Unterhalt für die Übergangszeit, für Studium und Examen.

trotzen können[119]. Minister und Staatssekretär hielten sich jedenfalls zurück, und sechs Tage später erklärte sich Rosenstock zufrieden über den noch offenen Weg zu außergerichtlicher Klärung (Bl. 355).

Bei dieser Gelegenheit (in Nachträgen und Berichtigungen Rosenstocks zu den Schreiben beider Parteien, Bl. 356) kommt nun ein Mißverständnis zur Sprache: *Daß die Aufforderung zu zehn Vorträgen im November statt vom Lehrkörper der Akademie vom Ministerium selber ausging, habe ich so wenig vermuten können, daß ich vielmehr den Referenten Herrn Woldt sofort informiert habe, aufgrund seiner, Hrn. Woldts, Mitteilung müsse ich ja wohl ablehnen. Herr Woldt hat das nicht berichtigt, sodaß ich meine Ablehnung für begründet halten mußte.* Auf wessen Eingabe auch immer das Ministerium die zehn Vorträge bewilligte[120], für uns wird erkennbar, daß Rosenstock wohl bereit war, ein Angebot des Ministeriums zu akzeptieren, nicht aber der AdA. Am Ende[121] – nach Ankündigung einer Remuneration in Höhe von insgesamt 250.000 M.[122] am 10. Januar 1923 (Bl. 361) – anerkannte Rosenstock resignierend das Bemühen des Ministeriums und namentlich Wendes[123].

119 Er (Wende) und sein Kollege Woldt erinnerten sich an das fragliche Gespräch (vgl. oben Anm. 88), es sei eine Zusage aber lediglich für sein Gehalt (bis zum 30.IX) gegeben worden. In Königsberg und Breslau habe er sich bemüht, Interesse für Rosenstocks Kandidatur zu erwecken, wolle den Respekt vor den Fakultäten allerdings wahren. Er teilte Rosenstock aber offen mit, daß die Ansichten über ihn in der Fachwelt auseinandergingen. Für die Vermittlung ins Stadtarchiv Frankfurt habe Rosenstock nur persönliche Beziehungen des Staatssekretärs nutzen wollen, und was die Anfrage eines Freundes wegen Verlängerung seiner Dozententätigkeit an der AdA betreffe, sei das Gehaltsangebot nicht beleidigend, sondern das übliche für Nebenamtliche. Eine Nachzahlungsregelung wird anvisiert. *Rechnen Sie mit dieser Bereitwilligkeit* [zu helfen], *wenn Sie mir Ihre Antwort auf meinen Brief, um die ich Sie bitte, übersenden. In vorzüglicher Hochachtung Ihr ergebener.*

120 Vgl. Anm. 118f. Die Anträge Michels vom Oktober (Bl. 523) kamen erst nach dem 20.XII. (Bl. 358) ins Ministerium.

121 Soweit ich sehe, handelt es sich um das letzte Dokument in Rosenstocks Sache, das sich in den Akten „AdA" findet (Bl. 368 vom 13.I.23). – Sein Name kommt freilich auch im nächsten Band noch vor, so in Woldts neuerlichem Iter Francofurtanum vom 22.XI.23 (Bd. 3 Bl. 2-6): *Mein Gesamteindruck von der Akademie der Arbeit ist die Überzeugung, daß es mit der Arbeit auch innerlich, mit der Durcharbeitung des Lehrplans und der Lehrmethoden vorwärts gegangen ist. Mit ganz besonderer Freude möchte ich konstatieren, daß jetzt . . . im Gegensatz zu der unruhigen Atmosphäre unter Dr. Rosenstock mit ihren mancherlei Gegensätzen und Unterströmungen besonders zwischen den beiden hauptamtlichen Lehrern eine ruhige und verständnisvolle Kameradschaft herrscht. Man ist mit Hingabe bei der Arbeit und hat es verstanden, in allen Kreisen, bei den Gewerkschaften, an der Universität und bei der Teilnehmerschaft selbst sich die notwendige Achtung zu verschaffen.*

122 Die Zahlungen zogen sich trotz rapider Inflation bis in den Februar. Rosenstock wurde für 10 St. *Geschichte der modernen Arbeits- und Gesellschaftsordnung* honoriert.

123 Bl. 368: *Trotzdem hätte ich noch vor zwei Monaten zu meinem Bedauern bitten müssen, gütigst von einer Verbindung der Hilfe für mich und einer Tätigkeit an der Akademie abzusehen. Denn nachdem mich die Arbeiten und Kämpfe der letzten Jahre meine akademische Laufbahn und meinen Beruf gekostet haben, würden Sie gewiß verstanden haben, daß das letzte, was mir geblieben war, die Reinheit meines grundsätzlichen Kampfes, die klare Linie meiner geistigen Persönlichkeit, nicht auch noch veräußert werden durfte. – Heut ist die Lage verändert. Nachdem die Akademie selbst innerlich morsch geworden ist und ihr Torso in sich zusammenzubrechen droht, hat ein Prinzipienkampf für mich keine Notwendigkeit mehr. Ich kann mich also unbedenklich an Hrn. Pape wenden . . .* [betr. seine Lehrangebote].

Gut zwei Wochen später (31. Januar) ging er in Heidelberg ins Rigorosum[124]. Am 16. Juli d.J. wurde er zum persönlichen Ordinarius der Universität Breslau ernannt[125]. Seine Entscheidung sah er mit dem *Makel* der *Zweideutigkeit* behaftet, auch ist die Vorgeschichte seiner Berufung nicht sehr erhebend[126]. Beide lasteten auf ihm wie ein Trauma. In „Ja und Nein" rang er mit ihm[127], erklärte sich aus dem *Ausbruch aus allen Ordnungen*[128] mit Freunden[129], *von 1915 bis 1923*

124 Vgl. bei Anm. 99. – Rosenstock erwähnte in „Ferien 1921" (wie Anm. 15), S. 5 seine *Umhabilitierung* (von Leipzig) *an die Stuttgarter Hochschule*, ferner (u. a. in „Das Geheimnis der Universität", wie unten Anm. 145, S. 22), daß er sich 1923 auch zum zweiten Mal habilitiert habe, und zwar an der TH Darmstadt. Ich bin der Sache nicht nachgegangen. Die Breslauer Laudatio vom 25.VI.23 (unten Anm. 126) erwähnt diese Habilitation nicht. In ERHA 1.4.1a gibt es Kopien von Briefen Rosenstocks (9. bzw. 17.XI.24) an Herrn (Ernst?) von Borsig (einmal als *Mein lieber Tet* angeredet), in denen es um Planung eines *Instituts der Arbeit* von Industriellenseite unter dem Dach der TH Darmstadt geht. Seiner Frau signalisierte Rosenstock am 2.III.25 Ausstieg aus der Planung. Am 4.X.28 (GStA, oben I.2, Bd. 8 Bl. 80) beantwortete er eine Anfrage des Ministeriums *wegen des Namens für meinen Lehrauftrag* so: *Ich möchte meinen Vorschlag vom Juli wiederholen, ihn für Soziologie zu erteilen. Ich bin Dr. phil., war für Soziologie in Darmstadt Privatdozent, habe die Arbeitslager als soziologisches Laboratorium auch in den akademischen Kreisen propagiert und diesen Titel auch mit unserem Dekan besprochen. In der gelehrten Welt werde ich fast stets als Historiker und Soziologe bezeichnet, etwa bei Kritiken. Und bei de Gruyter ist eine Soziologie aus meiner Feder erschienen.* Das war 1925: „Die Kräfte der Gemeinschaft"; vgl. E. ROSENSTOCK-HUESSY, Soziologie. 1. Bd.: Die Übermacht der Räume, Stuttgart 1956, S. 5f.; VAN DER MOLEN (wie Anm. 4), S. 62, 128.

125 GStA (s. Übersicht I.2) Bd. 7 Bl. 307 die Vereinbarung vorbehaltlich Ministerentscheid zwischen Wende und Rosenstock. Bis zum Beginn des Wintersemesters wurde Rosenstock beurlaubt.

126 Vgl. Anm. 119. – Schreiben des Ministers vom 22.XII.22 an den Kurator der Universität Breslau betr. die *Nachfolge Buch* (GStA, s. oben I.2, Bd. 7 Bl. 287). Der Erstplazierte (Dr. Schönfeld) habe einen Ruf nach Königsberg angenommen. Der Fakultät wird freigestellt, ob sie die Liste neu beraten will. Handschriftlicher Zusatz auf dem Entwurf des Schreibens: *Es wäre mir erwünscht, wenn die Fak. sich über den Priv.Doz. Dr. Rosenstock aus Leipzig, z.Zt. Frankfurt a. M., äußern würde.* – Am 25. Juni (Bl. 305) unterbreitete die Breslauer Fakultät eine neue Liste: 1. Guido Kisch, 2. Eugen Rosenstock. An 3. und 4. Stelle (ohne neue Begründung) Ruth und Froelich. Die Vorstellung Rosenstocks ist ziemlich lieblos und fehlerhaft: promoviert in Heidelberg *1919* (statt 1910) zum Dr. iur., Habil. Leipzig 1912, 1914-1918 im Felde, *nahm er zunächst die Lehrtätigkeit in Leipzig wieder auf, ließ sich aber bald beurlauben um als Herausgeber der Werkzeitung bei den Daimler-Werken tätig sein zu können. 1922* (statt 1921) *übernahm er die Leitung der in Frankfurt a. M. errichteten Arbeiterakademie, die er aber Ende* [statt Anfang] *1922 niederlegte, widmete sich privaten Studien und promovierte Anfang 1923 in Heidelberg zum Dr. phil. (summa cum laude). Vor kurzem ist ihm die Leitung der Frankfurter Arbeiterakademie von Neuem übertragen worden.* (Gemeint sein kann nur die Tätigkeit als nebenamtlicher Lehrbeauftragter; der Fakultät lag übrigens ein *Lebensbericht* vor, auf „autumn 1923" wohl zu spät datiert: VAN DER MOLEN, wie Anm. 4, S. 56). Die Laudatio hebt Kenntnisse, Ideen, Darstellungsgabe hervor, *er läßt freilich bisweilen seiner Fantasie allzu frei die Zügel schießen und neigt dazu, seine Ideen dem histor. Stoffe aufzuzwingen, er läßt auch wohl gelegentlich die erforderliche kritische Vorsicht außer Acht.* Entsprechend zwiespältig sei seine Beurteilung in der Forschung. *Rosenstocks Lehrerfolge sollen gut sein.*

127 Wie Anm. 4 (Fragment von 1959), S. 154ff.

128 Der „Ausbruch" ist dreifach vorbereitet. Rosenstocks Taufe findet man unterschiedlich (auf sein 14. oder 18. Lebensjahr) datiert (vgl. VOLLRATH, wie Anm. 3, S. 637), er immatrikulierte sich 19jährig (am 15.X.07) in Heidelberg noch mit der Religionsangabe: *iüdisch.* In „Ferien 1921" (wie Anm. 15), S. 20 hat Rosenstock festgehalten: *Als ich 1907 Christ wurde, war ich bei dieser Taufe ganz und gar allein.* Sie dürfte also ins Spätjahr 1907 zu datieren sein. Die zweite Wende Rosenstocks kann man aus seinem Erleben des Universitätsmilieus erklären. Der 24-Jährige legte sich 1912 im Habilitationsverfahren mit der Leipziger Juristenfakultät an und verteidigte seine *Einsicht*, daß Eigennamen imperativisch wirkten (Ja und Nein, wie Anm. 4, S. 62f., 154). Der Übertritt zum Protestantismus bewirkte so radikale Befreiung aus Relativismus und Historismus, daß sie 1913 den Freund Franz Rosenzweig

fühlte sich diese Freundesgruppe, als ob sie auf Patmos lebe. Aus dieser *Periode völliger Erneuerung und Überholung* stamme sein ganzes Werk[130].

*

In der spezifischen Überlieferung von Erinnerung wird Handeln anders gefiltert als Emotion oder Empfindung, die es begleitet. Daß Erinnerung und Akten in einem unberechenbaren Verhältnis stehen, war auch im Falle der Geschichte vom Sänger auf dem Gang des Staatssekretärs zu erwarten. Jedoch abgesehen von den Details, die ich wohl wie sein Schreckbild vom Akademiker nun erarbeitet habe[131], die Fakten sprechen nicht nur für sich, sie fördern auch das Verständnis unserer „Anekdote". Zwar gibt Rosenstock seinem Wollen mit Emotionen aus der Zeit des Scheiterns kontrollierten Lauf, aber erzählen will er jetzt eigentlich, wie seine Seele dergleichen Schlimmes überstehen konn-

mitzureißen vermochte, auch wenn dieser das Judentum wiederentdeckte und in ihm das „Neue Denken" gestaltete. Es ist heute anerkannt, daß Rosenstock Entwürfe für seinen Traktat „Angewandte Seelenkunde" (1924; vgl. van der Molen S. 55, 58) dem Freund in „Schützengrabenbriefen" bereits 1916 zur Diskussion gestellt und so „die moderne Philosophie des Dialogs oder der Ich-Du-Beziehung", den „Stern der Erlösung" also, auf den Weg gebracht hat (M. Theunissen in: Philos. Jahrb. der Görresgesellschaft 73, 1965, S. 380). Rosenstocks dritte Abkehr war die vom Monarchisten zum Verfassungsdemokraten. Monarchist nannte er sich selber noch 1917 in einem Brief vom 13.X. (ERHA 1.4.1a) an die (Schwieger-?)Mutter: *Ich habe hier einen Radikalen kennengelernt und der Monarchist und der Unabhängige Sozialist, wir haben uns in unserer verzehrenden politischen Leidenschaft wie Brautleute inmitten der stumpfen Welt gefunden . . . Dr. Breitscheid . . . Er ist mir außerordentlich wohltuend.* Wie tief die kaiserzeitliche Prägung saß, kann man einer Standortsbestimmung deutscher Politik entnehmen, die sich in einem Brief an seine Frau vom 13.XII.15 findet (ERHA 1.4.1a). Beispielsweise wird als *Genialität unseres Monarchen* der Flottenbau bewertet. Seine Kritik am politischen Geschehen der Weimarer Zeit bedeutet aber nicht, daß sie noch einmal die demokratisch-republikanische Staatsform als solche relativierte. Von politischer Nostalgie wurde Rosenstock nie heimgesucht, und die politische Entscheidung hat so wenig wie die religiöse oder die soziale Narben hinterlassen. Das ist ganz anders, wenn man auf die Konsequenzen des „Ausbruchs" schaut, die Rosenstock seit 1919 in bis zu Aktivismus gesteigertes Handeln umsetzte.

129 Rosenzweig, Hans und Rudolf Ehrenberg, Weißmantel, Barth, Picht. – Wittig, Buber und Viktor von Weizsäcker brachten es seit 1925 zu einer neuen Sammlung um die Zeitschrift „Die Kreatur"; vgl. Anm. 59, 135.

130 Wie Anm. 127 (S. 155f.): *Als ich 1933 mit meiner Frau in die Staaten einwanderte, war das nichts gegen unsere innere Einwanderung auf Patmos, die wir nach 1915 vollzogen. Seit diesem Jahr lebten wir gänzlich ohne Interesse für die geltenden Ab- oder Einteilungen der bestehenden sozialen Ordnung und Denkweise . . . Die unvermeidliche Folge eines solchen völligen Bruchs mit der Vorkriegskultur ist gewesen, daß die Welt die meisten unserer Handlungen in Verzerrung sah . . . 1923 bedeutete dieser Zwiespalt eine Qual; meine Frau und ich nahmen in diesem Jahr den Ruf an die Universität Breslau an wie ein Hinabsteigen in das Grab. Wir gingen nur, weil sich keine legale Existenzmöglichkeit außerhalb dieser akademischen Stellung bot. Und der Makel dieser zum mindesten Zweideutigkeit in der Annahme machte sich böse fühlbar, und unter seinem Druck widmete ich all meine Freizeit und mehr der Gründung von Arbeitslagern, der Erfindung einer langen Liste von Formen der Erwachsenen-Erziehung. Der kindische und unwirkliche Charakter der akademischen Welt sollte durch diese Versuche, einen Gegenpol zu schaffen, wieder gut gemacht werden.*

131 Eben als ein Historiker, der *Geschichte aus Akten und Tagebüchern statt aus der Bestimmung des Menschengeschlechts aufbaut*; Ja und Nein (wie Anm. 4), S. 56; vgl. auch die Warnung ebd. S. 36: *Wie es zugegangen ist, das wirst du nie verstehen, lieber Historiste, wenn du nicht an Verheißungen glaubst, die allem Geschehen voraustönen müssen, damit es hinterher zu einer Geschichte, die hoheitsvoll dasteht, komme.*

te[132]. Das autobiographische „Fragment", in dem die Geschichte erzählt wird, ist „Biblionomika" überschrieben, es geht – wie Rosenstock sagt – um die „Biblionomik", mit deren Hilfe er in den von ihm verschlungenen Büchermassen durch Schreiben *wieder zu Sinnen* gekommen sei (S. 148). Das ist die eine Seite. Die (sehr enge[133]) Titelauswahl dient nämlich zugleich einer sehr sinnigen Gliederung seines *literarischen Lebens* in sieben Perioden, denen er als grundlegend noch die des Kleinkindes und der Kindheit vorangehen läßt, in denen der Mensch *für immer die wiederhallenden Fähigkeiten des Gehorsams, Zuhörens, des Singens und Spielens erwerben sollte.* Anstatt nun dazu seine „Soziologie", also seine Theorie zu bemühen, erzählt er aus der *eigenen Erfahrung dieser Ausrüstung,* die ihm *Eltern, Schule, Heeresdienst und Liturgie* mitgegeben haben: Singen (auch am falschen Ort) rettet die Seele.

Ernst Michel blieb hauptamtlicher Dozent der AdA, hat mehrfach – zuletzt im Jahr der Schließung durch die Nationalsozialisten gleich 1933[134] – die Leitung innegehabt, und er hat ohne Frage Grundideen Rosenstocks von Erwachsenenbildung in der AdA lebendig gehalten. Auf Martin Bubers Einladung hin legte er im 1. Jahrgang der Zeitschrift „Die Kreatur" (1926/27), zu der Rosenstock den Aufsatz „Führer oder Lehrer?" beisteuerte[135], einen *Rechenschaftsbericht*[136] vor. Darin heißt es: *Rosenstock übersieht nach meiner Ansicht auch heute noch den Strukturfehler des Aufbaus dieser Schule: nämlich daß er mit seiner Bildungsidee den einzelnen Lehrgängen eine Erschütterung durch Glaubensumkehr, den Lehrern und Schülern eine entscheidende Wandlung zumutete, die nicht die Aufgabe des Bildungsgangs, sondern deren Eintritt die Voraussetzung für die Ermöglichung des Bildungsganges war.* Mindestens so sicher wie Michels Kritik traf, legte sie auch den Punkt offen, an dem er als Praktiker kapituliert hatte. Rosenstock hat dieses „Gestelltwerden" von Lehrern und Mitarbeitern, das Michel gemeint haben muß, als ein Verhältnis der Gegenseitigkeit und selbstverständlich (davon könnte die Verwendung des Begriffs „Glaubensumkehr" ablenken) pluralistisch begriffen, die AdA sollte alles andere als eine potentielle *Weltanschauungsgemeinschaft* sein:

Gleichartigkeit des Lebensweges und Gleichartigkeit des politischen Zieles oder des Glaubens ist nicht dasselbe . . . Was fängt der Professor mit so verschiedenen Hörern an? Diese Frage aber ist die einzige, die aus der Liebe zur Sache selbst, aus dem Willen zum Aufbau der Arbeiterbildung stammt . . . Wenn der Dozent oben eine Ansicht vertritt, und eine andere Ansicht unten von allen Hörern vertreten wird, dann heißt es einfach: der Mann ist Partei. Sind unten

---

132 Der Vorfall ist neben die Darstellung eines anderen in gleicher Funktion gerückt, der seine Entscheidung vom *1. Februar 1933* betrifft, nicht mehr unter Hitler lehren und nach Amerika gehen zu wollen. Zur Überbrückung der Vorbereitung habe er sich nach Berlin, *sozusagen in die Höhle des Löwen selbst* begeben und drei Monate damit verbracht, im Olympiastadion das Sportabzeichen zu machen: *Und tatsächlich, zwei Tage vor meiner Abfahrt trugen die Nazi-Ausweise meinen echt jüdischen Namen als Empfänger des goldenen Sportabzeichens* (Ja und Nein, wie Anm. 4, S. 163). Auch diese Geschichte ließe sich mit Akten und Briefen genauer aufrollen.

133 Zu bemessen an VAN DER MOLEN (wie Anm. 4).

134 ANTRICK (wie Anm. 7), S. 44ff.

135 Vgl. oben in Anm. 59.

136 So brieflich an Rosenstock am 15.I.27 (ERHA 2.1.4); gedruckt ist der Aufsatz unter dem Titel „Über eine Lehrstätte für die Arbeiterschaft. Eine Auseinandersetzung" (S. 426-437; das folgende Zitat S. 433). Vgl. auch JUNG (wie Anm. 6), S. 84.

... fünf Ansichten vertreten, so wird es sich zeigen, ob der Lehrende einseitig ist oder ob er nicht vielleicht eine tiefere Einsicht hat..., so daß sich herausstellt, daß nicht eine Teilansicht des Lehrers einer Teilansicht der Hörer gegenüber-steht, sondern vielen Teilansichten eine Totalansicht. Also die Universität, die echte schöpferische Totalität wird geför-dert, wenn der Beamte neben dem Arbeiter, der Angestellte neben dem Landwirt, die Frau neben dem Mann, der Ka-tholik neben dem Sozialisten sitzen.

Rosenstock stellte sich allerdings auch insoweit um, als er hinfort seine Ideen ohne Trägerschaft einer Institution zur Wirkung zu bringen suchte: in Freizei-ten und Lagern[137].

Nach Ausweis der Lehrpläne der AdA wurde die jeden *Lehrgang* begleitende äußerst intensive Betreuung der *Mitarbeiter*[138] durch das Dozentenkollegium aber zunächst nur wenig zurückgeschraubt, die Umstellung des Lehrbetriebs auf ein Vorlesungsverzeichnis, in dem auch die Hauptamtlichen nicht mehr anders auftreten als die Nebenamtlichen – also als Fachvertreter[139] – ist erst nach dem Krieg in der Neugründung voll durchgedrungen. Michel, 1931-1933 bereits Honorarprofessor an der Wiso-Fakultät der Johann Wolfgang Goethe-Universität, nahm 1946 hier seine Vorlesungen wieder auf, jetzt über Betriebs-soziologie und Betriebspsychologie. Von Rosenstock wurde er 1948 unter dem Titel „Der barmherzige Samariter des Denkens" geehrt[140]. Seinerseits hat Mi-chel allen Ernstes Rosenstock noch einmal darin unterstützt, sich in Deutsch-land eine Lehrstätte zu schaffen: *Ich gehe mit Dir darin einig, daß Ballerstedt's*[141] *Be-mühungen auf eine Lehrstätte für Dich gehen müssen, in der der Ertrag Deiner Lebensar-beit – nämlich die errungene Kohärenz der „Fakultäten" als schöpferische geistige Macht ge-schichtsbildender Artung – zu produktiver Wirkung kommen kann. Eine Lehrstätte, die Deiner Konzeption der „Akademie der Arbeit" analog ist, aber über den Rahmen der „Welt der Arbeit" hinausgeht.* Er habe die von ihm seinerzeit herausgegebene Festschrift (von 1931[142]) an Ballerstedt geschickt ... *damit er einsieht, daß die künf-tige Lehrstätte für Dich an Deine Konzeption der A.d.A. und nicht an die der Arbeitslager anzuknüpfen hat*[143].

---

137 Vgl. Anm. 130 am Schluß. Die Rosenstock-Zitate aus: Der Sinn der AdA (wie Anm. 1), S. 143-145.

138 Aus einer extremen Perspektive spricht Michel in einem Brief an Rosenstock vom 9.I.29 (ERHA 2.1.4): *Weitsch wird nächste Woche über Hygiene der geistigen Arbeit sprechen. Ich möchte am liebsten die Akade-mie zu einem Geistigen Sanatorium umbilden; denn das ist nötiger als alles andere.* – Im Handwörterbuch von 1932 (wie Anm. 6) Sp. 21 legte MICHEL fest: „Die Zahl der Teilnehmer ist aus pädagogischen Grün-den – um die Lehrform der Arbeitsgemeinschaft in drei parallelen Kursen unter Leitung der haupt-amtlichen Dozenten durchführen zu können – auf 75 nach oben begrenzt."

139 Michel weiß am 9.XII.26 (ERHA 2.1.4) Rosenstock stolz zu berichten, daß das Institut für Wirt-schaftswissenschaft Hilfe bei der AdA wegen *betriebspolitischer Literatur* suche.

140 In: Christ und Welt 17 (25.IX.48); VAN DER MOLEN (wie Anm. 4), S. 111; es handelt sich um eine Besprechung von Michels Buch „Renovatio".

141 Kurt Ballerstedt, Prof. für Bürgerliches Handels-, Wirtschafts- und Arbeitsrecht, seit 1949 in Kiel, seit 1955 in Bonn; vgl. auch Anm. 145.

142 Wie Anm. 16.

143 ERHA 2.1.4 undatierte Abschrift; der Brief gehört vielleicht noch in die Zeit vor 1950. Er schließt mit Warnung an Rosenstock vor der *Inflation* seiner Produktion, er solle sich auf die *Lehrstätte* kon-zentrieren; er (Michel) setze Erfahrungen seines Lebens in psychotherapeutische Hilfen um. *Es hat*

Verhandelt worden ist das um die Zeit, als Rosenstock erstmals nach dem Krieg (im Sommersemester 1950) einen Lehrauftrag an einer deutschen Universität (in der Juristischen Fakultät in Göttingen) annahm[144]. Hier hielt er auf Einladung von Rektor und Senat am 5. Juli 1950 im Auditorium maximum die berühmt gewordene Rede über „Das Geheimnis der Universität"[145]. Gegenstand seines rhetorischen Meisterstücks ist allerdings eine Universität, die es nicht mehr gab. Er faßte ihr Geheimnis u. a. im Privatdozenten und seinem Vermögen, zu präformieren, nicht zum wenigsten um Rat und Gewissen für Wissen und Macht[146] zu bilden.

Den Riß in seinem eigenen Leben macht es, daß die „alte Universität" seine Universität war, der er alles verdankte, die aber Mitschuld trug an den Katastrophen des 20. Jahrhunderts. Von ihr hatte er sich 1919 abgewandt[147], den universitären Anschluß der AdA sah er mit kritischen Augen, suchte die besten Repräsentanten als Fachlehrer für die AdA im ganzen Reich (s. Anm. 1), und als spezifische Aufgabe seines engeren Kollegiums bestimmte er, Wissenschaft

---

mich besonders gefreut, daß Margrit von meinen Schriften angetan ist. In alter Verbundenheit Dein E. M. – 1953 hat Rosenstock an den ihm aus Breslauer Jahren bekannten Kultusminister (vgl. unten Anm. 151), nunmehrigen Generaldirektor des Nordwestdeutschen Rundfunks Adolf Grimme Gesuche um Mitarbeiterverträge gestellt (GStA, wie oben I.3, Nl Grimme 2314. 3026). In einem Brief vom 4.V.53 heißt es: *Viele Freunde sagen, ich solle in Deutschland wirken – aber aus Ursachen, die niemand besser würdigen kann als Sie, darf mein Exodus von der Universität – in Deutschland 1919 und hier* [gemeint ist Harvard] *wieder 1935 – nicht rückgängig gemacht werden. Ich muß frei und von außen her auf die akademische Welt zu wirken trachten oder aber verzichten.* Es folgt ein Ersuchen um 5000 Mark p. a.: *Und ich bleibe ein freier Mann.*

144 VOLLRATH (wie Anm. 3), S. 629 mit Anm. 3.

145 Die Rede gibt auch den Titel für die Aufsatzsammlung: Das Geheimnis der Universität. Wider den Verfall von Zeitsinn und Sprachkraft. Aufsätze und Reden aus den Jahren 1950-1957, hg. u. eingeleitet von G. MÜLLER. Mit einem Beitrag von K. BALLERSTEDT: Leben und Werk Eugen Rosenstock-Huessys, Stuttgart 1958; VAN DER MOLEN (wie Anm. 4), S. 132.

146 Vgl. oben in Anm. 58 die Sentenz von 1921, daß *für den Ungebildeten Wissen Ohnmacht ist.*

147 Erklärung dafür bietet der Traktat „Die Krise der Universität", in: Die Hochzeit des Krieges (wie Anm. 11) S. 204-215. „. . . daß gerade in der Überfrachtung des angeblich gesunden (oder verrotteten) Kernes die seit wenigstens 1919 andauernde Krise der Universität (nicht nur der deutschen) begründet liegt", ist ein wesentlicher und bestimmt nicht zu früh datierter Aspekt: W. FRÜHWALD, «Im Kern gesund»? Zur Situation der Universität am Ende des 20. Jh. (Jacob Burckhardt – Gespräche auf Castelen 6. Basel 1998), S. 19. Spezielle Artikel, mit denen Rosenstock in der Weimarer Zeit die Universitätsprobleme begleitete, sind: Schulreform und Hochschule (1924); Universität und Technische Hochschule (1927); Hochschule und Arbeitslager (1927. 1928); Deutsche Nation und deutsche Universität (1930; vgl. unten Anm. 154); Sozialer Dienst der Universität und ihrer Studenten (1932); vgl. VAN DER MOLEN (wie Anm. 4), S. 60, 67-69, 76, 85. Der „Instrumentalisierung der Universität" (FRÜHWALD S. 19ff.) hat sich Rosenstock bis zum Einbruch der letzten Welle entgegengestellt: Universitäten oder Schulen? in: Nobis. Mainzer Studentenzeitung. Mai 1961, S. 10f. (VAN DER MOLEN, wie Anm. 4, S. 139): „Die Erfahrung der Weltkriegsrevolution mit den Universitäten drängt (die These) uns auf: . . . Wird eine soziale Einrichtung das Ziel aller Wünsche, so kann sie ihre Eigenart nicht behaupten." „Die Universität ist nun vom Einzelnen her gesehen die Stelle geworden, die ihn aus dem Einzeldorf, aus dem einzelnen Fabrikplatz heraus in die Planetenwirtschaft hinüberholt und damit emanzipiert." „Man richtet sie als Lehrlingswerkstätten für die Industrie ein." „Es ist nicht ohne Überraschung, daß dieselbe soziale Umwälzung, welche die Revolution in Permanenz predigt, die Revolution im kleinen, die Universitäten in Schulen zurückverwandelt. Wo wären Marx und Engels ohne den Schutz der Universitäten geblieben?"

als Bildung zu verbreiten, in der der Arbeiter (aller Stände) nicht Gegenstand der Forschung sein sollte, sondern ihr Mitarbeiter, Partner des Sozialwissens:

Die Zukunft des Menschengeschlechtes, das natürliche Wachstum in uns, legt jeweils der Vergangenheit, der gebildeten Gestalt in uns, ihre Fragen vor. Der Primat der heilenden Funktion, der Logotherapie, verändert also grundlegend den Charakter des geistigen Weges „Lehre" im Verhältnis zu dem, was gemeinhin in der Neuzeit als „Lehre der Wissenschaft"... angesprochen worden ist. Das Verhältnis von Forschung und Lehre kehrt sich um: das Lehrbedürfnis ist es, das zum Forschen treibt und des Forschens Maß bestimmt[148].

In diesem Sinn waren für Rosenstock die Arbeitslager *soziologische Laboratorien*, die er *auch in den akademischen Kreisen* propagiert habe[149], und mit seiner Arbeit für die Volkshochschulen verband er *Arbeit für eine Hochschulreform in einer bestimmten Richtung*[150]. Seinen Kultusminister[151] lud er zum 3. Schlesischen Arbeitslager mit Thema „Die Gefährdung der Akademiker" so ein: *Die Schritte zur Reinigung der Hochschule und zu ihrer Umwandlung in eine Funktionärin der Gesellschaft sollen diesmal erörtert werden, nach dem das 1. Mal Arbeiterfragen, das 2. Mal Bauernnöte zur Beratung standen. Die Gelegenheit vor Vertretern der Hochschule einerseits, Angehörigen aller Parteien und Klassen andererseits diese Fragen besprechen zu lassen, ist Ihnen vielleicht willkommen.*

Dem Wissen über diesen Rosenstock in der Weimarer Hochschulwelt ist auch einleuchtend, was in der erwähnten Göttinger Rede über „Das Geheimnis der Universität" 1950 quasi als ein Remedium angeboten wird: *Der Erwachsene, der lernt, hat schon gelebt. Er bemächtigte sich also seines Lebens, indem er nachdenkt. Läßt sich nun methodisch nachweisen, daß im Leben der Erwachsenen bereits ein Stück Zukunft steckt, dann läßt sich ein neuer Kompressionsmotor des Denkens erfinden. Der Erwachsene in der Universität mit seinem Beruf und mit seinen Fragen fordert das Vordenken heraus. Sowie sich die Wissenschaft für die Quelle der Wahrheit ansieht, wird sie wertfrei und wertlos. Dem entgeht die Wissenschaft, wenn sie sich der Gegenwart von*

148 Lehrer oder Führer? (wie Anm. 59 gegen Ende), S. 60f.

149 Vgl. Anm. 124.

150 In einem Antrag ans Kultusministerium auf Beurlaubung für seine Projekte (GStA, wie oben I.2, Bd. 8 Bl. 60, vom 30.IV.28) wies er auf seine alljährliche Berichterstattung als Berater der Volkshochschulen, letztmals am 1.IV., hin; es sei dort ausführlich von den Erfolgen berichtet, *die für eine Hochschulreform in einer bestimmten Richtung nach mehrjähriger Vorbereitung erzielt worden sei*. Er erinnerte daran, bereits zweimal in seiner Laufbahn fünf Jahre geopfert zu haben, *weil mich die „Krisis der Universität" veranlaßte, neue Wege der Forschung und Lehre zu suchen*. Er habe *Wege ins Ungewisse eingeschlagen, Wege, die heute sachlich allgemein anerkannt sind, mir aber 1919 in Leipzig, 1920 in Stuttgart und 1922 in Frankfurt schwere Nachteile und Gefahren gebracht haben*. Dann kommen die Arbeitslager zur Sprache: *Jetzt ist die Umsetzung in brauchbare Formen einmal entschieden geglückt und hat den Beifall der Universität und der gesamten Provinz gefunden. Aber nun sind meine Kräfte auch so übermäßig erschöpft ...*, und er zählt dann die Aufgaben auf, die auf ihn warten: *I. Die studentische Jugend baut darauf, daß sie die Ergänzung zu dem Universitätsstudium, nach der sie lechzt* (handschriftlich ersetzt durch *verlangt*) *durch den Einsatz, den ich ihr ermöglicht habe, auch künftig findet. Schon bin ich nach Prag, Bayern und Sachsen gebeten, um auch dort den Studenten in dieser Richtung zu helfen!* Punkt II. betrifft die Deutsche Schule für Volksforschung *auf der Comburg* und die von ihm erwartete *Revolutions- und Verfassungsgeschichte der Völker Europas* als Einlösung *des Themas des Europäischen Congresses in Heidelberg von 1927: Die Rolle der Geschichte im Bewußtsein der Völker*.

151 GStA (wie oben I.3) Nl Grimme 3026, Brief vom 17.II.30; vgl. H. KÖHLER, Arbeitsdienst in Deutschland. Pläne und Verwirklichungsformen bis zur Einführung der Arbeitsdienstpflicht im Jahre 1935, Berlin 1967, S. 180ff. insbes. S. 184.

*Erwachsenen aussetzt. Denn in jedem Erwachsenen lebt Wahrheit auch ohne Wissenschaft.
... Die Judenschule ist ... keine Jünglingsschule, sondern ein Lehrhaus für Erwachsene
gewesen*[152].

Zu verstehen ist dies allerdings unter Voraussetzungen, die auch für die
AdA galten[153], nämlich daß die Universität freizustellen sei für das, was sie
eigentlich leisten muß: Fachforschung treiben und vermitteln und Spezialisten
für hochqualifizierte Berufe (auch Fachreferenten für die AdA) kreieren. Rosenstock akzentuierte das auch dahingehend, daß *alle bloße Universitätsausdehnung
... noch nicht zur Zusammenarbeit und zum Zusammenleben* führe[154]. Seine Arbeiten
heute aus der Hand legen ohne sich einzugestehen, daß seine Sache nicht aus-
gestanden ist, grenzte an Verstocktheit.

Der Freund Franz Rosenzweig konnte sich in Frankfurt sein „Lehrhaus"
aufbauen, Rosenstocks ganz anders geartetes Lehrhaus[155] hatte die AdA werden sollen. Als offenes System, dem Wandlungsfähigkeit auf die Bedürfnisse
eines jeden Jahrgangs auferlegt war, ist die AdA eine sehr bedrängende Idee
geblieben: nicht alle Menschen in der Universität ausbilden, sondern *Bildung auf
den Beruf von Erwachsenen* aufbauen: *Der Aufstieg der Berufe (ist) wichtiger als der Aufstieg der Menschen aus ihren Berufen*[156].

*

„Die Universitäten in der deutschen Geschichte" – ich hatte mein Thema eigentlich (d. h. bevor ich nolens volens in die Archive ging) als einen Beitrag zu
einem bestimmten Aspekt in der Traumatologie der Nazizeit aufziehen wollen.
Mißtrauen gegen Universität und Wissenschaft und Verachtung der Gelehrtenwelt – verbreitet in allen Schichten und nicht zum wenigsten in der akademischen Jugend – haben „der geistige(n) Gleichschaltung als einem Bestandteil
der nationalsozialistischen Machtergreifung 1933"[157] gewollt und ungewollt
Vorschub geleistet. Den Andragogen Rosenstock darauf zu befragen, ergäbe
nun ein eigenes Kapitel. Ich vermittle aber eine Äußerung, man kann sagen ei-

---

152 Wie Anm. 145, S. 28, 30f.

153 In Sinzheimers Denkschrift (wie Anm. 15) steht: *Die Aufgabe unserer Zeit kann nicht die sein, die Universitäten zurückzudrängen, sondern sie immer mehr ihrem eigentlichen Beruf zurückzugeben.* Vgl. auch Rosenstocks
Aussage betr. Staatsberufe und Forschung oben in Anm. 47.

154 Deutsche Nation und deutsche Universität. Zur intensiven Seite der Hochschulreform, in: Deutsche
Rundschau, hg. v. R. PECHEL, 57. Jg., Berlin 1930, S. 215-225, hier S. 221. Zur „Universitätsausdehnung" vgl. auch Anm. 147. – Zentrale These des Aufsatzes (S. 218): *Die deutsche Universität verdankt
ihren Rang der besonderen Aufgabe seit 400 Jahren, das geistige Band zwischen der großen deutschen Nation und den
vielen kleinen Einzelstaaten zu bilden.*

155 Er spricht von der AdA als *dem neuen Lehrhause*, in dem *die Dozenten von einander abhängig werden* (oben
im Text nach Anm. 20).

156 Vgl. Anm. 21, 47.

157 E. WOLGAST, Die geistige Gleichschaltung als Bestandteil der nationalsozialistischen Machtergreifung 1933, in: Heidelberger Jahrbücher 28 (1984), S. 41-55.

ne testamentarische, die aus dem Frühjahr 1933 stammt und uns heute unvermittelt einen historischen Maßstab setzt, dessen menschliche Tragik durch die nüchterne Feststellung verdeckt wird: *Apologia pro vita mea*, im Bewußtsein der Gefahr aufgezeichnet für seinen Sohn, um *ihm Ehre und Namen, so gut es geht*, zu sichern[158]:

> *Der Zwang, mich herauswerfen zu lassen und der Zwang – der moralische – der Gegner, mich loszuwerden, werden sich unheilvoll verzahnen. Denn instinktsicher werden sie in mir den fatalsten Widersacher sehen, weil ich alles von ihnen Betriebene als Judenstämmling, parteilos, ohne Haß, vertreten und getan habe. Es gibt keinen ärgeren Vorwurf für sie, als daß man das selbe auch ohne Bürgerkrieg hätte tun können und noch heute tun kann. Sie brauchen den Beweis, daß niemand außerhalb ihres Denkens das Gleiche wollen könne, und vor allem, daß man nicht bei solcher parteifreien und doch ihnen gleichlaufenden Bestrebung ein anständiger Mensch sein könne.*
>
> *Ich erwarte also eine Teufelei, um mich zu vernichten . . .*

Diese ist in der Tat aktenkundig[159]. Um Ruhe und Ordnung in der Universität zu wahren, nahm ihn auf Drängen des Breslauer Rektors das Kultusministerium aus der Schußlinie der Breslauer Staatspolizei. Zuerst beurlaubte es ihn nach Harvard, verlängerte den Urlaub und – mit dem Wissen, daß er nicht zurückkommen werde – versetzte es ihn am 9. April 1934 unter Rückgriff auf § 5 des neuen Berufsbeamtengesetzes *an eine andere Universität*. Diese Universität sollte noch einmal – Frankfurt sein. Zum 1. Oktober 1934 wurde Rosenstock-Hüssy dort zum Direktor des Rechtswissenschaftlichen Seminars ernannt[160].

---

158 ERHA 2.1.2, Abschrift; VAN DER MOLEN (wie Anm. 4) S. 85.

159 GStA (wie I.2) Bd. 9; Bundesarchiv (wie I.5).

160 GStA (wie I.2) Bd. 9 Bl. 385. 389; HAMMERSTEIN (wie Anm. 8), S. 299ff. – Rosenstock hat 1958 (*Interview in Münster*, in: Ja und Nein, wie Anm. 4, S. 134) gesagt, er sei *bis 1941, bis Pearl Harbour, jedes Jahr beurlaubt worden*.

ALFRED HESSEL (1877-1939),
MEDIÄVIST UND BIBLIOTHEKAR IN GÖTTINGEN

Von Wolfgang PETKE

WEGEN SEINER JÜDISCHEN Abstammung ist Alfred Hessel, seit dem Jahre 1926 Honorarprofessor für Mittlere und Neuere Geschichte und Historische Hilfswissenschaften an der Universität Göttingen, zum 31. Dezember 1935 zwangsweise in den Ruhestand versetzt worden und damit unter den Professoren des Göttinger Historischen Seminars das einzige Opfer der nationalsozialistischen Rassengesetze. Im Unterschied zu seinem jüngeren Bruder, dem seit einigen Jahren wiederentdeckten Schriftsteller Franz Hessel (1880-1941)[1], ist die Überlieferung zur Vita Alfred Hessels spärlich und stark fragmentiert. Sein wissenschaftlicher Nachlaß ist verloren[2]. Eine Mitteilung seines Todes oder gar einen Nachruf gab es auch nach 1945, etwa in der Zeitschrift „Deutsches Archiv für Erforschung des Mittelalters"[3], im „Zentralblatt für Bibliothekswesen" oder im „Jahrbuch der Deutschen Bibliotheken" nicht. Bibliographisch erfaßt wurde sein Œuvre, soweit es das Mittelalter und die Historischen Hilfswissenschaften betrifft, im Jahre 1975 durch Gina Fasoli. Aus ihrer Feder stammt auch die bisher einzige Würdigung Hessels nebst einer kurzen Darstellung seiner Lebensetappen[4]. Erstmals im Jahre 1962, vornehmlich aber erst in jüngerer Zeit ist Hessel mit Biogrammen in einigen Veröffentlichungen vertreten[5]. Darüber hinaus wurde er in den letzten beiden Jahrzehnten vorwie-

---

1 F. HESSEL, Ermunterung zum Genuß. Kleine Prosa, hg. v. K. GRUND u. B. WITTE (mit einem Essay von B. Witte), Berlin 1981. F. HESSEL, Von den Irrtümern der Liebenden und andere Prosa. Mit einer umfassenden Hessel-Bibliographie von G. Ackermann und H. Vollmer, hg. und mit einem Nachwort versehen v. H. VOLLMER, Paderborn 1994, S. 183-198 (Bibliographie). F. HESSEL, Nur was uns anschaut, sehen wir. Ausstellungsbuch, erarbeitet v. E. WICHNER und H. WIESNER, Berlin 1998 (Texte aus dem Literaturhaus Berlin 13). F. HESSEL, Sämtliche Werke in fünf Bänden, hg. v. H. VOLLMER und B. WITTE, Oldenburg 1999.

2 Siehe unten bei Anm. 163.

3 Vgl. die zahlreichen Nachrufe auf die den MGH nahestehenden während und nach dem Zweiten Weltkrieg gestorbenen Gelehrten in: DA 8 (1951), S. 250-268, 498.

4 A. HESSEL, Storia della città di Bologna dal 1116 al 1280. Edizione italiana a cura di G. FASOLI, Bologna 1975, S. X-XII, XXIX-XXX.

5 S. KAZNELSON (Hg.), Juden im deutschen Kulturbereich. Ein Sammelwerk, 3. Aufl., Berlin 1962, S. 362. A. HABERMANN/R. KLEMMT/F. SIEFKES, Lexikon deutscher wissenschaftlicher Bibliothekare 1925-1980, ZfBB Sonderheft 42 (1985), S. 124. U. SCHÄFER-RICHTER/J. KLEIN, Die jüdischen Bürger im Kreis Göttingen 1933-1945, Göttingen, Hann. Münden, Duderstadt. Ein Gedenkbuch, hg. v. K.-H. MANEGOLD, Göttingen 1992, S. 94. Deutsche biographische Enzyklopädie 4 (1996), S. 678. A. SZABÓ, Vertreibung, Rückkehr, Wiedergutmachung. Göttinger Hochschullehrer im Schatten des Nationalsozialismus, Göttingen 2000 (Veröffentlichungen des Arbeitskreises Geschichte des Landes Niedersachsen [nach 1945] 15), S. 61-63, 578f.

gend wegen seiner Zwangspensionierung gelegentlich erwähnt[6]; diese hatte das 1962 von Wilhelm Ebel veröffentlichte Verzeichnis der Göttinger Hochschullehrer noch als Zurruhesetzung verschleiert[7]. Hessels Leben und Wirken endeten in der Ausgrenzung, die man ihm über den Tod hinaus angedeihen ließ. Sie ist ein Mosaikstein zu jenem Kapitel der deutschen Universitätsgeschichte, in dem Unrecht begangen und dieses in der Regel auch noch anstandslos toleriert wurde; zugleich ist sie erlebtes und erlittenes individuelles Schicksal.

I.

Alfred Hessel wurde am 7. Juni 1877 als ältester Sohn des Getreidekaufmanns und Bankiers Heinrich Hessel und seiner Frau Franziska (Fanny) geb. Kaatz in Stettin geboren. Er besuchte das Marienstiftsgymnasium in Stettin und das Joachimsthalsche Gymnasium in Berlin, wo er im Frühjahr 1895 die Reifeprüfung ablegte. Im selben Jahr evangelisch getauft[8], studierte er in Heidelberg – dort hörte er bei Winkelmann, Heyck und Erdmannsdörffer[9] –, in München und in Berlin Geschichte, Philosophie und Volkswirtschaftslehre und wurde im Sommer 1899 in Berlin mit einer von Paul Scheffer-Boichorst angeregten Dissertation über das Werk des Carlo Sigonio „De regno Italiae libri viginti"

---

6   Ch. KIND-DOERNE, Die Niedersächsische Staats- und Universitätsbibliothek Göttingen: ihre Bestände und Einrichtungen in Geschichte und Gegenwart, Wiesbaden 1986 (Beiträge zum Buch- und Bibliothekswesen 22), S. 5 mit Anm. 14. W. PETKE, Karl Brandi und die Geschichtswissenschaft, in: H. BOOCKMANN/H. WELLENREUTHER (Hg.), Geschichtswissenschaft in Göttingen. Eine Vorlesungsreihe, Göttingen 1987 (Göttinger Universitätsschriften A, 2), S. 314, 316 mit Anm. 159. R. P. ERICKSEN, Kontinuitäten konservativer Geschichtsschreibung am Seminar für Mittlere und Neuere Geschichte: Von der Weimarer Zeit über die nationalsozialistische Ära bis in die Bundesrepublik, in: Die Universität Göttingen unter dem Nationalsozialismus, hg. v. H. BECKER/H.-J. DAHMS/C. WEGELER, 2. Aufl., München 1998, S. 439. Obwohl von H. FUHRMANN, „Sind eben alles Menschen gewesen". Gelehrtenleben im 19. und 20. Jahrhundert, dargestellt am Beispiel der Monumenta Germaniae Historica und ihrer Mitarbeiter, München 1996, S. 103, 192 Anm. 221 erwähnt, fehlt Hessel S. 209 im Register des Buchs.

7   W. EBEL, Catalogus Professorum Gottingensium 1734-1962, Göttingen 1962, S. 120 Nr. 13: „Hessel, Alfred . . . Mittlere und neuere Geschichte 1926-1935 (i. R.)", S. 129 Nr. 11, S. 149 Nr. 426.

8   Oxford, Bodleian Library, MS. Archive of the Society for the Protection of Science and Learning (im folgenden SPSL) 500/1, fol. 62, Curriculum vitae, von Hessel am 2.3.1939 an A. F. Pollard, London, im Zuge seiner Bemühungen um seine Emigration – vgl. unten bei Anm. 133 – übersandt. Das von SZABÓ, Vertreibung (wie Anm. 5), S. 61, 578, genannte Jahr 1899 ist falsch. Zum Aktenbestand der 1933 gegründeten SPSL vgl. N. BALDWIN, The Society for the Protection of Science and Learning Archive, Oxford 1988, DERS., The Archive of the Society for the Protection of Science and Learning, in: History of Science 27 (1989), S. 103-105. Zur Taufe des Bruders Franz angeblich bereits 1889 (statt 1898?) vgl. HESSEL, Sämtliche Werke 5 (wie Anm. 1), S. 321 (Zeittafel). Daß sich alle Geschwister hätten taufen lassen – so St. HESSEL, Danse avec le siècle, Paris 1997, S. 10; deutsch: Tanz mit dem Jahrhundert. Erinnerungen, aus dem Französischen von R. und S. BONTJES VAN BECK, Zürich-Hamburg 1998, S. 12 – trifft für den jüngsten Bruder Hanns (1890-1967) wahrscheinlich nicht zu, vgl. unten bei Anm. 148.

9   NSUB Göttingen, Bibl.-Arch. B Personalia 2 H-P (A. Hessel), Studien- und Sittenzeugnis der Universität Heidelberg für Hessel, 2.3.1896.

promoviert[10]; die Arbeit hatte zum Ziel, die mittelalterlichen Quellen des im 16. Jahrhundert schreibenden Gelehrten zu ermitteln[11].

Nach seiner Promotion hat Hessel bei Paul Fridolin Kehr *in Rom und Göttingen für die Papsturkunden* gearbeitet[12], also für das Vorhaben der Sammlung und Herausgabe der älteren Papsturkunden bis zum Jahre 1198, das die Göttinger Akademie 1896 unter ihre Forschungsunternehmungen aufgenommen hatte[13]. Ohne Entgelt und ohne irgendeine Erstattung von Reisekosten hat Hessel in Italien gearbeitet[14] und wird in Kehrs Reiseberichten wiederholt erwähnt[15]. Zudem publizierte er im Jahre 1901 die nach Berlin verschlagenen Papsturkunden des Stifts S. Leonardo de Lacu Verano bei Siena[16]. Zu der freien Arbeit für Kehr und zu daneben betriebenen paläographischen Studien bei dem Mittellateiner Wilhelm Meyer (1845-1917) in Göttingen[17] war Hessel imstande,

---

10 A. HESSEL, De regno Italiae libri viginti von Carlo Sigonio. Eine quellenkritische Untersuchung. Diss. phil. Berlin 1899 (Teildruck), S. [38]: Lebenslauf. Universitätsarchiv Göttingen (im folgenden UAG), Phil. Fak., Personalakte (im folgenden PA) Hessel, (Um)habilitationsgesuch, ohne Datum [März 1919] mit eigenhändigem Lebenslauf.

11 A. HESSEL, „De regno Italiae libri viginti" von Carlo Sigonio, Berlin 1900 (Historische Studien 13).

12 UAG, Phil. Fak., PA Hessel, Eigenhändiges (Um)habilitationsgesuch, ohne Datum [März 1919].

13 Vgl. J. FLECKENSTEIN, Paul Kehr, Forscher und Wissenschaftsorganisator in Göttingen, Rom und Berlin, in: BOOCKMANN/WELLENREUTHER, Geschichtswissenschaft in Göttingen (wie Anm. 6), S. 248f.

14 In den Abrechnungen Kehrs quittiert Hessel einmal, am 12.5.1900, über die Erstattung von 19,25 Mark, die er für zwei photographische Aufnahmen in Arezzo ausgelegt hatte, Archiv der Göttinger Akademie der Wissenschaften, Scient. 165, 8 vol. 1 (Abrechnungen über die Herausgabe der älteren Papsturkunden. Übersichten [von P. Kehr] mit Belegen 1897-1902), Übersicht über die Einnahmen und Ausgaben der Kommission für die Herausgabe der älteren Papsturkunden auf das Jahr 1900/01 [Beleg Nr.] 1. Dieselbe Abrechnung belegt wiederholte *Remunerationen* an L. Schiaparelli, W. Wiederhold, A. Brackmann, P. Fedele und an Kehr selber vom 11.7.1900 bis 26.3.1901; in den Abrechnungen für die Haushaltsjahre 1899/1900 und 1901/02 erscheint Hessel überhaupt nicht. Ständiger, aus einem Stipendium des Ministeriums und einem Zuschuß der Akademie bezahlter Mitarbeiter Kehrs war vom 4.8.1897 bis zum 30.6.1898 Melle Klinkenborg, vom 1.7.1898 bis zum 31.3.1901 Wilhelm Wiederhold und ab dem 1.4.1901 W. Wendland, ebd. Scient. 165, 2 (Verhandlungen betreffend die wissenschaftliche und finanzielle Durchführung des Papsturkundenunternehmens 1896-1917) Bll. 10, 12, 17f., 22, 38, 52. In seinen beiden 1938/39 für seinen Emigrationsversuch verfaßten Lebensläufen bezeichnet sich Hessel für die Jahre 1900 bis 1901 offenbar der Kürze halber als *assistant of/to Prof(essor) Kehr in Rome and Göttingen*, Bodleian Library, MS. SPSL 500/1, fol. 44, 62.

15 P. KEHR, Papsturkunden in Rom. Erster Bericht, 1900, Nachdruck in: DERS., Papsturkunden in Italien. Reiseberichte zur Italia Pontificia, 2 (1899-1900), Città del Vaticano 1977, S. 294. P. KEHR, Aeltere Papsturkunden in den päpstlichen Registern I, 1902, Nachdruck in: DERS., Papsturkunden in Italien. Reiseberichte zur Italia Pontificia, 3 (1901-1902), Città del Vaticano 1977, S. 383. P. KEHR, Papsturkunden in Rom. Die römischen Bibliotheken I, 1903, Nachdruck in: DERS., Papsturkunden in Italien. Reiseberichte zur Italia Pontificia, 4 (1903-1911), Città del Vaticano 1977, S. 2. Die Mutmaßung von FASOLI (wie Anm. 4), S. XI Anm. 4, daß Hessels Mitwirkung nicht besonders ausgeprägt gewesen zu sein scheine und Kehr bei Hessel nicht nenne, trifft also nicht zu.

16 A. HESSEL, Le bolle pontificie anteriori al 1198 per S. Leonardo „de lacu Verano", in: Bullettino senese di storia patria 8 (1901), S. 333-344, Nachdruck in: P. KEHR, Papsturkunden in Italien. Reiseberichte zur Italia Pontificia, 3 (1901-1902), Città del Vaticano 1977, S. 229-240.

17 Bodleian Library, MS. SPSL 500/1, fol. 44, 62. Zu Meyer vgl. F. RÄDLE, Wilhelm Meyer, Professor

weil er von Haus aus, zumal nach dem Tod des Vaters im Jahre 1900, vermögend war[18].

Im Jahre 1901 siedelte Hessel nach Straßburg über, da er zum 1. Oktober Mitarbeiter Harry Bresslaus bei der Edition der Diplome Konrads II. für die Monumenta Germaniae historica geworden war[19]. Diese Tätigkeit währte bis zum 30. Juni 1908[20]. Für rund ein Sechstel der in dem 1909 erschienenen Diplomata-Band publizierten Diplome hat Hessel die diesen zugrunde gelegten Abschriften angefertigt. Es handelt sich um Urkundentexte zumeist für deutsche Empfänger und nur für wenige italienische[21]; auch für die zunächst von Bresslau betreuten Diplome Heinrichs III. hat Hessel Kopien genommen[22]. Zudem hat er mit Hans Wibel nicht nur das Namenregister zu den Konrad-Diplomen beigesteuert, sondern gemeinsam mit Bresslau und Wibel die Texte bearbeitet, wie Bresslau nobel bemerkt[23].

Für eigene Studien in Italien ließ sich Hessel für das ganze Winterhalbjahr 1904/05 und dann im Halbjahr 1905/06 beurlauben[24]. Dabei hat er zwar auch

der Klassischen Philologie 1886-1917, in: C. J. CLASSEN (Hg.), Die Klassische Altertumswissenschaft an der Georg-August-Universität. Eine Ringvorlesung zu ihrer Geschichte, Göttingen 1989 (Göttinger Universitätsschriften A, 14), S. 128-148.

18 Helen Hessel, die Witwe Franz Hessels, bemerkte 1951 über ihren Mann: *Beim frühen Tode seines Vaters erbte er ein nicht unbeträchtliches Vermögen, von dessen Zinsen er auf ziemlich großem Fuße hätte leben können. Er hat von dieser Möglichkeit keinen Gebrauch gemacht*, H. HESSEL, C'était un brave. Eine Rede zum 10. Todestag Franz Hessels, in: Letzte Heimkehr nach Paris. Franz Hessel und die Seinen im Exil, hg. v. M. FLÜGGE, Berlin 1989, S. 83. Todesjahr des Vaters nach HESSEL, Sämtliche Werke 5 (wie Anm. 1), S. 321 (Zeittafel).

19 UAG, Kur. 4 V b/305 PA Hessel, Bl. 73, Schreiben Hessels an den Kurator der Universität Göttingen vom 14.12.1935 betr. Anrechnung von Dienstjahren. Vgl. Bericht über die achtundzwanzigste Jahresversammlung der Zentraldirektion der Monumenta Germaniae historica. Berlin 1902, in: NA 28 (1903), S. 6, der Hessel erstmals als Mitarbeiter Bresslaus nennt, und H. BRESSLAU, Geschichte der Monumenta Germaniae historica, in: NA 42 (1921), S. 688.

20 Bericht über die fünfunddreissigste Jahresversammlung der Zentraldirektion der Monumenta Germaniae historica. Berlin 1909, in: NA 35 (1910), S. 10. BRESSLAU, Geschichte (wie Anm. 19) S. 733.

21 Die Namen derjenigen, welche die Abschriften genommen haben, werden an der Spitze des kritischen Apparats des jeweiligen Diploms in eckigen Klammern genannt, vgl. DDH.II. S. VII Anm. 1. Italienische Empfänger: DKo. II. 57 für Leno, DKo. II. 73 für Casa Aurea, DKo. II. 83 für Lucca, DKo. II. 88 für Fruttuaria, DKo. II. 96b für Verona, DKo.II. 100 für Leno, DKo.II. 112 für Bobbio, DKo.II. 119 für Ravenna, DKo.II. 280 für Wala von Casalvolone, DH.II. 297 für Tolla. – Vgl. auch MGH. Die Urkunden der deutschen Könige und Kaiser 5. Die Urkunden Heinrichs III. Hg. von H. BRESSLAU (†) und P. KEHR, Berlin 1931, S. XV, wonach sich Bresslau die Bearbeitung der italienischen, französischen und belgischen Urkunden in den jeweiligen Archiven vorbehalten hatte.

22 MGH DD H.III., S. IX.

23 MGH. Die Urkunden der deutschen Könige und Kaiser 4. Die Urkunden Konrads II. Mit Nachträgen zu den Urkunden Heinrichs II. Unter Mitwirkung von H. WIBEL und A. HESSEL hg. v. H. BRESSLAU, Hannover u. Leipzig 1909, S. VII: *Unsere Tätigkeit ist eine durchaus gemeinsame gewesen, und es war daher diesmal nicht erforderlich, im Inhaltsverzeichnis den Antheil jedes einzelnen von uns an der Gesammtarbeit noch besonders zu kennzeichnen*, S. X. Vgl. auch MGH DD H.III., S. IX.

24 NA 31 (1906), S. 10. NA 32 (1907), S. 11.

kleinere Aufgaben für die Diplomataausgabe erledigt, vor allem aber für seine Geschichte der Stadt Bologna gearbeitet, die – 1910 erschienen – noch heute grundlegend und von Gina Fasoli 1975 eingehend gewürdigt worden ist[25]. Gewidmet hat Hessel das Buch dem Erforscher der hoch- und spätmittelalterlichen oberitalienischen Städtegeschichte und – von 1932 bis 1933 – Heidelberger Honorarprofessor Walter Lenel (1868-1937)[26], den Harry Bresslau im Vorwort zur zweiten Auflage seiner Urkundenlehre seinerseits als Freund bezeichnet[27]. Wie Hessel war Lenel ein Schüler Scheffer-Boichorsts, freilich aus dessen Straßburger Periode.

Nach seinem Ausscheiden bei den Monumenten übernahm Hessel von der Historischen Kommission des Elsaß im Jahre 1909 die Aufgabe, den zweiten Band der Regesten der Bischöfe von Straßburg zu bearbeiten, und zwar gegen ein Bogenhonorar[28]. Auf eine feste Anstellung war Hessel nach wie vor nicht angewiesen. Den im Jahre 1909 übernommenen Regestenband konnte Hessel bis zum Ausbruch des Ersten Weltkrieges nicht abschließen. Vollendet hat das Werk der im Jahre 1923 dafür gewonnene Manfred Krebs (1892-1971), der 1927 Archivar am Generallandesarchiv Karlsruhe und 1954 dessen Direktor werden sollte. Jedoch blieb Hessel an der Textgestaltung bis zum Abschluß des Bandes im Jahre 1928 beteiligt[29]. Eine Nebenfrucht der Regestenarbeit ist ein 1915 im Druck erschienenes Heft mit 53 elsässischen Urkunden des 13.

---

25 A. HESSEL, Geschichte der Stadt Bologna von 1116 bis 1280, Berlin 1910 (Historische Studien 76). Im Vorwort S. VIII erwähnt Hessel einen zweimaligen von Bresslau gewährten Urlaub. Vgl. FASOLI (wie Anm. 4), S. XIV-XXVI.

26 Vgl. den kurzen Nachruf von K. BRANDI, in: HZ 156 (1937), S. 448, sowie J. MIETHKE, Die Mediävistik in Heidelberg seit 1933, in: DERS. (Hg.), Geschichte in Heidelberg. 100 Jahre Historisches Seminar, 50 Jahre Institut für Fränkisch-Pfälzische Geschichte und Landeskunde, Berlin, Heidelberg u. a. 1992, S. 95f. KAZNELSON (wie Anm. 5), S. 361f. Vgl. International Biographical Dictionary of Central European Emigrés 1933-1945, hg. v. H. A. STRAUSS und W. RÖDER, Vol. II/Part 2: L-Z, München, New York, London, Paris 1983, S. 707 (zu Lenels Sohn Fritz Victor).

27 H. BRESSLAU, Handbuch der Urkundenlehre, Bd. 1, 2. Aufl., Leipzig 1912, S. VI.

28 UAG, Kur. 4 V b/305 PA Hessel, Bl. 73, Schreiben Hessels an den Kurator der Universität Göttingen vom 14.12.1935 betr. Anrechnung von Dienstjahren.

29 Regesten der Bischöfe von Strassburg. Im Auftrag des wissenschaftlichen Instituts der Elsass-Lothringer im Reich hg. von A. HESSEL und M. KREBS, Bd. 2: Regesten der Bischöfe von Strassburg vom Jahre 1202-1305, Innsbruck 1928, hier S. I-III. Vgl. auch die persönlichen Erinnerungen von Krebs, Generallandesarchiv Karlsruhe, 69 N Krebs 13 (1) („Liber retroversus", handschriftlich, nicht-foliierter Teil), Kap. XVII: *Mit Hessel, der ja als Mitherausgeber fungierte und deshalb das ganze Manuskript nachprüfte und auch die Korrekturen mitlas, stand ich in ständiger schriftlicher Verbindung, die gelegentlich durch persönliche Besprechungen vertieft wurde. Ich besuchte ihn in Göttingen, er kam nach Eschersheim und einmal trafen wir uns auf halbem Wege in Gelnhausen.* Ebd. erwähnt Krebs – über ihn vgl. H. G. ZIER, Manfred Krebs (1892-1971), in: ZGO 121 (1973), S. 399-419 –, daß er sich für seine Dissertation – M. KREBS, Konrad III. von Lichtenberg, Bischof von Straßburg (1273-1299), Frankfurt a. M. 1926 (Schriften des Wissenschaftlichen Instituts der Elsaß-Lothringer im Reich an der Universität Frankfurt 12) – für das in Straßburg liegende Archivmaterial wegen der Nachkriegsverhältnisse *ganz auf Hessels Aufzeichnungen verlassen mußte* – und offenbar konnte!

und frühen 14. Jahrhunderts, die von ihrer Gattung oder ihrem Inhalt her interessant sind und von Hessel nicht nur ediert, sondern zumeist auch kommentiert wurden. Darunter ist zum Beispiel eine littera cum serico Papst Innozenz' IV. von 1249 für Murbach, die 1250 in der päpstlichen Kanzlei als Konzept für eine Neuausfertigung verwendet wurde und entsprechende Bearbeitungsspuren aufweist[30]. Harry Bresslaus vierzig Jahre zuvor erschienene Sammlung der Diplomata centum könnte bei dem Gedanken Pate gestanden haben[31], das Heft herauszubringen.

Verhältnismäßig spät, im Alter von 36 Jahren und nach einem Lustrum, das er vor allem als auskömmlich begüterter Privatgelehrter verbracht zu haben scheint, versuchte Hessel endlich auch in der Universität Fuß zu fassen. Im Wintersemester 1913/14 hat er sich in Straßburg für das Gebiet Mittlere und Neuere Geschichte habilitiert, wobei sein Buch über Bologna als Habilitationsschrift anerkannt wurde[32]. Sein Habilitationsvortrag über die Beziehungen der Straßburger Bischöfe zum Kaisertum und zur Stadtgemeinde in der ersten Hälfte des 13. Jahrhunderts ist 1918 in der Festgabe für Harry Bresslau publiziert worden[33].

Im August des Jahres 1914 meldete sich Hessel freiwillig zum Dienst als Krankenpfleger. Seit November 1915 als Kriegsfreiwilliger Soldat eines Spandauer Artillerie-Regiments, nahm er vom 30. März bis zum 27. September 1916 an der Schlacht um Verdun und 1917 an der Frühjahrsschlacht bei Arras teil[34]. Von November 1917 bis Ende Oktober 1918 gehörte er einem Etappenkommando für den Kunstschutz im besetzten Italien mit dem Sitz in der Stadtbibliothek Udine an und wurde mit dem Dienstgrad eines Offizierstellvertreters Anfang November 1918 in München aus dem Heer entlassen[35].

---

30 A. HESSEL, Elsässische Urkunden, vornehmlich des 13. Jahrhunderts, Straßburg 1915 (Schriften der Wissenschaftlichen Gesellschaft in Straßburg 23), S. 16-20 Nr. XIV, mit Abb. (POTTHAST –); die von dem Skriptor *a.s.* stammende littera nicht bei G. F. NÜSKE, Untersuchungen über das Personal der päpstlichen Kanzlei 1254-1304, in: AfD 20 (1974), S. 152.

31 H. BRESSLAU, Diplomata centum in usum scholarum diplomaticarum, Berlin 1872.

32 UAG, Phil. Fak., PA Hessel, Lebenslauf im eigenhändigen (Um)habilitationsgesuch, ohne Datum [März 1919]. Bodleian Library, MS. SPSL 500/1, fol. 44.

33 AfU 6 (1918), S. 266-275 mit Anm. 1. Die Widmung der S. 149ff. abgedruckten Aufsätze an Harry Bresslau, der am 22.3.1918 seinen siebzigsten Geburtstag beging, findet sich nach S. 148.

34 UAG, Kur. 4 V b/305 PA Hessel, Bl. 32, 35, Fragebogen vom 2.11.1925 zur Vorlage an die Reichsarchivstelle in Spandau.

35 UAG, Kur. 4 V b/305 PA Hessel, Bl. 33, handschriftliche Erklärung Hessels.

II.

Eine Rückkehr Hessels an die Universität Straßburg war ausgeschlossen[36]. Weshalb Hessel im März 1919 sein Umhabilitationsgesuch an die Göttinger Philosophische Fakultät richtete, ist nicht bezeugt. Er kannte die Stadt aus den beiden Jahren seiner Arbeit unter Kehr. Ausschlaggebend dürfte Karl Brandi gewesen sein. Brandi war wie Hessel ein Schüler von Scheffer-Boichorst[37]; jedoch war ihm Hessel persönlich nicht bekannt[38]. Nachdem auf Vorschlag von Max Lehmann dem Bewerber wegen seiner bereits in Straßburg erfolgten Habilitation ein Colloquium erlassen worden war, hat sich Hessel am 31. Mai 1919 mit einem Vortrag über das Friaul als Grenzland nach Göttingen für den Bereich Mittlere und Neuere Geschichte und Historische Hilfswissenschaften umhabilitiert[39]. Für das Herbst-Zwischensemester 1919 kündigte er als erste Lehrveranstaltung „Palaeographie des Mittelalters" an[40].

An Unterhalt bezog Hessel vom Preußischen Ministerium für Wissenschaft, Kunst und Volksbildung 1920 und 1921 zunächst ein Stipendium in Höhe von 1.500 Mark jährlich[41] und ab Sommersemester 1921 für einen ihm am 18. Mai 1921 erteilten Lehrauftrag für Mittelalterliche Geschichte und Historische Hilfswissenschaften jährlich 2000 Mark[42]. Die wirtschaftliche Lage Hessels war offenbar prekär geworden, noch bevor die Inflation das Vermögen der Hessels aufgezehrt hat[43]. Brandi hat am 14. Dezember 1921 der Fakultät nicht nur vorgeschlagen, Hessel zum nichtbeamteten außerordentlichen Professor ernennen zu lassen, sondern – falls Paul Lehmann[44] nicht für Göttingen gewonnen werden könnte – ihm einen Lehrauftrag für Handschriftenkunde zu ertei-

---

36 Vgl. E. KLOSTERMANN, Die Rückkehr der Straßburger Dozenten 1918/19 und ihre Aufnahme, Halle 1932 (Hallische Universitätsreden 54).

37 Brandi war 1890 in Straßburg bei Paul Scheffer-Boichorst promoviert worden, PETKE, Brandi (wie Anm. 6), S. 292.

38 UAG, Phil. Fak., PA Hessel, (Um)habilitationsgutachten von K. Brandi über Hessel, ohne Datum [nach 1919 April 9].

39 UAG, Phil. Fak., PA Hessel, (Um)habilitationsgutachten [nach 1919 April 9 bis 1919 Mai 15]. NSUB Göttingen, Bibl.-Arch. B Personalia 2 H-P (A. Hessel), Habilitationsurkunde (beglaubigte Ausfertigung) vom 31.5.1919. Der Vortrag zum Aufsatz ausgearbeitet in: HZ 134 (1926), S. 1-13.

40 Verzeichnis der Vorlesungen auf der Georg-August-Universität zu Göttingen während des Herbst-Zwischensemesters 1919, Göttingen 1919, S. 20.

41 UAG, Phil. Fak., PA Hessel, Schreiben des Kurators an Hessel vom 29.3.1920 und 17.12.1921, Schreiben des Kurators an Rektor und Senat vom 24.5.1921 (Abschriften).

42 NSUB Göttingen, Bibl.-Arch. B Personalia 2 H-P (A. Hessel), Min. für Wissenschaft, Kunst und Volksbildung an Hessel, 18.5.1921 (Abschrift).

43 Vgl. St. HESSEL, Danse avec le siècle (wie Anm. 8), S. 10, 12.

44 Über den Mittellateiner Paul Lehmann (1884-1964) vgl. die Nachrufe von B. BISCHOFF, in: DA 20 (1964), S. 300, DERS., in: HJb 83 (1964), S. 509-511, DERS., in: Jb. der Bayerischen Akademie der Wissenschaften 1964, S. 179-183.

len unter Übernahme als planmäßiger Beamter an die Universitätsbibliothek: *Privatdozent Dr. Hessel ist durch den blossen Lehrauftrag bei seinem Alter nicht aus seiner wirtschaftlichen Notlage zu befreien; kann auch trotz Lehrauftrag nicht mit seiner Frau zusammen leben, die in München kunstgewerblich tätig ist*[45]. Auf Antrag des Dekans vom 27. Januar 1922[46] verlieh der Minister am 20. Februar 1922 Hessel zwar die Dienstbezeichnung „Außerordentlicher Professor"[47]; an seiner Dienststellung als lehrbeauftragter Privatdozent änderte sich jedoch zunächst nichts[48].

Die Initiative Brandis, die sich die Fakultät zu eigen gemacht hatte, trug aber doch Früchte, auch wenn der Weg ein wenig umständlich war. Auf die Idee, für Hessel anstatt eines planmäßigen Extraordinariats eine Stelle an der Bibliothek einzurichten, war man deshalb verfallen, weil das Preußische Kultusministerium nach Erlassen vom 27. März und 4. November 1920 sowie vom 19. Februar 1922 die Vereinheitlichung der etatmäßigen Professorenschaft anstrebte und daher die planmäßigen Extraordinariate abzuschaffen gedachte[49]; das Vorhaben wurde gefaßt in die „Grundsätze einer Neuordnung der preußischen Universitätsverfassung" vom 20. März 1923[50] und schlug sich schließlich auch in der Göttinger Universitätssatzung von 1930 nieder[51].

Im Jahre 1922 griff am 4. Mai Ministerialrat Erich Wende im Preußischen Kultusministerium die Anregung Brandis und der Fakultät auf, für Hessel daher eine Stelle als Handschriftenbibliothekar an der Göttinger Bibliothek einzurichten[52]; als der Göttinger Universitätskurator Theodor Valentiner am 20. Juni in Berlin war, riet ihm der zuständige Referent zur sofortigen Beantragung; das geschah am 24. Juni seitens des Bibliotheksdirektors Professor Dr.

---

45 UAG, Phil. Fak., PA Hessel, Brandi und andere am 14.12.1921 an die Phil. Fak., Bl. 1v-2r. Zu Hessels Frau Johanna geb. Grund vgl. unten bei Anm. 152.

46 UAG, Phil. Fak., PA Hessel, Antrag des Dekans H. Thiersch (Durchschrift).

47 NSUB Göttingen, Bibl.-Arch. B Personalia 2 H-P (A. Hessel), Zweitausfertigung der Urkunde des Ministers vom 20.2.1922.

48 UAG, Phil. Fak., PA Hessel, Kurator an Phil. Fak. vom 3.3.1922.

49 UAG, Kur. 4 V b/305 PA Hessel, Bl. 63, Erklärung Hessels vom 1.11.1935, Bl. 62, Erklärung von Brandi vom 21.12.1935. Die Erlasse vom 27.3.1920, 4.11.1920 und 19.2.1922 in: O. BENECKE (Bearb.), Die grundlegenden Erlasse der Staatsregierung (Die Statuten der preußischen Universitäten und Technischen Hochschulen, hg. v. W. RICHTER und H. PETERS. Teil 1), Berlin 1929 (Weidmannsche Taschenausgaben von Verfügungen der Preußischen Unterrichtsverwaltung, Heft 61a), S. 13-18, 21. Vgl. E. WENDE, Grundlagen des preussischen Hochschulrechts, Berlin 1930, S. 64f.

50 BENECKE, Erlasse (wie Anm. 49), S. 30. Vgl. WENDE, Grundlagen (wie Anm. 49), S. 53f., 64.

51 Die Satzung der Universität Göttingen (Die Statuten der preußischen Universitäten und Technischen Hochschulen, hg. v. W. RICHTER und H. PETERS. Teil 7), Berlin 1930 (Weidmannsche Taschenausgaben von Verfügungen der Preußischen Unterrichtsverwaltung, Heft 61g), S. 8. Vgl. E. GUNDELACH, Die Verfassung der Göttinger Universität in drei Jahrhunderten, Göttingen 1955 (Göttinger rechtswissenschaftliche Studien 16), S. 136f.

52 NSUB Göttingen, Bibl.-Arch. B Personalia 2 H-P (A. Hessel), Min. an Kurator (Abschrift), Kurator an den Bibliotheksdirektor am 26.5.1922. Von Brandi wird 1935 Erich Wende, 1930 Ministerialdirigent, in diesem Zusammenhang genannt, UAG, Kur. 4 V b/305 PA Hessel, Bl. 62.

Richard Fick, nachdem dieser vom Kurator umgehend unterrichtet worden war[53]. Am 22. September richtete Hessel an den Direktor der Universitätsbibliothek das Gesuch, als Bibliotheks-Volontär eintreten zu dürfen[54]. Dem wurde zum 1. Oktober 1922 stattgegeben[55]. Mit Erlaß vom 3. Januar 1923 zur vorzeitigen Ablegung der bibliothekarischen Fachprüfung zugelassen[56], bestand Hessel, inzwischen fast 46 Jahre alt, am 26. März 1923 das Examen mit Auszeichnung und wurde zum 1. April 1923 zum Hilfsbibliothekar und zum 1. Juli 1924 zum Bibliotheksrat bei der Universitätsbibliothek Göttingen ernannt[57].

Sobald Hessel zum Personal der Bibliothek zählte, wollte die Fakultät nicht nur seine Dienste als Lehrender. Bereits am 22. April 1923 schlug sie dem Bibliotheksdirektor nicht nur vor, daß *Hessel seine Tätigkeit an der Bibliothek im Einvernehmen mit Ihnen nach Massgabe seiner akademischen Lehrtätigkeit regeln dürfe*, sondern regte an, daß die Archive (!) der Universität und der heutigen Akademie *nach entsprechender Durchsicht in die Verwaltung der Universitätsbibliothek überführt werden*. Als weiterer Köder bot sie an, die Ernennung von Hessel zum Mitdirektor des Diplomatischen Apparats zu beantragen, *um damit auch den Apparat wieder in eine engere Fühlung mit der Bibliotheksverwaltung zu bringen*[58]. Dem Diplomatischen Apparat, einer im Jahre 1802 begründeten Lehrsammlung von Originalurkunden, seit 1856 wissenschaftliche Einrichtung der Philosophischen Fakultät für die Forschung und Lehre für das Gebiet der Historischen Hilfswissenschaften, hatte Brandi seit dem Rücktritt des Mittellateiners Wilhelm Meyer im Jahre 1913 allein vorgestanden[59]; bereits unter Brandis Vorgänger Kehr war es außer Übung gekommen, daß ein Bibliothekar der Universitätsbibliothek im Nebenamt als Konservator des Instituts tätig war[60]. Fick brachte umgehend, am 3. Mai 1923, ausdrücklich auch noch das Archiv der Universi-

---

53 NSUB Göttingen, Bibl.-Arch. B Personalia 2 H-P (A. Hessel), Kurator an Bibliotheksdirektor 22.6.1922, Bibliotheksdirektor an Kurator 24.6.1922 (Durchschlag).

54 NSUB Göttingen, Bibl.-Arch. B Personalia 2 H-P (A. Hessel).

55 Vgl. UAG, Kur. 4 V b/305 PA Hessel, Bl. 2, 12, 18.

56 NSUB Göttingen, Bibl.-Arch. B Personalia 2 H-P (A. Hessel), Beirat für Bibliotheksangelegenheiten in Berlin an Direktor der Universitätsbibliothek, 8.1.1923.

57 NSUB Göttingen, Bibl.-Arch. B Personalia 2 H-P (A. Hessel). UAG, Kur. 4 V b/305 PA Hessel, Bl. 10, 23 (Ab- bzw. Durchschriften des Preuß. Min. für Wissenschaft und Volksbildung). Vgl. Jb. der Deutschen Bibliotheken 25 (1934), S. 202.

58 NSUB Göttingen, Bibl.-Arch. B Personalia 2 H-P (A. Hessel), Dekan an Bibliotheksdirektor 22.4.1923.

59 Vgl. H. GOETTING, Geschichte des Diplomatischen Apparats der Universität Göttingen, in: AZ 65 (1969), S. 11-46, hier S. 41, 43f., RÄDLE, Wilhelm Meyer (wie Anm. 17), S. 146.

60 Vgl. Diplomatischer Apparat der Universität, Ältere Dienstregistratur, Inventarium der Originalurkunden des Diplomatischen Apparats (nebst Revisionen, Akzessionen von Urkunden, Handschriften, Fragmenten und Büchern), S. 2, 166-182.

tätsbibliothek ins Spiel, das neu geordnet und verwaltet werden könnte – durch Hessel[61]. Dessen sicher nicht zufällig vom selben Tage datierendem Gesuch, daß seine Aufgaben als Bibliothekar seine Lehrtätigkeit nicht einschränken mögen, hat Bibliotheksdirektor Fick am 8. Mai 1923 daher nur scheinbar großzügig stattgegeben: *Im Hinblick auf die grossen Vorteile, die der Universitätsbibliothek aus der akademischen Lehrtätigkeit von Herrn Professor Hessel zweifellos erwachsen, erscheint es mir selbstverständlich, dass ihm inbezug auf die Regelung seiner Tätigkeit an der Bibliothek so weit wie möglich entgegengekommen wird. Ich trage deshalb kein Bedenken, die Arbeitszeit von Herrn Professor Hessel so zu regeln, dass er abgesehen von einer bestimmten Zeit, zu der er täglich in der Bibliothek anwesend sein muß, an keine festen Dienststunden gebunden ist* ...[62]. Zudem plante die Universitätsbibliothek, wie Fick am 23. November 1923 dem Rektor schriftlich darlegte, mit Hilfe des Göttinger Universitätsbundes Vorarbeiten zur Geschichte der Göttinger Bibliothek und der Universität. Für die dazu erforderlichen Ordnungsarbeiten der Universitätsakten und des Bibliotheksarchivs *halte ich den Hilfsbibliothekar Professor Dr. Hessel für die hierfür gegebene Persönlichkeit*[63].

Vorsitzender des Universitätsbundes war seit dem Jahre 1919 Karl Brandi[64]. So wird am ehesten er in Hessel denjenigen gesehen haben, der die für die Erforschung der Göttinger Universitätsgeschichte notwendigen Vorarbeiten am besten verrichten könnte. Schließlich hatte Brandi im Jahre 1923 Hessel auch für die Redaktion der „Chronik der Georg-August-Universität" gewinnen können[65].

Von Ordnungsarbeiten Hessels im heutigen Göttinger Universitätsarchiv ist nichts bekannt. Hessel wurde zwar im Frühjahr 1924 Archivbeauftragter, jedoch ist die praktische Arbeit im künftigen Universitätsarchiv dem damaligen wissenschaftlichen Hilfsarbeiter und späteren Bibliothekar Götz von Selle übertragen worden[66]. Dagegen verdankt die Göttinger Akademie Hessel die

61 NSUB Göttingen, Bibl.-Arch. B Personalia 2 H-P (A. Hessel), Fick an Phil. Fak. 3.5.1923 (Durchschlag).

62 UAG, Kur. 4 V b/305 PA Hessel, Bl. 5, Gesuch Hessels, Bl. 4 Bibliotheksdirektor Fick an Kurator.

63 NSUB Göttingen, Bibl.-Arch. B Personalia 2 H-P (A. Hessel), Fick an den Rektor 23.11.1923 (Durchschrift). Vgl. U. HUNGER, Das Universitätsarchiv: Gedächtnis der Georgia Augusta, in: Georgia Augusta 49 (1988), S. 30.

64 G. von SELLE, Die Georg-August-Universität zu Göttingen. 1737-1937, Göttingen 1937, S. 333. W. EBEL, Kleine Geschichte des Göttinger Universitätsbundes, in: Georgia Augusta 9 (1968), S. 8.

65 Chronik der Georg-August-Universität für die Rechnungsjahre 1916-1920, in: Mitteilungen des Universitätsbundes Göttingen Jg. 4 Heft 2 (1.3.1923), S. 1-32, hier S. 1 Anm. 1: *Auf Grund des eingereichten Aktenmaterials zusammengestellt von A. Hessel.*

66 Vgl. G. von SELLE, Das Archiv der Universität Göttingen, in: AZ 37 (1928), S. 273. HUNGER (wie Anm. 63), S. 30-32. Zum 1.10.1929 trat von Selle seinen Dienst als Bibliotheksvolontär an der Berliner Staatsbibliothek an, vgl. NSUB Göttingen, Bibl.-Arch. C 1, 8 (Jubiläumskommission), Protokoll der Sitzung des Publikationsausschusses zum Universitätsjubiläum 1937 vom 3.12.1928. Zu von Selle vgl. HABERMANN/KLEMMT/SIEFFKES, Lexikon (wie Anm. 5), S. 327.

Ordnung und Verzeichnung ihres älteren, von 1751 bis 1893 reichenden Archivs[67]; am 6. Juni 1924 mit dieser Aufgabe betraut[68], hatte sie Hessel im Herbst 1927 erledigt[69]. Auch die Göttinger Universitätsbibliothek schuldet Alfred Hessel Dank für die vorzügliche Verzeichnung ihres Archivs[70].

Am 25. Juli 1924 beantragte Brandi Hessels Ernennung zum Mitdirektor des Diplomatischen Apparats der Universität. Dem wurde mit Erlaß vom 18. September 1924 stattgeben[71]. Freilich hatte Hessel schon längst, spätestens seit dem 14. Juli 1920, das Institut mitverwaltet[72].

Schießlich wurde Hessel durch die Initiative von Brandi auch noch der Makel des altgewordenen Privatdozenten genommen. Durch eine Ernennung zum ordentlichen Honorarprofessor, schrieb Brandi am 10. Juni 1925 dem Dekan, würde *das Verhältnis des Herrn Professor Hessel zur Fakultät ... bei seinem Alter und bei seiner auf die Hülfswissenschaften gerichteten Arbeit richtiger und würdiger bezeichnet werden, als durch seine bisherige Stellung als Privatdozent oder unbesoldeter ausserordentlicher Professor*[73]. Der daraufhin am 6. August 1925 folgenden Eingabe der Fakultät an den Minister konnte nicht entsprochen werden, weil wegen der erwähnten Neuordnung der preußischen Universitätsverfassung nur *nicht zur Universität gehörige Herren* Honorarprofessoren werden konnten[74]. Eine Ernennung Hessels zum Honorarprofessor sei nur nach der Niederlegung der Privatdozentur möglich[75]. Tatsächlich hat Hessel am 31. Januar 1926 schriftlich

67 Archiv der Göttinger Akademie der Wissenschaften, Chron. 11, 3 (Das Archiv der Akademie) Nr. 3 (32seitiges Verzeichnis der Akten von 1751 bis 1893, von der Hand Hessels), Nr. 4 (dasselbe maschinenschriftlich). Daraus eine auf eine Druckseite komprimierte Übersicht in: G. von SELLE, Kurzgefaßtes Repertorium des Universitätsarchivs zu Göttingen, in: M. ARNIM, Corpus academicum Gottingense, Göttingen 1930 (Vorarbeiten zur Geschichte der Göttinger Universität und Bibliothek 7), S. 346: „Archiv der Gesellschaft der Wissenschaften".

68 Archiv der Göttinger Akademie der Wissenschaften, Chron. 11, 3 Nr. 6 (maschinenschriftliches Verzeichnis), darin vorgehefteter handschriftlicher Zettel von Hermann Thiersch: *Ordentliche Sitzung vom 6. Juni 1924: Es wird beschlossen, Herrn Prof. Hessel mit einer Ordnung der Akten der Gesellschaft zu beauftragen.*

69 Ebd., Chron. 11, 3 Nr. 2, Dankschreiben des Vorsitzenden Sekretärs der Akademie (Hermann Thiersch) vom 2.12.1927 an Hessel (Durchschlag).

70 Vgl. von SELLE, Repertorium (wie Anm. 67), S. 344f., und unten bei Anm. 88. Nach KIND-DOERNE (wie Anm. 6), S. 10 Anm. 1, hat Hessel 1923 mit der Erschließung des Bibliotheksarchivs begonnen.

71 UAG, (Kur. neu) XVI.IV. c. l. 1 (Diplomatischer Apparat) Bd. II (1888-1937). Vgl. GOETTING, Diplomatischer Apparat (wie Anm. 59), S. 44.

72 Diplomatischer Apparat der Universität, Inventarium (wie Anm. 60), S. 201 (alt: 45), wo die Hand Hessels bei der seitenbezogenen Signatur 45 K unter dem Datum des 14.7.1920 einsetzt.

73 UAG, Phil. Fak., PA Hessel, Brandi an Dekan, 10.6.1925.

74 UAG, Phil. Fak., PA Hessel, Phil. Fak. an den Minister, 6.8.1925 (Durchschlag). Ebd., Bescheid des Ministeriums an die Universität vom 14.10.1925 beziehungsweise des Kurators an die Phil. Fak. vom 21.10.1925 (Abschrift). BENECKE, Erlasse (wie Anm. 49), S. 31. Vgl. GUNDELACH, Verfassung (wie Anm. 51), S. 136.

75 UAG, Phil. Fak., PA Hessel, Kurator an die Phil. Fak., 30.12.1925.

auf seine venia legendi verzichtet[76]. Am 11. Juni 1926 teilte der Universitätskurator der Fakultät und der Bibliothek mit, Alfred Hessel sei zum Honorarprofessor in der Philosophischen Fakultät ernannt worden[77].

III.

Brandi hat Hessel nachdrücklich gefördert, wobei er es verstand, dessen Fähigkeiten in den Dienst des Ansehens der Göttinger Universität und seiner eigenen Interessen zu stellen. So wurde Hessel 1928 Mitherausgeber der von Brandi 1908 gegründeten Zeitschrift „Archiv für Urkundenforschung", in der er 1921 seine noch heute zu beachtenden Untersuchungen zur Schriftgeschichte[78] und 1932 Forschungsberichte zur Paläographie zu veröffentlichen begann[79]. Eine Arbeit zur Entstehung der Antiqua und der Renaissancekursive, mit der er im Anschluß an den Schreibmeister Wolfgang Fugger für die weit verbreitete italienische Buchschrift des 13. bis 15. Jahrhunderts den Namen „Rotunda" in die Disziplin einführte, hatte er an anderer Stelle publiziert[80].

Mit Hessels zwangsweiser Pensionierung ging die Mitarbeit am „Archiv" zu Ende. Am 21. Januar 1936 teilte Brandi dem Verlag mit, *Herr Bibliotheksrat Professor Dr. Hessel ist sowohl für den Bibliotheksdienst wie als Honorarprofessor an der Universität in den Ruhestand getreten und hält es für besser, auch nicht mehr als Herausgeber des Archivs für Urkundenforschung zu zeichnen. Ich muss seine Gründe billigen und nehme an, dass auch der Verlag einverstanden ist ... Ich wäre ... sehr dankbar, wenn der Verlag ein freundliches Wort an Herrn Professor Dr. Hessel richten würde, da ja auch er seine Arbeit wesentlich ehrenamtlich verrichtet hat. Er hat den Wunsch, dass ihm das Archiv auch weiterhin geliefert werden möge und ich unterstütze diesen Wunsch besonders leb-*

---

76 UAG, Phil. Fak., PA Hessel, von der Hand Hessels: *Göttingen, d. 31.1.26. Ew. Spectabilität! Mit Rücksicht auf die vom Ministerium ergangenen Weisungen und im Einverständnis mit Ew. Spectabilität verzichte ich auf die mir erteilte venia legendi. A. Hessel.*

77 UAG, Phil. Fak., PA Hessel, Kurator an Phil. Fak., 11.6.1926. NSUB Göttingen, Bibl.-Arch. B Personalia 2 H-P (A. Hessel), Kurator an Bibliotheksdirektor, 11.6.1926.

78 A. HESSEL, Studien zur Ausbreitung der karolingischen Minuskel 1-3, in: AfU 7 (1921), S. 197-202, AfU 8 (1923), S. 16-25. DERS., Neue Forschungsprobleme der Paläographie, in: AfU 9 (1926), S. 161-167. DERS., Die Entstehung der Renaissanceschriften. Ein Versuch, in: AfU 13 (1935), S. 1-14, 333.

79 AfU 12 (1932), S. 437-44, 13 (1935), S. 177-182.

80 A. HESSEL, Von der Schrift zum Druck, in: Zs. des deutschen Vereins für Buchwesen und Schrifttum 6 (1923), S. 89-105, hier S. 89, 94. Vgl. B. BISCHOFF, La nomenclature des écritures livresques du IXe au XIIIe siècle, in: B. BISCHOFF/G. I. LIEFTINCK/G. BATTELLI, La nomenclature des écritures livresques du IXe au XVIe siècle, (Paris) 1954 (Colloques Internationaux du Centre National de la Recherche Scientifique. Sciences Humaines 4), S. 14.

haft ... er würde im Ruhestand kaum in der Lage sein, das Archiv zu beziehen. Postwendend hat der Verlag Hessel seinen förmlichen Dank ausgesprochen[81].

Neben Untersuchungen zur Bibliotheksgeschichte[82], von denen die „Geschichte der Bibliotheken" von 1925 noch 1955 ins Amerikanische übersetzt wurde[83], arbeitete Hessel in den zwanziger Jahren für die von der Historischen Kommission bei der Bayerischen Akademie der Wissenschaften herausgegebenen Jahrbücher der Deutschen Geschichte über König Albrecht I. von Habsburg (1298-1308). Das 1931 erschienene Werk[84], das als „flott und anziehend geschriebene Herrscherbiographie" charakterisiert wurde[85] oder dessen „Frische der Sprache" man lobte[86], wurde im ganzen wohlwollend aufgenommen[87].

Mit Hessels letztem großen Werk, seinem Anteil an der „Geschichte der Göttinger Universitäts-Bibliothek" von 1937, hat es eine eigene Bewandtnis. Zur Vorbereitung des ins Jahr 1937 fallenden 200jährigen Jubiläums der Universität hatte eine Jubiläumskommission bereits Mitte der zwanziger Jahre neben einer Universitätsgeschichte auch eine Geschichte der Bibliothek ins Auge gefaßt. Im Jahre 1926 wurde Hessel mit der Herausgeberschaft dieser Bibliotheksgeschichte betraut und hat für sie wahrscheinlich bald nach 1928 mit der Arbeit an einem schließlich 250 Seiten zählenden Manuskript begonnen[88], das

---

81 NSUB Göttingen, Cod. Ms. Brandi 62 Nr. 373 (Brandi an de Gruyter, Durchschlag), Nr. 376 (de Gruyter an Hessel, Durchschlag). Vgl. PETKE, Brandi (wie Anm. 6), S. 314.

82 A. HESSEL, Leibniz und die Anfänge der Göttinger Bibliothek, Göttingen 1924 (Vorarbeiten zur Geschichte der Göttinger Universität und Bibliothek 3). A. HESSEL, Heyne als Bibliothekar, in: Zentralblatt für Bibliothekswesen 45 (1928), S. 455-470. A. HESSEL/W. BULST, Kardinal Guala Bichieri und seine Bibliothek, in: HVj 27 (1932), S. 772-794. Über Walther Bulst (1899-1986), der sich seit dem 1.4.1930 als wissenschaftliche Hilfskraft an der Universitätsbibliothek Göttingen einen schmalen Unterhalt verdiente, NSUB Göttingen, Bibl.-Arch. C 8, 7 (Hilfsarbeiter 1928-34), (Diverse Namenlisten ab 13.5.1930), vgl. V. PÖSCHL, Walther Bulst, in: Jb. der Heidelberger Akademie der Wissenschaften für 1987, Heidelberg 1988, S. 93-97.

83 A. HESSEL, Geschichte der Bibliotheken. Ein Überblick von ihren Anfängen bis zur Gegenwart, Göttingen 1925. Übersetzung: A history of libraries, translated with supplementary material, by R. PEISS, New Brunswick, N. J. 1955.

84 A. HESSEL, Jahrbücher des Deutschen Reichs unter König Albrecht I. von Habsburg, München 1931 (Jahrbücher der Deutschen Geschichte, hg. durch die Historische Kommission bei der Bayerischen Akademie der Wissenschaften).

85 F. BOCK, in: NA 49 (1932), S. 592-594, Zitat S. 594.

86 H. FINKE, in: HJb 52 (1932), S. 243.

87 Die Disposition kritisierend, auch im einzelnen kritisch, aber nicht übelwollend: A. DOPSCH, in: HZ 147 (1933), S. 587-591. Sehr lobend: B. SCHMEIDLER, in: HVj 26 (1931), S. 395-398.

88 NSUB Göttingen, Bibl.-Arch. C 1, 8 (Jubiläumskommission), Protokoll der Kommission vom 20.7.1926, Tagesordnungspunkt 4. UAG, Sek. I.B.2. Nr. 49 r XVII (Universitätsjubiläum 1937), Protokoll des Grossen Jubiläumsausschusses vom 6.12.1928: *Für die Geschichte der Bibliothek ist Prof. Hessel ... gewonnen.* – Bereits Hessels Arbeit über Chr. G. Heyne, siehe Anm. 82, als Festvortrag zur 24. Versammlung deutscher Bibliothekare in Göttingen am 30.5.1928 gehalten, beruht auf eingehenden Studien auch der Göttinger Bibliotheksgeschichte.

vielfach auf dem von ihm geordneten Bibliotheksarchiv fußt. Als das Werk im Jahre 1937 gerade noch pünktlich zum Jubiläum erschien[89], war von Hessels Mitautor- und Herausgeberschaft keine Rede mehr. Dabei stammen von den 311 Druckseiten des darstellenden Textes nicht weniger als 180 (S. 9-189), die über die Anfänge bis zum Jahre 1837 – dem Ende der Amtszeit von Reuß – handeln, aus seiner Feder[90]. Vielmehr bemerkten der damalige Bibliotheksdi-

---

89 Geschichte der Göttinger Universitäts-Bibliothek. Verfaßt von Göttinger Bibliothekaren, hg. von K. J. HARTMANN u. H. FÜCHSEL, Göttingen 1937.

90 Die richtige Feststellung, daß das in NSUB Göttingen, Bibl.-Arch. C 1: 8 A, 1, verwahrte Manuskript (250 Blatt nebst 392 Anmerkungen für die Druckfassung [ebd., A, 3] sowie einem Text der ursprünglich 792 Anmerkungen [ebd., A, 2]) dasjenige Hessels ist, traf 1986 KIND-DOERNE (wie Anm. 6), S. 5 mit Anm. 14. Das auf paläographische Beobachtung gegründete Urteil wird von dem von Hessel am 28.12.1938 nach London geschickten eigenhändigen Schriftenverzeichnis bestätigt: *List of Books . . . Geschichte der Göttinger Universitätsbibliothek 1937*, Bodleian Library, MS. SPSL 500/1, fol. 43. Vom letzten Blatt des Manuskripts (A, 1, Bl. 250) hat noch Hessel selber Text weggeschnitten (Reste zweier Oberlängen der verlorenen nächsten Zeile blieben erhalten) und die dabei beschnittenen Unterlängen der jetzt letzten Zeile durch Nachziehen selber ergänzt, nachdem der verbliebene Textrest auf ein neues Blatt des von Hessel auch sonst benutzten Papiers geklebt worden ist. Davon, daß, wie Kind-Doerne in einer Aktennotiz vom 24.4.1980 vermutete, Bl. 250 fehle, weil es Hessels Unterschrift getragen hätte, ebd., 8 A / Beil. 1, kann keine Rede sein: Bl. 250 war in dem im September 1999 noch unsignierten und unverzeichneten umfangreichen Konvolut lediglich verlegt und wurde damals an seinem richtigen Platz eingeordnet. Hessels Manuskript wurde unmittelbar als Druckvorlage benutzt. Daher trifft es nicht zu, wenn Hans Füchsel in einem maschinenschriftlichen Vermerk formulierte, dem Buch liege bis S. 189 lediglich *das Material* [!] *zugrunde, welches der Bibliotheksrat Professor Dr. Alfred Hessel in den Jahren 1933-34 im dienstlichen Auftrag bearbeitet und bei seinem Dienstausscheiden hinterlassen hat*, ebd., 8 A / Beil. 1. Der Hälfte des wissenschaftlichen Apparats beraubt wurde der von Hessel stammende Teil des Buches, und zwar um 400 Nachweise von ursprünglich 792; dieser ursprüngliche Apparat liegt seit 1937 in zwei Typoskripten vor, die den zwei Archivexemplaren des Buches beigestellt wurden und sind, aufbewahrt in NSUB Göttingen, Handschriftenabteilung, Dienstplatz Abteilungsleiter, vgl. Geschichte S. [3]. Der von Füchsel stammende Apparat wurde um rund ein Drittel von 172 Nachweisen auf 116 reduziert. Das bei ihm Weggefallene wurde unter dem Text der zwei Archivexemplare 1937 handschriftlich nachgetragen. Dagegen ist bei den von Hartmann und Fick stammenden Teilen nicht kürzend eingegriffen worden. Ob die bereits von zeitgenössischen Rezensenten bedauerte Entscheidung, dem Buch wichtige Teile seines Apparats zu nehmen, vor oder nach Hessels Zwangspensionierung zum 31.12.1935 getroffen wurde, konnte nicht geklärt werden. Der Druck wurde vom Universitätsbund Göttingen mitfinanziert, Geschichte der Göttinger Universitäts-Bibliothek, S. [3]. In den dreißiger Jahren erwähnen die Protokolle der Vorstandssitzungen des Universitätsbundes Hessel nicht namentlich, bemerken aber unter dem 16.3.1936: *Zu den Jubiläumsvorbereitungen teilt der Vorsitzende* (sc. Brandi) *mit, dass . . . auch die Geschichte der Universitätsbibliothek, die im Auftrage der Direktion von Herrn Dr. Füchsel fortgesetzt wird, jetzt im Werden ist. Der Bund hat diese Arbeit mit der bescheidenen Beihülfe von 240 M Honorar für den Bearbeiter* (sc. Füchsel) *unterstützt*, Universitätsbund Göttingen e. V., Altregistratur 1 (Vorstand, Protokolle, Einladungen von 1918 bis 1944) Nr. 122, Bl. 1v. Wie erwähnt, hat jedenfalls Hessel die seinem Text im Druck schließlich beigegebenen Nachweise ebenfalls noch eigenhändig niedergeschrieben. Zudem stammt von seiner Hand auch noch das Verzeichnis der dem Band beigegebenen Abbildungen 1 bis 10, Bibl.-Arch. C 1: 8 A, 3, Bl. 34. Der von Füchsel stammende Teil verweist bereits im Manuskript wiederholt auf Hessels Text und in Füchsels zuerst hand- und dann maschinenschriftlichen Anmerkungen (zunächst mit Bleistifteinträgen) wiederholt auf die Paginierung von Hessels Manuskript, ebd., 8 A, 4, Bl. 1, ebd., 8 A, 5, Bl. 1, 41. Auch das beweist die Haltlosigkeit von Füchsels Notiz, die, indem sie von einem *dienstlichen Auftrag* spricht, Hessel offenbar überdies um seine Rechte als Autor bringen sollte. Sehr wohl ist dagegen von einem dienstlichen Auftrag an Füchsel die Rede (siehe Zitat), aber keineswegs an Hessel, vgl. Anm. 88.

rektor Hartmann und der Bibliotheksrat Füchsel als nunmehrige Herausgeber im Vorwort: *Die hier vorgelegte Geschichte der Göttinger Universitäts-Bibliothek ist die gemeinsame Arbeit mehrerer Göttinger Bibliothekare, von denen einige inzwischen im Ruhestande leben. Das Werk wurde noch unter dem Amtsvorgänger des gegenwärtigen Direktors begonnen und von den jetzigen leitenden Beamten der Bibliothek als Mitarbeitern und Herausgebern zu Ende geführt*[91]. Die 1937 im Ruhestand lebenden Bibliothekare waren Hessel und der 1932 wegen Erreichens der Altersgrenze ausgeschiedene vormalige Direktor Richard Fick (1867-1944)[92]; die leitenden Beamten waren Hartmann und Füchsel[93]. Brandi hat sich 1937 dazu hergegeben, die Unterdrückung von Hessels Namen in bewußt irreführender Weise zu kommentieren: *Wir verdanken die Darstellung* (sc. der Geschichte der Universitätsbibliothek), *die deshalb begreiflicherweise im einzelnen ungleichartig und wohl auch ungleichwertig ist, einer Reihe von Bibliothekaren, deren Namen aber kameradschaftlich von dem gegenwärtigen Herrn Direktor und seinem Vertreter gedeckt werden*[94]. Tatsächlich ging es nicht um ein schonendes Verschweigen von Namen schwacher Beiträger, sondern darum, die Nennung von Hessel als Autor des nach Umfang und Inhalt bedeutendsten Teils des Werkes zu vermeiden.

Obwohl sicherlich stets im Schatten Brandis, des Doyens der damaligen deutschen Historikerschaft, stehend, war Hessel als akademischer Lehrer beliebt. Zu seinen der Wissenschaft verbunden gebliebenen Schülern zählen Richard Drögereit (1908-1977), Dietrich von Gladiss (1910-1943), Walter Heinemeyer (geb. 1912), Günther Möhlmann (1910-1984), Hans Günther Seraphim (1903-1992) und Joachim Studtmann (1897-1977)[95]. Wilhelm Kohl (geb. 1913), der im Sommer 1935 im 5. Semester studierte, hätte am liebsten bei Brandi promoviert. Jedoch nahm Brandi wegen seiner abzusehenden Emeritierung keine Doktoranden mehr an; Percy Ernst Schramm hätte Themen vergeben, die eine jahrelange Bearbeitung erforderten. *So begab ich mich zu dem gütigen Hilfswissenschaftler Hessel, der mir auch die Aufgabe stellte, den Einfluß der italienischen Schreibschriften auf die deutschen Kanzleischriften zu erforschen. Das neue Thema zog mich mächtig an. In kurzer Zeit lag eine beträchtliche Materialsammlung vor. Da traf mich der Schlag, daß Hessel als Halbjude von Lehre und Prüfungen ausgeschlossen wurde. Ob-*

---

91 Geschichte der Göttinger Universitäts-Bibliothek (wie Anm. 89), S. [3].

92 HABERMANN/KLEMMT/SIEFKES, Lexikon (wie Anm. 5), S. 76f. Fick steuerte S. 279-314 bei, vgl. folgende Anm.

93 Hartmann verfaßte S. 265-278, Füchsel S. 190-264, KIND-DOERNE (wie Anm. 6), S. 5 Anm. 14. Karl Julius Hartmann (1893-1965) war Direktor von 1935 bis 1958, HABERMANN/KLEMMT/SIEFKES, Lexikon (wie Anm. 5), S. 113. Der 1878 geborene Johannes (Hans) Füchsel, seit 1929 Stellvertreter des Direktors, starb 1944, ebd., S. 88.

94 GGA 199 Nr. 12 (1937), S. 539.

95 Zu Hessels zwölf Doktoren vgl. UAG, Phil. Fak. III Bd. 37, Doktoren-Album der Phil. Fak. 1910-1954, Nr. 116, Nr. 121, Nr. 125, Nr. 127, Nr. 128, Nr. 132, Nr. 134, Nr. 135, Nr. 140, Nr. 143, Nr. 144, Nr. 145.

gleich sich sogar der NS-Studentenbund für den national und loyal gesinnten, sehr beliebten Lehrer einsetzte, blieb das Berufsverbot bestehen[96]. Auch Walter Heinemeyer, mit Lotte Tabor aus München der letzte, am 27. Februar 1935 promovierte Schüler, erwähnt die Wertschätzung Hessels durch seine Doktoranden und nennt ihn eine stille Persönlichkeit und dabei einen vorzüglichen Pädagogen[97].

IV.

Am 9. September 1935, also noch vor der Verkündung des Reichsbürgergesetzes am 15. September und vor dem Erlaß über die Beurlaubung jüdischer Beamter vom 30. September[98], setzte Hans Plischke (1890-1972), Dekan der Göttinger Philosophischen Fakultät, in einem die Brandi-Nachfolge erörternden Schreiben ans Reichs- und Preußische Ministerium für Wissenschaft, Erziehung und Volksbildung die Amtsenthebung von Hessel als zwingend geboten voraus: *Er ist Jude. Daher ist es notwendig, ihn auszuschalten – namentlich auch im Hinblick auf die Tatsache, daß Historische Hilfswissenschaften als Prüfungsfach bei Promotionen oft genommen und von den Studenten Hessel als Prüfer gewählt wird*; Brandi könne als Emeritus die Hilfswissenschaften so lange vertreten, bis eine jüngere Kraft gefunden sei[99]. Es hätte dieses im Blick auf Hessel niederträchtigen Vorstoßes des späteren Rektors gar nicht bedurft. Denn wie alle bisher verschont gebliebenen Beamten ist Hessel gemäß dem Erlaß vom 30. September am 15. Oktober auf Anweisung des Reichs- und Preußischen Ministeriums für Wissenschaft, Erziehung und Volksbildung beurlaubt worden[100]. Am 11. November 1935 wurde er von seinen akademischen Lehrverpflichtungen, der Teilnahme an Prüfungen und dem Amt als Mitdirektor des Diplomatischen Apparats *auf den Antrag der Philosophischen Fakultät der dortigen Universität und Ihrer* (sc. Hessels) *Bitte entsprechend* entbunden und am 13. Dezember 1935 mit Ablauf

---

96 W. KOHL, Lebenserinnerungen, in: Bewahren und Bewegen. Lebenserinnerungen, ausgewählte Aufsätze und Schriftenverzeichnis eines westfälischen Archivars und Historikers. Festgabe für W. Kohl zum 85. Geburtstag, hg. v. K. HENGST/A.-Th. GRABKOWSKY/H. J. BRANDT, Paderborn 1998 (Schriften der Historischen Kommission für Westfalen 15), S. 20. In der Terminologie der Nationalsozialisten war Hessel freilich „Volljude". Wilhelm Kohl wandte sich wegen seiner Promotion dann an Adolf Hasenclever als neuen Doktorvater, ebd.

97 Brief vom 17.9.1999 an den Verfasser.

98 J. WALK (Hg.), Das Sonderrecht für die Juden im NS-Staat, 2. Aufl., Heidelberg 1996 (Uni-Taschenbücher 1889), I 637, S. 127, II 17, S. 134.

99 UAG, Rektorat 3205 b I (Professoren der Philosophischen Fakultät). Vgl. ERICKSEN, Kontinuitäten (wie Anm. 6), S. 439. Zu dem Völkerkundler Plischke, von 1941 bis 1943 Rektor und von 1950 bis 1958 ordentlicher Professor der Universität Göttingen, vgl. H. HEIBER, Universität unterm Hakenkreuz. Teil II. Die Kapitulation der Hohen Schulen. Das Jahr 1933 und seine Themen. Bd. 2, München 1994, S. 506-512, SZABÓ, Vertreibung (wie Anm. 5), S. 132 Anm. 221.

100 UAG, Phil. Fak., PA Hessel, Kurator an Dekan 15.10.1935. Vgl. ERICKSEN, Kontinuitäten (wie Anm. 6), S. 439.

des 31. Dezember 1935 – damals 58 Jahre alt – in den Ruhestand versetzt[101]. Daß Hessel selber unter dem Druck der Verhältnisse seine Entpflichtung beantragt hat[102], wird wohl zutreffen. Wie für zahllose andere seit 1933 Betroffene war das eine Frage der Selbstachtung[103]. Dennoch besaß man die Dreistigkeit, Hessels Ausscheiden so hinzustellen, als sei es aus freien Stücken erfolgt. Dekan Plischke hatte bereits am 5. Oktober 1935 dem Ministerium mitgeteilt, daß *Professor Hessel bittet, von diesen Verpflichtungen* (sc. aus seiner Dienststellung) *entbunden zu werden. Die Philosophische Fakultät befürwortet dieses Gesuch. Zur Begründung sei darauf hingewiesen, daß Professor Hessel Nichtarier ist und daher eine ersprießliche Lehrtätigkeit nicht mehr ausüben kann*[104]. Auch das war gelogen. Walter Heinemeyer teilt mit, *daß es eine Differenz zwischen den oft im braunen Hemd vor ihm* (sc. Hessel) *sitzenden Kommilitonen und ihrem Lehrer niemals gegeben hat*[105]. Wie erwähnt, hat sich Wilhelm Kohl zufolge sogar der Nationalsozialistische Deutsche Studentenbund für einen Verbleib Hessels stark gemacht[106].

Der Lesart des angeblich freiwilligen Rückzugs sollte – zumindest nach dem Willen der professoralen Meinungsführer – auch künftig gefolgt werden. Denn die Universitätschronik des Wintersemesters 1935/36 verzeichnet zum 11. November 1935, daß *Bibliotheksrat Professor Dr. phil. A. Hessel (Geschichte und hist. Hülfswissenschaften) auf eigenen Antrag von den amtlichen Verpflichtungen entbunden* sei[107].

Hessels Ausgrenzung wurde seit 1936 perfektioniert. Noch einige Monate lang hatte er sich, was zweifellos nur mit Brandis Billigung möglich war, im Diplomatischen Apparat aufhalten und betätigen können. Die Buchakzessionen von seiner Hand setzen aber dann mit dem 4. August 1936 aus[108]. Noch die letzte Korrekturfahne zu einer Glückwunschadresse für den am 7. Februar 1937 seinen siebzigsten Geburtstag feiernden ehemaligen Bibliotheksdirektor Richard Fick nennt in der Tabula gratulatoria auch Alfred Hessel[109]; in der ausgedruckten Adresse ist sein Name dagegen verschwunden und – womög-

---

101 UAG, Kur. 4 V b/305, PA Hessel, Bl. 55f., Kurator an Hessel und an diverse Dienststellen der Universität, an das Ministerium, den Regierungspräsidenten (Konzept).

102 Ein schriftliches Gesuch Hessels wurde bislang nicht gefunden.

103 Vgl. Th. SCHIEFFER, Wilhelm Levison, in: RhVjbll 40 (1976), S. 237.

104 UAG, Phil. Fak., PA Hessel, lose einliegender maschinenschriftlicher Durchschlag, [Journal Nr.] 591.

105 Brief vom 17.9.1999 an den Verfasser.

106 Siehe oben bei Anm. 96.

107 Chronik der Georg-August-Universität vom 1. Oktober 1935 bis zum 31. März 1936, in: Mitteilungen des Universitätsbundes Göttingen Jg. 17 Heft 2 (1936), S. 47.

108 Diplomatischer Apparat der Universität, Inventarium (wie Anm. 60), S. 213 (alt: 56 K).

109 Glückwunschadresse für Bibliotheksdirektor i. R. Prof. Dr. R. Fick zum 70. Geburtstag, Göttingen 1937, o. S., in der NSUB Göttingen im bibliographischen Handapparat als Personalbibliographie Fick eingestellt, Sign.: BIB ALH Fick.

lich um den Satz soweit wie möglich zu schonen – am Ende der Gratulanten durch den des erst 1936 in den Bibliotheksdienst eingetretenen Hermann Zeltner ersetzt[110]. Daß er zu keiner der Feiern aus Anlaß des Göttinger Universitätsjubiläums im Jahre 1937 geladen wurde, ist als sicher anzunehmen. Ende 1938 war ihm nach eigener Angabe auch die Benutzung der Universitätsbibliothek und aller Institute verboten[111]. Reichsweit war entlassenen jüdischen Gelehrten die wissenschaftliche Weiterarbeit in Instituten und Bibliotheken mit Erlaß des Reichsministeriums für Wissenschaft, Erziehung und Volksbildung am 8. Dezember 1938 untersagt worden[112]. Bibliotheksverbote wurden von den örtlichen Bibliotheksdirektoren aber schon früher erteilt. Victor Klemperer in Dresden wurde am 9. Oktober 1936 die Lesesaalbenutzung und am 2. Dezember 1938 jegliche Buchausleihe untersagt[113]. Da Hessels Kollegen, dem bereits 1933 entlassenen Bibliotheksrat Fritz Loewenthal (1886-1941) erst auf Grund einer Denunziation des Bibliotheksoberinspektors Bruno Schmalhaus die Benutzungsgenehmigung am 13. Juli 1936 vom Bibliotheksdirektor Hartmann entzogen worden war[114], dürfte Hessel die Bibliothek jedenfalls später verboten worden sein – vermutlich nachdem sein Manuskript für die Göttinger Bibliotheksgeschichte sich im Druck befand oder erschienen war und damit der Mohr seine Schuldigkeit getan hatte[115]. Ob beziehungsweise

110 Glückwunschadresse für Bibliotheksdirektor i. R. Prof. Dr. R. Fick zum 70. Geburtstag, Göttingen 1937, o. S., NSUB Göttingen, Sign. 4° H LBI VI, 7510. Zu Zeltner vgl. HABERMANN/KLEMMT /SIEFFKES, Lexikon (wie Anm. 5), S. 394.

111 Bodleian Library, MS. SPSL 500/1, fol. 46 (Fragebogen): *excluded from all scientific institutes, including the library.*

112 WALK (wie Anm. 98) III 56, S. 264.

113 V. KLEMPERER, Ich will Zeugnis ablegen bis zum letzten. Tagebücher 1933-1941, 3. Aufl., Berlin 1995, S. 311, 438f.

114 NSUB Göttingen, Bibl.-Arch. C 7 (Personal), 9 b (He–L). Zu Loewenthal vgl. HABERMANN/ KLEMMT/SIEFKES, Lexikon (wie Anm. 5), S. 202, SCHÄFER-RICHTER/KLEIN (wie Anm. 5), S. 148f., und unten bei Anm. 150. Unter Eid erweckte der vormalige Bibliotheksdirektor Hartmann bei seiner Zeugenvernehmung durch das OVG Lüneburg am 23.2.1962 – im Zuge der Wiedergutmachungsklage von Gerda Krüger (siehe unten Anm. 148) – den Anschein, er hätte Loewenthal und Hessel die wissenschaftliche Arbeit bis zu deren jeweiligem Tod ermöglicht; das ist in beiden Fällen objektiv unrichtig, HStA Hannover, Nds. 401 Acc. 92/85 Nr. 117 Bd. I (Beweisaufnahme Februar 1962), S. 9: *Die beiden zwangspensionierten jüdischen Bibliotheksräte Dr. Löwenthal und Prof. Dr. Hessel waren mit mei-*ner (sc. Hartmanns) *Genehmigung auch nach dem Ausscheiden aus dem Dienst fast täglich in der Bibliothek anwesend und standen in unverändertem persönlichen Kontakt mit denjenigen Kollegen, zu denen sie auch schon vorher gute Beziehungen gehabt hatten.* Von beider und anderer Entlassung sowie vom Fall Krüger ist keine Rede bei W. GRUNWALD, Karl Julius Hartmann zum Gedenken, in: ZfBB 12 (1965), S. 270-273, hier S. 272: *Der Fürsorge für die Bibliothek als Ganzes entsprach eine ganz selbstverständliche Anteilnahme an jedem einzelnen seiner Mitarbeiter. Die Hilfe und der Rat K. J. Hartmanns schufen viele feste Bande der Dankbarkeit und des gegenseitigen Vertrauens. Diese Bindungen halfen mit, auch die schweren Kriegsjahre über, in denen zahlreiche Mitarbeiter im Feld standen bzw. an anderen Stellen Dienst tun mußten, die Leistungen der Bibliothek aufrecht zu erhalten.*

115 Der Druck wurde wenige Tage vor den am 25.6.1937 beginnenden Jubiläumsfeierlichkeiten beendet, vgl. Schreiben Füchsels an den Kulturwissenschaftler Dr. iur. Otto Deneke (1875-1956) in Göttin-

wie lange Hessels Name auf der – nicht eingebundenen – Tabula gratulatoria zu Brandis siebzigsten Geburtstag am 20. Mai 1938 gestanden hat[116], ist unbekannt. Die Wahrscheinlichkeit, daß Hessel hier genannt wurde, ist ganz gering, wenn man sich an Brandis unrühmliche Anzeige der Bibliotheksgeschichte im Jahre 1937 erinnert. Aber zumindest bis zum Ende des Jahres 1936 hatte Brandi sich bemüht, Hessel, so gut es ging, behilflich zu sein.

Gemäß der I. Verordnung zum Reichsbürgergesetz vom 14. November 1935 erhielt Hessel als Frontkämpfer die bisherigen Bezüge[117]. Bereits am 27. September 1935, als diese Regelung noch nicht abzusehen war, hatte Brandi in einer Aktennotiz festgehalten, daß Hessel nur wegen der preußischen Hochschulreform seiner Dienststellung nach Bibliothekar und nicht planmäßiger Extraordinarius sei, *es also der Billigkeit entsprechen* (würde), *wenn Herr Professor Hessel bei einem etwaigen vorzeitigen Ausscheiden aus seiner Lehrtätigkeit nach Art anderer Professoren behandelt würde, das heisst, dass er bei dem Verzicht auf seine Lehrtätigkeit wenigstens im Genuss des vollen Gehalts eines Bibliotheksrates bliebe*[118]. Am 1. November 1935 konnte Hessel dem Universitätskurator Valentiner die Geschichte seiner Stelle und Stellung persönlich erläutern[119]. Brandi, vom Kurator um eine Äußerung gebeten, hat am 21.12.1935 Hessels Erklärung bestätigt[120]. Für die Berechnung seiner ruhegehaltsfähigen Dienstzeit setzte Hessel am 3. Februar 1936 auf die Fürsprache von Brandi, um die er nicht zum ersten Mal bat: *Hochgeehrter Herr Geheimrat! Zu meinem großen Bedauern bin ich nicht in der Lage, persönliche Papiere beizubringen, da meine Straßburger Sachen von den Franzosen beschlagnahmt und nur zum Teil nach viel Fahrten ausgeliefert wurden. Ich kann aber versichern, daß meine Habilitation Ende Wintersemester 1913/14 erfolgte, und bitte den letzten möglichen Termin, 1. März 1914, aufzunehmen. Zum Beweise habe ich Herrn Amtmann*

gen vom 10.6.1937 (Rückgabe eines Stammbuchblattes, das als Abbildungsvorlage gedient hatte) und Hartmanns vom 25.6.1937 an den Verlag (Ansetzung des Buchhandelspreises), NSUB Göttingen, Bibl.-Arch. C 1, 8 (Jubiläumskommission), (Durchschläge). Wenn in dieser Akte kein Wort aus den dreißiger Jahren über Hessel verlautet, auch in NSUB Göttingen, Bibl.-Arch. C 7 (Personal), 9b (He–L) über Hessel als einziges Blatt ein Durchschlag über seine Entlassung (Kurator an Bibliotheksdirektor, 13.12.1935) vorhanden ist sowie in den Briefbüchern der Bibliotheksdirektoren nach dem 13.12.1935 keine Schreiben von oder an Hessel verzeichnet sind, NSUB Göttingen, Bibl.-Arch. C 1: 9.1 und 9.2 (Briefbücher 1.4.1928–30.3.1938, 1.4.1938-31.3.1942), dann ist evident, daß eventuelle Schreiben von nach 1935, die Hessel unmittelbar betrafen, nicht in die Registratur gelangten.

116 Vgl. K. BRANDI, Ausgewählte Aufsätze, Oldenburg u. Berlin 1938, S. VIf. Bislang ist es nicht gelungen, ein Exemplar dieser Liste zu finden.

117 WALK (wie Anm. 98), II 46, S. 139.

118 UAG, Phil. Fak., PA Hessel.

119 UAG, Kur. 4 V b/305 PA Hessel, Bl. 51f., 63. Zu Valentiner vgl. die kurze Charakterisierung bei E. OBERDÖRFER (Hg.), Noch hundert Tage bis Hitler. Die Erinnerungen des Reichskommissars Wilhelm Kähler, Schernfeld 1993 (Abhandlungen zum Studenten- und Hochschulwesen 4), S. 40, 66, 81, 99.

120 UAG, Kur. 4 V b/305 PA Hessel, Bl. 61f.

Wegner das Personalverzeichnis von Straßburg gebracht. In ihm bin ich für das Sommerse-
mester 1914 als Privatdozent verzeichnet. Bei dieser Gelegenheit möchte ich nochmals bitten,
bei Feststellung der Dienstjahre meine Tätigkeit bei den Mon[umenta] Germ[aniae]
hist[orica] gütigst befürworten zu wollen. Im Voraus vielmals dankend, verbleibe ich Ihr
ganz ergebener A. Hessel[121]. Dieser Brief ging über Brandi und den Kurator als
Anlage ans Ministerium; trotz der nachdrücklichen Bitte des Göttinger Kura-
toriums vom 6. April, *wenn irgend angängig im Hinblick auf das vorgeschrittene Alter*
des Professors Hessel ihm die gesamte Strassburger Hilfsarbeitertätigkeit als ruhegehaltsfä-
hige Dienstzeit anrechnen zu wollen[122], wurde Hessel am 23. April 1936 sehr wohl
die Straßburger Privatdozentur seit dem 1. März 1914, nicht aber seine Tätigkeit für die Monumenten in den Jahren von 1901 bis 1908 als ruhegehaltsfähig
anerkannt[123]. Die Monumenta Germaniae historica alten Zuschnitts waren in
Berlin nicht mehr wohlgelitten; seit dem 1. April 1935 in das autoritär zu führende „Reichsinstitut für ältere deutsche Geschichtskunde (MGH)“ umgewandelt, standen sie seit dem 24. März 1936 unter der kommissarischen Leitung des Staatsarchivrats Wilhelm Engel[124].

Hessels letzte Arbeit, die Abhandlung über „Die Schrift der Reichskanzlei
seit dem Interregnum und die Entstehung der Fraktur“, für deren Vorbereitung der Autor 1927 eine Reisebeihilfe der Göttinger Akademie erhalten hatte[125], schlug Brandi am 16. Oktober 1936 zur Aufnahme in die im selben Jahr
gegründete Zeitschrift „Deutsches Archiv für Geschichte des Mittelalters“
vor, war aber auf politische Bedenken seines Mitherausgebers, des eben genannten Wilhelm Engel, gefaßt; tatsächlich hat Engel am 20. Oktober von der
Aufnahme abgeraten[126]. Daraufhin legte Brandi am 5. Dezember 1936 die Arbeit der Göttinger Akademie vor, die sie dann 1939 auch publizierte[127]. Soweit

---

121 UAG, Kur. 4 V b/305 PA Hessel, Bl. 65.

122 UAG, Kur. 4 V b/305 PA Hessel, Bl. 67r-v, Kuratorium an den Reichs- und Preußischen Minister
für Wissenschaft, Erziehung und Volksbildung (Orig.). Bl. 67r trägt immerhin folgenden Bleistift-
vermerk von der Hand eines Berliner Beamten: *[unter Beteiligung MR Kummers!] [Hessel ist tüchtiger, ver-*
dienstvoller Gelehrter] E. *17/4.* Der Vermerk stammt wohl eher nicht von dem damals im Ministerium
tätigen Referenten Karl August Eckhardt und mit Sicherheit nicht von dessen Kollegen Wilhelm
Engel (Handbuch für das Deutsche Reich 1936, Berlin 1936, S. 277), wie der Vergleich mit Unterschriften oder Paraphen Eckhardts beziehungsweise Engels (zum Beispiel Eckhardt am 29.11.1934
und Engel am 21.12.1936 an Brandi, NSUB Göttingen, Cod. Ms. Brandi 47, Bl. 278, 330) zeigt. Albrecht Eckhardt (Oldenburg) und Wilhelm A. Eckhardt (Marburg) danke ich für ihr freundlich ge-
währtes Urteil.

123 UAG, Kur. 4 V b/305 PA Hessel, Bl. 68, 74f. Die Entscheidung fällten der Ministerialrat Dr.
Kummer beziehungsweise ein untergeordneter Beamter Reinmöller.

124 Vgl. H. HEIBER, Walter Frank und sein Reichsinstitut für Geschichte des neuen Deutschlands,
Darmstadt 1966 (Quellen und Darstellungen zur Zeitgeschichte 13), S. 861-867.

125 Archiv der Göttinger Akademie der Wissenschaften, Etat 7,4 Vol. 5, Bl. 748 (1-2), Bl. 749.

126 Vgl. PETKE, Brandi (wie Anm. 6), S. 316.

127 A. HESSEL, Die Schrift der Reichskanzlei seit dem Interregnum und die Entstehung der Fraktur, in:
Nachrichten der Gesellschaft der Wissenschaften zu Göttingen. Phil.-hist. Kl. NF Fachgruppe II,

bekannt, ist das die letzte halb-öffentliche Geste Brandis zugunsten seines Kollegen und Nachbarn gewesen.

Beim Genuß der vollen Dienstbezüge wäre es bis zur Erreichung der Altersgrenze im Jahre 1942 geblieben, wenn nicht Hessel nach der VII. Verordnung zum Reichsbürgergesetz vom 5. Dezember 1938 seit dem 1. Januar 1939 ein Ruhegehalt nur nach der Zahl seiner Dienstjahre zum Zeitpunkt der Zwangspensionierung zugestanden worden wäre[128]. Hessels Versorgung sank mit Beginn des Jahres 1939 um 35 Prozent von 9180 Reichsmark auf 5967 Reichsmark jährlich[129]. Da Hessel auf die Verordnung über die Anmeldung des Vermögens von Juden vom 26. April 1938 hin[130] ein Vermögen von mehr als 5000 Reichsmark erklärt hatte[131], muß er als „Judenvermögensabgabe" zum 15.12.1938 die erste Rate von 20 Prozent seines Vermögens gezahlt haben[132]; die restlichen drei Teilbeträge wären bis zum 15. August 1939 fällig gewesen.

Angesichts dieser und der vielen anderen unrechtmäßigen Verordnungen und Gesetze, vor allem aber unter dem Eindruck der Reichspogromnacht vom 9. November 1938 muß nun auch Hessel sich zur Auswanderung entschlossen haben. Sein Bruder Franz war von dessen Frau Helen Grund im Oktober 1938 von Berlin nach Paris geholt worden[133]. Die Emigrationswelle erreichte auch in Göttingen in den Jahren 1938 und 1939 ihren letzten Scheitelpunkt[134]. Auf Initiative und beraten von dem Göttinger Universitätslektor für englische Sprache Dr. Pallister Barkas[135], der sich am 7. Dezember 1938 zunächst an das

Mittlere und neuere Geschichte 2 (1936-39), 1939, S. 43-59.

128 WALK (wie Anm. 98), III 50, S. 263.

129 UAG, Kur. 4 V b/305 PA Hessel, Bl. 80, Kurator an Regierungspräsident Hildesheim 19.12.1938.

130 WALK (wie Anm. 98), II 457, S. 223. Vgl. K. KWIET, Nach dem Pogrom: Stufen der Ausgrenzung, in: Die Juden in Deutschland 1933-1945: Leben unter nationalsozialistischer Herrschaft, unter Mitarbeit von V. DAHM u. a. hg. v. W. BENZ, München 1988, S. 562.

131 Stadtarchiv Göttingen, Polizei-Direktion Göttingen XXVII (Politische Polizei) C Fach 157 Nr. 6, Bl. 355, wo Hessel als Nr. 28 in dem *Verzeichnis über das Vermögen von Juden nach dem Stand vom 27. April 1938* erscheint, das am 28.7.1938 vom Regierungspräsidenten in Hildesheim an den Göttinger Oberbürgermeister als Ortspolizeibehörde zur Überprüfung auf Vollständigkeit übersandt wurde, vgl. M. MANTHEY/C. TOLLMIEN, Juden in Göttingen, in: Göttingen. Geschichte einer Universitätsstadt, Bd. 3. Von der preußischen Mittelstadt zur südniedersächsischen Großstadt 1866-1989, hg. v. R. von THADDEN u. G. J. TRITTEL, Göttingen 1999, S. 719f. mit Anm. 30. Der wegen ihrer Seltenheit hohe Quellenwert dieser Liste ist nicht recht gewürdigt bei A. BRUNS-WÜSTEFELD, Lohnende Geschäfte. Die „Entjudung" der Wirtschaft am Beispiel Göttingens, Hannover 1997, S. 91.

132 I. Durchführungsverordnung zur VO über die Sühneleistung der Juden vom 21.11.38, WALK (wie Anm. 98), III 21, S. 257.

133 M. FLÜGGE, Wider Willen im Paradies. Deutsche Schriftsteller im Exil in Sanary-sur-Mer, Berlin 1996, S. 100. HESSEL, Sämtliche Werke 5 (wie Anm. 1), S. 327 (Zeittafel).

134 Vgl. MANTHEY/TOLLMIEN (wie Anm. 131), S. 725.

135 Geb. 1.10.1889 in Newcastle-on-Tyne, 1924 M. A. der Universität Durham, Alumnus des Armstrong College (seit 1935 King's College) in Newcastle und seit 1924 Lektor in Göttingen, hat Barkas Deutschland im Sommer 1939 verlassen, UAG, Phil. Fak., PA Barkas. Vgl. EBEL, Catalogus (wie Anm. 7), S. 158 Nr. 33. Das Todesdatum von Barkas konnte laut freundlicher Mitteilung der heuti-

Cambridge Refugee Committee gewandt hatte[136], sandte Hessel am 28. Dezember 1938 die erforderlichen Unterlagen und Fragebögen an die Society for the Protection of Science and Learning nach London. Da, wenn möglich, drei deutsche Referenzen anzugeben waren, nannte er Brandi, Schramm und Fick[137]. In Großbritannien bemühten sich Archibald Hunter Campbell (1902-1989), seit 1935 Professor der Jurisprudenz in Birmingham[138], und der Theologe George Simpson Duncan (1884-1965) in St. Andrews[139] um eine Unterbringung Hessels. Duncan stellte der Society am 17. März und 10. Mai 1939 die Möglichkeit einer Beschäftigung für vielleicht zwei Jahre an der Bibliothek der schottischen Universität in Aussicht, sofern der am 22. Mai zusammentretende University Court dem zustimmte; die Gewährung eines Unterhaltszuschusses seitens der Society würde eine solche Entscheidung erleichtern. Tatsächlich hat es die Sekretärin Esther Simpson am 13. Mai für denkbar erachtet, daß die Society eine von St. Andrews gezahlte Unterstützung bis zu einem Betrag von jährlich 182 Pfund aufstocken könnte[140] – eine Summe, von der Hessel seinen Unterhalt hätte bestreiten können. Die Bemühungen waren nicht nachdrücklich genug und erfolgten zu spät. Am Abend des 18. Mai 1939 erlag Alfred Hessel, noch nicht 62 Jahre alt, in seiner Göttinger Wohnung einem Herzleiden[141].

V.

Die Ausgrenzung machte vor dem Toten nicht halt. Bestrebungen, Judenchristen die Beerdigung auf kommunalen Friedhöfen zu versagen, gab es seit dem Jahre 1936 und beschäftigten seitdem bis Ende 1939 wiederholt den Deutschen Gemeindetag[142]. Die Evangelisch-Lutherische Kirche Sachsens verkündete am 22. Februar 1939 als Kirchengesetz, daß getaufte Juden nur dann auf

gen Universität Newcastle vom 4.10.2000 dort nicht ermittelt werden.

136 Bodleian Library, MS. SPSL 500/1, fol. 48-55.

137 Bodleian Library, MS. SPSL 500/1, fol. 43r-v, 44, 45-47, 56.

138 Vgl. G. RADBRUCH, Briefe 2 (1919-1949), bearb. v. G. SPENDEL, Heidelberg 1995 (Gustav Radbruch Gesamtausgabe 18), S. 119, 414.

139 The Dictionary of National Biography 1961-1970, Oxford 1981, S. 313f.

140 Bodleian Library, MS. SPSL 500/1, fol. 64-68.

141 Den Tod herbeigeführt hat ein einer Arteriosklerose und einer Herzmuskelentzündung nachfolgender Schlaganfall, Standesamt Göttingen, Sterbebuch (Sterberegister) 1939, Nr. 485. Die beiden genannten Grundkrankheiten konnten 1939 laut freundlicher Auskunft von Dr. med. Günther Martin, Gleichen, nur nach einer Obduktion diagnostiziert werden. Vgl. Anm. 148. Hessel war seit 1927 wegen eines Herzleidens in ärztlicher Behandlung, UAG, Kur. 4 V b/305, PA Hessel, Bl. 53, ärztliches Attest vom 31.10.1935.

142 KWIET, Nach dem Pogrom (wie Anm. 130), S. 600f. E. RÖHM/J. THIERFELDER, Juden, Christen, Deutsche, Bd. 2/I: 1935-1938, Stuttgart 1992 (Calwer Taschenbibliothek 9), S. 103f.

einem kirchlichen Friedhof beerdigt werden dürften, wenn kein kommunaler Friedhof zur Verfügung stünde[143]. Obwohl nach dem Erlaß des Reichsministeriums des Innern vom 26. September 1938 Juden die Beerdigung ihrer Toten auf den allgemeinen Friedhöfen nicht zu verbieten wäre[144], weigerte sich das Münchener Bestattungsamt seit Anfang 1939, Christen jüdischer Abstammung auf den städtischen Friedhöfen beizusetzen[145]. Unter Verletzung der städtischen Friedhofordnung von 1938, die den Stadtfriedhof nach wie vor *zur Beisetzung aller Gemeindeangehörigen und aller in Göttingen verstorbenen Personen ohne Unterschied des Bekenntnisses* bestimmte[146], betrieb der städtische Friedhofsdezernent, der Reichsbahnwerkmeister Karl Eduard Schaper (NSDAP)[147], die Rassentrennung auch auf dem Göttinger Stadtfriedhof, und sein erster Fall war die Beerdigung von Hessel. Darüber berichtet der Göttinger Stadtsuperintendent Dr. Wilhelm Lueder (1880-1952) am 2. Juni 1939 an das Landeskirchenamt Hannover:

143 E. RÖHM/J. THIERFELDER, Juden, Christen, Deutsche, Bd. 3/II: 1938-1941, Stuttgart 1995 (Calwer Taschenbibliothek 51), S. 105.

144 WALK (wie Anm. 98), II 546, S. 242.

145 RÖHM/THIERFELDER, Bd. 3/II (wie Anm. 143), S. 108f. Ebd., S. 106, ein Schreiben vom 22.11.1940 über entsprechende Vorfälle in Breslau.

146 Stadtarchiv Göttingen, AHR I J 2 Nr. 15, Übersendung der an die Musterfriedhofordnung von 1937 leicht angepaßten Göttinger Friedhofordnung von 1928 durch den Oberbürgermeister (i. V. *Schaper*) an Regierungspräsident Hildesheim, 14.1.1938.

147 Karl Eduard Schaper (13.10.1893-4.5.1971, Stadtarchiv Göttingen, Einwohnermeldekartei) war seit dem 31.3.1933 ehrenamtlicher, mit einer nicht unbeträchtlichen Aufwandsentschädigung versehener Stadtrat für die NSDAP, vgl. C. TOLLMIEN, Nationalsozialismus in Göttingen, in: Göttingen. Geschichte einer Universitätsstadt, Bd. 3 (wie Anm. 131), S. 158, 189, 202. Zu ihm als Leiter des Städtischen Friedhofsamtes vgl. Stadtarchiv Göttingen, AHR I J 2 Nr. 14, Nr. 15 (Die dünnen Akten enthalten einiges über die Friedhofssatzungen, aber nichts über die Beerdigung von Judenchristen), sowie I A F 10 Nr. 8 (Verteilung der Magistratsgeschäfte) Vol. II, Bl. 86, 126, wonach er seit dem 6.4.1933 für die Dezernate Friedhof und Schlachthof und am 9.8.1937 für die Dezernate Betriebsamt, Badewesen und Stadtfriedhof zuständig war. 1936/1937 zum technischen Reichsbahninspektor avanciert (Göttinger Einwohnerbuch 1937, 2. Teil, S. 227), gehörte er von 1933 bis zum 24.8.1934 dem 1935 und später durch die Benfey-Affaire traurige Berühmtheit erlangenden Kirchenvorstand von St. Marien an, vgl. [W.] LUEDER, Die Neuwahl der kirchlichen Körperschaften in Göttingen, in: Göttinger Gemeindeblatt 20 (1933), S. 69, vgl. G. LINDEMANN, „Typisch jüdisch". Die Stellung der Ev.-luth. Landeskirche Hannovers zu Antijudaismus, Judenfeindschaft und Antisemitismus 1919-1949, Berlin 1998 (Schriftenreihe der Gesellschaft für Deutschlandforschung 63), S. 346-495, hier S. 312f. mit Anm. 201 (ebd., Register, S. 961, ist Schaper irreführend mit dem falschen Vornamen Ludolf versehen). Durch seinen Umzug im Sommer 1934 in die Schillerstraße, vgl. Ev.-luth. Kirchenkreisarchiv Göttingen (im folgenden KKA Göttingen), Best. Pfarrarchiv Marien A 4 (Pastor Baring am 22.8.1934 an Superintendent Lueder), Göttinger Einwohnerbuch 1936, 2. Teil, S. 211, Einwohnerbuch für Stadt und Landkreis Göttingen 1939, 2. Teil, S. 223, war Schaper 1939 Mitglied der St. Johanniskirchengemeinde, in der Lueder mit Pastor Ködderitz amtierte; in den Listen der Ausgetretenen erscheint Schaper nicht (KKA Göttingen, Best. Kirchenkreis Göttingen-Stadt S 106. Nachweisung der Kirchenaustritte 1918-1940). 1971 wurde Schaper kirchlich beerdigt (Kirchenbuchamt Göttingen).

Vor kurzem starb in Göttingen Universitäts-Professor Hessel, der jüdischer Abstammung, aber als Kind getauft ist. Der zunächst angerufene zuständige ev.-luth. Pfarrer erklärte sich zur Beerdigung bereit. Nun aber versagte dem städtische Friedhofsdezernent dem Verstorbenen die Beerdigung auf dem städt. Friedhof. Nach einigen Einwendungen fand sich die jüdische Gemeinde bereit dem Prof. Hessel die letzte Ruhestätte zu gewähren. Der zuständige Pfarrer machte im Trauerhause Besuch und betonte nochmals seine Bereitschaft zum Vollzug der ihm pflichtgemäß obliegenden Amtshandlung. Nun war Prof. Hessel schon seit langem von seiner Frau geschieden, von seinen 2 Brüdern ist der eine Christ, der andere mosaischer Konfession. Die der Landeskirche angehörige Hausdame glaubte sich wohl nicht berechtigt eine Entscheidung zu treffen oder wollte dem Pastor Unannehmlichkeiten ersparen. Jedenfalls bestand sie nicht auf einer christlichen Beerdigung, es suchte vielmehr ein Vorstandsmitglied der hiesigen Synagogengemeinde den Pastor auf, um mitzuteilen, daß ein Mitglied der Synagogengemeinde eine Art religiöser Feier abhalten werde. Es sind dann auch einige jüdische Gebete bei der Bestattung gesprochen. – Der zuständige Pfarrer hatte also nicht erreicht, daß er die Beerdigung vollzog, und betont, daß damit kein Präzedenzfall geschaffen sei. Als Ort der Feier war das Pathologische Institut, in welchem sich auch die Leiche befand, ins Auge gefasst. In zukünftigen Fällen wird man an die Wohnung denken müssen, da die Friedhofskapelle ja versagt bleibt. – Es wird hiermit angefragt, ob gegen die Entscheidung des städt. Friedhofsdezernenten die Möglichkeit des Einspruchs bei dem Regierungspräsidenten evtl. durch Vermittlung der Kirchenbehörde besteht. Nach bestehenden Vorschriften muß jede Leiche innerhalb weniger Tage beerdigt werden. Wo würden die Leichen der christlichen Gemeindeglieder jüdischer Abstammung bleiben, wenn die jüdische Gemeinde die Beisetzung auf Ihrem (!) konfessionellem Friedhof verweigert? Was sie allerdings heute wohl schwerlich wagen würden (!)[148].

148 KKA Göttingen, Best. Kirchenkreis Göttingen-Stadt 315 (Durchschlag). P. WILHELM, Die Synagogengemeinde Göttingen, Rosdorf und Geismar 1850-1942, Göttingen 1978 (Studien zur Geschichte der Stadt Göttingen 11), S. 102, nennt als Hessels Bekenntnis jüdisch. SCHÄFER-RICHTER/KLEIN (wie Anm. 5), S. 94, setzen offenbar Hessels jüdisches Bekenntnis voraus. Die Eintragung *mos(aisch)* im Göttinger Melderegister, Stadtarchiv Göttingen, s.v. *Hessel, Alfred (Israel)*, ist unzutreffend. Lueders Bericht vom 24.1.1942 (siehe folgende Anm.) bezeichnet scheinbar genauer den Vorsteher der Jüdischen Gemeinde als denjenigen, der für Hessel eine Feier gehalten hat; der Synagogenvorsteher Max Raphael Hahn (geb. 1880) war im Mai 1939 jedoch noch inhaftiert, vgl. SCHÄFER-RICHTER/KLEIN, S. 85f., und MANTHEY/TOLLMIEN, Juden in Göttingen (wie Anm. 131), S. 717-722, während Göttingens letzter Rabbiner, Hermann Ostfeld (geb. 1912), im Oktober 1938 von Göttingen nach Palästina ausgewandert war, Z. HERMON, Vom Seelsorger zum Kriminologen, Göttingen 1990, S. 159-163. Hessels Grab liegt auf dem Neuen Teil des Jüdischen Friedhofs, von Osten Reihe 4, Grab 1 (am weitesten nach Süden hin gelegenes Grab dieser Reihe). Platte 64 cm hoch x 55 breit x 15 cm tief, verwitternd. Inschrift: ALFRED HESSEL / * 7.6.1877 / † 18.5.1939. Photographie von 1990: Städtisches Museum Göttingen, Dokumentation Jüdischer Friedhof Göttingen an der Groner Landstraße, Stein Nr. 409. Herrn Kollegen Berndt Schaller, Göttingen, und Herrn Hajo Gevers danke ich für Hinweise auf die Grabstelle.
Die wahrscheinlich stattgehabte Obduktion – vgl. Anm. 141 – und die Universitätspathologie als Ort der Trauerfeier dürften das Gerücht haben entstehen lassen, Hessel hätte den Freitod gewählt. Es wurde auch von Gerda Krüger (1900-1979), vom 1.6.1931 bis 31.3.1934 (mit Beurlaubungen) und erneut seit dem 1.12.1935 planmäßige wissenschaftliche Bibliothekarin in Göttingen und 1940 zwangsweise pensioniert, verbreitet, vgl. SZABÓ, Vertreibung (wie Anm. 5), S. 63 mit Anm. 155; HStA Hannover, Nds. 401 Acc. 92/85 Nr. 117 Bd. II. [Teil II], Bl. 16, Anfechtungsklage von Gerda Krüger gegen das Land Niedersachsen wegen Wiedergutmachung vom 2.4.1955: *Professor Hessel beging daraufhin* (sc. auf das ihm erteilte Bibliotheksverbot) *Selbstmord*. Später dann vorsichtiger: Ebd., Bd. I, Stellungnahme von Gerda Krüger gegenüber dem OVG Lüneburg vom 28.4.1962, S. 6: *Nicht lange danach starb er* (sc. Hessel). *Es hiess damals, er habe Selbstmord begangen, weil er den Ausschluss* (sc. aus der Bibliothek) ... *nicht habe überwinden können. Im übrigen könnte Frau Hessel hierüber gehört werden.* Zu Hessels Frau siehe aber unten bei Anm. 152; zu Gerda Krüger vgl. eingehend SZABÓ, S. 126-146, S. 595f. Gerda Krüger war wegen Urlaub und Krankheit seit dem 15.5.39 nicht in Göttingen, sondern in München und trat erst am 22.6. ihren Dienst in Göttingen wieder an; wegen Schwierigkeiten mit ihrer Dienststelle und wegen gesundheitlicher Probleme reichte sie am 24.6.1939 ein Pensionierungsgesuch ein, UAG, Kur. PA Gerda Krüger, Beiheft zur PA (Beiakten H zu II OVG A 34/59), Vernehmung von Bibliotheksdirektor Hartmann am 5.4.1940, Bl. 48-51, ebd., Schlußäußerung von

Die Replik des Oberlandeskirchenrats Dr. Christhard Mahrenholz (1900-1980) vom 16. Oktober 1939 ließ den Superintendenten mit dem Problem allein[149], und ungerührt hat die Göttinger Friedhofsverwaltung 1941 einem weiteren getauften Juden die Beerdigung auf dem Stadtfriedhof verwehrt: dem schon einmal erwähnten Bibliotheksrat Dr. Fritz Loewenthal († 28.9.1941)[150]. Für ihn hatte – ebenfalls in der Pathologie – aber nun nicht ein Vorstandsmitglied der Jüdischen Gemeinde, sondern der zuständige Pastor die kirchliche Feier gehalten[151].

Gerda Krüger vom 4.7.1940, Bl. 150f.; dazu NSUB Göttingen, Bibl.-Arch. C 1: 9.2 (Briefbuch 1.4.1938-31.3.1942), 1939 Nr. 86f., 95, 98, 106f., 125f., 135. Mit Hessel hatte sie anders als mit Fritz Loewenthal (vgl. bei Anm. 114 und Anm. 150) außerdienstlich keinen Kontakt, HStA Hannover, Nds. 401 Acc. 92/85 Nr. 117 Bd. I, Gerda Krüger an OVG Lüneburg am 20.2.1962: *... möchte ich ... noch hinzufügen, dass ich mich in Göttingen häufig und gern mit ... Professor Dr. Ernst (!) Hessel und Dr. Löwenthal unterhielt ... Mit Bibliotheksrat Dr. Löwenthal kam ich auch außerhalb des Dienstes zusammen.*

149 KKA Göttingen, Best. Kirchenkreis Göttingen-Stadt 315, Orig.: *Auf den obigen Bericht haben wir uns an die Deutsche Evangelische Kirche gewandt mit der Bitte um Mitteilung, ob dort bereits Erfahrungen auf diesem Gebiete vorliegen und ob etwa für die zu treffenden kirchlichen Maßnahmen Vorschläge gemacht werden können. Die Deutsche Evangelische Kirche, Kirchenkanzlei hat uns daraufhin unter dem 16. August 1939 – K.K. IV 1887/39 folgendes mitgeteilt: „Der Reichsminister des Innern hat, wie uns aus früheren Vorgängen bekannt ist, in einer nicht veröffentlichten Entscheidung festgestellt, daß die Beerdigung von Nichtariern auf Kommunalfriedhöfen nicht abgelehnt werden darf, wenn kein jüdischer Friedhof am Orte ist. Wir versprechen uns keinen Erfolg von Bemühungen um eine zentrale Entscheidung, nach der die Beerdigung nichtarischer Christen auch zuzulassen ist, wenn ein jüdischer Friedhof vorhanden ist. Weitere Vorgänge sind hier nicht bekannt. In Vertretung gez. Dr. Fürle".* Darauf sehen wir unsererseits im Augenblick keine Möglichkeit, in der Angelegenheit weiteres zu veranlassen. In Vertretung: Dr. Mahrenholz.* Zu Mahrenholz vgl. K. SCHMIDT-CLAUSEN, Christhard Mahrenholz † 15.3.1980, in: Jb. der Gesellschaft für niedersächsische Kirchengeschichte 78 (1980), S. 7, LINDEMANN, „Typisch jüdisch" (wie Anm. 147), S. 250 Anm. 176, S. 267, 345.

150 KKA Göttingen, Best. Kirchenkreis Göttingen-Stadt 176, Lueder an das Landeskirchenamt am 24.1.1942 (Durchschlag), Auszüge und unpräzise Paraphrase bei LINDEMANN, „Typisch jüdisch" (wie Anm. 147), S. 649f. mit Anm. 2159. Über Loewenthal siehe oben bei Anm. 114.

151 KKA Göttingen, Best. Kirchenkreis Göttingen-Stadt 176, Lueder an das Landeskirchenamt am 24.1.1942 (Durchschlag): *Zu der Verfügung 8888/40III/6 vom 17. d. Mts. wird berichtet: Es sind hier 2 Mal Fälle vorgekommen, in denen es sich um die Beerdigung von Judenchristen handelte. Im 1. Falle, wo es um den Professor H. geht, war die Zaghaftigkeit der Hausdame, übrigens einer Pastorentochter schuld, dass der zuständige Pastor, der durchaus bereit war die Beerdigung zu vollziehen, nicht amtieren konnte, sondern der Vorsteher der hiesigen jüdischen Gemeinde gewisse Verrichtungen vornahm. Im 2. Falle, dem des Bibliotheksrats L., hat der zuständige Pastor im Pathologischen Institut die kirchliche Feier gehalten. Die Bestattung erfolgte auf dem hiesigen jüdischen Friedhof. Die Kapelle auf dem städtischen Friedhof wird nicht freigegeben für diese Feiern, ich habe die Meinung vertreten, dass am Besten sei die kirchlichen Feiern im Hause zu halten.* Klug ging Lueder auf die Verfügung der Deutschen Evangelischen Kirche vom 22.12.1941 beziehungsweise des Landeskirchenamtes vom 17.1.1942, *geeignete Vorkehrungen zu treffen, daß die getauften Nichtarier dem kirchlichen Leben der deutschen Gemeinde fernbleiben* und über die vorkommenden Fälle zu berichten (KKA Göttingen, Best. Kirchenkreis Göttingen-Stadt 176), nicht ein und schloß mit der – angesichts dieses Tiefpunktes der Geschichte der hannoverschen Landeskirche beachtlichen – Äußerung: *Da es wahrscheinlich von anderer Seite genügend geschehen wird, versage ichs mir zu der Verfügung Stellung zu nehmen vom NT aus oder auch sie zu beleuchten durch das in den interimistischen Streitigkeiten festgestellte Prinzip, dass Adiaphora in statu confessionis aufhören Adiaphora zu sein.* Die kirchliche Trauerfeier für den in der Universitätschirurgie an einem Herzinfarkt gestorbenen Loewenthal, Standesamt Göttingen, Sterbebuch (Sterberegister) 1941, Nr. 1004, fand am 2.10.1941 statt; die Leiche wurde zur Verbrennung ins Krematorium Kassel übergeführt, Kirchenbuchamt Göttingen. In der Dokumentation Jüdischer Friedhof Göttingen (wie Anm.

Anders als Lueder 1939 meinte, war Hessel nicht geschieden, lebte aber von seiner Frau mehr oder minder getrennt. Im Jahre 1916 hatte er Johanna Grund (1884-1941) geheiratet[152], eine der beiden älteren Schwestern von Franz Hessels Frau Helen Grund (1886-1982). Das kinderlose Paar hatte wohl bereits seit 1919 keine häusliche Gemeinschaft mehr; jedenfalls ist Johanna Hessel in Göttingen nie gemeldet gewesen. Das schloß aber zumindest in der ersten Hälfte der zwanziger Jahre nicht aus, daß sie gemeinsam auf Reisen gingen oder daß Hessel sich 1924 von seiner Frau auf den Frankfurter Historikertag begleiten ließ – wo sie auffiel[153]. Im Jahre 1939 betrieb Hessel die Emigration freilich nur für seine Person[154]. Im Familien- und Freundeskreis *Bobann* genannt[155], wohnte Johanna Hessel bis 1927 in München[156], wo sie sich kunstgewerblich betätigte[157]. Von 1927 bis 1930 hat sie sich in dem anthroposophisch geprägten Loheland bei Fulda zur Gymnastiklehrerin ausbilden lassen

148) ist ein Stein für Loewenthal nicht nachgewiesen; jedoch gibt es eine Grabstelle sicher des Jahres 1941 ohne Stein bei den Steinen Nr. 422-424 (am 15.3., 5.6. und 31.10.1941 Gestorbener).

152 Geb. 9.10.1884 als Tochter der Bankdirektorseheleute Fritz und Julia [Grund] geb. Butte (die Meldekarte hat statt Grund irrtümlich *Hessel*), Stadtarchiv München, (am 15.4.1926 angelegte) Meldekarte Alfred und Johanna Hessel. Sie starb am 30.7.1941 in Stuttgart, Mitteilung des Stadtarchivs Stuttgart vom 21.3.2000. Eine weitere ältere Schwester war Ilse Grund, freundliche Mitteilung von Seiner Exzellenz Herrn Ambassadeur de France Stéphane Hessel am 13.9.1999. Eheschließung: UAG, Phil. Fak., PA Hessel, Lebenslauf im eigenhändigen (Um)habilitationsgesuch, ohne Datum [März 1919], mit der irrtümlichen Jahresangabe *1915*. Die Münchener Meldekarte und das Standesamt Göttingen, Sterbebuch (wie Anm. 141), nennen als Datum der in Berlin geschlossenen Ehe den 11.3.1916; das Standesamt Stuttgart hat den 3.7.1916. M. FLÜGGE, Gesprungene Liebe. Die wahre Geschichte zu „Jules und Jim", Berlin-Weimar 1993, S. 170f., nennt unrichtig 1914 als Datum der Heirat: *diese Ehe blieb reine Formsache; Alfred hatte sie kurz vor Kriegsbeginn 1914 geschlossen, um jemanden zu haben, der ihm Feldpost schicken würde.* Zum Charakter dieser offenbar offenen Beziehung siehe zudem Anm. 153.

153 Persönliche Erinnerungen von Manfred Krebs (wie Anm. 29): *In einem dieser Frankfurter Jahre tagte in Frankfurt einmal der deutsche Historikertag... Bei dem Empfang, den die Stadt Frankfurt damals in den Römerhallen gab, hatte ich die Ehre, neben Frau Professor Hessel zu sitzen, was am folgenden Tage den Professor Marckwald zu der spöttischen Frage veranlaßte: „Was hatten Sie denn da gestern für ein Pflänzchen bei sich?" „Pflänzchen", erwiderte ich, „erlauben Sie mal, das war Frau Professor Hessel". Frau Hessel, die als Kunstmalerin tätig war, sah allerdings etwas extravagant aus und nicht im entferntesten professoral. Da es ihr viel zu langweilig war, bei ihrem etwas trockenen Gemahl in Göttingen zu sitzen, lebte sie in München. Übrigens vertrug sich das Ehepaar auf diese nicht ganz landläufige Weise ausgezeichnet, und die beiden trafen sich alljährlich des öfteren zu gemeinsamen Reisen.* Zum Frankfurter Historikertag im Herbst 1924 vgl. G. RITTER, Die deutschen Historikertage. Zur 22. Versammlung deutscher Historiker in Bremen vom 17.-20. September 1953, in: GWU 4 (1953), S. 516. Zum ehedem Straßburger Bibliothekar Ernst Marckwald (1859-1926), der seit 1921 als Bibliothekar am Wissenschaftlichen Institut der Elsaß-Lothringer im Reich in Frankfurt tätig war, vgl. HABERMANN/KLEMMT/SIEFKES, Lexikon (wie Anm. 5), S. 209; zu Krebs siehe oben bei Anm. 29.

154 Bodleian Library, MS. SPSL 500/1, fol. 45 (Fragebogen): *married, but separated.*

155 Vgl. St. HESSEL, Danse avec le siècle (wie Anm. 8), S. 12, HESSEL, Nur was uns anschaut (wie Anm. 1), S. 52, 61, und Anm. 157.

156 Stadtarchiv München, Meldekarte Alfred und Johanna Hessel.

157 Autobiographie von Ulrich Hessel, in: FLÜGGE, Gesprungene Liebe (wie Anm. 152), S. 125. Vgl. auch oben bei Anm. 55.

und hielt sich dann privatisierend in der Umgebung dieser Einrichtung bis zum Jahre 1936 auf[158]. Im April 1936 siedelte sie nach Berlin über und fand Aufnahme in der Wohnung ihres Schwagers Franz Hessel; dort war sie auch zur Zeit des Todes ihres Mannes gemeldet[159].

Es blieb zunächst Hessels langjähriger Hausdame Gertrud Vahlbruch überlassen[160], sich um die Beerdigung zu kümmern. Als sie am 20. Mai Hessels Tod dem Standesamt durch den Beerdigungsunternehmer anzeigen ließ, war zumindest diesem die Anschrift von Hessels Frau nicht bekannt[161] – möglicherweise waren beim Zusammensuchen der Papiere weder er noch Gertrud Vahlbruch auf eine entsprechende Frage gefaßt gewesen. Bei Überreichung einer offenbar nachbestellten, am 22. Mai ausgefertigten Sterbeurkunde an das Amtsgericht zwecks Eröffnung von Hessels Testament war dann aber Johanna Hessel am 22. Mai persönlich erschienen[162]. Das am 15. Februar 1939 errichtete und am 23. Mai 1939 eröffnete Testament bedachte Johanna Hessel mit 60 und Gertrud Vahlbruch mit 40 Prozent des Geld- und Kapitalvermögens des Erblassers. Was an *Möbeln, Kleidern, Büchern und sonstigen Gebrauchsgegenständen sich in Deutschland befindet, soll in den Besitz von Frl. Vahlbruch übergehen*[163]. Damit dürfte auch der größte Teil des wissenschaftlichen Nachlasses an Gertrud Vahlbruch gefallen sein, sofern dieser nicht bereits von Hessel selber wegen seiner geplanten Emigration vernichtet worden ist. Die Exzerpte zu seiner

158 Künzell, Archiv der Loheland-Stiftung, Seminaristinnenverzeichnis, S. 138, und Brief von Frau Antje Harken, stellvertr. Vorstandsvorsitzenden der Loheland-Stiftung, vom 14.02.2000. Ich bin Frau Harken für ihre Mitteilungen sehr zu Dank verpflichtet.

159 Landesarchiv Berlin, Historische Berliner Einwohnermeldekartei (laut schriftlicher Auskunft vom 25.10.1999): Seit 3.4.1936 Hohenstaufenstr. 24 (bei Hessel), am 1.6.1939 abgemeldet nach Potsdam-Geltow. Zur Hohenstaufenstr. 24 als letzter Berliner Wohnung Franz Hessels vgl. HESSEL, Sämtliche Werke 5 (wie Anm. 1), S. 327 (Zeittafel).

160 Gertrud Vahlbruch (27.9.1876-8.2.1963, Stadtarchiv Göttingen, Einwohnermeldekartei) war eine Tochter des Superintendenten August Friedrich Theodor Vahlbruch in Alfeld († 1890) und eine Nichte des Göttinger Theologen Karl Knoke (1841-1920), in dessen Haus Hoher Weg (heute: Hermann-Föge-Weg) Nr. 6 sie seit 1912 gelebt hatte, Allgemeines Adreßbuch für Göttingen 1912, I. [Teil], S. 118 a; Hessel war 1919 in eben dieses Haus zu- und 1927 in die Herzberger Landstr. 50 umgezogen, Stadtarchiv Göttingen, Göttinger Melderegister s. v. *Hessel, Alfred (Israel)*. Zu Theodor Vahlbruch vgl. Philipp MEYER, Die Pastoren der Landeskirchen Hannovers und Schaumburg-Lippes seit der Reformation 1, Göttingen 1941, S. 12, zu Knoke vgl. EBEL, Catalogus (wie Anm. 7), S. 37 Nr. 34. 1932 bewohnten Gertrud Vahlbruch und Hessel den 2. Stock des Hauses Herzberger Landstr. 50, Göttinger Einwohnerbuch 1932, 3. Teil, S. 86. Ausdrücklich als Hausdame genannt ist sie erstmals 1937, Göttinger Einwohnerbuch 1937, 3. Teil, S. 108.

161 Standesamt Göttingen, Sterbebuch (wie Anm. 141), Eintragung vom 20.5.1939: *Der Verstorbene war verheiratet mit Johanna Klara Margarete geborene Grund, Wohnort unbekannt.*

162 Amtsgericht Göttingen, Nachlaßgericht, Aktenz. IV 158/39, Bl. 1v.

163 Ebd., Bl. 4r-5v. Gesetzliche Erben waren außer der Witwe die Brüder des Erblassers – also Franz und Hanns Hessel –, deren Anschriften alsbald mitzuteilen Johanna Hessel sich durch Unterschrift verpflichtete, ebd., Bl. 1v. Als gesetzliches Pflichtteil hätte Johanna Hessel Anspruch auf 25% des Erbes gehabt, § 2303 Abs. 2 in Verbindung mit §§ 1925, 1931 Abs. 1 S. 1 BGB.

Geschichte von Bologna soll Hessel zwischen 1935 und 1937 dem bekannten
Paläographen Giorgio Cencetti (1908-1970), damals noch Archivar in Bologna, überlassen haben; ihr Verbleib ist unbekannt[164].

Eine Großnichte von Gertrud Vahlbruch erinnert sich, während ihrer Göttinger Oberschulzeit 1940 bis 1949 Hessels Bibliothek in dessen ehemaliger
Wohnung – nun diejenige ihrer Tante – wiederholt benutzt zu haben[165]. Die
Bücher dürften nach oder auch bereits vor dem Tod von Gertrud Vahlbruch
von ihrem Erben und Neffen, dem Bibliothekar Heinz Vahlbruch in Hannover (1909-1999), übernommen beziehungsweise veräußert worden sein. Da
sich in dessen Nachlaß sehr wohl Persönliches von Gertrud Vahlbruch, nichts
jedoch von und zu Hessel angefunden hat (von sechs Hessel zeigenden Pho-
tographien abgesehen), ist anzunehmen, daß der Hessel-Nachlaß – wenn nicht
bereits von Hessel selber – von Gertrud Vahlbruch, und zwar wahrscheinlich
noch während der Zeit des Nationalsozialismus, vernichtet worden ist[166]. Vor
1933 war Hessel bei der Familie von Gertrud Vahlbruchs Bruder, des Richters
Dr. iur. Paul Vahlbruch (1873-1969) in Hannover, wiederholt zu Gast: *Bei einem gemeinsamen Mittagessen richtete er das Wort auch an mich und brachte mich, der ich
– so Rolf Vahlbruch im Jahre 1999 – erst etwa 12 Jahre alt war, durch seine Elo-
quenz und Weltläufigkeit in einige Verlegenheit*[167].

---

164 FASOLI (wie Anm. 4), S. XIIIf. mit Anm. 14.

165 Mitteilung an den Verfasser vom 25.8.1999 von Frau Gudrun Runge geb. Nöldeke (geb. 1930), Göttingen.

166 Für sehr freundliche briefliche Mitteilungen vom 6.9., 30.9., 24.10. und 29.11.1999 habe ich auch
hier Herrn Dr. med. Rolf Vahlbruch (geb. 1920), einem Bruder von Heinz Vahlbruch, zu danken.
Hessels Autorenexemplar der Diplome Konrads II. (wie Anm. 23) mit dem handschriftlichen Be-
sitzvermerk *AHessel* (*A* und *H* in Ligatur) wurde im Jahre 1977 in einem Göttinger Antiquariat
durch Herrn Kollegen Peter Stein erworben und dem Verfasser geschenkt.

167 Brief von Herrn Dr. Rolf Vahlbruch vom 30.9.1999 an den Verfasser.

„DIE KRISE DES MODERNEN STAATSGEDANKENS IN EUROPA". EIN STREIFLICHT ZU ALFRED WEBERS POLITISCH-SOZIOLOGISCHER ZEITDIAGNOSE IN DER WEIMARER REPUBLIK

Von Hartmut Soell

DIE IM LETZTEN JAHRZEHNT durch die Alfred-Weber-Biographie Eberhard Demms[1] und die von ihm mitverantwortete Gesamtausgabe[2] seiner Publikationen und einer Auswahl seiner Korrespondenzen möglich gewordene Wiederentdeckung der historischen Soziologie Alfred Webers ist schnell auf Widerstand gestoßen. Kritiker wie Hans-Ulrich Wehler wollten ihn, den jüngeren Bruder Max Webers, weiter in dessen „Schatten ... in wohltätiger Vergessenheit" stehen lassen[3]. Ob das letztere „stets" der Fall gewesen war, ist höchst zweifelhaft. Zeitgenossen, die das Auftreten beider bei den Tagungen des Vereins für Sozialpolitik vor 1914 erlebt hatten, sahen das anders[4]. Und für die Zwischenkriegszeit – Max Weber starb schon 1920 – wie für die Nachkriegsjahre bis zu Alfred Webers Tod Anfang Mai 1958 konnte dies schon gar nicht gelten, weil dessen Lehrveranstaltungen – ein selten attraktiver Ort freier Diskussionen – und dessen meist für ein breiteres Publikum gedachten Reden und Schriften in der Regel auf große öffentliche Resonanz stießen.

Eine Schule[5] im engeren Sinne des Wortes hat er nicht begründet. Schüler hatte aber Alfred Weber in einem weitgefächerten Spektrum von Begabungen – von Max Brod über Erich Fromm, Edgar Salin, Eduard Heimann, Carl Joachim Friedrich, Emil Lederer, Jacob Marschak, Norbert Elias, Karl Mannheim, Arnold Bergstraesser und andere mehr –, wie sie nur wenige andere deutsche

---

1   E. DEMM, Ein Liberaler in Kaiserreich und Republik. Der politische Weg Alfred Webers bis 1920, Düsseldorf 1990 (zit. E. DEMM, AW-Biogr. Bd. 1) sowie DERS., Von der Weimarer Republik zur Bundesrepublik. Der politische Weg Alfred Webers 1920-1958, Düsseldorf 1999 (zit. E. DEMM, AW-Biogr. Bd. 2).

2   Alfred-Weber-Gesamtausgabe, hg. v. R. BRÄU, E. DEMM, H. G. NUTZINGER u. a., Marburg 1997ff. (zit. AWG).

3   H.-U. WEHLER, Reiter und Immerweitervölker. Alfred Weber hat den Aufgalopp zur modernen Kulturgeschichte verpaßt, in: FAZ v. 14.10.1997, S. L 36. Für eine Distanzierung gegenüber dieser Einschätzung vgl. E. WOLGAST, Geleitwort zu: E. DEMM, Geist und Politik im 20. Jahrhundert. Gesammelte Aufsätze zu Alfred Weber, Frankfurt/Main u. a. 2000, S. 7.

4   Vgl. E. DEMM, Alfred Weber und sein Bruder Max (1983), neu abgedruckt in: DERS., Geist und Politik im 20. Jahrhundert (wie Anm. 3), S. 35f.

5   S. BREUER, Eine Schule verstören, das wollte er gern. Doch Alfred Weber machte selbst keine, in: FAZ v. 12.10.1999, S. L 50.

Gelehrte aus dem Bereich der Kultur- und Sozialwissenschaften in der ersten Hälfte des 20. Jahrhunderts aufweisen konnten.

Die Tatsache, daß ein erheblicher Teil seiner talentiertesten Schüler jüdischer Herkunft waren und das NS-Regime abrupt deren Chancen beendete, in Deutschland eine „pluralistische", also nicht einer Schulbildung strenger Observanz verpflichtete, aber allemal historisch durchgebildete Sozialwissenschaft weiter zu betreiben, war sicher eine zentrale Ursache dafür, daß die von Alfred Weber mitbegründete historische Soziologie nach 1945 – von Ausnahmen abgesehen – keine Fortsetzer fand. Aber ist dies die einzige Ursache? Erschienen nicht Fragestellungen und Erklärungsansätze der an den langen Wellen der Kulturentwicklung orientierten Soziologie Alfred Webers hoffnungslos veraltet und die von ihm je als eigene *Geschichtskörper* begriffenen Kulturen in China, Indien und anderswo dazu verurteilt, ausschließlich dem europäisch-atlantischen Muster der „Modernisierung" – also der Nationsbildung und dem wirtschaftlichen „take off" – zu folgen? Dafür schien nur noch die Analyse aktueller Gegebenheiten mit Hilfe empirisch arbeitender Sozial- und Wirtschaftswissenschaften geeignet zu sein.

Allerdings zeigt sich bei genauerer Betrachtung, daß Alfred Weber keineswegs empirisches Arbeiten abgelehnt hat. Zusammen mit seinem Bruder Max Weber und einer Reihe anderer Gelehrter aus dem Verein für Sozialpolitik war er einer der Begründer der empirischen Sozialforschung in Deutschland[6]. Seine große, 1909 erschienene Studie über die Wahl der industriellen Standorte[7] hatte Einfluß auf die industrielle Entwicklung der frühen Sowjetunion. Letztere war in mancher Hinsicht eher eine primitivere, weil auf offene Gewalt setzende Variante des „rationalen" westlichen Entwicklungsmodells als ein umfassendes Gegenmodell.

Unterschiedliche Lebensauffassungen beider Brüder blieben wohl kaum ohne Einfluß auf deren Wissenschaftsverständnis. Die Tatsache, daß der Fokus von Max vor allem auf den homo rationalis und dessen konzentrierteste Erscheinungsform, den homo oeconomicus gerichtet war, kann mit gewissem Recht als Ausdruck einer besonders rigiden Moral interpretiert werden[8], in der er das Universum der Affekte und Emotionen an den Rand zu drängen versuchte. Da und dort auftauchende Wendungen wie, es handele sich *zwischen den Werten letztlich überall und immer wieder nicht nur um Alternativen, sondern um unüberbrückbar tödlichen Kampf, so wie zwischen „Gott" und „Teufel"*[9], wie noch stärker seine intensive Beschäftigung mit dem *Charisma*, das in *seiner Macht auf Offenba-*

---

6   E. DEMM, Alfred Weber und sein Bruder Max (wie Anm. 4), S. 40f.

7   Vgl. AWG Bd. 6 (wie Anm. 2), S. 29–265.

8   E. DEMM, Alfred Weber und sein Bruder Max (wie Anm. 4), S. 34.

9   M. WEBER, Der Sinn der „Wertfreiheit" der soziologischen und ökonomischen Wissenschaften (1917/18), in: DERS., Gesammelte Aufsätze zur Wissenschaftslehre, hg. v. J. WINCKELMANN, 2. Aufl. Tübingen 1951, S. 493.

rungs- und Heroenglauben, auf der emotionalen Überzeugung von der Wichtigkeit und dem Wert einer Manifestation religiöser, ethischer, künstlerischer, wissenschaftlicher, politischer . . . , auf Heldentum sei es der Askese oder des Krieges, der richterlichen Weisheit, der magischen Begnadung oder welcher Art sonst ruht[10], machen deutlich, daß ihm die *metarationale . . . Anschauung des Lebens als einem ewig Strömenden, Bewegten*[11], die sein sich „moralinfreier" gebender Bruder Alfred hegte, keineswegs fremd war. Ähnliches gilt für die auch in Max Webers Schriften öfter zu Tage tretende Wertschätzung der *Intuition*.

In mancher Hinsicht, etwa in der Einschätzung imperialistischer Politik, argumentierte Alfred rationaler als sein älterer Bruder. Während Max den deutschen Außenhandel durch *Weltmachtpolitik* sichern und erweitern wollte, wies Alfred schon 1904 darauf hin, daß trotz hoher Zollmauern, mit denen andere Staaten ihre Kolonialgebiete umgaben, deutsche Exporte dorthin expandierten. Von politischer Machtprojektion hielt er nichts, sehr viel aber vom freiwilligen Zusammenschluß von Wirtschaftsräumen wie etwa den von ihm schon 1902 propagierten Zusammenschluß des deutschen und österreichisch-ungarischen Wirtschaftsraumes[12].

Während des Ersten Weltkrieges hatte er angesichts des für die Mittelmächte seit 1916 überwiegend günstigen Kriegsverlaufs im Osten das Prinzip des freiwilligen Zusammenschlusses zeitweise aufgegeben[13]. Die seit Kriegsende wieder eintretende Ernüchterung brach der Erkenntnis Bahn, daß die bisherige *naiv expansive Wesensart* des abendländischen Menschen in einer Welt, die nunmehr *begrenzt* sei, *vielleicht Vernichtung* bedeute[14].

Dieser Erkenntnisprozeß verlief stufenweise. Die wichtigste Etappe bildete die aus einer Vorlesung im Sommersemester 1923 – an der nicht nur Studenten, sondern auch Kollegen wie die Juristen Alexander Graf zu Dohna-Schlodien und Richard Thoma teilnahmen, die wie Alfred Weber dem republiktreuen „Weimarer Kreis" angehörten – hervorgegangene Studie „Die Krise des modernen Staatsgedankens in Europa", die 1925 veröffentlicht wurde. In diesem zentralen Beitrag Webers zur politischen Soziologie wie zur Zeitdiagnose vertrat er die Auffassung, daß das *Fortschreiten der europäischen Staaten zum „Liberalismus" und von dort zur modernen „Demokratie", d. h. zur logisch und . . . praktisch einzig möglichen Konsequenz des dargelegten Staatsdenkens*[15], das durch Ideen der

---

10 DERS., Wesen und Wirkung des Charisma, in: DERS., Wirtschaft und Gesellschaft. Grundriss der verstehenden Soziologie, hg. v. J. WINCKELMANN, 4. Aufl. Tübingen 1956, S. 666.

11 A. WEBER, Der soziologische Kulturbegriff (1912), zit. nach E. DEMM, Alfred Weber und sein Bruder Max (wie Anm. 4), S. 34.

12 Ebd., S. 39f.

13 E. DEMM, AW-Biogr. Bd. 1 (wie Anm. 1), S. 165.

14 A. WEBER, Kulturgeschichte als Kultursoziologie (1935), in: AWG Bd. 1 (wie Anm. 2), S. 453.

15 A. WEBER, Die Krise des modernen Staatsgedankens in Europa (1925), in: AWG Bd. 7 (wie Anm. 2), S. 270.

inneren und äußeren Machtbegrenzung, Garantien von Freiheit und Eigentum und durch die Ausdifferenzierung einer von der teilweise noch legitimistischen Obrigkeit im Grundsatz schon unabhängigen Gesellschaft gekennzeichnet war, seit den 1880er Jahren durch *eine ganz neue soziologische Konstellation vorzeitig abgebrochen worden und mit dieser ... die Krise des modernen Staatsgedankens selber* ein-getreten sei[16].

Wichtige Rahmenbedingung dieser neuen Konstellation war aus seiner Sicht die weitgehende Vollendung der von den Europäern betriebenen *zivilisatorischen Weltaufschließung*, das heißt der Verteilung der Welt. Dies sei vor allem auch das Ende des freien, scheinbar grenzenlosen Sich-Ausbreitens der expansivsten al-ler Kräfte, der kapitalistischen, gewesen: *Es galt nun plötzlich nicht mehr in erster Linie Markt- und Anlageerweiterung, sondern Markt- und Anlageverteilung, Abgrenzung und Sicherung der Kreise draußen in der Welt und ebenso im Innern der einzelnen Staats- und Wirtschaftskörper.*

Mit dem *Umschlag des Konkurrenz- in den Monopolkapitalismus* sei etwa seit 1880 *die dritte Periode des Verhältnisses der kapitalistischen Wirtschaftskräfte zum modernen Staat eingetreten, nach der ihres Großgezogenwerdens durch ihn und der ihrer Trennung von ihm diejenige seines tendenziellen Beherrschtwerdens durch sie – die erste, den modernen Staatsgedanken generell bedrohende Wendung.* Hinzu kam in seinen Augen eine Um-formung des Staates selbst, die auf einer Verschiebung der *Willensgewichte in ihm* durch seine *Militarisierung* beruhte, *die zudem eine eigenartige Symbiose mit dem neuen staatspolitischen kapitalistischen Wollen hervorrief oder anbahnte*[17].

Auf diese Weise sei eine *militärtechnische neben die kapitalistisch-technische Evoluti-on* mit einer dieser durchaus ähnlichen *Eigengesetzlichkeit* und *wachsendem Eigenge-wicht im Dasein* getreten. In der *Ausbildung der Rüstungsindustrien* habe sich dieser *machtpolitisch gewordene Kapitalismus* mit der *im politischen Effekt gleichgerichteten und immer wesentlicher werdenden Staatsmilitarisierung*[18] sichtbar verbunden. Diese neue *finanzkapitalistisch-schwerindustriell imperiale Entente der sowieso konzentriertesten und massivsten Komplexe von Wirtschaftskräften*, die *hinter den Kulissen die außenpolitischen Tendenzen in entscheidender Weise*[19] mitbestimmt hätten, gab es nach seiner Ein-schätzung in allen großen europäischen Industriestaaten.

In Deutschland hätten es die *glänzend in sich zusammengeschlossenen schwerindu-striellen Interessen* verstanden, sich mit den *agrardemagogischen* zu verbünden: *Beide vertraten unter der Flagge, berufene Vertreter des konservativen Legitimismus zu sein, weit-gehend ihre Vorteile und hatten den Beamtenkörper fast ausschließlich in ihrer Hand*[20].

---

16 Ebd., S. 273.
17 Ebd., S. 274f.
18 Ebd., S. 276f.
19 Ebd., S. 295.
20 Ebd., S. 290.

Er betonte, daß es nicht bloß die *Torheit* der durch das schwerindustriell-agrarische Kartell in den Jahrzehnten seit 1880 stark geprägten deutschen Politik gewesen sei, welche vorhandene Möglichkeiten, an Stelle des europäischen ein *Weltgleichgewicht* zu entwickeln, habe vorbeigehen lassen – *so über alle Maßen kurzsichtig sie in ihrer Unentschlossenheit bei gleichzeitigem aufreizenden und leeren Trommelschlagen damals gewesen sei.* Nur eine *wirklich geniale Staatskunst* hätte die vorhandenen Probleme lösen können, unter denen man die im *Rahmen des allgemeinen Imperialexpansionismus in der Tat unnatürliche und doch so schwer zu korrigierende geographische Eingepreßtheit Deutschlands* nicht vergessen dürfe.

Er ließ andererseits keinen Zweifel daran, *daß sich der deutsche, aber auch der sonstige Legitimismus ... sowohl durch seine Vorkriegspolitik wie im Krieg selbst den mit den modernen geistigen und technischen Methoden arbeitenden, an alles Moderne überhaupt adaptierten westlichen Demokratien im Resultat geistig unterlegen gezeigt, der weltgeschichtlich großartige militärische Heroismus seiner Völker politisch nur deren eigenes Grab geschaufelt hat*[21].

Der Krieg und dessen Folgen hätten die Zersetzung des durch Humanismus, Reformation und Aufklärung geprägten europäischen Wertsystems bis zur *Rebarbarisierung* vorangetrieben. Im Munde des vor dem Krieg *groß werdenden, nicht nur äußerlich, sondern ... auch innerlich wie mit der Maschine geistig kurzgeschnittenen ganz modernen Tatmenschentyps* seien Worte wie Humanität, Menschenrechte, von denen die vorangegangene Periode politisch gelebt habe, schon damals *Geschwätz* gewesen.

Auf der Ebene *der geistigen Menschen* aber, die jetzt zum ersten Mal vom Einfluß auf das praktische Handeln abgeschnitten worden seien, habe ein *Wirrwarr von Strömungen und Stimmungen* Platz gegriffen, *eine Umwertung der Werte* und damit eine *geistige Daseinsgestaltung, die ehrlicherweise weitgehend zum politischen Absentismus führen mußte*[22].

Während er in der *intellektuellen Religion* des Bolschewismus vor allem das *Wiederausscheiden Rußlands aus Europa*, seine Rückkehr zu sich selbst in der Gestalt eines *umgekehrten Zarismus*[23] sah, hielt er die geistige und sachliche Einwirkung der zweiten antidemokratischen Macht, die inzwischen entstanden war, auf die europäische Mitte, also Deutschland, für bedeutsamer als die bolschewistische.

Obwohl der Faschismus in Italien *äußerlich als Gegenstoß gegen die hereinflutenden bolschewistischen Gewalttendenzen* entstanden sei, stelle er in seinem *Wesen weitgehend das Heraustreten der militaristisch-imperialistischen Kräfte aus dem Dunkel* dar, in dem diese schon vor dem Krieg ihren Einfluß ausgeübt hätten. Obwohl er in seinen äußeren Mitteln, seiner Rhetorik und Symbolik, seinem Appell an antik-

---

21 Ebd., S. 298.
22 Ebd., S. 300f.
23 Ebd., S. 306.

cäsaristische Romantik wie seiner gleichzeitig vorhandenen *geschmeidigen Real-nüchternheit* als *spezifisch italienisches Produkt* entstanden wäre, sei er trotzdem mit seinem *Prinzip der prätorianischen Machtausübung* auch für Deutschland von all-gemeinster Wirkung: *Er ist es deshalb, weil er in den unterlegenen Ländern nach dem Zusammenbruch des alten Legitimismus als der bisher einzig sichtbare Ersatz des alten Au-toritätssystems erscheint und dadurch als der Sammelpunkt aller früher ... garantierten und gehegten geistigen Kräfte und Besitzinteressen*[24]. Dies umso mehr, weil in seinen Au-gen der 1918/19 neu entstandene deutsche Staat *schwach* war: Der Friedensver-trag habe ihm von vornherein die Hälfte seiner äußeren Souveränität genom-men und dadurch die Gewinnung eines Prestiges, *samt allen Möglichkeiten der Be-währung vor der Bevölkerung durch die weitere Behandlung nach dem Krieg zerschlagen, je-den positiven Traditionsaufbau zertrümmert*[25].

Während dieser Staat, der sich wohl einen demokratischen Verfassungsauf-bau, aber keine *geistig staatliche Wirklichkeit*, die ihn trage, habe schaffen können und deshalb nur *der Schatten seiner neuen Formen* sei, seien die *organisierten Wirt-schafts- und Klassenkräfte das einzige, was heil, ja in der Revolution im Wege des Zusam-menschlusses gestärkt, durch alle Flutungen* hindurchgekommen sei[26].

Den sozialökonomischen Antipluralismus und die Interessensprüderie à la Carl Schmitt, die aber weit über dessen Kreis hinaus auch unter Alfred Webers Kollegen weit verbreitet waren, teilte er dennoch nicht: *Den heutigen Staat zu ent-ökonomisieren und ... seine Willensbildung zum reinen Ausdruck von Überzeugungen und eines von Interessenlagen unbeeinflußten politischen Urteilens zurückbilden zu wollen, ist unmöglich.*

Parteien, Presse, wie das Parlament als Sitz der politischen Willensbildung, würden immer von *wirtschaftlichen Interessenkombinationen* mit durchwirkt sein. Nur um den Grad und die Art könne es sich handeln. Das Höchste, was er-reicht werden könne, sei, daß neben und prinzipiell über den Interessen *andere ideelle Kräfte als letzte entscheidende* noch wirkten. Darunter verstand er ein in allen für die Gesamtheit lebenswichtigen Fragen entscheidendes *generelles Etwas, als dessen Exponent der politische Führer auftreten muß, der sich halten will, und das also trotz allem die Gesamtheit im politischen Handeln tatsächlich zusammenhält und aktiviert*[27].

Damit war er an einem zentralen Punkt seiner Überlegungen angelangt, der mit der leicht mißzuverstehenden – und später mißverstandenen – Überschrift *Unegalitäre Demokratie* versehen ist. Dabei hielt er den Spenglerschen Rückgriff auf eine *organische Lebensbindung* oder die Hoffnung auf den *großen Einzelnen* (Ar-thur Moeller van den Bruck) nicht nur für Romantik, sondern sah darin auch die Preisgabe von Werten, welche die *individualistische Periode ... zum inhärenten*

24 Ebd., S. 307f.
25 Ebd., S. 310.
26 Ebd., S. 311.
27 Ebd., S. 317.

Bestandteil ... der von ihr gebildeten Massen gemacht hat, das Bestreben zu Selbstgestaltung, Selbsteingliederung und zu Freiheit[28].

Deshalb trieb ihn nicht die bis weit ins liberale Bürgertum, insbesondere auch im akademischen Milieu weitverbreitete Angst vor den „Massen" und die damit verbundene Abwehr ihrer Emanzipationsbestrebungen um. Er neigte eher dazu – und das gilt auch für die folgenden Jahre bis 1933[29] – das aufgeklärte Selbstbewußtsein und die *aller Autoritätsmomente entkleidete städtische Arbeiterschaft* in der *europäischen Mitte* auch als Gegengewicht zu allen *cäsaristischen Gewalttendenzen*[30] nach italienischem Muster zu überschätzen.

Er hielt allerdings auch die früheren demokratischen Ideologien, die auf einem naiven Individualismus fußten, für nicht mehr realitätsgerecht. Als *Dauergestalt* hielt er in Europa *die nicht mehr egalitäre, sondern oligarchische Massenorganisation auf demokratischer Basis* für vorstellbar, die er als *Führerdemokratie* bezeichnete. *Unvermeidbare Mitgift* dieser Entwicklung waren für ihn dabei die *organisierten Kadres der Parteien, der komplizierte Aufbau einer mit parlamentarischen Vertretungskörpern arbeitenden politischen Maschinerie, die bureaukratische Form der Staatsverwaltung, der ganze unegalitäre Mechanismus, in dem sich die heutige demokratisch genannte Massenformation* vollziehe.

Die bisher in Deutschland einer solchen *Synthese zwischen Gemeinschaftswollen und Individualismus ... unter der Leitung freigewählter und kontrollierter Führer* entgegenstehenden Hindernisse – zum Beispiel die ungelösten Probleme der *Beeinflussung der Parteibildung und Führerauslese durch die Art des Wahlrechts*[31], der *Steigerung der geistigen Kompetenz der Masse, der Erweiterung des direkten Masseneinflusses (Referendum, Initiative) und des Verhältnisses von all dem zu den offiziellen Organen des Parlaments* – waren ihm sehr bewußt. Deshalb hatten sich in seinen Augen *derartige Führer – oder unegalitäre Demokratien* nur in Form der *großen Demokratien des Westens* herausgebildet[32]. Er illustrierte dies an den die Politik jeweils leitenden, demokratisch ausgelesenen *Führeroligarchien* in England, den USA und Frankreich, die sich überwiegend aus wirtschaftlich tätigen Anwälten, aus Geschäftsleuten, aus altgedienten Gouverneuren, Senatoren, Parlamentariern zusammensetzten. Selbst im Aufkommen der Labour-Party sah er keine Abkehr von der in England führenden *plutokratisch-bürgerlich durchmischten, von daher auch im Blut aufgefrischten Adelsschicht*, sondern lediglich eine Ergänzung *durch hochstehende*

---

28 Ebd., S. 318f.

29 Vgl. die Rede A. Webers in einer Heidelberger Versammlung der DDP (1929): *außer den Bataillonen der Faschisten gibt es hier die Bataillone der Arbeiter, die sich ihre persönliche Freiheit nicht ohne Kampf nehmen lassen werden. Es ist traurig, daß man dies vom Bürgertum nicht mit der gleichen Bestimmtheit voraussagen kann*, in: AWG Bd. 7 (wie Anm. 2), S. 460.

30 A. WEBER, Die Krise des modernen Staatsgedankens in Europa (wie Anm. 15), S. 321.

31 A. Weber war schon in der Weimarer Zeit Anhänger des Mehrheitswahlrechts.

32 A. WEBER, Die Krise des modernen Staatsgedankens in Europa (wie Anm. 15), S. 322.

Intellektuelle und ein seiner Natur nach ebenfalls oligarchisches Gewerkschaftsbeamten-tum[33].

Dieser Kreis von „Berufspolitikern" kooperiert über die Parteigrenzen hinweg in allen Lebensfragen des Landes, ist auch in die informellen politischen Spielregeln eingeweiht und bekundet durch öffentlich sichtbare Zeichen des Respekts – im Erfolg wie in der Niederlage – ein *cliquenhaftes Solidaritätsbewußtsein*, das ihn nicht nur von der Masse des Volkes, sondern auch von der Masse der Abgeordneten abhebt, selbst wenn aus letzterer durch eine *Mischung von Kooptation und Wahl* sich dieses Führungsgremium konstituiert. Sein Fazit lautete: *Dieser Kreis trägt in diesen Demokratien heute überall den Staat. Er ist nicht bloß sein Repräsentant, sondern, soweit das aktive politische Handeln in Betracht kommt, sein wahrer Inhaber.* Und noch mehr: Die Staatsgebilde, in denen diese *demokratisch-oligarchischen Führercliquen* herrschen, seien – wie deren erfolgreiches Handeln im Kriege gezeigt habe – *von außerordentlicher Kraft. Nach ihrem Vorbild formt sich zur Zeit die unübersehbare Schar der bald die ganze Erde überdeckenden Staaten*[34].

Auch wenn der zweite Teil dieses Befundes verfrüht war, handelt es sich insgesamt doch um eine scharfsinnige Diagnose dessen, was der Weimarer Republik im Vergleich mit den westlichen Demokratien fehlte: Eine „classe politique", die es verstand, unterschiedliche Interessen zu integrieren, Massenlegitimation zu schaffen und in den Grundfragen der Nation im offenen oder stillschweigenden Konsens politisch zu handeln[35].

Die Existenz einer solchen Schicht von Berufspolitikern hielt er für eine zentrale Funktionsbedingung einer liberalen und sozialen Demokratie und letztere wiederum für unentbehrlich, um den Freiheitsraum des Menschen und seiner *immanenten Transzendenz* unter den Strukturbedingungen des modernen Kapitalismus, der Bürokratisierung und des wissenschaftlich-technischen Fortschritts zu erhalten. Er trat noch für die Erneuerung der liberalen Prinzipien ein, als es unter seinesgleichen schon üblich geworden war, für die „nationale Revolution" oder gar für den „deutschen Sozialismus" zu schwärmen. Im März 1932 schrieb er an Hans Zehrer[36], den Chefredakteur der Zeitschrift „Die Tat": *Sind Sie auf einem andern Stern, daß Sie nicht den systematischen Versuch des schrittweisen Ergreifens der Macht = blosser Gewalt durch einen Nationalsozialismus bemerken, für den wahrhaftig Sozialisierung eine blosse Spiegelfechterei ist, gerade gut genug für die Dümmsten unter den dummen Deutschen, um als Mantel für die gewaltsame Herrschaftsergreifung zu dienen.* Zu Recht warf er ihm vor, mit seiner Blindheit die *un-*

---

33 Ebd., S. 323.

34 Ebd., S. 324.

35 Dieser Befund wurde auch vierzig Jahre später – als Klage darüber, der Bundesrepublik fehle eine „classe politique" – von Fritz Erler vorgetragen. Vgl. hierzu H. Soell, Fritz Erler. Eine politische Biographie, Berlin u. Bonn-Bad Godesberg 1976, Bd. 2, S. 891f.

36 Zehrer hatte ihm zuvor einen Abzug seines neuesten Tat-Aufsatzes „Revolution oder Restauration" zugesandt.

geheure Gefahr zu verstärken, *in der sich heute die Grundwerte unseres abendländischen Daseins befinden.*

Die Weltanschauung des Liberalismus, *ohne die wir zu stummen Hunden degradiert werden würden,* und die, wie die englische *wirtschaftlich, sozial, staatlich konstruktiv aufbauend* sein müßte, habe in Deutschland zwar elend versagt. Aber das sage nichts gegen den Liberalismus und seine Fähigkeit, eine neue Wirklichkeit zu gestalten: *Es sagt uns etwas über die Impotenz der Vorkriegs- und zum Teil auch der falsch orientierten Frontgeneration in Deutschland und über die Schwere des Schicksals, das auf Deutschland lastet*[37].

Schamloser Freiheitshaß ohne Ahnung des Aufgegebenen sowie das *Durchschlagen sadistischer Instinkte (Lust der Folter)*[38] – solche Notate beim Durcharbeiten von Ernst Jüngers Schriften zeigen die große intellektuelle wie seelische Distanz Webers zu diesen Vertretern der Frontgeneration, mit denen er, auch wenn er einer ganz anderen Generation angehörte, immerhin die Fronterfahrung wie auch die von Bergsons élan vital beeinflußte überbordende Sprache teilte.

Das letztere Faktum hat offenkundig zusammen mit den erwähnten Begriffen wie *Führerdemokratie* beziehungsweise *unegalitäre Demokratie*[39] spätere Kritiker[40] dazu verführt, ihn unter die Befürworter eines autoritären oder gar faschistischen Systems einzureihen oder ihm gar – wie Carsten Klingemann – zu unterstellen, er sei „der Sehnsucht nach einem starken Führer" erlegen[41] und habe sich nach 1933 mit den neuen Machtverhältnissen „akkommodieren"[42] können.

Klingemann hat auch die Bedeutung Max Webers in den Sozialwissenschaften in Deutschland nach 1933 untersucht und dabei die Beobachtung gemacht, daß dieser nicht nur „breit rezipiert" worden sei, sondern Teile seiner Soziologie häufig „argumentativ in fachspezifische Kontexte eingebaut" worden seien.

---

37 A. Weber an Hans Zehrer, 6. März 1932, in: BArchK: NL Weber/8.

38 Aus handschriftlichen Notizen von A. Weber über Ernst Jünger (1933-1937), zit. nach: H. KIESEL, Wissenschaftliche Diagnose und dichterische Vision der Moderne. Max Weber und Ernst Jünger, Heidelberg 1994, S. 200.

39 Vgl. dazu ausführlich E. DEMM, AW-Biogr. Bd. 1, S. 294-306, sowie Bd. 2 (wie Anm. 1), S. 192-200.

40 Vgl. S. PAPCKE, Weltferne Wissenschaft, in: DERS. (Hg.), Ordnung und Theorie. Beiträge zur Geschichte der Soziologie in Deutschland, Darmstadt 1986, S. 193f.; ähnlich H. J. LIETZMANN, Carl Joachim Friedrich, in: Heidelberger Sozial- und Staatswissenschaften. Das Institut für Sozial- und Staatswissenschaften zwischen 1918 und 1958, hg. v. R. BLOMERT u. a., Marburg 1997, S. 279, 282.

41 C. KLINGEMANN, Das Institut für Sozial- und Staatswissenschaften an der Universität Heidelberg zum Ende der Weimarer Republik und während des Nationalsozialismus, in: DERS., Soziologie im Dritten Reich, Baden-Baden 1996, S. 125.

42 Ebd., S. 156. – Für eine kritische Auseinandersetzung mit dem Vorwurf Klingemanns vgl. besonders: D. KAESLER, Soziologie und Nationalsozialismus. Über den öffentlichen Gebrauch der Historie, in: Soziologie 3/1997, S. 20-32; E. DEMM, Hat sich Alfred Weber mit dem NS-Regime „akkommodiert"?, in: Soziologie 1/1998, S. 23-27, Wiederabdruck in: DERS., Geist und Politik (wie Anm. 3), S. 267-272.

Er hat eilfertig versichert, dies sei „nicht umstandslos als antisoziologische und perfide Akkommodation mit dem NS-Regime abzutun"[43].

Statt mit diesem der Optikersprache entnommenen Begriff der „Akkommodation" erneut und völlig deplaziert – Max Weber war schon lange tot – zu operieren, hätte Klingemann besser einen Gedanken darauf verschwendet, weshalb selbst für engagierte Nationalsozialisten unter den Soziologen wie Karl Heinz Pfeffer Erklärungsansätze, Methoden und Begriffe, nicht zuletzt die Typenlehre Max Webers im herrschaftstechnischen Sinne nutzbar waren, nicht aber die sehr viel sperrigere Kultursoziologie Alfred Webers, *welche die in der Geschichte vor sich gehende Entfaltung und Umwandlung des Menschenwesens zum Hauptthema* hatte[44].

---

43 C. KLINGEMANN, Max Weber in der Reichssoziologie 1933-1945, in: DERS., Soziologie (wie Anm. 41), S. 211.

44 A. WEBER, Kulturgeschichte als Kultursoziologie, in: AWG Bd. 1 (wie Anm. 2), S. 469.

DER ARMEN STUDIRENDEN JUGENDT ZUM BESTEN[1].
STIPENDIENSTIFTUNGEN AN DER KURPFÄLZISCHEN UNIVERSITÄT HEIDELBERG 1386-1803.

Von Ursula MACHOCZEK

GEGEN ENDE DES 15. Jahrhunderts trat an der Universität Heidelberg eine Art der Studienförderung in Erscheinung, die sich von früheren Stiftungsformen unterschied. In der Aufbauphase hatten Stifter der Universität Grundbesitz oder Geld überschrieben, um deren wirtschaftliche Grundlage zu verbessern und sie mit ausreichendem Raum für Lehr- und Wohnstätten auszurüsten[2]. Als Beispiel für diese Form der Förderung kann die Stiftung von Bursen gelten. So hinterließ 1390 Konrad von Gelnhausen, als Domprobst in Worms gleichzeitig Kanzler der Universität, 1.000 Gulden, mit denen das Artistenkolleg eingerichtet wurde, das neben sechs Magistern der freien Künste auch Studenten aufnahm. Der erste adelige Rektor der Universität, Gerlach von Homburg, überschrieb der Hochschule 1396 ein Haus, das zur Unterbringung mittelloser Studenten bestimmt war. Zur tatsächlichen Einrichtung dieser Armenburse kam es jedoch erst 1452 mit dem Bau des Dionysianums. Hier fanden sechs bedürftige Scholaren und sechs jüngere Artistenlehrer eine Bleibe. Studenten der oberen Fakultäten sollten aufgenommen werden, soweit die zur Verfügung stehenden Mittel dies zuließen[3]. Auch gegen Ende des 15. Jahrhunderts finden sich Stiftungen dieser Art, wie z. B. das Vermächtnis des Theologieprofessors Johann Wenck von 1486[4]. Er bedachte die Universität in seinem Testament, um eine Burse nur für die Vertreter des Realismus zu begründen.

---

1   U. A. Heidelberg, A-927; IX, 8, Nr. 59, unfol. Grundlage der folgenden Untersuchung bilden 57 im Zeitraum zwischen 1497 und 1801 eingerichtete Stiftungen, deren Fundationsbestimmungen überliefert sind. Aus Rechnungslegungen lassen sich für diesen Zeitraum mindestens fünf weitere Stiftungen nachweisen. Die ausgewerteten Stücke finden sich im Universitätsarchiv Heidelberg unter folgenden Signaturen: A-920; IX, 8, Nr. 9; 389, 12. A-920; IX, 8, Nr. 128; II/2, 1. A-921; I, 3, Nr. 36; 358, 52. A-921; IX, 8, Nr. 55; 385. A-922; I, 3, Nr. 38; 358, 52 b. A-922; I, 3, Nr. 39; 358, 19. A-925; IX, 8, Nr. 5 und 5 a; 53. A-925; IX, 8, Nr. 119. A-926; IX, 8, Nr. 127; II/4, 3. A-927; IX, 8, Nr. 59. A-928; IX, 8, Nr. 126; II/4, 2. A-933; IX, 8, Nr. 35. A-939; IX, 8, Nr. 11. VI, 4, Nr. 21. RA 672; I, 3, Nr. 20; 362, 20. Die Bestimmungen der Stiftungen Hartmann Hartmannis und Christian Mayers gedruckt in J. F. HAUTZ, Urkundliche Geschichte der Stipendien und Stiftungen an dem großherzoglichen Lyceum zu Heidelberg mit den Lebensbeschreibungen der Stifter. 1. Heft, Heidelberg 1856, S. 21-24, 31-33.

2   Zur wirtschaftlichen Grundausstattung der Universität vgl. H. BRUNN, Wirtschaftsgeschichte der Universität Heidelberg von 1558 bis zum Ende des 17. Jahrhunderts, Diss. Heidelberg 1950, S. 9ff.

3   Vgl. E. WOLGAST, Die Universität Heidelberg 1386-1986. Heidelberg 1986, S. 6, 14; G. RITTER, Die Heidelberger Universität. Ein Stück deutscher Geschichte. Bd. 1, Heidelberg 1936, S. 152f., 392.

4   U. A. Heidelberg, A-922; I, 3, Nr. 38; 358, 52 b, fol. 8v-9v.

Neben diese Zuwendungen, die Beiträge zum Auf- und Ausbau der Universität leisteten, traten gegen Ende des 15. Jahrhunderts Stiftungen von Stipendienplätzen zur Förderung einzelner Studenten. Hierzu wurde der Universität oder einer ihrer Teilkorporationen Kapital überschrieben, von dessen Zinserträgen Studium und Lebensunterhalt eines oder mehrerer Studenten finanziert werden sollten. Auch Sachspenden konnten Bestandteil einer solchen Stiftung sein. So bildete sich im 16. Jahrhundert die Tradition aus, bei der Einrichtung eines Stipendiums der Burse gleichzeitig ein Bett für den begünstigten Studenten zur Verfügung zu stellen. Häufig vermachten die Stifter der jeweiligen Burse auch ihre Bibliothek mit der Auflage, sie den Stipendiaten für ihre Studien zur Verfügung zu stellen. Diese Sachzuwendungen waren jedoch nur Beiwerk. Die Hauptstiftung bestand aus der Überschreibung des Kapitals und dem Nutzungsrecht der anfallenden Zinsen.

Das relativ späte Auftreten dieses Stiftungstyps erst hundert Jahre nach Gründung der Universität erklärt sich vor allem daraus, daß sich zunächst Strukturen entwickeln mußten, die die funktionsfähige Einrichtung von Stipendien ermöglichten. Das Bursenwesen bot hierzu den geeigneten Rahmen. Regent oder Provisor einer Burse konnten mit der geregelten Verwaltung und Auszahlung der Stipendiengelder betraut werden. Auch der Stipendiat selbst unterlag in diesen Lern- und Wohngemeinschaften einer effektiven Kontrolle, die den Mißbrauch der Zuwendungen erschwerte. So erfolgten dementsprechend die meisten Stipendienstiftungen während der Hochzeit des Bursenwesens im 16. Jahrhundert bis zum Beginn des Dreißigjährigen Krieges[5]. Die Kriegswirren, die auch die Universität nicht verschonten, führten zum Untergang der Bursen. Nach der Wiedereröffnung im Jahr 1652 erlaubte die Universität ihren Studenten, in privaten Unterkünften zu wohnen. Die Bursen wurden nicht wieder eingerichtet[6]. Diese Veränderung führte zu einem dramatischen Einbruch bei den Stiftungen. So kam es während des 18. Jahrhunderts nur noch ganz vereinzelt zur Einrichtung neuer Stipendien.

Erklärt sich das zeitliche Aufkommen der Stiftungen zum größten Teil durch das Aufblühen und den Niedergang der Bursen, darf aber auch die Entwicklung der Universität selbst als stiftungsbeeinflussendes Moment nicht außer acht gelassen werden. Während sie im 16. Jahrhundert zunehmend internationales Ansehen erwarb und eine Fundation nicht nur Aussicht auf erfolgversprechende Nutzung, sondern dem Stifter auch ein gewisses Renommee versprach, reihte sich im 17. Jahrhundert eine Katastrophe an die andere. Kriegswirren, zeitweise Schließung und Exil bedrohten Existenz und Zukunft der Universität. Die Einrichtung einer Stiftung in diesen unsicheren Zeiten mußte nahezu als Geldverschwendung erscheinen. Im 18. Jahrhundert waren

---

5   Von den 57 ausgewerteten Stiftungen wurden 51 in diesem Zeitraum ins Leben gerufen.
6   Vgl. WOLGAST (wie Anm. 3), S. 59.

die Rahmenbedingungen zwar wieder berechenbarer, als Jesuitenuniversität hatte Heidelberg jedoch nach der Rekatholisierung massiv an Ansehen und damit auch an Anziehungskraft für potentielle Stifter eingebüßt.

Für die Jahre zwischen 1497 und 1801 sind 57 Fundationen und Stiftungserweiterungen mit ihren Gründungsdokumenten überliefert. Meist handelt es sich um testamentarische Verfügungen. In einigen Fällen hatte der Stifter seine Absichten nur mündlich erklärt, war dann aber vor der schriftlichen Fixierung gestorben. Die Erben wollten jedoch trotzdem seiner Absichtserklärung nachkommen und riefen die Fundation in seinem Sinne ins Leben. Eine Stifterin schloß den Vertrag über die Einrichtung eines Stipendiums nach ihrem Tod bereits zu Lebzeiten mit der Universität ab, um zu verhindern, daß später ihre Erben diese Pläne durchkreuzten. Neben den letztwilligen Verfügungen handelt es sich bei einer Reihe von Fundationen aber auch um Schenkungen, die der jeweilige Gönner bereits zu seinen Lebzeiten vornahm. Aus den überlieferten Gründungsdokumenten lassen sich 51 Stifter ermitteln: 44 Privatpersonen und sieben Repräsentanten weltlicher und geistlicher Obrigkeiten[7].

Die Gruppe der Privatpersonen erweist sich als außerordentlich homogen. Zwar lassen sich von zwei Stiftern lediglich Name und Herkunftsort ermitteln, von den übrigen 42 verfügten aber insgesamt 35 über eine – mit großer Wahrscheinlichkeit zumindest teilweise in Heidelberg erfolgte – akademische Ausbildung und/oder hatten selbst hier gelehrt. Unter den Professoren, die Stipendien einrichteten, finden sich auch bedeutendere Namen, wie Hartmann Hartmanni, der nach seiner Tätigkeit an der Universität Kanzler und Berater der Kurfürsten Ludwig V. und Friedrich II. wurde, der Mediziner und Theologe Thomas Erastus, Hermann Wittekind, der sich als Lehrer für griechische Literatur an der Artistenfakultät profilierte, oder Christian Mayer, der erste Inhaber des Lehrstuhls für Mathematik und experimentelle Physik und spätere Hofastronom[8].

Unter diesen Akademikern waren die Theologen, gleich welcher Konfession, mit 23 Stiftern am stärksten vertreten. Sieben besaßen einen juristischen Titel oder hatten Posten in der Verwaltung, zum Beispiel am kurpfälzischen Hof oder am Reichskammergericht inne, die auf eine juristische Ausbildung rückschließen lassen. Weiter finden sich unter den akademischen Förderern mittelloser Studenten zwei Mediziner, ein Professor und ein Magister der Artistenfakultät. Damit spiegelt sich in der Zusammensetzung des Stifterkreises die traditionelle Rangfolge und Bedeutung der höheren Fakultäten wider.

---

7 Die Differenz zwischen der Anzahl der Fundationen und der der Stifter resultiert daraus, daß einige Personen mehrfach als Wohltäter aktiv wurden.

8 Vgl. J. F. HAUTZ, Geschichte der Universität Heidelberg. 2 Bde. in 1 Bd., Mannheim 1862-1864 (Nachdr. Hildesheim/New York 1980), I, S. 380, II, S. 54. WOLGAST (wie Anm. 3), S. 28, 38f., 43, 81.

Neben den Akademikern mit eigener Lern- und/oder Lehrerfahrung gab es unter den Privatpersonen eine zweite Gruppe von Stiftern, die selbst zwar nicht akademisch gebildet waren, aber über ihre Verwandtschaft oder ein Dienstverhältnis einen persönlichen Bezug zur Universität besaßen. In drei Fällen wurden Stipendien von Witwen verstorbener Universitätsprofessoren eingerichtet, die in den Stiftungsbestimmungen zum Teil eine erstaunliche Sachkenntnis und Eigenständigkeit erkennen ließen. So stellte Margareta Haller einen detaillierten Bußgeldkatalog für Versäumnisse des Stipendiaten im Studium auf[9], und Afra Nuber rief nicht etwa zum Gedenken an ihren verstorbenen Ehemann, des Medizinprofessors Johann Wagenmann[10], ein Stipendium ins Leben, sondern benannte es nach ihrer eigenen Familie, der sie auch die Nutznießung vorbehielt[11]. Ein weiteres Stipendium richteten Eltern eines Studenten ein[12]. Auch Angestellte der Universität, wie Johann Schick, Kollektor in Zell, finden sich unter den Stiftern[13].

All diese Personen besaßen direkt oder indirekt einen persönlichen Bezug zum Stiftungsort. Die Akademiker fühlten sich ihm über ihre Lern- oder Lehrtätigkeit hinaus verbunden und verpflichtet. Auch die Stifterinnen und Stifter ohne akademische Bildung leiteten aus ihrer indirekten Beziehung zur Universität eine besondere Verpflichtung diesem Ort gegenüber ab, wie sie in den Worten des Ehepaars Ritter zum Ausdruck kam, die ein Stipendium einrichteten *dieweil irem son Herman seligen alles guts bei der universitat alhie zu Heidelberg geschehen*[14]. Das Zugehörigkeitsgefühl dieser Stifter zur Universität beinhaltete auch die Fürsorge für nachfolgende Akademikergenerationen und bildete eine wesentliche Motivation für die Einrichtung der Fundationen. Im Umkehrschluß läßt sich dieser Sachverhalt auch damit belegen, daß erst im 18. Jahrhundert mit Johann Jakob Kuhn ein einziger Heidelberger Bürger der Universität Kapital zur Einrichtung von Stipendien hinterließ[15]. Das auffallende Fehlen der Heidelberger Bürgerschaft in der Gruppe der Stifter läßt sich jedoch nicht nur darauf zurückführen, daß sie sich der Universität nicht zugehörig und damit auch nicht verpflichtet fühlte, sondern ist auch ein getreues Spiegelbild des über die ersten Jahrhunderte hinweg durchgehend gespannten Verhältnisses zwischen Universität und Stadt. Da es während der kurpfälzischen Zeit immer wieder zu Zusammenstößen zwischen Studenten und Ein-

---

9   U. A. Heidelberg, A-922; I, 3, Nr. 38; 358, 52 b, fol. 21v-22r.
10 Vgl. HAUTZ (wie Anm.8), I, S. 468
11 U. A. Heidelberg, A-921; I, 3, Nr. 36; 358, 52, fol. 91r.
12 Ebd. fol. 79r-81r.
13 U. A. Heidelberg, VI, 4, Nr. 21, unfol.
14 U. A. Heidelberg, A-921; I,3, Nr. 36; 358, 52, fol. 79v.
15 U. A. Heidelberg, A-925; IX, 8, Nr. 119, unfol.

heimischen kam, ist es nur verständlich, wenn Heidelberger Bürger ihre Spenden nicht gerade auf den Unterhalt mitteloser Studenten verwendeten[16].

Die Gruppe der sieben Stifter aus dem Kreis der weltlichen und geistlichen Obrigkeiten erweist sich im Gegensatz zu derjenigen der Privatpersonen als heterogen. Unter ihnen finden sich die Kurfürsten Ludwig VI., der gleich mehrmals mit der Einrichtung von Stipendien in Erscheinung trat[17], und Friedrich V.[18]. Bei der Finanzierung der insgesamt 14 auf Initiative Ludwigs VI. fundierten Studienplätze fällt auf, daß der Kurfürst in keinem Fall in seine Privatschatulle griff, sondern stattdessen das ihm zufallende Vermögen eines Selbstmörders[19], Sühnegeld für einen Mord[20] und die Gefälle des Stiftes Selz[21] verwendete. Zu dieser Gruppe gehören außerdem Graf Engelhard von Leiningen[22] sowie die Grafen Philipp und Konrad von Solms[23]. Ulm begründete als einzige Stadt zwei Stipendien in Heidelberg[24]. Aber auch Rektor und Dekane der Universität selbst traten bei der Einrichtung der Dannstädter Stipendien als Stifter in Erscheinung[25]. Einziger Repräsentant einer geistlichen Institution war Heinrich Seitzenwiler, der als Prior des Karmeliterordens der Diözese Würzburg Studienplätze für Brüder seines Konvents begründete[26].

Die Stiftungsmotivation dieser Gruppe unterschied sich von derjenigen des akademischen Stifterkreises. Verantwortung und Verpflichtung gegenüber der Universität waren lediglich bei Rektor und Dekanen ein primäres Handlungsmotiv. Auch bei den kurfürstlichen Stiftungen spielte die Verantwortung des Landesherrn für die Hochschule eine Rolle, jedoch eine untergeordnete. In beiden Fällen resultierte die Fundation weniger aus einer persönlichen Beziehung zur Universität, als vielmehr aus den jeweiligen Amtspflichten. Maßgebliche Motivation für die Stiftungen von institutioneller Seite war die Verantwortung der Obrigkeit gegenüber ihren Untertanen, die von den Stipendien einen Vorteil haben sollten, indem sie selbst die Nutznießer wurden oder von gut ausgebildeten Amtsträgern in Kirche und Staatswesen profitierten.

---

16 Zum Verhältnis zwischen Universität und Stadt vgl. WOLGAST (wie Anm. 3), S. 15, 27, 47, 76.

17 Die Selzer Stipendienstiftung ging auf den Plan Kurfürst Ludwigs VI. zurück, der aber verstarb, bevor er ihn in die Tat umsetzen konnte. Sie wurde von Pfalzgraf Johann Casimir vorgenommen; vgl. U. A. Heidelberg, A-920; IX, 8, Nr. 9; 389, 12, fol. 1v.

18 Ebd. fol. 42r-47r.

19 U. A. Heidelberg, A-921; I, 3, Nr. 36, 358, 52, fol. 94r-95v.

20 Ebd. fol. 96v-98v.

21 U. A. Heidelberg, A-920; IX, 8, Nr. 9, 389, 12, fol. 1r-6r.

22 U. A. Heidelberg, A-921; I, 3, Nr. 36, 358, 52, fol. 67v-69r.

23 Ebd. fol. 81v-85r.

24 Ebd. fol. 53v-54r.

25 U. A. Heidelberg, A-922; I, 3, Nr. 38; 358, 52 b, fol. 65r-67v. U. A. Heidelberg, A-939; IX, 8, Nr. 11, unfol.

26 U. A. Heidelberg, A-922; I, 3, Nr. 38; 358, 52 b, fol. 26v-28r.

Obwohl die konkreten, in den Fundationsurkunden angeführten Beweggründe weitgehend formelhaft blieben, lassen sie Aussagen über die konfessionelle Zusammensetzung des Stifterkreises zu. In der Aufzählung der jenseitsbezogenen Motive für die Einrichtung der Stipendien folgten die Katholiken eng der vorgegebenen Tradition geistlicher Stiftungen. Ihr Tun erfolgte zu Lob und Ehre Gottes, häufig auch, um Maria und/oder die himmlischen Heerscharen zu ehren. So wählte der Jesuitenpater Christian Mayer für die von ihm ins Leben gerufenen Stipendien den Namen „Marianische Stiftung", um seine besondere Verehrung der Gottesmutter zum Ausdruck zu bringen[27]. Auch protestantische Stifter nannten mehrheitlich Lob und Ehre Gottes als Handlungsmotiv, ließen es aber aus naheliegenden Gründen bei diesem Hinweis bewenden.

Ein weiterer Beweggrund für katholische Fundationen war die Vorstellung beziehungsweise der Wunsch, dem eigenen Seelenheil oder demjenigen der Verwandten durch diese Tat zu nutzen. Zahlreiche Stipendien wurden eingerichtet *seyner* [d. h. des Stifters], *auch seyner eltern selen zu trost und hilf*[28]. Nach katholischer Überzeugung zählte demnach auch die Unterstützung bedürftiger Studenten zu den Werken der Barmherzigkeit und Nächstenliebe, mit denen, wie mit Wohltätigkeit gegenüber Armen und Kranken, Verdienste für das Jenseits erworben werden konnten.

Das Motiv der Förderung des Seelenheils war auch Hintergrund der Gebetsverpflichtungen, die mit einer Reihe von Stipendien verbunden waren. Die Stifter legten den Nutznießern auf, für die Dauer des Stipendiums oder auf Lebenszeit der Person ihres Wohltäters täglich in ihren Gebeten zu gedenken. Mit dieser Gedächtnisfunktion der Fundation wollten sie sich, zusätzlich zum Lohn für ihre gute Tat, dauerhaft die Fürbitten der von ihnen Begünstigten sichern und auf diese Weise doppelten Nutzen für ihr Seelenheil aus der Stiftung ziehen.

Obwohl solche Vorstellungen gegen lutherische und reformierte Überzeugungen verstießen, sollten auch die von Protestanten eingerichteten Stiftungen häufig an ihre Urheber erinnern. Jedoch hatte die Gedächtnisfunktion dieser Fundationen ihren transzendentalen Bezug völlig verloren. Der Person des Stifters sollte nicht mehr in Gebeten gedacht werden, sondern die Stipendien auf ewige Zeiten den Namen des Wohltäters tragen, um ihm ein ehrendes Andenken zu bewahren und ihn als Vorbild für nachfolgende Generationen zu etablieren.

Die Namensgebung einer Fundation erinnerte jedoch nicht nur an Personen, sondern in einigen Fällen auch an Ereignisse. So riefen die Eheleute Ritter eine Stiftung zum Gedächtnis an das tragische Schicksal ihres Sohnes ins

---

27 U. A. Heidelberg, A-928; IX, 8, Nr. 126; II/4, 2, unfol.
28 U. A. Heidelberg, A-922; I, 3, Nr. 38; 358, 52 b, fol. 43r.

Leben, der bei einer Auseinandersetzung – wahrscheinlich einer Wirtshaus-schlägerei – schwer verletzt wurde, eine bleibende Behinderung davontrug und kurz darauf bei einem Schiffsunglück ums Leben kam. Sie finanzierten ihre Fundation mit einem Teil der Entschädigung, die ihrem Sohn von seinem Angreifer bezahlt worden war[29]. Das Bacharacher Stipendium sollte mit seinem Namen an einen in der Stadt verübten Mord erinnern, mit dessen Sühnegeld es eingerichtet wurde[30]. Im Gegensatz zur Benennung nach den Personen der Stifter kam in diesen Fällen dem Namen keine Vorbildfunktion zu, sondern er diente als warnendes und abschreckendes Beispiel.

Marien- und Heiligenlob, das Motiv des Seelenheils und Gebetsverpflich-tungen ermöglichen es, 20 Stifter als katholisch zu identifizieren. Fünf weitere können aufgrund des Stiftungsjahres zu den katholischen Fundationen hinzu-gerechnet werden. In ihrem zeitlichen Auftreten spiegelt sich deutlich die kon-fessionelle Entwicklung der Universität wider, denn elf von ihnen wurden vor dem Verbot der Meßfeier durch Kurfürst Friedrich II. im Jahr 1546 eingerich-tet. Bis zum Ende der Regierungszeit Kurfürst Ottheinrichs folgten vier weite-re Stiftungen. Die letzten beiden wurden erst nach der Rekatholisierung der Universität im 18. Jahrhundert begründet.

Ließ nach der Einführung der Reformation in der Kurpfalz der Stiftungsei-fer von katholischer Seite aus verständlichen Gründen stark nach, führte der Konfessionswechsel jedoch keineswegs generell zu einem Einbruch im Stif-tungsaufkommen. Die Unterstützung mittelloser Studenten galt weiterhin als förderungswürdiges Projekt, da nicht nur der Begünstigte, sondern auch die Allgemeinheit in Kirche und Staat von ihr profitierte.

In den Aufzählungen aufs Diesseits bezogener Stiftungsmotive, die eben-falls sehr formelhaft gehalten sind, lassen sich keine konfessionsbedingten Un-terschiede feststellen. Vertreter aller Glaubensrichtungen wollten durch die Stipendien den Nutzen der Kirche, Christenheit oder Gläubigen mehren. Die Förderung des gemeinen Nutzens war besonders den Vertretern der Obrigkeit ein Anliegen, wurde aber auch von Privatpersonen genannt[31]. Weiter begrün-deten die Stifter ihr Tun häufig mit dem Wunsch, mittellose Studenten, die Studien im allgemeinen oder die eigene Verwandtschaft fördern zu wollen.

Neben den immer wieder verwendeten starren Formeln wurden hin und wieder aber auch persönliche Motive erwähnt, die den Stifter zu seinem Han-deln bewegten. Nikolaus Staymar erklärte, daß er selbst Kind armer Eltern gewesen sei, die ihn während des Studiums nicht unterstützen konnten. Seine Stiftung richtete er darum auch zum Dank dafür ein, daß er inzwischen über

---

29 U. A. Heidelberg, A-921; I, 3, Nr. 36; 358, 52, fol. 79r-81v.

30 Ebd. fol. 72r-74r.

31 So z. B. von Philipp Stetten, vgl. ebd. fol. 22v, und Georg Niger, vgl. U. A. Heidelberg, A-922; I, 3, Nr. 39; 358, 19, fol. 8r.

eine gesicherte wirtschaftliche Existenz verfügte[32]. Nikolaus Cisner hatte als bedürftiger Student selbst das Dionysianum besucht und dort Wohltaten empfangen, bevor er nun seinerseits arme Studenten unterstützen wollte[33]. Für Hermann Wittekind war die Stiftung ein Zeichen seiner Dankbarkeit dafür, daß er 40 Jahre lang durch die Tätigkeit als Professor seinen Lebensunterhalt verdienen konnte[34]. Diese Stifter erwähnten als Motive für die Einrichtung der Stipendien ausdrücklich ihre persönliche Lebenserfahrung als mittellose Studenten und ihre Dankbarkeit dafür, daß sie sich durch die Ausbildung an der Universität eine gesicherte wirtschaftliche Existenz hatten aufbauen können.

Zeigte sich im Stiftungsakt selbst das Bewußtsein einer besonderen Verbindung und Verpflichtung gegenüber der Universität, so lassen sich aus der Festlegung des Personenkreises, aus dem der Stipendiat gewählt werden sollte, weitere Bindungen und Verantwortlichkeiten des Stifters ablesen. Die Stipendien standen nämlich keineswegs jedem mittellosen Bewerber offen, sondern wurden von 32 der 44 privaten Stifter ausdrücklich Mitgliedern der eigenen Verwandtschaft vorbehalten. Falls die Familie aussterben oder keine geeigneten und interessierten Anwärter auf das Stipendium hervorbringen würde, erweiterten sie den Bewerberkreis in der Regel auf die Söhne ihres Heimatortes. Hermann Wittekind fühlte sich auch nach jahrzehntelanger Abwesenheit seiner Heimatregion noch so verbunden, daß er die Herkunft aus Westfalen zur Voraussetzung einer Bewerbung um die von ihm eingerichteten Stipendien erklärte, sollte einmal kein geeigneter Kandidat aus der eigenen Nachkommenschaft gefunden werden[35]. Eine ähnliche Verbundenheit an Heimatort oder -region weisen auch zahlreiche andere Stiftungen auf. Dieses Klienteldenken fand bei den Fundationen durch Vertreter der weltlichen Obrigkeit seine Entsprechung darin, daß sie die Vergabe ihrer Stipendien auf Landes- oder Stadtkinder beschränkten. Die Stiftung des Priors Heinrich Seitzenwilers war Brüdern seines Konvents vorbehalten[36], ebenso, wie das von Rektor und Dekanen der Universität eingerichtete Dannstädter Stipendium nur an Söhne kinderreicher Heidelberger Professoren vergeben werden sollte[37]. Erst die Stiftungen Mayer[38], Kuhn[39] und Trauninger[40] am Ende des 18. Jahrhunderts weisen keine Beschränkungen auf Familie und Herkunftsort mehr auf.

32 U. A. Heidelberg, A-921; I, 3, Nr. 36; 358, 52, fol. 60r.

33 Ebd., fol. 99v. Cisner war zunächst Lehrer für Ethik an der Artistenfakultät. Später unterrichtete er an der juristischen Fakultät. Vgl. HAUTZ (wie Anm.8), I, S. 427, II, S.52.

34 Ebd. fol. 104r.

35 Ebd. fol. 105r.

36 U. A. Heidelberg, A-922; I, 3, Nr. 38; 358, 52 b, fol. 26v.

37 Diesen Zusatz enthielt die Erweiterung der Stiftung vom 17. September 1600; vgl. U. A. Heidelberg, A-939; IX, 8, Nr. 11, unfol.

38 U. A. Heidelberg, A-928; IX, 8, Nr. 126; II/4, 2, unfol.

39 U. A. Heidleberg, A-925; IX, 8, Nr. 119, unfol.

Bei ihrem Bemühen, durch die Fundationen in die Zukunft hinein zu wirken, gingen die einzelnen Stifter mit unterschiedlicher Sorgfalt vor. Einige verzichteten zwar völlig auf die Festlegung von Konditionen. Die Mehrzahl der Stiftungen weist jedoch klar umrissene Bestimmungen auf, die verdeutlichen, daß der Stifter sehr genaue Vorstellungen davon hatte, was er mit der Einrichtung des Stipendiums bezwecken wollte. Die Bestimmungen, mit denen diese Ziele erreicht werden sollten, fielen zum Teil sehr unterschiedlich aus und griffen mitunter massiv in Studium und außeruniversitäres Leben des Stipendiaten ein. Ihnen allen ist dabei aber deutlich das Bestreben des Stifters anzumerken, die Regelungen so zu gestalten, daß seiner Stiftung eine möglichst langer Dauer mit maximaler Nutzanwendung beschieden war.

Dieses Bemühen zeigt sich bereits in den bei fast allen Fundationen detailliert festgelegten Regeln zur Besetzung der Stipendien[41]. Das Präsentationsrecht behielt der Stifter, wenn die Stiftung bei Lebzeiten erfolgte, sich selbst vor. Andernfalls betraute er häufig seine Testamentsvollstrecker und/oder Verwandtschaft mit dieser Aufgabe. Starb seine Familie aus, fiel das Recht an die Repräsentanten der begünstigten Stadt.

Bei Vakantwerden eines Stipendiums mußte die Präsentation innerhalb eines festgelegten Zeitraums, der in der Regel zwischen zwei und sechs Monaten betrug, erfolgen. Wurde diese Frist versäumt, fiel das Präsentationsrecht an Rektor und Dekane, manchmal auch an die Regenten einer Burse, die dann einen Kandidaten ihrer eigenen Wahl für das Stipendium vorschlagen konnten. Ausdrücklich wurde dabei aber immer festgelegt, daß bei der nächsten Besetzung das Präsentationsrecht wieder an die alten Inhaber zurückfiel. Die einmalige Übertragung an Vertreter der Universität sollte lediglich ein längere Vakanz und damit das ungenutzte Brachliegen der gestifteten Gelder verhindern.

Um auch bei Versäumnis der Präsentationsfrist zu gewährleisten, daß die eigene Verwandtschaft nicht allzu lange von der Nutzung der Stiftung ausgeschlossen blieb, beinhaltete eine Reihe von Fundationsbestimmungen eine weitere Sicherheitsklausel. So mußte ein von seiten der Universität präsentierter Kandidat nach einem Jahr das Stipendium bereits wieder abgeben, sollte sich ein Mitglied der Verwandtschaft des Stifters um den Platz bewerben.

Die Überlegung des größtmöglichen Nutzens bestimmte auch die näheren Auswahlkriterien, nach denen ein Bewerber auf einen freien Stipendienplatz präsentiert werden sollte. An oberster Stelle stand hier der Aspekt der persönlichen Würdigkeit. Nahezu alle Stifter nannten ausdrücklich eheliche Geburt als Grundvoraussetzung für eine Zulassung. In diesem Punkt herrschte Einigkeit unter Stiftern aller Konfessionen. Dabei konnte sich aber die Definition

---

40 U. A. Heidelberg, A-926; IX, 8, Nr. 127; II/4, 3, unfol.

41 Zum Folgenden vgl. auch BRUNN (wie Anm. 2), S. 162.

der ehelichen Geburt durchaus als problematisch erweisen. Als Heilbronn die Söhne eines verheirateten Pfarrers und eines verheirateten Mönchs präsentierte, war die Universität zunächst nicht bereit, diese Bewerber anzunehmen[42].

Die Bedingung der ehelichen Geburt wurde häufig auch mit dem Zusatz versehen, der Kandidat müsse Kind ehrbarer Eltern und selbst von ehrbarem Lebenswandel sein. Damit wurden Mitglieder der als unehrbar geltenden sozialen Randgruppen von vornherein von einer Bewerbung ausgeschlossen. Die Stifter wollten keinen Studenten fördern, dessen Lebensumstände und -wandel vermuten ließen, daß er unfähig oder unwillig zu ernsthaftem Studium sei. An einen ihrer Überzeugung nach Unwürdigen sollte kein Geld verschwendet werden.

Neben den Aspekt der persönlichen Würdigkeit trat derjenige der persönlichen Eignung. Fast alle Stifter stellten diese Bedingung als Voraussetzung einer Bewerbung. Sie hätten Dr. Vitus Hase zugestimmt, der eindeutig festlegte, *das sie keinen zu dem stipendio nehmen, der besser zum pflug dan zu gutten kunsten geschickt und geneigt sey*[43]. Häufig wurden auch ein bestimmtes Alter und Vorkenntnisse von einem Kandidaten verlangt, um zu gewährleisten, daß die Stipendiengelder nutzbringend auf ihn verwendet werden konnten. Als Mindestalter wurden in der Regel 15 oder 16 Jahre vorgeschrieben. Es finden sich aber auch Stiftungen, die bereits 12- und 14jährige zuließen, obwohl dies unter dem offiziellen Mindestalter für eine Immatrikulation lag[44]. In solchen Fällen war zunächst wohl an eine Aufnahme des Kandidaten am Pädagogium gedacht, um ihn dort mit Elementarunterricht in Latein und Griechisch auf das eigentliche Studium vorzubereiten. Dementsprechend mußte ein so junger Bewerber lediglich die Voraussetzung mitbringen, daß er *in grammaticalibus also einen anfang habe, daß man daraus spüren möge, er ein fähig ingenium habe und zu den studiis tuglich sei*[45]. Von einem älteren Kandidaten wurde ein höherer Bildungsstand erwartet. Er sollte *zum wenigsten in studiis grammaticalibus und classicis so weit kommen sein, das er publicas lectiones in academia philosophicas undt theologicas mit nutz hören könne*[46]. Auch wenn die Forderung Johann Schweigerlins, der Stipendiat müsse öffentlichen theologischen Lehrveranstaltungen folgen können, einen Einzelfall darstellt, wurde von den älteren Bewerbern, die gleich mit dem Studium begannen, erwartet, daß sie fähig waren, zumindest an den öffentlichen Lehrveran-

---

42 Vgl. WOLGAST (wie Anm. 3), S. 25f.

43 U. A. Heidelberg, A-921; I, 3, Nr. 36; 358, 52, fol. 50v. Bis zu seinem Tod 1534 lehrte Hase an der theologischen Fakultät. Vgl. HAUTZ (wie Anm.8), I, S. 379.

44 Wenzel Zuleger nannte als Bewerbungsvoraussetzung ein Mindestalter von zwölf Jahren; vgl. U. A. Heidelberg, A-920; IX, 8, Nr. 9; 389, 12, fol. 22v. Reinhard Bachoven legte es auf 14 Jahre fest; vgl. U. A. Heidelberg, A-939; IX, 8, Nr. 11, unfol.

45 U. A. Heidelberg, A-920; IX, 8, Nr. 9; 389, 12, fol. 22v.

46 U. A. Heidelberg, A-921; IX, 8, 55; 385, unfol.

staltungen der artistischen beziehungsweise später der philosophischen Fakultät teilnehmen zu können.

Weitere Bestimmungen zielten darauf ab, den erwählten Kandidaten zu einem zügigen, erfolgreichen Studium anzuhalten. Zeitliche Begrenzungen der Stipendien sollten verhindern, daß der Begünstigte sich zum ewigen Studenten entwickelte. Die durchschnittliche Laufzeit der Förderung bewegte sich zwischen fünf und sechs Jahren. Dabei sahen die meisten Stifter eine Verlängerungsmöglichkeit für den Fall vor, daß der Geförderte sich als besonders talentiert erweisen sollte und eine weitere Unterstützung damit besonders lohnenswert und nutzbringend erschien.

Bei der Einrichtung eines Stipendiums an einer Burse wurde der Stipendiat der Aufsicht und den Regeln dieser Institution unterstellt. Ausdrücklich betonten die Stifter, daß der Begünstigte genau zu denselben Bedingungen aufgenommen wurde, wie andere Studenten, dieselben Rechte genoß, sich aber auch an dieselben Regeln halten mußte. Universitätsgesetze und Bursenregeln sahen die meisten Stifter als ausreichend an, um zu verhindern, daß der Stipendiat seinen Lernverpflichtungen nicht nachkam oder ein Lotterleben führte. Eine Ausnahme stellt hier jedoch die Stiftung Margareta Hallers dar. Zusätzlich zu den für alle Studenten geltenden Regeln stellte sie einen Bußgeldkatalog zusammen, in dem detaillierte Strafgelder für Versäumnisse des begünstigten Studenten im Studium aufgelistet waren. So legte sie zum Beispiel fest, *so oft er in aygener person nit disputirent, sünder ein andern an sein stat stellt, sol er alle mal eyn gulden vorfallen und zu einer straff vorwirckt haben*[47], bei der Gesamthöhe des Stipendiums von jährlich 20 Gulden sicherlich eine empfindliche Strafe. Für Lektionen oder Disputationen, die der Stipendiat in- und außerhalb der Burse versäumte, war dagegen nur ein Weißpfennig[48] zu entrichten. Die anfallenden Beträge sollten jeweils von der jährlichen Stipendienzahlung abgezogen werden.

Für die Stifter des 18. Jahrhunderts bestand die Möglichkeit, den Stipendiaten der Kontrolle einer Burse zu unterstellen, nicht mehr.

Wenn sich trotz aller Vorsichtsmaßnahmen der Nutznießer eines Stipendiums als persönlich unwürdig, ungeeignet oder nachlässig im Studium erwies, bestand die letzte Möglichkeit, die Fundation vor Mißbrauch zu schützen, in der Aberkennung des Stipendiums. Bereits einer der ersten Stifter hatte in seinen Bestimmungen vorgesehen, dem Begünstigten die Nutzung zu entziehen, *so sich einer unduglich hielte*[49]. In den späteren Stiftungen wurden die Gründe zur Aberkennung konkretisiert. Zu ihnen zählten an erster Stelle Untauglichkeit

---

47 U. A. Heidelberg, A-922; I, 3, Nr. 38; 358, 52 b, fol. 21v.

48 Zur Zeit der Stiftung Hallers hatten 26 Weißpfennige den Wert eines Goldguldens. Vgl. F. v. SCHRÖTTER, Wörterbuch der Münzkunde, Berlin ²1970, S. 18ff.

49 U. A. Heidelberg, A-921; I, 3, Nr. 36; 358, 52, fol. 33v.

und Faulheit. Aber auch Ungehorsam gegenüber den Regeln des akademischen Lebens und ein moralisch verwerflicher Lebenswandel konnten den Entzug zur Folge haben. War das Stipendium an ein bestimmtes Bekenntnis gebunden, führte auch der Konfessionswechsel des Begünstigten zum Verlust. In all diesen Fällen sollte ein anderer Kandidat, der würdiger und geeigneter war, in den Genuß der Stiftung kommen.

Neben dem Bemühen, mit seiner Einrichtung den größtmöglichen Nutzen zu erzielen, lassen die Bestimmungen der Fundationen erkennen, daß die Stifter die Vergabe eines Stipendiums als wechselseitigen Vertrag ansahen. Er verlieh dem Begünstigten nicht nur Rechte, sondern verlangte ihm auch konkrete Pflichten ab. Sie bestanden nicht nur darin, ein ehrbares Leben zu führen und fleißig zu studieren, damit er aus dem Geld, das auf ihn verwendet wurde, den größten Nutzen für sich selbst in Form einer gesicherten wirtschaftlichen Existenz und für die Allgemeinheit als fähiger Akademiker im Dienst der Kirche oder des Staates zog. Mit dem Stipendium nahm er gleichzeitig eine Verpflichtung für die Zukunft auf sich. Wenn er später selbst zu Wohlstand gelangte, sollte er sich der Stiftung, der Burse oder Universität für die früheren Wohltaten dankbar erweisen und sie seinerseits finanziell unterstützen, eine Bestimmung, die Bestandteil nahezu aller Fundationen war. Auf diese Weise versuchte der Stifter, das eigene Gefühl der Verantwortung gegenüber armen Studenten, das ihn selbst zur Einrichtung des Stipendiums bewegt hatte, an deren Nutznießer weiterzugeben und so auch in Zukunft die Förderung bedürftiger Studenten zu sichern. Die Beispiele Nikolaus Staymars[50] und Nikolaus Cisners[51] zeigen, daß die Solidarität, zu der die Stipendienbestimmungen die Begünstigten bewegen wollten, keineswegs eine leere Floskel war. Es läßt sich zwar nicht mehr feststellen, ob sie während ihrer eigenen Studienzeit Inhaber eines Stipendiums waren. Ihre Stiftungen erfolgten jedoch ausdrücklich aus der Erfahrung heraus, selbst arm und auf finanzielle Unterstützung angewiesen gewesen zu sein, die sie von der eigenen Familie nicht erhalten konnten. Inzwischen zu einem sicheren Unterhalt gekommen, fühlten sie sich verpflichtet, nun ihrerseits mittellosen Studenten zu helfen, und zeigten damit genau das Verhalten, zu dem die Stifter die Inhaber der Stipendien bewegen wollten.

In den obrigkeitlichen Fundationen kam die Vorstellung von der Vergabe eines Stipendiums als Eingehen eines wechselseitigen Vertrags auf andere Weise zum Ausdruck. Wie Kurfürst Friedrich V., der bestimmte, daß die Stipendiaten *nach vollendten ihren studien und erlangten guoten qualiteten schuldig sein, uns vor allen andern herrn ihren dienst anzubieten*[52], behielten Obrigkeiten sich häufig die

---

50 Ebd. fol. 60r.
51 Ebd. fol. 99v.
52 U. A. Heidelberg, A-920; IX, 8, Nr. 9; 389, 12, fol. 46r.

Dienste der von ihnen Geförderten für Kirche und Verwaltung ihres eigenen Herrschaftsgebietes vor, ohne dabei jedoch eine Anstellung zu garantieren.

Stiftungen von privater wie von institutioneller Seite wurden demnach als wechselseitige Verpflichtung verstanden, die auch dem Stipendiaten Pflichten auferlegte, die zeitlich und inhaltlich nicht auf den Aufenthalt an der Universität begrenzt waren. Sichtbaren Ausdruck fand das Verständnis der Wechselseitigkeit häufig in einem Eid, den der Begünstigte auf die Fundationsbestimmungen ablegen mußte.

Neben der effektiven Nutzung der Stipendien, die von den Stiftern angestrebt wurde, lassen die Bestimmungen zum Teil auch erkennen, daß die Gründer die Absicht verfolgten, im Rahmen einer größeren Auseinandersetzung eine konkrete Position zu beziehen. Ihre Fundation sollte dabei diejenige Gruppierung stärken, der sie sich in diesem Konflikt zugehörig fühlten. Eine solche Zielsetzung läßt sich beispielsweise für die Dauer des Wegestreites an der Universität beobachten. Mitte des 15. Jahrhunderts war der Nominalismus, auch via moderna genannt, in Konkurrenz zum Realismus bzw. der via antiqua getreten. Obwohl beide Wege in der Universitätsreform von 1452 gleichberechtigt nebeneinandergestellt worden waren, dauerten die Rivalitäten an. 1486 stiftete Johann Wenck eine eigene Burse für die Realisten. Obwohl das Dionysianum als Armenburse eigentlich der naheliegende Ort war, um Stipendien zur Unterstützung mitteloser Studenten einzurichten, wurden in den folgenden Jahrzehnten eine Reihe von Stiftungen ins Leben gerufen, die ausdrücklich die Realistenburse zum Wohn- und Studienort des Stipendiaten bestimmten. Heinrich Seitzenwiler machte zur Bedingung, daß die durch seine Fundation unterhaltenen Studenten ihre Studien *ad bursam seu collegium de via realium*[53] durchführen mußten. Auch Margareta Haller erklärte eindeutig: *so wer ir will und maynung, daß solcher student in kainer andern dan in der realisten- oder predigerburß studiren sollt*[54]. Andere Stifter gestanden dagegen dem Begünstigten zu, *libertatem habebit, in quia via aut bursa studere voluerit*[55]. Gerade dieser Kontrast verdeutlicht, daß es sich bei der Bindung an die Realistenburse und die Festlegung auf die via antiqua um eine bewußte, wohlüberlegte Bestimmung handelte, mit der der Stifter eine eindeutige Stellung im Rahmen des inneruniversitären Streites bezog.

Ähnliches läßt sich bei einigen Fundationen des konfessionellen Zeitalters beobachten. Hier boten sich den Gründern unterschiedliche Möglichkeiten, im Rahmen der konfessionellen Auseinandersetzungen Stellung zu beziehen. Die naheliegendste, den geförderten Studenten bei der Wahl der Fakultät auf

---

53 U. A. Heidelberg, A-922; I, 3, Nr. 38; 358, 52 b, fol. 26v.

54 Ebd. fol. 20r.

55 U. A. Heidelberg, A-921; I, 3, Nr. 36; 358, 52, fol. 30v-31r.

die theologische festzulegen, wurde dabei auffallend selten genutzt[56]. Insgesamt kam es zu sechs solcher Fundationen, bei denen Stipendien eingerichtet und dabei gleichzeitig Theologie zum Studienfach bestimmt wurde[57], so daß dem Begünstigten keinerlei Wahlfreiheit blieb. Eine dieser Stiftungen ist undatiert[58]. Zwei weitere erfolgten von katholischer Seite, noch bevor die Reformation überhaupt Einfluß auf die Universität gewonnen hatte[59]. Damit könnte lediglich bei den späteren drei der Wunsch der Stifter eine Rolle gespielt haben, das eigene Bekenntnis in der Auseinandersetzung mit den Altgläubigen durch die Fundation zu stärken. Bei den meisten Stiftungen, gleich welcher Konfession, war der Aspekt der Eignung und Fähigkeit des auszuwählenden Kandidaten jedoch von zu großer Bedeutung, um ihn von vornherein auf ein Studienfach festzulegen. Folgerichtig stellte die überwiegende Mehrheit der Fundationsbestimmungen dem Stipendiaten frei, welche der höheren Fakultäten er nach Erlangen des Magistergrades wählte. Uneingeschränkt sollte er sich für diejenige entscheiden können, die seinen Vorlieben und Fähigkeiten am ehesten entsprach, um seine Talente für das Studium am effektivsten zu nutzen.

Eine bessere Möglichkeit, die Begünstigung durch die Stiftung Angehörigen der eigenen Konfession vorzubehalten, ohne die Begabungen des jeweiligen Nutznießers durch Festlegung der Fakultät unberücksichtigt zu lassen, bestand darin, die Vergabe des Stipendiums von der Bekenntniszugehörigkeit des Bewerbers abhängig zu machen. Sie wurde erstmals 1585 bei der Fundierung der Selzischen Stipendien angewendet. Pfalzgraf Johann Casimir legte für die Auswahl der Kandidaten fest: *Es sollen auch alle solche stipendiaten ... sich forderst zu unser wahren, christlichen religion, der augspurgischen confession und den apologien ... bekennen*[60]. Auch in den folgenden Jahrzehnten findet sich die ausdrückliche Festlegung des Bewerbers auf eine bestimmte Konfession immer wieder unter den für ein Stipendium aufgestellten Regeln. Wurde Ende des 16. und Anfang des 17. Jahrhunderts das Bekenntnis zur reinen, reformierten evangelischen

---

56 Hierunter fallen nicht diejenigen Stiftungen, bei denen, wie z. B. bei der Selzer Fundation, mehrere Stipendienplätze eingerichtet wurden unter der Bedingung, daß von insgesamt zwölf Plätzen sechs der theologischen, vier der juristischen und zwei der medizinischen Fakultät vorbehalten werden sollten. Bei diesen Bestimmungen handelte es sich nicht um eine tatsächliche Beschränkung des Stipendiaten, da er sich auf einen Platz seiner Wahl bewerben konnte. Zur Selzer Stiftung vgl. U. A. Heidelberg, A-920; IX, 8, Nr. 9; 389,12, fol. 1r-6r.

57 Stiftungen, die dem Nutznießer bindend ein Studium an der juristischen oder medizinischen Fakultät vorschrieben, sind nicht belegt. Hin und wieder findet sich lediglich der Zusatz, daß die Fachwahl zwar grundsätzlich frei sei, aber ein Bewerber für das Jura- bzw. Medizinstudium bevorzugt ausgewählt werden solle. Vgl. U. A. Heidelberg, A-922; I, 3, Nr. 38; 358, 52 b, fol. 21r; A-927; IX, 8, Nr. 59, unfol.

58 U. A. Heidelberg, A-921; I, 3, Nr. 36; 358, 52, fol. 46v-47r.

59 Es handelt sich um die 1509 von Johann Schwindkauf und die 1516 von Johann Kroner eingerichteten Stipendien; vgl. ebd. fol. 28v-29v, 41r-44r.

60 U. A. Heidelberg, A-920; IX, 8, Nr. 9; 389, 12, fol. 2r.

Lehre verlangt, behielten die katholischen Stifter des 18. Jahrhunderts die Stipendien den Angehörigen ihrer Konfession vor.

Eine weitere Möglichkeit, nur Vertreter des eigenen Bekenntnisses mit der Stiftung zu begünstigen, ohne dabei die Fächerwahl des Kandidaten einzuschränken, bestand darin, den Verbleib der Fundation in Heidelberg von der Konfession der Kurpfalz beziehungsweise der Universität abhängig zu machen. So sollten die Fuggerschen Stipendien nur *so lang die wahre, christliche, in Gottes wort gegrünte glaubensbekantnus ... daselbst, wie bey regirung weillandt deß hochgebornen fursten herrn Friderichs pfaltzgraven ... beschehen, ... rein und unverfelscht gelehret und geprediget wurdt*[61], in Heidelberg bleiben. Im Fall eines Konfessionswechsels sollten sie nach Basel transferiert werden. Um ganz sicher zu gehen, daß die Nutznießung nicht in falsche Hände geriet, sahen die Fundationsbestimmungen bei einem Konfessionswechsel in Basel die Übertragung nach Zürich, und falls dort eine Veränderung eintreten sollte, nach Genf vor. Obwohl diese mehrfache Rückversicherung einen Einzelfall darstellte, legte auch Thomas Erastus fest, daß die von ihm eingerichteten Stipendienplätze nur dann in Heidelberg verbleiben sollten, wenn die Kurpfalz wieder vollständig zum reformierten Bekenntnis, wie es unter Kurfürst Friedrich III. eingeführt worden war, zurückkehrte. Andernfalls fielen auch sie an die Universität Basel.

Wie die Stiftungen zugunsten der via antiqua, bezogen auch die Fundationen, die auf eine der oben angeführten Weisen ausdrücklich eine bestimmte Konfession begünstigten, im Rahmen eines bestehenden Konfliktfeldes eine konkrete Position. Damit waren sie nicht mehr nur ein sozialer Akt gegenüber einer Gemeinschaft, der sich der Stifter in besonderer Weise verantwortlich und verpflichtet fühlte, sondern wurden in diesen Fällen auch zum Zweck der politischen Einflußnahme eingerichtet.

---

61 U. A. Heidelberg, A-920; IX, 8, Nr. 9; 389, 12, fol. 8v.

Anhang

Stipendienstiftungen an der Universität Heidelberg

Jahr	Stifter	Anzahl	Jahr	Stifter	Anzahl
1497	Peter Stock	2	1558	Peter Wilcker	1
1505	Johann Hartmann	1	1560	Georg Niger	1
1506	Lorenz Jungroß	1	1561	Rektor und Dekane der	1
1509	Johann Schwindkauf	1		Universität Heidelberg	
1512	Hartmann Hartmanni	1	1563	Werner und Katharina	1
1514	Philipp Stetten	2		Ritter	
1514	Adam Werner	1	1580	Kf. Ludwig VI.	1
1514	Konrad Schelling	1	1580	Gf. Philipp und Gf.	3-4
1516	Lorenz Lemmerer	1		Konrad von Solms	
undat.	Daniel Zackenried	1	1580	Afra Nuber	1
1516	Johann Kroner	1	1584	Kf. Ludwig VI.	1
1518	Walter Hahn	1	1585	Ulrich Fugger	6
1518	Heinrich Setzenwiler	keine Angaben	1585	Kf. Ludwig VI. / Pfgf.	12
1518	Margareta Haller	1		Johann Casimir	
1520	Johann Seghart	1	1591	Nikolaus Cisner	1
1520	Jost Brechtel	1	1594/	Helena Zuleger	1
1524	Johann Weiser	1	1600		
1520	Adam Werner	1	1598	Thomas Erastus	4
1537	Adam Werner	Erweiterung d. früheren Stiftungen	vor 1599	L. Georg Herder	keine Angaben
1538	Johann Cocus	1	1600	Rektor und Dekane der Universität Heidelberg	Erweiterung der Stiftung v. 1561 auf 4 Studienstipendien
1539	Vitus Hase	1			
undat.	Andreas Baltz	keine Angaben			
1543	Stadt Ulm	2	1603	Hermann Witekind	2
1547	Jakob Berhold	1	1605	Wenzel Zuleger	1
1547	Simon Ban	1	1613	Johann Schweigerlin	1
1548	Nikolaus Staymar	1	1614	Reinhard Bachoven	1
1550	Johann Ziegler	1	1616	Kf. Friedrich V.	4
1551	Gf. Engelhard von Leiningen	2	1648	Johann Schick	1
			1763	Johann Jakob Lang	1-2
1553	Kaspar Hammerstetter	2	1783	Christian Mayer	4
1556	Heinrich von Suchtelen, Jakob Schmitz	2	1795	Johann Jakob Kuhn	keine Angaben
			1801	Johann Michael Trauninger	1-2

FRUCTUS UBERRIMI:
DIE THEOLOGIESTUDENTEN
VON COLLEGIUM SAPIENTIAE
UND UNIVERSITÄT HEIDELBERG 1560-1622

Von Robert ZEPF

DIE ZWEITE HÄLFTE DES 16. Jahrhunderts und die ersten beiden Jahrzehnte des 17. Jahrhunderts waren eine der Blütezeiten der Heidelberger Universität. Auf der Grundlage der umfassenden Reformen Kurfürst Ottheinrichs (1556-1559) gelangte sie nach Jahrzehnten der Mittelmäßigkeit zu „internationalem Ansehen wie nie zuvor und vielleicht auch später nie wieder"[1]. Entscheidend für diesen Aufstieg waren jedoch nicht die neugefaßten Statuten, sondern die Einführung der Reformation: Nichts hatte die Anziehungskraft der Universität seit 1520 so begrenzt wie ihr durch die Pfälzer Politik bedingter konfessioneller Schwebezustand. Nirgends läßt sich daher die binnen weniger Jahre dramatisch veränderte Bedeutung Heidelbergs deutlicher ablesen als an der Theologischen Fakultät. 1556, im Jahr der Einführung der lutherischen Reformation, waren beide Professuren mit Theologen von allenfalls regionaler Bedeutung besetzt. Seit Jahren standen sich der katholische Matthias Keuler und der evangelische Heinrich Stoll gegenüber, mit der Folge, daß die Studenten weitgehend ausblieben: Die im September 1556 erstmals angelegte Matrikel der Theologiestudenten verzeichnete gerade einmal sieben Namen[2]. Nur etwas mehr als ein Jahrzehnt später – 1568 – waren alle drei Theologieprofessoren Gelehrte nichtdeutscher Herkunft, und ihre Hörerschaft war ähnlich international zusammengesetzt: *iuvenes ex diversis locis & scholis, ac longe dissitis etiam provinciis, Helvetia, Silesia, Bavaria, Saxonia, Hassia, Gallia, Belgio, & aliis*[3] kamen zum Studium nach Heidelberg[4].

---

1   E. WOLGAST, Die Universität Heidelberg 1386-1986, Berlin u. a. 1986, S. 40. Zum religionspolitischen Hintergrund der hier beschriebenen Entwicklung vgl. zusammenfassend E. WOLGAST, Reformierte Konfession und Politik im 16. Jahrhundert. Studien zur Geschichte der Kurpfalz im Reformationszeitalter, Heidelberg 1998.

2   Vgl. Matrikel der Universität Heidelberg von 1386 bis 1662, bearb. v. G. TOEPKE, 3 Bde., Heidelberg 1884-1893, Bd. 2, S. 545.

3   Q. REUTER, Jubileus primus Collegii Sapientiae quod est Heidelbergae celebratus, Heidelberg 1606, fol. Er.

4   Nicht nur die Theologenschaft, sondern auch die Studentenschaft insgesamt war international geprägt, wie die von Armin Kohnle anhand der Universitätsmatrikel ermittelten Zahlen belegen: Während 1556 nur 5,3 Prozent der in Heidelberg neu immatrikulierten Studenten „ausländischer" Herkunft waren, lag ihr Anteil 1568 bei 51,9 Prozent, für die gesamte Regierungszeit Friedrichs III. (1560-1576) durchschnittlich bei 38,8 Prozent. Vgl. A. KOHNLE, Die Universität Heidelberg als Zentrum des reformierten Protestantismus im 16. und frühen 17. Jahrhundert, in: Die ungarische

Genau wie die Provinzialität der Fakultät vor 1556 durch die besondere konfessionelle Situation der Pfalz bedingt gewesen war, war auch für ihre Anziehungskraft nach 1560 der religiöse Sonderweg des Landes ausschlaggebend: Nur wenige Jahre nach Einführung des Luthertums war Ottheinrichs Nachfolger, Friedrich III., zum reformierten Bekenntnis übergegangen. Die Kurpfalz wurde schlagartig zum Refugium für verfolgte Calvinisten aus weiten Teilen Europas[5], ihre Hauptstadt zu einer „séconde métropole du calvinisme européen"[6]. Von der Theologischen Fakultät der Universität gingen nun wichtige Impulse für die religiösen Kontroversen der Zeit aus, aber auch grundlegende Arbeiten, wie der berühmte Heidelberger Katechismus, der sich nach seiner Veröffentlichung im Jahre 1563 schnell verbreitete und in zahlreiche Sprachen übersetzt wurde – im November 1618 wurde seine Bedeutung eindrucksvoll bestätigt, als die Dordrechter Synode ihn in Anwesenheit der Pfälzer Theologen Abraham Scultetus, Paul Tossanus und Heinrich Alting zum verpflichtenden Bekenntnis der reformierten Kirche erklärte[7].

Trotz dieser unbestrittenen Bedeutung der reformierten Theologischen Fakultät Heidelbergs, die gegenüber Genf eine selbstbewußte und eigenständige Linie vertrat[8], ist diese „große Zeit"[9] ihrer Geschichte bislang nur unzureichend erforscht – neben kurzen Festbeiträgen[10] gibt es zwar Arbeiten zu einzelnen Professoren und zur Entstehung des Katechismus, doch ist die Fakultät als Institution und der Aufbau ihrer Lehre – abgesehen von einem Aufsatz Eike Wolgasts über das Collegium Sapientiae[11] und mehreren kleineren Arbeiten von Gustav Adolf Benrath[12] – in weiten Teilen noch unerforscht. Besonders vernachlässigt sind die Jahrzehnte nach dem lutherischen Intermezzo unter

---

Universitätsbildung und Europa, hg. v. M. Font und L. Szögi, Pécs 2001, S. 141-161. Dr. Kohnle sei an dieser Stelle für die Überlassung des Manuskripts herzlich gedankt.

5   Vgl. dazu D. RAFF, Die Pfalz als Refugium, in: HdJb 30 (1986), S. 105-122.

6   B. VOGLER, Le clergé protestant rhénan au siècle de la Réforme (1555-1619), Paris 1976, S. 58.

7   Zur Dordrechter Synode vgl. J. P. van DOOREN, Art. „Dordrechter Synode", in: TRE 9, S. 140-147.

8   Bemerkenswert ist zum Beispiel das Festhalten an den Loci communes Melanchthons als dogmatischer Grundlage der Lehre an Stelle der 1600 vom Kurfürsten geforderten Institutiones Calvins. Vgl. K. MAAG, Seminary or university? The Genevan academy and reformed higher education, 1560 – 1620, Aldershot 1995, S. 169f. und VOGLER, Clergé (wie Anm. 6), S. 60.

9   K. BAUER, Aus der großen Zeit der theologischen Fakultät zu Heidelberg, Lahr 1938 (VVKGB 14).

10 Vgl. BAUER (wie Anm. 9) und H. BORNKAMM, Die Theologische Fakultät Heidelberg, in: Aus der Geschichte der Universität Heidelberg und ihrer Fakultäten, hg. v. G. HINZ, Heidelberg 1961, S. 135-161.

11 E. WOLGAST, Das Collegium Sapientiae in Heidelberg im 16. Jahrhundert, in: ZGO 147 (1999), S. 303-318.

12 Maßgeblich v. a. G. A. BENRATH, Reformierte Kirchengeschichtsschreibung an der Universität Heidelberg im 16. und 17. Jahrhundert, Speyer 1963 (VVPfKG 9) und DERS., Die Eigenart der Pfälzer Reformation und die Vorgeschichte des Heidelberger Katechismus, in: HdJb 7 (1963), S. 13-32. Ebenfalls zu nennen ist in diesem Kontext VOGLER (wie Anm. 6), der im Zusammenhang mit der Rekrutierung und Ausbildung des rheinischen evangelischen Klerus immer wieder auch auf die Ausbildungseinrichtungen zu sprechen kommt.

Kurfürst Ludwig VI. (1576-1583), in der die Fakultät zum Teil von weniger prominenten, aber gleichwohl nicht völlig unbedeutenden Schülern der ersten Professorengeneration geleitet wurde – zu nennen sind hier Jakob Kimmedonc, Quirinus Reuter und David Pareus –, aber auch von bekannteren reformierten Theologen wie Johann Jakob Grynaeus, Franciscus Junius (du Jon), Abraham Scultetus oder Heinrich Alting. Die intellektuelle Speerspitze der deutschen Reformierten mag – darauf hat Notker Hammerstein hingewiesen[13] – nach 1584 eher an der „calvinistische[n] Paradehochschule"[14] im nassauischen Herborn zu finden gewesen sein, doch sowohl was die Zahl wie die Internationalität ihrer Absolventen angeht, war die Heidelberger Theologische Fakultät nach wie vor die führende reformierte Theologenausbildungsstätte im deutschsprachigen Raum[15] – nicht ohne Stolz verwies Quirinus Reuter 1606 darauf, daß aus Heidelberg und der 1578-1583 bestehenden reformierten Ersatzhochschule Johann Casimirs in Neustadt *fructus uberrimos in totam ecclesiam et rempublicam intra et extra Germaniam*[16] hervorgegangen seien. Im Folgenden soll daher der Versuch gemacht werden, anhand dreier zeitgenössischer Verzeichnisse den Einzugsbereich der Heidelberger Theologenausbildung in den Jahren zwischen 1560 und 1622 zu umschreiben – ein kleiner Baustein für eine Rezeptionsgeschichte der Heidelberger Theologie in den reformierten Kirchen Europas.

I. Die Heidelberger Theologenausbildung (1560-1622)

Die reformierte Pfälzer Theologenausbildung war seit der Regierungszeit Friedrichs III. in zwei Institutionen organisiert, die zwar eng miteinander verflochten waren, jedoch unterschiedliche Ausbildungsniveaus markierten: Im Collegium Sapientiae, das als Pfarrer- und Lehrerseminar der Kurpfalz diente, und in der Theologischen Fakultät der Universität, an der das höhere Studium mit dem Erwerb akademischer Grade möglich war.

---

13 N. HAMMERSTEIN, Vom „Dritten Genf" zur Jesuiten-Universität: Heidelberg in der frühen Neuzeit, in: Die Geschichte der Universität Heidelberg. Vorträge im Wintersemester 1985/86, Heidelberg 1986, S. 40f.

14 Ebd., S. 41.

15 In den Jahren, in denen die Heidelberger Theologische Fakultät ihre Studenten auch nur einigermaßen vollständig erfaßte (zum Beispiel 1595 oder 1620), weist ihre Matrikel um die 70 Theologiestudenten aus – eine Zahl, die von der gesamten Herborner Hochschule vor 1620 nur in wenigen, außergewöhnlich starken Jahren übertroffen wurde. Vgl. G. ZEDLER/H. SOMMER, Die Matrikel der Hohen Schule und des Pädagogiums zu Herborn, Wiesbaden 1908 (VHKN V), S. 3-83.

16 Reuter (wie Anm. 3), fol. E4v. Das konkrete Zitat bezieht sich nur auf das Casimirianum, die im Kontext weiter ausgeführte Aussage jedoch auf die Außenwirkung der Heidelberger Theologie insgesamt.

Das Collegium Sapientiae war 1556 im leerstehenden Heidelberger Augusti-
nerkloster als Stipendienanstalt der Artistenfakultät eröffnet worden[17], um be-
dürftigen Landeskindern das Studium an allen Fakultäten zu ermöglichen. Erst
ab August 1560 wurde es unter Leitung von Caspar Olevianus[18] in mehreren
Teilschritten in ein „theologisches Studienhaus"[19] umgewandelt, in dem *die jungen darinnen ad studium Theologiae und ministeria ecclesiastica*[20] herangeführt werden
sollten. Zu diesem Zweck erhöhte Friedrich III. die Zahl der Sapientisten auf
etwa siebzig, vermutlich unter Einbeziehung der zuvor von Ottheinrich gestifteten Theologenstipendien[21]. Mit diesen Maßnahmen veränderte sich die
Rechtsstellung des Sapienzkollegs vollständig: Es wurde eine Einrichtung der
Landeskirche ohne institutionelle Einbindung in die Universität und erschien
daher regelmäßig in den Kirchenordnungen des Landes, erstmals in der Kirchenratsordnung vom 21. Juli 1564[22]. Ein allerdings nicht in die endgültige
Fassung übernommener Passus zeigt die Stellung, die dem Kolleg im Bildungssystem der Kurpfalz zugedacht war: Aus den Schulen des Landes sollten
vielversprechende Jungen auf die Pädagogien in Heidelberg, Neuhausen bei
Worms (seit 1565), Amberg (seit 1566) und Kreuznach (1567 neu organisiert)
geschickt werden[23], um anschließend im Collegium Sapientiae auf den Dienst
als Pfarrer oder Lehrer vorbereitet zu werden.

In der Praxis blieb das Kolleg allerdings eng in das universitäre Leben integriert: Die Ephoren waren fast immer zugleich Theologieprofessoren[24], die
Präzeptoren graduierte Mitglieder der Universität. Auch die Sapientisten blieben Angehörige der Universität, wie das Heidelberger Einwohnerverzeichnis

---

17 Zur Gründungsgeschichte des Collegium Sapientiae, die in die Interimszeit zurückreicht, vgl. E.
    WOLGAST, Hochschule und Papsttum: Die Universität Heidelberg in der Zeit der Pfälzer Vorrefor-
    mation 1517-1556, in: Papsttum und Landesgeschichte: Festschrift für Hermann Jakobs zum 65.
    Geburtstag, hg. v. J. DAHLHAUS u. A. KOHNLE, Köln u. a. 1995, S. 595-600.

18 Zu den einzelnen Stufen der Umgestaltung vgl. WOLGAST, Collegium Sapientiae (wie Anm. 11),
    S. 306f.

19 M. SCHAAB, Geschichte der Kurpfalz. Bd. 2: Neuzeit, Stuttgart u. a. 1992, S. 106.

20 Schreiben Kurfürst Friedrichs III. an die Universität Heidelberg, Okt. 1561. Zit. nach J. F. HAUTZ,
    Jacobus Micyllus Argentoratensis, Philologus et Poetae Heidelbergae et Rupertinae Universitatis
    olim decus, Heidelberg 1842, S. 34.

21 So sind wohl die Klagen der Artistenfakultät vom August 1560 zu verstehen, der Kurfürst habe ge-
    gen den Willen der Fakultät die *stipendiati Theologiae* mit den *alumni domus Sapientiae* vereinigt. Vgl. da-
    zu J. F. HAUTZ, Geschichte der Universität Heidelberg, Mannheim 1862-1864 (ND Hildesheim u. a.
    1980), Bd. 2, S. 63.

22 Vgl. Pfälzer Kirchenratsordnung, 21.7.1564, gedruckt in: Die evangelischen Kirchenordnungen des
    XVI. Jahrhunderts Bd. 14: Kurpfalz, hg. v. E. SEHLING, Tübingen 1969, S. 421.

23 Von 1575 bis 1577 bestand zudem eine kurzlebige Ritterakademie in Selz, außerdem hatte das Ca-
    simirianum in Neustadt nach 1583 den Status eines Pädagogiums.

24 Die einzige Ausnahme war Zacharias Ursinus, der Ephorus blieb, auch nachdem er 1567 seine Pro-
    fessur abgegeben hatte.

von 1588 zeigt[25], und wurden zumindest seit 1564 namentlich in die Universitätsmatrikel aufgenommen. Sie mußten mindestens 14 Jahre alt sein und durchliefen in der Regel einen dreijährigen Kursus: Alle Klassen wurden in den Loci communes unterrichtet, die beiden unteren Klassen darüber hinaus in den akademischen Grundlagenfächern sowie in Griechisch und Hebräisch, während die *Supremi* drei *lectiones theologicae* – also die theologischen Vorlesungen der Universität – sowie homiletische Übungen zu besuchen hatten[26]. Im letzten Jahr überschnitten sich somit die Ausbildung am Collegium Sapientiae und das universitäre Studium[27].

Charakteristisch für die Ausbildung am Collegium Sapientiae war insbesondere seine strenge Disziplin[28], die auch für andere Territorien ein Anreiz war, Studenten nach Heidelberg zu entsenden – nach schlechten Erfahrungen mit Stipendien an anderen Hochschulen schickte Bern regelmäßig zwei Studenten in die Sapienz, damit sie *dadurch liederlicher gselschafft und ungepürlichenn läbens abzogenn werdind*[29]. Die Disziplin des Collegium Sapientiae war jedoch nicht nur äußerliches Mittel schulischer Erziehung, sondern Programm – sie sollte in den Sapientisten einen fast militärischen Corpsgeist erzeugen, sie für die konfessionelle Auseinandersetzung wappnen. Die Angehörigen des Kollegs sollten sich in den Worten Quirinus Reuters – nach dem Vorbild der „unsterblichen", weil bei Verlusten immer neu auf die Zahl von 10.000 ergänzten Elitetruppe des Perserkönigs Xerxes (!)[30] als *sacra legio Immortalium* verstehen, *non ad alicuius principis mortalis, sed Satanae κοσμοκράτορος regnum expugnandum; non ad terrenam aliquam civitatem, sed coelestem Jerosolymam occupandam*[31], und zu diesem Zweck lernen, den *gladius verbi Dei*[32] zu gebrauchen.

Eine große Zahl von Theologiestudenten lebte jedoch auch nach 1560 außerhalb des Collegium Sapientiae – neben der Möglichkeit eines frei finanzierten Studiums gab es zahlreiche private Stipendien, von denen einige aus-

---

25 A. MAYS/K. CHRIST, Einwohnerverzeichnis der Stadt Heidelberg vom Jahr 1588, in: Neues Archiv für die Geschichte der Stadt Heidelberg und der rheinischen Pfalz 1 (1890), S. 1-320, hier: S. 141-148. Das Collegium Sapientiae steht im zweiten Teil des Verzeichnisses (*Rectoris und Universitets Angehörige*).

26 Vgl. dazu WOLGAST, Collegium Sapientiae (wie Anm. 11), S. 311.

27 Mitunter wurden daher bereits die *Supremi* in die Matrikel der Theologischen Fakultät aufgenommen, so im Jahr 1595, wo sie jedoch als gesonderte Gruppe mit dem Vermerk *Ex alumnis domus sapientiae adultiores totique theologico studio dediti erant hoc tempore* ausgewiesen sind. Vgl. Matrikel (wie Anm. 2), Bd. 2, S. 557.

28 Vgl. dazu WOLGAST, Collegium Sapientiae (wie Anm. 11), S. 311, Anm. 32.

29 Vgl. den Brief des Rates der Stadt Bern an Kuradministrator Johann Casimir, 14.8.1585, gedruckt in: H. HAGEN, Briefe von Heidelberger Professoren und Studenten, verfaßt vor dreihundert Jahren, Bern 1886, S. 115, Anm. 5.

30 Vgl. Herodot, Historiae 7,83.

31 Reuter (wie Anm. 3), fol. E3v-E3r.

32 Ebd., fol. E3r.

schließlich an Theologen vergeben wurden[33], wie zum Beispiel die Stipendien Joachims von Berge[34], aber auch weitere kurfürstliche Stipendien am Collegium Casimirianum[35], am Collegium Principis[36] oder im Rahmen der Selzer Fundation, die aus den Mitteln der durch Kurfürst Ludwig VI. 1577 geschlossenen Ritterakademie in Selz finanziert wurde.

II. Quellen

Trotz einer nur unvollständigen Verzeichnung der Heidelberger Theologiestudenten ist es möglich, einen Überblick über ihre geographische Herkunft zu geben, der jedoch aufgrund der Quellenlage für die Jahre nach 1585 und vor allem nach 1600 weitaus zuverlässiger ist als für die Jahre davor. Im wesentlichen stehen drei Quellen zur Verfügung: 1. Die Universitätsmatrikel, 2. die sogenannte *Matricula studiosorum theologiae*[37], ein für die Jahre 1556-1685 von den Dekanen der Theologischen Fakultät geführtes Verzeichnis der Theologiestudenten, sowie 3. das „Rote Buch", ein kurpfälzisches Pfarrer- und Lehrerverzeichnis für die Jahre 1585-1621[38].

Die wichtigste dieser Quellen ist die Matrikel der Universität, die jedoch außer dem Namen zumeist nur das Datum und die Herkunft des Immatrikulierten enthält[39]. Dennoch läßt sich in ihr ein wichtiger Teil der Theologiestudenten identifizieren, da die Zugehörigkeit zum Collegium Sapientiae zumeist festgehalten wurde. Die Erfassungspraxis ist allerdings lange lückenhaft beziehungsweise uneinheitlich: In einigen Jahren kam es zu Gruppenimmatrikulationen von Sapientisten, bei denen ihre Kollegzugehörigkeit festgehalten wurde, in anderen Jahren fehlen dagegen solche Einträge. Die erste solche Immatrikulation erfolgte am 4. Mai 1564[40], doch bricht die Reihe drei Jahre später wieder ab. Erst im April 1572 findet sich wieder eine Gruppe von Studenten,

---

33 Vgl. dazu den Beitrag von U. MACHOCZEK in diesem Band.

34 Joachim von Berge war Herr von Herrendorf im Fürstentum Glogau. Nach einer Laufbahn als Reichshofrat unter Kaiser Maximilian in Wien setzte er sich 1576 zur Ruhe und förderte seitdem zahlreiche Studenten. Nach seinem Tod 1602 widmete ihm die Universität Heidelberg eine Gedenkschrift, an der sich u. a. die Universitätstheologen Reuter, Scultetus und Adam beteiligten. Vgl. K. B. KELLER, Joachim von Berge und seine Stiftungen, Glogau u. a. 1834.

35 Vgl. dazu HAUTZ, Universität (wie Anm. 21), Bd. 2, S. 130-134.

36 Vgl. dazu ebd., S. 108f.

37 Matrikel (wie Anm. 2), Bd. 2, S. 545-585.

38 Das sogenannte „Rote Buch": Ein kurpfälzisches Pfarrer- und Lehrerverzeichnis aus dem Ausgang des XVI. Jahrhunderts (1585 – 1621), hg. v. J. ZIMMERMANN, Darmstadt 1911 (Quellen und Studien zur hessischen Schul- und Universitätsgeschichte 7).

39 Die in den Statuten Ottheinrichs von 1558 enthaltene Forderung, die Fakultätszugehörigkeit der Studenten festzuhalten, wurde offenbar nicht befolgt. Vgl. Statuten und Reformationen der Universität Heidelberg vom 16. bis 18. Jahrhundert, hg. v. A. THORBECKE, Leipzig 1891, S. 15.

40 Matrikel (wie Anm. 2), Bd. 2, S. 33, Nr. 9-21.

die als *alumni domus sapientiae* immatrikuliert wurden, sieben weitere Gruppen folgen in den Jahren bis 1576.

In der Zeit der lutherischen Reaktion unter Kurfürst Ludwig VI. (Oktober 1576 bis Oktober 1583) finden sich dagegen in der Matrikel keine Hinweise auf das Collegium Sapientiae, und auch aus den ersten Jahren nach Wiederherstellung der reformierten Universität unter Kuradministrator Johann Casimir sind keine Immatrikulationen von Sapientisten überliefert – erst 1595 werden wieder zwei kleinere Gruppen als *alumni domus sapientiae*[41] gekennzeichnet. Gleichwohl spricht einiges dafür, daß die Sapientisten auch in den Jahren zuvor als Gruppe immatrikuliert wurden – jedenfalls stehen die mit Hilfe der Matrikel der Theologischen Fakultät identifizierbaren Sapientisten zumeist unter einem Termin zusammen[42]. Eine größere Regelmäßigkeit zeigt sich dagegen nach 1600: Mit Ausnahme der Rektoratsjahre 1602/03, 1607/08, 1610/11 und 1614/15 findet sich in jedem Jahr eine größere Zahl von Immatrikulationen mit Vermerk der Kollegzugehörigkeit.

Die zweite wichtige Quelle zur Ermittlung von Theologiestudenten und von Angehörigen des Sapienzkollegs ist die Matrikel der Theologischen Fakultät, die ab 1560 zwar nur sporadisch geführt wurde, dann aber fast immer vermerkte, wenn es sich bei den Studenten um Sapientisten handelte – 153 der 825 verzeichneten Studenten (das heißt 18,5 Prozent) sind als Angehörige des Collegium Sapientiae identifizierbar[43]. Vollständig ist diese sogenannte *Matricula studiosorum theologiae* jedoch ebenfalls nicht. Obwohl die Statuten der Theologischen Fakultät seit 1558 vorsahen: *Qui Theologicae facultati sive doctrinae sese tradere, praesertim qui gradum ac titulum in ea obtinere cupiunt, nomina sua apud Decanum profiteantur*[44], haben sich „weder alle Studenten bei den Dekanen gemeldet, noch haben Letztere Alle, die sich während der gedachten Zeit bei ihnen gemeldet haben, in den Acten aufgezeichnet"[45]. Die Listen haben daher in vielen Jahren den Charakter einer zufälligen Sammlung von Namen und sind nur in den Jahren einigermaßen vollständig, in denen die Dekane die Namen der Studenten festhielten, die sich *post legum praelectionem* – also nach Verlesung der Fakultätsstatuten – bei ihnen meldeten[46]. Auf diese Weise kamen zum Beispiel in den Jahren 1595 und 1620 bis zu 70 Namen zusammen. Das „Rote Buch", das

---

41 Ebd., S. 179, Nr. 52-56 und 58-60.

42 Vgl. zum Beispiel die Immatrikulation am 19.6.1588, als acht Studenten immatrikuliert wurden (vgl. ebd., S. 139, Nr. 82-88), von denen jedoch nur die ersten sechs anhand der Matrikel der Theologenfakultät als Sapientisten identifizierbar sind.

43 In die Untersuchung wurden neben den Eintragungen aus den eigentlichen Matrikellisten auch die Angaben der Studenten mit einbezogen, die Toepke aus den Fakultätsakten entnommen hat.

44 Vgl. Statuten der Theologischen Fakultät, 1558, abgedruckt in: HAUTZ, Universität, Bd. 2, S. 412f. Die Bestimmung wurde 1575 erneuert – vgl. dazu ebd., S. 423.

45 Matrikel (wie Anm. 2), Bd. 2, S. 545.

46 So zum Beispiel im Jahr 1594. Vgl. ebd., S. 555.

bei Stelleninhabern des öfteren vermerkt: *antea sapientista*[47], lieferte nur eine Handvoll zusätzlicher Namen, doch ist es vor allem für die spätere Verwendung der Sapientisten eine essentielle Quelle. Insgesamt ließen sich anhand der drei Quellen 543 Zöglinge des Collegium Sapientiae und 672 weitere Theologiestudenten ermitteln.

III. Die Herkunft der Sapientisten

Die Herkunft der nachweisbaren *alumni* des Collegium Sapientiae belegt die primäre Funktion des Kollegs als Ausbildungsstätte für den Pfälzer Theologennachwuchs: 363 der 543 ermittelten Sapientisten, also fast genau zwei Drittel, stammten aus Pfälzer Territorien, die große Mehrheit von ihnen (307) aus der rheinischen Kurpfalz einschließlich der jüngeren Nebenlinien Pfalz-Simmern und Pfalz-Lautern sowie der Vorderen Grafschaft Sponheim. Fast alle übrigen Pfälzer Sapientisten (insgesamt 45) stammten aus der überwiegend lutherisch geprägten Oberpfalz, in der die reformierten Kurfürsten ihre Konfession ohne nachhaltigen Erfolg zu popularisieren versuchten: 15 von ihnen kamen aus der Residenz Amberg, sechs weitere aus Cham, die übrigen aus einer Vielzahl kleinerer Städte und Ortschaften überall im Land. Auch sie gaben als Landeszugehörigkeit immer *Palatinus* an – gerade in bezug auf die Oberpfalz diente das Collegium Sapientiae als Instrument der Integration des frühneuzeitlichen Territorialstaats und der Förderung der landesherrlichen Konfession. Aus den übrigen Pfälzer Gebieten kamen dagegen nur wenige Stipendiaten nach Heidelberg: aus dem reformierten Pfalz-Zweibrücken vier[48], aus den lutherischen Territorien Pfalz-Neuburg und Pfalz-Veldenz vier beziehungsweise zwei.

Betrachtet man die Heimatorte der Sapientisten aus der rheinischen Pfalz, so zeigt sich ebenfalls eine breite Streuung über das ganze Territorium. Nachweisbar sind Stipendiaten aus 18 der 21 Ämter[49], was nahelegt, daß die 1564 angestrebte Auslese von geeigneten Schülern aus dem ganzen Land durchaus funktionierte[50]. Die rechts- und linksrheinischen Landesteile waren mit 159 be-

---

47 Vgl. dazu Rotes Buch (wie Anm. 38), S. 81.

48 Die geringe Zahl von Sapientisten aus Pfalz-Zweibrücken erklärt sich aus der Existenz des 1559 gegründeten *Gymnasium illustre* in Hornbach, das in erster Linie für die Ausbildung des Zweibrücker Pfarrernachwuchses zuständig war; vgl. VOGLER (wie Anm. 6), S. 46-50. Erst 1612 wurde eine Vereinbarung geschlossen, derzufolge das Collegium Sapientiae regelmäßig zwei Theologiestudenten aus Pfalz-Zweibrücken zum Preis von 75 fl. pro Student und Jahr aufnehmen sollte. Vgl. ebd., S. 53.

49 Die Zuordnung der Gemeinden zu den Ämtern folgt der Einteilung des Roten Buches. Unter den Sapientisten nicht vertreten waren lediglich die kleinsten Ämter Bolanden (vier Gemeinden), Waldeck und Stromberg (je eine Gemeinde).

50 Vgl. auch VOGLER (wie Anm. 6), S. 28f., der nach 1590 eine zunehmende Rekrutierung von Pfarrernachwuchs aus den ländlichen Gebieten nachweist. Insbesondere nach der Wiedereinführung der reformierten Konfession und der Wiedererrichtung der Pädagogien kam es zu einer Überfüllung der Sapienz, so daß David Pareus 1587 klagte: *vix ullus inveniatur locus et tandem vix duae Sapientiae suffecerint;*

ziehungsweise 148 Stipendiaten jeweils etwa gleich stark vertreten, wobei die großen, bevölkerungsreichen Ämter naturgemäß besonders stark vertreten waren – in erster Linie Heidelberg (89 Stipendiaten), aber auch Alzey (43), Mosbach (40), Lautern (26) und Neustadt (22). Einige Exklaven mit enger Bindung an die Pfalz, insbesondere die Ämter Bretten (15) und Otzberg (um Umstadt; neun) stellten ebenfalls überdurchschnittlich viele Stipendiaten – in auffälligem Gegensatz zu den Ämtern im Südwesten (vor allem Germersheim mit drei und Dirmstein mit zwei) und den Kondominaten im Nordwesten, aus denen nur wenige Stipendiaten nach Heidelberg kamen[51]. Für die meisten Pfälzer Pfarrer war Heidelberg beziehungsweise das Collegium Sapientiae die einzige Ausbildungsstätte – von den 290 aus der Pfalz stammenden Pfarrern der Pfälzer Landeskirche, die in den Jahren 1584-1619 in Heidelberg ihr Studium abschlossen, studierten nur sechs zusätzlich an einer weiteren Hochschule[52].

Das verbleibende Drittel der Sapientisten kam vorwiegend aus den übrigen reformierten Kirchen des deutschsprachigen Raums, wobei das Fehlen der Schweizer bemerkenswert ist. Am zahlreichsten waren Stipendiaten aus Hessen und den Territorien der Wetterauer Grafen (insgesamt 34), relativ stark vertreten waren auch Studenten vom Niederrhein (insgesamt 22, darunter je sechs aus Jülich und Moers und vier aus Aachen), aus Schlesien (16) und Sachsen (insgesamt ebenfalls 16).

Nur wenige Studenten nichtdeutscher Muttersprache kamen dagegen in den Genuß eines Stipendiums am Sapienzkolleg, obwohl die Pfälzer Landeskirche durch die Exulantengemeinden für sie durchaus Bedarf hatte – es finden sich unter den Sapientisten nur ein Hugenotte und sechs Niederländer, von denen nur einer aus der Kurpfalz stammte: der 1590 in Frankenthal geborene Peter Grugotius, der später niederländischer Pfarrer seiner Heimatgemeinde wurde[53]. Die übrigen nachweisbaren Theologiestudenten aus den Frankenthaler Fremdengemeinden studierten außerhalb des Collegium Sapientiae und absolvierten in der Regel einen Teil ihres Studiums in Genf[54].

Brief David Pareus', Heidelberg, an den Berner Pädagogiarchen Peter Hybner, 11.9.1587, gedruckt in: HAGEN (wie Anm. 29), S. 37f.

51 Diese Verteilung deckt sich mit den Ergebnissen von VOGLER (wie Anm. 6), S. 26f., der einen erstaunlichen Mangel an Pfarrernachwuchs aus diesen Gebieten feststellt.

52 Vgl. die Tabelle ebd., S. 60.

53 Vgl. G. BIUNDO, Die evangelischen Geistlichen der Pfalz seit der Reformation (Pfälzisches Pfarrerbuch), Neustadt/Aisch 1968, Nr. 1767.

54 Vgl. K. WOLF, Pfälzer Studenten auf der Akademie zu Genf, in: Mannheimer Geschichtsblätter 32 (1931), S. 114-120.

IV. Die Absolventen des Collegium Sapientiae
im Dienst der Pfälzer Landeskirche

Nach Abschluß ihrer Ausbildung fand eine differenzierte Verwendung der Sapientisten je nach Eignung statt – es war die Aufgabe der Ephoren, passende Kandidaten für die Pfarrer- und Lehrerstellen der Landeskirche vorzuschlagen. Im „Roten Buch" läßt sich daher die Verwendung von immerhin 60 Prozent der zwischen 1584 und 1618 immatrikulierten Sapientisten in der rheinischen Pfalz nachweisen.

In der Regel wurde den Sapientisten nach Abschluß ihrer dreijährigen Ausbildung als erste Aufgabe ein Diakonat, oft verbunden mit einem schulischen Lehramt, übertragen, *damit sie erst curam animarum von den ordentlich bestellten Predigern lernen*[55]. Diese Trennung von theoretischer und praktischer Ausbildung war ein charakteristisches Merkmal der Heidelberger Theologenausbildung und stand in deutlichem Gegensatz zu Genf, wo die praktische Theologie bereits während des Studiums eine zentrale Rolle spielte[56]. In der Pfalz gab es hingegen regelrechte „Ausbildungsstationen"[57], die über das gesamte Territorium verteilt waren und Jahr für Jahr Sapientisten als Diakone zugeteilt bekamen. Nach durchschnittlich etwa zwei Jahren im Diakonat erhielten die ehemaligen Sapientisten eigene Pfarrämter übertragen[58], doch sind dabei durchaus individuelle Unterschiede festzustellen – besonders geeignete Absolventen erhielten direkt nach Abschluß der Ausbildung im Sapienzkolleg ein Pfarramt, andere dagegen erst nach fünf oder sechs Jahren Diakonat.

Auch für die Verteilung der Sapientisten auf die Pfarreien der Landeskirche gab es kein allgemeingültiges Muster – lediglich an besonders profilierten oder neuralgischen Stellen der Pfälzer Kirche ist eine Häufung auffällig. Dies gilt zum einen für die Hauptstadt Heidelberg, vor allem aber für Orte, an denen die Auseinandersetzung mit dem konfessionellen Gegner zu führen war. Überdurchschnittlich oft erhielten Sapientisten Stellen in den Kondominaten, in denen die Pfalz nach 1560 ihre Konfession zum Teil gewaltsam gegen die Rechte des beziehungsweise der Mitherrn durchzusetzen versuchte[59], so zum Beispiel in Ladenburg, das zu gleichen Teilen der Kurpfalz und dem Hochstift

---

55 Kirchenratsprotokoll, 12.2.1620, zit. nach J. F. HAUTZ, Geschichte der Neckarschule in Heidelberg von ihrem Ursprunge im 12. Jahrhundert bis zu ihrer Aufhebung im Anfange des 19. Jahrhunderts, Heidelberg 1849, S. 138.

56 Vgl. dazu MAAG (wie Anm. 8), S. 169f.

57 Wichtige Ausbildungsstationen für Sapientisten waren u. a. in der rechtsrheinischen Kurpfalz Leimen, Ladenburg, Mosbach und Sinsheim, linksrheinisch u. a. Alzey, Osthofen, Pfeddersheim, Germersheim, St. Aegidien in Speyer, Bacharach, Neustadt, Edenkoben, Kaiserslautern und Selz sowie in den Kondominaten im Hunsrück Simmern und Kirchberg.

58 Vgl. Rotes Buch (wie Anm. 38), S. 53.

59 Vgl. dazu Schaab, Kurpfalz (wie Anm. 21), S. 41-43.

Worms gehörte, aber auch an der Speyerer *Gilgenkirche*, die als ehemaliger Besitz des säkularisierten Klosters Hördt bis zum Dreißigjährigen Krieg ein Pfälzer Vorposten in der Stadt war. Dieser Einsatz von Sapientisten war kein Zufall: 1610 wurde der Sapientist Sebastian Meisenheimer als Diakon und Schulmeister nach Schwetzingen geschickt, mit dem expliziten Auftrag, *die Pfarr Brühel (da zuvor ein Meßpfaff geprediget) mit dem Gottesdienst* zu versehen[60].

Eine anderer Schlüsselbereich der Pfälzer Kirche, in dem bevorzugt Sapientisten eingesetzt wurden, waren die Pädagogien: Zwischen 1585 und 1622 wurden fast alle Rektoren- und Präzeptorenstellen mit Absolventen des Kollegs besetzt. Weniger begabte Sapientisten – immerhin 20 der vor 1618 immatrikulierten Absolventen – wurden dagegen gleich als Schulmeister an den einfachen Schulen eingesetzt oder mußten das Kolleg vorzeitig verlassen, um untergeordnete Stellen einzunehmen, wie zum Beispiel Melchior Angerus aus Mutterstadt, der sich 1600 nach nur sieben Monaten in Heidelberg als Kantor im fernen Kreuznach wiederfand[61].

Doch wirkte die Ausbildung des Kollegs über den Klerus hinaus auch auf die Elite des Landes – Ephorus Reuter betonte 1606, daß *nec soli ministri ecclesiarum ac scholarum, sed etiam rerumpubl. moderatores, consiliarii, senatores, medici, quorum haud pauci patriae, et ipsi Electori Serenissimo ... ex hac palaestra producti sunt*[62] – „der Einfluß des Collegium Sapientiae auf die Bildungsschicht der Kurpfalz muß beträchtlich gewesen sein"[63].

V. Die Herkunft der übrigen Theologiestudenten

Über die Theologiestudenten im engeren Sinne lassen sich zuverlässige Aussagen erst für die Zeit ab 1580 machen, da für die erste Phase der reformierten Universität so gut wie keine Angaben vorliegen. Die ab 1580 überlieferten Namen[64] lassen jedoch ermessen, welchen Einbruch die Rückkehr zum Luthertum für die Fakultät bedeutete: Die internationale Atmosphäre wich einer allenfalls regionalen Ausstrahlung. Von den 60 Studenten, deren Herkunft bestimmbar ist, kamen mehr als drei Viertel (46) aus der Pfalz und ihren Nachbarterritorien, wobei auffällt, daß unter ihnen nur relativ wenige Kurpfälzer waren (13) und daß Studenten aus Franken, Württemberg und Straßburg fast vollständig fehlten, obwohl diese Gebiete einen großen Teil des Personals für

---

60 Rotes Buch (wie Anm. 38), S. 16.

61 Vgl. Matrikel (wie Anm. 2), Bd. 2, S. 375; Rotes Buch (wie Anm. 38), S. 156.

62 Reuter (wie Anm. 3), fol. E4v.

63 Wolgast, Collegium Sapientiae (wie Anm. 11), S. 358.

64 Nach der Entlassung der reformierten Professoren dauerte es über ein Jahr, bis mit der Wiederbesetzung der Lehrstühle begonnen werden konnte. Vgl. dazu WOLGAST, Universität (wie Anm. 1), S. 44f.

die Relutheranisierung der Pfälzer Kirche stellten[65]. Stärker vertreten sind Hessen-Darmstadt (fünf), die Oberpfalz (vier) und süddeutsche Reichsstädte wie Ulm (sechs) oder Biberach (drei). Nur noch vereinzelt nahmen Studenten weite Wege nach Heidelberg in Kauf, so zum Beispiel vier Flamen und ein Norweger – der Anteil der „ausländischen" Studierenden war damit in etwa so niedrig wie an der Universität insgesamt (7,6 Prozent)[66].

Im Ganzen blieb das lutherische Intermezzo für den Einzugsbereich der Heidelberger Theologischen Fakultät jedoch ohne Folgen: Bereits wenige Monate nach der Rückkehr zum reformierten Bekenntnis stellten sich Studenten aus den Ländern wieder ein, die auch vor 1577 das Bild der Fakultät geprägt hatten: Von den 30 Studenten, die sich im November und Dezember 1584 in Heidelberg meldeten, stammten zehn aus der Schweiz, sechs aus der Pfalz, vier aus Schlesien, drei aus Westfalen und vom Niederrhein, je einer aus Polen, Mähren, den Niederlanden, Frankreich und der Wetterau.

Betrachtet man den gesamten Zeitraum zwischen 1584 und 1622, so setzen sich diese Linien fort. Es gab bei den reformierten Hochschulen, wie auch Karin Maag in ihrer Untersuchung der Genfer Akademie festgestellt hat[67], eine deutliche Arbeitsteilung zwischen Heidelberg und Genf: Heidelberg war die Hochschule für die deutschsprachigen und ostmitteleuropäischen Reformierten, während Genf vor allem den romanischen Kulturkreis abdeckte. Von den 672 nachweisbaren Theologiestudenten der Jahre 1584-1622, die nicht am Sapienzkolleg studierten, kam etwas mehr als die Hälfte (298) aus dem deutschsprachigen Raum, ein starkes Fünftel aus dem übrigen Mittel- und Ostmitteleuropa (126), aber nur etwa 11 Prozent (63) aus den Niederlanden (einschließlich Emden) und nur rund 6,5 Prozent (38 Studenten) aus den romanischen Ländern.

Unter den deutschsprachigen „Volltheologen" waren die reformierten Kirchen des Reiches dagegen relativ gleichmäßig vertreten – 70 Pfälzern (49 aus der Kurpfalz, vier aus der Oberpfalz und 17 aus Pfalz-Zweibrücken) standen 71 Deutschschweizer, 67 mittel- und ostdeutsche Studenten, 40 Studenten vom Niederrhein und aus Westfalen, 30 Studenten aus Hessen und den Wetterauer Grafschaften – hier machte sich der Einfluß Herborns, Kassels und ab 1606 auch Marburgs bemerkbar – sowie elf Studenten aus Bremen gegenüber.

---

65 Die traditionelle Sicht – u. a. vertreten von HÄUSSER, Geschichte der rheinischen Pfalz nach ihren politischen, kirchlichen und literarischen Verhältnissen, Heidelberg ²1856, Bd. 2, S. 97 –, daß der neue Klerus vor allem aus Württemberg, Sachsen und der Oberpfalz kam, wird in Frage gestellt durch M.-A. CRAMER, Herkunft und Verbleib der lutherischen Pfarrer in der Kurpfalz unter der Regierung Kurfürst Ludwigs VI. (1576-1583), in: BWKG 79 (1979), S. 153-168, der jedoch nur die Herkunft der Superintendenten untersucht hat.

66 Durchschnitt der Jahre 1576-1583. Vgl. dazu KOHNLE (wie Anm. 4).

67 Vgl. MAAG (wie Anm. 8), S. 31-34, 51-58 und 82-87. Auffälligerweise kamen deutsche Studenten vor 1600 nur in den Jahren in größerer Zahl nach Genf, in denen Heidelberg wegen der Relutheranisierung unter Ludwig VI. oder wegen der Pest als reformierte Universität ausfiel.

Während eine große Zahl von Territorien nur sporadisch vertreten war, gab es mehrere deutschsprachige Länder, aus denen regelmäßig Studenten nach Heidelberg kamen, insbesondere die Schweizer Kantone Bern (24 Studenten), Zürich (19) und Schaffhausen (15), aber auch Schlesien (35), Jülich-Kleve-Berg (20), Pfalz-Zweibrücken (17) und Anhalt (sieben) sowie Bremen (elf) und die westpreußischen Städte Danzig, Elbing und Marienburg (zusammen sieben).

Die größte Einzelgruppe innerhalb der Heidelberger Theologenschaft waren im letzten Jahrzehnt vor 1622 jedoch die Studenten aus Ungarn und Sieben-bürgen[68]. Ungarische Studenten hatten bereits vor 1577 in Heidelberg eine Rolle gespielt – eine für die Theologische Fakultät nicht immer erfreuliche, denn die siebenbürgischen Kontakte Heidelbergs hatten in den Jahren 1570-1574 maßgeblich zum sogenannten „Arianischen Skandal"[69] beigetragen, der durch die Hinrichtung des Ladenburger Superintendenten Johannes Sylvan am 23. Dezember 1572 unrühmlich in die Geschichte der Universität eingegangen ist. In großer Zahl kamen ungarische und siebenbürgische Theologiestudenten jedoch vor allem nach dem Regierungsantritt Gabriel Bethlens in Siebenbür-gen nach Heidelberg, der spezielle Theologenstipendien für Heidelberg auslob-te und 1619 auch seinen Neffen und designierten Nachfolger Stephan Bethlen zum Studium an den Neckar schickte[70]: Zwischen 1613 und 1620 verzeichnet die Matrikel der Theologischen Fakultät nicht weniger als 62 Magyaren, in der Matrikel des Jahres 1620 stellen sie mit 19 von 52 Studenten sogar mehr als ein Drittel. Ebenfalls verhältnismäßig zahlreich waren Studenten aus Polen (19) und Mähren (neun), unter ihnen immer wieder auch Studenten der Brüderuni-tät wie Comenius, der aus Sicht der Nachwelt vermutlich prominenteste Hei-delberger Theologiestudent dieser Zeit, der sich aus Herborn (und vermutlich Marburg) kommend am 20. September 1613 als *Johannes Amos Nivanus Mora-vus*[71] in die Matrikel der Theologischen Fakultät eintrug[72].

Die zweitgrößte Gruppe unter den nicht-deutschsprachigen Studenten wa-ren die Niederländer, die aus fast allen Provinzen nach Heidelberg kamen, überdurchschnittlich häufig jedoch aus den südlichen Niederlanden (19 von

---

68 Zu den ungarischen Studenten in Heidelberg vgl. neuerdings J. HELTAI, Die Heidelberger Peregrina-tion 1595-1621, in: Iter Germanicum. Deutschland und die Reformierte Kirche in Ungarn im 16.–17. Jahrhundert, hg. v. A. SZABÓ, Budapest 1999, S. 169ff., der auch die weitere Literatur in magya-rischer Sprache nachweist.

69 Vgl. dazu u. a. P. PHILIPPI, Sylvanus und Transsylvanien. Ein Stück Toleranzgeschichte zwischen Heidelberg und Siebenbürgen, in: Semper apertus. Sechshundert Jahre Ruprecht-Karls-Universität Heidelberg 1386-1986, hg. v. W. DOERR, Berlin u. a. 1985, S. 213-230, insbes. S. 242.

70 Vgl. Matrikel (wie Anm. 2), Bd. 2, S. 294, Nr. 65. In der Matrikel der Theologischen Fakultät findet sich unter dem 2. Juni desselben Jahres die Eintragung von *Stephanus Kathona, Geleinus Ungarus, illu-stris comitis Stephani Bethlen ephorus* (ebd., S. 570).

71 Ebd., S. 564.

72 Vgl. zuletzt H. RÖHRS, Die Studienzeit des Comenius in Heidelberg, in: Semper apertus (wie Anm. 69), S. 399-414.

insgesamt 63) sowie aus Friesland (acht) und Emden (fünf). Auffällig gering war dagegen der Austausch mit den reformierten Kirchen der romanischen Länder und der Britischen Inseln: Obwohl 1584-1600 6,5 Prozent und 1601-1622 noch 4,2 Prozent der Heidelberger Immatrikulierten aus den Heimatländern der Hugenotten stammten[73], werden in der Matrikel der Theologischen Fakultät zwischen 1584 und 1622 nur 21 Studenten aus Frankreich und dem französischsprachigen Teil Lothringens geführt, außerdem 14 Studenten aus der romanischen Schweiz. Auch der nie große, aber regelmäßige Zustrom von Studenten aus England, Schottland und Skandinavien ging an der Theologischen Fakultät vorbei: 1584-1622 meldeten sich bei ihr – trotz der anglo-schottischen Heirat Friedrichs V. – aus Schottland nur vier und aus England nur drei Studenten.

VI. Zusammenfassung

Die zweistufige Heidelberger Theologenausbildung an Collegium Sapientiae und Theologischer Fakultät hatte in den Jahren zwischen 1560 und 1622 zwei unterschiedlichen Funktionen, die gleichwohl eng aufeinander bezogen waren. Das Collegium Sapientiae diente in erster Linie der inländischen Theologenausbildung, also der Rekrutierung, Ausbildung und einheitlichen Formung der Pfälzer Pfarrer- und Lehrerschaft. Es trug so zur Vereinheitlichung des verstreuten Pfälzer Territorialstaats und zur Festigung der reformierten Konfession im Land bei und leistete damit einen nicht unwesentlichen Beitrag für das Überleben der reformierten Pfälzer Kirche im Dreißigjährigen Krieg.

Primär dem überregionalen Zusammenhalt der eigenen Konfession diente dagegen die Theologische Fakultät im engeren Sinne: Als zahlenmäßig bedeutendster Ausbildungsort für reformierte Theologen aus allen Teilen des deutschsprachigen Raums, Ungarns und Siebenbürgens und in geringerem Umfang auch für die Niederlande, Polen und Litauen wirkte die Heidelberger Theologenausbildung nachhaltig in die reformierten Kirchen und Territorien Mitteleuropas hinein – eine Funktion, die in engem Zusammenhang mit der „Religionsaußenpolitik"[74] der Pfalz zu sehen ist. Die Worte, mit denen Quirinus Reuter in seiner schon mehrfach zitierten Rede zum Jubiläum des Collegium Sapientiae die Leistungen seines Lehrers Zacharias Ursinus würdigte, sind daher auch als Programm für die Heidelberger Theologenausbildung insgesamt zu lesen: *iuvenes ex diversis locis et scholis, ac longe dissitis etiam provinciis ... ad unum genus doctrinae, methodum unam, ac harmoniam seu conformitatem reduxit*[75].

---

73 Vgl. KOHNLE (wie Anm. 4).

74 WOLGAST, Reformierte Konfession (wie Anm. 1), S. 65. Zur Rolle der Universität Heidelberg in diesem Zusammenhang vgl. KOHNLE (wie Anm. 4).

75 Reuter (wie Anm. 3), fol. Er.

DIE HEIDELBERGER DISPUTATION VON 1584

Von Armin Kohnle

Die Geschichte der Kurpfalz in der zweiten Hälfte des 16. Jahrhunderts bietet reiches Anschauungsmaterial für die Konsequenzen, die sich aus dem Cuius-regio-Prinzip des Augsburger Religionsfriedens ergeben konnten, wenn mit einem Herrscherwechsel eine Änderung der Landeskonfession verbunden war. Konfessionelle Kontinuität erreichte die Rheinpfalz – im Unterschied zur Oberpfalz – nach fünf vorausgegangenen Konfessionswechseln[1] erst mit der Wiederherstellung des Calvinismus unter dem Administrator Johann Casimir (1583-1592). Der Tod des Kurfürsten Ludwig VI., der seinerseits sieben Jahre zuvor den letzten Willen seines Vaters mißachtet und die Pfalz dem Luthertum zugeführt hatte, eröffnete dem jüngeren Bruder die Gelegenheit, als Vormund für Ludwigs minderjährigen Sohn die eigenen konfessionellen Vorstellungen durchzusetzen. Die bei der Universität Heidelberg und in Amberg hinterlegten Exemplare des Testaments Ludwigs VI. brachte Johann Casimir in seinen Besitz, was ihm half, die vom Verstorbenen zur Verhinderung eines neuerlichen Konfessionswechsels eingesetzten lutherischen Mitvormünder kaltzustellen; der Kurprinz erhielt reformierte Erzieher. Die Pfälzer Lutheraner wurden zwischen Herbst 1583 und Sommer 1584 aus ihren Positionen am Hof, in der Kirche und an der Universität verdrängt. Der damals geschaffene konfessionelle Zustand blieb bestehen, bis sich im Dreißigjährigen Krieg und im späteren 17. Jahrhundert die Verhältnisse in der Kurpfalz erneut zu verändern begannen[2].

Die Wiedererrichtung der reformierten Kirche in der Pfalz hat die Forschung wiederholt beschäftigt. Die 1584 und noch einige Zeit danach von lutherischer wie reformierter Seite veröffentlichten, zur Bekräftigung des eige-

---

1 Zur extensiven Nutzung des ius reformandi in der Kurpfalz vgl. E. Wolgast, Reformierte Konfession und Politik im 16. Jahrhundert. Studien zur Geschichte der Kurpfalz im Reformationszeitalter, Heidelberg 1998 (Schriften der Philosophisch-historischen Klasse der Heidelberger Akademie der Wissenschaften 10), S. 16. Allgemein zur konfessionellen Entwicklung der Kurpfalz vgl. A. Schindling/W. Ziegler, in: Die Territorien des Reichs im Zeitalter der Reformation und Konfessionalisierung. Land und Konfession 1500-1650, hg. v. Dens., Bd. 5: Der Südwesten, Münster 1993, S. 8-49; E. Wolgast, Reformation und Gegenreformation, in: M. Schaab/H. Schwarzmaier in Verb. mit G. Taddey (Hg.), Handbuch der Baden-Württembergischen Geschichte, Bd. 1 Tl. 2, Stuttgart 2000, S. 145-306; zur Sonderentwicklung in der Oberpfalz vgl. E. Sehling (Hg.), Die evangelischen Kirchenordnungen des XVI. Jahrhunderts, Bd. 13: Bayern III: Altbayern, Tübingen 1966, S. 251ff.

2 Zur konfessionellen Entwicklung Heidelbergs und der Kurpfalz im 17. Jahrhundert vgl. E. Wolgast, Kriege und Katastrophen. Die Konfessionen zwischen Dreißigjährigem Krieg und Kurpfälzer Religionsdeklaration (1618-1705), in: 800 Jahre Heidelberg. Die Kirchengeschichte, Heidelberg 1996, S. 45-52; Ders., Religion und Politik in der Kurpfalz im 17. Jahrhundert, in: Mannheimer Geschichtsblätter NF 6 (1999), S. 189-208.

nen Standpunkts mit Dokumenten angereicherten Streitschriften[3] zusammen
mit den in Struves pfälzischer Kirchengeschichte[4] bereitgestellten Materialien
boten eine hinreichende Grundlage für die Rekonstruktion der Vorgänge. Von
erheblichem Einfluß war die Darstellung Ludwig Häussers[5], der für die Konfessionspolitik Johann Casimirs viel, für den Rechtsstandpunkt der unterlegenen Lutheraner hingegen wenig Verständnis aufbrachte; in Zuspitzung der
Häusserschen Sicht hat man die Lutheraner gar als die eigentlichen Schuldigen
an den Auseinandersetzungen des Jahres 1584 und am Niedergang des Luthertums in der Kurpfalz ausmachen wollen[6]. Die neuere Forschung hat die hinter
der Konfessionspolitik Johann Casimirs stehenden Intentionen dahingehend
präzisiert, daß der Administrator, persönlich ein frommer Reformierter, aber
theologisch weniger gebildet als sein Vater[7], ursprünglich keineswegs die völlige Verdrängung des Luthertums aus der Rheinpfalz angestrebt habe, sondern
es als Minderheit durchaus tolerieren wollte[8]. Die Umsetzung einer solchen

---

3   Für die Abläufe grundlegend sind folgende Schriften: Warhaffter Bericht von der Vorgenomenen
     verbesserung in Kirchen und Schulen . . . , Neustadt 1584 (künftig zit. als „Heidelberger Bericht";
     die Schrift trägt den reformierten Standpunkt vor, Verfasser ist Daniel Tossanus) und vor allem:
     Warhafftiger grundtlicher Bericht, Was sich in der Churfürstlichen Pfaltz, sonderlich in der Statt
     Heidelberg, mit Verenderung der Religion, und Einführung der Caluinischen falschen Lehre, Ab-
     schaffung reiner Kirchendiener, und Doctoris Grynaei Caluinischen Disputation, daselbsten verlof-
     fen. Wider den vnwarhafften Bericht, der Heidelbergischen Caluinischen Theologen, so sie newli-
     cher zeit, under dem Titul (Warhaffter Bericht von der vorgenomnen Verbesserung in Kirchen und
     Schulen der Churfürstlichen Pfaltz) in die Christenheit außgesprengt. Gestelt Durch ettliche Theo-
     logen der Christlichen Augspurgischen Confession, so vmb der reinen Lehre willen, auß der Chur-
     fürstlichen Pfaltz außgeschaffen worden. Tübingen 1585 (künftig zit. als „Tübinger Bericht"; Verfas-
     ser sind die aus Heidelberg verdrängten Lutheraner).
4   B. G. STRUVE, Ausführlicher Bericht Von der Pfältzischen Kirchen-Historie . . . Frankfurt 1721,
     S. 382-490. STRUVE bietet überwiegend wörtliche Auszüge aus dem lutherischen Tübinger Bericht
     (wie Anm. 3), die durch knappe Überleitungen miteinander verbunden sind.
5   Vgl. L. HÄUSSER, Geschichte der Rheinischen Pfalz nach ihren politischen, kirchlichen und literari-
     schen Verhältnissen, Bd. 2, Heidelberg 1845 Nachdr. 1924, S. 132-176; zum Historiker Häusser vgl.
     E. WOLGAST, Politische Geschichtsschreibung in Heidelberg. Schlosser, Gervinus, Häusser,
     Treitschke, in: Semper apertus. Sechshundert Jahre Ruprecht-Karls-Universität Heidelberg 1386-
     1986, Bd. 2, Berlin-Heidelberg u. a. 1985, S. 158-196, zu Häusser S. 173ff. Aus der vor HÄUSSER er-
     schienenen Literatur ist lediglich die in aufklärerischem Ton geschriebene Darstellung von D. L.
     WUNDT/J. L. CHR. RHEINWALD (Hg.), Magazin für die Pfälzische Geschichte, Bd. 1, Heidelberg
     1793, S. 137-208 erwähnenswert.
6   Zugespitzt bei F. W. CUNO, Daniel Tossanus der Ältere, Professor der Theologie und Pastor (1541-
     1602), 2 Tle., Amsterdam 1898, Tl. 1 S. 162ff., wo es S. 174 zusammenfassend heißt, kein objektiv
     verfahrender Historiker könne anders urteilen, „als dass die lutherischen Theologen Heidelbergs,
     welche nicht einmal durch die einfachsten Gebote der Selbsterhaltung zu einiger Verträglichkeit ge-
     gen die Reformierten zu bestimmen waren, allein die Schuld tragen an dem tragischen Ausgang, wel-
     chen hier ihre Sache nahm."
7   Vgl. WOLGAST, Reformierte Konfession (wie Anm. 1), S. 82.
8   An neueren Untersuchungen zur Konfessionspolitik Johann Casimirs 1583/84 vgl. E. SEHLING
     (Hg.), Die evangelischen Kirchenordnungen des XVI. Jahrhunderts, Bd. 14: Kurpfalz, Tübingen
     1969, S. 73-82; V. PRESS, Calvinismus und Territorialstaat. Regierung und Zentralbehörden der
     Kurpfalz 1559-1619, Stuttgart 1970, S. 322-368; vgl. auch DERS., Die „Zweite Reformation" in der
     Kurpfalz, in: H. SCHILLING (Hg.), Die reformierte Konfessionalisierung in Deutschland – Das Pro-

kompromißbereiten Politik sei aber einerseits gescheitert an den entschieden reformierten Beratern, die er aus seinem Nebenland Pfalz-Lautern, wo in Neustadt eine reformierte Gegenuniversität zum lutherischen Heidelberg errichtet worden war[9], mitgebracht hatte, anderseits an den Heidelberger Lutheranern, die selbst die geringsten Zugeständnisse ablehnten.

Darf der konfessionelle Umbruch von 1583/84 im allgemeinen als hinreichend erforscht gelten, trifft dies auf die Umstände der Wiedereinführung des Calvinismus an der Universität Heidelberg nicht im gleichen Maße zu. Die Politik des Administrators gegenüber der Landesuniversität, vor allem das Hauptereignis, die Disputation über das Abendmahl im April 1584, wurden bisher eher beiläufig behandelt[10]. Einigkeit scheint sich darüber abzuzeichnen, daß die Ereignisse des Jahres 1584 für die Ruperto Carola einen Glücksfall darstellten, weil die Universität in der Folge ihre europäische Geltung zurückgewinnen konnte, die sie in der reformierten Phase unter Kurfürst Friedrich III. (1559-1576) schon einmal erreicht, in der lutherischen Zwischenzeit aber verloren hatte[11]. Die folgende Untersuchung setzt sich nicht zum Ziel, dieses Bild zu revidieren; es geht vielmehr darum, den für die Heidelberger Universitätsgeschichte bedeutenden Einschnitt von 1584 näher in den Blick zu nehmen, das bisher Bekannte aus weniger beachteten Quellen[12] zu ergänzen und

blem der „Zweiten Reformation", Gütersloh 1986 (Schriften des Vereins für Reformationsgeschichte 195), S. 104-129; M. SCHAAB, Geschichte der Kurpfalz Bd. 2: Neuzeit, Stuttgart-Berlin-Köln 1992, S. 58ff.; DERS., Obrigkeitlicher Calvinismus und Genfer Gemeindemodell. Die Kurpfalz als frühestes reformiertes Territorium im Reich und ihre Einwirkung auf Pfalz-Zweibrücken, in: DERS. (Hg.), Territorialstaat und Calvinismus, Stuttgart 1993 (Veröff. der Komm. für Gesch. Landeskunde in Baden-Württemberg B 127), S. 34-86; F. HEPP, Religion und Herrschaft in der Kurpfalz um 1600. Aus der Sicht des Heidelberger Kirchenrats Dr. Marcus zum Lamm (1544-1606), Heidelberg 1993, S. 158ff.; WOLGAST, Reformierte Konfession (wie Anm. 1), S. 82-90.

9 Zum Herzogtum Pfalz-Lautern und zur Neustädter Hochschule vgl. HÄUSSER (wie Anm. 5), S. 132ff.; P. MORAW, Die Universität Heidelberg und Neustadt an der Haardt, in: DERS./TH. KARST, Die Universität Heidelberg und Neustadt an der Haardt, Speyer 1963, S. 27ff.; G. A. BENRATH, Das Casimirianum, die reformierte Hohe Schule in Neustadt an der Haardt (1578-1584), in: Neustadt und die Kurpfalz. Die Universität und ihre Beziehungen zur linksrheinischen Pfalz, Katalog der Jubiläumsausstellung Heidelberg 1986, S. 39ff.; SCHAAB (wie Anm. 8), S. 53ff.

10 J. F. HAUTZ, Geschichte der Universität Heidelberg, 2 Bde., Mannheim 1862-1864 Nachdr. Hildesheim-New York 1980, hier Bd. 2, S. 116-124 widmet den Vorgängen nur wenig Raum; vgl. auch E. WOLGAST, Die Universität Heidelberg 1386-1986, Berlin-Heidelberg u. a. 1986, S. 46.

11 Vgl. etwa G. SEEBASS, Im Spannungsfeld der Konfessionen. Heidelberg und die Kurpfalz von der Reformation Ottheinrichs bis zum Vorabend des Dreißigjährigen Krieges, in: 800 Jahre Heidelberg (wie Anm. 2), S. 35-44, hier S. 41, wo vom „Segen" des konfessionellen Kurses Johann Casimirs für die Heidelberger Universität die Rede ist; zum internationalen Charakter der reformierten Universität vgl. auch A. KOHNLE, Die Universität Heidelberg als Zentrum des reformierten Protestantismus im 16. und frühen 17. Jahrhundert, in: Die ungarische Universitätsbildung und Europa, hg. v. M. FONT/L. SZÖGI, Pécs 2001, S. 141-161. In den dunkelsten Farben zeichnet K. BAUER, Aus der großen Zeit der theologische Fakultät zu Heidelberg, Lahr/Baden 1938, S. 16ff. die lutherische Universität und ihre Professoren, was in dieser Zuspitzung sicher nicht angemessen ist, weil für eine lutherische Universität im Reich eben ganz andere Bedingungen galten als für eine reformierte.

12 Über die in Anm. 3 genannten Quellen hinaus wurden für das Folgende Heidelberger und Stuttgarter Archivalien herangezogen (vgl. im einzelnen unten Anm. 37). FR. VON BEZOLD (Hg.), Briefe des

noch einmal der Frage nach den hinter der Politik des Administrators stehenden Intentionen nachzugehen.

1. Das „Kolloquium" vom 4. Dezember 1583

Von Johann Casimirs Politik der Recalvinisierung wurde die Universität als Institution zwar erst Ende März 1584 betroffen, als Prediger in der Stadt[13] waren die Professoren jedoch von Beginn an in die Auseinandersetzungen verwikkelt. Beim Tod Ludwigs VI. waren die theologischen Lehrstühle mit den entschiedenen Lutheranern Timotheus Kirchner, Philipp Marbach und Jakob Schopper besetzt. Kirchner, 1580 aus Helmstedt nach Heidelberg gekommen und sicher der Bedeutendste unter seinen Kollegen, ist als Verteidiger des Konkordienbuchs und Verfasser zahlreicher Streitschriften hervorgetreten; Marbach amtierte zugleich als Ephorus des Heidelberger Sapienzkollegs[14], Schopper als Präzeptor[15]. Als Johann Casimir die Heidelberger Stadtprediger Ende November 1583 auf die Kanzlei vorladen ließ, fungierte Kirchner als deren Sprecher. Durch seinen Kanzler Christoph Ehem ließ der Herzog den Pfarrern Vorhaltungen machen, weil sie in ihren Predigten die Reformierten beschimpft und den Fürsten im Gebet übergangen hätten; mit der Ankündigung, den reformierten Gottesdienst zulassen und die Heiliggeistkirche an die Reformierten übertragen zu wollen, worum ein großer Teil der Bürgerschaft suppliziert habe, eröffnete der Fürst die Auseinandersetzungen über die konfessionelle Orientierung der Kurpfalz[16].

Die Haltung Kirchners und der lutherischen Prediger in dieser frühen Phase des Konflikts war durchaus bezeichnend für die unnachgiebige – positiv for-

---

Pfalzgrafen Johann Casimir mit verwandten Schriftstücken, Bd. 2, München 1884 enthält für die Konfessionspolitik Johann Casimirs 1583/84 wenig; E. WINKELMANN (Hg.), Urkundenbuch der Universität Heidelberg, Bd. 1, Heidelberg 1886 ediert aus der fraglichen Zeit gerade vier Stücke (Nrn. 209-212). Zu den Akten der Heidelberger Disputation und zum Streitschriftenkampf vgl. unten Anm. 50 und Anm. 77.

13 Nach HÄUSSER (wie Anm. 5), S. 90 gehörten Kirchner und Schopper auch dem Kirchenrat an; ob dies Ende 1583 der Fall war, wird nicht gesagt. TH. KAUL, Peter Patiens, der hierzulande „unübliche Papst", in: Blätter für pfälzische Kirchengeschichte und religiöse Volkskunde 37/38 (1970/71), S. 409 Anm. 153 bestreitet eine Mitgliedschaft Kirchners und Schoppers im Kirchenrat.

14 Zum Sapienzkolleg vgl. E. WOLGAST, Das Collegium Sapientiae in Heidelberg im 16. Jahrhundert, in: ZGO 147 (1999), S. 303-318 und in diesem Band den Beitrag von R. ZEPF.

15 Zu Kirchners Wirksamkeit für die Konkordienformel vgl. I. DINGEL, Concordia controversa. Die öffentlichen Diskussionen um das lutherische Konkordienwerk am Ende des 16. Jahrhunderts, Gütersloh 1996 (QFGR 63); zu Schopper vgl. E. MITTLER u. a. (Hg.), Bibliotheca Palatina. Katalog zur Ausstellung – Textband, Heidelberg 1986, S. 242 (J. DAHLHAUS). Zu den Biographien der Heidelberger Universitätslehrer vgl. künftig D. DRÜLL, Heidelberger Gelehrtenlexikon 1386-1649, Berlin-Heidelberg u. a. 2001 (im Druck); Frau Dr. Drüll-Zimmermann sei an dieser Stelle für die Erlaubnis gedankt, vorab einige Artikel einzusehen.

16 Vgl. hierzu und zum folgenden Tübinger Bericht (wie Anm. 3), S. 19ff.; STRUVE (wie Anm. 4), S. 385ff.; Heidelberger Bericht S. 9ff.

muliert: bekenntnistreue – Haltung, die sie bis zuletzt einnehmen sollten: Die Abtretung von Heiliggeist wurde mit dem Argument zurückgewiesen, daß die Prediger speziell auf diese Kirche berufen und auf sie als Gottesdienstkirche angewiesen seien; den Hinweis des Fürsten, daß zahlreiche Bürger um die Übergabe an die Reformierten gebeten hätten, ließen sie nicht gelten, vielmehr bestanden sie darauf, daß die Mehrheit bei den Lutheranern kommuniziere[17]. Auch was den künftigen Umgang mit den konfessionellen Gegnern anging, blieben die Prediger auf Konfrontationskurs. Daß die reformierten Theologen zu den Bekennern der Augsburgischen Konfession, unter der man die von 1530 verstand, zu rechnen seien, wurde ebenso zurückgewiesen wie der Vorwurf der Schmährede. Man habe lediglich die Irrtümer der anderen Seite, die mit der Veröffentlichung von Streitschriften angefangen habe, aus der Bibel aufgedeckt. Nur in einem Punkt zeigten die Lutheraner Entgegenkommen: beim Vorschlag des Fürsten, ein Kolloquium zu veranstalten. Bevor dies nicht stattgefunden habe, solle der Fürst die Abtretung der Heiliggeistkirche nicht exekutieren, da dies einer Vorverurteilung der Lutheraner gleichkomme.

Kanzler Ehem wies diese Argumentation zurück[18]; dabei fiel die Bemerkung, daß die Bestallungen der Prediger mit dem Tod des Kurfürsten Ludwig erloschen seien, sie die Heiliggeistkirche also nicht für sich reklamieren könnten. Auch wenn dies offenbar im Eifer der Auseinandersetzung gesagt war und vom Kanzler relativiert wurde, als die Lutheraner entgegneten, daß man nicht weiter zu verhandeln brauche, wenn sie sich als beurlaubt betrachten müßten[19], stand damit doch die Entlassung der lutherischen Prediger als Möglichkeit im Raum[20]. Den Vorschlag eines Kolloquiums präzisierte Ehem dahingehend, daß der Fürst darunter kein allgemeines und öffentliches Kolloquium verstehe, sondern ein privates und freundliches Gespräch, bei dem die Prediger ihre Meinung gegenseitig anhören und brüderlich und freundlich vergleichen sollten[21]. Gedacht war zu diesem Zeitpunkt auf reformierter Seite also nicht an eine förmliche Disputation unter Beteiligung der Universität, sondern an ein informelles Gespräch der Pfarrer, das offenbar vor allem der Eindämmung der konfessionellen Polemik dienen sollte. Dabei darf nicht übersehen werden, daß der politische Druck keineswegs gleichmäßig auf beiden Seiten la-

---

17 Weihnachten 1583 zählte man 100 Kommunikanten in der Heiliggeistkirche, eine Zahl, die offenbar nur dadurch erreicht wurde, daß der Administrator Reformierte aus Speyer nach Heidelberg holen ließ, um keine Blamage zu erleben; vgl. Hepp (wie Anm. 8), S. 161.

18 Vgl. Tübinger Bericht (wie Anm. 3), S. 31ff.; Struve (wie Anm. 4), S. 391ff.

19 Vgl. Tübinger Bericht (wie Anm. 3), S. 39f., 48; Struve (wie Anm. 4), S. 396, 400.

20 Der fürstliche Rat Hartmann Hartmanni stellte wenig später klar, daß Ehem zu dieser Äußerung keinen Befehl gehabt habe und daß der Fürst nicht beabsichtige, die Heidelberger Kirchendiener zu entlassen, sondern lediglich die Heiliggeistkirche beanspruche; vgl. Vgl. Tübinger Bericht (wie Anm. 3), S. 54; Struve (wie Anm. 4), S. 404.

21 Vgl. Tübinger Bericht (wie Anm. 3), S. 36; Struve (wie Anm. 4), S. 394.

stete, sondern daß die Reformierten auch in dem geplanten Kolloquium auf die Unterstützung des Fürsten und seiner Räte zählen konnten. Ungeachtet der Einwände der Lutheraner wurde am 1. Dezember in Heiliggeist erstmals wieder reformierter Gottesdienst gehalten[22].

Das angekündigte Kolloquium wurde am 4. Dezember durchgeführt. Am Vorabend wurden die Theologen und Stadtprediger für den nächsten Tag auf die Kanzlei zitiert mit der Auflage, einen Notar mitzubringen[23]. Bei einer improvisierten Vorbesprechung in Kirchners Haus kam man überein, sich gegen ein Gespräch mit den calvinistischen Predigern nicht zu sperren, aber feste Verfahrensregeln zu verlangen, um die Unparteilichkeit der Veranstaltung zu gewährleisten. Als die Professoren Kirchner und Schopper zusammen mit den Pfarrern Wilhelm Zimmermann, Philipp Felsinius und Johannes Schad, dem als Notar fungierenden Joseph Coellinus – Konrad Lautenbach stieß etwas später zu ihnen – auf der Kanzlei erschienen, trafen sie auf Johann Casimir und seine Räte sowie die nun an Heiliggeist tätigen reformierten Prediger Daniel Tossanus, Johannes Stibelius, Johann Philipp Mylaeus und Melchior Anger. Ehem eröffnete die Versammlung mit dem Hinweis, daß es der Wille des Fürsten sei, das Kolloquium zu beginnen, indem beide Seiten einander ihre Klagen vortrügen. Als Kirchner darauf drängte, zuerst die Gesprächsbedingungen zu klären, fiel ihm Ehem ins Wort: Es solle kein feierliches Kolloquium von Glaubensdingen gehalten werden, sondern der Fürst wolle nur hören, was man einander vorzuwerfen habe. Dazu bedürfe es keines besonderen Verfahrens, *man köndte es nur mit Nein und Ja verrichten*[24]. Der Einwand Kirchners, ein solches Gespräch müsse ja ein Kolloquium sein, das man ohne *doctrinalia* nicht ausrichten könne, blieb unbeachtet. Fürst und Räte weigerten sich, in eine Erörterung der Verfahrensfrage einzutreten; mit Not erreichten die Lutheraner, daß ihrem Notar ein Tisch zur Verfügung gestellt wurde.

Da man sich nicht einigen konnte, in welcher Form und worüber man sprechen sollte, war das „Kolloquium" zum Scheitern verurteilt, bevor es begonnen hatte. Tossanus trug eine Reihe von Klagepunkten gegen die Lutheraner vor, wobei er unter anderem auf die lutherischen Verurteilungen der reformierten Lehre, den Vorwurf des Arianismus und Nestorianismus, die angebliche Auslassung der Einsetzungsworte im reformierten Abendmahl und die Beschuldigung zu sprechen kam, die Reformierten bestritten jede Gegenwart Christi im Abendmahl[25]. Kirchner wies in seiner Entgegnung nicht zu Unrecht darauf hin, daß die vorgebrachten Klagen weniger die Heidelberger Prediger als alle Fürsten und Stände, die sich zum Konkordienbuch bekannten, beträ-

---

22 Vgl. SEHLING Bd. 14 (wie Anm. 8), S. 74; PRESS (wie Anm. 8), S. 328.

23 Für das Folgende vgl. Tübinger Bericht (wie Anm. 3), S. 59ff.; STRUVE (wie Anm. 4), S. 405ff.

24 Zitate: Tübinger Bericht (wie Anm. 3), S. 60.

25 Vgl. ebd. S. 62ff.

fen[26]. Seine neuerliche Bitte um ein förmliches Kolloquium unter vorab vereinbarten Bedingungen oder wenigstens schriftliche Übergabe der reformierten Klagepunkte wurde nicht erfüllt. So endete das mißglückte Treffen im allgemeinen Durcheinander. Die lutherischen Prediger verließen den Raum und wurden nach einigem Warten nach Hause geschickt. Am folgenden Tag erhielten sie den Bescheid, daß man sie zu gegebener Zeit benachrichtigen werde – *darauff wir dann noch heutigs tags warten*[27]. Gegen den Vorwurf, sie hätten am 4. Dezember ein Kolloquium verweigert, verwahrten sie sich. In einem Schreiben an den Fürsten[28] trugen sie aber ihre Bedingungen vor: Behandelt werden sollten die *articuli de persona Christi & sacra Coena, von der Tauff, Praedestinatione, vnd dergleichen mehr. 2. Daß die Probationes nur ex Verbo Dei seien genommen, wolte man Patrum testimonia allegiern, solten sie doch sub Verbo Dei sein, und ferner nicht gelten, als sie Verbo Dei muniert weren. 3. Daß gewisse unpartheijsche Notarij darzu verordnet, die alles mit fleiß auffzeichneten, was von beiden theilen einbracht vnd gehandlet, und allen Abend collationierten, damit die Acta integra. 4. Daß ein jeder theil in Schrifften seine Sach syllogisticè fürbrächte, alles weitleuffig vagiern zuuermeiden. 5. Daß es vtrinque, zum mehsten bey dreien einbringen, auff vorgesetzte weiß blibe, dann es muß alles ja seine maß haben. 6. Daß auch unsers theils und Bekandtnuß, ettliche glaubwirdige testes möchten darbey sein. 7. Daß gewisse Collocutores verordnet, vnnd nicht einer dem andern in die Red fiele. 8. Vom Richter, wer der sein solle, vnnd von der Execution, denn ein theil nicht zugleich Part und Iudex in propria causa sein kan.*

Den Lutheranern war es darum zu tun, in einem Theologengespräch die rechte Lehre auf der Grundlage der Heiligen Schrift zu ermitteln; bezeichnend ist freilich, daß sie glaubten, den unparteiischen Charakter der Veranstaltung durch Festlegung von Verfahrensregeln absichern zu müssen. Es war also die lutherische Seite, die ein formalisiertes Religionsgespräch anstrebte, offenbar in der Überzeugung, feste Verfahrensregeln und eine gewisse Öffentlichkeit schützten sie gegen ein willkürliches Urteil, aber auch in der Erwartung, ein Sieg in der Disputation werde ihre Stellung in der Pfalz stabilisieren. Dem Administrator dagegen kam es vor allem darauf an, durch informellen Austausch den Theologenstreit einzudämmen. Johann Casimir hat die lutherischen Kolloquiumsbedingungen nicht beantwortet[29], vielmehr im Januar 1584 durch Entlassung der beiden Hofprediger Johann und Paul Schechsius und des Superintendenten Peter Patiens sowie durch Eingriffe in den Senior- und den Kirchenrat den personellen Umbau der Pfälzer Kirche eingeleitet; am 18.

---

26 Vgl. Tübinger Bericht (wie Anm. 3), S. 64ff.; STRUVE (wie Anm. 4), S. 409f.

27 Tübinger Bericht (wie Anm. 3), S. 67; STRUVE (wie Anm. 4), S. 410.

28 Tübinger Bericht (wie Anm. 3), S. 68-73, Zitat S. 72; STRUVE (wie Anm. 4), S. 411-414 (22. Dez. 1583).

29 Zu den vergeblichen Versuchen, die Schrift vom 22. Dez. an den Fürsten persönlich zu übergeben, und zu der ausbleibenden Reaktion vgl. Tübinger Bericht (wie Anm. 3), S. 73.

Februar wurden auch Kirchner und Schopper aus ihren Predigtämtern entlassen[30].

Zum wichtigsten Instrument der Recalvinisierung der Kurpfalz wurde Johann Casimirs Mandat gegen das „Kondemnieren und Lästern auf der Kanzel und in den Schulen" vom 19. Februar 1584, das vordergründig den Zweck verfolgte, den öffentlichen Theologenstreit zu unterdrücken, das zugleich aber eine „verschleierte Bekenntnisänderung"[31] mit sich brachte. Waren Universität und städtische Pfarrerschaft bisher nur insofern gemeinsam in Erscheinung getreten, als Kirchner und Schopper in ihrer Funktion als Prediger mitbetroffen waren, gab es im Anschluß an das Mandat vom 19. Februar erstmals den Ansatz einer Kooperation von Pfarrern und Theologischer Fakultät. Den lutherischen wie reformierten Predigern wurde das Mandat am 2. März auf dem Rathaus verkündet[32]. Der Universität ist es damals nicht offiziell zugegangen; dennoch rüstete sich die Theologische Fakultät für diesen Fall, indem sie Kirchner mit der Abfassung einer Schrift beauftragte, in der die Unannehmbarkeit des Mandats begründet werden sollte. Die lutherischen Pfarrer beabsichtigten, sich Kirchners Schrift anzuschließen, entschlossen sich aber zu einer eigenen Eingabe, als sie sahen, daß Kirchners Ausarbeitung zu umfangreich werden und zu spät kommen würde[33]. Sie scheint – wegen ihrer Länge oder wegen Kirchners Weggang nach Weimar[34] – tatsächlich nicht fertiggestellt worden zu sein. Wurden die Pfarrer in der Folge wegen ihrer Weigerung, dem fürstlichen Mandat zu gehorchen, mehrfach verhört[35], blieb die Universität für weitere drei Wochen unbehelligt. Die Schonzeit endete, als Johann Casimir den Rektor Matthaeus Entzlin anweisen ließ, den Senat einzuberufen.

2. Die Vorbereitung der Disputation

Der Senat wurde am 26. März von den fürstlichen Räten Gerhard Pastoir, Hartmann Hartmanni und Abraham Kolbinger[36] mit dem Vorwurf konfrontiert, daß es in theologischen Vorlesungen zu Ausfällen gegen die reformierte Lehre gekommen sei, was der Fürst in seinem Mandat aber verboten habe[37].

---

30 Zu den Entlassungen vgl. Tübinger Bericht (wie Anm. 3), S. 121ff., zu Kirchner und Schopper S. 123f.; PRESS, Calvinismus (wie Anm. 8), S. 329f.; SEHLING Bd. 14 (wie Anm. 8), S. 75; KAUL (wie Anm. 13), S. 425f.

31 SEHLING Bd. 14 (wie Anm. 8), S. 76; Text ebd. S. 510-515 Nr. 80.

32 Vgl. Tübinger Bericht (wie Anm. 3), S. 135ff.

33 Vgl. ebd. S. 138f.; STRUVE (wie Anm. 4), S. 437f.; der Wortlaut der Eingabe der Prediger ebd. S. 443-446.

34 Am 19. März; vgl. Tübinger Bericht (wie Anm. 3), S. 151.

35 Zu den Einzelheiten vgl. Tübinger Bericht (wie Anm. 3), S. 139ff.; STRUVE (wie Anm. 4), S. 438ff.

36 Zu den Räten Johann Casimirs vgl. hier und im folgenden PRESS (wie Anm. 8), passim.

37 Das Folgende nach Universitätsarchiv Heidelberg (künftig: UAH) Theol. Fak. 2, S. 55ff. (Aufzeichnung der Theologischen Fakultät über die seit dem 26. März 1584 geführten Verhandlungen); UAH

Deshalb erhielt die Universität das Mandat vom 19. Februar jetzt in vier Exemplaren, eines für jede Fakultät. Bei dieser Gelegenheit teilten die Räte mit, daß der Fürst entschieden habe, eine Disputation zu veranstalten, die am 4. April im Auditorium philosophicum eröffnet werden sollte. Johann Jakob Grynaeus aus Basel sei eingeladen worden, sich an der Disputation über das Abendmahl zu beteiligen und eine Einigung herbeizuführen. Nicht nur die Theologen, sondern auch die anderen Professoren und Studenten sollten der Disputation beiwohnen und dort opponieren[38].

Diese Ankündigung des Administrators bedeutete eine Wendung in seiner Konfessionspolitik und eine Annäherung an die Forderungen der Lutheraner insofern, als er jetzt die theologische Wahrheitsfrage selbst auf die Tagesordnung setzte, wenn auch nur in bezug auf das Abendmahl. Im übrigen dachte er nicht daran, die Forderungen zu erfüllen, die die Lutheraner nach dem mißglückten Kolloquium vom 4. Dezember erhoben hatten[39]. Der Wechsel der Bezeichnung – Disputation statt Kolloquium – scheint gerade darauf abgezielt zu haben, lutherische Forderungen nach einem formalisierten Verfahren zurückzuweisen. Darüber kam es bald zu Konflikten: Ähnlich wie zuvor die lutherische Pfarrerschaft wies auch die Universität das Mandat vom 19. Februar als unannehmbar zurück, weil es Aussagen enthalte, die ihrem Bekenntnis *ungemeß* seien[40]. Es richte sich außerdem eher an Kirchen- und Schuldiener als an die Universität, und man hoffe, der Fürst werde deren Privilegien und das Herkommen achten *und einem ieden sein conscientz und gewißen sicher und frei laßen*. Mit dem vorgesehenen Ort, dem Auditorium philosophicum, war man nicht einverstanden, weil dort nur Universitätsglieder disputieren dürften und der Raum für die zu erwartende Menschenmenge zu klein sei. Zuletzt wurde auch als *unerhört* zurückgewiesen, daß nicht nur die Theologen, sondern auch andere Professoren und Studenten in der Disputation opponieren sollten. An einer Disputation *debito loco et processu* werde man aber teilnehmen.

Die folgenden Verhandlungen legten die schwache Position der Universität offen. Am 28. März wurde, weil der Rektor abwesend war, der Prorektor Caspar Agricola auf die Kanzlei zitiert, wo die fürstlichen Räte die Einwände der Universität zurückwiesen und lediglich versicherten, daß die Disputation frei

---

Annales, RA 664, Bl. 139ff. (Bericht aus der Perspektive der Universität); Hauptstaatsarchiv Stuttgart (künftig: HStA St.), A 63, Bü 62, Bl. 98ff. (ebenfalls von lutherischer Seite stammende Aufzeichnungen, beginnend mit dem 26. März). – Der Tübinger Bericht (wie Anm. 3) beruht zwar im wesentlichen auf diesen Ausarbeitungen, doch sind einige Details in den Druck nicht eingegangen. Auf die Anführung von Parallelstellen aus dem Tübinger Bericht S. 152ff. und aus STRUVE (wie Anm. 4), S. 454ff. wird im folgenden Abschnitt verzichtet.

38 So im wesentlichen übereinstimmend die Berichte in UAH, Theol. Fak. 2, S. 55f.; UAH, Annales, RA 664, Bl. 139a-140a und HStA St., A 63, Bü 2, Bl. 98a.

39 Vgl. oben S. 461.

40 Text der Antwort der Universität vom 27. März 1584 bei WINKELMANN (wie Anm. 12), S. 318f. Nr. 209; hieraus auch das Folgende.

sein und jeder die Möglichkeit haben solle, seine Argumente vorzutragen[41]. Die Universität habe nur dafür zu sorgen, daß die Studenten keinen Tumult veranstalteten[42]. Administrator und Räte waren längst Herren des Verfahrens. Dies wird deutlich aus den Vorgängen, die sich am 29. März abspielten[43]: Tossanus und Grynaeus verlangten vom Universitätspedell, die von Grynaeus verfaßten Disputationsthesen öffentlich anzuschlagen. Doch der Pedell bestand darauf, daß dies der Erlaubnis des Prorektors bedürfe, und fügte sich auch nicht dem Hinweis, es sei der Befehl des Fürsten. Agricola war zwar der Auffassung, daß ein Befehl des Fürsten der Universität direkt zugehen müsse, war aber realistisch genug, dem Pedell zum Einlenken zu raten, wenn die fürstlichen Räte auf dem Thesenanschlag bestehen sollten, was sie dann auch taten. Ehem und Hartmanni versicherten dem Pedell, daß der Herzog ihn schon vor der Universität schützen werde, wenn ihm aus dem Thesenanschlag irgendwelche Schwierigkeiten entstehen sollten; so schlug er die Thesen an. Der Universität blieb kaum eine andere Wahl, als die Verletzung ihrer Rechte hinzunehmen. Philipp Marbach protestierte am folgenden Tag zwar im Senat, zu einer öffentlichen Protestation beim Fürsten konnte man sich aber nicht entschließen, sondern beschloß, den Dissens vor den Räten festzustellen und die Studenten im Contubernium, in der Domus Dionysiana und im Sapienzkolleg zur Mäßigung in der Disputation zu ermahnen.

Zu den fruchtlosen Versuchen, wenigstens einige Verfahrensfragen im Sinne des Forderungskatalogs vom Dezember zu regeln, gehörte ein am 2. April auf Anregung der Theologen Marbach und Schopper im Senat beschlossenes Schreiben an den Fürsten, in dem vorgeschlagen wurde, daß beide Seiten je zwei vereidigte Notare zur Protokollführung sowie einige Zeugen ernennen sollten[44]. Doch auch dieser Versuch der verfahrensmäßigen Absicherung[45] schlug fehl. Kanzler Ehem stellte klar, daß man keine vereidigten Notare und Schreiber benötige, daß diese bei einer Disputation nicht üblich seien und daß der Fürst keine stellen werde; mitzuschreiben wurde allerdings nicht verboten[46]. Hier lag wie im Dezember die Differenz zu den Lutheranern, die erwar-

---

41　Vgl. UAH, Theol. Fak. 2, S. 59; UAH, Annales, RA 664, Bl. 141b-142a und HStA St., A 63, Bü 2, Bl. 100a.

42　Diese Bemerkung nur in HStA St., A 63, Bü 2, Bl. 100a.

43　Das Folgende aus UAH, Annales, RA 664, Bl. 142b-143a; HStA St., A 63, Bü 2, Bl. 100a berichtet knapper, daß die Thesen durch *den Pedellen M. Engelhard ad fores Collegij Principis sine consensu vicerectoris D. Casp. Agricolae affigirt, die exemplaria den professoribus comunicirt* wurden.

44　Dies entsprach in etwa den Punkten 3 und 6 des Forderungskatalogs aus dem Dezember; vgl. oben S. 461. Die Eingabe an den Fürsten vom 2. April ist in den Akten mehrfach überliefert: UAH, Theol. Fak. 2, S. 60; UAH, Annales, RA 664, Bl. 143b-144a und HStA St., A 63, Bü 2, Bl. 112a-112b.

45　Die Theologen sprachen im Senat offen aus, worum es ging: Da von der Disputation so viel abhänge und die Gefahr bestehe, daß hinterher beide Seiten für sich den Sieg reklamieren könnten, müsse man glaubwürdige Notare und Zeugen ernennen; UAH, Theol. Fak. 2, S. 59.

46　Über die Verhandlungen vom 3. April berichten UAH, Theol. Fak. 2, S. 61; UAH, Annales, RA 664, Bl. 144a-144b.

teten, daß es in der Disputation darum gehen werde, *zu erkündigen, wölche Parthey in Religions vnd in Glaubens Sachen, die vnser Seelen Heil vnd Seligkeit betreffen, recht oder vnrecht habe, vnnd wölcher Parthey beizufallen oder nicht*[47]. In einem solchen Fall waren nach ihrer Auffassung aber Notare und eine offizielle Protokollführung nötig. Am Tag vor Eröffnung der Disputation hatte die Universität demnach nicht eine ihrer Forderungen durchgesetzt.

Gab es wegen der Weigerung der fürstlichen Seite, sich auf Verfahrensabsprachen einzulassen, über den voraussichtlichen Ablauf der Disputation für die Universität kaum einen Anhaltspunkt, boten Grynaeus' Thesen, die am 29. März angeschlagen und verteilt worden waren[48], immerhin eine Vorstellung von den Streitpunkten, die zur Sprache kommen würden. Grynaeus legte seine Auffassung in 27, teilweise umfangreichen und in Unterabschnitte gegliederten Thesen dar. Er hielt sich genau an sein Thema, die Abendmahlsfrage. Dabei ging er in zwei Schritten vor: Der erste Teil enthielt die Punkte, in denen nach seiner Auffassung beide Seiten übereinstimmten[49]; daran schlossen sich die kontroversen Fragen an. Die angesprochenen Probleme entsprachen dem, was im Rahmen der lutherisch-reformierten Abendmahlskontroverse der Zeit unvermeidbar war: Realpräsenz und manducatio oralis, manducatio indignorum, lutherische Ubiquitätslehre.

3. Die Heidelberger Disputation

Über den Verlauf der Disputation und über den Argumentationsgang im einzelnen geben die umfangreichen Disputationsakten, die 1585 in Leipzig zum Druck gebracht wurden, näheren Aufschluß[50]. Da die reformierte Seite ein of-

---

47 Tübinger Bericht (wie Anm. 3), S. 175; die Lutheraner wenden sich hier gegen die von reformierter Seite vorgenommene Unterscheidung von *freien Disputationibus in hohen Schulen* und *angestelten Colloquijs*; sie unterscheiden bei Disputationen solche, *die nur exercitij gratia* gehalten werden, und ernsthaften Disputationen über Glaubensdinge.

48 De evcharistica controversia capita doctrinae theologicae, de quibus mandatv illustrissimi principis ac domini, D. Iohannis Casimiri, Comitis Palatini ad Rhenum ... octonis publicis Disputationibus, (quarum prima est habita 4. Apr. Anno Aerae Christianae 1584, Marco Beumlero respondente) praeses Iohannes Iacobvs Grynaevs, orthodoxae fidei rationem interrogantibus placidè reddidit. Acceßit, eivsdem Iohannis Iacobi Grynaei Synopsis Orationis, quam de Disputationis euentu, congreßione nona, quae incidit die 15 Aprilis, publicè habuit. Editio tertia ..., Heidelberg 1584. Benutzt wurde das Exemplar der UBH, künftig zit.: „Acta Disputationis". Nach der Angabe auf Bl. F2b wurden die Thesen am 26. März 1584 abgeschlossen, sie müssen also zwischen 26. und 29. März gedruckt worden sein.

49 Dieser Abschnitt reicht bis These XII, These XIII ist am Rand mit *Transitio* gekennzeichnet, leitet also über zum zweiten Teil.

50 Acta disputationis de s. coena, Publicè in Academia Heidelbergensi habitæ, inter eius loci Theologos synceræ Religionis propugnatores, & Iohannem Iacobum Grynæum, Caluiniani dogmatis Sectatorem, mens. April. Anno Ch: 1584. A Præcipuis & fide dignis personis bona fide excepta, & iam in lucem edita. ..., Leipzig 1585; benutzt wurde das Exemplar der UBH. Zusammenfassungen der Disputation bieten auch die handschriftlichen Aufzeichnungen UAH, Theol. Fak. 2, S. 61ff. und HStA St., A 63, Bü 2, Bl. 100aff. Diese Aufzeichnung bietet eine Reihe von Details, die in den ge-

fizielles Protokoll abgelehnt hatte und auf Mitschriften weniger Wert legte als ihre Gegner, stammen die detailliertesten Aufzeichnungen von lutherischer Seite; in den Wertungen sind sie entsprechend tendenziös, an den berichteten Fakten zu zweifeln, besteht jedoch kein Anlaß.

Die Universität war mit ihrem Protest gegen den Tagungsort, das Auditorium philosophicum, nicht durchgedrungen. Dort wurde die Disputation am 4. April, einem Samstag, morgens um 7 Uhr eröffnet und nach einer Mittagspause fortgesetzt. Der folgende Sonntag Judica war frei, in der Woche vom 6. bis 11. April traf man sich jeweils vormittags, der Palmsonntag war wieder frei. Am 14. April wurde die Disputation beendet[51]. Insgesamt fanden neun Halbtagessitzungen statt[52]. Der Kreis der Teilnehmer muß – zumindest am ersten Tag, für spätere Sitzungen liegen keine detaillierten Aufzeichnungen mehr vor, – erheblich gewesen sein. Neben den beiden Hauptdisputanten, dem Praeses Grynaeus aus Basel und dem Respondens Markus Bäumler aus Zürich[53], wohnte Johann Casimir selbst der Eröffnungssitzung bei. Neben ihm saßen sein Hofprediger Tossanus und sein Kanzler Ehem, die ihm zugleich als Übersetzer aus dem Lateinischen dienten, in seiner Nähe weitere Räte. Die Universität war vertreten durch den Prorektor Agricola, die Theologen Marbach und Schopper sowie die Professoren der Juristischen, Medizinischen und Artistischen Fakultät. Die lutherische Pfarrerschaft war mit Zimmermann, Öhem, Felsinius, Lautenbach und Schad vollzählig versammelt, verstärkt unter anderem durch den entlassenen Superintendenten Patiens. Auf reformierter Seite waren anwesend die Prediger an Heiliggeist und Hieronymus Zanchi, der ehemalige Heidelberger Theologieprofessor, der unter Ludwig VI. nach Neustadt abgewandert war[54]. Das Publikum bestand zum überwiegenden Teil aus

---

druckten Akten nicht enthalten sind. Aus den Druckschriften sind zu vgl. besonders Tübinger Bericht (wie Anm. 3), S. 180ff. und STRUVE (wie Anm. 4), S. 449ff.

51 Diese Angaben nach den Acta Disputationis (wie Anm. 50); unterschiedliche Datierungen gibt es für die Schlußphase der Disputation. Während der Tübinger Bericht (wie Anm. 3), S. 185 Samstag und Sonntag (11./12. April) für frei erklärt, aber eine Sitzung am Montag, den 13. April, verzeichnet, gab es nach den Acta Disputationis ein Treffen am 11. April, aber keines am 13. Nach HStA St., A 63, Bü 62, Bl. 103a-103b haben sowohl am 11. als auch am 13. April Sitzungen stattgefunden; unzutreffend ist hier aber sicher die Verlegung des Disputationsendes auf den 13. Ein besonderes Problem stellt die Datierung der abschließenden Rede des Grynaeus auf den 15. April in der gedruckten Fassung dar, was wohl nur als Versehen erklärt werden kann; vgl. den Titel oben Anm. 48.

52 Die Vor- und Nachmittagssitzung am 4. April als zwei Sitzungen gerechnet, wie es in den Acta Diaputationis (wie Anm. 50) geschieht. Neun Sitzungen, davon acht Disputationen, zählt auch Grynaeus in der Druckfassung seiner Abschlußrede; vgl. den Titel oben in Anm. 48.

53 Er wirkte später in unterschiedlichen Funktionen im pfälzischen Schul- und Kirchendienst, bevor er 1594 nach Zürich zurückkehrte, wo er als Prediger und als Professor tätig war; vgl. Historisch-biographisches Lexikon der Schweiz, Bd. 1, Neuenburg 1921, S. 537.

54 Zu Zanchi vgl. HAUTZ (wie Anm. 10), Bd. 2, S. 51f. u. ö.; WOLGAST, Universität (wie Anm. 10), S. 42ff.

lutherischen Studenten aus Heidelberg und reformierten Studenten aus Neu-stadt[55].

Hauptakteur und Praeses der Disputation war Johann Jakob Grynaeus aus Basel. Theologisch in Tübingen geprägt, hatte Grynaeus erst unter dem Ein-fluß seines Schwiegervaters, des Heidelberger Mediziners Thomas Erastus, die reformierte Lehre angenommen[56]. Daß er in der Heidelberger Disputation die von ihm selbst früher vertretene lutherische Abendmahlsauffassung bekämpf-te, ist ihm von seinen Gegnern immer wieder vorgehalten worden. Grynaeus eröffnete die Sitzung, indem er die Teilnehmer zum Frieden und zu einer Ar-gumentationsweise ohne unnütze Rhetorik ermahnte. Ausschließliche Urteils-norm (*norma iudicij*) sollte das Wort Gottes sein. Die Aufgabe formulierte er so: *Cardo quæstionis, de qua agitur, est hic: Anne in pane Eucharistico corpus Christi la-teat, sic, vt manu ministri & in ora indignorum ingeratur: Et an oraliter manducetur*[57]. Anschließend verwies Philipp Marbach, der in Abwesenheit Kirchners zum wichtigsten Opponenten wurde, darauf, daß nach der Disputationsordnung der Theologischen Fakultät zuerst die Studenten opponieren müßten, danach erst die Professoren[58]. Das Wort erhielt Quirinus Reuter, damals Student in Neustadt, später Professor in Heidelberg, der nach einer Weile von Tossanus unterbrochen wurde, weil der Fürst wünschte, daß ein Vertreter des Sapienz-kollegs als Opponent auftreten sollte[59]. Dies übernahm der Magister Joseph Coellinus, der im Dezember-Kolloquium als Notar gedient hatte[60] und damals für das Amt des Rektors am Pädagogium vorgesehen war[61]. Er verteidigte die manducatio indignorum, bis die Sitzung unterbrochen wurde.

Der Fürst nutzte die Mittagspause, um sich von der Disputation zu verab-schieden, und kam erst zur Schlußsitzung am 14. April zurück. Das änderte freilich wenig daran, daß die fürstlichen Räte die eigentlichen Herren über das Verfahren blieben, indem sie in die Disputation eingriffen, das Wort erteilten

55 Die detaillierteste Zusammenstellung der Teilnehmer am 4. April mit Angaben zur Sitzordnung lie-fert HStA St., A 63, Bü 62, Bl. 100.

56 Zur Person vgl. F. WEISS, Johann Jakob Grynaeus, in: Basler Biographien, Bd. 1, Basel 1900, S. 159-199; M. HELLMANN, „. . . et me amare perge." Briefe von Bartholomäus Pitiscus an seinen wie ei-nen Vater geliebten Freund Johann Jakob Grynaeus in Basel, in: Mentis amore ligati. Lateinische Freundschaftsdichtung und Dichterfreundschaft in Mittelalter und Neuzeit. Festschr. für R. Düch-ting, hg. v. B. KÖRKEL u. a., Heidelberg 2001, S. 125-144. Zu Erastus und seinen Beziehungen zu Grynaeus vgl. auch R. WESEL-ROTH, Thomas Erastus. Ein Beitrag zur Geschichte der reformierten Kirche und zur Lehre von der Staatssouveränität, Lahr/Baden 1954, S. 25 u. ö.

57 Vgl. Acta Disputationis (wie Anm. 50), Bl. 1b-2b, Zitat Bl. 2b.

58 Nach der Reformation des Kurfürsten Ludwig VI. vom 11. April 1580 sollte in folgender Reihenfol-ge opponiert werden: Studenten und Kandidaten der Theologie, Kirchendiener, Doktoren und Pro-fessoren; vgl. Statuten und Reformationen der Universität Heidelberg vom 16. bis 18. Jahrhundert, bearb. v. A. THORBECKE, Leipzig 1891, S. 180.

59 Vgl. Acta Disputationis (wie Anm. 50), Bl. 6a.

60 Vgl. oben S. 460.

61 Vgl. HStA St., A 63, Bü 62, Bl. 101.

oder entzogen, Termine festlegten und Ermahnungen aussprachen. In der Nachmittagsitzung des 4. April etwa[62] entschieden die Räte auf Vorschlag von Grynaeus, daß man den Opponenten Coellinus lange genug gehört habe. Den Rest des Tages opponierte der Sapientist Christoph Seitzler, doch mehr als ein Vorgeplänkel waren die mit Studenten geführten Diskussionen kaum. Erst am folgenden Montag trat die Disputation in ihr entscheidendes Stadium, als Kanzler Ehem unter Hinweis auf die Disputationsordnung und den Willen des Fürsten anordnete, daß nun die Professoren opponieren sollten[63].

Jetzt trat Philipp Marbach gegen Grynaeus in den Ring und spitzte die Auseinandersetzung auf die Frage der Realpräsenz zu. Die Atmosphäre wurde immer feindseliger. Schon am Nachmittag des 4. April hatte die mehrheitlich lutherische Studentenschaft ihren Unmut gegen Grynaeus und seinen Sekundanten Bäumler mehrfach lautstark geäußert[64]; am 7. drohte die Disputation völlig zu entgleisen, als Marbach dagegen protestierte, daß Grynaeus gegen die Disputationsregeln verstoße, indem er durch lange einleitende Reden die Zeit vertue und bei der Wiederholung dessen, was disputiert worden war, die Sache völlig verdrehe. Was er gestern konzediert habe, nehme er heute wieder zurück, und früher habe er über das Abendmahl ohnehin ganz anders gelehrt. Nur mit Mühe gelang es Ehem und den übrigen Räten, Marbach zu bewegen, seine Argumentation fortzusetzen. Weil das Publikum Grynaeus' Ausführungen wiederholt mit lauten Mißfallensäußerungen quittiert hatte, wurde Marbach von den Räten schließlich angewiesen, dafür zu sorgen, daß die Sapientisten das Scharren und Trampeln mit den Füßen unterließen[65].

Tatsächlich verlief die Disputation in den folgenden Tagen wieder in geordneteren Bahnen. Marbach opponierte bis zum Donnerstag, zuletzt über die manducatio oralis. Dann mußte er das Wort an seinen Kollegen Schopper weitergeben; eine Beteiligung des gewesenen Superintendenten Patiens an der Disputation lehnten die Räte ab[66]. Sie waren es auch, die Schopper am 10. April das Wort entzogen, um auch dem Pfarrer Wilhelm Zimmermann Gelegenheit zu geben, seine Auffassungen vorzutragen. Durch das bevorstehende Osterfest geriet die Veranstaltung zunehmend unter Zeitdruck. Eine Vertagung bis nach Ostern, wie sie die Pfarrer vorschlugen, lehnte Grynaeus ab[67]. So ist wohl zu erklären, warum das Ende der Disputation – zumindest für die lutherische Seite – doch sehr überraschend kam. Am 14. April kehrte der

---

62 Vgl. Acta Disputationis (wie Anm. 50), Bl. 21aff.

63 Vgl. ebd. Bl. 42b.

64 Vgl. die Randbemerkung in Acta Disputationis (wie Anm. 50), Bl. 32b: *Hic respondens* [d. h. Bäumler] *publico studiosorum strepitu & murmure explosus fuit: id quod ipsi ac eius præsidi aliquoties accidit.*

65 Zum Verlauf der Disputation am 7. April vgl. ebd. Bl. 66b-85a.

66 Vgl. ebd. Bl. 99b.

67 Vgl. HStA St., A 63, Bü 62, Bl. 103a.

Fürst in den Versammlungsraum zurück. Anstatt, wie von den Lutheranern erwartet, die Disputation fortzusetzen, hielten Grynaeus und Ehem längere Reden. Beide reklamierten den Sieg für die reformierte Seite, Grynaeus ließ seine Ansprache später im Druck verbreiten[68]. Der Kanzler schärfte zum Abschluß noch einmal die Befolgung des fürstlichen Mandats vom 19. Februar ein. Als Marbach zu protestieren versuchte, verließ Johann Casimir den Raum[69]. Noch einmal spielten sich jetzt Szenen ab, wie man sie am 7. April schon erlebt hatte: Als Grynaeus weggehen wollte, wurde er von den Studenten ausgelacht und ausgepfiffen[70]. Die Heidelberger Studentenschaft hatte schon vor Tagen eine Schrift vorbereitet und ihr Urteil über den Ausgang der Disputation festgehalten. Danach hatte Grynaeus zwar den Sieg für sich beansprucht, sich tatsächlich aber nur als Verleumder und Sophist ausgezeichnet[71]. Für die Studenten waren die Heidelberger Professoren und Pfarrer die Sieger.

Für die Lutheraner wirkte sich jetzt nachteilig aus, daß es ihnen nicht gelungen war, ihre Bedingungen durchzusetzen. Am 15. April protestierten Marbach, Schopper und die Pfarrer zwar schriftlich gegen der Verlauf der Disputation und gegen die Beanspruchung des Sieges durch die Gegner, doch stand ihr Protest auf schwachen Beinen, da sie dem von Grynaeus selbst und den fürstlichen Räten gefällten Urteil lediglich entgegenhalten konnten, daß man eigentlich das Auditorium hätte entscheiden lassen müssen[72]. Das hätte jedoch nichts anderes bedeutet, als ein parteiisches Urteil durch ein anderes zu ersetzen. Für die Lutheraner stand jedenfalls fest, daß die Disputation von den Gegnern *nicht dahin gemeinet, noch gerichtet gewesen* sei, *daß hiedurch die Warheit erkundiget, vnd erforschet, sonder vil mehr wir mit derselben vndergetruckt würden*[73].

4. Die Recalvinisierung der Universität

In ihrem schriftlichen Protest gaben die Lutheraner zwar der Hoffnung Ausdruck, daß der Fürst sie, obwohl sie noch einmal erklärten, seinem Mandat nicht nachkommen zu können, in ihren Ämtern bleiben lassen werde. Damit war aber kaum zu rechnen, gab es für Johann Casimir nun doch zwei Möglichkeiten, weitere Schritte gegen die Lutheraner zu begründen: mit ihrer an-

---

68 Synopsis Orationis. qvae habita est in celeberrima academia Heydelbergensi à Iohanne Iacobo Grynaeo, quum is, Aprilis die XV Anno ... 1584. finem imponeret Disputationibus Theologicis, de Controuersia Eucharistica, per octiduum habitis. ..., Heidelberg 1584. Die Rede ist auch enthalten im Anhang zur dritten Ausgabe von Grynaeus Disputationsthesen (vgl. oben Anm. 48), Bl. F4aff.

69 Vgl. Acta Disputationis (wie Anm. 50), Bl. 156a-157a.

70 Vgl. HStA St., A 63, Bü 62, Bl. 103a-103b.

71 Die lat. Erklärung der akademischen Jugend bei WINKELMANN (wie Anm. 10), S. 319f. Nr. 210 (11. April 1584). Lat. und in dt. Übersetzung auch im Tübinger Bericht (wie Anm. 3), S. 310f., 311-313.

72 Das Protestschreiben der Professoren und Pfarrer hier benutzt in HStA St., A 63, Bü 62, Bl. 104a-106a; auch im Tübinger Bericht (wie Anm. 3), S. 306-309 (15. April 1584).

73 Tübinger Bericht (wie Anm. 3), S. 314.

geblichen Niederlage in der Disputation und mit ihrem Ungehorsam gegenüber seinem Mandat. Weitere Schritte ließen aber einen vollen Monat auf sich
warten; Mitte Mai wurden Philipp Marbach und Johann Fladung[74] als Präzeptoren des Sapienzkollegs entlassen, doch sollten sie ihren Dienst bis Pfingsten
weiter versehen und ihre Besoldung noch ein Vierteljahr erhalten[75]. Sie wurden
durch die reformierten Theologen Georg Sohn und Johann Christmann ersetzt. Als diese am 17. Juni vorgestellt wurden, weigerten sich die Sapientisten,
die neuen Lehrer anzunehmen oder mit calvinistischen Sapientisten auch nur
an einem Tisch zu sitzen; nach Einzelverhören wurden sie fast alle entlassen[76].

Die Schonfrist für die Universität endete Anfang Juli. Die neue Runde der
Auseinandersetzungen entzündete sich an dem immer feindseliger werdenden
Streitschriftenkrieg zwischen den Heidelberger Reformierten und den Luthe-
ranern, die aus Tübingen unterstützt wurden[77]. Zwar versuchten letztere, mit

---

74 Vgl. zu ihm HAUTZ (wie Anm. 10), Bd. 2, S. 122 u. ö.

75 HStA St., A 63, Bü 62, Bl. 106a; auch im Tübinger Bericht (wie Anm. 3), S. 306-309 (15. April 1584).

76 Einzelheiten in HStA St., A 63, Bü 62, Bl. 106b-107a; STRUVE (wie Anm. 4), S. 462f.

77 Die zwischen Heidelberg, Neustadt, Tübingen und Wittenberg gewechselten Flugschriften bedürfen
noch der Auswertung. Hier soll lediglich versucht werden, diese Schriften in einer vorläufigen Liste
zusammenzustellen. Nicht berücksichtigt werden dabei der Tübinger und Heidelberger Bericht (wie
Anm. 3), Tossanus' gedruckte Rede (wie Anm. 68) und die Acta Disputationis (wie Anm. 50). Die
bisher vollständigste Zusammenstellung bei CUNO (wie Anm. 6) Tl. 1, S. 166f., 172ff.
J. ANDREAE, Admonitio pia et necessaria, de synopsi orationis Ioannis Iacobi Grynaei ..., Tübingen 1584; J. ANDREAE, Confutatio disputationis Ioannis Iacobi Grynaei, de coena Domini, Heidelbergae IIII. Aprilis. 1584. propositae. ..., Tübingen 1584; J. J. GRYNAEUS, Apologia breuis Ioannis
Iacobi Grynaei, in qua primum respondet ad criminationes Iacobi Andreae, nuper editas in Scripto,
cuius titulum auctor esse voluit: Confutatio Disputationis de Coena Domini ..., (Neustadt) 1584; L.
OSIANDER, Warnung An die Christliche Prediger vnd Zuhörer in der Churfürstlichen Pfaltz, Daß sie
nicht stumme Hunde werden noch reissende Wölff für getrewe Hirten ansehen sollen ..., Tübingen 1584; [D. TOSSANUS], Gegen-Warnung ahn Doctor Lucas Osiander, daß er sich eines neuen
Antichristischen Gewalts in der Kirchen nicht anmassen ... wolle, gestellt durch etliche reine prediger des göttlichen Worts zu Heydelberg, Neustadt 1584; L. OSIANDER, Abfertigung der untreuen
Gegenwarnung etlicher unreiner Prediger der calvinischen Lehr zu Heidelberg, Tübingen 1584; Epistola consolatoria ad reverendos et gravissimos Theologos D. Iacobum Andreae et D. Lucam Osi-
andrum de Palatinatus Electoralis Administratione ..., Neustadt 1584; Facultatis Theologicae almae
vniversitatis Heidelbergensis responsio ad synopsin Orationis Ioan. Ia. Grynaei qua Disputationem
... deseruit, Wittenberg 1585; W. HOLDER, Cuculus Caluinisticus, sive de gratitudine et modestia
Caluiniana, aduersus blasphemam Ioannis Iacobi Grynaei Apologiam, ..., Tübingen 1585; M.
BÄUMLER, Falco a Marco Bevmlero Tigvrino emissus, Ad capiendum ... illum Cuculum Vbiquita-
rium ..., (Neustadt 1585); W. HOLDER, Labyrinthi Sacramentarij Prodromus. A Wilhelmo Holdero,
ad Marcvm quendam Bevmlervm, nouitium Sacramentarium, scriptus. ..., Tübingen 1586; De insi-
gni et manifesto crimine falsi, a Philippo Marbachio perpetrato, ementito nomine Facultatis Theologicae, Academiae Heidelbergensis: Necessaria commonefactio ad Clagenfurtensem Ecclesiam ...
Heidelberg 1586; M. BÄUMLER, Marci Bevmleri Tigvrini ad Iacobvm Andreae triplex scriptvm: ...,
Neustadt 1586; H. ZANCHI, Hier: Zanchii ad partem prodromi Vilhelmi Holderi responsio ..., Neustadt 1586; W. HOLDER, Asinus auis, hoc est, Metamorphosis nova, qva novitivs qvidam Sacramen-
tarivs, Marcvs Bömlerus, dum temerè in auem falconem transire voluit, ridiculo errore in asinum
commutatus est. ..., Tübingen 1587; PH. MARBACH, Responsio necessaria et vera Philippi Marbachii
D. ad ... libellum fratrum Heidelbergensium, Wittenberg 1587; M. BÄUMLER, Calvmniarvm et so-
phismatvm, qvibvs Iacobvs Andreas postremum suum scriptum, Asinum Auem, compleuit, breuis
& perspicuus Elenchus à Marco Beumlero Tigurino, Coronidis vice, concinnatus. ..., Leiden 1588.

umfangreichen Rechtfertigungsschriften an den Fürsten[78] die Gefahr abzuwenden, daß man ihnen ihr Verhalten als Verstoß gegen das Verbot konfessioneller Polemik auslegen könnte, doch bediente sich der Fürst gerade dieses Arguments, als er die Theologen Marbach und Schopper am 9. Juli aus ihren Professuren entließ.

Da Marbach krank war, erschien Schopper alleine auf der Kanzlei[79]. Die Räte führten aus, der Fürst habe zu Beginn seiner Regierung beschlossen, den Zwiespalt in der Religion zu überwinden und Lästerungen auf der Kanzel zu verbieten. Zu diesem Zweck habe er ein Kolloquium in der Kanzlei abhalten wollen, doch die Lutheraner hätten dem nur unter Bedingungen zugestimmt. Schließlich habe eine öffentliche Disputation stattgefunden, um eine Concordia herzustellen, was aber nicht gelungen sei. Die Religion des Fürsten werde entgegen seinem Mandat auf der Kanzel und in der Theologischen Fakultät weiterhin gelästert. Er könne nicht länger dulden, daß in der Fakultät eine andere Religion gelehrt werde als die seine. Deshalb habe er Grynaeus an die Stelle von Kirchner gesetzt, Marbach und Schopper seien hiermit entlassen. Daß Schopper daraufhin sein Recht, in den Vorlesungen für seine Konfession einzutreten und die gegnerische zu bekämpfen, verteidigte, änderte an dieser Entscheidung nichts, ebensowenig eine lange Eingabe der Universität, in der sie den Fürsten ersuchte, die Rechte der Universität und das Herkommen zu achten und die Entlassung Marbachs und Schoppers zurückzunehmen[80]. Schon am 16. Juli traten Grynaeus mit einer Rede über die Übereinstimmung der Propheten und Apostel und Georg Sohn, der über den Zwiespalt in der Religion sprach, ihre Professuren an; am 18. November wurde mit dem Amtsantritt von Franz Junius der Konfessionswechsel an der Theologischen Fakultät abgeschlossen[81]. Mitte Juli wurden, ungeachtet einer Supplikation der lutherischen Bürgerschaft und der Universität, die lutherischen Pfarrer entlassen[82]. Auch an den übrigen Fakultäten fand in den folgenden Monaten ein vollständiger Austausch der Personen statt[83].

78 Die Schreiben vom 12. Juni im Tübinger Bericht (wie Anm. 3), S. 367-380 und 381-433; das erste Schreiben auch bei STRUVE (wie Anm. 4), S. 464-471. Unterschrieben sind die Eingaben von den fünf lutherischen Pfarrern und von Schopper, nicht jedoch von Marbach.

79 Das Folgende nach HStA St., A 63, Bü 62, Bl. 107aff.

80 Das Protestschreiben vom 14. Juli vgl. ebd. Bl. 114a-116b.

81 Vgl. STRUVE (wie Anm. 4), S. 475.

82 Zu den Einzelheiten vgl. ebd. S. 476ff.; der Wortlaut der Supplikationen der Bürgerschaft und der Universität ebd. S. 480ff.; Tübinger Bericht (wie Anm. 3), S. 344ff.

83 Vgl. die Zusammenstellung bei HAUTZ (wie Anm. 10), Bd. 2, S. 120ff.

5. Resümee

Der Gedanke eines Ausgleichs zwischen Lutheranern und Reformierten hat in der Konfessionspolitik Johann Casimirs nach dem Antritt seiner Administratur in der Kurpfalz eine wichtige Rolle gespielt. Dabei standen zwei Optionen zur Wahl: das Verbot der theologischen Polemik und der gegenseitigen Schmähung oder die Suche nach einer theologischen Einigung. Bediente sich der Fürst bis zu seinem Mandat vom 19. Februar 1584 vor allem der ersten Option, ergänzte er seine Politik in den folgenden Wochen um die zweite: Er setzte, wie es zuerst die Pfälzer Lutheraner gefordert hatten, die theologische Wahrheitsfrage auf die Tagesordnung. Die Abensmahlsdisputation im April 1584 hat diese Frage offiziell zugunsten der Reformierten entschieden. War es Johann Casimir anfangs lediglich um eine Tolerierung und Beteiligung seiner Theologen gegangen, gab ihm die Disputation ein zusätzliches Argument an die Hand, nicht mehr nur Toleranz zu verlangen, sondern den Alleingültigkeitsanspruch der reformierten Lehre in der Pfälzer Kirche und an der Universität Heidelberg durchzusetzen. Dabei wurden die Lutheraner von seiten des Fürsten niemals direkt der falschen Lehre bezichtigt, sondern ihre Weigerung, sich mit den Reformierten theologisch zu verständigen, und ihr öffentliches Eintreten für das eigene Bekenntnis galten als Belege für ihre Unversöhnlichkeit und damit für ihren Ungehorsam gegenüber dem im Mandat ausgesprochenen Verbot des „Kondemnierens und Lästerns auf der Kanzel und in den Schulen".

Daß Johann Casimir sich auf diese Weise argumentativ abzusichern versuchte, dürfte innen- wie außenpolitische Gründe gehabt haben. Seine rechtlich anfechtbare Stellung als Administrator und Vormund erlaubte ihm allzu harte Maßnahmen nicht. In der Kurpfalz selbst scheint das Luthertum immerhin soweit verwurzelt gewesen zu sein, daß der Fürst nicht wagte, es zu beseitigen, ohne es zuvor in einer Disputation überwunden zu haben. Die Abendmahlsdisputation war eine zugleich theologisch und politisch motivierte Schaudisputation ohne echte Chance, die jeweils andere Seite theologisch zu überzeugen[84]. Daß sich alle Beteiligten dieser Tatsache bewußt waren, zeigt das Ringen um die Disputationsbedingungen im Vorfeld: Während die Lutheraner sich verfahrensmäßig gegen ein willkürliches Urteil abzusichern versuchten, sorgte der Administrator dafür, daß die Disputation kein anderes als das gewünschte Ergebnis haben würde. Die lutherischen Theologen von ihrer Niederlage zu überzeugen, ist ihm zwar nicht gelungen, die Pfälzer Bevölkerung aber fügte sich. Insofern erfüllte die Heidelberger Abendmahlsdisputation von 1584 ihren Zweck.

---

84 Zum Typus des fürstlichen oder territorial ausgerichteten Religionsgesprächs, dem auch die Heidelberger Disputation zugeordnet werden kann, vgl. I. DINGEL, Religionsgespräche IV: Altgläubig – protestantisch und innerprotestantisch, in TRE 28 (1997), S. 654-681, hier S. 656.

MANNHEIM UND DIE UNIVERSITÄT HEIDELBERG UM 1900

Von Udo WENNEMUTH

WAS VERBINDET DIE JUNGE, expandierende Industriestadt Mannheim um die letzte Jahrhundertwende mit der alten Universität zu Heidelberg? Als aufstrebende Handels- und Industriestadt war Mannheim in der zweiten Hälfte des 19. Jahrhunderts zunächst einmal eine Stadt der Pioniere[1]. Beispielhaft können hier Personen wie Heinrich Lanz und Friedrich Engelhorn genannt werden. Beruhten die Anfänge der Mannheimer Großindustrie vielfach auf der persönlichen Tatkraft und dem Erfindungsgeist von „Emporkömmlingen" sowie ihrer Bereitschaft, neue Wege zu gehen, so waren diese Firmengründer bei der Ausweitung ihrer Anlagen zu Großbetrieben doch zunehmend auf die Fachkenntnis nicht nur intern ausgebildeter Facharbeiter, sondern auch technisch und naturwissenschaftlich gebildeter Ingenieure angewiesen. Moderne Technologie war im Konkurrenzkampf, der um 1900 längst die regionalen und nationalen Grenzen überschritten hatte, nicht ohne die Absolventen Technischer Hochschulen und Universitäten zu verwirklichen. Neben den technischen Disziplinen waren es vor allem die Chemie und Physik sowie die neu entwickelten Disziplinen wie die Physikalische Chemie, die die Industrie zwangsläufig in Berührung mit Universitäten und Hochschulen brachte. Um 1900 war die Überzeugung, dass wirtschaftlicher Fortschritt ohne wissenschaftlichen Fortschritt nicht denkbar sei, beflügelt noch durch Diskussionen um den Zusammenhang von der Größe der Nation und dem Erfolg der Wissenschaften im internationalen Wettbewerb, in breiten Kreisen des Bürgertums, der Politik und Wirtschaft unbezweifelter Bestandteil der Lebens- und Weltanschauung[2]. Dennoch erwies sich der Weg von den akademisch-uni-

---

1 Zu Mannheim um 1900 vgl. die zeitgenössische Bilanz in: Mannheim in Vergangenheit und Gegenwart. Jubiläumsgabe der Stadt, Bd. 3, Mannheim 1907; A.-M. LINDEMANN, Mannheim im Kaiserreich, 2. erw. Aufl. Mannheim 1988 (Sonderveröffentlichungen des Stadtarchivs Mannheim; Nr. 15) sowie M. CAROLI, Fin de siècle oder Aufbruch zu neuen Ufern? Mannheim an der Schwelle zum 20. Jahrhundert, in: Mannheim im Aufbruch. Die Stadt an der Wende vom 19. zum 20. Jahrhundert, Mannheim 1999 (Kleine Schriften des Stadtarchivs Mannheim, Nr. 13), S. 11-62.

2 Die Forschungen zur Wissenschaft um 1900 sind im letzten Jahrzehnt enorm intensiviert worden; vgl. dazu etwa W. U. ECKART, Deutscher Wissenschaftshistorikertag Berlin 1996, 26. bis 29. September – Ein Sammelbericht, in: Berichte zur Wissenschaftsgeschichte 20 (1997), S. 216-234, bes. 223, 227, 228f. Zum Verhältnis von Wirtschaft und Wissenschaft vgl. u. a. L. BURCHARDT, Wissenschaft und Wirtschaftswachstum. Industrielle Einflußnahmen auf die Wissenschaftspolitik im Wilhelminischen Deutschland, in: Soziale Bewegung und politische Verfassung. Beiträge zur Geschichte der modernen Welt, hg. v. U. ENGELHARDT, V. SELLIN u. H. STUTKE, Stuttgart 1976, S. 770-797; P. LUNDGREEN (Hg.), Zum Verhältnis von Wissenschaft und Technik. Erkenntnisziele und Erzeugungsregeln akademischen und technischen Wissens, Bielefeld 1981. Aus geistesgeschichtlicher Per-

versitären Wissenschaften, die noch immer überwiegend dem Ideal der „Zweckfreiheit" huldigten, zu den Anwendern in der Industrie als ein langer und steiniger Weg nicht ohne Missverständnisse.

Die Bestrebungen Heidelberger Gelehrter, mit dem produzierenden Gewerbe und dem jungen Reichtum der Industrie- und Handelsstadt Mannheim in Beziehung zu treten, überwanden zwar einerseits soziale Grenzen, andererseits entsprach dieses Vorgehen den Tendenzen und Notwendigkeiten der Zeit, den wachsenden Bedarf an Forschungsmitteln außerhalb der unzureichenden Staatsmittel zu decken. Im konkreten Fall wurde dabei oftmals Neuland betreten[3]. Da in Heidelberg die finanziellen Ressourcen deutlich begrenzt waren, fiel der Blick zwangsläufig auf Mannheim, wobei auffällt, dass die Mannheimer Verhältnisse den Heidelberger Gelehrten weitgehend fremd geblieben waren, hatte sich die Stadt der Kaufleute und Arbeiter trotz des berühmten Nationaltheaters noch nicht den Ruf einer Kulturstadt erworben. Es ist kein Zufall, dass es im Vorfeld der Feierlichkeiten zum dreihundertjährigen Stadtjubiläum 1907 ein zentrales Anliegen der Stadt und ihres weitblickenden Oberbürgermeisters Otto Beck war, Mannheim durch Bauten und Parkanlagen zu verschönern und als Stadt der Kultur und der Künste zu präsentieren. Jenseits der Fremdwahrnehmung aus Heidelberg muss man konstatieren: Mannheim ist um 1900 zwar keine Stadt der Wissenschaften gewesen, wohl aber eine beachtliche Stätte der Künste und der Kultur. Neben den kulturtragenden Institutionen existierten 38 Kunst- und wissenschaftliche Vereine in der Stadt[4], unter denen der Kunstverein, der Verein für Naturkunde, der Altertumsverein und der elitäre Richard-Wagner-Verein herausragten. Wie in anderen Städten gab es auch in Mannheim die „Salons" des Bildungsbürgertums, etwa der Helene Hecht oder der Bertha Hirsch, in denen Künstler wie Johannes Brahms und Franz Lenbach verkehrten. Auch als Schulstadt errang Mannheim sich einen guten Namen: Der Bildungspolitik für alle „Klassen" — auch für Mädchen und Frauen — wurde höchste Priorität beigemessen[5]. Inso-

---

spektive vgl. W. MÜLLER-SEIDEL, Zeitbewußtsein um 1900. Zur literarischen Moderne im wissenschaftsgeschichtlichen Kontext, in: Berichte zur Wissenschaftsgeschichte 22 (1999), S. 147-179.

3 Vgl. allgemein D. P. HERRMANN, Wirtschaft, Staat und Wissenschaft. Der Ausbau der privaten Hochschul- und Wissenschaftsförderung im Kaiserreich, in: VSWG 77 (1990), S. 350-368; vgl. auch R. vom BRUCH u. R. A. MÜLLER (Hg.), Formen außerstaatlicher Wissenschaftsförderung im 19. und 20. Jahrhundert. Deutschland im europäischen Vergleich, Stuttgart 1990.

4 Vgl. Mannheimer Adreß-Buch mit den Stadttheilen Käferthal, Neckarau und Waldhof für das Jahr 1900, S. 535-540.

5 Vgl. U. NIEß, Mannheims Schul- und Bildungsgeschichte im Kaiserreich, in: B. KIRCHGÄßNER u. H.-P. BECHT (Hg.), Stadt und Bildung, Sigmaringen 1997 (Stadt in der Geschichte, Veröffentlichungen des Südwestdeutschen Arbeitskreises für Stadtgeschichtsforschung; Bd. 24), S. 137-156; 1897 war in Mannheim ein Verein „Frauenbildung – Frauenstudium" gegründet worden, der bald zu den größten im Reich zählte; vgl. dazu J. BASSERMANN in: Mannheim in Vergangenheit und Gegenwart, Bd. 3 (wie Anm. 1), S. 527.

fern lagen die Tendenzen, im bildungspolitischen Bereich die Kapazitäten und Kompetenzen der nahen Heidelberger Universität zu nutzen, für das aufstrebende und selbstbewusste Bürgertum der Stadt nahe. Wissen wurde in allen Bereichen als wertvolles Gut und Potential erkannt, im Handel, bei den Unternehmern, in der Frauenbewegung und auch in der Arbeiterschaft. Letztere war zwar nicht die erste Gruppe, die unter diesen Aspekten zur Universität Heidelberg in Beziehung trat, aber in ihren Bemühungen dürfen wir eine Initialzündung für die weitere Bildungs- und Kulturarbeit in Mannheim erblicken.

I.

Ende 1896 konstituierte sich nach dem Vorbild der „University Extension" in England und Skandinavien in München ein „Volks-Hochschul-Verein", dessen Ziel es war, *die Ergebnisse der wissenschaftlichen Forschung in weitere Volkskreise zu bringen*, denen der Besuch einer Universität oder Hochschule versagt war. Hinter diesem Programm stand neben dem allgemeinen idealistischen Wunsch zur „Förderung der Erkenntnis" auch die Absicht, jenseits politischer, religiöser oder sozialer Vorgaben besonders solche Kenntnisse zu fördern, die *im Interesse der Volkswohlfahrt* nützlich erschienen. Um dies zu erreichen, wurden *Volkslehrkurse* und *volkstümliche Hochschulvorträge* über alle Wissensgebiete, *die sich zur volkstümlichen Darstellung eignen*, von dem Verein ins Leben gerufen. In diesem Verein engagierten sich in der Organisation der Vorlesungsreihen wie als Lehrende neben Vertretern des städtischen Schulwesens und der *akademischen Presse* auch herausragende Persönlichkeiten der Universität und der Technischen Hochschule München, darunter Lujo Brentano und Adolf Ritter von Baeyer. Interessierte Bürger konnten gegen einen geringen Jahresbeitrag als „ständige Hörer" dem Verein beitreten, während die Arbeit im wesentlichen durch einen Kreis wohlhabender fördernder Mitglieder finanziert wurde. Auch in anderen deutschen Städten, so in Jena, Leipzig und Berlin, oder unabhängig von einer Bindung an eine Universität auch in Frankfurt und Straßburg, wurden Vereinigungen mit einer ähnlichen Zielsetzung gebildet[6].

Dass auch in einer Stadt wie Mannheim, die sich auf ihren liberalen und „zeitgenössischen" Geist einiges zu Gute hielt, um die Jahrhundertwende die „Volkshochschul-Bewegung" Fuß fasste, verwundert daher nicht[7]. Bemer-

---

6 Statuten des Volks-Hochschul-Vereins München vom 21. Dezember 1896; Werbeschreiben und Aufruf zur fördernden Mitgliedschaft von Anfang 1897 sowie den ersten Jahresbericht für 1896/97 von L. Brentano in Universitätsarchiv Heidelberg (UAH) RA-193.

7 Vgl. allgemein hierzu W. WENDLING, Die Mannheimer Abendakademie und Volkshochschule. Ihre Geschichte im Rahmen der örtlichen Erwachsenenbildung. Von den Anfängen im 19. Jahrhundert bis 1953, Heidelberg 1983 (Sonderveröffentlichungen des Stadtarchivs Mannheim; Nr. 7), bes. S. 43ff. In diesen Zusammenhang gehört auch die auf Anregung von Oberbürgermeister Beck 1895 gegründete „Volksbibliothek".

kenswert ist allerdings, dass die Anstöße und Bemühungen für die Einrichtung der Volkshochschulkurse weder vom etablierten „Großbürgertum" noch von einer Hochschuleinrichtung ausgingen, sondern – wiederum einer Anregung von Otto Beck folgend[8] – aus den Kreisen der Arbeiterbewegung an die Universität heran getragen wurden. In einer gemeinsamen Denkschrift hatten sich das Arbeitersekretariat Mannheim, das Gewerkschaftskartell Mannheim, der Ortsverband deutscher Gewerkvereine und der Katholische Arbeiter-Verein am 14. Juli 1899 mit einer Bitte an den Senat der Universität Heidelberg gewandt, *von deren Erfüllung sie sich eine wertvolle Förderung und Hebung des gesamten Volkslebens unserer Stadt* versprachen[9]. Verfasser und Spiritus rector der Schrift war der Jurist Simon Katzenstein (1868-1945), der als hauptamtlicher Sekretär an die im Mai 1899 neu eingerichtete Beratungsstelle des Gewerkschaftskartells, das sogenannte Arbeiter-Sekretariat, berufen worden war[10]. Katzenstein sollte sich in späteren Jahren noch ausführlich zum Problem der Bildungsarbeit in der Arbeiterbewegung äußern[11].

Die Initiative berief sich auf ein lebhaftes Bestreben in weiten Kreisen der Arbeiterschaft *nach Erlangung einer umfassenderen und tieferen Bildung* (S. 1), als sie durch bestehende Institutionen zu erreichen sei. Aus eigener Kraft konnte man zwar die Arbeiter in Rechtsfragen und der Sozialpolitik bilden, doch fehlte es an den wissenschaftlichen Voraussetzungen zur Vermittlung eines *verfeinerten geistigen Genusses* (S. 2). Bildungsbestrebungen anderer – bürgerlicher und kirchlicher – Kreise wurden von der Arbeiterbewegung nicht angenommen, da diese entweder *der wissenschaftlichen Gründlichkeit* (S. 2) entbehrten oder als zu tendenziös empfunden wurden. Zudem schlossen ungünstige Vortragszeiten und zu hohe Eintrittspreise die Arbeiterschaft von diesen Vorträgen aus. Die Arbeiterorganisationen fassten daher den Entschluss, selbst die Voraussetzungen einer *vertieften geistigen Fortbildung solcher Kreise, denen Gelegenheit und Mittel, nicht aber das Streben und der Ernst für die Erring*[ung] *eines reicheren und erhöhten Geisteslebens fehlen* (S. 4), in die Hand zu nehmen. *Lange genug haben die berufenen Träger der wissenschaftlichen Forschung und Belehrung sich in vornehmer Entfernung von dem Volke gehalten und so nicht allein vielen bildungsdurstigen Volksgenossen die Schätze des Wissens und der geistigen Vertiefung vorenthalten, sondern auch sich selbst des Einflusses*

---

8   Ende Juni 1899 hatte Beck die verschiedenen Arbeiterorganisationen zu einem Meinungsaustausch über die Abhaltung von volkstümlichen Hochschulkursen eingeladen (vgl. Verwaltungsbericht der Großherzoglich Badischen Hauptstadt Mannheim für die Jahre 1895-1899, Mannheim 1900, S. 319).

9   UAH RA-195. Die Denkschrift ist abgedruckt bei WENDLING, Abendakademie (wie Anm. 7), S. 181-184.

10 Zum folgenden vgl. A. HOFFEND, Wissen ist Macht. 125 Jahre sozialdemokratische Bildungsarbeit in Mannheim, hg. vom Sozialdemokratischen Bildungsverein Mannheim e.V. Mannheim 1986, S. 30-32; WENDLING, Abendakademie (wie Anm. 7), S. 44-50.

11 Vgl. S. KATZENSTEIN, Arbeiterschaft und Bildungswesen, in: Sozialistische Monatshefte 7 (1903), Bd. 2, S. 512-518; DERS., Der Anarchismus und die Arbeiterbewegung. Berlin 1908.

auf weitere Kreise beraubt, der aus unmittelbarer Lehrtätigkeit und den daraus erwachsenden engeren Beziehungen zu den Schichten des handarbeitenden Volkes sich ergeben müßte (S. 3).

Von den guten Erfahrungen in Frankfurt, München, Leipzig, Jena, Marburg, Straßburg, Freiburg, zuletzt auch in Berlin, *die Wissenschaft dem Volke zugänglich* zu machen (S. 5), fühlte man sich also auch in Mannheim ermutigt und aufgefordert, ähnliches zu versuchen, denn *in der schnell heranwachsenden Industriestadt Mannheim hat sich das Bedürfnis nach geläutertem Wissen und reicherem Denkstoffe gleicherweise entwickelt.* Der Wunsch, *aus erster Hand von Forschern selbst die reichen Schätze des heutigen Erkenntnislebens sich erschließen zu lassen und so in praktischer wie ideeller Hinsicht neue Gesichtspunkte und neues Material zu gewinnen* (S. 7), war der Anlass für das Hilfsgesuch an die Universität Heidelberg in der Hoffnung, dass auch bei ihr *die Neigung zu finden sein wird, den von diesem reichen Geistesleben durch ihre derzeitigen Lebensbedingungen und die gesellschaftlichen Zustände Ausgeschlossenen in volkstümlicher Form die wichtigsten Ergebnisse wissenschaftlicher Arbeit mitzuteilen.* Durchaus selbstbewusst verwies man darauf, dass die Arbeiterklasse letztlich die Voraussetzungen für den Kulturbetrieb durch ihre Arbeit schaffe, und leitete daraus einen Anspruch auf Teilhabe an *den edelsten Blüten des Geisteslebens* ab. Für die künftige Enwicklung der Arbeiterklasse und damit für das gesamte Kulturleben in der Stadt wird den Volkshochschulkursen eine außerordentliche Bedeutung zugemessen.

Da das Arbeitersekretariat in seinem Anliegen im Grunde „bildungsbürgerliche" Positionen vertrat, waren Ziele und Wünsche für die Universität nachvollziehbar. Auch konnte man auf die vorzüglichen Erfolge der Volkshochschulkurse, dieses *Höherstreben*[s] *der geistig regsamen Elemente der Arbeiterklasse* (S. 4) an anderen Orten verweisen, wo sich eine große Zuhörerschaft dieser Bildungsarbeit mit großem Ernst widmete. Besondere sozialpolitische Bedeutung wurde auch der unmittelbaren Begegnung von Gelehrten und Arbeitern beigemessen, dass *Arbeiter und Gelehrte einander kennen und achten* lernten (S. 5) und Wesen und Streben der Arbeiterschaft den Gelehrten näher gebracht würden (S. 7). Es geht also auch um den Abbau von Vorurteilen und Feindbildern.

Katzenstein wollte jede Form *oberflächlicher Halbbildung* (S. 7) aus den Lehrgängen ausgeschlossen wissen: Nicht Unterhaltung, sondern ernste und nachhaltige Belehrung (S. 8) war gefragt. Deshalb sollten die Kurse nach Möglichkeit nicht als Einzelvorträge, sondern als zusammenhängende Vortragsreihen organisiert sein. Angemessen, je nach Gegenstand und Stofffülle, erschienen ihm Zyklen mit sechs bis zehn Vorträgen. Die Arbeiter legten Wert darauf, diese Leistungen nicht unentgeltlich zu erhalten. Durch Zahlung von Gebühren, die ihren Verhältnissen angepasst sein mussten (also mit bewusst gering bemessenen Eintrittsgeldern), wollten sie selbst zur Finanzierung beitragen. Dennoch musste die Vergütung der Vortragenden bescheiden bleiben, das Defizit sollte teils durch Vereinsbeiträge, teils durch eine Beihilfe der Stadt ausgeglichen werden. Themen und Inhalt der Vorträge sollten den Dozenten anheim gestellt werden, Wünsche und Hinweise aus Arbeiterkreisen wurden aber als Orientierungshilfen akzeptiert.

Der Engere Senat stand dem Wunsche nach Einrichtung von Volkshochschulkursen aufgeschlossen gegenüber. Da die Verwirklichung aber die Mitwirkung breiterer Universitätskreise zur Voraussetzung hatte, musste zunächst das Ergebnis der Beratung in einer allgemeinen Dozentenversammlung zu Beginn des Wintersemesters abgewartet werden[12]. Am 28. Oktober teilte Katzenstein dem Prorektor der Universität mit, dass seitens der Arbeiterschaft alle Vorbereitungen getroffen seien, und bat um eine Besprechung, damit man angesichts der fortgeschrittenen Zeit möglichst zügig mit der Einrichtung der Kurse beginnen könne. In der Dozentenversammlung am 25. November wurde das Anliegen des Mannheimer Arbeitersekretariats mit großer Sympathie aufgenommen. Bereits in der Versammlung erklärte eine größere Anzahl von Dozenten ihre Bereitwilligkeit zur Mitwirkung an den Mannheimer Volkshochschulkursen. Durch Zirkular sollten auch die nicht anwesenden Dozenten noch um ihre Stellungnahme ersucht werden. Es wurde sodann ein Komitee eingesetzt, dem Vertreter aller fünf Fakultäten unter Leitung des Prorektors angehörten: der Sprachwissenschaftler Hermann Osthoff als Prorektor, der Neutestamentler Adolf Deissmann, der Strafrechtler Wolfgang Mittermaier, der Privatdozent für Innere Medizin Ludolph Brauer, der Philosoph Paul Hensel und der Geologe Wilhelm Salomon (überwiegend außerordentliche Professoren und Privatdozenten). Offensichtlich rechnete man mit entsprechenden Anfragen auch aus anderen Städten der Region. Dieser „Ausschuss für Volkshochschulkurse der Universität Heidelberg" wurde beauftragt, im Einvernehmen mit den Vertretern der Mannheimer Arbeiterschaft *die Angelegenheit in Fluss* [zu] *bringen und alle Einzelheiten* [zu] *regeln*[13]. Wie ernst es der Universität mit der Förderung des „Bildungsdrangs" der Arbeiterschaft Mannheims war, zeigt die umgehende Veröffentlichung ihres Entschlusses in regionalen und überregionalen Tageszeitungen[14]. In einem Umlauf wurden die Lehrenden der Universität daraufhin gebeten, ihre Bereitschaft zur Übernahme von Vorträgen unter Angabe der Themen zu erklären. Immerhin bekunde-

---

12 Mitteilung des Engeren Senats an das Arbeitersekretariat Mannheim, 31.7.1899 (UAH RA-195).

13 Mitteilung des Prorektorats an das Arbeitersekretariat Mannheim, 28.11.1899 (UAH RA-195), ebd. das Protokoll der Dozentenversammlung mit den Abstimmungsvoten und die Themenlisten. Am 16.3.1900 legte Hensel einen Statutenentwurf für den Ausschuss vor (ebd.). Das Schreiben vom 28.11.1899 ist abgedruckt bei WENDLING, Abendakademie (wie Anm. 7), S. 184f.

14 Vgl. Neue Badische Landeszeitung (Mannheimer Zeitung) Nr. 595 (Abendausgabe), 27.11.1899; Frankfurter Zeitung vom 27.11.1899; Heidelberger Tageblatt (Generalanzeiger) Nr. 279 vom 28.11.1899; Kölnische Volkszeitung (Abend-Ausgabe) vom 28.11.1899, auch Münchner Neueste Nachrichten laut Mitteilung des Volks-Hochschul-Vereins München vom 1.12.1899, der sich dem Ausschuss für den Austausch von Beobachtungen und Erfahrungen zur Verfügung stellt (vgl. UAH RA-193 und RA-195).

ten etwa 30 Dozenten bereits für das laufende Wintersemester ihre Bereitschaft zur Mitwirkung, wobei manche durchaus Zweifel hatten, für ihre Fach- oder Spezialgebiete ein breiteres Publikumsinteresse erwarten zu dürfen. Konkrete Themenvorschläge fielen den Sprach- und Literaturwissenschaftlern (Hoops, Vossler, Sütterlin), Medizinern (Brauer, Cohnheim, Vulpius, Gottlieb) sowie Bio- und Geowissenschaftlern (Salomon, Soergel, Klaatsch) offensichtlich leichter als anderen. Auch behielten sich die „Koryphäen" in der Regel eine spätere Teilnahme vor: Sie wollten – unabhängig von der Kürze der Vorbereitungszeit – erst einmal abwarten, wie die Volkshochschulkurse anlaufen würden.

Am 8. Dezember 1899 konnte Katzenstein mit dem Dank der Arbeiterschaft auch die erfreuliche Entwicklung der Einschreibungen für die Volkshochschulkurse vermelden: 798 Unterschriften aus den Gewerkschaften in Mannheim und Ludwigshafen sowie den Gewerkvereinen waren auf dem Arbeitersekretariat bereits eingegangen. Erwartet wurde noch eine beträchtliche Anzahl von Anmeldungen aus dem Katholischen Arbeiterverein und dem Arbeiterfortbildungsverein, während die Beteiligung des Evangelischen Arbeitervereins noch ungewiss war. Angesichts der erwarteten Teilnehmerzahlen konnte das Unternehmen von Seiten der Arbeiterschaft somit als gesichert bezeichnet werden, auch wenn die Beschaffung der erforderlichen Mittel noch weiterer Anstrengungen bedurfte. Doch war es nun an der Zeit, an die Einrichtung der Kurse zu denken, denn *es besteht hier der lebhafte Wunsch, daß die Kurse möglichst bald nach Neujahr eröffnet werden möchten*[15]. Die gewünschte Besprechung zwischen Komitee und Arbeitervertretung konnte dann am 15. Dezember in der Universitätskanzlei stattfinden. Der Ausschuss bereitete sich gründlich auf die Besprechung vor, wollte er doch nicht in eine Situation kommen, in der er nur auf die Vorschläge und Wünsche der Mannheimer reagieren konnte. Insbesondere die finanzielle Abhängigkeit des Ausschusses vom Mannheimer Komitee bereitete den Gelehrten Unbehagen. Hier wollten sie die Initiative ergreifen und die Unabhängigkeit und Souveränität des Ausschusses durch die Organisation der Volkshochschulkurse an jedem Ort in eigener Verantwortung sicherstellen. Insbesondere bei der Wahl der Themen und der Dozenten beanspruchte der Ausschuss – nach Anhörung des Arbeiterkomitees – ein bindendes Mitspracherecht. Aus dem Angebot von 19 Vortragszyklen wählte der Ausschuss acht Vorlesungen aus, die dem Arbeiterkomitee vorgeschlagen werden sollten: von Deissmann (Geschichte der Entstehung des Neuen Testaments), Aschaffenburg (Verbrechen und Verbrecher), Klaatsch (Darwins Leben und Lehre), Kaiser (Über das Sehen und die Farben), Leser (Grundzüge der Steuerlehre), Hensel (Hauptfragen der Ethik), Sa-

---

15 S. Katzenstein an Prorektorat, 8.12.1899 (UAH RA-195).

lomon (Erdgeschichte) und Mittermaier (Recht und Rechtsverfolgung im Deutschen Reich)[16]. Diese Vorschlagsliste traf sich nur bedingt mit den Erwartungen der Arbeiterschaft, die *besonders Experimentalvorträge u*[nd] *solche aus der neueren Litteratur, aber alle ernsten Inhalts* wünschte. Doch vermied man eine zu deutliche Konkretisierung der Themenwünsche. Als Honorar bot man 25 Mark pro Vortrag und 50 Mark für einen gedruckten Leitfaden an. Eine kurze orientierende Inhaltsangabe über die Vorträge im Vorfeld wurde als wünschenswert und hilfreich erachtet[17]. Zur Deckung der Kosten konnte man neben den Kursgebühren auf einen Garantiefonds der Gewerkschaften zurückgreifen. Als Lokal für die Vorträge stellte die Stadt den Saal der Oberrealschule, der 300-400 Hörer fasste, unentgeltlich zur Verfügung. Zur weiteren Sicherung der Vorträge wurde die Gründung eines Volkshochschul-Vereins angestrebt.

Die Vorträge sollten vornehmlich während der Winterzeit stattfinden. Als Vortragsabende empfahlen sich der Montag und der Freitag, wobei nur jeweils zwei Vorträge parallel stattfinden sollten. An jeden Vortrag sollte sich eine Diskussion anschließen, für die Fragen der Hörer sollte zusätzlich ein Fragekasten aufgestellt werden. Die Themen sollten klar und konkret gefasst sein und dürften nicht den Anschein der Einseitigkeit oder einer bestimmten Richtung erwecken. Problematisch erschien den Arbeiterführern insbesondere ein Thema aus der Theologie. Das Problem der Lehr- und Lernfreiheit geriet so unversehens in den Mittelpunkt der Verhandlungen. Selbstverständlich würde in allen Fächern nur ernstgemeinte Wissenschaft vorgetragen werden, doch schien den meisten Beteiligten am Anfang eine gewisse Zurückhaltung bei dem Vorlesungsangebot angezeigt. Man einigte sich zunächst auf zwei Kursangebote mit jeweils zwei Vorträgen: „Verbrechen und Verbrecher" und „Darwins Leben und Lehre" beziehungsweise „Geschichte und Entstehung des Neuen Testaments" und „Über das Sehen und die Farben". Für das Sommersemester wurden Kurse über Gesundheitspflege für junge Frauen und Mütter und das Bürgerliche Gesetzbuch angeregt[18].

Doch in Teilen der Arbeiterschaft bestanden nicht nur Bedenken gegen theologische Vorträge. Insbesondere die katholische Arbeiterorganisation sah sich bei einigen der wissenschaftlichen Vorträge in ihren religiösen, konfessionellen und politischen Überzeugungen und Empfindungen verletzt, denn ebenso sehr wie das Auftreten eines evangelischen liberalen Theologen forder-

---

16 Protokoll der Ausschuss-Sitzung vom 13.12.1899 (UAH RA-195).

17 Von vier Vortragsreihen liegen in den Akten des UAH (RA 193) Leitfäden vor (Cohnheim, Klaatsch, Deissmann und Schaeffer).

18 Protokoll der Zusammenkunft vom 15.12.1899 (UAH RA-195). Veranstaltungsankündigungen wurde an alle Mannheimer Zeitungen gegeben.

te die Vorlesung über Darwins Evolutionstheorie ihren Protest heraus[19]. Es stellte sich für das Mannheimer Komitee somit die Frage, ob die angefeindeten Vorträge nicht zurückgezogen werden sollten, ob also *mit Rücksicht auf Vorurteile und Bedenken eines Teiles der Arbeiterschaft die wissenschaftliche und Lehrfreiheit dahin eingeschränkt werden* [sollte], *dass ein Teil, noch dazu der wichtigsten Gegenstände von der Behandlung ausgeschlossen sind, mithin der betr*[offene] *Verein eine Zensur über Gegenstand und Behandlung der Vorlesungen* auszuüben befugt sei. Doch die große Mehrheit der Vertreter der Arbeitervereine trat entschieden für die Lehrfreiheit ein und wies jeden Anspruch des Katholischen Arbeitervereins auf ein Einspruchsrecht gegen die von dem Ausschuss vorgeschlagenen Themen zurück. Die Hochschulkurse sollten eben kein Mittel der Propaganda in religiöser oder politischer Hinsicht sein. Man wollte *durch gediegene und vorurteilsfreie Behandlung wissenschaftlicher Fragen den Gesichtskreis der Zuhörer erweitern und ihre Urteilsfähigkeit schulen.* Deshalb sollten keine Gegenstände aus politischen oder religiösen Gründen aus den Kursen ausgeschlossen werden, sondern es sollten Gelehrte aller Richtungen – auch katholische – zu Wort kommen in *voller Freiheit in der Behandlung des Wissensstoffes.* Man stellte einzig die Erwartung an die Vorträge, dass sie für die *Gesamtheit der Arbeiterschaft gleichmäßig von Interesse* sein sollten. Auch wenn dieser Wunsch illusorisch klingt, bleibt das unbedingte Eintreten der Arbeitervereine für das freie Wort in Vortrag und Diskussion mit dem Recht auf eigenständige Meinungsbildung ein beeindruckendes Zeugnis für die demokratisch-politische Reife der Arbeiterschaft. Diese war jedoch offensichtlich in manchen Kreisen (nicht nur) der katholischen Kirche nicht gern gesehen. Der Katholische Arbeiterverein zog sich darauf hin aus der Organisation der Kurse und dem Vorlesungsbetrieb zurück und agitierte auch entsprechend unter seinen Mitgliedern, indem er vor der Teilnahme an den Vorträgen warnte[20]. Doch konnte das Ausscheiden der katholischen Arbeiter die Vorträge nicht gefährden. 300 Karten wurden für Mitglieder der beteiligten Vereine reserviert, 100 gingen in den freien Verkauf[21]. Das im katholischen „Neuen Mannheimer Volksblatt" vertretene Verlangen, *alle Vorträge politischen, religiösen und verwanten* [!] *Inhalts* wegzulassen, fand übrigens auch bei der politischen Führung der Stadt (so bei Oberbürgermeister Beck) kein Verständnis[22] und wurde in der überregionalen Presse hämisch kommentiert: *Dar-*

---

19 Das katholische Neue Mannheimer Volksblatt warf den Heidelberger Professoren bei der Auswahl der Themen eigenmächtige Handlungsweise vor. Deissmann wurde mit den Worten diskreditiert: *Man kann sich leicht denken, was ein liberaler protestantischer Theologe über das Thema zu Tage fördern wird.* Man unterstellte ihm „Predigt des Unglaubens". Darwin wurde als „Affenapostel" tituliert; vgl. Neues Mannheimer Volksblatt vom 19. bzw. 31.12.1899 (UAH RA-193).

20 Vgl. Neues Mannheimer Volksblatt vom 31.12.1899 (UAH RA-193).

21 S. Katzenstein an Ausschuss, 20. 12. 1899 (UAH RA-195) und noch deutlicher Ders. an Ausschuss, 31.12.1899 (ebd.).

22 Mitgeteilt in der Ausschuss-Sitzung am 23.12.1899 (ebd.).

kest Germany, wo sich *geistige Vormünder* zum Verbot anerkannter Wissenschaften aufspielten[23]. Die Stadt unterstützte die Bildungsbemühungen der Arbeiterschaft nicht nur durch die kostenlose Überlassung der Räumlichkeiten in der Oberrealschule, sondern auch durch die Deckung eines eventuellen Defizits der Kurse[24].

Das vehemente Eintreten der übrigen Arbeitervereine für die akademische Lehrfreiheit hat ihre Wirkung auf die Mitglieder des Universitäts-Ausschusses nicht verfehlt. Die Universität war jedenfalls gern bereit, trotz einiger Gegenstimmen in Arbeiterkreisen, *durch Ausbreit*[un]*g der Kenntnisse zur allgem*[einen] *Bild*[un]*g u*[nd] *damit z*[um] *sozialen Frieden mitzuarbeiten*. Mit Blick auf eine mögliche Ausweitung der Volkshochschulkurse auch auf Heidelberg gestand man dem Mannheimer Komitee nun auch durchaus das Recht zu, unabhängig von den Heidelberger Vorschlägen auch andere „Redner" einzuladen[25]. So dachte die Mannheimer Kommission beispielsweise daran, den angesehenen Mannheimer Rechtsanwalt Max Hachenburg in den Vorlesungsbetrieb einzubinden[26]. Das Engagement der Universität Heidelberg für die „Volkshochschulsache" fand auch den Dank der „Centralstelle für Arbeiter-Wohlfahrts-Einrichtungen", die im Mai 1900 ihre Generalversammlung in Heidelberg abzuhalten gedachte und dazu auch gern einen Vertreter des Ausschusses für Volkshochschulkurse als Referenten gewonnen hätte[27].

Nachdem die Voraussetzungen geschaffen waren, konnten die Volkshochschulkurse mit einer offiziellen Eröffnung vor 480 Personen am 12. Januar 1900 beginnen[28]. Mittermaier hatte – wohl auch als Reaktion auf die Angriffe von katholischer Seite – unter der Überschrift „Was sollen die Volkshochschulkurse" in einem umfangreichen Artikel in der Badischen Landeszeitung noch einmal die Ziele des Unternehmens erörtert[29]. Der Ansprache von Arbeitersekretär Katzenstein mit der Feststellung, dass Bildung und Arbeit zusammen gehörten, antwortete der Prorektor der Universität Osthoff. Er erinnerte an die schweren Auseinandersetzungen, die mit der Emanzipation des Bürgertums verbunden gewesen seien und folgerte im Sinne eines geordneten

---

23 So die Frankfurter Zeitung, Anfang Januar 1900 (undatiert in UAH RA-193).

24 Mitteilung Katzensteins vom 31.12.1899 (UAH RA-195).

25 Protokoll der Ausschuss-Sitzung vom 23.12.1899; ebd. auch der Entwurf des Antwortbriefs an Katzenstein.

26 Vgl. Katzenstein an Mittermaier, 6.4.1900 (ebd.).

27 Centralstelle an Ausschuss, 20.12.1899 (ebd.). Die Heidelberger Professoren hielten Distanz zur Centralstelle, keiner konnte sich zu einer Mitgliedschaft entschließen (vgl. Centralstelle an Ausschuss, 11.3.1901).

28 Vgl. dazu die Notiz Mittermaiers und den Bericht in der Heidelberger Zeitung Nr. 12 (Zweites Blatt) vom 15.1.1900.

29 Badische Landeszeitung. Mannheimer Zeitung, Mannheimer Anzeiger und Handelsblatt vom 12.1.1900 (UAH RA-193)

Gemeinwesens, dass der „Dritte Stand" zur Vermeidung alter Fehler nun dem „Vierten Stand" in seinem *friedlichen Aufkommen* helfen und in seinen berechtigten Forderungen nach Bildung unterstützen müsse. Ohne Vorbehalt wird die Arbeiterschaft als Initiator der Volkshochschulkurse gewürdigt. Osthoff erkannte, wie sehr diese Bildungsarbeit, die Unterstützung des „Ringens" und Strebens *weniger begünstigter Volksschichten* nach *Geistesbildung* einen wichtigen Beitrag zur Minderung sozialer Gegensätze und Spannungen leisten könne[30]. Daran schloss sich der Vortrag von Hermann Klaatsch über Darwin an. An dieser *schönen und würdigen* Eröffnung nahmen von Seiten des Heidelberger Ausschusses auch Deissmann und Mittermaier teil. Nach dem erfolgreichen Auftakt mit den Vorträgen von Klaatsch und Aschaffenburg folgte am 9. Februar der zweite Doppelzyklus mit den Vorträgen von Deissmann und Cohnheim[31], der für Kaiser eingesprungen war; die mehr praktische Ausrichtung dieser „Ersatz"-Vortragsreihe lag den Arbeitern ohnehin näher.

Das erste „Semester" wurde von allen Beteiligten als durchaus gelungen bezeichnet. Nach dem guten Anfang entschloss sich das Mannheimer Komitee, den Volkshochschulkursen durch die Gründung eines Vereins eine festere organisatorische Basis zu geben, um die Kurse finanziell abzusichern und das Arbeitersekretariat zu entlasten. Durch die Einrichtung eines Lesezimmers, in dem die wichtigste Literatur zu den Vortragsthemen ausliegen sollte, sollten die Bedingungen des „Arbeiterstudiums" verbessert werden[32]. Die Volkshochschulkurse selbst sollten systematischer angelegt werden, so dass in jedem Semester die großen Bereiche der Wissenschaften, die Natur-, Gesellschafts- und Geisteswissenschaften, gleichmäßig berücksichtigt würden. Es wurden sogar Kursangebote erwogen, die über mehrere Semester sich erstrecken sollten. Mit den beiden parallelen Vorträgen hatte man die Kapazitäten der Arbeiterschaft schon ausgeschöpft; eine Ausweitung erschien unrealistisch, um die Arbeiter nicht zu überfordern, denn die politisch aktiven Arbeiter waren auch die an der Bildung interessiertesten. Auch zeigte sich, dass die Anforderungen des Stoffes und Vortrags eine gewisse Abstraktionsstufe nicht übersteigen durften. Von den Dozenten der Kurse wurde ein „volksgemäßer" Vortragsstil erwartet. Am erfolgreichsten war die Vortragsreihe über Darwin, die deshalb im Sommer fortgesetzt werden sollte. Als problematisch erwiesen sich dagegen die

---

30 Dies war der Tenor der Ansprache Osthoffs auf der 30. Hauptversammlung der Gesellschaft für Verbreitung von Volksbildung am 19.5.1900 in Heidelberg (UAH RA-195).

31 Cohnheim wurde zumindest zeitweise durch Dr. Pfeiffenberg vertreten (vgl. Katzenstein an Mittermaier, 25.5.1900; ebd.).

32 Bereits 1895 war mit Unterstützung der Nationalliberalen Ernst Bassermann und Karl Ladenburg eine „Volksbibliothek" eingerichtet worden. 1906 richtete Bertha Hirsch, angeregt durch die angelsächsischen Public Libraries, im Arbeiterstadtteil Neckarstadt eine der ersten Arbeiter-Lesehallen in Deutschland ein, die „Bernhard-Kahn-Lesehalle", die bei ihrer Eröffnung bereits 150 Zeitungen und Zeitschriften sowie 4000 Bücher bereit hielt.

Vorträge von Aschaffenburg nicht nur wegen der hohen Anforderungen des Stoffes, sondern auch wegen seiner grundsätzlichen und intensiven Erörterung der Alkoholfrage, was manche Arbeiter verstimmte. Die Förderung der „Mäßigkeitsbewegung" lag aber durchaus im Interesse der Arbeiterbewegung[33].

Übereinstimmend wurde das rege Interesse der Teilnehmer gelobt. Der Heidelberger Ausschuss für die Volkshochschulkurse bestätigte, *dass die Vorlesungen in Mannheim in durchaus befriedigender Weise eingerichtet sind und auf die Dauer gesichert erscheinen. Die bisherigen Kurse waren weit überzeichnet, die Hörer zeigen grossen Ernst und anhaltende Teilnahme, die sich auch in der Diskussion äußert*[34]. Auch Aschaffenburg, der die Aufnahmefähigkeit der Hörer am stärksten belastete, äußerte sich sehr zufrieden. Es herrschte durchweg eine erfreuliche Aufmerksamkeit, und so kam es trotz vereinzelter Verstimmungen in der Arbeiterschaft zu keinerlei *Ungehörigkeiten* gegen den Dozenten. Im Gegenteil wurden Versuche zu parteipolitischer Verwertung seiner Ausführungen sofort unterbunden. Auch Widerstände oder Vorbehalte gegen die Vorträge Deissmanns haben offensichtlich den Ablauf der Kurse nicht beeinträchtigt; das Interesse hielt – auf beiden Seiten – an[35]. Der Wissensdurst der Hörer zeigte sich insbesondere in der regen Nutzung des Fragekastens[36]; sicherlich boten die Diskussionen nach den Vorträgen auch ein gutes Forum, sich auch in der argumentativen Auseinandersetzung zu üben.

Die Angaben über die soziale Herkunft der Hörer differieren etwas. Während Aschaffenburg überwiegend „Gebildete" und unter diesen auch viele Frauen, zumeist Lehrerinnen, ausmachte, betonte Katzenstein, dass 70-80 Prozent der Hörer Arbeiter seien. Doch das muss kein Widerspruch sein. Von den „freien" Teilnehmern waren die meisten tatsächlich Lehrer und Lehrerinnen, ein deutliches Zeichen für die Defizite im Fortbildungssystem dieser Sparte. Von den Arbeitern kamen die meisten aus Gewerkschaftskreisen. Es ehrt die Arbeiterschaft, dass sie im Gegensatz zu anderen „ständisch" organisierten Veranstaltungen ihre Kurse bewusst für alle Teilnehmer offen hielt. Ein Antrag der Evangelischen Arbeitervereine, alle Nicht-Arbeiter von der Teilnahme auszuschließen, wurde jedenfalls mit großer Mehrheit abgelehnt, da man keine *Engherzigkeit* üben und Lehrern die Möglichkeit zur Weiterbildung erhalten wolle[37]. Die Sozialdemokratie sah sich hier einerseits im Einvernehmen mit den übrigen Kreisen, betonte aber andererseits, dass das Klassenbe-

---

33 Vgl. den Bericht Katzensteins an Mittermaier vom 9.2.1900; zu den Neuerungen vgl. auch das Protokoll der Sitzung von Ausschuss und Komitee vom 4.3.1900 (UAH RA-195).

34 Mittermaier an die Kollegen im Lehrkörper, 19.2.1900 (ebd.).

35 Vgl. Katzenstein an Mittermaier, 21.3.1900 (ebd.).

36 Vgl. den Bericht Aschaffenburgs vom 20.2.1900 (ebd.).

37 Vgl. Katzenstein an Mittermaier, 9.2.1900; Bericht Dr. Aschaffenburg vom 20.2.1900; Protokoll vom 4.3.1900 (ebd.).

wusstsein der Arbeiter durch die Kurse nicht berührt werde[38]. Mit ihrer Offenheit und ihrem Eintreten für die Belange weiterer Kreise zum Wohl des Gemeinwesens bewies die Arbeiterschaft Größe. Doch zeigt das Beharren auf dem Klassengedanken wie auf Abgrenzung in anderen gesellschaftlichen Bereichen auch die weiter bestehende Verflochtenheit in ideologische Kategorien an. Durch Bildung allein war eben kein gesamtgesellschaftlicher Konsens herzustellen.

Durch die positiven Berichte ermutigt, war das Interesse der Heidelberger Hochschullehrer an den Kursen in Mannheim beträchtlich. Auf die Anfrage vom Februar 1900 erklärten sich 63 Dozenten zur Abhaltung von Vorträgen im Sommer- oder Wintersemester bereit, darunter 16 mit medizinischen Themen, acht mit sprach- und literaturwissenschaftlichen, sieben mit juristischen und sechs mit geowissenschaftlichen Themen[39]. Das Sommersemester, wieder mit jeweils zwei parallelen Vortragszyklen, begann erst nach Pfingsten, um unliebsame Unterbrechungen zu vermeiden. Angeboten werden sollten neben der Wiederholung der Vorlesung über Darwin Kurse über das Bürgerliche Gesetzbuch (Prof. Schroeder), Gesundheitspflege für junge Frauen (Dr. Schaeffer) und die Geschichte des 19. Jahrhunderts (Prof. Schäfer); die auf der Wunschliste des Mannheimer Komitees stehenden Kurse zur Anatomie und Experimentalvorträge mussten zurückgestellt werden, da die Voraussetzungen für mikroskopische, astronomische und andere Vorführungen erst noch geschaffen werden mussten[40]. An Stelle der historischen Vorlesung wurde schließlich ein Beitrag über „Die Hauptzüge der germanischen Sprachentwicklung" von Osthoff selbst ins Auge gefasst[41]. Als besonderes Wagnis erschienen die Kurse nur für Frauen, doch gerade diese konnten mit wachsendem Erfolg und zufriedenstellenden Ergebnissen abgeschlossen werden[42].

Wir halten fest, dass sehr wohl eine Selbstorganisation der Arbeiterbewegung für die sozialpolitische und arbeitsrechtliche Bildungsarbeit der Arbeiter existierte, die in der Kompetenz des Arbeiter-Sekretariats des Mannheimer Gewerkschaftskartells lag. Diese politisch-gewerkschaftliche Aufklärungsarbeit genügte aber Teilen der Arbeiterschaft nicht. Sie wollten teilhaben am allgemeinen Bildungsgut, an den Künsten und Wissenschaften, um dadurch auch der Arbeiterschaft ein neues Profil zu vermitteln und gesellschaftliches Poten-

---

38 So Katzenstein in seinem Referat bei der Hauptversammlung der Gesellschaft für Verbreitung von Volksbildung vom 19.5.1900 (ebd.).

39 Vgl. die Liste in UAH RA-195; mehrfach vertreten waren auch die Geschichte und die Volkswirtschaft, während Theologen und Naturwissenschaftler sich zurück hielten.

40 Vgl. Protokoll der Sitzung vom 4.3.1900 (ebd.).

41 Vgl. Osthoff auf einem Umlauf vom 12.5.1900 (ebd.).

42 Vgl. den Erfahrungsbericht Schaeffers vom 13.6.1900 (ebd.); an dem Kurs nahmen ausschließlich verheiratete Frauen teil, ihre rege Nutzung des Fragekastens verriet das allgemeine Informationsbedürfnis.

tial zu erschließen. In diesem Bildungsbestreben trafen sich sozialdemokratische und humanistisch-idealistische Faktoren. Besonders letzteres war das entscheidende Kriterium für die Kooperation zwischen Arbeitern und Gelehrten.
Dabei stellte sich bald nicht nur zwischen einzelnen Vertretern ein Vertrau-
ensverhältnis ein, so dass etwa der Mannheimer Bezirksverein des Verbandes
deutscher Buchdrucker sich über Vermittlung des Arbeitersekretariats an die
Universität wenden konnte, um für ihren Festvortrag für eine akademische
Feier zu Ehren Gutenbergs einen geeigneten Festredner aus dem Kreis der
Dozenten zu erbitten[43]. Auch innerhalb der Region wurden die Mannheimer
Volkshochschulkurse als Vorbild aufgenommen. Im Januar 1900 trat in Heidelberg das „Gewerkschaftskartell" zusammen, um auch in Heidelberg Volkshochschulkurse einzuführen. Man dachte hier darüber hinaus an eine Verknüpfung mit „Volksdarstellungen" im Stadttheater und die Veranstaltung
von „Volks-Konzerten". Um einen Einfluss auf die Gestaltung der Kurse
ausüben zu können, musste sich der Ausschuss den Heidelberger Wünschen
öffnen. Er riet jedoch der „Vereinigung für Arbeiter- und Volksbildung" nach
dem Mannheimer Vorbild dringend zu einer gewissenhaften Planung und zur
Absicherung des Unternehmens durch die Stadt. Doch die Heidelberger Bemühungen kamen nicht recht in Fluss; die zahlenmäßig kleinere Arbeiterschaft
schreckte vor den finanziellen und organisatorischen Verpflichtungen zurück[44]. Im Mai ging auch eine Anfrage des Kaufmännischen Vereins Ludwigshafen ein, im Herbst einen jedermann zugänglichen Vortragszyklus einzurichten. Mit den Referentenvorschlägen hatte man freilich wenig Glück, da die
vorgesehenen Vortragenden – darunter Fleiner (über Ernährung), Kraepelin
(über die Arbeit) – wieder absagen mussten, ehe Aschaffenburg mit seiner
Vortragsreihe über „Verbrechen und Verbrecher" auch in Ludwigshafen am
17. Januar 1901 die Kurse eröffnen konnte[45]. Im Juni folgte eine Anfrage aus
Frankenthal[46]. In Heidelberg dachte man darauf hin an eine Erweiterung des
Ausschusses[47].

In Mannheim jedenfalls schienen sich die Volkshochschulkurse der Arbeiterschaft etabliert zu haben; Verlage sahen in den Kursteilnehmern eine neue

---

43   Vgl. Katzenstein an Mittermaier, 21.3.1900; die Universität empfahl Prof. Wunderlich als Festredner
      (ebd.).

44   Vgl. die Pressemitteilung des Gewerkschaftskartells vom 23.1.1900 mit der Einladung zu einer kon-
      stituierenden Sitzung der „Vereinigung für Arbeiter- und Volksbildung" sowie als Reaktion darauf
      das Protokoll der Ausschuss-Sitzung vom 17.2.1900. Zu den Problemen in Heidelberg vgl. das Pro-
      tokoll der Sitzung am 26.7.1900 (UAH RA-195).

45   Vgl. die Anfrage vom 8.5.1900, die Mitteilung des Ausschusses vom 5.6.1900 sowie die hektischen
      Korrespondenzen zwischen 11. und 15.9.1900 (UAH RA-195). Über den Eröffnungsvortrag vgl. die
      Berichterstattung in: Neuer Pfälzischer Kurier und General-Anzeiger Ludwigshafen vom 17.1.1901
      sowie in: Pfälzische Rundschau vom 18.1.1901 (UAH RA-194).

46   UAH RA-195.

47   Vgl. Protokoll der Ausschuss-Sitzung vom 13.7.1900 (ebd.).

Klientel für den Sachbuchmarkt[48]. Doch hatte es im Sommersemester einige Pannen gegeben, die den Volkshochschulkursen Abbruch taten. Ein wiederkehrendes Problem war, dass die Dozenten aufgrund anderer Verpflichtungen zum Teil kurzfristig ihre Vortragszusagen zurücknehmen mussten; auch wenn Ersatz gefunden werden konnte, stellte dies nicht nur eine erhebliche Belastung der organisatorischen Arbeit dar. Für die Hörer, die sich für einen bestimmten Kurs eingetragen hatten, konnte dies eine herbe Enttäuschung bedeuten, die ihr Interesse für die Kurse insgesamt beeinträchtigen konnte. Wenig förderlich war sicher auch das Empfinden mangelnder Verbindlichkeit der Zusagen der Dozenten für das Selbstverständnis der Arbeiter. So konnten Vorbehalte gegen die Kurse wieder aufflammen und neue Nahrung erhalten. Eine unmittelbare Folge war bereits im Sommer ein deutlicher Hörerschwund. Allein der Kurs für die Frauen konnte ein zufrieden stellendes Fazit ziehen. Für die Vorbereitungen der weiteren Kursarbeit schienen Katzenstein daher einige organisatorische Veränderungen notwendig: zeitige Festlegung der Vorträge, um besser werben zu können und die Zuhörerschaft darauf einzustellen; Beschränkung der Vorlesungen auf die Zeit von Oktober bis März, wobei im Sommer eventuell Exkursionen unter fachkundiger Leitung angeboten werden könnten; Organisation der Kurse auf vereinsmäßiger Grundlage; ein systematischer Aufbau und Ausbau der Kurse[49]. Doch waren die Versuche, die Volkshochschulkurse auf die Erfolgsspur des ersten Semesters zurückzuführen und einen festen Stamm an Hörern und Dozenten zu gewinnen, zum Scheitern verurteilt. Das lag zum einen an Spannungen in der Arbeiterschaft selbst, an internen Widerständen gegen das „revisionistische" Bildungskonzept Katzensteins[50], zum anderen wohl auch an dem Ausscheiden Mittermaiers aus dem Ausschuss durch seine Berufung nach Bern, wodurch die – vielleicht auch berufsbedingte – vertrauensvolle und erfolgreiche Zusammenarbeit von Ausschuss und Komitee einen Rückschlag erfuhr. Die Spannungen in Mannheim waren im Wintersemester – angeboten wurde neben den bekannten Kurswiederholungen von Schroeder, Klaatsch, Osthoff und Schaeffer noch eine Vortragsreihe des Geographen A. Hettner – offensichtlich so stark geworden, dass Katzenstein für die Ausschussmitglieder mehrere Monate lang nicht ansprechbar war[51]. Das Interesse der Arbeiterschaft und damit der Besuch der Kurse ging stark zurück. In der Euphorie des Anfangs waren die sozialen und Bildungsschranken vielleicht doch zu sehr unterschätzt worden. So wurde

48 Vgl. das Angebot des Teubner-Verlags an den Ausschuss, 9.7.1900 (UBH RA-195).

49 Vgl. die Vorschläge Katzensteins in seinem Schreiben an Mittermaier, 13.7.1900; Protokoll der Sitzung vom 26.7.1900 (ebd.).

50 Zum „Revisionismus" Katzensteins vgl. A. HOFFEND, Mannheim Archiv Nr. 04236 (2000).

51 Vgl. Protokoll der Ausschuss-Sitzung vom 13.7.1900; Katzenstein an Deissmann, 19.2.1901 (UAH RA-195).

letztmalig für das Wintersemester Oktober 1901 bis März 1902 ein Kursangebot zusammengestellt mit Vorlesungen über Frauenkrankheiten (Schaeffer),
Moderne Dichtung und Religion (Grützmacher), Arbeit (Kraepelin), die Kultur des Altertums (von Duhn) und über Heilungsvorgänge (G. B. Schmidt)[52].
In wie weit die Kurse tatsächlich durchgeführt wurden, entzieht sich unserer
Kenntnis. Jedenfalls führte der Weggang des Arbeitersekretärs Katzenstein
nach Berlin Ende März 1902 schließlich zum Einschlafen der Kurse[53].

Gründe für dieses Scheitern der „Volksbildungsbestrebungen" lagen in organisatorischen Mängeln ebenso wie in inhaltlichen und strukturellen Problemen. Dem Komitee fehlte es an Möglichkeiten, die organisatorischen Schwierigkeiten nachhaltig zu lösen und durch eine erfolgreiche Werbetätigkeit die
Arbeiterinteressen anzusprechen und zu mobilisieren. Die Arbeiterschaft war
in sich uneins über Ziele und Aufgaben der Kurse, der „Motor" der Volkshochschulkurse für die Arbeiter sah sich zunehmend Widerständen in der Arbeiterbewegung selbst ausgesetzt. Doch auch die Vortragenden hatten ihren
Anteil am raschen Niedergang der Kurse, da sie sich in ihrer Mehrzahl mit der
Wahl der Themen und des Vortragsstils nicht genügend auf die Bedürfnisse
und Möglichkeiten der Arbeiterinnen und Arbeiter, die nun einmal das Gros
der Zuhörerschaft stellten, einstellten. Als dann 1903 wiederum Volkshochschulkurse durch den „Verein für Volksbildung, Volkshochschulkurse, Lese-
hallen" eingerichtet wurden, geschah dies auf einer anderen Grundlage. Zwar
hatte man aus den Problemen und Fehlern des Arbeitersekretariats gelernt,
doch Hauptadressat war nun nicht mehr die Arbeiterschaft, sondern die Bürgerschaft der Stadt insgesamt: Lehrer, Kaufleute, Studenten und Schüler stellten in den folgenden Jahren den Hauptanteil der Hörer; der Vorlesungsbetrieb
verzichtete weitgehend auf eine Unterstützung durch die Universität[54].

II.

Die von den Volkshochschulkursen gegebenen Impulse wurden aufgegriffen
und fortgeführt vom liberalen protestantischen Bürgertum wie vom Unter-
nehmertum und dem Handel, wobei zu bedenken ist, dass das Thema „Volksbildung" grundsätzlich in allen Kreisen im Gespräch war. Als die Kurse im
Frühjahr 1902 abbrachen, nutzte zunächst die Evangelische Kirchengemeinde
die Gelegenheit, ihrerseits den Gedanken wissenschaftlicher Vorträge aus dem
Bereich der Theologie aufzugreifen. Den Auftakt bildete am 27. April 1902 ein

---

52 Die Planung für den Winter 1901/02 beruht auf dem Stand vom 12.5.1901; vgl. das Protokoll des
    Ausschusses (UAH RA-195).

53 Vgl. Verwaltungsbericht (wie Anm. 8)1900-1902, S. 137f.; HOFFEND (wie Anm. 10), S. 32.

54 Vgl. den Tätigkeitsbericht des Arbeitersekretärs Richard Böttger in: Arbeiter-Sekretariat Mannheim.
    Jahresbericht für das Jahr 1909; WENDLING, Abendakademie (wie Anm. 7), S. 51ff.

Vortrag von dem Kirchenhistoriker und Neutestamentler Georg Grützmacher über das Thema „Was verdanken wir der Reformation?"[55]. Im Winter 1902/03 hielt Ernst Troeltsch auf Einladung eines Kreises *kirchlich interessierter Laien* (dahinter verbirgt sich die von Robert Bassermann geführte Kirchlich-Liberale Vereinigung) im Stadtparksaal mehrere Vorträge über die Ergebnisse der vergleichenden Religionsgeschichte *und ließ die religiöse Entwicklung der Menschheit im Christentum sich abschließen und krönen.* Angesprochen von diesen Vorträgen fühlte sich *ein überaus zahlreiches Publikum aus allen Ständen und Konfessionen.* Es war die Blütezeit des kirchlich liberalen Bürgertums, dessen Leitbild die liberale „rationalistische" Theologie eines Richard Rothe war, die man im liberalen protestantischen Bürgertum in Baden um 1900 am ehesten in der Person des Sytematikers und Religionsphilosophen Ernst Troeltsch verkörpert sah[56]. Der Bericht betont, dass auch jüdische Mitbürger den nicht immer leicht verständlichen Vorträgen lauschten. Aber trotz einiger Verständnisprobleme *erzielten diese Darstellungen einen tiefen und gewiß vielfach nachhaltigen Eindruck, besonders auch bei solchen Hörern, denen diese Art der Behandlung religiöser Probleme gänzlich neu und ungewohnt war.* Jedenfalls entschloss man sich im Winter 1903/04 einen weiteren Vortragszyklus mit sechs Vorträgen *über die innere Entwicklungsgeschichte des Christentums* anzuschließen. Das Interesse an der Erkenntnis religiöser Wahrheit erscheint dabei als überkonfessioneller und allgemeiner Anspruch. Und das gebildete und zum Teil kirchenferne protestantische Bürgertum suchte die religiöse Erfahrung und Vergewisserung nicht in Evangelisation und Predigt, sondern in anspruchsvollen Vorträgen der liberalen Universitätstheologie[57].

Auch der Mannheimer Handel wandte sich früh an die Universität Heidelberg, um Dozenten für die Aus- und Weiterbildung der Kaufmannschaft zu gewinnen. Parallelen zur Entwicklung des Bildungswesens in der Arbeiterschaft weisen auf die allgemeinen Zeitströmungen, die auch der technischen und kaufmännischen Fortbildung einen neuen Stellenwert zuwiesen[58]. 1897 hatte die gewerbliche Fortbildungsschule ihr nach Berufsgruppen gegliedertes

---

55   Vgl. Kirchen-Kalender für die evangelisch-protestantische Gemeinde in Mannheim auf das Jahr Christi 1903, 60. Jg. Mannheim 1903, S. 32 (KK); zu Rothe vgl. noch immer A. HAUSRATH, Richard Rothe und seine Freunde, Bd. 2, Berlin 1906. Zuletzt: T. Rendtorff, „Weltgeschichtliches Christentum". Richard Rothe: Theologische Ortsbestimmung für die Moderne, in: Zeitschrift für neuere Theologiegeschichte 7 (2000), S. 1-19 sowie S. PANTHER, Die Rothe-Rezeption von Ernst Troeltsch, in: Mitteilungen der Ernst-Troeltsch-Gesellschaft 12 (1999), S. 7-32.

56   Troeltsch war auch Kandidat Mannheims für die Wahl zur Generalsynode.

57   KK 1904, S. 43; KK 1905, S. 34 (das Vortragsthema war in „Entwicklung des Christentums zur Kirche und seine Stellung in der abendländischen Kultur" konkretisiert worden; zur kirchenpolitischen Situation in Mannheim vgl. U. WENNEMUTH, Geschichte der evangelischen Kirche in Mannheim, Sigmaringen 1996 (Quellen und Darstellungen zur Mannheimer Stadtgeschichte; Bd. 4), S. 200-217; S. 232ff.

58   Vgl. hierzu und zum Folgenden Mannheim in Vergangenheit und Gegenwart, Bd. 3 (wie Anm. 1), S. 518-525.

Fachangebot um eine Klasse für Mechanik und Verwandtes sowie um praktische Kurse für Holz- und Metallarbeiter erweitert. Im folgenden Jahr begann
schließlich eine Schule für Werkführer ihre überaus erfolgreiche Tätigkeit,
1902 öffnete eine kaufmännische Fortbildungsschule ihre Tore. In allen Fällen
war die Stadt unter ihrem Oberbürgermeister Otto Beck die treibende Kraft.
Es liegt in der Konsequenz dieser Entwicklung, dass Beck auch das höhere
Fortbildungswesen in den technischen und kaufmännischen Berufen förderte.
So war bereits 1898 in Mannheim die „Höhere Fachschule für Maschinenbau,
Elektrotechnik, Hüttenkunde und technische Chemie", hervorgegangen aus
einer privaten Ingenieurschule aus Zweibrücken, errichtet worden[59]. Doch
schon 1894 hatte Beck die Errichtung einer „Handelsakademie" angeregt. Mit
dem ehemaligen Bonner, seit 1904 in Heidelberg lehrenden Professor Eberhard Gothein, der bereits in Köln 1901 in die Errichtung der dortigen Handelshochschule involviert gewesen war, hatte Beck den Partner gefunden, mit
dem die Gründung einer Handelshochschule 1907 durchführbar wurde. Vorausgegangen war – nach dem Beispiel der Volkshochschulkurse – die Abhaltung fachwissenschaftlicher Vorträge durch Handelskammer, Börse und
kaufmännischen Verein, an denen sich neben Gothein auch andere Heidelberger (darunter Max Weber) und Freiburger (darunter Schulze-Gaevernitz) Gelehrte beteiligten. Doch erkannte man bald, dass dieses System den Anforderungen nicht gerecht werden konnte. So schlug Gothein nach ersten Überlegungen zu einem „Mannheimer Modell" einer Handelshochschule in einem
Gutachten im Jahre 1905 die Einrichtung von Handelshochschulkursen
(Volkswirtschaftslehre, Geld und Kredit, Bürgerliches Recht, Kulturgeschichte
und Wirtschaftsgeographie) am späten Nachmittag oder Abend (also nach der
Arbeitszeit) durch hauptamtliche Dozenten vor, ehe sich nach einem neuerlichen Überdenken der Konzeption die Voll-Handelshochschule auch mit ganz-
tägigem Kursangebot durchsetzte, die im Winter 1907/08 ihren Betrieb aufnahm. Ohne die Unterstützung der Universität Heidelberg wären organisatori-
scher Aufbau und Vorlesungsbetrieb der Kurse und der Hochschule in den
Anfangsjahren nicht durchführbar gewesen. Ausdrücklich stimmte der Senat
der Universität 1907 der dauerhaften Beteiligung Heidelberger Professoren am
Lehrbetrieb der Hochschule zu[60].

In einem anders gelagerten Fall, der sich aber aus der Lehrtätigkeit Heidelberger Professoren an der Handelshochschule ergab, übernahm zuletzt – ge-

---

59 Zur Ingenieurschule vgl. W. FÖRSTER, Hundert Jahre Fachhochschule Mannheim 1898-1998. Teil I:
    Die geschichtliche Entwicklung, Mannheim 1998 (Schriftenreihe des Landesmuseums für Technik
    und Arbeit in Mannheim; Bd. 8).

60 Zur Gründung der Handelshochschule vgl. B. KIRCHGÄSSNER, Von der Handelshochschule zur Uni-
    versität Mannheim, in: Die Universität Mannheim in Vergangenheit und Gegenwart, Mannheim
    1976, S. 11-28, hier S. 13-16; die Denkschrift Gotheins in UAH RA-182; den Beschluss des Senats
    vgl. in UAH RA-824, S. 489f. in der Sitzung vom 6.5.1907.

wissermaßen mit einem großen Ausrufezeichen – Mannheim den gebenden Part. Die Gründung der Heidelberger Akademie der Wissenschaften, einer Institution, die zwar unabhängig von der Universität, aber dennoch in engster sachlicher und personeller Fühlung mit ihr ihre Aufgaben und Zielsetzungen verstand (in erster Linie die Förderung der Forschung an der Heidelberger Universität und von Wissenschaftlern der Universität – und es waren ausschließlich Ordinarien der Universität, die über die Vergabe der Fördermittel entschieden), durch das Legat eines Mannheimer Industriellen ist sicherlich das markanteste Beispiel der Förderung von Forschung und Lehre im Umfeld der Heidelberger Universität vor dem Ersten Weltkrieg. Dabei stand diese Stiftung ursprünglich weder auf dem Plan des Industriemagnaten noch im Blick der Wissenschaft[61].

Am 1. Februar 1905 war Heinrich Lanz, eine der herausragenden Persönlichkeiten der frühen Industrialisierung in Baden, ein durch *Kulturbewußtsein und Menschentum* ausgezeichneter Unternehmer[62], gestorben. In seinem Vermächtnis verpflichtete er seine Erben, *im Laufe des nächsten Jahrzehntes* [den] *Betrag von Vier Millionen Mark für Wohlfahrtseinrichtungen zugunsten der Beamten und Arbeiterschaft der Firma Heinrich Lanz, sowie für öffentliche Wohltätigkeit und Wohlfahrtszwecke zu verwenden*[63]. Von einer Förderung der Wissenschaften oder Künste war hier noch nicht die Rede. Das Denken und Trachten von Heinrich Lanz, einem typischen „Firmenvater" der Gründerzeit mit einer patriarchalischen Unternehmensphilosophie, war ganz auf das Gedeihen seines Unternehmens gerichtet. Es waren vor allem die firmeneigenen Fürsorge- und Wohlfahrtseinrichtungen, die nach dem Willen Heinrich Lanz' von seinem Vermächtnis pro-

---

61 Zur Gründungsgeschichte der Heidelberger Akademie der Wissenschaften und den Motiven der Familie Lanz vgl. U. WENNEMUTH, Wissenschaftsorganisation und Wissenschaftsförderung in Baden. Die Heidelberger Akademie der Wissenschaften 1909-1949, Heidelberg 1994 (Supplemente zu den Sitzungsberichten der Heidelberger Akademie der Wissenschaften; Bd. 8), S. 72-139, bes. 80-89.

62 So die Charakterisierung bei P. SCHNELLBACH, Heinrich Lanz. Ein Pionier deutscher Industrie, Heidelberg 1927, S. 7.

63 Das Vermächtnis ist abgedruckt in der offiziellen Firmenfestschrift von P. NEUBAUR, Heinrich Lanz. Fünfzig Jahre des Wirkens in Landwirtschaft und Industrie 1859-1909, Berlin o.J. (1909), S. 397. Zur Firmengeschichte vgl. W. FISCHER, Ein Jahrhundert der Landtechnik. Die Geschichte des Hauses Heinrich Lanz 1859-1959, ungedr. Ms. 1959; M. HOFER, Der Landmaschinenbau. Heinrich Lanz AG Mannheim, Berlin 1929 (Musterbetriebe Deutscher Wirtschaft; Bd. 10); E. MOLIÈRE, Heinrich Lanz. Das Geheimnis des Erfolges und Aufbaues der Heinrich Lanz Aktiengesellschaft Mannheim. Eine Darstellung der Geschichte des Lanz-Werkes, seiner Entstehung und Entwicklung, o. O., o. J. [um 1950]; G. ZWECKBRONNER, Mechanisierung der Landarbeit. Der Lanz-Bulldog im landwirtschaftlichen Technisierungsprozeß, in: Räder, Autos und Traktoren. Erfindungen aus Mannheim. Wegbereiter der mobilen Gesellschaft, Mannheim 1986, S. 96-115; K. MÖSER, Mannheim Archiv Nr. 04340 (1999). Die Anfänge des Unternehmens wurden in mythisches Dunkel getaucht; vgl. W. FISCHER, Herkunft und Anfänge eines Unternehmers: Heinrich Lanz 1859-1870. Vom Landmaschinenhändler zum Fabrikanten, in: Zeitschrift für Unternehmensgeschichte 24 (1979), S. 27-44; DERS., Ansätze zur Industrialisierung in Baden 1770-1870, in: VSWG 47 (1960), S. 186-231, hier S. 228.

fitieren sollten, doch gingen die Nachlassverwalter, die Witwe Julia Lanz und der Sohn Karl Lanz, in einer Reihe von Stiftungen, zu denen das Vermächtnis sie verpflichtete, über den engeren betrieblichen Rahmen hinaus, so bei der Errichtung eines Krankenhauses (des „Heinrich-Lanz-Krankenhauses")[64] oder einer weiteren Millionenstiftung an die neu gegründete Handelshochschule. Doch nur mit der Stiftung für eine Heidelberger Akademie der Wissenschaften trat das sonst fast ausschließlich sozialpolitisch begründete Mäzenatentum der Familie Lanz über den engeren Rahmen Mannheims hinaus und wurde zu einem beachteten Namen im Felde der Wissenschaften.

Obgleich Heinrich Lanz neben der Landwirtschaft ganz allgemein auch Ingenieure und Erfinder mit Stiftungen bedachte[65], war sein Handeln nicht von einem spezifischen wissenschaftlichen Interesse geleitet. Ihm ging es allein um die Förderung der betrieblichen Strukturen und solcher Tätigkeiten, die im Sinne technischer „Dienstleistungen" direkt für das Unternehmen nutzbar waren. Seine Technikbegeisterung allein hat ihn den Wissenschaften offensichtlich nicht nahe gebracht, auch wenn nachträglich eine Dankesschuld an die Wissenschaften konstruiert wurde: Er sei *stets durchdrungen davon* gewesen, *daß die deutsche Technik ihre hohe Stellung in der Welt nicht am wenigsten der Tatsache verdankt, daß sie stets mit der Wissenschaft Hand in Hand ging*[66]; dieses Argument diente höchstens der Aufwertung der Technik in einer noch größtenteils von idealistischem Gedankengut geprägten Gesellschaft. Auch Karl Lanz, der Vollzieher der Stiftung, dachte letztlich an die Anwendungsmöglichkeiten der naturwissenschaftlichen Forschung im praktischen Leben, das hieß für ihn: in der industriellen Fertigung[67]. Die Umwidmung eines nicht unbeträchtlichen Teils des Vermächtnisses für die Wissenschaft ist daher bemerkenswert. Doch ging es Karl Lanz bei seinem Entschluß, eine Stiftung für die Wissenschaften zu errichten, gar nicht um die Wissenschaften selbst: Sie waren ihm willkommenes Mittel, dem vergötterten Vater ein weiteres Denkmal zu setzen, das weit über die Region hinaus strahlen sollte.

Es kann nicht behauptet werden, dass sich Wissenschaft und Industrie durch die Stiftung des Heinrich Lanz im Raum der Universität Heidelberg näher gekommen seien. Zwar wurden die neuen Ressourcen für die Forschung dankend angenommen, doch ist die Begegnung nach wie vor von Berührungsängsten, Unkenntnis und Vorurteilen geprägt. Das zeigte sich auch, als sich die

---

64 Zu den konfessionspolitischen Hintergründen dieser Stiftung vgl. WENNEMUTH, Evangelische Kirche in Mannheim (wie Anm. 57), S. 222-224.

65 NEUBAUR, Lanz (wie Anm. 63), S. 485ff.

66 Zur Erinnerung an das 50-jährige Jubiläum von Heinrich Lanz, Mannheim 1909, S. 23.

67 Vgl. dazu die Ansprache von Karl Lanz während der Eröffnungsfeier der Akademie am 3.7.1909, in: Sitzungsberichte der Heidelberger Akademie der Wissenschaften. Jahresheft Juni 1909 bis Juni 1910. Heidelberg 1910, S. XVII-XX.

Möglichkeit einer Ergänzungsstiftung zur Errichtung eines Domizils für die Akademie anbot[68]. Während man die Stiftungen des Gelehrten Adalbert Merx und des Architekten Fritz Toebelmann zur Förderung spezifischer Forschungsschwerpunkte gern und mit Genugtuung annahm, wurde die Aussicht auf eine weitere Stiftung aus Kreisen des „Geldbürgertums" seitens der Akademie und – so muss man ergänzen – auch der Universität nur halbherzig verfolgt. Der potentielle Stifter war der angesehene Getreidegroßhändler Louis Hirsch, seit 1878 Mitglied der Handelskammer[69]. Die Familien der Hirschs waren bekannt für ihr Engagement für die Künste, freilich weniger der universitären Wissenschaften. Doch nachdem die ersehnte Ehrung für Hirsch – der Geheimratstitel – ihm auf Grund seiner Verdienste für die Wirtschaftsentwicklung Badens ohne Mitwirkung der Universität und Akademie zugesprochen wurde, wurden die Beziehungen zu dem jüdischen Großhändler nicht weiter gepflegt. Der „Makel", aus der Stiftung eines Industriellen hervorgegangen zu sein, wurde von der Akademie nach dem Verlust ihres Stiftungsvermögens durch die Inflation bereitwillig getilgt, als sie den Zusatz „Stiftung Heinrich Lanz" aus ihrem Namen strich.

Auch in den anderen Bereichen war die Zusammenarbeit der Universität mit den bürgerlichen Institutionen in Mannheim nicht von Dauer. Die alten Kontakte wurden nach dem Ersten Weltkrieg nicht fortgeführt. Insofern steht der Bruch der Heidelberger Akademie mit ihren Mannheimer Verflechtungen nicht allein. Um so mehr verdienen die vergleichsweise unverkrampften und zeitweise sehr fruchtbaren Berührungen zwischen der Gelehrtenwelt auf der einen Seite und der Welt der Industrie und des Handels – unter Einschluß der Arbeiterbewegung – auf der anderen Seite um 1900 unsere Aufmerksamkeit, zeigen sie eine Offenheit der Universität, die nicht zum Alltäglichen in ihrer Geschichte gehört.

---

68 Vgl. dazu WENNEMUTH, Wissenschaftsorganisation (wie Anm. 61), S. 250f.; zu den übrigen genannten Stiftungen ebd., S. 238-244.

69 Louis Hirsch, geb. 1839, führte zusammen mit seinen Brüdern die Getreidehandelsfirma Jakob Hirsch und Söhne. Sie sind die Begründer der Raphael-Hirsch-Stiftung für die jüdische Gemeinde (für freundliche Auskünfte danke ich Frau Barbara Becker, Stadtarchiv Mannheim). Zur Bedeutung des Getreidehandels für Mannheim vgl. W. BORGIUS, Mannheim und die Entwicklung des südwestdeutschen Getreidehandels, Freiburg 1899.

WISSENSCHAFT UND „HEIMATFRONT"
HEIDELBERGER HOCHSCHULLEHRER
IM ERSTEN WELTKRIEG

Von Folker REICHERT

I. Kriegsbeginn in Heidelberg

AM 2. AUGUST 1914, am Tag nach der deutschen Kriegserklärung an Rußland, fand in der Heidelberger Stadthalle eine öffentliche *vaterländische Kundgebung* statt, zu der Stadt und Universität gemeinsam eingeladen hatten[1]. Ihr Zweck war es, die Soldaten ins Feld zu verabschieden, die Zurückbleibenden mit Zuversicht zu erfüllen und *dem einmütigen Gelöbnis der Treue gegen das Vaterland Ausdruck zu geben*. Wenn man der Berichterstattung in der örtlichen Presse glauben darf, war der Andrang außerordentlich, der Erfolg der Veranstaltung überwältigend: Zwei- bis dreitausend Personen hätten den großen Saal und die benachbarten Räume *bis auf den letzten Platz* gefüllt. *Alle Schichten der Bevölkerung* seien vertreten gewesen. Soldaten und Offiziere, Veteranen und Sanitäter, Arbeiter und Professoren, sogar *Frauen und Mädchen* seien dem Aufruf *in hellen Scharen* gefolgt und hätten die Ansprachen der Redner mit Hurra- und (wenn es gegen Rußland ging) mit Pfuirufen begleitet. Dazwischen erklangen patriotische Lieder: „Heil dir im Siegerkranz" nach Henry Careys Melodie und zum Schluß „Die Wacht am Rhein" („Es braust ein Ruf wie Donnerhall") von Max Schneckenburger und Karl Wilhelm.

Vier Redner traten auf. Alle kamen aus der Universität (oder waren ihr verbunden) und übernahmen bezeichnende Aufgaben. Als erster sprach der Oberbürgermeister der Stadt Heidelberg, Ernst Walz, seit 1902 Honorarprofessor in der Juristischen Fakultät. Zuständig für den politischen Aspekt der Veranstaltung, verpflichtete er die Ausziehenden auf das Erbe der Väter, hob die Einigkeit der Deutschen und den Neid der Feinde hervor, betonte die friedliche Haltung des Reiches und brachte Hochrufe auf Kaiser und Großherzog aus. Eberhard Gothein, Nationalökonom und seit dem 15. März Prorektor (also Rektor) der Universität, konnte nach eigenem Bekunden *keine begeisterten Worte finden, wohl aber Worte des Ernstes und der Pflichterfüllung*[2]. Seine Ansprache wandte sich *vornehmlich an die Studenten* und brachte die Rolle der Ge-

---

1 Das Gelöbnis der Treue. Eine Kundgebung der Stadt und Universität, in: Heidelberger Neueste Nachrichten, 2.8.1914, S. 3-4; Die Stimmung in Heidelberg, in: Heidelberger Tageblatt, 3.8.1914, S. 5; Heidelberger Zeitung, 3.8.1914, S. 3.

2 Rede bei der Stiftungsfeier der Universität am 24. November 1914, hier nach: Heidelberger Zeitung, 23.11.1914, S. 4. Vgl. dazu M. L. GOTHEIN, Eberhard Gothein. Ein Lebensbild, seinen Briefen nacherzählt, Stuttgart 1931, S. 258.

lehrten ins Spiel: In Friedenszeiten falle ihnen die Aufgabe zu, *geistige Führer zu erziehen*. Doch *was ist jetzt noch das Wort? Nichts! Die Tat ist alles*. Aber gerade der deutsche Soldat brauche Gottvertrauen, ein gutes Gewissen und *echte Gesinnung*. Er müsse wissen, wofür er kämpfe, und so behalte auch das Wort des Gelehrten seine Bedeutung. Sinnstiftung und Sinnvermittlung sah Gothein offenbar als die Aufgabe der Universitäten und Professoren gerade in Kriegszeiten an. Denn wie andere Zeitgenossen erwartete auch er von einem *gerechten Krieg* nicht nur militärische Erfolge, sondern auch *einen segensreichen läuternden Einfluß* und *einen inneren Sieg*. Am Ende aber, nach der siegreichen Heimkehr, *müßt ihr Junge uns Alte lehren*[3].

Daß schon zu Beginn des Krieges ein Bedarf an sachlicher Deutung bestehe, stand dem Historiker Hermann Oncken vor Augen. Seine Ansprache sollte erläutern, wie es zum Ausbruch des Krieges habe kommen können. Rußland und den *allslawischen Wühlereien* sprach er alle Schuld zu. Serbien habe *wilde Eroberungspläne*, sei aber nur *eine Bombe Rußlands, die unter die österreichisch-ungarische Monarchie gelegt ist*. Das österreichische Ultimatum vom 23. Juli habe endlich Klarheit geschaffen und Rußland genötigt, *die Maske abzuziehen und selbst in die Front zu treten*. Deutschland müsse als mitteleuropäische Macht den Status quo aufrecht erhalten und befinde sich gegenüber der russisch-serbischen Offensive *in absoluter Verteidigungsstellung*. Abschließend beschwor Oncken die Einigkeit der Deutschen und stellte seinen Hörern die Situation von 1813 vor Augen[4].

Zuletzt sprach der Theologe und Religionshistoriker Ernst Troeltsch. Dem Bericht des „Heidelberger Tageblatts" zufolge richtete er seine Rede *frei und vom Augenblick eingegeben* an die Menge. Sie wurde bald darauf gedruckt, dazu aber offenbar mehr oder weniger deutlich überarbeitet[5]. Auch Troeltsch schaute in die Vergangenheit und glaubte in der deutschen Geschichte seit den Reli-

---

3   Zur Vorstellung eines *segensreichen Krieges*, der die *Dekadenz* und *Unmoral* des vorhergehenden Friedens wie in einem *reinigenden Gewitter* überwinden könne, vgl. C. JANSEN, Professoren und Politik. Politisches Denken und Handeln der Heidelberger Hochschullehrer 1914-1935, Göttingen 1992 (Kritische Studien zur Geschichtswissenschaft 99), S. 127ff.; H. FRIES, Die große Katharsis. Der Erste Weltkrieg in der Sicht deutscher Dichter und Gelehrter, 2 Bde., Konstanz 1994/95, S. 174ff.

4   Wie sehr die Erinnerung an 1813 (und 1870/71) das Erlebnis der Einheit beim Kriegsausbruch prägte, zeigt Th. RAITHEL, Das „Wunder" der inneren Einheit. Studien zur deutschen und französischen Öffentlichkeit bei Beginn des Ersten Weltkrieges, Bonn 1996 (Pariser Historische Studien 45), S. 470f.

5   E. TROELTSCH, Nach Erklärung der Mobilmachung. Rede gehalten bei der von Stadt und Universität einberufenen vaterländischen Versammlung am 2. August 1914, Heidelberg 1914. Zu Troeltschs Rede vgl. R. J. RUBANOWICE, Crisis in Consciousness. The Thought of Ernst Troeltsch, Tallahassee 1982, S. 101ff.; B. SÖSEMANN, Das „erneuerte Deutschland". Ernst Troeltschs politisches Engagement im Ersten Weltkrieg, in: Troeltsch-Studien 3, Gütersloh 1984, S. 120-144, hier S. 125f.; F. K. RINGER, Die Gelehrten. Der Niedergang der deutschen Mandarine 1890-1933, München 1987, S. 169; H. G. DRESCHER, Ernst Troeltsch. Leben und Werk, Göttingen 1991, S. 413ff.; K. FLASCH, Die geistige Mobilmachung. Die deutschen Intellektuellen und der Erste Weltkrieg. Ein Versuch, Berlin 2000, S. 36ff. Sämtliche Autoren gehen allerdings davon aus, daß die Rede so gehalten worden war, wie sie dann gedruckt wurde.

gionskämpfen des 16. Jahrhunderts geradezu regelmäßige, jedes halbe Jahrhundert eintretende Unterbrechungen des Friedens zu erkennen. Nun seien es *die Machtgelüste des Slawentums und die Revanchegelüste Frankreichs*, derer sich die Deutschen in einem *dritten schlesischen Krieg* zu erwehren hätten. Dazu bedürften sie der *Tapferkeit des Herzens*, der Zuversicht, nicht untergehen zu können, und des Vertrauens auf Gott. In der gedruckten Fassung der Rede heißt es, daß hierin die Aufgabe der Redner und Worte, der Gelehrten und Künstler, liege: *Sie müssen predigen Tapferkeit und Zuversicht*[6]. Troeltschs eigene Ansprache, die man als Predigt ansehen darf, endete mit der Aufforderung zum Gebet für Deutschland und mündete in den Schlachtruf: „Mit Gott für Kaiser und Reich!" Der Redner selbst meinte später einmal, für Veranstaltungen wie diese seien Kirchen *die bestgeeigneten Orte*[7].

Alle vier Redner wollten ihr Publikum begeistern und beschworen dazu jene Werte und Tugenden, die als deutsche galten und deren Verteidigung sich lohne: Treue und Wahrhaftigkeit, Opferbereitschaft und Pflichtgefühl, die Tiefe der Gesinnung und das Vertrauen auf Gott. Ihre Ansprachen ergänzten sich: Dem Oberbürgermeister stand das politische Ganze vor Augen; der Rektor verlieh seiner Sorge Ausdruck, betonte aber auch die „Pflichterfüllung bis in den Tod" und das Zusammenwirken der Generationen; der Historiker gab dem gegenwärtigen Geschehen die nötige geschichtliche Tiefe, der Theologe sprach von den ethischen, moralischen und religiösen Konsequenzen. Daß die Ansprachen ihr Publikum erreichten, bezeugen die Artikel in den Tageszeitungen. Davon zeugen aber auch die Tagebücher zweier Heidelberger Bürger und Teilnehmer an der Versammlung: die Aufzeichnungen eines Fräulein Margarethe Schmidt aus der Weststadt[8], die die Geschehnisse der nachfolgenden Jahre aus nationalkonservativem Blickwinkel kommentierte, und das „Kriegstagebuch" des Heidelberger Mediävisten Karl Hampe, der in seinen Einträgen, beginnend mit eben dem 2. August 1914, eher einen nationalliberalen Standpunkt einnahm[9].

Margarethe Schmidt fand sämtliche Ansprachen *ernst und begeisternd*. Aber Onckens *politische Rede* mit ihren Schuldzuweisungen an Rußland hob sie hervor. Schließlich glaubte sie fest daran, daß Heidelberg *von russischen Spionen voll* sei. Auf dem Heimweg wurde sie Zeuge, wie vier von ihnen festgenommen

---

6   TROELTSCH, Nach Erklärung der Mobilmachung (wie Anm. 5), S. 7.

7   Ansprache bei einem „Vaterländischen Konzert" im Neuen Kollegienhaus am 24. Januar 1915 (Heidelberger Zeitung, 25.1.1915, S. 4).

8   Stadtarchiv Heidelberg, H 250, Eintrag zum 3.8.1914.

9   K. HAMPE, Kriegstagebuch 1914-1919, noch in Privatbesitz; künftig: Nachlaß Karl Hampe, Heidelberg, Universitätsbibliothek, Hs. 4067. Eine Edition wird durch den Jubilar und den Verfasser dieser Zeilen vorbereitet. Zu Karl Hampe vgl. H. JAKOBS, Hampe, Karl Ludwig, Historiker, in: Badische Biographien NF 3, Stuttgart 1990, S. 115-118. Über ein in mancher Hinsicht vergleichbares Beispiel vgl. A. WETTMANN, Die Kriegstagebücher Theodor Birts, in: Hessisches Jahrbuch für Landesgeschichte 44 (1994), S. 131-171.

wurden, nachdem sie auf einen Mann geschossen hätten. Karl Hampe empfand ebenfalls den Ernst der Stunde und *die bewegte Stimmung aller.* Immerhin
gab er zu, daß nicht alle Bevölkerungsschichten sich gleichermaßen von den
Aufrufen zur Kundgebung angezogen fühlten; von den Anhängern der Sozialdemokratie, die noch in den letzten Julitagen reichsweit zu Demonstrationen
gegen die drohende Kriegsgefahr aufgefordert hatte und erst am 4. August den
Kriegskrediten zustimmen sollte, vermutete er nicht allzu viele in der Versammlung[10]. In Troeltschs *erschütternder Ansprache* sah er den Höhepunkt des
Abends, von den Appellen, mit Taten und Worten an der Verteidigung des
Vaterlandes mitzuwirken, fühlte er sich angesprochen. Er nahm sich vor, *sein*
Teil beizutragen. Wenn jeder seine Pflicht tut, so kann die Nation nicht unterliegen! Wieviele Möglichkeiten sich dafür auch für den Hochschullehrer ergaben, wurde
ihm im Laufe der nächsten Wochen und Monate bewußt.

II. Heidelberger Hochschullehrer und der Weltkrieg

An der Front selbst dienten nur wenige Ordinarien der Heidelberger Universität. Alfred Weber meldete sich freiwillig und nahm als Offizier einer Land-
wehrbrigade an den Kämpfen um Mülhausen teil, bemühte sich aber bald um
eine zivile Verwendung. Ähnliches gilt für den Juristen Friedrich Endemann[11].
Ludolf Krehl war einer der ranghöchsten deutschen Sanitätsoffiziere und damit „der einzige Heidelberger Ordinarius, der ... den ganzen Krieg in Front-
nähe erlebte"[12]. Ansonsten kamen eher die jüngeren Universitätsangehörigen
zum Einsatz im Feld, Extraordinarien und Privatdozenten wie der Philosoph
Emil Lask, der schon im Mai 1915 in Galizien fiel, oder Assistenten wie der
Archäologe Fritz Blattner, der im Oktober 1916 ums Leben kam[13]. Erst recht

10　Zur Stimmung in der Arbeiterschaft und den vor allem sozialen Begrenzungen des „Augusterlebnis-
　　ses" vgl. etwa W. KRUSE, Krieg und nationale Integration. Eine Neuinterpretation des sozialdemo-
　　kratischen Burgfriedensschlusses 1914/15, Essen 1993, bes. S. 152ff.; DERS., Kriegsbegeisterung?
　　Zur Massenstimmung bei Kriegsbeginn, in: Eine Welt von Feinden, hg. von W. KRUSE, Frankfurt
　　a.M. 1997, S. 159-166 (mit weiterer Literatur); C. GEINITZ, Kriegsfurcht und Kampfbereitschaft.
　　Das Augusterlebnis in Freiburg. Eine Studie zum Kriegsbeginn 1914, Essen 1998.
11　E. DEMM, Ein Liberaler in Kaiserreich und Republik. Der politische Weg Alfred Webers bis 1920,
　　Boppard 1990 (Schriften des Bundesarchivs 38), S. 152ff. Zu Endemann, der beim Ausbruch des
　　Krieges schon 57 Jahre alt war, vgl. das Schreiben des Prorektors Gothein an den Leiter der Hoch-
　　schulabteilung im badischen Kultusministerium Viktor Schwoerer vom 23.9.1914: Generallandesar-
　　chiv Karlsruhe, N Schwoerer Nr. 38. Zum Folgenden vgl. grundlegend: K. SCHWABE, Wissenschaft
　　und Kriegsmoral. Die deutschen Hochschullehrer und die politischen Grundfragen des Ersten
　　Weltkrieges, Göttingen 1969 sowie FLASCH, Die geistige Mobilmachung (wie Anm. 5).
12　JANSEN, Professoren und Politik (wie Anm. 3), S. 134; vgl. auch: Feldpostbriefe von Ludolf Krehl
　　an seine Frau vom September 1914 bis September 1918, 2 Bde., Privatdruck o. O. o. J [1939].
13　Von den der Philosophischen Fakultät angehörigen Professoren befanden sich nach einem von
　　Hermann Oncken angelegten Verzeichnis am 5. September 1914 neben A. Weber die ao. Professo-
　　ren Karl Stählin, Hermann Ranke, Ferdinand Fehling und Emil Lask sowie die Privatdozenten Hans
　　Ehrenberg, Max Walleser und Eugen Fehrle im Kriegsdienst (UA Heidelberg, H-IV-102/140, fol.
　　398). Zu Emil Lask vgl. É. KARÁDI, Emil Lask in Heidelberg oder Philosophie als Beruf, in: H.

unter den Studenten und Absolventen, die zum Teil soeben noch mit einem
Notexamen ins Feld geschickt worden waren, forderte der Krieg zahlreiche
Opfer. Am Ende hatte die Heidelberger Universität 473 Tote, darunter eine
Frau, zu beklagen[14]. Professorenhaushalte waren davon ebenso wie andere
Familien betroffen. Der Philosoph Wilhelm Windelband verlor einen Sohn,
ebenso der Archäologe Friedrich v. Duhn, der Sprachwissenschaftler Friedrich
Bartholomae den einzigen, den er hatte. Eberhard Gothein konnte den Verlust
seines zweiten Sohnes Wilhelm, gefallen schon am 22. August 1914, zeitlebens
nicht verwinden; der jüngste, Percy, wurde im Sommer 1915 durch einen
Kopfschuß schwer verwundet[15]. In den ersten fünf Kriegsmonaten waren
zehn Söhne Heidelberger Professoren gefallen. Weitere sollten folgen. Auch
dies war ein Beitrag zum Krieg.

Blieb der Dienst vor dem Feind somit den Jüngeren überlassen, so bot auch
die immer wichtiger werdende „Heimatfront" eine Vielzahl von Gelegenheiten, sich am „nationalen Verteidigungswerk" zu beteiligen. Auch der Dienst
mit der Waffe war möglich, und Altersgrenzen spielten dabei keine Rolle. Als
etwa in den ersten Augusttagen *zum Schutz des privaten und öffentlichen Eigentums*
eine freiwillige Bürgerwehr aufgestellt wurde, die sich unter anderem bei der
allgemeinen Jagd auf Spione hervortat, traten ihr auch einige Universitätsangehörige bei. Zwei Verzeichnisse der Mitglieder sowie der Waffen, die sie mitbrachten, nennen neben vielen anderen die Namen des Mineralogen Ernst
Wülfing, des Mathematikers Wolfgang Vogt, des Geologen Wilhelm Salo-
mon(-Calvi), des Theologen Ludwig Lemme, des Historikers Karl Wild, des
Germanisten Max v. Waldberg, der Privatdozenten Arnold Ruge (Philosophie)
und Emil Lederer (Nationalökonomie), des Chemieassistenten und Turnleh-
rers Johannes Rissom sowie des Historikers Wolfgang Windelband, der mitten
im Habilitationsverfahren steckte. Allzu martialisch mag ihr Beitrag allerdings
nicht gewesen sein: Nur Windelband besaß einen Revolver, Ruge konnte immerhin schießen (*K[ann] schießen*); v. Waldberg wollte *nur bei Alarm* herangezogen werden[16].

TREIBER u. K. SAUERLAND (Hg.), Heidelberg im Schnittpunkt intellektueller Kreise. Zur Topogra-
phie der „geistigen Geselligkeit" eines Weltdorfes, Opladen 1995, S. 378-399. Von den Tübinger
Ordinarien stand ein größerer Anteil im Feld; vgl. S. PALETSCHEK, Tübinger Hochschullehrer im
Ersten Weltkrieg: Kriegserfahrungen an der „Heimatfront", Universität und im Feld, in: Kriegser-
fahrungen. Studien zur Sozial- und Mentalitätsgeschichte des Ersten Weltkriegs, hg. von G.
HIRSCHFELD, G. KRUMEICH, D. LANGEWIESCHE u. H.-P. ULLMANN (Schriften der Bibliothek für
Zeitgeschichte NF 5), Essen 1997, S. 83-106, hier S. 84ff.

14 Gefallenenlisten in den Personalverzeichnissen der Universität Heidelberg 1914/15-1918/19.

15 M. L. GOTHEIN, Eberhard Gothein (wie Anm. 3), S. 257ff.

16 Stadtarchiv Heidelberg, AA 185, 8; 185, 10. Zur Bürgerwehr vgl. JANSEN, Professoren und Politik
(wie Anm. 3), S. 109, der allerdings die Akten des Stadtarchivs nicht benützte und deshalb über die
Tätigkeit der Bürgerwehr nichts in Erfahrung bringen konnte. Zu den Aktionen gegen angebliche
Spione, Agenten und Saboteure in Heidelberg vgl. wiederum das Tagebuch Margarethe Schmidts,
Stadtarchiv Heidelberg, H 250 (wie Anm. 8), Einträge zum 2., 3. und 4.8.1914. In anderen Städten:

Wie lange die Heidelberger freiwillige Bürgerwehr Bestand hatte, geht aus den vorliegenden Akten nicht hervor. Für die meisten Professoren empfahl es sich ohnehin, sich nach einem zivileren und dennoch unter den gegebenen Umständen nützlichen Tätigkeitsfeld umzusehen. Karl Hampe, dessen „Kriegstagebuch" subjektiven Eindrücken breiten Raum gibt, empfand ein tiefes Ungenügen daran, zu Beginn des Wintersemesters *wieder ins Mittelalter zu steigen* und über so fernliegende Gegenstände wie die „Staats- und Kulturgeschichte Europas im 13. Jahrhundert" vorzutragen oder mit Studenten das „Lesen und Bestimmen lateinischer und deutscher Handschriften des Mittelalters" zu üben[17]. Damit stand er nicht alleine. Sein Freund und Fachgenosse Ferdinand Güterbock teilte ihm zum Beispiel mit, daß er mit dem Ausbruch des Krieges *das Interesse an der Wissenschaft* verloren habe, *gleichgültig kamen* ihm *nun mit einem Mal alle die wissenschaftlichen Kontroversen vor*[18]. Ähnlich erging es Albert Werminghoff in Halle, dem das Mittelalter *fast Altertum* geworden war[19]. Sogar Emil Lask, der weltanschaulich einen anderen Standpunkt einnahm, schrieb im August 1914 an Marianne Weber: *Ein Buch kann ich nicht mehr anrühren, die Kontemplation liegt wie in ewiger Ferne*[20]. Hampe erwog zunächst, sich zur freiligen Bürgerwehr zu melden, dachte dann an eine Tätigkeit bei der Rheinischen Creditbank oder an eine Stelle in der Verwaltung, schließlich meldete er sich freiwillig bei der Sanitätskolonne des Roten Kreuzes, um an Verwundetentransporten mitzuwirken. Stolz berichtete er darüber einem Berliner Journalisten. Außerdem kümmerte er sich zusammen mit seiner ganzen vielköpfigen Familie um die Verwundeten im Reservelazarett in der Mönchhofstraße und sang erbauende Lieder im „Krieger-Nachmittagsheim", das im früheren Café Impérial (Kaiser-Café) am Wrede-Platz (heutigem Friedrich-Ebert-Platz) eingerichtet worden war[21].

V. ULLRICH, Kriegsalltag. Hamburg im ersten Weltkrieg, Köln 1982, S. 15; H. THALMANN, Die Pfalz im Ersten Weltkrieg. Der ehemalige bayerische Regierungskreis bis zur Besetzung Anfang Dezember 1918, Kaiserslautern 1990 (Beiträge zur pfälzischen Geschichte 2), S. 300f.; WETTMANN, Kriegstagebücher (wie Anm. 9), S. 138.

17 HAMPE, Kriegstagebuch (wie Anm. 9), Eintrag zum 3.11.1914. Vgl. Hampes Ankündigungen in: Anzeige der Vorlesungen der Grossh. Badischen Ruprechts-Karl-Universität zu Heidelberg für das Winter-Halbjahr 1914/15, S. 25f.

18 Schreiben vom 22.6.1915 (Nachlaß Karl Hampe).

19 Schreiben an K. Hampe vom 7.12.1914 (Nachlaß Karl Hampe).

20 KARÁDI, Emil Lask (wie Anm. 13), S. 395. Vgl. dazu im allgemeinen SCHWABE (wie Anm. 11), S. 21.

21 HAMPE, Kriegstagebuch (wie Anm. 9), Einträge zum 5., 8., 13., 30., 31.8, 2., 7.9, 10.11.1914, 16.5.1915; F. SERVAES, Deutschlands Hochschulen im Kriege. Eine Rundreise: Heidelberg und Freiburg, in: Vossische Zeitung 15.7.1915, Abend-Ausgabe, S. 2-3. Vgl. dazu Stadtarchiv Heidelberg, AA 171, 9, VII: Bericht über die Tätigkeit der Transportabteilung (Abt. II des Bezirksausschusses des Roten Kreuzes) 2.8.14-2.8.15 sowie AA 181, 5: Eröffnungsfeier des Krieger-Nachmittagsheims am 27.1.1915.

Andere Professoren nahmen an derartigem viel seltener teil[22], sondern übernahmen Leitungsfunktionen in den Reservelazaretten, die an verschiedenen
Stellen in der Stadt, insbesondere in den Volksschulen, eingerichtet worden
waren. Ernst Troeltsch verwaltete das Lazarett in der Sandgasse, der Klassische Philologe Franz Boll ein anderes, das Lazarett im Lehrerseminar stand
unter der Leitung des Internisten und Honorarprofessors der Medizinischen
Fakultät Albert Fraenkel[23]. Die Aufsicht aller Heidelberger Reservelazarette
hatte als Disziplinaroffizier Max Weber inne, der bekanntlich nach seiner vorzeitigen Pensionierung im Frühjahr 1903 durch die Kriegsereignisse zu neuer
Aktivität angeregt wurde. Der Anglist Johannes Hoops richtete sogar Ver-
bands- und Erfrischungsstellen des Heidelberger Roten Kreuzes an West- und
Ostfront, in Belgien, Nordfrankreich, Galizien und Rumänien, ein, und der
Rechtshistoriker Eberhard v. Künßberg gründete in Heidelberg die erste deutsche Einarmigenschule, der er auch nach ihrer Verlegung ins Militärlazarett
Ettlingen vorstand[24].

Die Aktivitäten Heidelberger Professoren in den ersten Kriegsmonaten waren durch viel Überschwang und Idealismus, aber auch durch ein großes Maß
an Dilettantismus gekennzeichnet. Max Webers Bemühungen gingen denn
auch dahin, die *Dilettanten-Verwaltung* im Heidelberger Lazarettwesen durch eine rationalere und professionellere Organisation abzulösen[25]. Doch ohnehin
besannen sich nach dem Abflauen der ersten Begeisterung und der allmähli-
chen Gewöhnung an den Kriegszustand nicht wenige Hochschullehrer auf ihre eigentlichen Fähigkeiten und Aufgaben. Schon wenn Professoren der Philosophischen Fakultät die Unterrichtsstunden von im Felde stehenden Gymnasi-
allehrern übernahmen, durften sie dies als eine ihnen angemessenere Beschäftigung und zugleich als einen sinnvolleren Beitrag zur Kriegführung empfinden. Gothein, Boll, Hampe, der Althistoriker Alfred v. Domaszewski und der
Kunsthistoriker Carl Neumann unterrichteten seit September 1914 am Heidelberger Gymnasium und brachten den Schülern nicht nur den jeweiligen Gegenstand, sondern auch das aktuelle Zeitgeschehen nahe: Karl Hampe erlaubte
sich von der mittelalterlichen Geschichte aus *gelegentliche Abschweifungen auf die
Gegenwart*, und Eberhard Gothein erläuterte Caesars „Bellum Gallicum", *indem
er die gegenwärtigen Kriegsschauplätze zu stetem Vergleich heranzog*[26].

---

22 Zu erwähnen wären etwa die Vorträge, die der Historiker Otto Cartellieri und der Nordist Gustav
    Neckel regelmäßig vor Verwundeten im Sandgassenlazarett hielt (Heidelberger Zeitung, 13.7.1915,
    S. 4f.).

23 HAMPE, Kriegstagebuch (wie Anm. 9), Einträge zum 20./23.8., 8./10.11.1914, 11.3.1915.

24 W. J. MOMMSEN, Max Weber und die deutsche Politik 1890-1920, Tübingen ²1974; zu Hoops und
    Künßberg vgl. NDB 9 (1972), S. 606f., 13 (1982), S. 226f.

25 M. WEBER, Erfahrungsberichte über Lazarettverwaltung, in: M. WEBER, Zur Politik im Weltkrieg.
    Schriften und Reden 1914-1918, hg. von W. J. MOMMSEN in Zusammenarbeit mit G. HÜBINGER,
    Tübingen 1984 (Max Weber-Gesamtausgabe [MWG] I/15), S. 23-48.

26 HAMPE, Kriegstagebuch (wie Anm. 9), Eintrag zum 26.10.1914; M. L. GOTHEIN, Eberhard Gothein

Jedoch die größte Wirksamkeit erzielten Heidelberger Hochschullehrer mit öffentlichen Vorträgen und populären Broschüren, mit aktuellen Verlautbarungen in Wort und Schrift[27]. Vor allem Hermann Oncken war ein vielbeschäftigter Vortragsredner und verfaßte eine Broschüre nach der anderen. Er deutete den Krieg als „Abrechnung mit England" und blickte von Bismarcks Epoche auf „die Zukunft Mitteleuropas", er verglich „das alte und das neue Mitteleuropa" und skizzierte „die weltpolitischen Probleme des Krieges", er beschwor die Unterstützung der Deutschamerikaner für „Deutschlands Weltkrieg" und resümierte die Erfahrungen der ersten beiden Kriegsjahre „an der Schwelle des dritten", er publizierte zwei Hefte in der Serie der „Schützengrabenbücher für das deutsche Volk" und erreichte damit eine Leserschaft, die in die Hunderttausende ging[28]. Auch den Reichskanzler machte er mit einem Artikel über „Deutschland oder England?", erschienen in den Süddeutschen Monatsheften, auf sich aufmerksam[29]. Hätte er sein Vorhaben verwirklichen und in den Vereinigten Staaten von Amerika für den deutschen Standpunkt werben können, wäre ihm öffentliche Aufmerksamkeit auch weit über die Reichsgrenzen hinaus zuteil geworden. Doch die Unsicherheit der transatlantischen Verkehrswege verhinderte die Reise[30].

Andere waren weniger produktiv, trugen aber nach Kräften zur Heidelberger Kriegspublizistik (beziehungsweise –rhetorik) bei: Der Kunsthistoriker

(wie Anm. 3), S. 263.

27 Zum Folgenden vgl. JANSEN, Professoren und Politik, S. 109ff.

28 H. ONCKEN, Unsere Abrechnung mit England, Berlin 1914 (Unterm eisernen Kreuz 1914. Kriegsschriften des Kaiser-Wilhelm-Dank 8); DERS., Bismarck und die Zukunft Mitteleuropas. Rede bei der Feier der Universität Heidelberg zum Gedächtnis des 100. Geburtstages Bismarcks am 15. Mai 1915, Heidelberg 1915; DERS., Das alte und das neue Mitteleuropa. Historisch-politische Betrachtungen über deutsche Bündnispolitik im Zeitalter Bismarcks und im Zeitalter des Weltkrieges, Heidelberg 1917 (Perthes' Schriften zum Weltkrieg 15); DERS., Die weltpolitischen Probleme des großen Krieges, Königsberg 1918 (Macht- und Wirtschaftsziele der deutschlandfeindlichen Staaten 1); DERS., Deutschlands Weltkrieg und die Deutschamerikaner. Ein Gruß des Vaterlandes über den Ozean, Stuttgart 1914 (Der Deutsche Krieg. Politische Flugschriften 6); DERS., An der Schwelle des dritten Kriegsjahres. Rede gehalten bei der am 1. August 1916 in Cassel veranstalteten Kundgebung des Deutschen National-Ausschusses, Kassel 1916; DERS., Die Friedenspolitik Kaiser Wilhelms II. von 1888-1914, Berlin 1916 (Schützengrabenbücher für das deutsche Volk 36); DERS., Die Kriegsschuld unserer Feinde, Berlin 1918 (Schützengrabenbücher für das deutsche Volk 84).- Ein Verzeichnis der Kriegspublikationen H. Onckens bei C. JANSEN, Vom Gelehrten zum Beamten. Karriereverläufe und soziale Lage der Heidelberger Hochschullehrer 1914-1933, Heidelberg 1992, S. 148f. Eher die fachwissenschaftlichen Aktivitäten und Überlegungen Onckens behandelt C. CORNELISSEN, Politische Historiker und deutsche Kultur. Die Schriften und Reden von Georg v. Below, Hermann Oncken und Gerhard Ritter im Ersten Weltkrieg, in: Kultur und Krieg (wie Anm. 74), S. 119-142.

29 HAMPE, Kriegstagebuch (wie Anm. 9), Eintrag zum 26.9.1914; H. ONCKEN, Deutschland oder England? in: Süddeutsche Monatshefte 11,2 (April – September 1914), S. 801-811.

30 Vgl. dazu C. STUDT, „Ein geistiger Luftkurort" für deutsche Historiker. Hermann Onckens Austauschprofessur in Chicago 1905/06, in: HZ 264 (1997), S. 361-389, hier S. 384f. Onckens Heidelberger Kollege Hermann Wätjen war kurz zuvor auf der Rückreise von Brasilien in englische Kriegsgefangenschaft geraten und kehrte erst im Juli 1918 nach Deutschland zurück.

(Carl Neumann) benannte die Vorzüge der nationalen vor der internationalen Kunst, der Nationalökonom (Hermann Levy) verstand den Weltkrieg als Wirtschaftskrieg, der Geograph (Alfred Hettner) beschrieb „die geographischen Grundlagen der Politik"[31]. Sogar eine Antrittsvorlesung konnte ein öffentliches Interesse ansprechen, wenn der Dozent nur das richtige Thema gewählt hatte. Wolfgang Windelbands Vorlesung über „Habsburg und Hohenzollern" fand daher vor einem vollen Auditorium statt. Auch ein österreichischer und ein deutscher Offizier in Uniform fanden sich ein[32]. Karl Hampe arbeitete sich in die belgische Geschichte ein und fragte nach den historischen Grundlagen der deutschen Ansprüche. Ein Doktorand sollte dazu die hochmittelalterlichen Aspekte erörtern[33]. Ferdinand Fehling schließlich, seit 1912 außerplanmäßiger Professor für mittlere und neuere Geschichte, sah die Zeit für gekommen, eine Folge von Gedichten zu veröffentlichen, die er auf einer Nordlandreise im Sommer 1913 zum Lobpreis des Krieges verfertigt hatte – 13. August 1914: „Deutschlands Zukunft", 15. August: „Kriegsglaube", 19. August: „Vater Krieg"[34]. Sich in dieser Form an die Öffentlichkeit zu wenden, mag aus heutiger Sicht wenig gelehrt erscheinen, entsprach aber offenbar der Stimmung der Zeit. Selbst der große Rechtshistoriker Otto v. Gierke, mittlerweile 73 Jahre alt, meldete sich unter der Überschrift: „An England!" mit 16 vierzeiligen Strophen in der Berliner „Kreuzzeitung" zu Wort[35].

All diese Aktivitäten waren durch den Zeitgeist und die Stimmung der ersten beiden Kriegsjahre, nicht zuletzt auch durch persönliche Beziehungen miteinander verbunden. Die Universität insgesamt oder als Institution artikulierte sich – abgesehen von den Anfängen des Krieges – nicht in ihnen. Es ist aber keineswegs so, daß Universität und Universitätsleitung ihre politischen Aktivitäten auf die Feiern von Kaisers und Bismarcks Geburtstag beschränkt und

---

31 C. NEUMANN, Nationale und internationale Kunst. Deutschland und Frankreich, in: Internationale Monatsschrift für Wissenschaft, Kunst und Technik 9 (1915), S. 185-195; ähnlich in: Frankfurter Zeitung 25.6.1915, 1. Morgenbl., S. 1; H. LEVY, Unser Wirtschaftskrieg gegen England, Berlin 1916 (Schützengrabenbücher für das deutsche Volk 11); A. HETTNER, Die geographischen Grundlagen der Politik, in: Deutsche Politik. Wochenschrift für Welt- und Kulturpolitik 2 (1917), S. 562-573.

32 HAMPE, Kriegstagebuch (wie Anm. 9), Eintrag zum 7.11.1914. Druck der Vorlesung: Deutsche Revue 40,3 (Juli-September 1915), S. 176-189.

33 Vgl. dazu Hampes eigene Stellungnahme in: Karl Hampe 1869-1936, Selbstdarstellung. Mit einem Nachwort hg. von H. DIENER, Heidelberg 1969 (Sitzungsberichte der Heidelberger Akademie der Wissenschaften. Phil.-hist. Kl. 1969,3), S. 31ff. Ludwig Press' Arbeit über das Bistum Lüttich im 12. und 13. Jahrhundert wurde nicht fertiggestellt. In einem Schreiben vom 9.6.1915 skizzierte er aber die bisher gewonnenen Ergebnisse: *Wir haben Belege genug, dass von Ablösung der belgischen Gebiete, d. h. Nicht-beachtung der Reichsgewalt, d. h. des deutschen Königs, im 12. Jh. noch nicht die Rede sein kann* (Nachlaß Hampe).

34 Alle erschienen im „Heidelberger Tageblatt". Mit anderen zusammen in: F. FEHLING, Deutsche Gedichte, 2 Folgen, Heidelberg 1914.

35 Nachgedruckt in: Heidelberger Tageblatt, 15.8.1914, S. 3. Zu Gierkes Haltung im Anfang des Krieges vgl. RAITHEL, Das „Wunder" der inneren Einheit (wie Anm. 4), S. 480. Kriegsgedichte schrieb und veröffentlichte auch Theodor Birt: WETTMANN (wie Anm. 9), S. 143f.

sich ansonsten eher den im Felde stehenden Universitätsangehörigen verpflichtet gefühlt hätten, denen sie „Liebesgaben" zukommen ließen und Jah-
resgaben widmeten[36]. An immerhin 31 Abenden unterrichteten Professoren
der Universität in einer Folge von „Kriegsvorträgen", die (meistens) in der
Großen Aula des Neuen Kollegienhauses stattfanden, die interessierte Öffentlichkeit über die Bedingungen, Umstände und Folgen des Krieges, wie sie sie
sahen. Der jeweilige Prorektor, der Oberbürgermeister der Stadt und der
Großherzogliche Amtsvorstand Karl Philipp Jolly luden dazu ein[37]. Außerdem
beteiligten sich so viele Heidelberger Hochschullehrer an öffentlichkeitswirk-
samen Unternehmungen und „volkspädagogischen" Maßnahmen, daß von einer breiten Einflußnahme der Wissenschaft und der Wissenschaftler auf die
öffentliche Meinungsbildung gesprochen werden kann. Drei Beispiele sollen
dies verdeutlichen.

III. Hans v. Schubert und die Vaterländischen Volksabende

Besondere Verdienste erwarb sich der evangelische Theologe und Kirchenhistoriker Hans v. Schubert, der seit 1906 in Heidelberg lehrte und dort eine
rastlose Tätigkeit in Universität, Kirche und Öffentlichkeit entfaltete. Hajo
Holborn, der Schuberts letztes Buch herausgab, bezeichnete ihn als „leidenschaftlichen Reichspatrioten", der neben seinen wissenschaftlichen Interessen
auch praktisch-seelsorglichen Anliegen nachgegangen sei und die Arbeit des
Gelehrten mit den Zielen des Politikers wie des „Missionars" verbunden habe.
In den Jahren von 1914 bis 1918 habe man ihn „täglich" „als einen Seelsorger
aller und als Mahner und Wecker zur Verteidigung" kennenlernen können[38].
Er brachte „Liebesgaben" an die Westfront, organisierte zu Beginn des Krieges und wieder nach dem Waffenstillstand die Rotkreuzstelle am Heidelberger
Güterbahnhof und verfaßte zum Reformationsjubiläum 1917 eine populäre
Schrift, die mit dem Deutschlandlied begann und mit einem Aufruf zu Treue
und Tapferkeit schloß. Mit der Verleihung des Badischen Kriegsverdienstkreu-
zes (1916) und des Preußischen Verdienstkreuzes für Kriegshilfe (1917) wurde
er für seine vielfältigen Aktivitäten geehrt[39].

Die kontinuierlichste Wirkung, von den ersten Monaten des Krieges bis zu
seinem dramatischen Ende, erzielte Hans v. Schubert jedoch mit der Vorberei-

---

36 So JANSEN, Professoren und Politik (wie Anm. 3), S. 109ff.

37 Vgl. die Übersicht in Anhang I.

38 H. HOLBORN, Hans von Schubert, in: H. v. SCHUBERT, Lazarus Spengler und die Reformation in
    Nürnberg, hg. und eingeleitet von H. HOLBORN, Leipzig 1934 (Quellen und Forschungen zur Re-
    formationsgeschichte 17), S. IX–XXXVIII, hier S. XVIIIff. Vgl. auch O. BAUMGARTEN, Hans von
    Schubert, in: Die Christliche Welt 45 (1931), S. 763–765.

39 HAMPE, Kriegstagebuch (wie Anm. 9), Einträge zum 28.12.1915 sowie zum 17.11.1918; H. VON
    SCHUBERT, Luther und seine lieben Deutschen. Eine Volksschrift zur Reformationsfeier, Stuttgart u.
    Berlin 1917; Universitätsarchiv Heidelberg, PA 5788; Generallandesarchiv Karlsruhe, 235/2500.

tung und Durchführung der „Vaterländischen Volksabende" in Heidelberg. Wie diese zustande kamen, geht aus den bislang bekannten Dokumenten nicht schlüssig hervor. Dennoch kann man nicht sagen, daß „die Entstehungsumstände und der organisatorische Hintergrund der Abende ... mangels Quellen im Dunkeln bleiben" müssen[40]. Schon in den ersten Wochen des Krieges, spätestens bis Oktober 1914, konstituierte sich ein „Ausschuß zur Veranstaltung Vaterländischer Volksabende in Stadt und Land". Aus den Ankündigungen in der Heidelberger Tagespresse ist ersichtlich, daß er anfänglich aus 42 Mitgliedern bestand, von denen immerhin zehn aus der Universität kamen: der Anatom Hermann Braus, die Theologen Otto Frommel und Friedrich Niebergall, der Geograph Alfred Hettner, Eberhard Gothein, Hermann Oncken, Johannes Rissom, Hans v. Schubert, Ernst Walz sowie Arnold Ruge[41], der in der Presse einmal als *der Vater unserer Heidelberger vaterländischen Volksabende* bezeichnet wurde, selbst aber nur Verdienste um deren *Mitleitung* in Anspruch nahm und von v. Schubert bald als *ganz pathologisch* betrachtet wurde[42]. Zwölf Mitglieder dieses weiteren Ausschusses bildeten den eigentlichen „Arbeitsausschuß", neben Oncken, Rissom, Ruge und Schubert der Gymnasialprofessor August Hausrath, die Stadträte Hans Hassemer und Louis Keller, der Kaminfegermeister und Alt-Stadtrat Adolf Sendele, der Kleidermacher Friedrich Bürkmann, der Weingroßhändler Karl Ueberle, der Gewerkschaftssekretär Valentin Eichenlaub, der Oberjustizsekretär Gustav Schneider. Den Vorsitz führte v. Schubert, Schriftwart war Ruge, Kassenwart Rissom[43].

Beginnend mit dem 18. Oktober, dem Tag der Leipziger „Völkerschlacht", veranstaltete der Ausschuß in mehr oder weniger regelmäßigen Abständen (meistens an Sonntagabenden, gelegentlich samstags, nur zu bestimmten Anlässen auch an anderen Wochentagen) und an wechselnden Orten (meistens in Gaststätten, oft in der Turnhalle am Klingenteich) Vortragsabende für die Bevölkerung der Stadt und ihrer Vororte[44]. Darüber hinaus wurden weitere Volksabende (oder auch –nachmittage) in der Umgebung Heidelbergs organisiert, deren Verlauf und Erfolg aber ganz schlecht dokumentiert sind[45]. Die

---

40 So K.-H. FIX, Universitätstheologie und Politik. Die Heidelberger Theologische Fakultät in der Weimarer Republik, Heidelberg 1994 (Heidelberger Abhandlungen zur mittleren und neueren Geschichte NF 7), S. 57.

41 Z. B. Heidelberger Zeitung, 23.10.1914, S. 5.

42 Heidelberger Tageblatt, 3.8.1918, S. 2. Zu Ruges Rolle vgl. Universitätsarchiv Heidelberg, PA 5550 (Schreiben an den Dekan der Philosophischen Fakultät vom 22.10.1915; Schreiben an den Engeren Senat vom 4.4.1917); als pathologischer Fall bezeichnet im Gespräch mit Karl Hampe: HAMPE, Kriegstagebuch (wie Anm. 9), Eintrag zum 18.3.1917. Zu A. Ruge vgl. H. SCHWARZMAIER, Ruge, Arnold Paul, in: Badische Biographien NF 4, Stuttgart 1996, S. 244-247.

43 Eintrag von Mitte Juli 1915 im „Eisernen Buch" (siehe unten Kap. V).

44 Zum Folgenden vgl. die Übersicht in Anhang II.

45 Zum 30. Volksabend am 7.5.1916 heißt es, er sei der 90. im Bezirk (Heidelberger Zeitung, 8.5.1916, S. 5), und im Mai 1918 ist von 200 Abenden die Rede (Heidelberger Tageblatt, 13.5.1918, S. 3).

Anzeigen in der Presse richteten sich an breite Kreise der Bevölkerung. Eine Eintrittsgebühr wurde nicht erhoben, mittels einer *zwanglosen Tellersammlung* wurden die Kosten bestritten[46].

Zur Sprache kamen dabei immer Themen von aktueller Bedeutung, und gewonnen wurden dafür Referenten, die sich auskannten: Über Militärisches berichteten ein Admiral, ein Hauptmann, ein Leutnant, über Wirtschaftsfragen ein Mitglied der Handelskammer oder ein Bankdirektor, über Soziales ein Stadtrat. An Weihnachten und zur Feier der Kaiserproklamation sprach ein Geistlicher. Auch das Schlußwort übernahm häufig ein katholischer oder evangelischer Pfarrer, einmal auch der Bezirksrabbiner Hermann Pinkuß. Der „seelsorgliche" Anspruch der Abende kam dadurch zum Ausdruck. Umrahmt wurden die Vorträge durch die Deklamation von Gedichten, durch kammermusikalische Darbietungen und das gemeinsame Singen patriotischer Lieder („O Deutschland hoch in Ehren", „Es braust ein Ruf wie Donnerhall", „Deutschland, Deutschland über alles" und ähnliches mehr). Auch akrobatische Vorführungen konnten den Zeitgeist bestärken – etwa, wenn die Damenriege des Heidelberger Turnvereins ein Flaggenschwingen mit den Fahnen der Zentralmächte und der Türkei vorführte[47]. Fragen der Kriegsfinanzierung kamen mit einem Theaterstück „Gezeichnet" und mit der „Kriegsanleihe-Dichtung" „Die rechte Hand" von Emil Reiter (aufgeführt vom „Heimat-front-Theater Mannheim") zum Ausdruck. Dem wachsenden Bedürfnis nach purer Unterhaltung trugen die Organisatoren aber einmal auch mit der Aufführung eines Schwankes Rechnung (Gustav Kadelburgs „In Zivil" beim 55. Volksabend).

Auch Professoren und Dozenten der Universität konnten zu all dem ihren Teil beitragen, nur ausnahmsweise zum musikalischen Programm[48], dafür in um so reicherem Maße zum sachlichen Verlauf der Abende. Hans v. Schubert eröffnete regelmäßig die Veranstaltung mit Erläuterungen zur aktuellen Kriegslage und stellte die jüngsten Geschehnisse in die Entwicklung des Krieges, wie er sie sah. Für die Hauptvorträge konnte er zahlreiche Redner aus der Universität gewinnen und dreimal auch den Prorektor als Repräsentanten der Alma Mater zur Teilnahme bewegen. Insgesamt wurden nicht weniger als 26 der 63 Vaterländischen Volksabende von Heidelberger Hochschullehrern mitgestaltet und durch deren Referate bereichert. Besonders eifrig war der Gymnasiallehrer und außerplanmäßige Professor für mittlere und neuere Geschichte Karl Wild. Er fühlte sich kompetent für fast sämtliche Kriegsgegner und behandelte nacheinander Rußland, Frankreich, Italien und Rumänien, beiläufig

---

46 Vgl. etwa Heidelberger Zeitung, 27.10.1914, S. 3; 29.3.1915, S. 3.

47 Beim 7. Vaterländischen Volksabend am 17.1.1915 (zur Feier der Kaiserproklamation).

48 Karl Hampe sang beim 6. Vaterländischen Volksabend u. a. Lieder von Carl Loewe (Kriegstagebuch, Eintrag zum 3.1.1915).

auch das verbündete Bulgarien (6., 8., 14., 35., 22. Volksabend). Aber auch die Ordinarien Gothein, Oncken und Hampe entwarfen historische Panoramen und ließen sich auf die Deutung der Gegenwart ein (11., 15., 25., 27., 40. Volksabend). Der Theologe Martin Dibelius beschwor die sittlichen und erzieherischen Werte des Krieges, Otto Frommel rief dazu auf, die *deutsche Innerlichkeit* zu bewahren (30., 39. Volksabend). Der Geologe Wilhelm Salomon beschrieb die Abhängigkeit der Kriegführung von den Bodenverhältnissen und brachte die Hoffnung zum Ausdruck, *daß beim Friedensschluß auf die geologischen Verhältnisse Rücksicht genommen werde* (29. Volksabend)[49]. Der Alttestamentler Georg Beer machte sich Gedanken um die Zukunft Palästinas, nachdem es von den Engländern genommen worden war, und der Privatdozent für Bakteriologie und Hygiene Ernst Gerhard Dresel antwortete in den Anfängen der welt- und europaweit grassierenden Grippeepidemie auf die Frage: *Wie schützen wir uns und unsere Kinder vor ansteckenden Krankheiten?* (53., 59. Volksabend).

Der Erfolg der Vaterländischen Volksabende war beträchtlich. Zumal in den ersten Kriegsmonaten waren die Säle oft überfüllt, Interessenten mußten wieder umkehren, 1000 Personen und mehr nahmen an Vorträgen und Darbietungen teil. Nur gelegentlich und dann aus unterschiedlichen Anlässen ließ der Besuch zu wünschen übrig. Noch im Jahre 1918 waren die Veranstaltungen sehr gut besucht, am 7. Juli kamen 1300 Menschen zusammen und sangen gemeinsam die „Wacht am Rhein". Die Referenten kamen ihrem Publikum entgegen: Schubert sprach mal *kernig*, mal *humorvoll-liebenswürdig*, doch *immer in fesselnder Weise*[50], und auch die Hauptredner ließen nur selten Wünsche offen[51]. Sie bemühten sich um eine gemeinverständliche Darstellung und strebten sprachliche Klarheit, Anschaulichkeit, Volkstümlichkeit an. Volkstümlich war es aber auch, wenn ein Leutnant der Reserve mit Explosivstoffen im vollbesetzten Saal experimentierte (5. Volksabend). Von stürmischem Beifall ist häufig die Rede, und erst recht das gemeinsame oder auch wechselweise Singen schien jene *Erhebung und Einigung der Volksgenossen* zu bewirken, die die Initiatoren erstrebten[52].

Der Erfolg der Vaterländischen Volksabende hielt lange Zeit an. Noch beim 62. Abend am 22. September 1918 hatte ein Hauptmann Wiegand vor zahlreichen Besuchern Durchhalteparolen ausgegeben und Stadtrat Keller zur Zeich-

---

49 Heidelberger Zeitung, 10.4.1916, S. 5.

50 Ebd., 21.6.1915, S. 4.

51 An Karl Hampes Vortrag (27. Volksabend) wurden Längen bemängelt (Heidelberger Tageblatt, 16.3.1916, S. 6; vgl. auch Hampes Kriegstagebuch, Eintrag vom 5.3.1916: *Dies mittlere Spießerpublikum ist wenig nach meinem Geschmack. Mein Belgienvortrag war dafür zu hochgegriffen und zu lang. . . . Im ganzen war ich wenig befriedigt*). Arnold Ruges Aufruf zur *sittlichen Mobilmachung* war *für manche der Zuhörer etwas zu hoch* (Heidelberger Zeitung, 2.8.1915, S. 4).

52 Heidelberger Tageblatt, 11.3.1918, S. 3. Zur Funktion des öffentlichen Singens vgl. RAITHEL, Das „Wunder" der inneren Einheit (wie Anm. 4), S. 461f.

nung der 9. Kriegsanleihe aufgerufen[53]. Doch schon drei Wochen später, als die neue Reichsregierung mit der Note an den amerikanischen Präsidenten Wilson Waffenstillstandsverhandlungen eingeleitet hatte und sich die Niederlage der Mittelmächte abzeichnete, blieb beim 63. (und letzten) Volksabend das Publikum aus[54]. Die Wenigen, die noch kamen, erfuhren von Hans v. Schubert, daß die Lage dramatisch, aber nicht hoffnungslos sei. Noch sei die Front im Westen *ungebrochen*. Wenn Panik vermieden werde, könne *die Zukunft ... eines neuen Deutschlands* gestaltet werden. Das Rahmenprogramm versuchte, der schwierigen und ungewissen Lage des Reiches angemessenen Ausdruck zu verleihen: Zwei Szenen aus Paul Heyses historischem Schauspiel „Kolberg" riefen noch einmal die napoleonischen Kriege in Erinnerung und sollten wohl zum Durchhalten mahnen. Zuvor aber spielte das Städtische Orchester den Chor der Friedensboten aus Richard Wagners „Rienzi". Der angekündigte Hauptvortrag konnte indessen nicht stattfinden – der Referent, ein Schriftsteller Scheuermann, war an Grippe erkrankt.

IV. Der „Heidelberger Schützengraben"

Die beiden anderen Beispiele für das Wirken Heidelberger Hochschullehrer in der städtischen Öffentlichkeit sind eng miteinander verbunden. Ausgangspunkt war beide Male das Rote Kreuz, genauer gesagt: der Heidelberger Bezirksausschuß vom Roten Kreuz[55]. Ihm gehörten mehrere Damen und Herren aus Heidelbergs besseren Kreisen an, darunter (wenigstens zeitweise) die Universitätsprofessoren Hoops, v. Waldberg, Karl Heinsheimer aus der Juristischen und Martin Dibelius aus der Theologischen Fakultät. Den Vorsitz hatte Eugen v. Jagemann inne, als 2. Vorsitzender stand ihm der Heidelberger Staatsanwaltschaftsrat Karl v. Braunbehrens (1866-1919) zur Seite.

Eugen v. Jagemann (1849-1926)[56] war von Haus aus Jurist und machte sich als Ministerialrat im badischen Ministerium der Justiz, des Kultus und des Unterrichts um die Reform des Gefängniswesens und Strafvollzugs in Baden verdient. 1893-1898 vertrat er als großherzoglicher Gesandter die badischen Interessen am preußischen Hof. Nach seinem Rückzug aus der Politik ließ er sich in Heidelberg nieder und wurde am 16. Oktober 1903 zum ordentlichen Honorarprofessor in der Juristischen Fakultät ernannt. Seine Vorlesungen be-

---

53 Heidelberger Tageblatt, 23.9.1918, S. 3.

54 Ebd., 14.10.1918, S. 3; Heidelberger Zeitung, 15.10.1918, S. 2f.

55 Vgl. dazu allgemein H. STAHR, Liebesgaben für den Ernstfall. Das Rote Kreuz in Deutschland zu Beginn des Ersten Weltkriegs, in: August 1914: Ein Volk zieht in den Krieg, hg. von der Berliner Geschichtswerkstatt, Berlin 1989, S. 83-93.

56 Zum Folgenden vgl. A. KREBS, Eugen v. Jagemann, in: NDB 10 (1974), S. 293f.; D. DRÜLL, Heidelberger Gelehrtenlexikon 1803-1932, Berlin 1986, S. 124; E. von JAGEMANN, Fünfundsiebzig Jahre des Erlebens und Erfahrens (1849-1924), Heidelberg 1925, bes. S. 276ff.

handelten vorzugsweise Verfassungsrecht, Kriminalpolitik, Kriminalanthropologie und Gefängniswesen. Als Vorsitzender des Bezirksausschusses vom Roten Kreuz amtete er seit dem 2. August 1914. Er verstand es über Jahre hinweg, für die vielfältigen Unternehmungen der Verwundetenfürsorge freiwillige Helfer zu gewinnen und neue Einnahmequellen zu erschließen. Eine davon war der „Heidelberger Schützengraben" beim (alten) Güterbahnhof im Westen der Stadt.

Von wem die Initiative zu der Anlage ausging, wird aus den erhaltenen Unterlagen[57] nicht recht ersichtlich. Es spricht aber alles dafür, daß der Bezirksausschuß wenigstens in die Planungen einbezogen war. Ohne Beispiel war das Unternehmen nicht. In Berlin etwa entstand um die gleiche Zeit ein Bauwerk von *respektabler Länge*, wie der „Vorwärts" sich ausdrückte. Die Musteranlage in Düsseldorf schloß sogar einen Verbandsplatz, einen Sprengtrichter und ein Stück der gegnerischen Verteidigungsstellung ein[58]. Aber auch der Heidelberger Schützengraben konnte sich sehen lassen. 80 Mann des in der Stadt stationierten Jägerbataillons hatten in 10½tägiger Arbeit ein Grabensystem, bestehend aus zwei Laufgräben in Zickzacklinien, sieben Unterständen für Mannschaften und Offiziere sowie dem eigentlichen Schützengraben, ausgehoben. Auch an Latrinen und Sandbänke hatte man gedacht. Nach vorne war die Anlage mit Beobachtungsständen, Schießscharten und Schulterwehren ausgestattet und durch einen Drahtverhau gesichert (Abb.). Die Unterstände enthielten Mobiliar und waren mit *launigen Inschriften* versehen: „Villa Bombenfeindin" und „Gasthaus zum blutigen Knochen". Denn – so der Berichterstatter des „Heidelberger Tageblatts" – *die Bewohner der Schützengräben behalten ihren frischen Humor und ihre heitere Laune auch in dem Leben unter der Erde*. Gerichtet war die ganze Anlage sinnigerweise nach Westen. Denn dort, im nahegelegenen Offiziersgefangenenlager am Kirchheimer Weg, stand der Feind.

Am Himmelfahrtstag, dem 13. Mai 1915, wurde der „Heidelberger Schützengraben" der Öffentlichkeit übergeben. An der Eröffnungsfeier nahmen der Oberbürgermeister, einige Stadträte, die (in Heidelberg wohnhafte) Prinzessin Gerta von Sachsen-Weimar und weitere geladene Gäste teil. Die Eröffnungsansprache hielt – im Namen des Bezirksausschusses vom Roten Kreuz – Hans

---

57 Vor allem die Berichte in den Tageszeitungen: Heidelberger Tageblatt vom 14.5.1915, S. 2; Heidelberger Zeitung 14.5.1915, S. 3; Heidelberger Neueste Nachrichten 14.5.1915, S. 6; ferner: Stadtarchiv Heidelberg, AA 171,9: Kriegseinrichtungen des Roten Kreuzes Heidelberg nebst Heimatdank und Lazaretten, S. 5; E. v. JAGEMANN, Rotes Kreuz und Lazarette in Heidelberg, in: Heidelberger Soldatenbüchlein für Feld und Lazarett. Zum 60. Geburtstag unseres Großherzogs, hg. vom Roten Kreuz Heidelberg, Heidelberg 1917, S. 37-47, hier S. 44.

58 D. u. R. GLATZER, Berliner Leben 1914-1918. Eine historische Reportage aus Erinnerungen und Berichten, Berlin 1983, S. 142; Susanne BRANDT, Vom Kriegsschauplatz zum Gedächtnisraum: Die Westfront 1914-1940 (Düsseldorfer Kommunikations- und Medienwissenschaftliche Studien 5), Baden-Baden 2000, S. 79 ff.

v. Schubert[59]: Das Motiv, eine solche Anlage zu bauen, liege auf der Hand. Gerade die Deutschen seien an allem interessiert, was den gegenwärtigen *Volkskrieg* angehe. Aber es fehle die Anschauung. Mit Photographie und Lichtbild habe man umgehen gelernt. Aber noch sinnvoller und jeder abstrakten Belehrung überlegen sei es, *in die Natur selbst ein Stück Kampffeld* hineinzubauen. Denn *alles, was im Hörsaal geschieht, ist etwas von des Gedankens Blässe angekränkelt.* Hier aber sei *ein Stück Wirklichkeit* zu finden. Ein Stück Wirklichkeit, das unerwartete Bedeutung erlangt habe: Der Schützengraben habe sich im ersten Kriegsjahr als die einfachste, billigste und zugleich effektivste Form der militärischen Verteidigung erwiesen und sei sogar den deutschen Kanonen gewachsen. Begriff und Sache seien deshalb *populär* geworden. Gegenüber 1870, als man noch *raufen* konnte, habe man umdenken müssen, und ein solcher Schützengraben, zu Demonstrationszwecken gebaut, könne zu einem besseren Verständnis des jetzigen Krieges verhelfen. Gerade angesichts des Kriegsgefangenenlagers in geringer Entfernung könne man sich die Situation der Soldaten leicht imaginieren.

Doch nicht genug damit: Das Leben und Kämpfen in der Erde führe *in das Zeitalter des Höhlenmenschen und in die Lage des erfindungsreichen Robinson zurück.* Es erziehe zur Einfachheit und mache den Soldaten innerlich frei *von den Äußerlichkeiten der Welt.* Zudem steigere es den sittlichen Wert des Krieges: Nicht mehr *Todesmut,* sondern *Todesbereitschaft* zähle, an die Stelle von *Kampfesrausch* sei *Selbstbesinnung,* sei *disziplinierte Tapferkeit* getreten, und dies wiederum könne dabei helfen, den Charakter des deutschen Volkes zu festigen. Die *hohe Schule des Schützengrabens* könne jene Charaktere heranziehen, die später, im Frieden, *für unser Volk das Rückgrat bilden werden.*

Hans v. Schuberts Ansprache enthielt Einsichten: in die Grenzen der deutschen Offensiven, in den Wandel der Kriegführung und auch in die Situation des Soldaten an der Front. Sie sind aber überlagert von einer (heute) geradezu naiv anmutenden Verherrlichung und auch Folklorisierung des Krieges, die vor den Erfahrungen der nachfolgenden Jahre keinen Bestand haben konnten. Wenige Monate zuvor hatte v. Schubert über „die Weihe des Krieges" in der Aula der Universität eine Rede gehalten, die einen ähnlichen Ton anschlug, die sittliche Wirkung des Krieges rühmte und damit Beifall fand[60]. Auch im Mai 1915 fielen seine Worte auf fruchtbaren Boden. Die Zeitungen machten sich seine Formulierungen zu eigen, und wohl nicht zufällig erschienen in diesen Tagen in der örtlichen Presse weitere Beiträge, die die Idylle im Schützengra-

---

59 Rede des Herrn Geh. Kirchenrates D. v. Schubert bei der Eröffnung des Heidelberger Schützengrabens am Himmelfahrtstage 1915, Heidelberg 1915.

60 H. von SCHUBERT, Die Weihe des Krieges. Kriegsvortrag an Kaisers Geburtstag in der Aula der Heidelberger Universität (Kriegsschriften des Kaiser-Wilhelm-Dank 19), Berlin 1915; vgl. dazu den Bericht im Heidelberger Tageblatt vom 28.1.1915.

ben beschworen[61]. Immerhin war in einem anderen Artikel auch von der *grausigen Wirklichkeit*, von Not und Tod die Rede[62].

Die Heidelberger Bevölkerung ließ sich anregen und besuchte den Schützengraben in großer Zahl[63]. Die Eintrittsgelder gingen an das Rote Kreuz und kamen der Verwundetenfürsorge zugute, ebenso der Erlös aus dem Verkauf von Ansichtskarten, die den Dienst im Schützengraben zeigten[64]. Die Besichtigung der Anlage konnte zum Sonntagsvergnügen werden: Karl Hampe besuchte sie mit drei Kindern und in Begleitung der Familie Schubert und fand den Graben informativ. Er *gab tatsächlich einen guten Eindruck. Auch die Beobachtung der zahlreichen französischen, russischen, belgischen, englischen Offiziere im nahen Gefangenenlager, wie sie Tennis spielten, turnten oder Märsche machten, war interessant*[65]. Andere empfanden anders: Margarethe Schmidt, wohnhaft in der nahen Schillerstraße, besuchte ebenfalls an einem Sonntag den Schützengraben und warf dabei einen Blick auf das Offiziersgefangenenlager. Der Anblick der privilegierten Gefangenen erregte sie so sehr, daß sie in Haß- und Mordgedanken verfiel. Künftig mied sie Graben und Lager[66].

V. „Kreuz in Eisen" und „Eisernes Buch"

Nur vier Wochen, nachdem der Schützengraben der Öffentlichkeit übergeben worden war, konnte der Bezirksausschuß vom Roten Kreuz der Heidelberger Bevölkerung eine weitere vaterländische Attraktion präsentieren: das „Kreuz in Eisen". Auch dieses Mal wirkten Mitglieder der Universität maßgeblich mit. Es handelte sich dabei um ein hölzernes, 190 x 190 cm großes und 14 cm starkes Denkmal in den Umrissen und mit der Ausstattung eines „Eisernen Kreuzes", das gegen eine Gebühr mit eisernen oder silbernen Nägeln beschlagen werden konnte. Ein schwarzer, eiserner Nagel kostete 1 Mark, einen silbernen Nagel in die Umrahmung zu treiben, 3 Mark, die aufgetragene Jahreszahl „1914" durfte für 5 Mark beschlagen werden, doch 10 Mark zahlte, wer das „W" (für Wil-

---

61 Heidelberger Zeitung, 25.5.1915, S. 6: „Ein Gedicht aus dem Schützengraben"; ebd., 28.5.1915, S. 3f.: „Im Schützengraben".

62 Heidelberger Neueste Nachrichten, 26.6.1915, S. 2: „Das Leben im Schützengraben".

63 So v. JAGEMANN, Rotes Kreuz und Lazarette (wie Anm. 57), S. 44.

64 Vier Exemplare in der Bildersammlung des Heidelberger Stadtarchivs.

65 HAMPE, Kriegstagebuch (wie Anm. 9), Eintrag zum 4.7.1915 (Sonntag).

66 Stadtarchiv Heidelberg, H 250 (wie Anm. 8), Eintrag zum 30.5.1915: *Am Donnerstagnachmittag war ich mit einer Bekannten im Schützengraben, der bei dem ungeheuren Terrain der neuen Kaserne angelegt ist, dem Offiziersgefangenenlager, wo sie morgens, mittags und abends Klavier spielen und sich junge Hühner braten lassen, wenn sie Appetit darauf haben und es bezahlen, sie können alles bekommen, was sie wünschen, das wurde beim Besuch des Schützengrabens mit innerem Grimm wieder erwähnt, und ich sah die bunte Gesellschaft wieder von weitem spazieren gehen, sitzen oder mit Sport beschäftigt. Ich hasse sie so, wenn ich sie sehe, daß ich einen nach dem anderen abschießen könnte ... Die Offiziere, die sich bei uns gütlich tun und uns noch unsere paar Hühner wegessen, diese Gesellschaft in allen möglichen Trachten, die unsern Feldgrauen gegenüber gestanden leben, die sind mir so verhaßt, daß ich, nun ich den Schützengraben kenne, nie mehr dort vorbeigehen will.*

helm), 20 Mark, wer die Krone im oberen Flügel des Kreuzes benageln wollte. Der Aufsichtsdienst wurde von freiwilligen Helfern und Helferinnen versehen, so daß keine weiteren Kosten entstanden und der Erlös unverkürzt an das Rote Kreuz gehen konnte.

Ziel der Unternehmung war es, die Heidelberger Bevölkerung für die Anliegen des Roten Kreuzes zu interessieren und ihr *eine Gelegenheit zu leichter und angemessener Betätigung vaterländischen Opfersinnes* zu geben[67]. Die Anregung dazu war aus Wien gekommen und hatte den „Stock im Eisen" bei St. Stephan zum Vorbild erklärt. Ein Aufruf von Persönlichkeiten des öffentlichen Lebens hatte die Idee im Reich publik gemacht. Zahlreiche Städte und Gemeinden ließen daraufhin hölzerne Monumente aufstellen, die zu karitativen und patriotischen Zwecken mit Nägeln beschlagen und allmählich zu eisernen wurden. In Berlin wurde der „Eiserne Hindenburg" benagelt, ein 12 Meter hohes, 26 Tonnen schweres Standbild des über die Maßen bewunderten Feldherrn; in Kassel war es ein Obelisk, in Köln ein „Kölscher Boor", in Braunschweig Heinrich der Löwe, in Mainz eine Säule, in Mannheim ein Roland, in Landau ein „Feldgrauer", in Wilhelmshaven ein „Eiserner Tirpitz", in Darmstadt ebenfalls ein Eisernes Kreuz. In Zweibrücken wie in Rohrbach, dem damals noch selbständigen, heutigen Heidelberger Vorort, wurde ein hölzernes Ortswappen zum Nageln aufgestellt. Die Zeitlosigkeit des Zeichens kam ihm augenscheinlich zugute: Zwar beteiligte sich die Rohrbacher Bevölkerung nicht allzu eifrig am Nageln, andererseits blieb es über das Ende des Krieges hinaus in Gebrauch. Der letzte Nagel wurde am 28. August 1922 eingeschlagen[68].

Stifter des Heidelberger „Kreuzes in Eisen" war der 2. Vorsitzende des Bezirksausschusses vom Roten Kreuz, Karl v. Braunbehrens. Er hatte es – nach Plänen des Stadtrats L. Schmidt – bei der Heidelberger Waggonfabrik Heinrich Fuchs aus Silberpappelholz und Eichenplatten herstellen und auf einen Sockel

---

67 So die „Heidelberger Neuesten Nachrichten" am 28.6.1915.

68 Berlin: GLATZER, Berliner Leben (wie Anm. 58), S. 144ff. Kassel: Kommunalpolitik im Ersten Weltkrieg. Die Tagebücher Erich Koch-Wesers 1914 bis 1918, hg. von W. MÜHLHAUSEN u. G. PAPKE, München 1999 (Schriftenreihe der Stiftung Reichspräsident Friedrich-Ebert-Gedenkstätte 6), S. 199 zum „Eisernen Zaitenstock". Köln: B. ALEXANDER, Der Kölner Bauer, Köln 1987, S. 106ff., 184ff. Mannheim: Heidelberger Zeitung, 26.6.1915, S. 3 zum Mannheimer Roland, „das Sinnbild des tapferen, standhaften und treuen deutschen Rittertums". Landau: THALMANN, Die Pfalz im Ersten Weltkrieg (wie Anm. 16), S. 304/306, 456 Anm. 58. Wilhelmshaven: Stahl und Steckrüben. Beiträge und Quellen zur Geschichte Niedersachsens im Ersten Weltkrieg (1914-1918), Bd. 2 (von K.-H. GROTJAHN), Hameln 1993, S. 95. Darmstadt: Frankfurter Zeitung, 24.4.1915, 1. Morgenbl., S. 2. Zweibrücken: P. LOTH, Das Kriegswahrzeichen der Stadt Zweibrücken. Unserem tapferen Heere gewidmet. Eine Erinnerungsschrift, Zweibrücken 1916. Rohrbach: Stadtarchiv Heidelberg, H 252. Sogar bei Auslandsdeutschen in Übersee wurde genagelt. Weitere Vorschläge zur Gestaltung solcher „Kriegswahrzeichen" veröffentlichte der Verein für Volkskunst und Volkskunde in München: Bayerischer Heimatschutz 13 (1915), S. 43-106. Vgl. M. DIERS, Nagelmänner. Propaganda mit ephemeren Denkmälern im Ersten Weltkrieg, in: Mo(nu)mente. Formen und Funktionen ephemerer Denkmäler, hg. von M. DIERS, Berlin 1993, S. 113-135; Nachdruck in: M. DIERS, Schlagbilder. Zur politischen Ikonographie der Gegenwart, Frankfurt a. M. 1997, S. 78-100.

montieren lassen. Die Kanten wurden mit Winkeleisen eingefaßt[69]. Zur gleichen Zeit ließ der Germanist Max Freiherr v. Waldberg auf eigene Kosten ein
Buch im Quartformat herstellen, dessen schwere hölzerne, mit Leder bezoge-
ne Deckel mit eisernen und silbernen Nägeln verziert und mit eisernen Be-
schlägen sowie – in der Mitte prangend – einem originalen „Eisernen Kreuz"
ausgestattet wurden. Man nannte es das „Eiserne Buch"[70].

Am Samstag, dem 26. Juni 1915, um 10 Uhr morgens wurde das „Kreuz in
Eisen" mitsamt dem „Eisernen Buch" der Öffentlichkeit übergeben[71]. Der Bezirksausschuß hatte es im Garten der Städtischen Sammlungen (des heutigen
Kurpfälzischen Museums) aufstellen, die Stadtverwaltung *einen schmucken Holz-
tempel* darüber errichten lassen. Bei der Eröffnungsfeier, an der als Ehrengäste
die Spitzen der militärischen, staatlichen und städtischen Behörden teilnahmen, darunter
als Vertreter der Universität Prorektor Johannes Bauer, sprachen Oberbürgermeister Walz sowie Eugen v. Jagemann und erklangen vaterländische Mu-
sikstücke: „O Deutschland hoch in Ehren", „Heil dir im Siegerkranz": 1. Vers,
„Deutschland, Deutschland über alles": zwei Verse, abschließend der „Kaiser-
Friedrich-Marsch" (von Friedemann)[72]. Die *Weiherede* sprach der Freiherr v.
Waldberg. Ihr Wortlaut ist gar nicht, ihr Inhalt nur durch die dürren Notizen
der Heidelberger Zeitungen überliefert. Offenbar ging der Redner von einer
Beschreibung des *deutschen Wesens* aus, *Tapferkeit und gütige Opferwilligkeit* seien
ihre wesentlichen Merkmale. Beides komme mit dem „Kreuz in Eisen" sym-
bolisch zum Ausdruck; denn dieses sei nichts anderes als das Eiserne Kreuz,
das die Heidelberger Bürger sich selbst verliehen für ihren Opfermut und treues Durchhalten.
Als Symbol des Glaubens solle es den Glauben bestärken, als Zeichen der
Tapferkeit den Dank der Daheimgebliebenen an die Soldaten bedeuten, und
der gemeinschaftliche Gang zu ihm könne als ein *Kreuzzug* zum gegenwärtigen
heiligen Krieg etwas beitragen. Mit einem Hurra auf Kaiser, Großherzog und
Heer schloß die Rede; ein Zuhörer nannte sie *ernst und markig*, die ganze Feier
erhaben und ergreifend[73].

Nach den Worten schritt die Festgesellschaft zur Tat. Zuerst nagelten die
Ehrengäste sowie der Bezirksausschuß und trugen sich mit ihrem Namen so-

---

69 Die Einzelheiten der Fertigung gehen aus der Chronik des Kreuzes im „Eisernen Buch" hervor (vgl.
    die folgende Anm.). Das „Kreuz in Eisen" befand sich bis 1985 in Privatbesitz und ist seitdem ver-
    schollen.

70 Stadtarchiv Heidelberg, H 252g. In Hamburg, Köln und Zweibrücken (und wohl auch anderswo)
    wurden ebenfalls solche „Eisernen Bücher" ausgelegt, ALEXANDER, Der Kölner Bauer (wie Anm.
    68), S. 107 Anm. 248; DIERS, Nagelmänner (wie Anm. 68), S. 121.

71 Zum Folgenden vgl. die Berichterstattung in der örtlichen Presse: Heidelberger Zeitung, 24.6.1915,
    S. 3f.; 28.6.1915, S. 5; Heidelberger Neueste Nachrichten, 26.6.1915, S. 3; Heidelberger Tageblatt,
    26.6.1915, S. 6.

72 Vgl. das Programm der Eröffnungsfeier: Stadtarchiv Heidelberg, AA 185,3.

73 Dankschreiben des Vizefeldwebels Otto Sommer aus Heidelberg-Neuenheim an das Rote Kreuz
    (ebd.).

wie einem *Sinn- und Kernspruch* in das „Eiserne Buch" ein. Ihnen folgten die übrigen Teilnehmer der Feier und während der nächsten beiden Jahre, bis zum 5. Juli 1917, Tausende. Insgesamt wurden 20.027 Nägel, 3.344 silberne und 16.083 eiserne, eingeschlagen, und der Bezirksausschuß vom Roten Kreuz konnte einen Ertrag von 28.498,40 Mark verbuchen. Gegen 15.000 Personen trugen sich mit Namen in das „Eiserne Buch" ein, etwa ein Zehntel von ihnen fügte einen Spruch, einen Wunsch oder ein Gedicht hinzu. In den Texten des „Eisernen Buches" kommen Selbstverständnis, Geschichtsbild und Zukunftserwartungen nicht nur der Heidelberger Bevölkerung (man denke an die zahlreichen Gäste der Stadt) in reichem Maße zum Ausdruck. Es ist eine unschätzbare Quelle zur Mentalitätsgeschichte des Ersten Weltkrieges[74], die noch der wissenschaftlichen Auswertung harrt[75].

Im vorliegenden Zusammenhang sind nur die Einträge der Heidelberger Hochschullehrer von Belang[76]. Der Prorektor Bauer verewigte sich mit einem Spruch, der auf deutsche Werte pochte: *Deutscher Glaube, deutsche Ehre, deutsche Freiheit, deutsche Treu.* Der Pathologe Wilhelm Erb (*Fest und treu!*) und der Orientalist Carl Bezold (*Einig und treu!*) schlugen ähnliche Töne an. Max v. Waldberg selbst wies auf das eigentliche Anliegen des „Kreuzes in Eisen" hin (*Die Leiden zu wehren, das Reich zu ehren!*), während Arnold Ruge ein ominöses *Dem echten „Deutschtum im Inlande"* niederschrieb. Die genannten Universitätslehrer waren bei der Eröffnungsfeier zugegen, als bloße Besucher und „Nagelnde" trugen sich in den folgenden Monaten ein: Martin Dibelius, Hans v. Schubert (beide Theol. Fak.), Karl Heinsheimer, Karl Lilienthal (Jur. Fak.), Alfred v. Domaszewski, Friedrich v. Duhn, Karl Hampe, Johannes Hoops, Carl Neumann, Leo Olschki, Alfred Schmid-Noerr, Jakob Wille (alle Phil. Fak.), Wilhelm Fleiner, Siegfried Schönborn, August Wagenmann, Max Wilms (alle Med. Fak.), August Horstmann, Paul Jannasch, Friedrich Krafft, Philipp Lenard und Wilhelm Salomon (alle Nat.-Math. Fak.). Der Orthopäde Oscar Vulpius und der Chemiker Theodor Curtius nagelten nicht selbst, sondern spendeten bare Beträge,

---

74 Vgl. dazu neuerdings: M. STÖCKER, „Augusterlebnis 1914" in Darmstadt. Legende und Wirklichkeit, Darmstadt 1994; FRIES, Katharsis (wie Anm. 3); „Keiner fühlt sich hier mehr als Mensch . . .". Erlebnis und Wirkung des Ersten Weltkriegs, hg. von G. HIRSCHFELD, G. KRUMEICH u. I. RENZ, Frankfurt a. M. 1996 (zuerst Essen 1993); Kultur und Krieg. Die Rolle der Intellektuellen, Künstler und Schriftsteller im Ersten Weltkrieg, hg. von W. J. MOMMSEN unter Mitarbeit von E. MÜLLER-LUCKNER (Schriften des Historischen Kollegs. Kolloquien 34), München 1996; Kriegserfahrungen (wie Anm. 13); C. GEINITZ, Kriegsfurcht und Kampfbereitschaft. Das Augusterlebnis in Freiburg. Eine Studie zum Kriegsbeginn 1914, Essen 1998; A. HOPBACH, Unternehmer im Ersten Weltkrieg. Einstellungen und Verhalten württembergischer Industrieller im 'Großen Krieg' (Schriften zur südwestdeutschen Landeskunde 22); A. BECKER, Guerre totale et troubles mentaux, in: Annales 55 (2000), S. 135-151.

75 Einige poetische Einträge im „Eisernen Buch" der Stadt Zweibrücken teilt P. LOTH, Das Kriegswahrzeichen (wie Anm. 68), S. 16ff. mit.

76 Das „Eiserne Buch" ist weder paginiert noch foliiert. Genauere Stellenangaben sind daher im folgenden nicht möglich.

für die dann *fleißige Mädchen und Knaben* beziehungsweise Schüler und Schülerinnen der Heidelberger Volksschulen einen Nagel einschlagen durften. Die volkspädagogische Verbreitung des vaterländischen Tuns war offenbar ihr Anliegen.

Ein Gutteil der Heidelberger Professoren beschränkte sich nicht auf das Nageln, sondern unterstrich den patriotischen Akt mit einem Sinnspruch oder gar durch einige Zeilen, die sich reimten. August Heinsheimer forderte zur Einigkeit auf (*Ein Reich – ein Volk*), und Hans v. Schubert tat das Gleiche, indem er aus der 3. Strophe des Deutschlandliedes zitierte (*Einigkeit und Recht und Freiheit sind des Glückes Unterpfand*). Ein anderes Mal, als er mit dem gesamten „Arbeitsausschuß zur Veranstaltung Vaterländischer Volksabende" antrat und für ihn sprach, kleidete er sein Anliegen in Verse und mahnte zugleich Durchhaltevermögen an (*Haltet aus, haltet aus, lasset hoch das Banner wehen! Zeiget ihm, zeigt der Welt, dass wir treu zusammenstehn!*). Martin Dibelius meinte das Gleiche, aber in Anlehnung an ein Diktum, das der Chemiker August Wilhelm von Hofmann geprägt hatte (*Schwierigkeiten sind dazu da, um überwunden zu werden*[77]), und Karl Hampe, der zusammen mit vier Kindern unterschrieb, erinnerte an den Geist von 1914 (*Durchhalten im Geiste des August 1914*)[78]. Friedrich v. Duhn hob lieber auf das deutsche Wesen ab und zitierte dazu passende Verse (*Wie Eisen so hart, wie Blumen so zart, das ist der Deutschen alte Art*), während Wilhelm Salomon *5 Nägel zum Sarge der Verläumdung des Deutschen Volkes* einschlug. Alfred v. Domaszewski ging noch weiter, als er sich mit Vehemenz *gegen alles Internationale* aussprach. Eugen v. Jagemann schließlich hatte schon ex officio, als Vorsitzender des Bezirksausschusses vom Roten Kreuz, mehrfach Anlaß, sich ins „Eiserne Buch" einzutragen und dabei etwa Bismarcks vielzitierten Ausspruch von den Deutschen, die außer Gott nichts fürchten, zu notieren; aber auch sonst nahm er jede Gelegenheit wahr, mit einem Nagelschlag einen Triumph der deutschen Fahnen zu besiegeln, beginnend mit der Einnahme von Kowno (Kaunas) am 17./18. August 1915 und endend mit der glücklichen Heimkehr des Hilfskreuzers „Möve" am 4. März 1916. Kein anderer hat sich so oft im „Eisernen Buch" der Stadt Heidelberg verewigt.

Die Themen, die Heidelberger Hochschullehrer mit ihren Sinnsprüchen anschlugen, unterscheiden sich nicht von denen, die auch anderen Besuchern des „Kreuzes in Eisen" wichtig waren. Insofern durften sie sich als Teil jener nationalen Gemeinschaft empfinden, die sie anmahnten. Darüber hinaus aber hatten sie vielfach Gelegenheit, die städtische Öffentlichkeit anzusprechen und

---

77 Festrede bei der Enthüllung des Liebig-Denkmals in Gießen 1890 (Berichte der Deutschen Chemischen Gesellschaft [Referate, Patente, Nekrologe] 23 [1890], S. 792-811, hier S. 798 f.).

78 Vgl. dazu in Hampes Kriegstagebuch (wie Anm. 9) den Eintrag vom 25.7.1915: *Mit unsern vier Ältesten war ich morgens zu dem eisernen Kreuz im Garten des Museums, um Nägel zu drei Mark und eine Mark für das Rote Kreuz einzunageln. Es machte den Kindern doch Eindruck; Roland hatte sich vorher im Schreiben seines Namens geübt und trug ihn sehr sorgsam in das dicke Buch ein, auf dessen erster Seite das „Großluisel" steht.*

in Wort und Schrift auf deren Stimmungen, Empfindungen und Haltung Einfluß zu nehmen. Wie gut ihnen dies wirklich gelang, ist wohl kaum zu ermitteln. Öffentliche und veröffentlichte Meinung dürften auch hier nicht in eins fallen. Doch am Beispiel der „Vaterländischen Volksabende", des „Heidelberger Schützengrabens" und des „Kreuzes in Eisen" konnte gezeigt werden, in welchem Maße Heidelberger Hochschullehrer sich an den patriotischen Aktivitäten in der Stadt beteiligten oder diese gar initiierten. Sie taten dies nur selten als förmliche Vertreter der Alma Mater, aber auch, wenn sie als „Privatpersonen" auftraten, repräsentierten sie die Welt der Wissenschaft und wollten unterstreichen, was die Universität und ihre Mitglieder für die Allgemeinheit und deren Anliegen zu leisten imstande seien. Daß sie sich damit auf ein schlüpfriges und wissenschaftlichem Denken im Grunde unangemessenes Gelände begaben, wurde vielen zu spät bewußt.

ANHANG I

Der Krieg. Wissenschaftliche und gemeinverständliche Vorträge (Neues Kollegienhaus der Universität, Großer Saal):

1. Eberhard Gothein: Seemacht und Seehandel, 3 Vorträge, a. Hansa. Blüte und Niedergang der deutschen Seemacht (15.9.1914), b. England im Kampf mit Spanien und Holland (18.9.1914), c. England im Kampf mit Frankreich (22.9.1914)

2. Richard Thoma: Das Völkerrecht und der Seekrieg (25.9.1914)

3. Alfred Hettner: Unsere Gegner, ihre Länder und Hilfsquellen, 3 Vorträge, a. Frankreich (29.9.1914), b. England (2.10.1914), c. Rußland (6.10.1914)

4. Hermann Oncken: Der belgische Staat (9.10.1914), Der englische Staat (13.10.1914)

5. Fritz Fleiner: Die Neutralität der Schweiz (16.10.1914)

6. Ernst Walz: Die Aufgaben der Gemeinden im Krieg (20.10.1914)

7. Eugen v. Jagemann: Die Organisation des Roten Kreuzes (23.10.1914)

8. Vincenz Czerny: Die Fortschritte der Kriegschirurgie (27.10.1914)

1. Eberhard Gothein: Geld und Kredit im Kriege (13.1.1915)

2. Richard Thoma: Das Völkerrecht und der Handel der Neutralen (20.1.1915)

3. Hans v. Schubert: Die Weihe des Krieges (27.1.1915)

4. Johannes Hoops: Die Heidelberger Verbandstelle in Tournay und die Verpflegung im Kriegsgebiet (3.2.1915)

5. Hermann Kossel: Seuchenbekämpfung im Kriege einst und jetzt (11.2.1915)

6. Wilhelm Salomon: Kriegsgeologie (17.2.1915)

7. Eberhard Gothein: Die Nahrungsversorgung Deutschlands im Kriege (24.2.1915)

8. Paul Clemen (Bonn): Der Krieg und die Kunstdenkmäler (3.3.1915)

9. Abgesagt: Ernst Troeltsch: Deutscher Imperialismus; stattdessen: Franz Thorbecke: Unsere afrikanischen Kolonien im Krieg (10.3.1915)

1. Hans v. Schubert: Die Erziehung unseres Volkes zum Weltvolk. Sittliche und religiöse Grundforderungen (26.11.1915)

2. Eberhard Gothein: Die deutschen Finanzen im Krieg und Frieden (8.12.1915)

3. Hermann Oncken: Die englische Weltstellung in Ägypten (15.12.1915)

4. Friedrich v. Duhn: Konstantinopel und die Dardanellen (12.1.1916)

5. Eberhard Gothein: Der Wiederaufbau der deutschen Volkswirtschaft nach dem Kriege (19.1.1916)

6. Carl Neumann: Die Grundlagen des deutschen Wesens (28.1.1916)

7. Ernst Wülfing: Mit einem Liebesgabentransport an die Westfront (9.2.1916)

(Unter dem Obertitel: Krieg und Frieden. Wissenschaftliche und gemeinverständliche Vorträge)

1. Eberhard Gothein: Die Kraft- und Lichtversorgung Deutschlands (17.1.1917)

2. Alfred Hettner: Die Freiheit der Meere und Englands Seeherrschaft (2.2.1917)

Sechs weitere Vorträge (von Gothein, Salomon, Hampe, Dibelius, Max Weber und Oncken) waren geplant, wurden aber abgesagt.

ANHANG II

Vaterländische Volksabende (Datum – Ort – Hauptvortrag)

1. 18.10.1914 (zur Erinnerung an die Leipziger Schlacht) – „Tannhäuser" (Bergheimer Straße) – Hermann Luckenbach (Gymnasialdirektor) über die Völkerschlacht bei Leipzig.

2. 25.10.1914 – „Bachlenz" (Handschuhsheim) – Erich Wiegand (Hauptmann): Kurze Betrachtung der Kriegsereignisse in West und Ost.

3. 8.11.1914 – „Prinz Max" (Altstadt) – Max Bachem (Kontreadmiral z. D.): Unsere Flotte im Weltkriege.

4. 29.11.1914 – „Rose" (Neuenheim) – Gottlob Herrigel (Oberlehrer a. D.): Wir müssen siegen.

5. 13.12.1914 – „Westhof" (Weststadt) – Dr. Friedrich Schmidt (Leutnant d. Res.): Über Explosivstoffe und ihre Verwendung im gegenwärtigen Kriege.

6. 3.1.1915 – „Bachlenz" (Handschuhsheim) – Karl Wild (Gymnasialprofessor, apl. Prof. für mittlere und neuere Geschichte): Die russische Wetterwolke.

7. 17.1.1915 (Zur Feier der Kaiserproklamation) – Turnhalle am Klingenteich – Ansprache: Franz Xaver Schanno (Stadtpfarrer).

8. 31.1.1915 – „Deutscher Kaiser" (Ladenburgerstr., Neuenheim) – Karl Wild (s. o. 6.): Deutschland und Frankreich.

9. 21.2.1915 – „Artushof" (Weststadt) – Georg Benno Schmidt (Prof. für Chirurgie): Die ärztliche Hülfe im Kriege.

10. 7.3.1915 – „Rosenbusch" (Schlierbacher Landstr.) – Wilhelm Dorn (Prof. an der Oberrealschule): Deutschland und England; Georg Benno Schmidt (s. o. 9.) über den Austausch der verwundeten deutschen Kriegsgefangenen in Konstanz.

11. 27.3.1915 (Bismarck-Gedenkfeier) – Turnhalle am Klingenteich – Hermann Oncken (Prof. für mittlere und neuere Geschichte) über Bismarck.

12. 18.4.1915 – „Deutscher Kaiser" (Ladenburgerstr.) – August Hausrath (Gymnasialprofessor): England und wir.

13. 9.5.1915 – „Artushof" (Weststadt) – Siegfried Schönborn (apl. Prof. für Innere Medizin): Friedliche Kriegserlebnisse zwischen Lille und Ypern.

14. 30.5.1915 – „Jägerhaus" in Schlierbach – Karl Wild (s. o. 6.): Deutschland und Italien.

15. 20.6.1915 – Turnhalle am Klingenteich – Eberhard Gothein (Prof. der Nationalökonomie): Deutschland und Oesterreich-Ungarn.

16. 9.7.1915 (Großherzogs Geburtstag) – Schloßwirtschaft – Kurze Ansprachen: Karl Philipp Jolly (Geh. Regierungsrat), Friedrich Wielandt (Bürgermeister), Anton Ernst (Oberstabsarzt).

17. 1.8.1915 (Jahrestag der Mobilmachung) – Garten der „Harmonie" – Karl Wild (s. o. 6.) über die militärische Mobilmachung (Die politischen und militärischen Ereignisse), Heinrich Stoeß (Fabrikant, Stellvertretender Vorsitzender der Handelskammer) über die wirtschaftliche Mobilmachung, Arnold Ruge (Privatdozent für Philosophie) über die sittliche Mobilmachung (Die Mobilmachung der moralischen Kräfte der Nation).

18. 12.9.1915 – Turnhalle am Klingenteich – Hans v. Schubert (Prof. für Kirchengeschichte): Der Sieg über die Russen und seine Bedeutung; August Hausrath (s. o. 12.): Die Polen und der Weltkrieg.

19. 3.10.1915 – „Artushof" (Weststadt) – Alexander Himmelstern (Studienrat): Der Kampf um die Dardanellen.

20. 25.10.1915 – „Rosenbusch" (Schlierbacher Landstr.) – Johannes Rissom (Chemieassistent und Turnlehrer): Die Balkanfrage.

21. 13.11.1915 – „Rodensteiner" (Sandgasse) – Hermann Luckenbach (s. o. 1.): Rußland und die deutschen Ostseeprovinzen.

22. 5.12.1915 – „Schwarzes Schiff" (Neuenheim) – Karl Wild (s. o. 6): Der überraschende Aufstieg Bulgariens.

23. 26.12.1915 – Turnhalle am Klingenteich – Hermann Maas (Stadtpfarrer): Deutsche Kriegs-
weihnachten

24. 9.1.1916 – „Westhof" (Bahnhofstraße) – Johannes Rissom (s. o. 20.): Der Balkan.

25. 27.1.1916 (Kaisers Geburtstag) – Turnhalle am Klingenteich – Hermann Oncken (s. o. 11.):
Die Ziele der deutschen Weltpolitik unter Kaiser Wilhelm II.

26. 13.2.1916 – „Rosenbusch" (Schlierbacher Landstraße) – Eugen Ehrmann (Gymnasialprofessor): Die Bedeutung der Vereinigten Staaten von Nordamerika im Weltkriege.

27. 5.3.1916 – „Artushof" (Weststadt) – Karl Hampe (Prof. für mittlere und neuere Geschichte):
Eindrücke aus dem heutigen Belgien.

28. 19.3.1916 – „Traube" (Handschuhsheim) – Albert Dorn (Direktor der Spargesellschaft für
Landgemeinden): Die wirtschaftliche Spannkraft der Nation; Arnold Ruge (s. o. 17.): Die inneren Gefahren für Deutschlands Widerstandskraft.

29. 9.4.1916 – „Schwarzes Schiff" (Neuenheim) – Wilhelm Salomon (Prof. für Geologie und Mi-
neralogie): Bodenbeschaffenheit und Kriegführung im Westen.

30. 7.5.1916 – Turnhalle am Klingenteich – Martin Dibelius (Prof. für Neutestamentliche Exegese
und Kritik): Die staatsbürgerliche Erziehung des deutschen Volkes durch den Krieg.

31. 27.5.1916 – Schloßwirtschaft – Dr. Stephan (Leutnant): Angriff und Beute.

32. 18.6.1916 – „Artushof" (Weststadt) – Otto Bernhard Nuzinger (Kaufmann, Stadtrat): Die wirtschaftliche Lage des Mittelstandes im Kriege.

33. 9.7.1916 (Großherzogs Geburtstag) – Garten der Schloßwirtschaft – Ansprachen: Ernst Walz
(Oberbürgermeister), Carl Bezold (Prorektor), Hans v. Schubert.

34. 30.7.1916 – Garten der „Harmonie" – Ansprachen: Anton Ernst (s. o. 16.), Walter Goetz
(Stadtpfarrer).

35. 17.9.1916 – Turnhalle am Klingenteich – Karl Wild (s. o. 6.): Rumänien.

36. 30.9.1916 – „Rodensteiner" – Oskar Bundschuh (Bankdirektor): Kriegsfinanzen und Kriegsanleihe; Ernst Walz (s. o. 33.): Eindrücke aus Ostpreußen.

37. 29.10.1916 – „Traube" (Handschuhsheim) – August Hausrath (s. o. 12.): Was steht für uns auf
dem Spiele usw.

38. 19.11.1916 (Marine-Opfertag Heidelberg) – Turnhalle am Klingenteich – Hermann Luckenbach (s. o. 1.): Die Heldentaten unserer Marine.

39. 26.12.1916 – Turnhalle am Klingenteich – Franz Xaver Schanno (s. o. 7.): Der Kampf des
deutschen Ritters um Einigkeit, Recht und Freiheit. Ein Rückblick und Ausblick; Otto
Frommel (Stadtpfarrer, apl. Prof. für praktische Theologie): Das Deutschland der Innerlichkeit.

40. 27.1.1917 (Kaisers Geburtstag) – Turnhalle am Klingenteich – Hermann Oncken (s. o. 11.):
Deutschlands Friedensangebot und feindlicher Vernichtungswille.

41. 10.3.1917 – „Rodensteiner" – Eugen Ehrmann (s. o. 26.): Unsere Entdeckung von Amerika.

42. 13.5.1917 – „Schwarzes Schiff" (Neuenheim) – Friedrich Kuckuk (Gaswerkdirektor): Deutschlands Industrie im Kriege.

43. 17.6.1917 – Turnhalle am Klingenteich – Ferdinand Neuber (Generalleutnant): Was lehrt uns
der Gesamtverlauf des Krieges für seinen Ausgang?

44. 8.7.1917 (Vorabend von Großherzogs Geburtstag) – Garten der Schloßwirtschaft – Ansprachen: H. v. Schubert (in Vertretung des Prorektors), Ernst Walz (s. o. 33.), Eugen v. Jagemann (Honorarprof. für Öffentliches Recht).

45. 29.7.1917 – Garten der „Harmonie" – Hermann Maas (s. o. 23.): Vom Geist des deutschen
Volkes (abgebrochen).

46. 23.9.1917 – Turnhalle am Klingenteich – Hermann Maas (s. o. 23): Vom Geist des deutschen
Volkes

47. 6.10.1917 (nachträglich zu Hindenburgs Geburtstag) – Turnhalle am Klingenteich – Hans v.
Schubert: Ansprache zu Ehren Hindenburgs; Max Friedrich: Gezeichnet. Lustspiel in einem
Aufzug.

48. Nicht zu ermitteln.

49. 11.11.1917 – „Rose" (Neuenheim) – Erörterung kriegswirtschaftlicher Fragen.

50. 25.11.1917 – „Westhof" (Bahnhofstr.) – Erörterung kriegswirtschaftlicher Fragen.

51. 30.11.1917 – „Rodensteiner" – Dr. Wohlmannstetter, Berlin (Referent am Kriegsernährungsamt): Die Grundlagen der Ernährungspolitik.

52. 9.12.1917 – „Badischer Hof" (Handschuhsheim) – Rupert Rohrhurst (Stadtschulrat, Präsident der Zweiten Kammer des badischen Landtags und nationalliberaler Landtagsabgeordneter für den Wahlkreis Heidelberg I): Können wir durchhalten?

53. 26.12.1917 – Turnhalle am Klingenteich – Georg Beer (Theologe, Prof. für Alttestamentliche Exegese): Was soll aus Palästina werden?

54. 3.2.1918 – Turnhalle am Klingenteich – Ansprachen: Hans v. Schubert, Otto Frommel (s. o. 39.).

55. 24.2.1918 – „Bachlenz" (Handschuhsheim) – 1. Bunter Teil; 2. In Zivil. Schwank von Gustav Kadelburg.

56. 10.3.1918 – Turnhalle am Klingenteich – Ziegler (Divisionspfarrer): Feldheer und Heimat.

57. 1.4.1918 – Turnhalle am Klingenteich – Emil Bastian, Darmstadt (Geheimer Finanzrat, Direktor der Hessischen Landeshypothekenbank, zu dieser Zeit im Nachrichtenbüro der Reichsbank tätig): Wir und die andern!

58. 12.5.1918 – „Tannhäuser" – Willy Hellpach (Karlsruhe, Prof. für Psychologie): Die deutschen Nerven – ein Eckstein der Zukunft.

59. 2.6.1918 – Turnhalle am Klingenteich – Ernst Gerhard Dresel (Privatdozent, Hygieniker und Bakteriologe): Wie schützen wir uns und unsere Kinder vor ansteckenden Krankheiten?

60. 7.7.1918 (Vorfeier zu Großherzogs Geburtstag) – Garten der Schloßwirtschaft – Ansprachen: Ernst Walz (s. o. 33.), Friedrich Bartholomae (Prorektor der Universität), Jakob Rießer (Reichstagsabgeordneter).

61. 4.8.1918 – Garten der Harmonie-Gesellschaft – Ansprachen: Martin Dibelius (s. o. 30.), Ferdinand Neuber (s. o. 43.).

62. 22.9.1918 – „Bachlenz" (Handschuhsheim) – Erich Wiegand (s. o. 2.): Die Lage an der Westfront.

63. 12.10.1918 – Turnhalle am Klingenteich – Erich Scheuermann (Schriftsteller): Eine Reise um die Welt in Kriegszeiten (angekündigt, aber wegen Krankheit abgesagt); zwei Auftritte aus Paul Heyses historischem Drama „Kolberg".

Weitere öffentliche Veranstaltungen des „Ausschusses zur Veranstaltung Vaterländischer Volksabende":

3.4.1917 – Neues Kollegienhaus – Vaterländische Andacht (u. a.: „Deutschlands große Sache". Ein Brief von Gustav Frenßen, vorgetragen von Johannes Meißner, Leiter des Stadttheaters).

10.4.1917 – Stadttheater – Eberhard Gothein: Der Krieg und die Zukunft der deutschen Volkswirtschaft; Hermann Luckenbach: Lichtbilder über die wirtschaftliche Lage Deutschlands und seiner Gegner.

29.7.1918 – „Artushof" – Kurt Wiedenfeld (Prof. in Halle, Nationalökonom): Müssen wir des Mangels an Rohstoffen wegen einen vorzeitigen Frieden schließen?

Heidelberger Schützengraben.

DIE REICHSGRÜNDUNGSFEIERN
AN DER UNIVERSITÄT HEIDELBERG 1921-1933

Von Frank ENGEHAUSEN

DIE POLITISCHE KULTUR der Weimarer Republik war durch eine geringe Akzeptanz der neuen demokratischen Ordnung in weiten Teilen der Bevölkerung gekennzeichnet. Die Gegenwartsprobleme wurden, auch wenn es sich bei ihnen offensichtlich um Folgeerscheinungen des verlorenen Krieges handelte, vielfach nicht mit dem untergegangenen politischen System des Kaiserreichs in Verbindung gebracht, sondern der Revolution und der Republik angelastet. Die Kontrastierung der Nachkriegsnot mit dem Bild eines prosperierenden Deutschland der Vorkriegszeit wurde zu einem weitverbreiteten Wahrnehmungsmuster, das politisch destabilisierend wirkte und als mentalitätsgeschichtliches Phänomen zu den Ursachen des Scheiterns der Weimarer Republik zu zählen ist. An der Verbreitung dieses Wahrnehmungsmusters waren auch die Universitäten beteiligt: nicht nur durch die Lehrtätigkeit republikskeptischer oder republikfeindlicher Professoren, sondern auch durch kollektive Akte, die Kurt Sontheimer einmal als charakteristische Zeugnisse „deutschnationaler, antiweimarischer Staatsgesinnung und in vieler Hinsicht repräsentativ für den politischen Geist der deutschen Universitäten"[1] bezeichnet hat: durch die Reichsgründungsfeiern, die jährlich am 18. Januar, dem Jahrestag der Kaiserproklamation in Versailles 1871, stattfanden.

Diese als akademische Feiern abgehaltenen Gedenkveranstaltungen, in deren Mittelpunkt ein mit unterschiedlich starken politischen Bezügen durchsetzter wissenschaftlicher Vortrag stand, führten an manchen Universitäten zu erheblichen Kontroversen zwischen Anhängern und Gegnern der neuen politischen Ordnung. In München zum Beispiel überschritt der Altphilologe Eduard Schwartz 1925 die sonst bei diesem Anlaß in der Regel beachtete Grenze der offenen Herabsetzung der Republik, als er in seiner Festrede zum Reichsgründungstag dem Glanz des Kaiserreiches die *abstoßende Erinnerung an die s. g. Nationalversammlung*[2] gegenüberstellte. Zwei Jahre später versuchte der damalige Münchner Rektor Karl Vossler, andere Akzente zu setzen: Mit Unterstützung

---

1 K. SONTHEIMER, Die Haltung der deutschen Universitäten zur Weimarer Republik, in: Universitätstage 1966. Veröffentlichung der Freien Universität Berlin. Nationalsozialismus und die deutsche Universität, Berlin 1966, S. 24-42, hier S. 29.

2 E. SCHWARTZ, Rede zur Reichsgründungsfeier der Universität München am 17. Januar 1925, München 1925 (Münchner Universitätsreden Heft 2), S. 13. An anderer Stelle (S. 4) gab Schwartz seiner Hoffnung Ausdruck, daß eine *nicht zu ahnende und im gewöhnlichen Pragmatismus der Tagespolitik nicht herbeizuführende Wendung uns aus diesen beengenden Zusammenhängen selbstgewollten Unheils* befreien möge.

der Senatsmehrheit bestand er darauf, daß bei der Feier, anders als zuvor üblich, die schwarz-rot-goldene Fahne den Raum schmückte und die jüdischen Verbindungen an dem Festakt teilnahmen. Damit provozierte er den Boykott der Veranstaltung durch einen Teil der Studenten und Professoren sowie die kurzfristige Absage des vorgesehenen Festredners[3]. Die hier zutage getretene Geisteshaltung zahlreicher Universitätsangehöriger war für die Reichsgründungsfeiern nicht untypisch. So mußte 1923 in Dresden der Romanist Victor Klemperer am Tag vor der Feier als Festredner zurücktreten aufgrund einer *antisemitischen Machenschaft einer kleinen Clique* von Kollegen[4]. Als drittes Beispiel für die politischen Kontroversen, die die akademischen Reichsgründungsfeiern verursachten, sei Freiburg erwähnt, wo 1925 der Jurist Fritz Freiherr Marschall von Bieberstein in seiner Rede den Reichspräsidenten Friedrich Ebert des Hochverrats bezichtigte. Während die anderen Fälle, abgesehen von dem Presseecho, das sie hervorriefen, universitätsinterne Streitigkeiten blieben, folgte hier der Versuch, von staatlicher Seite die öffentliche Diskreditierung der Republik zu sanktionieren: Der badische Kultusminister Willy Hellpach leitete ein Disziplinarverfahren gegen Marschall von Bieberstein ein, das zwar nicht zu der zunächst angestrebten Dienstentlassung führte, aber doch zu einem Verweis, der dem Freiburger Juristen anlastete, die Pflicht eines Beamten, *dem Staate und dem verfassungsmäßigen Träger der Staatsgewalt mit Achtung* zu begegnen, *in gröblicher Weise* verletzt zu haben[5].

3   Vgl. dazu H. BÖHM, Von der Selbstverwaltung zum Führerprinzip. Die Universität München in den ersten Jahren des Dritten Reiches (1933-1936), Berlin 1995, S. 46. Vossler hielt die Festrede schließlich selbst: Rede zur Reichsgründungsfeier 18.1.1927, in: Politische Reden III: 1914-1945, hg. v. P. WENDE unter Mitarbeit v. A. FAHRMEIR, Frankfurt/Main 1994, S. 472-482.

4   V. KLEMPERER, Leben sammeln, nicht fragen wozu und warum. Tagebücher 1918-1924, hg. v. W. NOWOJSKI, Berlin 1996, S. 654, Eintrag vom 18.1.1923. Vordergründig ging es um die Frage, ob das von Klemperer in Aussicht genommene Vortragsthema „Der Einfluß des deutschen Geistes auf Frankreich" in Anbetracht der am Jahresanfang 1923 erfolgten Besetzung des Ruhrgebiets durch die Franzosen akzeptabel sei. Klemperer beugte sich der Absage: *Ich sagte mir, was immer ich jetzt auch täte, sei verkehrt. Spräche ich nicht: feiger Jude! Spräche ich: frecher Jude!* (ebd.). Die Dresdner Reichsgründungsfeiern werden in Klemperers Tagebüchern mehrfach erwähnt. So monierte er 1921 das Auftreten der Studentenverbindungen: *Schlimmeres kann kein Franzose in Bochecarricaturen zustande bringen, als was hier als echtes Deutschtum repraesentativ u. widerlich aufreizend sich schaustellt* (ebd., S. 408).

5   W. HELLPACH, Wirken in Wirren. Eine Rechenschaft über Wert und Glück, Schuld und Sturz meiner Generation, Bd. 2: 1914-1925, Hamburg 1949, S. 386. Hellpach zufolge (S. 175) lautete die inkriminierte Passage in Marschall von Biebersteins kurioserweise in Versen verfaßter Rede: *An dem Gesetzesrecht gemessen, waren objektiv/ die Willensakte der Usurpatoren,/ der Herren Ebert, Haase und Genossen,/ die sich angebliche Gesetzeskraft beilegten,/ doch nichts als Hochverrat.* In der Fassung der Rede, die Marschall von Bieberstein zwei Jahre später in den Druck gehen ließ, fehlt an dieser Stelle die Zeile, in der die Namen Ebert und Haase genannt werden. In einer Anmerkung erklärte er, er habe diese Zeile aus *ästhetischen Gründen* schon im Manuskript sofort wieder durchgestrichen, sie aber *aus Unachtsamkeit* in der Rede dann doch vorgetragen; F. Frh. MARSCHALL VON BIEBERSTEIN, Vom Kampfe des Rechtes gegen die Gesetze. Akademische Rede zum Gedächtnis der Reichsgründung gehalten am 17. Januar 1925 in der Aula der Albert-Ludwigs-Universität, Stuttgart 1927, S. 95-96. Bei E. R. HUBER, Deutsche Verfassungsgeschichte seit 1789. Bd. 6: Die Weimarer Reichsverfassung, Stuttgart u. a. 1981, S. 992 wird der „Fall Marschall v. Bieberstein" als „rechtsstaatlich bedenkliches" Beispiel der „politisch motivierten Maßregelung von Hochschullehrern" in der Weimarer Zeit vorgeführt.

Wenn im folgenden der Blick auf die Reichsgründungsfeiern an der Universität Heidelberg gerichtet wird, geschieht dies in zweifacher Absicht: Zum einen soll das bislang in der Forschung[6] kaum beachtete Phänomen der akademischen Reichsgründungsfeiern exemplarisch untersucht und somit das Bild der politischen Kultur der Weimarer Republik um einen Mosaikstein erweitert werden. Zum anderen soll die politische Ausrichtung der Ruperto-Carola beleuchtet werden, die in den Jahren der Weimarer Republik von der Mehrzahl der deutschen Universitäten durch einen vergleichsweise hohen Anteil republikanisch gesinnter Wissenschaftler am Lehrkörper in „bemerkenswerter Weise" (Eike Wolgast)[7] abwich. Es ist daher auch in einem engeren universitätsgeschichtlichen Zusammenhang interessant zu fragen, wie die *fortschrittlichste und geistig anspruchsvollste Universität Deutschlands* – so der ehemalige Heidelberger Student Carl Zuckmayer in seinen Memoiren[8] – nach 1918 die Erinnerung an die jüngere deutsche Geschichte gepflegt hat.

Erstmals wurde der 18. Januar, der im Kaiserreich kein gesetzlicher Feiertag gewesen war und vor dem Ersten Weltkrieg in seiner Bedeutung weit hinter dem Sedanstag und dem Kaisergeburtstag zurückgestanden hatte, in Heidelberg im Jahre 1921, am 50. Jahrestag der Kaiserproklamation, mit einem Festakt gewürdigt. Es handelte sich dabei allerdings nicht um eine rein akademische Feier, sondern um eine gemeinsame Veranstaltung von Stadt und Universität, bei der der Historiker Hermann Oncken die Festrede hielt[9]. Obwohl die Reichsgründungsfeier 1921 eine starke Resonanz fand – das „Heidelberger Tageblatt" berichtete von *Tausenden von Menschen*, die den großen Saal der Stadthalle *binnen wenigen Minuten bis in alle Ecken und Winkel* füllten –, nahm die Uni-

---

6   SONTHEIMER, Haltung (wie Anm. 1) hat Universitätsreden aus Halle, Greifswald, Frankfurt und München ausgewertet. Als neuere Untersuchung wäre zu nennen: M. KOTOWSKI, Die öffentliche Universität. Veranstaltungskultur der Eberhard-Karls-Universität Tübingen in der Weimarer Republik, Stuttgart 1999 (Contubernium. Tübinger Beiträge zur Universitäts- und Wissenschaftsgeschichte Bd. 49), S. 45-63 mit einem Kapitel über die Tübinger Reichsgründungsfeiern.

7   E. WOLGAST, Die Universität Heidelberg 1386-1986, Berlin u. a. 1986, S. 127. Zur politischen Haltung der Heidelberger Professoren in den Jahren der Weimarer Republik vgl. auch ebd., S. 128-135; C. JANSEN, Professoren und Politik. Politisches Denken und Handeln der Heidelberger Hochschullehrer 1914-1935, Göttingen 1992 (Kritische Studien zur Geschichtswissenschaft Bd. 99); N. GIOVANNINI, Zwischen Republik und Faschismus. Heidelberger Studentinnen und Studenten 1918-1945, Weinheim 1990, S. 100-105.

8   C. ZUCKMAYER, Als wär's ein Stück von mir. Horen der Freundschaft, Frankfurt/Main 1969, S. 336. Zuckmayer hatte 1919/1920 in Heidelberg studiert. Eine ähnliche Einschätzung findet sich bei HELLPACH, Wirken in Wirren (wie Anm. 5), Bd. 2, S. 175, der Heidelberg, *das sich zu einer Art Hochburg der jungen Demokratie entwickelte*, mit Freiburg kontrastierte, von wo zum Beispiel die badische Regierung keine Einladungen zu Feierlichkeiten der Universität erhalten habe.

9   Das Programm dieser Gedächtnisfeier, zu der Oberbürgermeister Ernst Walz und der Rektor, der Anglist Johannes Hoops, gemeinsam eingeladen hatten, war bescheiden: Onckens Rede wurde lediglich von Orgelmusik umrahmt; vgl. Universitätsarchiv Heidelberg (im folgenden UAH), B 1837/2. Die Rede erschien noch im gleichen Jahr im Druck: H. ONCKEN, Unser Reich. Rede bei der Gedächtnisfeier zur Wiederkehr des Tages der Reichsgründung, veranstaltet von Universität und Stadt Heidelberg am 18. Januar 1921, Heidelberg 1921.

versitätsleitung dieses *gewaltige Bekenntnis zum Reichsgedanken*[10] nicht zum Anlaß für Pläne, die Veranstaltung im folgenden Jahr zu wiederholen. Auch ein im Mai 1921 erfolgter Beschluß des Verbandes der Deutschen Hochschulen, den Reichsgründungstag als dies academicus jährlich mit einem Festakt zu begehen[11], blieb in Heidelberg zunächst unberücksichtigt.

Ein wichtiger Anstoß zur Etablierung des Reichsgründungstages als dies academicus ging in Heidelberg von den studentischen Verbindungen aus, die schon im Vorfeld der Feier von 1921 den Senat aufgefordert hatten, die Universität solle sich an dem Jubiläum gebührend beteiligen[12]. Im folgenden Jahr unternahm die Universitätsleitung nichts, um eine eigene Veranstaltung durchzuführen, unterstützte aber die Vereinigung Heidelberger Verbindungen, die am Vorabend des Reichsgründungstages in der Stadthalle einen Festkommers abhielt: Am 14. Januar 1922 ließ der Engere Senat an den Lehrkörper die dringende Mahnung ergehen, an dem Kommers zahlreich teilzunehmen. Zwei Tage später wurde der Beschluß gefaßt, daß in Zukunft an jedem 18. Januar ein *akademischer Akt stattfinden* solle, *an dem ein Historiker oder ein anderer Dozent die Rede* halten werde[13]. Der projektierten Veranstaltungsform entsprach der von den Verbindungen 1922 ausgerichtete Reichsgründungskommers schon weitgehend: Neben Vertretern der Stadt war der Rektor, der Theologe Georg Beer, anwesend und sprach ein Hoch auf die Heidelberger Studentenschaft aus; die Festrede hielt der Historiker Wolfgang Windelband[14].

Seit 1923 gehörten die Reichsgründungsfeiern als fester Bestandteil zum Veranstaltungskalender der Ruperto-Carola. Neben der Jahresfeier gab es fortan im Wintersemester einen zweiten akademischen Festtag, an dem Vorlesungen und Übungen ausfielen. Der Veranstaltungsort wechselte mehrfach: Bis 1929 fanden die Reichsgündungsfeiern im großen Saal des Neuen Kollegienhauses statt, der allerdings keinen ausreichenden Platz für Professoren, Studenten und das städtische Publikum bot, das offensichtlich in recht großer Zahl diesen akademischen Feiern beiwohnte. Am Jahresende 1929 bot der Heidelberger Oberbürgermeister Carl Neinhaus der Universität die unentgeltliche

10 Heidelberger Tageblatt, 19.1.1921.

11 Vgl. Mitteilungen des Verbandes der Deutschen Hochschulen 1 (1921), III. Sonderheft, S. 41. Der Vertreter der Universität Berlin, die den Antrag gestellt hatte, begründete ihn u. a. damit, *daß die Einrichtung eines solchen Feiertags dem Drange der studentischen Jugend entspricht*. Der Antrag wurde bei einer Stimmenthaltung angenommen. In Tübingen bestätigte der Große Senat im folgenden Monat den Beschluß; vgl. KOTOWSKI, Veranstaltungskultur (wie Anm. 6), S. 46.

12 Vgl. die Schreiben des Vorsitzenden des Heidelberger Waffenrings und des AStA vom 2.12. bzw. 13.12.1920, in: UAH, B 1837/2.

13 Ebd. Der Senatsbeschluß erwähnte außerdem die Möglichkeit, die Feier gemeinsam mit *Stadt und Behörden* auszurichten.

14 Ebd., Brief Georg Beers vom 8.2.1922 an den Rektor der Universität Gießen mit einem Bericht über den Kommers. Der Inhalt von Windelbands *Festrede auf das Vaterland* konnte nicht ermittelt werden. Als einzige der Heidelberger Reichsgründungsreden blieb sie ungedruckt.

Überlassung der Stadthalle an[15], in der die beiden folgenden Reichsgründungs-feiern dann auch stattfanden. Ab 1932 stand mit der Aula der fertiggestellten Neuen Universität wieder ein geeigneter universitätseigener Veranstaltungs-raum zur Verfügung.

Der äußere Ablauf des Festaktes änderte sich kaum, seitdem die Universität die Reichsgründungsfeier 1923 zum ersten Mal in eigener Regie durchgeführt hatte: *Unter den Klängen der Fanfaren zog der Lehrkörper mit dem Rektor und den De-kanen an der Spitze und gefolgt von den Chargierten der Verbindungen in den Saal ein. Das städtische Orchester spielte zur Einleitung der Feier unter Universitäts-Musikdirektor Poppen den Kreuzrittermarsch von Liszt*[16], bevor der Festredner das Podium betrat. 1923 sang man im Anschluß an die Rede das Niederländische Dankgebet; in anderen Jahren war es das Deutschlandlied. Eine weitere Orchesterdarbietung schloß die Feier.

Die Ehrengäste stammten, so weit die überlieferten „Zuordnungen" dies erkennen lassen, fast ausschließlich aus dem engeren Heidelberger Umfeld: 1925 zum Beispiel Landeskommissär Hebting, Oberbürgermeister Walz, Bankdirektor Fremery als Vorstandsmitglied der Gesellschaft der Freunde der Universität, Christian Bartholomae als Sekretär der Heidelberger Akademie der Wissenschaften, Landgerichtspräsident Vischer sowie zwei Generaldirektoren, ein Senator, ein Kommerzienrat, ein weiterer Bankdirektor und ein Fabrikant[17]. Politische Prominenz, die geeignet war, der Veranstaltung ein zusätzliches re-aktionäres Gepräge zu geben – in München zum Beispiel gehörte der bayeri-sche Kronprinz mehrfach zu den Ehrengästen der Reichsgründungsfeiern[18] –, fehlte in Heidelberg. Die Abwesenheit von Spitzen der badischen Regierungs-parteien andererseits ist dadurch zu erklären, daß man es vor allem in den Rei-hen der Sozialdemokratie, aber auch des Zentrums, nicht für angebracht hielt, eine positive Erinnerung an das untergegangene Kaiserreich zu pflegen[19].

Obwohl der Senatsbeschluß von 1922 an erster Stelle die Heidelberger Hi-storiker als Festredner in die Pflicht nehmen wollte, sprach nach Oncken (1921) und Windelband (1922 auf dem studentischen Kommers) mit Willy Andreas (1924) nur noch einmal ein Vertreter dieses Faches auf den bis 1933 abgehaltenen Reichsgründungsfeiern. Die größte Gruppe unter den Festred-

15 UAH, B 1837/3, Brief vom 7.12.1929. In seiner Festrede 1925 hatte Friedrich Panzer über *diesen unwürdig öden Saal* geklagt, *in den die Feste unserer Hochschule gebannt sind;* F. PANZER, Deutsche Helden-sage und deutsche Art. Festrede gehalten bei der Reichsgründungsfeier der Universität Heidelberg am 17. Januar 1925, Frankfurt/Main 1925 (Ziele und Wege der Deutschkunde Heft 9), S. 3.

16 Heidelberger Tageblatt, 19.1.1923.

17 UAH, B 1837/2.

18 Vgl. BÖHM, Universität München (wie Anm. 3), S. 46.

19 Als ein Beispiel für die Haltung der Sozialdemokratie sei auf einen Artikel verwiesen, der anläßlich des 50. Reichsgründungsjubiläums in der Heidelberger „Volksstimme" (18. Januar 1921) erschien und die Feier *hauptsächlich einem Wunsch der Reaktion* entspringen sah, *welche die Gelegenheit zu monarchi-schen ... Demonstrationen ausnutzen möchte.*

nern stellten vielmehr die Juristen (1923 Alexander Graf zu Dohna, 1926
Heinrich Mitteis, 1928 Richard Thoma). Beim Blick auf die übrigen Redner
drängt sich der Eindruck auf, daß versucht worden ist, Vertreter möglichst vieler verschiedener Fächer zu Wort kommen zu lassen. Es sprachen je ein Germanist, Mediziner, Theologe, Botaniker, Philosoph, Nationalökonom und ein
Geologe[20]. Es handelte sich durchweg um ordentliche Professoren. Mit Ausnahme von Andreas, Mitteis und Dohna, die erst ein, zwei beziehungsweise
drei Jahre zuvor ihre Lehrtätigkeit in Heidelberg aufgenommen hatten, waren
die Festredner alteingesessene Lehrstuhlinhaber, so daß man vielleicht schluß-
folgern darf, daß die Übernahme der Festrede eher eine Auszeichnung war als
eine unangenehme Pflicht, die man dem profilierungswilligen Nachwuchs auferlegte.

Die Mehrzahl der im folgenden näher zu betrachtenden Heidelberger
Reichsgründungsreden, zumal jene, die von den Naturwissenschaftlern gehalten wurden, waren keine politischen Reden, sondern auf ein breiteres Publikum ausgerichtete Fachvorträge, in denen sich die Redner zumeist nur in den
Eingangs- und Schlußpassagen bemühten, die Bedeutung des Festtages zu
würdigen. Vor allem die Historiker und Juristen unter den Festrednern fühlten
sich jedoch berufen, zeitgeschichtliche Probleme auf breiterem Raum zu behandeln.

Die Reichsgründung von 1871 war nur in einem Fall das direkte Vortragsthema, nämlich im Jubiläumsjahr 1921. Mit Hermann Oncken war ein Redner
ausgewählt worden, der wohl besser als alle anderen Heidelberger Professoren
für diese Aufgabe geeignet war: Er war durch seine Biographien Ferdinand
Lassalles und Rudolf von Bennigsens als Kenner der Epoche ausgewiesen, hatte sich als politischer Publizist einen Namen gemacht und sich im regionalen
Rahmen in den Kriegsjahren als Vertreter der Universität in der Ersten Kammer des badischen Landtags und von 1912 bis 1916 als Vorsitzender der Heidelberger Nationalliberalen politisch profiliert[21]. Onckens Rede war ambitio-
niert: Er bemühte sich nicht nur um eine Gesamtwürdigung des Kaiserreichs,
sondern hatte sich auch die Aufgabe gestellt, *mit politischem Verstande zu bedenken, was die Reichsgründung von 1871 uns für unsere dunkle Gegenwart zu sagen hat*[22].

---

20 1925 Friedrich Panzer, 1927 Ludolf Krehl, 1929 Hans von Schubert, 1930 Ludwig Jost, 1931 Ernst
    Hoffmann, 1932 Carl Brinkmann, 1933 Wilhelm Salomon-Calvi. Zu den Biographien vgl. die Ein-
    träge in: D. DRÜLL, Heidelberger Gelehrtenlexikon 1803-1933, Berlin u. a. 1986. Panzers Biographie
    wurde in diesem Band vergessen, findet sich aber als Nachtrag in: D. DRÜLL, Heidelberger Gelehr-
    tenlexikon 1652-1802, Berlin u. a. 1991, S. 185. Bibliographische Hinweise zu den Heidelberger Pro-
    fessoren finden sich in: C. JANSEN, Vom Gelehrten zum Beamten. Karriereverläufe und soziale Lage
    der Heidelberger Hochschullehrer 1914-1933, Heidelberg 1992, S. 122-163.

21 Zu Oncken vgl. K. SCHWABE, Hermann Oncken, in: H.-U. WEHLER (Hg.), Deutsche Historiker,
    Göttingen 1973, S. 189-205; E. WOLGAST, Die neuzeitliche Geschichte im 20. Jahrhundert, in: J.
    MIETHKE (Hg.), Geschichte in Heidelberg. 100 Jahre Historisches Seminar, 50 Jahre Institut für
    Fränkisch-Pfälzische Geschichte und Landeskunde, Berlin u. a. 1992, S. 127-157, hier S. 128-137.

22 ONCKEN, Unser Reich (wie Anm. 9), S. 4.

In dem Überblick über die vergangenen fünf Jahrzehnte deutscher Geschichte überwogen, wie man dies bei einem nationalliberalen Historiker erwarten durfte, die positiven Wertungen. Er sah in der Kaiserproklamation in Versailles die *Erfüllung eines großen Schicksals, ... ein Symbol vollendeter Einheit, wie sie uns seit Jahrhunderten nicht beschieden war*, und lobte die politischen Leistungen Kaiser Wilhelms I. und Bismarcks[23]. In den Gleisen des bis zum Ende des Krieges vorherrschenden und noch nachwirkenden borussisch-obrigkeitlichen Geschichtsbildes fuhr Oncken allerdings nicht, wenn er zum Beispiel darauf verwies, daß nicht nur das *dynastisch-militärische Gepräge von Versailles* das Bild der Reichsgründung bestimmen dürfe: Das *andere Symbol der neuen Einheit* war der Norddeutsche Reichstag, meinte Oncken und lenkte damit das Augenmerk auf das parlamentarische Fundament der Reichsgründung[24].

In der Anwort auf die Frage, warum das Kaiserreich den Krieg nicht überstanden habe, gab sich Oncken zurückhaltend, verzichtete aber nicht auf Kritik. Die *Institution des Reiches als solche, so wie sie 1871 angelegt war*, habe ein *hohes Maß an Spannungen* aufgewiesen, die sich als existenzbedrohendes Problem erwiesen, als der *ungeheure Atmosphärendruck des Krieges* einsetzte. Der *natürliche Gang*, die *organische Weiterentwicklung*, sei deshalb ausgeblieben. Überdies hätte es starker Hände bedurft, um in Krisenzeiten mit dem Instrument zu regieren, das Bismarck konstruiert hatte: *aber die Hände haben nicht ausgereicht*[25]. Konkretisiert wurde diese Schuldzuweisung an Bismarcks Nachfolger allerdings nicht. Der Zusammenbruch der alten Ordnung in Weltkrieg und Revolution bedeutete für Oncken nicht das Ende des Reiches: Das Reich sei zwar *des einen Symbols der Einheit von 1871 beraubt* worden – womit Oncken die These der zugleich dynastisch und parlamentarisch fundierten Reichsgründung wieder aufnahm –, es habe aber *das Wesen der Einheit zu behaupten vermocht*[26].

Den Verlust des dynastischen Symbols hielt Oncken für unwiderruflich: *Wenn wir im Geiste der Männer von 1871 an das Werk gehen, so sind wir uns bewußt, ... daß aus einer zerfallenden Lebensform niemals dieselbe und nur eine jeweils höhere Lebensform hervorgehen kann.* Über die Gestalt der neuen Lebensform ließ sich Oncken in seiner Rede nicht im Detail aus, sein Plädoyer für die Anerkennung der Republik war jedoch nicht zu überhören: *Vor allem kann nicht genug wiederholt werden, daß der nationale Staat der Zukunft in der Tiefe aller sozialen Schichten verankert werden muß, wenn er wahrhaft von innen her erneuert werden soll. Ein Nationalgefühl, das sich heute noch mit irgendwelchen politischen oder sozialen Bevorrechtungen verknüpfen woll-*

23 Ebd., S. 8-11, Zitat S. 8.

24 Ebd., S. 14. Oncken schlug hier auch den Bogen zur Revolution von 1848/49, indem er Eduard von Simson nannte, der sowohl in der Paulskirche als auch im Norddeutschen Reichstag präsidiert hatte. An anderer Stelle (S. 5) meinte Oncken: *Der Drang der Nation nach Einheit und Freiheit, nach Selbstbestimmung und Macht, schuf sich seit den vierziger Jahren ein doppeltes Symbol: Kaisertum und Parlament.*

25 Ebd., S. 16-17.

26 Ebd., S. 17.

te, würde gegenüber dem Druck, der von allen Seiten auf uns gewälzt ist, nur eine schwächliche Widerstandskraft besitzen und schwerlich von Dauer sein. Dieses eine entscheidet. Die bittre Not verlangt, daß das ganze Volk jetzt auf den Vordergrund der Bühne tritt und zum Träger seiner Geschicke wird[27].

Sollte Oncken mit diesem Bekenntnis eines Vernunftrepublikaners bei einem größeren Teil seines Auditoriums auf Skepsis gestoßen sein, so dürften die außenpolitischen Passagen seines Vortrags auch jene Zuhörer angesprochen haben, die dem untergegangenen Kaiserreich stärker nachtrauerten als der Redner selber. Was die Grenzen des Reiches betraf, nannte Oncken nicht nur die Rückgewinnung der durch den Versailler Vertrag verlorenen Gebiete als politisches Ziel, sondern auch die Verwirklichung der großdeutschen Idee: Die kleindeutsche Politik Bismarcks, die die Deutschösterreicher aus dem Reich fernhielt, stelle eine *abgeschlossene Periode* dar. Daß das eine wie das andere Ziel kurzfristig nicht zu realisieren waren, war Oncken klar. Er propagierte deshalb, zunächst *dem Kern des Staatsdeutschtums die weitere Sphäre eines Kulturdeutschtums, gleichsam ein geistiges Kolonialreich in der Welt, als etwas was unzerstörbar und selber Leben ist, zur Seite treten* zu lassen[28].

Trotz aller positiver Reminiszenzen an das Kaiserreich, die im Kontrast mit der *Not des Alltags* und der *dunklen Gegenwart*[29] noch verstärkt wurden, wird man Oncken nicht vorwerfen dürfen, seine Rede für eine antirepublikanische Demonstration benutzt zu haben. Mit der durchaus originellen Hervorhebung von *Kaiser und Parlament* als doppeltem Symbol des Reichsgedankens gelang es ihm, die Reichsgründung zu würdigen, ohne die Republik zu diskreditieren. Wesentlich größere Distanz zur neuen Staatsordnung ließ zwei Jahre später der Jurist Alexander Graf zu Dohna erkennen, der sich für seine Rede auf der Reichsgründungsfeier das brisante Thema „Die Revolution als Rechtsbruch und Rechtsschöpfung" ausgewählt hatte.

Dohna wandte sich zunächst der Frage zu, ob es angemessen sei, den 18. Januar als nationalen Feiertag zu begehen: *Ist es doch der Tag, der tiefstem Sehnen unseres deutschen Volkes Erfüllung brachte, der die endlich errungene Reichseinheit aller Welt sichtbar vor Augen stellte, und dadurch jener unseligen Ohnmacht und Zerrissenheit ein Ziel setzte, die so viele Jahrhunderte hindurch unseren nationalen Aufschwung gehemmt hatten.* Daß an dem Tage der *Glanz eines Symbols* hafte, das *heute in weiten Kreisen*

---

27 Ebd., S. 21. JANSEN, Professoren (wie Anm. 7), der Oncken als „ideologischen Vordenker eines interessenrepublikanischen Konservatismus" (S. 159) bezeichnet, kritisiert dagegen, daß er in der Reichsgründungsrede seiner Überzeugung nur in „allgemein gehaltenen, interpretationsfähigen und nicht direkt auf die Weimarer Republik bezogenen Formeln" Ausdruck verliehen habe (S. 184).

28 ONCKEN, Unser Reich (wie Anm. 9), S. 24. Diese Forderungen wiederholte Oncken, der inzwischen einen Ruf nach München angenommen hatte, als er 1926 erneut auf einer Reichsgründungsfeier sprach; vgl. H. ONCKEN, Deutsche Vergangenheit und deutsche Zukunft. Rede bei der Reichsgründungsfeier der Universität München am 18. Januar 1926, in: DERS., Nation und Geschichte. Reden und Aufsätze 1919-1935, Berlin 1935, S. 71-90, hier S. 84-85.

29 ONCKEN, Unser Reich (wie Anm. 9), S. 27 u. S. 4.

geflissentlicher Nichtachtung anheimfalle, wollte Dohna nicht als Gegenargument gelten lassen und empfahl den Anhängern der Republik größere Gelassenheit im Umgang mit der monarchischen Vergangenheit; schließlich habe auch das republikanische Frankreich den 100. Todestag Napoleons *mit unerhörtem Pomp* begangen[30]. Der 11. August, der Tag des Inkrafttretens der Weimarer Verfassung, kam für Dohna, der im übrigen 1919 als Abgeordneter der rechtsliberalen Deutschen Volkspartei selbst der verfassunggebenden Nationalversammlung angehört hatte, als Nationalfeiertag nicht in Frage. Während sich die Bedeutung des 18. Januar *von der Erinnerung an die Kaiserproklamation* lösen lasse, sei *der 11. August von der Bejahung der heutigen Verfassungsform nicht lösbar und deshalb allen denjenigen ein Tag unliebsamer Empfindungen, die sich mit der neuen Staatsform noch nicht ausgesöhnt haben*[31].

Dohna selber scheint 1923 zu jenen gezählt zu haben, die sich mit der neuen Staatsform noch nicht ausgesöhnt hatten[32], denn seine Ausführungen über Revolution und Legitimität beinhalteten deutliche Kritik an der Republik. So konstatierte er, daß *dieser neue Staat nicht, wie unser altes Reich, auf dem Wege rechtlicher Vereinbarung, sondern durch Rechtsbruch zur Existenz gelangt ist.* Zwar sei mit der Einberufung der Nationalversammlung der *einwandfreieste Weg* beschritten wor-

---

30 A. Graf zu DOHNA, Die Revolution als Rechtsbruch und Rechtsschöpfung. Rede zur Feier des Gedächtnisses an die Aufrichtung des Deutschen Reiches gehalten am 18. Januar 1923 in der Aula der Ruprecht-Carls-Universität, Heidelberg 1923, S. 5. Zu Dohna vgl. H. von WEBER, Alexander Graf zu Dohna (1876-1944), in: W. KÜPER (Hg.), Heidelberger Strafrechtslehrer im 19. und 20. Jahrhundert, Heidelberg 1986, S. 275-284.

31 DOHNA, Revolution (wie Anm. 30), S. 6. Der Frage, ob sich die Bedeutung des 18. Januar von der Erinnerung an die Kaiserproklamation lösen lasse, widmete sich auch Oncken in seiner Münchner Rede und kam zu einem anderen Urteil als Dohna. Er hielt den 18. Januar für einen problematischen Gedenktag, da er vielen nicht nur als *Symbol des Gewesenen* gelte, *sondern auch als Symbol des Wiederzuerringenden, und zwar in allen seinen äußeren Formen Wiederzuerringenden... Aber indem man, aus Antrieben der Ehre und Treue, in der Tradition und nur in der Tradition zu leben fortfuhr, entging man nicht der Gefahr, sich von der uns umgebenden Wirklichkeit allzuweit zu entfernen, ja zu dem Dasein der Nation in unserem heutigen Staate, zu der politischen Arbeit des Tages, die getan werden muß, in einen Gegensatz zu treten, der nur von einer romantischen Stimmung (insofern sie sich mit einem historischen Symbole begnügt) ertragen wird, aber von den harten Notwendigkeiten des vorwärtsschreitenden politischen Lebens überwunden werden muß;* ONCKEN, Deutsche Vergangenheit (wie Anm. 28), S. 72.

32 Dohnas Einstellung hat sich offenkundig in den folgenden Jahren geändert, denn er gehörte 1926 zu den Gründungsmitgliedern des Weimarer Kreises verfassungstreuer Hochschullehrer; vgl. WOLGAST, Universität Heidelberg (wie Anm. 7), S. 129 sowie H. DÖRING, Der Weimarer Kreis. Studien zum politischen Bewußtsein verfassungstreuer Hochschullehrer in der Weimarer Republik, Meisenheim am Glan 1975 (Mannheimer Sozialwissenschaftliche Studien Bd. 10), S. 82-90. Dohna, der inzwischen nach Bonn gewechselt war, sprach 1930 nochmals auf einer Reichsgründungsfeier und setzte andere Akzente: Der Reichsgründungstag solle *nicht um seines monarchischen, sondern um seines unitarischen Gepräges willen* gefeiert werden. *Die deutsche Republik ist heute fest genug gefügt, um es sich leisten zu können, die großen Traditionen deutscher Geschichte aufzunehmen und fortzuführen;* A. Graf zu DOHNA, Der 18. Januar und die deutsche Republik. Rede gehalten zur Feier der Reichsgründung am 18. Januar 1930, Bonn 1930 (Bonner Akademische Reden Heft 8), S. 3. In dieser Rede findet sich auch ein klares Bekenntnis zur Republik, wie es Oncken in Heidelberg schon 1921 abgelegt hatte: *Soweit Entwicklungslinien sich überschauen lassen, liegt eines klar zutage: daß wir Deutsche seit dem Herbst 1918 endgültig eingetreten sind in ein Zeitalter demokratisch geordneten Gemeinschaftslebens, in dem die anderen Völker unseres Kulturkreises sich schon seit geraumer Zeit heimisch gemacht haben* (S. 11).

den, *um ehestens wieder Rechtsboden unter die Füße zu bekommen*; die Volksbeauftragten, von denen diese Einberufung ausging, hätten jedoch kein Mandat besessen[33]. Daß aus einem solchen Rechtsbruch neues Recht erwachsen könne, stellte Dohna prinzipiell nicht in Abrede: Es würde heute auf Erden eine rechtliche Ordnung überhaupt nicht geben können, da sich *in keinem Lande des Erdkreises die bestehende Staatsverfassung bis in den Anfang der Staatengeschichte zurückverfolgen* lasse[34]. Aus Rechtsbruch sei häufig in der Geschichte Rechtschöpfung geworden, allerdings nur, wenn eine neue Ordnung die Kraft gefunden habe, sich durchzusetzen[35]. Aus dieser Perspektive wollte Dohna auch ein Recht zur Revolution nicht verneinen. Revolutionen dürften nicht an dem formalen Recht gemessen werde, sondern an den Ideen, *denen sie zum Sieg verhelfen*. Was dies in Hinblick auf die jüngste deutsche Geschichte bedeutete, stellte Dohna dem Urteil jedes einzelnen anheim; aus seiner eigenen Meinung machte er dann aber keinen Hehl: *Ein Vorgang, der unser Volk wehrlos machte im Angesicht unserer vernichtungslüsternen Feinde, sollte nicht den Anspruch erheben, als Ausfluß seiner vitalen Interessen gewertet zu werden. Revolutionen, die ihre sittliche Rechtfertigung in sich tragen, müssen Höhepunkte darstellen im Leben eines Volkes. Wer wollte von dem 9. November unseligen Angedenkens solches behaupten. Es ist der Tag, an dem das deutsche Volk den Glauben an sich selbst verlor – ein Tag tiefer Demütigung und darum in alle Zukunft ein Tag nationaler Trauer*[36].

Zwei Tage nach der Reichsgründungsfeier erschien in der sozialdemokratischen Heidelberger „Volkszeitung" ein polemischer Artikel, der es *menschlich begreiflich* fand, daß ein in *altpreußischen Traditionen aufgewachsener Gelehrter* wie der Graf zu Dohna sich zu *monarchistischer Propaganda* verstiegen habe, da er und seine Standesgenossen tatsächlich Anlaß hätten, den vergangenen Zeiten nachzutrauern. Ein Skandal sei es jedoch, daß er dies als *Professor im Dienste der badischen Republik* getan habe. Die „Volkszeitung" fragte, was mit einem so widerspenstigen Professor wohl im Kaiserreich geschehen wäre, und wollte insbesondere wissen, was der Rektor der Universität, der Jurist Gerhard Anschütz, von den Rechtsauffassungen seines Kollegen halte[37]. Daß Dohnas Rede den Rektor verärgert haben könnte, war eine naheliegende Vermutung, denn Anschütz hatte wenige Wochen zuvor auf der Jahresfeier der Universität mit seiner Rede „Drei Leitgedanken der Weimarer Reichsverfassung" ein auf-

---

33 DOHNA, Revolution (wie Anm. 30), S. 8.

34 Ebd., S. 9.

35 Ebd., S. 14: *Ihrer Bestimmung genügen, sich als sittlicher Faktor im Volksleben bewähren kann sich freilich eine Ordnung erst dann, wenn sie sich Geltung zu verschaffen weiß, und in dem Maße, in dem sie es versteht, ihre Herrschaft unangefochten zu behaupten.*

36 Ebd., S. 28.

37 Volkszeitung, 20.1.1923, „Eine Professorenrede".

sehenerregendes Plädoyer für die Republik gehalten[38]. Über Dissonanzen zwischen Anschütz und Dohna spekulierte auch eine am 27. Januar im „Heidelberger Tageblatt" veröffentlichte anonyme, von *unterrichteter Seite* aus Karlsruhe lancierte Zuschrift, die befürchtete, Dohnas Reichsgründungsrede könne das *gute Verhältnis zwischen Staat und Hochschulen* gefährden[39]. Zu diesem Vorwurf wollte Dohna nicht Stellung beziehen, da er offensichtlich auf falschen Berichten über seine Rede beruhe; er machte aber in einer Replik deutlich, daß ihm keineswegs daran gelegen war, der Rektoratsrede von Anschütz entgegenzutreten: Anschütz selber habe ihn als Redner für die Reichsgründungsfeier ausgewählt und ihm überdies bestätigt, *daß ich bei aller Wahrung meiner ihm bekannten und von ihm nur innerhalb gewisser Grenzen geteilten politischen Überzeugung das Vertrauen, das er mir damit bekundet hat, nicht mißbraucht habe*[40].

Die Weiterungen, die Dohnas Rede verursachte, blieben bescheiden, vor allem im Vergleich mit den Kontroversen, die es an einigen anderen Universitäten um die Reichsgründungsfeiern gab; vielleicht scheuten sich die Heidelberger Festredner deshalb in den folgenden Jahren nicht, auch weiterhin Themen auszuwählen, die ihnen Anlaß zu grundsätzlichen Stellungnahmen zur Legitimität der alten und der neuen politischen Ordnung gaben. Die größte inhaltliche Nähe zum Anlaß des Festaktes hatte die Rede, die der Historiker Willy Andreas bei der Reichsgründungsfeier 1924 hielt. Vermutlich bewußt und nicht nur zufällig knüpfte er an einen wichtigen Aspekt der Rede Onckens von 1921 an und widmete sich den „Wandlungen des großdeutschen Gedankens". Wie Oncken, dessen Lehrstuhl er im Vorjahr übernommen hatte, war auch Andreas davon überzeugt, daß der Anschluß Österreichs eines der wichtigsten außenpolitischen Ziele darstelle. Auch wenn die *großdeutsche Idee* kurzfristig

38 G. ANSCHÜTZ, Drei Leitgedanken der Weimarer Reichsverfassung. Rede, gehalten bei der Jahresfeier der Universität Heidelberg am 22. November 1922, Heidelberg 1923. Über die Resonanz auf seine Rede berichtet Anschütz in seinen Memoiren: *Der Widerhall, den mein Vortrag bei meinem Publikum fand, war nicht so, wie er es wohl verdient und wie ich es erwartet hatte. Ich denke da namentlich an die Haltung der anwesenden Studenten, nicht aller, aber doch vieler ... Bei einigen auf die demokratischen Grundlagen der Weimarer Verfassung bezüglichen Stellen der Rede erhob sich – die bekannte studentische Mißfallensäußerung – lautes Scharren mit den Füßen, eine Demonstration, wie sie bei einer Universitätsfeier, einer Ansprache des Rektors bis dahin wohl noch nie vorgekommen war.* Die badische Regierung unterstützte Anschütz, kaufte eine Auflage des Drucks und verteilte sie als Werbemittel in Schulen und Behörden; G. ANSCHÜTZ, Aus meinem Leben, hg. v. W. PAULY, Frankfurt/Main 1993, S. 278-279. Anschütz hatte am Vorabend der Reichsgründungsfeier 1923 bei einem Fackelzug der Studentenschaft im Marstallhof in einer Ansprache gedankt, die wegen der in diesen Wochen erfolgten französischen Besetzung des Ruhrgebiets von *vaterländischem Zorn* getragen war. Anschütz war sich dieses Mal *der Zustimmung und des Beifalls der Zuhörer ... im voraus gewiß* (ebd., S. 280).

39 Die in sehr vorsichtigem Ton gehaltene Zuschrift vermutete, Dohnas Rede sei ein Versuch gewesen, *den weit über die Grenzen Heidelbergs und Badens hinaus tiefen und wirkungsvollen Eindruck der Rede* [des Rektors Anschütz] *vom 22. November nachträglich abzuschwächen.*

40 UAH B 1837/2, Brief Dohnas an die Redaktionen der Heidelberger Zeitungen vom 29.1.1923. Das Heidelberger Tageblatt berichtete über die Replik am 30.1., die Volkszeitung am folgenden Tag. ANSCHÜTZ, Aus meinem Leben (wie Anm. 38), erwähnt die Auseinandersetzungen um die Rede Dohnas, den er zum engsten Kreis seiner Freunde zählte (S. 265), nicht.

nicht zu realisieren sei, könne sie doch den Deutschen voran leuchten *durch alles Dunkel der nächsten Jahre*[41]. Dies war das Fazit seiner überwiegend historisch ausgerichteten Rede, die insbesondere die Vorgeschichte der Reichsgründung, aber auch das deutsch-österreichische Verhältnis nach 1871 behandelte. Tagespolitische Bezüge finden sich vor allem in der Eingangspassage, in der Andreas beklagte, daß Deutschland ein *Gegenstand des Marktes für die fremden Mächte* geworden sei, und den Parteien pauschal unterstellte, sie seien *arm an Einsicht, Leistung und staatsmännischer Führerkraft*[42]. Konkrete Kritik an den Revolutionären von 1918 und den Staatsgründern von 1919 findet sich jedoch bei Andreas nicht, sieht man einmal davon ab, daß er der Reichsregierung vorwarf, sie habe es *in jenen brodelnden Novembertagen* versäumt, durch die feierliche Verkündung des Anschlusses Österreichs den großdeutschen Gedanken nicht nur *in die Seele unseres eigenen Volkes*, sondern in das *Bewußtsein Europas* einzugraben[43].

Während sich Andreas auf einen Teilaspekt der jüngeren deutschen Geschichte beschränkte, griff zwei Jahre später der Rechtshistoriker Heinrich Mitteis in seiner Rede auf der Reichsgründungsfeier sehr weit aus und beschäftigte sich mit dem Reichsgedanken vom Mittelalter bis zur Gegenwart. Dabei kam er zu einer durchaus positiven Würdigung der Weimarer Verfassung, die mit ihren unitarischen Tendenzen als *Konsequenz der gesamten staatsrechtlichen Entwicklung seit 1871 eine gewaltige Stärkung des Reichsgedankens* gebracht habe. Der Reichsgedanke sei aber nicht nur staatsrechtlich, sondern auch im Bewußtsein des Volkes gestärkt worden: Der verlorene Krieg – Mitteis verwies auf *die in der Geschichte beispiellosen Kraftanstrengungen unsres im Felde unbesiegten Heeres* – habe die Deutschen zu einer *Not- und Schicksalsgemeinschaft* gekettet, *die vielleicht mehr bindende Kraft in sich trägt, als all die Jahre äußeren Glanzes vorher*[44]. Was die derzeitige Stellung des Reiches in Europa und in der Welt betraf, wies Mitteis in die gleiche Richtung wie schon Oncken und Andreas auf den Reichsgründungsfeiern: Das Reich müsse einen *Kristallisationspunkt* bilden für alle, *denen ein deutsches Herz*

---

41   W. ANDREAS, Die Wandlungen des großdeutschen Gedankens. Rede zur Reichsgründungsfeier der Universität Heidelberg 18. Januar 1924, Berlin und Leipzig 1924, S. 40. Zu Andreas vgl. E. WOLGAST, Willy Andreas, in: B. OTTNAD (Hg.), Badische Biographien Neue Folge Bd. 2, Stuttgart 1987, S. 4-7; WOLGAST, neuzeitliche Geschichte (wie Anm. 21), S. 137-143.

42   ANDREAS, Wandlungen (wie Anm. 41), S. 9. Die obligatorische Kontrastierung dieses Elends mit dem Höhepunkt der jüngeren deutschen Geschichte unterließ auch Andreas nicht: *Von diesen Erscheinungen hebt sich die Tat der Reichsgründung in unwahrscheinlichem Glanze ab* (S. 10).

43   Ebd., S. 35. Andreas hielt bis 1933 in Heidelberg noch mehrere Reden, die jeweils auch Gegenwartsprobleme berührten. Wie die Festrede von 1924 kann man auch seine anderen Reden als nationalistisch bezeichnen; dezidiert antirepublikanisch waren sie allerdings nicht. Vgl. W. ANDREAS, Die Räumung der besetzten Gebiete. Rede bei der Feier am 1. Juli 1930 gehalten im Schloßhof, Heidelberg 1930 (Heidelberger Universitätsreden 10); DERS., Stein's Vermächtnis an Staat und Nation. Gedächtnisrede zu seinem hundertsten Todestage am 29. Juni 1931, Heidelberg 1931 (Heidelberger Universitätsreden 13); DERS., Preußen und Reich in Carl Augusts Geschichte. Rektoratsrede bei der Jahresfeier der Universität am 22. November 1932, Heidelberg 1932 (Heidelberger Universitätsreden 18).

44   H. MITTEIS, Wege zu deutscher Staatsgesinnung, Mannheim u. a. 1926, S. 5-6.

in der Brust schlägt; und wir wollen uns geloben, daß niemals die Hoffnung aufgegeben werden soll, uns mit Oesterreich wieder zu vereinigen[45]. Im Blick auf die derzeitige innere Ordnung des Reiches hingegen folgte Mitteis dem skeptischen Tenor der umstrittenen Rede Dohnas und kritisierte die *überstürzte Hinwendung zum Parlamentarismus*. 1918/1919 sei es versäumt worden, die *neue Staatsform den besonderen Bedürfnissen Deutschlands und dem politischen Reifezustand des deutschen Volkes anzupassen*. Allerdings präsentierte sich Mitteis dann doch − wenn auch auf bescheidenem Niveau − als ein Vernunftrepublikaner und unterstrich, *daß es auf dem eingeschlagenen Wege kein Zurück, sondern nur ein Vorwärtsschreiten gibt*[46].

Sehr viel deutlicher war das Bekenntnis zur Republik, das Richard Thoma 1928 ablegte, als letztmals einer der Heidelberger Juristen als Redner auf einer Reichsgründungsfeier auftrat. Auch er würdigte den 18. Januar als den *höchsten unter den politischen Feiertagen des deutschen Volkes* und ließ es an einer Huldigung Bismarcks nicht fehlen. Ungewöhnlich war es dagegen, daß Thoma in seinen Dank auch jene *so lange und vielfach angefeindeten Politiker des Reiches und der Länder* einschloß, *die in den furchtbaren Monaten der Niederlage, der Revolution und des Friedensdiktats uns die Einheit des Deutschen Reiches hindurchgerettet haben*[47]. Die Legitimität der neuen Staatsordnung war für Thoma unstrittig und deshalb auch nicht das Thema seines Vortrags, der sich dem in diesen Jahren viel diskutierten Problem der Reichsreform widmete[48].

Diejenigen unter den Heidelberger Festrednern, die keine Juristen oder Historiker waren, wählten für ihre Vorträge Themen, die mit dem Anlaß des dies academicus wenig zu tun hatten. Eine Ausnahme stellte lediglich der Theologe

45 Ebd., S. 23-24.

46 Ebd., S. 27. Als Hauptgefahr betrachtete Mitteis den *Absolutismus der Parlamente. Jeder, der etwas von dem Adel in sich spürt, der die besten unseres Volkes stets ausgezeichnet hat, wird nur mit Widerwillen seine bessre Einsicht immer wieder zurückstellen, weil die Masse derer zu groß war, die dem Schlagworte, der Parteidoktrin unterlegen sind* (S. 27-28). Größeres Aufsehen als bei diesem Anlaß erregte Mitteis 1929 mit einer Rede zum 10. Jahrestag der Unterzeichnung des Versailler Vertrags in der Heidelberger Stadthalle. Mitteis widersetzte sich damit einer Aufforderung des badischen Kultusministers an die ihm unterstellten Instanzen, an Kundgebungen zu diesem Anlaß nicht teilzunehmen. Selbst die auswärtige Presse berichtete über Mitteis' Auftritt *bei einer Kundgebung, deren Einberufer anonym blieben, umringt von Abordnungen aller studentischen Korporationen in Wichs mit Fahnen und solchen der Wehrverbände, unter denen der Stahlhelm mit der kaiserlichen Marinekriegsflagge paradierte. Die Ansprache war nichts als eine einzige Hetzpredigt*, Berliner Tageblatt, 29.6.1929, zit. nach: G. BRUN, Leben und Wirken des Rechtshistorikers Heinrich Mitteis unter besonderer Berücksichtigung seines Verhältnisses zum Nationalsozialismus, Frankfurt/Main u. a. 1991, S. 63. Vgl. auch ebd., S. 61-63 sowie H. MITTEIS, Zehn Jahre! Ansprache zum Gedächtnis der zehnten Wiederkehr des Tages von Versailles. Gehalten in der Stadthalle zu Heidelberg am 27. Juni 1929, Heidelberg 1929.

47 R. THOMA, Die Forderung des Einheitsstaates. Festrede zur Reichsgründungsfeier der Universität Heidelberg am 18. Januar 1928, Heidelberg 1928 (Heidelberger Universitätsreden 3), S. 3-4. Zu Thoma vgl. H. D. RATH, Positivismus und Demokratie. Richard Thoma 1874-1957, Berlin 1981, S. 32-51 mit einem Kapitel über „Die politische Vorstellungswelt und die politischen Aktivitäten".

48 Thoma plädierte für eine *rationale Neugliederung des Reiches*, das in Zukunft aus *8-12 wohlgeformten Ländern* bestehen solle; THOMA, Forderung (wie Anm. 47), S. 8-9. Dies hätte eine Aufteilung Preußens und die Neugliederung einiger Klein- und Mittelstaaten bedeutet, in denen Thoma zufolge die parlamentarische Demokratie nicht funktioniere.

Hans von Schubert dar, der 1929 eine weitschweifende Rede über „Altes und neues Reich deutscher Nation" hielt, wobei sein besonderes Augenmerk dem Verhältnis von Kirche und Reich im Mittelalter galt[49]. Den Bogen von der deutschen Frühzeit über die Reichsgründung zur Gegenwart zu schlagen, versuchte 1925 der Germanist Friedrich Panzer mit seiner Rede über die deutsche Heldensage, die *unsere dauernde Wesensart* widerspiegele[50]. Panzers aktuelle Redebezüge waren waffenklirrend: Niemand wisse, *ob noch einmal Wolf- und Schwerteszeit kommen mag auch über unser Volk*, meinte er und erinnerte die studentischen Hörer daran, daß sie die Hochschule bezogen hätten, *um hier die geistigen Waffen für diesen geistigen Lebens- und Völkerkampf zu holen*[51].

Ebenso schwer wie Panzer, der aus dem Nibelungenlied Rückschlüsse auf das deutsche Wesen zog und für die Gegenwart nutzbar machte, taten sich die übrigen Redner bei dem Versuch, ihre fachspezifischen Themen mit tagespolitischen Fragen zu verknüpfen. Der Nationalökonom Carl Brinkmann, der dazu noch am besten geeignet gewesen wäre, kapitulierte 1932 schon in der Eingangspassage seiner Rede und gestand: *Meine Wissenschaft steht vor den Krämpfen der heutigen Volks- und Weltwirtschaft im Großen beschämt: uneinig nach innen, hilflos nach außen, wie wohl die Heilkunde vor der Erscheinung einer neuen verheerenden Seuche*[52]. Wilhelm Salomon-Calvi gelang es immerhin, die Reichsgründung auch geologisch herzuleiten: Die Natur selbst habe die *Zersplitterung unseres Vaterlandes hervorgerufen oder begünstigt*, und es sei auch kein Zufall, *daß nur in der großen norddeutschen Ebene ein machtvoller, einheitlicher Staat entstand*[53]. Die undankbarste Aufgabe

---

49 H. von SCHUBERT, Altes und neues Reich Deutscher Nation. Rede zur Reichsgründungsfeier am 18. Januar 1929, Heidelberg 1929 (Heidelberger Universitätsreden 6). Die tagespolitischen Bezüge, die Schubert am Ende seiner Rede knüpfte, brachten wenig Neues: Wie Mitteis erkannte er in der Not eine Tugend und unterstrich, daß das Reich heute, *grausam amputiert, doch reiner deutsch* sei, *als es je gewesen*. Auch Schuberts Rede gipfelte in einer Aufstiegsvision: *Dann wird das deutsche Volk, das „Volk ohne Raum" sich auch wieder von selbst den Raum in der Welt schaffen, wenn nicht ein politisches, so ein wirtschaftliches und geistiges Imperium in friedlichem Wettbewerb der Völker*. Am Schluß der Rede sprach er die studentischen Zuhörer direkt an und ermahnte sie, *treue Wacht zu halten an unseren Marken, an unserem Rhein; unsere Universität ist Grenzuniversität geworden und hat ein Vermächtnis von Straßburg übernommen* (S. 31). Zu Schubert vgl. K.-H. FIX, Universitätstheologie und Politik. Die Heidelberger Theologische Fakultät in der Weimarer Republik, Heidelberg 1994 (Heidelberger Abhandlungen zur Mittleren und Neueren Geschichte Neue Folge Bd. 7), S. 52-71.

50 PANZER, Deutsche Heldensage (wie Anm. 15), S. 13.

51 Ebd., S. 14. Als er 1927 als Rektor auf dem studentischen Festkommers, der die universitäre Reichsgründungsfeier begleitete, erneut eine Rede hielt, scheint sich Panzer größere Mäßigung auferlegt zu haben. Zumindest attestierte das Heidelberger Tageblatt, 19.1.1927, seiner Ansprache, sie dürfe *in den Annalen akademischer politischer Reden sehr wohl neben die des Geh-Rat Voßler, des Rektors der Münchner Universität zur Reichsgründungsfeier, gestellt werden*. Panzer habe sich in eindrucksvoller Weise *für die Bejahung des Staates auch in der Form, in der er heute besteht*, ausgesprochen. Zu Vosslers Rede siehe oben Anm. 3.

52 C. BRINKMANN, Wirtschaftsform und Lebensform. Rede zur Reichsgründungsfeier am 18. Januar 1932, Heidelberg 1932 (Heidelberger Universitätsreden 17), S. 3.

53 W. SALOMON–CALVI, Die Bedeutung der Bodenschätze und Bodenformen für Deutschlands politische, kulturelle und wirtschaftliche Entwicklung. Rede bei der Reichsgründungsfeier der Universität am 18. Januar 1933, Heidelberg 1933 (Heidelberger Universitätsreden 19), S. 23 u. S. 22.

hatte aber wohl der Mediziner Ludolf Krehl, der dem Rektor seinen Vortrag ohnehin nur *schweren Herzens* zugesagt hatte, da er bei dieser Gelegenheit seine *Mangelhaftigkeit* in besonderem Maße fühlte[54]. Krehl entschloß sich dann, über einige Grundprobleme seines medizinischen Faches zu referieren, um am Ende mit einem ungelenken Vergleich doch noch auf den Anlaß des Festaktes zu sprechen zu kommen: *Ich wage die kühne Hoffnung*, wandte sich Krehl an sein Auditorium, *daß unter ihnen der Mann sein möge, der, wie der große Staatsmann, der unser Reich schuf, mit reinem Herzen und großen Gedanken, voll der Leidenschaft und Wucht unserer ganzen deutschen Schwerblütigkeit und doch zugleich voll Maß und tiefster Weisheit, wie ein Arzt im höchsten Sinne unseren kranken deutschen Staat so heilen wird, daß er gesund, in neuen Formen, aber in alter Herrlichkeit einer gesegneten Zukunft entgegen geht*[55].

Seit dem Ende der zwanziger Jahre gelang es keinem der Heidelberger Festredner mehr, dem Reichsgründungstag neue Aspekte abzugewinnen; allerdings waren die Naturwissenschaftler, die nun überwiegend als Redner ausgewählt wurden, dazu wohl auch nicht berufen. Es drängt sich der Eindruck auf, daß die Reichsgründungsfeiern in Heidelberg relativ schnell zu einem Ritual erstarrten, zumal sich auch in den Reden keine Reaktionen auf die politischen Kontroversen finden, die die Universität in diesen Jahren beschäftigten – zu nennen wären hier etwa die Auseinandersetzungen um die Pazifisten Emil Gumbel und Günther Dehn, die nicht zuletzt wegen der Proteste rechtsgerichteter Studenten von ihren Fakultäten gemaßregelt wurden[56]. Lediglich der Philosoph Ernst Hoffmann scheint die Situation der inzwischen hochgradig politisierten Universität im Blick gehabt zu haben, als er 1931 auf der Reichsgründungsfeier über die „Freiheit der Forschung und der Lehre" sprach und zwischen statthafter politischer Betätigung und Demagogie zu unterscheiden versuchte[57].

54   UAH, B 1837/2, Brief Krehls an Rektor Panzer vom 29.11.1926.

55   L. KREHL, Zur Reichsgründungsfeier am 18. Januar 1927, Heidelberg 1927 (Heidelberger Universitätsreden 1), S. 27. Die Heidelberger „Volkszeitung" nahm Krehls Rede in der Ausgabe vom 19.1.1927 zum Anlaß für einen erneut polemischen Artikel über die Reichsgründungsfeiern. Die Hoffnung auf einen Führer, der Deutschland einen Weg aus seiner inneren und äußeren Not weise, sprach auch der Biologe Ludwig Jost in seiner Rede aus: L. JOST, Die Entstehung der großen Entdeckungen in der Botanik. Rede zur Reichsgründungsfeier am 18. Januar 1930, Heidelberg 1930 (Heidelberger Universitätsreden 9), S. 29. Abgesehen von Einleitung und Schluß handelte es sich auch bei Josts Rede um einen reinen Fachvortrag.

56   Vgl. WOLGAST, Universität Heidelberg (wie Anm. 7), S. 133-135; DERS., Emil Julius Gumbel – Republikaner und Pazifist, in: Emil Julius Gumbel 1891-1966. Akademische Gedenkfeier anläßlich seines 100. Geburtstages, Heidelberg 1993 (Heidelberger Universitätsreden 2), S. 9-52; C. JANSEN, Emil Julius Gumbel. Porträt eines Zivilisten, Heidelberg 1991, S. 9-77. Gumbel verlor seine venia legendi, und im Falle Dehns wurde ein bereits ergangener Ruf auf ein theologisches Ordinariat zurückgezogen.

57   E. HOFFMANN, Die Freiheit der Forschung und der Lehre. Rede zur Reichsgründungsfeier am 17. Januar 1931, Heidelberg 1931 (Heidelberger Universitätsreden 12), S. 20-22. Golo Mann, der damals in Heidelberg studierte, brachte Hoffmanns Rede in einem Zeitungsartikel, den er in seinen Lebenserinnerungen zitiert, mit dem Fall Dehn in Zusammenhang. Der *Tendenz* nach billigte er Hoffmanns Rede, *von der wir aber gewünscht hätten, daß sie gerade in der Situation, in der er sprach, etwas weniger allgemein*

Beim Blick auf die Heidelberger Reichsgründungsfeiern, die im Gegensatz zu den aufsehenerregenden Vorgängen an einigen anderen Universitäten vielleicht als Beispiel der Normalität akademischer Festkultur in der Weimarer Republik gelten können, fällt ein eindeutiges Urteil schwer. Wenn man wie Sontheimer die Reichsgründungsfeiern als Beleg für die antiliberale und antidemokratische Geisteshaltung an den Universitäten nimmt[58], müßte man beim Heidelberger Beispiel das Skandalon wohl weniger in der Art der Ausrichtung der Feiern sehen als vielmehr in dem Umstand, daß sie überhaupt stattfanden. An die Entstehungsgeschichte sei nochmals erinnert: Die Universität beteiligte sich 1921 – wegen der Bedeutung des Ereignisses für die jüngere deutsche Geschichte sicherlich mit guten Gründen – an der Feier des 50. Jahrestages. Einen Anlaß, die Feier fortan jährlich zu wiederholen, sah man seitens der Universitätsleitung zunächst nicht. Erst ein gewisser Druck der studentischen Verbindungen, denen man vielleicht in Sachen Vaterlandsliebe nicht nachstehen wollte, sowie das Vorbild anderer Universitäten verursachten dann den offenkundig in Eile im Januar 1922 erfolgten Senatsbeschluß, einen dies academicus einzurichten. Daß die Universitätsleitung zu dieser Entscheidung gedrängt wurde, wird man gleichwohl nicht behaupten können. Die Einsetzung des Reichsgründungstages war vielmehr eine autonome Entscheidung, deren Bedeutung noch dadurch an Gewicht gewinnt, daß nur an den Universitäten der 18. Januar zu einem nationalen Gedenktag erhoben wurde: Initiativen, ihn als gesetzlichen Feiertag zu installieren, gab es zwar, sie scheiterten aber – zuletzt im Juni 1925 ein von DVP, DNVP und NSDAP unterstützter Gesetzesantrag im Reichstag[59].

Auf kontroverse Debatten über das Für und Wider des Beschlusses finden sich zumindest in den überlieferten Akten keine Hinweise, obwohl die Argu-

---

ausgefallen wäre, G. MANN, Erinnerungen und Gedanken. Eine Jugend in Deutschland, Frankfurt/Main 1986, S. 403. Eine positivere Wertung von Hoffmanns Rede findet sich bei JANSEN, Professoren (wie Anm. 7), S. 250.

58   Vgl. SONTHEIMER, Haltung (wie Anm. 1), S. 32-33.

59   Vgl. F. SCHELLACK, Nationalfeiertage in Deutschland von 1871 bis 1945, Frankfurt/Main u. a. 1990, S. 161-162, 193-196. Hinzuzufügen ist, daß sich auch für den 11. August, den Jahrestag des Inkrafttretens der Weimarer Verfassung, als gesetzlichen Feiertag keine parlamentarische Mehrheit fand. Als regelmäßiger universitärer Festtag kam der 11. August schon deshalb nicht in Frage, weil er jeweils in die Semesterferien fiel. Im Vorfeld des 10. Verfassungsjubiläums 1929 erwog die Heidelberger Universitätsleitung eine vorgezogene Feier am Ende der Vorlesungszeit. Prorektor Martin Dibelius, der an der Stelle des verstorbenen Rektors Heinsheimer die Amtsgeschäfte führte, korrespondierte mit den Rektoren der benachbarten Universitäten, die allerdings keine Verfassungsfeier geplant hatten (UAH, B 1837/1). Das Gedenken an den Verfassungstag erschöpfte sich schließlich in Heidelberg in einem von dem Theologen Dibelius verfaßten Aufruf vom 25.7.1929 (ebd.), der die Studenten an die Bedeutung des Weimarer Verfassungswerks erinnerte. Zu diesem Aufruf von Dibelius vgl. auch FIX, Universitätstheologie (wie Anm. 49), S. 107-108. Eine akademische Verfassungsfeier gab es dagegen in Berlin, wo erneut Hermann Oncken als Festredner fungierte. Vgl. H. ONCKEN, Rede bei der Verfassungsfeier der Berliner Hochschulen am 27. Juli 1929, in: DERS., Nation und Geschichte (wie Anm. 28), S. 102-118.

mente gegen die Reichsgründungsfeiern offenkundig waren: Eine Tradition, an die man hätte anknüpfen können, gab es nicht; vielmehr mußte der Reichsgründungstag als Notlösung erscheinen, nachdem die beiden nationalen Feiertage des Kaiserreichs nach seinem Untergang diskreditiert waren – der Sedanstag durch den verlorenen Krieg und der Kaisergeburtstag durch die politische Schwäche Wilhelms II. Auch lag der Gedanke, daß der Reichsgründungstag für antirepublikanische Demonstrationen genutzt werden konnte, so nahe, daß man eigentlich nicht unterstellen darf, niemand unter den Heidelberger Professoren habe diese Gefahr vorhersehen können. Zur Entlastung jener Universitätslehrer, die sich gegen die Installation des Reichsgründungstages nicht wehrten, obwohl sie Republikaner waren, ließe sich allenfalls anführen, daß die nationalen Symbole des Kaiserreichs in dem bürgerlich-liberalen Milieu, dem diese Professoren entstammten, auch nach dem Krieg und der Revolution noch eine starke Attraktionskraft besaßen. So war es für einen liberalen Professor wie den Juristen Gerhard Anschütz eben kein Widerspruch, sich im November 1922 mit seiner Rektoratsrede als Anhänger der Republik politisch zu exponieren und wenige Wochen später am Vorabend des Reichsgründungstages 1923 beim Fackelzug der Studentenschaft eine leidenschaftliche nationale Ansprache zu halten[60]. Daß er dabei die Wirkung seines Handelns nicht genügend bedachte, wird man ihm vielleicht vorwerfen dürfen, zumal er selber in der Rückschau bekannte, die politische Situation an der Universität nicht richtig eingeschätzt zu haben. *Wenn wir*, meinte Anschütz zwar nicht im Blick auf die Reichsgründungsfeiern, aber doch wohl auch auf sie anwendbar, *die wir in der Weimarer Verfassung eine Tat des Fortschritts und Aufstiegs, eine wahrhafte Erneuerung und Festigung erblickten, glaubten hierbei die Jugend geschlossen hinter uns zu haben, so war das ein Irrtum, der sich in einem von Jahr zu Jahr zunehmenden Maße enthüllte*[61].

Auch wenn sich die Reichsgründungsfeiern nicht in ein liberal und republikanisch profiliertes Bild der Universität Heidelberg in den Weimarer Jahren fügen, so waren die Festakte andererseits doch keine gezielt antirepublikanischen Veranstaltungen. Vor allem im Vergleich mit den Vorkommnissen an anderen Universitäten wird man kaum eine der Heidelberger Reichsgründungsreden als politisch skandalträchtig bezeichnen können. Die Juristen Heinrich Mitteis und Alexander Graf zu Dohna brachten zwar ihre grundsätzliche Kritik am politischen System von Weimar in ihren Reden deutlich zum Ausdruck, forderten aber keineswegs – wie dies zum Beispiel 1925 in München Eduard Schwartz tat[62] – in versteckter oder offener Form den Umsturz der republikanischen Ordnung. Auf der anderen Seite versuchten mehrere der Heidelberger Festredner, auf den Reichsgründungsfeiern für den neuen Staat

---

60 Siehe oben Anm. 38.
61 ANSCHÜTZ, Aus meinem Leben (wie Anm. 38), S. 261.
62 Siehe oben Anm. 2.

zu werben – erinnert sei an Richard Thoma, der die Retter des Reiches von 1918/1919 neben Bismarck stellte, oder an die anspruchsvolle Rede Hermann Onckens, der die Reichsgründung aus der Perspektive eines national gesinnten Vernunftrepublikaners betrachtete. Schließlich sei auch noch darauf verwiesen, daß der an anderen Universitäten auf den Reichsgründungsfeiern zutage tretende Antisemitismus in Heidelberg keine Rolle spielte: Noch 1933 fungierte als Festredner Wilhelm Salomon-Calvi, der eineinhalb Jahre später auf einen Lehrstuhl nach Ankara wechselte, da für ihn wegen seiner jüdischen Vorfahren an der nunmehr nationalsozialistischen Universität kein Platz mehr war[63].

Die Geschichte der Reichsgründungsfeiern an der Universität Heidelberg endete nicht 1933; sie hatte noch ein nationalsozialistisches Nachspiel, das sich bis zum Beginn des Zweiten Weltkrieges erstreckte und abschließend noch zu skizzieren ist. 1934 fand die Reichsgründungsfeier in Heidelberg zum üblichen Termin statt, nachdem der Vorsitzende des Deutschen Rektorentages seinen Kollegen am 28. Dezember 1933 eine entsprechende Anordnung des Führers mitgeteilt hatte. Die Ausgestaltung der Feier trug jedoch den politischen Veränderungen Rechnung: Die Festrede hielt keiner der Professoren, sondern Reinhold Roth, der Kreisleiter der NSDAP, und auch das musikalische Gepräge änderte sich. Marschmusik und das Horst-Wessel-Lied umrahmten den Vortrag[64]. Im folgenden Jahr informierte der badische Kultusminister den Rektor, daß die *übliche akademische Feier im Monat Januar ... für 1935 auf den 30. Januar als gemeinsame Veranstaltung für den 18. und 30. Januar festgesetzt* sei[65], mithin in Zukunft die Gründung des Zweiten und des Dritten Reiches in einer gemeinsamen Feier gewürdigt werden sollten. Für 1935 gelang es Wilhelm Groh, dem Heidelberger Rektor, nochmals, mit dem Kultusminister Otto Wacker einen politischen Redner zu gewinnen; in den folgenden Jahren traten dann wieder Heidelberger Professoren als Festredner auf[66].

1936 sprach auf der Reichsgründungsfeier Eugen Fehrle, der zu den wenigen frühen nationalsozialistischen Aktivisten im Lehrkörper der Universität gezählt hatte und 1934 zum Ordinarius für Volkskunde avanciert war; in den folgenden drei Jahren übernahm die Festreden Ernst Krieck, der „Prototyp

---

63 Vgl. D. Mußgnug, Die vertriebenen Heidelberger Dozenten. Zur Geschichte der Ruprecht-Karls-Universität nach 1933, Heidelberg 1988 (Heidelberger Abhandlungen zur Mittleren und Neueren Geschichte Neue Folge Bd. 2), S. 73-75. Als zweiter der Heidelberger Reichsgründungsredner mußte 1935 der Philosoph Ernst Hoffmann wegen seiner jüdischen Herkunft die Universität verlassen (vgl. ebd., S. 65-66).

64 Vgl. UAH, B 1837/4 mit einer Sammlung von Unterlagen zu den Reichsgründungsfeiern nach 1933.

65 Ebd., Brief vom 3. Januar 1935.

66 1936 war der Führer der SA-Gruppe Kurpfalz, Luyken, als Redner vorgesehen, konnte den Termin aber nicht wahrnehmen. Groh mußte dann doch wieder auf einen akademischen Redner zurückgreifen, obwohl er in dem Einladungsschreiben an Luyken vom 18.10.1935 betont hatte, daß er nach der Übernahme des Rektorats mit dem Brauch akademisch-wissenschaftlicher Reden gebrochen habe, um politische Redner zu Wort kommen zu lassen (ebd.).

des nationalsozialistischen Professors und Aushängeschild der braunen Universität Heidelberg"[67]. War das Niveau der Festreden schon vor 1933 nicht immer sehr hoch gewesen – zu nennen wäre etwa Panzers ziemlich grobschrötige Darlegung des deutschen Nationalcharakters –, so markieren Kriecks Ausführungen doch sowohl in rhetorischer wie in inhaltlicher Hinsicht den Tiefpunkt der Heidelberger Reichsgründungsreden. 1937 bemühte er sich noch, dem Anlaß der Feier gerecht zu werden, und stellte zumindest in der Einleitung das Kaiserreich dem Dritten Reich gegenüber[68]. Die Reden der beiden folgenden Jahre waren dann aber nur krude Sammelsurien unterschiedlicher Versatzstücke nationalsozialistischer Propaganda[69]. Krieck blieb der letzte Heidelberger Reichsgründungsredner: Die für den 30. Januar 1940 angesetzte Feier, die mit der kriegsbedingt verspäteten Immatrikulation der Studienanfänger verbunden werden sollte, wurde einen Tag vorher vom Rektor abgesagt[70], und auch in den folgenden Kriegsjahren fanden keine Reichsgründungsfeiern mehr statt. Die Bezeichnung „Reichsgründungsfeier" wurde übrigens bis zum Schluß beibehalten, was vielleicht als Indiz dafür gewertet werden darf, daß sich diese erst 1921 beziehungsweise 1923 aus der Taufe gehobene Sonderart der akademischen Festkultur schnell und nachhaltig etabliert hatte.

---

67 WOLGAST, Universität Heidelberg (wie Anm. 7), S. 155.

68 Vgl. E. KRIECK, Geschichte und Politik. Heidelberger Universitätsrede zum Reichsgründungstag am 30. Januar 1937, Heidelberg 1937 (Heidelberger Universitätsreden Neue Folge Nr. 2).

69 Vgl. E. KRIECK, Charakter und Weltanschauung. Rede zum 30. Januar 1938 gehalten in der Aula der Neuen Universität Heidelberg, Heidelberg 1938 (Heidelberger Universitätsreden Neue Folge Nr. 4); DERS., Volk unter dem Schicksal. Rede zur Reichsgründungsfeier gehalten in der Aula der Neuen Universität Heidelberg, Heidelberg 1939 (Heidelberger Universitätsreden Neue Folge Nr. 6).

70 UAH, B 1837/5. Als Festredner war 1940 Ernst Schuster vorgesehen, der über den „Wehrgeist in der Volkswirtschaft" sprechen wollte.

DIE ABERKENNUNG DES DOKTORTITELS
AN DER UNIVERSITÄT HEIDELBERG
WÄHREND DER NS-ZEIT

Von Werner MORITZ

DIE ABERKENNUNG DES Doktortitels[1] durch dieselbe Universität, die einen Kandidaten promoviert hatte, war in Deutschland vor 1933 im Falle der Erschleichung des akademischen Grades durch unwahre Angaben des Doktoranden über seine Vorbildung oder über die Anfertigung der Dissertation wohl möglich[2]; doch hatten sich Fälle dieser Art offenbar so selten ergeben, daß die meisten Universitäten[3], insbesondere die *außer-preußischen*[4], darauf verzichteten, diesbezügliche Regelungen in ihren Promotionsordnungen zu verankern. Auch der Entwicklungsstand des badischen Verwaltungsrechts vor 1933 ließ dies zu. Regelungen zur nachträglichen Aberkennung des Doktorgrades fanden deshalb auch in die Heidelberger Promotionsordnungen nur zurückhaltend Eingang[5]. Außerhalb des universitären Bereichs allerdings konnte ein akademischer Grad durch Gerichtsurteil aberkannt werden, sofern ein Tatbestand gegeben war, der nach § 33 StGB den Entzug der bürgerlichen Ehrenrechte zur Folge hatte. Der Verlust der Ehrenrechte setzte jedoch ein erhebliches Maß an Kriminalität voraus. Bei weniger schwer wiegenden kriminellen Handlungen waren negative Folgen für den Doktorgrad nicht zwingend.

---

1   Dieser Aufsatz basiert auf einem Vortrag über „Die Entziehung des Doktorgrades in Baden während der NS-Zeit", den Vf. erstmals auf der Frühjahrstagung der Sektion 8 des Vereins deutscher Archivare am 16.3.2000 an der Universität Bonn hielt. Weiteren Recherchen folgten Vorträge in Heidelberg, schließlich die Konzentration des Themas auf die örtliche Universität mit einer für diesen Beitrag weitgehend neu erarbeiteten Textfassung. Ich danke Frau Elisabeth Hunerlach für ihre Unterstützung bei einigen Recherchen.

2   Vgl. Universitätsarchiv Heidelberg (künftig: UAH) H-III-875 sowie den dreiseitigen masch. Schriftsatz von H. WEISERT über die „Entziehung der Doktorwürde" (ca. 1920-1964) vom 9.12.1982 in: UAH K-Ib-720/2. – In seiner 1950 bei Walter Jellinek eingereichten juristischen Dissertation über „Die Entziehung der Doktorwürde" führt Rudi VOLLMAR (S. 22f.) zwei Fälle an der Heidelberger Juristischen Fakultät (1903 und 1913) an, für die die damals geltende Promotionsordnung keine Regelung enthielt. VOLLMAR verweist auf die *gewohnheitsrechtlich* gegebene Befugnis der Fakultät. Insgesamt behandelt die Arbeit ihr Thema unter rechtsdogmatischen, rechtshistorischen und rechtspolitischen Gesichtspunkten. Auf die im Blickfeld dieses Beitrages stehenden persönlichen Schicksale geht sie nicht ein.

3   Vgl. unten S. 542.

4   Vgl. unten S. 542.

5   Vgl. die Satzung über die „Erteilung der theologischen Doktorwürde" (§ 10) aus dem Jahre 1909 (UAH A-508/3) sowie die Promotionsordnung der Juristischen Fakultät von 1930 (§ 8), UAH H-II-850/2.

Wann das Sanktionsmodell des Ausschlusses aus der Gemeinschaft akademischer Würdenträger unter Anwendung von Verfahrensregeln und mit rechtlichen Konsequenzen für den Betroffenen erstmals stattgefunden hat, ist schwer zu sagen. Um eine Erfindung der Nationalsozialisten handelt es sich bei diesem Modell jedenfalls nicht. Zum Beleg genügt es, auf die „Verordnung über die Entziehung der Lehrberechtigung der an den (badischen) Landesuniversitäten habilitierten nichtetatmäßigen Dozenten" vom 13. Januar 1921 zu verweisen. Sie sah für einen *an der Universität Heidelberg oder an der Universität Freiburg habilitierten Dozenten (Privatdozenten, nichtetatmäßigen außerordentlichen Professor, nicht etatmäßigen Honorarprofessor)* den Wiederentzug der Lehrberechtigung vor, wenn der Betreffende, wie es im § 1 der Verordnung hieß, *sich durch sein Verhalten in oder außer seinem Berufe der Achtung und des Vertrauens, die seine Stellung erfordern, unwürdig* erwiesen hatte[6]. Anlaß zu dieser Verordnung hatte offenbar der Fall des Freiburger Privatdozenten für Neuere Geschichte und späteren Reichsarchivars Veit Valentin gegeben, der unter anderem mit seinen öffentlichen Äußerungen über Großadmiral von Tirpitz gewisse Professorenkreise gegen sich aufgebracht hatte und im Sommer 1917 aus dem Lehramt verdrängt worden war, wobei das Fehlen rechtlicher Grundlagen für diese Disziplinarmaßnahme allgemein bemängelt wurde[7].

Der Gedanke, den Doktorgrad wieder zu entziehen, wenn sich der oder die Promovierte als *unwürdig* erwiesen hatte, keimte nach der Machtergreifung der Nationalsozialisten aufs neue in Bayern. Nachdem das Reichsgesetz vom 14.7.1933 über den Widerruf von Einbürgerungen und über die Aberkennung der deutschen Staatsangehörigkeit[8] in Kraft getreten war, wandte sich der Kreisleiter der Deutschen Studentenschaft, Kreis Bayern, im September 1933 an den Bayerischen Kultusminister Hans Schemm und stellte den Antrag, in einem Rundschreiben an die Bayerischen Hochschulen diese anzuweisen, vom *Recht der Entziehung der Dr.-Würde bei den der deutschen Staatsangehörigkeit verlustig erklärten Verrätern grundsätzlich Gebrauch zu machen.* Weiterhin bat der eifrige Studentenführer, dieses Rundschreiben nicht nur den bayerischen Hochschulen, sondern auch den Hochschulreferenten der anderen Länder mit der Bitte um gleichgerichtete Maßnahmen zugehen zu lassen[9]. Das Bayerische Staatsministerium entsprach diesem Wunsch bereits Anfang Oktober, indem es alle Adressaten daran erinnerte, daß Reichsangehörige, die sich im Ausland aufhielten, auf der Grundlage des neuen Gesetzes der deutschen Staatsangehörigkeit für verlustig erklärt werden konnten, *sofern sie durch ein Verhalten, das gegen*

---

6   Generallandesarchiv Karlsruhe (künftig: GLA KA) 235/Nr. 4972 und Anm. 5.

7   Wie Anm. 6; weitere Fälle des Entzugs der Venia legendi ebd. Vgl. auch E. FEHRENBACH, Veit Valentin, in: Deutsche Historiker, hg. v. H.-U. WEHLER, Bd. 1, Göttingen 1971, S. 69-85, hier S. 69.

8   RGBl. I S. 480.

9   Abschriftlich in: GLA KA 235/Nr. 31747.

die Pflicht zur Treue gegen Reich und Volk verstößt, die deutschen Belange geschädigt haben. Nach der zwölf Tage nach Inkrafttreten des Gesetzes erlassenen Durchführungsverordnung vom 26.7.1933[10] war ein der Treuepflicht gegen Reich und Volk widersprechendes Verhalten insbesondere gegeben, wenn *ein Deutscher der feindseligen Propaganda Vorschub leistet oder das deutsche Ansehen oder die Maßnahmen der nationalen Regierung herabzuwürdigen gesucht hat*. Aus der Sicht des Bayerischen Staatsministeriums konnte es *keinem Zweifel unterliegen, daß Personen, denen unter diesen Voraussetzungen ihre Reichsangehörigkeit aberkannt worden ist, auch nicht würdig sind, den Doktortitel einer deutschen Hochschule zu führen*. Das Ministerium beklagte allerdings, daß nach der gegenwärtigen Fassung der meisten Promotionsordnungen keine Möglichkeit bestehe, die Doktorwürde in den genannten Fällen zu entziehen; die Universitäten sollten durch entsprechende Änderungen der Promotionsordnungen umgehend Abhilfe schaffen[11].

Dieser Aufforderung kam der Rektor der Universität Heidelberg (Wilhelm Groh[12]) bereits Ende November 1933 mit einem ersten, den Fakultäten übermittelten Änderungsvorschlag nach. Doch die Heidelberger Fakultäten zeigten offensichtlich wenig Neigung, die geforderten Änderungen zügig umzusetzen, obwohl sie von nun an nicht nur durch die Weisungen des zuständigen Landesministers immer wieder massivem Druck ausgesetzt wurden. Nachdem dem Preußischen Kultusminister (mit seinen wechselnd zusammengesetzten Ressorts für Wissenschaft, Kultus, Unterricht, Erziehung und Volksbildung) im Mai 1934 im Zuge der Gleichschaltung[13] weisungsgebende Kompetenzen für das gesamte Reichsgebiet übertragen worden waren, übernahm er die Rolle einer besonders treibenden Kraft. Bezeichnend für die unbefriedigenden Resultate langwieriger Bemühungen war indessen eine Veröffentlichung im Amtsblatt dieses Ministers vom Januar 1937[14], die die grundsätzlichen Regelungen des gesamten Promotionsverfahrens an reichsdeutschen Universitäten, so beschlossen am 16.12.1936 und damit dem aktuellen Stand entsprechend, noch einmal abgedruckte. Unter der Rubrik „Wissenschaft" befaßte sich die Ziffer 6 mit den „Änderungen der Promotionsordnungen". Im folgenden mußte der Minister unter „11. Entziehung der Doktorwürde" feststellen, daß *an einzelnen außerpreußischen Hochschulen die Promotionsordnungen noch nicht entsprechend* [früheren Erlassen vom 6.2.1936 beziehungsweise 17.7.1934] *abgeändert sind*. Nun sollte *das Weitere unverzüglich* veranlaßt werden[15].

---

10 RGBl. I S. 538.

11 GLA KA 235/Nr. 31747.

12 Kurzbiographie bei D. DRÜLL, Heidelberger Gelehrtenlexikon 1803-1932, Berlin/Heidelberg 1986, S. 92.

13 Vgl. auch: B. VEZINA, „Die Gleichschaltung" der Universität Heidelberg im Zuge der nationalsozialistischen Machtergreifung, Heidelberg 1982.

14 Heft 1, S. 5ff.

15 Wie Anm. 11.

Die Universität Heidelberg gab ihre geänderten Promotionsordnungen schließlich 1938 zum Druck[16]. Noch im April 1938 hatte das Badische Kultusministerium einräumen müssen, daß die im Lande inzwischen praktizierte Entziehung von Doktorgraden keineswegs reibungslos verlief. Zuweilen wurden die Verfahren nicht mit der nötigen Sorgfalt bearbeitet. Die mangelnde Beachtung einzelner zwingender Verfahrensvorschriften führte *immer wieder zu begründeten Beschwerden der Betroffenen und damit zur Aufhebung der von der Universitätsführung erlassenen Verfügungen durch den Herrn Reichserziehungsminister.* Um dies abzustellen, gab der Karlsruher Minister seinen Beamten ein Merkblatt an die Hand, das mit zwei eng beschriebenen Schreibmaschinenseiten die Arbeit erleichtern sollte. Es lieferte nun alle Vorschriften auf einen Blick, indem es sich auf zwanzig einschlägige Erlasse aus den letzten fünf Jahren bezog[17].

Im Einzelnen stellte das Merkblatt klar: Obligatorisch hatte die Entziehung des Doktortitels nach wie vor in Fällen der Aberkennung der bürgerlichen Ehrenrechte gemäß § 33 StGB und bei unwürdigem Verhalten gemäß § 2 des Reichsgesetzes über den Widerruf von Einbürgerungen vom 14.7.1933 zu erfolgen. Fakultativ sollte sie im Falle der Täuschung der Fakultät bei Erwerbung des Grades und bei späterem unwürdigem Verhalten verhängt werden. Insoweit wurden die alten Regelungen nur noch einmal in Erinnerung gerufen. Neuerungen bezogen sich auf das Verfahren: Die Entscheidung über die Entziehung hatte an jeder Universität ein Ausschuß zu treffen, bestehend aus dem Rektor und den Dekanen. In den obligatorischen Fällen hatte der Ausschuß allerdings gar keine Wahl. Ein einfacher Beschluß stellte die Tatsache der Entziehung fest. Von einer Zustellung des Entziehungsbeschlusses an den Betroffenen war danach abzusehen. Statt dessen sollte, von der Hochschule veranlaßt, eine Veröffentlichung des Beschlusses im Reichsanzeiger erfolgen. In den anderen Fällen war die Ausfertigung des Beschlusses über die Entziehung (mit Dienstsiegel versehen) dem Betroffenen durch Postzustellungsurkunde zuzustellen. Vorgeschrieben war hier auch die gleichzeitige Rechtsmittelbelehrung. Ferner war jede Entziehung unter Bezeichnung der Gründe auf dem Dienstweg dem Reichserziehungsministerium anzuzeigen. Bei dieser Anzeige waren Name, Vorname, Geburtsdatum, Geburtsort sowie der Zeitpunkt des Erwerbs des Grades anzugeben, außerdem der Tag der Zustellung des Entziehungsbeschlusses. Eine besondere Anzeige hatte an die Ortspolizeibehörde zu erfolgen, die für den Wohnsitz des Inhabers des Grades zuständig war. Als Rechtsbehelf bot sich jedem Betroffenen in einem nicht obligatorischen Fall

---

16 Promotionsordnungen legten zunächst die Juristische, die Philosophische und die Naturwissenschaftlich-Mathematische Fakultät vor; UAH H-IV-750/1. Die Ordnungen der Medizinischen und der Staats- und Wirtschaftswissenschaftlichen Fakultät sollten nachgereicht werden; GLA KA 235/Nr. 29750.

17 Wie Anm. 11.

innerhalb eines Monates nach Zustellung die Möglichkeit der Beschwerde beim Reichserziehungsministerium.

Damit waren die Grundlagen des Entziehungsverfahrens in Baden im Jahre 1938 auf einem gefestigten Stand angekommen; auf Reichsebene folgte das Gesetz über die Führung akademischer Grade vom 7. Juni 1939[18]. In den Jahren zuvor hatte es zu verschiedenen Punkten in Randbereichen der Thematik noch mehrfach Änderungen und Ergänzungen gegeben. So waren unter anderem schon 1934 die Rektoren der Hochschulen in Heidelberg, Freiburg und Karlsruhe angewiesen worden, von der allgemeinen Erneuerung von Doktor-Diplomen anläßlich der Wiederkehr des Promotionszeitpunktes Abstand zu nehmen, soweit dies bisher an der dortigen Hochschule üblich gewesen war. Außerdem waren die Bestimmungen zur Aberkennung des Doktorgrades auf die noch nicht vollendeten Promotionen ausgedehnt worden, und im folgenden Jahr hatte der Reichsminister seine früheren Regelungen (Runderlaß vom 17.7.1934) auch *auf die übrigen akademischen Grade (Diplom-Ingenieur, Diplom-Volkswirt usw.)* ausgedehnt[19].

Hatte es zwischen 1933 und 1937/38 noch relativ wenige Aberkennungen des Doktorgrades gegeben, so stieg die Zahl der Fälle nun sprunghaft an. Soweit es sich dabei um Aberkennungen auf der Grundlage des Ausbürgerungsgesetzes von 1933 handelte, bezeugten die in Tageszeitungen veröffentlichten Namen und noch mehr die im Reichsanzeiger abgedruckten, schier endlosen Ausbürgerungslisten[20] nur den dramatischen Fortgang der Judenverfolgung. Zwar hatte der Reichserziehungsminister noch im Januar 1937 mit dem Hinweis aufgewartet, die Tatsache der jüdischen Abstammung allein rechtfertige die Entziehung der Doktorwürde nicht[21]. Ab April 1937 waren Juden jedoch zur Doktorprüfung nicht mehr zugelassen, die Erneuerung von Doktordiplomen hatte bei ihnen künftig zu unterbleiben, und die Berechtigung zur Führung eines im Ausland erworbenen Doktortitels wurde nicht mehr erteilt[22]. Zulässig blieb jetzt nur noch die Promotion von sogenannten jüdischen Mischlingen[23].

Viele Juden kehrten Deutschland noch rechtzeitig den Rücken, bevor der Verbleib im Lande für sie endgültig lebensbedrohlich wurde. Bis zum Ende

18 RGBl. I, S. 985; Text auch in UAH H-III-875.

19 Wie Anm. 11.

20 Die Ausbürgerung deutscher Staatsangehöriger 1933-1945 nach den im Reichsanzeiger veröffentlichten Listen, 3 Bde., hg. v. M. HEPP, München u. a. 1985 und 1988.

21 Amtsblatt vom Januar 1937 (wie Anm. 14); vgl. auch J. WALK, Das Sonderrecht für Juden im NS-Staat, Karlsruhe 1981.

22 Als z. B. der Jude Richard H., aus welchen Gründen auch immer, im Februar 1938 in Berlin mit dem Gesuch vorstellig wurde, seinen an der Universität Zürich erworbenen Titel eines Doktors beider Rechte auch in Deutschland führen zu dürfen, erhielt er gut acht Monate später ohne jede Begründung einen ablehnenden Bescheid; wie Anm. 11.

23 UAH Theol. Fak. Nr. 137.

des Jahre 1942 lassen sich für die Universität Heidelberg insgesamt 124 Aberkennungen des Doktorgrades in Anwendung des Ausbürgerungsgesetzes des Jahres 1933 nachweisen; die Namen der Betroffenen werden hier (erstmals nach 1945) veröffentlicht[24]. Mindestens 93 (75%) von ihnen waren Juden[25]. Im Einzelnen wurden zwischen 1937 und 1940 an der Juristischen Fakultät 45 Doktorgrade entzogen, sieben weitere 1942. Für die Medizinische Fakultät sind für die Zeit von 1938 bis 1942 im ganzen 42 Fälle und an der Philosophischen 27 für die Jahre 1939 bis 1942 zu belegen. Hinzu zu rechnen sind schließlich der Entzug eines Dr. rer. pol. (1939) und je eines Dr. phil. nat. in den Jahren 1939 und 1940. Unter allen Betroffenen waren acht Frauen.

Der Ort der Promotion war den Behörden, die die Ausbürgerung vornahmen, im Regelfalle nicht bekannt. Mit Runderlassen den Universitäten zugestellte Namenslisten waren deshalb an jeder einzelnen Hochschule zu überprüfen. Gelang eine Identifikation anhand der Promotionsakten und -verzeichnisse, so hatte die Universität keine Wahl. Sie mußte die Aberkennung als gesetzlich gebotenen Verwaltungsakt vollziehen und den Vollzug nach Berlin melden. Erst die zweite Durchführungsverordnung zum Gesetz über die Führung akademischer Grade vom 29. März 1943[26] machte das mit erheblichem bürokratischem Aufwand verbundene Verfahren entbehrlich, da formaljuristisch nun der Verlust der Staatsbürgerschaft den Verlust des Doktorgrades ohne weiteres einschloß.

Handlungsspielraum in der Sache und damit die Möglichkeit zur verantwortlichen Entscheidung aus eigenem Ermessen eröffnete sich für die Universitäten nur bei zwei anderen Gruppen von Betroffenen – bei Ehrenpromotionen[27] und, allerdings auch hier in gesetzten Grenzen, bei strafrechtlich Verurteilten.

Aus zahlreichen schriftlichen Niederschlägen zur Abwägung geeigneter Verfahren bei Ehrenpromotionen fällt ein Schreiben des Karlsruher Ministers (damals des Kultus, des Unterrichts und der Justiz) vom 15.6.1934 an das Sächsische Ministerium für Volksbildung wegen seiner entlarvenden programmatischen Sprache heraus. Das Ministerium erläuterte darin, wie der Entzug von Ehrenpromotionen in Baden künftig angegangen werden sollte. Eine Entziehung der Ehrenpromotion sollte *grundsätzlich geprüft werden*

---

24 Siehe Liste im Anhang. Einen umfassenden Grundriß der Entwicklung der Universität Heidelberg nach 1933 bietet: E. WOLGAST, Die Universität Heidelberg in der Zeit des Nationalsozialismus, in: ZGO 135 (1987), S. 359-406.

25 Die Bekenntnisse wurden auf der Grundlage der Studentenakten des UAH ermittelt, gelangen wegen einiger fehlender Akten oder entsprechender Angaben jedoch nicht in allen Fällen zweifelsfrei. Für Unterstützungen bei der Erhebung der Daten danke ich Anne Spreckelsen und Oliver Fieg.

26 RGBl. I S. 168.

27 Zur allgemeinen Bewertung von Ehrenpromotionen durch die Nationalsozialisten vgl. H. HEIBER, Universität unterm Hakenkreuz, Teil II Bd. 1, München u. a. 1992, S. 52ff.

1. *wenn die Ehrung mit Rücksicht auf die politische oder amtliche Betätigung des Geehrten in einer früheren Regierung ohne wissenschaftliche oder vaterländische Verdienste erfolgt war oder*
2. *wenn der Geehrte lediglich aus persönlicher Eitelkeit durch Geldspenden die Ehrung erreichte, ohne damit in Wirklichkeit den Zweck der Förderung der Wissenschaft zu verfolgen;*
3. *wenn der Geehrte sich trotz wissenschaftlichen Verdienstes in hartnäckiger Weise gegen den Nationalsozialismus und gegen das Deutsche Reich betätigt hat.*

Dabei schien es dem Ministerium insbesondere *möglich,*

1. *bei den unter 1 genannten Fällen jüdische und marxistische Politiker ihrer Ehrendoktorwürde zu entkleiden, deren politische Betätigung zur Genüge bekannt ist,*
2. *bei den unter 2 genannten Fällen diejenigen Persönlichkeiten der Wirtschaft und der Staats- und Gemeindeverwaltung, deren gesamtes Verhalten bezeugt, daß sie nicht zur Wahrung vaterländischer oder wissenschaftlicher Belange, sondern lediglich um eine akademische Würde zu erhalten, Mittel an die Hochschulen gespendet haben, als akademische Würdenträger zu erledigen. Hier wäre insbesondere an die Fälle zu denken, wo offensichtliche Konjunkturpersönlichkeiten und Schieber einen Teil ihrer zu Unrecht erworbenen Gelder auf die genannte Weise angelegt haben;*
3. *bei den unter 3 genannten Fällen denjenigen Persönlichkeiten ihre akademische Würde zu entziehen, die sich in besonders hartnäckiger und gemeiner Weise gegen den Nationalsozialismus und gegen Deutschland eingesetzt haben (Einstein usw.).*[28]

Es sei trotzdem, wie das Ministerium weiterhin ausführte, *durchaus möglich, daß sich einzelne ihre Ehrenpromotion erhalten könnten, obwohl sie einer solchen Ehrung nicht würdig gewesen waren oder sind. Hier kommt es also vor allen Dingen darauf an, in Zukunft bei der Verleihung von Ehrenpromotionen an die in Frage kommenden Persönlichkeiten die strengsten persönlichen und sachlichen Anforderungen zu stellen.* Der Minister zeigte sich überzeugt davon, *daß mit der Verleihung von Ehrenpromotionen und sonstigen akademischen Würden nach der Machtübernahme kein Mißbrauch mehr getrieben werden wird*[29].

Die Universität Heidelberg hat nach 1933 vier Ehrenpromotionen wieder zurückgenommen. Dem Sozialdemokraten Ludwig Leser, Dr. phil h.c. seit dem 5.8.1931, Stellvertreter des Landeshauptmannes der Steiermark und Herausgeber der ebenda erscheinenden Zeitschrift „Freiheit", sprach kurzerhand der Dekan der Philosophischen Fakultät (Hermann Güntert[30]) mit einem an den Rektor gerichteten Schreiben vom 22.1.1935 und nochmals mit förmlichem Schreiben vom 7.5.1936 den Ehrendoktor ab, nachdem der Karlsruher Kultusminister der Universität bereits 1933 mitgeteilt hatte, wie sehr *Lesers Re-*

---

28 Wie Anm. 11.
29 Wie Anm. 11.
30 DRÜLL (wie Anm. 12), S. 94.

den und Aufsätze ... von Beleidigungen gegen das Reich und seine Führer strotzen. Nach offensichtlichen Unsicherheiten bei der Bewertung der Rechtsgültigkeit des Aberkennungsverfahrens wurde mit Erlaß des Karlsruher Ministers vom 31.8.1936 die Entziehung kurzerhand *nach den einschlägigen Bestimmungen des badischen Verwaltungsrechts* als vollzogen angesehen[31]. Ernst (Ernesto Frederico) Alemann, Hauptschriftleiter des in Buenos Aires erscheinenden deutschsprachigen „Argentinischen Tageblattes", verlor den von der Universität Heidelberg 1915 verliehenen Grad des Dr. phil. h.c. im Jahre 1938, nachdem er im Vorjahr als *der übelste Hetzer gegen das Deutschtum in Südamerika* gebrandmarkt worden war[32]. Pedro Bosch-Gimpera, ordentlicher Professor für Alte Geschichte an der Universität Barcelona, war anläßlich der 550-Jahr-Feier der Universität Heidelberg wegen seiner herausragenden wissenschaftlichen Verdienste als *bahnbrechender Erforscher der Vorgeschichte Spaniens* wie auch als *verständnisvoller Freund des deutschen Volkes* erst im Jahre 1936 mit der Würde des Ehrendoktors bedacht worden. Er verlor seinen Titel im Mai 1939, nachdem er *wiederholt gegen den Nationalsozialismus und den Führer beleidigend Stellung genommen* hatte[33]. Der Jude Ludwig Landmann, Heidelberger Dr. phil. h. c. seit dem 12.2.1917 und Oberbürgermeister der Stadt Frankfurt am Main seit 1924, wurde 1933 aus dem Amt gedrängt, emigrierte 1939 nach Holland und verlor damit seinen Ehrendoktor als Ausgebürgerter (formal im Februar 1942 im Alter von 73 Jahren)[34].

Während in diesen Fällen sich sehr deutlich zeigte, wie die Aberkennung des Doktorgrades als Mittel zur Bekämpfung politisch mißliebiger Persönlichkeiten eingesetzt wurde, entzieht sich die Gruppe der gerichtlich Verurteilten wegen der Verschiedenartigkeit der Straftaten und wegen der zwar überwiegend an ordentlichen Gerichten, teilweise jedoch auch an NS-Sondergerichten gefällten Urteile[35] einer ähnlich eindeutigen Bewertung.

Insbesondere der Abwicklung von Aberkennungen nach Strafgerichtsurteilen diente die Verfahrensordnung, die sich der für die Entziehung der Doktorgrade zuständige Ausschuß (Rektor und Dekane[36]) an der Universität Hei-

---

31 UAH B-1528/86.

32 UAH B-1528/4 und 4a; H-IV-746/1.

33 UAH B-1528/22. In der ersten Fassung der Aberkennung hatte die Universität Heidelberg auch noch die wissenschaftlichen Verdienste Bosch-Gimperas angeführt. Nachdem dies durch den Karlsruher Minister des Kultus und Unterrichts (24.6.1940) beanstandet worden war, sprach die Universität die Aberkennung am 15.7.1940 in veränderter Form noch einmal aus.

34 GLA KA 235/Nr. 31747; UAH H-III-877; UAFR B 1/3740; NDB 13, S. 504.

35 Zur Bewertung der NS-Justiz und ihrer Gerichtsurteile vgl. die Einleitung zu: E. NOAM/W.-A. KROPAT, Juden vor Gericht 1933-1945, Wiesbaden 1975.

36 Amtszeiten bei H. WEISERT, Die Rektoren und die Dekane der Ruperto Carola zu Heidelberg 1386-1945, in: Semper Apertus. Sechshundert Jahre Ruprecht-Karls-Universität Heidelberg 1386-1986. Festschrift ... Bd. IV, S. 299ff.

delberg am 5. Januar 1938 gab; sie hat folgenden Wortlaut[37]:

I. *Die eingehenden Angelegenheiten werden zunächst vom Rektor bearbeitet.*

Die Dekane leiten die etwa bei ihnen eingehenden Angelegenheiten unbearbeitet an den Rektor weiter.

II. *1) Der Rektor gibt die eingegangen Angelegenheiten an die zuständigen Dekane zur weiteren Behandlung ab.*

2) Einer solchen Abgabe bedarf es nicht, wenn

a) dem Träger der Doktorwürde (Träger) die bürgerlichen Ehrenrechte rechtskräftig abgesprochen sind,

b) der Träger ausgebürgert ist.

3) Sind dem Träger die bürgerlichen Ehrenrechte rechtskräftig abgesprochen, so teilt der Rektor dem Betroffenen mit Zustellungsurkunde mit, dass er mit der Aberkennung der bürgerlichen Ehrenrechte auch der Doktorwürde verlustig gegangen sei und sich der Führung dieses Titels zu enthalten habe.

4) Ist der Träger gemäss Gesetz vom 14. Juli 1933 ausgebürgert, so legt der Rektor die Sache sogleich dem Ausschuss vor.

III. *1) Der zuständige Dekan bereitet die Sache zur Verhandlung vor dem Ausschuss vor.*

2) Er trifft die erforderlichen Ermittlungen, insbesondere zieht er gegebenenfalls die Strafakten bei.

3) Er gibt dem Träger Gelegenheit zur Stellungnahme binnen einer angemessenen Frist, es sei denn, dass die Einholung einer solchen Stellungnahme wegen der offenbaren Geringfügigkeit der Sache untunlich oder wegen Unbekanntheit des Aufenthalts des Trägers unmöglich ist.

4) Nach Eingang sämtlicher Unterlagen führt der Dekan eine Stellungnahme seiner Fakultät herbei. Bei dieser Stellungnahme ist vor allem zu prüfen, ob der Träger durch sein Verhalten Ansehen, Würde und Ehre des Berufes geschädigt hat.

5) Ist die Sache nach Ansicht des Dekans verhandlungsreif, so leitet er sie mit einem Vermerk über die Stellungnahme der Fakultät dem Rektor zu.

6) Der Rektor prüft die Vollständigkeit der Unterlagen und beraumt Verhandlungstermin an.

IV. *1) Der Rektor ladet die Dekane zu den Verhandlungen des Ausschusses. Die Sitzungen sollen möglichst im Anschluss an eine Senatssitzung stattfinden.*

2) Verhinderte Dekane haben ihren amtlichen Vertreter zu entsenden. Diese müssen von den von ihrer Fakultät vorgebrachten Sachen vertraut sein.

3) Die Verhandlungen des Ausschusses sind nicht öffentlich. Einzelne Personen können durch den Rektor zugelassen werden.

V. *1) Die Verhandlungen des Ausschusses werden vom Rektor geleitet.*

2) Der Dekan der zuständigen Fakultät trägt die Sache vor und stellt einen förmlichen Antrag.

---

37 UAH Theol. Fak. Nr. 143 und H-III-877.

3) Der Ausschuss entscheidet mit der einfachen Mehrheit der Stimmen. Bei Stimmengleichheit gibt die Stimme des Rektors den Ausschlag.

4) Der Rechtsbeirat der Universität protokolliert die Beschlüsse des Ausschusses. Das Protokoll wird vom Rektor unterzeichnet.

VI. *1) Der Rektor fertigt die auf Entziehung lautenden Entscheidungen aus und begründet sie.*

2) a) Die begründete Entscheidung wird dem Träger mit Rechtsmittelbelehrung zugestellt.

b) Ist der Träger ausgebürgert, so wird die Entscheidung nicht zugestellt, sondern ohne Begründung zur Veröffentlichung im Deutschen Reichsanzeiger gebracht.

3) Nach Rechtskraft der Entscheidung wird die Entziehung mitgeteilt:

a) der beteiligten Fakultät zwecks Eintragung im Promotionsverzeichnis,

b) der Universitätsbibliothek,

c) dem Universitätssekretariat,

d) den Rektoren der Deutschen Hochschulen,

e) dem Herrn Reichserziehungsminister Berlin.

4) Ist die Entziehung abgelehnt worden, so wird eine Entscheidung dem Träger nur dann ohne Begründung mitgeteilt, wenn er gehört worden ist (III 3 dieser Verfahrensordnung). Andernfalls erfolgt lediglich ein entsprechender Vermerk im Promotionsverzeichnis. Insbesondere ist gegebenenfalls das Aktenzeichen der Strafakten festzuhalten.

Der Ausschuß hatte die unterschiedlichsten Delikte zu bewerten: Betrug, Untreue und Unterschlagung; Bestechung und Begünstigung; Devisenvergehen; Verleitung zum Meineid, Verführung zum Amtsmißbrauch; Vergehen nach § 175 StGB (Homosexualität), Unzucht mit Minderjährigen oder Abhängigen; versuchte oder vollendete Abtreibung wie auch Beihilfe zur Abtreibung; Plünderung; Hoch- oder Volksverrat und schließlich ein Fall von Zuckersteuerhinterziehung. In 67 Fällen wurden Verfahren zur Aberkennung des Doktorgrades eingeleitet, wobei der Anteil der Juden übrigens statistisch kaum ins Gewicht fiel. Oft hatte die Universität den Verlust des Doktorgrades dem Betroffenen (siehe oben Ziff. II.3) lediglich mitzuteilen, erzwungen durch die Aberkennung der bürgerlichen Ehrenrechte. Insgesamt wurde der Titel in 47 Fällen aberkannt, in 16 Fällen (fast 24%) dagegen nicht[38]. Die restlichen vier Vorgänge waren Sonderfälle: Zweimal scheiterten Aberkennungen, da die Betreffenden als Heidelberger Doktoranden nicht zu belegen waren, ein anderer hatte versäumt, die erforderlichen Pflichtexemplare seiner Dissertation zu liefern, so daß seine Promotion nach Überprüfung als nicht vollzogen angesehen wurde. Ein weiteres Verfahren erstreckte sich über das Kriegsende hinaus und wurde schließlich nicht weiter verfolgt.

---

38 Nicht nur die Bewertung der Straftat, sondern auch die Mitgliedschaft in der NSDAP konnte in diesen Fällen eine Rolle spielen. Die Parteizugehörigkeit bot jedoch keinen generellen Schutz.

Sollte das Gesetz vom 7.6.1939, soweit es sich in seinem § 4 mit der Entziehung akademischer Grade befaßte, allen Mißbrauchs durch die NS-Justiz zum Trotz auch nach 1945 weiterhin als geltendes Recht anerkannt werden? Die neue Promotionsordnung der Philosophischen Fakultät der Universität Heidelberg des Jahres 1947, um nur sie beispielgebend zu nennen, hielt an der Möglichkeit der Aberkennung des Doktortitels aufgrund einer nachträglich festgestellten Unwürdigkeit schon relativ früh fest[39], obwohl offenbar erst ein Senatsbeschluß vom Dezember 1951 endgültig darüber entschied, die Regelungen des Reichsgesetzes von 1939 weiterhin anzuwenden[40]. Zu einer gründlichen Diskussion der für derartige Regelungen geltenden Rechtsgrundlagen hatte sich die Rektorenkonferenz des Nordwestdeutschen Hochschultages im Juli 1948 auf ihrer Tagung in Braunschweig entschlossen und vier Profesosren zu Gutachtern bestellt, unter ihnen den Heidelberger Juristen Walter Jellinek. Alle vier Gutachter waren schließlich einmütig der Auffassung, daß die Verleihung des Doktorgrades nicht nur den Charakter einer Bestätigung einer einmal geleisteten wissenschaftlichen Arbeit, sondern den der Verleihung einer Würde habe, die auch weiterhin eine gewisse Würdigkeit voraussetze. Dies rechtfertige es, bei Wegfall der Würdigkeit die Würde später wieder zu entziehen. Es blieb dabei, die Universitäten entzogen auch in Zukunft in besonderen Fällen Doktorgrade. Doch galt künftig auf der Basis einer neuen Rechtsordnung ein anderes Rechtsempfinden. Hermann Weisert hat für die Zeit zwischen 1950 und 1964 für Heidelberg circa 45 Untersuchungen über die Frage des Entzugs eines Doktorgrades festgestellt. Aber nur in neun Fällen sprachen sich die Fakultäten für die Aberkennung aus[41].

Rechtliche Detailfragen zum künftigen Verfahren der Aberkennung des Doktortitels, auf die hier nicht näher eingegangen werden kann, stellten sich der Rektorenkonferenz auch noch nach 1949[42]. Rückblickend ergab sich in derselben Sache die Frage nach Rehabilitierung von Opfern der NS-Justiz für die Universitäten im Grunde von selbst. Doch war es offenbar keine einfach zu lösende Aufgabe, Wiedergutmachung zu ermöglichen und zu praktizieren.

Deutlich ist zunächst das vorrangige Bemühen der Heidelberger Universität um einen Neuaufbau des Lehrkörpers erkennbar. In der Sitzung des Engeren Senats vom 20. Dezember 1946 stand als erster Punkt die Ernennung eines Mediziners zum Dozenten für Neurologie und Psychiatrie auf der Tagesordnung, unter Punkt 2 wurde die Ernennung von zwei weiteren Dozenten zu außerplanmäßigen Professoren vorgenommen und sodann drittens ein Beschluß über die Wiedereröffnung und Neuordnung des Instituts für Deutsche

---

39 § 14 Abs. 2c; UAH H-IV-750/1.

40 UAH H-IV-746/3.

41 Wie Anm. 2; Weisert gibt nicht an, aus welchen Gründen dies jeweils erfolgte.

42 Näheres siehe: GLA KA 235/Nr. 31747.

Volkskunde gefaßt. Zur nächsten Sache allerdings schlug Jellinek vor, die von der Universität ausgesprochenen Entziehungen der Doktorwürde *aus politischen Gründen* grundsätzlich als annulliert zu betrachten. Den Fakultäten sollte es überlassen bleiben, künftige Anfragen hierüber direkt in diesem Sinne zu beantworten. Dieser Antrag wurde angenommen. Man entschied sich, *die Angelegenheit (Entziehung des Doktorgrades) so zu behandeln, als ob ein Entzug nie stattgefunden hätte*[43].

Den Grundsatz, die Entziehung des Doktortitels im Zusammenhang mit der Aberkennung der deutschen Staatsangehörigkeit aus politischen oder rassischen Gründen generell als unwirksam zu betrachten, haben die deutschen Universitäten nach dem Kriege schrittweise übernommen und umgesetzt[44]. Auf diese Weise wurden vor allem die Opfer des Ausbürgerungsgesetzes pauschal rehabilitiert. Warum Versuche, die Betroffenen im Sinne einer nachgehenden Fürsorge einzeln und mit persönlichem Anschreiben zu rehabilitieren, nicht unternommen wurden, läßt sich im Rückblick zwar nur vermuten[45], doch liegen die Gründe wohl auf der Hand. Zu bedenken ist nicht nur, daß den Aberkennungen durch Ausbürgerung im Ausland kaum Bedeutung zugekommen war; die zahlreichen Emigranten nach 1945 in Europa und in Übersee aufzuspüren, hätte die Universitäten völlig überfordert. Die Geburtsdaten nicht weniger ließen überdies auf ein inzwischen erfolgtes Ableben schließen. So beließ man es bei einigen Gesten. Mit einer solchen beschloß der Engere Senat der Universität Heidelberg in seiner Sitzung vom 30.11.1948 den summarischen Beschluß vom 19.6.1940 aufzuheben, mit welchem zweiundvierzig Ausgebürgerten der in Heidelberg erworbene Doktorgrad aberkannt worden war[46]. Warum dem Senat ausgerechnet diese Gruppe auffiel und nicht auch alle anderen Ausgebürgerten, deren Namen die Akten ohne weiteres hergaben, bleibt freilich rätselhaft. Persönliche Bitten um Wiederverleihung des Doktorgrades hat die Universität aus der Gruppe der Ausbürgerten nur ganz vereinzelt erhalten[47]. Dem Senatsbeschluß vom 13.9.1955, wonach *von den einzelnen Fakultäten weiter geprüft werden* sollte, *in welchen Fällen die Wiederverleihung von aka-*

---

43 UAH K-Ib-720/2.

44 Zum Vergleich: Opfer des natioalsozialistischen Unrechts an der Universität Bonn, hg. v. K. BORCHARD, Bonn 1999. V. SCHUPP, Zur Aberkennung der akademischen Grade an der Universität Freiburg. Bericht aus den Akten, in: Freiburger Universitätsblätter (1984), S. 9-19. In Tübingen beschloß der Kleine Senat am 14.10.1947, *die im 3. Reich aus politischen Gründen erfolgte Aberkennung akademischer Grade als ungültig zu betrachten*, Universitätsarchiv Tübingen 47a/3.

45 Zu einem etwaigen Rehabilitierungsverfahren für Ausgebürgerte sind schriftliche Aussagen, die über den Senatsbeschluß vom Dezember 1946 hinausgehen, in den Heidelberger Quellen nicht zu finden.

46 UAH H-IV-746/1.

47 Eine Ausnahme ist Oskar Schäfer (siehe Liste im Anhang), der im Jahre 1953 auf sein Gesuch hin den Doktortitel zurück erhielt. Die Aberkennung des Doktorgrades für den Juristen Alfred Krücken vom 5.1.1938 wurde mit Schreiben vom 11.1.1950 durch den Präsidenten des Landesbezirks Baden, Abt. Kultus und Unterricht, aufgehoben, desgleichen die Aberkennung vom 20.1.1943 für den Mediziner Hans Reichner mit Schreiben vom 24.7.1950; UAH B-1527/7.

demischen Graden an Persönlichkeiten jetzt noch möglich ist, denen durch die nationalsozia-listische Regierung die Titel entzogen wurden[48], folgte nichts nach.

Nur teilweise anders entwickelte sich die Behandlung der aberkannten Eh-renpromotionen. Ludwig Landmann starb noch während des Krieges (5.3.1945)[49], Ludwig Leser am 30.10.1946[50]. Beide blieben unbeachtet. Ernst Alemann wurde im Jahre 1947 rehabilitiert, nachdem die Universität aus dem Ausland auf ihn aufmerksam gemacht worden war. Im Jahre 1979 erhielt er das Große Verdienstkreuz der Bundesrepublik Deutschland[51]. Pedro Bosch-Gimpera wurde durch Senatsbeschluß vom 11.1.1966 rehabilitiert[52].

Das gewiß schwierigste Problem war die Frage, wie jenen Gerechtigkeit wi-derfahren konnte, denen der Doktorgrad während der NS-Zeit aufgrund eines Gerichtsurteils aberkannt worden war. Ein Urteil konnte im Wiederaufnah-meverfahren auf Antrag der Staatsanwaltschaft, des Verurteilten oder seiner Hinterbliebenen durch die örtlich zuständigen Strafkammern aufgehoben werden. Eine Rücknahme des Entzugs der Doktorwürde bedurfte der Verwal-tungsbeschwerde. Daraufhin hatte die betroffene Fakultät den konkreten Fall zu prüfen und der Rektor dem Kultusministerium, das abschließend entschied, unter Beifügung der Akten mit einem Antrag eine Entscheidungsvorlage zu liefern.

Aus der Gruppe der gerichtlich Verurteilten bemühten sich nach 1945 in Heidelberg, soweit anhand der Akten erkennbar, insgesamt nur neun Männer um die Wiederverleihung des Doktorgrades. Von ihnen hatten sechs in den Jahren 1950 bis 1953 schließlich Erfolg; in drei weiteren Fällen scheiterten die-se Bemühungen. Einige der Betroffenen führten zum Teil jahrelange erbitterte Kämpfe um die Wiedererlangung ihres Titels – in der verständlichen Über-zeugung, daß ihnen mit einem politischen Urteil Unrecht oder zumindest eine viel zu harte Strafe zugefügt worden war. Einem in Heidelberg promovierten Arzt zum Beispiel, nach eigenem Bekenntnis schuldig der sozial indizierten Abtreibung in fünf Fällen, versagte man 1948 zunächst die Wiederverleihung seines Doktortitels, weil – so die Meinung des Karlsruher Ministeriums – *es nicht zweifelhaft sein* kann, *daß im Zeitpunkt der Entziehung des Doktortitels die Un-würdigkeit nach den damals geltenden Anschauungen festgestellt wurde, welche Anschauun-gen auch heute noch, freilich mit einer nicht unwesentlichen Akzentverschiebung, Anerken-nung verdienen.* Erst 1952 hatte der Arzt, vertreten durch einen hartnäckigen Anwalt, in dem Bemühen um, wie er es sah, die Wiederherstellung seiner Ehre schließlich doch Erfolg. Er war inzwischen 84 Jahre alt geworden[53].

---

48 UAH B-1266/5.
49 Wie Anm. 34.
50 Wie Anm. 31.
51 Wie Anm. 32.
52 Wie Anm. 33.
53 GLA Karlsruhe 235/ Nr. 31747.

Die Spuren anderer, die Opfer des NS-Unrechts und insbesondere Opfer von Hoch- und Volksverratsurteilen geworden waren, hat die Zeit verwischt. Stellvertretend und zur Erinnerung an sie alle seien drei Namen hier abschließend genannt. Der jüdischen Nervenärztin Edith Jacobsohn wurde wegen politischer Äußerungen *die Vorbereitung eines hochverräterischen Unternehmens* unterstellt. Hierfür wurde sie im September 1936 zu einer Zuchthausstrafe von zwei Jahren und drei Monaten verurteilt; der Doktorgrad wurde ihr zu Anfang des folgenden Jahres aberkannt[54]. Der Jude Walter Graetzer (bis 1907: Cohn) wollte 1937 einer Jüdin zur Flucht über die tschechische Grenze verhelfen. Dies mißlang, Graetzer wurde *wegen Begünstigung* verurteilt (8.11.1937), sein Doktorgrad ein Jahr später formal aberkannt. Zu diesem Zeitpunkt befand sich Graetzer bereits im KZ Buchenwald[55]. Der Schriftsteller Martin Karpinski verlor seine akademische Würde im September 1940. Kurz zuvor war er wegen Volksverrats durch den Berliner Volksgerichtshof zu zehn Jahren Zuchthaus verurteilt worden, nachdem seine Frau zur Vorbereitung ihrer Scheidungsklage drei „deutschfeindliche" Schriften Karpinskis vorgelegt hatte[56].

Anhang: Namensliste

Die Liste (Name, Vorname, Geburtsort und -datum, Datum der Promotion und der Aberkennung, ggf. Datum der Rehabilitierung) berücksichtigt alle Aberkennungen des Doktorgrades, die an der Universität Heidelberg aufgrund des § 2 des Gesetzes über den Widerruf von Einbürgerungen und die Aberkennung der deutschen Staatsangehörigkeit (vom 14. Juli 1933) bis zum Ende des Jahres 1942 erfolgten. Aberkennungen von Ehrenpromotionen und solche nach Strafgerichtsurteil wurden hier nicht berücksichtigt[57]. Seit dem 1.1.1939 mußten Juden, falls sie nicht schon bestimmte jüdische Vornamen besaßen, die zusätzlichen Vornamen Israel oder Sara führen[58]; diese Namenszusätze wurden hier weggelassen.

Aaron, Siegfried
Velbert 11.1.1887, Dr. iur. 25.2.1913, Aberk. 10.6.1940, rückwirkende Wiederverleihung 1948[59]

Adler, Curt
Nieder-Florstadt 10.4.1907, Dr. med. 4.5.1933, Aberk. 11.2.1942[60]

---

54 Geboren in Haynau am 10.9.1897, promoviert zum Dr. med. am 4.5.1923; UAH B-1528/64.

55 Geboren am 18.6.1892 in Magdeburg, promoviert zum Dr. iur. am 3.9.1904; UAH B-1528/49.

56 Geboren am 22.4.1890 in Frankfurt/Oder, promoviert zum Dr. phil. am 14.3.1914; UAH B-1528/71; UAFR B 1/3739.

57 Über die bei den einzelnen Namen angegebenen Quellen hinaus vgl. UAH H-IV-746/1-4.

58 Zweite Verordnung zur Durchführung des Gesetzes über die Änderung von Familiennamen vom 17.8.1938 (RGBl. I S. 1044).

59 UAH B-1528/2 und H-III-877; UAFR B 1/3739.

60 GLA KA 235/Nr. 31747; UAH H-III-877; UAFR B 1/3740.

Adler, Hans
    Koblenz 9.3.1898, Dr. phil. nat. 14.12.1921, Aberk. 31.10.1939[61]

Barth, Heinrich
    Köln 10.8.1891, Dr. iur. 21.2.1922, Aberk. 10.2.1937[62]

Bauer, Fritz Max
    Stuttgart 16.7.1903, Dr. iur. 14.2.1927, Aberk. 11.1.1939[63]

Bauer-Mengelberg, Gerda, geb. Caspary
    Königsberg/Pr. 5.11.1908, Dr. phil. 24.7.1933, Aberk. 23.5.1939[64]

Bauer-Mengelberg, Rudolf
    Karlsruhe 1.4.1898, Dr. iur. 7.10.1920, Aberk. 23.5.1939[65]

Bensheim, Hans
    Mannheim 6.5.1897, Dr. med. 22.7.1922, Aberk. 24.5.1940[66]

Berg, Eduard
    Warburg 20.1.1877, Dr. iur. 30.1.1901, Aberk. 4.3.1939[67]

Berliner, Curt
    Flatow 17.1.1885, Dr. iur. 9.11.1910, Aberk. 10.6.1940, rückwirkende Wiederverleihung 1948[68]

Blach, Siegfried
    Weinheim 15.7.1900, Dr. med. 21.12.1923, Aberk. 10.6.1940, rückwirkende Wiederverleihung 1948[69]

Bloch, Karl Moritz
    Wiesbaden 30.10.1892, Dr. phil. 7.3.1921, Aberk. 31.10.1939[70]

Block, Max
    Schopfloch b. Dinkelsbühl 29.3.1902, Dr. rer. pol. 26.3.1925, Aberk. 31.10.1939[71]

Borchardt, Karl Heinz
    Schneidemühl 5.11.1906, Dr. med. 28.6.1930, Aberk. 31.10.1939[72]

Borchardt, Trude, geb. Liebhold
    Mannheim 14.3.1908, Dr. iur. 1.6.1931, Aberk. 10.6.1940, rückwirkende Wiederverleihung 1948[73]

Brach, Max
    Berlin 26.11.1887, Dr. iur. 1.2.1910, Aberk. 24.5.1940[74]

Bruchsaler, Siegfried
    Bühl 26.3.1901, Dr. med. 10.2.1924, Aberk. 31.10.1939[75]

---

61 UAH B-1528/3; UAFR B 1/3739.
62 UAH H-II-855/10 (=Vermerk im Verzeichnis der Promovierten).
63 GLA KA 235/Nr. 31747; UAH B-1528/10 und H-III-877; UAFR B 1/3739.
64 UAH B-1528/11 und H-III-877; UAFR B 1/3739.
65 UAH B-1528/12 und H-III-877; UAFR B 1/3739.
66 GLA KA 235/Nr. 31747; UAH B-1528/13 und H-III-877; UAFR B 1/3739.
67 UAH B-1528/14 und H-III-877; UAFR B 1/3739.
68 UAH B-1528/15 und H-III-877; UAFR B 1/3739.
69 UAH B-1528/17 und H-III-877; UAFR B 1/3739.
70 UAH B-1528/18; UAFR B 1/3739.
71 UAH B-1528/19; UAFR B 1/3739.
72 UAH B-1528/20; UAFR B 1/3739.
73 UAH B-1528/21 und H-III-877; UAFR B 1/3739.
74 GLA KA 235/Nr. 31747; UAH B-1528/23 und H-III-877; UAFR B 1/3739.
75 UAH B-1528/24; UAFR B 1/3739.

Brünell, Ernst
    Köln 24.5.1891, Dr. med. 14.3.1918, Aberk. 31.10.1939[76]

Cassirer, Reinhold Hans
    Berlin 12.3.1908, Dr. phil. 10.3.1933, Aberk. 31.10.1939[77]

Cohn, Emil Moses
    Berlin-Steglitz 18.2.1881, Dr. phil. 14.11.1903, Aberk. 10.6.1940, rückwirkende Wiederverleihung 1948[78]

Czernichowski, Martha
    Königsberg/Pr. 27.4.1894, Dr. med. 27.5.1919, Aberk. 24.5.1940[79]

Edelstein, Ludwig
    Berlin 23.4.1902, Dr. phil. 28.1.1931, Aberk. 10.6.1940, rückwirkende Wiederverleihung 1948[80]

Ehrlich, Arthur Julius
    Eppingen/Baden 6.5.1901, Dr. med. 18.12.1925, Aberk. 4.3.1939[81]

Ehrlich, Frieda, geb. Ledermann
    Bernstadt 6.10.1901, Dr. med. 29.6.1927, Aberk. 4.3.1939[82]

Eichengrün, Paul
    Witten 5.9.1899, Dr. med. 20.7.1923, Aberk. 11.2.1942[83]

Fath, Hans Martin
    Frankfurt am Main 26.3.1900, Dr. iur. 30.1.1925, Aberk. 11.1.1939[84]

Feiler, Artur
    Breslau 16.9.1879, Dr. phil. 22.1.1923, Aberk. 10.6.1940, rückwirkende Wiederverleihung 1948[85]

Fock, Ernst
    Wien 7.12.1887, Dr. phil. 27.6.1921, Aberk. 11.2.1942[86]

Fürth, Martha Lucia
    Frankfurt am Main 19.2.1885, Dr. med. 24.1.1913, Aberk. 11.2.1942[87]

Gäng, Karl
    Weizen 27.1.1879, Dr. med. 28.4.1921, Aberk. 22.9.1938[88]

Glaser, Werner Hans
    Berlin 19.6.1903, Dr. iur. 14.11.1924, Aberk. 10.6.1940, rückwirkende Wiederverleihung 1948[89]

76 UAH B-1528/25 und H-III-878/3; UAFR B 1/3739.

77 UAH B-1528/26; UAFR B 1/3739.

78 UAH B-1528/27, H-III-877 und H-IV-746/1; UAFR B 1/3739.

79 GLA KA 235/Nr. 31747; UAH B-1528/30 und H-III-877; UAFR B 1/3739.

80 UAH B-1528/33, H-III-877 und H-IV-746/1; UAFR B 1/3739.

81 UAH B-1528/34, H-III-877 und H-III-878/3; UAFR B 1/3739.

82 UAH B-1528/35, H-III-877 und H-III-878/3; UAFR B 1/3739.

83 GLA KA 235/Nr. 31747; UAH H-III-877; UAFR B 1/3740.

84 UAH B-1528/39 und H-III-877; UAFR B 1/3739.

85 UAH B-1528/40, H-III-877 und H-IV-746/1; UAFR B 1/3739.

86 GLA KA 235/Nr. 31747; UAH H-III-877; UAFR B 1/3740. Die Promotion zum Dr. phil. läßt sich wegen des Verlustes einschlägiger Quellen anhand der Akten des UAH nur indirekt erschließen.

87 UAH H-III-877; UAFR B 1/3740.

88 GLA KA 235/Nr. 31747; UAH B-1528/44 und H-III-877; UAFR B1/3739.

89 UAH B-1528/46 und H-III-877; UAFR B 1/3739.

Goldmann, Nachum
Wischnewo 10.7.1894, Dr. iur. 7.2.1920, Aberk. 27.4.1938[90]

Goldmann, Walter Kurt
Berlin 3.2.1892, Dr. iur. 7.12.1916, Aberk. 28.1.1939[91]

Güldenstein, Friedrich (Fritz)
Holzkirchen 12.6.1890, Dr. iur. 10.10.1914, Aberk. 10.6.1940, rückwirkende Wiederverleihung 1948[92]

Guggenheim, Siegfried
Worms 12.10.1873, Dr. iur. 13.11.1896, Aberk. 11.2.1942[93]

Gumpel, Gustav
Lindhorst 8.9.1889, Dr. iur. 8.4.1914, Aberk. 22.9.1938[94]

Haberer, Max
Friesenheim b. Lahr 27.7.1893, Dr. iur. 23.11.1921, Aberk. 31.10.1939[95]

Hamburger, Max
Niederlippersdorf b. Landshut 4.11.1887, Dr. phil. 15.7.1911, Aberk. 31.10.1939[96]

Hecht, Sigmund
Kaltennordheim 23.9.1884, Dr. med. 7.12.1909, Aberk. 11.2.1942[97]

Heibrunn, Richard
Berlin 21.2.1874, Dr. phil. 8.10.1895, Aberk. 11.2.1942[98]

Heimann, Eduard Magnus Mortier
Berlin 11.7.1889, Dr. phil. 25.10.1913, Aberk. 10.6.1940, rückwirkende Wiederverleihung 1948[99]

Heinemann, Alfred
Neunkirchen 21.3.1907, Dr. med. 26.6.1931, Aberk. 11.2.1942[100]

Herz, Karl
Uffenheim 25.8.1886, Dr. med. 15.1.1913, Aberk. 31.10.1939[101]

Hiller, Kurt
Berlin 17.8.1885, Dr. iur. 12.2.1908, Aberk. 27.4.1938[102]

Hirsch, Ernst
Mannheim 22.1.1900, Dr. phil. 23.5.1923, Aberk. 11.1.1939[103]

Hirsch, Samson Raphael
Hannover 17.11.1890, Dr. med. 26.5.1914, Aberk. 10.6.1940, rückwirkende Wiederverleihung 1948[104]

90   UAH B-1528/61 (Akte Hiller).

91   UAH B-1528/47.

92   UAH B-1528/50 und H-III-877; UAFR B 1/3739.

93   GLA KA 235/Nr. 31747; UAH H-III-877; UAFR B 1/3740.

94   GLA KA 235/Nr. 31747; UAH B-1528/51 und H-III-877; UAFR B1/3739.

95   UAH B-1528/54; UAFR B 1/3739.

96   UAH B-1528/56; UAFR B 1/3739.

97   GLA KA 235/Nr. 31747; UAH H-III-877; UAFR B 1/3740.

98   GLA KA 235/Nr. 31747; UAH H-III-877; UAFR B 1/3740.

99   UAH B-1528/57, H-III-877, H-IV-746/1 und H-IV-758/6; UAFR B 1/3739.

100 GLA KA 235/Nr. 31747; UAH H-III-877; UAFR B 1/3740.

101 UAH B-1528/60; UAFR B 1/3739.

102 UAH B-1528/61.

103 UAH B-1528/62 und H-III-877; UAFR B 1/3739.

104 UAH B-1528/63, H-III-877 und H-III-878/3; UAFR B 1/3739.

Hirschberg, Otto
Frankfurt am Main 25.3.1886, Dr. med. 30.5.1911, Aberk. 10.6.1940, rückwirkende Wiederverleihung 1948[105]

Jacobsohn, Erich
Hagenau 13.4.1895, Dr. med. 7.5.1920, Aberk. 11.2.1942[106]

Kahn, Richard
Pirmasens 29.12.1891, Dr. iur. 31.7.1913, Aberk. 22.9.1938[107]

Kantorowicz, Hermann
Posen 18.11.1877, Dr. iur. 19.7.1900, Aberk. 10.6.1940, rückwirkende Wiederverleihung 1948[108]

Katzenstein, Adolf
Bielefeld 10.3.1886, Dr.iur. 13.12.1909, Aberk. 10.6.1940, rückwirkende Wiederverleihung 1948[109]

Kauffmann, Karl
Mannheim 19.5.1876, Dr.iur. 2.8.1898, Aberk. 10.6.1940, rückwirkende Wiederverleihung 1948[110]

Koppel, Oskar
Lehmathe 15.12.1886, Dr. iur. 3.10.1912, Aberk. 11.1.1939[111]

Kosterlitz, Artur
Groß-Strehlitz 9.8.1885, Dr. iur. 16.4.1909, Aberk. 10.6.1940, rückwirkende Wiederverleihung 1948[112]

Kronacher, Albin
Bamberg 18.11.1880, Dr. iur. 11.5.1906, Aberk. 3.5.1939[113]

Krüger, Alfred
Leipzig 27.8.1887, Dr. iur. 4.3.1913, Aberk. 24.5.1940[114]

Kurzmann, Ludwig („Lupu")
Bayreuth 1.3.1882, Dr. iur. 26.3.1907, Aberk. 10.6.1940, rückwirkende Wiederverleihung 1948[115]

Landmann, Wilhelm
Schifferstadt/Pfalz 16.3.1891, Dr. iur. 28.6.1916, Aberk. 10.6.1940, rückwirkende Wiederverleihung 1948[116]

Lebach, Hans Heinrich
Wuppertal-Elberfeld 1.4.1881, Dr. phil. nat. 31.10.1904, Aberk. 10.6.1940, rückwirkende Wiederverleihung 1948[117]

Lehmann, Kurt
Herlisheim 18.4.1901, Dr. med. 5.12.1924, Aberk. 11.2.1942[118]

---

105 UAH B-1528/153 und H-III-877; UAFR B 1/3739.

106 GLA KA 235/Nr. 31747; UAH H-III-877; UAFR B 1/3740.

107 GLA KA 235/Nr. 31747; UAH B-1528/68 und H-III-877; UAFR B 1/3739.

108 UAH B-1528/63 (Akte Samson Raphael Hirsch), H-II-855/1 und H-III-877; UAFR B 1/3739.

109 UAH B-1528/72, H-II-855/1 und H-III-877; UAFR B 1/3739.

110 UAH B-1528/73, H-II-855/1 und H-III-877; UAFR B 1/3739.

111 GLA KA 235/Nr. 31747; UAH B-1528/76 und H-III-877; UAFR B 1/3739.

112 UAH B-1528/77, H-II-855/1 und H-III-877; UAFR B 1/3739.

113 UAH B-1528/78 und H-III-877; UAFR B 1/3739.

114 GLA KA 235/Nr. 31747; UAH B-1528/81 und H-III-877; UAFR B 1/3739.

115 UAH B-1528/82, H-II-855/1 und H-III-877; UAFR B 1/3739.

116 UAH B-1528/83 und H-III-877; UAFR B 1/3739.

117 UAH B-1528/57 (Akte Heimann) und H-III-877; UAFR B 1/3739.

Levy, Fritz
    Heidelberg 17.8.1907, Dr. iur. 25.9.1933, Aberk. 11.2.1942[119]
Levy, Ludwig
    Posen 1.12.1889, Dr. med. 19.10.1914, Aberk. 31.10.1939[120]
Lewin, Erich
    Elbing 3.1.1899, Dr. med. 30.8.1933, Aberk. 24.5.1940[121]
Lindauer, Fritz
    Mannheim 16.10.1899, Dr. med. 4.2.1922, Aberk. 11.2.1942[122]
Lindenthal, Walter
    Berlin 30.11.1886, Dr. iur. 1.5.1911, Aberk. 10.6.1940, rückwirkende Wiederverleihung 1948[123]
Löwenstein, Siegmund
    Bochum 28.8.1880, Dr. iur. 21.12.1907, Aberk. 31.10.1939[124]
Löwenthal, Hans Walter
    Berlin 4.10.1887, Dr. iur. 12.10.1910, Aberk. 11.1.1939[125]
Loose, Walter
    Karlsruhe 23.12.1898, Dr. phil. 24.1.1924, Aberk. 31.10.1939[126]
Mansbach, Hermann
    Karlsruhe 27.5.1875, Dr. med. 7.7.1921, Aberk. 10.6.1940, rückwirkende Wiederverleihung 1948[127]
Marcusson, Erwin
    Berlin 11.6.1899, Dr. med. 28.1.1925, Aberk. 11.2.1942[128]
Marx, Moses
    Sandhausen 5.12.1863, Dr. med. 4.8.1891, Aberk. 11.2.1942[129]
Marx, Siegfried
    Ludwigshafen 16.3.1900, Dr. phil. 5.12.1923, Aberk. 10.6.1940, rückwirkende Wiederverleihung 1948[130]
Mass, Friedrich (Fritz)
    Frankenthal 28.3.1892, Dr. phil. 30.10.1915, Dr. iur. 26.1.1918, Aberk. 10.6.1940, rückwirkende Wiederverleihung 1948[131]
Mendel, Max
    Meckenheim 10.6.1887, Dr. iur. 17.1.1910, Aberk. 11.2.1942[132]

118 GLA KA 235/Nr. 31747; UAH H-III-877; UAFR B 1/3740.
119 Ebd.
120 UAH B-1528/87; UAFR B 1/3739.
121 GLA KA 235/Nr. 31747; UAH B-1528/88, H-III-877 und H-III-878/4; UAFR B 1/3739.
122 GLA KA 235/Nr. 31747; UAH H-III-877; UAFR B 1/3740.
123 UAH B-1528/73 (Akte Kauffmann) und H-III-877; UAFR B 1/3739.
124 UAH B-1528/93; UAFR B 1/3739.
125 GLA KA 235/Nr. 31747; UAH B-1528/94 und H-III-877; UAFR B 1/3739.
126 UAH B-1528/95; UAFR B 1/3739.
127 UAH B-1528/98 und H-III-877; UAFR B 1/3739.
128 GLA KA 235/Nr. 31747; UAH H-III-877; UAFR B 1/3740.
129 Ebd.
130 UAH B-1528/97 und H-IV-746/1; UAFR B 1/3739.
131 UAH B-1528/27, H-III-877 und H-IV-746/1; UAFR B 1/3739.
132 GLA KA 235/Nr. 31747; UAH H-III-877; UAFR B 1/3740.

Merzbacher, Hermann
  Öhringen 16.5.1892, Dr. iur. 26.10.1917, Aberk. 31.10.1939[133]

Meyer, Hedwig
  Mainz 16.9.1898, Dr. med. 12.5.1923, Aberk. 1941[134]

Meyer, Otto
  Berlin 5.6.1886, Dr. iur. 5.2.1910, Aberk. 11.2.1942[135]

Noether, Erich Heinrich
  Mannheim 28.11.1890, Dr. phil. 12.4.1913, Aberk. 10.6.1940, rückwirkende Wiederverleihung 1948[136]

Oestreich, Karl Nathan
  Aschaffenburg 12.7.1877, Dr. iur. 8.7.1903, Aberk. 10.6.1940, rückwirkende Wiederverleihung 1948[137]

Ollendorff, Heinrich
  Esslingen/Neckar 14.3.1907, Dr. iur. 14.11.1929, Aberk. 10.6.1940, rückwirkende Wiederverleihung 1948[138]

Oppelt, Susanna, vh. Mosse
  Marienburg 14.5.1901, Dr. phil. 3.3.1923, Aberk.11.2.1942[139]

Pfeiffenberger, Ernst Otto
  Mannheim 3.7.1878, Dr. iur. 1.8.1918, Aberk. 11.2.1942[140]

Pfister, Maximilian Friedrich Otto
  Schopfheim 2.3.1874, Dr. med. 7.3.1901, Aberk. 11.2.1942[141]

Rahmer, Erwin
  Berlin 22.6.1886, Dr. iur. 10.7.1909, Aberk. 11.2.1942[142]

Rauch, Herbert
  Ludwigshafen 10.1.1896, Dr. phil. 10.8.1921, Aberk. 24.5.1940[143]

Reinhardt, Hedwig
  Mannheim 21.2.1906, Dr. phil. 28.9.1929, Aberk. 11.2.1942[144]

Röttgen, Hans
  Elberfeld 8.1.1898, Dr. med. 15.3.1923, Aberk. 22.9.1938[145]

Roos, Philipp
  Ahlen/Westf. 21.2.1883, Dr. med. 8.12.1908, Aberk. 24.5.1940[146]

133 UAH B-1528/100; UAFR B 1/3739.

134 UAH H-III-878/4.

135 GLA KA 235/Nr. 31747; UAH H-III-877; UAFR B 1/3740.

136 UAH B-1528/82 (Akte Kurzmann), H-III-877 und H-IV-746/1; UAFR B 1/3739.

137 UAH B-1528/104 und H-III-877; UAFR B 1/3739.

138 UAH B-1528/105 und H-III-877; UAFR B 1/3739.

139 GLA KA 235/Nr. 31747; UAH H-III-877; UAFR B 1/3740.

140 Ebd.

141 Ebd.

142 Ebd.

143 GLA KA 235/Nr. 31747; UAH B-1528/108 und H-III-877; UAFR B 1/3739.

144 GLA KA 235/Nr. 31747; UAH H-III-877; UAFR B 1/3740.

145 GLA KA 235/Nr. 31747; UAH B-1528/110, H-III-877 und H-IV-878/4; UAFR B 1/3739.

146 GLA KA 235/Nr. 31747; UAH B-1528/112 und H-III-877; UAFR B 1/3739.

Rosenberg, Ernst Ludwig
   Gießen 21.3.1867, Dr. iur. 18.7.1904, Aberk. 10.6.1940, rückwirkende Wiederverleihung 1948[147]

Rosenberg, Karl Moritz
   Lünen 17.10.1894, Dr. med. 23.2.1921, Aberk. 11.1.1939[148]

Roth, Ernst
   Berlin 8.11.1904, Dr. iur. 28.6.1927, Aberk. 10.6.1940, rückwirkende Wiederverleihung 1948[149]

Saenger, Erwin
   Berlin 4.5.1907, Dr. iur. 19.6.1936, Aberk. 10.6.1940, rückwirkende Wiederverleihung 1948[150]

Sahlmann, Rudolf
   Fürth/Bayern 5.1.1899, Dr. phil. 20.9.1921, Aberk. 10.6.1940, rückwirkende Wiederverleihung 1948[151]

Schäfer, Oskar
   Bitschied 24.9.1900, Dr. phil. 7.6.1923, Aberk. 20.3.1940. Aufhebung der Aberkennung mit Erlaß des Baden-Württembergischen Kultusministers vom 10.12.1953[152]

Schlesinger, Fritz
   Berlin 3.10.1899, Dr. phil. 15.1.1923, Aberk. 4.3.1939[153]

Schönfeld, Siegfried
   Hanau 9.2.1885, Dr. med. 21.12.1910, Aberk. 22.9.1938, rechtswirksam 23.5.1939[154]

Schrag, Otto
   Karlsruhe 11.10.1902, Dr. phil. 5.3.1934, Aberk. 10.6.1940, rückwirkende Wiederverleihung 1948[155]

Schweriner, Walter
   Freiburg i.Br. 3.4.1894, Dr. phil. 7.10.1922, Aberk. 31.10.1939[156]

Seligmann, Richard
   Frankfurt am Main 3.11.1888, Dr. iur. 3.6.1912, Aberk. 11.2.1942[157]

Simon, Erich
   Kulm 11.8.1881, Dr. iur. 4.4.1911, Aberk. 10.6.1940, rückwirkende Wiederverleihung 1948[158]

Sinzheimer, Hugo
   Worms 12.4.1875, Dr. iur. 21.5.1898, Aberk. 25.5.1937[159]

147 UAH B-1528/82 (Akte Kurzmann) und H-III-877; UAFR B 1/3739.

148 UAH B-1528/113, H-III-877 und H-III-878/4; UAFR B 1/3739.

149 UAH B-1528/114 und H-III-877; UAFR B 1/3739.

150 UAH B-1528/17 (Akte Blach), H-II-855/1 und H-III-877; UAFR B 1/3739.

151 UAH B-1528/116, H-III-877 und H-IV-746/1; UAFR B 1/3739.

152 UAH B-1528/117; UAFR B 1/3739.

153 UAH H-III-877; UAFR B 1/3739.

154 GLA KA 235/Nr. 31747; UAH B-1528/123 und H-III-877; UAFR B 1/3739.

155 UAH B-1528/124, H-III-877 und H-IV-746/1; UAFR B 1/3739.

156 UAH B-1528/127; UAFR B 1/3739.

157 GLA KA 235/Nr. 31747; UAH H-III-877; UAFR B 1/3740.

158 UAH B-1528/73 (Akte Kauffmann), H-II-855/1 und H-III-877; UAFR B 1/3739.

159 UAH B-1528/129. Sinzheimer war Mitglied der SPD, Honorar-Prof. der Universität Frankfurt und nach 1918 Polizeipräsident in Frankfurt. Er emigrierte 1933 nach Amsterdam. Die Juristische Fakultät beschloß (18.12.1936) zunächst Zurückhaltung im Entzugsverfahren, wollte statt dessen auf das Ausbürgerungsverfahren warten (Brief des Dekans Engisch an den Rektor vom 22.12.1936). Der Beschluß zur Aberkennung des Doktortitels erfolgte schließlich dennoch im Mai des folgenden Jahres.

Sommer, Ludwig
   Suhl/Thür. 15.1.1892, Dr. med. 9.5.1920, Aberk. 11.2.1942[160]

Sonder, Erich Nathan
   Kippenheim 11.10.1896, Dr. iur. 24.2.1921, Aberk. 10.6.1940, rückwirkende Wiederverleihung 1948[161]

Sondheimer, Elkan
   Vollmerz 1.1.1869, Dr. iur. 18.12.1897, Aberk. 10.6.1940, rückwirkende Wiederverleihung 1948[162]

Sontheim, Ernst Emanuel
   Düsseldorf 27.4.1900, Dr. med. 11.12.1923, Aberk. 11.2.1942[163]

Spohr, Otto
   Karlsruhe 18.11.1908, Dr. phil. 12.12.1934, Aberk. 24.5.1940[164]

Stein, Fritz Siegfried
   Nordheim 11.11.1899, Dr. phil. 4.3.1922, Aberk. 10.6.1940, rückwirkende Wiederverleihung 1948[165]

Stein, Nathan
   Worms 1.10.1881, Dr. iur. 18.2.1903, Aberk. 31.10.1939[166]

Stern, Alfred
   Simmern 27.11.1901, Dr. med. 20.5.1930, Aberk. 24.5.1940[167]

Unger, Hans Selmar Salomon
   Berlin 6.8.1907, Dr. med. 5.8.1932, Aberk. 10.6.1940, rückwirkende Wiederverleihung 1948[168]

Ury, Oskar
   Belgard/Pommern 26.4.1888, Dr. med. 30.5.1911, Aberk. 10.6.1940, rückwirkende Wiederverleihung 1948[169]

Veith, Hermann
   Offenburg 17.12.1907, Dr. iur. 31.3.1933, Aberk. 1938[170]

Victor, Max
   Heilbronn 3.5.1905, Dr. phil. 2.10.1928, Aberk. 31.10.1939[171]

Vogelstein, Julie, vh. Braun
   Stettin 26.1.1883, Dr. phil. 1.4.1919, Aberk. 11.2.1942[172]

Weigert, Julius Bruno
   Berlin 1.3.1885, Dr. iur. 24.9.1907, Aberk. 10.6.1940, rückwirkende Wiederverleihung 1948[173]

160 GLA KA 235/Nr. 31747; UAH H-III-877; UAFR B 1/3740.

161 UAH B-1528/72 (Akte Katzenstein), H-II-855/1 und H-III-877; UAFR B 1/3739.

162 UAH B-1528/130, H-II-855/1 und H-III-877; UAFR B 1/3739.

163 GLA KA 235/Nr. 31747; UAH H-III-877.

164 GLA KA 235/Nr. 31747; UAH B-1528/132 und H-III-877; UAFR B 1/3739.

165 UAH B-1528/83 (Akte Landmann), H-III-877 und H-IV-746/1; UAFR B 1/3739.

166 UAH B-1528/133; UAFR B 1/3739.

167 GLA KA 235/Nr. 31747; UAH B-1528/135 und H-III-877; UAFR B 1/3739.

168 UAH B-1528/138 und H-III-877; UAFR B 1/3739.

169 Ebd.

170 UAH B-1528/139 und H-II-855/10 (=Vermerk im Verzeichnis der Promovierten).

171 UAH B-1528/140; UAFR B 1/3739.

172 GLA KA 235/Nr. 31747; UAH H-III-877; UAFR B 1/3740.

173 UAH B-1528/97 (Akte Marx) und H-III-877; UAFR B 1/3739.

Weil, Fritz
Offenburg 13.8.1891, Dr. med. 21.12.1917, Aberk. 24.5.1940[174]

Weil, Hans
Stuttgart 29.12.1905, Dr. med. 14.12.1929, Aberk. 31.10.1939[175]

Weinberg, Max
Worms 20.11.1889, Dr. med. 19.3.1913, Aberk. 23.5.1939[176]

Werner, Isbert (später: Isidor)
Zempelburg 11.4.1896, Dr. med. 28.3.1928, Aberk. 10.6.1940, rückwirkende Wiederverleihung 1948[177]

Wertheim, John Joel William
Rostock 13.12.1884, Dr. iur. 1.4.1910, Aberk. 31.10.1939[178]

Wolf, Josef
Düsseldorf 5.8.1899, Dr. med. 30.1.1923, Aberk. 10.6.1940, rückwirkende Wiederverleihung 1948[179]

Wolff, Alexis Hans
Berlin 9.3.1885, Dr. iur. 15.9.1908, Aberk. 31.10.1939[180]

Wolff, Gerhardt
Ratibor 2.5.1892, Dr. iur. 28.6.1921, Aberk. 31.10.1939[181]

Zernik, Hans Dagobert
Gleiwitz 5.1.1903, Dr. med. 2.2.1927, Aberk. 10.6.1940, rückwirkende Wiederverleihung 1948[182]

---

174 GLA KA 235/Nr. 31747; UAH B-1528/142 und H-III-877; UAFR B 1/3739.

175 UAH B-1528/143; UAFR B 1/3739.

176 UAH B-1528/144 und H-III-877; UAFR B 1/3739.

177 UAH B-1528/28 (Akte Felix Cohn) und H-III-877; UAFR B 1/3739.

178 UAH B-1528/146; UAFR B 1/3739.

179 UAH B-1528/97 (Akte Marx) und H-III-877; UAFR B 1/3739.

180 UAH B-1528/149; UAFR B 1/3739.

181 UAH B-1528/150; UAFR B 1/3739.

182 UAH B-1528/153 und H-III-877; UAFR B 1/3739.

AUFTAKT ZUR PERMANENTEN REFORM
DIE GRUNDORDNUNG DER UNIVERSITÄT HEIDELBERG VOM 31. MÄRZ 1969

Von Volker SELLIN

Durch das BADEN-WÜRTTEMBERGISCHE Hochschulgesetz vom 19. März 1968 wurden die Universitäten des Landes dazu verpflichtet, sich neue Satzungen, *Grundordnungen*, zu geben[1]. Die Gestaltungsspielräume waren durch das Gesetz vorgegeben. Ebenfalls im Gesetz geregelt war das Verfahren, nach dem die Universitäten die Grundordnungen erarbeiten sollten. Vorgesehen war an jeder Universität die Wahl einer Grundordnungsversammlung, der die Funktionsträger der akademischen Selbstverwaltung als Amtsmitglieder – der Rektor als Vorsitzender, der Prorektor, die Dekane und die Prodekane – und weitere Personen aufgrund von Wahlen angehören sollten. Die Wahlmitglieder sollten von den Universitätsangehörigen in drei Gruppen gewählt werden. Die erste Wählergruppe bildeten die ordentlichen und außerordentlichen Professoren; die zweite Wählergruppe setzte sich zusammen aus den Dozenten, den Direktoren der zentralen Einrichtungen, den akademischen Räten, den Wissenschaftlichen Assistenten und den wissenschaftlichen Angestellten; die dritte Wählergruppe bestand aus der Studentenschaft. Jede dieser drei Gruppen sollte eine Zahl von Vertretern aus ihren Reihen in die Grundordnungsversammlung entsenden, die der doppelten Zahl der Dekane entsprach[2].

Durch die genannten Bestimmungen wurde die Größe der Grundordnungsversammlung in einer Universität mit fünf Fakultäten auf 42 Mitglieder festgelegt. Im übrigen traf das Gesetz mit dieser Regelung insofern eine wichtige Vorentscheidung für die künftige Gestalt der Universitätsverfassung, als sie schon für die Grundordnungsversammlung einen Gruppenproporz festschrieb. Die abgestufte Mitwirkung aller Universitätsangehörigen an den Entscheidungen der Universitätsorgane bildete in der Tat eines der Hauptziele des Hochschulgesetzes. Es bestimmte, daß alle Mitglieder der Universität *nach Maßgabe der Grundordnung Pflichten in der Selbstverwaltung* zu übernehmen und *darauf hinzuwirken* hätten, daß *die Universität ihre Aufgaben erfüllen kann*[3]. Dementsprechend sah es vor, daß Vertreter aller Gruppen in den Großen Senat und in den Senat zu wählen seien[4]. Ausdrücklich war die Mitwirkung der Studenten-

---

1   § 4 (1) Hochschulgesetz (künftig: HSG) vom 19.3.1968.
2   § 66 (1) HSG.
3   § 5 (2) HSG.
4   § 10 (2); § 11 (2) HSG.

schaft vorgeschrieben im Großen Senat, im Senat und im Verwaltungsrat; in den *ständigen Einheiten für Forschung und Lehre* war zumindest in denjenigen *Angelegenheiten, die die Studentenschaft unmittelbar betreffen, ein Mitbestimmungsrecht vorzusehen*[5]. Demokratisierung der Universität und Abschaffung der Ordinarienuniversität erschienen als das Gebot der Stunde und dies keineswegs nur in studentischen Augen. Selbst in einer Informationsschrift des baden-württembergischen Kultusministeriums vom Juli 1968 wurde von dem neuen Hochschulgesetz gesagt, daß es bestehende *„Herrschaftsstrukturen"* abbauen wolle und *auf ein freies partnerschaftliches und demokratisches Zusammenwirken aller Universitätsangehörigen* hinziele; *die Erbhöfe der Ordinarien* seien durch das Gesetz *abgeschafft*[6]. Propagandistische Formeln dieser Art verwischten den Unterschied zwischen zwei prinzipiell verschieden zu beurteilenden Arten von Ansprüchen auf Mitwirkung an der Willensbildung innerhalb der Universität: den Ansprüchen derjenigen Mitglieder des Lehrkörpers, die nicht Ordinarien waren, und den Ansprüchen der Studenten, die naturgemäß in einem ganz anderen Verhältnis zur Universität standen als das wissenschaftliche Personal. Von Erbhöfen und Herrschaftsstrukturen konnte, wenn überhaupt, sinnvoll nur mit Bezug auf das Verhältnis zwischen Ordinarien auf der einen und sonstigen Professoren, Dozenten, Akademischen Räten und Assistenten auf der anderen Seite gesprochen werden. Über deren Ansprüche auf Mitsprache bei der Verteilung der Ressourcen eines Instituts oder auf Gewährung von mehr Freiraum für die Verfolgung eigener Forschungsprojekte ließ sich vernünftig streiten. Das Verhältnis zwischen Lehrkörper und Studentenschaft gehörte dagegen einer anderen Kategorie an.

Die Entscheidung für die Gruppenuniversität stellte die Grundordnungsversammlungen der Universitäten vor eine schwierige Aufgabe. Das Hochschulgesetz hatte auf der Ebene der Fakultäten und Institute keine Paritäten festgelegt, nach denen die einzelnen Gruppen künftig in den Gremien der Universität mitwirken sollten. So war es den Grundordnungsversammlungen überlassen, einen Ausgleich zu finden zwischen den Gesichtspunkten der Funktionsgerechtigkeit einerseits und den Ansprüchen der einzelnen Gruppen auf Mitbestimmung andererseits. Die Berücksichtigung namentlich der studentischen Ansprüche im Rahmen des Möglichen wurde als notwendig erachtet, um die zwischen Studentenschaft und Lehrkörper im Zuge der Studentenbewegung aufgerissenen Gegensätze zu überwinden.

In dem Bestreben, den Auftrag zur Verfassungsschöpfung als Instrument zur Reintegration der aufbegehrenden Studentenschaft zu nutzen, erlebte die Universität Heidelberg einen herben Rückschlag, noch bevor die Grundord-

---

5   § 49 (1) HSG.

6   Kultusministerium Baden-Württemberg (Hg.), Bildung für die Welt von morgen. Das Hochschulgesetz, eine Chance für die Hochschulreform, Stuttgart 1968, S. 6f.

nungsversammlung überhaupt gewählt war. Am 9. Juli 1968 beschloß das Studentenparlament mit knapper Mehrheit, die Wahlen zur Grundordnungsversammlung zu boykottieren. Die nachfolgenden Aufrufe des Allgemeinen Studentenausschusses an die Studentenschaft, nicht an die Urnen zu gehen, führten dazu, daß die Wahlbeteiligung der Studenten am Wahltag nur bei fünf Prozent lag. Zur Begründung für den Boykottbeschluß erläuterte der Präsident des Studentenparlaments, Herrmann Scheer, in einem Flugblatt, der Umstand, daß 52 Prozent der Sitze in der Grundordnungsversammlung für die Ordinarien bestimmt seien, reduziere die Mitbestimmung der Studenten *auf bloße Mitsprache*. Diese *Einschränkung* ihrer Mitwirkungsmöglichkeiten wolle die Studentenschaft nicht *durch Beteiligung an der Grundordnungsversammlung sanktionieren*. Im übrigen forderten das Studentenparlament und der Allgemeine Studentenausschuß die Professoren auf, sich ihrem Boykott anzuschließen, um auf diese Weise den Gesetzgeber zur Überprüfung des Hochschulgesetzes zu veranlassen[7]. In Übereinstimmung mit dieser Position diffamierte die offizielle Studentenvertretung die Arbeit der Grundordnungsversammlung in der Folgezeit kontinuierlich als einen völlig unzureichenden Versuch, den Anspruch einer zeitgemäßen Verfassungsreform einzulösen. Daß aber die Studentenschaft insgesamt sich vom Boykottbeschluß des Studentenparlaments tatsächlich zur Wahlenthaltung verleiten ließ, läßt sich nur aus Desinteresse und mangelnder Information erklären. Vergeblich warnte Klaus Vogel, Ordinarius für Öffentliches Recht, in einem Brief an den Vorsitzenden des Allgemeinen Studentenausschusses, Volker Mueller, vor der *gefährlichen Illusion, ... eine Verweigerung der Mitarbeit durch alle Betroffenen* werde *den Gesetzgeber zu einer Revision des Hochschulgesetzes veranlassen*[8]. Auch der Staatsrechtler Ernst-Wolfgang Böckenförde warnte die Studentenvertretung: *Der Versuch, das Hochschulgesetz durch Boykott und passiven Widerstand zu reformieren, ist unrealistisch und verrät eine falsche Einschätzung der bestehenden Machtverhältnisse. Würden sich die Professoren und sonstige Mitglieder des Lehrkörpers dem Boykottaufruf anschließen, wäre das für die staatlichen Instanzen ein Anlaß, die Selbstverwaltung der Universitäten, die sich als zur Reform unfähig erwiesen hätten, aufzuheben*[9]. Was also die Mitwirkungsrechte anbelangt, welche das neue Hochschulgesetz für die Studierenden vorsah und für die Grundordnungsversammlung in der Tat schon im Sinne der Viertelparität auch bindend vorschrieb, so hatte der Gesetzgeber sich offensichtlich eine Wohltat ausgedacht, welche die dafür Ausersehenen in ihrer überwältigenden Mehrheit nicht zu nutzen verstanden.

---

7 Information des Parlamentspräsidenten, o. D., gez. Herrmann Scheer, Universitätsarchiv Heidelberg (künftig: UAH), B-II, 1d3; Volker Mueller, Vorsitzender des Allgemeinen Studentenausschusses (künftig: AStA) an alle Mitglieder des Lehrkörpers, 12.7.1968, ebd.

8 Klaus Vogel an den AStA-Vorsitzenden Volker Mueller, 15.7.1968, UAH, B-II, 1d3.

9 Ernst-Wolfgang Böckenförde an den AStA-Vorsitzenden Volker Mueller und den Präsidenten des Studentenparlaments, Herrmann Scheer, 20.7.1968, UAH, B II-1d5, 1968-28.11.68.

Die am 26. Juli 1968 gewählte Grundordnungsversammlung war nicht das erste Gremium innerhalb der Universität, das sich mit der Frage der Struktur-reform aufgrund des neuen Hochschulgesetzes befaßte. Seitdem Ministerprä-sident Hans Filbinger den Gesetzentwurf am 4. Juli 1967 an den Präsidenten des Landtags gesandt hatte, wußten die baden-württembergischen Universitä-ten, womit sie zu rechnen hatten, unbeschadet aller Veränderungen, die der Landtag im Zuge der Gesetzesberatungen noch an dem Entwurf vornehmen mochte[10]. Da der Entwurf vorsah, daß die Grundordnungen durch die bisher zuständigen Universitätsorgane zu beschließen seien[11], wählte der Engere Se-nat am 25. Juli 1967 den Strafrechtler Wilhelm Gallas zum Senatsbeauftragten für vorbereitende Arbeiten an einer neu zu erstellenden Universitätssatzung und bat ihn, ein Mitarbeitergremium zu bilden und dem Senat zur Bestätigung vorzuschlagen[12]. Am 7. November setzte der Engere Senat dementsprechend eine Kommission ein mit dem Auftrag, *den Entwurf für eine Grundordnung der Universität vorzubereiten*[13]. Dem Ausschuß gehörten die Professoren Werner Conze (Historiker), Wilhelm Doerr (Pathologe), Wilhelm Gallas, Privatdozent Waldemar Hecker (Chirurg), Rolf Rendtorff (Theologe), Christoph Schmelzer (Physiker), Hans Schneider (Staatsrechtler) und Carl Christian von Weizsäcker (Volkswirt), der Wissenschaftliche Assistent Reinhard Mußgnug (Öffentlich-rechtler) und die Studenten Braunbehrens, Kramer und Stoltefuß an[14]. Einige der genannten Professoren wurden später auch in die Grundordnungsver-sammlung gewählt, darunter Werner Conze und Rolf Rendtorff. Unter dem Vorsitz von Wilhelm Gallas tagte der Ausschuß zwischen dem 30. November 1968 und dem 19. Februar 1969 insgesamt siebenmal und beriet dabei über folgende Problemkreise: Rektorats- oder Präsidialverfassung; Demokratisie-rung der Hochschule; Neugliederung im Bereich der Fakultäten; Institutsver-fassung[15]. Die Vorschläge des Ausschusses zu diesen Themen haben zu einem erheblichen Teil ihren Niederschlag in der späteren Grundordnung gefunden.

Als die Grundordnungsversammlung am 28. September zu ihrer konstituie-renden Sitzung zusammentrat, zeigte sich bereits in der Debatte über die Ge-schäftsordnung, mit welcher Hypothek der Boykottbeschluß des Studenten-parlaments Arbeit und Erfolgschancen des Gremiums belastete. Mehrere Redner verlangten, die Studentenschaft über die von den genannten fünf Pro-

---

10 Entwurf eines Hochschulgesetzes, in: Landtag von Baden-Württemberg, 4. Wahlperiode 1964-1968, Band 10, Beilage 4650, S. 7977-8008; das Anschreiben Filbingers auf S. 7977.

11 Ebd., § 62 (1).

12 Senatsprotokoll vom 25.7.1967, UAH, B-1266/16.

13 Senatsprotokoll vom 7.11.1967, ebd.

14 Ebd.; Wilhelm Gallas, Bericht über die Arbeit des Grundordnungsausschusses, o. D., UAH, H-IV, 060/3, S. 1, Anm.

15 Ebd., S. 1.

zent der Wahlberechtigten gewählten zehn Vertreter hinaus dadurch doch noch an der Arbeit der Grundordnungsversammlung zu beteiligen, daß der *Öffentlichkeit*, wie man sagte, also den jeweils anwesenden Zuhörern, ein möglichst weitgehendes Rederecht, ja Antragsrecht, eingeräumt werde. Am entschiedensten brachte Jürgen Welp, Wissenschaftlicher Assistent am Juristischen Seminar, diesen Standpunkt zum Ausdruck, als er erklärte, die Grundordnung könne *nur dann zu einer neuen Ordnung der Universität führen, wenn sie als Integrationsfaktor* wirke. Dazu aber sei erforderlich, daß in der Grundordnungsversammlung *alle Vorstellungen zu Wort kommen, die über eine Neuordnung in der Universität bestehen*. Ausdrücklich fügte er hinzu, es gehe darum, den *Boykott* durch eine *aktive*, das heißt mitberatende, *Öffentlichkeit auszugleichen*[16]. Auf den Einwand des Physikers Otto Haxel, die Grundordnungsversammlung werde *arbeitsunfähig*, wenn man sämtlichen Mitgliedern der Universität nach Wunsch Rederecht erteile, entgegnete der Wissenschaftliche Assistent am Historischen Seminar, Volker Wieland, die Universität müsse *demokratisch* sein, *weil Wissenschaft ein demokratischer, ein argumentativer Vorgang* sei. Die Universität müsse *die Schule der Demokratie* werden, und daher müsse man *den Argumenten von Herrn Welp doch Rechnung tragen*[17]. Auch Rolf Rendtorff sprach sich dafür aus, *jede Möglichkeit zu nutzen, um das, was in der Gesamtheit der Universität an Argumenten und Information vorhanden ist, wirklich zur Sprache zu bringen*. Entschieden gegen den Vorschlag votierten vor allem die beiden Öffentlichrechtler Klaus Vogel und Ernst-Wolfgang Böckenförde. Namentlich Böckenförde hob hervor, daß die bereits beschlossenen Regelungen ein Höchstmaß an Offenheit darstellten. Jeder Universitätsangehörige könne Vorschläge an die Grundordnungsversammlung richten. Jedes Mitglied des Gremiums könne sich einen von außen kommenden Vorschlag zu eigen machen und als Antrag in die Beratungen einbringen. Vorgesehen sei ferner, daß bei allen Sitzungen des Plenums und der Ausschüsse Zuhörer zugelassen würden. Außerdem sollten die Ausschüsse öffentliche Anhörungen und Diskussionsveranstaltungen anberaumen, bevor sie über Grundsatzfragen Entscheidungen träfen. Darüber hinaus könne man daran denken, auch vor wichtigen Entscheidungen des Plenums Diskussionsveranstaltungen anzubieten. Zum Boykott durch die Studentenschaft meinte Böckenförde, die Grundordnungsversammlung könne sich nicht zum Ziel setzen, *die Konsequenzen dieser Entscheidung*, welche die Studentenschaft selbst zu verantworten habe, *wieder aufzuheben*. Letztlich müsse *die Versammlung selbst, dafür hat sie die Verantwortung und die Legitimation, die Entscheidung finden und auch dafür geradestehen*[18].

---

16 Abschrift der Tonbandaufnahme der konstituierenden Sitzung der Grundordnungsversammlung (künftig: GOV) am 28.9.1968, UAH, B-II,1d5 Nebenakte, S. 78.

17 Ebd., S. 80f.

18 Ebd., S. 83, 90f.

Immerhin bestand Konsens darüber, daß die Grundordnungsversammlung unter den Augen der Öffentlichkeit arbeiten sollte. Daß die Mitglieder der Universität als Zuhörer zu den Beratungen zugelassen seien, wurde einstimmig beschlossen. Außerdem einigte sich die Versammlung darauf, daß jedem Universitätsangehörigen sowohl im Plenum als auch in den Ausschüssen auf Antrag eines einzelnen Mitglieds des jeweiligen Gremiums (also ohne einen vorgängigen Beschluß) das Wort erteilt werden müsse[19]. Zu den Plenarsitzungen war auch die Presse eingeladen. Außerdem setzte der Präsidialrat Anfang November 1968 in Umsetzung eines Beschlusses des Plenums vom 4. des Monats eine Arbeitsgruppe für Kommunikation ein, bestehend aus den Herren Klaus Vogel und Jürgen Welp sowie dem studentischen Mitglied Adolf-Dieter Friedrichs. Jeder von den Genannten stand fortan der Presse für Auskünfte zur Verfügung[20]. Es war abzusehen, daß die in solchem Maße auf Transparenz gestimmte Versammlung auch für die Arbeit der Gremien nach der zu schaffenden Grundordnung entsprechende Verfahrensgrundsätze beschließen würde. In der Tat sah die Grundordnung vor, daß die Sitzungen des Großen Senats der Öffentlichkeit uneingeschränkt zugänglich seien[21]. Die Sitzungen der Fakultäts- und Fachgruppenkonferenzen sollten für die Mitglieder der entsprechenden Untergliederungen öffentlich sein, sofern nicht Gegenstände beraten wurden, die durch Gesetz, durch die Grundordnung oder aufgrund eines Beschlusses des betreffenden Kollegialorgans der Geheimhaltung unterworfen waren[22]. Für Senat und Verwaltungsrat hatte das Hochschulgesetz die Nichtöffentlichkeit der Sitzungen bestimmt[23]. Die Grundordnungsversammlung sprach sich mehrheitlich dafür aus, gleichwohl auch zu den Sitzungen des Senats Angehörige der Universität als Zuhörer zuzulassen, sofern nicht eine Angelegenheit der Geheimhaltung nach den Bestimmungen der Grundordnung unterlag. Daher wurde beschlossen, über das Kultusministerium einen Antrag auf Novellierung des Hochschulgesetzes und Streichung der entsprechenden Bestimmung zu stellen. Die Begründung formulierte Ernst-Wolfgang Böckenförde: *Da der Senat in der durch das Hochschulgesetz vorgesehenen Zusammensetzung primär den Charakter eines Legislativorgans hat, ist der Ausschluß jeglicher Öffentlichkeit nicht mehr gerechtfertigt*[24]. Einstweilen wurde ersatzweise die Bestimmung in die Grundordnung aufgenommen, daß der Senat *vor der Beratung und Entscheidung grundsätzlicher Angelegenheiten öffentliche Fragestunden und Informationssitzungen abhal-*

---

19 Rektorat an das Kultusministerium, 27.11.1968, UAH, B-II, 1d5, 1968-28.11.68.

20 Pressemitteilung vom 13.11.1968, UAH, ZA-IIa 85.1 GOV 1968/1969.

21 Grundordnung (künftig: GO) der Universität Heidelberg vom 31.3.1969, § 22 (2).

22 § 50 (1) GO; § 63 (3) GO; § 143 (1) GO.

23 § 11 (3) HSG; § 12 (5) HSG.

24 Rektor Baldinger an das Kultusministerium, 25.4.1969, UAH, B-II, 1d5, 17.3.69 – Mai 1969.

ten solle, zu denen *die Angehörigen der Universität und Vertreter der Presse zugelassen seien*[25].

Begriffe aus der Sphäre der Politik und des Verfassungsrechts wie der Vergleich des Senats mit einem Parlament waren in nahezu allen Lagern bei der Hand, wenn es darum ging, den Auftrag der Grundordnungsversammlung zu definieren oder Vorschläge zur Gestaltung der Grundordnung selbst zu begründen. Die Verwendung solcher Begriffe eignete sich trefflich für jede Art von Polemik, weil die Grenze zwischen ihrer wörtlichen und ihrer metaphorischen Bedeutung beliebig überschritten werden konnte. Schon das Schlagwort von der Demokratisierung der Universität ließ sich allzu leicht gegen die Arbeit der Grundordnungsversammlung kehren, da es den Grundsätzen der politischen Demokratie natürlich nicht entsprach, daß die Repräsentanten der größten Gruppe der Universitätsmitglieder, der Studenten, in dem Gremium an Zahl noch nicht einmal die Hälfte der Professoren ausmachten. Der Historiker Werner Conze gebrauchte den Begriff der Demokratisierung in einem tatsächlich nur auf die Universität anwendbaren Sinne, wenn er erklärte, Prinzip der Demokratisierung müsse die Leistungsauslese sein[26]. Jürgen Welp verglich die Grundordnungsversammlung in der konstituierenden Sitzung am 28. September 1968 mit einem Verfassungskonvent und bemängelte, daß im Hochschulgesetz nicht vorgesehen sei, den ausgearbeiteten Entwurf der Grundordnung in der Universität einem Referendum zu unterwerfen: *Mithin sind diese 42 Mitglieder des Ausschusses gewissermaßen die Träger der Universitätssouveränität, mit einem Wort: die Universitätsdiktatoren*, und unterliegen *keiner weiteren Kontrolle ... 42 Menschen können hier etwas ins Werk setzen, nach dem später zwölf- oder dreizehntausend Menschen leben und arbeiten sollen*[27].

Als Jurist wußte Welp natürlich genau, daß die Universität nicht souverän war und nicht die verfassunggebende Gewalt für ihren Bereich besaß. Vielmehr verfügte sie über dasjenige Maß an Autonomie, das ihr vom Hochschulgesetz zugestanden worden war. In diesem Rahmen besaß sie Satzungsgewalt, aber diese Satzungsgewalt erstreckte sich noch nicht einmal auf den Gesamtbereich der Universitätsverfassung, denn eine Reihe wichtiger Verfassungsentscheidungen hatte das Hochschulgesetz bereits vorweg getroffen. Insofern ist die im Text der Grundordnung vom 31. März 1969 niedergelegte neue Universitätsverfassung auch nicht in allen Teilen Ausdruck des Gestaltungswillens der Universität, sondern in wichtigen Bereichen Ergebnis der Hochschulpolitik des Landes.

---

25 § 30 (5) GO.

26 Rektor oder Präsident?, Rhein-Neckar-Zeitung (künftig: RNZ), 5.12.1968, UAH, B-II, 1d5. Sonderakte, GOV, Zeitungsausschnitte 1968-Mai 1969.

27 Abschrift der Tonbandaufnahme der konstituierenden Sitzung der GOV, UAH, B-II, 1d5 Nebenakte, S. 77.

Ein vorrangiges Ziel dieser Hochschulpolitik, in der Landesregierung vertreten durch Kultusminister Wilhelm Hahn, als praktischer Theologe selbst Ordinarius der Universität Heidelberg und von 1958 bis 1960 deren Rektor, bestand darin, die Universitäten des Landes in die Lage zu versetzen, mit den rapide steigenden Studentenzahlen fertig zu werden. Die Empfehlungen des Wissenschaftsrats von 1960 hatten bereits zu einer erheblichen Ausweitung des Lehrkörpers geführt. Mit dieser Methode allein jedoch glaubte man den erwarteten weiteren Zuwachs der Nachfrage nach Studienplätzen nicht bewältigen zu können. Vielmehr hielt man es für erforderlich, den gesamten Hochschulbereich des Landes neu zu ordnen. Zu diesem Zweck wurde eine Kommission unter Vorsitz des Soziologen Ralf Dahrendorf mit dem Entwurf eines Hochschulgesamtplans für Baden-Württemberg betraut[28]. Das Hochschulgesetz diente in diesem Zusammenhang vor allem dem Zweck, die Universitäten in die Lage zu versetzen, sich selbst entsprechend den durch die Zeitumstände gegebenen Anforderungen zu reformieren. Die neue Universitätsverfassung war somit nicht schon selbst die Reform der Universität, sondern zunächst einmal das Instrument für die Reform. Dabei wurde Reform nicht als ein einmaliges Werk der Erneuerung, sondern, wie das Hochschulgesetz gleich im zweiten Paragraphen bestimmte, als *eine ständige gemeinsame Aufgabe des Landes und der Universitäten* aufgefaßt[29]. Die Grundordnung nahm diese Vorschrift auf, indem sie unter die Aufgaben der Universität neben Forschung, Lehre, Förderung des wissenschaftlichen Nachwuchses und Mitwirkung an der wissenschaftlichen Fortbildung auch *die ständige Reform ihrer Funktionen, Methoden und Strukturen in kritischer Auseinandersetzung mit der wissenschaftlichen und gesellschaftlichen Entwicklung* zählte[30]. Allein dieser Paragraph verdeutlicht den tiefen Einschnitt, den Hochschulgesetz und Grundordnung von 1968 und 1969 für die Entwicklung der Universität mit sich brachten. Die Bereitschaft zu fortgesetzter Veränderung wurde zu ihrem Funktionsprinzip erklärt und zwar ausdrücklich nicht nur im Hinblick auf Prüfungsordnungen, Studiengänge oder die Organisation der Forschung, sondern auch mit Bezug auf die Universitätsverfassung. Der Grundsatz ermöglichte es in der Folgezeit insbesondere der Hochschulpolitik, die Universitäten unter Berufung auf deren vermeintliche oder wirkliche Reformbedürftigkeit mit immer neuen Vorschriften zu überziehen. Die seither in regelmäßigen Abständen vorgenommenen Novellierungen des Hochschulgesetzes mit anschließender Anpassung der Grundordnung und der Prüfungsordnungen sprechen für sich. Permanente Reform verlangte natürlich permanente Diskussion und permanente Infragestellung eingespielter Verfah-

---

28 Vgl. Kultusministerium Baden-Württemberg (Hg.), Hochschulgesamtplan Baden-Württemberg, Villingen 1967.

29 § 2 HSG.

30 § 2 (1) GO, Buchstabe e.

rensweisen. Eine wesentliche Funktion der von den einzelnen Gruppen beschickten Gremien nach der von der Grundordnungsversammlung geschaffenen Struktur sollte darin bestehen, innerhalb der Universität auf allen Ebenen ein Forum für diese Diskussion und die entsprechende Willensbildung bereitzustellen. Das studentische Mitglied der Grundordnungsversammlung Adolf-Dieter Friedrichs brachte diesen Gedanken bei der ersten Lesung der Grundordnung am 4. Dezember nach einem Zeitungsbericht auf die Formel, daß *jede Reform der Universität die Möglichkeit ständiger Veränderung geben* müsse[31]. Das Prinzip permanenter Veränderung stellte hohe Anforderungen an die Handlungsfähigkeit der Universität und damit vor allem an die institutionelle Ausgestaltung der Universitätsspitze, da die Universität in die Lage versetzt werden mußte, für notwendig erachtete Reformen auch zu verwirklichen. Da die beiden wichtigsten Neuerungen nach der Strukturreform von 1969 die Gewährung von Mitwirkungsrechten an die einzelnen Gruppen unter Neugliederung der Fakultäten und zum andern die Stärkung der Leitungsstruktur der Universität bildeten, läßt sich die Grundordnung von 1969 nach dem Gesagten in ihren wesentlichen Zügen unschwer aus dem Gedanken der permanenten Reform interpretieren.

Bis zur Einführung der neuen Universitätsverfassung war die Universität von einem jährlich wechselnden Rektor geleitet worden, dem nur eine schwach ausgebildete Universitätsverwaltung zur Seite gestanden hatte. Der Senat hatte sich seit der letzten Satzungsänderung von 1965 aus dem Rektor, dem Prorektor, dem designierten Rektor, den Dekanen der fünf Fakultäten, einem Wahlsenator aus dem Kreis der Ordinarien und je einem Wahlsenator aus dem Kreis der Extraordinarien und der außerplanmäßigen Lehrkräfte zusammengesetzt[32]. Daneben hatte es einen Großen Senat mit beschränkten Aufgaben gegeben. Diese Struktur war für Modellversuche und permanente Reformen in der Tat nicht geschaffen. Das Hochschulgesetz stellte den Universitäten daher zwei neue Leitungsmodelle zur Wahl. Nach dem ersten Modell würde die Universität künftig von einem Universitätspräsidenten mit einer Amtszeit von acht Jahren geleitet. Wenn sich eine Universität jedoch für die Beibehaltung der Rektoratsverfassung entschied, dann mußte die Grundordnung dem Rektor einen Kanzler als Leiter der Wirtschafts- und Personalverwaltung mit einer Amtszeit von acht Jahren an die Seite stellen[33]. Als weiteres Organ zur Stärkung der Handlungsfähigkeit der Universität schuf das Hochschulgesetz den Verwaltungsrat. Ihm sollten unter dem Vorsitz des Rektors beziehungsweise Präsidenten der Kanzler und vier vom Senat auf vier Jahre zu

---

31 Rektor oder Präsident?, RNZ, 5.12.1968 (wie Anm. 26).

32 H. WEISERT, Die Verfassung der Universität Heidelberg. Überblick 1386-1952, Heidelberg 1974, S. 140, 146f.

33 §§ 8, 9, 13 und 14 HSG.

wählende Personen angehören, von denen einer Dozent sein mußte. Die
Grundordnung bestimmte, daß drei der Wahlmitglieder Universitätslehrer, also habilitierte und beamtete Mitglieder des Lehrkörpers, sein müßten, unter
ihnen mindestens ein Lehrstuhlinhaber und ein Dozent. Ferner schrieb das
Hochschulgesetz vor, daß der Senat aus seiner Mitte ein Mitglied des Wissenschaftlichen Dienstes und einen Vertreter der Studentenschaft in den Verwaltungsrat entsende, allerdings nur mit beratender Stimme. Die Befugnisse des
Verwaltungsrats umfaßten im wesentlichen die Verwendung der materiellen
Ressourcen der Universität, also die Aufstellung des Haushaltsvoranschlags,
die Verteilung der zugewiesenen Mittel und Stellen, die Planung der baulichen
Entwicklung, Entscheidungen über Grundstücks- und Raumverteilung und
den Erlaß von Ordnungen über die Verwaltung und Benutzung von Universi-
tätseinrichtungen[34]. Die Einrichtung des Verwaltungsrats führte zur Trennung
von akademischer und Wirtschaftsverwaltung. Wenn der Senat dadurch auf
die akademischen Angelegenheiten beschränkt wurde, so lag die Rechtfertigung dafür wesentlich darin, daß der Zwang zur Entsendung von Vertretern
aller Gruppen in den Senat sowie die zu erwartende Vermehrung der Fakultäten und damit der Dekane, die Sitz und Stimme im Senat haben sollten, zu einer solchen Aufblähung dieses Gremiums führen mußten, daß es für die Führung der Wirtschaftsverwaltung ungeeignet erschien. Hinzu kam angesichts
der technischen Komplexität der Materien, für die der Verwaltungsrat zuständig war, das Erfordernis einer gewissen Expertise und das Anliegen der Kontinuität. Deswegen sollten die Mitglieder des Verwaltungsrats auf vier Jahre
gewählt werden. Wiederwahl wurde ausdrücklich für zulässig erklärt[35].

Die Grundordnungsversammlung entschied sich bereits in der ersten Lesung für die Beibehaltung der Rektoratsverfassung. Die Amtszeit des Rektors,
der aus dem Kreis der ordentlichen Professoren zu wählen war, wurde auf drei
Jahre festgesetzt. Mehrmalige Wiederwahl war zulässig[36]. Verschiedene Überlegungen hatten zur Entscheidung für die Rektoratsverfassung geführt. Die
Figur des Rektors schien dem Anspruch der Universität auf Autonomie stärker entgegenzukommen. Die Institution des Rektors unterstrich im Einklang
mit einer Jahrhunderte zurückreichenden Tradition den korporativen Charakter der Universität. Der Präsident dagegen wurde als verlängerter Arm des Ministeriums empfunden, zumal er wie der Kanzler aufgrund eines gemeinsamen
Vorschlags des Kultusministers und der Universität vom Ministerpräsidenten
ernannt werden sollte, während für die Bestellung des Rektors die Wahl durch
den Großen Senat genügte[37]. Auch hielt man die vorgesehene Dotierung des

34 § 12 HSG; §§ 32 und 33 GO.
35 § 12 (3) und (4) HSG.
36 § 7 (1) und (3) GO.
37 §§ 9 (2), 14 (2) und 13 (2) HSG.

Präsidenten nicht für ausreichend, um eine geeignete Persönlichkeit von außen zu gewinnen, und die Wahl für eine Amtszeit von acht Jahren wurde als ein zu großes Risiko empfunden. In diesem Sinne wurde ein weiteres Argument zugunsten der Rektoratsverfassung darin gesehen, daß die Grundordnung für den Rektor die Abwahl durch den Großen Senat vorsehen konnte[38]. Die Bestimmung ist bezeichnend für das Mißtrauen gegen Amtsträger, das einen Teil der Mitglieder der Grundordnungsversammlung erfüllte. Auch in der Gallasschen Senatskommission hatte die Überlegung, daß der Präsident nicht abrufbar sein würde, eine Rolle gespielt. Nachdem der gleichzeitig in Heidelberg und in Harvard lehrende Politikwissenschaftler Carl Joachim Friedrich im übrigen vor der Kommission dargelegt hatte, *daß die Stellung des amerikanischen Universitätspräsidenten weder ihrem Inhalt noch ihren Voraussetzungen nach ... als Vorbild in Betracht* komme, gelangte die Mehrheit auch dort zu der Überzeugung, daß die Vereinigung der Funktionen von Rektor und Kanzler zusammen mit dem Vorsitz im Verwaltungsrat in der Person eines Präsidenten *das „autoritäre" auf Kosten des korporativ-dynamischen Elements in einer Weise verstärken* würde, *die dem Geist der Universität abträglich wäre*[39]. Die Möglichkeit, den Rektor abzuwählen, steht in eigentümlichem Kontrast zu der Entscheidung des Gremiums, seine Amtszeit auf drei Jahre auszudehnen. Diese Regelung entsprang der Einsicht, daß die neuen Aufgaben und die bereits erreichte Größe der Universität ein höheres Maß an Kontinuität an der Spitze erforderten, als bisher üblich gewesen war. Außerdem stand zu erwarten, daß nur ein über mehrere Jahre hinweg amtierender Rektor in der Lage sein würde, ein Gegengewicht gegen den Kanzler zu bilden. Insofern lag die Ausdehnung der Amtszeit des Rektors in der Logik des Hochschulgesetzes, auch wenn dieses selbst für ihn lediglich eine einjährige Amtszeit zwingend vorgeschrieben hatte[40]. Den Überlegungen, die Amtszeit des Rektors auf vier Jahre auszudehnen, widersprachen vor allem Naturwissenschaftler und Mediziner in der Grundordnungsversammlung. Drei Jahre, so meinte der Chemiker Heinz Staab, seien die äußerste Frist, für die sich ein Chemiker, Physiker oder Mediziner ohne gravierende Nachteile von seiner Forschung verabschieden könne[41].

Neben der Entscheidung über die Leitungsstruktur der Universität war die wichtigste Aufgabe der Grundordnungsversammlung die Neugliederung der Fakultäten. Sie wurde unausweichlich, wenn einerseits der Expansion des

---

38 Protokoll der ersten Gesamtsitzung des Ausschusses I der GOV am 18.11.1968, UAH, B-II, zu 1d5, 1968; § 12 (1) – (3) GO.

39 Wilhelm Gallas, Bericht (wie Anm. 14), S. 4.

40 § 13 (2) HSG; Altrektorin Margot Becke hatte vorgeschlagen, den Rektor für ein und die Prorektoren für drei Jahre wählen zu lassen: Becke, Die Organe der Universität, I. Exekutive (Entwurf), o. D., UAH, B-II, zu 1d5, 1968.

41 Rektor oder Präsident?, RNZ, 5.12.1968 (wie Anm. 26).

Lehrkörpers, andererseits dem Bedürfnis nach Gewährung von Mitwirkungs-rechten über den Kreis der Ordinarien hinaus Rechnung getragen werden soll-te. Das Hochschulgesetz ließ den Universitäten in dieser Frage verhältnismä-ßig freie Hand, indem es bestimmte, daß *die Gliederung der Universität in ständige Einheiten für Forschung und Lehre (Fakultäten, Abteilungen, Fachbereiche usw.) und die Vertretung dieser Einheiten ... durch die Grundordnung* zu regeln seien[42].

Schon der von Wilhelm Gallas geleitete Senatsausschuß hatte sich auf der Grundlage eines von Carl Christian von Weizsäcker ausgearbeiteten Vor-schlags mit der Frage befaßt. Drei Gesichtspunkte waren dem Ausschuß für die Neuordnung im Fakultätsbereich *maßgebend* erschienen: *die Verbesserung der Verwaltung, insbesondere die der großen Fakultäten; die Verwirklichung des Mitsprache-rechts der Dozenten, des Mittelbaus und der Studenten; schließlich die Intensivierung, Rationalisierung und Koordinierung der Forschungs- und Lehrtätigkeit durch organisatorischen Zusammenschluß aller durch ihren Anteil an den Aufgaben eines bestimmten Fachbereichs miteinander verbundenen Wissenschaftler*[43].

Ungeachtet der Probleme, die sich aus der Vergrößerung des Lehrkörpers und der daraus folgenden Aufblähung der Fakultäten ergaben, war sich die Mehrheit des Ausschusses darin einig, daß *an der Einrichtung des Ordinariats und der damit vorausgesetzten besonderen Qualifikation* festgehalten werden müsse. Dar-aus folgte, daß eine Regelung gefunden werden mußte, die den Lehrstuhlinha-bern auch künftig *die für dieses Amt wesentliche individuelle Mitverantwortung für ge-wisse grundlegende kollegiale Entscheidungen* gewährte[44]. Individuelle Mitverantwor-tung bedeutete in diesem Zusammenhang, daß die Lehrstuhlinhaber im Unter-schied zu anderen Gruppen innerhalb des Lehrkörpers an der Beschlußfas-sung über grundlegende Fragen, darunter Habilitationen und Berufungen, wei-terhin persönlich und nicht bloß durch gewählte Vertreter beteiligt werden sollten. Ein Beschlußgremium auf Fakultätsebene unter dem Namen einer Fa-kultätskonferenz, in der alle Gruppen und also auch die Lehrstuhlinhaber nur durch Repräsentanten vertreten gewesen wären, hatte Weizsäcker vorgeschla-gen. Er wollte die Fakultäten in Fachbereiche gliedern und auf dieser Ebene Fachbereichskonferenzen einrichten. Die Fachbereichskonferenzen sollten aus allen promovierten Wissenschaftlern, die dem entsprechenden Fach angehör-ten, sowie aus Delegierten der nichtpromovierten Wissenschaftler und der Studenten bestehen. Das Prinzip der persönlichen Mitverantwortung wäre nach diesem Vorschlag somit weit über den Kreis der Ordinarien hinaus aus-gedehnt worden, allerdings unterhalb der bisherigen Fakultätsebene[45]. Die Fa-

---

42 § 6 (1) HSG.

43 Wilhelm Gallas, Bericht (wie Anm. 14), S. 10; C. C. von Weizsäcker, Vorschlag zur Strukturierung der Universität Heidelberg, 3.1.1968, ebd.

44 Wilhelm Gallas, Bericht (wie Anm. 14), S. 11.

45 C. C. von Weizsäcker, Vorschlag (wie Anm. 43), S. 1.

kultätskonferenz selbst sollte sich dagegen aus Delegierten der Fachbereiche zusammensetzen. Bei Berufungen sollte dem Ordinariatsprinzip an dieser Stelle lediglich insoweit Rechnung getragen werden, als der Berufungskommission automatisch die Ordinarien desjenigen Fachbereichs angehören sollten, dem der betreffende Lehrstuhl zugeordnet war[46]. Diese Regelung hätte die Beibehaltung der bisherigen fünf Fakultäten ermöglicht, und selbst nach der ebenfalls im Laufe des Wintersemesters 1967/68 vorbereiteten Zweiteilung der mit 64 ordentlichen und außerordentlichen Professoren damals größten, der Philosophischen Fakultät, hätte die Zahl von sechs Fakultäten nicht überschritten zu werden brauchen[47]. Nahezu einstimmig hatte die Philosophische Fakultät am 31. Januar 1968 befunden, daß die Teilung der Fakultät in zwei, gegebenenfalls auch in drei selbständige Fakultäten *unausweichlich* sei. Am 21. Februar beschloß die Fakultät ihre Teilung in eine Philosophische Fakultät I und eine Philosophische Fakultät II. Am 10. Juli wurde festgelegt, daß die Philosophische Fakultät I den Namenszusatz *Philologisch-Historische Wissenschaften*, die Philosophische Fakultät II den Namenszusatz *Sozialwissenschaften* tragen solle. Der Fakultät für Sozialwissenschaften sollten das Alfred-Weber-Institut sowie die Institute für Wirtschafts- und Sozialstatistik, Sozial- und Wirtschaftsgeschichte, Soziologie und Ethnologie, Politische Wissenschaft, Psychologie und Geographie zugeordnet werden. Ein Vorschlag von Werner Conze, die beiden Lehrstühle für Neuere Geschichte ebenfalls dieser Fakultät zuzuweisen, obwohl das Historische Seminar der Fakultät für Philologisch-Historische Wissenschaften angehören sollte, hatte in der Strukturkommission der Philosophischen Fakultät am 14. Februar zunächst keine Mehrheit gefunden. Am 10. Juli machte die Fakultät sich eine neue Empfehlung der Strukturkommission zu eigen, nach der die beiden Lehrstühle beiden Fakultäten gleichzeitig angehören sollten. Bereits am 8. Mai hatte die Fakultät die Verselbständigung des Südasieninstituts als ständige Einheit für Forschung und Lehre beschlossen. In derselben Sitzung einigte sich die Fakultät darauf, die Frage einer weiteren Gliederung der Philosophischen Fakultäten I und II diesen selbst zu überlassen[48]. In einem Rundschreiben an die Fakultätsmitglieder vom 3. April hatte Dekan Ahasver von Brandt (Historiker) unter Hinweis darauf, daß das Hochschulgesetz zum 1. April in Kraft getreten sei, zu einer zügigen Entscheidung er-

---

46 Ebd., S. 5.

47 Ebd., S. 1; vgl. dazu die Anlage zum Brief von Dr. Machleidt an Prof. Gallas, 29.2.1968, mit der Übersicht über den Lehrkörper der Universität, UAH, B-II, 1d3; die Fakultät selbst sprach von 64 Lehrstühlen: Dekan Ahasver von Brandt an Rektorin Margot Becke, 20.5.1968, UAH, B-II, 1d5, 06.69-10.69.

48 Philosophische Fakultät, Protokolle der Sitzungen vom 31.1. und 21.2.1968 sowie Bericht zum Tagesordnungspunkt 4 (Fakultätsteilung) der Sitzung vom 21.2.1968, UAH, H-IV-201/14; Protokolle der Sitzungen vom 8.5., 15.5. und 10.7.1968 sowie Aktenvermerk über die Sitzung der Strukturkommission am 14.6.1968 (Anlage zur Einladung zur Sitzung vom 10.7.), UAH, H-IV-201/15.

mahnt, sofern die Fakultät Wert darauf lege, die Neugliederung selbst zu
bestimmen[49]. Der Vorgang zeigt, daß die Fakultäten das Hochschulgesetz und
die Einberufung der Grundordnungsversammlung als eine Bedrohung ihrer
Autonomie empfanden. Am 18. Juli 1968 beschloß auch die Medizinische Fakultät ihre Teilung: Die am Klinikum Mannheim tätigen Professoren und Mitarbeiter sollten zu einer eigenen Fakultät zusammengefaßt werden[50]. Als der
Große Senat am 26. Oktober den Anträgen der Fakultäten folgend die Teilung
der Philosophischen und der Medizinischen Fakultät beschloß, erhob die
Grundordnungsversammlung schärfsten Protest gegen diesen Eingriff in ihre
Kompetenz, obwohl der Große Senat seinen Beschluß lediglich als Empfehlung für die Grundordnungsversammlung verstanden hatte[51].

Der Gallassche Senatsausschuß folgte den Vorschlägen Weizsäckers nicht in
allen Punkten. So beschloß er, die Fakultät als Beschlußgremium, dem auf jeden Fall alle Lehrstuhlinhaber angehören sollten, beizubehalten, ihre Zuständigkeit jedoch auf wenige zentrale Angelegenheiten wie Berufungen, Habilitationen, Ernennung von Honorarprofessoren und ähnliches zu beschränken.
Über die Teilung der Philosophischen Fakultät hinaus empfahl er bereits die
Prüfung einer Teilung auch der Medizinischen Fakultät, der damals 58 ordentliche und außerordentliche Professoren angehörten. Im übrigen aber beschloß
er im Sinne Weizsäckers die Ergänzung der bisherigen Fakultäten durch einen
gestuften „Unterbau". Für die Aufgaben der Verwaltung sollten Sektionen gebildet werden. Im Bereich der Philosophischen Fakultät zum Beispiel sollte jedem Fach eine Sektion entsprechen. Daneben sollten Fachbereichskonferenzen geschaffen werden, denen jeweils die Gesamtheit der in einem bestimmten
Fachbereich tätigen Wissenschaftler aller Stufen sowie Vertreter der wissenschaftlichen Hilfskräfte und der studentischen Fachschaften angehören sollten. Das Prinzip der persönlichen Mitwirkung sollte also im Sinne des Weiz-
säckerschen Papiers auf alle Wissenschaftler ausgedehnt werden, allerdings wie
dort auf einer Ebene unterhalb der Fakultäten, wobei der Ausschuß es wegen
der Verschiedenartigkeit der Verhältnisse in den einzelnen Fakultäten ausdrücklich offen ließ, ob die Fachbereichskonferenzen auf Sektions-, Instituts-
oder Abteilungsebene gebildet werden sollten. Für die Erledigung der laufenden Geschäfte auf Fakultätsebene regte er nach Bedarf die Schaffung von Fa-
kultätsvorständen oder Fakultätsausschüssen an, denen jedenfalls Dekan und

---

49 Dekan Ahasver von Brandt an die Mitglieder der Engeren Fakultät (einschließlich Assistenten- und
    Studentenvertreter), 3.4.1968, UAH, Philosophische Fakultät, Protokollkonzepte der Sitzungen,
    1968, H-IV-201/25.

50 Rektor Kurt Baldinger an den geschäftsführenden Vorsitzenden der GOV, Klaus Vogel, 18.11.1968,
    UAH, B-II, 1d5, 06.69-10.69.

51 Ebd.; Mißbilligungsbeschluß der GOV in: Niederschrift über die zweite Sitzung am 4.11.1968,
    UAH, B II-1d5.1.

Prodekan sowie die Leiter der einzelnen Sektionen angehören könnten[52]. Offenbar stellte sich der Senatsausschuß im übrigen vor, daß angesichts der Empfehlungen zur Mitwirkung aller Gruppen auf der Ebene unterhalb der Fakultäten in dem Beschlußgremium der Fakultät selbst die Mitgliedschaft von Nichtprofessoren und damit zugleich die Größe des Gremiums selbst beschränkt werden könnten. Während er anerkannte, daß den habilitierten Nichtordinarien aufgrund ihrer *Funktion und Sachkenntnis* ein sehr weitgehendes Mitwirkungsrecht eingeräumt werden müsse, war er in seiner Mehrheit der Auffassung, daß *angesichts des Unterschieds zwischen Lehrenden und Lernenden, zwischen werdenden und fertigen Wissenschaftlern, bei dem den Studenten und Assistenten zu gewährenden Mitspracherecht der Gedanke der Mitbestimmung zurücktrete hinter dem eines Rechts auf Gehör und Kontrolle.* Zur Wahrnehmung dieses Rechts jedoch genüge es, wenn diese beiden Gruppen in den Beschlußgremien der Fakultäten je nach deren Größe durch jeweils zwei bis höchstens vier gewählte Vertreter repräsentiert würden[53].

Der von der Grundordnungsversammlung eingesetzte Unterausschuß Ib (Weitere Gliederung) konnte bei seinen Beratungen an die Tatsache anknüpfen, daß sich innerhalb der Medizinischen und der Naturwissenschaftlich-Mathematischen Fakultät inzwischen Sektionen gebildet hatten, die bereits eine ganze Reihe von Kompetenzen erhalten hatten, die bisher von den Fakultäten wahrgenommen worden waren. Wie es in der Vorlage des Ausschusses für die erste Lesung der Grundordnung hieß, war die Arbeitsfähigkeit der Fakultäten durch die starke Zunahme ihrer Mitglieder derart beeinträchtigt, daß *sich eine Verlagerung von Entscheidungen in kleinere, überschaubare Gremien als unumgänglich* erwiesen habe[54]. Damit erhob sich die Frage, welche Stellung die Sektionen und ihre Gremien im Gesamtaufbau der Universität und vor allem im Verhältnis zu den Fakultäten erhalten sollten. Vor allem mußte entschieden werden, welche Ebenen zu ständigen Einheiten von Forschung und Lehre im Sinne des Hochschulgesetzes bestimmt werden sollten: die bisherigen Fakultäten oder die Sektionen, die dann natürlich in der gesamten Universität eingerichtet werden müßten. Die Lösung dieses Problems war auch für die Größe und Gestalt des Senats von Belang, da die Leiter der ständigen Einheiten von Forschung und Lehre nach dem Hochschulgesetz dort Sitz und Stimme haben sollten[55].

Der Ausschuß empfahl dem Plenum, überall Sektionen zu bilden und sie zu den ständigen Einheiten für Forschung und Lehre zu machen. Er erklärte es

---

52 Wilhelm Gallas, Bericht (wie Anm. 14), S. 11ff.

53 Ebd., S. 7f.

54 GOV der Universität Heidelberg, Unterausschuß Ib (Weitere Gliederung), Vorlage für die erste Lesung, Organisation der Universität (§ 6 HSG), UAH, B-II, zu 1d5, 1968, S. 1.

55 § 11 (2) Ziffer 3 HSG in Verbindung mit § 6 (1) HSG.

für möglich, diesen neugebildeten Einheiten die Bezeichnung Fakultäten zu geben. Für die Gestaltung der Sektionen beziehungsweise Fakultäten neuer Art machte er verschiedene Vorschläge. Einer der Vorschläge für die Medizin sah etwa die Einrichtung von vier Fakultäten in Heidelberg (Naturwissenschaftlich-Theoretische Medizin, Angewandte und theoretische Medizin, Klinische Grundlagenfächer und Klinische Spezialfächer) vor. Für die bisherige Philosophische Fakultät wurde eine Gliederung in die Bereiche Philosophie, Psychologie, Pädagogik als erste Sektion; sodann Wirtschafts- und Sozialwissenschaften, die historischen Fächer, die philologischen Fächer, schließlich Altertumswissenschaften und Orientalistik angeregt. Die Naturwissenschaftlich-Mathematische Fakultät sollte sich in die Sektionen Mathematik, Physik, Chemie, Geowissenschaften und Biologie aufspalten[56]. Es mag in der Praxis keinen erheblichen Unterschied ausmachen, daß nach dem vorgetragenen Gedankengang die Einrichtung von Fakultäten neuen Typs nicht das Ergebnis einer Aufteilung der bisherigen Fakultäten, sondern Folge der Entscheidung sein würde, daß nicht diese, sondern ihre Untergliederungen die ständigen Einheiten von Forschung und Lehre im Sinne des Hochschulgesetzes bilden sollten. Tatsächlich zeigt dieser Gang des Entscheidungsprozesses jedoch, daß die Grenzen der alten Fakultäten nach wie vor einen spezifischen Zusammenhang zwischen den aus ihnen hervorgegangenen Sektionen konstituierten. Das gilt in besonderem Maße im Bereich der Medizin, aber auch innerhalb der alten Philosophischen Fakultät. Daher waren die Vorschläge zur Neugliederung von vornherein mit Überlegungen verbunden, wie man für die übergreifenden Belange, etwa im Prüfungswesen oder für Planung und Entwicklung, gemeinsame Kommissionen oder andere Gremien schaffen könnte. Den Sektionen oder Fakultäten neuen Typs waren die Institute, Seminare und Kliniken zugeordnet. Auch für diese Ebene wurden Modelle der Willensbildung und Leitung diskutiert, die den verschiedenen Gruppen ein angemessenes Maß an Mitbestimmung einräumen sollten[57].

Aus den bis zur ersten Lesung der Grundordnung erarbeiteten Vorschlägen läßt sich die endgültige Neugliederung der Universität sowohl im Grundsatz als auch im Detail schon recht genau erkennen. Nach der am 31. März 1969 verabschiedeten Grundordnung gliederte sich die Universität Heidelberg in 16 Fakultäten. Von den alten Fakultäten blieben nur die Theologische und die Juristische Fakultät unangetastet, während die Medizinische Fakultät in fünf, die Philosophische Fakultät in vier und die Naturwissenschaftlich-Mathematische Fakultät in fünf Fakultäten neuen Typs aufgeteilt wurden[58]. Den Fakultäten wiederum wurde jeweils eine unterschiedlich große Zahl von Fachgruppen zu-

56   GOV, Unterausschuß Ib (wie Anm. 54), S. 6f.
57   Ebd., S. 4f.
58   § 51 (1) GO.

geordnet, der Juristischen Fakultät zum Beispiel die Fachgruppen Zivilrecht, Strafrecht und Öffentliches Recht, der Philosophisch-Historischen Fakultät die Fachgruppen Philosophie, Geschichte, Politische Wissenschaft und Kunstwissenschaften[59]. Den Fachgruppen ihrerseits waren die Institute, Seminare und Kliniken zugeordnet.

Organe der Fachgruppen waren der Fachgruppenleiter und die Fachgruppenkonferenz[60]. Die Fachgruppenkonferenz war viertelparitätisch zusammengesetzt. Die Größe der Konferenz bestimmte sich dabei nach dem Grundsatz, daß alle Lehrstuhlinhaber und Leiter selbständiger Abteilungen ihr angehörten. Zu diesen Konferenzmitgliedern trat eine ebenso große Zahl von Vertretern der übrigen Universitätslehrer, also der sonstigen habilitierten Dozenten und der Honorarprofessoren, hinzu[61]. Mittelbau und Studenten entsandten jeweils halb so viele Vertreter in die Fachgruppenkonferenz, wie ihr Universitätslehrer angehörten[62]. Nach dem Modell der Fachgruppe wurde auch die Fakultät organisiert, nur daß in der Fakultätskonferenz grundsätzlich für alle Gruppen der Grundsatz der Vertretung galt. Die Hälfte der Sitze war wiederum den Universitätslehrern vorbehalten. Die Viertelparität wurde dadurch hergestellt, daß alle Gruppen, also Universitätslehrer, wissenschaftliche Mitarbeiter und Studenten jeder Fachgruppe je einen Vertreter in die Fakultätskonferenz wählten. Außerdem gehörten ihr die Fachgruppenleiter als Amtsmitglieder an. Da die Fachgruppenleiter aus der Gruppe der hauptberuflich an der Universität tätigen beamteten Universitätslehrer zu wählen waren, entsandte somit jede Fachgruppe zwei Universitätslehrer, einen wissenschaftlichen Mitarbeiter und einen Studenten in die Fakultätskonferenz[63]. Einer der beiden Universitätslehrer mußte Lehrstuhlinhaber sein[64]. Trotz der Verkleinerung der ständigen Einheiten für Forschung und Lehre wurde also der Grundsatz, daß alle Lehrstuhlinhaber in der Fakultät Sitz und Stimme haben sollten, aufgegeben. Nur auf der Ebene der Fachgruppen besaßen die Ordinarien – und zwar als einzige Gruppe – künftig noch ein uneingeschränktes persönliches Mitwirkungsrecht. Insofern bedeutete die Verabschiedung der Grundordnung in der Tat das Ende der Ordinarienuniversität. Allerdings sah die Grundordnung vor, daß bei Habilitationen und Berufungen sämtliche den Fachgruppenkonferenzen angehörigen Universitätslehrer zu der Fakultätskonferenz hinzutraten[65]. Damit war zwar allen Ordinarien die Mitwirkung an diesen Verfahren ermöglicht; die

---

59 GO, Anlage

60 § 42 GO.

61 Zur Definition des Universitätslehrers vgl. § 92 (1) GO.

62 § 46 (1) und (2) GO.

63 § 60 (1) GO; § 44 (2) GO.

64 § 60 (4) GO.

65 § 65 GO.

Mehrheit in der solcherart Erweiterten Fakultätskonferenz war ihnen jedoch nicht sicher.

Das nach dem Grundsatz der Viertelparität ausgeklügelte Modell der abgestuften Mitwirkung aller Gruppen auf Fachgruppen- und Fakultätsebene ließ sich nicht auf den Senat ausdehnen. Dort besaßen vielmehr die beamteten Universitätslehrer – nicht notwendig die Ordinarien – ein deutliches Übergewicht. Das Hochschulgesetz hatte festgelegt, daß jede Wahlgruppe, also die ordentlichen und außerordentlichen Professoren, die Dozenten, der Mittelbau und die Studentenschaft, drei Wahlmitglieder in den Senat entsandte. Da kraft Amtes die Dekane dem Senat angehörten, zu Dekanen jedoch nur beamtete Universitätslehrer gewählt werden konnten, verstärkte die Vermehrung der Fakultäten dort das Übergewicht dieser Gruppe[66]. Die Grundordnungsversammlung suchte dieses Übergewicht dadurch auszugleichen, daß sie die Bildung von insgesamt zehn ständigen Senatsausschüssen vorsah, in denen je nach Aufgabenbereich andere Paritäten galten als im Plenum. So war für den Haushaltsausschuß und den Bauausschuß ein Schlüssel von sechs Universitätslehrern, zwei leitenden und anderen wissenschaftlichen Mitarbeitern und zwei Studenten vorgesehen, für den Ausschuß für studentische Angelegenheiten, insbesondere für Fragen des Hochschulzugangs, der Lehr- und Studienplanung ein Schlüssel von drei Universitätslehrern, drei wissenschaftlichen Mitarbeitern und sechs Studenten. Der Ausschuß für Information und Öffentlichkeitsarbeit war drittelparitätisch zu besetzen. Es lag in der Natur der Sache, daß die starke Repräsentanz der Gruppen in den Ausschüssen es erforderlich machte, bei ihrer Zusammensetzung über den Kreis der Senatsmitglieder hinauszugehen. Die Ausschüsse hatten beschließenden Charakter. Ihre Beschlüsse wurden wirksam, wenn binnen einer Woche nach Bekanntgabe kein Mitglied des Senats Einspruch erhob[67].

Die Bildung von Senatsausschüssen für den Haushalt und für Bauangelegenheiten sollte dem Übergewicht der Universitätslehrer nicht nur im Senat, sondern auch im Verwaltungsrat entgegenwirken. Nach dem Hochschulgesetz war für Haushalts- und Bauangelegenheiten der Verwaltungsrat zuständig[68]. Diese völlig eindeutige Bestimmung suchte die Grundordnungsversammlung dadurch zu umgehen, daß sie dem Verwaltungsrat die Befugnis einräumte, Aufgaben, die nach dem Gesetz ausschließlich ihm oblagen, auf einen Senatsausschuß zu übertragen, sofern für den entsprechenden Geschäftsbereich ein solcher bestand[69]. Der Ministerrat verweigerte dieser Regelung am 16. Juni

---

66 § 11 (2) HSG; § 55 (2) GO.
67 § 31 (1) bis (3), (5) GO.
68 § 12 (2) HSG.
69 § 34 (4) GO.

1969 jedoch seine Zustimmung[70]. Die Universität erhob dagegen wie auch in einer Reihe weiterer Punkte Klage beim Verwaltungsgerichtshof[71].

Die Heidelberger Grundordnung von 1969 hat auf der Grundlage des Hochschulgesetzes vom Vorjahr trotz späterer Änderungen im einzelnen die grundlegenden Strukturen der Universität bis zum Inkrafttreten des Universitätsgesetzes vom 1. Februar 2000, also für einen Zeitraum von mehr als drei Jahrzehnten, bestimmt. Die wesentlichen Neuerungen gegenüber der vorherigen Universitätsverfassung waren die Einführung des Rektors mit mehrjähriger Amtszeit und eines Kanzlers an der Spitze der Universitätsverwaltung, die Schaffung eines Verwaltungsrats neben dem Senat, die Aufteilung und damit Verkleinerung der Fakultäten und die Einführung der Mitbestimmung der verschiedenen Mitgliedsgruppen in allen Universitätsgremien. Die Grundordnung ist unter einem alle Maße sprengenden Sitzungsaufwand in einem konfliktreichen Prozeß aus einer Mischung von Idealismus und Illusionen entstanden. Die in sie gesetzten Erwartungen hat sie nur zum Teil erfüllen können. Schon bald sollte sich zeigen, daß der Übergang zu der neuen Verfassungsstruktur eines schmerzhaften Anpassungsprozesses bedurfte, der die Aufmerksamkeit vieler Mitglieder des Lehrkörpers über Jahre hinweg in der Erfüllung ihrer Aufgaben in Lehre und Forschung behinderte. Die Integration der opponierenden Studentenschaft ist trotz der überaus liberalen Mitbestimmungsregelungen namentlich auf der Ebene der Fachgruppen und Fakultäten nicht gelungen. Lange Zeit nutzten die Studentenfunktionäre die Mitgliedschaft in den Gremien und namentlich die Öffentlichkeit der Sitzungen immer wieder dazu, die Selbstverwaltung der Universität lahmzulegen. Die Folge war die schrittweise Rücknahme der durch die Grundordnung von 1969 geschaffenen Mitwirkungsmöglichkeiten durch den Gesetzgeber. Am 23. April 1974 beschloß der Senat eine Mustergeschäftsordnung für Fakultätskonferenzen, deren § 4 bestimmte, daß die Fakultätssitzungen nicht öffentlich seien[72]. Damit entsprach der Senat der vom Landtag verabschiedeten Neufassung des Hochschulgesetzes vom 27. Juli 1973. Dieser Neufassung paßte der Große Senat am 7. Juli 1975 auch die Grundordnung an und legte seinerseits fest, daß Fakultäts- und Fachgruppensitzungen künftig nicht mehr öffentlich seien[73]. Dadurch sollte verhindert werden, daß die Sitzungen gestört oder zumindest durch endlose Diskussionen in die Länge gezogen würden. Durch Anpassung

---

70 Beschluß des Ministerrats vom 16.6.1969 über die Genehmigung der GO der Universität Heidelberg, UAH, B-II, 1d5, 06.69-10.69, S. 5.

71 Rektorat an Kultusministerium, 3.7.1969, S. 2, ebd.

72 Mitteilungsblatt des Rektors, Nr. 6, 1973/74, 10.5.1974, S. 109.

73 Mitteilungsblatt des Rektors, Nr. 4, 1976, 21.5.1976, S. 71: § 50 GO (Fachgruppensitzungen) wurde gestrichen; § 63, Abs. 3 GO (Sitzungen der Fakultätskonferenz), erhielt die Fassung: „Die Sitzungen sind nichtöffentlich".

der Grundordnung an das Universitätsgesetz vom 22. November 1977 wurden die Fachgruppen abgeschafft[74]. Damit verschwand durch Entscheidung des Gesetzgebers sang- und klanglos eine Institution, die nach dem Willen der Grundordnungsversammlung keineswegs nur den Studierenden, sondern vor allem den Angehörigen des Lehrkörpers, die nicht zugleich Lehrstuhlinhaber waren, eine Möglichkeit der Mitbestimmung an der Basis hatte sichern wollen. Auf Fakultätsebene trat an die Stelle des Prinzips der Viertelparität wie im Senat einheitlich die Regelung, daß die Wahlgruppen der Studierenden und der Wissenschaftlichen Mitarbeiter jeweils drei Vertreter entsenden. Nimmt man die Wahlbeteiligung in der Wahlgruppe der Studierenden, die bei der ersten Gremienwahl nach der neuen Grundordnung 18 Prozent betrug und in den letzten Jahren kaum je 15 Prozent erreichte, zum Maßstab für die Integrationskraft der Grundordnung, so drängt sich der Schluß auf, daß die Studentenschaft die im Jahre 1968 für so dringlich gehaltene Mitbestimmung niemals wirklich angenommen hat. Lediglich die Sitzungen des Großen Senats, der weiterhin öffentlich tagte und daher über die Universität hinaus eine gewisse Publizität verbürgte, wurde anläßlich der Entgegennahme des Rechenschaftsberichts des Rektors und bei der Wahl von Rektor und Prorektoren von den Studentenvertretern weiterhin dazu genutzt, um ihre Kritik an der jeweiligen Universitätsleitung vorzutragen. Diese Gelegenheit wurde um so lieber wahrgenommen, als der Gesetzgeber im Jahre 1977 die verfaßte Studentenschaft abgeschafft hatte. Er hatte damit die Konsequenz aus der Tatsache gezogen, daß der Allgemeine Studentenausschuß seit dem Beginn der Studentenbewegung ein politisches Mandat beansprucht hatte. Das war mit seiner Eigenschaft als Zwangskörperschaft der Gesamtheit der Studierenden nicht vereinbar[75]. Als durch die Novellierung des Hochschulgesetzes im Jahre 1999 der Große Senat ersatzlos abgeschafft wurde, war von studentischer Seite kaum Widerspruch zu vernehmen.

Durch die Novellierung von 1999 beseitigte der Landtag auch den Verwaltungsrat, den er im Jahre 1968 selbst geschaffen hatte. Dabei hatte der Verwaltungsrat die in ihn gesetzten Erwartungen in Heidelberg vollauf gerechtfertigt. Die Neugliederung der Fakultäten ist durch die Novellierung insofern in Frage gestellt werden, als eine Mindestgröße von in der Regel 20 Professorenstellen festgesetzt wurde[76]. Die Aufspaltung der Heidelberger Medizin in vier Fakultäten war vor allem wegen der Nachteile, die sich für Habilitationen und Berufungen aus der Trennung der theoretischen und vorklinischen von den klini-

---

74 Mitteilungsblatt des Rektors, Nr. 4, 1979, 30.3.1979, S. 42-48.

75 Vgl. V. SELLIN, Die Universität Heidelberg in der Geschichte der Gegenwart, in: Die Geschichte der Universität Heidelberg, Studium Generale, Wintersemester 1985/86, Heidelberg 1986, S. 230f. und Anm. 58.

76 Universitätsgesetz vom 1.2.2000, § 21 (2).

schen Fächern ergeben hatten, schon einige Jahre zuvor rückgängig gemacht worden.

Die Einrichtung eines Hochschulrats, in dem neben Universitätsangehörigen auch externe Persönlichkeiten Sitz und Stimme haben, sowie die Verlängerung der Amtsperiode des Rektors von zuletzt vier auf künftig sechs Jahre unter gleichzeitiger Erweiterung seines Kompetenzbereichs, schließlich die Verlängerung der Amtszeit der Dekane von zwei auf vier Jahre, setzen die Tendenz zur Professionalisierung der Leitungsfunktionen innerhalb der Universität fort, die mit dem Hochschulgesetz von 1968 und der Grundordnung von 1969 in der Universitätsverfassung erstmals zur Wirkung gekommen war. Dagegen hat der korporative Charakter der Universität, auf deren Erhaltung die Grundordnungsversammlung von 1968 und 1969 ebenfalls großen Wert gelegt hatte, durch das Universitätsgesetz vom 1. Februar 2000 eine deutliche Schwächung erfahren: Die langen Amtszeiten von Rektor und Dekanen, die Möglichkeit, zum Rektor eine Persönlichkeit von außerhalb der Universität zu wählen, und die Übertragung eines Teils der Aufgaben des bisherigen Verwaltungsrats auf das so gebildete Rektorat verstärken zwangsläufig den Abstand zwischen den Amtsträgern und den Universitätslehrern ohne Leitungsfunktionen. Die Übertragung von Kontroll- und Entscheidungsbefugnissen an den Hochschulrat, der sich fast zur Hälfte aus universitätsfremden Personen zusammensetzt, schränkt die Autonomie der Universität ebenfalls ein.

Die Reform der Universitätsverfassung durch das Hochschulgesetz von 1968 in Verbindung mit der Grundordnung von 1969 markiert eine Epoche in der Geschichte der Universität Heidelberg. Dreißig Jahre nach dieser Reform wird deutlich, daß die damals vorgenommenen Veränderungen eine Periode einleiteten, die dadurch gekennzeichnet ist, daß der Gesetzgeber, nachdem er einmal begonnen hatte, in die Verfassung der Universitäten einzugreifen, zunehmend die Hemmungen dagegen verlor, solche Eingriffe aufgrund wirklicher oder vermeintlicher Bedürfnisse nach gerade gängigen Modellen zu wiederholen. Die Universität ist zum Experimentierfeld geworden.

GLAUBE UND WISSEN
ANGESICHTS DER KRISE DES HUMANISMUS

Von Reiner WIEHL

1.

VOR FÜNFZIG JAHREN – also vor einem halben Jahrhundert – erschienen in Deutschland in kurzen Abständen hintereinander zwei höchst bemerkenswerte Publikationen zur Krise des Humanismus, von denen sich die spätere zwar nur indirekt, gleichwohl aber unverkennbar kritisch auf die frühere bezog. Diese Publikationen stammten von den beiden deutschsprachigen philosophischen Denkern, die zu den bedeutendsten des nunmehr vergangenen 20. Jahrhunderts zählen: Die erste der beiden Schriften, der berühmtgewordene „Brief über den Humanismus" von Martin Heidegger aus dem Jahr 1946; die zweite Schrift ein Aufsatz mit dem Titel „Über die Bedingungen und Möglichkeiten eines neuen Humanismus" von Karl Jaspers aus dem Jahr 1949. Die Thematik dieser beiden Texte und der Zeitpunkt ihrer Veröffentlichung lassen sich nicht aus dem zeitgeschichtlichen Zusammenhang herauslösen, auch wenn die jeweils spezifischen philosophischen Inhalte, die Denkmethoden und die sprachliche Darstellung tief im jeweiligen Gesamtwerk der beiden Autoren verankert sind. Es war dieser zeitgeschichtliche Zusammenhang, der die Frage nach dem Humanismus und seinen Institutionen – die Frage ihrer Möglichkeiten und ihres Scheiterns – unabweisbar machte. Ein „Kulturvolk" – das deutsche nämlich – hatte sich seiner reichen humanistischen Tradition zum Trotz fast widerstandslos einer von innen kommenden Diktatur ausgeliefert. Es hatte sich von der dumpfen Ideologie dieses politischen Systems dazu verführen lassen, die eigenen jüngsten Kulturleistungen in Literatur und Kunst und die Freiheit der Wissenschaft zu verleugnen. Es begünstigte aus dem niedrigen Beweggrund des Konkurrenzneides den Rassenwahn des Antisemitismus und es ließ sich ohne Not in den grausamsten Vernichtungskrieg gegen die europäischen Nachbarn hineintreiben. Am Ende dieses kurzen, aber um so folgenreicheren Abschnitt aus der deutschen Geschichte war Deutschland, waren mit ihm weite Teile Europas zu Trümmerlandschaften geworden. Millionen unschuldiger Opfer waren zu beklagen; und war schon all dies schwer in Worte zu fassen, so war das schließlich und vor allem das, vor dem die Sprache im Grunde bis heute versagt: die systematische, mit technischen Mitteln besorgte Vernichtung der europäischen Juden, der Holocaust. Kann es verwundern, daß die beiden hier erörterten philosophischen Texte angesichts der angedeuteten zeitgeschichtlichen Vorkommnisse befremdlich abgehoben wirken?

Wenn diese Texte ungeachtet dieses Eindrucks hier zur Erörterung stehen, so nicht nur, weil sie in ihrer wechselseitigen Gegenposition das Problem der

Krise des Humanismus genauer zu fassen erlauben, sondern auch, weil sie ungewollt oder gewollt die Schwierigkeit zum Ausdruck bringen, mit der Krise des Humanismus überhaupt angemessen umzugehen. Ich werde die Erörterung der beiden Texte aber nicht nur kritisch gegeneinanderstellen, beide vielmehr durch einen dritten Text ergänzen, dessen Entstehung in die Zeit des Ersten Weltkriegs fällt und der eine neue philosophische Perspektive eröffnet, deren Wirkungsgeschichte bis in die jüngere und jüngste Philosophie hineinreicht. Ich meine das große, posthum erschienene Buch Hermann Cohens, des Begründers des Marburger Neukantianismus: „Religion der Vernunft aus den Quellen des Judentums" von 1918. Von diesem Buch – einem der wichtigsten Werke in der Philosophie des 20. Jahrhunderts – führen direkte Gedankenwege zu Franz Rosenzweigs „Stern der Erlösung" und zu Emmanuel Levinas' ethisch-religiösem Denken. Was die Positionen der drei hier vorgestellten Denker Heidegger, Jaspers und Cohen miteinander verbindet, ist die von ihnen geteilte Annahme einer tradierten und traditionell gewordenen Zusammengehörigkeit von Humanismus und Humanität. Es ist in der Annahme einer solchen Zusammengehörigkeit gelegen, daß Humanismus und Humanität nicht zusammenfallen, daß sie nicht identisch sind. Wenn von einer Krise oder von Krisen des Humanismus die Rede ist, so haben diese ihre Bedingungen an jener Nicht-Identität. Aber während allen drei genannten Denkern diese Nicht-Identität wohl bewußt ist, ist es allein Hermann Cohen, der sich auf die Suche nach den tieferen Gründen begibt, aus denen auch jene Zusammengehörigkeit von Humanismus und Humanität entsprungen ist. Und er findet sie in einer Religion der Vernunft, deren jüdische Quellen er benennt. Heute – im Jubiläumsjahr 2000 – stellt sich die Krise des Humanismus zweifellos anders dar als vor einem halben Jahrhundert. An die Stelle des Bewußtseins, noch einmal davon gekommen zu sein, nicht mehr unmittelbar vor einer Katastrophe oder direkt inmitten einer solchen zu stehen, hat sich in Europa ein neues Bewußtsein allgemeiner Sicherheit und eines weithin verteilten Wohlstandes gebildet. Die europäischen Völker haben auf der Grundlage allenthalben gefestigter rechtstaatlicher Demokratien nachbarschaftlich-freundschaftliche Verbindungen entwickelt, die in transnationale Organisationsformen einmünden.

Zum heutigen europäischen Selbstbewußtsein gehört das Wissen um einen bestimmten Ort und um bestimmte Aufgaben und Funktionen im Ganzen der bewohnten Erde, deren Teile sich immer schneller und in immer schnelleren Kommunikationsformen zusammenschließen. Zu diesem Selbstbewußtsein gehört aber auch das Bildungswissen um den Humanismus, besser: um die Humanismen, die ein wesentliches Stück der europäischen Geschichte ausmachen. Der Humanismus zeigt sich jenem Bildungswissen als europäischer Humanismus und als europäisches Kulturgut. Mit dem Wissen um diese Spezifizität des Humanismus ist ein Bewußtsein um seine Grenzen untrennbar verbunden. Dieses Bewußtsein gehört zur Krise des heutigen Humanismus, soweit dieser als europäisches Kulturgut betrachtet wird. Aber es geht bei dieser Krise nicht nur um das Verblassen der Vorbilder der griechisch-römischen Kultur, nicht nur um das Problem der Entwertung der humanistischen Bildung und die Kritik an der allgemeinen Verbindlichkeit eines literarischen Kanons mit seinen klassischen Werten der Kunst und Wissenschaft, der Religion und der Philosophie. Die Selbstverpflichtung des modernen demokratischen Rechtsstaates zur Ausbildung seiner Bevölkerung läßt mannigfache Formen der Fortbildung entstehen, die sich von der unmittelbaren Rückbindung an die Formen der Arbeitswelt ablösen. Auf diese Weise verliert die humanistische Bildung das Privileg einer elitären Bildungsform. Die mannigfachen Formen der Freizeitgestaltung, neue Werte und Normen dessen, was als Kunst gilt, treten neben die traditionellen Formen der humanistischen Bildung, ohne zwangsweise mit diesen zu konkurrieren. Was humanistische Bildung ist, ist selbst keine selbstverständliche, wohlumschreibbare Gegebenheit mehr, die es erlaubte, einfach über Zugehörigkeit und Nicht-Zugehörigkeit zu ihr zu entscheiden. Der Fachausdruck der „Postmoderne", gewiß wegen seiner Mißverständlichkeit kein glücklicher Ausdruck, bezeichnet dieses neuartige Phänomen des beliebigen Nebeneinander verschiedener Lebens- und Bildungswelten, die sich dem auf Bildungskonsum bedachten Menschen zur Auswahl anbieten. Geschmacklosigkeit und Unkultur sind hier keine absoluten Grenzmarken mehr, die sich an feste Normen binden, sondern zunächst nur rhetorische Wendungen im Wechselspiel jener Welten. Indem immer mehr Menschen der Erdbevölkerung durch Fernsehen und Internet an einer einheitlichen Welt des Geschehens und Wissens teilgewinnen, scheint Nietzsches Vision von der Möglichkeit einer „Fernstenethik" realisierbar zu werden. Denn jedes Geschehnis kann nun überall gegenwärtig werden, auch jedes Geschehnis von Wissen. Die Frage ist aber, auf welche Weise sich solche Fernstenethik entwickelt; und um was für eine Ethik es sich handelt; ob die Erweiterung des Horizonts der Menschen deren Sinn für Verantwortlichkeit stärkt oder schwächt und zwar in der einen und in der anderen Hinsicht: der der Nächsten- und der der Fernstenethik. Manches, wie die wachsende Verantwortlichkeit für die Erhaltung der natürlichen Lebensbedingungen der Menschen, darf als ein Fortschritt verbucht werden[1].

2.

Die Zweideutigkeit der Technik, die Möglichkeit, diese sowohl zum Nutzen wie auch zum Schaden der Menschen zu verwenden, war schon für Plato Gegenstand des Nachdenkens. Gegen die undurchschaubare Zweideutigkeit im

---

1   Vgl. im Hinblick auf die Humanismusdebatte D. BERTHOLD-BOND, Can there be a Humanistic Ecology? A Debate between Hegel and Heidegger on the Meaning of Ecological Thinking, in: Sociological Theory and Practice 1999, S. 279-309.

Verhältnis von Nutzen und Schaden hat er die Instanz der Philosophie zu Hilfe gerufen, die Instanz einer Erkenntnis, deren Telos es ist, zu erkennen, was dem Menschen wahrhaft nützt und was wahrhaft schadet. Es ging in dieser philosophischen Erkenntnis um die Frage des guten menschlichen Lebens angesichts der Idee des Guten. Der immer schneller sich ausbreitende technologische Fortschritt läßt uns Heutige jene Zweiwertigkeit und Zweideutigkeit in einer extremen Zuspitzung erleben. Dem Schwanken zwischen Enthusiasmus für die Technik und der Technikfeindschaft korrespondieren Hoffnungen und Ängste der Menschen, die häufig so irrational anmuten wie jene archaischen Befindlichkeiten, gegen die Wissenschaft und Technik einst als Heilmittel auftraten. Die öffentlichen Medien lieben das Spiel mit diesen Befindlichkeiten. Die Reparaturmedizin und die Gentechnologie sind herausragende Paradigmen dieser Zuspitzung. Zu den Symptomen der heutigen Krise des europäischen Humanismus gehört auch die Krise der heutigen Philosophie. Damit ist nicht nur die Krise eines bestimmten philosophischen Systems oder einer bestimmten Schulrichtung gemeint, nicht die vielbesprochene Krise der Metaphysik und des wissenschaftlichen Positivismus, nicht die Krise der Hermeneutik. Gemeint ist aber auch nicht nur das Krisensymptom eines philosophischen Pluralismus, der nicht mehr von einer einheitlichen Grundfrage durchherrscht ist, sondern der auf viele Fragen viele Antworten zu finden einlädt, der Vielfalt der Geschmacks- und Interessenrichtungen der Postmoderne entsprechend. Zur Krise der europäischen Philosophie gehört vor allem der Verlust an Autorität in Sachen des Glaubens und Wissens und in der Bestimmung menschlicher Grundwerte. Im heutigen Stimmengewirr des Glaubens und Wissens ist die Philosophie nur eine Stimme neben anderen, eine mannigfach in sich geteilte Stimme. Die Krise des europäischen Humanismus und die europäische Philosophie gehören in bestimmter Weise zusammen. Diese Philosophie ist in jenem Humanismus entsprungen, und sie hat diesem ihr Gepräge gegeben. Es läßt sich nicht mit Bestimmtheit ausmachen, wann diese Krise begonnen hat, ob vor fünfzig oder vor hundert Jahren oder noch früher. Die Geschichte Europas ist eine Geschichte des europäischen Humanismus, und diese Geschichte stellt eine Abfolge von Humanismen und deren Krisen dar, die genauer zu bestimmen Sache der Humanismus-Forschung ist. Die europäische Philosophie hat ein eigentümliches Spannungsverhältnis zum Humanismus, dem sie ihren Ursprung verdankt. Sie ist durch denselben bedingt, während sie andererseits ihrem Wesen entsprechend die eigene geschichtliche und kulturelle Bedingtheit transzendiert. Die Philosophie zielt auf Universalität. Darin liegt das Streben nach Erweiterung des Horizontes des theoretischen und praktischen Wissens – darin liegt auch die Sache des Humanismus als eine den Menschen als solchen betreffende Frage zu sehen.

Wenn die Philosophie sich mit der Frage des Humanismus beschäftigt, wenn sie sich mit der Krise dieses Humanismus befaßt, so ist die unabweisbare Frage die, wie sie diese Krise sieht und wie sie diese bewertet und welche Folgerungen sich für sie daraus ergeben. Die hier genannten Philosophen, Heidegger, Jaspers und Hermann Cohen stimmen in einigen wichtigen Punkten überein. Sie anerkennen alle im europäischen Humanismus die Quelle der europäischen Philosophie, wenn auch mit gewissen noch zu benennenden Vorbehalten. Und sie anerkennen in der Philosophie die Idee, die eigene geschichtliche und kulturelle Bedingtheit transzendieren zu können und die Bemühung, mit ihrer Sprache, mit der Sprache der Philosophie alle Menschen erreichen und allen Verbindliches sagen zu können. Alle drei nehmen die zuvor angesprochene Autorität der Philosophie als maßgebliche Instanz des Glaubens und Wissens in Anspruch, die im europäischen Humanismus ihre Grundlagen hat. Diese Gemeinsamkeiten sind um so erstaunlicher angesichts der ungewöhnlich weitgehenden Verschiedenheit der jeweiligen Denkformen und Darstellungsweisen und der jeweils eigentümlichen Grundposition. Heideggers fundamentalontologisches, und Jaspers' existenzphilosophisches Denken unterscheiden sich untereinander bis in die ursprüngliche Fragestellung hinein. Und beide sind wiederum und noch stärker zu unterscheiden von dem philosophischen Ansatz des reinen Idealismus Hermann Cohens, der der Transzendentalphilosophie Kants eine neue Wendung gegeben hatte. Aber so unterschiedlich diese drei Positionen untereinander auch sind: gerade im Blick auf die Krise des Humanismus, im Blick auf die Bestimmung derselben und den Umgang mit ihr gibt es eine stille, zunächst kaum auffallende Beziehung in den Differenzen. Diese ist in der teilweise unausgesprochenen, aber nicht weniger wirksamen Präsenz Friedrich Nietzsches gegeben. Hier – in Nietzsches Werk – waren alle Register einer philosophischen und kulturkritischen Kritik am europäischen Humanismus gezogen worden, einer Kritik, die nicht Destruktion, sondern Erneuerung des Humanismus zu wollen beanspruchte. (Von dem Thema des Mißbrauchs Nietzsches durch die nationalsozialistische Ideologie muß ich hier aus Platzgründen absehen). Nietzsche ging es darum, die abgründige Krise des europäischen Humanismus zu artikulieren und zu diagnostizieren, um durch rhetorische Zuspitzung der beobachteten Entwertung maßgeblicher Grundwerte entsprechende Umwertungen und Neubewertungen zu provozieren, dabei auch das Instrument mißverständlicher Schlagworte nicht verschmähend. Kulturkritik und Krise des Humanismus gehörten hier zusammen. Sie betrafen den Gesamtzusammenhang der menschlichen Grundwerte, wie sie im griechisch-römischen und im christlichen und frühneuzeitlichen Humanismus entwickelt worden waren: den Grundwert der menschlichen Person und die Grundwerte der antiken und der christlichen Tugendlehre, zusammengedacht im Grundwert der Menschenliebe und der Menschenachtung.

Aber Nietzsche war nicht nur der große Kritiker der humanistischen Kultur in ihren modernen europäischen Krisensymptomen. Er war es auch, der den untrennbaren Zusammenhang zwischen dieser Krise und der Krise der ihr zugehörigen Philosophie und die hier entspringenden Vorurteile durchdacht hatte. Heidegger, Jaspers und Cohen: sie haben alle drei ihren spezifischen Weg des Umgangs mit Nietzsches Denken: mit seiner an Destruktion grenzenden Kritik der Moral und mit seiner Entwertung der Idee einer autonomen Wahrheit, die als Wahrheit um ihrer selbst willen erstrebt und gesucht wird. Aus Heideggers Sicht bleibt Nietzsche im Bann des von ihm kritisierten Denkens. Die Substitution der moralischen Grundwerte durch ein dynamisches Räderwerk des menschlichen Trieblebens, das zur Befriedigung seiner Bedürfnisse Werte erfindet, ist auch nur ein Stück Metaphysik und ein Produkt des kritischen Humanismus[2]. Demgegenüber hat Jaspers Nietzsches psychologische Entdeckungen, die geheimen Mechanismen der Kompensation unerfüllbarer Triebregungen durch Umwertungen und durch Verzerrungen und Verfälschungen einstmals intakter Werte für wichtige psychologisch-philosophische Erkenntnisse erachtet. Was ihn abstieß, war der prophetische Gestus in der Propagierung des neuen Menschen. Gegen diesen beschwor er eine methodische Trennung des Humanen vom Inhumanen in Nietzsches Kultur- und Wertkritik. Ganz anders ist die Auseinandersetzung Cohens mit Nietzsches Werk. Daß eine solche stattfindet, zeigt sich nur am Vorkommen einiger weniger Schlüsselworte aus dessen Sprachrepertoire, wie zum Beispiel dem des Übermenschen. In Wahrheit aber wird hier Nietzsches Wahrheit- und Wertkritik durch eine grundsätzliche Gegenüberlegung aus den Angeln gehoben: Es ist wahr, daß die europäische Philosophie ihre maßgebliche Quelle im europäischen Humanismus hat. Insofern ist sie humanistische Philosophie und Philosophie aus dem Geist dieses Humanismus. Aber die Quelle ist nicht der Ursprung. Den Ursprung findet die Philosophie in ihr selbst. Darin liegt ihre Autonomie und ihr ursprünglicher Wahrheitswert als Schöpfung des Menschen. Die Dinge liegen also umgekehrt: Nicht ist die Philosophie aus dem europäischen Humanismus zu begreifen, sondern dieser muß als ein ursprüngliches Erzeugnis der Philosophie verstanden werden, die in ihrem Tun ihr Erzeugnis in Richtung auf die Idee der Allheit der Menschen transzendiert. Auf diese Weise gelangt Cohen im Vergleich zu Heidegger und Jaspers zu einem vertieften Verständnis des europäischen Humanismus. Dessen Kulturerscheinung im Ganzen wird gespeist aus den ursprünglichen von der Philosophie in ihren Grundlegungen bestimmten Kulturerscheinungen: der mathematischen Naturwissenschaft, der Ethik, der Kunst, der Religion. Heideggers und Jaspers' Bestimmung läuft Gefahr, den Humanismus lediglich als eine Tradition der Gelehrsamkeit und der literarischen Bildung zu denken vor dem Hintergrund von Wilhelm Diltheys Grundlegung der Geisteswissenschaften. Cohens

---

2 Vgl. J. HALGE, Nietzsche, Heidegger, and the critique of Humanism, in: Journal of the British Society for Phenomenology 1991, S. 75-79.

Begriff des europäischen Humanismus hat den beiden anderen philosophischen Positionen gegenüber ihre besondere Aktualität darin, daß hier die moderne Naturwissenschaft mit in die Verantwortung gegenüber den ursprünglichen humanistischen Werten eingebunden ist.

3.

Die allseits in Anspruch genommene Affinität zwischen dem Humanismus und der Humanität differenziert sich nun bei den drei hier nebeneinander gestellten Philosophen auf jeweils spezifische, ihrer Methodik entsprechende Weise. Heidegger folgt in seinem Humanismus-Brief immer noch den phänomenologischen Schritten der Reduktion und der Destruktion, aber so, daß das letztere methodische Moment gegenüber dem ersteren eindeutig die Oberhand hat. Ausgangspunkt ist für ihn die Unterscheidung des europäischen Humanismus als Begriff des allgemeinen Kulturbetriebs und der akademischen Schulphilosophie von einem dem ursprünglichen Denken entstammenden Begriff, in dem dieser Kulturbegriff auf sein rein formales Wesen reduziert gedacht ist. Demzufolge ist der wahre Humanismus Sorge des Menschen um den Menschen. Mit der Gewinnung dieses formalen Begriffes ist die methodische Voraussetzung für die Destruktion des europäischen Humanismus gegeben. Da ist zunächst die Wesensbestimmung des menschlichen Daseins in „Sein und Zeit" als Sorge dieses Daseins in seinem Sein um sein Sein; und da ist die Fortbestimmung dieser Sorge zu einem Verhalten des Seinsverständnisses und der Sinndeutung in einem vorläufigen, einem vorontologischen Sinne als Sorge des alltäglichen Daseins. Auf den ersten Blick scheint dieser philosophische Ansatz in bester Übereinstimmung mit der Tradition des europäischen Humanismus und mit dessen Bestimmung des Menschen als Sorge um seine Humanität. Aber in Wahrheit ist diese philosophische Destruktion und deren Instrumentarium der Reduktion und der Formalisierung in dem hier geübten methodischen Gebrauch mit dem Humanismus überhaupt nicht direkt vergleichbar. Die fundamentalontologische Sorge ist nicht die humanistische Sorge. Die fundamentalontologische Sorge ist methodisch bestimmt durch eine Urteilsenthaltung hinsichtlich der Geltung möglicherweise involvierter humanistischer Wertbestimmungen. Und das Analoge ist hinsichtlich des vorontologischen Seinsverständnisses der alltäglichen Sorge des Menschen um das Sein zu sagen. Ausdrücklich bemerkt Heidegger, daß es sich bei der Welt der Alltäglichkeit nicht um eine primitive, beziehungsweise um eine kulturlose Welt handelt, sondern um die Lebenswelt des Menschen unter dem methodischen Gesichtspunkt der Urteilsenthaltung hinsichtlich der möglichen Wirksamkeit humanistischer Leitbilder. Die alltägliche Lebenswelt des Menschen ist außer Vergleich mit Kulturwelten des europäischen Humanismus gesetzt. Insofern ist es auch ein irreführender Schein anzunehmen, in

Heideggers „Sein und Zeit" sei in vollem methodischen Bewußtsein die Priorität in Verhältnis von Humanismus und Humanität endgültig zugunsten der letzteren entschieden. Anstelle eines solchen Primates sind wir vielmehr mit einer Mannigfaltigkeit von Zweideutigkeiten konfrontiert, die der geübten Methode der Destruktion entstammen. Zweideutig ist der Sinn von Sein, dem die menschliche Sorge gilt; und zweideutig ist die Alltagswelt im Blick auf die europäische humanistische Tradition.

Auf diese Weise hat Heidegger in „Sein und Zeit" unter dem Stichwort „vorontologisches Seinsverständnis" einen Spielraum für beliebige Selbst- und Weltdeutungen des Menschen eröffnet, der die Bestimmung der Sorge um das Sein einer korrespondierenden Beliebigkeit aussetzt. So gesehen ist es einleuchtend, daß manche Heidegger-Interpreten in seinem Werk die Postmoderne vorgedacht finden. Im Grunde wandelt Heidegger hier in den Spuren Nietzsches. In seinem „Brief über den Humanismus" von 1946 hatte er andere Sorgen. Es war hier in erster Linie die Sorge, die philosophische Bedeutung der Destruktion könne im Sinne der Zerstörung und der Erzeugung des Destruktiven mißverstanden werden; und als ginge es um Verharmlosung oder gar um Legitimation von Inhumanität[3]. Destruktion, methodisch verstanden, sei ein neues Verfahren zur Freilegung eines Ungedachten – hier des ungedachten Wesens des Menschen, angesichts des Versagens traditioneller kritisch-analytischer Verfahren der Metaphysik. Das Zusammenspiel dieses Kernstücks der europäischen Philosophie mit dem europäischen Humanismus läßt sich wie im Brennpunkt eines Spiegels in der klassischen Definition des Menschen als animal rationale und im theoretisch-praktischen Umgang mit dieser Bestimmung fassen: die Unverträglichkeit der beiden Teile der Definition löst sich auf in der Auffassung eines Weges: sie führt den Menschen von seiner Tierheit hinauf zu seiner göttlichen Bestimmung dank der Vernunft: „Edel sei der Mensch, hilfreich und gut – denn das allein unterscheidet ihn von allen Wesen, die wir kennen" (Goethe). Was Heidegger dieser Grundidee entgegenhält, ist der methodische Einwand, daß der Weg als Weg des Erkennens und Handelns seinen Ausgang nimmt von einem Wesen, das uns wegen seiner befremdlichen Nähe und Distanz unbekannter ist als jene „höheren Wesen, die wir ahnen" (Goethe) und in denen wir nur unser eigenes Wesen spiegeln. So gelangt der Mensch, Heidegger zufolge, nicht zu seiner höheren Bestimmung. Sein Gedanke darf nicht mißverstanden werden. Die Kritik am Humanismus will nicht eine vermeintliche Leibfeindlichkeit der christlichen Humanismus beanstanden. Im Gegenteil. Der Humanismus, der von Winckelmann über Goethe und zu Hegel reicht, hat gerade die Bedeutung der Skulptur und deren Verschönung und Vergeistigung des menschlichen Leibes

---

3 Vgl. E. KOHAK, Die Erheblichkeit des Humanismus in dürftiger Zeit, in: Auslegung, 7/1980, S. 184-
   204.

vor Augen: die Götter- und Heroengestalt, die Olympioniken und die Gestalten wie Laokoon, die sich in dem Kampf als groß erweisen. Es fällt auf, daß in Heideggers Betrachtungen zur Kunst die Skulptur keinen Raum hat. Aber auch dieses Mißverständnis muß man vermeiden, Heidegger wolle auf die Gegenseite des Weges, auf den Weg von den Göttern zu den Tieren hinweisen, als einen Weg, auf dem der Mensch über die humanistische Selbstbestimmung hinausreiche.

Die idyllisch-bukolische Wendung in der Wesensbestimmung des Menschen als „Hirte des Seins" will die Aufmerksamkeit nicht auf die Kulturentwicklung des Menschen von der Agrikultur zur Tierzucht lenken. Sie ist auch keine belächelnswerte Metapher für menschliches Führertum. Heidegger strapaziert die gedankliche Tradition, um eine neue Bestimmung des Menschen auszudenken, in der es nicht um Kampf und Sieg geht, auch nicht um den Kampf mit sich und um den Sieg über die eigenen Schwächen wie in der antiken und in der christlichen Tugendlehre. Karl Jaspers hat ungeachtet der lebenslangen Faszination durch das Heideggersche Denken, welches allein er dem seinigen in seiner Zeit für ebenbürtig erachtete, immer Distanz zu diesem Denken gewahrt. Er fand hier gesteigert, was ihn schon bei seiner Nietzsche-Lektüre erschreckt und abgestoßen hatte: ein prophetisches Gehabe des Redens, in dem die vernünftige philosophische Unterscheidung zwischen Glaube und Wissen verletzt ist. Anstelle der Verwandlung von Kritik in Destruktion hielt er es mit der klassischen Bestimmung der Kritik als Unterscheiden mittels der Reflexion zum Zwecke der Gewinnung angemessener Differenziertheit und Klarheit. Dementsprechend hat er an den Anfang seiner Bemühungen um einen neuen Humanismus die Unterscheidung zwischen einem engeren und einem weiteren Begriffe desselben gestellt: Der weitere schließt in sich drei untrennbare begriffliche Komponenten ein: *Ein Bildungsideal als Aneignung der klassischen Überlieferung, dann die Wiederherstellung des gegenwärtigen Menschen aus dem Ursprung, schließlich die Humanität als Anerkennung der Menschenwürde in jedem Menschen.* Klassische Literatur, Philosophie und universale Menschenrechte gehen in diese weite Bestimmung des europäischen Humanismus ein. Auch Jaspers' Bemühung um einen neuen Humanismus kann auf einen impliziten Humanismus in seinem wissenschaftlichen und philosophischen Werk zurückblicken, nicht nur auf die tradierten Bildungsgehalte, sondern auch auf die wichtigsten philosophischen Grundbegriffe. Einer der frühesten Grundbegriffe in diesem Werk ist auf den weiten Begriff des Humanismus bezogen. Ich meine den Begriff der Grenzsituation, dem im gesamten Werk eine Schlüsselrolle zukommt. Die Bedeutung dieses Begriffes im Verhältnis zum traditionellen Humanismus liegt darin, daß das Gewicht der Humanität von einem Habitus und einer Vollkommenheit auf die Bewährung in einer bestimmten Situation verlagert wird. Grenzsituationen sind Situationen, in denen der Mensch durch sein Verhalten sein Mensch-Sein, seine Humanität und Menschlichkeit bewähren muß. Die fraglichen Situationen sind dabei keineswegs solche, die immer Siege verheißen. Die Humanität kann sich nicht nur im Kampf, sie muß sich gerade auch im Leiden und in der Schuld und Not bewähren.

4.

Die Dimension der Humanität ist in Jaspers' Werk aber durch ein weiteres philosophisches Lehrstück erweitert: das der existentiellen Kommunikation. Die Ethik hat ihren ursprünglichen Ort nicht ausschließlich und auch nicht notwendig primär im Verhältnis des Menschen zu sich. Sein wahres Selbstsein findet er zuerst in der existentiellen Kommunikation, die ihrerseits ein „echtes" Selbstsein voraussetzt. Sie hat ihren zentralen Ort nicht zuletzt in der ungewöhnlichen Zweisamkeit zweier Menschen. Wie immer die traditionellen humanistischen Tugenden des Selbstseins, Besonnenheit und Weisheit, gewertet sein mögen, hier in der existentiellen Kommunikation sind Grundwerte der Humanität wie schonungslose Offenheit und vorbehaltlose Wahrhaftigkeit in der freundschaftlichen, beziehungsweise liebenden Zuwendung gefordert. Heidegger hat den neuen Menschen gesucht auf dem Wege der Verrückung seiner anthropozentrischen Position gegenüber dem Sein. Von einem „Hirten des Seins" war nicht die Entfaltung von Macht gefordert, sondern das Bemühen, Schutz zu gewähren und Bewahrung zu ermöglichen[4]. Jaspers sucht demgegenüber zunächst den Weg zum Humanismus über die partnerschaftliche Zweisamkeit, in der der Kampf, – diese Ursituation des Menschen – sich vollständig verwandelt. Allerdings: In dem hier herangezogenen Aufsatz über „Die Bedingungen und Möglichkeiten eines neuen Humanismus" sah er im Rückblick auf die Grausamkeiten der NS-Diktatur einen zwingenden Anlaß, seinen philosophischen Ansatz zu vertiefen. Der neue Humanismus sollte den neu sich entwickelnden technologischen und politischen Bedingungen der menschlichen Existenz besser gerecht werden. Jaspers hat das Thema ausdrücklich beim Namen genannt, das in der Tradition der humanistischen Philosophie immer verharmlost worden war: das Böse im Menschen. Selbst das von Kant sogenannte „Radikal-Böse" in seiner „Religion innerhalb der Grenzen der bloßen Vernunft" war eine solche Verharmlosung der realen Erscheinungen des Bösen durch den philosophischen Begriff. Auch dasjenige Böse scheute Jaspers nicht in seine Betrachtungen einzubeziehen, welches Kant das Teuflische genannt, aber trotz aller Skepsis gegenüber dem Menschen nicht hatte der Philosophie anvertrauen wollen. Gegen das Böse im Menschen in der Vielfalt seiner Ausdrucksformen und Realisierungen hat Jaspers vor allem zwei Gedanken aufgeboten, die beide der jüdisch-christlichen Tradition entstammen, die aber über ihren religiösen Gehalt hinaus rechtlich und politische

---

4 Vgl. D. PASCAL, Der Hirt des Seins, in: Heidegger Studies 9 (1993), S. 53-62.

Relevanz besitzen. Der eine ist der der Befähigung des Menschen zur moralischen Erneuerung, die Möglichkeit, seiner inneren Einstellung und seinem
Selbstbewußtsein folgend von vorne zu beginnen. Der andere entsprang der
Unterscheidung der verschiedenen Bedeutungen der Schuld, die über die
rechtliche, politische und moralische Schuld hinaus auf die Idee einer metaphysischen Schuld des Menschen führte. In dieser Idee wird die Verantwortlichkeit des Menschen für den Menschen erweitert, über den Bereich der unmittelbaren Nähe des Anderen hinaus, dem in der Not zu Hilfe zu kommen
eine rechtliche und eine moralische Verpflichtung ist. Die Rede von der metaphysischen Schuld erweitert die Verantwortlichkeit des Menschen für den
Menschen auf den Bereich von Situationen, in denen der Mensch durch seine
Verpflichtung zur Unterstützung und Hilfe Anderer sich selbst in Gefahr
bringt.

Die Möglichkeit zur Selbsterneuerung des Menschen als Geschenk und als
Gnade, diese Möglichkeit des neuen Menschen wiegt mehr als spekulative Er-
kundungen neuer technologischer Möglichkeiten des Menschen. Man mag in
der Idee der metaphysischen Schuld eine Überforderung der sittlichen Möglichkeiten sehen. Aber sie bildet ein unverzichtbares Gegengewicht zu den
Strategien der menschlichen Psyche, sich schwierigen Verantwortlichkeiten zu
entziehen. Die metaphysische Schuld ist die Einforderung einer Tapferkeit, die
in der Tradition des humanistischen Lobes dieser Tugend steht und diese im
Blick auf die verbreitete Feigheit und Anpassungsbereitschaft der Menschen
verschärft. Es ist eine Tapferkeit, die von der Zivilcourage und von der Weigerung, mitzutun bei unrechtem Verhalten bis zur Aufopferung für den Anderen reicht. In der Idee der metaphysischen Schuld wird die Idee einer alles
verbindenden Menschheit sichtbar. Unter diesen Gesichtspunkt gehört auch
ein weiterer philosophischer Grundgedanke, dem Jaspers in seinem Spätwerk
nachgegangen ist. Es ist der Gedanke der Erweiterung des europäischen zu einem kosmopolitischen Humanismus. Bei dieser Erweiterung geht es nicht nur
um die Einrichtung des modernen demokratischen Rechtsstaats als allgemein-
gültige Staatsform in allen Ländern der Erde; auch nicht nur um die Schaffung
internationaler Organisationsformen, welche immer besser instand gesetzt
werden sollen, die Grundrechte der Menschen zu sichern und deren Verletzung abzuwenden. In Jaspers' Spätphilosophie geht es um die Berührung, um
den Dialog zwischen den Weltkulturen. Dieser Dialog hat eine lange Geschichte, die die Geschichte des kosmopolitischen Humanismus ist. Dieser
sprengt seit Beginn die Enge eines europäischen Humanismus. Jaspers hat den
geschichtlichen Anfang dieses humanistischen Dialoges in die sogenannte
Achsenzeit gelegt, in eine Epoche, in der die großen Hochkulturen der Welt
einander zum ersten Mal begegneten. Um diesen Begriff der Achsenzeit geht
es mir hier nicht; wohl aber um eine Einsicht, die sich aus ihm gewinnen läßt:
daß wir dann eine menschliche Kultur eine humanistische nennen, wenn in ihr

gewährleistet ist, daß der Mensch in seinem Nebenmenschen und Mitmenschen den Menschen zu erkennen und anzuerkennen vermag. Jaspers' große Schülerin, die Philosophin Jeanne Hersch aus Genf, hat im Auftrag der UNESCO eine Anthologie herausgegeben unter dem charakteristischen Titel „Das Recht, ein Mensch zu sein"[5]. In dieser Textsammlung geht es nicht nur um die Rechte, die jemand in einer bestimmten Konstellation, beziehungsweise in einer Situation hat, sondern um das Recht des Menschseins. Die Humanität ist hier als Grundrecht und als Grundpflicht gedacht. Dabei handelt es sich um Texte der verschiedensten Art, um Lieder, Sprüche, Aphorismen, um Texte aus mythischen Berichten und aus rationalen Gesetzesaussagen. Es sind Texte der Menschheit aus allen Epochen und aus allen Gebieten der Weltliteratur. Die Texte dokumentieren das Grundrecht des Menschseins ihrem spezifischen Charakter entsprechend auf unterschiedliche Weise: als Klage über die Verletzung jener Rechte, als Mahnung und als Forderung, diesem Recht Eingang zu verschaffen und als nüchterne Satzung.

Jeanne Herschs Dokumentation zeigt, daß der Gegensatz zwischen der Universalität der Menschenrechte und der Pluralität der mannigfachen Kulturen und Menschheit ein Schein ist. Wohl aber ist es traurige Realität, daß das Recht Mensch zu sein, überall auf der Erde, wenn auch in unterschiedlichem Maße, immer aufs neue verletzt wird. Die schlimmsten Menschenrechtsverletzung sind die Folter, der Mord und die Todesstrafe. Herman Cohens Philosophie ist in unserem lärmenden, auf äußere Wirkung bedachten Zeitalter eine Stimme wie aus anderer Zeit. Und doch hat sie ihre heutige Aktualität gerade in der Grundidee, die sie in all ihren verschiedenen systematischen Explikationen trägt: Es ist dies die Idee der einen allumfassenden Menschheit, deren Ursprung im jüdischen Messianismus gelegen ist. Nicht erst die Ethik, schon die ihr vorangehende Logik der reinen Erkenntnis hat diese Idee vor Augen, wenn es ihr um die Grundlegung der wissenschaftlichen Erkenntnis im Urteil der Allheit geht. Die Ethik ist, auch wenn sie die Logik der reinen Erkenntnis voraussetzt, der Mittelpunkt der Philosophie. Der Primat der Philosophie gegenüber dem europäischen Humanismus, aus dessen Quellen sie entsprungen ist, verdankt sich dieser philosophischen Ethik. Es ist Cohen zufolge die Ethik, welche die Grundlage der Kulturwissenschaft bildet. Sie stellt sozusagen deren Logik, beziehungsweise deren Mathematik dar. Als eine solche Logik bildet sie einen systematischen Zusammenhang ethischer Ideen von universalem Charakter. An diesen Universalien hat die menschliche Kultur den kritischen Maßstab ihrer Unzulänglichkeiten und ihrer Möglichkeiten des Fortschritts in Annäherung an ein Ideal. Alle ethischen Ideen und ihr Ideal beziehen sich auf die Einheit der einen Idee der Menschheit. Um die wichtigsten dieser Universalien zu nennen: Da ist der Wille, der sich von einem Affekt als einem bloßen An-

---

5   J. HERSCH (Hg.), Das Recht ein Mensch zu sein, Basel 1990.

triebsmotor unterscheidet durch seine vorgängige Bindung an das Sittengesetz
und durch seine Antizipation der Handlung. Und da ist die Handlung, die
mehr ist als ein bloßes Tun und Lassen, indem in ihr und durch sie das Sollen
des Willens zum Sein des Sollens wird. Und da ist schließlich das menschliche
Selbstbewußtsein, die Erkenntnis des Menschen im Blick auf seinen Willen
und auf seine Handlung, die auf diese Weise Selbsterkenntnis und Selbstbewußtsein wird. Die ethischen Universalien müssen sich an den verschiedenen
Rechtsinstituten, so an dem ursprünglichsten Rechtsinstitut des Vertrages bewähren, der in allen menschlichen Kulturen seinen bestimmten Ort hat. Der
Vertrag ist wie die aufgeführten ethischen Universalien an die Idee der einen
Menschheit gebunden, auch wenn in ihm nur eine bestimmte Anzahl von Personen rechtlich verpflichtet wird. Aber die besondere Auszeichnung des Vertrages besteht nicht nur darin, daß die Verpflichtung des Menschen zur Verbindlichkeit des Gesetzes hier auf die anderen Menschen ausgedehnt wird,
sondern darin, daß sich in dieser Verbindlichkeit das Verhältnis zwischen
Mensch und Mensch wandelt. Im Vertrag wird das Verhältnis zwischen Menschen zu einem persönlichen Verhältnis, zu einem Verhältnis zwischen Ich
und Du.

Aus Cohens „Ethik" kann ich hier angesichts der Fülle der Ideen nur die für
mein Thema maßgebliche Idee herausgreifen, die Idee der Humanität. Für
Cohen ist dies eine Tugend, die unter den vielen Tugenden ausgezeichnet ist:
Tugenden sind nicht die geübte Sittlichkeit selbst, sondern Wegweiser zu dieser. Jede Tugend ist einseitig. Die Tugend der Humanität hat ihre Auszeichnung darin, daß sie diese Einseitigkeit der anderen Tugenden korrigiert und
ausgleicht. In der Beschreibung der Humanität im Vergleich zu den anderen
Tugenden zeigt sich ein auffälliger Zug der Cohenschen Ethik. Es ist leicht,
diese als bürgerlich, als spätbürgerlich, als vergangen abzuqualifizieren. Aber
es ist eine Tugendlehre, die sich ausdrücklich gegen den falschen Heroenkult
und gegen die Verherrlichung des Spektakulären und Sich-Auffällig-Machens
um jeden Preis wendet. So wird es überraschen, die hohe Tugend der Humanität in die direkte Nähe zur Tugend der Freundlichkeit gestellt zu finden.
Freundlichkeit ist die Tugend der Mitmenschlichkeit. Sie ist nicht Güte, nicht
Liebe, nicht Freundschaft und hat doch etwas von alledem. Sie ist Sensibilität
für den anderen Menschen und Respekt angesichts des Andersseins desselben.
Cohen macht darauf aufmerksam, daß in der Freundlichkeit etwas von Freude
mitschwingt. Die Freundlichkeit ist keine spektakuläre Tugend. Viele halten
sie für einen überflüssigen Luxus. Daß sie den meisten Menschen so schwer
fällt, ist ein indirekter Beweis für ihren Status als Tugend. Sie ist Tugend – die
gegenüber jedermann geübt werden kann und soll. Zu Beginn des 20. Jahrhunderts ist Cohen durch einen neuen deutschen Antisemitismus aufge-
schreckt worden. Der Antisemitismus in Deutschland und in Europa steht
stellvertretend für jeden Fremdenhaß, für jede Unterdrückung von Minderhei-

ten, welche die tiefste Verletzung des europäischen Humanismus darstellen. In dem bereits erwähnten großen Nachlaßwerk „Religion der Vernunft aus den Quellen des Judentums" hat Cohen darauf aufmerksam gemacht, daß schon in Alt-Israel den Fremden durch die noachidischen Gesetze Rechtssicherheit und rechtliche Gleichstellung gewährt worden war. Sein Buch ist ein religionsphilosophisches Meisterwerk, nicht nur über die Religion des Judentums. Es ist auch eine bewußte Weiterführung der „Natürlichen Religion" und der Vernunftreligion der Aufklärung. Mit dem auffälligen Titel „Religion der Vernunft" wird eine spezifische Modifikation der Vernunftreligion der Aufklärung angedeutet. Cohen überschreitet im Rückgang auf die Quellen des Judentums die Grenzen des europäischen Humanismus. Während in diesem Wissenschaft und Ethik, Kunst und Religion ein komplexes kulturelles Gefüge bilden, kennt die jüdische Tradition eine ethisch-religiöse Kultur der Vernunft, die von der Wissenschaft nicht berührt ist.

Eine der Grundideen, die wichtigste und tiefste, mit der Cohen sein Werk beschließt, ist die Idee des Friedens. Der Begriff des Friedens ist ein Begriff der Ethik und des Rechts, der politischen Wissenschaft und der Politik, und er ist eine religiöse Idee. Diese Idee ist direkt und untrennbar mit der Idee der Menschheit verbunden: Wir unterscheiden den Seelenfrieden des menschlichen Herzens und den Rechtsfrieden; wir unterscheiden wiederum den Frieden unter den Völkern in einem bestimmten Abschnitt ihrer Geschichte von dem Frieden, unter dem alle Menschen versammelt sind. Dank dieses zuletzt genannten Friedens ist die Verwirklichung des ethischen, des rechtlichen und des politischen Friedens die vorrangige Aufgabe der Lebenden. Ich habe über die beiden Hauptbegriffe meines Themas, über Glaube und Wissen bislang kein Wort verloren. Aber indirekt habe ich über beide gesprochen in Verbindung mit der Verantwortung der Philosophie für die vernünftige Rede. Cohen hat die Beziehung zwischen Glaube und Wissen als Korrelation bezeichnet. Der Gebrauch dieses Terminus in Anwendung auf jene Beziehung besagt: beides gehört immer in der menschlichen Erkenntnis zusammen: der Glaube bildet den Ursprung, das Wissen das Ziel. Das Wissen ist kein Privileg der Wissenschaft. Ethik und Recht haben ihre Wissensansprüche und ihre Geltungsweisen des Wissens. Die heutige Krise des Humanismus ist nicht zuletzt eine Krise der Korrelation von Glaube und Wissen. Wir wissen nicht, was wir glauben sollen und was wir hoffen dürfen, und wir wissen nicht, was wir wissen können und was nicht. Und vor allem, wir wissen nicht, was wir tun sollen. Die dem europäischen Humanismus entsprungene Philosophie verstand sich als Wissen des Nichtwissens, als docta ignorantia. Eine solche Philosophie ist eingebettet in eine entsprechende menschliche Kultur. Die docta ignorantia ist die Sache der Humanität. Die Krise des heutigen Humanismus ist die Krise dieser Sache.

SCHRIFTENVERZEICHNIS
Prof. Dr. Eike WOLGAST

Die Siglen orientieren sich am Abkürzungsverzeichnis der Theologischen Realenzyklopädie

1966
Der Plan einer Straßburger Luther-Ausgabe (1536/38), in: AGB 7 (1966), Sp. 1131-1140
Vorwort und Nachträge zum reprographischen Nachdruck von: Otto Vogt, D. Johann Bugenhagens Briefwechsel, Hildesheim 1966

1967-1970
WA.B 12 - WA.B 14, Weimar 1967-1970 (hg. zusammen mit Hans Volz)

1967
Zum Briefwechsel Bugenhagens, in: ARG 58 (1967), S. 73-89

1968
Der Streit um die Werke Luthers im 16. Jahrhundert, in: ARG 59 (1968), S. 177-202

1970
Beschreibendes Handschriftenverzeichnis zur Korrespondenz D. Martin Luthers und seiner Zeitgenossen, Weimar 1970 (zusammen mit Hans Volz)

1971
Die Wittenberger Luther-Ausgabe. Zur Überlieferungsgeschichte der Werke Luthers im 16. Jahrhundert, Nieuwkoop 1971

1975
Acta Pacis Westphalicae. Rezension, in: GGA 227 (1975), S. 26-61

1976
Herrschaftsorganisation und Herrschaftskrisen im Täuferreich von Münster 1534/35, in: ARG 67 (1976), S. 179-202
Neue Literatur über den Bauernkrieg, in: BDLG 112 (1976), S. 424-440
Eine neue Müntzer-Biographie, in: Ebd., S. 291-303

1977
Die Wittenberger Theologie und die Politik der evangelischen Stände. Studien zu Luthers Gutachten in politischen Fragen, Gütersloh 1977 (QFRG 47)
Friedrich Christoph Schlosser, in: Ruperto Carola 29 (1977), S. 69-73

1979
In Memoriam D. Hans Volz, in: LuJ 49 (1979), S. 7-9

Absolutismus in England, in: Hans Patze (Hg.), Aspekte des europäischen Absolutismus, Hildesheim 1979, S. 1-22

Heinz Scheible, Melanchthons Briefwechsel. Rezension, in: GGA 231 (1979), S. 249-259

1980

Probleme des Widerstandsrechts im 16. Jahrhundert, in: Comité International des Sciences Historiques. XVe Congrès International des Sciences Historiques. Rapports II, Bukarest 1980, S. 341-353

Die Religionsfrage als Problem des Widerstandsrechts im 16. Jahrhundert, Heidelberg 1980 (SHAW.PH Jg. 1980. 9. Abh.)

Edition von: Luther „Dialectica", in: WA 60, Weimar 1980, S. 140-162

Geschichte der Luther-Ausgaben vom 16. bis zum 19. Jh., in: Ebd., S. 460-637

1981

Thomas Müntzer. Ein Verstörer der Ungläubigen, Göttingen 1981 (PerGe 111/112)

1982

Das Hambacher Fest als Ausdruck nationaler und demokratischer Opposition, in: Burschenschaftliche Bl. Jg. 97 H. 5 (1982), S. 125-132

Das Konzil in den Erörterungen der kursächsischen Theologen und Politiker 1533-37, in: ARG 73 (1982), S. 122-152

Widerstand im Dritten Reich, in: HdJb 26 (1982), S. 1-22

1983

Kleine Geschichte der Universität Heidelberg, Heidelberg 1983 (zusammen mit Peter Classen)

Luthers Beziehungen zu den Bürgern, in: Helmar Junghans (Hg.), Leben und Werk Martin Luthers von 1526 bis 1546. Festgabe zu seinem 500. Geburtstag, Berlin/DDR-Göttingen 1983; 2. Aufl. Berlin/DDR 1985, S. 601-612 (938-943)

Die Universität Heidelberg und die nationalsozialistische Diktatur, in: Joachim-Felix Leonhard (Hg.), Bücherverbrennung. Zensur, Verbot, Vernichtung unter dem Nationalsozialismus in Heidelberg, Heidelberg 1983, S. 33-53 (Teildruck aus: Kleine Geschichte der Universität Heidelberg)

Die Universität Heidelberg in der Zeit der Republik und Diktatur, in: Ruperto Carola 35. Jg. H. 69 (1983), S. 72-86 (Teildruck aus ebd.)

1984

Luther und die katholischen Fürsten, in: Erwin Iserloh – Gerhard Müller (Hg.), Luther und die politische Welt, Stuttgart 1984 (Hist. Forschungen 9), S. 37-63

Willy Andreas zum 100. Geburtstag, in: Ruperto Carola 36. Jg. H. 71 (1984), S. 48f.

Die geistige Gleichschaltung als Bestandteil der nationalsozialistischen Machtergreifung 1933, in: HdJb 28 (1984), S 41-55

Reform, Reformation, in: Otto Brunner – Werner Conze – Reinhart Koselleck (Hg.), Geschichtliche Grundbegriffe Bd. 5, Stuttgart 1984, S. 313-360

1985

Bugenhagen in den politischen Krisen seiner Zeit, in: Hans-Georg Leder (Hg.), Johannes Bugenhagen. Gestalt und Wirkung, Berlin/DDR 1985, S. 100-117

Gravamina nationis germanicae, in: TRE 14 (1985), S. 131-134

Mitherausgabe von: Semper apertus. Sechshundert Jahre Ruprecht-Karls-Universität Heidelberg 1386-1986, Bd. 1-4, Berlin-Heidelberg usw. 1985

Die kurpfälzische Universität, in: Ebd. Bd. 1, S. 1-70.

Das bürgerliche Zeitalter, in: Ebd. Bd. 2, S. 1-31.

Das zwanzigste Jahrhundert, in: Ebd. Bd. 3, S. 1-54

Politische Geschichtsschreibung in Heidelberg. Schlosser, Gervinus, Häusser, Treitschke, in: Ebd. Bd. 2, S. 158-196

Karl Hagen in der Revolution von 1848/49. Ein Heidelberger Historiker als radikaler Demokrat und politischer Erzieher, in: ZGO 133 (1985), S. 279-299

1986

Sechshundert Jahre Universität Heidelberg im Spiegel von vierzehn Dokumenten, Heidelberg 1986 (hg. zusammen mit Hermann Weisert)

Die Universität Heidelberg 1386-1986, Berlin-Heidelberg usw. 1986

Die Universität in ihrer Geschichte – 600 Jahre Universität Heidelberg, in: Hans Krabusch (Hg.), 600 Jahre Ruprecht-Karls-Universität Heidelberg, München 1986, S. 21-27 (auch in: Ruperto Carola 38 Jg. H. 75 (1986), S. 7-16)

Das Historische Seminar, in: Ebd., S. 131f.

Die Universität Heidelberg im Dritten Reich, in: Die Geschichte der Universität Heidelberg: Vorträge im Wintersemester 1985/86, Heidelberg 1986, S. 186-216

Karl Bernhard Hundeshagen, in: TRE 15 (1986), S. 701-703

1987

Willy Andreas, in: Badische Biographien NF Bd. 2, Stuttgart 1987, S. 4-7

Aus Tradition in die Zukunft: Universität Heidelberg, in: Hermann Röhrs (Hg.), Tradition und Reform der Universität unter internationalem Aspekt, Frankfurt a. M. usw. 1987

Dass. engl., in: Hermann Röhrs (Hg.), Tradition and Reform of the University under international Perspective, Frankfurt a. M. usw. 1987, S. 105-111

Einführung und: Phönix aus der Asche? Die Reorganisation der Universität Heidelberg zu Beginn des 19. Jahrhunderts, in: Friedrich Strack (Hg.), Heidelberg im säkularen Umbruch, Stuttgart 1987, S. 17f., 35-60

Die Beziehungen zwischen den Universitäten Leipzig und Heidelberg, in: Karl Czok (Hg.), Wissenschafts- und Universitätsgeschichte in Sachsen im 18. und 19. Jahrhundert, Berlin/DDR 1987, S. 102-109 (ASAW.PH 71 H. 3)

Die Beziehungen der Universität Heidelberg zu ihrem Umland in sechs Jahrhunderten, in: Ruperto Carola 39. Jg. H. 76 (1987), S. 96-108

Herausgabe von: Die Sechshundertjahrfeier der Ruprecht-Karls-Universität Heidelberg, Heidelberg 1987

Die Universität Heidelberg in der Zeit des Nationalsozialismus, in: ZGO 135 (1987), S. 359-406

1988

Feste als Ausdruck nationaler und demokratischer Opposition. Wartburgfest 1817 und Hambacher Fest 1832, in: Jahresgabe der Gesellschaft für burschenschaftliche Geschichtsforschung 1980/81/82 (erschienen 1988), S. 41-71

Der demokratische Bürger als Politiker. Bemerkungen zum dritten Band der Erinnerungen von Willy Hellpach, in: ZGO 136 (1988), S. 479-483

Thomas Müntzer. Ein Verstörer der Ungläubigen, 2. überarb. Aufl. Berlin/DDR 1988

1989

Beobachtungen und Fragen zu Thomas Müntzers Gefangenschaftsaussagen 1525, in: LuJ 56 (1989), S. 26-50

Die Obrigkeits- und Widerstandslehre Thomas Müntzers, in: Siegfried Bräuer – Helmar Junghans (Hg.), Der Theologe Thomas Müntzer, Berlin-Göttingen 1989, S. 195-220

Der Weg zum Pfälzischen Erbfolgekrieg und zur Zerstörung Offenburgs und der Ortenau im Jahre 1689, in: Die Ortenau Jg. 1989, S. 235-254

Der deutsche Antisemitismus im 20. Jahrhundert, in: HdJb 33 (1989), S. 13-37

1990

Schiller und die Fürsten, in: Achim Aurnhammer (u. a. Hg.), Schiller und die höfische Welt, Tübingen 1990, S. 6-30

Formen landesfürstlicher Reformation in Deutschland. Kursachsen-Württemberg / Brandenburg-Kurpfalz, in: Leif Grane – Kai Hørby (Hg.), Die dänische Reformation vor ihrem internationalen Hintergrund, Göttingen 1990, S. 57-90

Konfessionalisierung und Religionskrieg, in: Jan Assmann – Dietrich Harth (Hg.), Kultur und Konflikt, Frankfurt a. M. 1990 (edition Suhrkamp NF 612), S. 180-214

Die Universität Heidelberg im Dritten Reich, in: Gerrit Hohendorf – Achim Magull-Seltenreich (Hg.), Von der Heilkunde zur Massentötung. Medizin im Nationalsozialismus, Heidelberg 1990, S. 167-184

Ludwig Wilhelm Martin Paul Schmitthenner, in: Badische Biographien NF Bd. 3, Stuttgart 1990, S. 239-243

Johannes Bugenhagens Beziehungen zur Politik nach Luthers Tod, in: Hans Rothe (u. a. Hg.), Gedenkschrift für Reinhold Olesch, Köln-Wien 1990 (MDF 100), S. 115-138

1991

Rückblick, in: Elmar Wadle (Hg.), Siebenpfeiffer und seine Zeit im Blickfeld der Rechtsgeschichte, Sigmaringen 1991, S. 89-98

Die Vereinigung Deutschlands – Ursachen und Folgen, in: Ruperto Carola 43 Jg. H. 83/84 (1991), S. 13-24

Ein Mecklenburger auf der Londoner Weltausstellung 1862, in: Mecklenburgische Jb. 108 (1991), S. 119-127

Baden und das Reich um 1890, in: ZGO 139 (1991), S. 377-387

1992

Die neuzeitliche Geschichte im 20. Jahrhundert, in: Jürgen Miethke (Hg.), Geschichte in Heidelberg, Berlin-Heidelberg usw. 1992, S. 127-157

Die Universitäten im Streit um die jüdischen Bücher 1510-13, in: Studien zur jüdischen Geschichte und Soziologie. Festschrift Julius Carlebach, Heidelberg 1992, S. 143-163

1993

Biographie als Autoritätsstiftung: Die ersten evangelischen Lutherbiographien, in: Walter Berschin (Hg.), Biographie zwischen Renaissance und Barock, Heidelberg 1993, S. 41-71

Nationalsozialistische Hochschulpolitik und die evangelisch-theologischen Fakultäten, in: Leonore Siegele-Wenschkewitz – Carsten Nicolaisen (Hg.), Theologische Fakultäten im Nationalsozialismus, Göttingen 1993, S. 45-79

Emil Julius Gumbel – Republikaner und Pazifist, in: Emil Julius Gumbel 1891-1966. Akademische Gedenkfeier anläßlich des 100. Geburtstages, Heidelberg 1993 (Heidelberger Universitätsreden 2), S. 9-52

Bucers Vorstellungen über die Einführung der Reformation, in: Christian Krieger – Marc Lienhard (Hg.), Martin Bucer and Sixteenth Century Europe. Actes du colloque de Strasbourg (28-31 août 1991), Leiden-New York-Köln 1993, Bd. 1, S. 145-159

Einführung der Reformation als politische Entscheidung, in: ARG Sonderband: Die Reformation in Deutschland und Europa: Interpretationen und Debatten, Gütersloh 1993, S. 465-486

Zum Gedenken an die durch die NS-Diktatur vertriebenen und entrechteten Dozenten der Ruperto Carola, in: HdJb 37 (1993), S. 191-197

1994

Obrigkeit und Widerstand in der Frühzeit der Reformation, in: Günter Vogler (Hg.), Wegscheiden der Reformation. Alternatives Denken vom 16. bis zum 18. Jahrhundert, Weimar 1994, S. 235-258

Die Universität im politischen Spannungsfeld, in: Jörn Bahns (Hg.), Zwischen Tradition und Moderne – Heidelberg in den 20er Jahren, Ausstellungskatalog Heidelberg 1994, S. 153-165

Der politische Heidegger – ein Literaturbericht, in: ZGO 142 (1994), S. 389-413

Der Verrat der Intellektuellen – die Kapitulation des deutschen Bildungsbürgertums 1933, in: Christoph Gradmann – Oliver v. Mengersen (Hg.), Das Ende der Weimarer Republik und die nationalsozialistische Machtergreifung, Heidelberg 1994, S. 103-132

Bugenhagen, Johann, in: LThK Bd. 2 (1994), Sp. 771

Norddeutschland: Leipzig, Berlin, Dresden, Hamburg. Zur politischen, geistigen und sozialen Situation in Deutschland in der 2. Hälfte des 18. Jahrhunderts, in: Ulrich Prinz (Hg.). Zwischen Bach und Mozart. Vorträge des Europäischen Musikfestes Stuttgart 1988, Kassel usw. 1994, S. 198-225

1995

Hochschule und Papsttum. Die Universität Heidelberg in der Zeit der Pfälzer Vorreformation 1517-1556, in: Joachim Dahlhaus – Armin Kohnle (Hg.), Papstgeschichte und Landesgeschichte. Festschrift für Hermann Jakobs, Köln-Weimar-Wien 1995, S. 573-602

Hochstift und Reformation. Studien zur Geschichte der Reichskirche zwischen 1517 und 1648, Stuttgart 1995

Erasmus von Rotterdam über die Weltmission, in: Zeitschrift für Missionswissenschaft und Religionswissenschaft 79 (1995), S. 111-119

Heidelberg, Universität, in: LThK Bd. 4 (1995), Sp. 1249-1251

Biographische Geschichtsschreibung: Heinrich Boehmer (1689-1927), in: HerChr 19 (1995), S. 45-65

The Edition of the „Deutsche Reichstagsakten", in: Augustus J. Veenendaal, Jr. – J. Roelevink (Hg.), Unlocked Government Archives of the Early Modern Period, den Haag 1995, S. 42-50

1996

Speyer, Protestation of, in: Hans J. Hillerbrand (Hg.), The Oxford Encyclopedia of the Reformation Bd. 4, New York-Oxford 1996, S. 103-105

Karl Heinrich Bauer – der erste Heidelberger Nachkriegsrektor. Weltbild und Handeln 1945-1946, in: Jürgen C. Heß – Hartmut Lehmann – Volker Sellin (Hg.), Heidelberg 1945, Stuttgart 1996, S. 107-129

Die Universität Heidelberg. Historische Entwicklung, in: Elmar Mittler (Hg.), Heidelberg. Geschichte und Gestalt, Heidelberg 1996, S. 284-320

Die Reformation in Mecklenburg, Rostock 1995 (erschienen 1996) (Veröff. der Hist. Kommission für Mecklenburg R. B H. 8)

Luther und die Reichsbischöfe, in: Wartburg-Jahrbuch Sonderbd. 1996, S. 176-206

Die religiöse Situation in der Kurpfalz, in: Liselotte von der Pfalz – Madame am Hofe des Sonnenkönigs, Ausstellungskatalog Heidelberg 1996, S. 33-35

Melanchthons Fürstenwidmungen in der Wittenberger Lutherausgabe, in: Michael Beyer – Günther Wartenberg (Hg.), Humanismus und Wittenberger Reformation. Festgabe anläßlich des 500. Geburtstages des Praeceptors Germaniae Philipp Melanchthon, Leipzig 1996, S. 253-265

Kriege und Katastrophen. Die Konfessionen zwischen Dreißigjährigem Krieg und Kurpfälzer Religionsdeklaration (1618-1705), in: 800 Jahre Heidelberg. Die Kirchengeschichte, Heidelberg 1996, S. 45-52

1997

Die Torgauer Wende von 1530 – Zum protestantischen Widerstandsrecht im 16. Jahrhundert, in: Martin Brecht – Hansjochen Hancke (Hg.), Torgau – Stadt der Reformation, Torgau 1996 (erschienen 1997), S. 70-85

Heidelberg – die Universität und die Stadt, in: Heidelberg – Stadt und Universität. Studium Generale Ruprecht-Karls-Universität Heidelberg, Heidelberg 1997, S. 23-50

Die Klerusdarstellungen in den oberdeutschen Totentänzen und in Holbeins „Bildern des Todes", in: Konrad Krimm – Herweg John (Hg.), Bild und Geschichte. Studien zur politischen Ikonographie, Festschrift Hansmartin Schwarzmaier, Sigmaringen 1997, S. 197-219

Die Reformation im Herzogtum Mecklenburg und das Schicksal der Kirchenausstattungen, in: Johann Michael Fritz (Hg.), Die bewahrende Kraft des Luthertums. Mittelalterliche Kunstwerke in evangelischen Kirchen, Regensburg 1997, S. 54-70

Antrittsrede, in: Jahrbuch der Heidelberger Akademie der Wissenschaften für 1996, Heidelberg 1997, S. 35-39

Reichstage der Reformationszeit, in: TRE 28 (1997), S. 459-470 (zusammen mit Armin Kohnle).

Melanchthon und die Täufer, in: Mennonitische Geschichtsblätter 54 (1997), S. 31-51

Vergangenheitsbewältigung in der unmittelbaren Nachkriegszeit, in: Ruperto Carola – Forschungsmagazin der Universität Heidelberg 3 (1997), S. 30-39

1998

Die deutschen Territorialfürsten und die frühe Reformation, in: Bernd Moeller (u. a. Hg.), Die frühe Reformation in Deutschland als Umbruch. Wissenschaftliches Symposion des Vereins für Reformationsgeschichte 1996, Gütersloh 1998 (SVRG 199), S. 407-434

Die Garantie der Wissenschafts- und Lehrfreiheit als Errungenschaft der Revolution von 1848/49, in: Petra Nellen (Hg.), Die Universität zwischen Revolution und Restauration. Ereignisse und Akteure 1848/49, Ubstadt-Weiher 1998, S. 7-11

Melanchthons Beziehungen zu Süddeutschland, in: Günther Wartenberg – Matthias Zeutner (Hg.), Philipp Melanchthon als Politiker zwischen Reich, Reichsständen und Konfessionsparteien, Wittenberg 1998, S. 77-103

Religion und Gewalt in der Reformation, in: Prague Papers on History of international Relations 1998 Teil I, S. 59-78

Reformierte Konfession und Politik im 16. Jahrhundert. Studien zur Geschichte der Kurpfalz im Reformationszeitalter, Heidelberg 1998 (Schriften der Philosophisch-historischen Klasse der Heidelberger Akademie der Wissenschaften 10)

Melanchthon als politischer Berater, in: Hanns-Christof Brennecke – Walter Sparn (Hg.), Melanchthon – zehn Vorträge, Erlangen 1998 (ersch. 1999), S. 179-208

1999

Die Wahrnehmung der Judenverfolgung und Judenvernichtung in der unmittelbaren Nachkriegszeit, in: Trumah. Zeitschrift der Hochschule für Jüdische Studien Heidelberg 8 (1999), S. 97-119

Die Neuordnung von Kirche und Welt in deutschen Utopien der Frühreformation (1521-1526/27), in: Karl-Hermann Kästner (u. a. Hg.), Festschrift für Martin Heckel zum 70. Geburtstag, Tübingen 1999, S. 659-679

Heinrich Bornkamm, in: Baden-Württembergische Biographien Bd. 2, Stuttgart 1999, S. 69-72

Melanchthons Beziehungen zu Südwestdeutschland, in: LuJ 66 (1999), S. 89-106

Das Collegium Sapientiae in Heidelberg im 16. Jahrhundert, in: ZGO 147 (1999), S. 303-318

Magnus III., Herzog von Mecklenburg, in: Sabine Pettke (Hg.), Biographisches Lexikon für Mecklenburg Bd. 2, Rostock 1999, S. 162-165

2000

Reformation und Gegenreformation, in: Meinrad Schaab – Hansmartin Schwarzmaier in Verb. mit Gerhard Taddey (Hg.), Handbuch der Baden-Württembergischen Geschichte Bd. 1 Tl. 2, Stuttgart 2000, S. 145-306

Religion und Politik in der Kurpfalz im 17. Jahrhundert, in: Mannheimer Geschichtsblätter NF 6 (1999), S. 189-208

Frankfurt – das christliche Umfeld jüdischen Lebens im 16. und 17. Jahrhundert, in: Michael Graetz (Hg.), Schöpferische Momente des europäischen Judentums, Heidelberg 2000, S. 97-111

Die badische Hochschulpolitik in der Ära Friedrichs I. (1852/56 bis 1907), in: ZGO 148 (2000), S. 351-368

Nachruf auf Richard Nürnberger, in: Forschungen zur Brandenburgischen und Preußischen Geschichte NF 10 (2000), S. 277-282

Die Herzöge als Not- und Oberbischöfe der mecklenburgischen Landeskirche, in: Helge Bei der Wieden (Hg.), Menschen in der Kirche. 450 Jahre seit Einführung der Reformation in Mecklenburg, Rostock 2000, S. 29-64

2001

Worms – Reichstage, in: LThK 3. Aufl. Bd. 10 (2001), Sp. 1292f.

Die Reichskirche im konfessionellen Zeitalter, in: Peter Claus Hartmann (Hg.), Reichskirche – Mainzer Kurstaat – Reichserzkanzler, Frankfurt a. M. 2001 (Mainzer Studien zur Neueren Geschichte 6), S. 27-51

Die Wahrnehmung des Dritten Reiches in der unmittelbaren Nachkriegszeit (1945/1946), Heidelberg 2001 (Schriften der Philosophisch-historischen Klasse der Heidelberger Akademie der Wisenschaften 22)